U0899703

母亲张澐英(1909年9月—1999年5月)在杭州劳动路小学院中(1983年5月)，当时母亲与邱爱慈的两个孩子居住在该小学旁

母亲在杭州西湖柳浪闻莺(1993年12月)

三姐妹(1954年)：大姐邱爱道(右)，二姐邱爱德(左)，小妹邱爱慈(中)

加入少先队第一次戴红领巾(1951年)

从绍兴龙山小学毕业(1953年)

从省立杭州女子中学高中毕业(1959年)

从西安交通大学毕业(1964年)

李国政和邱爱慈结婚照(杭州，1968年4月)

邱爱慈和李国政夫妻(杭州中山公园，1968年4月)

邱爱慈和李国政夫妻与母亲、女儿在西湖边留影(1989年12月)

母亲九十寿辰与邱爱慈三姐妹家游杭州太子湾公园(1998年)

夫妻50周年合影(杭州西溪湿地公园，2018年12月)

夫妻金婚合影(杭州中山公园，2018年6月)，为纪念仍在楼外楼举办金婚宴

夫妻回邱爱慈童年居住地绍兴滴渚小步村

夫妻回邱爱慈故里绍兴酒务桥(2008年11月)

与孙子、孙女玩球(2007年7月)

全家福(西安，2005年7月)

为家人操劳(杭州翡翠城，2009年6月)

全家福(杭州，2007年7月)

与两个孙子在所里(西安，2014年4月)

夫妻在全国加速器会议期间游黄山(2004年9月)

夫妻游长城（2006年6月)

夫妻在壶口瀑布(2006年5月)

夫妻在故地留影(2004年10月)

邱爱慈参与单位申报博士点成功，和李国政在华山留影（1998年）

夫妻游访延安革命纪念馆(2010年10月)

夫妻延安行(2010年10月)

八十岁再登华山(2021年7月)

REB加速器技术方案评审会，程开甲院士为主任委员，乔登江院士主持会议(杭州，1983年6月)

邹爱珍主任 刘晶儒组长及三室全体同志：

今读廿一所科研动态报告一九九一年第一期，欣悉你所闪光二号加速器运行顺利，物理实验进行多种，并得到XeCl激光58J的能量，非常高兴，特去信祝贺，望加倍努力以期得更大的成就，专此祝贺

并请

敬礼！

核工业总公司

王淦昌

1991.3.25

王淦昌祝贺为闪光二号加速器运行正常和开展了多种物理实验写的贺信

王淦昌院士专程写信祝贺REB加速器取得阶段性成功(1991年3月)

REB(后称为“闪光二号”)加速器通过王淦昌院士为主任的专家委员会鉴定，该加速器超过设计指标，达到国外同类加速器先进水平(1993年)

邱爱慈在REB加速器鉴定会上回答王淦昌院士问题

项目研制负责人邱爱慈向王淦昌院士介绍REB加速器

朱光亚主任支持并指导REB加速器项目，邱爱慈向朱主任汇报加速器工作(1996年)

邱爱慈在辐射物理分会成立期间向老领导吕敏院士汇报工作(2013年9月)

邱爱慈向老所长程开甲院士汇报工作(1998年)

邱爱慈与学生讨论问题

胡思得院士等专家视察重点实验室(2012年6月)

邱爱慈与博士研究生讨论问题

胡思得院士、马伟明院士、郝跃院士等视察“晨光号”实验室(2012年6月)

邱爱慈与博士研究生讨论问题

邱爱慈与项目组讨论问题

邱爱慈与她的部分博士研究生

邱爱慈在单位图书馆(1991年)

邱爱慈在自己主持研制的设备旁(2007年9月)

邱爱慈居家办公(2004年)

邱爱慈与李传胪教授等在美国考察(1983年11月)

李国政和邱爱慈夫妻俄罗斯莫斯科出访期间在MEPHI校友博洛格教授家中作客(1993年3月)

邱爱慈美国考察期间在华盛顿国会山前(1983年1

研究所代表团在俄罗斯70号俄方同事和李国政校友伊万诺夫教授家中作客(1993年3月)

研究所代表团在莫斯科红场(1993年3月)

研究所代表团与圣彼得堡电物理设备所专家在涅瓦河畔（1993年10月）

邱爱慈和李国政夫妻在俄罗斯托木斯克“红宝石”宾馆前的森林路边(1995年6月)

研究所代表团与大电流所所长等人餐叙（1994年5月）

研究所代表团出访俄罗斯托木斯克大电流所(1994年5月)

邱爱慈出访德国考察(1995年)

邱爱慈和李国政夫妻出访俄罗斯期间在圣彼得堡郊外彼得花园观光(1995年6月)

邱爱慈出访俄罗斯期间在莫斯科全俄展览中心留影(1997年5月)

邱爱慈院士在电力设备电气绝缘国家重点实验室学术委员会办公室(2006年6月)

邱爱慈院士受聘母校西安交通大学电气工程学院院长(双聘)，在西迁老教授钟兆琳雕像旁留影(2005年5月)

第S38次香山科学会议“快Z箍缩科学前沿及关键技术”(2017年11月)

邱爱慈在西安交大电气工程学院(2020年10月)

强辐射国家重点实验室第一次学术委员会会议(2012年12月)

冲击波应用煤层气研讨会，顾大钊院士(左一)和袁亮院士(左二)应邀来访指导(2017年9月)

国家自然科学基金委重大项目年度交流会合影(临潼，2019年12月)

西安交大党委书记张迈增代表学校为邱爱慈院士颁发电气工程学院名誉院长证书(2020年1月17日)

邱爱慈在华能集团-西安交大能源安全技术研究院学委员会第一次会议上(2020年10月)

重复可控冲击波储层改造技术与装备项目鉴定会合影(2019年12月)

中国西部科技创新港“院士林”项目启动仪式(2018年11月)

邱爱慈院士作为校友代表在西安交通大学111届毕业典礼上发言(2020年7月)

邱爱慈院士应邀回杭州中学母校作“马兰精神”报告，与十四中师生们留影（2020年10月）

十四中校长唐新红给邱爱慈院士颁发终身荣誉教师证书(2020年10月)

邱爱慈院士在中国西部科技创新港电气科学与技术研究院成立揭牌仪式上(2020年9月)

中国工程院EMP重大咨询项目研讨会(2016年4月)

“学部院士行”在四川达州普光气田考察(2011年

邱爱慈院士在工程前沿技术研讨会上作“电力安全与弹性电网”报告(2018年4月)

中国工程院“院士行”三沙考察合影(2018年8月

中国工程院能源与矿业学部主办、西安交通大学承办“弹性电网与中国实践”工程前沿技术研讨会合影(2018年4月)

邱爱慈院士在中国科协大会(2003年9月)

邱爱慈院士在第一届辐射物理交流会上作报告(2014年9月)

中国核学会辐射物理分会成立大会期间院士们合影(2013年9月)

中国核学会辐射物理分会首届理事会第三次常务理事会合影(2014年7月)

邱爱慈院士当选第十一届全国政协委员（2008~2012年），在第一次会议会场留影

第五届全国脉冲功率会议期间邱爱慈院士与参会的团队人员合影（2017年8月）

邱爱慈院士参加全国粒子加速器学术会议(广东惠州, 2020年11月)

中国核学会2011年年会院士们上台给获奖者颁奖（贵阳, 2011年10月）

全国政协会议期间能源与矿业学部五位院士委员合影，右起：李晓红、邱爱慈、黄其励、张铁岗、陈念念（2012年3月）

激情工作，快乐生活
——邱爱慈院士文集

邱爱慈院士文集编委会　编著

科学出版社
北　京

内 容 简 介

本书是邱爱慈院士八十华诞文集。全书包括学术和科学精神两部分内容，学术部分为第一至六篇，收录了邱爱慈院士20世纪80年代末以来在强流脉冲加速器与辐射环境模拟、快Z箍缩技术、闪光X射线照相技术与装置、强电磁脉冲安全与弹性电力系统、可控冲击波技术与应用、脉冲功率与放电等离子体新技术方面的代表性成果；科学精神部分(第七篇)体现了邱爱慈院士的治学思想和人生感悟，收录了邱爱慈院士与朱光亚院士、程开甲院士等老一辈科学家科研交流的回忆文章，以及在科学价值、学科建设与人才培养、传承和发扬马兰精神与西迁精神方面的报告和讲话等。

本书不仅可为电气工程、强流脉冲粒子束加速器、脉冲功率技术与放电等离子体等学科的研究人员、科研管理人员和研究生提供重要的学术参考，更是一部科学精神读本，可促进相关人员对“两弹一星”精神、马兰精神和西迁精神的深入理解。

图书在版编目(CIP)数据

激情工作，快乐生活：邱爱慈院士文集／邱爱慈院士文集编委会编著．—北京：科学出版社，2021.10

ISBN 978-7-03-069766-0

Ⅰ．①激…　Ⅱ．①邱…　Ⅲ．①无线电电子学-文集②邱爱慈-纪念文集　Ⅳ．①TN014-53②K826.16-53

中国版本图书馆CIP数据核字（2021）第191541号

责任编辑：宋无汗　杨　丹　罗　瑶／责任校对：杨　赛
责任印制：师艳茹／封面设计：陈　敬

科 学 出 版 社 出版
北京东黄城根北街16号
邮政编码：100717
http://www.sciencep.com
北京汇瑞嘉合文化发展有限公司 印刷
科学出版社发行　各地新华书店经销
*
2021年10月第　一　版　开本：889×1194　1/16
2021年10月第一次印刷　印张：37　插页：10
字数：1 172 000

定价：288.00 元

（如有印装质量问题，我社负责调换）

《激情工作，快乐生活——邱爱慈院士文集》编委会

主　编：

陈　伟　李兴文　黑东炜

编　委(按姓氏笔画排序)：

王亮平　尹佳辉　刘　宇　刘峻岭　汤俊萍　孙凤举
李　楠　李更丰　李国政　李俊娜　李碧清　杨海亮
吴　刚　吴　坚　张永民　张瑞梅　张鹏飞　呼义翔
姜晓峰　姚伟博　郭　宁　魏　浩

邱爱慈院士简介

邱爱慈，我国高功率脉冲技术和强流粒子束加速器专家，西北核技术研究院研究员、博士生导师。1941 年 11 月出生于浙江绍兴，1964 年毕业于西安交通大学电机系后，分配到西北核技术研究所工作，历任研究所三室副主任、主任、研究所副总工程师。1999 年当选为中国工程院院士，2000 年起兼任西安交通大学教授、博导，2005～2020 年兼任西安交通大学电气工程学院院长，现任名誉院长。

邱爱慈院士是我国强流脉冲粒子束加速器和高功率脉冲技术的主要开拓者之一。参加了我国第一台高阻抗脉冲电子束加速器的研制，并负责装置性能改进与提高工作。作为项目负责人，自主成功研制了我国束流最强达 1MA 的低阻抗脉冲电子束加速器“闪光二号”，提出了技术设计和试验调试方案，在技术上取得重大突破；主持建成了多功能辐射装置“强光一号”；主持研制成功紧凑型小焦斑高能 X 射线装置“剑光一号”。这些设备在科研试验和高新技术研究中发挥了重要作用。开拓了极强脉冲电子束的产生、传输、诊断及应用的研究方向；主持了高功率脉冲开关和纳秒高电压测量等关键技术的系统研究；开创了我国快 Z 箍缩研究的先河；开拓了高功率脉冲技术在化石能源开发的研究方向；推动了弹性电力系统建设；牵头建立了我国第一个“脉冲功率与放电等离子体”学科，并组建了脉冲功率与等离子体辐射转换研究团队。获国家技术发明奖二等奖 1 项、国家科技进步奖二等奖 2 项，部委级科技进步奖一等奖 5 项、二等奖 3 项，1994 年获光华科技基金奖一等奖，2007 年获西安交通大学第四届“伯乐奖”，2011 年获何梁何利基金科学与技术进步奖。曾任中国核学会第五届和第六届理事会常务理事、第七届理事会副理事长、第八届理事会名誉理事长，中国核学会辐射物理分会第一、二届理事会理事长，《现代应用物理》期刊第一、二届编委会主编，强脉冲辐射环境模拟与效应国家重点实验室学术委员会副主任，特种电气技术教育部重点实验室主任等职。

序

我比邱爱慈年长 10 岁，和她相识、交往近 60 年。1964 年，邱爱慈从西安交通大学毕业，分配到西北核技术研究所，在我领导的三室λ组工作。后来，我任研究室副主任，她任组长，我任研究所副所长，她任研究室副主任、主任，我们一直保持着密切良好的工作关系。她的学术造诣和品德修养都很值得称赞，给我留下深刻的印象。岁月如梭，白驹过隙，她已从刚毕业的青涩小姑娘，成长为享有盛誉的高功率脉冲技术和强流粒子束加速器专家，成为我国高功率脉冲技术的主要开拓者、强脉冲辐射环境模拟体系的奠基人。

邱爱慈创建了我国核爆辐射环境模拟技术体系。20 世纪 70 年代，她参加了我国第一台高阻抗电子束加速器“晨光号”的研制工作并负责性能改进提高；80 年代，她研制成功我国束流最强达 1MA 的低阻抗脉冲电子束加速器“闪光二号”；90 年代，她主持研制“闪光二号”加速器能注量 $1kJ/cm^2$ 二极管系统，建成世界首台多功能辐射模拟装置“强光一号”；21 世纪之初，她带领团队自主研制成功国内首套、世界第二套紧凑型小焦斑高能 X 射线闪光照相装置，推动研制我国首台大型强电磁脉冲模拟试验装置。这些装置在我国重大科研试验和高新技术研究中发挥了不可替代的作用。邱爱慈潜心治学、勇于创新，开拓了极强脉冲粒子束产生、传输、诊断及应用的学科方向。她主持开展了直接驱动型脉冲功率源、高功率电脉冲传输汇聚、高功率脉冲开关、纳秒高电压大电流测量等关键技术研究。建成我国首个快 Z 箍缩实验研究平台，开创了我国快 Z 箍缩实验研究的先河。她主持开展我国应对复杂电磁脉冲威胁环境的战略研究，提出了“弹性电力系统”概念及相应的理论研究方法，有力推动了我国强电磁脉冲防御工作进程。她大力推动高功率脉冲装备在煤炭、石油、页岩气开采等领域的应用，带领团队首创金属丝电爆等离子体驱动含能材料产生冲击波的新方法，得到国内外同行的高度认可和广泛关注。邱爱慈传道授业，培养了一大批优秀学生，牵头建立了我国第一个“脉冲功率与放电等离子体”学科，组建了脉冲功率与等离子体辐射转换研究团队。

强脉冲辐射环境模拟与效应国家重点实验室收集整理她的部分论文集结出

版，可为从事脉冲功率与放电等离子体、强流脉冲功率加速器、电气工程等学科的科技人员和研究生提供学术参考。我对该书的出版表示祝贺。

吕敏

中国科学院院士

2021 年 4 月于北京

前　言

邱爱慈院士是我国高功率脉冲技术的主要开拓者，是我国强脉冲辐射环境模拟体系的奠基人，是享有盛誉的强流脉冲粒子束加速器和高功率脉冲技术专家，是备受敬重的前辈、专家。

创建我国核爆辐射环境模拟技术体系。邱爱慈院士长期从事核爆辐射环境模拟技术研究和设备研制，主持建成了种类齐全、具有国际先进水平的大型系列辐射模拟设备，为我国战略武器发展做出了突出贡献。20 世纪 70 年代，她全程参与了我国第一台高阻抗脉冲强流电子束加速器的研制，即 730 工程(后命名为“晨光号”电子加速器)，完成了加速器两次大的改造，使输出指标提高 2 倍多。该加速器在国防科研试验和高技术研究中发挥了重大作用。20 世纪 80 年代，根据国防科研试验的需求，她牵头自主研制成功国内电子束流最强的低阻抗脉冲强流电子束加速器，解决了多项重大技术难题，电子束流达 1MA，达到当时世界同类加速器的先进水平，满足了战略武器 X 射线热力学效应和结构响应试验的急需。该加速器由主持国防科研试验工作的国务院原副总理张爱萍将军亲笔命名为“闪光二号”。20 世纪 90 年代中后期，又主持研制了“闪光二号”加速器新的二极管系统，其输出的电子束能量密度提高 3 倍多，达到 $1kJ/cm^2$ 以上，大大地拓宽了加速器应用范围，取得了全新的实验结果。在“闪光二号”加速器研制和研究过程中，她开辟了极强粒子束研究方向，开展了高功率电子束和离子束产生技术和应用的研究，都取得了丰硕的成果。在离子束方面，获得了束流高达 160kA 的国内最强离子束，并利用强流脉冲质子束轰击氟靶获得了 6～7MeV 准单能脉冲γ射线。“闪光二号”加速器是我国高功率脉冲技术发展的里程碑，开启了强流脉冲加速器从高阻抗的“油”线向低阻抗的“水”线发展的新阶段。

20 世纪 90 年代初，根据国际形势变化，邱爱慈院士提出了研制高剂量率γ射线和 X 射线效应装置的建议，明确了装置指标和总体技术思路，利用国家支持对俄罗斯开展交流合作的大好机遇，确定了从俄罗斯引进并合作研究的装置建设方案。经过她与俄罗斯专家协商，制订了装置研制的具体技术路线和实施方案，成功地避免了引进过程中的政治风险，克服了装置研制建设中的技术风险。经过五年的努力，如期完成安装和调试，在一台装置上实现多功能脉冲辐射输出，达到了设计指标。之后她又主持该装置的改进提升和应用研究，使装置关键参数γ射线剂量率脉冲宽度从原来的 3 种扩展到 7 种，增加了辐照面积，拓宽了能谱范围，提高了“一机多用”的运行可靠性，使其成为国际上首台具有 4 大类、11 种脉冲辐射输出的实用装置。该装置由时任国防科工委科技委主任朱光亚院士亲笔题名为“强光一号”。“强光一号”加速器研制成功是我国高技术领域对外合作、引进、吸收再创新的典范，从 2000 年成功运行至今，极大地满足了我国多家单位科研试验和高新技术研究的需要。

21 世纪初，她指导并推动了我国首台大型电磁脉冲模拟试验装置的研制，并指导团队于 2007 年完成 3MV 纳秒脉冲源样机的研制，前后五年多时间，实现了对国际先进水平的快速追赶。

开创我国快 Z 箍缩实验研究先河。早在 20 世纪 90 年代初期，邱爱慈院士敏锐地注意到快 Z 箍缩技术发展趋势及其在国家安全中的重大需求，在研制“强光一号”加速器时，就超前谋划布局了快Z箍缩技术研究内容，并于1997年底在“强光一号”加速器上获得了当时国内强度最高的软X射线(总能量达到60kJ、功率为2TW)，从而得到了国家自然科学基金委的重视与支持，由此开创了国内快Z箍缩研究的先河。2000年，她牵头在西安主办了高功率Z箍缩技术研讨会，大会上达成了共识，为国内高功率Z箍缩发展起到了重要推动作用。从2000年起，她带领团队先后承担Z箍缩领域的3个国家自然科学基金重点项目和1个国家自然科学基金重大项目，通过上述项目，我国Z箍缩研究在负载技术、诊断技术和脉冲功率源技术等方面得到大幅提升，取得一批重要研究成果，大大缩短了我国与国际先进水平的差距。2015年以来，她作为倡议者和负责人，带领西北核技术研究所和西安交通大学的联合团队，主持开展百太瓦Z箍缩装置总体设计和关键技术研究。2017年她发起并主持召开了第S38届“快Z箍缩科学前沿问题及关键技术”香山科学会议，规划了我国超高功率快Z箍缩装置发展路线图。2020年，她带领团队开展了百太瓦Z箍缩国家重大科技基础设施(CZ-34)建设立项论证，向国家提交了立项建议书，CZ-34建成后可获得目前其他手段无法达到的高能量密度参数范围和瞬态极端环境，为辐射效应与加固科学、极端条件材料科学、聚变科学、天体物理提供世界一流水平的综合研究平台。

牵头强电磁脉冲防御战略咨询。面对强电磁脉冲攻击威胁的严峻形势和国内现状，2012年，邱爱慈院士提出开展“我国应对复杂电磁脉冲威胁环境的战略研究”建议，2013年被中国工程院批准作为重点咨询项目立项，之后她与刘尚合院士共同主持该项目，取得明显效果，部分阶段性成果通过中国工程院向党中央和国务院呈交了建议，得到了中央领导的重要批示。为落实中央领导的批示精神，2014年中国工程院设立重大咨询项目，由她牵头组织来自中国工程院6个学部、44名院士和80余家单位的300多名专家，克服许多困难，精心策划了一系列交流研讨、规划论证，在相关行业领域引起了热烈反响。她带领团队多方筹措经费支持，开展试验研究，出色完成咨询报告，先后向党中央和国务院呈交了3份建议，均得到有关领导的肯定和重要批示，有力推动了我国强电磁脉冲防御工作进程。2015年她在以上研究基础上推动西安交通大学别朝红教授团队率先在国内提出并发展“弹性电力系统”概念及相应的理论研究方法，得到了行业领域专家的认可。针对能源转型的国际国内形势，她在2018年又申请了中国工程院咨询项目，与郭剑波院士共同主持完成了“能源转型下弹性电力系统发展战略研究”，论证提出了能源转型背景下的弹性电力系统发展趋势、关键技术和发展路线图，提交了咨询建议，得到了电力界的积极响应和支持。上述研究有力推动了我国强电磁脉冲防御研究态势的转变，促进了电力系统安全防御研究与未来建设发展的有机融合。

高瞻远瞩，不断开拓创新。针对国家急需的高性能爆轰流体动力学实验，邱爱慈院士带领团队打破国外技术封锁及核心材料、器件禁运，在2008年研制成功国内第一台2.4MV小焦斑高能X射线产生装置——“剑光一号”，这是继美国之后世界上第二套装置；2018年又研制成功具有完全自主知识产权的4MV脉冲X射线闪光照相装置——“剑光二号”。上述研究对提升我国武器闪光X射线照相测试能力具有十分重要的意义和作用。

针对国家能源安全重大需求，邱爱慈院士大力推动高功率脉冲装备在煤炭、石油、页岩气开采等领域的应用。她带领团队首创了金属丝电爆等离子体驱动含能材料产生冲击波的新方法，产生的冲击波强度达200MPa，整体技术处于世界领先水平。研发了适用于油、气、煤层改造的基于高功率脉冲技术的重复可控冲击波技术与装备，已成功应用于石油、煤炭等15家大型企业的实际生产中，具有显著的社会和经济效应，发展潜力巨大。

邱爱慈院士注重基础研究与重大工程应用需求相结合，始终围绕核爆强脉冲辐射模拟装置的国际前沿问题和发展趋势，积极开展新原理、新方法和新技术的研究，在低电感、低抖动、低自放、低触发阈和高功率、高可靠、高寿命气体开关、新型触发方法与技术、电脉冲叠加新原理、丝阵等离子体初始状态调控新方法等方面，取得了原创性成果，为新一代大型辐射模拟装置建设提供了技术储备。同时，面向国家重大需求，她还领导团队将强脉冲辐射模拟装置研发中发展起来的等离子激光诊断和金属丝电爆炸技术拓展到其他重要领域，在激光诱导光谱用于复杂服役环境下材料无损检测、金属丝电爆炸实现复合纳米材料制备等方面，取得了重要进展，得到国内外同行的高度认可和广泛关注。

学科建设成效显著，人才培养硕果累累。邱爱慈院士高度重视国防高新技术交叉融合与成果转化，提出"电气+"发展理念。加强"电气工程"和"核科学与技术"等学科的交叉融合，创建了我国第一个脉冲功率与放电等离子体学科，推动建成了强脉冲辐射环境模拟与效应国家重点实验室，组建了特种电气技术教育部重点实验室、瞬态电磁环境与应用国际联合研究中心，提出了电磁环境与电磁安全、弹性电力系统等学科新方向。她甘为人梯，提携后学，培养了一大批学科和技术带头人、优秀青年学者，她带领的团队先后成长出2位院士、6位学术带头专家，5人入选国家级人才计划，共培养博士研究生47名，6人获省部级优秀博士学位论文，30人毕业后投身国防科技事业。

邱爱慈院士始终将个人理想与祖国需要紧密联系在一起，是老一辈科学家献身科研、矢志报国的杰出代表，是"艰苦奋斗干惊天动地事，无私奉献做隐姓埋名人"马兰精神的传承者和力行者。她身上彰显着胸怀祖国、矢志强军的爱国精神；勇攀高峰、敢为人先的创新精神；追求真理、严谨治学的求实精神；淡泊名利、潜心研究的奉献精神；集智攻关、团结协作的协同精神；甘为人梯、奖掖后学的育人精神，对青年科技工作者有重要的教育、鼓舞和鞭策意义。

在邱爱慈院士八十华诞之际，出版《激情工作，快乐生活——邱爱慈院士文集》，谨此向这位功勋卓著的科学家表达崇高的敬意和真挚的祝福。本文集从一个侧面反映了我国脉冲强流加速器和高功率脉冲技术的发展历程，反映了老一辈科学家献身科技事业的崇高精神和优秀品质。我们要弘扬和传承邱爱慈院士的治学思想，加倍珍惜邱爱慈院士馈赠的宝贵精神财富，为新时代科学技术发展做出更大贡献。

八十自述

家世

我于1941年11月22日出生在浙江绍兴沈家湾。父亲邱成梓(1911年4月—1941年3月)少年失怙，祖母靠祖父留下的一间毡帽店和几亩薄田将他抚养成人。父亲生前是绍兴市箔税局的一名职员，在母亲怀我不足两个月时被日本侵略者杀害。母亲张澐英(1909年9月—1999年5月)是绍兴漓渚镇人，生于书香门第大户人家。父亲去世后，母亲强忍巨大悲痛，在逃难途中生下了我。

我家姐妹三人，我排行老小。父亲是邱家单传，父亲去世后，祖母为了邱家能延续香火，提出用我去换另一家的男孩。在母亲的竭力坚持下，我才得以留在母亲身边。女子本弱，为母则强，母亲下定决心，要将我们三姐妹抚养成人。最困难的时候，在舅舅支持下，母亲带着我们三姐妹来到绍兴漓渚镇小步村张家台门的外公家居住。张家是中医世家，外公兄弟三人都是医生，外公和二外公是中医，三外公是西医，在漓渚镇上开有中医馆和西医诊所，一大家人都住在一个台门里，非常和睦。大人们经常给一群孩子讲大禹治水、越王勾践卧薪尝胆、徐文长靠智慧帮助穷人的故事，以及抗战中一家人艰辛逃难和父亲被日本侵略者杀害的经历。这些都在我的童年里留下了深刻的记忆，深深地埋下了要为国家争光、为邱家争气的童心。大姐邱爱道1936年2月出生，1949年母亲送她去绍兴城里读初中。1949年10月新中国成立，在革命热情激励下，大姐隐瞒了年龄(那时年仅13岁)报名参干，12月参加了土地改革，成为一名国家公务员。工作后，她主动帮助母亲挑起家庭重担，赡养祖母并支持二姐和我读书。1951年下半年，母亲带着二姐和我，从绍兴漓渚搬到绍兴酒务桥史家状元台门与祖母一起住。大姐结婚后，母亲与大姐一家生活在一起。1959年5月大姐从绍兴人民法院调到杭州市政府工作(退休前为杭州市政府信访局主任科员)，家又从绍兴搬到杭州市铜元路。二姐邱爱德1938年7月出生，1959年于浙江电力专科学校毕业，分配到贵州省水利水电勘测设计研究院工作(后调到电力部杭州机械设计研究院，退休前为高级工程师)，支持我读完大学。母亲、大姐和二姐精心呵护着我，千方百计为我营造宁静、温馨、祥和的成长环境。因此，童年的我没有太多苦难的记忆，而是有许多美好的回忆，形成了开朗、大度、热情的性格。这对我后来的成长和发展有重要影响。

求学

母亲坚持让我读书，接受良好的教育。1951年底母亲冲破重重阻力，把户口从绍兴漓渚迁到绍兴城里，这个举措改变了我的命运和人生。1953年小学毕业，母亲坚持让我从绍兴考到杭州上中学。我也很争气，考上了浙江省立女子中学(现杭州第十四中学)，到距离绍兴60多公里的杭州求学。沿着钱塘江来到西湖，第一次出远门的我，感觉杭州的格局比绍兴要大，眼前多了一条路，等待我去探索。读完初中后，我被保送升入高中。那时的办学方针是德智体全面发展，我住校6年，培养了独立生活的能力和自强自信的个性。

正是凭着青少年时代养成的这些良好素质，我工作泼辣，做事认真，肯吃苦，在工作的前几年很快得到了领导和同志们的认可与信任，为我以后的发展打下了很好的基础。

1959 年，我高中毕业报考志愿时，在母亲“见世面，开眼界”思想的引导下，我考取了名校西安交通大学，成为家族中第一个大学生。交大“起点高、基础厚、要求严、重实践”的优良传统，让我厚植专业技术知识，为走上工作岗位打下了扎实基础。交大人“胸怀大局，无私奉献，弘扬传统，艰苦创业”的西迁精神，更是在潜移默化中影响着我。

成家和科研之路

1964 年，我大学毕业，母亲非常希望我回杭州工作。抱着“祖国的需要就是我的志愿”这一坚定信念，我服从分配来到北京某国防科研研究所工作，事先对要从事的工作和单位性质一无所知。一年多后，因工作需要，我去新疆执行任务，之后单位整体从北京搬迁到新疆，我随单位一起奔赴大漠戈壁，在那里工作生活二十多年，直到 1987 年夏研究所搬迁到西安。

在研究所工作期间，我与李国政相识并结婚。国政 1937 年 11 月 23 日生于辽宁省锦县谢屯乡前才村，比我大整整 4 岁，大学阶段先后就读于北京外国语学院留苏预备部、清华大学工程物理系，1964 年 10 月毕业于苏联莫斯科工程物理学院，1965 年 3 月分配到与我同一个单位工作。1967 年夏经过同事的介绍我俩认识了。1968 年 4 月 8 日，我与国政在杭州大姐家举办了婚宴。结婚后，我们育有一女一儿，由于我们夫妻常年在边疆工作，不得不将两个孩子托付给年迈的母亲，同时得到大姐邱爱道一家许多照顾和帮助。50 多年来，我和国政志同道合、相濡以沫、风雨同舟，共同奋斗和成长。我们的儿女都很独立、自强，现在都有自己的小家和健康、聪明的下一代。

在研究所工作期间，我有幸在程开甲院士、吕敏院士、乔登江院士等科学家领导下工作，并得到了朱光亚主任、王淦昌院士的亲自指导与帮助。我到研究所后，长时间在吕敏院士领导的方向上工作。我能从一名普通的大学生成长为中国工程院院士，每前进一步都离不开他的悉心指导、支持和帮助。吕敏院士对于我，不是老师却胜似恩师。程开甲院士曾经担任研究所副所长、所长，在二十世纪七十年代初 730 项目和八十年代初 REB 项目立项、方案论证和研制中，始终给予我鼎力支持。1978 年研究所干部大调整时，程开甲先生亲自提名我担任三室副主任，成为当时所里最年轻的研究室副主任，从而使我有机会承担更重要的工作。朱光亚主任一直关心和大力支持我的工作。在 730 项目和 REB 项目建设阶段，我几次直闯朱光亚主任的办公室，向他汇报工作进展情况和碰到的困难，每次他都非常耐心和认真地听取我的汇报，这对我是很大的鼓舞。REB 加速器建成后，朱主任专门请张爱萍将军为“闪光二号”加速器命名并题词。后来，他还给在二十世纪九十代末建成的多功能脉冲辐射装置亲笔题名“强光一号”。在 REB 加速器研制期间，王淦昌院士亲笔写信祝贺加速器基本建成并获得开创性的物理实验结果。1993 年 6 月，以王淦昌院士为主任委员的鉴定委员会对“闪光二号”加速器自主研制给予高度评价，并充分肯定“你们走出了高科技出成果、出效益的成功之路”。老一辈科学家精益求精、孜孜不倦的学习态度，周到细致、严谨求实的工作作风，严于律己、宽厚对人的品格修养，平易近人、不耻下问的道德风范，对我的成长有很大影响。

1999 年当选中国工程院院士后，我始终坚守在科研一线。从 1964 年参加工作到 2019 年办理退休的 55 年时间里，我瞄准国防科研试验任务每个阶段的急需，牢记使命，主动担当作为，勇于攻坚克难，创造了多项第一，几乎每十年辐射模拟就上一个大的台阶，成功研制系列化大型强脉冲辐射环境模拟装置，创建了我国强脉冲辐射环境模拟体系。在这一过程中我的团队先后成长出2位院士、5位领军人才以及一大批技术骨干。

2000年我被母校西安交通大学聘为兼职教授，2005～2020年担任电气工程学院院长(双聘)，使我有回报母校、展示才干、为国家做更多贡献的机会。近年来，我与我的团队在快Z箍缩及应用等新方向上不断开拓，加快关键技术攻关，注重人才培养，加强学科建设，促进军民联合，连续承担了多个国家重点、重大项目，取得了多项创新性成果，有力推动了“百太瓦Z箍缩”国家重大科技基础设施项目建设。

人生感悟

八十年弹指一挥间。工作近60年来，我实实在在做了国家需要我做的事情，党和国家给予我很高的荣誉。这不仅是我个人的光荣，也是对我们从事这个方向的全体人员和单位的褒奖。伟大光荣的事业造就了我，“艰苦奋斗干惊天动地事，无私奉献做隐姓埋名人”的马兰精神熏陶着我，激励着我不断前行。我的体会主要有三点：一是把个人理想追求主动融入国家事业需求，并善于抓住机遇；二是我们的事业是集体的事业，大家团结一心是事业成功的保证；三是个人要勤奋，坚持不懈，执着追求。我把我的人生感悟凝练表述为“激情工作，快乐生活”，在年轻科研人员中激起了强烈的共鸣。

我是新中国自己培养的一代大学生，而且从小学、中学到大学一直得到国家助学金资助。在这里我首先要感谢党和国家！还要感谢朱光亚、程开甲、吕敏等老一代科学家对我的信任、培养和支持！感谢我曾经的同事和现在的团队对我的帮助和支持！感谢母亲、姐姐、丈夫、儿女对我的理解和支持！

当今世界正经历百年未有之大变局，新一轮科技革命和产业变革突飞猛进，建设世界科技强国的号角已经吹响。我和我的团队将继续从国家迫切需要和长远需求出发，针对我们承担的任务，加强原创性、引领性科技攻关，全身心地投入创新实践，勇攀科技高峰。适逢中国共产党成立100年华诞，我将老骥伏枥，不忘初心，为建设科技强国而继续奋斗。

邱爱慈

2021年7月于西安

目　　录

第一篇　强流脉冲加速器与辐射环境模拟

第二篇　快 Z 箍缩技术

第三篇 闪光 X 射线照相技术与装置

第四篇 强电磁脉冲安全与弹性电力系统

第五篇 可控冲击波技术与应用

第六篇 脉冲功率与放电等离子体新技术

第七篇 践行“马兰精神”，传承“西迁精神”

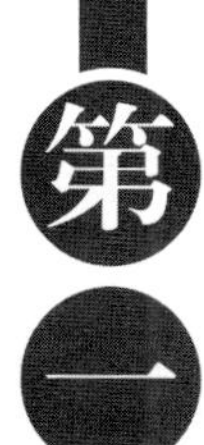

第一篇

强流脉冲加速器与辐射环境模拟

强流脉冲加速器主要采用高功率脉冲源驱动二极管等负载产生强流脉冲粒子束、韧致辐射，可在实验室生成 X 射线、γ射线等强脉冲辐射环境。1964 年英国的马丁小组建造了世界上第一台强流相对论电子束加速器以来，各大国在强流脉冲加速器领域发展迅速。

邱爱慈院士是我国高功率脉冲技术的主要开拓者，是我国强脉冲辐射环境模拟体系的奠基人。她从事脉冲功率技术研究近 60 年，根据国家战略安全的重大需求，突破西方封锁和垄断，主持建成了具有国际先进水平的系列大型辐射模拟设备体系，开辟了极强粒子束流、Z 箍缩等研究新方向，填补了多项国内空白，为我国高新技术发展和国家战略安全做出了卓越贡献。

1. 参与开创我国高功率脉冲技术研究领域

1970 年 8 月，根据国家需求和科学家建议，在北京组织召开了国内第一台强流脉冲电子束加速器研制会议，确定研制一台指标为 4MV/100kA 的加速器，并由中国原子能研究所一部牵头负责。1971 年 7 月 30 日，在北京召开了加速器的方案研讨会，邱爱慈作为单位代表参加了这次会议。会议决定项目分两步走，先研制加速器 1/4 缩比机(代号“730”工程)，再建设 1∶1 整机。邱爱慈作为研究所代表全程参加了这台加速器的研制。研制期间，中国科学院高能物理研究所(简称高能所)正负电子对撞机开始筹建，参加该加速器研制的大部分骨干被抽走，使该加速器研制面临夭折的危险。在西北核技术研究所(简称西核所)领导支持下，邱爱慈积极主动与上级主管单位、中国科学院有关领导进行多次汇报和沟通，同意将 1/4 缩比机交付西核所使用，并增加西核所的研制力量。邱爱慈和其他西核所科技人员与高能所留下人员共同合作，尤其在加速器调试陷入困境时，邱爱慈解决了重大技术难题，最终完成了“730”加速器研制任务。这台加速器在 1975 年 10 月达到了设计指标：1MeV/20kA/25ns，并于 1978 年获得全国科学大会奖。该加速器首次在国内采用了 Marx 发生器和 Blumlein 传输线，是国内第一台采用高功率脉冲技术的强流加速器，该加速器的研制成功开辟了我国高功率脉冲技术这一新的技术领域。

“730”加速器交付给西核所后，邱爱慈负责该加速器两次大的改造，使输出指标提高 2 倍，并增加了 5Ω水介质形成线的低阻抗工作模式(命名为“晨光号”)，大大地拓宽了应用范围。“晨光号”加速器在核测试系统研发、辐射效应研究和高新技术领域的开拓性研究中发挥了重要作用，如首次成功进行电子束在硬铝中产生热激波实验研究，首次开展了 XeCl 准分子激光实验，至今仍然作为脉冲功率技术与辐射效应研究的实验平台。

2. 创建我国强脉冲辐射环境模拟体系

从 20 世纪 80 年代开始，邱爱慈先后主持研制成功“闪光二号”“强光一号”、大型 EMP 模拟器等系列脉冲辐射模拟装置，创建了我国强脉冲辐射环境模拟体系。

20 世纪 80 年代，邱爱慈负责研制成功我国电子束流最强的低阻抗脉冲电子束加速器“闪光二号”。 为解决脉冲 X 射线对材料的热力学效应和结构响应研究等问题，根据吕敏副所长的要求，邱爱慈提出建立一台低能强流脉冲电子束加速器，以其产生的电子束来模拟 X 射线热力学效应，解决国家急需，并主动承担任务，自主研制这台设备。就在此时，她不幸得了甲亢，但在住院的 107 天中，坚持完成了这台加速器研制的项目可行性论证报告和物理技术设计方案，出院后向研究所提交了报告。经程开甲院士为组长的抗核加固专业组专家审核通过后，报告提交给朱光亚主任。朱光亚主任仔细审阅这篇报告，针对报告做了详细的重要批示，并大力支持这个项目。1982 年项目立项后，邱爱慈作为项目技术负责人，主持加速器研制的设计、加工、安装和调试工作，解决了一系列重大技术难题。由于这是个大型工程设备研制项目，工作量大且复杂，项目组同志克服了一系列困难，包括工作、生活、家庭方面的困难。1988 年 12 月 16 日，加速器整机联试成功，1989 年下半年，加速器达到了第一期指标，并由国务院副总理并长期主管国防科研的张爱萍主任亲笔题名为“闪光二号”。1993 年“闪光二号”加速器获得了国内最强的 1MA 电子束流，1993 年 7 月，王淦昌院士亲自主持“闪光二号”加速器鉴定会，认为该加速器达到国外同类加速器的先进水平。俄罗斯同行科学家鲁钦斯基评价“你们靠自己的力量研制出 1MA 电子束流的加速器，真了不起!”。“闪光二号”加速器是我国高功率脉冲技术发展的里程碑，开启了强流脉冲加速器从高阻抗的“油”线迈向难度更大的低阻抗“水线”发展的新阶段。

在“闪光二号”加速器研制过程中和研制成功后，利用它产生的极强的粒子束，国内开展了许多项粒子束领域的研究和应用工作，都取得了重要成果。1996 年起，根据研究的新需求，邱爱慈提出并主持研制了“闪光二号”加速器新的二极管系统，解决了在高能量密度下提高电子束二极管转换效率和稳定性等多项难题，输出的电子束能量密度提高 3 倍多，达到 $1kJ/cm^2$ 以上，大大地拓宽了加速器的应用范围，取得了全新的实验结果。2001 年起，在“闪光二号”加速器上开展了高功率离子束产生与应用的研究，获得了束流强度高达 160kA 的国内最强的高功率离子束，并利用强流脉冲质子束轰击氟靶，得到了 6～7MeV 准单能脉冲γ射线。

20 世纪 90 年代中后期，邱爱慈主持建成国际首台多功能高功率脉冲辐射装置“强光一号”。国际形势发生较大变化，对辐射效应提出了新要求，邱爱慈深入思考辐射模拟设备发展面临的机遇和挑战，针对当时国际上电感储能、等离子体断路开关等技术的快速发展，提出建设组合多种先进技术多功能辐射模拟装置的建议，包括技术指标要求和总体技术思路，利用国家支持对俄罗斯开展交流合作的大好机遇，确定了从俄罗斯引进并合作研究的装置建设方案，在中俄双方共同努力下，顺利完成装置的安装调试，于 1999 年底达到设计指标。随后该装置被朱光亚主任亲自题名为“强光一号”。“强光一号”加速器是我国高技术领域消化吸收再创新的典范，采用了国际上最先进的直线型变压器驱动源技术，实现了组合电感储能、电容储能两种技术路线于一体，突破了单台脉冲源与多种负载匹配耦合难题，使该装置成为国际上首台多功能高功率脉冲辐射装置。

2000 年后，邱爱慈指导和推动了我国首台大型辐射波电磁脉冲模拟装置研制。邱爱慈从 20 世纪 90 年代开始就高度关注国外在电磁脉冲模拟器研制技术上的最新进展，多方呼吁积极推动快前沿、高电压模拟装置的研发工作。在 2005 年前后，争取到上级主管部门的预先研究经费支持后，瞄准当时国际前沿的电磁脉冲模拟装置策划关键技术攻关，在较短时间内研究掌握了 3MV 同轴式峰化电容器研制、3MV 紫外辅助触发压缩空气中储开关研制、3MV 低抖动输出开关研制、大尺寸高气压玻璃钢绝缘部件研制等多项技术。通过缩比验证实验和对国内工艺水平的广泛调研论证，有力推动了大型电磁脉冲模拟装置的论证立项，指导项目组于 2007 年完成脉冲源初样研制，保障了项目团队在五年左右时间内实现对国际先进水平的快速追赶。

在上述装置的研制过程中，邱爱慈带领团队一直瞄准世界先进水平，从 20 世纪 60 年代起，几乎每十年上一个新台阶，输出水平和电子束流提高三个多量级，输出剂量率提高六个量级，辐射种类涵盖了电子束、离子束、X 射线、γ射线、电磁脉冲等，形成了配套比较完善的强脉冲辐射环境模拟体系。该体系在国际上也有一定影响，参观过相关设备的国外专家都表示赞赏。

3. 大力推动高新技术与辐射效应研究发展

强流脉冲加速器与辐射环境模拟研究是为完成重大科学实验任务而发展起来的。这些装置的建成，大力推动了我国高新技术的发展，为我国辐射效应研究发展提供了强有力的技术支撑。

1990 年初期，“闪光二号”加速器尚在调试过程中，邱爱慈便组织实施在该加速器上开展多项物理实验，创造了多项国内第一：①开展电子束模拟 X 射线在材料中产生的热激波和结构响应试验，成为 X 射线热力学研究的唯一装置。②在加速器上开展电子束泵浦 XeCl 准分子激光试验，出光初期，1991 年 3 月 25 日王淦昌院士就驰信祝贺，信中写道“闪光二号”加速器运行顺利，物理实验进行多种，并得到 XeCl 激光 58J 的能量，非常高兴，特驰信祝贺，望加倍努力，以期得更大的成就。”，后来，经过深入研究，XeCl 准分子激光输出能量提高到 136J，并进一步获得了输出能量达 157J 的 KrF 准分子激光。③以强流电子束虚阴极振荡原理产生了功率大于 4.5GW、脉宽为 25～30ns、频率为 9～11GHz 的高功率微波 113J，是当时国内获得功率最高的高功率微波，为我所高功率微技术研究在国内占得地位及以后的 发展奠定了重要基础。

2000 年以来，邱爱慈主持“强光一号”装置性能改进提升工作，使装置关键参数γ射线剂量率脉冲宽度从原来的 3 种扩展到 7 种，增加了辐照面积，拓宽了能谱范围，提高了“一机多用”的运行可靠性，使其成为国际上首台具有 4 大类、11 种脉冲辐射输出的装置，极大地拓宽了应用领域。该装置是我国目前唯一的剂量率效应考核平台，至今已运行 6000 余发次，很好地满足了国内数十家用户单位的不同使用要求，在我国辐射效应领域发挥了不可替代的重大作用。依托该装置建成了测试诊断系统配套齐全的国内首个 Z 箍缩研究平台，极大地推动了我国快 Z 箍缩研究领域发展。

2010 年之后建成的系列电磁脉冲模拟装置，成为我国电磁脉冲效应研究的主要实验平台，为我国各类装备设备的抗电磁脉冲性能研究做出了重大贡献。

本篇主要收集了邱爱慈院士在强流脉冲加速器与辐射环境模拟方面的重要综述性论文和主要学术论文。

高功率脉冲技术发展战略*

1 引言

脉冲功率技术的研究最早是从20世纪60年代初研制Marx发生器型微秒级脉冲X射线机开始的，在四十年内得到了很大的发展，发展了脉冲功率技术，已建成了脉冲电子束加速器“晨光号”和“闪光二号”、DPF-200浓密度等离子体焦点装置、“春雷号”有界波电磁脉冲模拟器、“强光一号”多功能辐射模拟装置、重复频率电子束加速器等高功率脉冲辐射模拟装置，并建成了中子发生器、钴源和绝缘芯变压器型电子加速器等，这些设备构成了基本配套的辐射模拟体系。高功率脉冲辐射模拟装置的技术和指标几乎每十年上一个新台阶，辐射输出剂量率提高了约6个量级，输出功率和电子束流水平提高了3个多量级；辐射种类从只输出轫致辐射X射线，到能输出高达1MA的强流脉冲电子束和160kA离子束；而轫致辐射X射线从只输出单一能段到可以分别输出光子能量大于1MeV的高能X射线(又称γ射线)、硬X射线、软X射线等不同能段的辐射谱；应用领域包括辐射效应研究、泵浦准分子激光等。

2 国外发展动向与国内现状分析

2.1 国外发展动向

1. 快Z箍缩技术取得重大突破，显示了它在辐射效应研究中的重要作用

1995年以来，快Z箍缩技术研究取得了重大突破，在美国圣地亚国家实验室的Z装置(1997年由脉冲离子束聚变装置PBFA-Ⅱ改进后进行Z箍缩研究，并命名为Z装置)上获得的X射线输出能量达1.8MJ，功率为230TW。最近两年，在这样高的辐射输出水平下，进行了一系列研究，取得了引人注目的科学技术进步，主要有①利用Z装置产生的K层辐射进行腔体系统电磁脉冲(SGEMP)试验方面已取得优异的进步；②在Z装置上进行了某些复杂的辐射流体实验；③在动力学黑腔实验中，测出的聚变反应中子数接近10^{10}个/脉冲，说明强的X射线能量可以均匀集中到足够小的空间；④液态氘的状态方程(EOS)研究取得了较好的结果和结论；⑤进行了等熵压缩实验和用高速(接近30km/s)飞片撞击产生的冲击压缩实验研究。正是由于在Z装置上所取得的杰出科技进步，美国能源部批准将Z装置升级为ZR装置，计划在2005年完成。ZR装置的性能可能达到：驱动电流为26MA、X射线辐射功率为350TW、总的辐射能量为2.7MJ，能谱为1keV、5keV和8keV的辐射能量分别为800kJ、300kJ和80kJ。在今后5～6年内，将在实现SSP计划中起关键作用。俄罗斯和法国也都制定了快Z箍缩中长期发展规划。美国可能会在2008年对激光ICF和快Z箍缩ICF两种技术途径做出必要的选择。

2. DECADE大型脉冲X光辐射源投入运行，已用于BMD系统辐照试验等

DECADE装置从1992年开始研制，是目前美国最大的X射线效应模拟器，热、冷X射线的试验能力比已在运行的模拟器分别提高2倍和3倍。当采用轫致辐射时，产生1MeV以下的热X射线和100keV以下的温X射线(采用串级二极管技术)，在辐照面积为1000～10000cm^{2}上，辐照剂量率可以达到5×10^9～2×10^{10}Gy/s，1999年底正式运行；采用快Z箍缩时，可以产生10keV以下的冷X射线，其中1keV的K层X射线总能量为400kJ。目前，正在进一步提高冷X射线的试验能力，研究和发展辐射模拟器的相关技术，力图采用Z箍缩技术实现40keV以下X射线的试验能力，并与能源部合作，

---

* 该文是邱爱慈院士撰写的技术发展报告，2003年11月20日修改定稿。

用他们规划和发展中的模拟设备(如 NIF、ZR、X-1)满足对辐射环境模拟的需求。同时，在拥有足够的 X 射线试验能力前，用高速磁飞片(由短路电流产生)提供模拟冷 X 射线冲量效应的能力。

3. 增加了用脉冲离子束模拟 2keV 以下 X 射线热力学效应的模拟手段

PITHON 装置是用于 X 射线热力学效应最大的电子束加速器，电子束流达 2MA，1992 年进行改造，用来产生脉冲离子束，在 1.8MV 电压下，脉冲离子束流峰值达 1MA，离子束总能量为 60kJ，主要模拟 2keV 以下的 X 射线热力学效应，1994 年已为用户提供试验，离子束辐照面积为 700cm^2(能注量为 12.6J/cm^2)，并可在真空中传输 2.3m。最终目标要达到离子束总能量为 70～100kJ，辐照面积达到 3000cm^2(能注量为 4.2J/cm^2)，并可传输 3m 以上。通过离子束与电子束模拟手段相配套，形成了能大面积模拟 1keV 以上 X 射线热力学效应的试验能力。

4. 美国已将慢 Z 箍缩装置 Atlas 搬到内华达试验场

Atlas 装置和先前放置的装置(如闪光照相装置、气炮等)及实验相结合，开展相关物理研究。

5. 电磁脉冲模拟器向快上升前沿方向发展，国际电工委员会已提出了新的电磁脉冲参数标准

国际电工委员会新的 NEMP 参数标准为上升前沿 2～3ns，脉宽 23ns，已建的 NEMP 模拟器有的正在按此标准进行改进。美国和俄罗斯都已研制成功了 0.3～1.2ns 的快上升前沿的电磁脉冲(FEMP)模拟器，并已投入使用，主要进行整体效应试验，尤其对采用商用电子器件筛选后的设备和系统，必须经过 FEMP 考验，通过后才能正式用于系统中。

6. 脉冲功率驱动源技术取得了新的进展

在快 Z 箍缩重要应用需求的牵引下，脉冲功率驱动源技术正向着提高电压和电流(提高功率)、降低设备造价的方向发展。传统的脉冲功率系统，如电容储能中的气体开关性能、水介质同轴线储能密度都有很大的改进和提高，电感储能系统中的断路开关性能也得到很大改善，多路同步和功率馈送技术得到了很大发展。20 世纪 90 年代，国际上相继建成了多台电容、电感混合储能或电感储能方式的脉冲功率装置，最具代表性的有美国的 DECADE 和俄罗斯的 GIT-16。近两年又在快初级储能技术方面取得了成就，如俄罗斯研制成功了输出电流脉冲上升时间为 100ns 的直线型变压器(LTD)一级模块，在此基础上，提出了建造 LTD 型直接驱动 Z 箍缩负载的脉冲功率驱动源方案，输出为 5MV、30MA、200ns，其设备总造价约 2750 万美元($ 2.5/J，而 ZR 为 $ 22/J)。美国圣地亚国家实验室也提出了 LTD 结构的 SATURN 装置的改进方案，输出电流从 8～10MA 提高到 14MA，其造价为 1000 万美元。因此，一旦新的、廉价的超大型脉冲功率驱动源得以实现，Z 箍缩技术和物理研究将会再一次出现新的重大突破。

2.2 国内现状分析

国内已建立的高功率脉冲辐射模拟设备符合国情，利用效率高，发挥了很好的效益。但与国外相比，国内投资强度较弱，在数量、规模、模拟手段、指标等方面还存在相当大的差距。

(1) γ射线剂量率和脉冲宽度与国外相当，但辐照面积较小。

1983 年建成的“闪光一号”加速器(中国工程物理研究院)，γ辐射剂量率为 10^{8}Gy/s、脉宽为 50ns。2000 年运行的“强光一号”加速器经过改进后，可以提供 5 种脉冲宽度(20～400ns)，最大剂量率大于 10^{10}Gy /s 的γ射线(光子能量大于 1MeV 的韧致辐射)的辐照环境，剂量率与脉宽方面基本满足要求，但辐照面积只有几十至一百平方厘米。若要增加辐照面积，并仍保持高剂量率，只有提高加速器的电压和电流，即需要建造更大规模的设备。

(2) X 射线的模拟手段不配套，试验能力尚远远不足。

可用于 X 射线热力学效应研究的模拟手段，除化爆外，目前只有“闪光二号”加速器产生的强流

脉冲电子束，经过近些年的改进，可以提供 350～1000J/cm^2 的辐照环境，它能模拟 2keV 以上的 X 射线热力学效应，但对 2keV 以下的 X 射线模拟可信度差，数值模拟与实验存在较大差异。近几年，我们开展了强流脉冲离子束产生及利用它模拟 1keV X 射线热力学效应的可行性研究，已获得的最大离子束流为 160kA、能注量为 25J/cm^2，辐照材料时，观察到了明显的材料质量损失(约几十 mg)和结构变形，但尚未达到实用化的程度。产生 10keV 以下 X 射线最有效的手段是快 Z 箍缩技术，国内尚处于起步阶段。近三年来，我们利用“强光一号”加速器开展了快 Z 箍缩技术研究，对氪气负载和钨丝阵负载，获得的 X 射线总能量分别达到 60kJ 和 28kJ，但光子能量大部分集中在 200～400eV，因此尚缺少一台能基本满足效应试验要求的冷 X 射线辐射源，这需增大驱动电流，开展快 Z 箍缩产生 K 层辐射的技术研究。DPF-200 浓密度等离子体装置可以产生小于 60keV 的 X 射线，但总能量只有 100J，且能谱偏软。“强光一号”加速器虽然可以产生总能量为 500J 的 20～100keV X 射线，但同时伴随有 100keV 以上的轫致辐射，因此为了降低高能光子成分，需要采用串接二极管技术降低其端电压，同时增大电流。

(3) 尚缺少单能脉冲γ射线和强脉冲中子源(14MeV)。

(4) 尚缺少一台技术指标先进、可进行干扰级试验的大型辐射波 EMP 模拟器。

(5) 现有辐射模拟源参数测量的准确度、设备运行重复性、稳定性和可靠性尚需提高，测试和运行试验规范及标准尚需建立。

综上所述结论：高功率脉冲技术需要继续发展，以提高地面辐射模拟综合试验研究能力。虽然暂时无条件投巨资建设许多规模很大的模拟设备，但模拟手段应该比较齐全和配套，因此建设新的模拟设备或提升改造已建设备是必要的。

3　技术发展战略

3.1　定位与目标

结合国内实际，以发展单次、高功率(高电压和大电流)的脉冲技术为基础，瞄准国际发展前沿，提升或研制模拟设备，提供模拟手段齐全的辐射模拟环境。建成国内一流、技术指标先进、特色明显、试验技术规范、运行高效可靠的辐射模拟与效应研究中心或重点实验室，以及高功率脉冲技术学科发展基地。具有较强的研究试验能力(包括快脉冲射线束和图像诊断技术研究、辐射效应及加固技术研究、加固性能评估技术研究及应用基础研究等)；具有面向全国服务的能力；具有较强的适应能力和自我发展的能力。

3.2　发展思路

总体发展思路是以需求为牵引，以贡献求发展；巩固已有基础，提高试验能力；保持技术优势，研制先进设备；提升创新能力，实现技术跨越。在确定的定位目标下，巩固已有基础，对已建设备通过技术改造，提高设备运行的可靠性，保持其原指标性能或提高和扩充部分性能，加强技术基础性工作，建立已建设备的测试运行规范和标准，提供可靠的辐射环境参数，提高模拟试验研究能力；对国内尚缺的模拟源，在保持技术优势的基础上，采用国际上先进的并已成功应用的技术，重点攻关，提升和改造已建设备或研制新的模拟装置；坚持以任务带动学科发展，以学科发展促进任务完成的原则，凝练、升华脉冲功率技术学科的发展方向，不断探索高功率脉冲新技术，增强创新能力和竞争力，实现技术跨越，为开发先进的脉冲强 X 射线辐射源和脉冲功率技术新应用提供技术储备。

3.3　技术攻关和达到的目标

3.3.1　提高已建辐射模拟设备的试验研究能力(近 5 年内)

(1) 改善实验条件，建立“强光一号”和“闪光二号”加速器运行和试验规范。

(2) 完善标定方法，建立脉冲γ射线总剂量、剂量率测试规范和标准；研究纳秒脉冲大电流测量技术，建立测试规范。

(3) 通过改进开关技术(POS 和闭合开关)、真空绝缘和增磁系统等关键部件性能，控制运行参数和条件，提高“强光一号”加速器运行的可靠性和重复性。

(4) “闪光二号”加速器技术改造。

1) 必要性

“闪光二号”加速器十多年长期超负荷运行导致许多部件虽经部分改进，仍存在不同程度的老化和损伤而使可靠性降低等问题，难以适应辐射效应研究的新需求；模拟 X 射线热力学效应的手段尚需完善，目前仍缺少可提供实际应用的脉冲离子束源；同时，高功率脉冲技术发展需要有实验平台。近几年由于新设备(如“强光一号”、SIUUS888 重复频率加速器等)建成并投入运行，“闪光二号”加速器的运行压力降低，目前运行任务相对减少，因此抓紧目前时机，对“闪光二号”加速器进行技术改造是十分必要的。

2) 目标

在发生器充电电压为 70kV 时，加速器达到改造前充电电压为 80kV 时的电子束输出指标；提高加速器运行的可靠性和稳定性；具有产生脉冲强流离子束的能力，补充电子束模拟软 X 射线热力学效应的不足。

3) 基本思路

采用国际上已成功应用的新技术，即多根小水线并联技术和多级多通道电脉冲触发气体开关，改造现在的脉冲形成线和代替水介质主开关，实现阻抗匹配。同时改变 Marx 发生器的连接结构，并由 8 排增加到 9 排，通过提高加速器的能量传输效率，减少预脉冲电压，降低 Marx 发生器的输出电压和脉冲形成线的工作电压，达到改造目标。

改造拟分两步进行，第一步先改造脉冲功率系统，即 Marx 发生器和水线系统；第二步改造二极管，由径向绝缘改为纵向绝缘，并使其满足既能产生电子束，又能产生离子束的要求。

3.3.2　“强光一号”加速器升级(2010 年)

1. “强光一号”加速器升级的目的

升级“强光一号”加速器作为强的 X 射线辐射模拟源，开展 X 射线效应、测试和检验的研究，与现有辐射模拟设备相配套，建立较为完善的辐射效应模拟中心，为辐射效应研究提供辐射环境。

2. 升级预计达到的目标(见下表)

输出参数	升级前	升级后
驱动电流	<2MA	～5MA
冷 X 射线总能量	～60kJ	>200kJ
K 层辐射总能量(>1keV)	未测到	几十 kJ
温 X 射线总能量(20～100keV)	500J	略有提高(一路运行)
γ 射线	10^{10}Gy/s	略有提高(一路运行)

3. “强光一号”加速器升级的基本思路

采用两路并联运行，一台用改进后的“强光一号”加速器，另一台重新研制；提高现有“强光一号”加速器的实际运行储能和优化水线参数；解决两路并联的同步可靠运行和功率馈送；研制新的二极管。“强光一号”加速器升级后既可以单路运行，也可以两路并联运行。单路运行时，现有指标略有提高或继续保持，但充电电压可以降低，可提高设备运行可靠性；两路并联运行时，能有条件采用串级二极管技术，可以大大降低高能光子的分量，并提高温 X 射线总能量。近两年要进行关键技术研究和研制，确定“强光一号”加速器升级的技术方案。

3.3.3 快上升前沿的电磁脉冲模拟器(EMP)研制(2010 年)

EMP 模拟器的主要技术指标：

研制一台指标先进的大型 EMP 模拟器，脉冲上升时间为 2.5～5ns，半高宽大于 20ns，提供电场为 20～50kV/m 的电磁脉冲环境。

研制的基本思路：

研制工作拟分两步走，先用 3 年时间，通过研制一台 300kV、上升前沿小于 3ns、半高宽为 25～75ns、匹配负载为 75～150Ω的双指数波脉冲功率源，研究紧凑的低抖动 Marx 发生器技术，峰化电容器技术和低电感、低抖动的开关技术等，探索实现大型 FEMP 模拟器脉冲功率源的技术途径和方案，培养人才和积累经验。同时，研究天线及其与功率源的耦合技术，在此基础上确定大型 EMP 模拟器详细的、切实可行的技术方案，进行工程实施。

3.3.4 以需求为牵引，加强脉冲功率技术学科的建设和发展，加大应用基础研究力度

辐射模拟设备的基础是高功率脉冲技术。以近期“闪光二号”改造、“强光一号”升级和 FEMP 研制以及研制先进的脉冲强 X 射线辐射源和最终建立地面辐射综合模拟环境的长远目标，作为需求牵引，把握凝练学科方向、构筑学科基地、汇聚人才学科建设的三大要素，建设好脉冲功率技术学科，促进任务完成，提升创新能力。主要的研究方向有以下几个方面：

1. 电能的脉冲储存、压缩和传输

国外实验结果表明，高功率 Z 箍缩产生的 X 射线总能量与驱动电流的平方成正比，要获得强 X 射线，必须提高脉冲功率驱动源的电流和电压，降低设备造价和复杂程度将是长期追求的目标。因此，拟将快脉冲源直接驱动负载的新概念、新技术、新方法以及超高电功率馈送的理论和技术作为长期的研究方向。

近期将“闪光二号”“晨光号”、200kV 小型脉冲功率装置和开关试验台等作为高功率脉冲技术研究的实验平台，重点开展多根水介质同轴线并联技术；低电感、低抖动兆伏级触发气体开关技术；多路脉冲功率系统同步技术；真空磁绝缘传输和功率汇聚技术；直线型脉冲变压器(LTD)技术，探索实现快脉冲、模块化 LTD 的技术途径；针对短脉冲、高功率下电介质的绝缘问题，重点研究真空界面绝缘技术；紧凑型模块化、低抖动的 Marx 产生器技术；快放电、低电感高压、高能密度电容器技术等。

2. 等离子体辐射及其诊断

快 Z 箍缩等离子体辐射是目前产生强 X 射线最为有效的技术途径，拟将快 Z 箍缩产生 K 层 X 射线和 40keV 以下 X 射线的研究及其应用和精密的诊断技术，以及快 Z 箍缩等离子体辐射的科学问题作为长期的研究方向。

近期将“强光一号”加速器作为快 Z 箍缩研究的初级实验平台，重点研究快 Z 箍缩辐射特性、负载技术和数值模拟；研究 X 射线辐射参数(总能量、时间谱、能谱、图像诊断)和等离子体参数(温度、密度、运动图像等)的诊断技术和方法，建立相应的测量系统；探索长脉冲(120～200ns)驱动负载的等离子体动力学，提高 K 层 X 射线辐射能量和功率技术及相关的物理问题；为“强光一号”加速器升级后快 Z 箍缩的深入研究打下基础。

3. 脉冲强流粒子束二极管物理和技术

强流二极管是产生γ射线、X 射线和高功率微波等辐射的关键部件，其内部的物理问题非常丰富和复杂，尽管已有几十年的发展历史，但仍有许多机理、现象没有被人们认识，国内对这方面的基础研

究更是薄弱。因此，拟将强流粒子束二极管物理和技术、粒子束的应用研究作为长期的研究方向。

近期将以“闪光二号”加速器等脉冲功率装置作为实验研究平台，重点研究强流脉冲离子束的产生、传输和聚焦，并能达到用于材料热力学效应(重点是喷射冲量)研究的要求；探索用质子束产生准单能γ射线的可行性和实用性；探索用氘束产生脉冲中子的可行性；探索串接二极管或反射型三极管产生低能轫致辐射温 X 射线的技术。

4. 快脉冲测量技术

快脉冲测量技术是研制辐射模拟设备和提供辐射环境参数的重要基础，需要不断完善、改进，提高测量精度，探索新的测量方法和技术，是长期研究的方向。

近期重点研究快脉冲大电流、强电子束测量标准化技术；研究快沿短脉冲电场和磁场测量技术；研究强流脉冲离子束测量技术；探索准单能脉冲γ射线强度测量技术以及脉冲γ射线(轫致辐射)的能谱测量技术。

需要说明的是，快脉冲射线束测量和等离子体诊断本不属于脉冲功率技术学科的范围，但由于与辐射模拟设备研制有关，这里列出了部分相关的研究内容。同时说明学科之间需要交叉，互相促进，共同发展，也正是可以发挥多学科的综合优势所在。

4 结束语

高功率脉冲技术的发展既要有明确的需求，又要有前瞻性、系统性、持续性，才能在需要时用得上，并且具有较强的适应能力和开拓能力。希望通过研讨，达成共识，做好规划，确定目标，努力奋斗，为今后技术发展做出新的贡献。

高功率脉冲技术发展战略*

1　四十年发展回顾

1.1　发展概况

脉冲功率技术的研究最早是从20世纪60年代初研制Marx发生器型微秒级脉冲X射线机开始的，在近五十年内得到了很大的发展，其间大致经历了四个发展阶段：20世纪60年代、70年代、80年代、90年代至今。建成了脉冲电子束加速器“晨光号”和“闪光二号”、DPF-200浓密度等离子体焦点装置、“春雷号”有界波电磁脉冲模拟器、“强光一号”多功能辐射模拟装置、重复频率电子束加速器等高功率脉冲辐射模拟装置，以及中子发生器、钴源和绝缘芯变压器型电子加速器等，这些设备构成了基本配套的辐射模拟体系。高功率脉冲辐射模拟装置的技术和指标几乎每十年上一个新台阶，辐射输出剂量率提高了约6个量级，输出功率和电子束流水平提高了3个多量级；辐射种类从只输出轫致辐射X射线，到能输出高达1MA的强流脉冲电子束和160kA离子束；轫致辐射X射线从只输出单一能段到可以分别输出光子能量大于1MeV的高能X射线(又称γ射线)、硬X射线、软X射线等不同能段的辐射谱；应用领域从早期的辐射效应模拟试验到泵浦准分子激光等。

近十年来，更进一步发展了脉冲功率技术，最主要的成绩有：

(1) 建成了“强光一号”多功能辐射模拟装置，并扩展提高了它的性能，正在科研试验中发挥着重要作用。

“强光一号”加速器投入运行后，经过改进，使γ射线辐射状态增加了3种脉冲宽度，4种指标，其最大辐射脉宽大于400ns。同时，使短脉冲γ射线状态与Z箍缩负载状态的加速器结构兼容。改进后的“强光一号”装置提高了引进设备的试验能力，拓宽了应用范围，并缓解了一机多用的矛盾，已成功地应用于辐射效应实验，取得了满意的结果。

(2) 改进已建设备的性能指标，开展应用技术研究，保持设备良好运行状态，扩大了设备应用范围。

从1996年起，在不增加发生器储能的条件下，开展了高能流量二极管系统研制和高能注量电子束诊断技术研究，并改进了水线系统的主开关和预脉冲开关，于2000年获得了高能注量电子束输出，比原二极管提高三倍多，在材料辐照试验中，观察到了与低能注量辐照时显著不同的效应。

2000年以来，为了解决在电子束辐照涂层和薄膜材料时存在数值模拟与实验有较大差异的问题，在“闪光二号”加速器上开展了强流脉冲离子束(HPIB)产生及利用它模拟1keV以下X射线热力学效应的可行性研究，目前已获得的最大离子束流约为160kA，脉冲宽度为60ns，束斑直径为75mm，离子束能注量约为25J/cm^2，辐照材料时，明显观察到了材料质量损失(几十毫克)和结构变形。同时，将离子束(主要是质子束)传输几十厘米后轰击C_2F_4靶，获得了6～7MeV的准单能脉冲γ射线。初步实验表明，利用“闪光二号”加速器产生强流脉冲离子束，提供材料热力学效应研究是有可能的，同时也有可能作为准单能脉冲γ射线源，将为脉冲射线束测量提供一种新的实验模拟手段。

此外，建成了“春雷号”有界波电磁脉冲模拟器，“晨光号”和DPF-200装置在稳定运行和应用研究方面做了大量工作，使这些设备发挥了更好的作用。2000年开始对DPF-200脉冲功率驱动源进行改造，将装置的总储能提高到300kJ。

(3) 积极探索和跟踪国外新技术的发展，确定快Z箍缩是实现强X射线源最主要的技术途径，率先在国内开展快Z箍缩研究，并取得了可喜进展。

---

* 该文是邱爱慈院士撰写的脉冲功率技术发展报告，2013年6月定稿。

早在 1994 年签订“强光一号”加速器的合同中，我们前瞻性地增加了 Z 箍缩产生软 X 射线的工作状态，2000 年以来，通过调整“强光一号”加速器的结构组合、改进等离子体断路开关(POS)性能，在同一台装置上获得了两种脉冲上升时间的负载驱动电流，最大峰值电流已达到 2.1MA；采用从俄罗斯引进的喷氪气 Z 箍缩负载和我们自行研制的钨丝阵列，在驱动电流 1.4～1.6MA 条件下，开展了快 Z 箍缩实验研究，用 5 通道 X 射线二极管(XRD)时间谱测量系统、自行研制的能量平响应镍薄膜量热计测量系统、分能区多幅软 X 射线图像诊断系统和时空分辨软 X 射线弯晶谱仪进行测量，对氪气负载和钨丝阵负载，获得的最大 X 射线总能量分别为 70kJ 和 28kJ，峰值功率分别为 2TW 和 0.55TW；两种负载下，总的 X 射线能量转换效率分别达到约 20%和 10%。同时，跟踪国外脉冲驱动源技术的发展趋势，重点研究了 LTD 技术，研制了亚微秒直线型变压器一级模块。

1.2 现状分析

到目前为止，已建设备所能够产生的主要辐射环境类型和性能指标及主要功能如表 1 所示。对现状的分析如下：

(1) 已建立的高功率脉冲辐射模拟设备符合国情，在技术性能指标上具有国际先进水平，并处于国内领先地位，利用效率高，发挥了很好的效益，为我国辐射效应研究做出了重要的贡献；

(2) γ射线(>1MeV)和热 X 射线(<1MeV)尽管辐照面积不大，不能提供整机和分系统的辐照试验，但在剂量率和脉宽方面与国外相当，可以基本满足要求；

(3) 冷 X 射线(<20keV)和温 X 射线(<100keV)的模拟试验能力尚远远不足，目前只有脉冲电子束一种模拟手段，缺少达到实用的脉冲离子束补充模拟手段和能满足实际应用要求的高保真度(能谱、能注量、辐照面积)的冷、温 X 射线模拟源，具有这种能谱的 X 射线不但对材料热力学效应研究非常需要，而且对系统电磁脉冲研究也很重要；

(4) 现有模拟源参数测量准确度不高，测试和运行试验规范及标准还没有完全建立，设备运行的重复性、稳定性和可靠性尚需要提高，否则难以满足系统效应研究要求；

(5) 尚缺少一台技术指标先进、可进行干扰级试验的大型辐射波 EMP 模拟器。

表 1 大型高功率脉冲辐射装置的性能指标及主要功能

辐射类型	主要指标			设备名称	主要功能
	能谱范围	辐射脉宽/ns	辐射剂量率/(Gy/s)		
脉冲 X 射线、γ射线	3～60keV	100	3×10^{9}(100J)	DPF-200	剂量率、系统电磁脉冲效应、射线束测试技术研究与系统标定
	20～100keV	35	(500J)	“强光一号”	系统电磁脉冲效应
	0.02～1.5MeV	45	～10^{10}	“强光一号”	辐射效应、脉冲总剂量效应、射线束测试技术研究与系统标定
	0.1～1.0MeV	25	3×10^{7}	“晨光号”	剂量率效应、射线束测试技术研究与系统标定
	0.3～3.0MeV	100～250	～10^{9}	“强光一号”	辐射效应、脉冲宽度、射线束测试技术研究与系统标定
	0.4～5.0MeV	25	～10^{10}	“强光一号”	辐射效应
电子束	平均能量/MeV	脉冲宽度/ns	束能/kJ(能注量/$(J\cdot cm^{-2})$)	—	—
	0.65～0.85	75	43(420)	“闪光二号”	模拟不同注量和光子能量的～keV 级 X 光热力学效应、产生高功率微波和泵浦准分子激光
	0.3～0.4	75	32(320)	“闪光二号”	
	0.6～0.75	70	24(1000)	“闪光二号”	
离子束	0.1～0.6	60	2.8(25)	“闪光二号”	
电磁脉冲	脉冲前沿/ns	脉冲宽度/ns	场强/(V/m)	—	—
	10	300	～10^{5}	“春雷号”	HEMP 效应、测试系统标定

2 国际发展动向

2.1 快 Z 箍缩的发展

快 Z 箍缩技术取得重大突破，它不仅是作为强 X 射线源模拟最为有效的手段，而且是激光惯性约束聚变(ICF)的重要补充，也是下一代 ICF 和高产额装置的备选方案之一。1995 年以来，快 Z 箍缩技术研究取得了重大突破，由于采用了多丝双层嵌入式钨丝阵列负载，有效地控制了等离子体的瑞利-泰勒(R-T)不稳定性，使 X 射线辐射输出功率显著提高，在短短几年时间内，辐射功率增长约 7 倍，在美国圣地亚国家实验室的 Z 装置上(1997 年由脉冲离子束聚变装置 PBFA-Ⅱ改进后进行 Z 箍缩研究，并命名为 Z 装置)获得了 X 射线输出能量达 1.8MJ，功率为 230TW。最近两年，在这样高的辐射输出水平下，进行了一系列研究，取得了引人注目的科学技术进步，主要有①利用 Z 装置产生的 K 层辐射进行腔体系统电磁脉冲(SGEMP)试验方面已取得优异的进步；②在 Z 装置上进行了某些复杂的辐射流体实验；③在动力学黑腔实验中，观察到了一层薄薄的、均匀的冲击波，实验观测到的中子被证明来自 Z 装置中心 2mm 氘靶丸的聚变反应，测出的中子数接近 10^{10} 个/脉冲，说明强的 X 射线能量可以均匀集中到足够小的空间；④液态氘的状态方程(EOS)研究取得了较好的结果和结论；⑤进行了等熵压缩实验和用高速(接近 30km/s)飞片撞击产生的冲击压缩实验研究，其产生的压力大小和样品尺寸都很好地填补了气炮实验和激光驱动实验之间的空白。正是由于在 Z 装置上所取得的杰出科技进步，美国能源部已批准投资 6 千万美元，将 Z 装置升级为 ZR 装置。ZR 装置的性能可达到：驱动电流为 26MA、X 射线辐射功率为 350TW、总的辐射能量为 2.7MJ，能谱为 1keV、5keV 和 8keV 的辐射能量分别为 800kJ、300kJ 和 80kJ。在今后 5～6 年内，它将是科学研究最主要的辐射模拟设备。

2.2 DECADE 大型脉冲 X 光辐射源投入运行，已用于 BMD 系统辐照试验等

DECADE 装置从 1992 年开始研制，是目前美国最大的 X 射线效应模拟器，热、冷 X 射线的试验能力比已在运行的模拟器分别提高 2 倍和 3 倍。当采用韧致辐射时，产生 1MeV 以下的热 X 射线和 100keV 以下的温 X 射线，在辐照面积为 1000～10000cm^2 上，辐照剂量率可以达到 5×10^9～2×10^{10}Gy/s，1999 年底正式运行；采用快 Z 箍缩时，可以产生 10keV 以下的冷 X 射线，其中 1keV 的 K 层 X 射线总能量为 400kJ。目前，正在进一步提高冷 X 射线的试验能力，研究和发展辐射模拟器的相关技术，力图采用 Z 箍缩技术实现 40keV 以下 X 射线的试验能力，并与能源部合作，用他们规划和发展中的模拟设备(如 NIF、ZR、X-1)满足对辐射环境模拟的需求。同时，在拥有足够的 X 射线试验能力前，用高速磁飞片(由短路电流产生)提供模拟冷 X 射线冲量效应的能力。

2.3 增加了用脉冲离子束模拟 2keV 以下 X 射线热力学效应的模拟手段

PITHON 装置是用于 X 射线热力学效应最大的电子束加速器，电子束流达 2MA，1992 年进行改造，用来产生脉冲离子束，在 1.8MV 电压下，脉冲离子束流峰值达 1MA，离子束总能量为 60kJ，主要模拟 2keV 以下的 X 射线热力学效应，1994 年已为用户提供试验，离子束辐照面积为 700cm^2(能注量为 12.6J/cm^2)，并可在真空中传输 2.3m。最终目标要达到离子束总能量为 70～100kJ，辐照面积达到 3000cm^2(能注量为 4.2J/cm^2)，并可传输 3m 以上。

2.4 美国已将慢 Z 箍缩装置 Atlas 搬到内华达试验场

美国为了扩大能源部三个实验室的研究能力，在 2001 年将慢 Z 箍缩的 Atlas 装置搬到内华达试验场(NTS)，还计划在 NTS 安装 Z 装置，这些装置和先前放置的装置(如闪光照相装置、气炮等)及实验相结合，为能源部的相关项目进行实验研究。

2.5 电磁脉冲模拟器向快上升前沿方向发展，国际电工委员会已提出了新的高空电磁脉冲(EMP)参数标准

国际电工委员会提出了新的 EMP 参数标准为上升前沿 2～3ns，脉宽 23ns，已建的 EMP 模拟器有的正在按此标准进行改进。美国和俄罗斯都已研制成功了 0.3～1.2ns 的快上升前沿的电磁脉冲(FEMP)模拟器，并已投入使用，主要进行整体效应试验，尤其对采用商用电子器件筛选后的设备和系统，必须经过 FEMP 考验，通过后才能正式用于系统中。

2.6 脉冲功率驱动源技术取得了新的进展

在快 Z 箍缩重要应用需求的牵引下，脉冲功率驱动源技术正向着提高电压和电流(提高功率)、降低设备造价的方向发展。传统的脉冲功率系统，如电容储能中的气体开关性能、水介质同轴线储能密度都有很大的改进和提高，电感储能系统中的断路开关性能也得到很大改善，多路同步和功率馈送技术得到了很大发展。20 世纪 90 年代，国际上相继建成了多台电容、电感混合储能或电感储能方式的脉冲功率装置，最具代表性的有美国的 DECADE 和俄罗斯的 GIT-16。并且在快初级储能技术方面取得了成就，如俄罗斯研制成功了输出电流脉冲上升时间为 100ns 的直线型变压器(LTD)一级模块，在此基础上，提出了建造 LTD 型直接驱动 Z 箍缩负载的脉冲功率驱动源方案，输出为 5MV、30MA、200ns，其设备总造价约 2750 万美元($ 2.5/J)。美国圣地亚国家实验室也提出了 LTD 结构的 SATURN 装置的改进方案，输出电流从 8～10MA 提高到 14MA，其造价为 1000 万美元。因此，一旦新的、廉价的超大型脉冲功率驱动源得以实现，Z 箍缩技术和物理研究将会再一次出现新的重大突破。

3 技术发展战略

3.1 定位与目标

目前，国内辐射模拟设备现状与国外相比有很大差距，虽然暂时无条件投巨资建设规模和数量都很大的模拟设备，但根据国内需求建立手段比较齐全和配套的模拟设备还是十分必要的。因此，辐射模拟设备发展的定位与目标应从我国辐射效应和试验需求出发，以发展单次、高功率(高电压、大电流)的脉冲技术为基础，瞄准国际发展前沿，改造或研制具有相当规模、模拟手段齐全、技术指标先进、特色明显、运行可靠的辐射模拟设备配套体系，重点研究快 Z 箍缩等离子体辐射、脉冲离子束和快电磁脉冲技术，提供γ、X 和 EMP 辐射模拟环境，用于快脉冲射线诊断系统技术研究与辐射效应研究。

3.2 发展思路

在确定的定位目标下，采用国际上先进的并已成功应用的技术，提升和改造已建设备或针对国内缺项研制新的模拟装置。通过技术改造提高设备运行的可靠性，保持其原指标性能或提高和扩充部分性能，掌握先进技术，在此基础上研制新的装置。深入研究快 Z 箍缩的物理和技术问题，积极探索脉冲功率驱动源的新技术，为今后发展做好技术储备，保持技术优势，形成可持续发展的能力。加强技术基础性工作，建立已建设备的测试运行规范和标准，提供可靠的辐射环境参数。详见技术发展思路框图(图 1)。

3.3 技术攻关和达到的目标

3.3.1 近期(五年内)的主要技术攻关内容和达到的目标

(1) 重点开展多根水介质同轴线并联技术、低电感低抖动气体开关技术、真空界面电磁绝缘技术、强流脉冲粒子束诊断技术以及脉冲离子束的产生和应用技术等研究，为现有大型辐射模拟设备的技术改造和试验运行规范的建立提供技术支撑；

(2) 开展并完成“闪光二号”加速器的技术改造工作，降低 Marx 发生器的输出电压和脉冲形成线的工作电压，提高能量传输效率，保证“闪光二号”长期可靠运行，发挥更大的作用和效益；

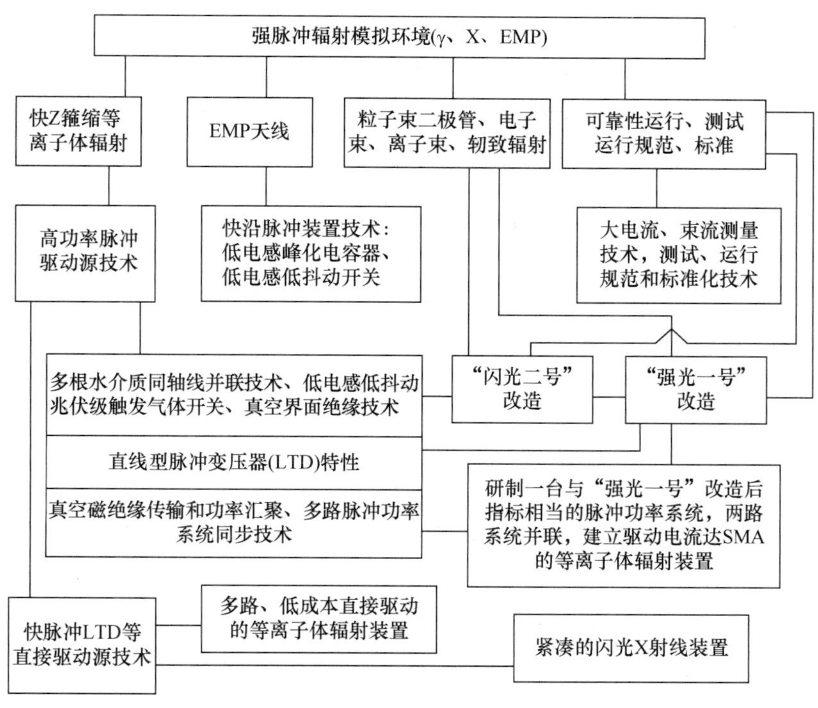

图 1　技术发展思路框图

(3) 规范“强光一号”加速器运行维护，增大加速器的初级储能，优化水线参数，一方面保证“强光一号”脉冲γ射线工作方式长期可靠运行，另一方面提高“强光一号”的驱动电流，以发挥更大的作用；

(4) 制定研制驱动电流达到 5MA 以上的大型 X 射线模拟装置的技术方案，进行部分技术和硬件储备；

(5) 确定大型 EMP 模拟器具体先进可行的技术指标，制定研制实施方案，开展关键技术(峰化电容器、开关、天线耦合等)的预先研究和研制；

(6) 在“强光一号”装置上开展各种负载(喷气、丝阵)Z 箍缩实验技术研究，研制配套的 Z 箍缩物理过程诊断系统，开展 Z 箍缩物理过程模拟计算，积累有关 Z 箍缩物理知识和技术。

3.3.2　中期(十一五)的主要技术攻关内容和达到的目标

(1) 开展多路脉冲功率系统并行技术、功率馈送及负载的物理和工程技术、快脉冲直线型变压器等直接驱动源技术研究，为研制大型辐射模拟设备和今后发展提供技术储备和支撑；

(2) 研制一台驱动电流达到 5MA 以上的大型 X 射线模拟装置，以获得更强的脉冲 X 射线，提高 X 射线模拟的保真度和试验能力；

(3) 研制一台指标先进的大型 EMP 模拟器，脉冲前沿小于 3ns，半高宽度大于 20ns，提供电场为 50～100kV/m 的电磁脉冲环境；

(4) 继续开展 Z 箍缩技术研究，发展精密的等离子体辐射诊断技术和先进的辐射磁流体数值模拟程序；

(5) 与辐射效应技术研究相结合，建成国内最大的辐射模拟与效应研究中心或重点实验室。

3.3.3　长期(15～20 年)的主要技术攻关内容和达到的目标

(1) 加强高功率脉冲关键技术研究深度，跟踪国内外最新发展动态，加大直接驱动源技术研究力度，力争研制出一台具有高性能指标、低成本、直接驱动的巨型脉冲 X 射线模拟设备，可用于深入开展 X 射线辐射模拟研究；

(2) 深入开展用 Z 箍缩产生高保真 X 射线的技术研究，积极开展 30MA 的 Z 箍缩装置关键技术攻关；

(3) 持续发展高功率脉冲驱动源技术和粒子束二极管及强束流物理。

4　学科发展

脉冲功率技术的发展主要源于辐射效应模拟的需求和现代高新技术的发展。如果以 1976 年第一次脉冲功率国际会议作为学科形成的标志，脉冲功率技术成为一门新学科，距今还不足四十年。在国际上将辐射模拟源(包括功率源、粒子束二极管、Z 箍缩等)、闪光照相、EMP 和高功率微波源、电磁发射与电热炮驱动源等都纳入脉冲功率技术研究范畴，美国圣地亚国家实验室成立了脉冲功率中心(主要是辐射模拟这一部分)。由于它的重要性和广泛性，历年来一直被美国列为重大关键技术之一，也是当今科学技术发展中较为活跃的领域之一。

国内的脉冲功率技术发展已具有一定规模，主要单位有西北核技术研究所、中国工程物理研究院、原子能科学技术研究院等，少数高校也相继开展相关研究，主要有国防科技大学、华中科技大学、清华大学、西安交通大学等。国内主要由教育部、国家自然科学基金委员会和国家标准对“学科分类与代码”进行了明确规定，由于脉冲功率技术很新，目前还只在国家自然科学基金申请项目学科分类目录和代码中单独列出，即列在二级学科“电工新技术基础”中的三级学科“大功率脉冲技术”，而实际上，脉冲功率技术的研究内容已涉及多个传统学科专业(按国家标准中的二级学科)，如电气工程、粒子加速器、等离子体物理、辐射物理与技术等，是这些学科的延伸、发展与交叉，今后必将会有新的发展。

学科建设有三大因素：一是凝练学科方向，二是汇聚人才，三是构筑学科基地。学科方向的形成要不断凝练、不断升华、不断修正，需有系统的理论基础、内涵和一定宽度，需要积累过程。脉冲功率技术经过几十年的积累(尤其是近二十年)，已有了很好的基础，所建的配套设备和实验室是发展脉冲功率技术很好的实验研究平台，今后仍要加强可供研究的实验设施和条件的建设，构筑脉冲功率学科发展基地。脉冲功率技术大致有以下几个主要研究方向：

(1) 电能的脉冲储存、压缩和传输；

(2) 脉冲强流粒子束二极管物理和技术及强束流物理；

(3) 脉冲等离子体辐射；

(4) 超快前沿，超短脉冲的电压、电流测量与强流粒子束诊断。

在这些方向上，辐射模拟和高功率微波由于用途不同，其研究重点也不同，如对方向(1)，辐射模拟重点研究的是获得超高峰值功率(几十太瓦以上)、单次、廉价的脉冲储存、压缩和传输技术，而高功率微波重点研究的是获得高峰值功率(几个吉瓦以上)或高平均功率(具有高的重复频率)、高效紧凑(体积小、质量轻)的脉冲功率驱动源技术。

大型辐射波电磁脉冲模拟器脉冲源的初步方案*

摘要：本文是我国首次关于大型辐射波电磁脉冲模拟装置建设指标、天线形式、脉冲源技术方案、脉冲源关键技术分解、技术攻关组织建议等方面综合性论证报告。基于此报告，邱爱慈院士团队首次获得批复经费，并布局开展针对性研究，客观上推动了国内强电磁脉冲领域的发展。

1 引言

EMP 模拟器分为三种模式：有界波模拟器、辐射波模拟器和混合型模拟器。我国目前缺少大型辐射波模拟器。针对系统级试验需要大尺寸空间以及必须考虑地面反射波等因素，由于不同的天线模式对驱动源的结构和参数要求不同，模拟器天线模式应综合各种因素尽快论证确定。模拟器的参数选择必须遵守一定的标准，波形说明如图 1 所示。

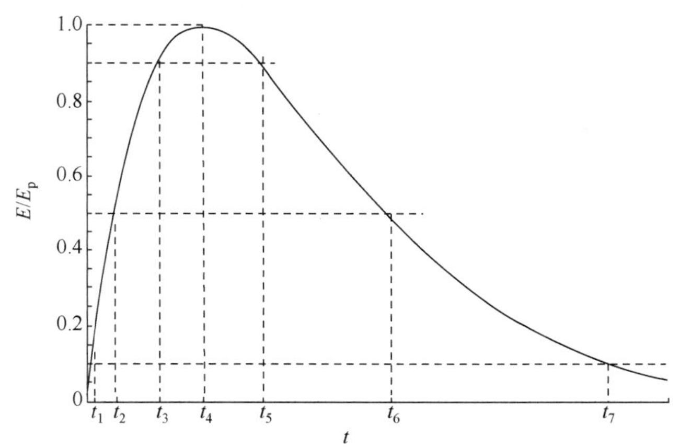

图 1 典型电场波形参数示意图

其中，前沿 $t_r=t_3-t_1$；半宽 $t_{hw}=t_6-t_2$；底宽 $t_f=t_7-t_5$。另外，在工程涉及中常采用 t_e 表示幅值下降到 $1/e$ 时间。电场波形的解析表达式如下式：

$$E(t)=E_p k\left(e^{-\beta t}-e^{-\alpha t}\right) \tag{1}$$

不同标准中选取的公式参数有所区别，如表 1 所示。

表 1 不同标准电场波形参数比较

标准	Bell Lab	MIL-STD-416D	MIL-STD-416E(IEC)	中国
时间/年	1977	1993	1999	1987
k	1.05	—	1.3	1.2
E_p/(kV/m)	50	50	50	50
α/s^{-1}	4×10^6	—	4×10^7	1.5×10^6
β/s^{-1}	4.76×10^8	—	6×10^8	2.6×10^8
t_p/ns(t_4)	10.1	—	4.8	20
t_r/ns	4.1	10	2.5	8
t_{hw}/ns	184	—	23	—
t_f/ns	550	>75	55	1500

* 该文根据邱爱慈院士、何小平高工 2004 年汇报稿整理。

从国际上具有代表性的混合型(双锥+笼型天线)HEMP 模拟器的参数分析来看，欧美大型混合型 EMP 模拟器只能满足 1993 年 MIL-STD-416D 标准，均采用双锥+笼型天线，双锥天线的阻抗为 150Ω。其中，法国的 4MV 模拟器于 1980 年建造，采用 Pulspak9000S 驱动，前沿只能达到 7ns；2.6MV 模拟器建于 20 世纪 90 年代，驱动源为 FEMP2000，前沿可达 1ns。

拟建模拟器应考虑前瞻性，参数选取需考虑国际 HEMP 标准前沿更快、脉宽更窄的变化趋势。模拟装置主要技术指标，如峰值场强、波形前沿和半宽很大程度上取决于驱动源参数，而脉冲驱动源参数受制于模拟器天线形式。因此，应首先确定模拟装置的天线驱动方式，再明确脉冲源的参数和具体要求。

2 天线驱动方式选择

国内外已经建成的混合型辐射波模拟器的天线均采用双锥+笼型天线形式。这种模拟器的驱动方式主要有两种：一种是采用两台脉冲产生器通过一个输出开关串联驱动，即双极驱动模式；另一种是采用单台脉冲源驱动天线，即单级驱动模式。采用双极驱动模式，优点是在保证高辐射场强的同时降低了单台脉冲产生器的绝缘水平；缺点是两台脉冲产生器的同步难度颇大，工作参数调整比较困难。采用单极驱动模式，避免了同步问题，脉冲源的工作参数容易调整，同时可获得更大的运行电压范围；但脉冲源绝缘压力较大。从脉冲压缩上来划分，单极脉冲源又分为二级脉冲压缩模式和三级脉冲压缩模式。

2.1 双极驱动模式

双极驱动脉冲源的原理简述如下：两台 Marx 在同步触发下产生极性相反的脉冲电压，给各自的峰化电容器快速充电，这两个脉冲电压也同时加在脉冲源中心的输出开关上，选择合适的导通时间，在负载上可以产生所需要的双指数波形。

Pulspak9000S 系列是二十世纪最典型的 HEMP 模拟器，脉冲源采用双极驱动模式，等效电路图如图 2 所示。其输出电压可大于 4MV，输出脉冲上升时间为 7～9ns，半高宽大于 200ns，预脉冲小于 8%，双锥阻抗为(150±10)Ω，脉冲源抖动小于 10ns。

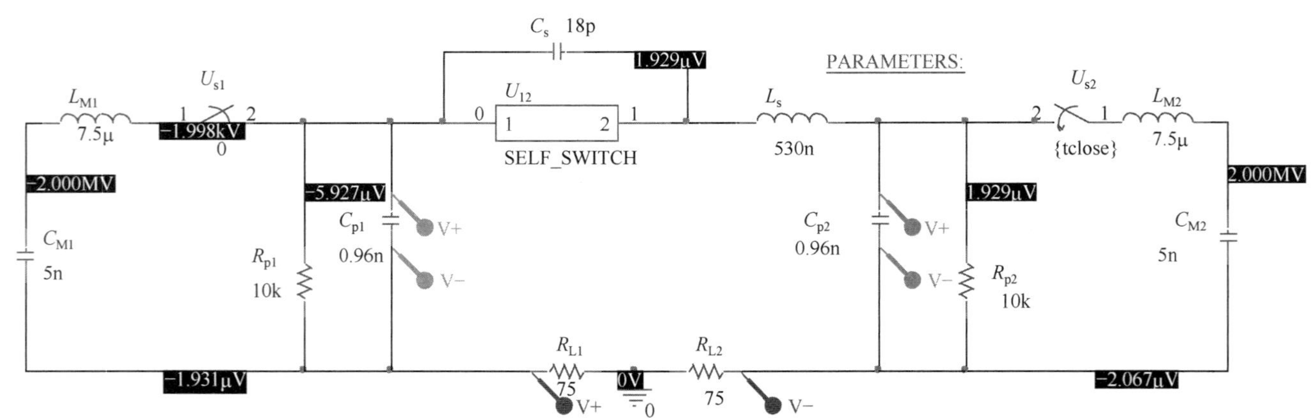

图 2 Pulspak9000S 脉冲源等效电路图

模拟两台 Marx 不同步的情况，设定第二台 Marx 的导通延时为 20ns、40ns、60ns，模拟峰化电容器和负载上的电压波形(图 3)。两台 Marx 不同步致使 C_{p1} 上出现过压，延时 20ns、40ns、60ns 时的电压分别比同步状态时高 10%、19%、28%。在以上分析计算的基础上，作者对电路参数进行了修改，模拟前沿更快、脉宽更窄时，不同步对电路的影响。结果显示：延时 20ns、40ns、60ns 时，C_{p1} 上的电压分别比同步状态时高 13%、24%、28%；同时，抖动超过 20ns，负载上波形的下降沿出现畸变，峰化电容器上出现反峰压(图 4)。

两种参数回路的模拟计算中均发现：双边不同步可导致峰化电容器(双锥天线)上的电流产生振

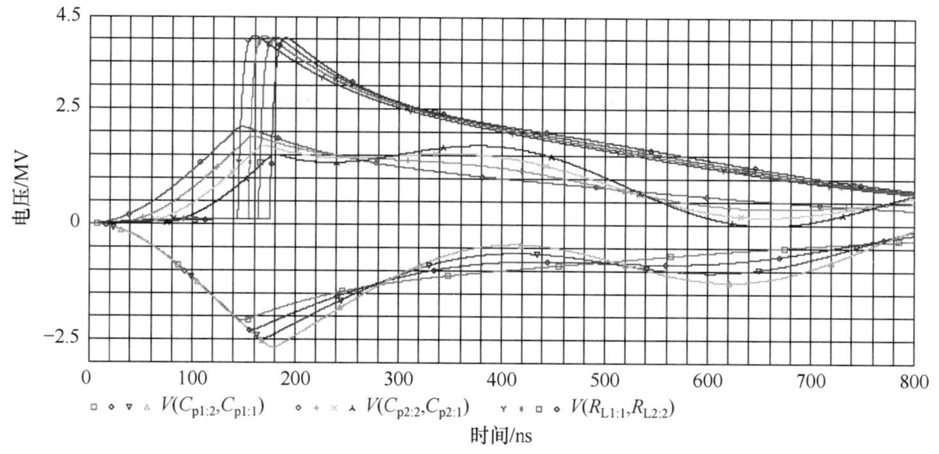

图 3　峰化电容器和负载上的电压波形

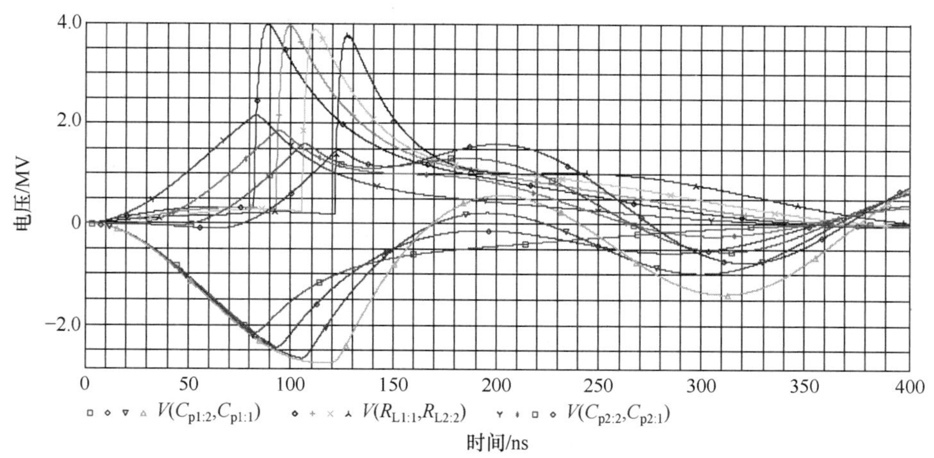

图 4　快前沿、窄脉宽回路峰化电容器和负载上的电压波形

荡；分别在 2MHz 和 5MHz 出现局部辐射增强。综上所述，双边的不同步对峰化电容器的绝缘威胁较大，10%以上的过压可能造成峰化电容绝缘损伤；同时影响天线的辐射特性，可造成局部频段的辐射增强。

2.2　单极驱动模式

单极驱动脉冲源由单台 Marx 产生器和峰化电路组成，其主要优点包括：第一，没有同步问题，Marx 的抖动对输出影响很小，运行参数容易调整，且运行电压范围较宽；第二，由于输出开关只承受双台串联脉冲源的一半电压，因而开关的绝缘尺寸和电感可以减小，有利于获得更快的前沿；第三，峰化电容器不容易出现过电压，绝缘安全性更有优势，更有利于获得更快前沿。该驱动模式的主要缺点：第一，与双极驱动模式相比，相同的 Marx 充电和级数，输出电压峰值仅达到一半水平；第二，采用 Marx 技术方案，电压越高，减小电感越困难，难以获得半高宽较窄的脉冲。采用该驱动模式的典型代表是 Pulspak8000S 系列，它采用 Marx+峰化一级压缩回路驱动天线。

在要求电压更高，前沿更快的情况下，采用一级压缩的单级驱动脉冲源很难实现高电压与低电感的技术指标。因此，国外提出了采用二级压缩回路的单边驱动脉冲源技术方案。初级脉冲压缩为 Marx 产生器，Marx 对中储电容器脉冲充电形成第一级脉冲压缩，中储电容器对峰化电容器脉冲充电形成第二级脉冲压缩。采用二级压缩脉冲源的优势包括：第一，采用中储电容器/开关，输出脉宽主要由中储电容值和负载阻抗决定，而中储电容器/开关的电感比 Marx 电感小很多，因而输出脉宽的选择性更大；第二，中储电容器对峰化电容器的充电时间短，因而输出开关的绝缘尺寸/电感可以做得更小，因此采用此种模式的脉冲源可以产生符合 IEC 标准的快沿 HEMP 波。

采用二级压缩单级驱动模式的典型脉冲源为 FEMP-2000 模拟装置，为美国 MPI 公司在 20 世纪 90 年代末研制的快沿电磁脉冲模拟器驱动源，代表着当今世界模拟器研制的最高水平。脉冲源等效回路如图 5 所示。脉冲发生器的工作性能和特性如表 2 所列。另外，输出前沿可以在任何设计输出电压下调整到相同的水平。

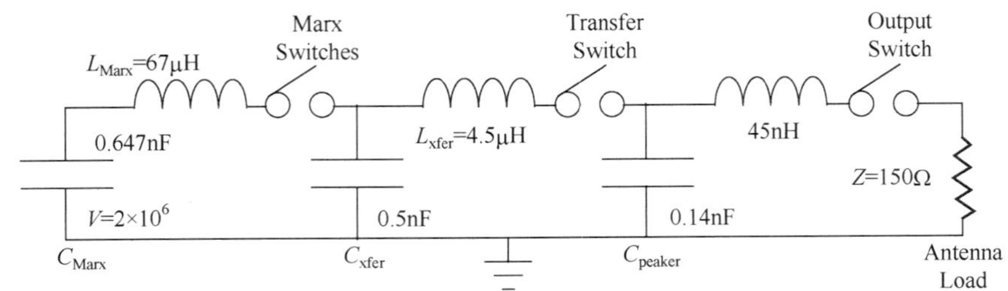

图 5　FEMP-2000 等效回路示意图

表 2　FEMP-2000 工作性能和特性

输出电压峰值/MV	0.7、1.0、1.5、2.0、2.5
可重复峰值波动/%	≤5
预脉冲幅值	≤8%的输出峰值
上升时间(10%～90%幅值)	在所有电压下≤1ns
系统抖动	在 1MV 及以上电压时≤8ns
脉冲形状	150Ω理想负载情况下，偏离理论指数波≤5%
预点火和误点火概率/%	≤7
重复率	最少 1 次/2min
发生器尺寸	直径为 2.6m，长为 8.9m
发生器质量/kg	3900

2.3　脉冲源模式选择

根据介绍和分析，如果选择单脉冲产生器模式，可大幅度降低模拟器的研制难度，缩短研制周期。根据我们目前的技术基础和条件，如果模拟器的输出脉冲宽度要求不是太窄，则直接用 Marx+峰化电容器+输出开关模式在工程上最容易实现，工程造价也最低。对于架高 20m 的天线，辐射场强可以做到大于 20kV/m。

3　脉冲源初步方案

3.1　脉冲源主要技术指标和设计原则

脉冲源拟采用单台脉冲产生器驱动方式，选用 Marx+峰化电容器+输出开关结构的一级压缩模式。脉冲源的主要指标：输出电压为 2.5MV；为了保证模拟器辐射场的前沿小于 5ns，脉冲源的电压上升前沿设计小于 3ns，半高宽为 100ns 左右；脉冲源的结构和技术指标将根据总体设计要求进行调整或修改。在脉冲源设计中，需遵守以下原则：

第一，综合考虑脉冲功率源系统的设计和天线系统的设计；

第二，脉冲功率源的设计必须从开始就考虑整个模拟器的安装、运输、运行和维护性能；

第三，在保证主要技术指标和性能的前提下，设计中将脉冲源的安全可靠性放在首位，并进行综合平衡；

第四，从总体上采用国外已经成功应用的技术路线，具体技术也要采用国外已经应用的新技术。

3.2 脉冲源主要参数选取的基本依据

为了获得比较理想的双指数电磁脉冲，Marx 产生器的建立电容 C_{m}、串联电感 L_{m}、峰化电容器电容 C_{p}、峰化回路电感 L_{p}，与所需电磁脉冲的上升前沿 t_{r}、脉冲半高宽 t_{hw} 和天线的阻抗 R_{L} 应满足以下条件：

$$C_{\mathrm{m}}=\frac{t_{\mathrm{hw}}}{0.69R_{\mathrm{L}}} \tag{2}$$

$$L_{\mathrm{m}}\leqslant\frac{C_{\mathrm{m}}R_{\mathrm{L}}^{2}}{4} \tag{3}$$

$$C_{\mathrm{p}}=\frac{L_{\mathrm{m}}}{R_{\mathrm{L}}^{2}+L_{\mathrm{m}}/C_{\mathrm{m}}} \tag{4}$$

$$L_{\mathrm{p}}\leqslant\frac{t_{\mathrm{r}}R}{2.2} \tag{5}$$

根据模拟器对预脉冲的要求，限制输出开关的电容。预脉冲是 Marx 对峰化电容器脉冲充电时通过输出开关电容耦合到负载上的脉冲电压。设计中希望越小越好，一般要求小于 10%。输出开关应在 Marx 对峰化电容器充电电流的最大值附近导通，此时的 $\mathrm{d}u/\mathrm{d}t$ 最大，因此要求输出开关的抖动尽可能小，以免使峰化电容器承受过压，才能保证输出场强有较好的重复性(<5%)。峰化电容器耐压的选取，必须考虑开关抖动引起的过压，但选取太大的安全系数，将会增加造价和电感。

Marx 产生器级数的选取，在保证输出电压达到要求的前提下，级数少有利于减小自放概率和抖动，但每一级的工作电压高，需要提高绝缘气体的气压，会加大 Marx 产生器外壳的密封难度，因此需要综合各种因素，合理选取。Marx 中火花开关的设计和工作系数的选择，应满足整个脉冲源的自放和误点火概率小于 10%。

以上参数在实际中不可能都达到理想要求，只要一个参数达不到，其他参数就需要调整，如 Marx 的电感、峰化电容器的电容值等往往就达不到理想的值，因此需要在实际设计中反复调整，进行优化。

3.3 脉冲源各部分主要参数和指标

以上选定的方案中，脉冲源主要由 Marx、峰化电容器和输出开关组成。其中，Marx 采用正负充电方式，最高充电电压为 50kV，由 25 个开关和 50 个电容器组成，最高输出电压为 2.5MV，确保电压在 2MV 能稳定运行，Marx 的建立电容约为 1nF，串联电感小于 5μH。峰化电容器最高工作电压为 2.5MV，耐受电压为 3MV，电容值约为 180pF，结构上与双锥天线设计为一体。输出开关最高工作电压为 2.5MV，电感小于 180nH，抖动小于 5ns，采用高气压 SF_6 做绝缘介质，绝缘外筒为双层玻璃钢。

脉冲功率源最终的结构和参数需根据模拟器的总体指标、天线的参数、结构和工程难度等进行调整。按照初步选定的各部分参数得到的等效电路如图 6 所示，模拟计算结果如图 7 所示。由模拟结果可见：脉冲源输出电压前沿小于 3ns，半宽约为 100ns，预脉冲不大于峰值的 10%。

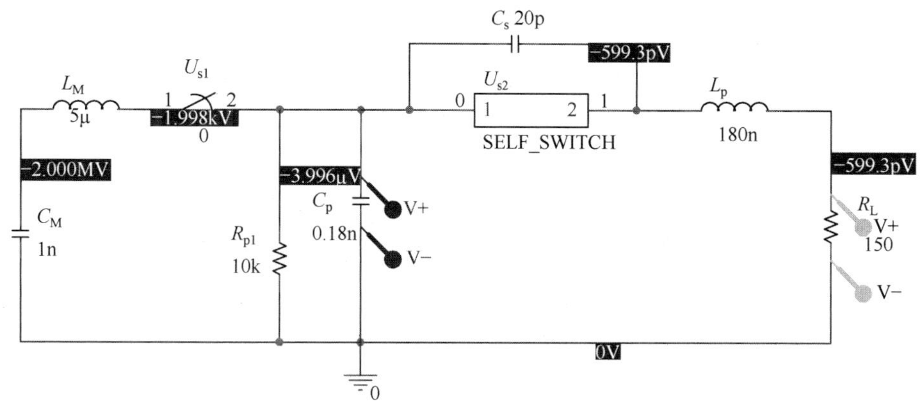

图 6 脉冲源一级压缩方案等效电路图

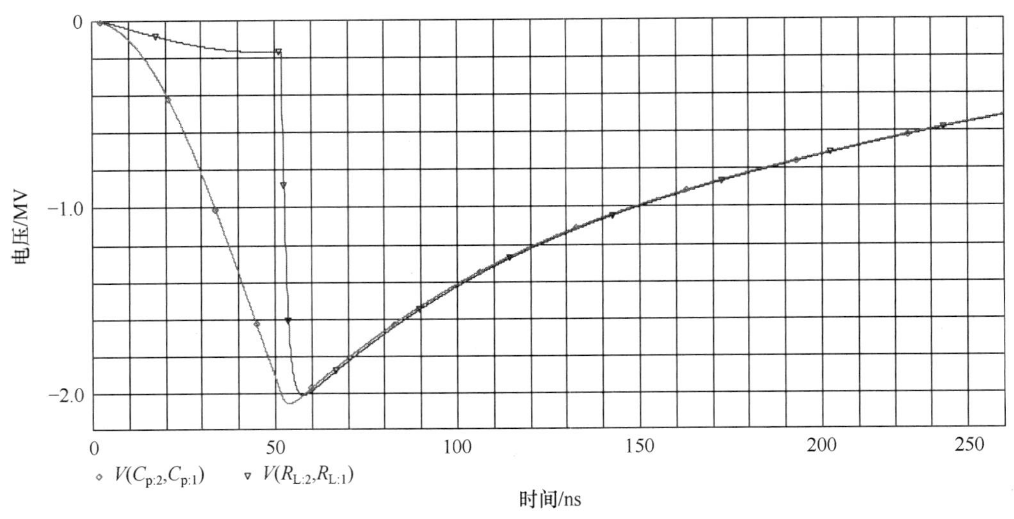

图 7 峰化电容和负载上的电压波形

3.4 主要辅助系统

脉冲源辅助系统是脉冲源不可缺少的组成部分，直接影响脉冲源能否安全、稳定运行。

(1) ±50kV 高压恒流充电电源：可以将直流充电电源放置在地面，通过高压阻性电缆与 Marx 连接，也可以将直流电源放置在脉冲源对面，利用发电机供电；

(2) 高压快沿触发器：为了减小 Marx 的抖动，要求电压为 80～100kV，前沿小于 10ns，另外还需体积小，质量轻；

(3) 工作状态监控系统：主要监测脉冲源上各种仪器、仪表的工作状态，还要监测触发器和 Marx 的充电电压；

(4) 地面调试时必需的测量和假负载系统：在地面调试过程中需要对 Marx 的电压和电流进行监测，确定 Marx 充电电压与输出电压、电流的关系；

(5) 气压控制和调节系统：Marx 及其火花开关的绝缘气体气压和输出开关的绝缘气体气压都必须有各自独立的控制和调节系统；

(6) 气动或液压传动系统：脉冲源上各种仪器电源的开启和闭合，各种阀门的开启和闭合，安全接地、连锁系统拟采用气动或液压传动机构实现。

4 关键技术及可行性分析

4.1 低抖动、低电感 2.5MV 脉冲开关技术

输出开关是脉冲功率源的关键部件，其性能直接影响模拟器的输出指标，拟采取以下措施减小开关电感和抖动：

(1) 采取高气压 SF_6 作为介质，提高开关工作场强，减小开关电感，为了防止开关绝缘外壳表面发生闪络，在开关工作腔体外再套一层较大尺寸的绝缘外筒，内充高气压 SF_6，提高工作腔体外表面的耐压水平；

(2) 合理设计电极形状，应与峰化电容器(双锥天线)顶部结构匹配，并改善三结合处的场强；

(3) 研究在脉冲电压下既要保证高击穿场强，又要减小开关抖动的场型结构。

团队研制的 4MV 开关，2MV 缩比开关已应用于“春雷号”。另外，团队还开展了多级多通道气体开关的研制，虽然这些开关的形状和技术指标不一定能够满足模拟器的要求，但相关工作的开展为模拟器输出开关的研制打下了良好的基础。

4.2 低抖动 3MV 峰化电容器技术

新的辐射波模拟器技术直接将峰化电容器设计成双锥天线，有利于提高天线的高频辐射特性。在高效峰化电路中，峰化电容和输出开关电感的大小，决定了输出脉冲的上升前沿。要求峰化电容的波阻抗和电感都必须很小，为了使输出脉冲的前沿不发生畸变，峰化电容的几何结构必须和辐射天线的结构匹配。这项技术我所还没有基础，但可以借鉴国内外已采用过的方案，有三种模式可以选择：

(1) 采用高压陶瓷电容器串并组合。高压陶瓷电容器的优点是体积小、损耗小，但在设计时一定要考虑它的温度特性和电压特性。另外，针对模拟器快速放电的应用特点，还必须考虑陶瓷电容器的压电特性，主要考虑选择锶系列高压陶瓷电容器。

(2) 采用 PulspakS 的峰化电容器模式。这种峰化电容器为分布式、模块化结构，由 12 条电容器串联臂并联组成，电容器串联臂的有效长度为 1.47m，每条电容器串联臂由 15 个电容器包串联而成，电容器安装在绝缘管中，这些绝缘管也将 Marx 产生器机芯支撑起来。每个电容器包由 24 个扁形电容器串联组成，这种扁形电容器是由 Mylar 膜和铝膜先卷绕成圆形电容器，然后压扁而成。每个电容器承受的电压为 10kV，因此峰化电容器的耐压可达 3.6MV。

(3) 峰化电容器模式。峰化电容器为一个集总式膜式电容器，是由一系列电容值相等、同心卷绕的电容器串联而成。电容值相等是为了保证电压梯度均匀。峰化电容的最高电压可达 2.6MV，在 200PSIG 的压缩 SF_6 气体中可以安全地工作在 2MV 下。

峰化电容器的研制首先要通过深入调研和预研，根据国内的实际情况，选取合适的模式，设计加工峰化电容器样品。利用“晨光号”Marx 作为实验平台，将峰化电容器和输出开关组成一体进行试验研究，以改进峰化电容器和输出开关的设计，最终研制合格的产品是有可能的。

4.3 紧凑型 Marx 产生器技术

Marx+峰化电容器+输出开关的脉冲源模式，对 Marx 的要求是电感小、自放和误点火概率低、绝缘安全可靠、质量轻，此外应尽可能减小 Marx 的抖动。Marx 的电感是非常重要且极为敏感的参数，直接影响其他部件参数的选取和设计，电感的大小取决于 Marx 的结构设计。为了安装和维护方便，Marx 应设计为模块化结构。为了减小 Marx 的抖动，Marx 开关拟采用四电极紫外辐照触发开关。

对于 Marx 产生器技术，我们已有较好的基础，但模拟器的 Marx 有其自身特点，为了降低质量，一般采用气体绝缘，直线型结构，Marx 的建立时间短，对抖动要求高。针对这些特点，团队有必要在设计前先研制几个模块，用来确定 Marx 的电感与开展开关的静态和动态特性等实验研究。

4.4 快脉冲下关键结构的绝缘特性

既要 Marx、峰化电容器和输出开关的电感小，又要保证它们在高压下可靠运行，很大程度上取决于所用的绝缘材料。因为快脉冲下材料的绝缘特性很难查到，给绝缘设计带来很大困难，所以在绝缘设计中，除了参考国外设计经验外，还必须进行必要的实验，特别是针对国产玻璃钢(或其他绝缘材料)，这是由于材料的绝缘特性与工艺有很大关系。

4.5 轻质量的恒流充电电源和快沿触发器技术

在前期项目支持下，正在开展恒流电源和快沿触发器技术研究，可以为 HEMP 模拟器的研制提供技术支撑。但对于供电方式和工作环境的改变，以及高压电缆与 Marx 的连接和过压等新要求带来的新问题，需要一一解决。

工程上，脉冲功率源性能指标和安全可靠，在很大程度上取决于工程设计能否达到物理设计的要求，整个脉冲源要架在 20～30m 高的野外环境，温度、湿度、刮风、下雨等因素在设计中必须考虑。另外，脉冲源在设计中也必须考虑安装、运输、运行和维护的方便，应考虑做成可移动式。

5 几点建议

通过以上分析，根据我们目前的技术基础和条件，脉冲源采用一级脉冲压缩，最高输出电压为2.5MV，2MV稳定运行，前沿小于3ns，脉冲半高宽为100ns左右。以上指标经过技术攻关有可能实现，但也要充分认识到这是一项技术难度很大，集工程性与研究性为一体的项目。

目前HEMP模拟器的指标还没有最终确定，有些脉冲源的关键技术研究我们还未开展，因此建议：

(1) 加强模拟器总体技术研究，尽快确定模拟器的参数和要求，包括上升前沿、脉冲宽度、天线的结构和阻抗、辐射场强及其分布、架设高度、试验区、试验区环境等。

(2) 模拟器的建设包括脉冲功率源、辐射天线、辐射场测量和工程技术等部分，各部分应在总体设计基础上分解课题，提出经费预算，开展预研和部件的试制。对于必须外协的项目，应尽早提出要求，寻找合作伙伴。

(3) 希望将项目列入国家计划，这样有些部件的研制可以通过外部协作配套途径来完成。

(4) 为了确保工程按时、按质完成，应尽快启动关键技术的预先研究。

(5) 模拟器的建设是一项复杂的技术工程，项目组人员应尽可能多选择具有工程实践经验的专业技术人才；项目总负责人应对模拟器各部分都有所了解，提出具体要求，统筹和协调各课题之间的关系。各课题组既要分工明确，又必须密切协作。

辐射模拟设备及相关技术发展思考*

摘要：报告论述了国外在辐射模拟设备及相关技术方面的最新发展动态，以及西北核技术研究所取得的最新进展，提出了该领域今后的发展策略与路线。包括：①大力加强大辐照面积γ射线模拟器建设，技术指标瞄准Hermes-Ⅲ，提供相关辐射实验环境，脉冲源将采用IVA技术；②大力加强包括HEMP、HPM、雷电、太阳风暴等在内的综合强电磁脉冲环境建设，全面提升电磁脉冲模拟试验能力；③积极发展闪光照相技术，始终保持技术优势地位，目标是研制4～6MV闪光照相装置，具备研制10～14MV多分幅闪光照相设备的能力；④坚定不移发展Z箍缩研究方向，打牢坚实的技术基础，积极创造发展机遇；⑤加强X射线模拟设备必要性论证，尽量利用已建设备和研究平台开展研究工作，掌握串接二极管、多路辐射源并联获取大辐照面积等技术；⑥加强辐射模拟设备共性技术、基础技术研究，真正实现以辐射模拟设备建设任务带动脉冲功率和等离子体学科发展，以学科发展促进辐射模拟设备建设。

1. 国外发展动态

1.1 提高已建模拟设备的运行能力和水平

国外在大型辐射模拟设备的实验研究工作，已从效应研究为主过渡到电子系统的考核、评估，如Hermes-Ⅲ是目前美国唯一能提供强γ辐射系统级考核环境的设施。1997年以前平均运行262发/年，2002～2008年提高到500发/年。目前，每星期可工作4天，每天运行7或8发。Saturn是一台产生X射线能谱可变的模拟器，用轫致辐射二极管提供具有高保真度的热X射线辐照环境，每年可运行500发，用Z箍缩等离子体辐射模拟软X射线的热-力学效应。Sphinx是一台短脉冲高强度纳秒X射线模拟源，电子束能量为2.5MeV，辐射脉冲上升沿为2ns或7ns，脉宽为4～10ns连续可调，靶面剂量率大于10^{11}rad/s，每小时可运行12发，每年运行超过6000发，用于测量集成电路中的感生电流及检验材料响应。

1.2 加强高功率综合电磁脉冲模拟环境建设

受EMP攻击威胁问题，美国近些年来重新重视重要装备及国家基础设施，EMP不再局限于HEMP，还包括高功率微波(HPM)、雷电等各类强电磁脉冲威胁。美国在2003年和2008年明确要求装备的采购中必须考虑人员和系统的效应生存能力，至少能够在HEMP环境下生存，并且更新了部分标准。同时，按照新的“电磁脉冲环境”标准MIL-STD-2169B，改造或新建电磁脉冲模拟器。

WSMR加强综合电磁脉冲模拟环境建设，2009年新建成了先进快前沿电磁脉冲模拟器AFEMPS，是一台水平极化有界波模拟器，脉冲源运行电压为3MV，架高为22m，试验区高为18m，天线的地面面积为$(84\times63)\text{m}^2$，每2min可运行一次。2010年又有一台新的垂直极化有界波模拟器USA VEMPS投入运行，峰值场强为70kV/m，试验区尺寸为$(35\times35\times35)\text{m}^3$。

HPM模拟环境方面，在2009～2010年陆续建成4个频段(L、S下段、X、UHF下段)的窄谱HPM威胁系统(NBTS)和9个频段的宽谱HPM威胁系统(WBTS)，以及超宽带系统(UWBS)。还有4个频段的窄谱HPM系统待建。

这些HPM模拟系统与HEMP模拟器、雷电模拟器等共同构成综合电磁脉冲模拟环境。

---

* 该文是邱爱慈院士撰写的技术发展报告，2013年6月定稿。

1.3 发展闪光照相装置及技术

在闪光照相技术方面，重点是发展紧凑型、高可靠性的闪光照相装置，多角度多分幅闪光照相技术。近年的主要动态如下：

(1) 整修双轴 Cygnus 装置。该装置已运行 8 年，共计运行 1000 余发，成为流体力学特性研究的重要诊断工具。从 2011 年 4 月起，Cygnus 进行了升级改造，完成 32 项改造任务，并于当年 12 月完成升级后的首次出束，在 2012 年成功运行，升级后的 Cygnus 测得了更加精准的数据。

(2) 美、英合作研制新一代的先进流体力学试验装置 HRF。HRF 为基于感应电压叠加器(IVA)技术的五轴成像装置，由两台电压为 3MV、电流为 200kA、剂量为 20rad 的低能 IVA 加速器(驱动预充等离子体阳极杆箍缩二极管)和三台电压为 14MV、电流为 150kA、剂量为 1000rad 的 IVA 加速器(驱动自磁箍缩二极管)组成。

(3) 发展紧凑型的闪光照相装置新技术。以 FLTD(快直线变压器)新型驱动源技术为代表。例如，圣地亚国家实验室(SNL)提出了基于 FLTD 的双轴 6.5MV 闪光照相加速器概念设计，由 48 级 FLTD 感应腔串联，电流为 130kA，直接驱动自磁箍缩二极管或负极性阳极杆箍缩二极管，其占地空间与双轴 Cygnus 装置相同，但 1m 处 X 射线剂量比 Cygnus 高约 60 倍，焦斑直径为 2.5mm。

1.4 Z 箍缩研究得到持续支持

Z 箍缩主要用于聚变和材料状态方程研究。由于 SNL 出色的成果，为 Z 箍缩驱动惯性约束聚变提供了更大的发展空间。据了解美国已将 Z 箍缩正式列入聚变计划，俄罗斯也启动了“贝加尔”计划。在 Z 箍缩研究方面突出的进展主要如下：

(1) Z 装置升级，初级储能提高一倍以上，驱动电路指标为 26MA。

(2) 在升级后的 Z 装置上进行了两次材料实验。2010 年 11 月进行了直接利用脉冲电流的强磁场压力加载的等熵压缩实验。2011 年 3 月的实验利用脉冲强电流驱动等离子体内爆形成黑体温度 100～150eV 的辐射源，以 X 光烧蚀材料表面引起的喷射反冲压力进行加载。这种实验技术有两项重大突破，一是在实验室产生了极端条件下(极高压和高温)的冲击加载技术；二是解决了地面实验室条件下材料的密封和沾染清除。实验中用到的真空区域防沾染隔离系统如图 1 所示，帐篷系统位于加速器真空腔室的上端部，有观察窗和通行廊道；主安全容器罩于真空传输线回流后的平板区域；真空腔上下端的密封盖板上布置诊断窗；真空腔的下隔板处连接通风系统；真空绝缘堆栈构成次级隔离容器。

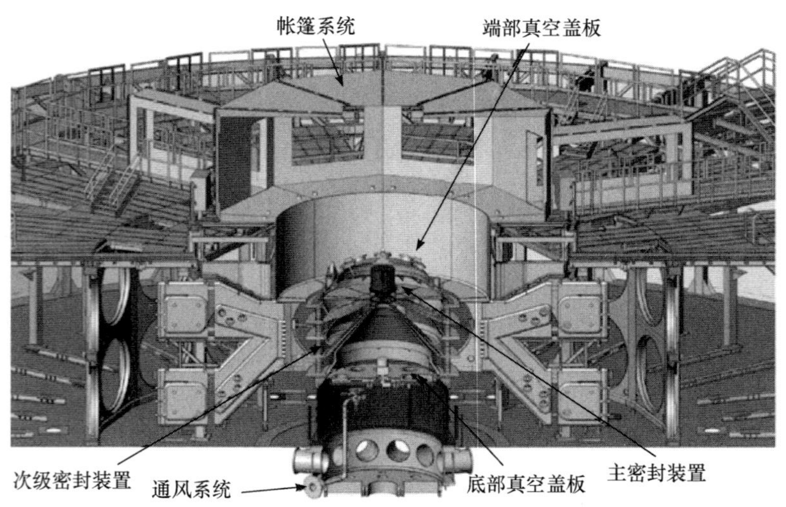

图 1　Z 装置钚材料实验中用到的真空区域防沾染隔离系统

(3) 提出了基于 Z 箍缩聚变的空间推进概念。Z 箍缩聚变空间推进概念的提出是希望将火星探测的单程时间缩短到 1 个月左右(目前采用技术的单程飞行需要 6 个月以上)，聚变推进系统只需要连续工作 22 天，负责从地球轨道飞往火星的过程。设想的发动机由 Z 箍缩聚变反应区和基于电磁线圈的喷射装置组成。由多家单位组成的联合项目组正在执行这项概念研究，计划通过 11 年左右时间的研究，从目前的实验平台 DM2 加速器(功率为 2TW)提升到“得失相当”的平台。

(4) 积极发展直接驱动 Z 箍缩的脉冲功率新技术。已实现多个 1 MA FLTD 模块的串并联，并验证重频运行能力和可靠性，正在突破 1000TW 级超大型加速器总体设计和功率传输技术。

2. 国内近年发展及面临的挑战和机遇

2.1 近年发展

近些年紧跟国外发展动态，结合国内现状和需求，国内相关单位开展了脉冲功率技术关键技术攻关，研发了新一代辐射模拟设备，取得的突出进展主要如下。

1) 研制成功国内首台“剑光一号”闪光照相装置

“剑光一号”(图 2)采用先进的感应电压叠加器(IVA)加阳极杆箍缩二极管(RPD)的技术路线，在国外磁芯材料禁运的条件下，输出指标达到与美国 Cygnus 装置相当(表 1)。

(a) 加速器实物照片

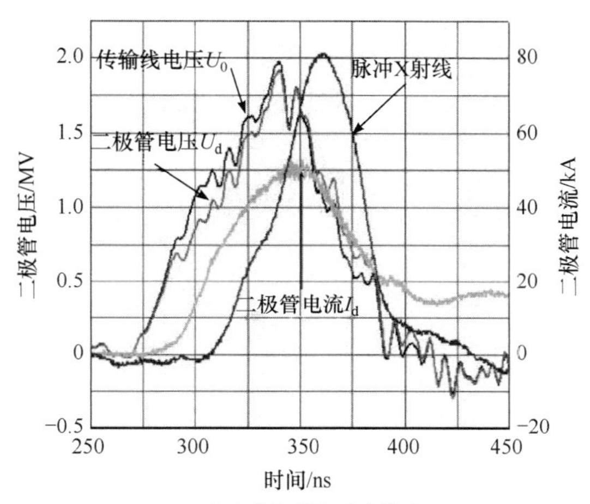

(b) 电参数与辐射脉冲波形

图 2　“剑光一号”闪光照相装置

表 1　“剑光一号”加速器与美国 Cygnus 装置主要指标对比

装置名称	电压/MV	电流/kA	1m 处剂量/rad	焦斑直径/mm	X 射线半宽/ns
Cygnus	2.2	50	4	1.1	—
剑光一号	2.4	50	3.7	1	40

2) 脉冲驱动源新技术取得重要进展

直接驱动负载的快脉冲功率源技术是近些年高功率脉冲技术发展的重要方向，最具基础性和代表性的是 FLTD 技术。研究所在国内率先开展这方面的研究，近 5 年的突出成果主要如下：

(1) 以优秀的成绩完成国家自然科学基金重点项目“直接驱动 Z 箍缩负载的快脉冲功率源关键技术研究”，提出了 20MA 直接驱动源概念设计，以 40 支路的 1MA 模块为基础单元，次级接变阻抗水线时，每路 28 模块串联，22 路并联，如图 3 所示，共需 616(或 1064，取决于负载阻抗)个模块。

(2) 研制了 7 级模块串联的 FLTD 研究平台，由 FLTD 模块、多路充电系统、多路触发系统、充放气系统、去磁系统组成，每个模块由 24 个放电支路并联，如图 4 所示，在充电 55kV、负载与次级阻抗匹配时，输出电压达到 440kV，前沿约为 40ns，脉宽为 200ns，连接 23nH 电感负载、充电 72kV 时，输出电流为 184kA，前沿约为 100ns。

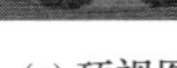
(a) 顶视图

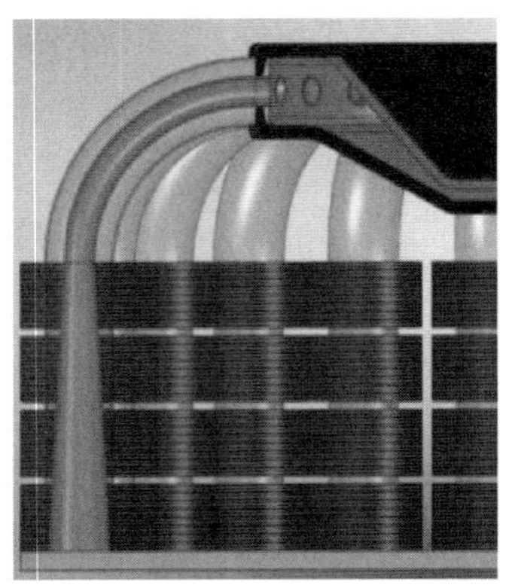

(b) 侧视图

图 3　20MA/100ns FLTD 驱动源概念设计

(a) 24支路的单个模块

(b) 7级模块串联

图 4　7 级模块串联的 FLTD 研究平台

(3) 开展了高功率脉冲传输实验研究工作，基于“闪光二号”加速器研制了长度为 5m 的组合式、低阻抗、小间隙磁绝缘传输线(MITL)实验平台(图 5)。研究了不同状态下“真空传输线-MITL 弧形过渡区”电流传输效率、电脉冲在 MITL 上传输的波形变化，探索了低阻抗 MITL 电感支撑结构设计方法。

(a) 加速器实景照片

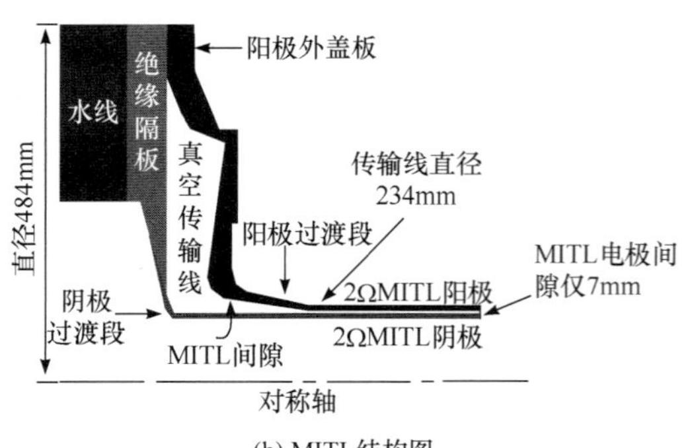

(b) MITL结构图

图 5　“闪光二号”加速器功率传输研究平台

2.2　Z 箍缩研究领域面临的挑战与机遇

在 20 世纪 90 年代中期，“强光一号”加速器建设中就考虑发展 Z 箍缩技术，直至将“强光一号”加速器建成为目前国内唯一可提供实验的 Z 箍缩研究平台。上个五年计划我们曾策划研制大型 X 射线模拟器，以弥补我国辐射效应模拟设备的缺项，提出了将“强光一号”加速器升级或重新研制 8～10MA 大型脉冲功率装置的设想。

Z 箍缩用于聚变能源项目的提出，为 Z 箍缩研究迎来了新的机遇。彭先觉院士近几年提出了动能加载、整体点火的 Z 箍缩驱动聚变靶设计概念，按照这种概念，实现聚变能量增益所需电流约为 50MA，电流上升时间可放宽到 200ns 以上，大大降低了对脉冲驱动源的要求。目前，彭先觉院士正在组织开展 Z 箍缩驱动聚变-裂变混合堆的概念设计，同时计划在成都建设基于 FLTD 直接驱动的 4MA 研究平台，还计划在此基础上建造 30～40MA 的点火示范平台，这将为发展 Z 箍缩迎来新的机遇。

3. 今后发展的策略与路线

3.1 积极主动发展闪光照相 X 射线源技术

研制 4～6MV 闪光照相装置，具备研制 10～14MV 多分幅闪光照相设备的能力。

驱动源采用感应电压叠加器(IVA)，二极管采用 SMPD、RPD、预充等离子体 RPD 及其他类型自箍缩二极管(选择决定于感应腔串联级数)。

发展路线：见表 2。

表 2 闪光照相 X 射线源技术的发展路线规划

时间节点	分阶段目标
2015	· 在“剑光一号”等已有平台上，深入研究 RPD 和预充等离子体 RPD · 研究强自箍缩二极管负载下，功率传输中的束流损失及抑制方法 · 设计电压为 2～6MV、阻抗为 10～30Ω的强自箍缩二极管 · 论证在同一台 IVA 装置实现双 X 射线脉冲输出的可行性
2020	· 利用研制的 2MV/400kA IVA 平台开展 RPD 二极管研究及双脉冲输出的试验 · 研制 4～6MV 闪光照相装置 · 研究用于闪光照相的紧凑型脉冲驱动源新技术
2025	· 研究闪光照相装置工程技术问题 · 研制双轴 4～6MV 闪光照相装置 · 研究多脉冲、多轴分幅照相技术
2030	· 利用研制的 10MV IVA 开展强自箍缩二极管研究 · 根据需要研制 10～14MV 闪光照相装置

3.2 坚定不移发展 Z 箍缩研究方向，打牢坚实的技术基础，积极创造发展机遇

Z 箍缩等离子体辐射源是模拟 X 射线热力学效应的最有效手段，要获得能开展 X 射线热力学效应的软 X 射线参数，驱动器的电流至少要达到 4MA，进一步达到 8MA 以上。

对策与出路：

(1) 加强 keV 级 X 射线产生技术研究，组织强有力的 X 射线热力学效应模拟与联合试验；

(2) Z 箍缩聚变是高功率脉冲技术发展中重要、长远的需求牵引，必须坚定不移地发展 Z 箍缩研究方向，要积极寻找契机，筹建一台大型的脉冲功率装置(电流达 20MA 以上)，如瞄准深空探测，开展用于空间推进的 Z 箍缩聚变研究，或者在我国建立 Z 箍缩聚变能源堆优先开展脉冲驱动源的研制。

发展路线：见表 3。

表 3 Z 箍缩等离子体辐射源技术的发展路线规划

时间节点	分阶段目标
2015	· 提高“强光一号”加速器运行水平，电流能达到 2MA，并建立长脉冲(约 200ns)工作模式 · 3～4MA 直接驱动源研制，承担 FLTD 模块研制、真空绝缘传输线设计、触发及控制和监测系统研制等 · 丝阵等离子体产生及不稳定性研究，完成国家自然科学基金重点项目
2020	· 设计 keV 级 X 射线辐射负载，开展实验研究 · 研究热力学效应实验方法和相关技术，开展效应研究 · 跟踪基于 Z 箍缩聚变空间推进的研究进展，论证并推动在国内立项
2030(及以后)	· 争取负责建造采用新技术路线(FLTD 或 FMARX 直接驱动负载)的 20MA 以上大型脉冲功率装置研制，可用于 X 射线辐射效应(电离和热力学)、聚变能源、聚变空间推进及其他科学研究

3.3 加强 X 射线效应研究必要性论证

对于 X 射线电离辐射效应模拟源(包括硬 X 射线和软 X 射线)，其驱动源部分可与 Z 箍缩等离子体辐射源共用，因此，驱动源技术发展应统筹考虑，相互促进和应用；尽量利用已建设备和研究平台开展工作。

采用串接二极管降低电子束加速能量，增加轫致辐射低能谱的成分，而又不降低驱动源传输到二极管的总能量；采用多路辐射源并联获得大辐照面积的 X 射线。

发展路线：见表 4。

表 4 X 射线模拟源的发展路线规划

时间节点	分阶段目标
2015	· 利用“闪光二号”加速器，采用串接二极管技术产生硬 X 射线 · 新建 4 路并联的较大面积、低通量的硬 X 射线源 · 发展 FMARX 技术，并探索采用 FLTD 产生硬 X 射线的技术 · 深入调研和论证用于测量集成电路中 X 射线产生感生电流和检验材料响应的纳秒 X 射线源的必要性
2020	· 利用“强光一号”加速器的低阻抗工作模式，采用串接二极管技术以得到较高通量、较大面积的硬 X 射线 · 开展硬 X 射线效应研究，支持 Z 箍缩等离子体辐射源的建设，两者统筹考虑共用驱动源 · 根据需要论证研制纳秒(4～10ns)、高剂量率 4×10^9Gy/s、高重复运行率(每 5min 运行 1 炮)的 X 射线辐射源

3.4 加强辐射模拟设备共性技术、应用基础研究

真正实现以辐射模拟设备建设带动脉冲功率和等离子体学科发展，以学科发展促进辐射模拟设备建设。过去近 40 年时间中，陆续建立了“晨光号”“闪光二号”“强光一号”“剑光一号”、大型辐射波 EMP 模拟器等多台辐射模拟设备。

在初级脉冲功率源方面，应加强攻关的共性技术包括：低自放率、低抖动、低电感、长寿命开关技术，大规模同步触发技术，故障诊断及监测技术等，同时加强模拟设备的可靠性、稳定性、可维修性的应用基础研究。

在脉冲压缩(陡化)和功率传输方面，重点是加强理论建模、数值模拟方法、开发可满足工程设计要求的仿真程序等应用基础研究。

在绝缘构件方面，需要建立绝缘材料性能数据库和材料选用标准，对绝缘结构进行优化。

在负载设计方面，对于大面积辐照二极管和闪光照相用强自磁箍缩二极管，需要加强阴极发射特性、阴阳极等离子体产生与发展、等离子体与束流的相互作用、辐射转换靶优化等研究；对于 Z 箍缩等离子体辐射源，需要加强丝阵等离子体产生及发展、等离子体不稳定性及先导的抑制、满足不同辐射谱的负载设计优化等研究；对于天线负载，需要加强分频段天线设计与优化研究。除了各种负载本身的物理特性和参数优化设计之外，还需要深入开展模拟保真度、辐照环境与辐射状态和参数关系等研究。

4. 几点思考与建议

(1) 想做的事与现实状况还存在差距。以上设想要得到支持，成为可以实施的项目，除需要做扎实、细致的工作，还需要有锲而不舍的精神，积极主动去策划、去争取，创造机遇，加强危机意识与竞争意识，“机遇总是留给有准备的人的”。

(2) 组织好科技人才队伍，在顶层设计下，分工要细，研究工作要深，避免不必要的重复。改进完善科技人员评价体系，进一步充分调动每一位科研人员的积极性，对不同职称的科研人员有切实合理的评价标准。

(3) 已建的模拟设备既是应用试验服务平台，又要作为发展脉冲功率和等离子体学科的研究平台，并建设专用研究平台，如开关试验平台、绝缘材料性能测试平台、阴极电子发射及等离子体研究平台

等，配套完善诊断设备，加强应用基础和共性技术研究。

(4) 在模拟设备研制中树立用户第一的工程理念，并贯穿于设计、制造、运行始终，要与用户沟通，了解需求。并且始终站得更高、更远，有前瞻性，才能使设备发挥更大效能，克服脉冲功率装置固有的稳定性差的缺陷，强调可靠性评价，加大这方面的研究力度。

(5) 设立针对 35 岁以下科技人员的青年科学基金，鼓励青年科技人员利用实验室条件，提出创新思想和相应课题开展研究。不但包括模拟设备本身的科学技术问题，还应包括设备应用的科学技术问题，而后者更为重要，吸引所内其他领域的年轻同志。

(6) 拓展脉冲功率技术应用领域。

辐射模拟设备技术现状与发展*

1 引言

在实验室建立辐射模拟设备是开展辐射效应研究的重要手段。目前，在实验室进行模拟只能是单项辐射模拟，如中子效应一般用快脉冲反应堆，而γ射线、X 射线和 EMP 主要用高功率脉冲装置实现。后者实质上是一种电脉冲功率放大器，它以低的输入功率对储能元件缓慢充电(能)，借助于各种高功率开关，对能量进行脉冲压缩、整形、传输与匹配等，实现功率放大，如图 1 所示。

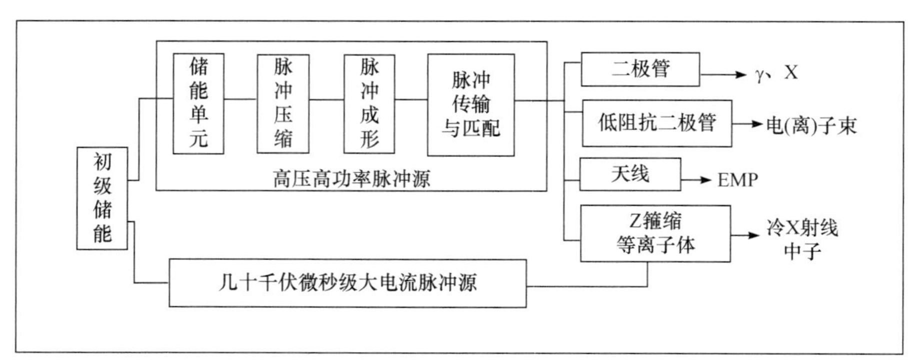

图 1 高功率辐射模拟设备基本结构框图

高功率辐射模拟设备关键技术主要包括①储能技术：主要包括初级储能和中间储能两种，初级储能主要有 Marx 发生器、脉冲变压器(Tesla、箔带型和直线型等)。中间储能主要有两类，一类是分布参数式，即脉冲形成线，具有脉冲储能和成形两个功能，主要分开路线和闭合线两种，可在匹配负载上得到形状接近矩形的脉冲；另一类是集中参数式，即集中电容和电感，理想情况(t_k≪RHC)下可在负载上得到指数形状脉冲。②开关技术：主要有闭合开关和断路开关技术两种，其中，闭合开关适用于电容储能系统，断路开关适用于电感储能系统。闭合开关主要有压缩气体开关、液体(如水、油)开关、同体(如电介质薄膜)开关、真空开关、快饱和磁开关等；断路开关主要有爆炸导体开关、等离子体融蚀开关、半导体断路开关和注入闸流管等。③绝缘技术：主要是指微(纳)秒脉冲高电压绝缘技术，包括固体、液体、气体和真空绝缘技术等。④负载技术：采用何种负载主要取决于模拟设备的用途，主要有电子束二极管、离子束二极管、高功率 Z 箍缩负载、电磁脉冲天线等。除了天线以外，其他负载均工作在真空环境下，因此负载技术还包括真空(磁绝缘)传输线技术、电子束加速技术等。当用γ射线(>1MeV)和热 X 射线(0.1～1MeV)或温 X 射线(20～100keV)模拟时，负载通常为强流电子束二极管，用电子束轰击高 Z 材料靶产生轫致辐射；当用冷 X 射线(1～20keV)模拟时，通常用低阻抗粒子束二极管直接产生的低能强流电子束或离子束(<2MeV)来间接模拟，或者采用快 Z 箍缩离子体产生的 X 射线(<10keV)直接模拟。然而 EMP 模拟的负载一般采用辐射天线。

2 国内外现状与发展动态

2.1 国外基本情况

国外在辐射模拟设备技术研究方面，具有代表意义的国家首选美、俄，其次是英、法。表 1 给出在过去的四十多年中，这些国家相继建成的典型辐射模拟设备(X 射线、γ射线类)的基本情况。

---

* 该文由邱爱慈与蒯斌合作完成，2007 年 10 月定稿。

表 1 国外建成的典型辐射模拟设备(X、γ射线类)基本情况

名称	国家(单位)	简明性能
ACE-4	美(Maxwell)	储能 4.8MJ：冷 X 射线能量 108kJ
Atlas	美(Los Alamos)	储能 36MJ：冷 X 射线能量 3MJ
Aurora	美(HDL)	束能 180MJ：X 射线(150keV)和γ射线(<8MeV)总剂量 0.5kGy(Si)(3000cm^2)
Blackjack5	美(Maxwell)	γ射线(0.64～2.0MeV)总剂量 1kGy(Si)：冷 X(0.5～1.5keV)能量 60kJ
Decade	美(PI)	储能 13.6MJ：韧致辐射和 Z-pinch 产生各种γ射线(<1.5MeV)和 X 射线(<100keV)
Dnuble-Eagle	美(PI)	储能大于 1MJ：韧致辐射和 Z-pinch 产生各种γ射线(<1.2MeV)和 X 射线
Gamble Ⅱ	美(NRL)	输出功率 2TW：暖 X 射线(20～60keV)剂量 30kGy，冷 X 射线(–1keV)能量 4kJ
Hermes-Ⅲ	美(SNL)	储能 1.5MJ：冷 X 射线总能量 230kJ，γ射线(<20MeV)剂量 1kGy(Si)(1000cm^2)
Pithon	美(PI)	束能 250kJ：γ射线(<1.5MeV)总剂量 1.2kGy(Si)(100cm^2)
Phoenix	美(NSW)	冷 X 射线(1.5keV)能量 40kJ：γ射线(<1.5MeV)总剂量 0.44kGy(Si)(1000cm^2)
Pamble Ⅱ	美(SNL)	输出功率 5TW：冷 X 射线能量 35kJ，γ射线(1.5MeV)剂量 0.3kGy(Si)(250cm^2)
Salum	美(SNL)	储能 5.4MJ：冷 X 射线总能量 630kJ，γ射线(<1MeV)剂量 21kGy(Au)(500cm^2)
Syrinx	法(CEG)	储能 10～20MJ：输出电流 20～30MA，驱动 Z-pinch 等离子体辐射产生 X 射线
Z	美(SNL)	储能 14MJ：输出电流 20MA，金属丝阵 Z-pinch 技术产生冷 X 射线 2MJ
АНГара-5	俄(库所)	储能 7.2MJ：输出电流 8MA，Z-pinch 产生冷 X 射线功率 80TW
ГИТ-4	俄(大电流所)	储能 1.2MJ：输出电流 2.1MA(微秒段)，Z-pinch 技术产生冷 X 射线
ГИТ-16	俄(大电流所)	储能 6.8MJ：输出电流 7.6MA(微秒段)，Z-pinch 技术产生冷 X 射线
ИГУР 系列	俄(技物院)	电感储能接 EEOS，产生γ射线剂量率高达 10^{11}Gy/s，可产生双连续辐射脉冲
МИГ	俄(大电流所)	脉冲变压器多功能 X 和γ射线模拟设备，可产生六种辐射
ПУЧОК 系列	俄(乌拉尔电物理所)	韧致辐射产生低能 X 射线
ЭМИР-М	俄(技物院)	产生γ射线和电磁辐射等构成的复合场，也可产生双连续辐射脉冲
Magple	英(帝国理工)	输出电流约 1MA：Z-pinch 产生 X 射线技术研究
S-300	俄(库所)	2.5～4MA、70ns：Z-pinch 产生 X 射线技术研究
Cygnus	美(内华达)	感应电压叠加器，闪光照相，2.25MV，1m 处剂量 0.04Gy，焦斑 1mm
FXR	美(利弗莫尔)	直线感应加速器，闪光照相，20MeV，1m 处剂量 5Gy，焦斑 3～5mm
Raiden Ⅳ	日本	1.4MV，1.4MA，50ns，2TW，产生电子束和韧致辐射
LIU-30	俄(VNIEF)	直线感应加速器，闪光照相，40MeV，100kA，25ns

2.2 国外最新发展动态

1) 发展方式

美、俄、英、法四国采取协作发展的策略，四国之间联系紧密。其中，美英合作最为密切，英国没有大型高功率模拟设备，所有的物理实验均在美国的装置上开展，但是英国在脉冲功率基础技术研究方面做得更深入；俄法之间合作较多，法国 Syrinx 装置的脉冲功率系统主要是与俄罗斯合作研制的，大量的物理应用实验也是在俄罗斯开展的。美俄之间时有协作，如美国曾在俄罗斯的 АНГара-5 装置上开展 Z 箍缩技术研究。美法之间也有协作，如法国 FEMP-2000 的脉冲功率源就是美国研制的。中俄之间也有合作，如从俄引进“强光一号”，在俄 АНГара-5 和 S-300 上开展一系列 Z 箍缩技术研究等。

2) 技术动态

辐射模拟技术发展越来越受到重视，近几年来新的研究进展和发展动态主要有以下几个方面。

(1) 快 Z 箍缩等离子体辐射及其应用技术取得了突破性的进展。2000 年以来美国圣地亚国家实验室在辐射 X 射线功率为 290TW、总能量为 1.8MJ 的 Z 装置上进行了一系列物理实验，取得了突破性的进展，实验采用动力学黑腔(DH)和上下对称的双 Z 箍缩真空黑腔(DVH)。结果表明，DH 的压缩比

为 10，黑腔温度达 220eV，ϕ2mm 充氚气靶丸吸收 24kJ 的 X 射线能量后，产生了(2.6±1.3)×10^{10} 个 D-D 聚变中子，实验数据与一维模拟结果接近。而且观察发现，丝阵内爆不产生明显扰动，辐射均匀性优于最初的理论估计，改进 DH 设计后，有可能使靶丸吸收 X 射线能量超过 40kJ。同时，近年来，SNL 和 LAL 开始合作研究动力学黑腔的辐射整形技术和场匀滑技术，如通过将辐射转换体改用密度跃变的多层泡沫柱，黑腔辐射场的时域分布可接近 NIF 的整形脉冲。该设计思想在 Z 装置的验证实验中得到初步肯定，结果显示黑腔辐射能够得到精确调制。因此，通过特殊设计的动力学黑腔，能够进一步改善黑腔辐射场的均匀性，提高靶丸内爆对称性以及吸收辐射能量的效率。根据美国十几年来在不同装置上实验获得 X 射线总能量与驱动电流平方的定标规律($E_X \sim I^2$)，以及以上实验结果和数值模拟分析，预测采用动力学黑腔达到点火条件所需要的驱动电流为 54MA，甚至有可能在驱动电流 28MA 下提供点火所需的最低能量。

对 DVH，实验结果表明其压缩比可为 14～20，黑腔温度为 70eV，对称性为 3%。用泡沫球进行的辐射烧穿实验，其实验测量数据与 LASNEX 程序的模拟结果吻合良好。DVH 最大的优点是辐射场比较均匀，但实现点火条件需要更大的驱动电流。根据预测需要 2×60MA 的脉冲驱动源。

正是在 Z 装置进行的有关 ICF 可行性的实验研究结果，以及快 Z 箍缩所具有产生 X 射线效率高(可达 15%～25%)，驱动源造价低(如驱动电流达 60MA 的 X-1 装置，预计经费 4 亿美元，已证明 ZR 装置造价约为$30/J)，技术相对简单等突出优点，证实了快 Z 箍缩是一种新的实现 ICF 的手段。因此，美国圣地亚国家实验室正在将 Z 装置升级，驱动电流从正常运行的 18MA 提高到 28MA，辐射功率提高到 350TW，总能量为 2.7MJ。在美国能源部制定的 ICF 研究计划中，已将快 Z 箍缩作为一种重要的 ICF 点火手段列入其中并增加了对快 Z 箍缩研究经费的投入。俄罗斯、法国等有核国家也制定了发展快 Z 箍缩 ICF 的计划。

快 Z 箍缩等离子体辐射 X 射线是效应模拟的最有效手段之一，在 Z 装置上进行的系统电磁脉冲效应实验(lkeV 上的 X 射线能量为 450kJ)，取得了前所未有的好的结果。美国提出了相应的 Z 箍缩研究计划，规划使最终建成的 AFCS 造价小于$200M，相当于$2.0/J，而现有技术水平的造价约为$30/J。该计划分为 5 个子专题，即总体系统研究；X 射线指标和保真度需求研究与确定；等离子体辐射源(PRS)负载技术，通过丝阵、喷气负载的研究以及驱动脉冲长度的选择，获得 1～15keV 的 X 射线最佳输出；韧致辐射负载技术，通过二极管技术优化，获得 20～100keV 的 X 射线和大于 100keV 的 X 射线最佳输出，其中 PRS 和韧致辐射负载技术研究的选择，主要在目前已建的模拟设备上进行；脉冲功率驱动源技术研究，通过驱动源脉冲长度和技术路线的选择，以达到低造价的目的，并建立样机和试验平台。目前，主要选择快放电初级储能系统直接驱动负载的新技术路线，这样不再需要或可大大减少庞大的水线系统。快放电初级储能系统主要有快 Marx 产生器(FMG)和快直线性脉冲变压器(FLTD)。计划将分三个阶段，第一阶段约为 5 年时间，主要探索驱动源和技术路线，并研制 12MA 的基于新技术路线的驱动源样机 FLTD 或 FMG，目前已有了较大进展，已提出了 FLTD 和 FMG 的方案；第二阶段是研制 1/4 试验平台，电流达 20～30MA；第三阶段是研制成功整机。

(2) 发展了闪光 X 射线源，并得到了实际应用。脉冲 X 射线闪光照相可以透视极端条件下高速运动物质的结构、状态及演化过程，长期以来一直是高性能爆炸流体力学实验诊断所迫切需求的关键技术，直接获得材料在爆炸冲击下(高温高压)的性能及演化过程。

近年来，由于强聚焦二极管技术的深入，尤其是可获得小于 1mm X 射线焦斑的阳极杆箍缩二极管(rod pinch diode，RPD)技术的突破，并与感应电压叠加器(inductive voltage adder，IVA)和真空磁绝缘传输线(magnetic insulation transmission line，MITL)相结合，使基于上述 IVA、MITL 和 RPD 技术路线的加速器成为新一代的闪光 X 射线源，为闪光照相技术提供新的手段。

与传统的直线感应加速器(LIA)相比，IVA/RPD 型加速器具有结构紧凑，体积较小，易于搬运和安装，造价便宜等优点。美国在 LANL、SNL、AWE、Bechtel Nevada. NRL、Titan-PSO 和 Mission Research Corporation 等单位合作下，研制成功了基于 IVA 和 RPD 技术路线的加速器 Cygnus(2.25MV，60kA，60ns)，并成功获得应用。实验表明，Cygnus 加速器可以具有较好重复性地产生 1mm 直径焦斑，在 1m

处剂量为 4rad 的脉冲 X 射线，标志着这种新型闪光照相加速器技术及应用取得了重大飞跃。2005 年与 2006 年，美国将原来的 Cygnus 双轴闪光照相装置的输出电压成功升级为 4MV，进行了闪光照相实验研究。目前，美国还在继续发展 6MV 的闪光照相装置。

这种新型的闪光 X 射线源技术已成为当前国际上脉冲功率技术研究的热点。美国、英国、法国都在积极开展新型 IVA 加速器技术研究。综合了 IVA 技术和强箍缩聚焦二极管(包括 RPD、预充等离子体二极管、浸磁二极管)技术两个前沿课题研究，正朝着紧凑型、高电压(>10MV)、小焦点(<1mm)、高亮度(1m 处产生 1000R 照射量)及多脉冲和多幅的方向发展。

LANL 近几年发展了紧凑型 Marx 发生器，目前与 NRL 在 Bechtel 内华达将 Marx 与 50Ω阳极杆箍缩二极管直接连接到一起，在 CRS 装置上产生 1.5MV、亚毫米焦点、1m 处 0.5R 的强聚焦脉冲高能 X 射线。NRL 购买了法国 FZK 的 Kalif-Helia 加速器，它是一台六腔 IVA，产生 6MV、375kA、50ns 脉冲，能很容易改变正、负极性，用于实验研究 RPD、预充等离子体二极管、浸磁二极管。

SNL 除了原 SABRE 装置外，又拟研制 12 个感应腔、电压为 16MV、脉宽为 70ns、电流为 150kA 的 RITS 闪光照相加速器。目前，已经成功研制出 RITS-3，运行在 4MV、160kA、50ns，能够扩展组件达到 16MV，它可以利用顺序点火腔的子系统，在低电压时产生多个脉冲，并已完成建造 RITS-6。

发展更加紧凑的流体力学研究装置 HRF(14MV、150kA、10 级 IVA、三轴照相)，AWE 与 SNL、Titan-PSD 合作，提出了发展多脉冲、多轴照相装置的宏伟计划，它由 5 路 IVA 型加速器组成，每一路产生 14MV、100～150kA、70ns，目标是在 1m 处产生 1000R 照射量，焦点<2mm，集中研究 IVA 技术和二极管技术。目前，已完成了一路 10 腔 IVA 脉冲功率源研制，正在进行二极管的调试。为了研究 IVA 对于闪光照相的应用，AWE 设计并建造了 PIM 机器，新的多轴 HRF 计划推出以后，利用它作为技术支撑，进行 Marx 发生器、PFL、两级同轴开关、感应腔型等关键技术研究并实验多种二极管，开展二极管物理和技术研究。

法国在输出电压为 6MV 的 IVA 型加速器 ASTERIX 上正在进行大量的 RPD 实验研究，在 4MV、135kA、30ns 的条件下进行的阳极杆箍缩二极管实验中，对 1mm 直径杆获得了(0.9±0.1)mm 焦点，而对 2mm 直径杆得到(1.4±0.1)mm 焦点，并已在二极管电压 6MV 的情况下进行了实验。

强箍缩聚焦二极管技术成为美、英、俄、法等国近几年研究的重点和关键技术。除了以上 RPD 技术取得突破外，预充等离子体的阳极杆箍缩二极管、傍轴二极管和浸磁二极管等类型的强箍缩聚焦二极管的研究结果都取得重要进展。RPD 向更高电压下获得小焦斑、大剂量的方向发展，在现有装置上，RPD 输出电压已达到 6.3MV，1m 处脉冲 X 射线剂量为 35rad，焦点约为毫米量级，表 2 列出了强聚焦二极管研究获得的典型实验结果。然而，预充等离子体阳极杆箍缩二极管所产生的高能 X 射线在 1m 处，通过 3mm 铝滤片后的吸收剂量为 20rad(Si)，其焦点直径<0.5mm，并且焦点的轴向尺寸<2mm。在浸磁二极管的研究中，AWE 在 Superswarf 装置上外加磁场 25T，驱动源电压为 4.3MV，浸磁二极管产生 X 射线焦斑大小为 4.5mm，1m 处 X 射线剂量为 60rad。

表 2 强聚焦二极管研究获得的典型实验结果

年份	实验室	装置	电压/MV	电流/kA	正前方 1m 处剂量/rad	焦斑直径/mm	X 射线时间宽度/ns
2001	BN&NRL	TriMeV	0.8~1.2	20~40	0.3~0.5	~1.0	15
2001~2002	CEG&NRL	ASTERLX	2.4~4.4	55~135	16	~1.8	34
2001	SNL&MRC	Sabre	2.3	~60	3.5	0.85	70
2001~2002	AWE	Mevex	0.8	—	0.6	1.2	—
2001~2003	NRL	Gamble Ⅱ	0.5~2	260~750	20	1.7	8~60
2003	CEG&NRL	ASTERLX	5.2~6.3	105~135	28~35	1.55~1.95	40
2003	LANL&BN	Cveous	2.25	~60	4 ± 0.4	1.19 ± 0.05	50

此外，国际上还在积极研制基于 FLTD 作为初级储能系统直接驱动二极管的闪光 X 射线装置，并

发展用于闪光照相的爆炸容器系统。

(3) 电磁脉冲模拟和实验技术有了新的发展。虽然电磁脉冲技术门槛和使用门槛高，但是由于其可能带来的巨大破坏效应，经济发达国家均建设有种类齐全的电磁脉冲模拟试验设施，研究信息化系统和关键民用设施的效应和防护问题。

以使用计算机技术、通信技术、网络技术、控制技术等为代表的信息化装备，大量使用了高集成度和低功耗的各类集成电路和智能芯片，其越来越高的工作频率和越来越低的工作电压，造成其抗电磁攻击的安全阈值越来越低。因此，电磁脉冲研究已引起特别的重视，如 2004 年美国电磁脉冲威胁评估委员会向美国众议院提交了一份报告，报告指出，由于美国越来越依赖现代化的网络技术，电磁脉冲攻击实际上已经成为对手很可能使用的一种不对称打击手段，报告要求加强电磁脉冲防护研究。在电磁脉冲模拟设施建设方面，近些年的一个趋势是对原有电磁脉冲模拟器进行了较大改造，将脉冲上升时间减少到 2～5ns，并按新的电磁脉冲标准研制了脉冲上升时间为 2.5ns(可以达到 1ns 甚至更小)、脉冲宽度为 23ns、输出电压为 2MV 的新的电磁脉冲模拟器，美国还计划研制脉冲指标相同而电压为 6MV 的 EMP 模拟器。装备的 EMP 效应试验不仅在固定的试验场进行，还做成了可移动式的 EMP 模拟器，对固定设施和装备进行 EMP 效应试验。

因电磁环境的日益恶化，美国还提出电磁环境效应的概念，于 1997 年颁布了 MIL-STD-464 军用标准，并正式提出了电磁环境效应(E3)的要求。电磁环境效应定义为电磁环境对设备、系统和平台的效应或影响，几乎涵盖所有的电磁门类，包括电磁兼容(EMC)/电磁干扰(EMI)、电磁脉冲(EMP)、电子防护(EP)、电磁危害(EMR)，以及闪电(lightning)和沉积静电(P-static)等自然现象的效应。标准要求装备的各分系统都应该能够适应所处的电磁环境，这些验证确认应该贯穿全寿命，包括测试、存储、运输、装卸、包装和正常的操作使用过程。验证实验既包括频域电磁指标要求，也包括电磁脉冲、闪电电磁脉冲等时域电磁脉冲指标要求。2001 年，进一步颁布了 MIL-HDBK-237C(Electromagnetic Environmental Effects and Spectrum Guidance for the Acquisition Process)标准。其中，对 E3 的相关电磁门类给出了进一步的具体定义，对试验要求做出解释，明确了电磁脉冲是辐射效应要求中的重要一项。这个手册还表明，美国指定了一些单位，尤其是试验和评估中心执行 E3 试验考核，并给出了相应的技术能力。

2.3 国内基本情况

国内开展脉冲功率技术研究的单位主要有西北核技术研究所、中国工程物理研究院、国防科技大学、清华大学、中国原子能科学研究院、华中科技大学和西安交通大学等，近年来该学科引起高度重视。其中，华中科技大学主要研究长脉冲(毫秒级)功率产生技术，设立了国内第一个脉冲功率技术学科专业博士点；中国原子能科学研究院主要开展利用脉冲功率装置产生准分子激光的技术研究，代表设备是天光二号；清华大学主要研究等离子体焦点产生技术和 Z 箍缩技术，代表设备是 DPF200 和一台电流为 500kA、脉宽为 100ns 的 Z 箍缩驱动源；国防科技大学主要研究脉冲电子束与高功率微波产生技术，代表设备有一台电压幅值为 1MV、电子束流达百 kA 的电子束加速器；中国工程物理研究院是国内最早开展该项技术研究的单位，研究内容涉及各个方面，主要代表设备：闪光一号、10MV 电子直线感应加速器、神龙一号、“阳”加速器和 CHP01 等，目前正在投入大量人力与物力开展高功率 Z 箍缩技术研究和闪光照相用多脉冲电子直线感应加速器技术研究。对利用质子直线加速器开展多脉冲闪光照相技术和 IVA 闪光照相技术给予了高度关注，另外，在自由电子激光、高功率微波技术研究方面也具有相当高的技术水平。

3 现状分析

3.1 总体情况简述

我国辐射模拟设备技术研究是从 20 世纪 60 年代初研制 Marx 发生器型微秒级 X 射线机开始的，

在近四十年的时间内得到了很大的发展。先后建成了“晨光号”和“闪光二号”脉冲相对论电子束加速器、DPF-200 浓密度等离子体焦点装置、“强光一号”多功能辐射模拟装置和“春雷号”电磁脉冲模拟器等设备。在设备技术和指标上几乎每十年都上一个新台阶，辐射剂量率输出提高了约 6 个量级，功率和电子束流输出水平提高了 3 个多量级；辐射种类从仅输出轫致辐射 X 射线，到能输出高达 1MA 的强流脉冲电子束和百 kA 级离子束；而轫致辐射 X 射线从只输出单一能谱到可以分别输出γ射线、热 X 射线、温 X 射线和冷 X 射线等不同能量的辐射谱。在核测试技术研究、辐射效应研究、产生高功率微波和泵浦准分子激光研究领域得到了广泛的应用。这里主要介绍辐射模拟设备技术的现状与发展，不涉及高功率微波与激光领域。

3.2　现有设备性能

3.2.1　脉冲相对论电子束加速器“晨光号”

“晨光号”加速器是我国自行研制的第一台强流相对论脉冲电子束加速器，建成于 1975 年，1986 年和 1991 年分别进行两次改造。改进后的加速器有两路输出，分别输出脉冲 X 射线和强流电子束。

3.2.2　强流脉冲低阻抗相对论电子束加速器“闪光二号”

“闪光二号”加速器是国内第一台强流低阻抗相对论脉冲电子束加速器，它的脉冲功率系统主要由 Marx 发生器、水介质同轴线(通过水线和气体开关进行脉冲形成和传输)与二极管组成。加速器能够产生三种参数的脉冲电子束和一种参数的脉冲离子束，是目前国内唯一能模拟 X 射线热力学效应的高功率辐射模拟设备。近年来，利用离子束轰击 C2F4 靶，获得了 6～7MeV 的准单能脉冲γ射线。

3.2.3　“春雷号”系列有界波模拟器

系列化电磁脉冲模拟器是以模拟 HEMP 波形及其特征参数的大型有界波 EMP 模拟器为主体设备，包括了模拟 EMP 环境的中小型有界波 EMP 模拟器和小型 FREMP 模拟器构成的系列模拟装置。

3.2.4　多功能辐射模拟装置“强光一号”

“强光一号”加速器是一台能够产生多种辐射参数的 X 射线和γ射线的组合式多用途高功率强流脉冲装置。装置输出脉冲 X 射线、γ射线高达 11 种类型，相对较全面地模拟脉冲 X 射线、γ射线辐射环境，是目前国内高功率辐射模拟装置中最重要的设备之一，装置的可靠性和稳定性至关重要。

3.3　现有技术能力分析

经过近四十年坚持不懈的努力，特别是在研制“闪光二号”加速器、引进“强光一号”加速器以及开展相应物理应用试验工作中，开展了大量的关键技术研究工作，培养并成长了一支理论与实验研究相结合的科技队伍，形成了较强的辐射模拟设备物理应用试验能力和辐射模拟设备的研发能力。

1. 辐射模拟设备物理应用试验能力

以辐射测量技术研究和辐射效应研究两大物理应用试验研究为主，经过不断实践和改进，形成了较强的物理应用试验能力，主要表现在以下三个方面：

(1) 基本形成大型辐射模拟设备的实验运行规范，提高了设备的运行成功率(用户认可的实验发数与总实验发数之比)；近期的实验表明，“闪光二号”和“强光一号”两台大型高功率辐射模拟设备的运行成功率均已高达 90%以上。

(2) 基本具备配套的辐射参数测量技术和手段。

辐射参数测量方面，对“强光一号”设备引进的六种辐射参数进行了验收检测，并与俄方测量参数进行了综合比对，取得了较一致的测试结果，双方测试结果的偏差均在 10%以内。并且在 2002 年、

2004 年先后两次在“强光一号”长脉冲状态下进行了辐射参数测试系统的综合比对试验，证明辐射剂量测量不确定度小于 10%。

在电磁脉冲参数测量方面，研制了基于光纤传输的电磁脉冲场、效应电流与电压等测量系统。抗电磁干扰能力强、频带宽、响应线性好，总体指标达到国内先进水平。

(3) 基本形成辐射效应测试能力和辐射效应及其加固机理分析能力。

建立了相对完善的总剂量效应试验测量系统，基本配套的剂量率效应试验测量系统，国内领先的 HEMP 和 SGEMP 效应试验测量系统和材料结构响应与热激波效应测试系统。

在剂量率效应试验、脉冲总剂量效应试验、电磁脉冲效应试验和 X 光热力学效应试验等方面均形成了较强的试验能力和对相应的辐射效应进行机理分析的能力。

2. 辐射模拟设备的研发能力

在“晨光号”“闪光二号”、有界波 EMP 模拟器和“强光一号”研制、运行维护及技术改造过程中，通过对这些装置所涉及的脉冲功率单元技术的研究，以及对国际脉冲功率驱动源新技术的跟踪研究，基本具备了辐射模拟设备的研发能力。主要表现在以下几个方面。

1) 初级储能装置的研制

大型辐射模拟设备的初级储能装置主要有 Marx 发生器和直线型脉冲变压器。我们对其中的关键技术进行了理论与实验研究：主要涉及气体开关工作特性、微秒级 Marx 发生器动态特性、微秒级直线型脉冲变压器工作特性、快脉冲直线型脉冲变压器技术、紧凑型 Marx 发生器技术、恒流充电源技术、脉冲触发与同步技术等，基本形成了这两种初级储能装置的研发能力。

2) 中间储能与脉冲形成装置的研制

中间储能与脉冲形成装置最常用的是水介质同轴线，其次是油介质线、气固态混合储能部件和电感储能单元。近年来，我们分别不同程度地对这些关键技术开展了理论与实验研究；初步掌握了低阻抗水介质线技术、多根水线并联技术、MV 级微秒脉冲自击穿水开关、MV 级微秒脉冲电触发气体开关技术、MV 级百 ns 脉冲自击穿水开关特性、高阻抗油介质线技术、电感储能与爆炸导体断路开关技术、电感储能与等离子体断路开关技术、固体储能电容器与 MV 级自击穿气体开关技术等，基本形成了中间装置的研发能力。

3) 负载的研制

大型辐射模拟设备的负载因实现不同的辐射模拟功能而不同。多年来，开展了多种不同负载的技术研究工作，主要涉及磁绝缘真空传输线技术、低阻抗电子束二极管、离子束二极管、强流箍缩电子束二极管、高阻抗电子束二极管、大面积低阻抗电子束一极管、Z 箍缩技术、等离子体焦点形成技术、有界波辐射天线技术等方面，初步掌握了这些技术，形成了单元部件的研发能力。

3.4 存在的不足

1) 高剂量率γ射线源的辐照面积较小

“强光一号”加速器可以提供脉冲宽度为 20～400ns、最大剂量率约为 10^{10}Gy/s 的辐照环境，剂量率与脉宽可以基本满足要求，但辐照面积只有几十至一百平方厘米。若要增加辐照面积并保持剂量率，必须提高加速器的电压和电流，即需要建造更大规模的设备。

2) 缺少一台大型辐射波 EMP 模拟器

虽然已建成的有界波电磁脉冲模拟器在系统部件的 EMP 试验中发挥了较好的作用，但只能对尺寸为几米的试件进行试验，并且其技术指标与电磁脉冲环境新标准还有一定的差距。

随着装备技术的发展，对信息化装备系统及其控制、通信等系统展现 HEMP 性能评估试验的问题日益突出，国内还没有一台能够解决大系统试验的 EMP 模拟器。

3) X 射线的模拟手段不配套

“闪光二号”加速器电子束只能模拟 2keV 以上的 X 射线热力学效应，虽然“强光一号”加速器可以产生总能量为 500J 的 20～100keV X 射线，但同时伴随有 100keV 以上的韧致辐射，强流脉冲离子束模拟 1keV X 射线热力学效应，尚未达到实用化的程度。产生 10keV 以下 X 射线的最有效手段是高功率 Z 箍缩技术，国内尚处于起步阶段，缺少一台能基本满足效应试验要求的 X 射线辐射源，这需增大设备驱动电流，建立更大的模拟设备并开展高功率 Z 箍缩产生 K 层辐射的技术研究。

4 目前的主要工作与发展展望

4.1 总体思路

针对存在的不足，同时兼顾其他技术发展需求，立足于国情开展工作，并加强国内外技术协作交流。

一方面要改进提高现有辐射模拟设备运行性能(稳定性、重复性和可靠性)，建立模拟设备运行应用试验规范与标准；另一方面要深入开展脉冲功率关键技术研究，研制新一代大型辐射模拟设备。

4.2 改进提高现有设备性能，加强大型辐射模拟设备实验室能力建设

(1) 研究目标：通过改进辐射模拟设备，形成辐射效应研究急需的实验条件。研究掌握辐射模拟设备的核心技术，提高设备的应用能力；建立完备的参数测量系统，获取可靠的试验数据；为各种物理试验提供性能良好的试验平台。同时，培养一支懂设备研发，会运行管理和精通参数测量的人才队伍。

(2) 工作重点：针对“闪光二号”和“强光一号”两台装置开展建设，兼顾其他设备改造。

使“强光一号”稳定产生不同辐射强度、不同光子能量(最大值 5MeV)、不同辐射脉冲宽度(15～400ns)和不同直接辐射面积的脉冲 X 射线和γ射线；建立“强光一号”运行规范，使之运行成功率达到 90%；建立辐射剂量测量系统和脉冲信号传输与屏蔽系统，得到准确可靠的机器性能参数和辐射场环境参数。主要研究内容包括：产生短脉冲高剂量率γ射线的真空负载的技术改造；产生长脉冲γ射线的高阻抗电子束二极管的技术研究；产生脉冲硬 X 射线的低阻抗强流箍缩电子束二极管技术研究；各种工作状态下脉冲驱动源工作特性的研究与控制，形成脉冲驱动源调试运行规范；各种能量电子束韧致辐射转化效率的理论与实验研究；脉冲电参数与辐射剂量、辐射脉冲时间分布等辐射参数在线测量技术研究；不同工作状态的兼容性研究；建立各种物理试验的实验方法和规范的研究。

使“闪光二号”稳定产生脉冲 X 射线、均匀电子束和离子束，形成用于开展成像系统标定、电子束模拟 X 射线与材料作用的热力学效应等实验的辐射环境；建立电子束参数测量系统、辐射剂量测量系统和脉冲信号传输与屏蔽系统，得到准确可靠的机器性能参数和辐射环境参数。主要研究内容包括：“闪光二号”电子束二极管的技术研究与实验调试；脉冲驱动源状态调试和工作稳定性的实验研究与控制；电子束韧致辐射特性的理论与实验研究；脉冲射线束和电参数在线测量技术研究；建立基于各种物理实验的实验方法和规范。

使“晨光号”既可作为脉冲功率技术研究的高压试验平台，也可产生所需辐射环境，在脉冲功率技术、激光、微波技术和辐射效应等实验研究领域发挥重要作用。

使“春雷号”能够产生符合新的 HEMP 推荐波形(与 IEC 的新标准相同)的电磁脉冲电场环境，即前沿小于 3ns，脉宽大于 23ns，电场大于 5×10^4V/m，传输线阻抗约为 180Ω。

4.3 深入开展脉冲功率关键技术研究，研制新一代辐射模拟设备

国内相关单位一直密切关注国外辐射模拟技术的发展动向，并及时地开展应用基础性研究工作，取得了很好的成绩。例如，在国内我们率先提出并利用“强光一号”装置开展了快 Z 箍缩实验，初步立项进行了高功率 Z 箍缩内爆、辐射特性及其脉冲功率技术研究，该项目结题时，被国家自然科学基金委评为优秀。在 2004 年 5 月，当看到美国利用基于阳极杆箍缩二极管(RPD)的闪光 X 射线装置 Cygnus 进行闪光照相的报告时，我们及时于 2004 年 8 月和 2005 年 1 月，利用“闪光二号”加速器进行了 RPD

的原理性实验，验证了 RPD 可以获得焦斑直径小于 1mm 的 X 射线。随后又立项开展了基于 IVA 和 RPD 的闪光照相实验平台的预研工作，已完成部分工作。快前沿脉冲功率源实验平台的初步建设已完成。根据 EMP 模拟器向快沿方向发展的趋势，开展了 FEMP 模拟器的预研，在以上研究中，对国外发展的技术路线有了较深入的认识，增加了判断能力，为下一步我们自己的发展积累了人才和技术基础。但由于国内可供实验研究的实验平台十分缺乏，经费非常有限，从而限制了辐射模拟技术的发展。

1) 电磁脉冲模拟器的研制

目的意义：电磁脉冲模拟器的建设将填补我国无大型辐射波 EMP 模拟设备的空白，为我国的 HEMP 加固技术研究提供硬件平台。可以考验电子系统采取的 EMP 加固技术，解决理论计算无法处理的实际系统中存在的大量非线性现象，满足大系统电磁脉冲试验的要求。

模拟器指标设计：产生强 EMP 环境，波形与国际电工委员会(IEC)定义的 HEMP 波形标准接近。

驱动源系统：采用单台二级脉冲压缩模式，整个模拟源由 Marx 发生器、中间储能传输电容器、传输开关、峰化电容器、输出开关和双锥负载六个单元组成。最高输出电压为 2.5MV，正常运行电压为 2.0MV，脉冲前沿≤2ns，脉冲半高宽≥50ns。

天线系统：天线系统采用双锥+笼型天线，笼型天线直径约为 6m，长度为 200～300m，阻抗为 150Ω；架高约为 20m；试验区域电场强度为 20～50kV/m；试验区域为 60m×40m。

2) 感应电压叠加器及其负载技术研究，并进而研制 2MV 双轴闪光照相装置

目的意义：探索新的闪光照相用脉冲 X 射线源技术。

设计指标：单台装置的二极管电压为 1.8～2.0MV，电流为 40～60kA，脉宽为 50～60ns，1m 处的脉冲 X 射线剂量为 0.02～0.03Gy，焦斑直径约为 1mm。两台装置同步满足试验要求，可提供闪光照相技术研究。

3) 大型脉冲 X 射线模拟装置研制

目的意义：建成一台适合开展 Z 箍缩研究的实验装置，尽快弥补我国 X 射线效应模拟能力的不足；为射线测量等提供试验研究平台和技术支持；为辐射效应研究分别提供γ射线源和脉冲软 X 射线源辐照试验平台。

主要技术指标：短路脉冲电流峰值为 4～5MA；电流上升时间为 80～100ns；等离子体辐射 X 射线总能量约为 160kJ。

5 建议

辐射模拟设备技术是一项极其复杂的科学工程技术，涉及高电压与绝缘技术、粒子束物理、等离子体物理、电磁场理论与技术等多个学科，要做好这项工程，必须科学规划，合理安排，注重技术积累和人才培养，大力协同，集智攻关，我们必须走自己的发展路线，自主创新，选择好技术发展路线。例如，在大型脉冲 X 射线模拟器建设方面，我们可以不再走国外几十年走过的传统技术路线，而直接选择快放电初级储能系统直接驱动负载的技术路线，虽然技术尚不成熟，但如果我们及早开展研究，与国外差距还不大，一旦突破关键技术，可以实现跨越式的发展。

目前，我国在快 Z 箍缩研究方面与国外的主要差距是缺少大型脉冲功率装置实验研究平台。快 Z 箍缩一个很重要的特点是驱动源与负载相互耦合，负载的改变将直接影响驱动源的输出参数，因此在驱动源的总体设计和技术途径选取方面，必须连同负载一起考虑。当前我国对丝阵负载快 Z 箍缩的物理认识，负载的优化设计及与驱动源的最佳匹配都与国外有很大差距，这需要开展大量深入的物理实验研究以及数值模拟，而基础是需要有相应的研究平台。因此，在研究驱动源技术的同时，需要建设若干个研究平台，既作为驱动源技术的发展阶段，又能提供物理实验平台。第一阶段是采用先进技术研制驱动电流为 4～5MA，脉冲上升时间为 100～300ns 的平台。由于装置较小，调整参数比较方便灵活(包括电流脉冲宽度的调节)；同时也是脉冲功率技术研究的一个实验平台，从而可为驱动源技术路线选择和总体方案设计提供支撑。第二阶段研制 12～15MA 脉冲上升时间小于 300ns 的直接驱动 Z 箍缩负载的脉冲功率源，可以作为长脉冲下 Z 箍缩研究以及下一步采用新技术路线更大驱动源技术研究

的实验平台；同时可以作为保真度较高的 X 射线效应模拟器，以满足辐射效应研究的实际需要。

在电离辐射模拟方面，应加强对高功率低阻抗二极管、高功率高阻抗强箍缩聚焦二极管和 Z 箍缩的基础研究。例如，二极管内等离子体产生、利用或抑制，束与等离子体相互作用的动力学过程，二极管构型与辐射输出的关系。质子束流的产生和传输及准单能γ射线产生，Z 箍缩的能量转换机理、X 射线辐射与驱动源参数和负载构型的关系以及相关的诊断技术可主要利用现有的模拟装置进行研究，但也需要新建必要的实验平台。

在脉冲功率方面，要重视对高功率脉冲装置中基础部件(如开关、触发器、感应腔、磁绝缘传输线等)的深入研究，对技术比较成熟的开关、触发器应形成设计、测试和运行规范，积极探索脉冲驱动源新的技术路线。重点对快 Marx 产生器(FMG)和快直线型脉冲变压器(FLTD)的关键技术进行研究，并能研制出单台 FMG 和 FLTD 样机。单台 FMG 和 FLTD 的研制一方面可以用来研究和掌握快放电技术，为脉冲功率驱动源的总体设计提供依据和支撑；另一方面也可为负载技术研究提供实验平台。

6　重视测试规范和标准化的研究

高功率脉冲技术和高功率粒子束流物理是专业性很强的技术，由于其高功率和快脉冲的特点，国际、国内基本上尚未建立相应的测试规范和测量标准，研究中存在溯源问题。对快脉冲、高电压、大电流和所产生的粒子束与 X 射线的脉冲宽度、强度、能量和能谱以及环境场，效应场和效应电流、电压能够真正测得准，说得清，需建立相应的规范标定系统，研究标定方法，从相对标定提升到绝对标定。

重视吸收国际上已有的标准和技术规范。目前，国际电工委员会相继制定了许多有关电磁脉冲和高功率电磁辐射的标准，这些标准涉及了环境参数、模拟装置、效应方法、防护技术等多个方面，是一份非常重要的资源。然而，有关脉冲功率技术和高功率粒子束流及所产生的 X 射线等测试规范和测量标准等的资料还相当少，需要在今后的工作中，积极开展基础研究工作，逐步建立相应的测试规范和测量标准。

致谢

向参与本文工作的杨海亮、谢彦召、孙凤举、汤俊萍等同志表示感谢！

强流脉冲相对论电子束加速器——闪光二号*

摘要:本文介绍了低阻抗脉冲电子束加速器——闪光二号。它主要用于辐射效应模拟。加速器系统由 Marx 发生器、水介质同轴线和二极管三大主机部件以及十几个配套设备所组成。文中给出了在充电电压±55kV 和±70kV 两个电压等级下调试和运行的结果。最大输出电流 600kA，管电压 1.2MV。目前该加速器已用于电子束和 X 射线的实验研究。

一、前言

闪光二号加速器是一台低阻抗脉冲相对论电子束加速器。用来产生电子束，可进行材料破坏和结构响应的研究，并可开展产生高功率微波、泵浦准分子激光等方面研究。同时，通过转换靶可以产生韧致辐射，开展射线束测量技术及电子元件的γ瞬态辐照效应研究等。

根据闪光二号加速器的主要用途，要求加速器具有阻抗低、束流强的特点，因此设计指标按 1 欧姆阻抗考虑，但基于低阻抗水介质加速器的技术难度大，国内尚无经验的情况，决定研制工作分两个阶段进行，第一阶段阻抗为 2 欧姆。

闪光二号加速器长 17 米，宽 6.5 米，高 5.2 米。整个加速器系统如图 1 所示，它由 Marx 发生器、水介质同轴线(包括脉冲形成线，主开关，传输线，预脉冲开关，输出线)和二极管构成的主机部分以及 180 吨油处理装置，15 吨水处理装置，±120kV 高压直流电源，1.8T 脉冲磁场系统，触发、控制等十几个配套设备所组成。图 2 是闪光二号加速器的等效电路图。根据输出指标要求，可以通过计算确

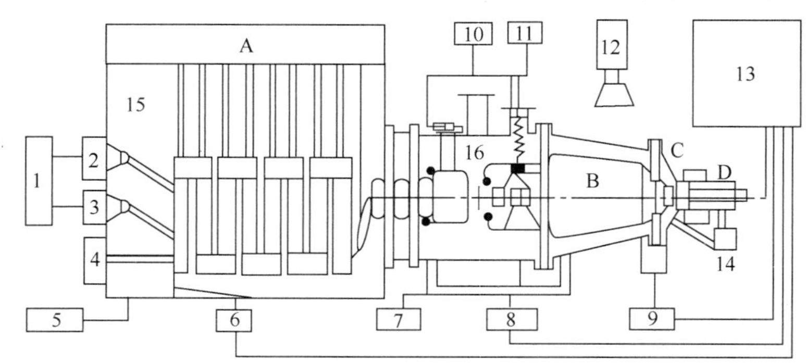

图 1　闪光二号加速器系统示意图

A. Marx 发生器　B. 水介质同轴线　C. 二极管　D. 脉冲磁场及漂移室(B=1.8T)

1. 控制系统　2. 触发器　3. 高压电源　4. SF_6充放气装置　5. 滤油系统(180T)　6. I_M检测　7. 纯水处理装置　8. U_F，U_T，U_{01}检测　9. I_D，U_{02}检测　10. 液压调节器　11. SF_6充气罐　12. 大厅监视装置　13. 120dB 屏蔽测量室　14. 真空系统　15. 油　16. 水

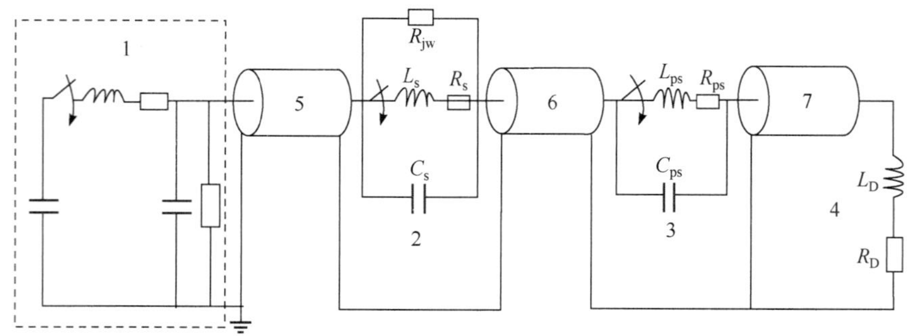

图 2　闪光二号加速器等效电路图

1. Marx 发生器　2. 输出开关　3. 预脉冲开关　4. 二极管　5. Z_F=5.0Ω T_F=40ns　6. Z_T=3.2Ω T_T=40ns　7. Z_0=2.0Ω T_0=60ns

* 该文原载于《强激光与粒子束》，1991 年第 3 卷第 3 期，有部分改动。

定各部分的电气参数，经计算确定发生器最大标称储能为 224kJ，最大标称电压为 6.4MV，在 2 欧姆阻抗运行时，总的能量传输效率 30%，电压传输效率 20%。

二、Marx 发生器

Marx 发生器由 64 级电容器，按 S 型连接，排列成 8 排。每排有 8 个 100kV，0.7μF 的电容器和 4 个带中间触发圆盘的三电极气体火花开关，用两根 160cm 长的尼龙吊带悬挂在油箱顶上。单排的结构见图 3，排内两电容器之间的绝缘距离 8cm，排间距离 30cm，对地最小距离 90cm。第一排前三个开关用 TG-125 触发器触发，其余开关均由在前级接地电阻上引起的过压，经过触发电阻触发。

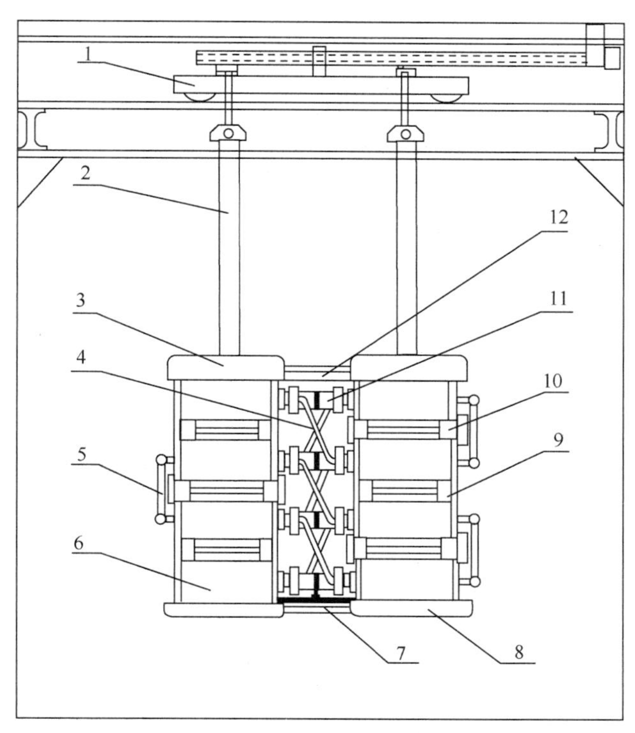

图 3 发生器单排结构简图

1. 行走机构 2. 绝缘吊带 3. 上屏蔽罩 4. 充电电阻 5. 接地电阻 6. 电容器 7. 触发电阻 8. 下屏蔽罩 9. 金属垫块 10. 绝缘垫块 11. 火花开关 12. 绝缘拉板

根据发生器短路电流波形和对形成线的充电电压波形，测得的发生器等效参数见表 1。在直流充电电压±70kV 下，连续运行 120 炮，发生器自放概率 3.3%。发生器的建立时间 419ns，抖动 60ns。

表 1 Marx 发生器的等效参数

generator parameters		measured value	designed value
series inductance	L_m	11.7μH	12μH
build-up of capacity	C_m	11.25nF	11nF
resistance in series	R_m	3.0Ω	4.0Ω
parallel resistance	R_p	0.58kΩ	1.9kΩ
stray capacitance vs ground	C_i	0.2nF	<0.64nF

三、水介质同轴线

水介质同轴线包括脉冲形成线、主开关、传输线、预脉冲开关和输出线，采用去离子水作为绝缘介质。在水介质同轴线和 Marx 发生器之间用两块直径为ϕ220cm 的绝缘板将油和水隔开。油水隔板的径向电场分布见图 4。在金属、水及绝缘隔板三结合点处的电场小于 30kV/cm，最大电场 128kV/cm。

脉冲形成线阻抗 5 欧姆，外导体直径ϕ186cm，内导体直径ϕ88cm，长度 134cm。形成线的最大工作电压 5.8MV，内外导体工作场强与击穿场强之比为 0.49。

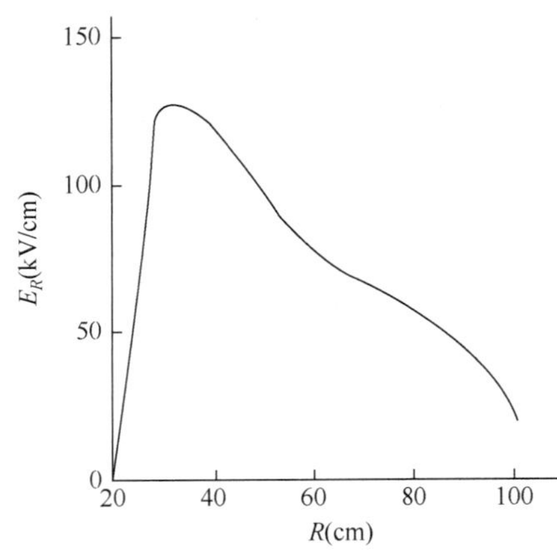

图 4 油水隔板界面径向场强分布

传输线阻抗 3.2 欧姆，内导体直径ϕ113.6cm，长度 134cm。在传输线的内外导体之间装有预脉冲抑制电感，它不仅可以降低预脉冲电压和预脉冲开关的工作电压，同时将调节主开关距离的液压油管、控制引线和气路引入传输线内导体内，以保证电气安全。输出线阻抗 2 欧姆，长度 200cm，从外径ϕ186cm 削尖到外径ϕ114cm。

主开关采用水介质场畸变开关。预脉冲开关是 8 个并联的充 SF_6 气体开关，它们固定在ϕ220cm 的有机玻璃板上。这块 10cm 厚的有机玻璃板同时也固定传输线和输出线的内筒。我们用 2 欧姆的 $CuSO_4$ 溶液水电阻作为水介质同轴线的负载，调节了主开关和预脉冲开关的工作状态。主开关在自触发工作状态时，触发圆盘位置是影响开关工作特性的主要因素。在 N=7 时，从开关放电照片中可以看到能形成 5～6 个通道，通过理论计算与实测的形成线电压波形相拟合，可求得在开关距离为 135mm 时，火花通道的等效电感 120nH，电阻 0.5Ω。目前由于触发回路的电感选得还不够大，输出波形不够理想，增大电感后可望得到改善。主开关在自击穿工作状态下，影响开关工作特性的主要因素是开关间距，这时开关击穿场强较高(约 250kV/cm)，但只能形成 1～2 个通道。在开关间距为 135mm 时，求得开关导通时的等效电感为 300nH，电阻 0.5Ω。预脉冲开关的工作特性对输出电压有很明显的影响，选择合适的气压，可得到较高的电压传输效率，并使输出脉冲陡化。

在直流充电电压±60kV，主开关距离 145mm 以及预脉冲开关气压 0.35MPa 的条件下，测得的加速器主要输出参数见表 2。

表 2 假负载时加速器的主要输出参数

d. c. charge voltage	U_0	±60kV
breakdown time of main switch	t_m	700ns
output line voltage	U_{01}	969kV
rise time of output line voltage	t_{or}	42ns
steepening of output pulse	t_{or}/t^*_{Tr}	58%
ratio of prepulse and main pulse voltage		1
half width of output pulse	T_{OH}	88ns
total voltage transmission efficiency	G_V	25.2%
total energy transmission efficiency	G_W	34.7%

t^*_{Tr}: rise time of transmission line voltage。

在负载为二极管的情况下，当直流充电电压±70kV，主开关距离为 151mm 时，经几十炮运行统计，主开关击穿电压 3739kV±5%，击穿时间 692ns，抖动 29ns，预脉冲开关击穿时间抖动 67.5ns。

四、低阻抗二极管及输出特性

二极管的结构见图 5。它包括径向绝缘的有机玻璃板，双圆锥真空线，同轴阴极杆和阴阳极区域。在真空绝缘隔板的两个三结合点处的径向电场均小于 20kV/cm，绝缘距离 40cm，平均径向电场 37kV/cm，电极与隔板表面的夹角在阳极处为 8°，在阴极处为 76°。真空区域部分的绝缘按满足磁绝缘条件设计，同时阴极杆表面场强控制在 350kV/cm 以下。二极管的阴极是ϕ220mm 的平板形石墨，阳极采用镀铝薄膜(1μmAl+12μmPET)。为了满足用电子束进行物理实验时对束能通量和均匀性的要求，采用了加轴向脉冲磁场以及在漂移管内充低气压(133～266Pa)气体的方法。所建立的脉冲磁场系统由 10kV、180kJ 的脉冲电源、磁场线圈及漂移管等几部分组成。在 7kV 充电电压下，产生的峰值磁感应强度为 1.8 特斯拉。磁场与加速器主机的同步是通过磁场系统点火后产生的 dB/dt 信号去触发 Marx 发生器的触发器实现的。磁场脉冲上升时间 8.4ms，而加速器从发出点火指令到出束时间为 1.77μs，在正常工作状态下，两者能可靠的同步，使电子束在磁场最大值时到达。经 115 炮运行统计，同步效果达到 96%以上。

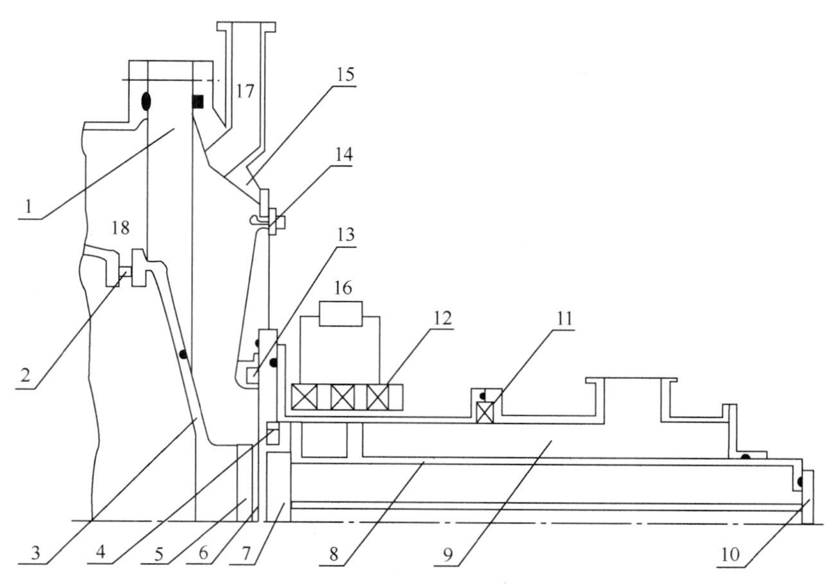

图 5　二极管部分的结构简图

1. 绝缘隔板　2. 电接触器　3. 阴极引杆　4. 夹膜机构　5. 阴极头　6. 阳极膜　7. 靶　8. 靶支架　9. 漂移室　10. 信号输出　11. 罗可夫斯基线圈　12. 磁场线圈　13. 罗可夫斯基线圈　14. 微分环　15. 阳极法兰　16. 纯水　17. 真空　18. 电源

表 3 给出了在不同充电电压下实测的二极管输出参数，其中±55kV 和±70kV 充电电压下的输出参数分别是连续 30 炮和 59 炮的统计结果。而±80kV 和 85kV 分别是 90249 炮和 90250 炮的测量结果，二极管的纵横比(即阴极半径比阴阳极间距)对其输出参数有很明显的影响，在±70kV 充电电压下，当纵横比为 14.7 时，二极管电流曾达到 606kA，电压 1.2MV。采用石墨阴极比用不锈钢具有更短的二极管启动时间(即二极管电流落后电压的时间)，经过几十炮统计结果为 12ns±4.7ns。

表 3　不同电压等级下实测的二极管输出参数

charge voltage U_0(kV)		±55	±70	±80	±85
main switch distance	S_m(mm)	120	151	161	171
prepulse switch gas-pressure	P_p(MPa)	0.3	0.42	0.46	0.48
cathode radius	R_c(mm)	90	110	110	110
A-K gap	d_{AK}(mm)	11～12	8～8.5	8.1	8.1
diode voltage	U_D(kV)	936±5.8%	1072±6.8%	1302	1638
gap voltage	U_k(kV)	903±6.7%	902±9.8%	1113	1529
diode current	I_D(kA)	196±8.2%	466±6%	589	511
total beam energy	E_D(kJ)	11	30.5±21%	52.2	66
diode impedance	R_D(Ω)	5.1	2.1±10.9%	2.1	3.1

二极管电流参数测量采用罗可夫斯基线圈和微分环。它们分别装在二极管同轴段的阴阳极间隙处

及双锥段部分(见图 5)，测量到达阳极的电流及电流随时间的变化。微分环积分后的信号即是二极管的总电流。二极管电压测量采用装在输出线末端的微分型电容分压器，将三个信号进行时间关联，并用数字化示波器记录，经计算机处理后可得出二极管阴阳极间隙电压 $U_k=U_D-LdI/dt$，其中 L 为二极管电感(约 36nH)，可用短路法求得。从而可获得输出功率、阻抗曲线、电子能谱、总束能及平均电子能量，典型一炮的参数分别见图 6，图 7 和图 8。

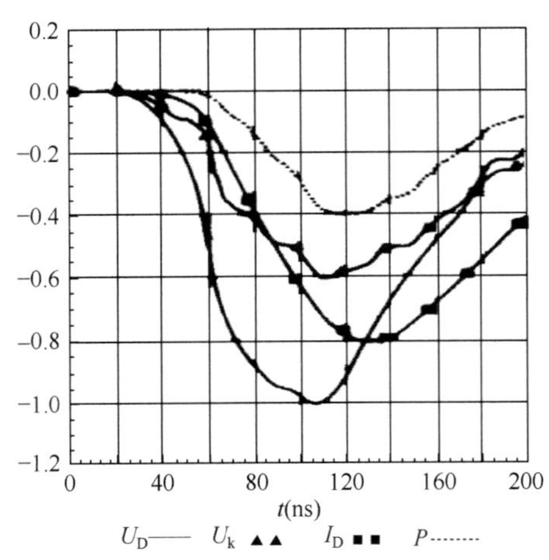

图 6 二极管电压 U_D(峰值 1302kV)，间隙电压 U_k(峰值 1113kV)，电流 I_D(峰值 589kA)及功率 P(峰值 6.2×10^{11}V · A)曲线

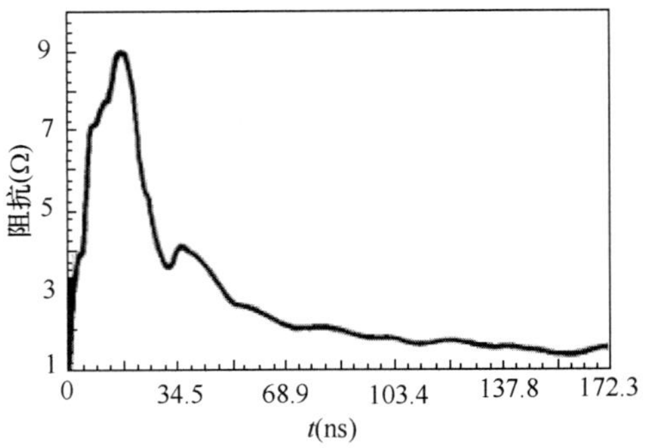

图 7 二极管阻抗曲线(90249 炮)

电子束穿过薄阳极后进入漂移管，束流参数与二极管状态、阴极尺寸、磁场大小、漂移管内气压及束传输距离等因素有关。在充电电压±70kV，磁场中心的磁感应强度 1.8T，阴极直径ϕ220mm，漂移管内气压 146～186Pa 的条件下，进行了束流参数的初步测量。用法拉第筒测量电子束波形和电荷传输效率，图 9 是在距阳极 24cm 处，加 0.12mm 铝吸收片后的束流波形，峰值 408kA，半宽度 89ns。电子总束能是用全吸收石墨量热计测量的，在离阳极 17.5～24cm 处测得的束能为 18～28kJ(对应于平均二极管总束能 30.5kJ)，电子束束斑直径ϕ120～ϕ147mm。电子束均匀性测量采用石墨量热计阵列、法拉第筒阵列和针孔成像装置，在ϕ118mm 束斑面积内均匀度为 60%。

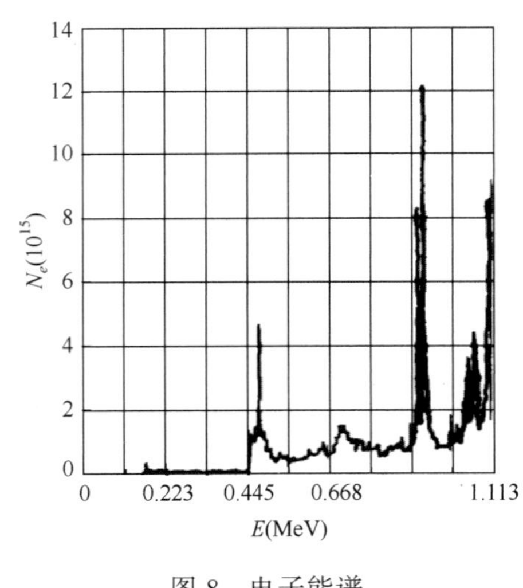

图 8 电子能谱

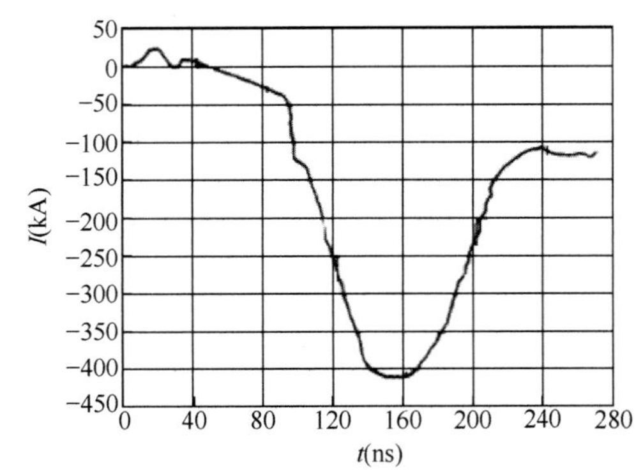

图 9 法拉第筒电流波形

当输出 X 射线时，电子束经 30μm Ti 箔引出后，轰击钨靶，产生韧致辐射。这时，二极管的等效阻抗约为输出线阻抗的 2～2.5 倍。在充电电压±55kV 时，用氟化锂热释光剂量计测量在离靶 23cm 处的 X 射线的照射量为 $(3.5\times10^{-2}\pm0.56)$C/kg，用光电管测量 X 射线的脉冲半宽度为 50ns，照射率为 7×10^5C/(kg · s)。

五、结束语

闪光二号加速器在充电电压±55kV 和±70kV 下，进行了上百炮的运行。在控制好机器的一些条件和参数后，加速器可以较稳定的工作。输出电压和电流峰值的重复性好于 90%，而总束能的重复性为 79%，有待于进一步改善。束流参数只进行了初步的测量，尚需完善和提高测量精度。由于加速器急于提供物理实验，目前还没有进行更高电压下的调试，直流充电电压只升到±85kV，今后还将继续提高电压等级，并力争达到第二期的设计指标。

闪光二号——一台太瓦级脉冲电子束加速器及其应用*

摘要：简要评述了高功率脉冲相对论电子束加速器国内外发展情况，指出西北核技术研究所研制成功的闪光二号加速器是我国在这一领域的重大进展。描述了闪光二号加速器的 Marx 产生器，水介质同轴线和二极管的工作原理、结构及其参数，介绍了 1990 年以来，在这台加速器上，在电子束对材料结构的热力学效应，泵浦准分子激光和产生高功率微波等方面所进行的实验研究。

1 脉冲电子束加速器的发展

强流脉冲相对论电子束加速器是 20 世纪 60 年代以来发展起来的一门新技术，起初它主要用于辐射效应模拟，以后在惯性约束聚变、离子束或电子束的产生、高功率微波、泵浦高功率气体激光、离子集团加速、强脉冲中子源、等离子体加热和惯性约束聚变等国防和能源研究方面得到应用。近几年来高功率脉冲装置在民用工业中的应用已引起重视，如用于食品消毒和环境保护等。

强流脉冲电子束加速器通常由储能单元、脉冲压缩单元和能量转换单元三大部分组成。脉冲压缩单元将储能单元输出的电脉冲，在时间上进行压缩，一般将微秒级脉冲波形压缩到几十 ns 至几百 ns，通过能量转换单元(二极管、内爆筒或线)产生电子束、离子束、轫致辐射、等离子体辐射等。在最初十几年，储能单元通常采用电容储能的 Marx 产生器，脉冲压缩单元采用变压器油作为绝缘介质的双同轴线(Blumlein 传输线)，其波阻抗一般为几十Ω，单台加速器的输出电流为几十 kA 到上百 kA，电压为几 MV 到十几 MV。70 年代初，开始研究用去离子水作为绝缘介质的单同轴传输线，其波阻抗一般为几Ω以下，单台加速器的输出电流为几百 kA 到 MA，电压在 3MV 以下。以后，为了获得更大的电流和更高的功率，采用多台并联。而为获得更高的电压，则采用多级串联。1989 年，美国圣地亚国家实验室建成了当今世界上最大的脉冲γ射线源 Hermes-Ⅲ，输出电压 22MV，电流 750kA，在 1m 处的剂量率为 5×10^{10}Gy/s[1]。80 年代中期以来，发展了电感储能的高功率脉冲装置。这种装置的储能单元，第一级一般仍为电容储能的 Marx 产生器，通过闭合开关将能量转给电感储能单元，通过开断开关(如具有微秒导通时间的等离子体融断开关)，将电压升高，电流减小，实现脉冲压缩和功率放大，把电磁能量传给二极管或其他负载。俄罗斯强流电子学研究所于 1987 年研制成功这种装置 GIT-4。当该装置的发生器输出电压为 600kV 时，等离子体开关开断电流达 2MA，开断电压为 1.76MV，获得的输出功率为 3.42TW[2]。目前，为了适应民用工业的需要，高功率脉冲装置向紧凑、轻型、重复频率工作方式的方向发展。

国内这类加速器的研制是从 1971 年开始的。最早一台油介质 Blumlein 传输线型加速器是现在在西北核技术研究所运行的“晨光号”加速器(1975 年由中国科学院高能物理研究所研制成功，输出指标为 1MV，20kA，25ns。1976 年在西北核技术研究所运行，现已改进，输出可达 2MV，40kA)。1983 年中国工程物理研究院研制成功了油介质脉冲电子束加速器“闪光一号”，输出电压峰值为 8MV，电流峰值为 94kA，脉冲半高宽为 85ns，在 1m 处的照射量率为 5.4×10^{6}A/kg[3]。1979 年以后，中国工程物理研究院、中国原子能科学研究院、中国科学院电子学研究所、国防科技大学相继研制成功水介质脉冲电子束加速器，阻抗在 10Ω左右，电流和束能在百 kA 和几 kJ。西北核技术研究所于 1982 年开始研制低阻抗(小于 2Ω)的水介质脉冲电子束加速器，1988 年建成，1990 年初投入运行，1993 年 6 月通过鉴定。经测试鉴定得到加速器的输出指标如表 1 所示。在加速器研制过程中，解决了高电压绝缘、高功率开关稳定性、预脉冲电压抑制、低阻抗二极管工作稳定性、电子束束斑面积大小的控制以及快

* 该文原载于《物理》，1995 年第 24 卷第 6 期，有部分改动。

脉冲测量中的抗干扰等一系列技术难题，技术上取得了重要突破。因此，它的研制成功，表明我国强流脉冲电子束加速器技术又达到了一个新的水平，跨入了国际先进行列。

表 1　闪光二号加速器主要技术指标

类别＼参数	二极管阻抗(Ω)	二极管峰值电压(MV)	二极管峰值电流(MA)	脉冲宽度(ns)	出阳极窗后电子束能量(kJ)	束斑直径(mm)
设计指标	2 1	1.2 0.9	0.55—0.65 (力争)0.8—0.9	70—80 70—80	27—34 22—28	不小于 50 不小于 50
测试结果	2 <1	1.47 0.92	0.72 1.03	70—80 70—80	43 32	135—180 100—160

2　闪光二号加速器的组成、工作原理及主要输出参数

闪光二号加速器长 18m，宽 6.5m，高 5.2m。它由 Marx 产生器、水介质同轴线(包括脉冲形成线、主开关、传输线、输出线、预脉冲开关、输出开关、变阻抗线)和低阻抗二极管构成的主机部分，以及 180t 变压器油处理装置，15t 水处理装置，±120kV 直流充电电源，1.8T 脉冲磁场系统，触发、控制、测量等十几个配套设备所组成。

2.1　Marx 产生器

Marx 产生器是利用电容器并联充电通过火花开关串联放电原理得到电压倍增，将直流电压变为微秒级高电压脉冲，通过谐振充电，将能量传输给脉冲形成线。Marx 产生器工作原理虽然比较古老，但用在强流脉冲电子束加速器时，由于它的负载是油介质或水介质同轴线，而油、水的击穿强度取决于电压作用的有效时间和电极面积，因此需要采用新的结构形式，使产生器具有低的电感以保证形成线充电时间快(一般小于 1μs)。对于水介质低阻抗脉冲形成线，因其电容大且常用水介质开关作为形成线的输出开关，为使输出脉冲有快的上升时间，开关应具有高的击穿场强，因此要求产生器具有更低的电感。当充电时间不能满足要求时，通常在产生器和形成线之间加一水介质中间储能电容器。

闪光二号的 Marx 产生器主要由 64 个 100kV，0.7μF 的电容器和 32 个火花开关组成，排列成 8 排，按 S 型放电回路连结，以抵消互感。火花开关采用外触发方式。实验测得产生器串联电感为 11.7μH。当直流充电电压为±100kV 时，输出电压为 6.4MV，储能为 224kJ。在产生器的上千次放炮运行中，总的自放概率 7.5%，单个开关的静态工作电压稳定性达到 99.75%。

2.2　水介质同轴线

水介质同轴线是电容储能式脉冲压缩单元，由内外导体组成，通过三根串联水线和三个串联开关，实现脉冲压缩和传输，以降低电压，增大电流。由于水介质同轴线的负载通常是低阻抗二极管，而二极管阴阳极之间的距离一般小于 1cm，为防止极间短路，必须将预脉冲电压降低到足够低的水平(预脉冲电压是产生器对形成线充电期间，在主开关动作前，通过开关电容耦合加到二极管上的电压，其作用时间大致等于形成线充电时间，长达数百 ns，甚至μs)。同时还要求输出脉冲上升时间快，能量传输效率高。为防止水中发生电击穿，消除水中气泡是十分关键的。

在闪光二号加速器中，脉冲形成线通过水开关形成 80ns 的电压脉冲，其波阻抗为 5Ω。输出线的波阻抗为 2Ω(与 2Ω二极管阻抗匹配)，长度为 200cm。变阻抗线波阻抗从 2Ω变到 1Ω(与 1Ω二极管阻抗匹配)，长度为 100cm。传输线波阻抗选为 3.2Ω，长度为 134cm。主开关为水介质场畸变开关或单电极头水开关，预脉冲开关是 4 个并联的充 SF_6 的气体开关。输出开关采用多针自击穿水开关。这三个开关的击穿时间选择和配合是非常重要的，将会影响输出脉冲电压幅值、脉冲上升时间、脉冲宽度以及预脉冲电压作用时间，从而影响二极管的工作状态。因此，除设计合理外，还需在调试中仔细调节，才能得到所希望的输出参数。经过实际测量及数十次放炮实验统计，获得了稳定的开关工作状态

和较好的脉冲陡化效果。

2.3　二极管

二极管主要由处于高真空中的阴极和阳极构成。它将电磁能转换成电子束动能。为得到有效的功率输出，低阻抗二极管必须是低电感的。强流电子束产生于等离子体阴极。当高压脉冲加到冷阴极场发射二极管上时，在阴极表面微观“胡须”(在显微镜下观察到的“胡须”状表面)顶部造成局部电场增强，产生稳定的场致发射。发射的强电子流使得“胡须”受到电阻性加热并发生爆炸性喷发，因而在阴极表面形成局部等离子体猝发，阴极亮斑快速膨胀和合并，很快形成一个覆盖在整个阴极表面上的阴极等离子体销层，并以 3—5cm/μs 的速度向阳极运动[4]。阴极等离子体形成的时间称为二极管启动时间。它与阴极材料、阴极表面状态以及阴阳极之间的电场强度等因素有关。启动时间愈短，二极管的有效输出功率愈大，因此它是衡量二极管工作状态的重要参数。阴极表面等离子体层形成后，由于德拜场的作用，从冷阴极表面继续发射电子进入等离子体层，此时，就有可能从逸出功为零的阴极等离子体中引出非常大的电子流。电子流在阴阳极间隙内受到与其相关的空间电荷限制定律支配，工作状态由 Child-Langmuir 公式描述。当电流超过临界电流时将发生自箍缩，主要取决于外加脉冲电压幅度和二极管纵横比(阴极半径与阴阳极间距离之比)，理论上可用顺位流、聚焦流等理论模型描述。而临界电流是指阴极外缘发射电子的相对论回旋半径等于阴阳极间的距离时所对应的电流。在大纵横比二极管中，电子轰击阳极表面形成阳极等离子体效应不可忽视。它主要取决于电压脉冲上升时间、阳极材料及其表面状态。阳极等离子体的存在将导致电子流极强的聚焦[4]。

闪光二号二极管是具有大纵横比的二极管，其结构如图 1 所示。它要求产生大面积均匀的电子束。为避免电子束聚焦，外加一脉冲轴向磁场。阴极采用石墨材料。二极管启动时间为几个 ns 至十几 ns，取决于二极管的工作状态。阳极采用双层结构，用一层镀铝的 PET(1μm Al+12μm PET)作为阳极，再用一层 30μm 厚的 PET 作为真空密封，这样，可防止阳极膜变形，保证阴阳极间隙之间电场分布比较均匀，1Ω二极管的电感为 25nH。

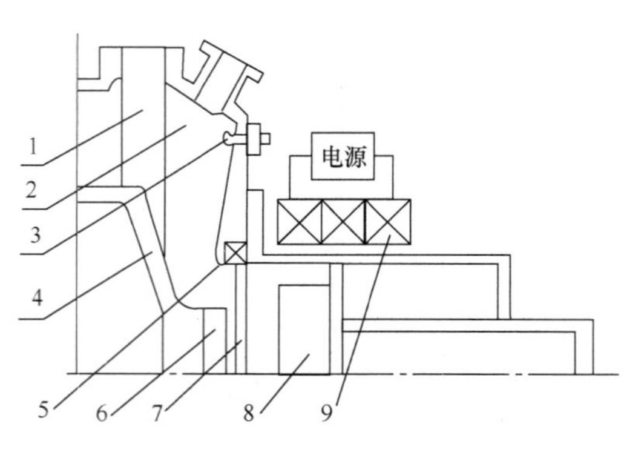

图 1　二极管结构布置图

(1. 绝缘隔板；2. 真空；3. 微分环；4. 阴极引杆；5. 罗可夫斯基线圈；6. 阴极头；7. 阳极膜；8. 靶；9. 磁场线圈)

电子束从薄阳极引出后，进入漂移管供进行物理实验用。漂移管内充一定气压，使强电子束在传输过程中达到空间电荷中和及空间电流中和。磁场线圈布置成磁透镜型，这样可以通过调节靶在漂移管中的位置，得到不同束斑大小和不同能通量密度的电子束。电子束的参数与阴极结构、阳极结构、纵横比、阴极处磁场、磁透镜比、漂移管内气压以及靶在漂移管中的位置等因素有关。在控制好以上参数的条件下，可以得到能量传输效率高、能通量密度分布均匀的电子束。

3　闪光二号加速器的应用

闪光二号加速器从 1990 年初投入运行以来，已运行放炮千余次，工作稳定可靠，进行了多种物理实验。从加速器发出点火指令到出束，时间为 1.77μs，抖动小于 100ns，为用户提供了可靠的同步触发信号。目前已开展的主要工作有：

3.1　材料和结构的热力学效应的实验研究

当强流脉冲电子束辐照固体靶时，能量沉积在靶前表面内(沉积深度取决于电子束动能)，瞬间产生高温高压，使其局部熔化或汽化、成坑，在材料表面内形成一热击波并向材料内层传播，当传播到材料后表层自由面时，卸载而形成一拉伸波，可使后表层材料出现层裂破坏。这一现象一般发生在受照后μs时间内，称为材料响应。熔化、汽化物质的喷射将对整个结构产生一个反冲冲量，此冲量荷载的作用可使结构产生应力、应变、弹塑性变形和屈曲破坏等。这一现象一般发生在受照后的 ms 级时间内，称为结构响应。强流脉冲电子束辐照固体靶产生的这些效应与 X 射线产生的效应极为相似，因此，直至今日，在实验室内它仍是模拟 X 射线对材料和结构破坏效应的最有效手段。

在 20 世纪 80 年代中期，西北核技术研究所和航天工业部有关研究所等单位利用当时已建成的“晨光号”加速器，以及中国科学院电子学研究所和国防科技大学的相对论电子束加速器，开展了脉冲强流电子束辐照材料产生热击波的研究工作。但因输出束能低，束斑面积小(电子束直径小于 1cm)，束能分布极不均匀，使实验数据的分析工作非常困难，更不能满足结构响应研究工作需要。闪光二号加速器以其高束能、低阻抗、束斑面积大、均匀性好区别于国内已有的几台脉冲电子束加速器。从 1990 年以来，西北核技术研究所和航天航空工业部有关研究所等单位利用闪光二号进行了大量的材料热击波和结构响应的实验研究，研究了不同类型、不同性能材料的热击波破坏效应，不同材料制成的结构件的变形和应变，以及喷射冲量、动态位移、动态应变等[5,6]。在进行以上实验时，电子束到达靶上的参数为：束斑直径 100—180mm，能通量密度 100—420J/cm^2。

3.2 泵浦高功率 XeCl 准分子激光的实验研究

为了研究脉冲紫外激光与靶材的耦合效应和开展 X 射线、电子束、激光与物质相互作用等效性的研究，西北核技术研究所在 1987 年就利用“晨光号”产生的电子束，获得了焦耳级 XeCl 激光输出。1991 年上半年利用闪光二号加速器作为泵浦源，产生了百焦耳级 XeCl 激光。当均匀电子束注入充有工作介质的气室后，产生大量的能量沉积，使气室内的原子激发和电离，同时生成大量的离子和次级电子。在这些新生成的离子和离子之间，离子与次级电子之间遵循一定的规律，发生相互作用并生成 XeCl 上能态。这种处于激发状态的 XeCl 上能态，由于受激发射而产生激光。为了获得大面积均匀电子束，阴极采用尺寸为 600mm×15mm 的铜板基座加石墨尖和凹面石墨板两种结构形式。阳极采用 25μm 的钛箔。在二极管电压为 740kV、电流为 330kA、总电子束能为 14kJ 时，并在激光腔内不同气体份额比为 HCl：Xe：Ne=0.3%：2.7%：97%，总气压为 0.3—0.4MPa 的条件下，获得最大的 XeCl 激光能量输出为 136J，功率为 2.5×10^9W。用虚共焦非稳腔改善了光束质量，最小光束散角达 1.5mrad，远场功率密度达 10^9W/cm^2[7]。

3.3 产生高功率微波的实验研究

从 70 年代末期以来，用强流电子束产生高功率微波的研究有了很大发展，微波频率范围为 1—100GHz，功率高达几百 MW 至几十 GW。这类高功率微波源可为研究电磁耦合现象、远程雷达等提供重要手段，因此越来越受到美国和俄罗斯等国家的重视。我国高功率微波研究工作是从 20 世纪 80 年代后期开始的。为了研究高功率微波产生的机制、辐射效应和破坏机理，西北核技术研究所利用闪光二号产生的强流电子束开展了虚阴极振荡器原理产生高功率微波的实验研究。

当强流相对论电子束注入真空漂移管中时，如果电子束流超过空间电荷限制电流，束流就会在前进方向穿过阳极附近不远处，造成电荷堆积，形成虚阴极。最初形成虚阴极的位置主要决定于电子动能和电子相对论等离子体振荡频率。虚阴极振荡激励微波的过程同时有两种激励机制：一是注入的部分电子被反射到二极管区，又被电场加速，在真阴极和虚阴极之间来回振荡；二是虚阴极的位置及势阱高度随时间周期性变化，形成振荡。这两种机制的竞争和干扰将导致输出的微波具有非相干、多模和低效率。因此需要仔细地设计振荡器结构，使两种机制产生的振荡具有几乎相同的频率，并能抑制反射电子。

在闪光二号加速器上进行了两轮虚阴极振荡器高功率微波产生实验。第一轮实验是在 1991 年 8 月，加速器运行在 2Ω工作状态下，产生微波功率为 1.44GW，微波能量为 28.8J，脉冲宽度为 20ns。第二轮实验是在 1993 年 2 月，加速器运行在 1Ω工作状态下，获得功率大于 4.5GW，脉冲宽度为 25—30ns，频率为 9—10GHz，最大能量为 113J 的微波。

3.4 辐照效应及辐射测试系统标定技术的实验研究

在闪光二号加速器上开展了抗辐照光纤的辐照性能研究，光纤辐照处的最大照射量分别为6.97C/kg和1.47C/kg，取得了与国外同类研究工作相接近的实验结果。另外还进行了电子线路瞬态辐照效应研究以及电磁耦合和核辐射测试系统标定技术的研究等。在进行以上实验时，电子束经30μm厚的钛箔或镀铝PET膜引出，轰击钨靶产生韧致辐射。在二极管电压为1.2MV、电流为410kA时，在离靶1m处的X射线照射量率为6.7×10^4A/kg，在2cm处的照射量率为1.2×10^8A/kg，照射面积为110cm^2。

在以上每一种实验中，闪光二号加速器很好地满足了物理实验对机器参数提出的不同要求。在闪光二号加速器鉴定会上，以著名科学家王淦昌院士为主任委员的鉴定委员会和与会专家，对这台依靠自己力量研制成功的大型设备的性能、指标及在研制过程中安排各种物理实验，迅速取得成果，最大限度地发挥机器的效益，给予了高度的评价。闪光二号加速器已成为我国一台重要的辐射效应模拟设备，必将在我国国防科研和高新技术研究中发挥越来越大的作用。

参 考 文 献

[1] J. J. Ramirez, K. R. Rrestwich, D. L. Johnson et al., 7th 1EEE Pulse Power Conf., (1989), 26.

[2] B. M. Kovalchud and G. A. Mesyats, Proceedings of the Eight International Conference on High-Power Particle Beams, Novosibirsk, USSR, July2—5, (1990), 92.

[3] 王淦昌, 强激光与粒子束, 11(1989), 1.

[4] R. B. 米勒著, 刘锡三等译, 强流带电粒子束物理导论, 原子能出版社, (1990), 22—77.

[5] 彭常贤、程桂淦、徐建波等, 高压物理学报, 74(1993), 286.

[6] 彭常贤、胥永亮、徐建波等, 高压物理学报, 81(1994), 23.

[7] 刘晶儒、孙瑞蕃、邱爱慈等, 强激光与粒子束, 51(1993), 23.

闪光二号加速器 1Ω指标的设计与调试*

1 引言

闪光二号加速器立项时，提出的加速器主要用途是用电子束模拟软 X 射线对材料的热击波效应作用。为了从光子能量角度更真实地模拟，要求电子的动能越低越好，而电子束流越大越好，这就希望加速器处在低阻抗的工作状态下。但考虑到建造低能强流脉冲相对论电子束加速器的技术困难，当时世界上已达到单台 REB 加速器的运行水平，最低的二极管阻抗约为 1 欧姆，而国内又没有阻抗小于 5 欧姆的 REB 加速器研制经验，因此确定加速器的研制工作分两个阶段进行，第一阶段达到 2Ω指标，第二阶段作为力争指标，希望达到二极管电压 0.9MV，电流 0.8～0.9MA 的研制要求。

闪光二号加速器从 1984 年 1 月批准后，1988 年 10 月竣工，12 月 16 日首次出束，初步调试获得成功。经过一年的 2Ω指标调试，在 1990 年达到指标并投入运行，在三年多的时间里，加速器提供了多种物理实验，在 2Ω工作状态下(实际运行参数为：二极管电压 1.2～1.3MV，电流 530～640kA，靶上沉积的束能 27～36kJ)，加速器经过了较长时间的运行考验，证明研制是成功的。

在 2Ω二极管调试中，二极管的实际阻抗曾最小调到 1.4Ω(二极管的阻抗是随时间变化的，这个值是指间隙电压峰值除以所对应的电流值)，在这个状态下，加速器总的能量传输效率为 25%，水介质同轴部分的能量传输效率为 41%。根据 2Ω二极管的调试经验及实际的使用要求，我们对原 1Ω二极管的物理设计方案做了修改和调整，总的设计原则是在保证达到 1Ω设计指标的前提下，对已有的 2Ω装置部分尽可能少变动，以减少工程量、节约经费、节约时间，便于根据物理实验使用要求更换二极管等。1Ω二极管及变阻抗线设计在 1991 年底完成并交付加工，1992 年 11 月开始安装调试，于 1993 年 5 月达到设计指标，经鉴定测试组测试审定，在发生器单级充电电压为 70～85kV 时，达到二极管峰值电压 0.8～0.9MV，峰值电流 0.8～1MA，脉冲宽度 70～80ns，电子束斑直径ϕ100～ϕ160mm，出阳极窗口后的电子束能量 22～32kJ(靶离阳极的距离为 19.4cm)。在此期间还提供了高功率微波和光纤的辐照试验。

2 1Ω二极管及变阻抗线的设计

2.1 1Ω二极管物理尺寸的确定

在加速器中绝缘最薄弱的环节是二极管的真空隔板绝缘。对 1Ω二极管由于要求电感更低，因此对绝缘要求也更苛刻。根据 2Ω二极管几年来的成功运行，以及要保持现有的漂移管和线圈不变的要求，1Ω二极管仍基本上用原技术设计方案，即采用径向绝缘和双圆锥结构[1][2]，但适当加长了阴极引杆同轴部分长度，将阴极引杆直径改为ϕ240mm，阳极直径ϕ310mm。这样有利于磁场渗透到阴阳极间隙，方便安装测量探头，以及减少磁透镜中少量反射电子，阴阳极间隙弧光、飞溅物对真空绝缘隔板的直接照射，以提高绝缘沿面击穿强度。

但在进行实际结构设计时，阳极法兰与绝缘隔板之间的夹角实际为 0°而不是 8°，这就改变了阳极三结合点处的场强和绝缘沿面的电场分布，这时的绝缘沿面径向电场分布如图 1，出现了双峰[3]。为了改善这种场分布，我们在阳极法兰和绝缘隔板的接合处设一卡口，这样既可在安装时起定位作用，也保证了阳极与绝缘隔板之夹角保持 8°。1Ω二极管绝缘沿面的径向电场分布如图 2。最大径向场强为 88.9kV/cm，平均径向场强 44.2kV/cm，阴、阳极两个三结合处的场强都小于 25kV/cm。在这样的几何

---

* 该文原载于第五届高功率粒子束学术交流会文集，1995 年，有部分改动。

尺寸下，计算二极管电感为 24nH。

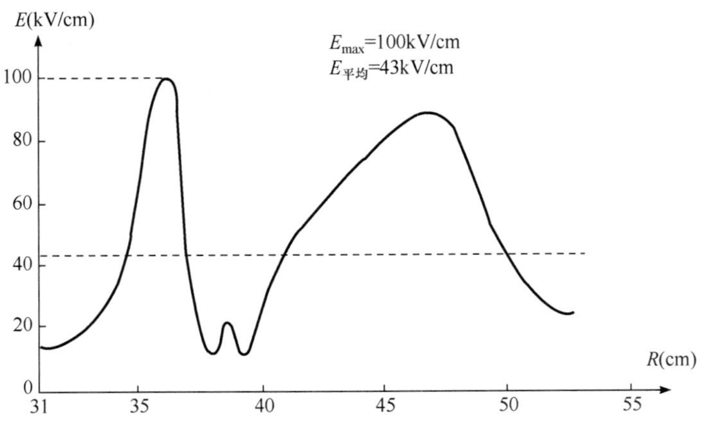

图 1　阳极夹角为 0°时绝缘沿面径向电场分布

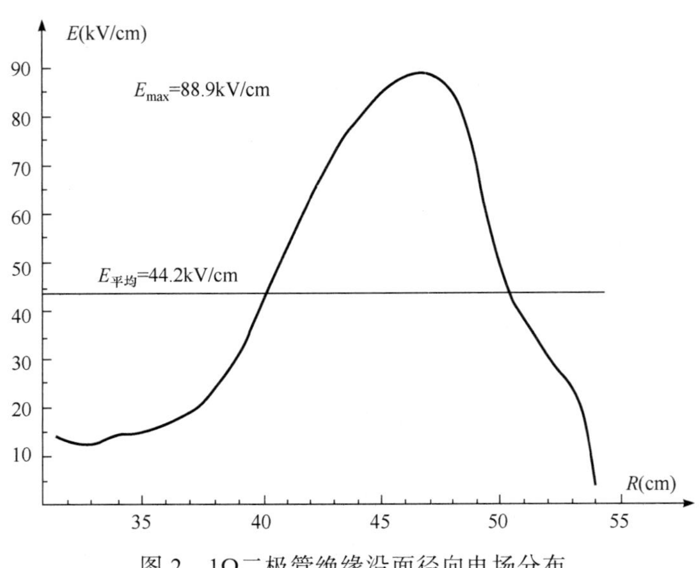

图 2　1Ω二极管绝缘沿面径向电场分布

2.2　阳极窗

在 2Ω二极管调试中我们采用镀铝膜(1μm Al+12μm PET)，当漂移管中充一定压力气体时，镀铝薄膜发生变形，会影响阴阳极间的电场分布，从而影响电子发射的均匀性，并容易引起二极管过早地短路。所以后来设计了双阳极夹膜机构，用 13μm 的镀铝 PET 膜作为阳极，再用一层 30μm 厚的 PET 作为真空密封膜。因两膜之间保持高真空，所以必须考虑虚阴极的位置，使两膜之间的距离小于虚阴极到阳极的距离，而大于真空封膜的变形量。对 1Ω二极管参数：V_D=0.9MV，I_D=900kA 用下式计算结果，虚阴极在离阳极 14.7mm 处形成[4]。

$$Z_{VC} = \frac{c}{\omega_{PC}}\sqrt{\frac{2(\gamma_0 - 1)}{\gamma_0}} \tag{1}$$

$$\omega_{PC} = \left(\frac{4\pi e^2 n_b}{m\gamma_0}\right)^2 \text{(电子相对论等离子体频率)}$$

式中，c 是光速，$\gamma_0=(m_0C^2+eV)/(m_0c^2)$，$n_b$ 是电子的数密度。在漂移管中充 530Pa 的压力下，真空封膜的变形量不超过 3mm，所以要求两层膜之间的距离大于 5mm，小于 10mm。薄膜的夹紧采用半圆环耦合压紧和锥斜面耦合绷紧的结构，整个夹膜机构固定安装在阳极同轴段的法兰基础上，可在大气或真空状态下进行测量并调整，阳极膜的轴向调节量是 0～5mm，还可进行适当的整体倾斜度调节，真空封膜固定在阳极基座板上，与阳极膜的间距为 5～10mm。

2.3　预脉冲

根据阴极等离子体理论，形成阴极等离子体大致可分为四个阶段：(1)阴极表面场发射，流向电子发射体顶端电流造成发射体的电阻性加热；(2)阴极表面的真空击穿；(3)胡须爆炸形成阴极亮斑；(4)亮斑快速膨胀并合并，形成一个覆盖整个阴极表面的等离子体层。这个等离子体层以 3～5cm/μs 的速度向阳极运动。在形成线充电期间，由于开关电容耦合，在二极管上产生预脉冲电压，如果这个电压过大，会在主脉冲到达二极管之前，过早地形成阴极等离子体，引起阴阳极间隙过早短路，所以必须抑制。要使二极管在预脉冲期间不形成阴极等离子体，可以从限制真空表面击穿来求得最低的预脉冲阈值。根据外加电场与真空击穿延迟的关系[5][6]：

$$t_{\mathrm{b}}=\alpha\left(\rho C/\tau\right)T_{\mathrm{C}}\left(m_1m_2E\right)^{-3} \tag{2}$$

式中ρ为阴极材料密度(g/cm^3)，C 为比热(cal/(g · ℃))，T_C 为对应于 10^{-4} 乇时的胡须末端的温度(℃)，τ 为临界温度时的胡须材料的电阻率(Ω · cm)，α为与材料有关的系数，m_1 为微观场增强因子，m_2 为局部场增强因子。对石墨阴极 T_C=2137°，τ=58.81×10^{-4}(Ω · cm)，ρ=2.25g/cm^3，C=0.16cal/(g · ℃)，α=1，t_b=1000ns，m_1=200～300，m_2=5～6，经计算得 E<5.8kV/cm。所以对 1Ω二极管要求预脉冲电压小于 5kV。对 2Ω二极管原设计要求预脉冲电压小于 8kV，但实际测量结果为 20kV，从计算和实测波形比较，在这个预脉冲电压下，二极管在预脉冲期间没有形成等离子体，可以满足要求。预脉冲实际值比设计值大的原因主要是因预脉冲开关电容的实际值要大于设计值(0.24nF)。增大的原因是从结构上考虑，为排除预脉冲开关与绝缘隔板之间的气泡，开了必要的孔(孔内充满水)。所以对 1Ω二极管，为了保证预脉冲电压小于 5kV，将场畸变开关改为单极头(R=50mm)水开关，增加开关距离，以减少主开关电容。增大开关距离后，虽然会使脉冲前沿变慢，但根据 2Ω指标调试结果，可以通过选择合适的预脉冲工作状态，使输出脉冲陡化。同时根据对 2MV EMP 开关的研究结果，在正极性的半球头形电极上开槽后，可以提高开关的击穿电压稳定性，所以在 1Ω指标调试中将 4 个预脉冲开关电极头改为开槽电极(场增强型)。

2.4　变阻抗线

原 1Ω指标的设计中，变阻抗线 3m 长，虽然长度越长对传输越有利，但太长意义并不大，如对 n=5，功率传输系数为约 0.945，而当 n=10 时，功率传输系数为 0.975(n 为被分割为等阻抗线的个数)[7]。而长度越长增加工程费用越多，所以在 1Ω指标设计中，我们保持 2Ω输出线不变，在输出线后面加了 1m 长的变阻抗线，阻抗从 2Ω变到 1Ω改变了原设计的 3m 长变阻抗线。根据 1Ω二极管的结构要求，我们选取变阻抗线的内、外半径沿着轴线方向各按一定规律变化的方式。外筒输入端直径ϕ114cm，输出端直径ϕ105.8cm，内筒输入端直径ϕ84.6cm，输出端直径ϕ91.2cm。用马丁公式计算临界击穿场强：

正电极(外筒)

$$F^{+}=\frac{0.23}{A^{0.058}t_{\mathrm{g}}^{1/3}}=0.29\,\mathrm{MV/cm} \tag{3}$$

负电极(内筒)

$$F^{-}=\frac{0.56}{A^{0.069}t_{\mathrm{g}}^{1/3}}=0.65\,\mathrm{MV/cm} \tag{4}$$

根据 J.A.Nation 给出变阻抗线传输系数的近似表达式：

$$\alpha=\frac{V_1}{V_{\mathrm{n}}}=\frac{I_{\mathrm{n}}}{I_1}=\sqrt{\frac{Z_1}{Z_{\mathrm{n}}}} \tag{5}$$

式中下角标 1、n 分别为表示输入端和输出端。V、I、Z 分别表示电压、电流及阻抗。我们将 1m 长的变阻抗线分成 10 段具有不同阻抗的同轴线相连接来代替变阻抗线，求得电压传输系数为 0.707。当输入电压 1.5MV 时，输出电压为 1.06MV。内导体和外导体表面沿轴向的电场分布曲线如图 3 所示。内导体输出端与输入端的场增强因子为 1.75，外导体的场增强因子为 2.13，与水的临界击穿场强相比，最大工作场强的绝缘安全系数分别为 3 和 1.5。所以绝缘是安全的。变阻抗线的内筒用两根ϕ40mm 的尼龙吊杆悬吊在外筒上，用来调节其同心度。为了进一步减小预脉冲和使脉冲陡化，在内筒输入端安装了按ϕ760mm 圆周均布的 10 根(或 6 根)ϕ10mm 的不锈钢棒作为多针自击穿水开关，根据针对板的击穿场强经验公式(式 6 和式 7)[8]，设置开关间距在 0～20mm 内可调。为使多根针能同时击穿，火花通道之间的传输时间应足够大，用公式(8)可近似估计每根针之间的距离应大于 20cm²[9]，我们设置 23.5cm(10 根)或 38cm(6 根)可调。在变阻抗线末端法兰上设置了用于冲刷阴极隔板表面滞留气泡的喷枪和释放顶端夹缝中气泡的孔口。

$$F^- = \frac{0.13}{t_g^{0.5}} \tag{6}$$

$$F^+ = \frac{0.11}{t_g^{0.4}} \tag{7}$$

$$2\sigma = \frac{V}{\mathrm{d}V/\mathrm{d}t} \leqslant 0.1\tau + 0.8t_t \tag{8}$$

上式中 t_g 为脉冲电压作用有效时间(对变阻抗线 t_g=0.08μs)，σ 为开关击穿电压标准偏差，V 为击穿电压，dV/dt 为击穿陡度，τ 为总的上升时间，t_t 为火花通道之间传输时间。

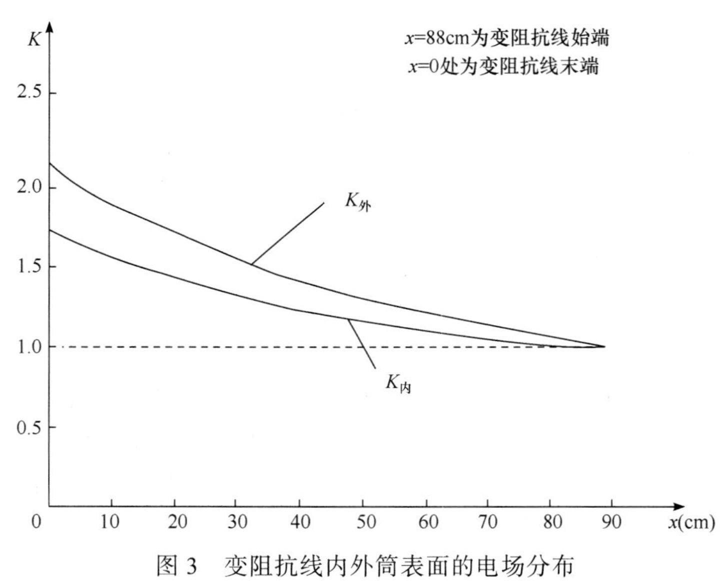

图 3　变阻抗线内外筒表面的电场分布

3　1Ω指标的调试

二极管的工作状态除了与其本身的几何参数，外加轴向磁场大小等因素有关外，很重要的是脉冲功率部分的参数。在 1Ω指标的调试中我们仍以脉冲功率源和二极管参数调节和选择为主。

3.1　脉冲功率源的调试

1Ω指标与 2Ω指标脉冲功率部分的改动主要在主开关由场畸变开关改为半球形单极头电极(R=50mm)；预脉冲开关由半球形电极改为场增强型(正电极头开槽)，增加了自击穿多针开关，因此这次调试的重点主要是这三个开关状态和参数的调节。对主开关的调节主要是在不同的电压等级下，找到合适的开关距离，使其有较高击穿电压和合适的击穿时间，经过仔细调节，在发生器单级充电电压 60kV，70kV，80kV，85kV 下，主开关距离分别调整到 145mm，180mm，215mm，230mm 是合适的，击穿时间约 700ns。预脉冲开关的工作状态对输出特性有很大的影响，它不仅影响输出电压的幅值，脉冲上升前沿，而且其击穿时间会影响预脉冲大小，从而对二极管的工作状态有较大的影响。当预脉冲开关在正常工作状态下，在 Marx 发生器对形成线充电期间，由于开关电容耦合在二极管端引起的预脉冲电压设计值为 5kV，经过实际测量，在发生器单级充电电压为 85kV 时，二极管处的预脉冲电压为 2.8～4.4kV，满足设计要求。但如果预脉冲开关提前击穿，在形成线充电期间，通过主开关的电容耦合，在传输线上产生的电压会在主脉冲前(主开关击穿后形成的脉冲)到达二极管(与主脉冲的时间间隔决定于预脉冲开关的击穿时间)。由于这个电压远远大于正常的预脉冲，因此提前击穿时间太长，阴极等离子体过早形成，阴极等离子体的运动会使二极管阻抗过早地倒塌，影响二极管的输出特性。反之如果预脉冲开关滞后击穿，虽然这对陡化输出脉冲有利，但如果滞后太久，因传输线上电压脉宽是有限的近三角形波，故会影响输出电压幅值，并使脉宽变得太窄，能量传输效率降低。影响预脉冲开关工作状态的主要是充气压力。在 4 个预脉冲开关安装前，我们利用 2MV 脉冲开关试验台，对每个开关的自击穿特性进行试验，在同样试验条件下，四个开关的 5 次脉冲击穿电压标准偏差分别为 1.93%，1.83%，1.6%，1.06%。在闪光二号加速器上安装后，经过仔细的调节，在发生器单级充电电压 60～85kV 下，预脉冲开关气压选择在 0.4～0.6MPa 是合适的，开关击穿时间略比主开关击穿时间提前几十 ns。在输出线和变阻抗之间装有 6～10 个ϕ10mm 不锈钢棒对平板的自击穿水开关，试验了极间距离为 8mm，5mm 和 0 的情况，距离大后输出波形明显变窄，脉冲上升前沿有所改善。对我们用于电子束辐照类型的加速器，更关心的是电子总束能，所以我们基本选择 0 间距的条件下工作。经过调试后，在发生器不同充电电压下，脉冲功率源部分的典型参数见表 1。表 2 列出了主开关和预脉冲开关特性与 2Ω指标的比较(几十炮的统计结果)。

表 1　1Ω二极管负载时脉冲功率源的典型参数

发生器充电电压(kV)	±70	±80	±85
主开关距离(mm)	180	215	230
主开关击穿时间(ns)	682	706	683
形成线电压(MV)	3.77	4.78	4.91
预脉冲开关气压(MPa)	0.5	0.58	0.62
预脉冲开关击穿时间(ns)	610	632	646
U_{01} 电压幅值(MV)	1.06	1.11	1.21
U_{01} 电压上升时间(ns)	46.2	43.76	48.4
U_{04} 电压幅值(MV)	0.84	0.89	0.95
U_{04} 电压上升时间(ns)	41.7	38.4	38.8
U_T 电压脉宽(ns)	78	77	75
能量传输效率	0.42	0.33	0.38

表 2　1Ω和 2Ω工作状态时的开关特性比较

发生器充电电压(kV)	负载状态	主开关		形成线		预脉冲开关		预脉冲电压(kV)
		击穿时间(ns)	标准偏差(ns)	电压(MV)	标准偏差(%)	击穿时间(ns)	标准偏差(ns)	
±85	1Ω	680	31	4.87	3.5	648	24	3.5
±80	2Ω	720	32	4.56	4	722	51	20

U_{01} 为输出线始端电压，U_{04} 为变阻抗线末端电压。U_T 是传输线电压。

3.2　1Ω二极管的调试

根据 2Ω二极管的调试结果和运行经验，我们仔细调节了 1Ω二极管在每一工作电压下的阴阳极距离，选择影响二极管状态的其他参数，获得了较好的输出参数。在选用ϕ220 平板形石墨，阳极为镀铝薄膜(1μm Al+12μm PET)，真空封膜为 30μm PET，真空度不低于 6×10^{-3}Pa 的条件下，典型的参数列于表 3。

表 3 在不同电压等级下输出特性

发生器充电电压(kV)	±70	±80	±85
二极管电压(kV)	890	840	923
二极管电流(kA)	789	935	1031
纵横比	12.2	12.79	12.2
磁透镜比	3.86	3.86	3.86
漂移管内气压(Pa)	560	573	587
靶中沉积的束能(kJ)	23.3	27.3	31.6
束斑直径(mm)	117	110	105
管电流脉宽(ns)	86.5	81.9	80.9
最大磁感应强度(T)	1.45	1.67	1.88

试验中靶为石墨全吸收量热计，靶离阳极的距离为 19.4cm，磁透镜比为轴向最大磁感应强度与阴极处磁感应强度之比。我们还用石墨薄片量热计阵列测量了电子在石墨中的能量沉积剖面曲线，求得电子最大能量和电子有效能量。用测得的二极管电压(U_D)和电流(I_D)波形，可以求出二极管阴阳极间电压 $U_K=U_D-L_D\, dI_D/dt$。L_D 是二极管的电感，用短路法实测求得 1Ω二极管的电感为 25nH。根据 U_K 和 I_D 波形可以计算功率曲线，阻抗曲线，电子能谱，得到电子平均能量和电子最大能量。为了与薄片量热计阵列的测量结果比较，列于表 4。

表 4 电子有效能量和电子最大能量

炮号		93120	93134	93135	93136
管电压(MV)		0.65	0.67	0.85	0.75
管电流(kA)		880	760	854	815
电子有效能量(MeV)		0.349	0.298	0.301	0.295
电子平均能量(MeV)		0.305	0.253	0.355	0.320
电子最大能量	阵列	0.538	0.468	0.47	0.548
(MeV)	波形	0.41	0.38	0.50	0.44

3.3 参数测量装置

1Ω二极管阳极法兰处的不同位置上装有两个微分环——积分器，在同轴段装有罗可夫斯基线圈，测量二极管电流。由于微分环——积分器的灵敏度与几何位置直接有关，因此需要装在二极管上采用短路法直接标定，即将二极管阴阳极间短路，采用电容放电，用标准罗可夫斯基线圈，同时测量回路电流，确定被标定探头的灵敏度。标准的罗可夫斯基线圈是进口的 PS 线圈，给出灵敏度为 0.5V/A。我们用纳秒级标准信号产生器进行标定，其灵敏度为 0.47V/A(示波器 50Ω输入)。

在变阻抗线的始终和末端均装有微分型电容分压器，分别测量经多针开关后的电压和二极管电压，并采用电容电流法，同时与已标定过的原 2Ω输出线上的微分型电容分压器测得的电压比较，确定它们的灵敏度。

1Ω二极管电调试中，束流参数测量主要是用石墨全吸收量热计测总束能，用石墨薄片量热计阵列测量电子束能量沉积剖面曲线。由于石墨薄片(0.2～0.3mm)的损坏问题没有得到很好解决，因此能量沉积剖面曲线是较低的能量密度下测量的。在兆安级电流测量中，由于瞬时功率很大，使积分器中的电阻阻值发生变化甚至损坏，造成测量信号畸变，经过探索较好地解决了这个问题，测得了真实的电流波形，但目前罗可夫斯基线圈测量大电流时，其自积分小电阻的损坏问题仍需进一步研究。

致谢：在 1Ω二极管调试中，蒯斌同志负责电子束参数测量，罗志宏同志帮助编制了波形处理程序并处理了部分波形，韩小莲同志完成单个预脉冲开关试验，曹莉华同志帮助计算二极管电场分布，参加调试工作的还有吴祖堂，宁辉，孙凤举，申菊爱，史继红，任书庆等同志，盖同阳同志审查了 1Ω二极管设计图纸，在此一并表示感谢。

参 考 文 献

[1] 邱爱慈. REB 加速器技术设计方案. 内都报告, 1983.

[2] 陆为全, 邱爱慈. 低阻抗二极管参数计算. 内部报告, 1983.

[3] 曹莉华. REB 二极管二维空间电位及电场分布计算. 内部报告. 1991.

[4] H. W. Chan and C. D. Davidson. J. Appl. Phys. 1987. 61. 2152.

[5] R. B. 米勒. 强流带电子束物理学导论. 原子能出版社(1990).

[6] R. K. Parker. et al., Plasma-Induced field Emission and the characteristics of High-Current Relativistics Electron Flow, J. App. phy. Vol. 45. No. 6, 1974.

[7] 杨大为等. 变阻抗线预脉冲开关的设计与调整. 强激光与粒子束, 1991.3(3).

[8] J. Pace Van Devender and T. H. Martin. Untriggered Warer Switching. IEEE. Trans. Nucl. Sci., Vol. BS-22. No.3, 1975.

[9] D. L. Johnson. Untriggered Multichannel Oil Switching. IEEE. Trans. Nucl Scie., Vol NS-22. No.3, 1975.

几种强束流参数测量技术的研究*

1　前言

闪光二号加速器产生的强流电子束可用来模拟软 X 射线对材料的热击波破坏效应和结构动态响应，是目前国内唯一能较好模拟 X 射线效应的模拟设备。在模拟设备上进行模拟试验，并要对试验结果进行评估，其中最重要的要有可靠的测量数据，而电子束参数是必须提供的测量数据之一。它包括电子束总束能，束能通量分布，束能量沉积剖面，能量传输效率，束流及电荷密度分布，电子能谱等。在闪光二号加速器测量这些参数的主要技术难点有：

1. 强束流(400～500kA)，强束能(几十 kJ)条件下，测量探头本身的材料损伤以及信号电阻的脉冲功率和接触电阻等问题；
2. 测量环境有强的电磁干扰，给快脉冲和小信号(mV 量级)测量带来的困难；
3. 脉冲强磁场下(B_z=1.8T)，磁场的干扰和磁力的影响；
4. 测量探头均放在真空中，上百根连线和电缆引出的真空密封问题；
5. 加速器的工作状态是单次脉冲放电，每一炮的输出参数重复性不可能很好；
6. 强束流在中性气体中传输的基础理论问题；
7. 快脉冲、低灵敏度测量探头的标定技术。

经过试验和探索，我们研制成功了全吸收量热计、平面状全吸收量热计阵列以及 128 路 STD 微机数据采集系统。用它们测量了电子束在漂移管内的总束能，束能通量分布、束能传输效率。研制成功了法拉第筒和法拉第筒阵列。用它们测量了出阳极后的电子束能、电荷密度分布及电荷传输效率。本文重点介绍这几套测量装置以及在加速器上的实测结果。

2　电子束参数测量装置

2.1　全吸收石墨量热计和平面状量热计阵列

全吸收石墨量热计探头的吸收体是直径为ϕ220mm 的高纯石墨圆板，厚度 5～10mm，采用ϕ0.1mm 的镍铬-镍硅热电偶丝，其温度适用范围 0～700℃。热电偶的冷端连接在热容量很大的铜接线柱上，接线柱用云母片再固定在铜质支撑盘上，使测量过程中冷端温度维持在室温不变。热电偶的输出信号由一台 SF-72 型数据放大器和一台 LZ_3 函数记录仪记录。经标定该系统误差为±0.1%，同时也用 128 路慢信号 STD 微机数据采集系统记录，两者测量结果符合很好。根据记录到的“电压—时间”关系曲线，可以找出量热计吸收能量后对应的电压值，再利用热电偶标定曲线求出所对应的温度增量ΔT。如果忽略电子反向散射和韧致辐射损失，并认为吸收材料的比热 C 和密度ρ 为常量，就可以用下式：

$$E_{\mathrm{B}} = C \times V \times \rho \times \Delta T(\mathrm{Cal}) \tag{1}$$

求出吸收体吸收的电子束能量 E_{B}。式中 V 是吸收体的体积。该全吸收量热计的测量误差约±10%。

石墨量热计阵列的工作原理与全吸收石墨量热计相同，方形结构量热计阵列主要由 36 块(18×18×6)mm^3 和 16 块(28×28×6)mm^3 石墨量热计单元组成。圆柱形结构的量热计阵列由 37 块ϕ13×6mm 石墨量热计单元组成，以辐射状排列在ϕ220mm 的石墨板中。石墨量热计阵列的输出信号由 128 路 STD 微机数据采集系统记录。

* 该文是邱爱慈院士撰写的技术报告，1991 年 7 月定稿，有部分改动。

2.2 法拉第筒阵列和法拉第筒

法拉第筒阵列由 13 个小法拉第筒组成，它们固定在十字形的铜架上。在小法拉第筒上面有一层镀铝 PET 膜和厚度为 13mm 直径ϕ220mm 的石墨准直板，内抽 10^{-1}Pa 以上的真空。每个小法拉第筒用ϕ19×29mm 的石墨圆柱做吸收体，内开ϕ13×11mm 的圆锥孔，以提高电子的收集率。吸收体与信号引出体之间紧密相接，15μm 厚的钛膜分流电阻的一端紧压在两者之间。信号引出体做成圆锥结构，使其阻抗与信号电阻阻抗匹配。经过标定，法拉第筒阵列的时间响应小于 1ns，每个小法拉第筒的分流电阻 20mΩ左右，测量误差小于±10%。

法拉第筒吸收体是ϕ220×55mm 的石墨圆柱，做锯齿状，以提高电子收集效率，减少吸收体长度。分流电阻用 30μm 厚的钛膜做成圆柱状的同轴结构。用镀铝 PET 作为导电膜和真空封膜，内抽 10^{-1}Pa 以上的真空。对强束流测量，法拉第筒的吸收体前面必须加导电膜，同时其外壳对磁场是透明的(包括法拉第筒阵列)，否则会带来较大测量误差。法拉第筒的时间响应小于 1.5ns，测量误差约±10%。

2.3 128 路慢信号 STD 微机数据采集系统

该系统用来记录石墨量热计阵列和薄片量热计阵列的测量信号，也可用于加速器脉冲磁场系统的信号测量。系统采用 STD 总线工业控制用微机，配上相应的信号放大器、衰减器、显示器、键盘等外围设施以及操作控制系统软件。系统的硬件配置如图 1 所示。当测量量热计阵列信号时，测量通道可在 1～128 路范围内任意设定，测量点数最多为 360 个点，测量点间隔可设定，最小为 1s。测量信号幅值最大为 25mV，放大倍数可用软件设定，范围为 400～2000 倍。由于系统工作环境干扰源很多，被测记录信号的幅值小(最小仅 1mV)，因此在系统中采用差分输入，多级放大，软、硬件滤波以及精心选用高质量器件等措施，使系统具有了较强的抗干扰能力，解决了小信号测量和多路测量技术。

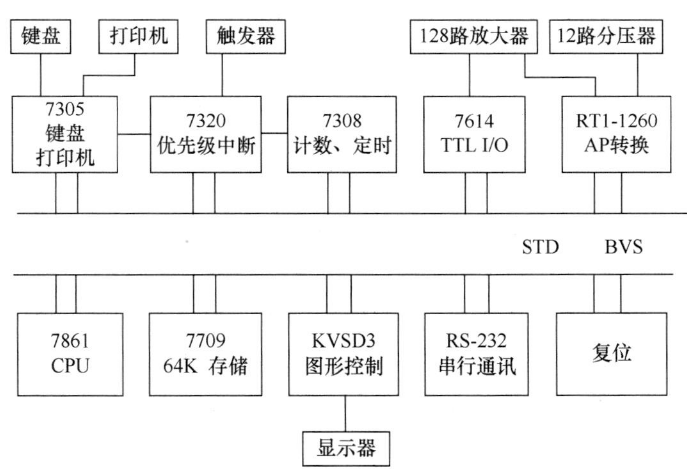

图 1 128 路慢信号 STD 微机数据采集系统硬件配置图

3 在闪光二号加速器上的实验结果

用以上的测量探头和记录系统在闪光二号加速器上进行了多次的实验，较好地测量了束在漂移管中的能量传输效率和电荷传输效率，束能通量分布和束电荷分布等参数，整个测试系统如图 2 所示。

二极管内的电子束能量测量是用测量二极管的电压，电流和电流随时间的变化，经过计算机处理得到的[1]。测量探头采用电容分压器、罗可夫斯基线圈和微分环，用全吸收量热计测量电子束出阳极后的总束能，除以二极管内的总束能，可以得到电子束的能量传输效率。在离阳极 23～30cm 处，磁压缩比为 2.3～3.5，漂移管内气压 1～2 乇时，平均的束能传输效率为 72%(σ=±8.9%)。图 3 表示束能通量随二极管内束能和磁压缩比的变化。

这样在进行物理实验时，在靶处的能通量可以用下式估算：

$$\Phi = 0.72 \times E_{\mathrm{D}} \times L(Z) / A_{\mathrm{C}} \left(\mathrm{J/cm^2}\right) \tag{2}$$

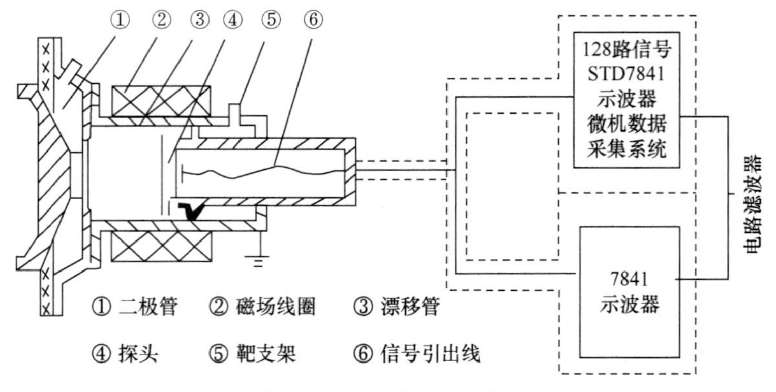

图 2　测量系统布置图

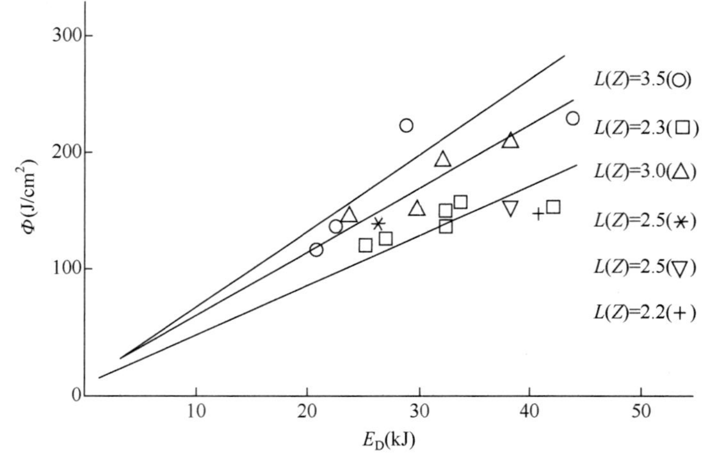

图 3　能通量密度随二极管内束能和磁压缩比的变化

式中 E_D 是用二极管电压(U_D)电流(I_D)波形经计算机处理求得的总束能即：

$$E_D = \int \left(U_D - L \times \mathrm{d}i/\mathrm{d}t \right) \times I_D \times \mathrm{d}t \tag{3}$$

L 是二极管电感，A 为阴极面积，$L(Z)$是在漂移管轴向位置 Z 处的磁感应强度与阴极处的磁感应强度之比，图 4 中实线是用公式(2)估算的能通量。

用法拉第筒测得的束流和束电荷，与二极管电流和电荷之比，可以求出电荷传输效率。图 4 表示在法拉第筒前面加不同吸收片时的电荷传输效率，最大达 90%。图中实线是表示在不同电子入射角时，理论计算得到的吸收曲线。图 5 是用法拉第筒测得的电子束流波形。

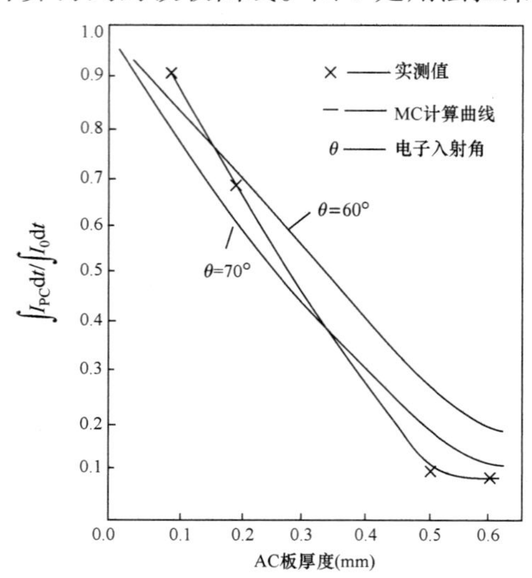

图 4　用法拉第筒测量到的电荷传输、吸收曲线

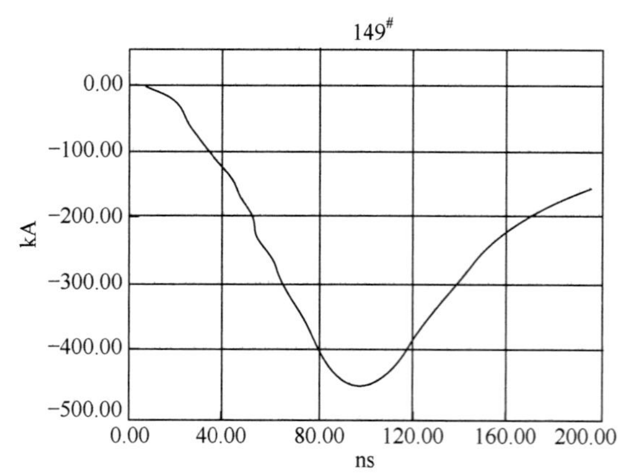

图 5　法拉第筒测到的束流波形(炮号 90149)

法拉第筒阵列测到 9 个信号，图 6 表示一组典型的束流波形，经处理后典型一炮的电荷密度分布如图 7 所示。在ϕ140mm 直径内，十几炮测量的平均电荷密度均匀度为 73%。

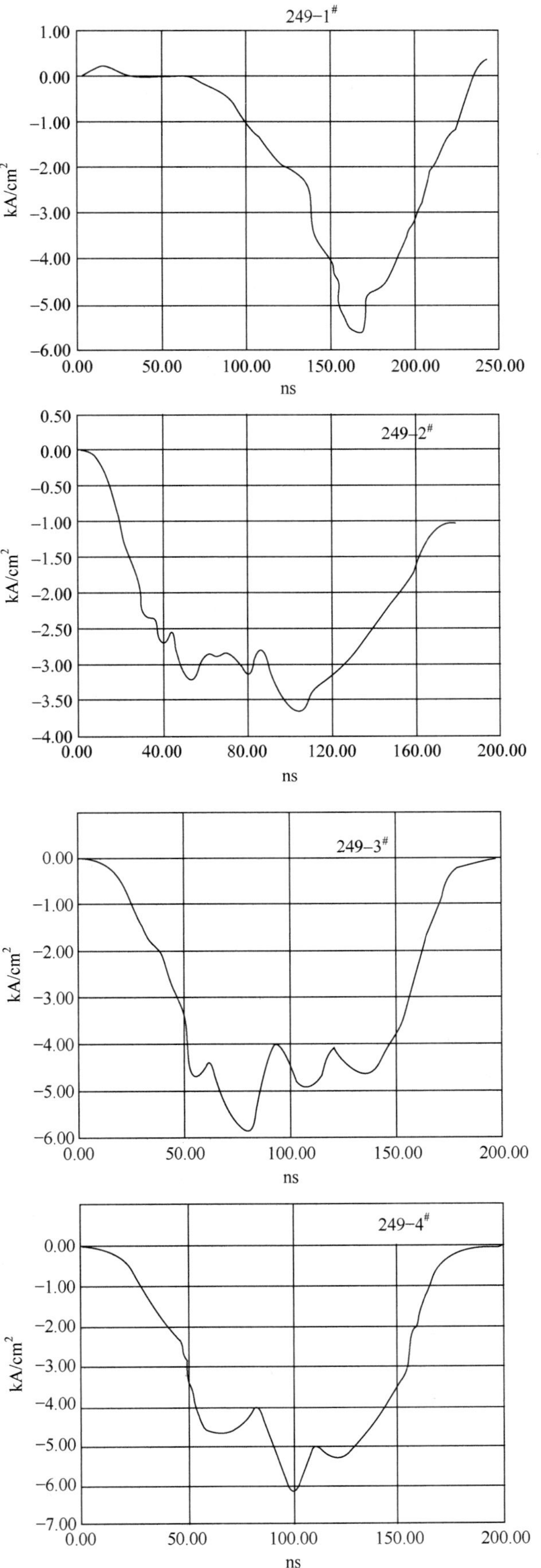

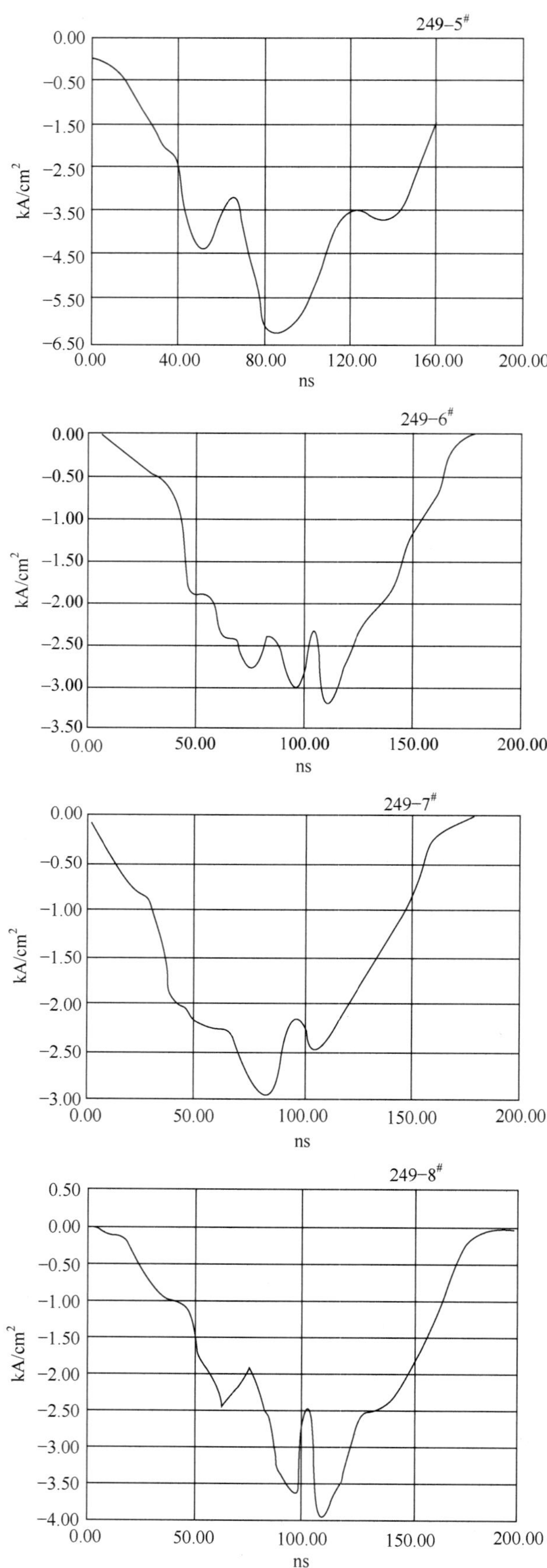
249-5#
0.00
-0.50
-1.50
-2.50
-3.50
-4.50
-5.50
-6.50
kA/cm2
0.00
40.00
80.00
120.00
160.00
200.00
ns
249-6#
0.00
-0.50
-1.00
-1.50
-2.00
-2.50
-3.00
-3.50
kA/cm2
0.00
50.00
100.00
150.00
200.00
ns
249-7#
0.00
-0.50
-1.00
-1.50
-2.00
-2.50
-3.00
kA/cm2
0.00
50.00
100.00
150.00
200.00
ns
249-8#
0.50
0.00
-0.50
-1.00
-1.50
-2.00
-2.50
-3.00
-3.50
-4.00
kA/cm2
0.00
50.00
100.00
150.00
200.00
ns

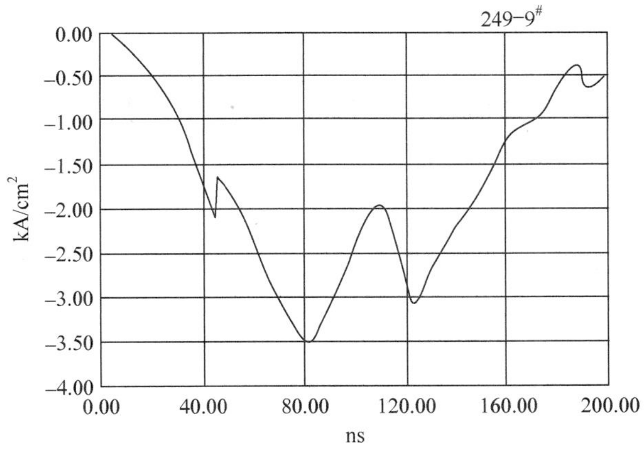

图 6 法拉第筒阵列测到的一组波形(炮号 90249)

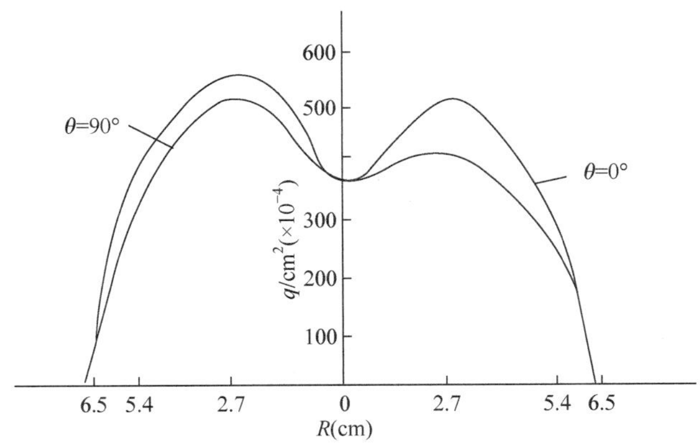

图 7 法拉第筒阵列测到的电荷密度分布(炮号 90249)

两种结构的全吸收石墨量热计阵列都进行了实验，测得束能通量分布和总束能。图 8 是方形石墨吸收体测得的能通量分布图，几炮测量的平均能通量均匀度为 71%，其中最好一炮的均匀度为 88%。图 9 是用圆柱形辐射状结构测到的束能通量分布图，几炮测量平均的能通量均匀度为 75%，其中最好一炮的均匀度为 86%。这一结果与法拉第筒阵列测到的电荷密度分布均匀性基本一致，也与针孔照相的测量结果基本一致[2]。

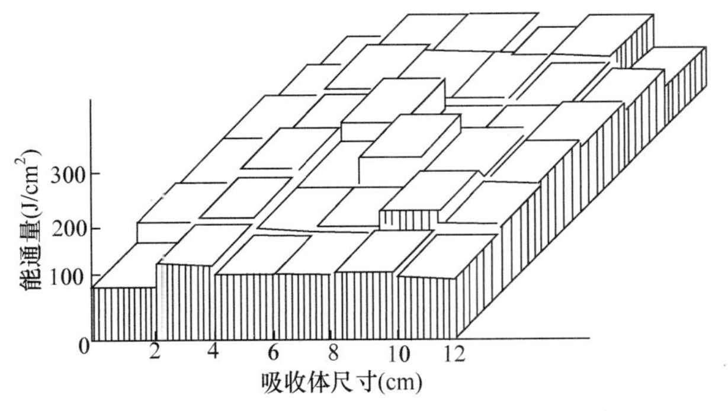

图 8 90132 炮方形吸收体石墨量热计阵列测得束能通量分布

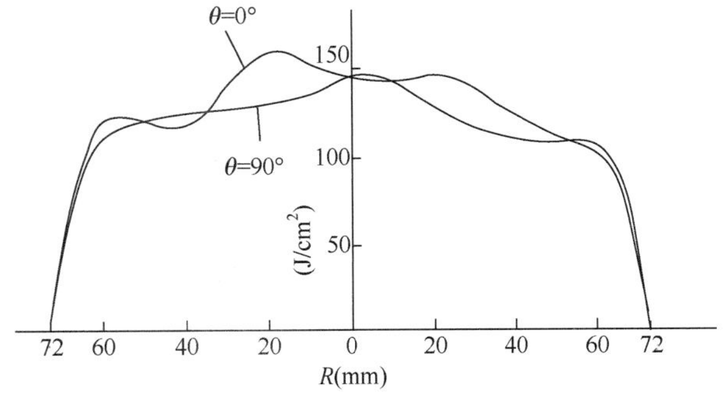

图 9 90175 炮辐射状量热计阵列能通量随半径分布

4 今后工作的设想

虽然我们已建立了几种强束流参数诊断的基本测量手段，并取得了实测结果，但由于目前国内尚无可供标定的标准电子束源，因此测量束流的探头只能用小电流标定，而不是实际的电子束源，而且由于信号幅度小，标定误差也较大。今后需研制一台小型的电子束源，再采用逐级传递比对的方法，解决低灵敏度束流参数测量探头的标定问题。对同一种测量参数同时采用几种测量手段进行监测，相互对比，再配合理论计算和分析，以提高测量数据的可靠性。今后需继续开展的工作有：

1. 研制一台脉冲电压、电流和束流标定源。脉冲电压 100～200kV，束流 10～40kA 可调，脉宽 40ns。

2. 为测量电子束能通量沉积剖面，研制平面状和圆柱状的薄片量热计阵列，研制内过滤法拉第筒阵列。

3. 进一步改善平面状全吸收量热计阵列，研制圆柱状全吸收量热计阵列。

4. 深入研究一些新的测试问题，提高测量精度，并找出漂移管内束流参数与二极管中束流参数可靠的定标关系。

参 考 文 献

[1] 刘俊民，张永民，邱爱慈. REB 二极管的参数测量与数据处理. 第四届全国高功率粒子束会议, 1990.11.

[2] 饶俊鸿. REB 电子束均匀性测量. 第四届全国高功率粒子束会议, 1990.11.

闪光二号加速器及其关键技术*

摘要：闪光二号加速器是我国第一台输出阻抗小于 1Ω的强流脉冲相对论电子束加速器，其输出电流的峰值大于 1MA，功率 1TW，在 80ns 的脉冲宽度内，电子束能量 43kJ。它已经在抗辐射加固和高新技术研究中发挥了重要作用。本文介绍了该加速器研制中的关键技术、解决难点的技术途径及各部分输出特性等。

1 引言

强流脉冲相对论电子束加速器是 20 世纪 60 年代初开始发展的一门新技术。它主要用于辐射效应模拟，并在惯性约束聚变、高功率微波、泵浦高功率准分子激光、等离子体加热和约束等国防和能源研究方面得到应用。强流脉冲电子束加速器技术是它的主要基础。如美国计划在 1995 年建成一台储能为 16MJ 的大型 X 射线模拟装置(DECADE)。

国内这种类型的加速器是在 1971 年开始研制的，1983 年中国工程物理研究院研制成功 6MV、90kA 的油介质脉冲电子束加速器(闪光一号)。它适合模拟γ射线，但由于其电子能量高，不适合用来模拟 X 射线在材料中产生的热击波和结构动态响应。

因此，需要研制低能强流脉冲相对论电子束加速器(后命名为闪光二号)，设计指标如表 1。

表 1 闪光二号加速器主要技术指标

参数类别	二极管阻抗(Ω)	二极管峰值电压(MV)	二极管峰值电流(MA)	脉冲宽度(ns)	出阳极窗后电子束能(kJ)	束斑直径(mm)
设计指标	2	1.3	0.55～0.65	70～80	27～34	不小于 50
	1	0.9	0.8～0.9(力争)	70～80	22～28	不小于 50
测试结果	2	1.47	0.72	70～80	43	135～180
	<1	0.92	1.03	70～80	32	100～160

闪光二号加速器于 1990 年初研制成功并投入运行。1993 年 6 月以我国著名科学家王淦昌院士为主任委员的国内十三位专家组成的鉴定委员会通过对闪光二号加速器的鉴定。经鉴定测试组测试的结果见表 1，该加速器的输出参数已全面达到并超过了设计指标。

本文重点介绍闪光二号加速器研制中的关键技术，解决技术难点的途径措施，以及各部分输出特性等。

2 加速器的基本工作原理及主要技术难点

根据闪光二号加速器的输出指标要求，我们选用了电容储能方式。加速器主要由 Marx 发生器、水介质同轴线和二极管三大部分组成。Marx 发生器将直流低压通过多个开关串联放电变为微秒级高电压脉冲，通过谐振充电，将能量传输给脉冲形成线。水介质同轴形成线将微秒级脉冲压缩到几十纳秒，并将能量传输给二极管。在二极管中电磁能量转换成电子束动能。因此要想达到 MA 电子流和几十 kJ 的束能输出，如何达到高效率的能量传输和能量转换是加速器设计的关键。

强流电子束产生于等离子体阴极，形成的阴极等离子体以 3～5cm/μs 的速度向阳极运动。电子流从逸出功为零的阴极等离子体引出后，在阴阳极间隙内受到与其相关的空间电荷限制定律支配，主要

* 该文原载于学术交流会论文集，1996 年 10 月定稿，有部分改动。

取决于阴极半径与阴阳极间的距离之比(称为纵横比)。基于以上工作原理，低阻抗二极管的特点是具有大的纵横比，电子束产生强的自箍缩。因此对 1Ω二极管要实现有效的能量转换和满足使用要求，主要的难点在于：(1)要在几十纳秒脉宽内和几毫米短的间隙内，使二极管阻抗从无穷大很快地达到低阻值，并能稳定在 1Ω工作状态下而不发生阻抗崩塌；(2)要消除电子束的自箍缩，在 0.5MA～1MA 束流下获得大面积均匀电子束。因此对脉冲功率源的要求是产生快上升前沿的脉冲和足够低的预脉冲电压。

根据 J · C · 马丁公式，液体介质的击穿场强与电压作用有效时间的 1/3 方和电极面积的 1/10 方成反比，对于水介质，还与脉冲极性有关。因此形成线阻抗越低，绝缘安全系数越低，或要求形成线的直径越大。考虑到国内实际的工业水平，形成线阻抗不能选取直接与二极管阻抗匹配，我们采取了先产生几兆伏高压脉冲，然后再逐级降低电压压缩脉宽增大电流的技术途径，由多个开关串联或并联来完成。因阻抗越低，开关工作性能越不稳定，前沿变慢。因此为了满足低阻抗二极管对脉冲上升前沿、低预脉冲电压和有效的传输能量的要求，脉冲功率源的主要的难点在于：(1)要解决既保证高电压绝缘安全又具有低电感的矛盾；(2)获得好的高功率开关工作特性。

闪光二号加速器是一台复杂、庞大的工程技术系统，如图 1 所示。机器主体全长 18m，宽 6.5m，高 5.2m，使用变压器油 180 吨和去离子水 15 吨。设计确定发生器最大标称储能为 224kJ，最大标称电压为 6.4MV，在输出负载匹配的条件下，对 2Ω负载，脉冲功率源部分总的能量和电压传输效率分别为 30%和 20%，对 1Ω负载，能量和电压传输效率分别为 27%和 14%。当输出电子束时，加速器的能量传输效率分别为 15%和 12.5%。因此要达到加速器的设计要求，也需要解决许多工程技术问题。此外，还必须解决在强脉冲电磁场干扰条件下，高电压、大电流、强束流、高束能的测量问题。

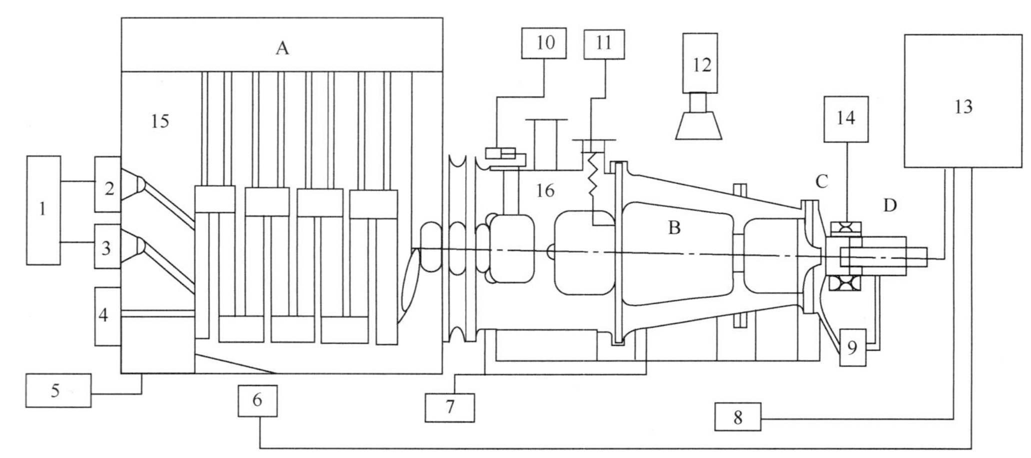

A. Marx发生器；B. 水介质同轴线；C. 二极管；D. 靶室

1. 控制台；2. 触发器；3. 高压电源；4. SF_6充气装置；5. 滤油系统；6. I_M检测；7. 纯水处理装置；8. U_F、U_T、U_{01}、U_{02}、U_{03}、U_{04}、I_D检测；9. 真空系统；10. 液压调节器；11. SF_6充气罐；12. 大厅监测装置；13. 屏蔽测量室；14. 脉冲磁场；15. 绝缘油；16. 纯水

图 1　闪光二号加速器系统图

3　解决难点的技术途径及各部分输出特性

3.1　Marx 发生器

3.1.1　解决高电压与低电感之间矛盾的措施

采用了新型的 S 型放电线路和结构，64 个电容器和 32 个气体开关组成 8 排，全部开关采用带触发圆盘的三电极气体火花开关，使发生器有快的电压建立时间，从而减少发生器内部各绝缘部分的脉冲电压作用时间，提高其电气绝缘强度。同时通过计算，设计合适的电极形状，改善电场分布，减少连线长度，排内两电容器间的绝缘距离为 8cm，排间距离 30cm，对地最小距离 90cm，每排电

容器用 160cm 长的尼龙带悬挂在油箱顶盖上。所有电气和气路连接结构既保证可靠接触，又便于检修维护。

3.1.2　提高 200kV 气体开关工作稳定性的措施

建立了正确的气体开关老练方法和理论计算模型，选择合适的气体、放电电流和放电次数，对每一个开关都进行老练和自击穿试验，通过调整电极几何参数和采取合适的电极表面处理工艺，使每个开关的击穿偏差和工作系数偏差都在允许范围内，达到单个开关的静态工作电压稳定性为 99.75%，32 个开关动作的抖动时间小于 60 纳秒(1σ)。经实际测量，发生器的各项参数均达到设计要求(见表 2)。经过上千炮的运行考验，发生器工作稳定可靠。

表 2　Marx 发生器电气参数

发生器参数	实测值	设计值
串联电感 L_m(μH)	11.7	12
串联电容 C_m(nF)	11.25	11
串联电阻 R_m(Ω)	3.0	4.0
并联电阻 R_P(kΩ)	0.58	1.9
对地分布电容 C_j(nF)	0.2	<0. 64
发生器建立时间(ns)	419	
对形成线充电时间(ns)	750	800
对形成线充电电压效率	0. 94	0.85
对形成线充电的能量效率	0.66	0.53

3.2　水介质同轴线

3.2.1　水介质同轴线中高电压绝缘安全措施

脉冲形成线最高工作电压 5.8MV，为保证水中绝缘安全，我们根据马丁公式和国内工业水平，为使绝缘利用最有效，计算确定形成线匹配阻抗为 5Ω。油水隔板的沿面绝缘是较薄弱的环节，采用了降低水、金属电极和绝缘隔板三结合点电场，提高其沿面绝缘强度的途径，使之与水中绝缘击穿强度相当。为提高安全可靠性，采用两块隔板，内充变压器油。在结构设计中，采取了有效的技术措施，防止了水开关放电产生水电锤效应引起隔板发生机械破坏，以及消除水中和隔板表面、缝隙中的气泡。尼龙绝缘材料在加工过程中和安装前均经过水煮工艺处理。同时将所有调节开关距离、气压用的控制线、液压油管、气路等从预脉冲抑制线圈管引入到传输线内导体内部，保证了这些管路和引线在水中和高电压下的绝缘安全和密封可靠性。加速器运行四年多来，水介质同轴线部分安全可靠。

3.2.2　减少预脉冲电压及提高能量传输效率的措施

采取多根水线串联和加预脉冲开关、输出开关的途径，以减小预脉冲电压。传输线、输出线、变阻抗线长度的选取同时考虑减小反射波的影响、传输效率和经济性等综合因素。为使预脉冲电压降到足够低的水平，在传输线内外导体之间装有特殊设计和绕制的预脉冲抑制电感，其参数的选取应使得发生器对形成线充电时为低阻抗，而当主开关击穿后主脉冲到达时为高阻抗，而不影响电压传输效率。同时在结构设计中采取了减少预脉冲开关段电容的措施，并在调试中合理选择预脉冲开关的击穿时间。

为了提高能量传输效率，利用阻抗变换原理，选取传输线阻抗为 3.2Ω，输出线阻抗和变阻抗线阻抗分别与 2Ω二极管和 1Ω二极管匹配，并采用削尖形状，从结构上保证二极管的低电感要求。

3.2.3 改善高功率脉冲开关输出特性的措施

开关的上升时间主要取决于所驱动的阻抗、火花通道电感、击穿场强等。根据介质击穿特性，在驱动阻抗确定的条件下，减小开关上升时间比较有效的措施是形成多通道以减少电感，减小电压作用时间和电极面积以提高击穿场强。在短脉冲电压下，采用针状电极是有利的。因此根据这些开关在水线中不同位置和作用，设计了三种不同场型结构和介质的开关。主开关采用水介质场畸变开关，在 1Ω指标中为进一步减小预脉冲电压改为单极头(R=50mm)自击穿水开关。预脉冲开关采用 4 个并联的充 SF_6 气体开关。输出开关采用 6 个针状(如ϕ10mm)自击穿水开关。通过对这三个开关的预先研究，并在加速器上仔细调节它们的击穿时间和相互间的最佳配合，获得了快上升前沿、稳定的电压脉冲输出参数，见表 3。从表中可以看出，在 1Ω指标中采用开环形槽电极的预脉冲开关和多针输出开关，提高了开关击穿的稳定性和同步性能，击穿时间分散性大大减少，并在阻抗减少的情况下，输出脉冲仍有快的上升时间(39ns)，预脉冲电压 3.5kV，各项指标均达到了设计要求。

表 3 水介质同轴线输出参数

发生器充电电压(±kV)	负载状态	主开关		脉冲形成线		预脉冲开关		预脉冲电压(kV)	输出电压上升时间(ns)
		击穿时间(ns)	标准偏差(ns)	电压(MV)	标准偏差(%)	击穿时间(ns)	标准偏差(ns)		
85	1Ω	680	31	4.87	3.5	648	24	3.5	39
80	2Ω	720	32	4.56	4.0	722	54	20.0	42

3.3 低阻抗二极管

3.3.1 降低二极管电感的措施

为了保证二极管具有低的电感，必须尽量减小其绝缘距离，这样使真空绝缘隔板的沿面绝缘成为加速器中绝缘最薄弱的环节。真空中固体绝缘材料的表面闪络机制，主要归结于介质表面充电和电子倍增过程，因此降低阴极引杆三结合处(即金属、真空和固体绝缘材料交界处)的电场是最有效的绝缘措施。电场应小于 20kV/cm。我们采用了双圆锥结构，经过反复计算，选取电极与有机玻璃板表面的夹角在阳极处为 8°，在阴极处为 76°，满足了以上要求。阴极引杆同轴段的特性阻抗为 12Ω，圆锥段的特性阻抗为 15Ω，满足磁绝缘条件。经用短路法实际测量 1Ω和 2Ω二极管的电感分别为 25nH 和 36nH，满足了设计要求。经过四年多运行考验，二极管绝缘安全可靠。

3.3.2 获得大面积均匀电子束的措施

为避免强流电子束的自箍缩，外加了 1.8T 轴向脉冲磁场，磁场线圈布置成磁透镜型，保证有合适的磁场渗透到阴阳极区间，并通过调节靶在漂移管中的位置，得到不同束斑大小和能量密度的电子束。为使强流电子束有效地传输到试验靶，在漂移管内充一定气压，使电子束在传输过程中达到空间电荷中和与空间电流中和。采用双层阳极夹膜结构，解决大面积阳极膜(最大面积 707cm^2，膜厚 13μm)的真空密封和阳极膜变形的问题，从而从结构上保证了二极管阴阳极之间的平行度，使阴阳极之间电场分布均匀，这是保证电子束均匀发射的先决条件。同时要获得大面积均匀电子束，还必须选择合适的漂移管气压和二极管工作参数。

3.3.3 提高低阻抗二极管工作稳定性的措施

二极管工作稳定性主要取决于在主脉冲电压作用期间其阻值变化的平稳度，因此不但要保证在预脉冲电压作用期间(大致是形成线充电时间，长达几百纳秒)不形成阴极等离子体，而且又必须保证主脉冲到达后很快形成阴极等离子体，同时还需要抑制阳极等离子体产生以及阴、阳极等离子体的运动。但影响这些条件的因素很多，首先决定于脉冲功率源的参数，如电压脉冲上升时间、电压幅值、预脉冲电压幅值及作用时间等，同时还决定于阴阳极材料、阴极形状和尺寸、纵横比、阳极结构、阴极处磁场、磁透镜比、真空度及漂移管内气压等。因它们之间相互联系及有些因素的不确定性(如脉冲功率源和磁场的参数，主要决定于高功率开关及脉冲磁场系统工作的稳定性)，因此要使低阻抗二极管稳定工作的难度很大，需要综合考虑以上因素，进行仔细地调试。经过试验研究，选用了直径为 18cm 和 22cm 的平板形石墨阴极，阴极处磁场强度 0.3～0.6T，纵横比为 11～14，并控制好其他参数，获得了满意的二极管输出参数，见表 4。图 2 是 1Ω二极管的阻抗变化曲线。

表 4　电子束流输出参数

炮号充电电压 U_0(kV)	92057±85	92074±80	92077±80	92079±80	92159±80	93096±85	93085±85
靶距 S(mm)	215	215	340	30	215	194	194
阴极直径 D_k(mm)	220	220	220	220	180	220	220
磁透镜比 L	3.18	3.18	3.18	3.18	3.18	3.86	3.86
最大磁感应强度 B_{ZH}(T)	1.88	1.38	1.57	1.38	1.45	1.88	1.88
管电压峰值 U_D(MV)	1.47	1.38	1.15	1.35	1.41	0.89	0.92
管电流峰值 I_D(kA)	721	552	676	602	517	1029	1031
漂移管内充气压力 P(乇)	2.0	1.5	2.0	2.0	2.0	3.6	4.4
束斑直径 D_E(mm)	135	132	170	180	104	112	105
靶中沉积的束能 E_E(kJ)	43	36.8	30.4	37.5	32.5	30.6	31.6
束能通量 Φ_E(J/cm^2)	294	269	134	147	382	310	365
束能传输效率	0.92	0.88	0.83	0.88	0.82	0.79	0.76

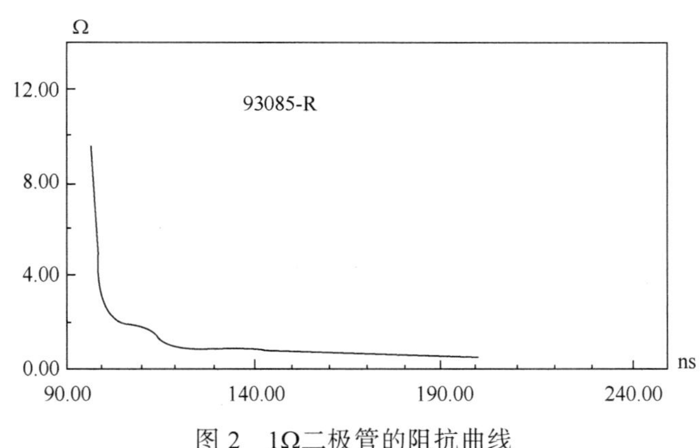

图 2　1Ω二极管的阻抗曲线

3.4　测量装置及辅助系统

我们研制了微分型电容分压器、罗可夫斯基线圈和微分环等高电压、大电流纳秒级脉冲测量装置，以及全吸收量热计和量热计阵列、薄片量热计阵列、法拉第筒和法拉第筒阵列等配套的强束流参数测量装置，保证了精确可靠的机器输出特性的测量，满足了物理实验的要求。研制中解决了接收信号电阻的阻抗不稳定性、探头本身的材料辐照损伤、强脉冲电磁干扰、脉冲强磁场的影响等不同技术难题，获得了良好的测量结果。

根据总体设计要求，研制配套了包括控制、触发、1.8T 脉冲磁场系统、高压充电电源、真空、滤油、水处理、SF_6 充气装置、液压调节装置等，采取了有效的抗强电磁场干扰措施，使控制、触发、脉冲磁场等系统与加速器主机可靠地同步。

4　结束语

闪光二号加速器以其强束流、高功率和高束能区别于国内现有的加速器，它的性能指标已经达到了国外同类加速器的先进水平，详见表 5。它已稳定运行四年多，成功地用于材料热击波和结构动态响应的实验研究，在我国辐射效应研究中起了重要作用。同时成功地开展了泵浦高功率准分子激光和产生虚阴极高功率微波的实验研究，多次圆满完成标定任务。它已成为我国一台重要的辐射模拟设备，必将在我国辐射效应等研究领域中发挥越来越大的作用。

表 5 闪光二号主要性能指标与国内外同类加速器比较

装置名称	功率峰值(TW)	电压峰值(MV)	电流峰值(MA)	脉冲宽度(ns)	束斑面积(cm^2)	束能分布均匀度	束能传输
PITHON(美)	4	2	2	100	2500—10000	0.85	0.84
OWL-Ⅱ(美)	1	1.3	0.8	120	20—300	0.85	0.56
BLACKJACK-Ⅲ	0.6	1	0.6	75	64	0.75	0.80
CASINO(美)	0.55	1	0.55	70	25	0.90	0.86
ANGARA-1(俄)	0.33	1	0.33	70			
ANGARA-5-1(俄)	1.8	1.5	1.2	70			
TONUS-Ⅱ(俄)	0.9	1.5	0.6	40			
MAXIBEAM(法)	1	1	1	60			
445W(日)	0.65	1.8	0.36	80			
REIDEN-V(日)	2	1.4	1.4	50			
闪光一号(中)	0.7	8	0.09	70			
天光号(中)	0.80	1.0 (0.67)	0.08 (0.16)	70			
闪光二号(中)	1	1.47 0.95	0.72 1.06	80	86—250	0.86	0.85

致谢：闪光二号加速器最初是由吕敏院士倡导的。在研制工作中得到了各级领导、上级机关以及老一辈科学家的关心和大力支持。朱光亚主任亲自审批立项报告，向张爱萍主任反映加速器命名题词一事。王淦昌院士亲笔为闪光二号运行顺利并进行多种物理实验写来贺信。吕敏、叶立润、乔登江、黄豹研究员对加速器的研制给予支持、关心、指导和帮助。程开甲院士一直给予关心和支持。闪光二号加速器的研制得到国内十几个兄弟单位的大力协助。它的研制成功，是加速器研制组全体同志团结协作、艰苦努力的结果。在此一并表示衷心感谢！

高功率脉冲技术的发展现状*

1 引言

高功率脉冲技术在国际上已有 30 年多的发展历史。最初的应用主要是作为轫致辐射源模拟辐射效应，以后在惯性约束聚变，离子束或电子束产生，高功率微波，强激光，电磁炮，电热炮，雷达等国防工业和能源研究方面得到应用。近些年对高功率脉冲技术在民用工业中的应用引起了足够重视，已成功地用于食品消毒，金属表面处理，金属成形和装配，环保，健康保健等方面。

高功率脉冲加速器在最初期 10 年，采用变压器油作为绝缘介质，传输线和二极管的阻抗较高，一般为几十欧姆。20 世纪 70 年代起，传输线部分采用去离子水作为绝缘介质，单台大型的脉冲加速器阻抗多数为 1～2Ω。以后为了获得更大电流和更高功率采用多台并联，而要获得更高电压则采用多级串联。美国高功率脉冲加速器的发展情况见图 1 所示。

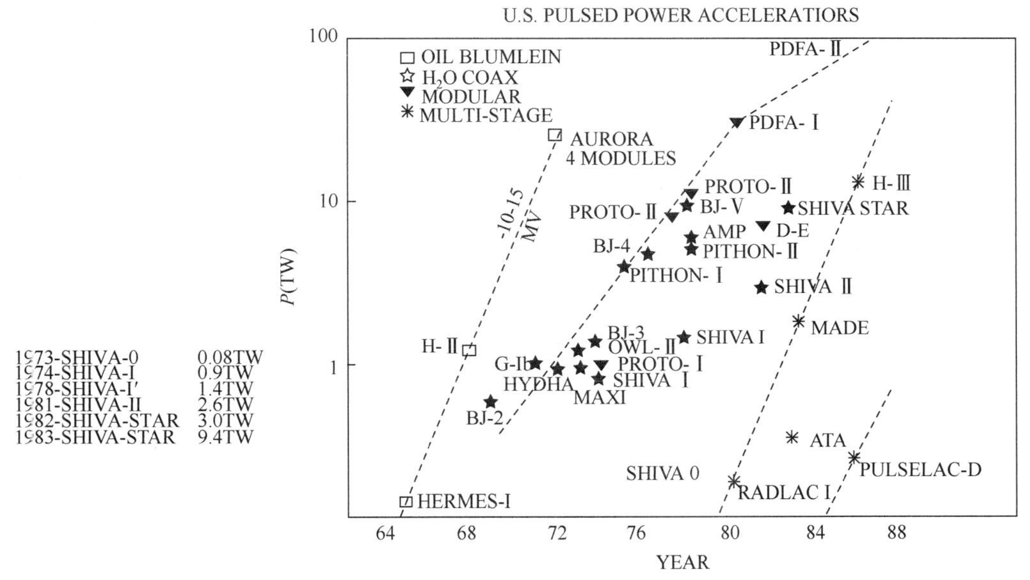

图 1 美国高功率脉冲装置的发展

由于高功率脉冲技术在科学领域的重要应用，脉冲功率的单元技术，如储能和脉冲成形技术，高能量密度电容器，开关技术(包括闭合和断开开关)重复频率技术，同步触发技术以及小型、轻型化的脉冲功率系统技术等均有了很大的发展。

西北核技术研究所脉冲功率技术研究最早是从 20 世纪 60 年代初研制 Marx 发生器型微秒级脉冲 X 射线机开始的，70 年代初转向脉冲传输线型强流脉冲电子束加速器研制，与高能物理所合作，于 1975 年建成了我国第一台比较大型的 Blumlein 油介质传输线型 1MV 强流脉冲电子束加速器。同时相继研制了场强为 10^5V/m，上升前沿小于 10ns，脉宽 120ns，工作区为 2m×2m×2m 的有界波电磁脉冲模拟器；40kJ 爆炸丝装置；和清华大学协作开始研制 DPF-200 浓密度等离子体聚焦装置。从 80 年代开始，我们开展了低阻抗水介质强流脉冲电子束加速器的研制，并获得成功，二极管在 1Ω工作状态下，达到输出电流 1MA，束能几十 kJ。同时带动了脉冲功率单元技术的研究，建立或改进几台脉冲功率装置，与这台低能强流脉冲电子束加速器相配套，使高功率脉冲技术进入新的发展阶段。以上这些设备和装置在测试技术，抗辐射加固，以及激光、高功率微波高新技术等研究中发挥了重要作用。随着这些研

* 该文由邱爱慈院士执笔撰写，1994 年 12 月定稿，有部分改动。

究工作的深入，又必将大大促进高功率脉冲技术的发展。

本文重点总结近十年来高功率脉冲技术的发展，介绍几种装置的主要技术参数，概述在高功率开关技术，强流束的产生及传输，高电压强束流参数测量技术等方面的研究进展，并对今后高功率脉冲技术的发展提出了几点看法。

2　闪光二号加速器的研制成功

“闪光二号”加速器是一台低能强流脉冲相对论电子束加速器。它的特点是低阻抗，强束流，采用去离子水作为绝缘介质。我们从 1981 年开始进行这种加速器研制的可行性研究，1984 年 1 月正式批准研制，1990 年达到 2Ω设计指标并投入运行，适应多种物理实验要求，做到一机多用。在二极管输出电压 1.3MV，电流 640kA，出阳极后的电子束能量 36kJ 的条件下，加速器经过了长时间的运行考验，工作稳定可靠。到目前为止，加速器已运行近 900 炮，发生器的自放概率小于 8%，从触发到出电子束的时间 1.77μs，抖动小于 100ns(σ)。电子束束斑直径ϕ100～ϕ180mm，束能分布的均匀性好于 85%。1993 年 5 月闪光二号加速器达到了 1Ω设计指标，输出电流达 1MA 以上，输出电子束能量最大为 32kJ。使加速器的主要指标及性能均达到了国外同类加速器的先进水平。

加速器在不同充电电压等级下的输出参数见表 1。脉冲功率源部分的主要参数见表 2。

表 1　加速器在不同充电电压等级下的输出参数

2Ω二极管	充电电压(kV)	± 70	± 80	± 85
	电压峰值(MV)	1.22	1.30	1.35
	电流峰值(kA)	529	640	709
	管内总束能(kJ)	33	41	45
	输出束能(kJ)	27	36	40
	电压脉宽(ns)	80	78	70
	电子最大能量(MeV)	0.91	1.00	1.13
	电子平均能量(MeV)	0.65	0.75	0.85
1Ω二极管	电压峰值(MV)	0.83	0.87	0.95
	电流峰值(kA)	810	960	1060
	管内总束能(kJ)	27	32	36
	输出束能(kJ)	22	25	28
	电压脉宽(ns)	74	74	76
	电子最大能量(MeV)	0.44	0.51	0.53
	电子平均能量(MeV)	0.33	0.37	0.42

表 2　脉冲功率源的主要参数

发生器充电电压	(kV)	±80	±85
形成线电压峰值	平均值(MV)	4.56	4.87
	标准偏差(%)	4	3.5
主开关击穿时间	平均值(ns)	720	680
	标准偏差(ns)	32	31
预脉冲电压峰值	(kV)	20	3.5
预脉冲开关击穿时间	平均值(ns)	722	648
	标准偏差(ns)	54	24

续表

输出线电压上升时间(ns)	42	39
输出线末端电压峰值(MV)	1.30	0.95
总的电压传输效率	0.25	0.17
总的能量传输效率	0.28	0.25
工作负载	2Ω二极管	1Ω二极管

在闪光二号加速器研制中我们解决了整个系统电感要小，高电压下绝缘安全可靠，预脉冲电压抑制到足够低的水平，二极管启动时间短等低阻抗水介质脉冲电子束加速器的关键技术，使加速器的指标和性能均达到了设计和使用要求。

3　晨光号加速器

晨光号加速器的前身是 1MV 强流脉冲电子束加速器，由西北核技术研究所与高能所协作于 1975 年建成。1976 年该机器投入运行以来，在科研试验中发挥了重要作用。随着试验研究的深入及研究范围的扩大，要求机器有更高的输出指标，而原 1MV 机的 Marx 发生器效率低，经过十年的运行后元件已陈旧，重复性差。因此我们在 1986 年起对这台加速器进行了改造。首先完成了新 Marx 机芯的研制。加速器的储能从 2kJ 提高到 4.8kJ，电压传输效率和能量传输效率分别提高到 19%和 15%。新发生器采用 S 型电气连结线路和混合触发方式，使发生器具有电感小，建立时间短，工作稳定可靠等优点。1991 年该加速器在西安重新安装、调试，在 70kV 充电电压下，输出指标达到 1MV，30kA。并增加了一条水介质同轴线，重新设计了 2MV 高阻抗二极管和激光二极管，分别见图 2 和图 3。

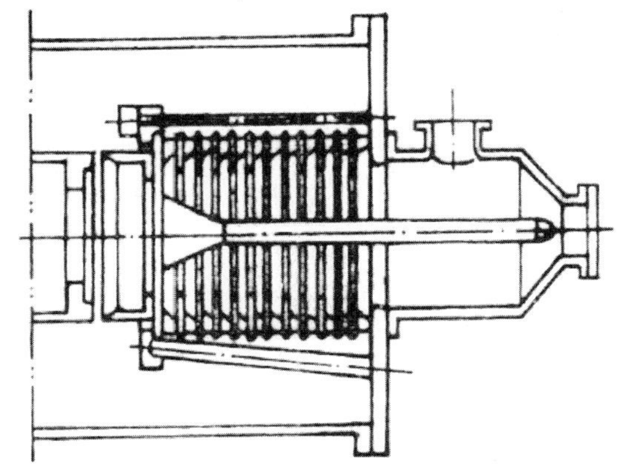

图 2　晨光号加速器高阻抗二极管

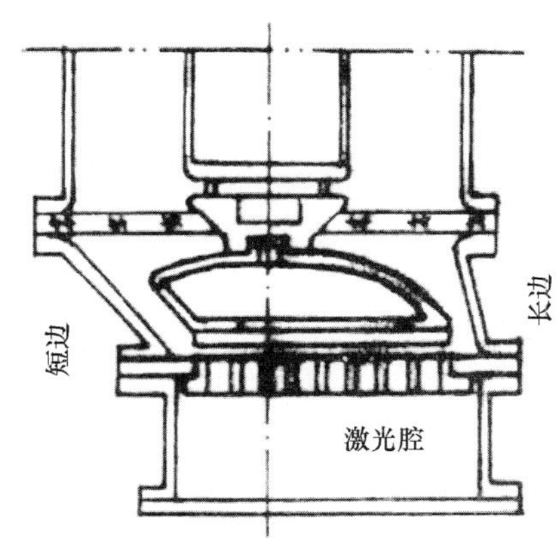

图 3　晨光号加速器激光二极管

“晨光号”加速器的主要参数见表 3，并与原 1MV 机的参数比较。

表 3　晨光号加速器的主要参数

		晨光号	1MV 机
Marx 发生器	级数	2.4	18
	储能(kT)	4.8	2
	标称电压(MV)	2.4	1.8
	串联电容(nF)	1.67	1.22
	串联电感(μH)	5.3	16
	串联电阻(Ω)	1.3	16
	并联电阻(kΩ)	1.15	2.82
	放电线路	S 型	Z 型

续表

		晨光号	1MV 机
Blumlein 油线及二极管	形成线充电电压(MV)	1.9	1.0
	充电时间(ns)	220	400
	二极管电压(MV)	1.5～2.0	1.0
	1m 处剂量率(R/s)[1)]	1.7×10^8	2×10^7
	二极管电流(kA)	30～40	20
	脉冲宽度(ns)	25	25
水线及二极管	形成线充电电压(MV)	1.0～1.2	
	形成线及传输线阻抗(Ω)	5.0	
	脉冲宽度(ns)	40	
	二极管电压(kV)	400～500	
	二极管电流(kA)	80～100	

1) $1R/s=2.58\times10^{-4}A/kg$。

4 其他脉冲功率装置

4.1 DPF-200 浓密度等离体聚焦装置的改进

DPF-200 装置是西北核技术研究所 20 世纪 70 年代初与清华大学协作研制的。其储能系统由 51 台国产 MY50-4 脉冲电容器组成。1991 年搬到西安后，重新进行了安装调试，并改进了放电室和电极(如图 4)，内电极外径 50mm，外电极内径 150mm，电极有效长度 260mm，电极端部采用锥状过渡，

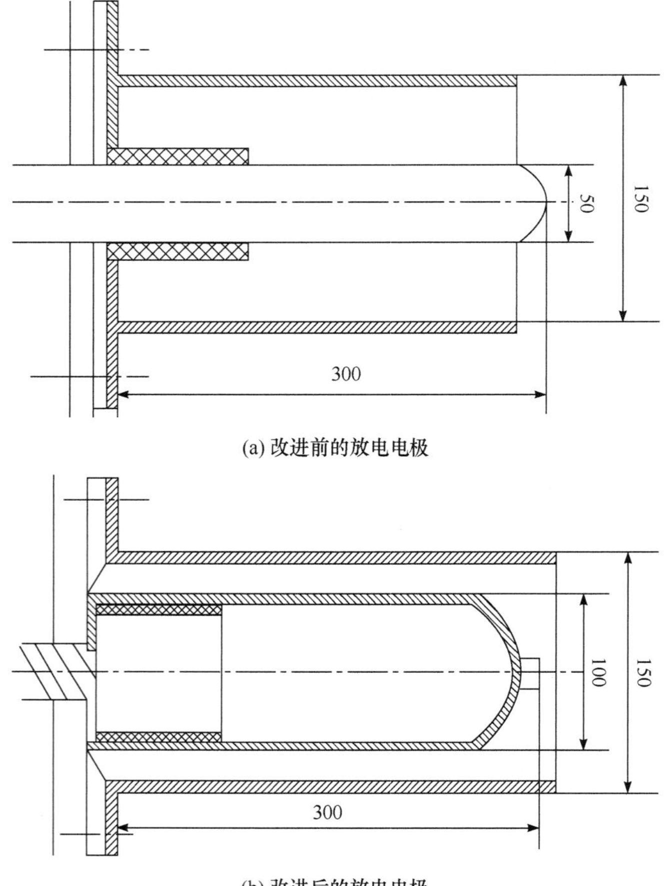

图 4　DPF-200 改进前后的放电电极

靶头嵌入 M_0 棒。整个放电室内径 300mm，长 500mm。经过调试，在放电电压 25kV，工作气体充 4～6 乇的氢气时，聚焦状态良好，X 光产额从 1990 年的单次脉冲 30J 提高到 50J 以上，X 射线脉冲宽度 200ns，上升前沿十几个 ns。

4.2 2MV 脉冲开关试验装置

为了研究脉冲工作状态下，开关的各种性能如上升时间、动作延迟及抖动等，我们研制了 2MV 脉冲开关试验装置。它适用于油开关、水开关及气体开关等的试验。该装置利用晨光号加速器的发生器作为初级脉冲电源，设计了峰化电容器，同轴储能器，开关试验室和负载，并配置了微分型电容分压器，罗可夫斯基线圈以及新研制成功的补偿式电阻分压器，其时间响应做到了小于 1ns。在该装置上已完成了 2MV EMP 开关试验，预脉冲开关试验，自击穿水开关试验等。经过几百炮试验，装置工作可靠，较好地满足了试验要求。

4.3 ±150kV 开关试验装置

在高功率脉冲装置中，常采用大量的三电极火花开关，这些开关性能的好坏，将直接影响整个装置的参数和安装运行。为了研究直流工作状态下，开关静态稳定特性和动态击穿特性，我们研制了 ±150kV 开关试验装置。该装置包括控制台，充电电源，开关试验室，专用电容器、触发器以及电阻分压器、管式分流器等配套的测量装置。这套装置在 1990 年上半年安装调试完毕并投入使用，已经上千炮的运行，操作方便，工作可靠，满足了开关试验的要求。

4.4 强脉冲磁场装置

强脉冲磁场装置是闪光二号加速器的专用配套设备，同时也是可以作为独立的脉冲磁场电源。该装置于 1989 年研制成功，1990 年初投入使用。它主要由 36 个 10kV、100μF 电容器(分成六组)，六个真空触发开关和三个磁场线圈组成，总储能 180kJ。当充电电压为 8kV 时，获得线圈中的最大磁感应强度为 2.0T。在研制中，我们成功地实现了六个真空触发开关的同步运行。经三年多，近千炮的运行，工作可靠，满足了使用要求。但经过长期运行，由于真空触发开关的寿命问题以及每批产品的参数和质量不能保证一致性，给维护使用带来困难，影响了六组电容器的同步放电，有待于进一步改进。

4.5 200kV 电流和束流标定源

为了解决低灵敏度电流和电子束参数测量探头的标定问题，正在研制一台小型的电子束源。其指标为脉冲电压 100～200kV，束流 10～40kA 可调，脉宽 40ns。该装置主要由 500kV，1kJ 的小型 Marx 产生器，5Ω水介质脉冲形成线，气体开关，5Ω水介质传输线及负载电阻或二极管组成。该装置除作为标定源外，还可以用于高功率微波及低能电子束等方面的研究。

5 高功率开关技术的研究进展

高功率开关是脉冲功率装置的关键部件，近些年，我们结合“闪光二号”加速器研制及应用的需要，开展了水介质开关，气体开关，激光触发开关等方面的研究。

5.1 水介质开关特性的研究

在 2～3MV 工作电压下，对水介质开关的特性进行了理论和实验的研究。首先根据流注理论，建立了开关理论模型，开关动作前开关可等效于静态泄漏电阻和电容，当击穿开始，流注形成(一般从正电极开始)并向阴极运动，流注本身的电通道表现为随时间变化的电感和电阻，而流注的前端与阴极之间相当于一变化着的电容：

$$C_{ws}(t)=\frac{\varepsilon A}{d_0-\int_{t_0}^{t}v_+(t)\mathrm{d}t} \tag{1}$$

式中 v_+是流注速度，d_0是开关距离，A 是流注等效面积，

$$v_+=KV^{1.6}/d_0^{0.25}\ (\mathrm{cm/\mu s}) \tag{2}$$

V 是开关工作电压，对 V=2.5～4.2MV，d_0=12～22cm，K=12。根据这个模型，我们计算了“闪光二号”加速器形成线电压波形，并与实测波形拟合，求得了开关火花通道的等效电感和电阻随时间的变化。当开关工作电压为 2.3MV 时，在自触发工作状态下，研究了开关触发圆盘位置(N)，主开关间距，气体开关充气压力等对输出电压的影响，实验表明 N 值是影响开关特性的主要因素，在 N=7 时，从拍摄照片中可以看到能形成 5～6 个火花通道，开关等效电感为 120nH，击穿场强为 140kV/cm。当开关工作在自击穿状态下，影响开关特性的主要因素是开关距离，从拍摄照片中看到形成 1～2 个火花通道，开关等效电感为 300nH，击穿场强为 240kV/cm。理论计算结果还解释了在开关自触发状态下，传输线电压波形前沿出现台阶的原因是由于触发回路电感过小所致，当电感大于 1.5μH 或开关短边在长边击穿后 40ns 内动作，将不会出现台阶。这些研究对“闪光二号”加速器调试及开关的进一步改进提供了较重要的依据和参考。

为了保护“闪光二号”加速器二极管在非正常工作状态下，出现反射电压引起的绝缘破坏，在设计中设计加工了 2 个能量吸收器，放置在输出线某一位置。它由一个非均匀电场的水开关和硫酸铜溶液的电阻器组成，利用水的击穿特性，在反射波出现某一时刻击穿，电阻器吸收剩余的电磁能量。为了研究开关动作时刻对其保护作用的影响，我们利用 2MV 脉冲开关试验装置对自击穿水开关进行了试验，采用了极不均匀电场和近均匀电场两种电极布置，试验结果表明，极不均匀电场的电极具有很好的击穿稳定性。能量吸收器已在“闪光二号”加速器上进行了初步的实验。

5.2　气体开关特性的研究

由于气体开关具有快开闭时间，低的抖动和损耗，以及高的电压和大的通流等优点，因此是脉冲功率技术中常采用的元件。衡量气体开关的特性主要有低的自放概率，快的击穿延迟时间，低的抖动和长的工作寿命。而这些特性取决于开关电极的几何形状，电极材料，加工制造，气体种类，气压，触发方式和触发回路参数，通过开关的电荷量，电流和电压上升速率等参数。几年来我们结合“闪光二号”加速器的研制及其应用的需要，承担的协作项目等要求，对气体开关特性进行了某些研究。

5.2.1　200kV 气体开关的静态稳定性研究

在“闪光二号”加速器中，Marx 产生器有 32 个开关，要保证发生器自放概率小于 10%，则单个开关的自放概率应小于 0.3%，对于这样低概率的击穿问题，我们采用了三参数韦伯分布来描述，并用实验加以验证，解决了用有限的实验次数，预测开关在一定工作电压和工作系数下静态自放概率，或反之，在一定工作电压下根据可接受的静态自放概率确定工作系数的下限值。我们对 32 个火花开关每个都进行自击穿试验，通过适当调整电极几何参数和控制好电极表面的处理工艺，使每个开关之间的击穿电压偏差和工作系数偏差在允许的范围内，单个开关自放概率小于 0.3%。经过这些研究工作后，发生器工作的稳定性得到很大改善，如 1990 年连续运行 112 炮统计，发生器的自放概率仅为 1.8%。至今发生器已运行近 900 炮，开关没有大的维护和更换，发生器共自放 67 次，自放概率 7.5%，单个开关的自放概率为 0.24%。

另外我们还研究了开关中间触发圆盘中心开孔尺寸对开关击穿稳定性的影响，试验结果表明触发圆盘的中孔为锥状，孔径为ϕ15mm 时获得更好结果。

5.2.2　电极材料等因素对开关击穿特性的影响

我们试验了黄铜、铜钨合金、青铜、紫铜四种电极材料在 N_2 和 SF_6 气体中的击穿特性。试验结果

表明，在 N_2 气体中，铜钨合金电极的自击穿电压最高，紫铜最低，而在 SF_6 气体中黄铜电极的自击穿电压最高。而青铜在 N_2 气中的击穿稳定性优异。以上试验的条件是电极半径为 20mm 的半球头电极，极间距离 24mm，每个数据取放电 50 次平均值，升压速度 2kV/s，放电间隔 30 秒。开关通过的最大峰值电流 17kA，通过的最大电荷 0.043 库仑。对青铜材料电极表面电抛光和机械抛光两种加工工艺的击穿特性进行了比较，电抛光虽有稍高的自击穿电压，但寿命却不如机械抛光，如电抛光当 N_2 压力在 0.25MPa 时，开关自击穿电压开始有下降的趋势，而这时开关的总放电次数为 220 炮，而对机械抛光自击穿电压下降趋势出现在 N_2 气体压力 0.35MPa，总放电次数 320 炮以后。我们还研究了自击穿电压分布随气压的变化，当气体压力大于 0.4MPa 时，击穿分散性明显增大。这些研究为研究激光触发开关和重复频率开关打了一定的基础。

5.2.3 脉冲气体开关特性的研究

电磁脉冲模拟器 4MV 输出开关要求开关击穿电压的稳定性好于 95%，上升前沿小于 10ns。为此我们先研制了 2MV 气体开关。利用 2MV 脉冲开关试验装置，研究了开关电极材料和形状对开关击穿稳定性的影响。开关最大外径 ϕ380mm，长度 525mm，绝缘外筒采用真空浸注的玻璃钢材料。开关电极为半球形，半径 50mm，间隙在 33～59mm 可调，充 SF_6 气体。

我们试验了不锈钢、黄铜和铜钨合金三种不同的电极材料，结果表明采用黄铜最好，铜钨合金次之，不锈钢较差。同时试验了在正电极端的球头上开两种不同尺寸的环形槽电极，结果表明，开槽后开关工作稳定性大大提高，5 次放电开关击穿电压标准偏差小于 1.5%，但平均击穿场强较光滑球头低，随气压升高变化比较缓慢，如图 5 所示。在负载电阻为 180Ω，电流 10kA 的条件下，获得输出电压脉冲前沿 8ns(10%～90%)。

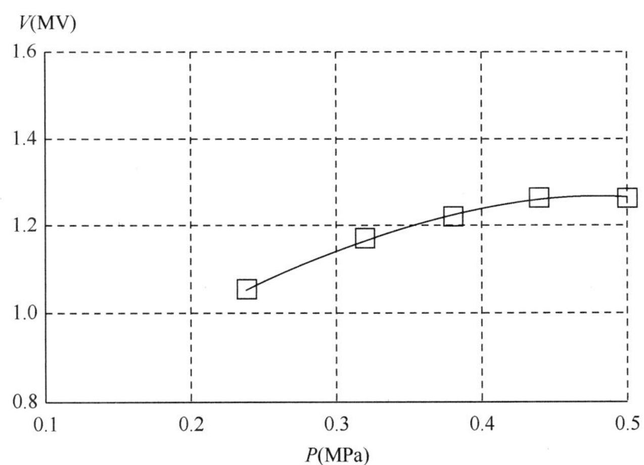

图 5 2MV SF_6 气体开关击穿电压随气体压强变化

对闪光二号加速器中的预脉冲开关试验了充气压力对其输出参数的影响。表 4 列出了一组典型的参数，可以看出，只有选择合适的气压才能得到较高的电压输出效率，并使输出脉冲陡化。预脉冲开关装在传输线和输出线之间。

表 4 预脉冲开关气压对输出波形的影响

开关气压 SF_6(MPa)	传输线电压波形		输出线电压波形	
	幅值(MV)	上升前沿(ns)	幅值(MV)	上升前沿(ns)
0.33	1.43	63.5	0.99	32
0.40	1.51	64	0.91	39.8
0.45	1.44	62.5	0.90	44.4
0.48	1.43	65	0.89	34.8
0.50	1.52	65	0.51	34.2
0.60	1.44	58.5	0.48	33.4

以上试验条件为发生器充电电压±60kV，主开关距离 145mm。

5.3　激光触发开关的研究进展

高功率电子束泵浦 XeCl 准分子激光时，为了提高光束质量，需要采用注入锁定技术，这样必须实现激光器前级振放系统与 REB 加速器同步工作。为此我们从 1992 年起，开始研究激光触发气体开关。通过实验研究了在直流工作状态下，XeCl 激光(λ=308nm，FWHM=21ns)触发 SF_6 和 N_2 两种气体开关的特性，获得了开关的触发时延和抖动随激光能量和开关欠压比的曲线，如图 6 和图 7 所示，当欠压比为 90%时，激光能量为 65mJ 左右，N_2 气体开关触发时延 43ns，抖动 0.85ns，SF_6 气体开关触发时延和抖动分别为 31ns 和 2ns。同时研究了石英光纤对 XeCl 激光传输效率和能量损坏阈值，成功地将单模光纤用于激光触发。

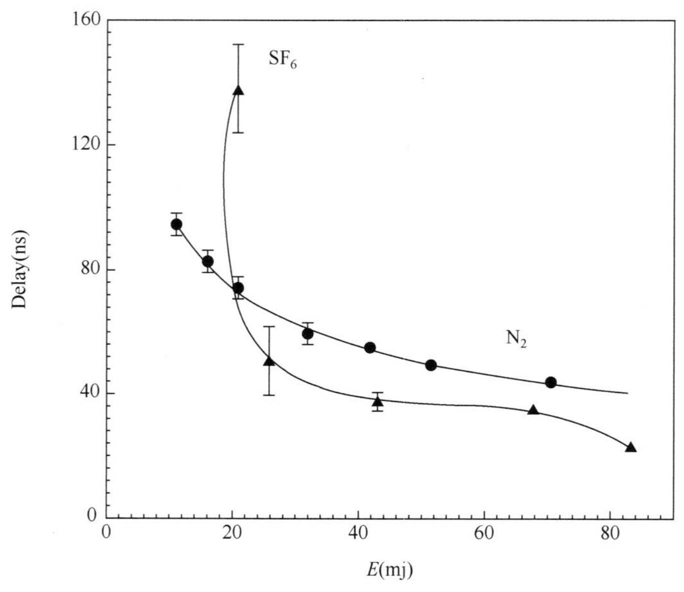

图 6　触发时延随激光能量的变化

SF_6：V_{SB}=52kV　V=90%V_{SB}，N_2：V_{SB}=36.5kV　V=90%V_{SB}

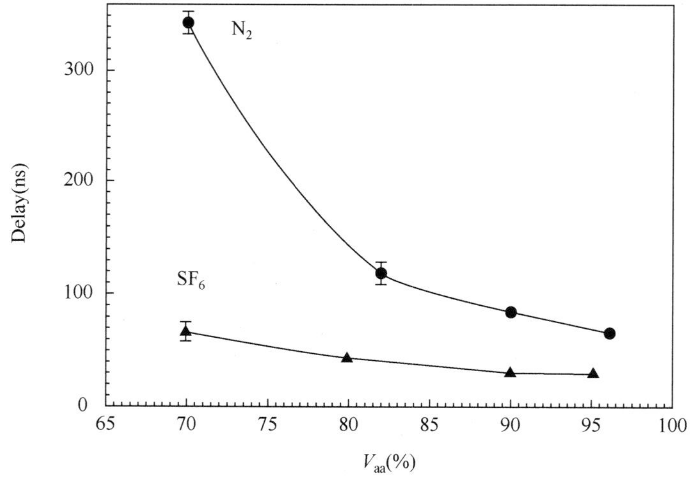

图 7　触发时延随欠压比的变化

SF_6：V_{SB}=52kV　E=62.8mJ，N_2：V_{SB}=36.5kV　E=33.8mJ

下一步工作将研究脉冲工作状态下的激光触发开关特性，计划在“晨光号”加速器水线上采用多级通道激光触发开关作为主开关。

另外我们正在研究重复频率气体开关，探索气流速度对气体绝缘恢复的影响，提高开关工作的重复频率。目前已完成试验开关的设计。

6 强流电子束的产生及其在中性气体中传输的研究

强流电子束的产生基于等离子体阴极理论。阴极等离子体的形成大致可分为四个阶段：(1)阴极表面场致发射；(2)阴极表面真空击穿；(3)胡须爆炸形成阴极亮斑；(4)阴极亮斑快速膨胀和合并形成覆盖在整个阴极表面上的阴极等离子体鞘层，并以 3～5cm/μs 的速度向阳极运动。阴极等离子体形成时间与阴极材料、阴极表面状态，以及二极管阴阳极之间的电场等因素有关。阴极等离子体形成时间又称为二极管的启动时间，启动时间愈小，二极管的有效功率愈大，因此它是衡量二极管工作状态的重要因素。我们在闪光二号加速器的电气参数条件下，研究了三种阴极材料对二极管启动时间的影响(用电流滞后电压的时间 t_t 表示)。结果见表 5。采用石墨阴极具有较小的启动时间，较大的有效功率。表中 u_D、I_D、P_D、E_D、t_t、d_{AK}、R_C 分别为二极管电压，管电流，功率，总束能，启动时间，阴阳极之间距离，阴极半径。

表 5 阴极材料对二极管参数的影响

阴极	R_C(mm)	d_{AK}(mm)	u_D(kV)	I_D(kA)	P_D(GW)	E_D(kJ)	t_t(ns)	备注
平板形石墨	90	11	981	296	240	17	14	
平板形二硅化钼	90	11	951	251	170	12	28	
平板形不锈钢	90	11	1006	454	140	5.6	25	短路

阴极表面等离子体层形成后，在等离子体中，由于 Debye 场的作用，从冷阴极表面继续发射电子进入等离子体层，这时继续向阳极膨胀的等离子体就成为电子束源，电子流在阴阳极间隙内受到与其相关的空间电荷限制定律的支配，工作状态由柴尔德—朗缪尔公式描述。当二极管中的电流大于临界电流时会发生自箍缩现象。对聚焦型电流可用下式表示：

$$I_f = 8500(R_1/\gamma_0)\gamma_0 \ln\left(\gamma_0 + \left(\gamma_0^2 - 1\right)^{1/2}\right)$$

$R_1 = R_C/\gamma_0$，R_C 为阴极半径，γ_0 为相对论因子。

为了获得大面积均匀电子束，在闪光二号加速器上采用外加轴向磁场的办法。我们研究了磁场对二极管特性的影响。在阴极处磁场为零时，实验数据与上式计算的聚焦型电压电流关系符合较好，加磁场后，实验数据与计算值相差很大，电子流已不符合聚焦流模型。在二极管几何结构相同的条件下，加磁场后使二极管在较低阻抗下维持时间较长，工作稳定，阴极发射比较均匀。表 6 中列出了不同磁感应强度和纵横比对束均匀性和二极管阻抗影响的典型情况。

表 6 不同磁感应强度和纵横比对束均匀性和二极管阻抗影响

炮号	B_{zo}(T)	纵横比	管电流(kA)	阻抗 R_D(Ω)	束斑状况	均匀度
90121	0	14.67	436	3.2	聚焦束	
90102	0	12.86	326	4.7	聚焦束	
90131	0.48	12.94	384	2.3	ϕ140	0.63
90144	0.63	11.58	437	2.1	ϕ140	0.82
90175	0.63	13.75	465	2.1	ϕ143	0.86

B_{zo} 是阴极处磁感应强度，纵横比是阴极半径除以阴阳极距离，阻抗 R_D 是指阴阳极间电压峰值与其对应的电流值之比。

另外阳极材料和结构对二极管工作状态也有较大的影响。我们曾试验过三种阳极材料，即钛箔，镀铝 PET，厚铜板，两种阳极结构，单层阳极夹膜机构和双层阳极结构。选用双层阳极结构，用一层镀铝 PET(1μm Al+12μm PET)作为阳极，再用一层 30μm 厚的 PET 作为真空密封，这对防止阳极膜变形，保证阴阳极间隙之间的电场均匀是比较有效的，特别是对漂移管气压较高的情况。

电子束从阳极膜引出后进入漂移管。我们与清华大学协作，对有外加磁场情况下强流相对论电子束在中性气体中的传输进行了理论和实验方面的研究。首先推导了有外加磁场情况下，强流相对论电子束在中性气体中产生的等离子体参数、等离子体电流和束产生电场的理论公式，计算了束能传输效率随气压的变化，并在闪光二号加速器上进行了实验研究。另外还建立了电子多次反射模型，计算了阴极处磁感应强度、磁压缩比以及阳极膜厚度对传输效率的影响。计算结果为传输效率随磁透镜比的增大而减小，能量密度随磁透镜比的增大而增大，并存在一个极值，对于闪光二号加速器使能量密度为最大值的磁透镜比为 5.5，在以后的实验中，我们曾在磁透镜比为 7.8 时，获得了最高束能量密度达 $700J/cm^2$(对应束斑面积 $60cm^2$)。但由于磁场对电子的捕获角减小，部分电子将从磁透镜中反射回到二极管中，当打到有机玻璃板上时，容易引起绝缘表面滑闪。关于强磁压缩的研究还有待于进一步深入。

7 高电压、强束流脉冲测量技术的研究

在研制闪光二号加速器的同时，我们发展了高电压纳秒脉冲和强电子束参数测量技术。首先我们研制成功了微分型电容分压器，它具有一般电容分压器高频特性的优点，而且结构简单，容易标定，很适合于同轴水线中的高电压纳秒级脉冲测量。这种分压器已成功地用于“闪光二号”“晨光号”及其他脉冲功率装置中。在闪光二号加速器的实际使用中，解决了高电场变化率和高功率使用条件下的匹配电阻阻值变化及损坏问题。在某些装置中，需要采用电阻分压器测量高电压脉冲，为了测量上升前沿小于 10ns 的兆伏级高电压脉冲，研制成功了一种新型的补偿式电阻分压器。这种分压器采用一级分压构型，利用低压臂本身电感进行补偿，使兆伏级电阻分压的时间响应做到小于 1ns，并成功地用于测量 2MV EMP 开关输出电压信号。

在强束流参数测量方面，我们研制成功了全吸收量热计、平面状全吸收量热计阵列、薄片量热计阵列，以及 128 路 STD 微机数据采集系统。用这些探头测量了闪光二号加速器输出电子束在漂移管内的总束能、束能通量分布，束能传输效率，电子束在石墨材料中的能量沉积剖面曲线。研制成功了法拉第筒和法拉第筒阵列，测量了出阳极后的电子束流波形，电荷密度分布及电荷传输效率。目前还正在研制内过滤式法拉第筒阵列。这种探头可以同时测量束能和束流。

在研制中，我们较好地解决了以下几个技术难点：

(1) 强束流(大于 500kA)、强束能(几十 kJ)条件下，测量探头本身的材料损伤及信号电阻的脉冲功率和接触电阻等方面的困难。

(2) 测量环境有强的电磁干扰，给快脉冲和小信号(mV 量级)测量带来的困难。

(3) 测量探头均放在真空中，上百根连线和电缆引出的真空密封问题。

(4) 脉冲强磁场下(B_z=1.8T)，磁场的干扰和磁力的影响。

(5) 强束流在测量探头中的某些物理过程的探索研究。

今后还需解决快脉冲、低灵敏度测量探头的标定技术。随着准分子激光和高功率微波研究工作的深入，根据这些应用的要求，我们将更进一步研究适合这些应用的电子束参数测量技术，探索研究新的测量方法。

8 高功率脉冲装置的应用

高功率脉冲装置的应用最初主要是进行脉冲射线束测量技术和方法的研究及测量系统标定，抗电磁脉冲干扰等方面。近十年来开辟了新的研究领域，这里做简要的介绍，主要有以下几个方面。

(1) 用脉冲强流电子束进行材料和结构的热-力学效应研究。

1985～1986 年利用晨光号加速器进行了电子束在硬铝中的产生热击波的实验研究，实验时的装置参数为二极管电压 0.67MV，电流 16kA，脉宽 25ns，束斑直径ϕ10mm。用厚度为 1.2～4mm 的 LY-12 硬铝靶，观察到在硬铝靶后自由面内引起厚度为 0.4～0.5mm 的一次性层裂。但由于电子束斑面积小，靶中受力状态只近似符合一维应变条件，所以数据只是半定量的。从 1990 年起，在闪光二号加速器进行了大量的试验。试验时的装置参数为二极管电压 1.1～1.3MV，电流 470～640kA，电子束能量 27～36kJ，束斑直径ϕ100～ϕ180mm。进行了电子束照射平板靶产生热击波及产生喷射冲量的实验研究；进

行了电子束辐照圆环靶产生动态应变和动态位移的实验研究。由于束斑面积大，能量密度分布比较均匀，因此很有利于实验数据的理论分析和计算。

(2) 用脉冲强流电子束泵浦准分子激光器的研究。

用脉冲强流电子束泵浦 XeCl 准分子激光的研究工作是从 1986 年开始的。先是利用晨光号加速器，在其工作参数为二极管电压 550kV，电流 32kA，脉宽 25ns，阴极面积 4cm×20cm 的条件下，泵浦 XeCl 准分子激光泵浦功率密度达 1.6×10^6W/cm^3，获得了 0.3J 的激光能量输出。在此基础上，设计了百焦耳准分子激光器，并在 1991 年 3～7 月在闪光二号加速器上进行了实验，获得了 136J 的激光能量输出。这是目前国内最大的准分子激光器。工作参数是二极管电压 680kV 和 740kV，电流 300kA 和 330kA，阴极面积为 15cm×60cm，阳极膜为 25μm 厚的钛箔，可连续工作几十炮不损坏，束斑呈哑铃形。

(3) 用脉冲强流电子束产生高功率微波的研究。

脉冲强流电子束产生虚阴极振荡器高功率微波的首次实验是 1991 年 8 月，在闪光二号加速器上进行的，获得了功率大于 1GW 的高功率微波。第二轮试验是在 1993 年 2 月，获得了功率大于 4.5GW，脉宽为 25～30ns、频率 9～10GHz、连续 8 炮的平均能量为 80J 的高功率微波脉冲，最大微波能量达 113J。试验时的加速器和振荡器的参数为：二极管电压 770kV，电流 820kA，脉宽 70ns，阴极直径 ϕ220mm，阴阳之间距离 8mm，阳极为镀铝薄膜(1μm Al+12μm PET)，电子束通过阳极膜进入微波腔。微波腔是直径为 29.2cm，长 206cm 的不锈钢圆柱腔体。

(4) 亚纳秒脉冲电子束源的获得。

利用晨光号加速器产生的电子束，注入中性气体中，经磁场偏转后，用狭缝截取一束色散很小的电子束。经初步测量，电子束脉冲宽度小于 0.5ns，束流强度 40A，电子能量 0.6MeV。实验条件是二极管电压 0.8MV，电流 10kA，脉冲宽度 25ns，磁场强度为 0.1T，充气压强 93～133Pa。

(5) 系统电磁脉冲的初步研究。

利用闪光二号加速器产生的低能强流电子束轰击有机玻璃和钨的复合靶，产生了软 X 射线辐射环境。今后我们还将用闪光二号加速器进行硬 X 射线转换的深入研究。利用 DPF-200 装置产生的光子能量范围为 2.5～60keV，总能量为 50J 的 X 射线进行了系统电磁脉冲的初步试验，目前还只是进行系统电磁脉冲测量探头的试验研究。

9 对脉冲功率技术发展的几点看法

高功率脉冲技术的发展应紧密结合应用需求，重点应放在大型配套的辐射效应模拟设备的建立，准分子激光和高功率微波，民用开发(包括材料、环保、医学等方面的应用)等方面，为此在脉冲功率技术方面应重点研究和发展以下新技术：

(1) 电感储能和等离子体融断开关技术；

(2) 脉冲软、硬 X 射线的产生技术，包括串级二极管，强流电子束在角向磁场和中性气体中的传输、沉积及 X 射线转换的研究等；

(3) 小型化、重复频率脉冲功率装置技术；

(4) 激光触发开关及同步技术；

(5) 长脉冲成形及脉冲压缩技术；

(6) 前沿小于 1ns 的高功率快开关技术；

(7) 强磁场技术；

(8) 脉冲强流离子源技术。

高功率脉冲电子束加速器及其关键技术*

摘要：本文简述了高功率脉冲电子束加速器技术的发展，几种类型脉冲电子束加速器的特点，并以闪光二号加速器为例，分析了电容储能方式的低能强流脉冲电子束加速器的关键技术。

1. 高功率脉冲电子加速器技术的发展

高功率脉冲电子加速器是20世纪60年代初开始发展的一门新技术。它的工作原理简单地说，是以低功率储存电磁能量而以高功率将其释放给负载，负载将电磁能转换成粒子束，如图1所示。

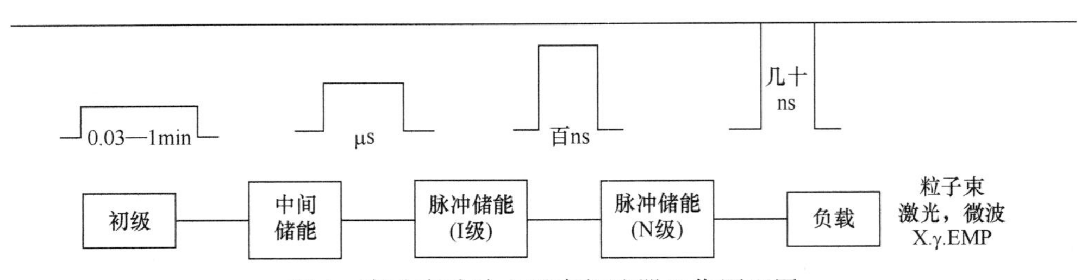

图1 高功率脉冲电子束加速器工作原理图

三十多年来高功率脉冲电子束加速器技术得到了很大发展。能量储存部分主要发展了三种储能方式。第一种是电容储能。它借助于多级传输线和多个闭合开关串联获得电流和功率倍增，在80年代以前普遍采用这种储能方式，如美国的AURORA、PBFA Ⅱ，俄罗斯的ANGARA-5，中国的闪光一号和闪光二号等。第二种是磁感应式储能，主要有特斯拉变压器和线性脉冲变压器。特斯拉变压器结构紧凑，适用于小型窄脉冲，重复频率的脉冲电子束加速器。如俄罗斯强电流电子学研究所研制成功的SINUS系列加速器，重复频率从50Hz到1000Hz。线性脉冲变压器的原理是通过N组电容并联充电后同时向变压器的N组初级线圈放电，在变比为1∶1的次级线圈上形成高压脉冲，在同样的储能条件下，线性脉冲线性变压器比Marx发生器的尺寸要小得多，是一种很有发展前途的储能系统。俄罗斯强电流电子学研究所在这一技术领域处于世界领先水平，他们研制成功了SNOP型号加速器，单台变压器储能达到350kJ。第三种是电感储能。它借助于几级电感储能器和断路开关并联获得电压和功率倍增，具有结构紧凑、造价低的优点。近十几年来，由于断路开关技术研究的突破性进展，使基于电感储能的大型高功率脉冲电子束加速器技术得以发展，在实际应用中，往往采用电容、电感储能方式。高功率断路开关除比较成熟的电爆炸导体开关外，正在深入研究的有：等离子体开关、电子束控制开关、L-dot开关及光导半导体开关等。俄罗斯是电感储能技术和断路开关技术研究最早、技术上处于领先的国家，他们研制成功了采用电爆炸导体开关的IGUR-1(60年代)、IGUR-2、IGUR-3加速器，采用等离子体开关的16路GIT-16加速器。PI公司正在研制的DECADE大型X射线模拟器也采用了这种技术。

能量转换部分最基本的是强流电子束二极管。三十多年来，对强流电子束二极管中的物理问题进行了系统、深入的研究，并根据不同的辐射输出要求，发展了不同类型二极管，如强箍缩电子束二极管、非箍缩大面积均匀电子束二极管、无箔二极管、磁绝缘离子束二极管、反射三极管、反射二极管、串接二极管等。

2. 闪光二号加速器及其关键技术

闪光二号加速器是一台采用电容储能方式的低阻抗强流脉冲电子束加速器，总储能 224kJ。它主

* 该文原载于《第二届全国加速器技术学术交流会论文集》，1998年，有部分改动。

要由 Marx 发生器、水介质同轴线(包括脉冲形成线、传输线、输出线、变阻抗线)和二极管三部分组成。根据加速器的用途，要求输出电子束既要有足够大的束面积，又能满足所需要的束能注量。加速器研制中解决的关键技术主要有：

2.1　高电压绝缘与低电感技术

加速器中 Marx 发生器额定输出电压 6.4MV，形成线工作电压 5.8MV，为了得到大的输出电流和功率，整个系统必须具有低的电感，需要解决高电压与低电感之间的矛盾。通过改善电场分布和结构等措施，使发生器串联电感为 11.7μH，1Ω二极管电感为 25nH。自 1990 年运行以来，绝缘安全可靠。

2.2　高功率开关技术

发生器中的 32 个 200kV 气体开关主要是提高其工作稳定性。我们建立了正确的气体开关老练和工艺处理方法，使单个开关的静态工作电压稳定性达到 99.75%，32 个开关动作的抖动时间小于 60ns(σ)。在水介质同轴线中，采用三个开关串联，以压缩脉宽和陡化脉冲前沿。根据这些开关在水线中的不同位置和作用，设计了三种不同场型结构和介质的开关。并在加速器上仔细调节它们的击穿时间和相互间的最佳配合，获得了快上升前沿，稳定的脉冲电压输出。输出电压上升时间 39ns，主开关、预脉冲开关的标准击穿时间偏差分别为 31ns 和 24ns。

2.3　减小预脉冲电压的技术

对低阻抗二极管必须有足够低的预脉冲电压，才能使二极管正常工作。我们采取多根水线串联和加预脉冲开关、输出开关，在传输线上装特殊设计和绕制的预脉冲抑制电感，合理选取传输线、输出线、变阻抗线的长度，同时在结构设计中采取了减少预脉冲开关段电容等措施，并在调试中控制好预脉冲开关的击穿时间，使预脉冲电压降到足够低的水平。

2.4　高能注量大面积均匀电子束的产生及传输技术

采用 1.8T 轴向脉冲磁场、石墨阴极、双层结构的阳极、在漂移管内充一定气压的氮气，使电子束在传输过程中达到空间电荷中和与空间电流中和，并通过选择合适的阴极尺寸、纵横比、阴极处磁场、磁透镜比、真空度及漂移管气压等参数，同时控制好脉冲功率源的参数(如电压脉冲上升时间、幅值、预脉冲电压幅值和作用时间、磁场系统与主机的同步等)，获得了高能注量大面积均匀电子束。产生并传输的电子束流为 720～1000kA，传输距离 190～300mm，束斑直径 100～180mm，束能注量 300～700J/cm^2，均匀性 85%，束能传输效率 76%～90%。

3.　基于变压器和电感储能方式的几台加速器

20 世纪 90 年代初以来，我们开始研究变压器和电感储能技术，并开展与俄罗斯的学术交流和科技合作。下面简要介绍变压器和电感储能方式的加速器。

3.1　RS-20 加速器

RS-20 是一台电感储能的脉冲电子束加速器，用来产生脉冲 X 射线，其运行重复频率 2～4Hz，二极管输出电压 3.0MV，电流 20kA，脉冲宽度 100ns，平均功率 20kW，距阳极靶面 1m 处的剂量率为 500Gy/h。该加速器的主要关键技术有：(1)采用 50kV，10Hz 高压恒流充电电源。(2)采用 4 路并联的电感隔离型空气绝缘的 Marx 发生器作为中间储能电源。整个发生器结构紧凑，总储能为 12.8～20kJ，输出电压 0.8～1.0MV。每路发生器的 20 个开关构成上下开口的圆锥筒，用鼓风机由下向上吹气，能在重复频率 4Hz 下稳定的工作。(3)真空同轴电感和等离子体融断开关(PEOS)。PEOS 由 24 个碳等离子枪及石墨阴阳极构成，并带有外加纵向磁场。(4)特殊的二极管结构和长寿命阳极靶。目前该加速器已调试达到 1～2Hz 的工作状态。

3.2 “效应”装置

“效应”装置是一台组合式多用途的高功率脉冲电子束加速器。它将线性脉冲变压器储能、电感储能、电容储能组合起来，改变运行状态可得到不同脉宽、能量及辐照面积的辐射输出，输出功率大于2TW。这台加速器的主要关键技术有：(1)采用直线型脉冲变压器作为中间储能电源。它的负载是电感储能器或者是低阻抗水介质同轴线，可根据不同的输出要求方便地更换。线性脉冲变压器标准储能450kJ，最大输出电压 3MV，120 个气体开关采用同轴型结构。(2)电感储能器和电爆炸导体开关。通过改变爆炸导体的直径和根数，控制开关断路时间，得到所需要的电压幅度(3～4MV)和脉冲宽度(150～200ns)。(3)低阻抗水介质同轴线、真空同轴线和 PEOS。低阻抗水介质同轴线输出电压 1.2～1.5MV，电流 1.3～1.7MA，脉冲宽度 55～80ns。或根据负载的需要，通过一段真空同轴线和 PEOS 将脉冲宽度压缩到小于 20ns，电压增加到 5～6MV。(4)采用强箍缩二极管或弱箍缩二极管以满足不同的辐射输出要求。目前该装置正在调试中。

用于模拟 X 射线热—力学效应的高功率脉冲离子束研究进展*

摘要：计算了与黑体谱 1keV X 射线在材料中产生的应力波和冲量相当的质子束参数；给出了箍缩型二极管产生离子束的实验结果，以及在“闪光二号”加速器上已经获得的束流强度约 160kA 的脉冲质子束。

高功率脉冲离子束技术是应核聚变的需求而发展起来的一项高新技术，自 20 世纪 80 年代开始在高能量密度物理、辐射模拟和材料科学研究等方面获得了应用。高功率脉冲离子束的脉冲宽度一般小于 1μs，能注量密度可高达几百 J/cm^2，在材料中的能量沉积以布拉格峰为主要特征，在脉宽时间内其能量沉积过程可以看作是绝热过程，这个过程将在材料中产生瞬时能量效应，使材料表面熔蚀、气化、电离，形成稠密等离子体并向外膨胀喷射，其反冲压力在材料中形成冲击波效应。对这种效应的研究开拓了高功率脉冲离子束应用的新领域，同时也推动了材料改性技术的发展，特别在辐射模拟方面，为材料的抗 X 射线热—力学效应研究提供了一种新的模拟手段。正因如此，美国和苏联等国家对高功率脉冲离子束技术研究非常重视[1, 2]，如美国相继建成了功率水平较高的多台脉冲离子束加速器，在强箍缩电子束二极管中已经产生了脉宽 10—1000ns、束流强度 10—1000kA、粒子能量为 10keV—10MeV 的强流脉冲轻离子束，80 年代开始进行了用离子束辐照材料效应的研究，并在 90 年代得到了实际应用。

在国内，我们改造已有设备开展了高功率脉冲离子束产生及诊断技术的研究，以及离子束与黑体谱 X 射线在材料中的热—力学效应异同性的理论计算等。

1 强流脉冲离子束与黑体谱 X 射线辐照材料异同性的理论计算

当脉冲离子束辐照材料时，与 X 射线一样会产生能量沉积，并导致产生热—力学效应，但它们具有各自的特点。我们利用 TRIM 程序计算了不同能量的单能质子和具有能谱分布的质子束在铝中的能量沉积剖面、以及几种不同组分的碳离子和质子混合束在铝中的能量沉积剖面；利用 SANDIA 程序计算了黑体谱 X 射线在铝中的能量沉积剖面。计算结果表明：(1)粒子能量为 MeV 级的质子束在较薄的物质表面沉积大部分能量，其能量沉积深度范围与 1—2keV 黑体谱 X 射线接近；(2)单能质子能量沉积剖面与黑体谱 X 射线相差较大。但在考虑质子能谱后，能量沉积峰值向表面靠近，比较接近黑体谱 X 射线的能量沉积剖面，若是混合束，则能进一步缩小它们的差别；(3)若离子峰值能量相同，而能谱分布不同，则能量沉积剖面也不同。能谱分布与离子束时间波形的关系较大，在很大程度上决定于离子束滞后二极管电压时间的长短。

利用我们编制的 X 射线和电子束在材料中产生热—力学效应的程序，计算了不同能注量黑体谱 X 射线、不同能量质子束、混合离子束和具有能谱分布的质子束产生的热激波的应力波形和冲量[3]。表 1 给出了具有不同峰值能谱的质子束及 1keV 黑体谱 X 射线在铝中产生的热—力学效应的主要参数。表中*为 50%碳离子和 50%质子的混合束。表 1 结果表明：(1)考虑质子的能谱分布后，即使平均能量与单能质子相等，计算得到的热激波的应力波形及峰值、冲量与后者也有较大差异，因此应按质子束能谱计算热力学效应，才能更接近实际；(2)在用质子束模拟 1keV 黑体谱 X 射线的热力学效应时，可选取质子束峰值能量为 1.0—2.0MeV，并在 1MeV 峰值能量下，可以用较小的能注量模拟较大能注量 X 射线产生的热力学效应，但质子束与材料作用的冲量耦合系数比黑体谱 X 射线的要高。

* 该文原载于《核技术》，2002 年第 25 卷第 9 期，有部分改动。

表 1 不同能谱的质子束及 1keV 黑体谱 X 射线在铝中产生热—力学效应的主要参数

Table 1 Calculated results of thermal—mechanical effects on aluminurm irradiated by proton beamarnd X—ray

辐射能谱峰值能量 Maximum energy	Proton 1.0MeV					Proton1.5MeV			Proton 2.0MeV		X—ray 1keV			
能注量 Energy density/J · cm^{-2}	50	100	200	418	200*	50	100	200	100	200	50	100	200	418
应力波峰值 Stress/GPa	1.35	2.52	4.9	7.0	2.6	0.39	0.88	3.7	0.88	1.8	0.22	1.8	2.52	3.5
冲量 Impulse/Pa · s	67.8	174.3	303.4	487.2	138	7.5	68.8	238.5	48.2	199.2	3.03	73	185	311

2 强流脉冲离子束产生技术研究

2.1 箍缩型离子束二极管技术

产生强流脉冲离子束的关键是二极管技术，我们改造现有的 200kV 脉冲功率装置，设计研制了箍缩型二极管，开展了离子束产生实验研究，获得了 200kV、2.1kA、脉宽约 20ns、束能 5.5J 的离子束输出[4]；研究了箍缩反射二极管电气及结构参数，包括阴极材料、阴阳极间隙、绝缘环厚度、阳极膜厚度、二极管电压和脉冲功率源工作状态对离子束输出参数的影响。实验结果表明：(1)采用天鹅绒阴极较不锈钢和高密度石墨阴极更有利于获得离子束；(2)在二极管与脉冲驱动源输出阻抗匹配较好时，离子束产生效率高；(3)实验获得的离子束产生效率与用顺位流模型理论估算的效率基本相符，其最大值达 6.2%；(4)阳极膜被电子束轰击后获得的宏观照片和不同位置的微观结构，可用电子束多次穿过阳极膜并向轴线箍缩的观点进行解释；(5)在其他条件不变的情况下，二极管电压越高，离子束产生效率也越高；(6)离子束产生效率与阳极膜厚度有关，当阳极膜厚度为 70μm 和 90μm 时，离子束产生效率较高。

我们以上述实验结果为基础，设计加工了新的 MV 级二极管，并在“闪光二号”加速器上开展了初步实验研究。由于“闪光二号”加速器是一台脉冲电子束加速器，为了得到离子束输出，需要将它的充电极性更换以产生正高压脉冲并加到箍缩型二极管的阳极薄膜上，阴极为短筒状结构，经过初步调试阴阳极结构参数和加速器脉冲功率源参数，得到的实验结果为，在加速器初级充电电压 50kV 时，二极管峰值电压约 900kV，获得了束斑直径约ϕ90mm、束流约 160kA 的离子束。图 1 是离子束打靶的两炮实验结果，左图是二极管状态没调试好的实验试品，右图是二极管状态调试比较好的实验试品。两个试品完全相同，从辐照后的结果可以明显看出，右侧试品比左侧试品表面烧蚀严重，从侧面看其凹坑深度达到了 5mm，而左侧试品的凹坑深度只有 2mm。

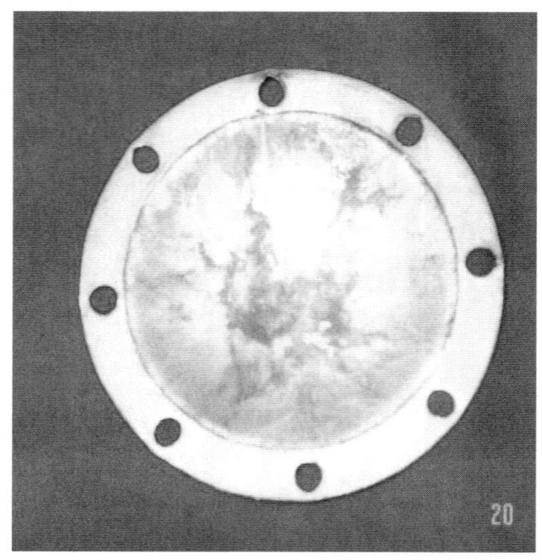

图 1 离子束辐照后的试品

Fig.1 The test sample irradiated by ion beams

2.2 阳极等离子体产生技术

离子束的产生源于阳极等离子体，阳极等离子体形成的时间、速率、稠密度、均匀性等直接影响离子束的特性。我们研制了一套绝缘薄膜真空沿面闪络实验装置，并利用该装置开展了不同厚度的聚乙烯薄膜在直流和脉冲条件下的沿面闪络特性研究。实验结果表明，对于 90μm、65μm、15μm 3 种聚乙烯薄膜，在脉冲电压作用下沿面闪络电压峰值分别为 63.6kV、61.4kV、47.8kV(沿面闪络间隙 24mm)，从而可根据场形结构，计算得到发生沿面闪络时阴极三结合点处的场强分别为 48.8kV/cm、47.1kV/cm、36.6kV/cm，阳极三结合点处的场强分别为 150.5kV/cm、145.3kV/cm、113.0kV/cm。这些数据与 200kV 离子束二极管阳极膜沿面电场分布比较，可以说明在 200keV 离子束实验中，阳极等离子体是由阳极膜表面闪络和电子轰击共同作用的结果。因此，只要设计合理的二极管场形结构，选择合适的阳极膜材料，利用沿面闪络形成阳极等离子体是一种可行的方法。

3 离子束诊断技术研究

由于高功率离子束所具有的特性，使得在高功率电子束参数测量中经常使用的电物理方法不能适用于离子束参数测量。它的主要特性有：(1)高功率离子束本质上是电流中和和电荷中和的束，尤其在高的束流强度下，它更像是准中性的等离子体团；(2)在离子束的作用下，探测器表面的二次电子发射非常强，甚至可以超过离子流本身；(3)高功率离子束与探测器材料作用时产生的力学效应将给测量造成很大误差，如 0.9MeV、100A/cm^2、能注量密度 54J/cm^2 的质子束注入石墨材料时，由于质子大部分能量同时转换成等离子体和产生力学效应，如果不加以修正，误差可以达到 2～3 倍[2,5]。因此需要采用多种方法同时测量一个参数，以提高测量的可信度。在目前的实验中，我们采用活化分析法和离子收集器阵列同时测量离子束强度。

3.1 (石墨)靶活化法测量质子数目

由于强流脉冲离子束中的质子和氘离子与 ^{12}C 发生核反应 ^{12}C(p，γ)^{13}N 和 ^{12}C(d，n)^{13}N，所产生的放射性核素 ^{13}N 以 9.96min 的半衰期衰变，从而通过正电子湮灭产生一对能量为 0.511MeV 的γ光子。当离子束入射靶后，通过监测靶上产生的放射性核素的活度可以确定入射到靶上的质子数。从 ^{12}C(p，γ)^{13}N 反应的厚靶产额曲线得出，0.6—1.5MeV 质子与 C 靶发生核反应，对于厚靶产生 ^{13}N 的比份额约为 7.5×10^{-10}(^{13}N/proton)[5]，由此可以计算出不同束流强度和脉宽的 0.6—1.5MeV 质子束与 C 靶发生核反应的产额。

图 2 是利用“闪光二号”加速器进行 C 靶活化法测量得到的 0.511MeV 湮灭光子的能谱曲线，表 2 是利用该方法测得的第 14 炮强流脉冲离子束中质子数数据。由表 2 可见，该炮的质子束流大于 43kA。

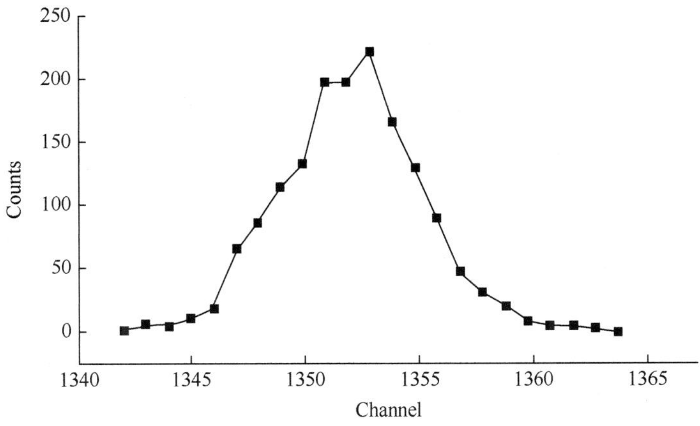

图 2 C 靶活化法测量的 0.511MeV 湮灭光子能谱曲线

Fig.2 The energy spectrum of annihilated photos detected by C activation

表 2　C 靶活化法实测数据

Table 2　Experimental results obtained by C activation

炮号 Shot No.	充电电压 Charged voltage/kV	二极管电流半宽度 Pulse width of diode current/ns	质量损失 Lost mass/mg	厚度损失 Lost thickness/μm	零时活度 Activity/Bq	活化核数 N^3 number	修正系数 Correctness factor	>0.5MeV 质子数(未考虑质量损失) Proton number	质子流强(考虑质量损失修正)Proton current/kA
14	60	58.9	33	4.15	1368	1.18×10^6	1	$>1.57\times10^{15}$	>43

3.2　离子收集器阵列测量离子束流密度

我们采用偏压离子收集器阵列对强流脉冲离子束流密度和均匀性进行了测量。该阵列由 13 个离子收集器组成，单个收集器的结构示意图如图 3 所示。由于离子束在输运中可能被低能电子中和，所以在收集极上预置负偏压，将中和电子从被测束中剥离出去，使其无法到达收集极，以减小电子中和对测量结果的影响。图 4 是利用离子束收集器阵列对第 186 炮的测量结果，图 5 为该炮的离子束辐照试品后的照片。各探头置于如图 5 试品上的圆孔中，结合束斑面积，可以预估出该炮离子束流约为 45kA。

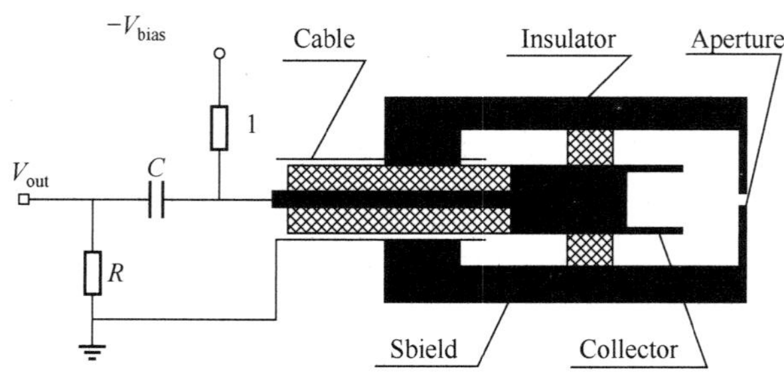

图 3　偏压离子收集装置及偏压电路

Fig.3　BCFC and bias circuit

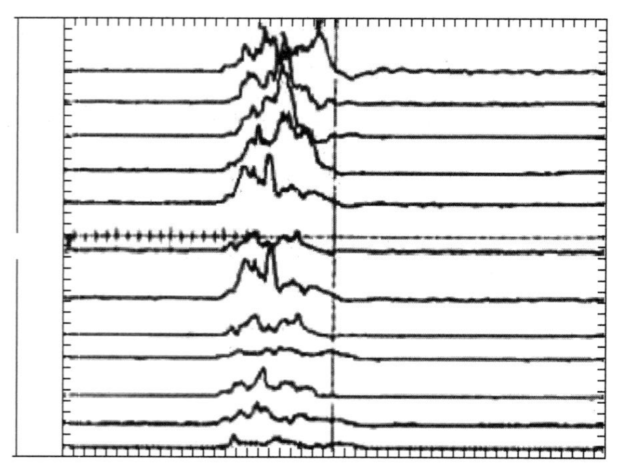

图 4　离子收集器阵列测得的离子束流波形

Fig.4　Waveforms of ion beams detected by BCFC array

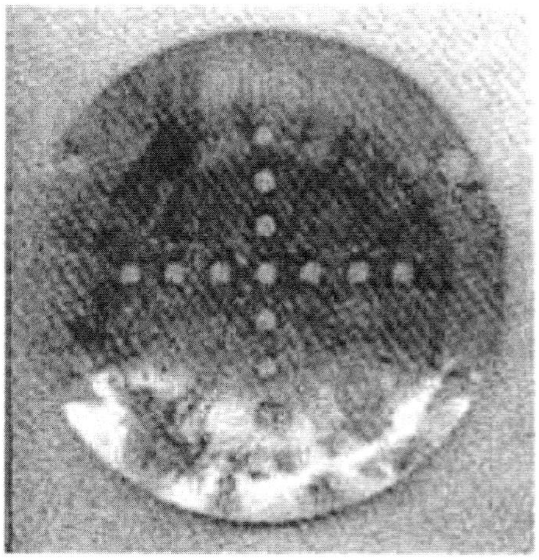

图 5　经离子束辐照后的试品(第 186 炮)

Fig.5　The test sample irradiated by ion beams(No. 186 shot)

4　结论

(1) 利用具有一定能谱分布的质子束模拟黑体谱 X 射线在材料中的热—力学效应是可行的。

(2) 在设计箍缩型二极管时，顺位流模型可以作为结构设计的定标律，并且在电压不高的情况下，双向流模型可以预估离子束产生效率。在箍缩型二极管中，阳极等离子体的产生是由阳极膜表面闪络和电子轰击共同作用的结果。从离子束打靶实验发现，阴阳极产生的碎片飞溅到靶上会影响力学测量的准确度，同时靶上产生的飞溅物也会进入二极管内，从而影响二极管的绝缘状态。因此，碎片的防护是需要解决的实际问题。

(3) 在对材料的热—力学效应研究中，最关心的离子束参数是束的能注量及其分布、束强度、离子的种类和组分。由于强流脉冲离子束流的强度大，而离子的能量又较低，受韧致辐射和电磁干扰的影响很大，所以，对离子束参数进行精确诊断难度很大，尚有不少技术难题需要在今后工作中加以解决。

参考文献

[1] Harper—Slaboszewicz V J. SAND—88—2020, UC—74, 1988

[2] Bystritskii V M, Didenko A N. High Power Ion Beams. NewYork: American institute of physics, 1989.17—30, 124—157

[3] 周南，牛胜利，丁升. 强激光与粒子束, 2000, 12(2): 249—253

[4] 石磊，何小平，张嘉生. 强激光与粒子束, 2000, 12(3): 382—384

[5] Young F C, Golden J, Kapetanakos C A. Rev. Sci. Instr., 1977, 48: 432—443

几种诊断高能注量电子束参数的方法*

摘要：简要分析了反映高能注量电子束品质的主要参数在诊断上的技术困难，重点介绍了高能注量电子束参数诊断的三种参数的测量方法，包括内过滤法对电子束瞬态有效入射角的测量、法拉第筒阵列对时间分辨的电子束流密度的测量和石墨量热计对电子束总能量的测量并校正。在闪光二号加速器二极管间隙电压为 1.08MV 和电流为 484kA 条件下，距阴极 20.5cm 处直接测量的总束能 19.1kJ，经校正后为 22kJ。测量还给出了不同时刻束截面上的径向和角向束流密度分布，而束斑中心处的能注量高于平均值约 13%。在磁透镜比为 3.5 的条件下，电压峰值(1.2MV)时刻测得的电子平均入射角 73°。实验和计算都表明，影响平均入射角的因素主要是电子能量、磁透镜比及靶位。

电子束能注量是模拟 X 射线热-力学效应的重要参数，当它超过一定值后，所产生的对探测器材料的破坏作用将给探测器测量结果带来较大的误差，如电子束能注量大于 630J/cm^2 时，常用的石墨测量材料表面会出现汽化、力学破坏及热辐射等问题[1-2]，由此引起的质量损耗将给石墨量热计测量总束能带来不可忽略的误差。“闪光二号”加速器电子束的高能注量是在初级储能不变的条件下通过压缩电子束斑面积获得的，因此电子束从阳极进入漂移管到达磁压缩区的入射角将明显增大，这对电子束在磁透镜场中的传输、二极管的工作状态及总束能测量有很大的影响。电子束的均匀性是模拟实验要求的主要参数，但是高能注量电子束由于束流密度增大，自磁场亦增大，均匀性将变差，因此精确给出高能注量电子束的不均匀性对模拟 X 射线热-力学效应研究将有重要意义。

基于上述高能注量电子束的特性，要求我们研究新的诊断方法，通过几种束参数测量方法的结合和相互校验，以给出物理实验所要求的比较精确的束流参数。

1 诊断方法

对高能注量电子束诊断的主要参数包括：电子束总束能，电子束瞬态有效入射角，时间分辨的电子束流截面密度分布。根据高能注量电子束的特性，在低能注量下的测量方法和探测器已不宜采用。为避免电子束对探测器材料的损坏引起的测量误差，我们采用将法拉第筒的吸收体作为电荷吸收器，由套在吸收体外面的罗可夫斯基线圈测量电子束流。在总束能的测量中采用全吸收石墨量热计，并对测量结果进行质量飞溅和背散射校正。在电子束有效入射角的测量中，采用内过滤法测量电子束传输系数，并将数值计算结果与实测传输系数相比较求得有效入射角。采用法拉第筒阵列测量电子束时间分辨的截面密度分布，并结合二极管电压波形可求得电子束在靶上的能注量分布及总束能。

1.1 高能注量电子束总束能测量的校正方法

对电子束总能量测量，一般采用全吸收石墨量热计。根据量热计测量原理，需要精确测出吸收体的质量，才能给出正确的束能。然而，由于石墨吸收体受高能注量电子束辐照后会产生严重的质量飞溅，从而会引起不可忽略的测量误差；同时由于高能注量电子束的入射角增大，电子束能因背散射而没有沉积到吸收体内的份额也会增大，从而也会引起测量误差。因此只有对这两项损失进行校正，才能正确地给出电子束的总束能。

电子束入射到材料后与其发生一系列复杂的相互作用，对于低能电子束主要考虑电子与原子、电子的非弹性碰撞和电子与原子核的非弹性碰撞，电子束主要通过这两种相互作用在材料中沉积能量。

---

* 该文原载于《强激光与粒子束》，2003 年第 15 卷第 5 期，有部分改动。

当电子以一定角度入射到材料表面时，部分电子在材料中入射一定深度后又可能从材料自由面反射出去，结果只有部分能量沉积在材料中，而且背散射的份额随着电子入射角的增大而增大。根据实测的二极管电流和电压波形，并利用内过滤法测得的电子束流随时间变化的入射角，采用 M-C 方法计算了电子束在石墨中的能量沉积和背散射。计算时，采用在一适当小的空间区域连续“慢化”近似下的浓缩历史统计碰撞与单次大碰撞相结合的方法跟踪电子历史[3]，假设入射靶上的电子束流密度是均匀分布的，可以计算出高能注量电子束在石墨材料中的能量沉积曲线和背散射份额。对 0150 发次实验，在未考虑入射角和考虑入射角两种情况下，计算得到了电子束在石墨中的能量沉积曲线如图 1 所示。

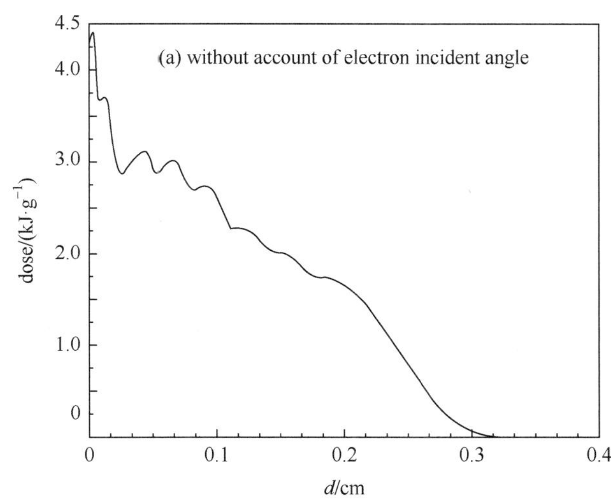

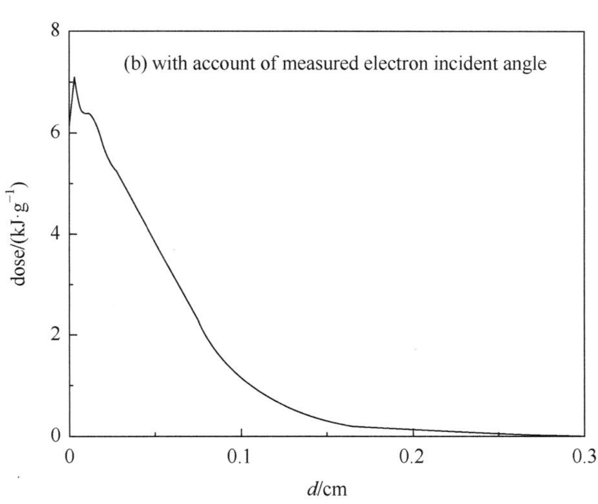

Fig.1　Calculated energy deposition profile on graphite for electron beam(Shot No.0150)

图 1　电子束在石墨中能量沉积的计算结果

从图可以看出，当不考虑电子束入射角时，表面能量沉积剂量为 4.4kJ/g，背散射可忽略，而考虑实测的电子束瞬态入射角时，表面能量沉积剂量达到 7.2kJ/g。根据量热计受电子束辐照后实测的质量损失和剥落厚度，在能量沉积曲线上可以求得剥落厚度内的平均能量沉积剂量，从而计算出量热计因质量飞溅而损失的能量。

1.2　高能注量电子束瞬态入射角测量

二极管产生的电子束从阳极引出进入漂移管到达磁压缩区时，入射角将明显增大，这将对测量和材料辐照实验都有较大影响，因此入射角是一个重要参数。然而入射角无法通过直接测量得到，但可假设当电子束与吸收体作用时每一时刻所有入射电子存在一个等效入射角，它对应该时刻入射电子束整个束截面电荷沉积的有效值，可用间接测量方法求得。

对电子束流瞬态有效入射角的测量，采用内过滤法[2]。此时电子束入射到几个轴向排列的过滤片上，采用罗可夫斯基线圈测量入射束流和透过每个过滤片的束流，并将所测的电子束流波形与二极管间隙电压波形进行时间关联，可以得到任一时刻的电子能量，按时间对应关系，求出每一时刻(或不同电子能量)电子束流透过各层滤片的传输系数。根据过滤片材料和厚度，采用 M-C 方法 ITS 程序，计算了单能电子以不同入射角通过三种厚度的石墨过滤片后得到的电子束流传输系数(T)与电子能量(E_e)的关系曲线族，图 2 中给出了对过滤片厚度 0.5mm 的计算结果(图上散点是实测值)。将该传输系数的实测值与数值计算结果比较，就可得到不同能量下的电子束瞬态有效入射角。

1.3　电子束的截面密度分布和束能密度分布测量

对电子束截面密度分布的测量，采用法拉第筒阵列[2]。将其中每个法拉第筒的吸收体作为电荷收集体，外套罗可夫斯基线圈测量电子束流。为了测量在束斑面积上束流和束能的径向和角向分布，采取了以中心为原点，等角度间隔的三条辐射状和 4 个直径圆的布点方式，共布置 13 个测点，这样可以

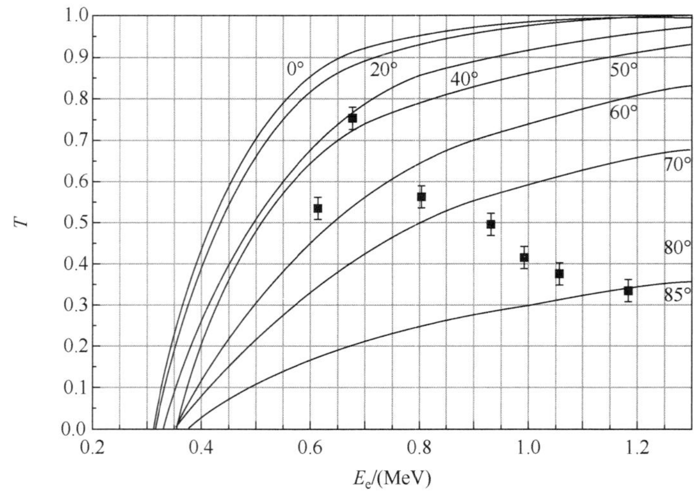

Fig.2 Beam transmission fraction *vs* electron energy at various incident angles

图 2 不同入射角的电子束传输系数与电子能量关系

同时得到不同时刻的径向和角向电子束流密度分布。当忽略电子在漂移过程中的能量损失时，将各点实测的电子束流波形与二极管间隙电压波形相乘得到各点的功率曲线，然后把该曲线对时间积分就可得到能注量分布，进而对后者按实测的束斑面积进行积分就得到总束能。

2 诊断结果

采用以上三种方法和所研制的探测器，我们对“闪光二号”加速器配置的新的高能注量二极管的输出参数进行了测量[4]，结果如下。

2.1 总束能测量及校正结果

图 3 是石墨量热计在一发能注量大于 800J/cm^2 的电子束辐照后的照片，由此可以明显地观察到石墨表面产生的层裂、剥落及引起的质量损失。以第 0150 发为例，此时二极管间隙电压为 1.08MV、电流为 484kA，总能量为 31kJ。石墨量热计位于距阴极 20.5cm 处时，直接测得总束能 19.1kJ、束斑直径 51mm，能注量 935J/cm^2，而质量损失为 0.38g。根据上述校正方法，计算得到质量飞散损失的能量为 1.48kJ，而由电子束入射角引起的背散射能量为 1.40kJ。经过这两项校正后，实际到达石墨靶上的电

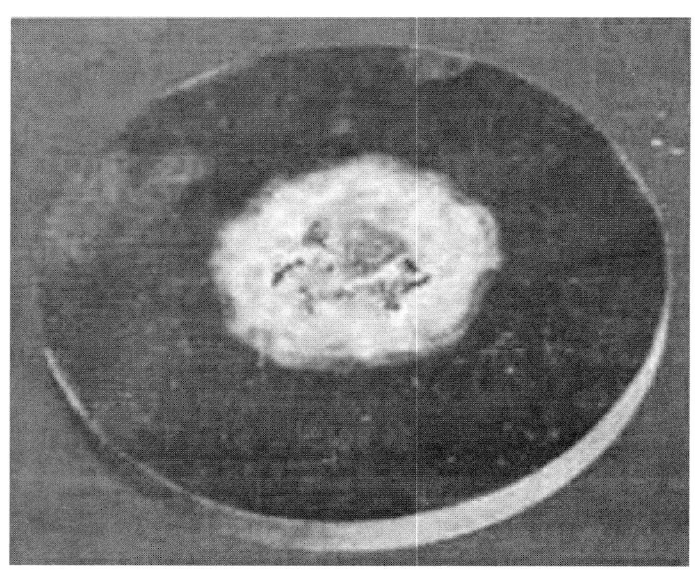

Fig.3 Photo of graphite absorber bombarded by electron beam

图 3 石墨量热计表面受电子束轰击后的照片

子束总束能为 22kJ 和能注量为 1.08kJ/cm^2，得到电子束从二极管引出后到达靶处的能量传输效率为 71%，而未校正的传输效率为 61.6%。对实测 5 发结果校正后，得到平均能量传输效率为 69.4%，最高达 74.4%。

2.2 电子束瞬态有效入射角测量结果

对总的入射和透过不同厚度过滤片的电子束流我们采用内过滤法拉第筒测量，它由三个过滤片和一个吸收体及四个罗可夫斯基线圈组成。图 4 给出了测得的典型一发(NO.0205)的四个电子束流波形，分别是总的入射电子束流 I_a，和分别透过 0.5mm，1.0mm，2.0mm 厚度石墨滤片的透射电子束流 $I_{0.5}$，$I_{1.0}$，$I_{2.0}$。根据与二极管间隙电压的时间关联，可以得到在不同电子能量下电子束流传输系数，同时对三种吸收体厚度计算得到不同入射角下电子流传输系数与电子能量关系曲线族，对二者进行比较，处理得出第 0205 发电子束入射角随时间的分布，如图 5 所示，图中 U_D，I_D，I_a 分别为二极管间隙电压、电流和在内过滤法拉第筒上的入射电子束流(其中，$U_D/2$ 为其实测值的一半)。从图可以看出，电子束流入射角随着过滤片厚度的增加而减小，这是由于实际上每时刻的所有入射电子具有一定的角分布，具有同样能量而角度小的电子在靶材中的穿透较深，因此较厚滤片中沉积的小角度电子成分就越多，所以在同一时刻在三个过滤片后存在三个不同的入射角。为了得到电子束实际有效入射角，可先求得该时刻的电子束入射角分布函数，而后加权平均求出有效入射角，即为该时刻的电子束的入射角，如对第 0205 发经过这样处理得到了在电压峰值时刻的电子束入射角为 73°。

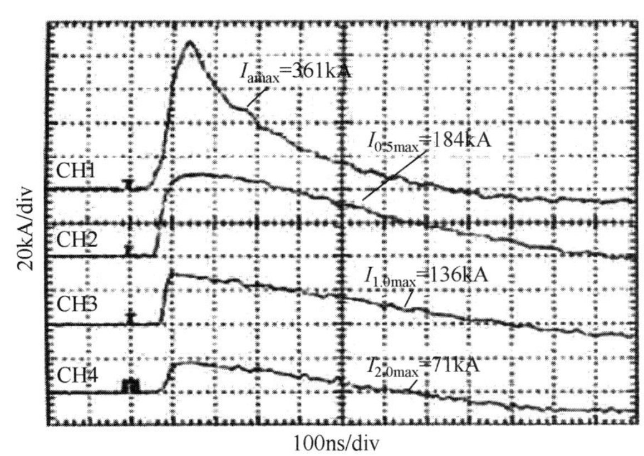

Fig.4 Currents measured by filtered Faraday cup (Shot No. 0205)

图 4 内过滤法拉第筒实测波形

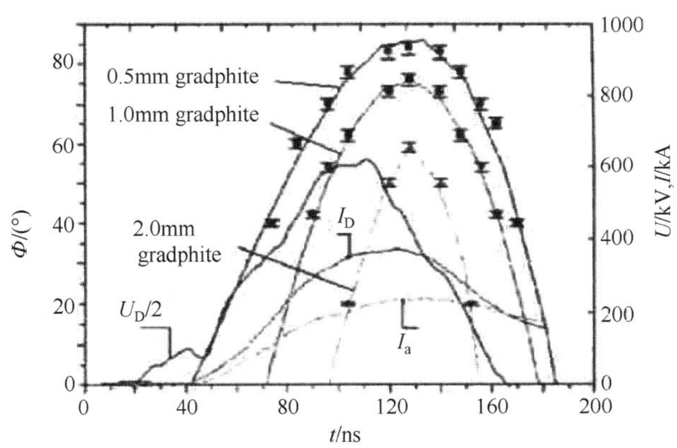

Fig.5 Time distribution of incident electron beam angles (Shot No. 0205)

图 5 电子束入射角时间分布

2.3 电子束截面密度分布和束能密度分布测量结果

2.3.1 束流密度分布测量结果

图 6 是法拉第筒阵列在距阴极 20.5cm 处实测的电子束流波形。根据法拉第筒测点布局，可以处理出径向和角向的束流密度分布。第 0256 发的处理结果为：二极管电压峰值时刻的束流平均密度为(14.8±2.3)kA/cm^2，而在电流峰值时刻的束流平均密度为(13.4±3.0)kA/cm^2，有效束斑半径 32mm。束流密度径向分布如图 7 所示。

2.3.2 电子束能分布和总能量测量结果

根据时间关联的二极管间隙电压 $U_D(t)$和法拉第筒阵列各测点的电流 $I_{Di}(t)$，可以计算出各测点的电子束能量 $E_i = \int U_D(t) I_{Di}(t) dt$。图 8 上给出第 0256 发束能注量分布，平均能注量为(0.97±0.142)kJ/cm^2。同时根据实测束斑直径 64mm，将各点能注量对面积加权积分计算出总束能为 28.3kJ，对应的二极管总能量为 33.7kJ，因此电子束能量传输效率为 84%。对实测的三发平均电子束能量传输效率为 78.8%。

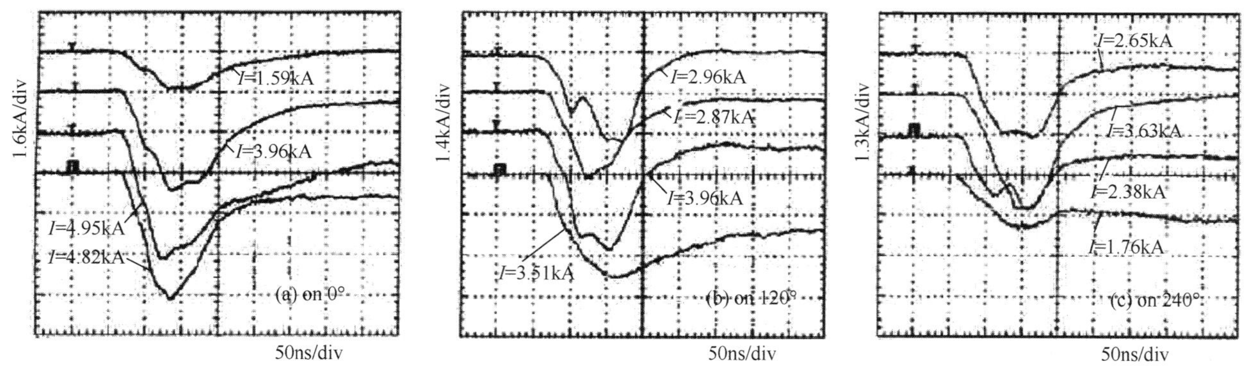

Fig.6 Currents on various directions measured by Faraday multicup (Shot No. 0256)

图 6 法拉第筒阵列各向的实测束流波形

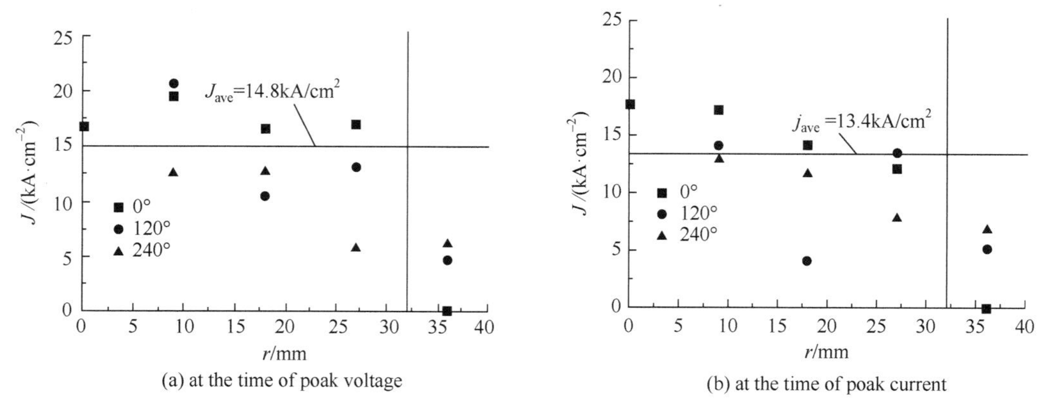

Fig.7 Radial current density distribution at the time of peak of voltage and current(Shot No. 0256)

图 7 电压、电流峰值时刻电子束流密度径向分布

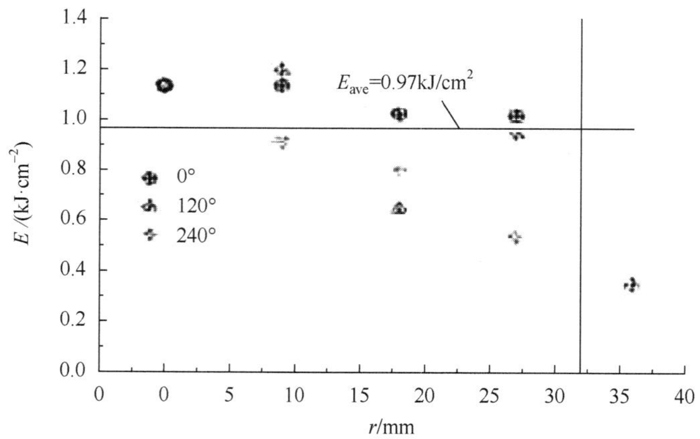

Fig.8 Electron beam energy fluence distribution for a typical shot(shot No. 0256)

图 8 典型发的电子束能注量分布

3 分析和讨论

实验发现，在同样的实验条件下，对石墨量热计测量校正后得到的电子束能量传输效率均比法拉第筒阵列测得的结果低，几发平均约低 12%。石墨量热计结果偏低的原因，可能是因为电子束在石墨中的能量沉积的计算，是在假设了电子束流密度均匀分布条件下得到的，而实际上束流分布并不均匀，量热计石墨吸收体中心处发生表面剥落，说明电子束斑中心处密度较高。同时石墨表面起层、小片状

和小颗粒所损失能量，量热计没有测到，也没有反应在质量损失上。

对电子束截面密度分布测量表明，电子束截面上的径向和角向的束流密度分布，在不同时刻是不同的，而在同一时刻，径向和角向束流分布也不均匀，束斑中心处束流密度较大，而 0°方向的束流密度明显大于 240°方向的束流密度。束斑中心(直径约 30mm)处的能注量也明显高于平均值约 13%。这个测量结果，与石墨量热计在中心处发生层裂、剥落的现象相一致。

理论计算和初步实验表明，影响电子束入射角的主要因素是电子能量、磁透镜比及靶位。如我们测量的距阴极 28.5cm 和 45.5cm 处(对应磁透镜比为 3.5 和 2.6)的 1.2MeV 能量电子束的瞬态平均入射角分别为 73°和 66°。由于入射角测量与量热计测量不是同一发次结果，因此需要在严格固定磁透镜比和靶位的条件下，才能将测得的电子束入射角用于校正量热计测量结果或分析效应实验结果。

我们对以上三种测量方法结果通过相互引用、比较和旁证，给出了更可靠的高能注量电子束参数，基本满足了实验需要，但尚需深入研究，进一步提高测量结果的准确度以满足更高的实际应用要求。

参 考 文 献

[1] 丁升, 周南. 石墨量热计在电子束辐照测量中的破坏性分析[J]. 爆炸与冲击, 1995, (S0): 301—305.

[2] Ecker B, Buck V, Young T S T. Intense electron beam generation and compression advances in high-dose diagnostics and theory[R]. AD-A059715, 1978.51—63.

[3] 丁升, 周南. 电子束辐照效应的数值模拟[J]. 计算物理, 1995, 12(3): 267—271.

[4] 邱爱慈, 张永民, 罗志宏, 等. 新的高能注量电子束二极管系统[J]. 强激光与粒子束, 2003, 15(4): 377—381.

新的高能注量电子束二极管系统*

摘要：为“闪光二号”加速器研制了新的二极管系统，其电子束能注量比原二极管系统大3倍多。该系统由带滑闪开关的二极管、漂移管、脉冲磁场和真空靶室等部分组成，通过减小阴极直径、增大轴向磁场强度和磁透镜比，调节滑闪开关距离和预脉冲开关气压等技术措施，使二极管具有高能注量电子束输出的稳定工作状态，在Marx发生器充电电压70kV条件下，在距阴极22cm的靶上获得了总能量21.5kJ、束斑直径52mm和能注量1.01kJ/cm^{2}的电子束输出。

“闪光二号”加速器是主要用来模拟X射线热-力学效应的设备，它主要由Marx发生器、低阻抗水介质同轴线(包括脉冲形成线、主开关、传输线、预脉冲开关、输出线)和二极管系统等组成，在Marx发生器充电至85kV时，可产生电子能量为0.9～1.47MeV、束流强度达0.72～1MA、脉冲宽度70～80ns的强流脉冲电子束[1]。该设备日常运行的充电电压一般为70～80kV，从1990年运行以来，在束能注量100～420J/cm^{2}和束斑直径100～180mm条件下，试验研究了大量不同种类和性能材料的热击波效应和结构件的变形和应变，其结果得到了实际应用。随着研究的深入发展，要求有能注量大于800J/cm^{2}的电子束辐照环境。为此，我们在“闪光二号”加速器脉冲功率源基础上，设计研制了新的二极管系统，在Marx发生器充电电压70kV条件下，获得了高于1kJ/cm^{2}的电子束输出，比原二极管系统的电子束能注量大了3倍多。

1　高能注量电子束二极管系统的设计

1.1　总体思路

获取高能注量电子束的主要途径通常有三种：一是减小阴极发射面积；二是增大外加磁场和磁透镜比；三是增加脉冲功率源的初级储能。综合考虑实际应用需要和“闪光二号”加速器的具体情况，我们采取在不增加初级储能的条件下，研制新的高能注量电子束二极管系统，并通过减小阴极直径与增大轴向磁场强度和磁透镜比相结合的技术途径压缩电子束束斑面积，以达到提高电子束能注量的目的。然而，由于“闪光二号”加速器已运行十年，为保证该设备能长寿命可靠的工作，应控制Marx发生器的充电电压，使电容器和开关工作在额定电压80%以下。

1.2　系统设计

1.2.1　二极管系统设计

在高能注量电子束二极管中，由于束流密度增大，预脉冲电压和阴阳极等离子体对低阻抗二极管工作稳定性的影响明显增大，这将会影响二极管的能量转换效率；而在高能注量下，由于电子反射、靶材飞溅物污染，在二极管要求低电感的条件下，它的绝缘问题将更加突出；同时高束流密度电子束由于自磁场增大，均匀性将变差，这样对外加脉冲磁场提出了更高的要求，并将影响电子束的传输效率。我们根据二极管饱和顺位流模型和闪光二号加速器的等效电路模型，以及二极管内强流电子束不发生箍缩和磁透镜场中实现压缩电子束束斑等条件，同时在微秒级预脉冲期间，使阴极表面不发生真空击穿，以及控制强流电子束在中性气体中传输的各种不稳定性因素等项要求[2-4]，通过计算和综合分析，利用SEF2D静态电场计算程序和KARAT全电磁粒子模拟程序对二极管的场强分布和磁绝

* 该文原载于《强激光与粒子束》，2003年第15卷第4期。

缘进行了数值模拟计算，最后确定高能注量二极管系统的各部分参数为：管电压(U_{02})小于 1.5MV，管电流(I_D)约为 500kA，阴极半径(R_c)为 60mm，阴阳极有效间距(d_c)为 7mm 左右，二极管电感(L_d)小于 60nH，预脉冲电压(U_p)小于 10kV，外加最大轴向磁感应强度($B_{z,\ max}$)大于 3.3T，磁透镜比(M_z)约为 3～4，则阴极处磁感应强度(B_{z0})大于 0.9T。这些参数确定后，估算了二极管总电感为 55nH。同时拟在阴极引杆上加装滑闪开关以进一步对二极管上的预脉冲进行分压，减小到达阴阳极间隙的预脉冲幅值。

1.2.2 结构设计

二极管系统由二极管、漂移管、脉冲磁场、靶支架、靶室和真空系统等组成。对二极管部件，为保证有机玻璃隔板与阴极座锥面紧密结合和阴极引杆与阴极座间接触良好，采取了配研、减少接触面等办法，避免了阴极、阳极和靶材等飞溅物进入有机玻璃隔板三结合点处。对磁场-漂移管部件，采用双铰链式转臂结构，可转动 180°，方便了拆装靶，并提高了装靶质量。对靶室-真空系统，采用波纹管与磁场-漂移管部件相接，起到了减振作用。新的高能注量电子束二极管系统总体结构图如图 1 所示。

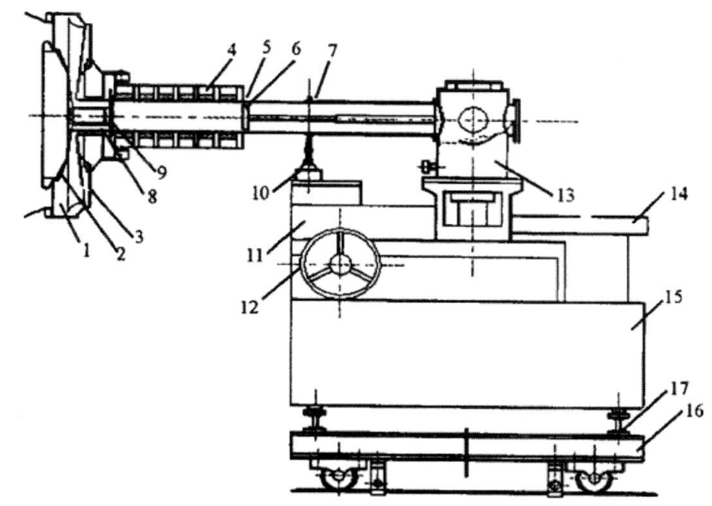

1. PMMA insulator; 2. cathode base; 3. anode flange; 4. magnetic coil; 5. drift tube; 6. target bracket; 7. corrugation tube; 8. cathode; 9. anode foil; 10. bracket; 11. up slide track; 12. down slide track; 13. target chamber; 14. test bed; 15. base bracket; 16. dolly; 17. absorber of vibration

Fig.1 Schematic of a new diode system for high fluence electron beam

图 1 新的高能注量电子束二极管系统总体结构

2 系统调试

为了新的二极管系统顺利调试，我们预先对原二极管在低等级电压和 2Ω状态下，通过减小阴极尺寸并压缩电子束斑的方法进行调试试验。结果表明：由于预脉冲影响严重，只有在 Marx 发生器充电电压小于 60kV 条件下，二极管才能稳定工作，而当阴极直径减小到 120mm 时，仅能够获得最大为 600J/cm^2 的电子束能注量。这说明原来的 1.8T 脉冲磁场系统已不能满足新系统对控制束斑的要求。因此，对新的高能注量电子束二极管的调试，主要从进一步抑制预脉冲和压缩电子束面积两方面进行工作。图 2 给出了新的高能注量电子束二极管系统的全貌。

2.1 脉冲磁场系统调试

新设计的脉冲磁场系统采用 4 个线圈，它们套在一段固定的漂移管上，用 4 根螺杆连接成一个整体。第一个线圈紧贴在漂移管前法兰后面，各线圈之间的间距为 2～3cm 可调，通过数值模拟计算和实验测量确定外加磁场的分布，在磁场电源充电 7kV 下，阴极表面处的轴向磁感应强度为 0.9T，最大磁感应强度达到 3.4T，磁透镜比为 3.7。

Fig.2　Photograph of a new diode system for high fluence electron beam
图 2　新的高能注量电子束二极管系统全貌

2.2　滑闪开关的影响

如前所述，我们在高能注量二极管的阴极引杆上加装了滑闪开关，其目的是利用滑闪开关电容与阴阳极间隙电容对预脉冲的分压作用，以进一步降低阴阳极间隙上的预脉冲电压幅值。加装滑闪开关后，通过滑闪电压和滑闪距离的合理配合，达到既利用开关分压，又使开关在主脉冲到来时尽快滑闪导通。

实验中，首先在发生器充电 50kV 下采用 5mm 间距的滑闪开关进行实验，确认了在高能注量二极管中能够使用滑闪开关。在发生器充电 60kV 下采用 10mm 和 15mm 两种距离的滑闪开关，都能获得较稳定的二极管工作状态。分析结果表明，10mm 间距的滑闪开关对分压作用较小，虽已基本能够满足阴阳极间隙对抑制预脉冲的要求，但它对脉冲功率源的参数配合要求更为苛刻。15mm 间距的滑闪开关对预脉冲具有更大的分压作用，对整机运行参数的配合要求相对不那么严格，二极管的工作状态比较稳定。

基于上述结果，在发生器充电 70kV 下，先后实验了 15mm 和 20mm 两种距离的滑闪开关，最后采用了 20mm 间距的滑闪开关，并配合预脉冲开关气压的调整，减小了二极管启动时间，避免二极管真空绝缘隔板上的沿面滑闪，获得了稳定的高能注量电子束。滑闪开关通过 300～500kA 放电电流后，其表面电阻率下降约 3 个量级，滑闪放电通道深入到表层深度大于 0.5mm，因此在 70kV 电压等级下运行，需要每次实验前更换滑闪开关，或将表层刮去 1mm 以上方能正常工作。

2.3　微秒级和纳秒级预脉冲的控制

当发生器向形成线充电时，由于电容耦合效应，将在二极管上附加一个预脉冲。这个预脉冲的宽度与形成线的充电时间相当，大约 600～800ns，在二极管阴极引杆上未加滑闪开关时其幅值约 20kV[1]，称之为微秒级预脉冲。调试实验中，若通过调整预脉冲开关的气压，使它和主开关同时导通，则传输线上的预脉冲通过预脉冲开关加到输出线和二极管上，此时输出线上的预脉冲幅值较大，其时间宽度为 60～80ns，幅值达 50kV，此预脉冲称之为纳秒级预脉冲。

在 70kV 充电电压等级下，采用 20mm 距离的滑闪开关，增大了对μs 级预脉冲电压的分压，并使其不导通，同时将预脉冲开关气压适当调低，使预脉冲开关与主开关同时导通，从而获得较大幅值的纳秒级预脉冲，引起滑闪开关动作。该 ns 级预脉冲加到二极管阴阳极间隙上，形成阴极等离子体，使二极管启动。图 3 给出了在发生器充电 60kV 和 70kV 下形成线电压、传输线电压、输出线电压的实测波形。从图中可以看出，在 60kV 情况下预脉冲开关在主脉冲到来后击穿，而在 70kV 下，经过调整开关气压，两个开关几乎同时导通，结果出现一个 ns 级的小脉冲，如图 3(b)中箭头所示。

2.4　阴阳极间隙调节

当阴极面积减小时，其表面发射的电流密度将大幅度提高。在这种情况下，阴、阳极等离子体的形成时间和膨胀速度都将强烈地影响二极管的工作状态，而阴阳极间隙对二极管的工作状态稳定尤为重要。由于纳秒级预脉冲电压宽度约 60～80ns，考虑到阴极等离子体运动速度为 2～3cm/μs，阴阳极

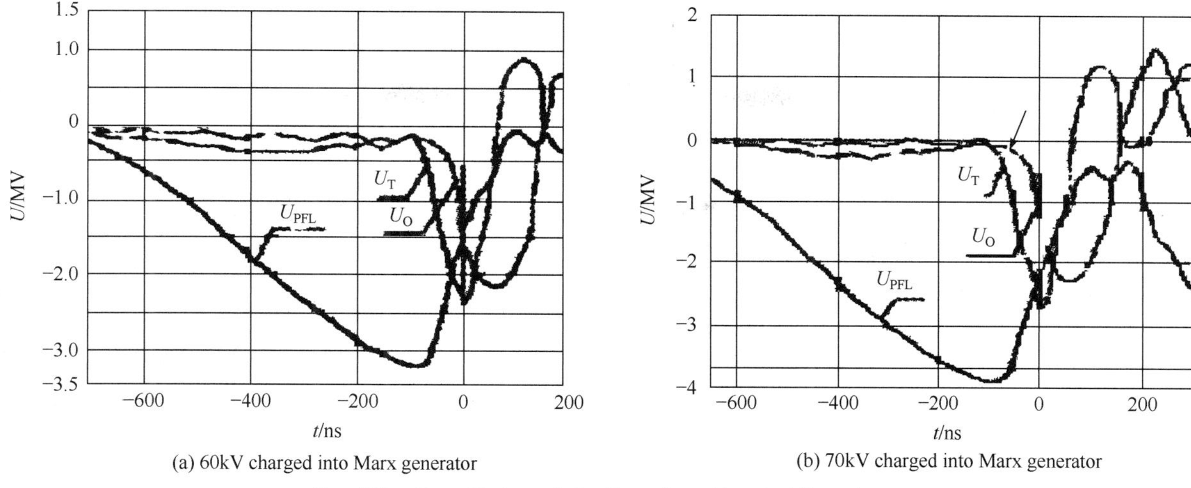

(a) 60kV charged into Marx generator (b) 70kV charged into Marx generator

U_{PFL}: PFL voltage, U_T: transmission line voltage, U_O: output line voltage

Fig.3 Voltage wave forms on PFL, transmission line and output line

图 3 形成线、传输线和输出线上的电压波形

实际间隙将比设定的间隙缩短 0.18～0.24cm，因此需要选取阴阳极间距比理论值大 2～3mm。如果考虑阳极等离子体，实际阴阳极间隙将更短，因此阴阳极间距将是十分敏感的参数之一。在实验中，精确调整二极管阴阳极间隙(精确到 0.02mm)对稳定二极管工作状态起到了很大作用。

3 调试测量结果

在本工作中，电子束的总束能采用全吸收石墨量热计测量，但在高能注量电子束辐照下，石墨材料表面会出现汽化、力学破坏等问题，由此引起的质量损耗将给测量带来不可忽略的误差，同时由于高能注量电子束是以较大的角度入射到量热计表面上，结果使得一部分电子束能由于背散射而没有被测到，因此只有对测量结果进行这两项损失校正后，才能较正确地得到电子束的总束能。在实验中，我们测量了电子束平均有效入射角，同时又测出了每次实验后石墨量热计的质量损失，最后通过数值计算，对量热计的实测结果进行校正。二极管的电压和电流分别采用微分型电容分压器和微分环监测，由此在对二极管电感修正后，可得到二极管间隙电压[5]。经过调试测量，新的高能注量电子束二极管系统平均输出结果为：在发生器充电电压 70kV 和储能 110kJ 条件下，得到二极管间隙电压 1.16MV、电流 446kA、能量 31kJ，以及能量转换效率 28.2%；在靶上实测总束能 19.1kJ、束斑直径 52mm 和能注量 899J/cm^2，经校正后得到总束能为 21.5kJ、能注量为 1.012kJ/cm^2。此时典型的二极管输出电流和电压波形见图 4。

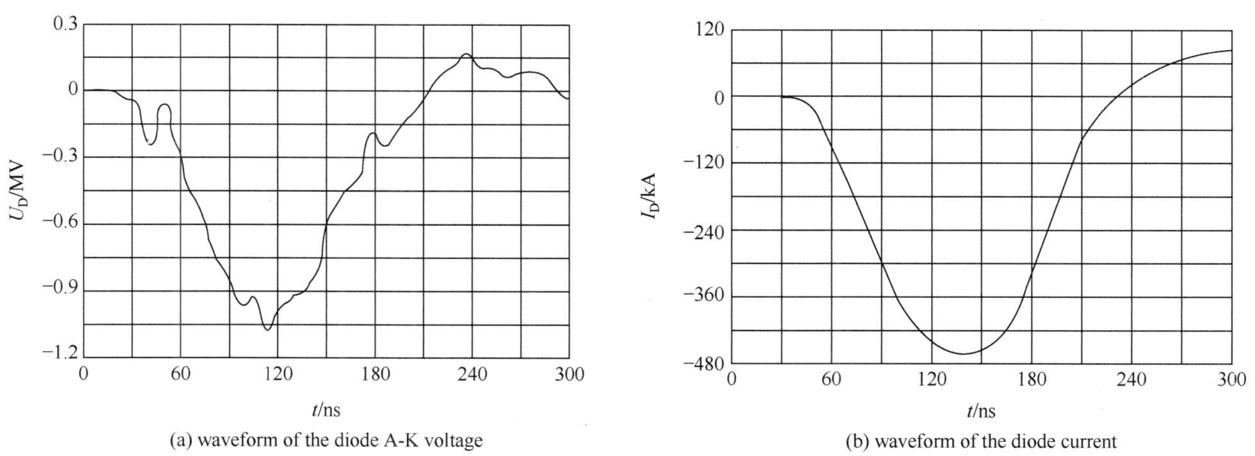

(a) waveform of the diode A-K voltage (b) waveform of the diode current

Fig.4 Waveforms of diode voltage and current

图 4 二极管间隙电压和电流波形

4　结论

在闪光二号加速器新配置的高能注量电子束二极管系统上，已先后为几个应用单位进行了材料辐照热击波和冲量实验，观察到了与低能注量(小于 420J/cm^2)辐照条件下显著不同的效应，获得了重要的实验结果。综上所述，可以得出以下结论：

(1) 新的高能注量电子束二极管系统参数设计合理，它在较低的充电电压下，通过引入滑闪开关，并调试导通时刻，成功地抑制了预脉冲，使得二极管仍保持较高的能量转换效率(达 28.2%)。

(2) 该系统操作使用方便，通过调节靶位可获得束斑直径 50～80mm，能注量 0.35～1kJ/cm^2 范围的电子束，可满足不同物理实验的要求。

参考文献

[1] 邱爱慈. 闪光二号加速器[A]. 全国高功率粒子束十周年交流文集[C]. 绵阳: 1995.22—24.

[2] 米勒 R B. 强流带电粒子束物理导论[M]. 北京: 原子能出版社, 1990.

[3] Liu G Z, Liu N Q, Xie X, et al. Study on the magnetic compression of IREB in a covering magnetic guide field[J]. *Acta Physic Science*, 1994, **3**(1): 86—92.

[4] Liu G Z, Qiu A C, Zhang J S, et al. Experimental study on the uniformity of large area intense electron beams[J]. *Acta Physic Science*, 1994, **3**(1): 62—66.

[5] 刘俊民, 张永民, 邱爱慈, 等. 低阻抗脉冲电子束加速器的二极管参数测量[J]. 强激光与粒子束, 1992, **4**(3): 343—348.

脉冲 X 射线模拟源技术的发展*

摘要: 文章简要介绍了利用强流脉冲电子束加速器模拟脉冲 X 射线的发展概况及国内脉冲 X 射线模拟源的发展现状，指出作为主要技术途径，高功率 Z 箍缩技术在实现超强脉冲 X 射线源和 ICF 驱动源上都有很重要的发展应用前景，并提出了今后工作设想。

1 引言

脉冲 X 射线模拟源技术随着高功率脉冲技术的发展而发展。用于脉冲 X 射线模拟的强流脉冲电子束加速器就是一种高功率脉冲装置。这种装置一般由初级能源、脉冲功率系统和负载构成，它以慢的方式储存能量，然后通过开关瞬间释放能量给负载，产生粒子束或辐射，见图 1。

脉冲功率系统包括初级储能、脉冲储能和传输几部分。初级储能常采用 Marx 发生器或脉冲电容器组，脉冲变压器(包括直线型和特斯拉型)等。脉冲储能主要有传输线型的电容储能(包括同轴型和平板型)和电感储能(同轴型和螺旋线型)方式，它们分别通过高功率闭合开关和断路开关，实现电脉冲压缩和功率放大。脉冲储能可以由一级或几级组成，末级也有采用磁感应方式，实现脉冲电压倍加(又叫感应电压加法器 IVA)、能量会聚，最后通过真空磁绝缘传输线把能量传输给负载。脉冲功率系统的复杂程度决定于负载对它的要求、系统的开关性能和初级储能向脉冲储能放电的快慢程度。

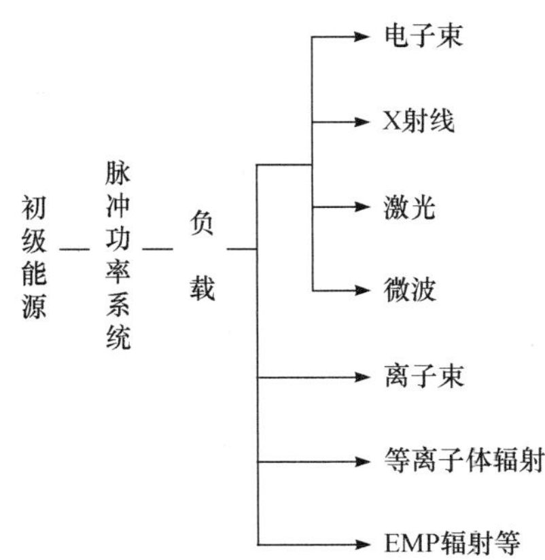

图 1 高功率脉冲装置构成方框图

Fig.1 Block diagram of high pulsed power facility

负载通常采用爆炸发射等离子体阴极二极管，直接产生强流电子束，也可通过抑制越过二极管间隙的电子流，产生强流离子束。还可利用金属丝阵或圆柱状气流等作为负载，通过 Z-pinch(箍缩)产生等离子体辐射，其工作过程是当脉冲大电流流过负载时，将后者加热并形成等离子体，同时由于大电流产生的强磁场作用，等离子体向轴线快速聚缩(称为内爆)，最终在对称轴附近滞止，同时辐射 X 射线，等离子体的终态形状为沿轴线的线状流体。

高功率脉冲装置不仅成为脉冲辐射模拟的最有效的实验手段，而且在惯性约束聚变(ICF)等领域研究中得到重要应用，在其他民用领域中也有广阔的发展前景，如脉冲 X 射线源用于消毒灭菌，脉冲离子束源用于材料表面改性，以及利用脉冲功率装置进行脱硫、脱硝、污水净化等环保应用和作为石油助采、勘探的供能系统等。

2 强流脉冲电子束加速器模拟脉冲γ、X 辐射的发展概况

早在 20 世纪 60 年代初，英国原子武器研究中心 J. C.马丁领导的研究组将传输线技术应用于高电压脉冲形成中，研制成功高阻抗强流脉冲电子束加速器，从而为脉冲辐射模拟提供了一种有效的手段。从那时候起，这类加速器首先在辐射效应模拟需求背景的推动下，得到了很大的发展。作为辐射模拟源，要求其辐射的能谱、脉冲宽度和上升时间、剂量率以及辐照均匀性等方面都尽可能地接近它的实际情况。目前利用高能(3～22MeV)、强流(几十～几百 kA)的脉冲电子束轰击高原子序数材料，所产生的韧致辐射已能较真实地模拟脉冲γ射线，辐照剂量率达 10^{10}Gy/s，均匀照射面积最大可达

* 该文原载于《中国工程科学》，2000 年第 2 卷第 9 期，有部分改动。

100cm×100cm。由于半导体器件和集成电路响应对辐射脉冲上升时间和宽度非常敏感，因此发展了不同脉冲宽度的辐射产生技术，从 80 年代中期以来，随着高功率开关技术和二极管技术的发展，获得了窄脉宽(小于 20ns)和长脉宽(几百 ns 乃至μs)的高剂量率辐射脉冲。因此，总的说来，目前脉冲γ射线模拟源技术已经比较成熟。然而对于脉冲 X 射线模拟，多年来一直在努力探索有效的模拟途径，由于它不仅依赖脉冲形状和能量沉积率，而且对 X 射线能谱也非常敏感，至今还没有完全解决，这是今后努力要争取实现的目标。

脉冲 X 射线模拟曾经历了几个发展阶段。20 世纪 70 年代初以来，由于水介质同轴线技术的发展，研制成功低阻抗强流脉冲电子束加速器，阻抗可以降低到几欧姆，输出的电子束流达到几百 kA，使低能强流脉冲电子束成为当时模拟脉冲 X 射线在材料中产生的热力学效应的唯一有效手段。80 年代以来，脉冲电子束加速器技术又取得重大进步，单台加速器达到阻抗 1 欧姆以下，输出电子束流达到 MA 以上，并发展了多台并联技术，使输出功率大大提高，利用这些低阻抗高功率加速器产生能量 300keV 以下的 X 射线技术有了较大进展[1]。一种方法是采用强箍缩二极管，利用强箍缩电子束在阳极靶后产生虚阴极和角向自磁场，使电子束多次穿过阳极薄靶，这可以提高硬 X 射线的总输出产额，但同时伴随产生高能的轫致辐射;另一种方法是在低阻抗加速器中采用几级二极管串接，每一级端电压为 200～400kV，利用发射的低能电子束产生轫致辐射。这两种方法产生的 X 射线可以模拟 20～300keV 能段的脉冲 X 射线。由于更低能量的电子转换轫致辐射的效率很低，要产生足够强的 20keV 以下的 X 射线，电子束流要达到 10^{10}A 以上，实际上这是难以做到的。然而这个能段(尤其是<10keV)的 X 射线与材料的相互作用研究，不论从实用价值上，还是科学意义上都很重要，因此需要寻求新的技术途径解决。与此同时，研究利用短脉冲电流驱动的 Z-pinch 技术取得了大的进展，产生了较强的 keV 能段的 X 射线，但总的辐射能量和功率都还不够高，可提供给辐照样品的面积和能注量都还不够大，能谱逼真度差。1995 年以来美国 Sandia 实验室在 Saturn 和 Z 装置上，采取增加金属丝阵列丝数目和多层结构，使丝间距离减少到足够小，有效地控制了瑞利-泰勒(R-T)不稳定性，使 Z-pinch 技术研究取得了突破性的进展，在短短几年内辐射输出功率增长 7 倍以上(见图 2)，获得了总能量为 1.9MJ、功率 290TW 的 X 射线输出[2, 3]。Z 装置已成为目前世界上最强的脉冲 X 射线源。从 1992 年起投资建造的超大型 X 射线模拟器(DECADE)前不久也投入试验，辐照空间比已有的模拟器大 10 倍[4,5]。据称，美国今后还拟建更高功率的装置，包括 ZX 装置(拟产生总能量为 7MJ 的 X 射线)和 Jupiter 装置(拟产生 20MJ 的 X 射线辐射)。

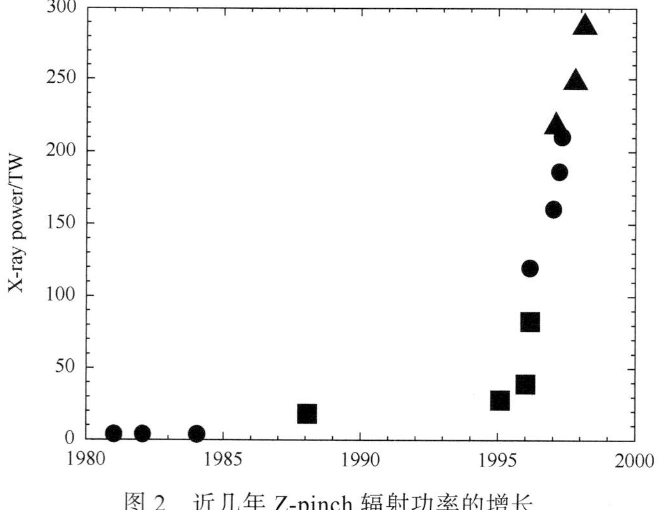

图 2　近几年 Z-pinch 辐射功率的增长

Fig.2　Scheme of Z-pinch radiation power increase in recent years

高功率 Z-pinch 具有总的 X 射线能量转换效率高(可达 15%)，脉冲功率源技术相对比较成熟，费用相对较低等突出优点。根据 Z 装置上系列实验结果和理论模拟计算对利用 Z-pinch 驱动 ICF 的概念进行了初步评估，结果表明这个概念是有前途的[6]。因此，在 ICF 方面它也有很好的应用前景，已成为激光驱动 ICF 强有力的竞争对手，经过巨大的不懈努力，也许在不远的将来，在实验室里实现这种 ICF。正是由于高功率 Z-pinch 研究具有非常重要的应用前景，除美国外，俄罗斯、英国、法国、日本等国家也都在开展这方面的研究。

3　国内脉冲 X 射线模拟源技术发展现状

从 20 世纪 80 年代初提出利用低能强流电子束模拟材料的脉冲 X 射线热力学效应，到 1990 年研制成功闪光二号加速器以来，我们一直在跟踪研究国外 X 射线模拟源技术的发展。近些年，我们根据国内发展的需要，提出技术要求，由俄罗斯大电流所负责，合作研制成功了一台多功能组合式高功率脉冲装置。它由直线型脉冲变压器、水介质同轴形成线、电感器、导体爆炸开关、等离子体断路开关、水介质和气体高功率闭合开关等组成，如图 3 所示。该装置再配上 3 种结构的二极管负载，通过改变设备组合及运行状态，可以分别得到不同的能量、脉冲宽度和辐照面积的 6 种辐射脉冲，它所采用的技术和达到的输出指标具有当今国际先进水平，它能在 100cm^2 辐照面积上，提供脉宽 15～20ns、剂量率 10^{10}～10^{11}Gy/s、平均光子能量 1.5MeV，以及脉宽 150～200ns、剂量率 10^9Gy/s、平均光子能量 1.0MeV 的 X 射线，可满足对脉冲γ射线的模拟要求。该装置已于 2000 年 1 月投入运行，命名为“强光一号”，见图 3。然而在脉冲 X 射线模拟方面，目前达到的指标离实际模拟要求还存在很大差距。下面重点介绍这方面情况。

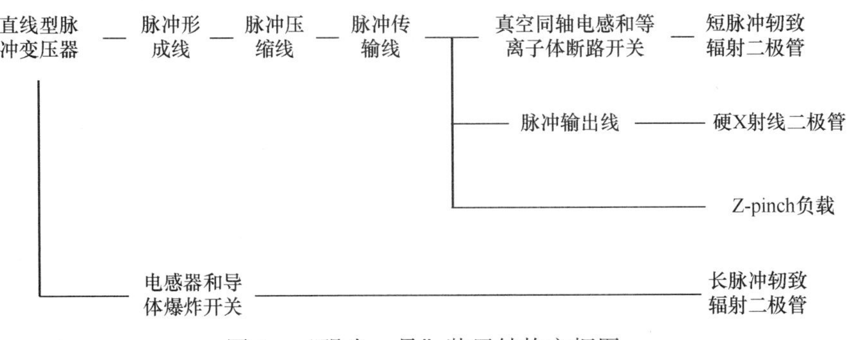

图 3　“强光一号”装置结构方框图

Fig.3　Block diagram of “Qiang Guang 1” facility construction

3.1　闪光二号强流脉冲电子束加速器——强脉冲 X 射线模拟源

闪光二号加速器是国内唯一能模拟强脉冲 X 射线热力学效应的设备，它产生的电子能量为 0.9～1.47MeV，电子束流达 720～1000kA，束斑直径达 100～180mm 和束能注量达 300～500J/cm^2，束均匀度达 85%。从 1990 年投入运行以来，在束能注量 100～420J/cm^2 和束斑直径 100～180mm 条件下，试验研究了大量不同类型和性能的材料热击波效应和结构件的变形和应变，其结果得到了实际应用。目前正在开展提高电子束能注量达到 1000J/cm^2 和产生离子束二项研究工作，前者已经达到预期指标，并开展了材料辐照试验，观察到显著不同的效应。在第二项工作中，已完成在 200kV 脉冲功率装置上自箍缩反射二极管产生脉冲离子束的原理性实验，获得了 2.1kA、20ns、160A/cm^2 的质子束流。下一步拟在闪光二号加速器上实验，以期获得更强的离子束流，并开展利用模拟 1keV 以下 X 射线研究等。

3.2　脉冲硬 X 射线模拟源

3.2.1　DPF-200 脉冲 X 射线源装置

DPF-200 脉冲 X 射线源装置是一台等离子体焦点(DPF)装置，20 世纪 70 年代末由清华大学负责研制，1991 年搬到西安重新安装调试，经过几次改造，作为脉冲 X 射线源，目前已能稳定提供光子能量小于 60keV 以下的脉宽 100ns、剂量率为 6.1×10^{9}Gy/s 的脉冲 X 射线辐照环境，单个脉冲总辐射能量可达100J,进行了半导体器件和集成电路及专用电路的X射线瞬态剂量率效应和总剂量效应实验研究，获得了重要结果。

3.2.2 “强光一号”装置产生的硬X射线

在“强光一号”装置阻抗为0.75Ω的水介质输出线端接上强箍缩二极管，可产生脉冲硬X射线，对小面积二极管,输出硬(20～100keV)X射线的能注量为5～6J/cm²、辐照面积为50cm²,脉冲宽度35ns;对大面积二极管，在电子束能量为80kJ条件下，所产生的硬X射线在辐照面积为500cm²时，能注量达1J/cm²。前不久，我们通过调节二极管和预脉冲开关工作状态及阳极靶厚度，在50cm²辐照面积上，获得硬X射线能注量8～10J/cm²，比装置原来达到的指标提高近一倍，并进行了电子线路的辐照效应实验。

3.3 “强光一号”装置Z-pinch产生的脉冲软X射线

“强光一号”装置有一种喷气式Z-pinch辐射输出状态，它产生小于keV的脉冲软X射线。当装置总储能为259kJ时，在二极管的电压1.0～1.1MV、电流1.5～1.6MA、阴阳极间距4cm，喷氪气圆柱外径18mm和liner线质量约150μg/cm条件下，取得了输出总辐射能量60kJ的结果。此时，装置的总储能转换成X射线能的效率约为23%，而负载电能转换成X射线能量的效率约为67.4%。用X射线二极管探测器测得50～700eV X射线的平均功率大于2TW。通过针孔照相法测得产生X射线的等离子体线长度约为3.8cm，直径约为1.5mm，由此估算等离子体径向压缩比约为10，等离子体压缩速度为2.1×10^5m/s。上述结果虽然还不能满足实用要求，却为下一步开展Z-pinch研究打下了基础。

4 今后发展的设想

通过对强脉冲X射线模拟源技术多年的探索和Z-pinch技术最近取得的重大突破，证实了高功率Z-pinch不但可以产生超强脉冲X射线，而且也是ICF驱动源的一种具有发展前景的技术途径。近期我们准备利用已有的设备和条件，开展合作研究，努力探索适合我国国情的技术发展路线。

4.1 开展高功率Z-pinch内爆动力学和等离子体辐射特性研究

Z-pinch技术取得两次重大进展都是由于等离子体的不稳定性得到了明显的控制和改善。尤其是1995年在Saturn装置上进行的金属丝阵的负载实验表明，当丝的数目从10根增加到100根，丝间距小于毫米时，Z-pinch产生的X射线脉冲宽度减小一个量级，辐射功率显著提高。初步分析表明，由于等离子体融合形成的“准薄壳”明显改善了等离子体向轴心压缩时的不对称性，抑制了它的不稳定性的增长，从而使Z-pinch的品质大大提高。因此开展高功率Z-pinch研究，作为基本问题，最关键的是如何控制等离子体不稳定性，提高辐射输出的能量、功率和效率。如果能更有效地控制或利用R-T不稳定性，增大内爆时间(驱动电流上升时间)，将可降低对脉冲驱动源的要求，简化脉冲功率系统，从而降低装置造价。

高功率Z-pinch的物理过程很复杂，其输出辐射性能与负载的初始状态、Z-pinch内爆阶段的流体动力学和滞止阶段的辐射输运紧密有关，还与脉冲驱动源的电流参数直接有关，如何达到箍缩的最佳状态，需要深入研究不同条件下Z-pinch内爆动力学和辐射特性，以及它们的关系，提出辐射功率和转换效率提高的途径，为进一步发展Z-pinch脉冲功率源提供参考。

4.2 开展高功率Z-pinch脉冲驱动源的关键技术研究

国外不同驱动电流的系列实验表明，脉冲X射线总能量与驱动电流的平方成比例关系，而金属丝K层辐射产额与电流的4次方成比例关系，因而作为超强脉冲X射线源的高功率Z-pinch装置，其输出电流应在几十MA，功率应在几十TW以上，同时它还应技术风险小，具有高的运行重复性和可靠性，并结构紧凑、造价较低。而现有的脉冲功率技术水平尚存在差距，因此还要发展新的技术。

研究表明，迄今单路脉冲功率源达到的输出水平大多在 MA、TW 级，因此更高功率的脉冲源需要采用多路模块并联结构，而各模块间的同步技术是必须解决的基本关键技术，减少开关抖动则是这一技术的基础。同时还要解决多路模块的输出能量会聚和高功率密度的脉冲电流馈送到中心负载等关键技术问题。为了减小脉冲功率源的复杂程度、体积和成本，提高性能价格比，需要研究在单路模块中快放电储能技术和新的组合结构。直线型脉冲变压器是多年来发展起来的一种新的初级脉冲能源，与传统的 Marx 发生器相比，它不需要庞大的绝缘油系统，能量利用率高，工作可靠，关键是要解决它的低电感、低抖动的技术难题。电感储能方式具有结构紧凑、质量轻、成本低等突出优点，关键是它的断路开关技术能否取得突破。它们的组合可使装置结构大大简化。

在我们已有的低阻抗、短脉冲电容储能的高功率脉冲装置研制经验和等离子体断路开关研究的基础上，今后准备先从单路模块技术研究着手，选择低电感直线型脉冲变压器模块化结构和低抖动气体开关技术研究为突破口，重点研究上述关键技术，对大型 Z-pinch 脉冲功率源的几种储能技术进行研究和评估。

参 考 文 献

[1] Bloomquist D D, Stinnet R W, et al. Saturn, A large area X-ray simulation accelerator[A]. 7th IEEE International Pulsed Power Conference[C]. 1989. 310～317

[2] Summa W J, et al. Advances in x-ray simulator technology[A]. 10th IEEE International Pulsed Power Conference[C]. 1995. 1～2

[3] Quintenz J. Pulsed power fusion program[A]. Task Force on Fusion Energy Third Meeting[C]. Lawrence Livermore National Laboratory. 1999. 26～27

[4] Cook D. New developments and applications of intense pulsed radiation sources at Sandia National Laboratories[A]. 11th IEEE International Pulsed Power Conference[C]. 1997. 23～36

[5] Covault Craig. Powerful X-ray facility readied for BM D tests[J]. Aviation Week & Space Technology. April, 2000: 65

[6] Hammer J H, Tabak M, Wilke S C, et al. Z-箍缩驱动腔的高产额惯性约束聚变靶设计[J]. (译自 Phys. Plasmas. 1999.6(5): 2129～2136). 强激光技术进展. 1999(6): 1～9

强流脉冲质子束轰击 ^{19}F 靶产生 6—7MeV 准单能脉冲γ射线初步实验研究*

摘要：给出了利用 PIN 半导体探测器和 ST401 塑料闪烁体配合光电倍增管测量的强流脉冲质子束轰击含 ^{19}F 核素的靶产生的 6—7MeV 准单能脉冲γ射线的初步实验结果。理论上计算了质子束轰击 C_2F_4 靶产生的准单能脉冲γ射线产额和核反应截面随入射质子能量的变化曲线，提出了采用质子束传输法分离和降低轫致辐射干扰的方法，利用 ST401 配合光电倍增管和 PIN 半导体探测器测量了质子传输不同距离后轰击 C_2F_4 靶产生的 6—7MeV 准单能脉冲γ射线谱以及相对于轫致辐射的时间延迟数据，并根据飞行时间确定了束流峰值时刻的质子能量，还通过实验验证了 Cu、Cr 和不锈钢靶及其中所含的杂质不能产生明显的其他能量的γ射线干扰。

从 20 世纪 70 年代以来，美国、英国、加拿大、德国和日本等都在竞相发展准单能 6—7MeV 光子源。国际标准化组织(ISO)以 ISO-4037 附件的形式分别于 1985、1987 和 1988 年发布了关于建立 4—9MeV 光子参考辐射场及对防护水平的γ剂量仪和剂量率仪进行校准的规范文件。

美国 Berkeley 实验室和美国国家标准和技术研究院采用质子束轰击含 ^{19}F 核素的靶实验获取 6—7MeV 准单能γ光子；德国、加拿大和英国等国家均进行过采用质子束轰击 CaF_2 厚靶，产生 6—7MeV 准单能γ光子的实验。美国 NRL 实验室在 Gamble Ⅱ 加速器上利用强流脉冲质子束轰击 C_2F_4 靶实验产生的 6—7MeV 准单能脉冲 γ射线研究质子束的传输效率；美国 NRL 实验室在 SOL 加速器上利用质子束轰击 ^{12}C、C_2F_4、Li_2CO_3 等靶产生的准单能脉冲γ射线研究质子束的束流强度[1]。

中国原子能科学研究院从 20 世纪 80 年代即开始进行质子轰击 ^{19}F 元素产生的 6—7MeV 的准单能γ射线研究。在 600kV 高压倍加器和 2.5MV 静电加速器上用平均束流强度为μA 量级的连续质子束流轰击 CaF_2 薄靶，建立 6—7MeV γ光子参考辐射场，所产生的是稳态γ射线[2]。

本实验是利用西北核技术研究所“闪光二号”加速器产生的束流强度为 100kA 量级、脉冲宽度约 50ns 的强流脉冲质子束[3](亦称高功率质子束)，轰击含 ^{19}F 核素的辐照靶，通过 ^{19}F(p，αγ)^{16}O 共振反应获取 6—7MeV 的准单能脉冲γ射线，所产生的准单能γ射线是瞬态的、脉冲形式的，即在 50ns 脉冲宽度内，所产生的γ光子个数可达 10^8 以上，可以用于电流型脉冲γ射线探测器的标定。而在同样脉冲宽度内，高压倍加器和静电加速器上产生的γ光子个数一般为几十个以内。

1 基本原理

利用“闪光二号”加速器产生的强流脉冲质子束轰击含 ^{19}F 核素的靶可以发生核反应：

$$p+{}^{19}F \longrightarrow {}^{20}Ne^* \longrightarrow {}^{16}O^*+\alpha$$
$$\qquad\qquad\qquad\qquad\qquad \llcorner\!\longrightarrow {}^{16}O+\gamma$$

该反应产生 6.13、6.92、7.12MeV 的三种能量的瞬发γ射线(可简称为 6—7MeV 准单能γ射线)，核反应阈能为 E_p=0.227MeV，在入射质子能量 E_p<1MeV 的情况下，主要产生能量为 6.13MeV 的γ射线[4, 5]。

该反应是共振反应，核反应所产生的γ射线强度随入射质子能量的变化具有尖锐的共振现象，共振反应截面随入射质子能量变化满足 Breit-Wigner 单能级公式[6]：

* 该文原载于《核技术》，2004 年第 27 卷第 1 期，有部分改动。

$$\sigma(E)=\frac{\Gamma^2}{4}\times\frac{\sigma_R}{(E-E_R)^2+\Gamma^2/4} \tag{1}$$

式中 E 是入射质子能量，E_R 是共振能量，Γ 是核反应截面共振曲线的半宽度或核反应复合核能级自然宽度，σ_R 是共振反应截面峰的极大值。能量为 E_p 的质子入射至靶物质中所产生的 6.13、6.92、7.12MeV 的准单能γ光子产额可由(2)式计算[6]，

$$Y=\int_0^{E_p}\frac{n}{|dE/dx|}\sigma(E)dE \tag{2}$$

式中 n 为靶物质中 ^{19}F 的原子数密度($^{19}F/cm^3$)，dE/dx 是能量为 E 的质子通过靶物质时单位路程的平均能量损失，称为阻止本领。

图 1 是根据式(1)和式(2)理论计算的质子束轰击 C_2F_4 靶的准单能脉冲γ射线产额和核反应截面随入射质子能量的变化曲线，图中也给出了根据 CaF_2 靶实验值通过理论计算得到的产额曲线[1]和根据实验值分段线性拟合的产额曲线[7]，从图中可以看出理论计算的产额曲线与参考文献中给出的结果基本相符。

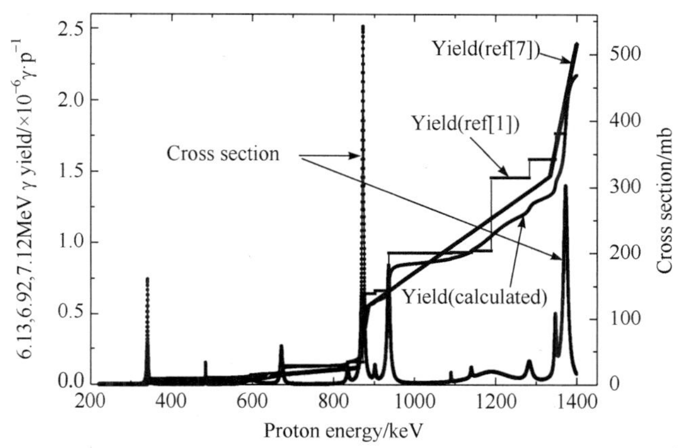

图 1　质子束轰击 C_2F_4 靶的准单能脉冲γ射线产额和核反应截面随入射质子能量的变化曲线

Fig.1　Thick-target quasi-monoenergetic pulsed γ photon yield and cross section as functions of proton energy for the $^{19}F(p,\alpha\gamma)^{16}O$ reaction on a C_2F_4 target

2　实验方法及装置

强流脉冲质子束是在"闪光二号"加速器上产生的，"闪光二号"加速器是国内电子束流强度最大的一台低阻抗强流脉冲电子束加速器，主要由 Marx 发生器、水介质同轴线(包括脉冲形成线、主开关、传输线、预脉冲开关、输出线)和二极管等组成[8]。图 2 是实验装置方框图。

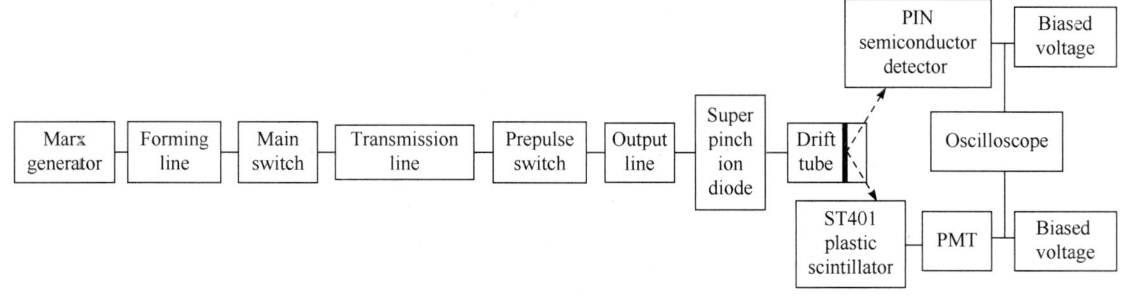

图 2　实验装置方框图

Fig.2　Experimental schematic diagram

其工作原理简单地说，是将低功率储存的电磁能量以高功率释放给二极管，二极管再将电磁能转换成粒子束能量。利用重新设计的强箍缩离子束二极管，可以产生质子能量约 450keV、束流强度约 160kA 的强流脉冲质子束。利用所产生的强流脉冲质子束轰击含 ^{19}F 核素的靶可以获得准单能脉冲γ射

线。采用电流型大面积 PIN 半导体探测器[9]和 ST401 塑料闪烁体配合光电倍增管(PMT)测量所产生的准单能脉冲γ射线信号。

3　初步实验结果

由于强箍缩离子束二极管双向流的存在，电子轰击阳极及其周围材料产生的韧致辐射本底较强，这使测量的准单能脉冲γ射线信号淹没在韧致辐射信号中。为减少该影响，将离子束传输一定距离后再轰击辐照靶，这样既可以从距离上减少韧致辐射强度，又可以利用飞行时间法从时间上将单能脉冲γ信号与韧致辐射信号分开，图 3 是实验总体布局。

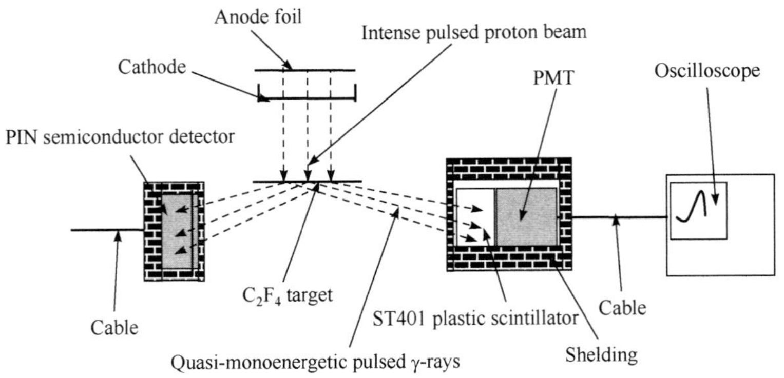

图 3　PIN 半导体探测器和 ST401 塑料闪烁体光电倍增管测量准单能脉冲γ射线信号总体布局

Fig.3　Experimental arrangement of the PIN semiconductor detector and ST401 plastic scintillator-photomultiplier used to measure quasi-monoenergetic pulsed γ-rays

图 4 是 7#PMT、5#PIN 和 2#PIN 探测器测得的质子传输 83cm 后轰击 C_2F_4 靶产生的 6—7MeV 准单能脉冲γ射线信号，由于 PMT 的时间响应比 PIN 半导体探测器快，但其电子渡越时间较长(约为 47ns)，因而 PMT 所测信号比 PIN 探测器所测信号延迟几十 ns，而且 PMT 所测信号半高宽(约为 45ns)比 PIN 半导体探测器所测信号的半高宽(约为 70ns)窄。由于 5#PIN 探测器比 2#PIN 探测器的灵敏层厚度大，其相应的灵敏度高约 6 倍，所以 5#PIN 探测器比 2#PIN 探测器所测信号大得多，积分值约大 6 倍。由于质子束传输 83cm 后轰击 C_2F_4 靶，所以两种探测器测得的 6—7MeV 的准单能脉冲γ射线信号峰值比二极管中电子流所产生的韧致辐射信号峰值延迟约 80ns，也就是说二者从时间上被完全拉开。而且，由于质子束传输 83cm，探测器也相应离开二极管距离较远，韧致辐射也衰减到较小值，根据积分结果，韧致辐射信号比准单能脉冲γ射线信号小约 1 个量级。

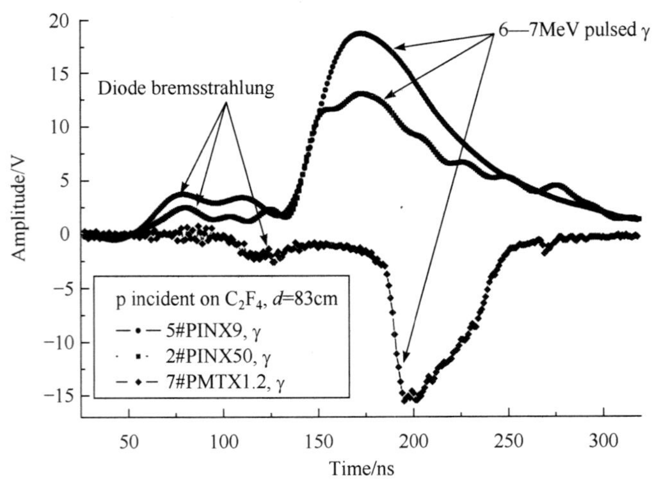

图 4　7#PMT、5#PIN 和 2#PIN 测量的质子传输 83cm 后轰击 C_2F_4 靶产生的 6—7MeV 准单能脉冲γ射线

Fig.4　Measured 6—7MeV quasi-monoenergetic pulsed γ-ray from 7# ST401 plastic scintillator-photomultiplier, 5# PIN and 2# PIN semiconductor detectors, with the proton beam striking C_2F_4 target at 83cm transmission distance

图 5 是采用 PIN 半导体探测器测量的质子束传输不同距离轰击靶产生的准单能脉冲γ射线信号，从图中可以看出，在传输距离为 63、83 和 88cm 三种情况下，二极管产生的韧致辐射信号的起始时间差别不大(都为 50ns 左右)，而且峰值时间差别也不大(约为 90ns)，这说明每炮二极管的启动时间和电流峰值时间变化不大，但准单能脉冲γ射线信号的起始时间和峰值时间随着传输距离的增大而增大，如传输 63cm 时峰值时间约为 156ns，比二极管韧致辐射峰值时间延迟约 68ns，传输 88cm 时峰值时间约为 180ns，比二极管韧致辐射峰值时间延迟约 92ns。

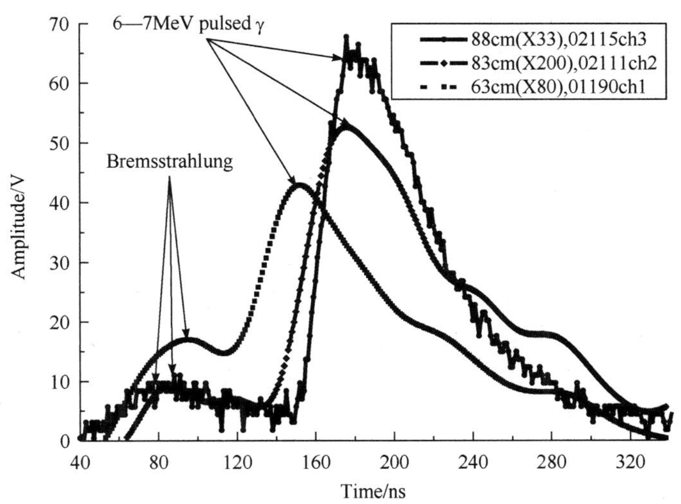

图 5　PIN 半导体探测器测量的质子束传输不同距离后轰击 C_2F_4 靶产生的准单能脉冲γ射线

Fig. 5　Measured quasi-monoenergetic pulsed γ-ray from the PIN semiconductor detector, with the proton beam striking C_2F_4 target at various transmission distances

图 6 是采用 ST401 塑料闪烁体配光电倍增管(PMT)测得的质子束传输不同距离轰击靶产生的准单能脉冲γ射线比韧致辐射的延迟时间，根据图中曲线以及图 5 的结果可以得到，准单能脉冲γ射线比韧致辐射信号峰值的单位距离时间延迟约为 $1.07\text{ns}\cdot\text{cm}^{-1}$，由此可以认为，质子的飞行速度约为 $9.3\times10^6\text{m}\cdot\text{s}^{-1}$，相应质子能量约为 450keV，表 1 是根据飞行时间确定的束流峰值时刻的质子能量，这与采用微分环测量的二极管束流峰值时刻的粒子能量基本相符。

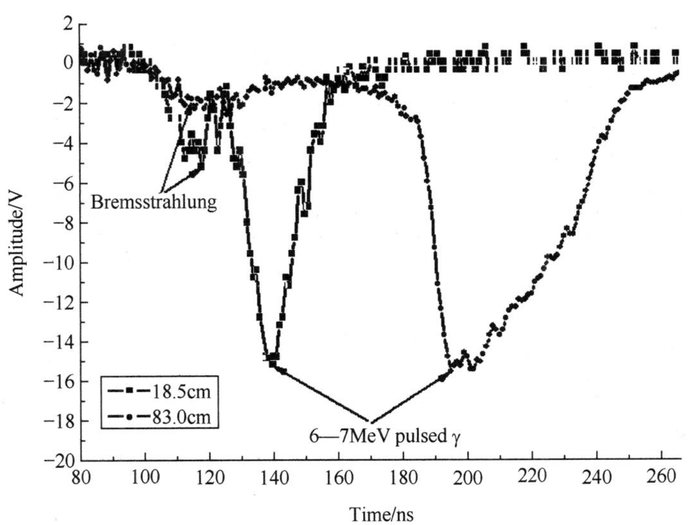

图 6　ST401 塑料闪烁体配 PMT 测量质子传输不同距离轰击 C_2F_4 靶产生的准单能脉冲γ射线延迟(与韧致辐射相比)

Fig.6　Measured quasi-monoenergetic pulsed γ-ray signals and their time delay(compared with bremsstrahlung)from the ST401 plastic scintillator-photomultiplier, with the proton beam striking C_2F_4 target at various transmission distances

表 1　根据飞行时间确定的束流峰值时刻的质子能量

Table 1　The proton energy at beam current peak time calculated by time-of-flight method

探测器 Detector	Shot	传输距离 Transmission distance/cm	飞行时间 Flight time/ns	飞行速度 Flight velocity/10^6m · s^{-1}	束流峰值时刻质子能量 Proton energy at beam current peak time/keV
PIN	02115	88.0	92	9.57	478
	02111	83.0	90	9.22	444
	01190	63.0	68	9.27	448
PMT	02111	83.0	90	9.22	444
	02091	59.0	65	9.08	430
	02110	34.0	33	10.3	555
	02103	18.5	25	7.40	286
	02104	15.5	23	6.38	237

为了证实质子束流轰击 C_2F_4 靶时所测到的信号确实是单能脉冲γ射线信号，我们采用与轰击 C_2F_4 靶完全相同的条件轰击 Cu 靶，图 7 是该实验的结果，图中曲线(3)—(6)分别为轰击 Cu 靶和 C_2F_4 靶的电流和电压微分信号，可以看出，这两炮的电流和电压微分信号基本相同，图中第(2)条曲线表明质子束轰击 C_2F_4 靶测到明显的单能脉冲γ射线信号，而图中第(1)条曲线表明质子束轰击 Cu 靶未测到明显的轫致辐射或其他能量γ射线造成的干扰，这可以说明轰击 C_2F_4 靶时能够产生准单能脉冲γ射线，而轰击 Cu 等不发生核反应的靶则不会产生单能γ射线或其他干扰(轫致辐射等)，我们还在相同的条件下轰击了 Cr 和不锈钢等辐照靶，均未观察到明显的其他能量的γ射线干扰。这些实验证实了质子束流轰击 C_2F_4 靶时所测到的信号确实是单能脉冲γ射线信号，而不是轫致辐射等其他干扰信号。

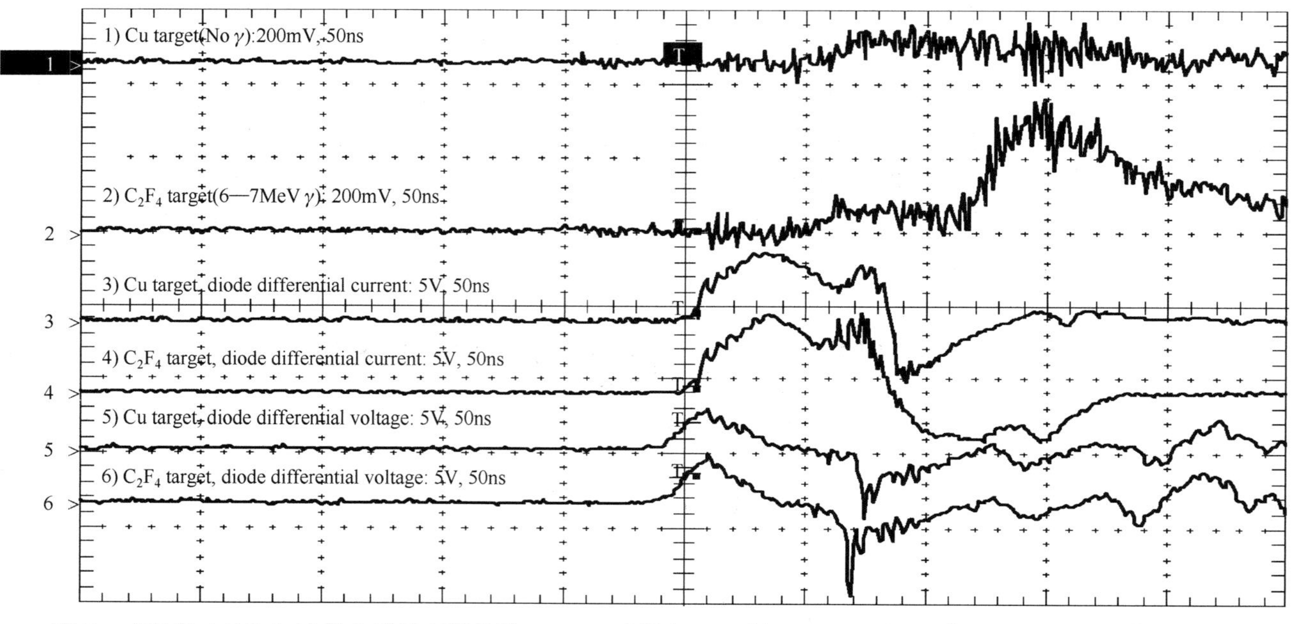

图 7　“闪光二号”加速器上质子束流传输 55.5cm 时轰击 C_2F_4 靶(Shot 070)和 Cu 靶(Shot 071)所测信号比较

Fig.7　Measured traces from the PIN semiconductor detector for Shot 070 with C_2F_4 target and for Shot 071 with Cu target on FLASH Ⅱ accelerator, with the proton beam striking the targets at 55.5cm transmission distance

4　结论

利用 PIN 半导体探测器和 ST401 塑料闪烁体和光电倍增管测量了“闪光二号”加速器强流脉冲质子束轰击含 ^{19}F 核素的靶产生的 6—7MeV 准单能脉冲γ射线，并能够使质子束有效传输 80cm 以上。经过初步估算，PIN 探测器测得的单能脉冲γ射线强度与理论计算的单能脉冲γ射线的强度基本相符，实验还验证了 Cu、Cr 和不锈钢靶及其中所含的杂质没有产生明显的其他能量的γ射线干扰。

参考文献

1 Golden J, Mahaffey R A, Pasour J A, *et al*. Rev. Sci. Instrum., 1978, **49**(10): 1384—1387

2 王红艳, 丁声耀, 徐鹍, 等. 原子能科学技术, 2001, **35**(3): 193—199

WANG Hongyan, DING Shengyao, XU Kun, *et al*. Atomic Energy Science and Technology, 2001, **35**(3): 193—199

3 邱爱慈, 张嘉生, 彭建昌, 等. 核技术, 2002, **25**(9): 714—719

QIU Aici, ZHANG Jiasheng, PENG JianChang, *et al*. Nuclear Techniques, 2002, **25**(9): 714—719

4 Chao C Y, Tollestrup A V, Fowler W A, *et al*. Phys. Rev., 1950, **79**(1): 108—116

5 Mach H, Rogers D W O. IEEE Trans. Nucl. Sci., 1983, **30**(2): 1514—1517

6 Young F C, Golden J, Kapetanakos C A. Rev. Sci. Instrum., 1977, **48**(4): 432—443

7 Young F C, Oliphant W F, Stephanakis S J, *et al*. IEEE Trans. Nucl. Sci., 1981, **PS-9**(1): 24—29

8 邱爱慈, 李玉虎, 王知广, 等. 强激光与粒子束, 1991, **3**(3): 340—348

QIU Aici, LI Yuhu, WANG Zhiguang, *et al.* High Power Laser and Particle Beams, 1991, **3**(3): 340—348

9 欧阳晓平, 李真富, 张国光, 等. 物理学报, 2002, **51**(7): 1502—1505

OUYANG Xiaoping, LI Zhenfu, ZHANG Guoguang, *et al*. Acta. Phys. Sin., 2002, **51**(7): 1502—1505

Experimental Study on the Uniformity of Large Area Intense Relativistic Electron Beams*

The uniformity of intense relativistic electron beams under a converging magnetic guide field is studied experimentally in this paper. In the experiments, fluence calorimeter and X-ray pinhole photograph were used to measure the beam uniformity. The experimental results show that the externally applied magnetic flux density at the cathode and the shape of cathode face have considerable influence on the beam uniformity. The beam uniformity better than 80% is obtained over an area of 200cm^2 when the externally applied magnetic flux density at the cathode is about 0.6T and the cathode face is concave to a depth of 1.5 mm, relative to the cathode edge.

Ⅰ. INTRODUCTION

Intense relativistic electron beam(IREB)has found applications in diverse fields, such as high power microwave generation, the development of high energy short-pulse gas lasers, plasma heating and material response studies[1]. For all these applications, electron beam uniformity is very important. For example, uniform electron beam can improve the generation efficiency of gas laser and high power microwave. Uniform large area electron beam is necessary for material response study by comparing the experimental results with the calculated ones. The main elements influencing electron beam uniformity are: (1)the electron beam uniformity generated by diode, that is, the uniformity of cathode plasma formed, (2)the beam self-pinching and beam instability. In order to generate uniform electron beam, cathode plasma formed must be uniform, requiring that: (a)the electric field applied to the cathode face must be uniform, that is, the parallelism between anode and cathode must be very accurate, which depends on the design and installation of diode, and the bow of anode foil produced by the 2.0 Torr gas pressure can be compensated by using two foils(one is the anode, the other is a pressure foil)or by dishing the cathode; (b) the microscopic electric field on the cathode face must be uniform, where the microscopic scale refers to the order of $10^{-5}\sim10^{-6}$m, depending on cathode material and face treatment; (c)the rate of microscopic electric field($\mathrm{d}E_1/\mathrm{d}t$)on cathode face must be larger than $2\times10^{14}(\text{V/cm})\text{s}^{-1}$, depending on the applied electric field and the electric field enhancement factor of cathode face(it is beneficial to electron beam uniformity to use material with a large electric field enhancement factor for cathode); (d)the breakdown delay of cathode must be short. Although the electron beam emitted by the cathode is uniform, the electron beam self-pinching is serious when beam current is over a certain value, and hence the distribution of electron beam becomes inhomogeneous. To prevent the beam from self-pinching so that a uniform large-area electron beam can be produced, a longitudinal magnetic field is used with its magnetic flux density at the cathode[2]

$$B_{z0}(T)\geqslant(0.17\beta_{\mathrm{L}}\gamma)/d, \tag{1}$$

where d(cm) is the cathode-anode distance; γ is the relativistic factor of beam electron; β_{L} is the average longitudinal velocity of beam electron; c is the speed of light.

Filamentation instability is the main cause for electron beam to be inhomogenous when the intense electron beam is transmitted in the neutral gas drift chamber[3]. For the electron beam with complete charge

* 该文原载于 *Acta Physica Sinica*，1994 年第 3 卷第 1 期，有部分改动。

and current neutralization, the stability of filamentation requires

$$B_z(T) \geqslant 0.084\sqrt{I_b \gamma / a} \tag{2}$$

where I_b (kA) is the beam current; a(cm) is the beam radius.

In our experimental system, the condition of stability is that the externally applied magnetic flux density at the cathode is larger than 0.29T.

In this paper, we will present the measurements of the electron beam uniformity in a converging magnetic guide field. The experimental apparatus are described in section Ⅱ. Section Ⅲ gives the experimental results for the dependence of electron beam uniformity on the externally applied magnetic flux density at the cathode and the shape of cathode face. The conclusions are given in section Ⅳ.

Ⅱ. DIAGNOSTICS

Experiments were performed with electron beams generated by FLASH-Ⅱ accelerator, experimental apparatus have been described in Ref. [4].

The diagnostics of beam uniformity at target location consisted of a fluence calorimeter and an X-ray pinhole photograph. The fluence calorimeter was the array of total-stoping graphite blocks, with the area of each graphite block being about 1.13cm^2. The blocks were instrumented with nickel-chromium thermocouples attached at the center. The thermocouple signals were recorded by a 128-channel data acquisition system. The X-ray pinhole photograph was used to measure the relative distribution of electron beam. The X-rays, produced by the interaction of the electron beam with the tungsten target, showed images on an X-ray film through the X-ray pinhole camera, with image-to-object ratio 1 : 2, as shown in Fig. 1. The results recorded by the X-ray film were time-integrated, representing the beam fluence. In our experiments, a 2cm thick lead was used as the pinhole body to increase signal-to-noise ratio.

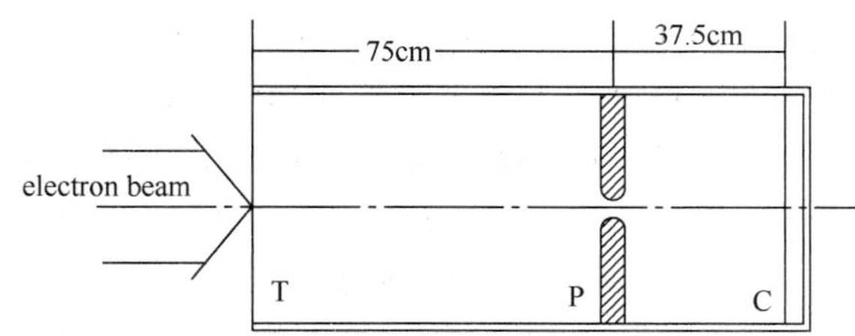

Fig.1. Schematic of X-ray pinhole camera.

In the discussion, we will use the average mean square deviation of beam fluences measured inside the beam diameter to represent the beam macroscopic-fluence uniformity measured with a fluence calorimeter. For X-ray pinhole photograph, the minimum-to-maximum ratio was used to represent the beam uniformity.

Ⅲ. EXPERIMENTAL RESULTS

In order to obtain uniform large area electron beams, we used graphite cathode whose breakdown delay is short, and the cathode face which was smooth and spherically concave to a depth of 1.5mm at center (relative to the edge) to compensate the bow of anode foil produced by 2 Torr gas pressure.

The effect of the externally applied magnetic flux density at the cathode B_{z0} on the electron beam uniformity was investigated experimentally first. From X-ray pinhole photographs, we found that a uniform large area electron beam could be obtained with an externally applied magnetic field, and the beam split apart into several spots without externally applied magnetic field, showing that the externally applied magnetic field has a great effect on the electron beam uniformity. Figure 2 gives the results obtained by reading X-ray film. Figures 2(a) and 2(b) are the results with B_{z0} equal to 0.34T and 0.65T respectively, and it can be seen that electron beam uniformity increases as B_{z0} increases. The measured electron beam uniformity is 80 % at B_{z0}=0.65 T, while it is 51 % at B_{z0}=0.34T, as shown in Table 1. The electron beam density decreases rapidly as the beam radius increases, showing that the electron beam self-pinching happens when B_{z0} is less than a critical value.

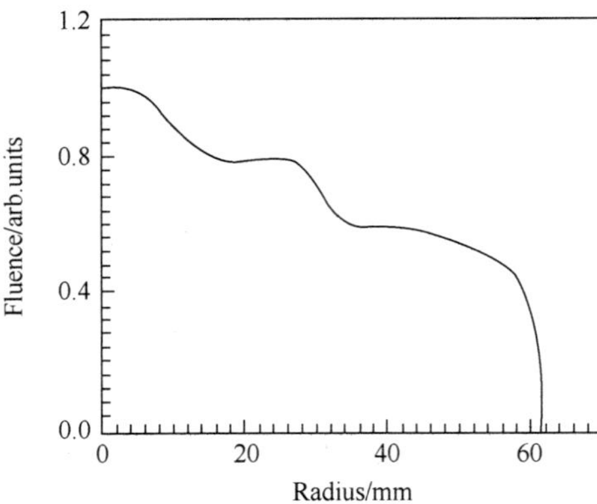

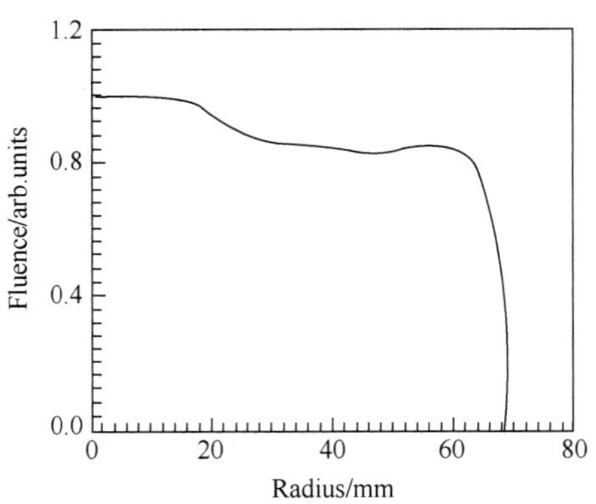

Fig.2. Electron beam energy distribution measured with X-ray pinhole camera. (a)B_{z0}=0.34T(91179); (b)B_{z0}=0.65T(91183).

Table 1. Electron beam uniformity measured by using pinhole photograph.

Shot No.	91179	91182	91183
B_{z0}/T	0.34	0.65	0.65
Uniformity/%	51	75	80
Beam area/cm^2	100.0	120.0	120.0

Note: Gas pressure is 2.0Torr; cathode face, spherically concave to a depth of 1.5mm; uniformity, Φ_{min}/Φ_{max}.

A total of seven shots were performed to measure the beam uniformity using the fluence calorimeter, and to investigate the effect of cathode face concaveness and the externally applied magnetic flux density at the cathode on the beam uniformity. Three shots were performed when the fluence calorimeter was positioned at a distance of Z=32.5cm from the cathode and magnetic mirror ratio was M=2.94; in these experiments, the concave faced cathode was used for two shots and the plate cathode was used for the last shot. The measured electron beam distributions are shown in Fig.3. The measured electron beam uniformity was about 85% when the cathode face was concave, while it was about 73% when the cathode face was plane, showing that the concave face can greatly improve the electron beam uniformity. Two shots were performed when the fluence calorimeter was positioned at Z=22.5cm with M=2.94, and the cathode face was concave, giving the electron beam uniformity about 87 %. The other two shots were performed when the fluence calorimeter was positioned at Z=30.5cm with M=5.25, and the concave cathode face also was used, giving the electron beam uniformity about 82%. From Fig.4, we know that the electron beam density at the center was relatively larger when M=5.25, showing the evidence of the electron beam self-pinching when B_{z0} is small, because with M=5.25, B_{z0} is less than that with M=2.94. Even with M=5.25 the electron beam was fairly uniform, being able to meet the requirement of material response and thermal structure response testing. The measured results of all seven shots are listed in Table 2.

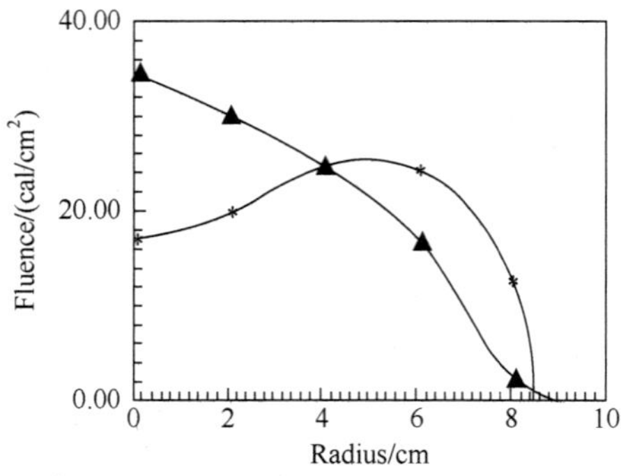

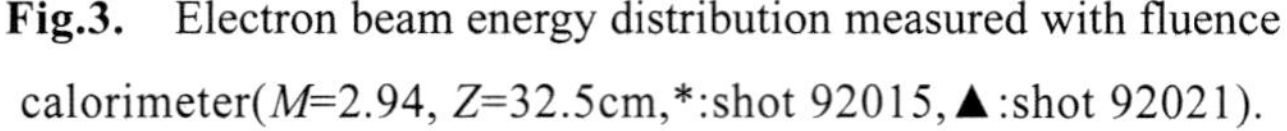
Fig.3. Electron beam energy distribution measured with fluence calorimeter(M=2.94, Z=32.5cm,*:shot 92015,▲:shot 92021).

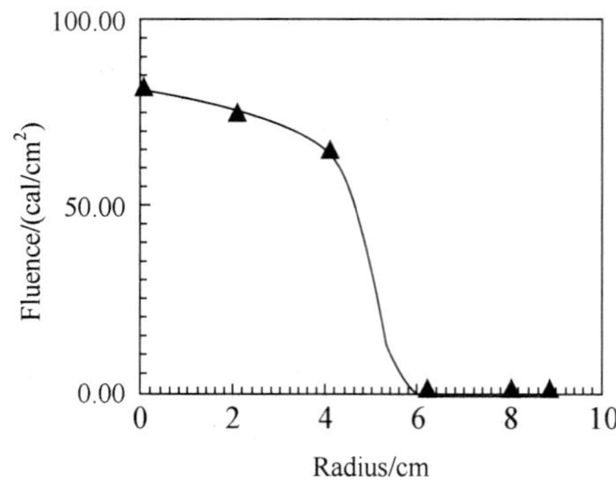

Fig.4. Electron beam energy distribution measured with fluence calorimeter(M=5.25, Z=30.5cm,▲:shot 92019).

Table 2. Electron beam uniformity measured by fluence calorimeter.

Shots No.	Cathode face	Mirror ratio	B_z/T	Target position	Uniform. 1-M.S.D/%	Beam area/cm^2
92015	1.5mm*	2.94	0.59	32.5	84.8	200.0
92016	1.5mm	2.94	0.59	32.5	85.3	200.0
92021	Plate	2.94	0.59	32.5	72.2	170.0
92017	1.5mm	2.94	0.59	22.5	87.0	135.0
92018	1.5mm	2.94	0.59	22.5	88.3	135.0
92019	1.5mm	5.25	0.31	30.5	85.2	70.0
92020	1.5mm	5.25	0.31	30.5	82.0	70.0

* Cathode face is spherically concave to a depth of 1.5mm.

Ⅳ. CONCLUSIONS

1. The bow of anode foil has a great effect on electron beam uniformity, while the concave cathode face can greatly improve the electron beam uniformity.

2. The externally applied magnetic field at cathode is essential for obtaining large area uniform intense relativistic electron beam and it must be greater than a certain value.

3. The electron beam is fairly uniform at a large magnetic compression ratio, and thus uniform high fluence electron beam can be obtained.

REFERENCES

[1] D. Hinshelwood, Explosive Emmission Cathode Plasmas in Intense Relativistic Electron Beam Diodes, AD-A150 669(NRL5492), (1985).

[2] T. S. T. Young and P. Spence, *Appl. Phys. Lett.*, **29**(1976), 464.

[3] Liu Guo-zhi, Thesis for Ph. D., (Tsinghua University, March, 1992)(in Chinese).

[4] Liu Guo-zhi *et al.*, *Acta Physica Sinica*(Overseas Edition), **3**(1994), 36.

几项新技术在“闪光二号”加速器上的应用*

摘要：为追踪国际上脉冲功率技术的发展方向，在“闪光二号”加速器上开展了水介质形成线并联技术、多级多通道气体开关技术和同步触发技术等研究。经过3维结构下电场分布的模拟计算和绝缘设计，采用3根6Ω小水线并联组成了2Ω水介质形成线，研制成功了作为主开关的3MV多级多通道气体触发开关，并实现了3个多级多通道气体开关的并联运行；采用工作时延446ns的同步触发系统实现了Marx发生器与主开关的延时同步运行。真空负压下的涡流循环冲刷消除水中气泡技术应用于水介质形成线上，有效消除了并联形成线汇聚结构处的气泡，提高了加速器运行的安全性。经过调试后，加速器重新获得了稳定的运行状态，几项新技术的应用获得成功。

“闪光二号”加速器是国内束流最强的低能强流脉冲相对论电子束加速器，代表着20世纪80年代国际脉冲功率技术和国内工业技术的发展水平[1]。在当时的技术条件下Marx发生器采取了6.4MV的高电压，对绝缘材料和发生器体积有较高的要求；加速器水介质传输线部分采取了从5Ω形成线到2Ω二极管的逐级过渡，传输效率较低。目前，多根水介质高阻抗同轴线并联组成低阻抗形成线、多级多通道气体开关和同步触发技术已成为国际脉冲功率技术的热点。为跟踪国际上脉冲功率技术的发展，在“闪光二号”加速器上开展并联形成线技术和多级多通道气体主开关以及同步触发技术的研究，通过新技术的应用降低加速器的工作电压，提高水介质同轴线部分的能量传输效率和加速器的工作稳定性。采用并联水介质同轴线后，并联汇聚区域水中的气泡是其运行安全的最大隐患，根据水中含气的机理研究了排除水介质中气泡的新技术和工艺。

1 水介质同轴线并联技术

根据加速器输出单元2Ω二极管的阻抗要求，结合Marx发生器油箱输出端口的结构，采用3根6Ω小尺寸水介质同轴线并联组成了2Ω形成线。在Marx发生器油箱中，发生器的输出均匀分配给3根小尺寸水介质同轴线的内筒；在主开关一端，3根小尺寸水介质同轴线各带一个多级多通道气体开关，通过气体开关后汇聚到传输线的内筒。3根小尺寸水介质同轴线成三角形布置，每根形成线各带一个气体开关，形成线内筒和主开关由绝缘隔板支撑。内筒与外筒之间的隔板既起绝缘支撑，又起油水分离作用。在发生器一侧，绝缘介质为变压器油，通过调整汇流柱直径、高度、与隔板的夹角、过渡圆弧半径和汇聚电极的尺寸和结构，保证隔板上正负两个三结合线上的电场强度、隔板面上任意区域的最高场强和平均场强以及场强分布能够满足要求。隔板水介质一侧电场受分配结构的影响已经很小，可以直接采用2维轴对称电场计算结果。并联形成线的关键技术是解决在Marx发生器输出端对3根形成线内筒的功率分配和3根形成线内筒在主开关区域水中的功率汇聚问题。在功率分配和汇聚区域，电场分布不再是传统的圆对称结构，强电场的分布区域不再是在一条线上，而是在数个区域的数条曲线上；导致水中击穿的电场分量不再仅仅是径向电场，轴向和角向电场分布不合理时也能导致各种方向上的击穿。国外同类加速器的设计中，绝缘体沿面径向平均场强一般取在50～60kV/cm，只有445W加速器的平均场强取到了80kV/cm。“闪光二号”加速器原绝缘体沿面最大径向场强130kV/cm，平均场强61kV/cm，内导体三结合点处径向场强小于20kV/cm，外导体三结合点处径向场强小于30kV/cm。3维电场中的绝缘设计尚未有可以借鉴的经验，绝缘设计的主要依据还是采用上述实验结果，但是，将对径向电场值的要求改为电场矢量的绝对值。此次设计的要求是：隔板沿面最大场强小于100kV/cm，

* 该文原载于《强激光与粒子束》，2008年第20卷第5期，有部分改动。

平均场强小于 70kV/cm，内导体三结合点处场强小于 20kV/cm，外导体三结合点处场强小于 30kV/cm。

为改善开关与隔板连接三结合线上的电场分布和使气体开关外绝缘筒上的电场均匀分布，设计了一个气体主开关屏蔽罩。3 维电极结构下，隔板上的场强值有 3 个相差较大的区域[2]，以 3 根小尺寸水介质同轴线芯线连线的下方较强，相反方向上远端较弱，近端较强，芯线连线的法线方向上相对均匀。隔板与内、外导体的三结合接触线上各点场强有明显的差别。屏蔽罩对隔板内导体三结合线的场强改善有明显的作用，但是，屏蔽罩外沿上径向电场强度和隔板与外导体三结合线的场强都受到极大的影响。为了改善隔板与外导体的三结合线上的场强分布，隔板外侧设计成圆弧过渡，这样三结合线就压在了隔板的背面。为了避开隔板上的最大场强，在隔板机械强度满足要求的情况下，将最强场区域镂空，就形成了条状隔板。

2 多级多通道气体主开关

开关的工作条件是：额定工作电压 3.0MV，脉冲电压作用时间为 1.1μs，传导电流约 300kA，触发脉冲幅值 90kV，触发脉冲电压前沿 10ns，工作气体 SF_6。开关的工作方式是：各自独立工作，3 个开关并联运行。根据开关的工作方式，要求开关不仅要有良好的工作特性，而且有良好的并联运行特性。在微秒脉冲电压和稍不均匀电场下，根据 Bradley 公式[3]，应选择的 SF_6 气体间隙为

$$d = V^{1.2} / 577 \left(p / p_0 \right)^{0.6} \tag{1}$$

式中：d 为气体间隙距离(cm)；V 为脉冲电压(kV)；p/p_0 为实际工作压强与标准大气压强的比。

为控制开关的自击穿概率和降低开关绝缘子表面滑闪概率以及提高开关触发特性，开关气体间隙的场强应满足[4]

$$E < \left(82 - 3.5p \right) p \tag{2}$$

开关绝缘子表面的工作场强应满足[4]

$$E_{\text{in}} < 25p \tag{3}$$

触发间隙的工作场强应满足[4]

$$E > 46p \tag{4}$$

公式(2)～(4)中：气压 p 的单位为 0.1MPa，场强 E 的单位为 kV/cm 。按工作气压 0.3MPa 选取气体间隙总长度为 13.9cm，与公式(1)的结果 13.8cm 基本相近。按公式(3)和工作电压 3MV 选取外绝缘筒长度为 56cm，中间电极支撑绝缘子总长度为 49cm。选取触发间隙工作电压为开关工作电压的 25%，按公式(4)选取触发间隙总长度为 4cm。从气体间隙总长度中扣除触发间隙长度，自击穿间隙总长度为 9.9cm，分为 11 个串联间隙[5]，实际装配好的开关见图 1。

开关的电极材料、触发方式和参数以及装配工艺是开关并联工作特性的重要保证。在开关的电极、绝缘体材料的加工中，切削点的高温会使冷却油渍渗入到表面一定深度，表面的油渍对电极间隙的击穿特性有十分严重的影响。通过试验确定了装配前对电极进行热处理的工艺参数，在(205±10)℃下，烘烤(48±2)h 就能基本上蒸发掉所有的油渍，开关间隙的击穿特性就仅受材料本身性能的影响。开关的触发隔离电阻既起对触发回路的限流作用，又起对触发器的保护作用。在 90kV 的外触发电压下，采用 200Ω触发隔离电阻，有效触发了开关，同时保护了触发器。开关的触发电极盘是装配在绝缘支撑件上，为调整隔离间隙，采用了螺纹连接。在多次放电冲击力作用下，绝缘材料上的螺纹间隙增大，导致触发盘歪斜，触发间隙改变。通过镶嵌一个金属套有效保证了触发盘的装配精度，从而保证了开关的工作特性，减小了工作分散性，触发间隙的结构见图 2。

为保证整个加速器安全，在较低的工作电压下进行开关的自击穿和外触发特性实验，其中#B 开关的自击穿实验结果和击穿时延与外触发时刻的关系以及工作特性见图 3。经过实验研究，3 个开关能够稳定的同步运行，在 2.5MV 工作电压下，开关击穿延时小于 100ns，抖动小于 8ns，3 个开关击穿点之间的极差小于 10ns[6]。

Fig.1 Structure of gas switch

图 1 气体主开关的结构

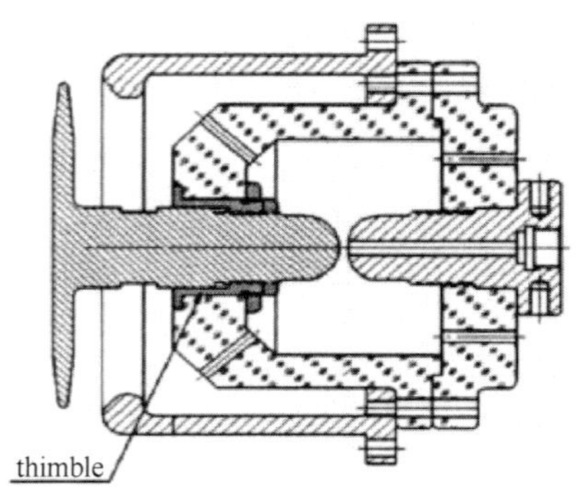

Fig.2 Structure of trigger unit

图 2 触发单元结构

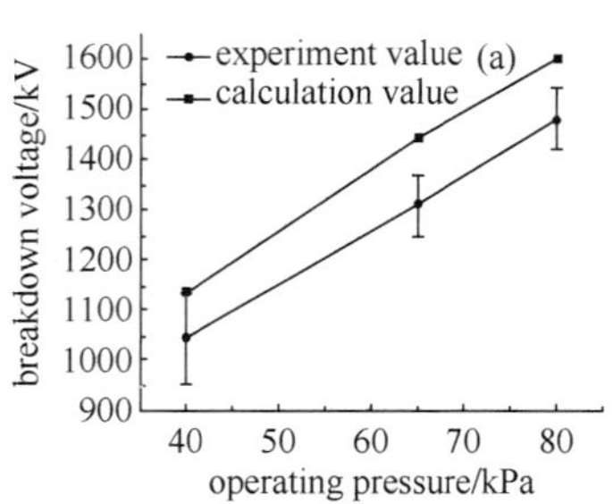

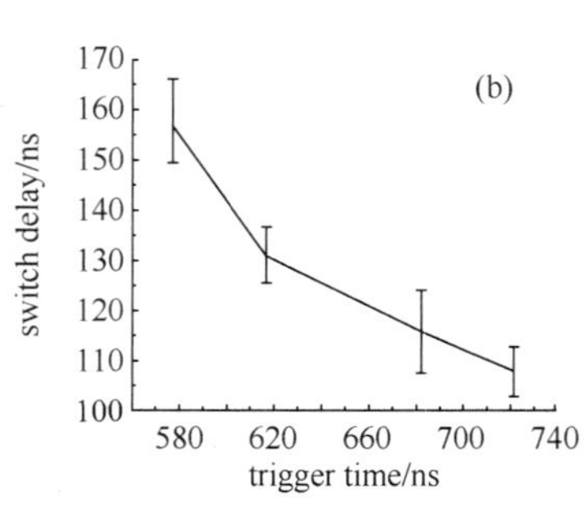

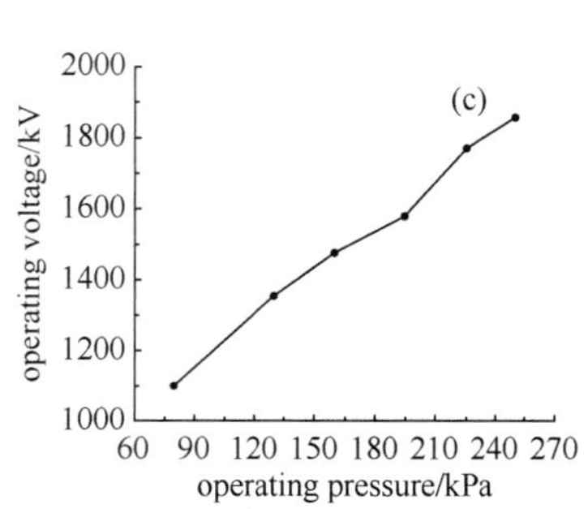

Fig.3 Self-breakdown characteristic, trigger characteristic and operation characteristic of # B switch

图 3 B 开关的自击穿实验结果、触发时延特性和工作特性

3 同步触发系统

同步触发系统为气体主开关和 Marx 发生器之间提供延时同步触发，其工作过程是：获取 Marx 发生器对形成线充电电流信号，对该信号进行整形滤波，然后由快速比较单元给出形成线开始充电后 100ns 的时间点，快速比较单元输出信号启动前级触发电路，前级触发电路输出再触发 FTG-100 触发器，FTG-100 触发器的输出经内置式电感送入传输线内筒，最后同时触发 3 个多级多通道气体开关。图 4 给出了主开关同步触发系统方案的方框图。

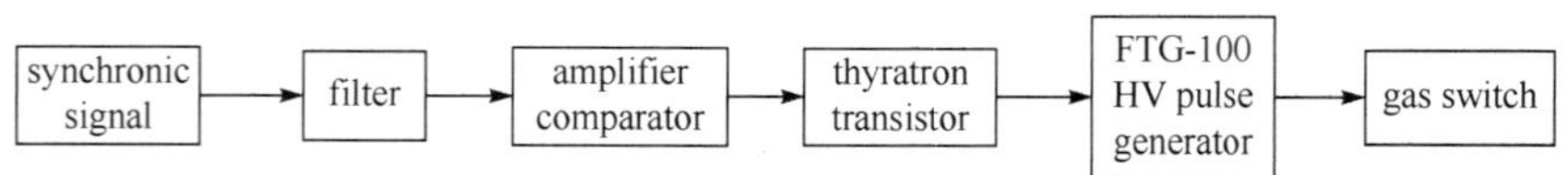

Fig.4 Schematic of synchronized trigger system

图 4 主开关同步触发系统方框图

同步触发系统的调试结果为[7]：提取同步信号时延 66ns，抖动 4.6ns，快速比较单元时延 180ns，极差 10ns，FTG-100 触发器时延 200ns，抖动 3.3ns，触发器系统总时延 446ns，极差 30ns。开关工作点选在 1000ns 时，扣除气体主开关的击穿时延 100ns，还有 454ns 的时间可用于连接电缆的延迟时间。FTG-100 高压脉冲产生器的额定工作电压 100kV，输出电压脉冲前沿小于 10ns。

4 水介质中气泡消除技术

水中气泡是低阻抗水介质同轴线绝缘安全的大患，在并联同轴线的汇聚区域，由于电场分布更加复杂，对水介质中的气泡要求更高。根据水中含气的物理规律可知，水中气泡不可能一劳永逸的处理干净，只能借助于一定的物理方法在一定时间内减少气泡到要求的指标之内。水面施负压会使气体溶解度降低，导致气泡析出，结合减压并辅助水流循环可以加快气泡析出和排出的速度[8]。

水介质同轴线部分真空除气系统包括高于水线水面 3～5m 的真空除气罐和回流管道以及真空系

统。真空罐中保持负压时，水介质同轴线中的水被负压吸入到真空罐，当真空罐中的水位达到一定位置时，从溢流管道再回到同轴线中形成循环。仅通过真空负压释气的速度非常缓慢，必须辅助水循环技术加快水中气泡的析出和排出才有实际的使用意义。在形成线外筒壁上设计了两组高压注水孔，见图 5，每个孔都带有 25°的倾角和 19°的方位角，见图 6。在增压水泵 3MPa 的注水压力下，能够在同轴线中形成涡流。在真空除气系统的配合下，能够在 2h 内使 18kg 水介质中的气泡基本去除，个别部位残余的气泡可以再通过水枪直接冲刷。

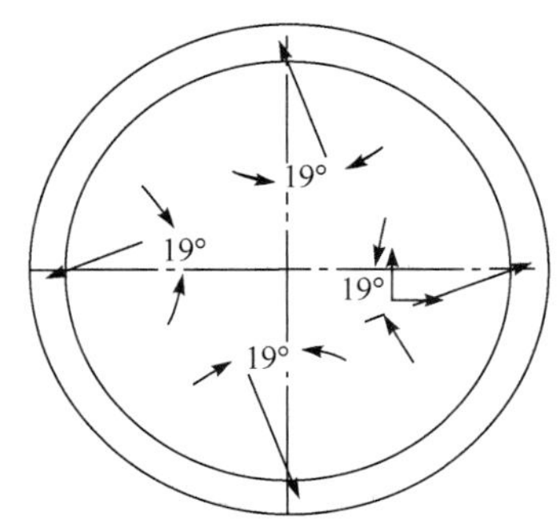

Fig.5 Structure of high pressure water pore

图 5 高压注水孔结构

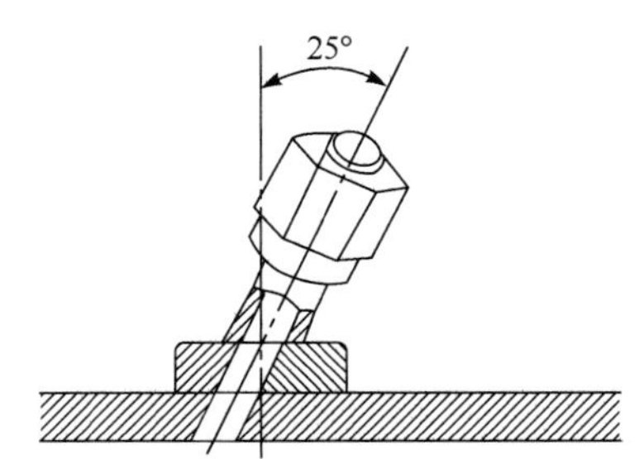

Fig.6 Water pore with azimuth and obliquity

图 6 带有倾角和方位角的注水孔

5 应用结果

采用新的并联形成线和气体主开关，通过同步触发系统对 Marx 发生器和主开关的关联，在 3 个气体开关同步运行下，加速器重新获得了稳定的工作状态，在二极管上获得典型的二极管电流、电压和功率波形见图 7。通过水介质中气泡消除新技术的应用，并联形成线汇聚区域的绝缘隔板没有因为水中气泡发生击穿现象，提高了加速器运行安全性。

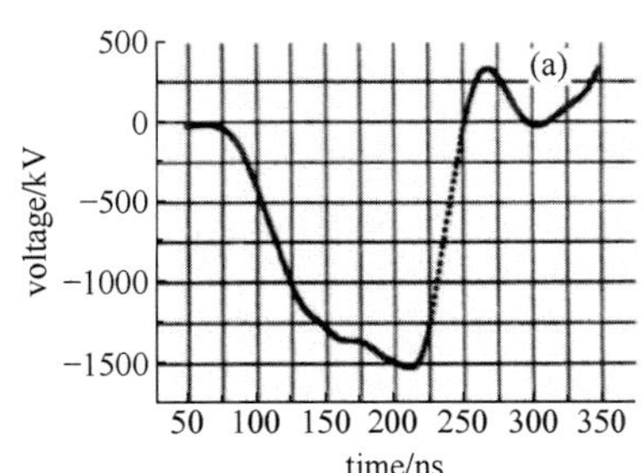

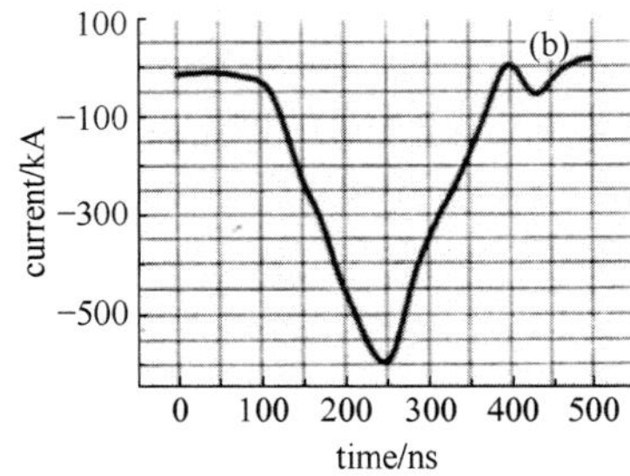

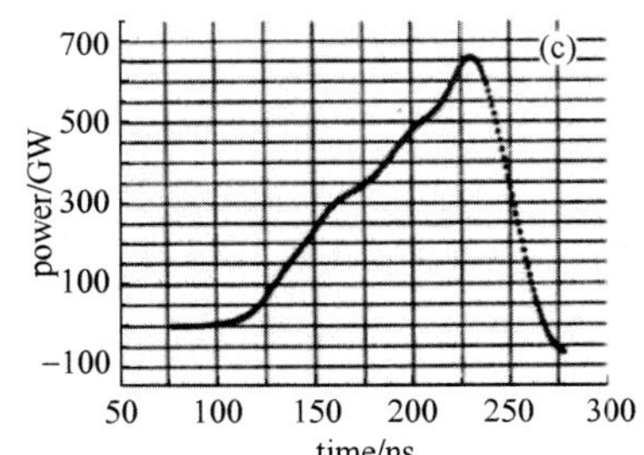

Fig.7 Typical waveforms of diode

图 7 典型的二极管输出波形

6 结论

并联形成线的调试成功，实验验证了并联结构 3 维电场的绝缘设计，形成线并联并结合传输线的改造，使加速器水介质同轴线部分实现了匹配传输，提高了能量传输效率；通过对开关电极处理和装配工艺的控制以及触发参数的选取，3 个多级多通道气体主开关并联运行获得成功；同步触发系统的工作时延缩短到 Marx 发生器对形成线充电时间的 50%，可以实现有效控制触发主开关的时刻；水中气泡处理系统有效保证了加速器的运行安全和运行效率。

参考文献

[1] 邱爱慈. 闪光二号加速器[C]//全国高功率粒子束十周年交流文集. 1995: 22-24.

[2] 来定国, 黄建军, 张永民, 等. “闪光二号”加速器主开关电场电容计算[C]//第九届全国高功率粒子束会议文集. 2004: 134-138.

[3] 杨自祥. 1MV 多级气体开关[C]//全国高功率粒子束会议十年文集. 1995: 207-209.

[4] Turman B N, Humphreys D R. Scaling relations for the rimfire multi-stage gas switch[C]//Proceeding of the 6th IEEE Pulsed Power Conference. 1987: 347-353.

[5] 孙风举, 邱爱慈, 尹佳辉, 等. MV 级边缘点火多级多通道电脉冲触发气体开关的设计[C]//第九届全国高功率粒子束会议文集. 2004: 142-148.

[6] 黄建军, 张永民, 来定国, 等. 多级多通道气体开关的实验研究[J]. 强激光与粒子束, 2008, **20**(2): 339-342.

[7] 杨莉, 程亮, 黄建军, 等. 闪光二号加速器气体主开关同步触发系统[J]. 强激光与粒子束, 2007, **19**(6): 997-1000.

[8] 张永民, 任书庆, 黄建军, 等. 水中气泡问题小议[C]//第九届全国高功率粒子束会议文集. 2004: 79-82.

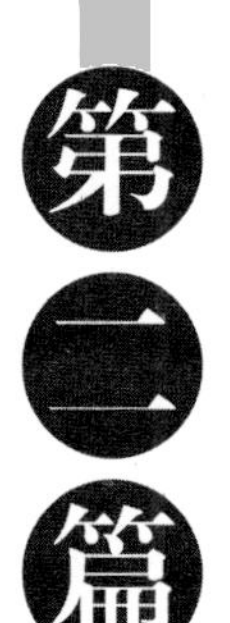

第二篇

快Z箍缩技术

快Z箍缩是指利用兆安培以上的脉冲大电流产生的强磁场对等离子体进行轴向聚缩的过程，可形成瞬态高温、高密度、强磁场及强辐射等极端环境，用于高能密度物理研究，包括强脉冲辐射物理、惯性约束聚变、极端条件下材料科学及天体物理等多个前沿科技领域是核大国科技竞争制高点。

邱爱慈院士在Z箍缩研究领域的突出贡献主要表现在以下几方面：

1. 超前谋划，开拓国内快Z箍缩技术研究

1996年禁核试后核技术与效应研究转变为以实验室模拟为主，实验室核辐射模拟的作用更为重要。20世纪90年代中期，邱爱慈院士敏锐把握超快Z箍缩技术的发展趋势和在国家安全中的重要需求，主持效应装置(后命名为“强光一号”)建设方案论证时就超前谋划布局快Z箍缩技术研究，并在1997年底应用“强光一号”装置完成喷氪气Z箍缩实验研究，得到总能量～60kJ，辐射功率～2TW的当时国内强度最高的软X射线，在1998年成都召开的中国核学会核聚变与等离子体应用学术讨论会上汇报了相关研究成果，由此开创了国内快Z箍缩技术研究的先河。

彼时，快Z箍缩技术国际发展势头迅猛，而国内实验平台、研究经费及人才队伍都相对缺乏，与国外相比存在较大差距。为了促进我国快Z箍缩技术发展，邱爱慈院士分别向时任国家自然科学基金委副主任的王乃彦院士和时任国防科工委科技委主任的朱光亚院士等专家汇报，积极争取获得国家自然科学基金委及相关上级部门的支持，并于1999年初正式向国家自然科学基金委递交了将Z箍缩技术研究列入基金指南的书面建议稿。国家自然科学基金委于同年中期组织西北核技术研究所、中国工程物理研究院、北京应用物理与计算数学研究所、核工业西南物理研究院、清华大学、西安交通大学等相关单位开展技术研讨，梳理Z箍缩需要紧迫发展的关键技术，会上快Z箍缩技术在国家安全中的重要性获得专家高度认可，同时决定将Z箍缩技术研究正式列入国家自然科学基金项目指南，并由邱爱慈院士负责牵头撰写指南文稿，1999年底国家自然科学基金Z箍缩技术研究项目指南正式对外发布。

为了有效组织研究团队，邱爱慈院士牵头于2000年1月18日至20日在西安举办了快Z箍缩技术的研讨会，时任国家自然科学基金委副主任王乃彦院士、中国人民解放军总装备部钱绍钧院士、吕敏院士，西安交通大学和核工业西南物理研究院的专家，以及西北核技术研究所相关领导出席了会议。会上探讨了Z箍缩技术研究的必要性、可行性和重要意义，并详细地报告了研究所在该领域的研究基础、发展现状、研究计划和方案等。这次研讨会进一步统一了认识，并成立了以西北核技术研究所为核心，西安交通大学和核工业西南物理研究院联合攻关的快Z箍缩研究团队，校所联合初见雏形，为后来快Z箍缩技术的蓬勃发展打下坚实基础。

2000年邱爱慈团队获批国内第一个由电工学科和物理Ⅱ部联合支持的与Z箍缩有关的国家自然科学基金重点项目“高功率Z箍缩内爆、辐射特性及脉冲驱动源技术”，并获得了总装备部的配套经费支持，从驱动源、理论与数值模拟、实验诊断和负载研究四个方面开展快Z箍缩技术的基础研究。基金重点项目的设立促进了包括中国工程物理研究院在内的国内多个相关单位开展Z箍缩研究，为快Z箍缩研究在国内发展起到了重要推动作用。

2. 坚持不懈强化基础研究，成果斐然

自2000年起，邱爱慈院士团队先后获得国家自然科学基金重点项目(3项)和重大项目(1项)的支持，多项重要研究成果得到了应用。

在Z箍缩研究平台建设方面，建立了以“强光一号”为依托的当时国内唯一可开展Z箍缩研究的实验平台，包括Z箍缩负载电参数诊断、辐射参数诊断、动力学过程光学诊断等系统，自主研制了包括镍薄膜量热计、闪烁体光电管X射线功率计、紫外八分幅相机等完整配套的诊断系统，在满足自身实验需求的同时，还为中物院等单位开展相关研究提供了平台。

在Z箍缩基础物理研究方面，在国内率先开展了高功率Z箍缩内爆及辐射物理特性研究，优化获得W丝阵负载参数，获得丝阵Z箍缩X射线总能量～30kJ、辐射功率1.3TW；获得了X射线辐射参数和紫外分幅图像，揭示了快Z箍缩过程动力学演化过程。上述研究成果深化了对于快Z箍缩物理的认识和理解，对于实验室高效获得软X射线输出具有重要意义。在国内率先开展了高功率Z箍缩产生keV级特征X射线研究，利用双层喷气负载获得Ne等离子体产生～1keV的X射线能量8kJ、功率0.3TW；获得Al等离子体产生1.5～2keV的X射线总能量6kJ、功率0.2TW，研究结果直接用于武器壳体材料/诱饵的热力学效应冲量耦合实验，获取了重要参考数据。在国内首先开展了MA级电流下X箍缩及基于回流柱点投影X箍缩诊断，以及负载平面型丝阵内爆及辐射特性等研究，获得了丝阵负载早期熔蚀图像以及Z箍缩内爆过程等效电参数与能量转换等物理规律，对于Z箍缩负载的准确电路建模、输出电参数预估和下一代大型X射线辐射模拟源整体优化设计具有重要意义。国内首次实现在大型脉冲功率装置Z箍缩研究中建立激光探针诊断系统，开展了单丝电爆炸特性、丝阵核冕结构演变过程及其调控方法研究，实现了核冕结构的有效抑制以及X射线辐射波形的调控，为未来大型Z箍缩装置负载设计提供了理论依据和技术支撑。

在Z箍缩驱动源技术方面，邱爱慈院士团队多年来一直专注于快直线型变压器驱动源(fast linear transformer driver，FLTD)技术研究。FLTD被国内外认为是下一代高功率脉冲驱动源领域最有发展前景的技术。在国家自然科学基金第一个重点项目支持下，团队在国内率先开展了LTD技术研究，建立了国内第一个亚微秒级LTD模块，系统研究了LTD输出性能与磁芯、几何结构和初次级耦合系数等参数的关系；2005～2010年邱爱慈院士主持完成了国家自然科学基金重点项目“直接驱动脉冲功率源关键技术”，提出了新型20MA/300nsFLTD驱动源的概念性设计方案，强调次级采用水介质传输线以避免长距离磁绝缘传输线(MITL)电子鞘层电流损失，研制出国内第一个FLTD模块(300kA/100ns)。2013～2017年邱爱慈院士主持完成了国家自然科学基金第三个重点项目“快Z箍缩中金属丝阵负载早期行为研究”，突破了快前沿预脉冲源与兆安级电流主脉冲配合的关键技术，建成世界首台耦合独立快前沿预脉冲源的双脉冲Z箍缩实验平台(10kA/800kA)，有效实现金属丝早期熔蚀过程中的完全气化，有望实现X射线辐射功率的新突破。2018年邱爱慈主持国家自然科学基金委电工学科重大项目“直接驱动型超高功率电脉冲产生与调制的基础研究”(2018～2022年)，研制成功气体绝缘与插拔式支路新架构的1MA/100kV/150ns模块；研制成功国际上首个基于5GW支路采用共用腔体新架构与延时线触发的四级串联FLTD，可维护性好、触发简洁，技术国际领先；建立了FLTD驱动源电路、整体径向传输线电磁、负载磁流体的驱动源与负载耦合模型，为建立数十MA电流、数MV电压的百TW级快Z箍缩驱动源的总体设计、参数优化和工程研制奠定重要基础。

通过多年不懈研究，我国快Z箍缩研究水平在理论、物理实验、负载技术、诊断技术及脉冲功率技术等方面得到大幅度提升，在取得一大批重要研究成果的同时，大大缩短了我国Z箍缩研究方面与国际先进水平的差距，实现从“跟跑”到部分研究成果“领跑”的局面。

3. 面向未来，策划百太瓦Z箍缩国家重大科技基础设施

我国现有Z箍缩装置与国际先进水平相比落后近30年，百太瓦级Z箍缩装置的缺乏成为我国战略武器抗X射线加固实验研究和理论评估的短板。

在近20年的Z箍缩物理和脉冲功率源技术研究基础上，2015年，邱爱慈院士带领由西安交通大学和西北核技术研究所组成的联合团队，向教育部提交了Z箍缩设施建议书，建议我国基于新一代直接驱动技术路线，建设一台峰值电流34MA、峰值功率120TW并集成多种应用平台和先进诊断系统的Z箍缩重大基础设施。该设施建成后将成为国际首台功率超过百太瓦的Z箍缩装置，对实现我国高功率脉冲驱动源技术的引领突破、促进前沿科技创新具有重大意义。2016年至今，邱爱慈院士领导团队组建了总体设计、单元技术攻关和重点科学目标预研工作组，组织了技术方案专家研讨会、用户需求

分析论证会等，确定了核心科学目标、掌握了关键技术、研制了部分部件、完成了总体设计。

Z箍缩设施得到了教育部、陕西省、西安市以及所属单位的大力支持。2016年，Z箍缩设施入选教育部首批国家重大科技基础设施培育项目。为了加快Z箍缩设施的培育进展，2017年12月西安交通大学和西北核技术研究所成立了“Z箍缩及应用研究中心”。在邱爱慈院士的倡议和策划下，2017年12月成功召开了第S38届“快Z箍缩科学前沿问题及关键技术”香山会议，形成了我国快Z箍缩科学前沿问题及关键技术的中长期发展战略的共识。会后，邱爱慈等11名院士通过中国工程院向中办、国办等提交了“关于加快建设Z箍缩重大科技基础设施促进前沿科技创新的建议”，建议“我国以军民融合的方式加快建设高水平的Z箍缩重大科技基础设施”。2020年6月，邱爱慈院士组织团队集智攻关，提交了“十四五”百太瓦Z箍缩国家重大科技基础设施立项建议书，先后通过教育部和国家发改委评审，指标调整为电流峰值15～20MA，目前正在进行可研报告的编制。

强脉冲 X 射线源与等离子体*

摘要：本文简述了强脉冲 X 射线源的发展，以及在 Z-pinch、强箍缩电子束二极管、等离子体断路开关中的等离子体问题。

1. 引言

强脉冲 X 射线源在高能量密度、惯性约束聚变和辐射效应模拟研究等方面有重要的应用。80 年代以来，由于高功率脉冲加速器技术的发展，输出功率达到几十太瓦以上，使强脉冲 X 射线源的参数得到大大改善，人们一直努力寻求在实验室内产生超强的 X 射线辐射正在逐步成为现实。产生强脉冲 X 射线主要有两种途径，一种是采用高功率电子束轰击高 Z 物质产生韧致辐射，目前主要致力于软化韧致辐射能谱，增加光子能量小于 100keV 的辐射能量(硬 X 射线)；另一种是采用高功率脉冲装置驱动内聚爆等离子体(Z-pinch)，产生强的软 X 射线(光子能量小于 10keV)辐射。表 1 列出了世界上主要的脉冲 X 射线源的主要参数[1][2][3][4]。

表 1　世界主要脉冲 X 射线源参数

装置名称	国家(实验室)	装置总储能	峰值电流	X 射线总能量	备注
SATURN	美(SNL)	5.4MJ	10.5MA	750kJ(韧致辐射) 630kJ(软 X 射线)	已运行
PBFA-Z	美(SNL)	13MJ	20MA	2MJ(软 X 射线)	已运行
X-1	美(SNL)	27MJ	60MA	16MJ(软 X 射线)	在设计中
ACE-4	美(MLI)	4.6MJ	8MA	108kJ(软 X 射线)	在调试中
DECADE	美(PI)	10MJ	25MA	200Gy(10000cm^2 韧致辐射) 400kJ(1keV 的 X 射线)	已运行 在调试中
GIT-16	俄(HCEI)	6.8MJ	7.6MA	14kJ(1.5～2keV 的 X 射线)	在调试中
SYRINX	法(CEG)	10～20MJ	20～30MA		在设计中

本文主要对强脉冲 X 射线源中涉及等离子体物理领域的有关技术作简要的介绍。

2. Z-pinch 等离子体辐射源[2][5][6]

利用磁场驱动的 Z-pinch 产生强脉冲 X 射线辐射可以用以下几个过程描述，首先是由高功率脉冲装置产生的电流脉冲加到处于真空腔中心处的圆柱状等离子体负载上(金属丝阵列或喷气负载)；然后驱动电流产生的磁力引起等离子体内聚爆炸，并将电磁能转换为粒子动能；在最后阶段，当等离子体在爆炸轴附近停止时，粒子的动能最终转变为辐射能。储存在负载附近的磁场能量继续驱动散开的等离子体，同时产生附加的辐射。这样产生的总的 X 射线能量有可能超过爆炸中的粒子动能。

Z-pinch 的原理早在 60 年代就已提出，但研究进展不大，主要受到与爆炸等离子体不稳定性控制有关问题的限制，然而 1980 年以来，对爆炸等离子体 Liner 磁流体动力学不稳定性产生的分析研究，以及高功率快脉冲加速器的出现，Z-pinch 性能方面取得重大突破，即采用更短的等离子体爆炸时间时，可以更容易得到短的高温辐射脉冲。在 Z-pinch 不稳定性控制中另一个重要突破是不久前在 Saturn 加

* 该文原载于 1998 年《中国核学会核聚变与等离子体应用学术讨论会论文集》，成都。

速器上达到的，采用了多丝阵负载，将丝的数目增大到 120 根，而保持丝的总质量不变，使 Z-pinch 性能得到定量的改进。正是这些技术上的突破，使 Z-pinch 技术又重振雄风，并在实现可持续核聚变的努力中成为一项新的竞争技术。同时 Z-pinch 装置产生的强 X 射线对辐射效应和加固技术研究也提供了极好的辐射模拟环境。目前主要研究的问题是：(1)在驱动电流一定的条件下，提高 X 射线辐射转换效率；(2)为建立更大的 Z-pinch 装置，研究 X 射线产额与电流的定标关系；(3)控制 X 射线能谱、压缩 X 射线脉宽和前沿的研究；(4)完善理论模型，使理论与实验之间建立强的互相依赖关系；(5)发展新的等离子体诊断技术。

3. 强箍缩二极管[7][8]

用强流电子束轰击产生韧致辐射，存在的主要问题是能谱较硬，伴生很大份额的高能 X 射线(大于 100keV)。为提高硬 X 射线的产额，发展了强箍缩二极管，如研究了反射二极管(图 1)和反射三极管(图 2)，使阴极发射的电子被对面的虚阴极(或阴极)反射而多次穿过阳极辐射靶，软化韧致辐射谱。另一种方法是由箍缩二极管产生的电子束，以较大的入射角和较大半径进入由载流直导线产生的角向磁场，在电荷、电流中和的条件下发生磁场梯度漂移而沿轴向传输。若在漂移管中某一位置放置一定形状、厚度的金属转换靶，电子在回旋运动过程中多次穿过靶膜，与靶相互作用产生较软的韧致辐射(图 3)。再是进一步降低电子加速器能量，增大电子束流，为了不影响加速器总的能量传输效率，采用串接箍缩二极管技术，即保持总的二极管端电压不变，将二极管分成几级串接，每一级的端电压为 200～400kV，从而得到硬 X 射线辐射谱。目前主要研究的问题是：(1)强箍缩二极管中电子流、离子流以及等离子体的动力学；(2)电子束与等离子体的相互作用，强束流的传输、约束；(3)阳极靶物理与设计。

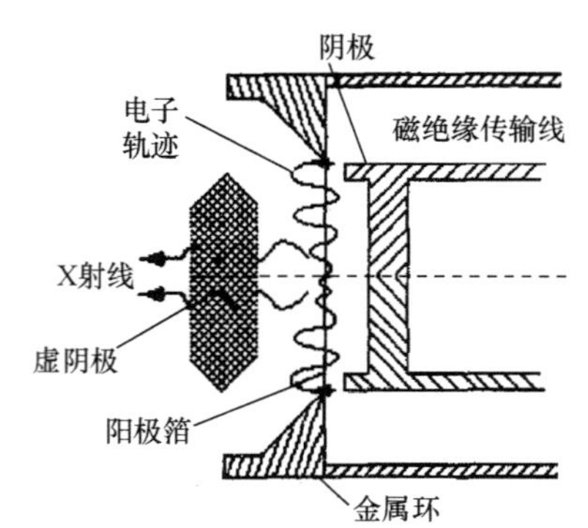

图 1　强箍缩反射二极管的典型结构图

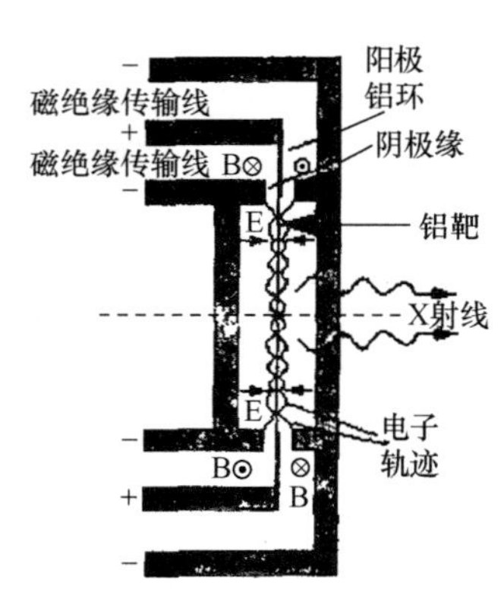

图 2　强箍缩反射三极管典型结构图

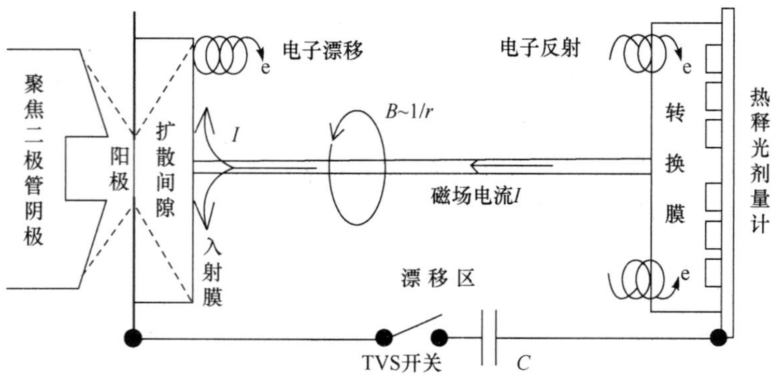

图 3　电子束在角向磁场中传输和打靶示意图

4. 等离子体断路开关[9][10]

30 多年来，高功率脉冲粒子束加速器在能量存储、脉冲压缩和传输方面得到很大发展，主要有电容式储能、磁感应式储能以及电感式储能。由于电感储能相比电容储能具有结构紧凑、重量轻、成本低等突出优点，已成为大型强脉冲 X 射线源中采用的主要储能和脉宽压缩方式，而在实际系统中往往采用几种储能方式组合，最后一级多数都是采用电感储能。电感储能的概念虽然早在 30 年前就已提出，但直到 80 年代，由于高功率断路开关技术研究的突破性进展，电感储能系统才得到实际应用。高功率断路开关主要有电爆炸熔断丝开关、光激发的半导体开关、等离子体断路开关(POS)和电子束控制开关(又称反射型 RS)等。在大型强脉冲 X 射线源中要求断路开关有大的传导电流、长的传导时间、高的开路阻抗和快的开断时间，并能实现多模块并联工作，POS 和 RS 较有发展前途。POS 是利用在高真空阴阳极间注入密度为 $10^{12}\sim10^{15}\text{cm}^{-3}$ 的等离子体实现电流传导，并在 10～100ns 时间内迅速地从短路状态转换到开路状态的一种开关。用融蚀模型解释 POS 工作过程可以分为 4 个阶段，即电流传导、等离子体融蚀、增强融蚀和电子流磁绝缘阶段。其中第一阶段又称为闭合阶段，后面三个阶段合称为开关断开阶段，如图 4 所示。在断开阶段，开关可以看作满足双极空间电荷限制的二极管，阴极是电子发射极，等离子体是离子发射极，随着开关电流增加，等离子体需要提供更多的离子流，使阴极表面鞘层厚度增加，开关阻抗随之增大，因此，流过开关电流迅速减小。由于储能电感的存在，开关两端将感生一个脉冲高压，驱动负载。当负载电流增大到使电子在角向自磁场中的平均回旋半径远小于鞘层厚度时，开关就进入了电子流磁绝缘阶段，此时开关断开到最大程度。RS 相当于加磁场的反射型三极管，其工作过程可分为三个阶段描述，如图 5 所示。在起始阶段，从阴极 K_1 发射的电子反射通过阳极 A 并在其中沉积能量(开关呈高阻抗)，某些电子达到 K_2，并使 K_2 充电到 K_1 的电位。在导通阶段，形成离子源，离子中和电子空间电荷，开关处于低阻抗状态，间隙上的电压与电流无关。在断开阶段，在 A 和 K_2 之间形成的等离子体云使其短路，电子不再反射，K_1 和 A 之间处于高阻抗，为保持电流不突变，开关两端感生一个高电压脉冲。这种开关具有高功率和快的开断时间，如一旦解决电荷中和问

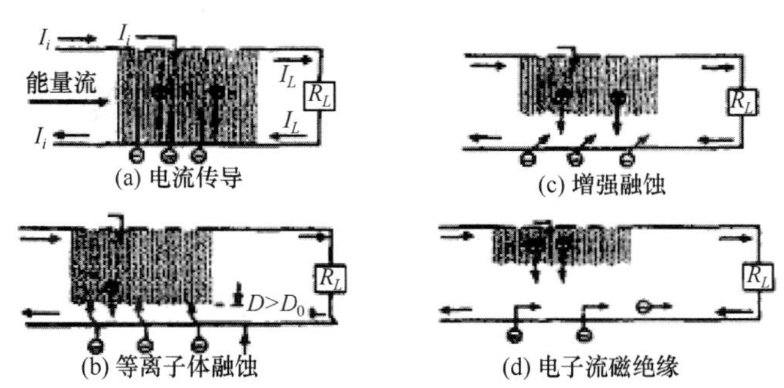

图 4　等离子体断路开关融蚀模型示意图

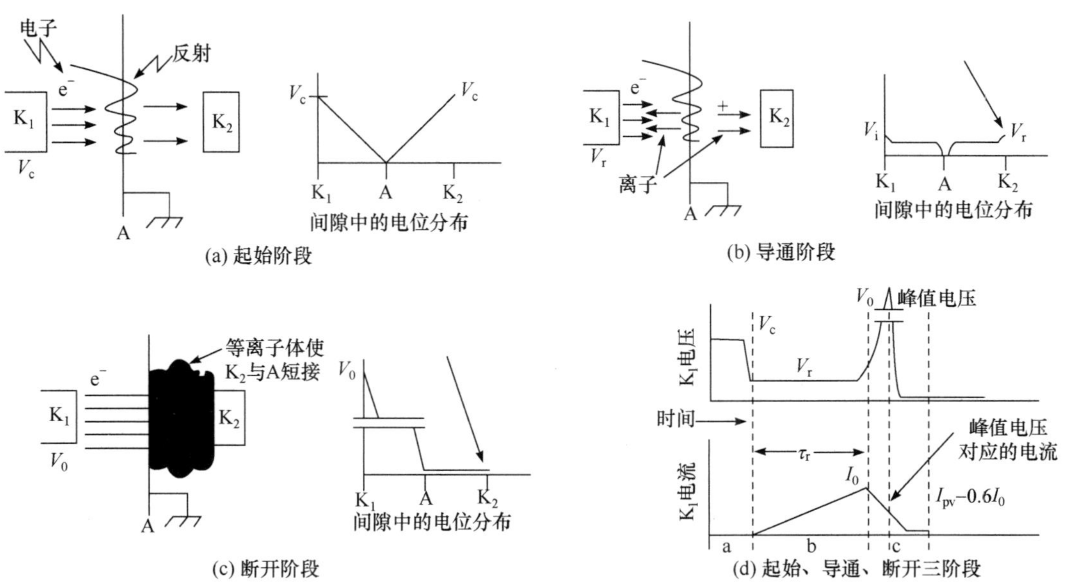

图 5　反射型开关结构及原理示意图

题，可以具有长的导通时间(几个微秒)和高的开路阻抗，对大型强脉冲X射线源是一种很有发展前途的断路开关，目前还处于理论和实验的基本物理过程研究阶段。POS已成功地用于高功率脉冲装置，开关导通时间可达到几百纳秒至微秒，目前仍在深入研究，主要有：(1)研究限制POS开路阻抗和传导时间的物理过程；(2)补充、修正已有的理论模型或提出新的解释；(3)研究POS的临界触发问题。

5. 结束语

我国在脉冲X射线源及其关键技术研究方面，从80年代后期开始进行了探索性的研究，如清华大学开展了脉冲软X射线发生器的实验研究，用2.25μF、8.8kA的脉冲电流驱动喷气式负载，获得了2～6keV的软X射线辐射，探讨了气体初始密度对软X射线产额的影响[11]。他们与西核所合作，在DPF-200等离子体聚焦装置上产生3～60keV的50～90J的脉冲X射线输出[12]。西核所在闪光二号加速器上，用相对论电子束在角向磁场中传输打靶的方法，进行了硬X射线产生机理的探索性研究，获得光子能量小于124keV的脉冲X射线总剂量为1840Gy · cm^2，X射线转换效率达到108Gy · cm^2 / kJ (kJ为二极管发射的电子束能量)[13]。西核所等单位还开展了POS实验和理论研究[14]。中国工程物理研究院开展了电磁内爆产生等离子体的理论研究等。今后西核所将利用已有的高功率脉冲加速器如闪光二号、电感储能RS-20装置、多功能辐射“效应”装置(输出电流达2MA)，深入开展脉冲X射线源中等离子体物理问题及关键技术研究。

参考文献

[1] W. J. Summa, et al. Advances in X-ray simulitor technology. In: *Proc. 10th IEEE Pulsed Power Conf.*, IEEE Cat. No. 95CH35833, Albuquerque, NM, 1995. 1～12

[2] Juan J. Ramirez. IEEE Trans. Plas. Sci. , 1997. 25(2): 176～188

[3] БугаевС, Пидругие // Изв.вузов, Физика—1997, —No12. —C.38

[4] T. H. Martin, et al. PBFA Ⅱ, The pusled power characterization phase. In: *Proc. 7th IEEE Pulsed Power Conf.*, IEEE 1987. 225-230

[5] N. R. Pereira and J. Davis. J. Appl. Phys. 1988. 64(3): R1～R27

[6] T. W. L. Sanford. Phys. Rev. Left., 1996. 77(25): 5063～5066

[7] S. J. Stephanakis et al. Experimental study of the pinch-beam diode with thin, unbacked foil anodes. In: *9th Int. Conf.on High Power Particle Beams*, 1992. 871～877

[8] T. W. L. Sanford et al. Potential Enhancement of Warm X-ray Dose from a Reflexing Bremsstrahlung Diode. CONF-9507125-3(1995)

[9] Ottinger P. F. J. Appl. Phys. , 1984, 56(3): 774～784

[10] 曾正中, 邱毓昌, 邱爱慈等. 电工电能新技术, 1998, 17(1): 25-29

[11] 李成榕, 杨津基, 罗承沐等. 强激光与粒子束, 1990, 2(4): 418-424

[12] 韩旻, 罗承沐, 王克超等. 强激光与粒子束, 1995, 7(3): 461-466

[13] 樊亚军, 邱爱慈, 石磊等. 硬X射线源的概念性研究. 见：中国加速器学会高功率粒子束专业组主编. 第六届全国高功率粒子束会议论文集(下). 北戴河, 1996. 9

[14] 孙风举, 邱爱慈, 许日等. 等离子体融蚀开关(PEOS)的实验研究. 见：中国加速器学会高功率粒子束专业组主编. 第六届全国高功率粒子束会议论文集(上). 北戴河, 1996. 9

我国快 Z 箍缩研究进展*

摘要：简要介绍了国外快 Z 箍缩的发展及国内的研究进展，重点介绍了利用“强光一号”和俄罗斯“安哥拉 5-1”等脉冲功率装置开展的 Z 箍缩实验研究，研究了不同结构参数的喷 Kr 气负载、钨丝阵、铝丝负载在不同驱动电流参数条件下的 Z 箍缩内爆过程和辐射特性。其中在电流幅值 1.4～1.6MA、上升时间～100ns 时，对丝质量为 47.6μg/cm 的喷 Kr 气负载，获得 X 射线辐射能量大于 60kJ、峰值功率 1.7TW，总的能量转换效率大于 20%；而对ϕ12mm、48 根 5μm 的钨丝阵负载(线质量 181.8μg/cm)，获得 X 射线能量大于 30kJ、峰值功率 1.3TW，总的能量转换效率大于 12%。实验还表明在 Z 箍缩过程中，喷 Kr 气负载存在“拉链”现象，丝阵负载存在等离子先导现象。随着丝数增加，先导变得不太明显，箍缩更加均匀，而双层丝阵结构比单层丝阵箍缩要好，比较规则，较好地抑制了瑞利-泰勒(R-T)不稳定性。

近十年来，快 Z 箍缩技术研究取得突破性进展，瑞利-泰勒(R-T)不稳定性得到有效控制，短短几年内辐射功率增长约 7 倍[1]。1997 年，圣地亚实验室将原脉冲轻离子束聚变装置 PBFA-Ⅱ改造为 Z 装置，采用 200～400 根μm 级钨丝阵双层嵌套式负载，输出辐射功率达到 290TW，X 射线总能量 1.9MJ，成为目前世界上最强的脉冲 X 射线源。在 Z 装置上进行了一系列科学实验研究，在系统电磁脉冲(SGEMP)、核武器物理模拟、材料状态方程等方面取得重大技术进步[2]。如在 Z 装置上，利用动力学黑腔，在 2 毫米氘靶丸中吸收 20kJ 辐射光后产生了 2.6×10^{10} 个热核(D—D)聚变中子[3]。快 Z 箍缩产生强大的 X 射线具有能量转换效率高(15%～20%)、设备造价低、技术相对简单等突出优点，科学实验已显示了它在 X 射线辐射效应、材料状态方程、辐射输运、惯性约束聚变研究等方面的重要应用前景。因此，美国已决定将 Z 装置升级为 ZR 装置，预计 2005 年完成。ZR 装置的驱动电流达到 26MA、X 射线辐射总能量和功率分别达到 3.0MJ 和 350TW，还计划建造 X-1 装置，其驱动电流 60MA，X 射线辐射能量 16MJ[4]。俄罗斯、法国、英国也都在深入研究快 Z 箍缩物理和技术，并制定了中长期发展规划。如俄罗斯正在研制“贝加尔”装置，其驱动电流 50MA、脉宽 100～150ns、X 射线辐射能量 10MJ[5]。今后的发展趋势是在较长内爆时间内(200～250ns)控制 R-T 不稳定性，提高辐射功率和能量，同时发展新的脉冲驱动源技术，重点是快放电的初级脉冲储能系统，以达到直接驱动 Z 箍缩负载，降低设备造价。

为了跟踪国际上这一领域的研究进展，在国家自然科学基金重点项目(10035020、10035030)支持下，我国从 2001 年开始研究，参加单位有：中国工程物理研究院、西北核技术研究所、清华大学、西南物理研究院、西安交通大学。本文介绍了这几年国内快 Z 箍缩研究进展，重点是实验研究结果。

1 国内 Z 箍缩研究概况

1.1 Z 箍缩等离子体内爆辐射特性研究

(1) 利用西核所的“强光一号”装置和俄罗斯的“S-300”(库尔恰托夫所)、“Angara-5-1”(新能源所)等装置开展了快 Z 箍缩的实验研究。

(2) 开展了喷气负载和丝阵负载技术研究，较好地解决了多根钨丝(8～100 根)及复合多层丝阵制备工艺和真空中的变形问题，已获两项发明专利。

(3) 基本建立了一维 MHD 和二维辐射磁流体动力学程序。用二维程序，结合实验结果进行数值模

---

* 该文原载于 2004 年《粒子加速器学会第七届全国会员代表大会暨学术报告会文集》，安徽黄山。

拟，研究了喷 Kr 气和钨丝阵负载的辐射输出特性，以及负载参数、驱动电流参数、不同初始密度扰动对 X 射线、输出功率和能量的影响；研究了内爆过程中电子、离子温度和等离子体密度的时间分布，磁场和电流密度的演化以及快 Z 箍缩等离子体腊肠不稳定的演化等。用一维 MHD 程序，结合实验结果进行数值模拟，研究了快 Z 箍缩等离子体不同界面的内爆轨迹，以及 X 射线能量转换机制等。

(4) 提出了电流脉冲波形对负载初始参数的定标有显著影响，证明了对应各种脉冲功率装置优化选取负载初始参数的定标常数。理论上研究了影响瑞利-泰勒(R-T)不稳定性的因素，研究了剪切轴向流(SAF)单独和有限拉莫半径(FLR)及 SAF 和 FLR 协同作用对 R-T 不稳定的抑制作用，研究了黏滞对 R-T 不稳定性的抑制作用，发现黏滞对 R-T 不稳定的抑制作用比 SAF 和 FLR 都强。

1.2 Z 箍缩等离子体辐射诊断技术研究

(1) 研制了镍薄膜量热计(测量 X 射线总能量)测量系统；
(2) 研制了分能区、四分幅 X 射线图像诊断系统；
(3) 研制了时空分辨的软 X 射线能谱诊断系统(包括弯晶谱仪和透射光栅谱仪)；
(4) 研制了紫外四分幅相机；
(5) 研制了针孔成像加光电闪烁记录的 X 光辐射功率谱测量系统；
(6) 研制了 40 路光纤加条纹相机的 X 光辐射时空分布测量系统；
(7) 研制了高分辨平板相机(测量 X 光积分图像)；
(8) 研究了强放电、强干扰等复杂环境下的探测系统的实验技术，较好地解决了预脉冲误触发问题，实现了探测系统与“强光一号”Z 箍缩放电的同步，以及采取一系列抗干扰措施和真空隔离等保护措施。研究了用于保护探测器的微秒级快阀技术。

此外，还与西安光机所和成都光电所合作研制了 X 光分幅相机和四倍频紫外光探测系统(用来测量等离子体成像、密度分布、磁场分布)。

1.3 脉冲驱动源关键技术研究

(1) 开展了优化“强光一号”结构组合和改进二极管轴向绝缘，以提高其驱动电流的研究，进行了二极管短路实验，获得短路电流约 3MA。

(2) 进行了等离子体断路开关(POS)理论和实验研究，完成了“强光一号”加速器中采用的 POS 等离子体参数及分布的测量和工作特性的实验研究，研究结果已用于“强光一号”加速器改进，获得两种脉冲宽度的驱动电流，并与加速器其他工作状态兼容。

(3) 研制了短脉冲直线型变压器(LTD)一级模块，深入研究了磁芯饱和特性以及 LTD 与电容、电感负载的耦合特性。其中新型的同轴状多级多通道气体开关获得发明专利。

(4) 研究了影响气体开关放电时延和抖动的主要因素和条件，包括开关气压、触发电极位置、触发方式、电极烧蚀等；研制了 MV 级激光触发脉冲气体开关；研究多针水开关脉冲放电特性等。

(5) 从理论和数值模拟着手，研究了磁绝缘传输线，以及进行高功率脉冲装置的总体设计等。

2 Z 箍缩实验及部分结果

2.1 喷 Kr 气负载实验

(1) 喷嘴结构见图 1。在“强光一号”上，进行了两种电流上升时间(80ns 和 100ns)、两种 Kr 气线质量(23.4μg/cm、47.6μg/cm)的 Z 箍缩实验，典型的实验结果如表 1 和图 2 至图 6。内爆时间定义为电流起始至 X 射线峰值的时间。

(2) 研究了喷 Kr 气 Z 箍缩的过程，拍摄了等离子体从箍缩开始至崩毁的过程，得到 X 射线脉冲峰值(以峰值为零时刻)前 60ns(−)和后 60ns(+)的不同时刻的 X 射线图像如图 7。

表 1　不同线质量喷 Kr 气 Z 箍缩辐射特性

炮号	电流峰值(MA)	电流上升时间(ns)	负载线质量(μg/cm)	内爆时间(ns)	辐射总能量(kJ)	辐射峰值功率(TW)	压缩比	总的能量转换效率(%)
01068	1.4	80	23.4(ϕ16)	90.5	55.3	1.87	12	20.6
03092	1.5	96	47.6(ϕ18)	118	62.1	1.68	14	23.2

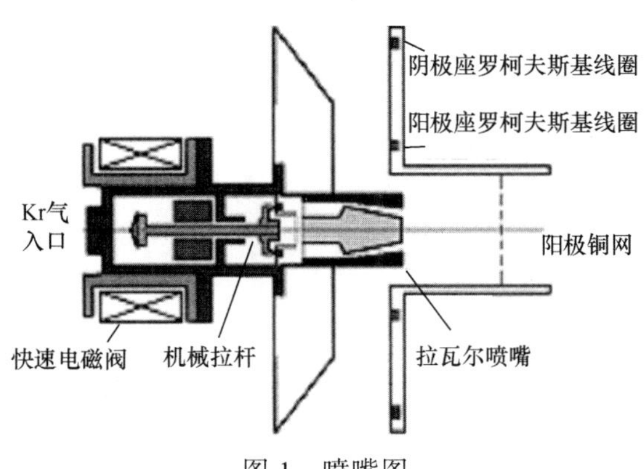

图 1　喷嘴图

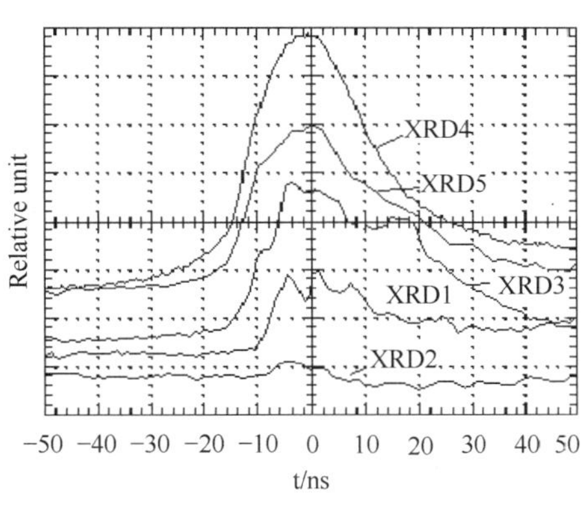

图 2　喷 Kr 气负载典型 X 射线时间波形图

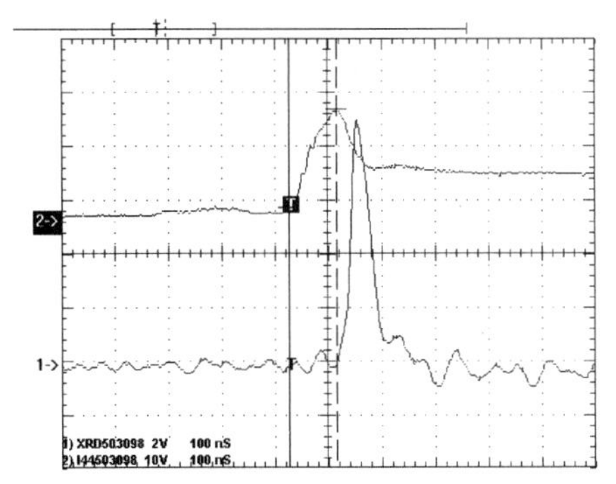

图 3　喷 Kr 气负载 X 射线和负载电流的时间关联波形图 (03098 炮)

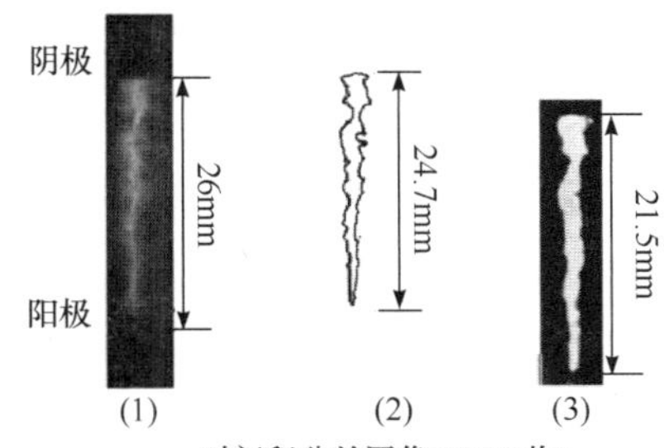

时间积分的图像(21068炮)

(1) 原图；(2) 灰度级为100的等高线；(3) 铝膜烧蚀针孔图像

图 4　喷 Kr 气负载 X 射线时间积分图像 (负载线质量 23.4μg/cm)

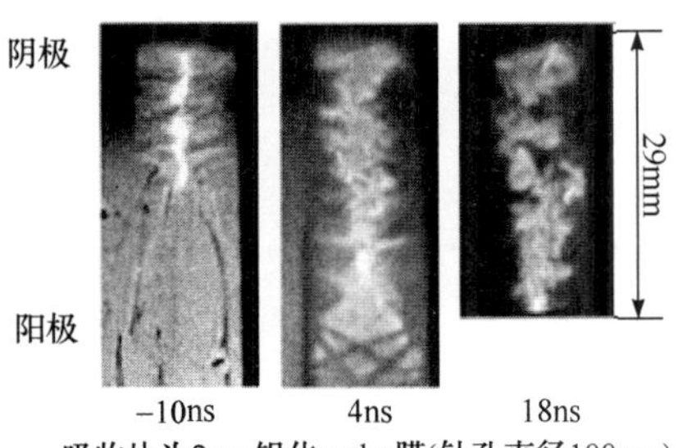

吸收片为2μm铝化mylar膜(针孔直径100μm)

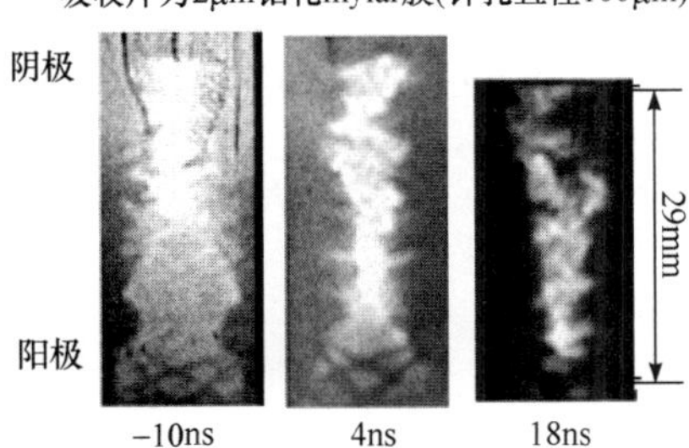

吸收片为1μm mylar膜+0.25μm铝膜(针孔直径为300μm)

02041炮分能区时间分辨图像诊断结果

图 5　喷 Kr 气负载 X 射线分能区时间分辨图像

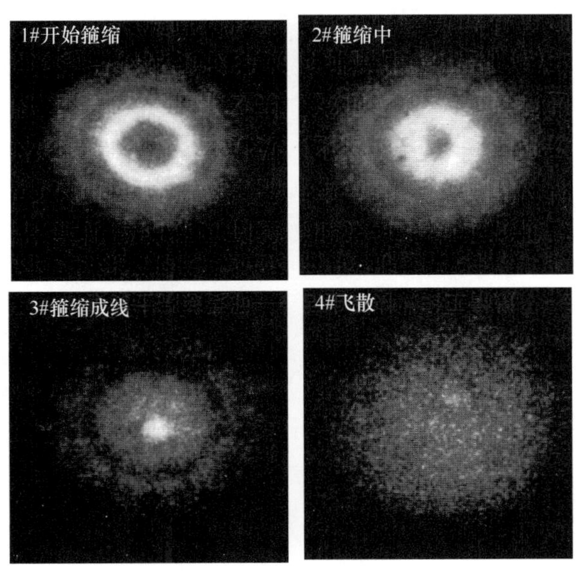

图 6　四分幅相机图像

幅间间隔：$T_{1\text{-}2}$=10.2ns $T_{1\text{-}3}$=26.2ns $T_{1\text{-}4}$=47.8ns。

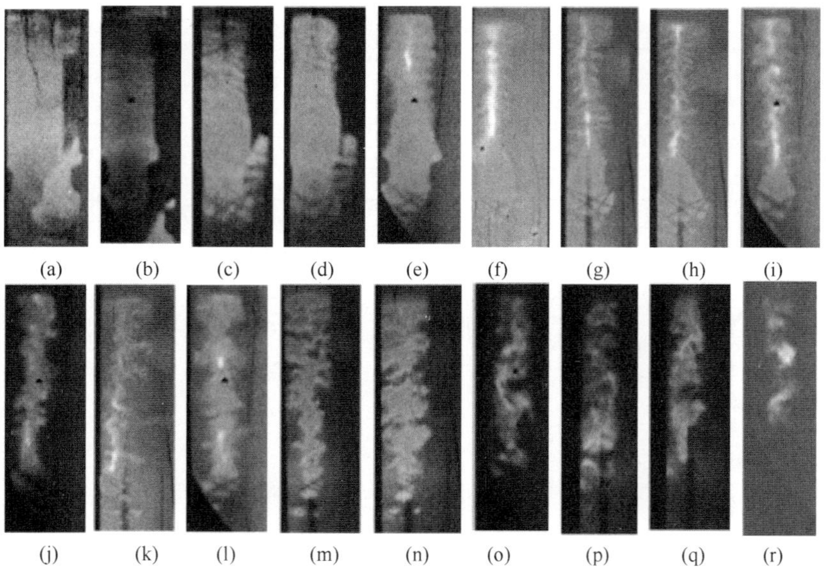

图 7 不同时刻的 X 射线图像

(a) 03088，−57ns；(b) 03088，−49ns；(c) 03088，−38ns；(d) 03089，−31ns；(e) 03086，−21ns；(f) 03081，−15ns；(g) 03086，−10ns；(h) 03081，−7ns；(i) 03092，−6ns；(j) 03096，−4ns；(k) 03082，+2ns；(l) 03093，+4ns；(m) 03092，+8ns；(n) 03093，+17ns；(o) 03094，+32ns；(p) 03095，+39ns；(q) 03094，+47ns；(r) 03100，+59ns

2.2 钨丝阵负载实验

在“强光一号”装置上，驱动电流上升时间～100ns、峰值 1.4～2.1MA 的条件下，进行了不同丝直径(5μm 和 8μm)、丝数(10 根、12 根、24 根、48 根、54 根、64 根、78 根)钨丝阵负载的 Z 箍缩实验。

(1) 钨丝阵负载见图 8。驱动电流 1.6MA、上升时间～100ns、丝阵直径为ϕ12mm、钨丝直径为 5μm 时，改变丝数时的 Z 箍缩辐射特性，其实验结果见表 2 和图 9 至图 11。

表 2 在基本相同电流参数(1.6MA、～100ns)和丝阵直径时，不同丝数的 Z 箍缩辐射特性

炮号	丝数(丝间距离，mm)	线质量(μg/cm)	内爆时间(ns)	图像均匀性	辐射总能量(kJ)	辐射功率(TW)	输入电功率的转换效率(%)	总的能量转换效率(%)
04071	24(1.57)	90.9	107	☆☆	33.7	0.83	230	12.6
04068	48(0.785)	181.8	141	☆☆☆	31.6	1.28	320	11.8
04066	48(0.785)	181.8	139	☆☆☆	33.5			12.5
04075	54(0.698)	204.6	151(1.54MA)	☆☆☆	25.6	0.75	170	9.6
04079	54(0.698)	204.6	145	☆☆☆	22.2	0.60	105	8.3

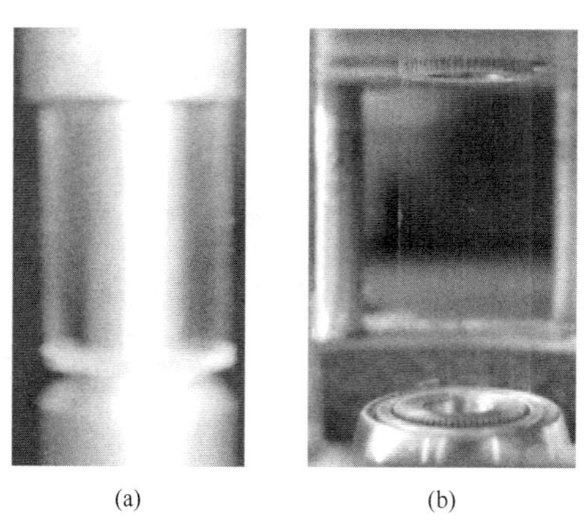

图 8 丝阵负载

(a) ϕ12、108 根 8μm 钨丝；高度 2cm；
(b) ϕ10、68 根 5μm 钨丝，高度 2cm

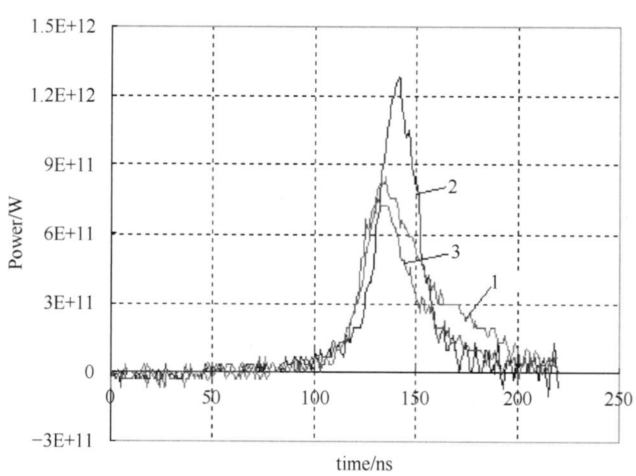

图 9 不同丝数时 X 射线功率波形图

1 为 04071 炮(ϕ12、24 根)，2 为 04068 炮(ϕ12、48 根)，3 为 04075 炮(ϕ12、54 根)

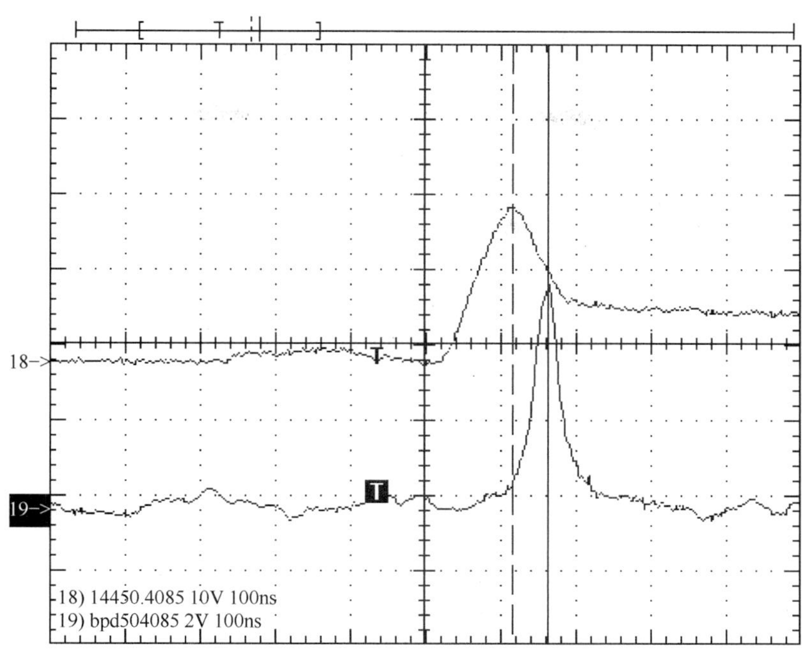

图 10 X 射线和电流波形关联图

04085 炮电流峰值 1.7MA、线质量 295.4μg/cm、ϕ10-78(5μm 钨丝)(上图为电流波形、下图为 X 射线波形)

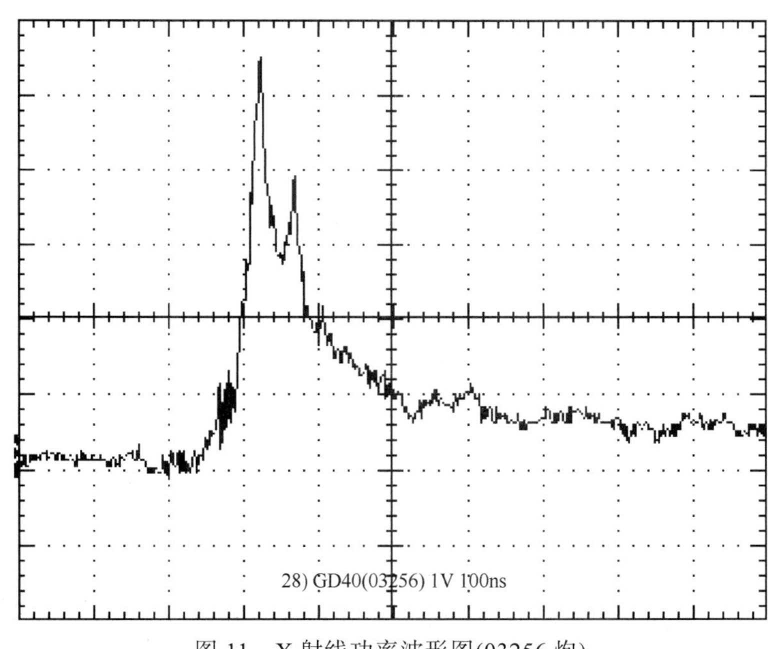

图 11 X 射线功率波形图(03256 炮)

丝阵参数:ϕ18、24 根(8μm 钨丝)、1.7MA

(2) 驱动电流 1.6MA、上升时间～100ns、mr^2 基本保持一致，改变丝阵直径和丝数时的 Z 箍缩辐射特性，其结果见表 3 和图 12。不同丝阵负载时，内爆时间和驱动电流的关系见图 13。

表 3 电流参数和 mr^2 基本保持一致时，不同丝阵直径和丝数的 Z 箍缩辐射特性

炮号	丝阵直径(mm)	丝数(丝间距离，mm)	线质量(μg/cm)	内爆时间(ns)	辐射总能量(kJ)
04076	18	24(2.365)	90.9	137	27.4
04075	12	54(0.698)	204.6	151(1.54MA)	25.6
04085	10	78(0.403)	295.4	134(1.67MA)	24.8

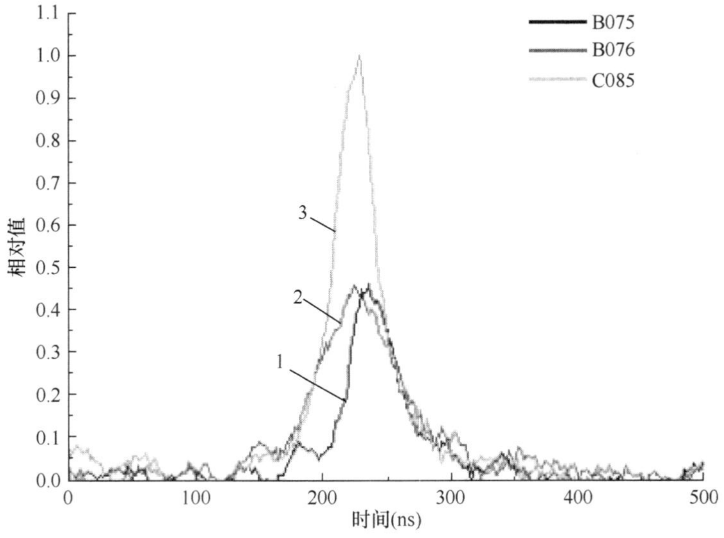

图 12　X 射线波形(XRD5)

线 1 为 04075 炮，线 2 为 04076 炮，线 3 为 04085 炮

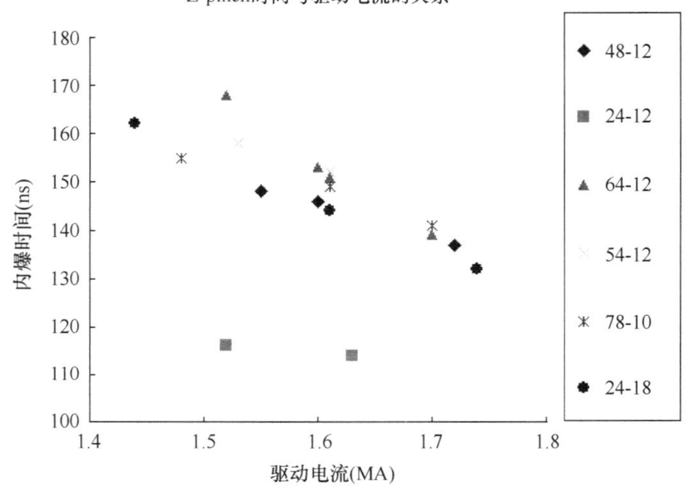

图 13　内爆时间和驱动电流之间的关系

(3) 研究了不同参数钨丝阵负载的内爆过程，不同时刻的 X 射线图像见图 14、图 15，积分图像见图 16，时间分辨图像见图 17。

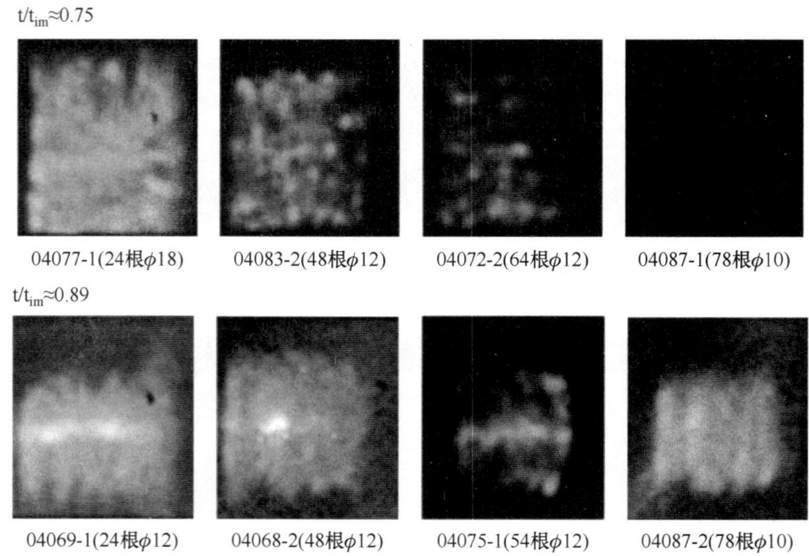

图 14　不同丝阵在 t/t_{im}≈0.75、0.89 时软 X 射线图像(t_{im} 为内爆时间)

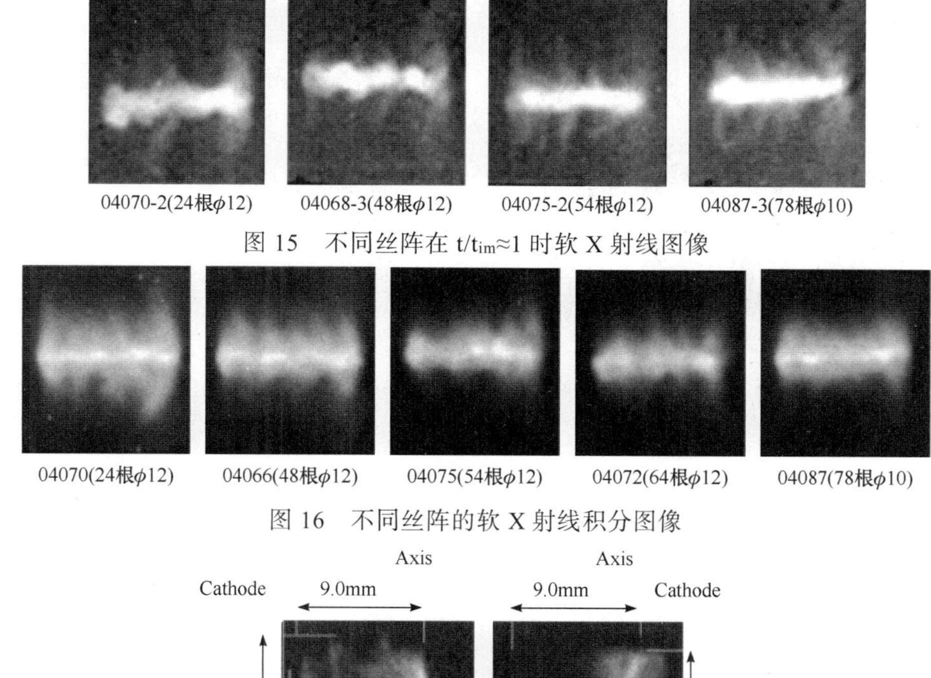

04070-2(24根ϕ12) 04068-3(48根ϕ12) 04075-2(54根ϕ12) 04087-3(78根ϕ10)

图 15 不同丝阵在 $t/t_{im}\approx1$ 时软 X 射线图像

04070(24根ϕ12) 04066(48根ϕ12) 04075(54根ϕ12) 04072(64根ϕ12) 04087(78根ϕ10)

图 16 不同丝阵的软 X 射线积分图像

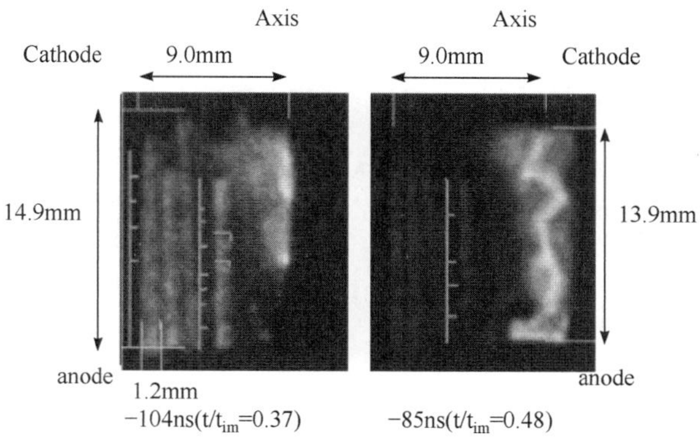

Axis Axis
Cathode 9.0mm 9.0mm Cathode
14.9mm 13.9mm
anode anode
1.2mm
−104ns(t/t_{im}=0.37) −85ns(t/t_{im}=0.48)

图 17 钨丝阵负载 X 射线时间分辨图像(02204 炮)

丝阵直径 18mm、丝数 13 根(丝间距 4.35mm)、线质量 125.95μg/cm(8μm 直径的钨丝)、驱动电流 1.6MA、上升时间 117ns、内爆时间 164ns、辐射总能量 23.2kJ

2.3 在 Angara-5-1 装置上进行的丝阵靶实验[6]

(1) 双层钨丝阵实验：采用丝阵直径 12/6mm、丝阵高 15mm、钨丝根数 40+20、丝间距 0.94/0.94、线质量 151.4/75.7(μg/cm)的负载、在驱动电流 2.9MA、上升时间～58.5ns 的条件下，获得 X 射线的总能量为 30.3kJ、功率 1.87TW、脉冲半高宽 6.5ns，X 光峰值比电流峰值晚 10.5ns。实验结果如图 18、图 19，丝阵负载结构如图 20。

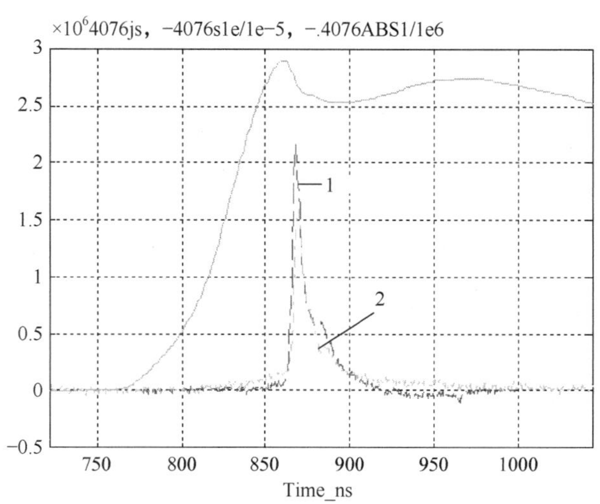

图 18 负载电流与 X 射线波形图 炮号 4076

线 1 为 XRD 测量结果，线 2 为闪烁探测器测量结果

图 19　皮秒分幅 X 照相　炮号 4075

驱动电流 2.8MA，X 射线总能量 24.5kJ，功率 1.51TW

(a)

(b)

图 20　丝阵负载

(a) 圆柱面钨丝阵负载(N=80 根丝阵直径 12mm，丝长 15mm，钨丝直径 5μm)；
(b) 双层圆柱面丝阵负载(丝阵直径 20mm，丝长 15mm，钨丝直径 5μm。N40 外层/20 内层)

(2) 用泡沫复合负载实验：采用钨丝阵外径 12mm、泡沫芯内直径 2mm、钨丝 40 根、钨丝直径 6μm、丝阵高 15mm、低密度复合材料为 CH、线质量 218.2/62.8(μg/cm)的负载，在驱动电流 3.18MA、上升时间 62.3ns 的条件下，获得 X 射线总能量为 31kJ、功率 0.99TW、脉冲半高宽 16.4ns，X 光峰值比电流峰值晚 13.3ns。实验结果如图 21、图 22。

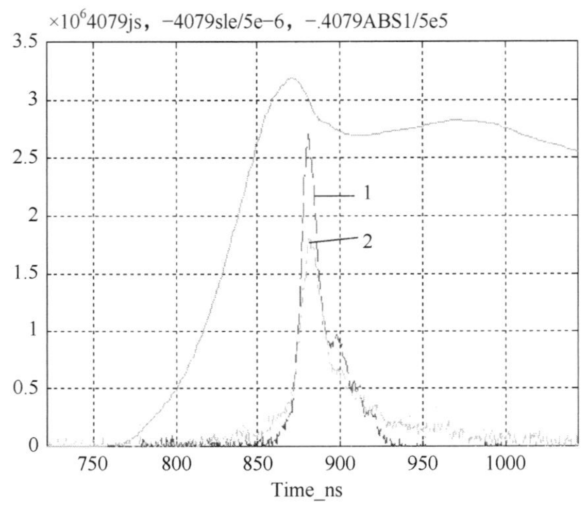

图 21　泡沫复合丝阵 X 光辐射特性(4079 炮)

线 1 为 XRD 结果，线 2 为闪烁探测器波形

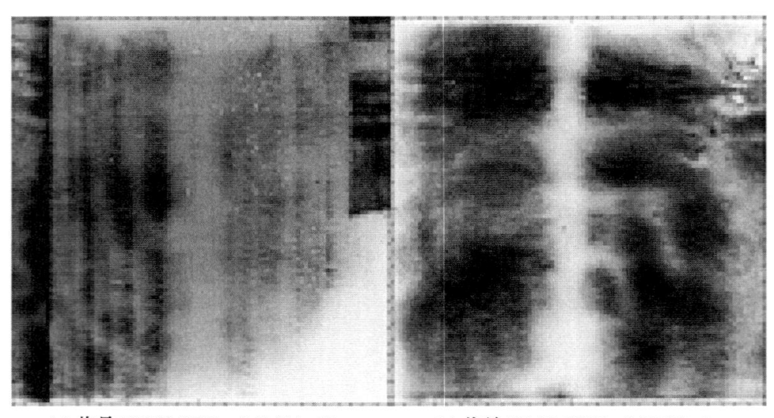

(a) 炮号4077(0.6TW、2.8MA)−47ns　　(b) 炮号4084(1.0TW、3.3MA)+1ns

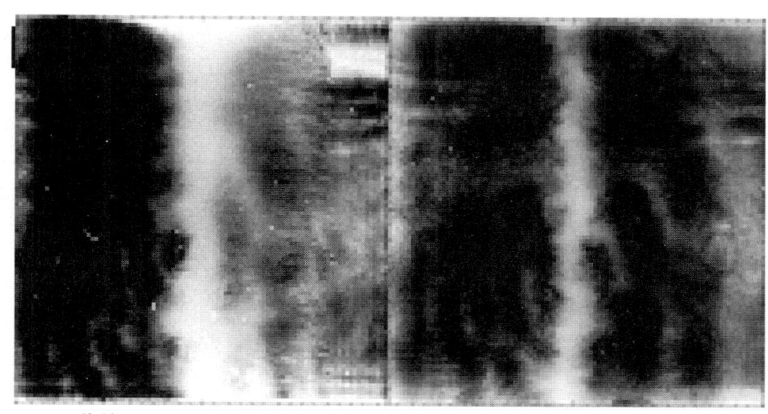

(c) 炮号4078(0.5TW、2.4MA)−10ns　　(d) 炮号4079(1.0TW、3.2MA)+5ns

图 22 紫外探针阴影图像

2.4 在 S-300 装置上进行的丝阵负载实验

在 S-300 装置(2.5～4MA、70ns)上进行了钨、铝以及混编铝加钨丝阵的 Z 箍缩实验。在 Al 丝较低温度下，观察到了清晰的铝的 K 线谱，在纯钨丝阵箍缩中未发现λ<10A 的线辐射；观察到随钨材料加入(指铝＋钨混编)，内爆不稳定性有减弱趋势；Z 箍缩 X 射线发光区域混编的要比纯钨丝阵大；X 射线产额混编的要比纯铝丝阵大，但要比纯钨丝阵略低，在驱动电流为 2.5～2.8MA 条件下，Z 箍缩的径向收缩比 4～5，X 射线辐射脉冲脉宽为 25ns 左右，幅值为 0.3～0.5TW，总能量可达 10～22kJ；激光探针的阴影像显示了丝阵等离子体形成的细致过程。

3 初步结论和今后工作设想

3.1 初步结论

(1) 在“强光一号”装置的驱动电流参数下，获得喷 Kr 气负载的 Z 箍缩辐射总能量大于 60kJ，峰值功率约 1.7TW，总的能量转换效率可达 23%。获得丝阵负载的辐射能量大于 30kJ，峰值功率约 1.30TW，输入到负载的电功率转换成辐射功率的效率约为 320%，即达到了功率放大，总的能量转换效率约为 12.5%。X 射线总能量基本符合 $E_x \sim I^2$ 定标曲线。X 射线总辐射能大于内爆动能，在我们的实验条件下为 3～4，与国外结果类同。

(2) 喷 Kr 气 Z 箍缩在聚爆阶段存在“拉链现象”，即阴极喷嘴附近的等离子体最先压缩到最细，然后沿着轴向从喷嘴到阳极铜网依次压缩，这个现象主要是因喷出气体有一定的发射角及扩散作用，沿轴的气体负载截面积和平均密度不同引起的。

(3) 快 Z 箍缩等离子体的箍缩过程可以分为聚爆、停滞和崩毁三个阶段，从聚爆开始就有能量大于 150eV 的 X 射线产生，一直接续到崩毁阶段末期，与 X 射线功率脉冲底宽相对应，而 X 射线脉冲上升基本上决定于聚爆阶段末期到停滞阶段这一过程的持续时间。在这段时间等离子体不稳定性发展迅速，存在密度较高的钉区和密度较低的泡区，也存在腊肠不稳定性。

(4) 钨丝阵 Z 箍缩存在先导等离子体柱现象。丝数目较少时，以单丝聚爆为主，部分等离子体先到达轴芯，形成先导等离子体柱明显，X 射线出现很早(t/t_{im}=0.4)，随着丝数目的增加，丝间融合形成等离子体鞘层起主导作用，先导等离子体柱变得不太明显，形成了较均匀的等离子体鞘层，存在的时间较久，鞘层整体箍缩到轴芯，形成的等离子体柱比较均匀。单丝电离后形成丝核和等离子体晕并存的结构，核的大小与丝数、丝的直径、丝阵直径有关，丝数较少时(如图 17)丝核几乎在原地不动，并出现准周期调制结构，存在窄而深的“缝隙”。

(5) 内爆时间随着负载质量的增加而增加，随着负载驱动电流的增大而呈减少的趋势，当驱动电流和 m_0r^2 保持不变时，内爆时间和辐射总能量变化不大，但 X 射线波形变化较大。内爆时间还与单丝直径有关，8μm 直径比 5μm 直径的丝阵有更长的内爆时间。

(6) 在驱动电流一定的条件下，Z 箍缩产生的 X 射线辐射总能量受质量、内爆时间的影响明显，而对等离子体的腊肠不稳定性不太敏感；X 射线的形状(底宽、起始时间、上升前沿、后沿、半高宽)受等离子体内爆品质的影响明显，丝阵的结构参数，包括丝的直径、丝数(丝间距)、线质量、线阵直径等，它们影响单丝电离、丝间融合、形成等离子体鞘层、等离子体聚爆等整个内爆过程，也就影响了内爆品质，双层丝阵比单层丝箍缩好，较好地抑制了 R-T 不稳定性，优化负载结构参数是提高辐射功率的关键。驱动电流的幅度在决定 X 射线总能量、功率峰值、波形等方面都是决定性的因素，因此提高电流是提高辐射能量和功率的最有效途径。

(7) 从紫外探针阴影实验结果看出，早期等离子体形态存在不均匀分布；等离子体压缩到芯时刻有可能落后于 X 光峰值，到芯后飞散缓慢；在部分等离子体仍未到芯时，在丝阵中心均观察到稠密等离子体区；中心等离子体与外围等离子体并存，开始于内外碰撞之后，结束于中心碰撞之初；中心碰撞之后，辐射功率迅速上升至峰值。

3.2 今后工作设想

经过三年多的研究工作，对快 Z 箍缩的物理过程有了一定的认识，但还是十分初浅的。今后将在已有工作基础上，利用“强光一号”和俄罗斯的高功率脉冲装置，继续深入开展 Z 箍缩内爆及其辐射特性研究，深刻理解其物理过程；进一步发展等离子体及辐射参数诊断技术，提高对 Z 箍缩等离子体研究的实验诊断能力和精密化测量要求；建立更大的 Z 箍缩实验研究平台，探索脉冲驱动源的新技术，中国工程物理研究院正在研制驱动电流为 10～12MA、上升时间为 90～100ns 的 Z 箍缩初级实验平台，并正在进行更高指标的脉冲功率装置的概念设计；进一步加强国内、国际的科技交流与合作。

参 考 文 献

[1] Jeffrey P. Quintenz. Recent developments in Sandia's pulsed power program. SAND 2003-1817P.

[2] A.Trivelpiece. 脉冲科学与技术同行评估(SNL)2002.5.7-9.

[3] Tom Mehlhorn. Recent experimental results on ICF target implosions by Z-pinch radiation sources (and their relevance to ICF ignition studies). SAND 2003-2397P.

[4] E A Weibrecht, D H McDaniel, D D Bloomquist. The Z refurbishment project (ZR) at Sandia National Laboratories. Proceeding of the 14th IEEE Pulsed Power Conference.2003, P157-162.

[5] Eugene Grabovskii, E A Azizov, et al. Super-fast liner implosion physics study and development of X-ray facility based on 900MJ inductive store.12th IEEE pulsed power conference, 1999.06.

[6] Peng Xianjue, Hua Xinsheng, Li Zhenghong, et al. Experimetal Studies of the Multi-Wire Liners Imposion Dynamics on Fast Z-pinch Facility. 15th Intenatonal Conference on High-Power Particle Beams, 2004.07.

高功率 Z 箍缩技术在西核所的研究进展*

摘要：介绍了近三年在高功率 Z 箍缩辐射特性、等离子体数值模拟、辐射诊断技术和脉冲驱动源关键技术方面取得的研究进展。研制了钨丝阵列负载；在“强光一号”加速器上进行了喷 Kr 气和钨丝阵列 Z 箍缩实验，在驱动电流峰值为 1.4～1.6MA 条件下，获得了最大 X 射线能量和功率分别为 60kJ、2TW 和 28kJ、0.55TW。研制了 4 分幅分能区的 X 射线图像诊断系统、时空分辨软 X 射线弯晶谱仪和平响应软 X 射线总能量/总功率测量系统，实验测得了 Z 箍缩等离子体 X 射线总能量、图像和能谱等。初步建立了二维三温 Z 箍缩数值模拟计算程序，计算了喷 Kr 气和钨丝负载条件下的等离子体辐射输出，其结果与实测结果基本吻合。研究分析了 Z 箍缩定标关系，计算得到单位长度内爆动能与驱动电流幅值的平方成很规则的正比关系，其比例系数为 $2\mathrm{kJ/MA^2}$。研制了直线型脉冲变压器(LTD)一级模块，电流峰值达 200kA，1/4 周期为 790ns，深入研究了 LTD 磁芯饱和特性、气体开关放电特性，改进了等离子体断路开关(POS)断路性能等。

引言

20 世纪 90 年代，由于脉冲功率技术的快速发展，瑞利-泰勒不稳定性得到有效控制，高功率 Z 箍缩研究取得了突破性进展，在短短几年内输出功率增加 7 倍以上，目前美国 Sandia 实验室在驱动电流 20MA、2.5MV 的 Z 装置上采用双层嵌套钨丝阵负载，已获得 X 射线能量 1.9MJ、功率 290TW[1]。美国已将 Z 装置列入武器库维护计划中的重要设施，为该计划的 5 个方面(即材料动力学性质、次级认证、武器生存能力、ICF 和高增益及先进的模拟和计算 ASC)提供关键的实验数据[2]。同时为扩大试验场的研究能力、保留试验场和恢复试验积累经验，计划在内华达试验场(NTS)安装 Z 装置。因高功率 Z 箍缩装置不仅是很有效的武器效应模拟源，而且成为武器物理模拟、惯性约束聚变(ICF)研究有竞争力的重要技术途径之一，因此几个核大国均制定了发展 Z 箍缩技术的中长期计划：美国已确定在 2005 年将 Z 装置升级为 ZR 装置，驱动电流提高到 26MA，输出 X 射线功率 350TW，能量 2.7MJ，投资 6 千万美元[3]；还计划建造 X-1 装置，驱动电流 60MA，X 射线能量 16MJ，功率 1000TW，投资 4 亿美元[4]。俄罗斯计划建造“贝加尔”装置，驱动电流 50MA，X 射线能量 10MJ，最近又提出 UGXXXI 方案，驱动电流达 30MA 的先进的 LTD 脉冲驱动源，投资约 2750 万美元[5,6]。法国也正在实施 Z 箍缩计划 SYRINX，先建一路模拟源，驱动电流为 5～10MA[7]。为跟踪国外这一先进技术的发展，我所早在 1994 年引进“强光一号”加速器时，在合同中前瞻性地增加了喷氪气 Z 箍缩工作状态，1998 年中发起在国内开展高功率 Z 箍缩技术研究的建议，并积极呼吁，2001 年得到国家自然科学基金重点项目资助，2002 年又得到有关配套经费支持。三年来项目组主要在高功率 Z 箍缩辐射特性、等离子体数值模拟、辐射诊断技术、脉冲驱动源关键技术方面取得了研究进展。

1　高功率 Z 箍缩辐射特性实验研究

1.1　实验装置和诊断设备

利用“强光一号”装置，进行了多轮喷 Kr 气负载和钨丝阵负载的 Z 箍缩实验。Kr 气负载参数为喷嘴外径 16～18mm，喷气速率约 4 马赫，阴阳极距离 4cm，阳极回流柱直径 60mm，由 12 根直径为 6mm 的铜柱组成，阳极端用 $\phi 120\mu m$ 的细铜丝绕制成网状。自行研制了两种结构、两种钨丝直径的丝阵负载，较好地解决了绕制结构工艺及丝的真空变形问题，解决了水平安放丝阵负载的难题，成功用

* 该文原载于《试验与研究》，2003 年第 26 卷第 3 期。

于实验研究。实验中的诊断设备包括驱动源电气参数测量和辐射参数诊断，二极管电压测量用位于两端的电阻分压器，负载电流用两个分别位于阳极处直径 450mm 和 100mm 的罗可夫斯基线圈测量。X 射线时间谱测量采用 5 个过滤型 X 射线二极管(XRD)，测量范围为 50～1100eV，X 射线总能量测量采用镍薄膜量热计，X 射线图像诊断采用多分幅、分能区的针孔相机，X 射线能谱诊断采用弯晶谱仪，测量能段 0.2～1.2keV。

1.2 实验结果

在驱动电流为 1.4～1.5MA，上升前沿 80ns 条件下，喷 Kr 气负载实验结果为最大 X 射线总能量 60kJ，峰值功率 2TW，压缩比约 14，最大平均内爆速度约 157km/s，最大平均扩张速度约 130km/s。在驱动电流上升时间小于 100ns 和大于 125ns 两种条件下，试验了 4 种丝阵负载参数。在驱动电流上升时间约 125ns、峰值 1.5～1.6MA 和丝长度 l 为 2cm、丝阵直径 D 为 18mm、钨丝直径 8μm、丝数 10～13 根及回流电极直径 31mm 条件下，获得的最大 X 射线能量为 28kJ。

图 1～图 6 为喷氪气负载实验结果，图 7～图 11 和表 1 为钨丝阵负载实验结果，表 2 为以上两种负载的典型实验结果比较。

表 1 钨丝阵负载的主要辐射特性

炮号	丝阵质量 m/μg	丝阵直径 D/mm	驱动电流 I_m/MA	X 射线总能量 /kJ	X 射线峰值功率/W
02194	96.9	18	1.5	19.7	3.1×10^{11}
02202	96.9	18	1.2	12.7	2.4×10^{11}
02204	126	18	1.6	28.0	5.5×10^{11}
02208	32.8	9	0.8	12.0	1.9×10^{11}

表 2 喷 Kr 气和钨丝阵负载典型实验结果比较

负载类型	负载参数	驱动电流参数	X 射线能量	峰值功率	压缩比	总的转换效率
氪气体	m≈20μg/cm D=1.8mm l=4.0cm	I_m≈1.4mA t_r≈80ns	～50kJ	～1.7TW	～14	20%
钨丝阵	m=100μg/cm D=1.8mm l=2cm	I_m≈1.6mA t_r≈125ns	～20kJ	～0.35TW	～10	10%

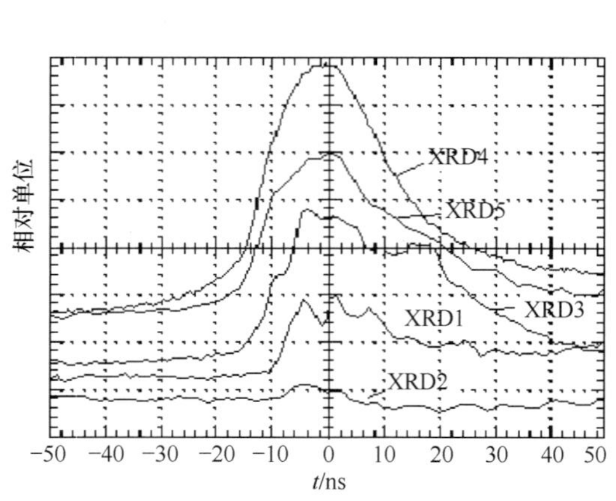

图 1 喷 Kr 气负载典型 X 射线时间波形

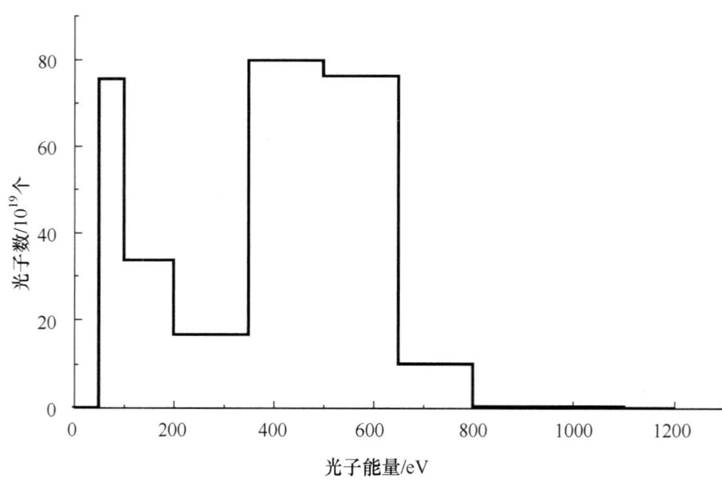

图 2 喷 Kr 气负载用 XRD 测量结果处理后的 X 射线能谱

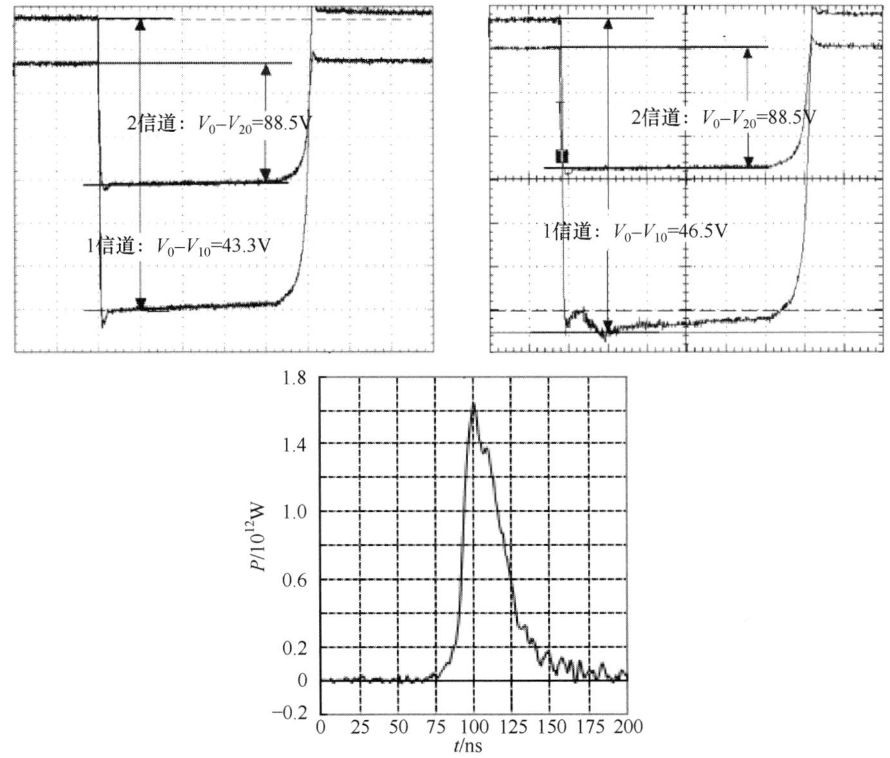

图 3　喷 Kr 气负载实测的典型炮 X 射线总能量和功率曲线

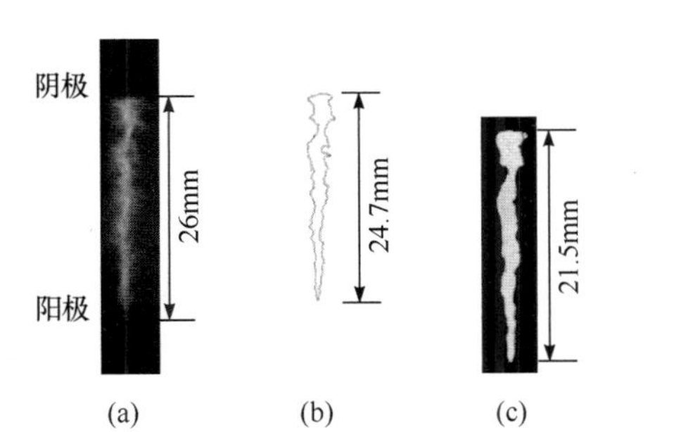

(a)　(b)　(c)

(a) 原图　(b) 灰度级为100的等高线　(c) 铝膜烧蚀针孔图像

图 4　喷 Kr 气负载 X 射线时间积分图像(21068 炮)

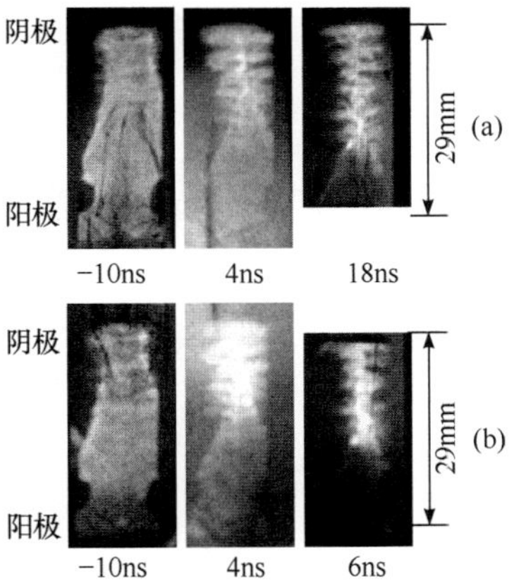

阴极　阳极　29mm　(a)

−10ns　4ns　18ns

阴极　阳极　29mm　(b)

−10ns　4ns　6ns

(a) 吸收片为2μm铝化mylar膜针孔直径(300μm)

(b) 吸收片为1μm mylar膜+0.25μm铝膜(针孔直径)300μm

图 5　喷 Kr 气负载 X 射线分能区时间分辨图像(02040 炮)

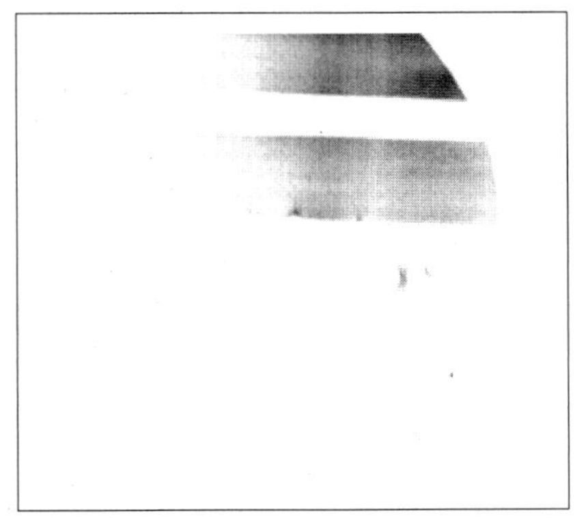

图 6(a)　喷 Kr 气负载 X 射线能谱图像(21072 炮)

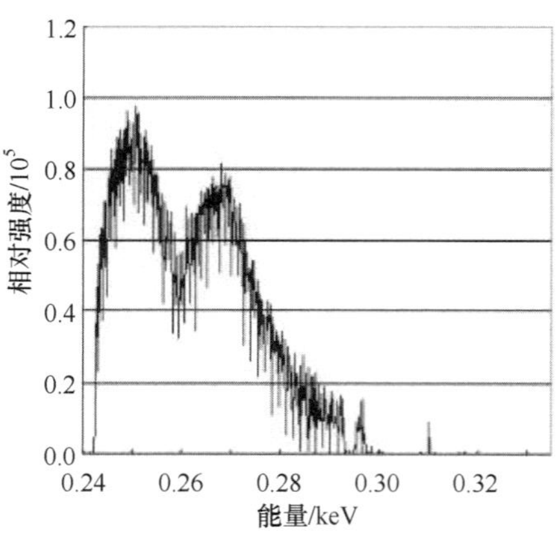

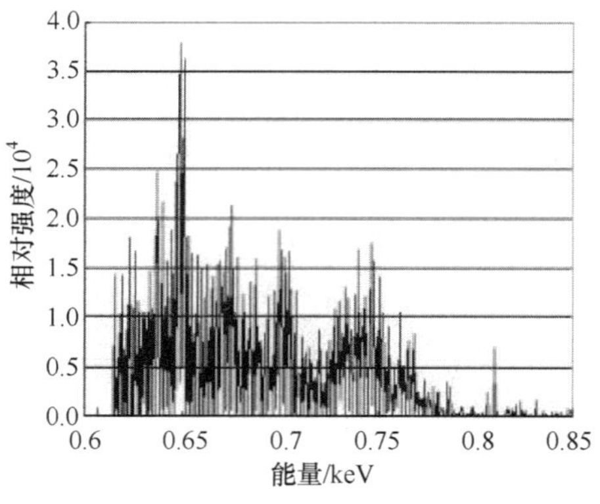

图 6(b) 用 21072 炮图像处理后的 X 射线相对能谱

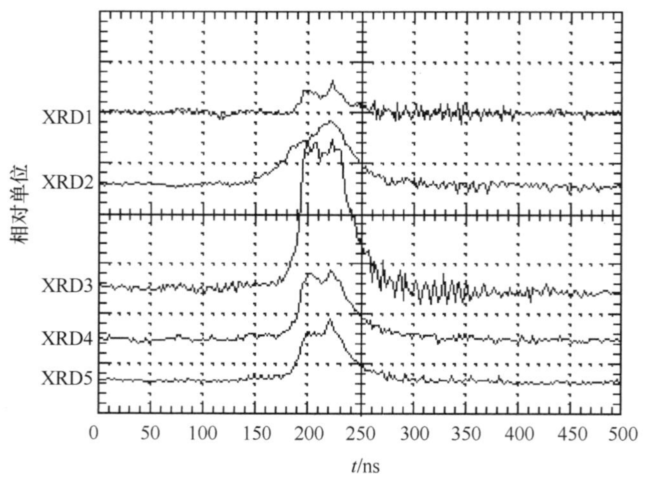

图 7 钨丝阵负载典型 X 射线时间波形

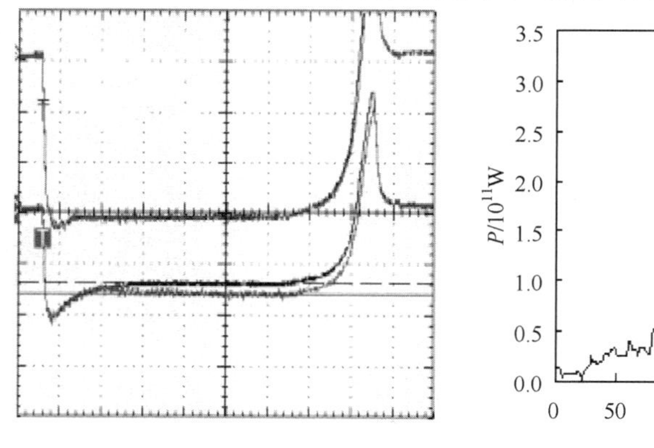

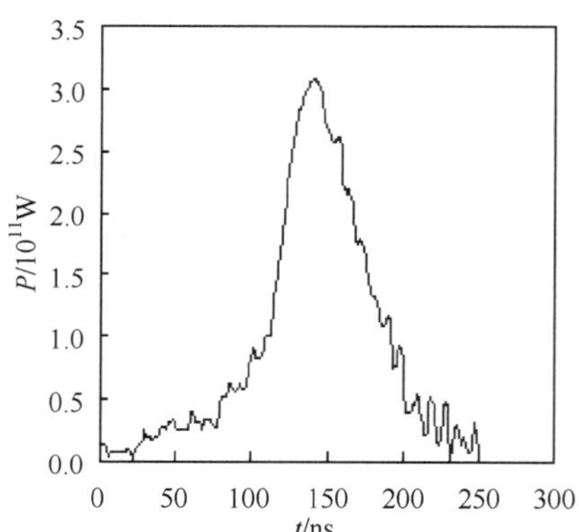

图 8 钨丝阵负载典型实测量的 X 射线总能量和功率曲线

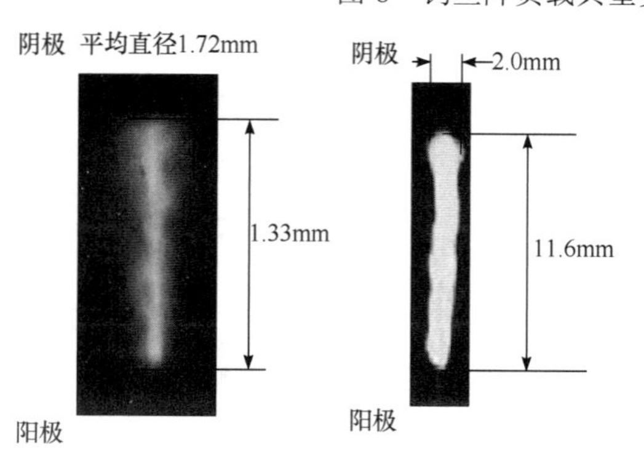

图 9 钨丝阵负载 X 射线时间积分和铝膜烧蚀图像

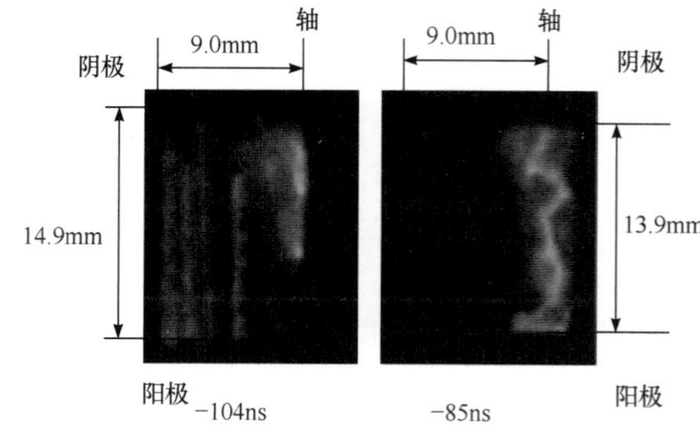

图 10 钨丝阵负载 X 射线时间分辨图像

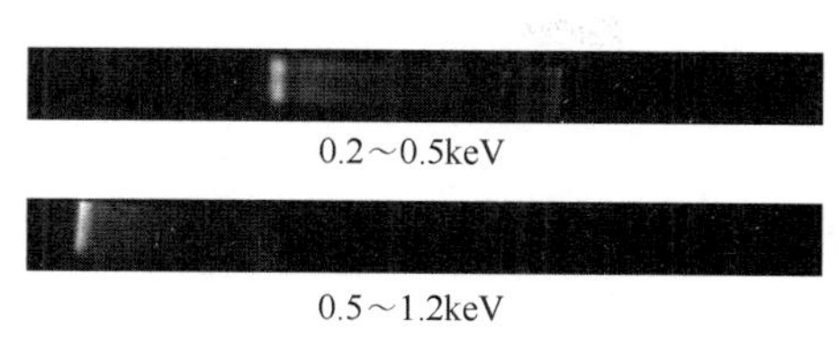

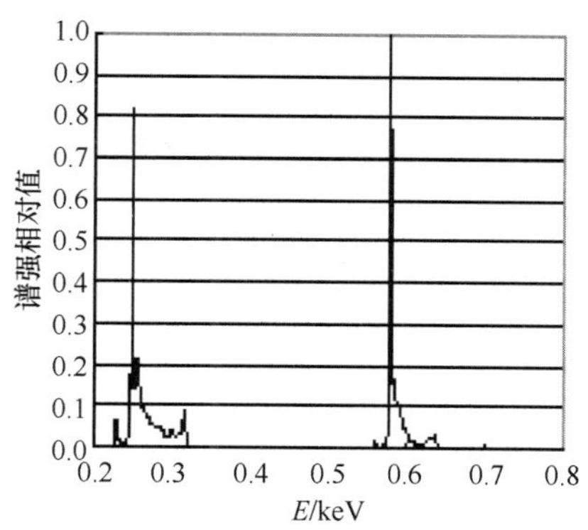

图 11(a)　钨丝阵负载X射线能谱图像(02204炮)　图 11(b)　用图 11(a)处理后的X射线相对能谱

2　等离子体数值模拟

2.1　负载初始参数、内爆单位动能与驱动电流的定标关系

结合气体负载Z箍缩的实验结果，对Z箍缩定标关系进行了较为深入的研究分析，比较了国外理论和实验资料，用零维内爆压缩模型进行数值模拟，在此基础上提出了丝阵负载设计条件，电流脉冲波形对负载初始参数的定标常数有显著影响，计算得到了最大单位长度内爆动能与驱动电流幅值的平方成很规则的正比关系，其比例系数均约为 2kJ/MA^2，如图 12 所示。

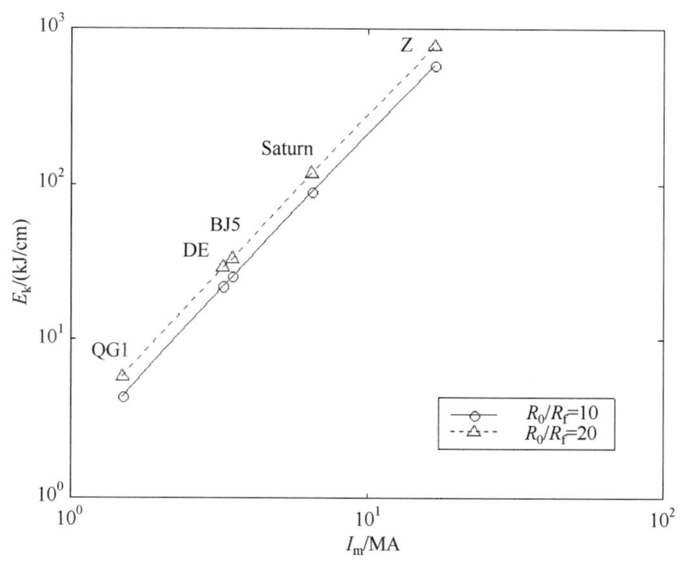

图 12　单位负载长度内爆动能与电流关系

2.2　初步建立两维三温Z箍缩数值模拟计算程序

研究了磁流体力学方程中的输运参数，基本上确定了Z箍缩两维三温模型的数值计算方法，利用C++语言编制了计算程序。研究了Kr等离子体的两种不透明度，初步实现了Z箍缩两维三温程序的稳定计算，结合“强光一号”装置上喷Kr气箍缩实验，进行了数值模拟。

2.3　数值模拟结果

数值模拟结果为在Kr气线质量 20μg/cm 和驱动电流峰值 1.5MA、上升时间 80ns(下降时间 80ns，半高宽 80ns，用高斯分布近似)条件下，得到X射线辐射功率 1～3TW，辐射脉冲半高宽约 30ns，辐射能量上限 60kJ,等离子体滞止时刻落后于电流峰值出现时刻约 20ns,以上计算结果与实验测量结果接近，见图 13(a)。计算得到等离子体密度分布见图 13(b)、离子温度分布见图 13(c)、电子温度分布见图 13(d),

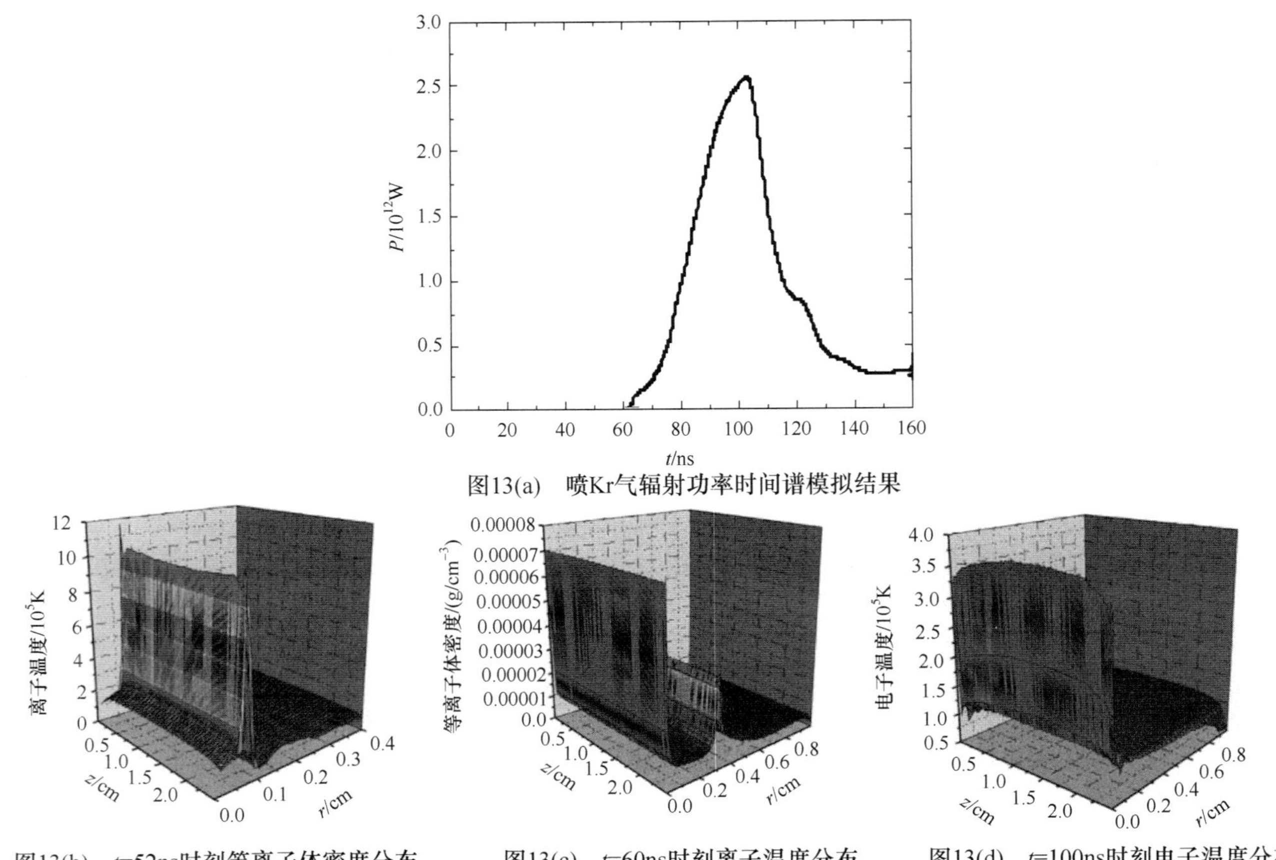

图13(a) 喷Kr气辐射功率时间谱模拟结果

图13(b) t=52ns时刻等离子体密度分布　图13(c) t=60ns时刻离子温度分布　图13(d) t=100ns时刻电子温度分布

并得出以下结论：喷 Kr 气箍缩中激波强度不断增大，沿径向方向汇聚于 z 轴上；等离子体温度基本上在几十到 200eV 之间，其峰值处在激波波阵面上；辐射功率最大的时刻，z 轴处的相应温度为 30～40eV。

3 高功率 Z 箍缩等离子体辐射诊断技术研究

3.1 软 X 射线总能量、功率时间谱测量

研制了镍薄膜探测器、脉冲恒压电源，建立了镍薄膜量热计测量系统，并与快时间响应的 XRD 探测器结合获得总功率时间谱。总能量测量的相对标准不确定度小于 20%。

3.2 软 X 射线图像诊断

研制了多分幅软 X 射线图像诊断系统。采用多针孔加微带光阴极像增强器结构，在针孔前采用 2μm 镀铝 Mylar 膜和 1μm 的 Mylar 膜加 0.25μm 铝膜做过滤片，获得 4 个时刻两种能区的 Z 箍缩软 X 射线图像。针孔直径为 0.1mm 和 0.3mm，时间分辨为 2.0ns，能量范围为 150～300eV 和大于 400eV，大于 300eV。

3.3 软 X 射线能谱诊断

研制了时间、空间分辨的软 X 射线能谱诊断系统。采用 OHM 和 TAP 晶体制做成弯晶作为 X 射线分光器件，摄谱采用 4 条形阴极像增强器，可同时测量 4 个时间点的能谱图像。空间分辨为 1mm，时间分辨为 2ns，能量分辨为 5eV，能谱测量范围：200～1200eV。图 14 为能谱与图像测量系统实物照片。

3.4 实验技术

研制了用于软 X 射线总能量、能谱及图像诊断的真空系统，采用气阻设计，满足了前、后不同真

空度的实验要求。建立了同步、定时、触发及控制的电子学系统和数据记录系统。在强放电实验条件下采取了有效的抗干扰措施，取得了良好效果。同时为了保护测量系统的光学器件，研制了关闭时间为 38μs 的脉冲电磁力驱动的快速关闭阀门。

4 高功率脉冲驱动源关键技术研究

4.1 LTD 技术

研制了亚微秒脉冲直线变压器(LTD)一级模块，电流峰值 200kA，1/4 周期 790ns。研究了 LTD 磁芯饱和特性，建立了 LTD 与低阻抗水线组合式脉冲功率源的电路模拟方法，结合“强光一号”具体参数进行了电路模拟计算，实验获得二极管短路电流约 3.0MA。图 15 为亚微秒直线型变压器一级模块照片。

图 14 能谱与图像测量系统实物照片

图 15 亚微秒直线型变压器一级模块照片

4.2 等离子体断路开关技术

研制了微型电荷收集器阵列，实验研究了“强光一号”POS 等离子体参数及分布。改进了 POS 断路性能，使 Z 箍缩状态与短脉冲γ射线状态兼容，缓解了一机多用的矛盾。

4.3 高功率大电流气体开关技术

研究了影响气体开关放电时延和抖动的重要因素和条件(包括开关气压、触发电极位置、触发方式的影响等)，研制了一种触发电极位于放电通道外面的新型同轴状多通道多间隙低电感气体开关，电感 20nH，抖动小于 3ns。

5 结束语

在“强光一号”加速器上获得了 2 种不同脉冲宽度的驱动电流，进行了喷 Kr 气和钨丝阵负载 Z 箍缩实验研究，结果表明，“强光一号”加速器是目前国内能够进行高功率 Z 箍缩实验研究的最好设备，实验获得的喷 Kr 气和钨丝阵负载 Z 箍缩产生的 X 射线辐射总能量在国外用 15 年时间获得的 X 射线总能量与驱动电流幅值平方定标关系曲线的上方，与国外同类装置水平相当，也是目前国内达到的最高辐射输出。喷 Kr 气负载的电能转换成 X 射线能量的效率较高，约 20%，但钨丝阵负载还较低，小于 10%，尤其是输出辐射功率与输入电功率的比值不高，尚需要进一步提高“强光一号”加速器的驱动电流，以利于深入研究负载参数与驱动源参数的优化匹配条件。自行研制的三套 X 射线辐射诊断设备都获得了比较可靠的实验结果，基本满足了诊断的需要，镍薄膜量热计测量的标准不确定度约为 18.6%，X 射线针孔照相测量系统得到比较清晰的 X 射线分能区时间分辨图像，较好地反映了等离子体辐射场的时间演化过程。建立了 Z 箍缩二维三温辐射磁流体数值模拟程序，尽管还不很成熟，但已基本反映了“强光一号”加速器上喷 Kr 气 Z 箍缩的一系列特点。LTD 在未来 Z 箍缩脉冲驱动源中很有竞争力，是国际上新的发展趋势，我们选择这种技术进行跟踪研究是正确的。总之，通过三年努力，高功率 Z 箍缩技术研究已取得很大的进展，为今后进一步深入研究打下很好的基础。

参 考 文 献

1 Don Cook. Z, ZX and X-1: A realistic path to high fusion yield. In: 12th IEEE Int.Pulsed Power Conf., 1999.06. 33～37

2 Pulsed power peer review committee report. SAND REPORT SAND2002～317, Oct. 2002

3 K W Struve, J P Corley, D L Johnson, et al. Design options for a pulsed-power upgrade of the Z accelerator. In: 13th IEEE Int.Pulsed Power Conf., 2001, 569～573

4 Ramirez J J. The X-1 Z-pinch driver. IEEE Trans. On plasma Sci., 1997, 25(2): 155～159

5 Grabovsky E V, Azizov E A, Alikhanov S G, et al. Development of X-ray facility "BAIKAL" based on 900 MJ inductive store and related problems. In: 13th IEEE Int.Pulsed Power Conf., 2001, 773～777

6 孙凤举, 邱爱慈, 曾江涛. 基于短脉冲 LTD 技术的下一代直接驱动源. 国外核技术与高新技术进展, 2002, 25(3): 35～45

7 Mangeant C, Lassalle F, Avrillaud G, et al. Syrinx project: Compact pulse-current generator devoted to material study under isentropic compression loading.In: 13th IEEE Int.Pulsed Power Conf., 2001, 254～258

“强光一号”钨丝阵 Z 箍缩等离子体辐射特性研究*

摘要： 在“强光一号”装置驱动电流峰值 1.4～2.1MA、上升时间 80～100ns 条件下，研究了不同丝阵直径、丝数及丝直径的钨丝阵负载 Z 箍缩等离子体的辐射特性。用自行研制的测试系统对等离子体辐射参数进行了诊断。实验获得的最大 X 射线总能量为 34kJ，最大峰值功率为 1.28TW。得到了一些关于钨丝阵 Z 箍缩等离子体辐射特性的规律性认识。

1. 引言

Z 箍缩技术的基本原理是利用脉冲高电压大电流放电产生等离子体，等离子体在大电流自磁场的作用下轴向箍缩，形成高温高密度等离子体，产生脉冲 X 射线。但是由于受到等离子体不稳定性问题的限制，以及脉冲功率技术水平的制约，在 20 世纪 80 年代以前研究工作进展不大；直到 1980 年以后，随着人们对内聚爆等离子体磁流体动力学不稳定性深入的研究，以及高功率脉冲加速器的发展，才在高功率 Z 箍缩技术研究方面取得重大突破。例如，在美国圣地亚国家实验室的 Z 装置上进行的钨丝阵箍缩实验[1]，在驱动电流为 20MA 的条件下，得到的 X 射线峰值功率达到 290TW，X 射线能量达到 2MJ。由高功率 Z 箍缩产生的强脉冲 X 射线，可以应用于研究材料的软 X 射线的热力学效应和系统电磁脉冲效应，研究与惯性约束聚变相关的辐射对称化技术；还可以用于研究材料的不透明度、极端温度和压强下材料的状态方程以及其他高能密度物理的基础问题等[2]。由于应用前景广阔，近年来受到高度重视。

本文在“强光一号”加速器驱动电流峰值 1.4～2.1MA、上升时间 80～100ns 条件下，实验研究了不同丝阵直径、丝数及丝直径的钨丝阵负载 Z 箍缩等离子体的辐射特性，用自行研制的测试系统对不同初始参数的钨丝阵 Z 箍缩等离子体负载的辐射性能进行了诊断，得到了一些关于钨丝阵 Z 箍缩等离子体辐射特性的规律性认识。但是由于受到实验条件与诊断设备性能的制约，我们所开展的研究及取得的结果只是初步的，还有大量的研究工作有待进一步深入开展。

2. 物理过程和负载设计原则

产生强脉冲软 X 射线辐射的高功率 Z 箍缩技术可以用以下几个物理过程描述：首先，由高功率脉冲装置产生的电流脉冲加到处于真空腔中心处的圆柱状负载上(金属丝阵列或喷气负载)，使之迅速加热电离成等离子体；然后，在驱动电流产生的磁场作用下，引起等离子体向内聚爆，电能转换为粒子动能；最后，当等离子体在内爆轴附近停滞时，动能和电能转换成热能，并产生 X 射线辐射。

利用高功率 Z 箍缩技术产生高温高密度等离子体时，等离子体温度的典型值在 0.01～10keV，因此需要将等离子体圆柱壳层加速至 10^7 cm/s 量级以上。根据 0 维近似下圆柱壳层的运动方程

$$m\ddot{r} = -\frac{\mu_0 I^2(t)}{4\pi r}; \quad r\big|_{t=0} = r_0\,, \quad \dot{r}\big|_{t=0} = 0 \tag{1}$$

可近似得到下面的关系式：

$$\frac{I_{\mathrm{m}}^2 \tau_{\mathrm{m}}^2}{m r_0^2} = A\,, \tag{2}$$

式中 I_{m} 和 τ_{m} 分别是脉冲功率源注入负载的电流幅值和脉冲上升时间，m 和 r_0 分别是圆柱形负载的线

* 该文原载于《物理学报》，2006 年第 55 卷第 11 期，获得 2010 年全国百篇优秀博士论文。

质量和初始半径，单位分别为 g/cm 和 cm，A 是常数，取值与脉冲驱动源输出电流波形相关，通常称之为负载的初始参数标定常数，该关系式对于设计 Z 箍缩负载的初始参数起着重要的作用。

通常，在采用脉冲形成线技术对等离子体负载馈电时存在下列关系式：

$$2U - IZ = IR_{\mathrm{pl}} + \frac{\mathrm{d}(LI)}{\mathrm{d}t} + L_0\frac{\mathrm{d}I}{\mathrm{d}t}, \tag{3}$$

式中 U 是形成线输出电压波，Z 是形成线阻抗，R_{pl} 是等离子体电阻，L 是与等离子体运动相关的时变电感，L_0 是输出部件的固有电感。输入等离子体的能量可通过变换上式得

$$\begin{aligned}&\int_0^t (2U - IZ)I\mathrm{d}t - \frac{(L+L_0)I^2}{2}\\ &= \int_0^t I^2\left(R_{\mathrm{pl}} + \frac{\mathrm{d}L}{\mathrm{d}t}\right)\mathrm{d}t = E_{\mathrm{pl}}(t).\end{aligned} \tag{4}$$

由此可得，要得到电磁能转换为等离子体动能乃至辐射能的最大转换效率，必须在电流最大值附近实现聚爆压缩。因此，等离子体能量可以这样估算，即

$$E_{\mathrm{pl}} \approx \left(\frac{\Delta L}{2} + \bar{R}_{\mathrm{pl}}\Delta t\right)\bar{I}^2, \tag{5}$$

式中 Δt 是等离子体在最终压缩状态的“生存”时间，$\bar{R}_{\mathrm{pl}}$ 是按照“生存”时间取平均的等离子体电阻，$\bar{I}^2 \approx I_{\mathrm{m}}^2$ 是按照“生存”时间取平均的电流平方，ΔL 可由下式计算出：

$$\Delta L(n\mathrm{H}) = 2l(\mathrm{cm})\ln\left(\frac{r_0}{r_{\mathrm{f}}}\right), \tag{6}$$

式中 l 是等离子体负载长度，r_{f} 是等离子体负载的最终压缩半径。

3. 实验装置

“强光一号”加速器在开展 Z 箍缩实验研究时，整个装置由脉冲功率源和 Z 箍缩二极管两部分组成。其中，脉冲功率源主要由直线型脉冲变压器，1.4Ω 水介质脉冲形成线，水介质单通道自击穿开关，0.75Ω 水介质脉冲压缩线，9 通道水介质自击穿开关，水介质脉冲传输线等部件组成；Z 箍缩二极管由磁绝缘真空同轴线和丝阵负载两部分组成。整个系统的构成框图参见图 1。

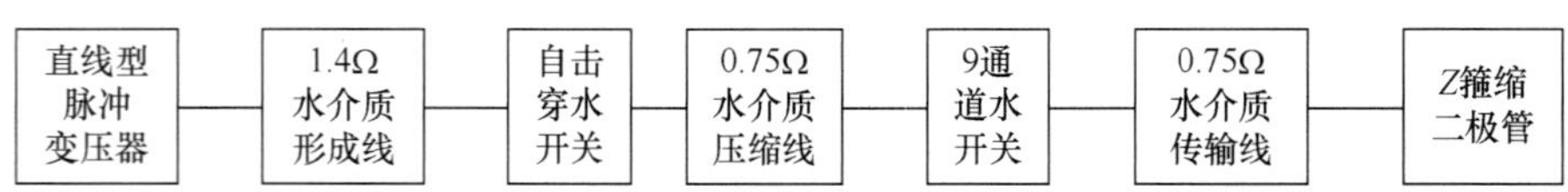

图 1 整个装置系统构成框图

实验中脉冲功率源的主要参数：直线型脉冲变压器初级储能电容器充电电压 40～45kV，次级输出电流峰值 165～195kA，1.4Ω 水介质脉冲形成线的充电电压 2.4～2.7MV，0.75Ω 水介质脉冲压缩线的充电电压 2.4～2.7MV，传输到二极管上的能量为 80～110kJ，短路电流峰值 3MA，实际驱动 Z 箍缩负载电流 1.4～2.1MA、上升时间 80～100ns。

实验研究中，采用电阻分压器、电容分压器和两个罗可夫斯基线圈(分别位于阳极直径 450mm 和 100mm)分别测量二极管的电压和流过负载的电流波形，测量误差约 10%。利用 5 个过滤型 X 射线二极管(XRD)和自行研制的闪烁体加 GD-40 光电管平能谱响应的功率测量系统测量 X 射线时间谱，探测器的时间响应小于 2ns。5 个 XRD 的测量范围 50～1100eV，离源的距离分别为 1.28m，0.93m，1.37m，2.05m，2.06m，闪烁体加 GD-40 离源的距离为 1.35m。使用自行研制的镍薄膜量热计测量 X 射线总能量，探测器离源的距离为 3.0m，总能量测量的相对标准不确定度小于 20%[3]。将电流和 X 射线波形进行时间关联，可以得到内爆时间，其定义为电流起始至 X 射线峰值的时间。

4. 钨丝阵 Z 箍缩等离子体辐射特性实验结果

在驱动电流上升时间～100ns、峰值 1.4～2.1MA 条件下，进行了不同丝直径(5μm 和 8μm)、丝数(10，12，24，32，48，54，64，78 根)、丝阵直径(ϕ18，ϕ12，ϕ10)钨丝阵 Z 箍缩等离子体辐射特性的实验研究。主要目的是研究辐射特性与负载、驱动电流参数的关系，并在强光一号上获得最大的 X 射线总能量和功率输出。

1) 进行了固定丝阵直径(ϕ12mm)、驱动电流(1.6MA)和上升时间(～100ns)，改变丝数和线质量的 Z 箍缩实验，每种状态共进行了 5 次有效的实验，典型的实验结果见表 1 与图 2。从实验结果可知，在丝数为 48 根(丝间距 0.785mm)时，辐射总能量和功率均较大。

表 1 在基本相同电流参数(1.6MA，～100ns)和丝阵直径时，不同丝数的 Z 箍缩辐射特性

炮号	丝数(丝间距/mm)	线质量/(μg/cm)	内爆时间/ns	辐射总能量/kJ	平均辐射功率/TW	总的能量转换效率/%
04071	24(1.57)	90.9	107	33.7	0.83	12.6
04068	48(0.785)	181.8	141	31.6	1.28	11.8
04066	48(0.785)	181.8	139	33.5		12.5
04075	54(0.698)	204.6	151(1.54MA)	25.6	0.75	9.6
04079	54(0.698)	204.6	145	22.2	0.60	8.3

2) 进行了两组基本固定丝阵负载线质量，改变丝数的 Z 箍缩实验，每种状态共进行了 5 次有效的实验，典型的实验结果见表 2 与图 3。

表 2 负载线质量基本不变，改变丝数的 Z 箍缩辐射特性

炮号	负载电流/MA	上升时间/ns	线质量/(μg/cm)	丝阵直径/mm	丝直径/μm	丝数(丝间距离/mm)	内爆时间/ns	辐射总能量/kJ	平均辐射功率/TW
04068	1.61	97	181.8	12	5	48(0.785)	141	31.6	1.28
04212	1.82	99	193.8	12	8	16(2.356)	133	22.1	0.42
04223	1.63	102	116.3	10	8	12(2.618)	124	25.4	0.37
04228	1.55	94	121.2	10	5	32(0.982)	121	23.4	0.81

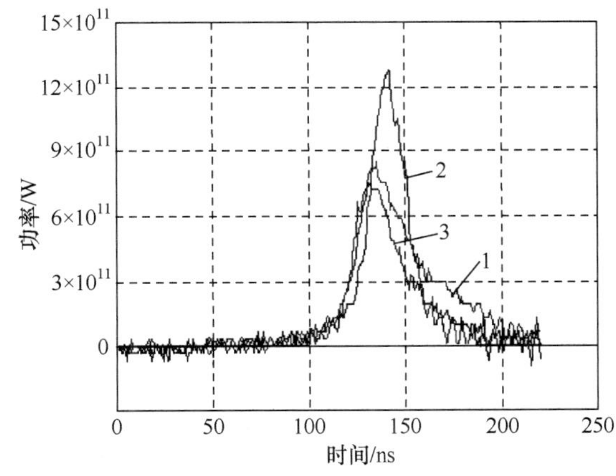

图 2 不同丝数时 X 射线功率波形图(曲线 1 为 04071 炮(ϕ12，24 根)； 曲线 2 为 04068 炮(ϕ12，48 根)；曲线 3 为 04075 炮(ϕ12，54根))

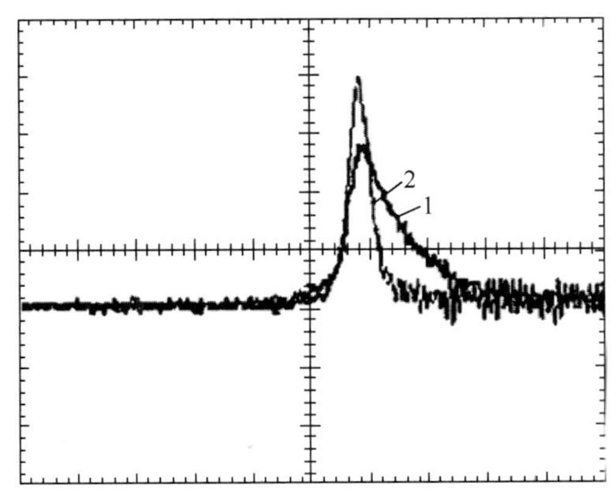

图 3 X 射线波形(线质量约为 190μg/cm)(曲线 1 为 04212 炮；曲线 2 为 04068 炮)

3) 进行了基本固定 mr_0^2、驱动电流(1.6MA)、上升时间(～100ns)，改变丝阵直径和丝数的 Z 箍缩实验，每种状态共进行了 5 次有效的实验，典型的结果见表 3 与图 4。图 4(b)表明在该状态下有时会出现二次箍缩的情形。

表 3　电流参数和 mr_0^2 基本保持一致时，不同丝阵直径和丝数的 Z 箍缩辐射特性

炮号	丝阵直径/mm	丝数(丝间距离/mm)	线质量/(μg/cm)	内爆时间/ns	辐射总能量/kJ	平均辐射功率/TW
04076	18	24(2.365)	90.9	137	27.4	0.65
04075	12	54(0.698)	204.6	151	25.6	0.75
04085	10	78(0.403)	295.4	134(1.67MA)	24.8	1.12

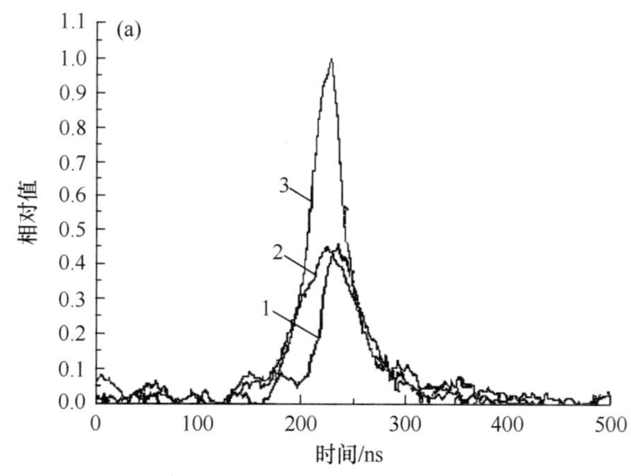

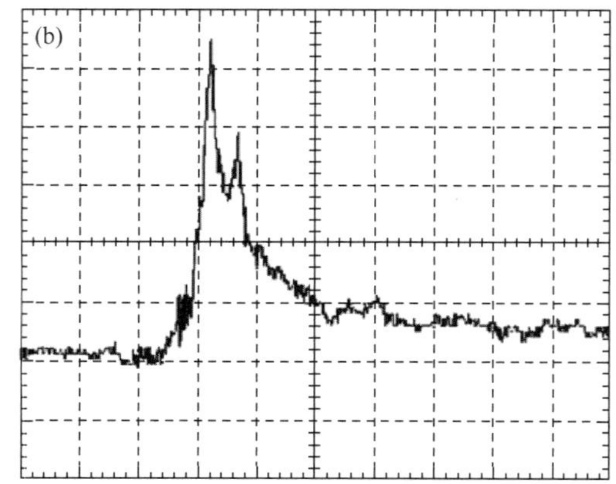

图 4　(a)X 射线波形(曲线 1 为 04075 炮；曲线 2 为 04076 炮；曲线 3 为 04085 炮)；(b)X 射线功率波形图(03256 炮) (丝阵参数：ϕ18，24 根，8μm 钨丝，1.7MA)

4) 测量了不同参数钨丝阵负载时 X 射线与电流的时间关联波形，见图 5，进而计算了 Z 箍缩内爆时间与驱动电流之间的关系，结果见图 6。表 4 列出了丝阵直径为ϕ18mm 时内爆时间随丝阵质量的变化。

表 4　丝阵直径为ϕ18mm 时内爆时间随丝阵质量的变化

炮号	负载电流/MA	丝数目	丝阵线质量/(μg/cm)	内爆时间/ns	X 射线峰值与电流峰值的时间差/ns
03007	2.1	10	193.8	120	24
02204	1.6	13	251.9	164	47
03009	2.1	40	303.2	173	75
03008	2.1	20	387.6	188	89
03264	1.6	24	465.1	228	159

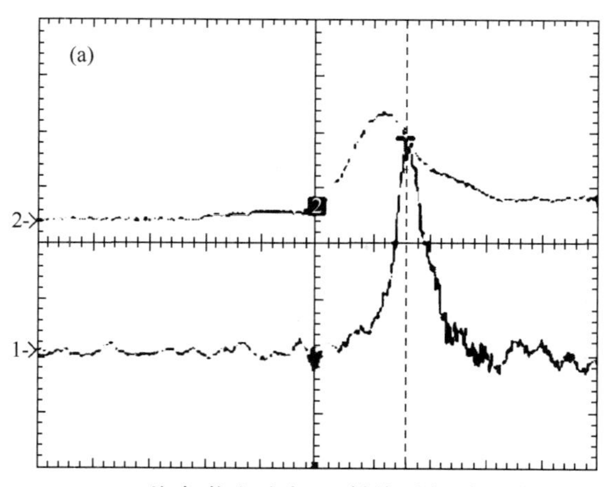

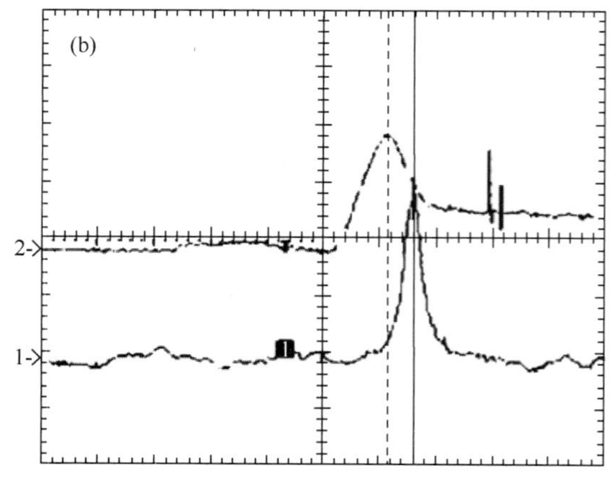

图 5　(a) 02194 炮负载电流与 X 射线时间关联波形(1.5MA，96.9μg/cm，ϕ18～10(8μm 钨丝)，波形 1 为 X 射线，波形 2 为电流波形)；(b) 04085X 射线和电流波形关联图(1.7MA，295.4μg/cm，ϕ10～78(5μm 钨丝)，图中上为电流波形、下为 X 射线波形)

5. 结论

1. 从实验结果(表 3 与图 4)可以看出，当负载的初始参数定标常数 A 基本一致时，Z 箍缩的辐射总能量很接近，但 X 射线波形随着丝数(丝间距离)不同而不同，总的趋势随着丝数增多，间距减小，X 射线脉冲波形前沿变陡、脉宽变窄。X 射线辐射功率在线质量基本固定时，随丝间距的减小而增大。内爆时间随着负载质量的增加而增加，随着驱动电流的增大而减小。X 射线波形有时出现双峰，尤其在丝数较少时更为明显，说明有两次箍缩现象存在。

2. 在“强光一号”装置的驱动电流参数下，得到了最佳的辐射总能量和功率输出。辐射总能量最大为 34kJ，峰值功率最大为 1.28TW，总的能量转换效率约为 12.6%。X 射线总能量 E_x 基本符合 $E_x^2 - I_m^2$ 定标曲线。见图 7 和表 5。

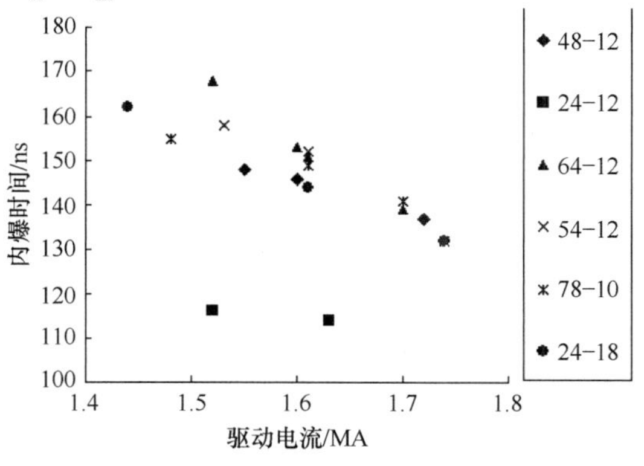

图 6 内爆时间和驱动电流之间的关系

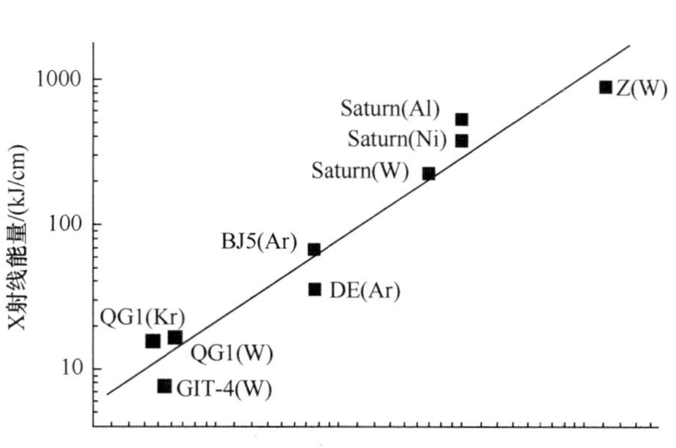

图 7 “强光一号”Z 箍缩实验结果与国外比较

3. 辐射总能量 E_x 大于内爆动能 E_k，根据文献[13]给出的公式 $E_k=0.9I_m^2\ln(r_0/r_f)$ 可计算出，E_x/E_k 约为 3，参见表 6。说明辐射总能量不仅取决于内爆动能，还与其他因素(如内爆滞止后电流对负载的继续加热情况)有关。

4. 理论分析与实验研究结果显示[14]，对一定的驱动装置来说，存在一个较佳的丝阵参数范围，其辐射功率和总能量均较大；在“强光一号”装置现有的参数与国内金属细丝生产能力(国内最细的钨丝直径是 5μm)条件下，采用丝间距小于 0.8mm、丝数为 48 根(线质量 180μg/cm)的钨丝阵负载，获得了最高的辐射功率和总能量，如果能够进一步减小单丝直径，使得负载线质量更小，估计会得到更好的结果。

表 5 “强光一号”装置 Z 箍缩等离子体辐射实验结果与国外装置结果比较

装置名称	负载材料	负载长度 l/cm	驱动电流 I_m/MA	压缩比*r_0/r_f	X 射线总能量	
					/kJ	kJ/cm
强光一号[4]	氪气	4.0	1.4	14	62	15.5
强光一号	钨丝	2.0	1.6	10	32	16.0
GIT-4[5]	钨丝	4.0	1.5	6	30	7.5
DE[6]	Ar 气	4.0	3.5	15	140	35.0
Blackjack5[7]	Ar 气	3.0	3.5	20	200	66.7
Saturn	钨丝[8]	2.0	6.6	20	450	225
	铝丝[9]	2.0	8.0	20	1060	530
	钨丝[10]	2.0	8.0	25	750	375
Z[11]	钨丝	2.0	18	25	1800	900

* 压缩比是利用图像诊断系统得到的实验结果[12]。

表 6 “强光一号”上 Z 箍缩产生的 X 射线辐射总能量与动能的比较

负载材料	负载长度 l/cm	驱动电流 I_m/MA	压缩比 r_0/r_f	X 射线总能量 E_x/kJ	内爆动能 E_k/kJ	E_x/E_k
钨丝	2.0	1.6	10	30.2	10.5	2.9
钨丝	2.0	1.5	10	28.6	9.3	3.1

参 考 文 献

[1] Spielman R B, Deeney C, Chandler G A *et al* 1998 *Phys.Plasmas.* **5** 2105

[2] Sanford T W L, Mock R C, Nash T J *et al* 1999 *Phys. Plasmas* **6** 1270

[3] Kuai B, Cong P T, Zeng Z Z *et al* 2002 *Plas. Sci. Tech.* **4** 1329

[4] Wang W S, He D H, Qiu A C *et al* 2003 *High Power and Laser and Particle Beams* **15** 184(in Chinese) [王文生，何多慧，邱爱慈等 2003 强激光与粒子束 **15** 184]

[5] Baksht R B, Bugaev S P, Dasto I M *et al* 1993 *Laser and Particle Beams* **11** 587

[6] Riordan J C, Coleman P L, Failor B H *et al* 1998 *Bull. Am. Phys. Soc.* **43** 1905

[7] Clark W, Richardson R, Brannon J *et al* 1982 *J. Appl. Phys.* **53** 5552

[8] Deeney C, Nash T J, Spielman R B *et al* 1997 *Phys. Rev.* E **56** 5945

[9] Douglas M R, Deeney C, Spielman R B *et al* in IEEE Conference Record-Abstracts, 1999 *IEEE International Conference on Plasma Science*, June 20-24, 1999, Monterey, CA, p230

[10] Deeney C, Coverdale C A, Douglas M R *et al* 1999 *Phys. Plasmas* **6** 3576

[11] Deeney C, Douglas M R, Spielman R B *et al* 1998 *Phys. Rev. Lett.* **81** 4883

[12] Qiu M T, Lv M, Wang K L *et al* 2003 *High Power and Laser and Particle Beams* **15**(1) 102(in Chinese)[邱孟通、吕敏、王奎录等 2003 强激光与粒子束 **15**(1) 102]

[13] Zeng Z Z, Qiu A C 2004. *Chin. Phys.* **13** 201

[14] Duan Y Y, GuoY H, Wang W S *et al* 2005. *Chin. Phys.* **14** 1856

强光一号 Z 箍缩实验研究*

摘要：在强光一号装置驱动电流峰值 1.4～2.1MA、上升时间 80～100ns 条件下，研究了喷 Kr 气、喷 Ne 气、W 丝阵和 Al 丝阵负载 Z 箍缩等离子体的辐射特性和聚爆过程。实验研究中，用分压器和两个罗戈夫斯基线圈分别测量二极管的电压和流过负载的电流波形，用过滤型 X 射线二极管和 100～1400eV 平能谱响应闪烁探测器测量 X 射线时间谱，用镍薄膜量热计测量 X 射线总能量，用纳秒时间分辨软 X 射线图像诊断系统记录了 Z 箍缩的聚爆过程，用时空分辨的椭圆弯晶谱仪诊断了 Z 箍缩等离子体产生的 keV 级特征 X 射线的能谱分布。其中，喷 Kr 气负载的 X 射线辐射总能量大于 60kJ，峰值功率约 1.7TW，总能量转换效率可达 23%；W 丝阵负载的辐射总能量大于 30kJ，峰值功率约 1.30TW，总能量转换效率约为 12.5%；喷 Ne 气负载的 keV 级辐射总能量 5.6kJ，峰值功率约 256GW，能量转换效率可达 2%；Al 丝阵负载的 keV 级辐射总能量 2.3kJ，峰值功率约 94GW，能量转换效率可达 0.8%。喷气负载在 Z 箍缩聚爆过程中存在"拉链"现象，丝阵负载在 Z 箍缩聚爆过程中存在先驱现象。

Z 箍缩的基本原理是利用脉冲高电压大电流放电产生等离子体；等离子体在大电流自磁场的作用下轴向箍缩，形成高温高密度等离子体，产生脉冲 X 射线。但是由于受到等离子体不稳定性的限制，以及脉冲功率技术水平的制约，在 20 世纪 80 年代以前该项研究工作进展不大；1980 年以后，随着人们对聚爆等离子体磁流体动力学不稳定性的深入研究，以及高功率脉冲加速器的发展，才在高功率 Z 箍缩技术研究方面取得重大突破。例如：在美国圣地亚国家实验室的 Z 装置上进行的 W 丝阵箍缩实验[1]，在驱动电流为 20MA 的条件下，得到的 X 射线峰值功率达到 290TW，X 射线能量达到 2MJ。由高功率 Z 箍缩产生的强脉冲 X 射线，可以应用于研究材料的软 X 射线的热力学效应和系统电磁脉冲效应，研究与惯性约束聚变相关的辐射对称化技术；还可以用于研究材料的不透明度、极端温度和压强下材料的状态方程以及其他高能量密度物理问题等[2]。由于应用前景广阔，该项技术近年来受到高度重视。

项目组在强光一号加速器驱动电流峰值 1.4～2.1MA、上升时间 80～100ns 条件下，实验研究了喷 Kr 气、W 丝阵、喷 Ne 气和 Al 丝阵负载 Z 箍缩等离子体的辐射特性和聚爆过程，用自行研制的测试系统对 Z 箍缩等离子体负载的辐射性能和聚爆过程进行了诊断，得到了一些关于 Z 箍缩等离子体辐射和聚爆特性的规律性认识。但是由于受到实验条件与诊断设备性能的制约，目前所开展的研究及取得的结果只是初步的，还有大量的研究工作有待进一步深入开展。

1 实验装置和 Z 箍缩负载简介

强光一号加速器在开展 Z 箍缩实验研究时，整个装置由脉冲功率源和 Z 箍缩二极管两部分组成。其中，脉冲功率源主要由直线型脉冲变压器，1.4Ω 水介质脉冲形成线，水介质单通道自击穿开关，0.75Ω 水介质脉冲压缩线，9 通道水介质自击穿开关，水介质脉冲传输线等部件组成；Z 箍缩二极管由磁绝缘真空同轴线和丝阵或喷气柱负载两部分组成。整个系统的构成参见图 1。

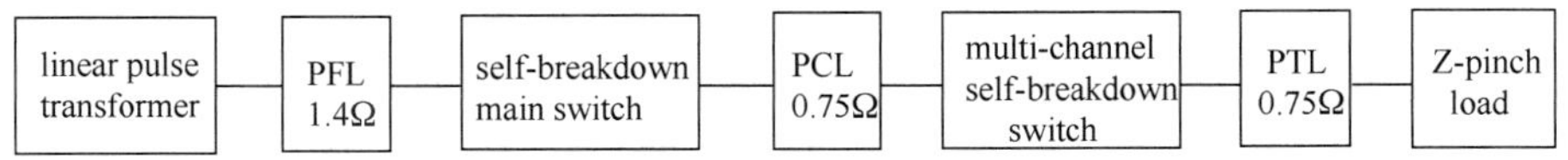

Fig.1 Sketch map of experimental installation

图 1 实验装置系统构成框图

* 该文原载于《强激光与粒子束》，2008 年第 20 卷第 11 期。

实验中脉冲功率源的主要参数为：直线型脉冲变压器初级储能电容器充电电压 40～45kV，次级输出电流峰值 165～195kA，1.4Ω 水介质脉冲形成线的充电电压 2.4～2.7MV，0.75Ω 水介质脉冲压缩线的充电电压 2.4～2.7MV，传输到二极管上的能量为 80～110kJ，短路电流峰值 3MA，实际驱动 Z 箍缩负载电流 1.4～2.1MA，上升时间 80～100ns。

脉冲源产生的高功率电脉冲加到处于真空腔中心处的圆柱状负载(金属丝阵或喷气负载)后，使之迅速加热电离成等离子体；然后，在驱动电流产生的磁场作用下，等离子体向内聚爆，电能转换为聚爆动能；最后，当等离子体在轴线附近滞止时，动能和电磁能转换成热能，辐射出大量软 X 射线。

通常采用简单的 0 维模型来衡量 Z 箍缩的动力学过程

$$m\ddot{r} = -\frac{\mu_0 I^2(t)}{4\pi r} \qquad r|_{t=0} = r_0 , \quad \dot{r}|_{t=0} = 0 \tag{1}$$

对此方程作归一化，即令 $R = r/r_0$，$\tau = t/t_m$，$i(\tau) = I(t_m)/I_m$ 可得

$$\ddot{R} = -A\frac{i^2(\tau)}{R}, \quad A = \frac{\mu_0 I_m^2 t_m^2}{4\pi m r_0^2} \tag{2}$$

式中：$I(t)$和 I_m 分别是脉冲功率源注入负载的电流及其幅值；r 是圆柱型负载半径；t_m 是电流脉冲上升时间；m 和 r_0 分别是圆柱型负载的线质量和初始半径。对于给定的脉冲驱动源，I_m，t_m 及输出电流波形 $i(\tau)$基本确定，等离子体柱的聚爆轨迹即取决于无量纲参数 A。调整 m 和 r_0 的组合，即改变参数 A 的数值，可获得不同的聚爆时间和最终聚爆速度，对负载获得的聚爆动能进行优化[3]。

在强光一号上开展的 Z 箍缩研究包括喷 Kr 气、喷 Ne 气、W 丝阵及 Al 丝阵等不同材料和构型的负载。其中喷气负载的轴向长度(即阴阳极距离)固定为 40mm，阳极回流柱直径 60mm。丝阵负载的轴向长度为 20mm，回流柱直径 45mm。中高 Z 元素负载，如 Kr 和 W，主要用于产生光子能量在 1keV 以下的软 X 射线，辐射转换效率超过 10%；中低 Z 元素负载，如 Ne 和 Al，则用于获得光子能量 1～2keV 的 K 壳层特征 X 射线辐射，辐射转换效率约 1%。

实验研究中，采用电阻分压器、电容分压器和两个罗戈夫斯基线圈(分别位于阳极直径 450mm 和 100mm 处)分别测量二极管的电压和流过负载的电流波形。利用过滤型 X 射线二极管(XRD)和闪烁体加 GD-40 光电管在 100～1400eV 内具有平能谱响应的功率测量系统测量 X 射线时间谱，探测器的时间响应小于 2ns，探测器离源的距离可根据不同的实验状态加以调整[3]。使用镍薄膜量热计测量 X 射线总能量，探测器离源的距离为 3.0m，总能量测量的相对标准不确定度小于 20%[4]。采用时空分辨的椭圆弯晶谱仪，诊断了 Z 箍缩等离子体产生的 keV 级特征 X 射线的能谱分布[5]。将电流和 X 射线波形进行时间关联，可以得到聚爆时间，其定义为电流起始至 X 射线峰值的时间。用纳秒时间分辨的软 X 射线分幅相机诊断分能区的等离子体图像[6]，将快门选通电脉冲与 X 射线波形作时间关联，以 X 射线峰值时刻作为参考零点确定图像的曝光时间。

2　Z 箍缩辐射特性的实验研究

2.1　喷气负载实验研究

2.1.1　喷 Kr 气负载的总辐射特性

进行了两种电流上升时间、两种 Kr 气(线质量 23.4μg/cm，47.6μg/cm)的 Z 箍缩实验[7]。喷气负载外径 16～18mm。XRD 测量的典型 X 射线波形见图 2，X 射线(用 GD-40 测得)与负载电流的时间关联波形见图 3。两种 Kr 气线质量的辐射特性见表 1。从实验结果看出，随着负载线质量增加，电流及其上升时间增加，X 射线峰值出现较晚，X 射线总能量增加，但 X 射线峰值功率反而减小。

表 1　不同线质量喷 Kr 气 Z 箍缩辐射特性

Table1　Radiation characteristics of Kr gas-puff with different load mass

shot number	I_{max} /MA	t_m /ns	m /(μg · cm^{-1})	imploding time/ns	total radiation energy/kJ	radiation peak power/TW	compression ratio	total energy conversion efficiency/%
01068	1.4	80	23.4	90.5	55.3	1.87	12	20.6
03092	1.5	96	47.6	118.0	62.1	1.68	14	23.2

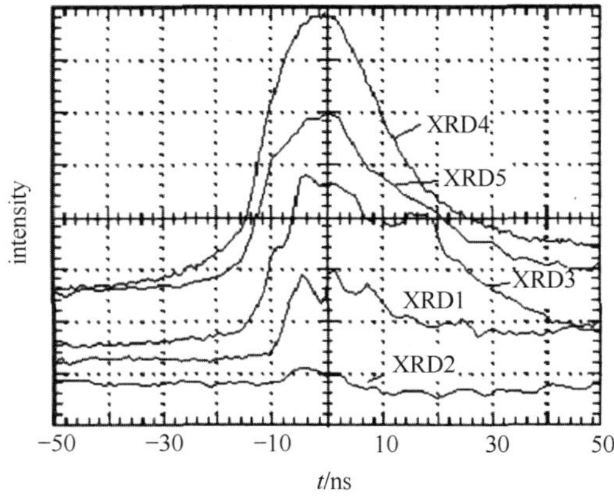

Fig.2　X-ray waveforms of Kr gas-puff load

图 2　喷 Kr 气负载 X 射线时间波形图

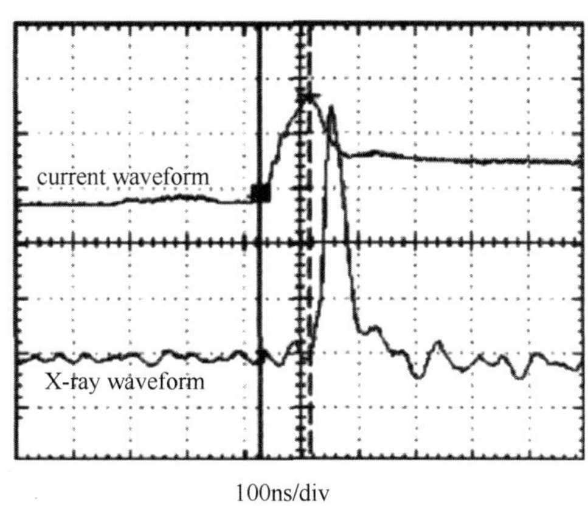

Fig.3　Time relationship between load current and X-ray

图 3　X 射线与负载电流的时间关联波形

2.1.2　喷 Ne 气负载的 K 层辐射特性

实验中固定阳极参数(透气率、几何尺寸等)，分别研究了 3 种几何结构的喷嘴在不同喷 Ne 气质量下的辐射特性，以获得相应初始条件下 K 层辐射的产额和功率随负载线质量的变化关系。

1) 单层负载

进行了两种尺寸喷嘴的 Z 箍缩实验，一种是外径 20mm，内径 12mm，称之为小喷嘴；另一种是外径 25mm，内径 14mm，称之为大喷嘴。表 2、表 3 分别给出了实验得到的小喷嘴和大喷嘴喷不同线质量 Ne 气下的辐射特性典型数据，图 4、图 5 分别给出了小喷嘴和大喷嘴 K 层辐射的产额和功率随喷 Ne 气质量的变化关系。

表 2　小喷嘴喷 Ne 气不同线质量 Z 箍缩辐射特性

Table 2　Radiation characteristics of small nozzle Ne gas-puff with different load mass

shot number	I_{max}/MA	t_m/ns	m/(μg · cm^{-1})	imploding time/ns	K-shell radiation energy/kJ	K-shell radiation peak power/GW	energy conversion efficiency/%
07056	1.59	65	26.5	108.9	5.61	132.0	1.99
07059	1.53	63	35.3	107.1	4.03	92.8	1.43
07061	1.59	65	30.9	102.6	5.02	112.0	1.78
07069	1.37	52	22.1	90.8	2.83	67.9	1.00
07070	1.38	62	17.7	91.8	1.95	44.1	0.69
07071	1.38	55	13.4	95.4	2.51	54.3	0.89

表 3　大喷嘴喷 Ne 气不同线质量 Z 箍缩辐射特性

Table3　Radiation characteristics of big nozzle Ne gas-puff with different load mass

shot number	I_{max}/MA	t_m/ns	m/(μg · cm^{-1})	imploding time/ns	K-shell radiation energy/kJ	K-shell radiation peak power/GW	energy conversion efficiency/%
07107	1.52	65	22.8	119.6	4.37	109.8	1.55
07112	1.48	52	34.2	118.3	2.38	109.8	0.84

续表

shot number	I_{max}/MA	t_m/ns	m/(μg · cm^{-1})	imploding time/ns	K-shell radiation energy/kJ	K-shell radiation peak power/GW	energy conversion efficiency/%
07114	1.59	57	39.9	137.8	1.98	97.3	0.70
07117	1.54	61	45.5	137.0	2.15	78.1	0.76
07118	1.52	58	17.1	110.7	4.54	124.5	1.61
07120	1.47	56	11.4	92.8	2.29	58.9	0.81
07127	1.47	58	28.5	126.3	4.67	202.6	1.66

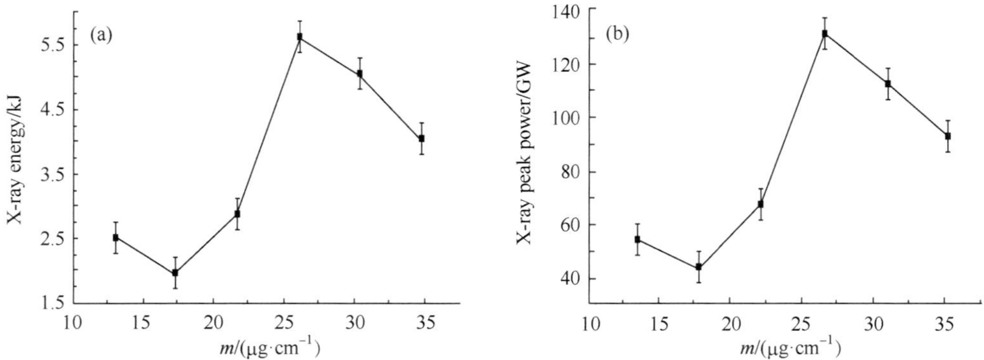

Fig. 4 K-shell radiation energy and peak power *vs* load mass of small nozzle Ne gas-puff load

图 4 小喷嘴喷 Ne 气 K 层辐射能量和峰值功率与负载喷气线质量之间的关系

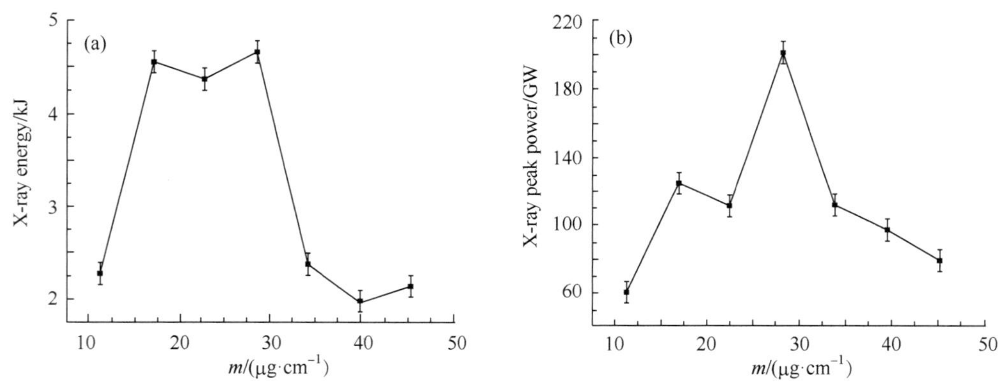

Fig.5 K-shell radiation energy and peak power *vs* load mass of big nozzle Ne gas-puff load

图 5 大喷嘴喷 Ne 气 K 层辐射能量和峰值功率与负载喷气线质量之间的关系

从实验结果看出，在脉冲驱动源与负载几何结构及尺寸确定的情况下，K 层辐射产额和峰值功率随着负载线质量增加逐渐增大，在达到某一最大值区域之后又逐渐减小，即存在一个最佳线质量使得 K 层辐射产额和峰值功率最大。在我们的实验条件下，对于小喷嘴，该最佳线质量值为 26.5μg/cm，最大 K 层辐射产额为 5.61kJ，驱动源电能转化为 K 层辐射能量的效率为 1.99%，最大 K 层辐射功率为 132.0GW；对于大喷嘴，该最佳线质量值为 28.5μg/cm，最大 K 层辐射产额为 4.67kJ，驱动源电能转化为 K 层辐射能量的效率为 1.66%，最大 K 层辐射产额为 202.6GW。同时可以看出，随着负载线质量增加，聚爆时间呈现出增大的趋势。

2) 双层负载

进行了外层外径 30mm、内径 24mm，内层外径 10mm、内径 8mm 的双层喷 Ne 气负载的实验研究。实验分成两类，第一类是内外层喷气的压力相同，此时内外层线质量比值为 0.324；第二类是内外层喷气的压力不同，目的是探索内层气压的致稳作用。表 4 和表 5 分别给出了两类实验得到的不同线质量下的辐射特性典型数据，其 K 层辐射产额及功率与喷气线质量的关系曲线分别见图 6 和图 7。

表 4　内外气压相同时，不同线质量双层喷嘴喷 Ne 气 Z 箍缩辐射特性

Table 4　Radiation characteristics of double-shell Ne gas-puff Z-pinch with different load mass, when pressures of inner and outer shells are the same

shot number	I_{max}/MA	t_m/ns	m/(μg · cm^{-1})	imploding time/ ns	K-shell radiation energy/ kJ	K-shell radiation peak power/GW	energy conversion efficiency / %
07131	1.66	60	76.0	142.0	1.56	54.3	0.55
07133	1.65	66	19.0	134.7	5.59	210.5	1.98
07137	1.70	72	23.8	137.3	5.58	255.8	1.98
07139	1.58	87	28.5	119.1	4.87	216.2	1.72
07140	1.64	58	38.0	134.0	4.71	177.7	1.67
07143	1.72	61	47.5	149.6	1.97	64.5	0.70

表 5　内外气压不同时，不同线质量双层喷嘴喷 Ne 气 Z 箍缩辐射特性

Table 5　Radiation characteristics of double-shell Ne gas- puff Z-pinch with different load mass, when pressures of inner and outer shell are different

shot number	I_{max}/MA	shells pressure/MPa inner	outer	m_{in}, m_{out} /(μg · cm^{-1})		imploding time/ ns	K-shell radiation energy/ kJ	K-shell radiation peak power/ GW	energy conversion efficiency / %
07144	1.62	0.1	0.5	2.3	35.9	153.9	3.91	125.6	1.37
07145	1.67	0.4	0.5	9.3	35.9	144.8	3.54	148.3	1.26
07146	1.54	0.9	0.5	20.9	35.9	95.8	2.56	99.6	0.91
07147	1.51	0.7	0.5	16.3	35.9	103.3	2.57	105.3	0.91
07148	1.47	0.6	0.4	14.0	28.7	92.1	2.92	107.5	1.04
07151	1.56	0.3	0.4	7.0	28.7	101.1	4.78	208.2	1.69
07140	1.64	0.4	0.4	9.3	28.7	134.0	4. 71	177.7	1.67

从实验结果看出，在脉冲驱动源与负载几何结构及尺寸确定的情况下，K 层辐射产额在质量较小时(约 20μg/cm)就达到最大值，之后随着负载线质量增加逐渐减小。而 K 层辐射功率随着负载线质量增加逐渐增大，在达到某一最大值之后又逐渐减小，即存在一个最佳线质量使得 K 层辐射功率最大。在我们的实验条件下，K 层辐射产额最佳参数为 5.6kJ，对应的线质量范围为 19.0～23.8μg/cm；K 层辐射功率最佳参数为 250GW，对应线质量为 23.8μg/cm。在外层线质量保持不变的情况下，K 层辐射产额随着内层线质量增大而减小，而辐射功率则存在一个极大值。由此可见，内层负载参数对整个负载的聚爆品质具有一定的调节作用。

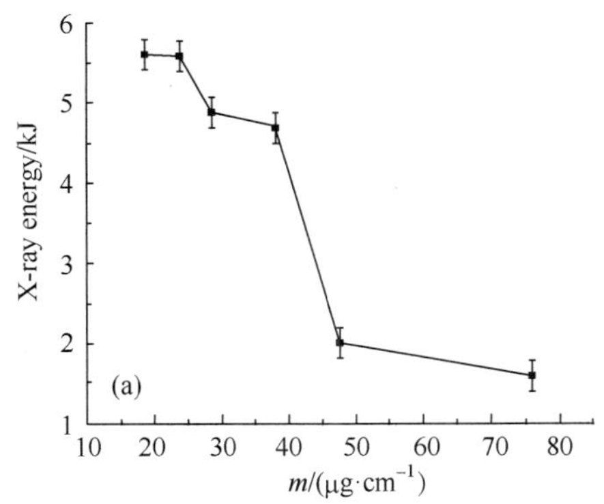

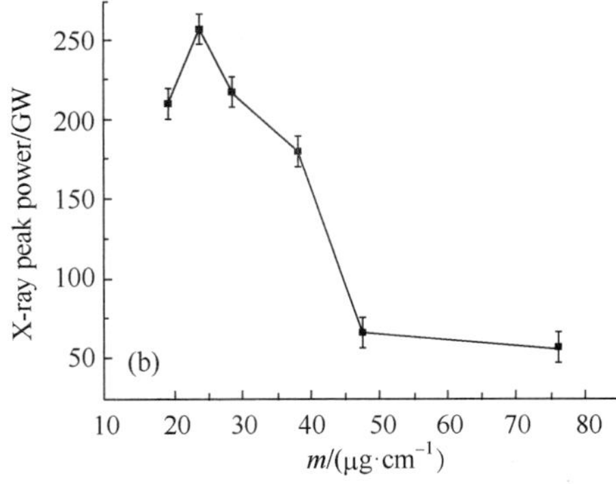

Fig.6　K-shell radiation energy and peak power *vs* load mass of double-shell Ne gas-puff load, when pressures of inner and outer shells are the same

图 6　内外气压相同时，双层喷嘴喷 Ne 气 K 层辐射能量和峰值功率与负载喷气线质量之间的关系

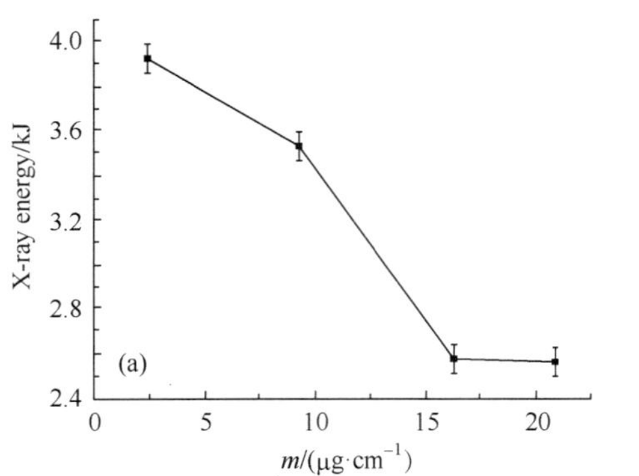

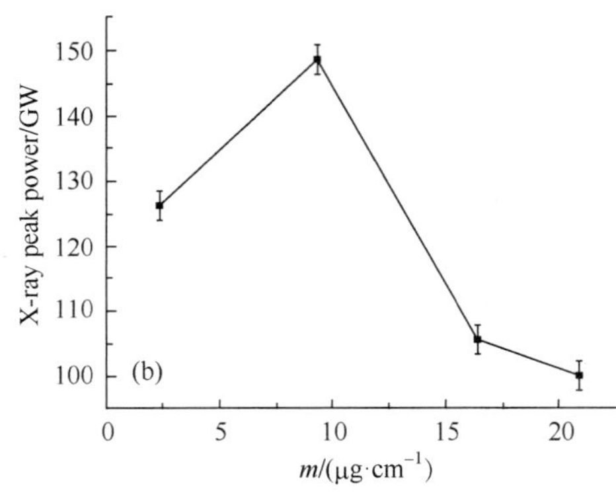

Fig. 7　K-shell radiation energy and peak power *vs* load mass of inner-shell, when the load mass of outer shells is 35.9μg/cm

图 7　内外层气压不同时(固定外层质量为 35.9μg/cm)，K 层辐射产额与内层喷气线质量的关系

3) 3 种负载的 K 层辐射特性比较

图 8 给出在 3 种负载线质量较为接近时各自 K 层辐射功率波形，可以看出双层喷气负载的波形上升时间更快，脉冲宽度更窄；另外小喷嘴功率波形具有明显的双峰，大喷嘴功率波形的双峰现象则有所减弱，双层喷嘴功率波形的双峰则不明显，波形的比较直接表明双层喷气负载 Z 箍缩过程品质更好。双层喷气负载的应用有效提高了 K 层辐射功率，但对 K 层辐射能量的提高作用并不明显。无论是单层负载还是双层负载，采用时空分辨的椭圆弯晶谱仪获得的 K 层辐射能谱特征辐射能谱相似，见图 9，得到的谱线主要有 He-α(922eV)，Ly-α(1022eV)，He-β(1073eV)以及 He-γ(1127eV)4 条 K 层共振线。

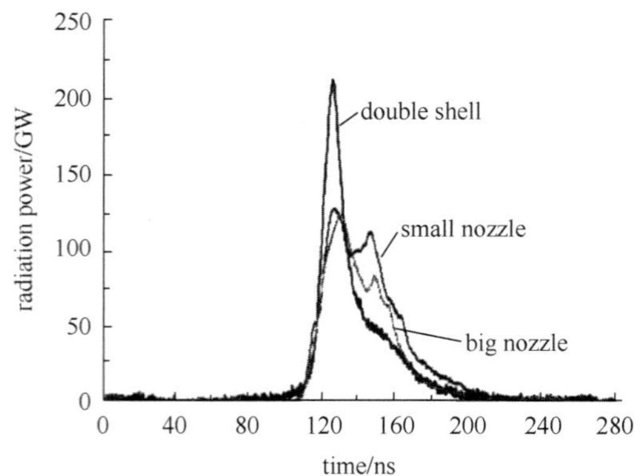

Fig.8　K-shell radiation power waveforms of three loads with the almost same load mass

图 8　3 种负载线质量接近时 K 层辐射功率波形

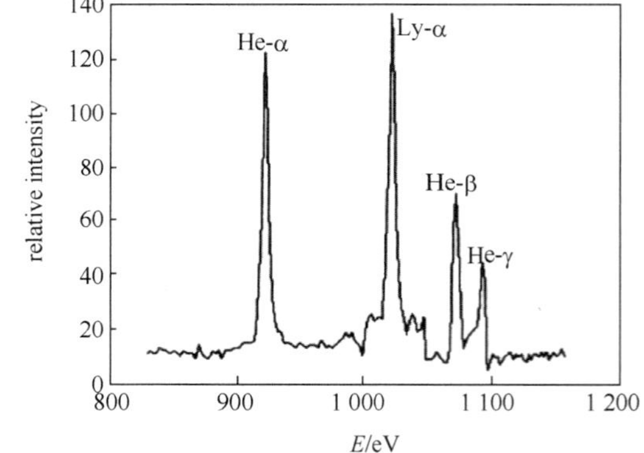

Fig. 9　Typical K-shell radiation energy spectrum of Ne gas-puff Z-pinch

图 9　喷 Ne 气 Z 箍缩 K 层辐射典型能谱图

2.2　丝阵负载的实验研究

2.2.1　W 丝阵负载的总辐射特性

进行了不同丝直径(5μm 和 8μm)、丝数(10，12，24，32，48，54，64，78 根)、丝阵直径(ϕ18，ϕ12，ϕ10mm)W 丝阵负载 Z 箍缩的总辐射特性研究[8]。

(1) 进行了固定丝阵初始半径 r_0(6mm)、驱动电流(1.6MA)和上升时间(约 100ns)，改变丝数和质量时的 Z 箍缩实验，其结果见表 6。图 10 是不同丝数的 X 射线功率波形。从实验结果可知，在丝数为 48 根(丝间距 0.785mm)时，辐射总能量和功率均较大。

表 6　在相同电流参数(1.6MA、≈100ns)和丝阵初始半径(6mm)时，不同丝数 W 丝阵 Z 箍缩的辐射特性

Table6　Radiation characteristics of W wire array with different wire number when I(1.6MA、≈100ns)and r_0 are the same

shot number	wire number	inter-wire gap/mm	m/(mg · cm^{-1})	imploding time/ns	total radiation energy/kJ	radiation peak power/TW	total energy conversion efficiency/%
04071	24	1.570	90.9	107	33.7	0.83	12.6
04068	48	0.785	181.8	141	31.6	1.28	11.8
04066	48	0.785	181.8	139	33.5		12.5
04075	54	0.698	204.6	151	25.6	0.75	9.6
04079	54	0.698	204.6	145	22.2	0.60	8.3

(2) 进行了基本固定 mr_0^2 、驱动电流(1.6MA)、上升时间(约 100ns)，改变丝阵直径和丝数的 Z 箍缩实验，结果见表 7，X 射线波形见图 11。

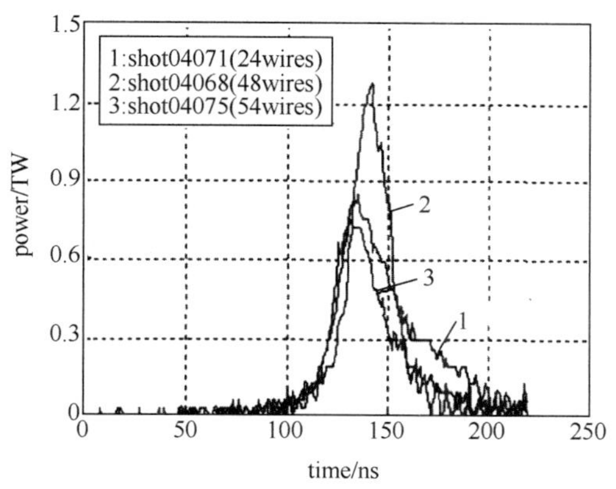

Fig.10　X-ray power waveforms of different wire number

图 10　不同丝数时 X 射线功率波形

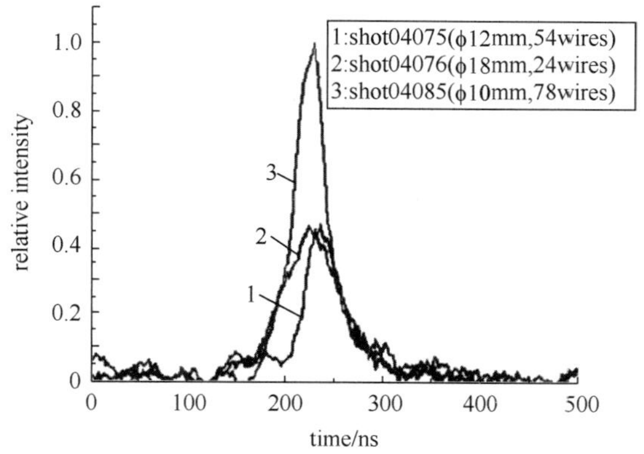

Fig.11　X-ray waveforms of different r_0 and wire number

图 11　不同丝阵初始半径和丝数时 X 射线波形

表 7　电流参数和 mr_0^2 基本保持一致时，不同丝阵初始半径和丝数 W 丝阵 Z 箍缩的辐射特性

Table 7　Radiation characteristics of W wire array with different r_0 and wire number when I and mr_0^2 are almost consistent

shot number	r_0/mm	wire number	inter-wire gap/mm	m/(μg · cm^{-1})	imploding time/ns	total radiation energy/kJ
04076	9	24	2. 365	90. 9	137	27. 4
04075	6	54	0. 698	204. 6	151	25. 6
04085	5	78	0. 403	295. 4	134	24. 8

(3) 进行了两组基本固定丝阵负载线质量，改变丝数的 Z 箍缩实验，其结果见表 8，X 射线波形见图 12(线质量 m ≈190μg/cm)。

表 8　负载线质量不变，不同丝数 W 丝阵 Z 箍缩的辐射特性

Table 8　Radiation characteristics of W wire array with different wire number when the load mass of load is almost unvaried

shot number	I_{max}/MA	t_m/ns	m/(μg · cm^{-1})	r_0/mm	diameter of wire/μm	wire number	inter-wire gap/mm	imploding time/ns	total radiation energy/kJ	radiation peak power/TW
04068	1.61	81	181.8	6	5	48	0.785	141	31.6	1.28
04212	1.82	99	193.8	6	8	16	2.356	133	22.1	0.42
04223	1.63	102	116.3	5	8	12	2.618	124	25.4	0.37
04228	1.55	94	121.2	5	5	32	0.982	121	23.4	0.81

实验中还测量了不同参数 W 丝阵负载 Z 箍缩聚爆时间与驱动电流之间的关系，结果见图 13。从

实验结果可以看出，当负载的初始参数定标常数 A 基本一致时，Z 箍缩的辐射总能量很接近，但 X 射线波形随着丝数(丝间距离) 不同而不同，总的趋势是随着丝数增多，间距减小，X 射线辐射波形前沿变陡、脉宽变窄，聚爆时间随着负载质量的增加而增加，随着驱动电流的增大而减小。X 射线波形有时出现双峰，尤其在丝数较少时更为明显，说明有两次箍缩现象存在。

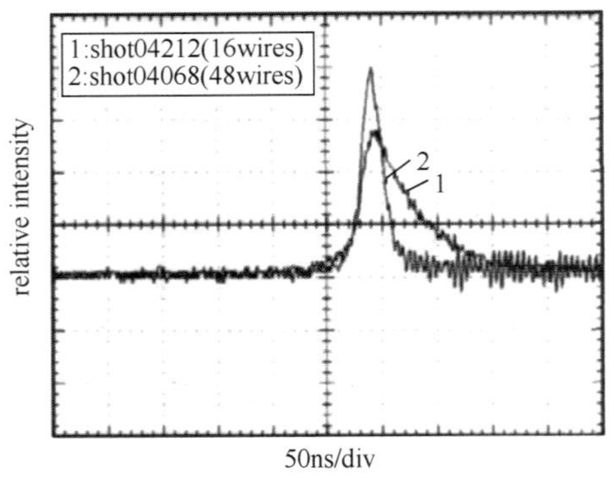

Fig.12　X-ray waveforms when m= 190 μg/ cm

图 12　X 射线波形(线质量为 190μg/cm)

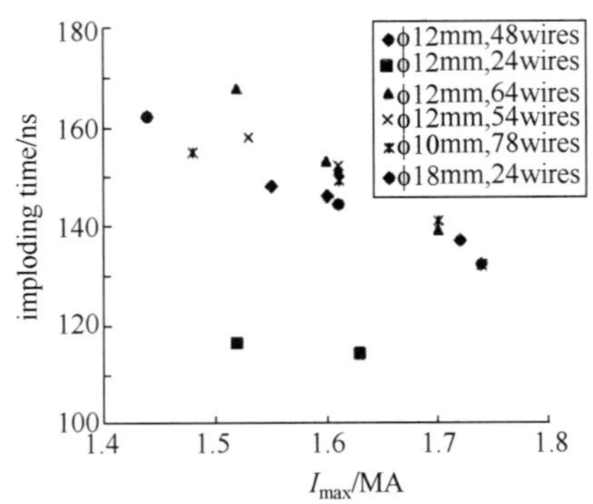

Fig. 13　Imploding time *vs* driving current

图 13　不同丝阵参数的聚爆时间和驱动电流幅值之间的关系

2.2.2　Al 丝阵的 K 层辐射特性

实验研究了 Al 丝阵负载参数与 K 层辐射产额和功率之间的关系，丝阵初始半径 r_0 为 6mm 和 9mm，丝直径约 20μm，根数分别是 8，12，16 和 24，其实验结果见表 9。Au 阴极 XRD 加过滤膜测量得到的 X 射线波形见图 14，采用时空分辨的椭圆弯晶谱仪获得的 K 层辐射能谱见图 15。从实验结果看出，在我们的实验条件下，在负载质量为 102μg/cm 的时候，最大 K 层辐射产额为 2.32kJ，最大 K 层辐射功率为 94GW；得到的谱线主要有 He-α(1598eV)，Ly-α(1729eV)，He-β(1868eV)以及 Ly-β(3p-1s，2048eV)4 条主要 K 层共振线，此外，还可清晰分辨出 He-α线的互组合线(1588eV)，以及 AlXI 离子在 1563eV 处的伴线。

表 9　Al 丝阵负载 Z 箍缩 K 层辐射特性

Table 9　K-shell radiation characteristics of Al wire array Z-pinch

shot number	I_{max}/MA	inter-wire gap/mm	wire number	r_0/mm	m/(μg · cm^{-1})	imploding time/ns	K-shell radiation energy/kJ	K-shell radiation peak power/GW	energy conversion efficiency/%
08082	1.39	4.71	8	6	68	83	1.81	65	0.65
08083	1.47	3.14	12	6	102	88	2.32	94	0.83
07162	1.55	2.36	16	6	136	107	0.54	54	0.19
07163	1.48	1.57	24	6	204	134	0.22	9	0.08
07167	1.70	2.36	24	9	204	159	0.11	11	0.04

(a)

1:shot08083(ϕ12mm,12wires)
2:shot08082(ϕ12mm,8wires)
3:shot07162(ϕ12mm,16wires)

18GW/div

50ns/div

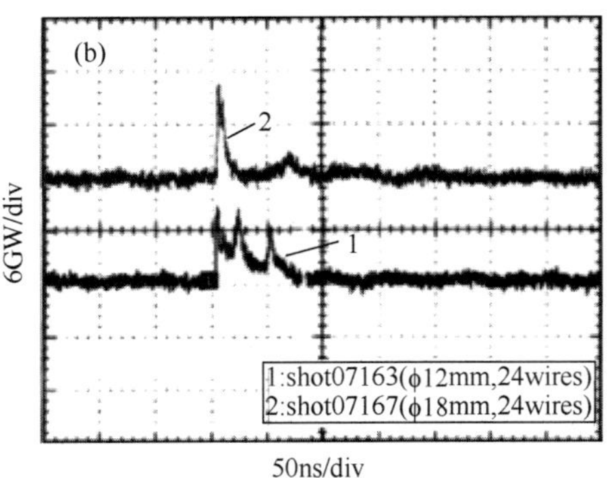

Fig. 14　Typical X-ray waveforms of Al wire array

图 14　Al 丝阵负载典型 X 射线时间波形图

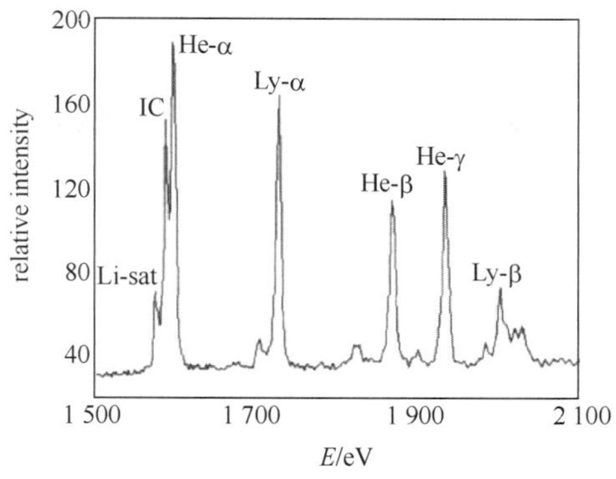

Fig.15 Typical K-shell radiation energy spectrum of Ne gas-puff Z-pinch

图 15 Al 丝阵 Z 箍缩 K 层辐射典型能谱

3 Z 箍缩聚爆过程的实验研究

3.1 喷气 Z 箍缩聚爆过程

实验研究了喷 Kr 气 Z 箍缩等离子体从箍缩开始至崩毁的过程，图 16 是用紫外四分幅相机拍摄的 Kr 气等离子体从箍缩到崩毁的过程。图 17 是喷 Kr 气负载分能区的等离子体时间分辨图像，从时间分辨图像可以得到最大的平均聚爆速度约为 1.6×10^5m/s，最大平均扩张速度约为 1.3×10^5m/s。图 18 是两种喷 Kr 气线质量的 Z 箍缩等离子体的积分图像，从积分图像可以粗略求出压缩比(定义为负载初始半径 r_0 与最终压缩半径 r_f 之比)，分别为 12 和 14。

实验研究了 3 种几何结构的喷嘴喷 Ne 气 Z 箍缩等离子体的箍缩过程，图 19 是单层喷嘴喷 Ne 气负载分能区的等离子体时间分辨图像和积分图像，图 20 是双层喷嘴喷 Ne 气负载分能区的等离子体时间分辨图像和积分图像。

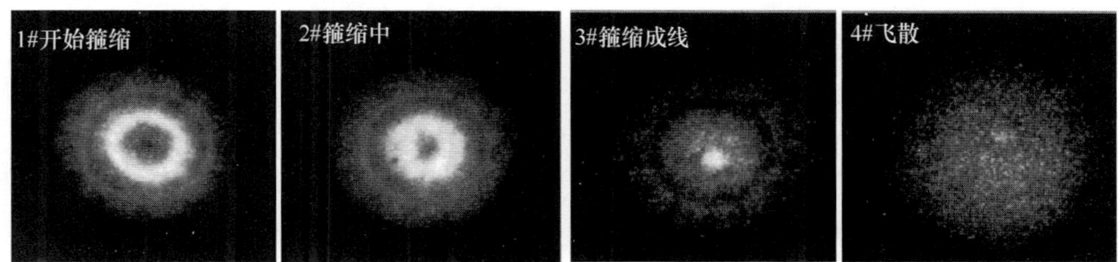

time interval between imagines. $t_{1\text{-}2}$=10.2ns, $t_{1\text{-}3}$=26.2ns,$t_{1\text{-}4}$=47.8ns

Fig.16 Images with optic four-frame camera

图 16 可见光四分幅相机图像

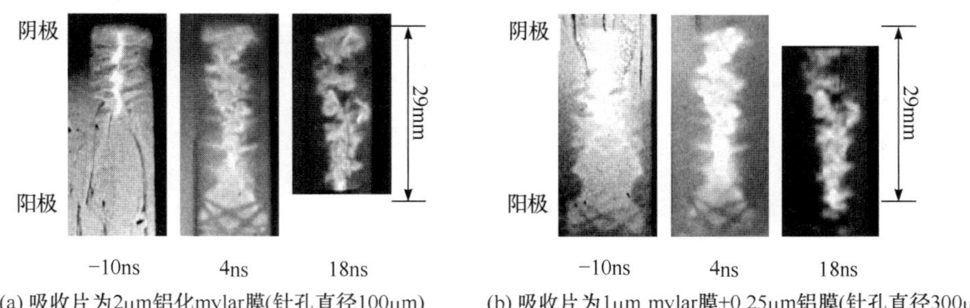

Fig.17 Energy spectrum and time- resolved X-ray images of Kr gas-puff load (shot 02041)

图 17 喷 Kr 气负载 X 射线分能区时间分辨图像(02041 炮)

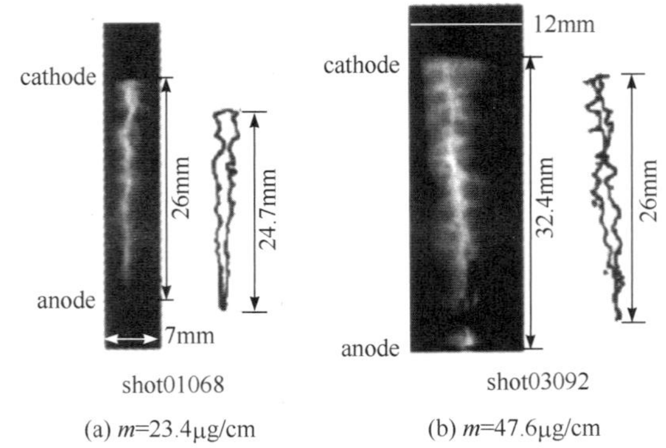

(a) m=23.4μg/cm　(b) m=47.6μg/cm

Fig.18　Time-integral X-ray image of Kr gas-puff load

图 18　喷 Kr 气负载 X 射线时间积分图像

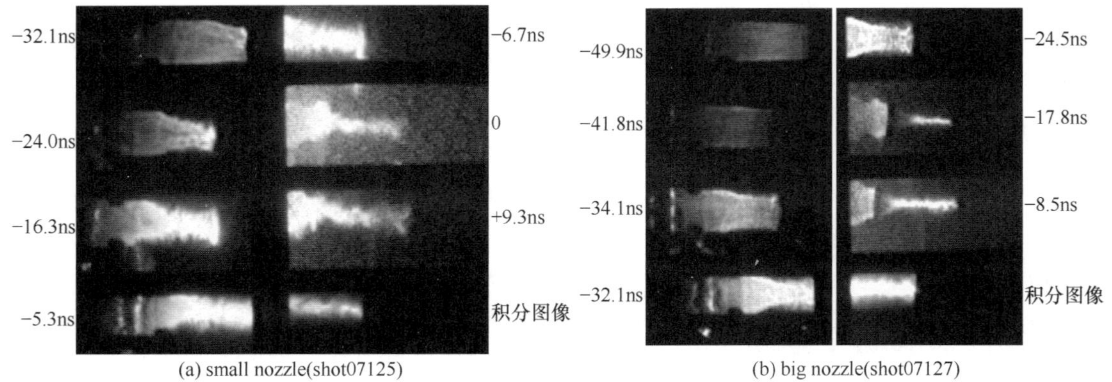

(a) small nozzle(shot07125)　(b) big nozzle(shot07127)

Fig.19　Time-integral and time-resolved X-ray images of Ne gas-puff Z-pinch (anode at left side)

图 19　单层喷嘴喷 Ne 气 Z 箍缩 X 射线时间分辨图像与积分图像(左边为阳极端，右边为阴极端)

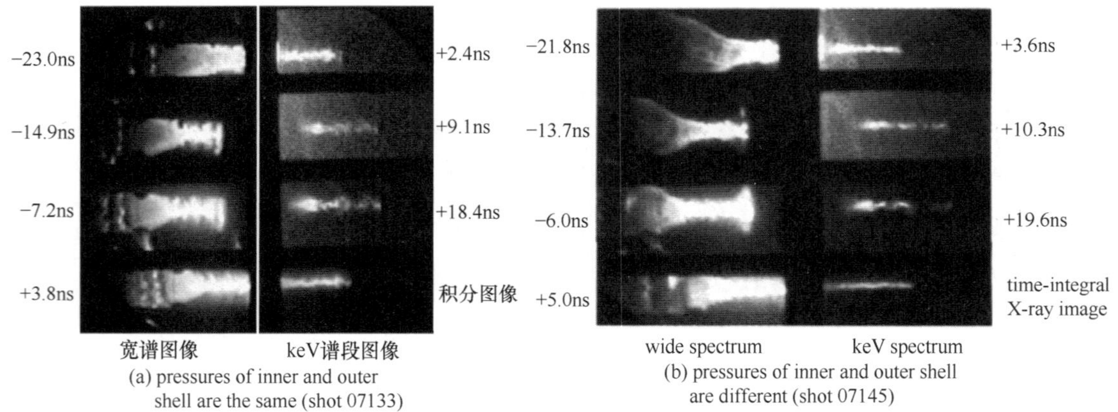

(a) pressures of inner and outer shell are the same (shot 07133)　(b) pressures of inner and outer shell are different (shot 07145)

Fig. 20　Time-integral and time-resolved X-ray images of double shell Ne gas-puff Z-pinch (anode at left side)

图 20　双层喷嘴喷 Ne 气 Z 箍缩 X 射线时间分辨图像与积分图像(左边为阳极端，右边为阴极端)

从这些实验结果可以看出：喷气负载基本形成准薄壳结构，等离子体箍缩过程可以分为聚爆、停滞和崩毁 3 个阶段；箍缩过程中存在等离子体不稳定性，在聚爆阶段不稳定性不明显，在聚爆阶段末段和停滞阶段，不稳定性快速发展，产生了等离子体密度较高的钉区和等离子体密度较低的泡区，也存在扭曲不稳定性，等离子体不稳定性的波长随时间不断增长，直到最后形成大块的等离子体块。在聚爆阶段存在“拉链”现象，即阴极喷嘴附近的等离子体最先压缩到最细，然后沿着轴向从喷嘴到阳极铜网依次压缩，这个现象是因喷出气体有一定的发射角及扩散作用，沿轴的气体负载截面积和平均密度不同引起的。

Kr 气负载从聚爆开始阶段就有能量大于 150eV 的 X 射线产生，一直接续到崩毁阶段末期，总持续时间大于 100ns，与 X 射线功率脉冲底宽相对应，而 X 射线脉冲上升基本上决定于聚爆阶段末期到停滞阶段这一过程的持续时间。

双层 Ne 气负载的箍缩比较均匀，不稳定性得到明显抑制，热点少，其聚爆品质优于单层负载，可获得较大的压缩比(10～15)；不同的内层负载参数对整个负载聚爆品质的致稳作用程度存在差异，存在一定的优化范围。

3.2 丝阵 Z 箍缩聚爆过程

利用纳秒时间分辨的软 X 射线分幅相机研究了不同 W 丝阵负载参数 Z 箍缩的聚爆过程。

图 21 是 04229 炮(丝阵初始半径 6mm，丝数 24 根，W 丝直径 5μm)的 X 射线时间分辨图像和积分图像，可见直到聚爆时间的 80%～90%时刻，丝阵等离子体仍几乎停留在初始半径处，即表现出延迟聚爆特性，同时在丝阵中心形成轴向均匀的先驱等离子体柱。等离子体壳层在约 10%的聚爆时间内压缩到轴心然后反弹飞散，估算其平均聚爆速度约为 4.4×10^5m/s，平均崩毁速度约为 7.3×10^4m/s。在等离子体壳层向内聚爆过程中，先驱等离子体柱先后发生膨胀与压缩。

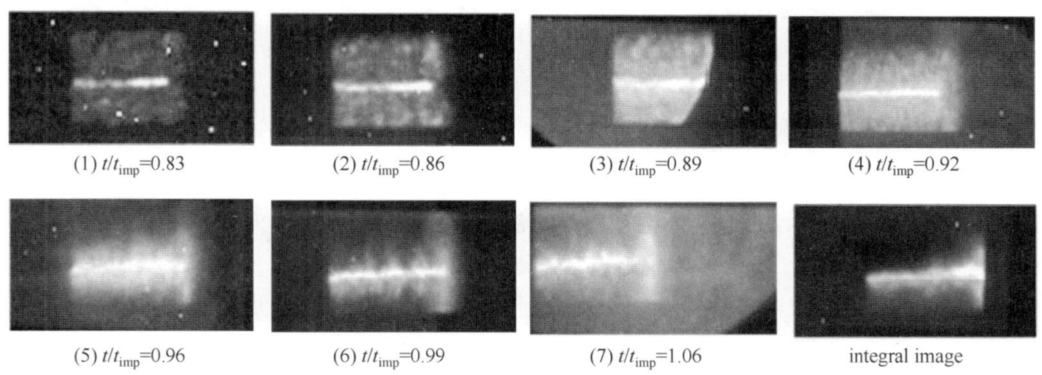

Fig.21 Time-integral and time-resolved X-ray images of W wire array Z-pinch(shot 04229)

图 21 W 丝阵 Z 箍缩 X 射线时间分辨图像与积分图像(04229 炮)

对不同的丝阵参数，实验观测到的聚爆轨迹都明显偏离 0 维薄壳模型的预测，如图 22 所示，所有丝阵聚爆都明显延迟，然后在最后 20%的时间内快速压缩到轴心。

低丝数、大丝间距的丝阵负载演化图像有助于对先驱等离子体流和延迟聚爆现象的理解。图 23 是 02204 炮(丝阵初始半径 9mm，丝数 13 根，W 丝直径 8μm)的 X 射线时间分辨图像，可见单丝等离子体膨胀到 1～2mm 直径，且几乎在原地不动，在丝阵径向存在指向轴心的先驱等离子体流，并在 $t/t_{imp}\approx0.4$ 时刻就已延伸到轴心，而丝上则出现准周期调制结构，存在窄而深的“缝隙”。这暗示全局磁场的作用力很可能没有用于加速整个丝阵， 而是将电导率较高的部分等离子体先行扫往轴线。

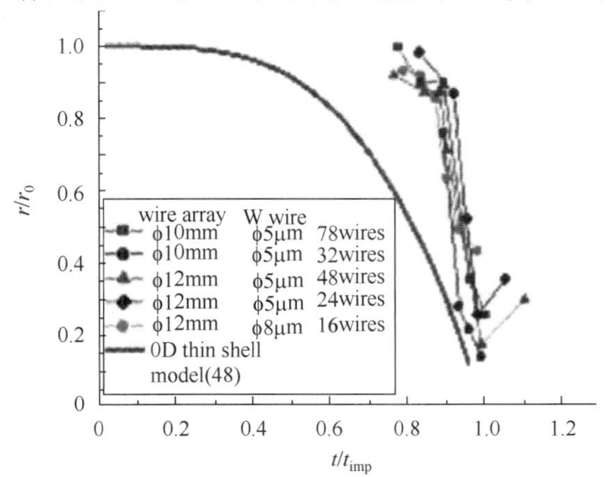

Fig.22 Normalized implosion trajectories of different wire arrays

图 22 不同丝阵参数的聚爆轨迹

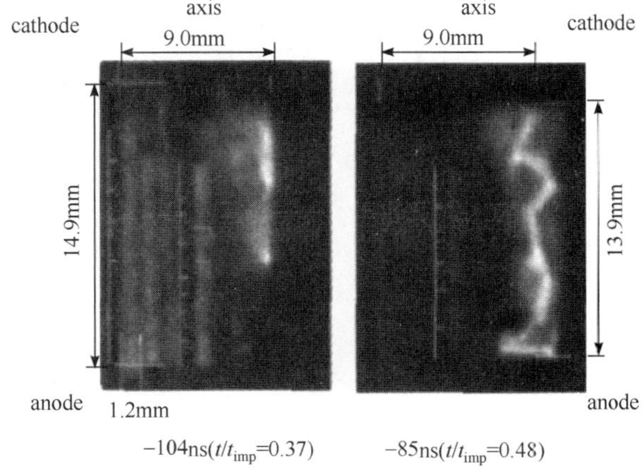

Fig.23 Time-resolved X-ray images of W wire array Z-pinch (shot 02224)

图 23 W 丝阵负载 X 射线时间分辨图像(02204 炮)

在产生 Al 等离子体 K 层辐射的实验中研究了低丝数 Al 丝阵负载 Z 箍缩的聚爆过程。图 24 是由 12 和 16 根丝组成的 Al 丝阵负载分能区的等离子体图像，可以看出，Al 丝阵中仅有部分初始质量箍缩到中心轴，先驱等离子体作用明显，并存在多次箍缩的现象。keV 谱段时间积分图像表明，Al 丝阵 Z 箍缩等离子体中呈现出很强的不稳定性，热点较多。

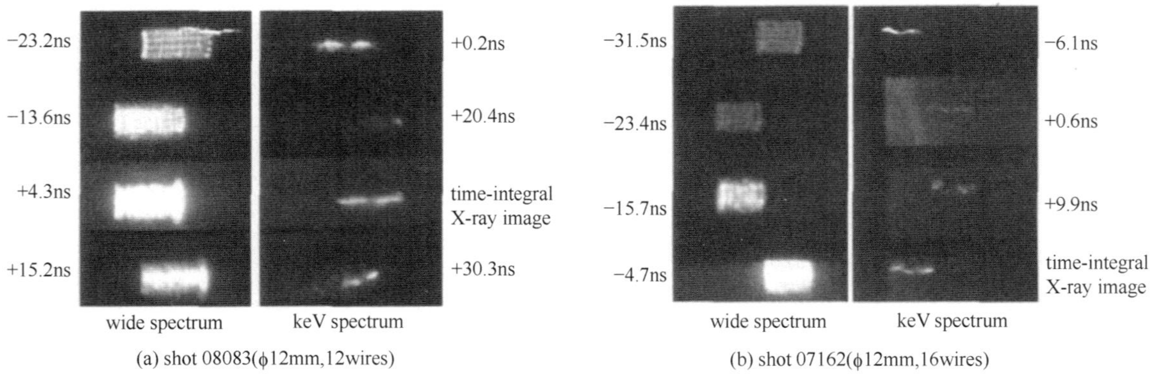

Fig.24 Time-integral and time-resolved X-ray images of Al wire array Z-pinch

图 24 Al 丝阵 Z 箍缩 X 射线时间分辨图像与积分图像

发展了可见光分幅相机[9]诊断丝阵等离子体在初始阶段和聚爆早期的动力学特性[10]。不同丝阵参数下的早期等离子体图像如图 25 所示。在ϕ12mm-24×ϕ8μm 丝阵早期图像(图 25(a))中观测到膨胀后的单丝等离子体直径约 0.45mm，同时在轴向表现为准周期性调制结构，波长λ约为 0.25mm，这可能成为 Z 箍缩等离子体中后期磁流体不稳定性发展的种子。由图估计出单丝等离子体平均膨胀速率约 1cm/μs。在ϕ12mm-32×ϕ5μm(图 25(b))丝阵在聚爆时间的前 40%还未观察到明显的先驱等离子体，很可能在这之前单丝行为占主导，这表明在一些 2D 数值计算中假设丝阵在很短时间内就形成等离子体壳层的假设并不确切。此外，在阴极附近观察到强发光的环形等离子体晕。ϕ12mm-48×ϕ5μm 丝阵(图 25(c))的丝间距只有 0.785mm，当单丝等离子体膨胀到一定程度，丝阵的离散特性已不明显，但从图中依然可以判断，在早期并未形成均匀的等离子体壳层，另外在丝阵中心可看到先驱等离子体柱的发光。

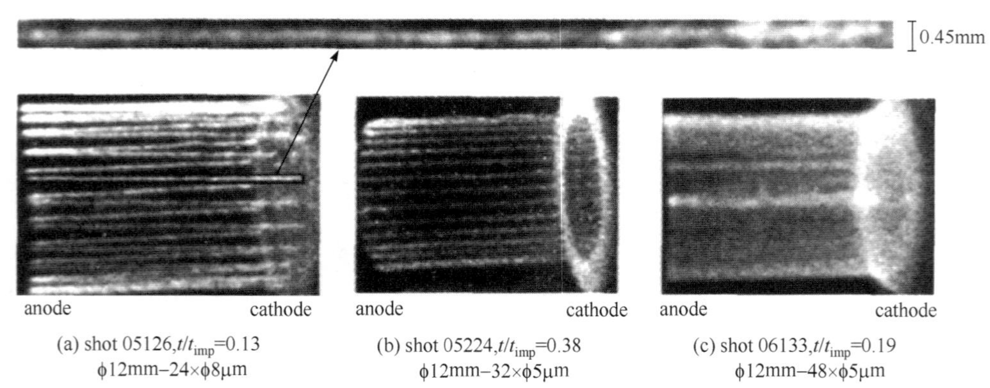

Fig. 25 Time-resolved optical frame images of W wire array Z-pinch during early stage

图 25 W 丝阵负载早期过程可见光图像

4 结论

在强光一号脉冲功率装置的驱动电流参数下，获得喷 Kr 气负载 Z 箍缩辐射总能量 E_x 最大为 62kJ，峰值功率 P_x 最大为 1.9TW，总的能量转换效率 η_x 达 23%；获得 W 丝阵负载的 E_x 最大为 34kJ，P_x 最大为 1.30TW，能量转换效率约为 12.6%。获得喷 Ne 气负载 Z 箍缩的 keV 级辐射能量 E_{xk} 最大为 5.6kJ，峰值功率 P_{xk} 最大为 256GW，K 层辐射能量转换效率 η_{xk} 可达 2%；获得 Al 丝阵负载的 E_{xk} 最大为 2.3kJ，P_{xk} 约 94GW，η_{xk} 约 0.8%。

单层喷气 Z 箍缩在聚爆阶段末期存在的“拉链”现象，并且在这一阶段存在“钉区”、“泡区”和扭曲不稳定性；双层气负载的箍缩比较均匀，不稳定性得到明显抑制，热点少，其聚爆品质优于单层负载。

丝阵负载在 Z 箍缩聚爆过程中存在先驱现象，先驱等离子体出现的时刻与丝直径和丝数(丝间距离)密切相关；丝直径和丝间距较大时，丝阵中仅有部分初始质量箍缩到中心轴，并存在多次箍缩的现象。

实验结果和理论分析表明，在开展喷气负载实验中，强光一号装置驱动电流与负载参数基本匹配，设计合理；但是在所开展的丝阵负载实验中，由于受脉冲源参数和国内金属细丝生产能力的制约，强光一号装置驱动电流与负载参数还不十分匹配。

参考文献

[1] Spielman R B, Deeney C, Chandler G A, et al. Tungsten wire-array Z-pinch experiments at 200TW and 2MJ[J]. *Phys of Plasmas*, 1998, **5**(5):2105-2111.

[2] Sanford T W L, Mock R C, Nash T J, et al. Systematic trends in X-ray emission characteristics of variable-wire-number, fixed-mass, aluminum-array, Z-pinch implosions[J]. *Phys of Plasmas*, 1999, **6**(4): 1270-1293.

[3] Zeng Z Z, Qiu A C. Numerical study of the scaling of the maximum kinetic energy per unit length for imploding Z-pinch liner[J]. *Chinese Physics*, 2004, **13**(2):201-204.

[4] 王文生，何多慧，邱爱慈，等.利用薄膜量热计测量高功率 Z 箍缩软 X 射线总能量[J].强激光与粒子束，2003, **15**(2):184-186.(Wang W S, He D H, Qiu A C, et al. Measurement of total soft X-ray energy of high power Z-pinch plasm a with a Ni-film bolometer. *High Power and Laser and Particle Beams,* 2003, **15**(2) :184-186)

[5] 吴刚，邱爱慈，吕敏，等.用于 Z-pinch 等离子体 K 层辐射诊断的时空分辨椭圆弯晶谱仪[C]//第 13 届全国等离子体科学技术会议文集. 2007.(Wu G, Qiu A C, Lü M, et al. Elliptically-curved crystal spectrometer with temporal and spatial resolution for diagnosing K-shell radiation of Z-pinch plasma//Proc of the 13th National Symposium on Plasma Science and Technology, 2007)

[6] 邱孟通，吕敏，王奎禄，等.Z-pinchX 射线时间分辨多幅图像诊断系统[J].强激光与粒子束，2003, **15**(1):101-104.(Qiu M T, Lü M, Wang K L, et al. Time resolved X-ray image diagnostic system for Z-pinch. *High Power and Laser and Particle Beams*, 2003, **15**(1):101-104)

[7] Kuai B, Cong P T, Zeng Z Z, et al. An experimental study on Krgas-puff Z-pinch[J]. *Plasma Science&Technology,* 2002, **4**(3):1329-1333.

[8] 邱爱慈，蒯斌，曾正中，等. 强光一号 W 丝阵 Z 箍缩等离子体辐射特性研究[J].物理学报，2006, **55**(11):5917-5922.(Qiu A C, Kuai B. Zeng Z Z, et al. Study on W wire array Z pinch plasma radiation at Qiangguang-I facility. *Acta Physics Sinica*, 2006, **55**(11): 5917-5922)

[9] 盛亮，魏福利，吕敏，等. 丝阵负载 Z 箍缩可见光图像诊断系统[J].强激光与粒子束，2006, **18**(8):1396-1400.(Sheng L, Wei F L, Lü M, et al. Optical image diagnostic system for wire array Z-pinch. *High Power and Laser and Particle Beams,* 2006, **18**(8):1396-1400)

[10] 盛亮，吕敏，王奎禄，等. 丝阵负载 Z 箍缩可见光图像诊断[J]. 清华大学学报(自然科学版)，2007, **47**(6):851-854.(Sheng L, Lü M, Wang K L , et al. Optical image diagnostic of wire array Z-pinch. *J Tsinghua University (Science and Technology Edition)*, 2007, **47**(6) : 851-854)

快 Z 箍缩发展现状及展望*

摘要：快 Z 箍缩是实验室最有效产生强脉冲 X 射线的技术，在惯性约束聚变、强脉冲辐射环境效应、材料科学和实验室天体物理等国防和前沿科技研究中具有重要应用前景。本文从 Z 箍缩基本物理概念入手，阐述了快 Z 箍缩发展历程及重要应用背景和科学意义，着重介绍了目前世界上最大 Z 箍缩装置，即美国 Sandia 国家实验室 ZR 装置近十年来的开创性工作及其相关成果；分析了国际上下一代 Z 箍缩驱动源发展趋势，提出了我国 Z 箍缩技术及其驱动源发展路线，即采用快直线型脉冲变压器技术(简称 FLTD)，尽快建设一台输出峰值电流 30MA 量级的百太瓦 Z 箍缩装置，以满足爆炸辐射模拟、极端条件下材料实验、高能量密度物理、惯性约束聚变、实验室天体物理等亟需。

1　Z 箍缩及其发展

1.1　Z 箍缩概念简介

“箍缩”一词是用于形象描述等离子体在电流自身产生的磁力作用下的向心内爆过程[1]，根据等离子体加载电流的方向可将箍缩分为 Z 箍缩和θ箍缩两种(图 1)，其中 Z 箍缩过程中电流沿轴向方向(Z 方向)流过等离子体，从而产生径向方向的洛伦兹力，并压缩等离子体向轴线箍缩运动。Z 箍缩还可根据驱动电流上升沿时间进一步进行细分，当驱动电流上升时间为百 ns 量级时，可将其称为快 Z 箍缩，当电流上升时间为数百 ns 甚至数μs 以上时将其称为慢 Z 箍缩，一般来说，如不做特殊说明，“Z 箍缩”一词一般指快 Z 箍缩。图 2 中形象描述了快 Z 箍缩的一般物理过程[2]，等离子体负载在上升时间～100ns、幅值为数 MA～数十 MA 脉冲电流作用下，快速向轴线聚爆并最终在中心滞止，内爆动能迅速转换为内能，形成高温高密度等离子体并进一步辐射出强 X 射线。

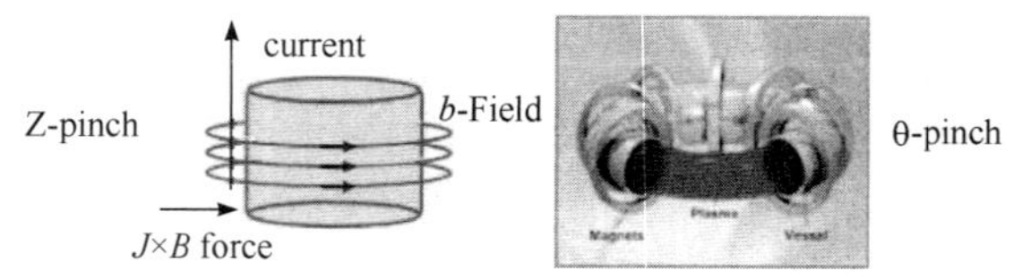

图 1　Z 箍缩及θ箍缩示意图

Fig.1　Z-pinch and θ-pinch

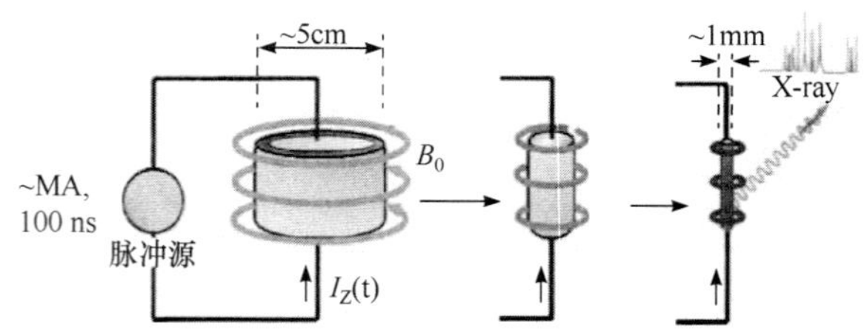

图 2　快 Z 箍缩基本物理过程

Fig.2　The basic progress of Z-pinch

典型快 Z 箍缩驱动器及等离子体特征参数为：驱动器电流峰值 MA～100MA，电功率 10^{12}～10^{14}W，作用时间尺度 100ns 量级；等离子体负载空间尺度 1cm 量级，最小半径 0.1mm～1mm，负载质量 0.1～10mg；产生的等离子体数密度为 10^{20}～10^{22}cm^{-3}，温度 0.1keV～10keV，X 射线辐射功率 1～100TW，产额 0.01～1MJ 量级，产生的高压可达 1～100Mbar，速度可达 10～1000km/s。正因如此极端的参数输出，

* 本文根据 2017 年第 S38 届“快 Z 箍缩科学前沿问题及关键技术”香山会议报告 ppt 整理。

Z 箍缩可用于多个学科领域，包括但不限于核爆辐射效应模拟、核武器物理模拟惯性约束聚变科学、以及极端状态材料科学和实验室天体物理等[3-7]。

1.2 快 Z 箍缩发展历程

Z 箍缩的快速发展源于脉冲功率技术的迅猛发展，美国从 20 世纪 60 年代起大力发展脉冲功率技术并建设相关装置[8](图 3)，先后建成了以 Hermes Ⅱ及 Hermes Ⅲ为代表的高阻抗高电压等级装置并开展核爆γ射线辐射效应模拟研究，随着武器效应的深入研究，对实验室模拟 X 射线辐射效应的需求日渐迫切，美国等相关研究机构开始大力发展低阻抗大电流脉冲功率技术，先后建成了 Proto Ⅱ、Hawk、Pithon、Double Eagle、Saturn、Z 等脉冲功率装置(图 3)，负载驱动电流从 1MA 发展至～20MA，电功率从 1TW 提升至 80TW。

图 3 美国 Sandia 实验室多年来脉冲功率装置发展示意图

Fig.3 The development of the pulsed power facilities for Sandia laboratory in USA

此外 Z 箍缩负载设计及制作技术得到突破性发展，尤其是大丝数小间距丝阵负载和多层嵌套式构型的采用，使得 X 射线辐射功率和能量都得到了显著提升[9](图 4)。1999 年在 Sandia 实验室 Z 装置(100ns，20MA)上，采用双层丝阵负载获得了总能量 2MJ，辐射功率 290TW 的软 X 辐射，能量转换率超过了 15%，这一里程碑式的实验结果使得 Z 箍缩迅速成为研究前沿和热点[10]。

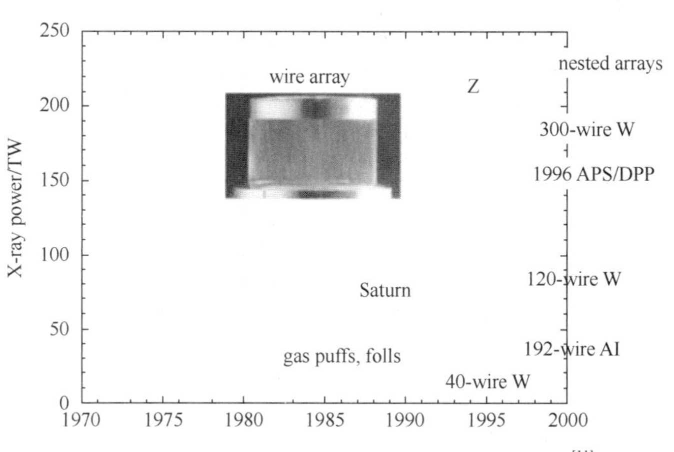

(a) The record of the X-ray radiation power from1970～2000[11]

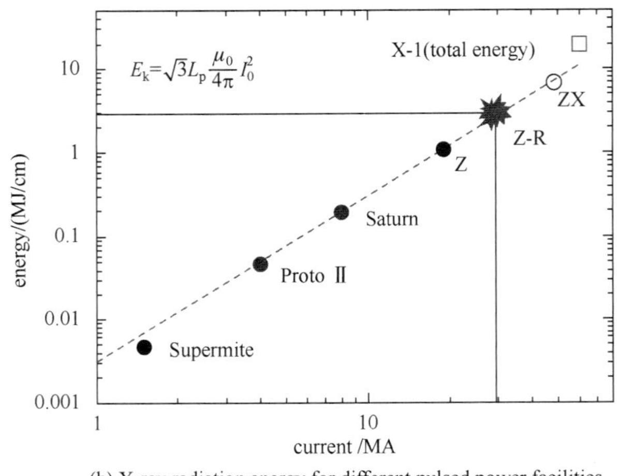

(b) X-ray radiation energy for different pulsed power facilities

图 4 (a)X 射线辐射功率发展情况及(b)X 射线能量随不同装置驱动电流变化情况

Fig.4 The recorder of the X-ray power and X-ray radiation energy for different pulsed power facilities

随着脉冲功率驱动电流的显著提升，Z 箍缩等离子体负载的内爆速度明显增大，进而导致滞止时刻等离子体温度有明显提升，电子温度从 1MA 驱动时的数百 eV 提升至 20MA 时的～5keV，能够有效剥离从 Ne 至 Cu 等中序列元素原子至 K 壳层，从而使得 Z 箍缩产生高产额特征 X 射线的能谱段延伸至 10keV 以上[12-15](图 5)，大大增强了 Z 箍缩作为软 X 射线辐射源用于模拟核爆产生 keV 级特征 X 射线黑体谱的能力。

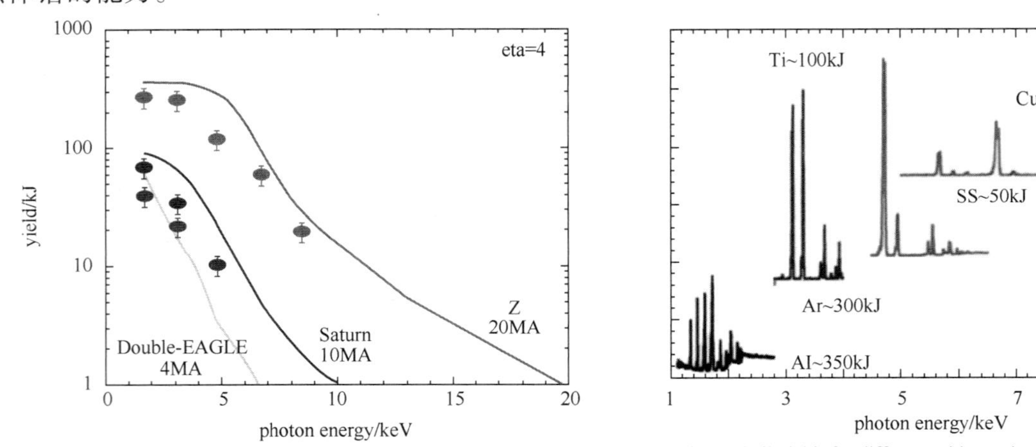

(a) The K-shell yields for many mid-atomic elements on different facilities (b) The K-shell yields for different mid-atomic elements on Z[13]

图 5 (a)不同装置上多种中序列元素 K 层辐射产额情况；(b)Z 装置上不同元素 K 层辐射产额

Fig.5 (a) The K-shell yields for many mid-atomic elements on different facilities and (b) the K-shell yields for different mid-atomic elements on Z

由于 Z 箍缩具有高能量转换效率、低成本的优点，利用 Z 箍缩间接驱动 ICF 的研究工作日益受到美国 ICF 计划的重视，基于丝阵负载的动力学黑腔(dynamic hohlraum)及双端黑腔(double-ended hohlraum)的概念性设计相继出现并在实验上获得了满意的结果[16-17]，如图 6 所示。其中动力学黑腔的

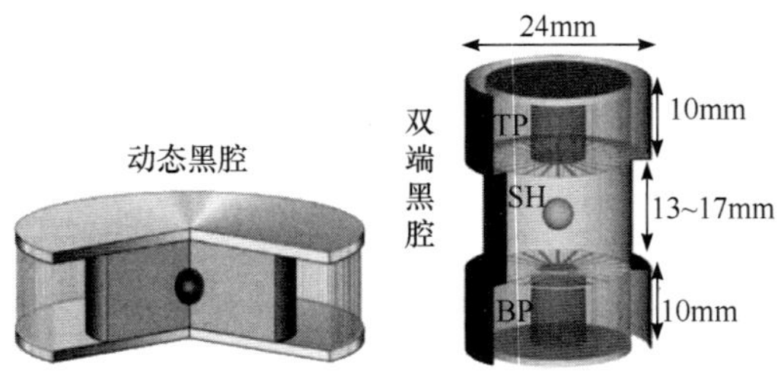

(a) Layout of the dynamic hohlraum and double-ended hohlraum

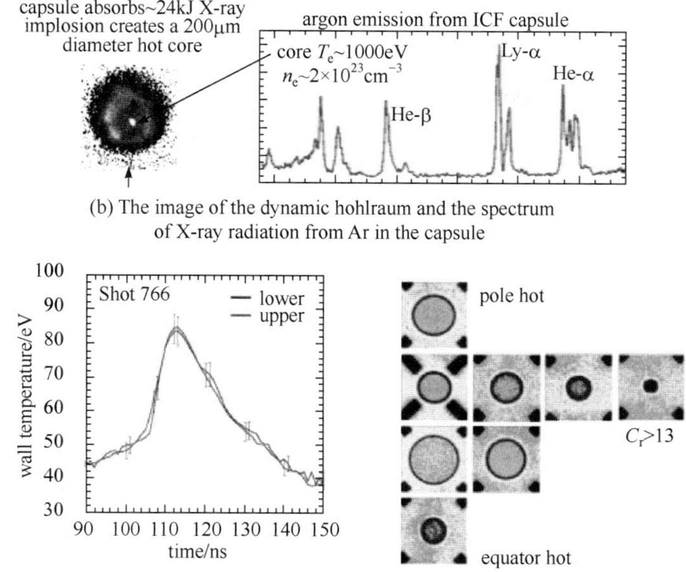

(b) The image of the dynamic hohlraum and the spectrum of X-ray radiation from Ar in the capsule

(c) The temperature of the lower and upper hohlraums and the images of the implosion of the capsule in the center of the double-ended hohlraum

图 6 动力学黑腔及双端黑腔构型及部分实验结果[18]

Fig.6 The layout of the dynamic hohlraum and double-ended hohlraum and some experimental results for the two hohlraums

温度接近 230eV，驱动 D_2 靶丸时最大吸收约 40kJ 的 X 射线，热核聚变中子产额达到 8×10^{10}；双端黑腔实验中黑腔温度达到 80eV，靶丸的最终压缩比达到 14～21，不对称性～6%。

1.3 快 Z 箍缩研究的重大意义

首先，作为一种实验室最有效产生 X 射线的技术途径，快 Z 箍缩研究的一个重要应用场景为核爆 X 射线辐射效应模拟。高空核爆有 80%的能量转换为 X 射线和γ射线，对于光子能量较低的软 X 射线，主要作用于武器壳体产生热力学效应；对于光子能量略高的硬 X 射线，主要作用于系统内部电子学系统表现为系统电磁脉冲效应。图 7 展示了美国开展核爆辐射效应模拟研究中对于不同光子能量的 X 射线辐射参数要求以及与之所对应的脉冲功率装置[19]。

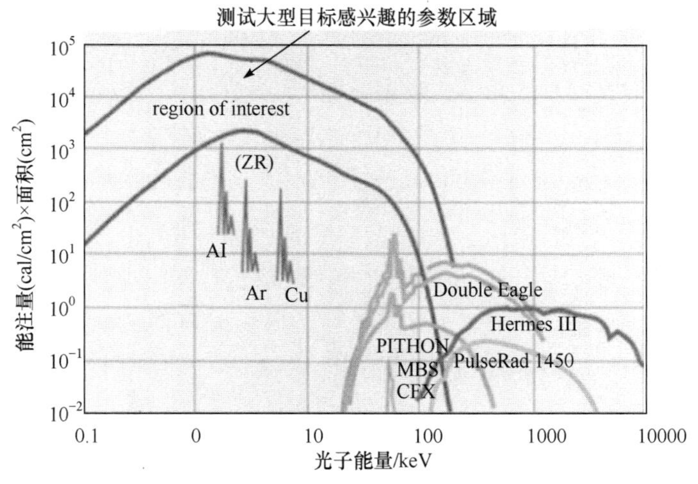

图 7 开展核爆辐射模拟参数指标要求及相对应装置[19]

Fig.7 The demanded parameters for the simulation of the unclear explosion radiation and the correspondence facilities

从图 7 中看出，对于光子能量较高的γ射线(数百 keV～数 MeV)主要由 PulsedRed 1450 以及 Hermes Ⅲ等高电压高阻抗装置来实现，负载采用阻抗相对较高的韧致辐射二极管；对于光子能量较低的硬 X 射线(数十 keV～数百 keV)，可采用低阻抗大电流装置如 PITHON、Double Eagle 等驱动低阻抗韧致辐射二极管；对于光子能量更低的软 X 射线(1keV～数十 keV)，主要采用超大电流装置如 ZR 驱动不同材料 Z 箍缩负载产生特征 K 层辐射进行模拟。从图 7 中也可以看出，尽管 ZR 已经是目前世界上驱动能力最强的装置(26MA)，但利用 Z 箍缩负载产生的软 X 射线辐射参数仅仅与开展核爆辐射效应模拟研究所要求的参数指标下限接近，距离能够测试大型目标(整系统或设备)所要求的参数区域有 2 个数量级的差距，因此若要满足核爆辐射效应模拟试验参数要求，建设数十 MA 量级的 Z 箍缩驱动器势在必行。

快 Z 箍缩的另一应用背景为惯性约束聚变及武器物理相关研究。如前文所述，利用 Z 箍缩产生的 X 射线驱动黑腔并压缩黑腔中心靶丸，可开展相关靶物理及模拟核武器次级内爆物理，支撑武器设计认证。同时，利用 Z 箍缩动力学黑腔或静态双端黑腔构型驱动靶丸也是开展惯性约束聚变能源的一条极具竞争性的技术路线。相比于激光惯性约束聚变，Z 箍缩实现产生聚变能具有更高的能量转换效率，实验表明，Z 箍缩驱动装置电能(从插电起算)转变为 X 射线辐射能的转换效率>15%甚至可优化至 25%[19]，而 NIF 装置电能转换为激光能量效率不足 10%，更高的能量转换效率意味着更加经济的造价(50～100$/J)[18]。美国 Sandia 实验室根据相关研究结果预估[18]，聚变能源演示堆如果采用双路脉冲功率源(每路驱动电流～66MA)驱动双端静态黑腔可实现中心靶丸输出聚变能 3000MJ，而采用单路脉冲功率源(电流～86MA)驱动动力学黑腔也可实现中心靶丸输出聚变能 3000MJ。据此，Sandia 实验室相关研究人员还对 Z 箍缩产生惯性聚变能源演示装置进行了概念设计[18](图 8)，该装置采用 12 路聚变靶丸腔室，每个腔室输出聚变能 3GJ，基于快直线型脉冲变压器(FLTD)技术实现 0.1Hz 的重复频率运行，装置整体实现输出电功率 1000MW。

图 8 Z 箍缩用于产生惯性约束聚变能源概念设计图

Fig.8 The conceptual design for inertial controlled fusion energy production by Z-pinch technology[18]

快 Z 箍缩的另一重要应用为极端条件下材料科学研究。脉冲大电流在样品材料中产生极高磁压力(Mbar 量级，也称为高能量密度状态，内能密度在 0.1MJ/cm^3)，可获得材料极端条件下的动力学特性，开展包括状态方程、本构关系、物质结构、新材料制备等相关方面的研究。利用 Z 箍缩装置驱动磁飞片负载可以对试验材料进行准等熵加载，还可模拟武器初级爆轰压缩过程，支撑武器物理设计和库存武器性能认证[20-22]。

准等熵加载(斜波加载)，是产生介于准静态等温压缩和动态冲击压缩之间的一种新的热力学状态的技术手段(图 9)，这种加载方法接近武器初级内爆过程，有其他加载方式不可比拟的优点：较之于冲击加载，样品中温升低，熵增小；是一种连续的过程加载，加载应变率、应力波剖面随样品厚度变化；一次准等熵加载实验可获得一条完整的准等熵线，有利于消除实验发次分散性带来的实验不确定度；高压力+斜波加载是获得超高速飞片的有效手段，也是获得更高物质压缩度的途径。Sandia 实验室的 Z 装置利用磁驱动准等熵加载(图 10)可实现样品上压强>4Mbar，利用磁驱动飞片可实现冲击加载飞片速度>40km/s，压力>10Mbar[23]。

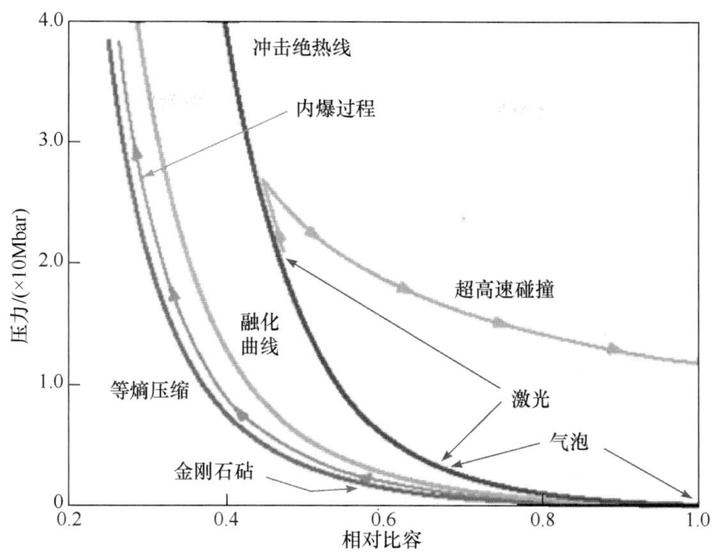

图 9　等熵压缩与其他加载方式参数比较

Fig.9　The parameters of the ramp wave loading compared with other loadings

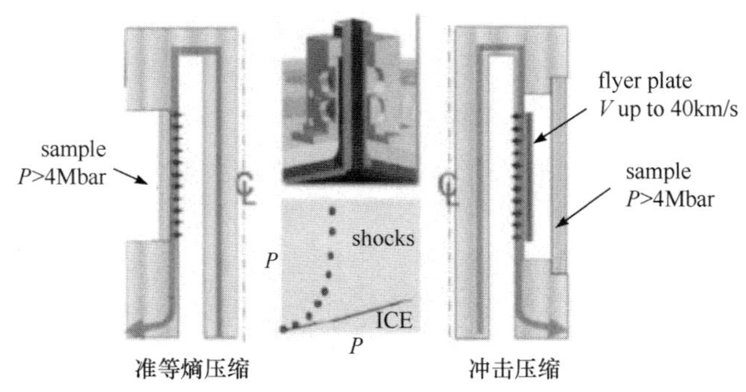

图 10　准等熵压缩与冲击加载负载典型构型

Fig.10　The typical loads configuration for isentropic compression and shock compression

快Z箍缩技术还可用于实验室天体物理学研究。主要表现在以下几方面[24-26]：首先，利用Z箍缩等离子体产生的X射线作为背光光源，可开展不同物质在特定空间环境下的光电离及相关光谱学研究(图 11)，以便进一步验证天体物理学模型。其次可利用快Z箍缩驱动源驱动特定构型的等离子体负载，产生强磁场或等效天体条件的等离子体喷流，开展强磁场相关的天体物理和空间等离子体行为研究及模型验证。快Z箍缩技术用于实验室天体物理相关研究的突出优势在于产生均匀、长时间、大尺寸的等离子体，便于精细诊断，体积可达 $20cm^3$，温度 1～200eV，电子密度 10^{17}～$10^{23}cm^{-3}$；其次驱动等离子体负载可产生强磁场作用，更适合磁化高能量密度物理研究。

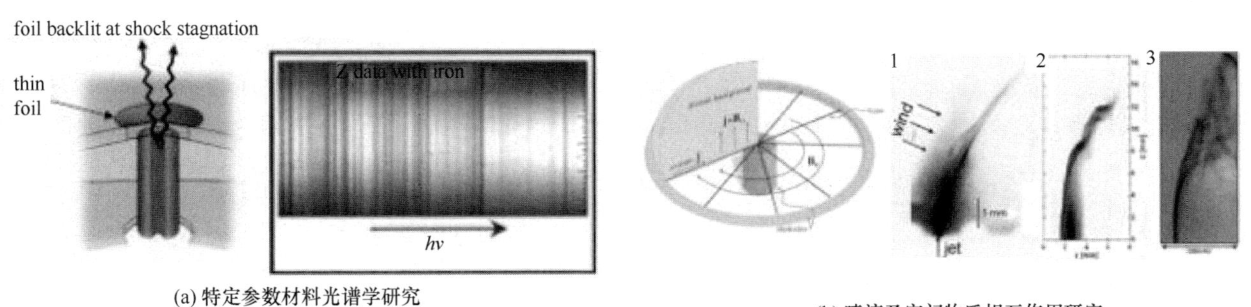

图 11　快Z箍缩技术用于实验室天体物理研究示例

Fig.11　Examples of Z-pinch for carrying laboratory astrophysics research

2 ZR 近十年的创新性研究成果

2.1 ZR 装置简介

ZR 装置是 Sandia 实验室对原有 Z 装置进行翻新升级后的现有装置，是目前世界上电流峰值与输出功率最大的 Z 箍缩装置。它主体直径 33m、高 6m，短路电流可达 26MA，驱动 Z 箍缩等离子体负载辐射 X 射线功率 350TW，总能量 2.7MJ。该装置同时配备多套子系统：包括低温系统、外加磁场系统、喷气系统、Z-Beamlet 激光器、钚系材料密封容器等；此外还配套建设了多套精密诊断系统：包括 X 射线诊断、可见光/冲击诊断、中子诊断、背光照相等。该装置运行经费约 8000 万美元/年，20 年来累计运行超过 3000 发次，实验主要涉及四大领域(图 12)：爆炸辐射效应研究、惯性约束聚变、极端条件下材料科学研究、天体物理学研究，为巩固支撑美国战略安全和科技领先优势发挥了无可替代的作用。该装置上每年 65%的实验用于库存维护相关研究，同时发展了新的惯性聚变科学途径，引领全球，在材料科学实验方面创造了新的核材料试验方式，在实验室天体物理学方面研究成果突出，促进协同创新。

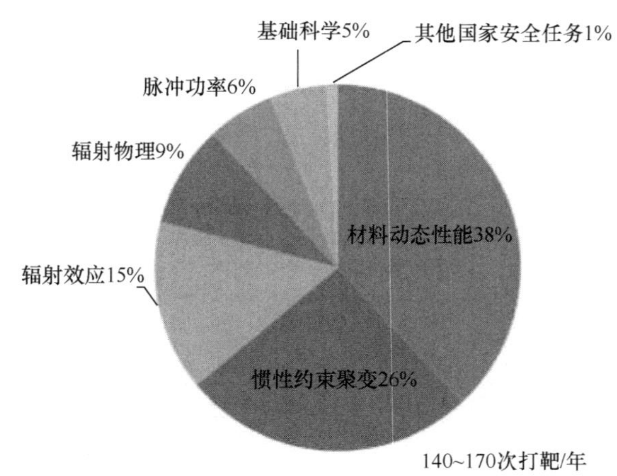

图 12 ZR 装置年运行发次分布情况[27]

Fig.12 The distribution of the experiments carried out on ZR every year

2.2 近年来的开创性成果

ZR 装置近年来在多个研究领域取得开创性成果，集中在辐射效应科学、惯性聚变科学、高能量密度材料科学以及实验室天体物理几方面。

在辐射模拟科学方面，发展了三层嵌套式喷气负载(图 13)，得到了前所未有的实验室 X 射线产出[28]，在“有限寿命”非核部件的检验中发挥了作用；利用 Mo、Ag 等材料负载输出 kJ 级 10～22 keV 的温 X 射线，延伸了 X 射线辐射模拟能谱[29-30](图 14)，产额得到提高；完成了最大的喷射冲量系列实

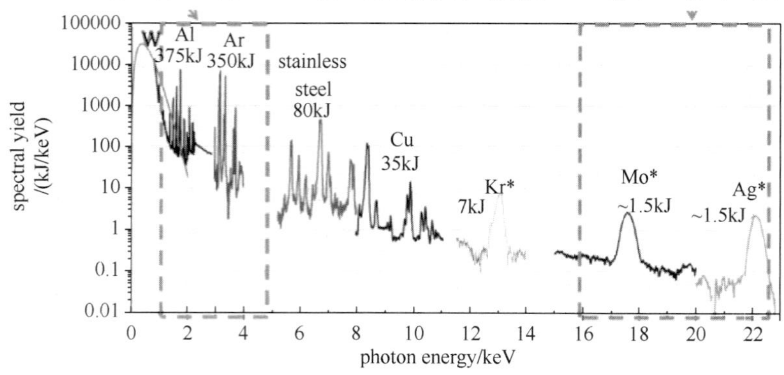

图 13 ZR 装置利用不同材料获得的软 X 射线能谱及产额

Fig.13 The yields and spectrum for different element loads on ZR

图 14 ZR 装置三层嵌套式喷气负载

Fig.14 The triple-shell gas-puff load on ZR

验并为辐射效应计算模型的发展与代码验证提供了数据；首次开展了新 X 射线源实验，其 X 射线的能量水平对于辐射效应响应代码的验证很有意义；完成了 SGEMP 验证实验，不仅提供了与多种受试对象相关的、为辐射效应模型验证提供支持的重要数据(SGEMP 实验数据支撑美海军 W88 核弹头的非核部件认证)，而且为辐射效应科学研究发展新的实验平台与能力。

在惯性聚变科学方面，发展了磁套筒惯性聚变靶(magnetic liner inertial fusion，MagLIF)技术，有望实现“得失相当”[31]。MagLIF 负载(图 15)采用激光预热中心燃料，通过磁套筒内爆压缩进行能量加载，同时预加磁场用以约束中心燃料中热电子和α粒子。

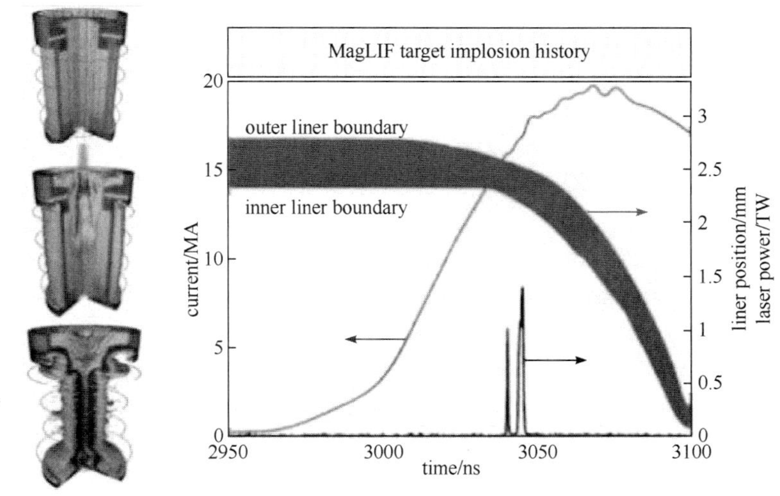

图 15 MagLIF 负载示意及套筒内爆轨迹

Fig.15 The layout of the MagLIF load and the trajectory of the liner[31]

2014 年利用 MagLIF 构型获得了 DD 中子产额>10^{12}，比之前动态黑腔提高 100 倍[32]；2016 年 ZR 装置上首次安全完成了使用痕量(0.1%)氚材料的实验，演示验证了在 Z 装置上安全使用氚材料的运行能力。Sandia 实验室研究人员预估[27]，如果将预加热激光能量从 2kJ 增大至 6kJ，同时外加磁场强度从 10T 提升至 30T，套筒驱动电流提升至 27MA，则有望利用 DT 材料实现输入输出能量 “得失相当”(100kJ)。

在高能量密度材料科学方面，近年来磁加载压力创造了新纪录，获得了准等熵加载>4Mbar 的压力，冲击加载磁飞片速度达到 46km/s，并开展了钚、铀材料的压缩试验[33](图 16)。2010～2016 年共开展 21 次钚材料实验，2011 年开展惰性气体材料冲击压缩实验，确定了 Ar、Kr、Xe 在 10Mbar 压力下的热物理性能，2014～2015 年开展不对称斜波压缩钚材料实验，2016 年开展钚材料老化实验，为美空军 B61-12 核弹头延寿计划提供支持数据，2016 年还开展铀材料等熵压缩实验。

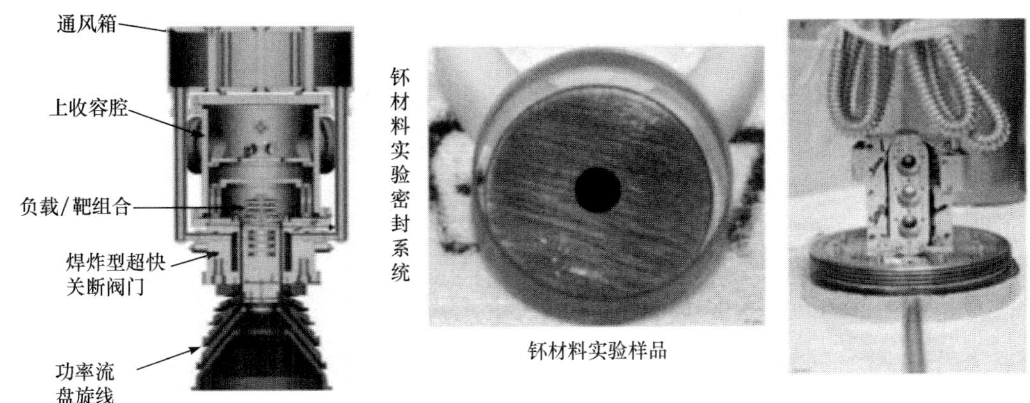

图 16 钚材料样品及实验密封系统[33]

Fig.16 The Pu sample and its sealing system

在实验室天体物理研究方面，2011 年，利用 Z 装置将水压缩至 7Mbar，结合基于量子力学的计算机模拟，确定了行星上“水世界”的性质，提高了对行星演化的理解，改进了对海王星和天王星周围异常磁场的解释[34]。2015 年，Sandia 实验室“Z 基础科学计划”取得三项较为重要的科学成果[35-36]：测量了铁在与太阳相似的环境下的不透明度、将氢压缩至金属态、测量了铁的蒸发阈值，有助于为月球形成时的铁雨、土星的年龄、太阳中重元素的丰度等问题的解答提供信息。

图 17 展示了一次实验开展 4 个不同天体物理问题研究的布局[37]。包括通过测量 Fe 等离子体光谱来校验不透明度模型，增加对太阳对流层边界的物理认识；通过测量 Si 等离子体光谱来研究黑洞吸积盘中的共振俄歇破坏机制；通过 H 等离子体光谱研究谱线展宽模型以及进一步研究白矮星质量相关问题；通过 Ne 等离子体光谱来校验综合光谱模型，研究星系周边物质参数等。

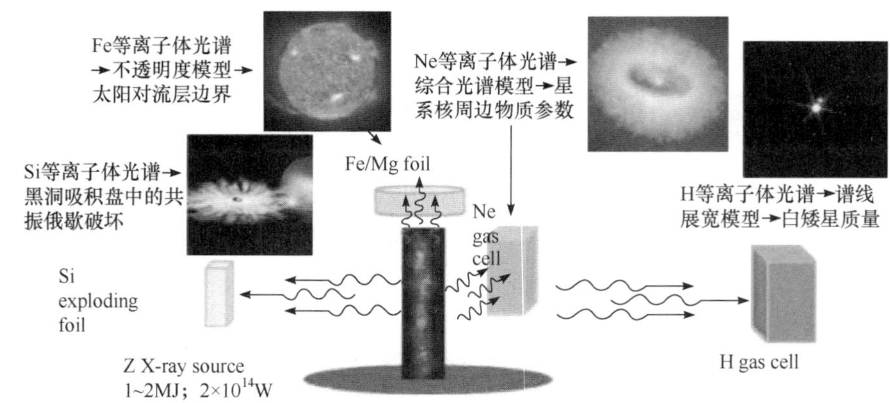

图 17　ZR 装置一次实验开展不同天体物理研究布局[37]

Fig.17　The layout of the astrophysics experiment for different problems on ZR

2.3　存在问题和当前改进工作

ZR 装置尽管取得了显著研究成果，但仍然存在以下突出问题。

问题 1：年运行发次(140～170)远不能满足研究需要。美国三大武器实验室 2015 年需求为 550 发次，2016 年 767 发次，因此现有 ZR 装置运行能力远不能满足实验需求。其中一个非常影响效率的问题为，每发次实验负载区喷射物达到数公斤(图 18)，需拆除 MITL、绝缘堆栈，进行专门的清洗维护，因此目前 ZR 装置的运行效率为每工作日只能运行 1 发次。

图 18　ZR 装置开火前后负载腔体污染情况[29]

Fig.18　The pollution situation of the load chamber on ZR facility after fire[29]

针对上述问题，Sandia 实验室近期目标拟将 ZR 装置年运行发次提升至 250 发次/年，主要通过优化 MITL 结构和材料、采用新的激光触发开关减少维护工作量以及其他改进型工程措施来实现。

问题 2：存在功率流损失，Z 箍缩负载电流低于堆栈馈入电流。ZR 装置在驱动不同类型负载时，负载电流损失情况各自不同[38-40](图 19)。在等熵压缩实验时负载电流可达 26MA，基本无损失；MagLIF 实验时负载电流～20MA，丝阵负载效应试验～19MA，大直径喷气负载 15～18MA。

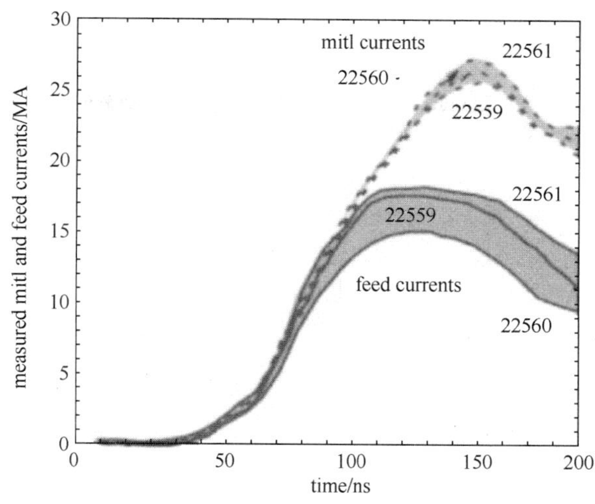

图 19 ZR 装置驱动喷气负载时电流损失情况

Fig.19 The load current loss for ZR driving a gas-puff load

针对这一问题，短期近期目标为：拟将负载短路电流由 26MA 提升至 32MA，主要采用以下几方面技术改进：包括充电电压由 85kV 提升至 95kV、研制新的激光触发开关和脉冲形成线、新一代真空绝缘堆栈、新的低电感 MITL 盘形线以及新的水介质三板传输线。

问题 3：锕系材料实验能力受到密封系统限制(3Mbar)。磁压波形调制能力受到密封系统的制约，诊断系统接口受限。Sandia 实验室的近期目标为：建设新一代材料实验密封系统，提升功率流使实验压力能达到 5Mbar。

目前来看，ZR 至少要高效运行到 2025 年[41-42]，而 Sandia 实验室在脉冲功率装置建设方面的中长期目标为：建设驱动能力达到 50MA 以上的大型 Z 箍缩装置，实现热核点火和高产额[43-44]。相关科学家根据上述目标提出了驱动电功率>100TW 的概念设计装置 Z300、Z800[45-46]，同时加紧研发新型直接驱动脉冲源技术，演示并优化 FLTD 单路模块和单路样机，深入研究功率流与靶耦合。

3 Z 箍缩驱动源发展趋势

目前世界上已经建成和规划建设的低阻抗大电流 Z 箍缩装置如图 20 所示，主要分为传统多级脉冲压缩和直接驱动两种技术路线的装置。传统多级脉冲压缩技术路线装置的电路原理如图 21 所示，采用(μs 级)Marx 发生器+水介质电容储能+多级脉冲压缩，单路产生峰值电流一般小于 0.5MA 的电脉冲，数十路并联[46]。

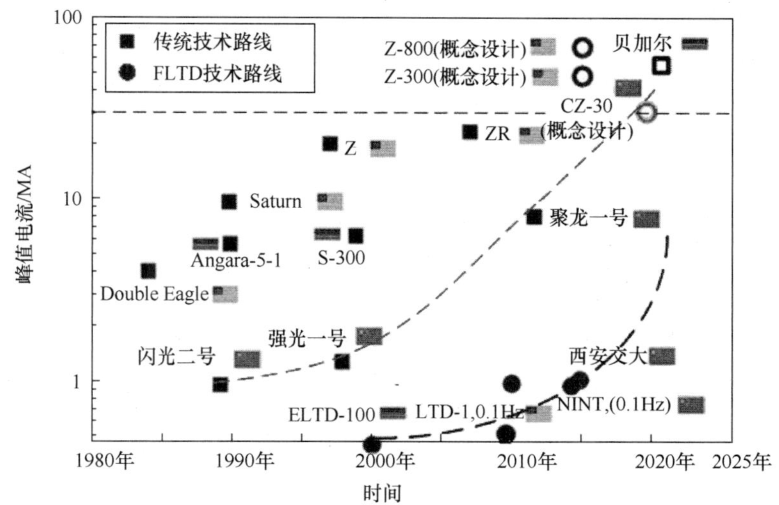

图 20 已建和规划建设的低阻抗大电流 Z 箍缩装置

Fig.20 Z-pinch facilities established and will be built in the future

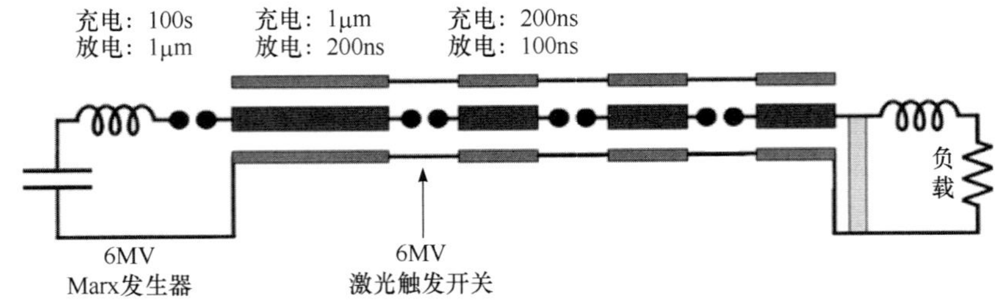

图 21 传统技术路线装置电路原理示意图

Fig.21 Circuit principle of Z-pinch facilities based on traditional technology method

传统技术路线的典型 Z 箍缩装置有美国圣地亚实验室(简称 SNL)20 世纪 80 年代建成的 Saturn (8～10MA/40ns)[47]、90 年代建成的 Z(20MA/90ns)[48]，以及 2007 年升级后的 ZR(26MA/90ns)[49]，2013 年中国工程物理研究院建成的 PTS(8～10MA/90ns)[50]，俄罗斯计划建设的 Bakail(50MA/150ns)[51]。传统多级压缩技术路线的主要缺点为：实现百 ns、百 TW 级脉冲输出，结构复杂，电能传输效率低(～30%)、运行效率受限制因素多，核心开关器件承受功率极高(TW 级，中储开关承受数 MV 电压数百 kA 电流)，寿命和可靠性低(百余次)，因此很难实现重复频率运行。

21 世纪初，俄罗斯科学院大电流研究所首创了 FLTD 技术[52-54]，其不需要脉冲压缩从电容器充电一级放电可直接产生 100ns 级电脉冲，大幅提高超高功率 Z 箍缩设施的运行效率和能量传输效率，被公认为下一代数十 MA 电流、数 MV 电压、百 TW 级快 Z 箍缩驱动源最有前景的技术路线。基于 FLTD 技术的直接驱动型超高功率脉冲源电路原理如图 22 所示，由电容器、气体开关组成的低电感快放电高功率支路经过约 100 s 直流充电后，在触发时序控制下实现同步放电，直接产生前沿～100ns 电脉冲，经变阻抗传输线汇聚后，近似匹配传输到负载上。

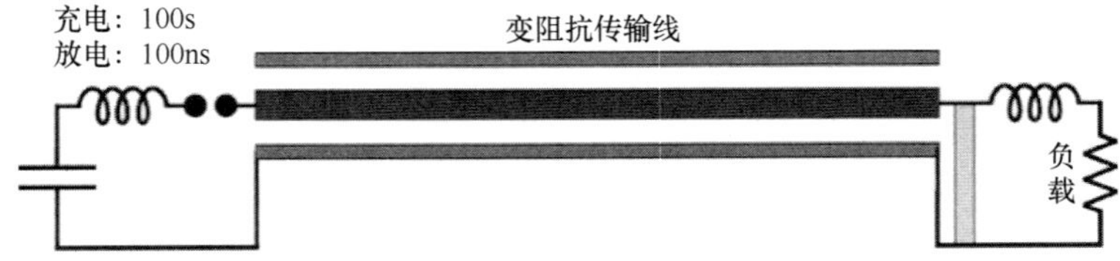

图 22 FLTD 直接驱动型超高功率脉冲源的电路原理

Fig.22 Circuit principle of ultra-high pulsed power facilities based on fast linear transformer drivers

FLTD 型脉冲源依靠数万只至十几万只 GW 级快放电支路串并联实现超高功率输出。每级一般数十个支路并联，目前单支路峰值电功率达 5GW，通过磁芯耦合电磁感应在次级完成电流叠加，单级 FLTD 驱动匹配负载，输出峰值功率达到 100GW，电流约 1MA，电压 100kV[55-56]；多级串联构成单路 FLTD，通过初次级电磁感应在次级实现电压叠加，次级输出数 MV 电压，电流约 1MA，电功率达到 TW 量级，多路 FLTD 并联电功率传输汇聚达到数百 TW 量级，大型 FLTD Z 箍缩脉冲功率装置拓扑结构如图 23 所示。

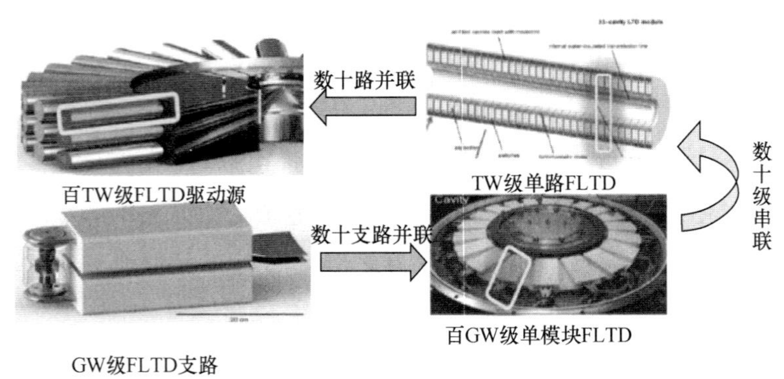

图 23 FLTD Z 箍缩脉冲功率装置拓扑结构

Fig.23 Structure of Z-pinch pulsed power driver based on FLTD

近年来FLTD技术取得快速发展,国内外建成了系列MA级模块,单支路电功率从2004年的2.5GW发展到5GW以上，国内外提出多种大型FLTD型Z箍缩驱动源概念设计。FLTD相比传统技术路线的主要优势为：①支路电容器直流充电，只需要一级开关直接产生百ns级电脉冲，FLTD次级一般采用水介质传输线，功率匹配传输，能量传输效率高(～50%)；②初级脉冲源电压较低(±100kV)，次级电压仅为传统路线脉冲形成线电压的1/2，且作用时间短(～150ns)，因此，绝缘相对容易解决；③无TW级激光触发开关，维护周期长，运行效率高，且具有重复频率运行潜力，可扩展性强。

但至今国际上还没有建成一台多路并联的FLTD装置，其主要技术挑战为：开关数量庞大，对开关抖动性能及其触发系统要求极高；要求数万只至十几万只GW级气体开关的触发脉冲按预定时序到达并触发闭合(如美国SNL提出的Z300需5940路外触发，Z800需21600路外触发脉冲)；故障难以诊断、部件难以更换，制约其工程应用；百TW级LTD需要大量磁芯，造价高、装置笨重。因此，建成大型FLTD型Z箍缩驱动源还需要突破驱动源可维护性差和数万只大规模5GW气体开关的精确时序触发难题。

4 国内Z箍缩发展思考

4.1 我国Z箍缩研究现状

我国Z箍缩研究总体概况是起步晚，追赶快。20世纪90年代末国内相关研究机构开始跟踪研究，并通过技术引进等方式建立了峰值电流1～2MA的小型Z箍缩物理研究装置，比较典型的设备为“强光一号”(图24)；直到2013年中物院建立了10MA的中型Z箍缩实验装置(图25)，成为国际上电流第二大Z箍缩驱动器，使我国独立掌握了多路并联超高功率Z箍缩驱动器技术。在Z箍缩基础研究方面，先后获得自然科学基金6个重点项目和1个重大项目的支持，使我国Z箍缩综合研究能力获得显著提升，物理实验、精细诊断、数值仿真、负载物理、驱动源技术等全面发展，与国际先进水平的差距大大缩小。

图24 强光一号(QG-Ⅰ2MA、80ns)

Fig.24 Qiangguang Ⅰ facility with 2MA and rise time of 80ns

图25 10MA装置(PTS 10MA/90ns)[50]

Fig.25 PTS facility with 10MA and rise time of 90ns

Z箍缩应用四大领域初步具备实验研究能力，但受限于装置电流指标，性能仍有限，研究还需深入，年运行发次较少。研究团队较少，协同创新不足。

辐射效应方面：输出X射线产额低，能谱偏软。如QG-Ⅰ喷Kr气负载，输出X射线产额60kJ(<0.5keV)；双层喷Ne气负载，输出射线产额>5kJ(～1keV)；喷射冲量实验，难以深入。PTS具备产生80kJ 2～3keV X射线能力。

在聚变黑腔物理基础研究方面，利用PTS嵌套W丝阵，输出峰值功率80TW，射线产额0.6MJ。初步开展了动态黑腔物理实验，径向峰值功率28TW，轴向峰值功率0.6TW。PTS磁加载材料实验，驱动电流5.5～8MA，前沿230～550ns，获得准等熵压力1.2Mbar，磁压飞片实现21km/s，用于Al、Ta等材料实验。其他高能量密度(HEDP实验)负载为射流或套筒：PTS输出5MA@230ns，采用20um Al

膜，获得超高速等离子体射流 8mm，速度 150km/s；采用固体套筒内爆(δ170μm、Φ3mm)，驱动电流 8MA@150ns，观察到界面不稳定性。

在数十 MA 电流 Z 箍缩驱动源方面，西北核技术研究所和中物院从 2010 年开始先后提出了多个基于 LTD 技术的大型 Z 箍缩驱动源的概念设计[57-59]，发展历程如图 26 所示。

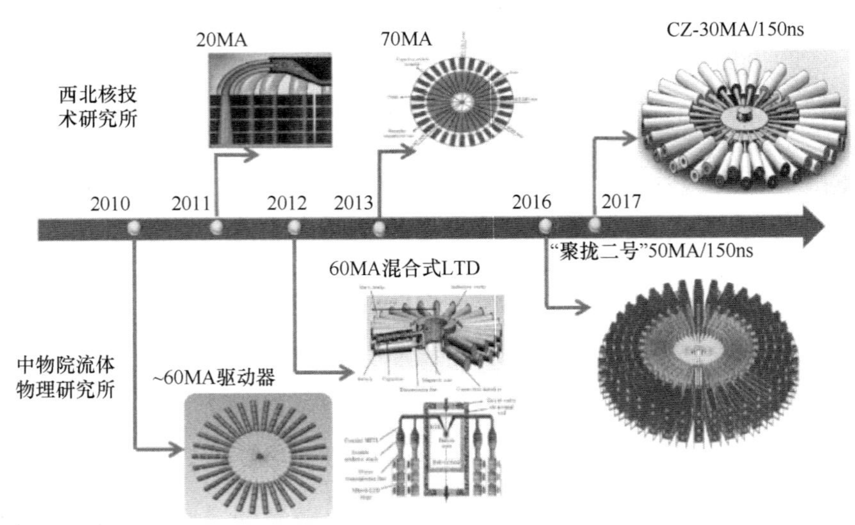

图 26 中国 Z 箍缩驱动源概念设计发展

Fig.26 Development of Z-pinch driver's conceptional designs

4.2 我国 Z 箍缩装置发展设想

我国长期使用电子束间接模拟 X 射线的热-力学效应，无法解决耦合过程的等效问题，不具备对新型结构和材料的测试条件，驱动电流 30MA 以上才可能达到所需的能谱、注量和面积要求。因此，建设电流 30MA 量级的 Z 箍缩装置十分必要和紧迫。掌握强 X 射线毁伤规律，发展高可信度的仿真预测工具，支撑战略武器壳体材料和结构优化，保障加固性能可靠。满足战略武器辐射效应研究需求，巩固提升核生存与突防能力。

建设电流 30MA 量级的 Z 箍缩装置将有力支撑惯性聚变科学实现跨越式发展，为以新方式探索聚变能源奠定坚实基础。受控核聚变是当代最前沿的科技领域，最能体现一个国家的综合实力和创新能力。Z 箍缩惯性聚变是新兴的领域分支，最有可能实现“弯道超车”，国内在聚变靶设计、新一代驱动源技术上有自主创新思想，具备一定研究基础和实力[60-61]。

促进前沿领域基础研究创新，培育一批有重大突破意义的前瞻性、引领性原创成果。30MA 装置建设本身需要攻克一系列科学技术难题，建成后能为强化基础研究发挥重大托举作用，极大促进材料科学、实验室天体物理等前沿领域的创新发展，培养一大批高水平研究人员，取得大量突破性成果。

目前是抓住技术突破实现追赶跨越的关键机遇期。FLTD 技术路线的单元模块基本成熟，单路样机接近工程化演示，初步具备建设 100TW 量级装置的条件；我国具有国际后发优势，美国在改进 ZR，俄罗斯在建 Baikal，都为传统技术路线。国内宏观形势有利，更加强调和重视创新驱动，科技创新。因此，结合当前技术能力现状、物理实验需求和国家战略规划，建议我国大型 Z 箍缩装置研制分三步走：2025 年首先建设 30MA/100TW 装置，对 LTD 驱动器进行技术集成与工程验证，并为强脉冲辐射效应研究提供必要实验条件；在聚变科学研究方面，验证靶丸上“得失相当”优化靶设计，在相关基础科学前沿领域实现并跑。2035 年建成 50MA/300TW 的电磁驱动聚变装置，在辐射效应方面，提供高保真度的综合辐射模拟环境；在聚变科学方面，实现热核聚变点火，能量增益 0.2～0.5，使我国高能量密度物理(HEDP)科研实力跻身世界前列。2050 年左右建成针对聚变能源的 70MA/800TW 高增益装置，在辐射效应方面，具备全系统高保真度辐射模拟实验能力；在聚变科学方面，实现高增益输出，奠定聚变能源工程化应用基础。

5　30MA Z 箍缩装置建造设想

5.1　总体定位与指标

30MA Z 箍缩装置(以下简称 CZ-30)的总体定位为满足国防亟需，推动相关技术发展，即满足核爆 X 射线模拟与效应研究、惯性聚变研究、动态材料实验、天体物理等四大前沿领域近中期亟需。发展突破 FLTD 直接驱动型脉冲功率源技术，实现从“跟/并跑”到“领跑”。目前世界上还没有建成一台基于 FLTD 技术的多路并联电流 MA 以上的装置，大型 FLTD 驱动源可维护性和数万只 GW 级大规模气体开关纳秒时间精度的时序高效触发仍是工程建设的瓶颈，亟待突破，先建设 30MA 量级的 Z 箍缩装置，稳中求进，兼顾创新和技术传承，可有效管控风险。同时，30MA 装置将成为世界一流的综合性大型研究平台，以军民融合、多领域多学科交叉、开放共享、高效利用为明显特征。

装置设计指标为输出峰值电流～30MA，前沿～150ns。主要模拟核爆辐射环境的指标预期明晰，以应用为主，研究 K 层辐射源电流定标律，输出 X 光子能量 1～20keV，研究负载优化技术。在惯性聚变科学方面进行探索、验证与创新，按美国磁化套筒聚变靶(MagLIF)的研究结果，驱动电流 30MA 接近实现聚变能量“得失相当”的条件，可系统验证“局部整体点火”聚变靶设想，提供优化研究的条件，为确定聚变点火装置指标提供更信服的数据。装置指标 30MA，其汇流磁绝缘传输线(MITL)功率流损失风险相对可控，不存在较大的物理风险，ZR 中心真空汇流区在 20～30 MA 电流下进行了数千次验证。30MA 装置前沿可调，通过控制每路 FLTD 的触发时序，前沿达 400ns 以上，电流 15～25MA，满足材料实验和天体物理研究需要。

5.2　CZ-30 概念设计

CZ-30 装置采用 FLTD 技术路线，输出峰值电 100TW 级，其概念设计如图 27 所示[62-63]。装置直径～44m，高度～5m，两层水平布置。共 48 路 FLTD 并联，每路 FLTD 为 32 级标称 1MA 的模块串联，每路 FLTD 输出连接约 7m 长同轴水线，每路之间的电气隔离时间 420ns，满足不同物理负载波形调制需要，同轴水线输出连接半径约 5m 的整体径向变阻抗传输线，传输汇聚至半径约 1.65m 的真空绝缘堆(VIS)，中心真空汇流区域(VIS、MITL、DPHC)结构借鉴 ZR 装置，以降低功率传输风险。

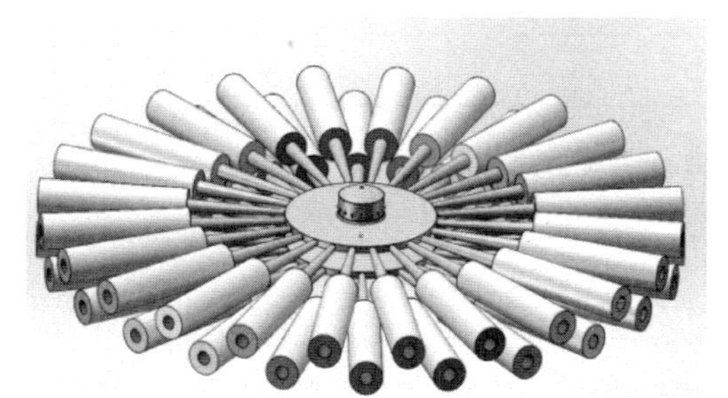
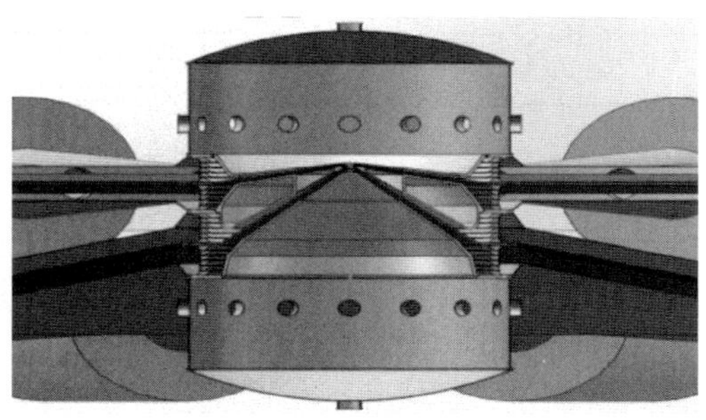

图 27　CZ-30 概念设计三维示意图

Fig.27　Conceptional configurations of CZ-30

CZ-30 装置 FLTD 采用我们国际首创的共用腔体拓扑结构[64-65]，以及级联/光电组合触发等自主创新设计思想，每路 FLTD 次级功率传输采用水线，与美国 SNL 提出的 Z-300/Z-800 相似，但 FLTD 和整体径向线之间增加一段同轴水线，实现多路 FLTD 之间的电气隔离，便于大范围调制输出电流波形。真空汇流区与 ZR 装置相似，因此，CZ-30 不存在大的物理风险，并为后续发展热核点火(CZ-50)、高产额聚变(CZ-70)Z 箍缩装置奠定技术基础。

CZ-30 驱动丝阵负载，在电容器充电±80kV，负载为金属丝阵，半径 2cm，高度 1cm，质量 14mg，输出波形如图 28 所示，绝缘堆电压 4.6MV，堆电流 34MA，丝阵电流 30MA，前沿 110ns。CZ-30 与

ZR 典型参数比较如表 1 所示，CZ-30 与美国 SNL-Z300 概念设计特点比较见表 2。

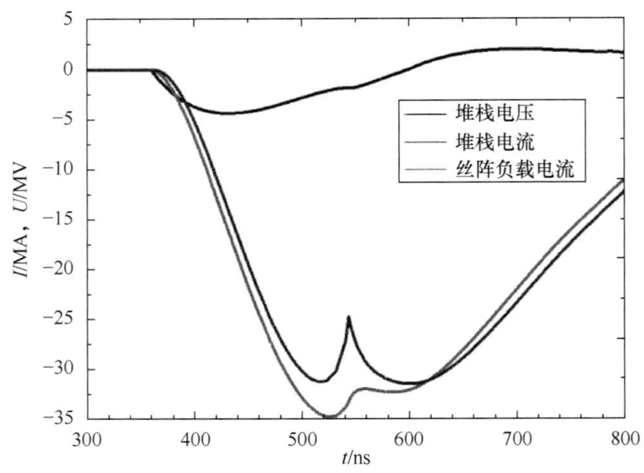

图 28 CZ-30 驱动金属丝阵负载输出波形

Fig.28 The output load current for metal wire on CZ-30

表 1 CZ-30 与 ZR 典型参数比较

Tab.1 The typical parameters of CZ-30 compared with ZR

参数	CZ-30	ZR
装置直径/m	44	33
初级源储能/MJ	23	22
初级源输出电压/MV	2.6	6
绝缘堆电压/MV	4.5	4
绝缘堆电功率/TW	97	85
绝缘堆电流/MA	34	26 (32)
丝阵负载电流	30	20 (30?)
电流上升时间(10%～90%)/ns	～110	～80
电流储能比(MA/MJ)	1.50	1.18

表 2 CZ-30 与美国 SNL-Z300 特点比较

Tab.2 The main characteristic of CZ-30 compared SNL-300 in USA

	CZ-30	SNL-Z300
初级绝缘	新型环保高绝缘强度气体	变压器油绝缘，易污染
拓扑结构	共用腔体：充电、触发、气路共享	每级模块为独立腔体，充电、触发不能共享
触发方式	级联/光电组合触发：每路仅 1 路外触发，显著简化触发系统	每级引入 2～4 路触发脉冲，触发系统比 FLTD 主体还复杂
可维护性	初级部件原位现场维修替换	初级部件故障难诊断、维修与替换
FLTD 功率汇聚	FLTD+同轴水线+整体径向传输线，电气隔离，便于调控输出	FLTD+整体径向传输线，无电气隔离，不便于调控输出波形

5.3 CZ-30 预期能力

在核爆模拟与辐射效应科学方面，CZ-30 可提供 0.1～20keV 或以上的 X 射线强辐射模拟环境，

200～300eV 近黑体连续谱，1～5keV 的 X 射线数百 kJ、6～10keV X 射线 40～80kJ。在X射线热力学效应方面，输出能注量数十至数百 J/cm^2、面积数十至数百 cm^2 的实验条件。在 X 射线系统电磁脉冲(SGEMP)效应研究方面，输出能注量 0.1～10J/cm^2 的实验条件。在惯性聚变科学方面，输出 X 射线总能量 3～4MJ 的辐射能或内爆动能。采用 MagLIF 靶有可能实现～1MJ 聚变能输出。在极端状态材料科学研究方面，等熵压缩压强>5Mbar，飞片速度>50km/s，冲击压力 20～30Mbar。在实验室天体物理方面，X 辐射加热能量 3～4MJ，温度 1～200eV、体积 20cm^3 的等离子体。磁化等离子喷流>100km/s，电子密度～10^{22}cm^{-3}，磁雷诺数～10^3。

CZ-30 将成为下一代热核点火超高功率装置的探索平台，演示验证新的 FLTD 模块集成和功率叠加技术、功率流损失和解决方案、驱动源与负载耦合模型等，以及重复频率运行可行性。

5.4 建议

立足军民融合，加快推进 30MA 快 Z 箍缩装置的(CZ-30)需求论证，希望列入“十四五”国家重大科技基础设施规划，尽快立项。面向多学科领域研究需求，统筹规划集成多种应用的负载系统和精密诊断系统，制定顶层设计方案。推动设立快 Z 箍缩科学前沿问题及关键技术重大研究计划，促进基础预研和关键器部件研发。推动将 Z 箍缩大型研究平台建设和相关领域发展，列入新时代国家中长期发展规划。

参 考 文 献

[1] Ryutov D D, Derzon M S, Matzen M K. The physics of fast Z pinches[J]. Reviews of Modern Physics, 2000, 72(1):167-223.

[2] Spielman R B, de Groot J S. Z pinches-A historical view[J]. Laser and Particle Beams, 2001, 19:509-525.

[3] Sanford T W, Nash T J, Olson R E, et al. Progress in Z-pinch driven dynamic hohlraums for high temperature radiation-flow and ICF experiments at Sandia National Laboratories[J]. Plasma Physics and Controlled Fusion, 2004, 46:B423-B433.

[4] Velikovich A L, Clark R W, Davis J, et al. Z-pinch plasma neutron sources[J]. Physics of Plasmas, 2007, 14(2):022701.

[5] Matzen M K, Sweenry M A, Adams R G, et al. Pulsed-power-driven high energy density physics and inertial confinement fusion research[J]. Physics of Plasmas, 2005, 12(5): 055503.

[6] Thornhill J W, Whitney K G, Davis J, et al. Investigation of K-shell emission from moderate-Z, low-η(-velocity) Z-pinch implosions[J]. Journal of Applied Physics, 1996, 80(2):710-718.

[7] Lebedev S V, Suzuki-Vidal F, Bland S N, et al. Laboratory astrophysics ex-periments with Z-pinches[C]. Proceeding of The 8th International Workshop on the Physics of Wire Array Z-pinches, La Jolla, CA, 2009.

[8] van Arsdall A. Pulsed power at Sandia National Laboratories the first forty years. Sandia Report, Sand2007-2984P, 2007.

[9] Sanford T W, Allshouse G O, Marder B M, et al. Increased x-ray power gener-ated from low mass large number aluminum-wire-array Z-pinch implosions[J]. Physical Review Letters, 1996, 77(25):5063-5066.

[10] Deeney C, Douglas M R, Spielman R B, et al. Enhancement of X-ray Power from a Z Pinch Using Nested-Wire Arrays[J]. Physical Review Letters, 1998, 81(22):4883-4886.

[11] Matzen M K. Pulsed-Power-Driven high energy density physics and inertial confinement fusion research[R]. American Physical Society, Division of Plasma Physics, Savannah, Georgia, 2014.

[12] Coverdale C A, Jones B, Ampleford D J, et al. K-shell X-ray sources at the Z Accelerator[J]. High Energy Density Physics, 2010, 6(1), 143-152.

[13] Coverdale C A, Jones B, Lepell P D, et al. Dynamics of copper wire array at 1MA and 20MA[C]. The 6th International Conference on Dense Z-Pinches, Albuquerque, Oxford, UK, 2005.

[14] Ampleford D J, Jenings C A, Jones B, et al. K-shell emission trends from 60 to 130 cm/s stainless steel implosions. Physics of Plasmas, 2013, 20(10): 103116.

[15] Deeney C, Coverdale C A, Douglas M R, et al. Titanium K-shell X-ray production from high velocity wire array implosions on the 20-MA Z accelerator[J]. Physics of Plasmas, 1999, 6(5): 2081-2088.

[16] Sanford T W, Nash T J, Olson R E, et al. Progress in Z-pinch driven dynamic hohlraums for high temperature radiation-flow and ICF experiments at Sandia National Laboratories[J]. Plasma Physics and Controlled Fusion, 2004, 46:B423-B433.

[17] Vesey R A, Cuneo M E, Poter J L, et al. Radiation symmetry control for in-ertial confinement fusion capsule implosions in double Z-pinch hohlraums on Z[J]. Physics of Plasmas, 2003, 10(5):1854-1860.

[18] Olson C L. Progress on Z-Pinch IFE and HIF Target work on Z[C]. 15th International Symposium on Heavy Ion Inertial Fusion, Princeton, NJ,

2004.

[19] John M, Braddock J. The Nuclear Weapons Effects National Enterprise[R]. Report of the Joint Defense Science Board/Threat Reduction Advisory Committee Task Force on, Washington, DC, 2010.

[20] Davis J P, Brown J L, Knudson M D, et al. Analysis of shockless dynamic compression data on solids to multi-megabar pressures: Application to tantalum[J]. Journal of Applied Physics, 2014, 116(20):204903.

[21] McMahon J M, Morales M A, Pierleoni C, et al. The properties of hydrogen and helium under extreme conditions[J]. Reviews of Modern Physics, 2012, 84(4):1607-1653.

[22] Root S, Magyar R J, Carpenter J H, et al. Shock compression of a fifth period element: liquid Xenon to 840GPa[J]. Physical Review Letters, 2010, 105(8): 085501.

[23] Flicker D. Dynamic materials experiments on Sandia's Z Facility[C]. 2015 International workshop on electromagnetic driven high energy density physics, Chengdu, 2015.

[24] Nagayama T, Bailey J E, Loisel G P, et al. Parallax diagnostics of radiation source geometric dilution for iron opacity experiments[J]. Reviews of Scientific Instruments, 2014, 85(11):11D603.

[25] Ciardi A, Lebedev S V, Frank A, et al. The evolution of magnetic tower jets in the laboratory[J]. Physics of Plasmas, 2007, 14(5):056501.

[26] Suzuki-Vidal F, Lebedev S V, Bland S N, et al. Generation of episodic magnetically driven plasma jets in a radial foil Z-pinch[J]. Physics of Plasmas, 2010, 17(11):112708.

[27] Cuneo M. Pulsed power driven high energy density plasmas[Z]. HED Summer School, University of California, San Diego, August 18th, 2015.

[28] Harvey-Thompson A J, Jennings C A, Jones B, et al. Investigating the effect of adding of an on-axis jet to Ar gas puff Z pinches on Z[J].Physics of Plasmas, 2016, 23(10):101203.

[29] Hansen S B, Ampleford D J, Cuneo M E, et al. Signatures of hot electrons and fluorescence in Mo Kα emission on Z[J]. Physics of Plasmas, 2014, 21(3):031202.

[30] Ampleford D J, Hansen S B, Jennings C A, et al. Non-thermal X-ray emission from wire array Z-pinches [R]. Sandia Report, SAND 2015-10453, 2015.

[31] Slutz S A, Stygar W A, Gomez M R, et al. Scaling magnetized liner inertial fusion on Z and future pulsed-power accelerators[J]. Physics of Plasmas, 2016, 23(2):022702.

[32] Gomez M R, Slutz S A, Sefkow A B, et al. Demonstration of thermonuclear conditions in magnetized liner inertial fusion experiments[J]. Physics of Plasmas, 2015, 22(5):056306.

[33] Lash J. Capability advances at the Sandia Z machine[R]. Sandia National Laboratories (SNL-NM), Albuquerque, NM (United States), 2015.

[34] Knudson M D, Desjarlais M P, Lemke R W, et al. Probing the interiors of the ice giant: shock compression of water to 700GPa and 3.8g/cm^3[J]. Physical Review Letters, 2012, 108(9): 091102.

[35] Bailey J E, Nagayama T, Loisel G P, et al. A higher-than-predicted measurement of iron opacity at solar interior temperatures[J]. Nature, 2015, 517(7532): 14048.

[36] Kraus R G, Root S, Lemke R W, et al. Impact vaporization of planetesimal cores in the late stages of planet formation[J]. Nature Geoscience, 2015, NGEO2369.

[37] Rochau G A, Bailey J E, Falcon R E, et al. ZAPP: The Z astrophysical plasma properties collaboration[J]. Physics of Plasmas, 2014, 21(5):056308.

[38] McBride R D, Martin M R, Lemke R W, et al. Beryllium liner implosion experiments on the Z accelerator in preparation for magnetized liner inertial fusion[J]. Physics of Plasmas, 2013, 20(5):056309.

[39] Thornhill J W, Giuliani J L, Jones B, et al. 2-D RMHD Modeling assessment of current flow, plasma conditions, and Doppler effects in recent Z argon experiments. IEEE Transaction on Plasma Science, 2015, 43(8): 2480-2491.

[40] Jennings C A, Chittenden J P, Cuneo M E, et al. Circuit model for driving three-dimensional resistive MHD wire array Z-pinch calculations[J]. IEEE Transaction on Plasma Science, 2010, 38(4): 529-539.

[41] Lash J. Capability advances at the Sandia Z machine [R]. Sandia Report, SAND2015-8338C., 2015.

[42] Ball C, Lash J. Capability advances at the Sandia Z machine [R]. Sandia Report, SAND2015-10434PE, 2015.

[43] Slutz S A, Stygar W A, Gomez M R, et al. Scaling magnetized liner inertial fusion on Z and future pulsed-power Accelerators[J]. Physics of Plasmas 23, 022702 (2016): 23, 022702-1.

[44] Sinars D B, Scott D, Scott K C N, et al. Pulsed power science and technology: A strategic outlook for the National Nuclear Security Administration (Summary) [R]. LA-UR-16027957, 2016.

[45] Stygar W A, Awe T J, Bailey J E, et al. Conceptual designs of two petawatt-class pulsed-power accelerators for high-energy-density-physics experiments [J]. Physical Review Special Topics-Accelerators and Beams, 2015, 18, 110401:1-31 .

[46] Stygar W, Austin K, Awe T, et al. Conceptual designs of four next-generation pulsed-power accelerators for high-energy-density-physics

experiments [C]. The First International Conference on Matter and Radiation at Extremes ,Chengdu, 2016, 5: 8-12.

[47] Bloomquist D D, Stinnett R W , McDaniel D H, et al. Saturn, a large area X-ray simulation accelerator[C]. Proc. 6th IEEE International Pulsed Power Conference, Arlington, 1987:310-317.

[48] Lash J. Capability advances at the Sandia Z machine [R]. Sandia Report, SAND2015-7940C, 2015.

[49] Spielman R B, Long F, Martin T H, et al. PBFA Ⅱ-Z: A 20-MA driver for Z-pinch experiments[C]. Proc. 10th IEEE International Pulsed Power Conference, Albuquerque, 1995:396-404.

[50] Deng J J, Xie W P, Feng S P, et al. From Concept to Reality- A Review to the Primary Test Stand and its Preliminary Application in High Energy Density Physics[J]. Matter and Radiation at Extremes, 2016, doi: 10.1016/ j.mre.2016.01.004

[51] Grabovskiy E V. The Bakail project conceptional design [C]. The First International Conference on Matter and Radiation at Extremes. Chengdu, 2016

[52] Bastrikov A N, Kim A A, Kovalchuk B M, et al. Fast primary energy storage based on linear transformer scheme[C]. Proc. 11th IEEE International Pulsed Power Conference Baltimore, 1997:489-497.

[53] Kim A A, Bastricov A N, Volkov S N, et al. 100 GW Fast LTD Stage [C]. Proc. 13th International Symposium on High Current Electronics IHCE SB RAS, 2004: 141-144.

[54] Kim A A, Kovalchuk B M, Bastrikov A N, et al. 100ns current rise time LTD stage[C]. Proc. 13th IEEE International Pulsed Power Conference Las Vegas, 2001:294-299.

[55] Woodworth J R, Fowler W E, Stoltzfus B S, et al. Compact 810kA linear transformer driver cavity[J]. Physical Review Special Topics-Accelerators and Beams, 2011, 14: 040401.

[56] Kim A A, Mazarakis M G, Sinebryukhov V A, et al. Development and tests of fast 1-MA linear transformer driver stages [J]. Physical Review Special Topics-Accelerators and Beams, 2009, 12: 050402.

[57] 孙凤举，邱爱慈，魏浩，等. 快Z箍缩百太瓦级脉冲驱动源概念设计的发展[J]. 现代应用物理, 2017, 8(2): 020702-1-12.

[58] 曾正中，等. Z箍缩驱动器总体设计技术研究[Z].2011, 060501.2-2011BG-ZE-01.

[59] 李正宏，黄洪文，王真，等. Z箍缩驱动聚变-裂变混合堆总体概念研究进展[J]. 强激光与粒子束, 2014, 26(10): 100202-1-7 .

[60] 彭先觉，王真. Z箍缩驱动聚变裂变混合能源堆总体概念研究[J]. 强激光与粒子束, 2014, 26(9): 090201-1-6.

[61] 邓建军，王勐，谢卫平，等. 面向Z箍缩驱动聚变能源需求的超高功率重复频率驱动器技术. 强激光与粒子束，2014，26(10): 100201-1-13.

[62] Sun F J, Qiu A C, Jiang X F, et al. Conception Design and One-stage Development of 30 MA Fast Linear Transformer Driver with Shared shell[C]. 11th International conference on dense Z-pinches, Beijing, 2019.

[63] Mao C, Sun F, Xue C, et al. Full-circuit simulation of next generation China Z-pinch driver CZ-30[J]. IEEE Transactions on Plasma Science, 2019, 47(6): 2910-2915.

[64] 孙凤举，姜晓峰，魏浩，等. 一种多级串联共用外腔体新结构LTD[J]. 强激光与粒子束, 2017, 29(2): 025001(1-6).

[65] 孙凤举，姜晓峰，王志国，等. 多级串联共用腔体MA级FLTD的设计与仿真[J]. 强激光与粒子束, 2018, 30(3): 035001(1-8).

百太瓦 Z 箍缩国家重大科技基础设施建设方案*

摘要： 综合研判国内外发展态势，权衡国家安全亟需和技术风险，提出了百太瓦 Z 箍缩国家重大科技基础设施的技术指标：峰值电流 34MA，电功率 120TW，前沿 150ns(简称 CZ-34)，采用新一代直接驱动快直线变压器(FLTD)技术路线，48～60 路并联，分为 2 层。次级采用阻抗匹配同轴水线传输到整体径向水介质传输线，再传输到直径约 3.3m 高压绝缘堆、圆锥状磁绝缘传输线、双柱孔回流、内 MITL，驱动中心处 Z 箍缩负载。调控每路 FLTD 触发时序，电流前沿 150～400ns 可调。直径约 50m，高度 8m，充电±80kV 时储能约 22MJ。针对 FLTD 可维护性差和触发要求高的瓶颈，采用首创的多级串联共用腔体、插拔式支路、分立柱回流、气体绝缘 FLTD 新架构，以及每级内置触发支路、级联/光电组合触发新模式，显著提高可维护性，降低触发要求。拟采取校所合作共建模式，发挥后发优势，建成指标国际领先、性能世界一流的综合研究平台，有力支撑我国辐射效应与加固科学、极端条件材料科学、聚变科学、天体物理等前沿基础科学研究领域创新发展。

1 建设意义及必要性

Z 箍缩设施是利用脉冲功率驱动源输出的瞬态大电流产生高温、高压、强辐射等极端状态的研究装置，主要包括脉冲功率驱动源、精细调控的转换负载、精密诊断系统及其他配套设施。Z 箍缩是指环柱状等离子体在脉冲大电流自身超强磁场作用下向轴线聚爆压缩的过程。利用大型 Z 箍缩设施产生强脉冲 X 射线，模拟核拦截面临的辐射威胁环境，为开展战略武器抗 X 射线加固防护技术基础研究、验证加固措施有效性、提升实战对抗性能提供实验条件；利用 Z 箍缩设施瞬态大电流自身形成的强磁场，可产生数百万到数千万个大气压的极高压强、宏观样品每秒数十公里的高速运动等极端条件，是探索极端条件下的物质结构及其物理、化学和力学性质的重要研究平台，研究极高压力下超固态物质结构和相变机制等基础科学问题，支撑战略武器设计改进、电磁轨道炮关键技术研发、特殊性能物质的高压制备等尖端前沿领域发展；Z 箍缩惯性约束聚变具有总能量大、能量耦合效率高、装置造价低等特点，通过强脉冲 X 射线加热或磁压直接加载压缩聚变靶丸，国内外研究认为电流 30MA 以上就有可能实现聚变点火；Z 箍缩设施相比高功率激光等装置，能驱动更大尺度的样品，提供精细诊断条件，产生 X 射线的效率更高，而且自带强磁场，更容易获得磁化等离子体，提供可与空间观测结果比对的关键数据，检验理论模型，获得对行星、恒星、星云、星系核等天体演化过程的新认识。

在这些重大科学和技术目标的需求牵引下，美俄等都在规划建设超高功率 Z 箍缩设施。我国 Z 箍缩研究起步晚，Z 箍缩设施建设相比美国滞后近 30 年，相关领域的应用研究水平还比较落后，严重制约了战略武器辐射效应科学研究水平的提升，以及惯性聚变、极端条件材料科学、实验室天体物理等前沿领域的创新发展。尽快建成一台能切实满足用户需求的 Z 箍缩 X 射线源，可解决长期以来制约核爆 X 射线效应实验研究的短板弱项，满足战略武器辐射效应科学研究的亟需，支撑武器实战对抗性能提升。对极端条件材料科学、惯性聚变、天体物理等前沿尖端领域，新建的百太瓦 Z 箍缩设施也可以提供世界一流的研究条件，探索解决一系列重大科学技术问题，极大促进我国前沿科技创新。综合研判国内外发展态势和国家安全需求，启动建设基于新型脉冲功率驱动源技术的百太瓦级 Z 箍缩设施，也是抢抓战略机遇期、抢占前沿科技领域制高点的重要举措，有望使我国在超高功率脉冲驱动源及 Z 箍缩技术领域率先实现引领性突破。

---

* 本文根据 2020 年 6 月邱爱慈院士团队向教育部提交的《百太瓦 Z 箍缩国家重大科技基础设施》立项建议书内容整理。

2 百太瓦级Z箍缩设施总体技术路线与建设指标

2.1 总体技术路线选择

现有国内外10MA以上的大型Z箍缩装置均采用多级压缩技术路线,如美国Saturn (10MA/40～140ns)与Z/ZR(26MA/100ns),俄罗斯Angara-5-1装置(3～5MA/80～100ns),我国聚龙一号装置(8～10MA/90ns)。传统路线的典型代表为目前世界上功率最大的Z箍缩设施——美国圣地亚国家实验室(SNL)的ZR装置,结构组成如图2.1所示,共36路并联,每路由标称电压6MV的Marx发生器、水介质中储电容、6MV/800kA激光触发气体开关、脉冲形成线、多针脉冲形成开关、三板水介质传输线、高压绝缘堆和磁绝缘传输线等组成,单路电脉冲产生原理如图2.2所示,经过四级脉冲压缩产生前沿100ns/300ns高功率电脉冲,驱动Z箍缩等多种类型负载。其初级功率源储能22MJ,绝缘堆处峰值电压4MV,中心区电感12nH,电功率80TW,负载峰值电流26MA,Z箍缩内爆时间约130ns,辐射X射线总能量约2.7MJ。十几年来,ZR累积运行3000余发次,在多个领域取得开创性成果,巩固支撑了美国战略安全和科技领先优势。

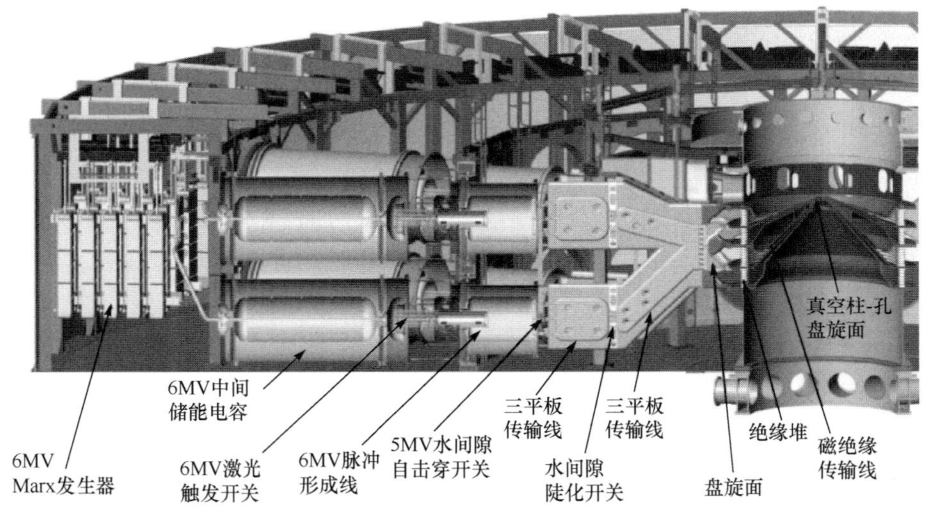

图2.1 美国ZR装置结构示意图

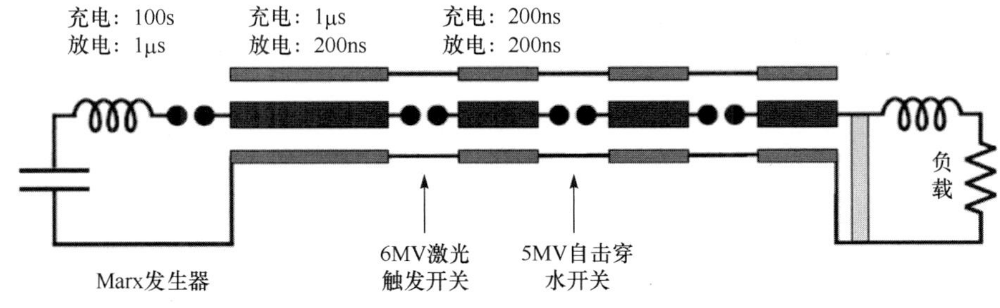

图2.2 ZR装置单路电脉冲产生原理

多级压缩传统技术路线的主要缺点:①产生百ns级电脉冲,需要多级压缩、结构复杂、能量传输效率低(～30%);②初级脉冲源电压高(ZR达6.7MV),对中储电容或脉冲形成线充电时间长(～1μs),绝缘难度大;③多路并联同步用的激光触发气体开关峰值功率达TW级、工作电压达7MV,导通电流约800kA,寿命短;④装置总体运行效率低。进一步提高装置输出电流和峰值功率,难度显著提高。

21世纪初,俄罗斯科学院大电流研究所首创了FLTD技术,不需要脉冲压缩可直接产生前沿100ns级电脉冲,大幅提高超高功率Z箍缩设施的运行效率和能量传输效率,被公认为下一代数十MA电流、数MV电压、百TW级快Z箍缩驱动源最有前景的技术路线。基于FLTD技术的直接驱动型超高功率脉冲源原理图如图2.3所示,由电容器、气体开关组成的低电感快放电高功率支路经过约100 s直流充电后,在触发时序控制下实现同步放电,直接产生前沿～100ns电脉冲,经变阻抗传输线汇聚后,近似匹配传输到负载上。

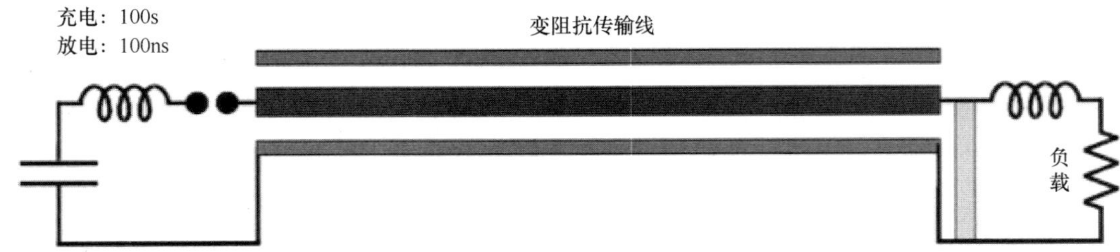

图 2.3 FLTD 直接驱动负载的电路原理

FLTD 型脉冲源依靠数万只至十几万只 GW 级快放电支路串并联实现超高功率输出。数十个支路并联通过磁芯耦合电磁感应在次级完成电流叠加，目前单级 FLTD 峰值功率达到 100GW 量级，电流约 1MA；多级串联构成单路 FLTD，通过磁芯电磁感应在次级实现电压叠加，次级输出数 MV 电压，电流约 1MA，电功率达到 TW 量级；在单路 FLTD 的基础上进行多路并联拓展，使得电功率传输汇聚达到 100TW 以上，大型 FLTD Z 箍缩脉冲功率装置拓扑结构如 2.4 所示。FLTD 相比传统技术路线主要优势：支路电容器直流充电，只需要一级开关直接产生百 ns 级电脉冲，匹配传输，能量传输效率高(～50%)；初级脉冲源电压较低(±100kV)，次级电压作用时间短(～150ns)，次级绝缘相对容易；无 TW 级激光触发开关，维护周期长，运行效率高，且具有重复频率运行潜力。

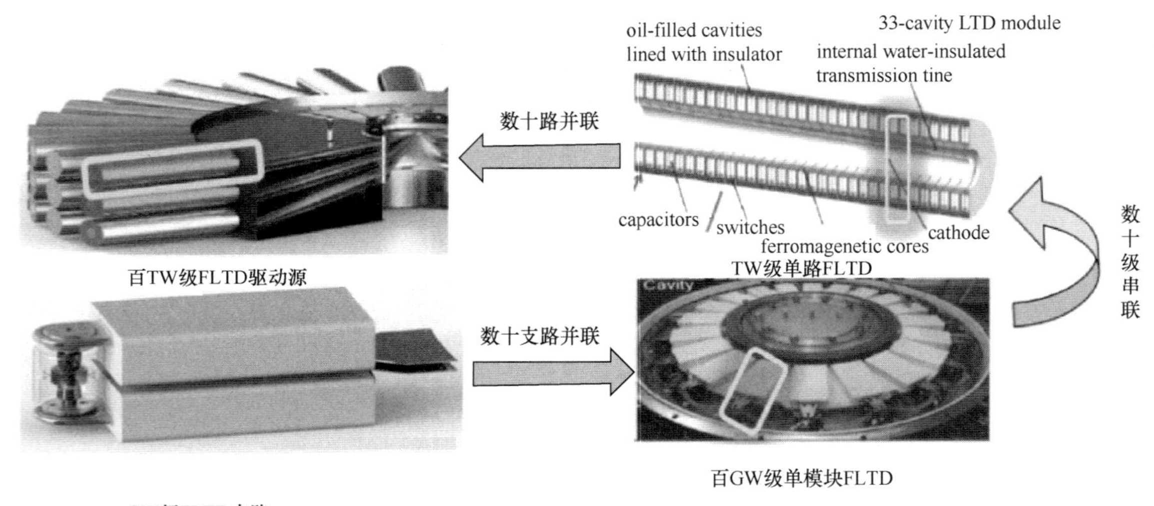

图 2.4 大型 FLTD Z 箍缩脉冲功率装置拓扑结构

FLTD 技术作为国内外脉冲功率领域的研究热点，经过近二十年发展，在单元支路、模块、数级模块串联以及百 TW 级装置的概念设计等多方面取得显著进展，目前亟需突破数十级串联的电流 1MA、电压数 MV 的 TW 级单路脉冲源技术。2015 年突破 5GW 高峰值功率支路，产生 1MA/100ns/100kV 的单级 100GW FLTD 模块已经从 2004 年的 40 支路并联直径 3m 降低到 20 支路并联直径 2m，这对减少大型 FLTD 驱动源的直径、规模和造价具有重大价值，获得相同电流(60MA)FLTD 并联路数从 210 路降低到 90 路，直径从 105m 降低到 52m。多路并联 FLTD 次级采用水线代替真空磁绝缘传输线(以下简称 MITL)方案也取得共识，次级采用水线的优点是：①每路 FLTD 次级阻抗与初级源匹配，能量与功率传输效率高；②每路 FLTD 长距离传输及多路汇聚到整体水介质径向传输线，水介质中传输没有鞘层电流损失问题；③有 Z/ZR 装置设计运行经验可以借鉴；④水与真空分界面存在大尺寸绝缘堆，是整个装置中绝缘最薄弱的环节，但好处是将数十 MA 电流通过负载产生的金属粉尘局限在真空区，保护了初级功率源。基于 5GW 支路，国内外提出了多个大型 Z 箍缩驱动源概念设计方案，如美国圣地亚国家实验室(SNL)的 Z300、Z800。Z300 分三层，共 90 路 FLTD 并联，每路 33 级串联，每级模块直径 2m，高度 22cm，由 20 个 5GW 支路并联，共 2970 模块，59400 个支路，装置主体直径 35m，初级储能 48MJ，驱动磁化套筒聚变靶(MagLIF)电流 48MA，前沿 154ns，电功率 300TW，目标是实现聚变点火，即聚变产额大于驱动源传输到负载套筒的能量。

FLTD 型 Z 箍缩驱动源很有发展前景，目前主要瓶颈有：①大型 FLTD 数十至数百路并联，每路数十级串联，每级为独立封闭腔体结构，每路次级穿过所有串联模块，导致其维护性差，初级放电支路和充电、触发和气路等元器件发生故障，难以诊断发现，维修替换极其不便。美国 SNL 直到 2020 年都在设法提高基于 5GW 支路的单级 1MA FLTD 模块可靠性，希望达到满电压工作 1 万次免维护；②大型 FLTD 驱动源含有十数万只 5GW 高功率支路，要求每个支路按设定时序精确触发闭合导通，每级 1MA 模块需要引入 4 路 100kV 高压触发电脉冲和 1 组正负 100kV 高压充电电缆，充电/触发电缆数目达数万路，要求极高，可靠性差。

针对上述瓶颈，我们提出多级串联共用腔体、分立柱汇流、插拔式支路和气体绝缘新结构，提高 FLTD 可维护性；针对百太瓦级 FLTD 所需触发脉冲数目极为庞大、要求高的难题，提出单级 1MA 模块内置触发支路与角向传输线实现同步触发、多级串联组内高压延时线时序触发、多组串联之间采用级联/光电组合触发新模式，可将数十级串联 FLTD 触发电脉冲数从数百路降低到 1 至 2 路，充电电缆降低到原来的 1/10。上述创新设计思想、方法和技术在国家自然科学基金重大项目等支持下已经得到实验验证，基本具备百太瓦 Z 箍缩国家重大科技基础设施建设能力。

2.2 建设指标

根据我国现有技术能力、国家战略武器安全对强脉冲辐射模拟环境、材料动态压缩特性研究亟需和聚变科学与天体物理等前沿科技创新发展的需要，确定拟建 Z 箍缩重大科技基础设施指标：电流峰值 34MA、峰值电功率 120TW、前沿 150ns；通过调控多路并联 FLTD 触发时序，电流前沿在 150～400ns 可调；设计年运行 200 发次，提供用户发次 180 发。集成辐射模拟及效应、极端条件材料科学、惯性约束聚变物理、实验室天体物理研究等负载、精密诊断系统和应用平台，形成以军民融合、多领域多学科交叉、开放共享、高效利用为特征的世界一流大型研究平台。

在指标确定方面，综合考虑了 Z 箍缩设施的科研属性和工程属性，合理平衡了科学目标、技术风险和未来升级需要。30MA 电流既可以初步满足辐射效应科学研究的近期需求，也可以为 Z 箍缩聚变靶设计验证提供关键的实验条件，有望实现能量得失相当。从应用角度考虑，Z 箍缩设施峰值电流越大越好，但从风险管控角度折衷权衡，基于直接驱动型新一代脉冲功率驱动源技术路线的 CZ-34 是首次应用，负载峰值电流 30MA、峰值功率约 100TW 的电功率传输汇聚有美国 ZR 工程经验借鉴，技术风险可控。ZR 装置 26MA 电流传输汇聚已经发现有明显的功率流损失，而且研究多年未完全解决，如果一步到位把电流指标定得过高，功率流损失可能成为颠覆性问题。CZ-34 峰值电流 34MA，峰值功率 120TW，比国际现有最大 Z 箍缩设施 ZR(26MA、80TW)分别提高 30%和 50%，是国内现有最大 Z 箍缩设施“聚龙一号”(10MA、20TW)分别提高 2.4 倍和 5 倍。在装置建成、积累运行数据和工程经验后，可持续攻关解决功率流损失问题，后续 CZ-34 再扩展升级到 50MA 以上，这样分两步走更具科学与技术合理性。

3 总体技术方案

3.1 总体概念设计

CZ-34 采用新一代直接驱动 FLTD 技术路线，48～60 路并联，分为 2 层，每路 FLTD 输出端连接长度约 7m 的同轴水介质传输线，以满足不同物理负载波形调制和多路之间电气隔离需要。同轴水线输出连接整体径向水介质变阻抗传输线，将电功率传输汇聚至高压绝缘堆，再经过真空磁绝缘线(MITL)传输汇聚到位于装置中心轴线上的负载区域。通过调节每路 FLTD 触发时序，获得不同前沿和幅值的高功率电脉冲。CZ-34 装置系统构成如图 3.1 所示，采用我们国际首创的多级串联共用腔体、插拔式支路、分立柱回流、气体绝缘 FLTD 新架构，以及每级内置触发支路、级联/光电组合触发新模式，提高可维护性，降低触发要求，提高系统可靠性。

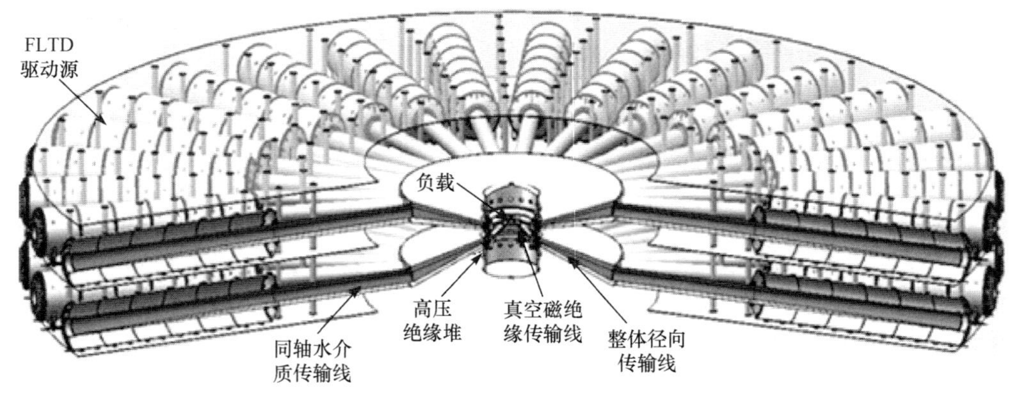

图 3.1　CZ-34 装置系统构成

CZ-34 主要组成框图如图 3.2 所示，主要包括脉冲功率装置主体，以及负载、用户平台、诊断系统、关键辅助系统、控制与监控平台、配套设施等，驱动源主体由多路并联 TW 级 FLTD、多路水介质同轴传输线、整体变阻抗水介质传输线、低电感绝缘堆(VIS)、MITL 等部分组成，简化电路模型如图 3.3 所示。

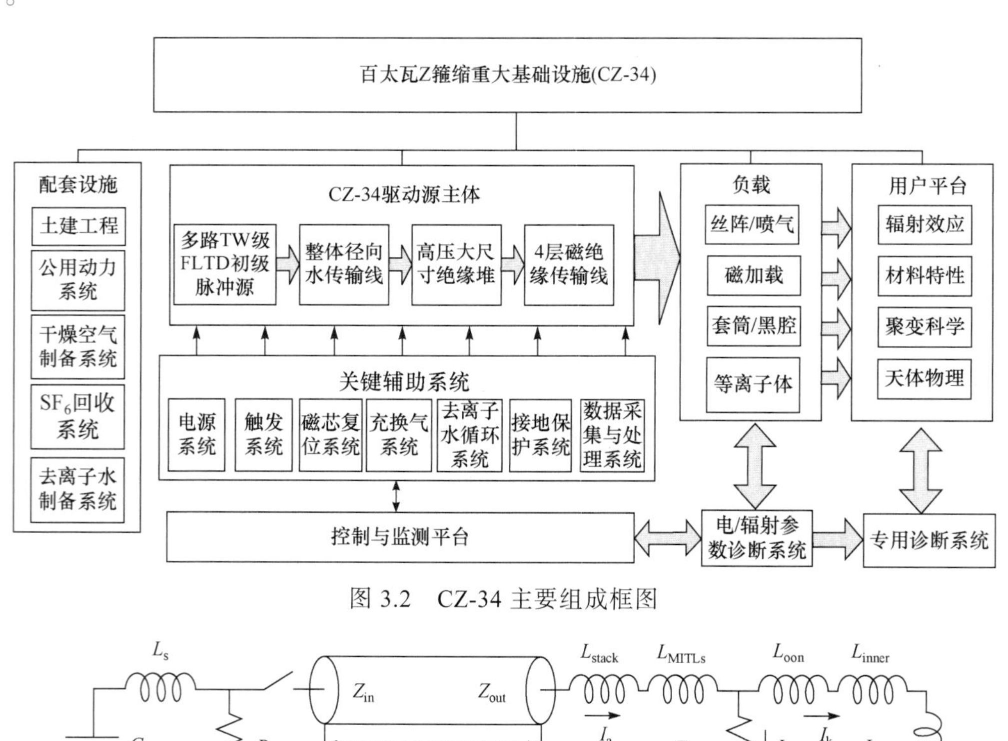

图 3.2　CZ-34 主要组成框图

图 3.3　CZ-34 简化电路模型

Z 箍缩负载假定为丝阵，高度为 1cm，半径 20mm，单位长度质量为 15mg 时，电容器充电±80kV，电路模拟得到的绝缘堆处和负载的电流波形如图 3.4 所示，FLTD 输出端、绝缘堆处电功率波形如图 3.5 所示，丝阵负载情况下，绝缘堆处电流约 34MA，电压约 4.5MV，前沿约 150ns，输出功率约 120TW。

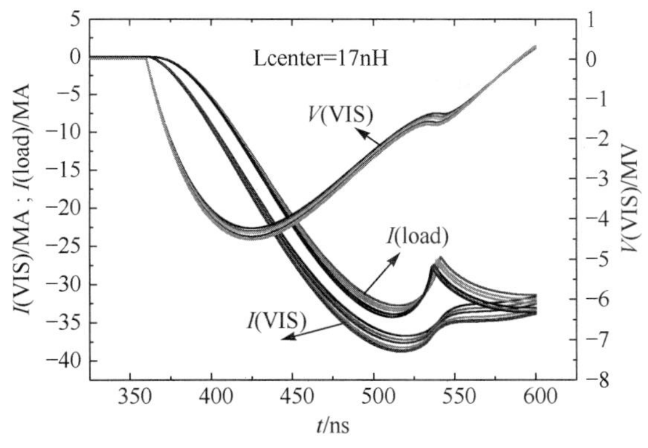

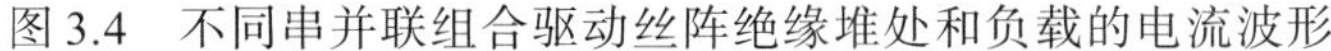

图 3.4　不同串并联组合驱动丝阵绝缘堆处和负载的电流波形

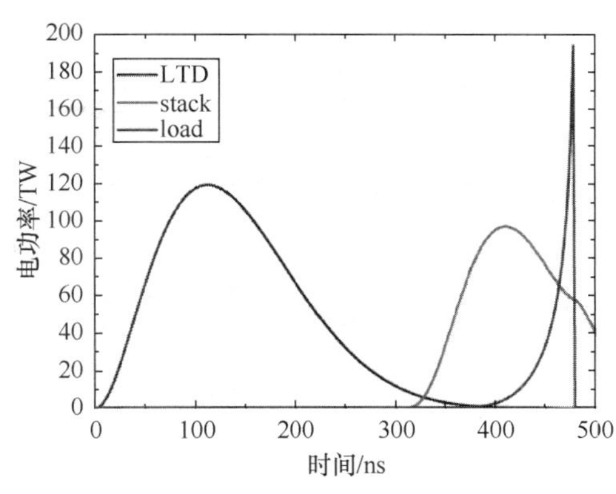

图 3.5　FLTD 输出端、绝缘堆处电功率波形

3.2　单路 32 级串联 FLTD 及其触发方式

单路 32 级串联共用腔体 FLTD 结构示意图如图 3.6 所示，采用我们首创的多级串联共用腔体、插拔式支路、分立柱回流和气体绝缘新架构，共用腔体仅起密封绝缘气体作用，分立柱汇流，激磁回路不需要外圆柱体构成放电回路。由于采用插拔式支路结构和气体绝缘，更换故障电容器、开关和其他元器件时不需要抽出次级传输线内筒，拆开所有串联模块，因此可以显著提高可维护性。单路 FLTD 每级直径 2.6m，高度 0.252m，24 个放电支路沿圆周轮辐状布置，其中 23 个支路为 5GW 高功率主放电支路，1 个支路为触发支路。各个支路可以沿上下绝缘子的定位槽进行插拔。与常规油绝缘 FLTD 模块不同，采用 SF_6 或新型高绝缘强度环保气体作为初级放电腔体的绝缘介质。4 级 1 组，共 8 组串联，组间有长度约 0.4m 的过渡连接段，32 级内芯整体装配后滑动装入共用腔体，腔体气压约 0.15MPa。

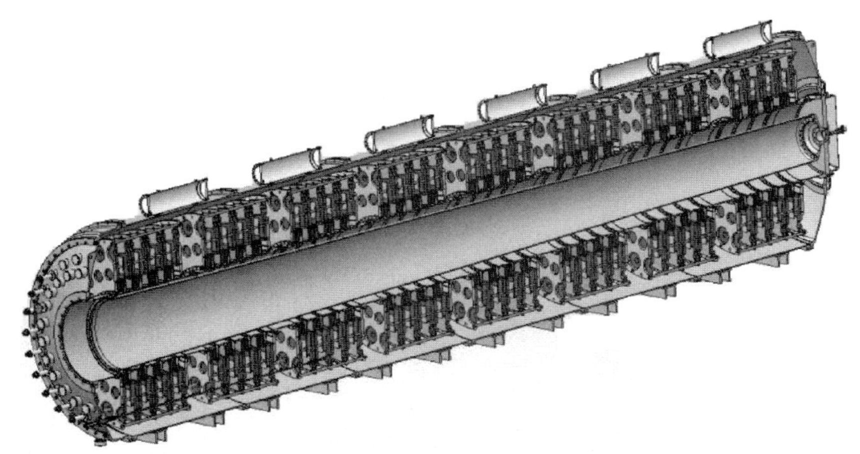

图 3.6　单路 FLTD 结构示意图

每路 FLTD 驱动源采用级联触发方式：每级 FLTD 通过内置触发支路和角向线触发其他主放电支路；4 级串联 FLTD 构成 1 组，外触发脉冲经过高压延时线触发组内每级触发支路开关，高压延时线时延与次级电脉冲传输时间相同，实现组内各级 FLTD 电脉冲按 IVA 理想时序(即次级电脉冲传输到该级时开关刚好闭合)叠加；各个串联组之间由前一组第 1 级触发支路引出 1 路脉冲触发下游紧邻组内各级触发支路，实现单路 FLTD 依次级联时序触发。

3.3　多路高功率电脉冲传输与汇聚

初级功率源通过阻抗匹配的同轴水线传输到整体径向水介质传输线进行功率汇聚，电脉冲功率传输汇聚主要包括整体径向水介质传输线、高电压低电感绝缘堆、圆盘状 MITL 和柱孔汇流(DPHC)、内 MITL，如图 3.7 和图 3.8 所示。整体径向线的传输长度约 7m，入口阻抗与多路同轴水线并联阻抗匹配，输出阻抗依赖于装置中心汇流区的总电感。研究表明，使装置能量传输效率最大(峰值电流最大的)的变阻抗线输出阻抗为：$Z_{\text{out}}=0.55\dfrac{\text{Lcenter}}{\sqrt{L_{\text{b}}C_{\text{b}}}}$。式中，Lcenter 为装置中心汇流区总电感；$L_{\text{b}}$、$C_{\text{b}}$ 分别为装置初级源基本放电单元(FLTD 支路)的等效电感和等效电容。对于 CZ-34 装置，初步估算 Lcenter 约 19.3nH，L_{b}、C_{b} 分别为 200nH 和 50nF。由 Z_{out} 计算公式估算整体径向线输出阻抗约为 0.106Ω。

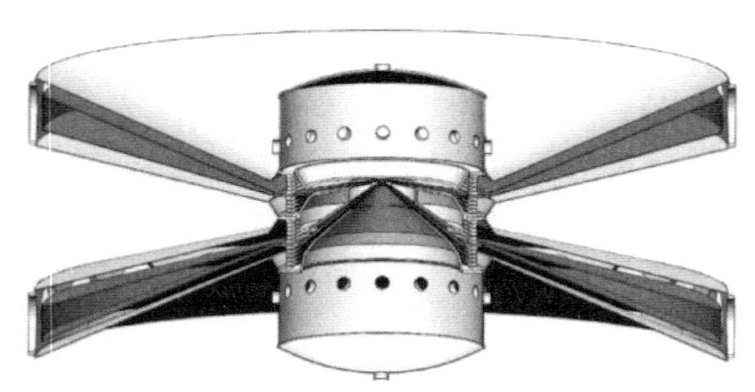

图 3.7 整体径向水介质传输线

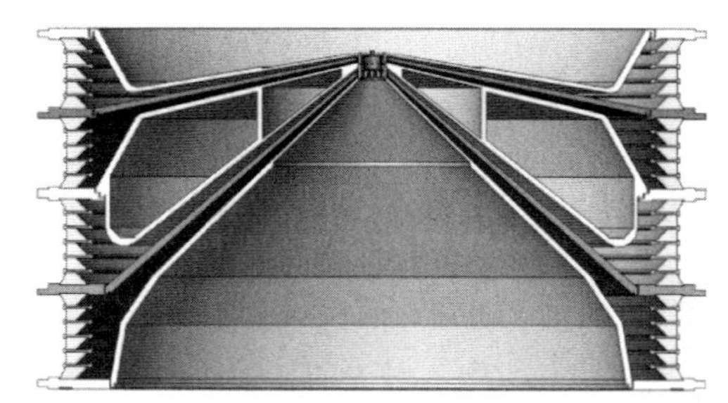

图 3.8 多层高压低电感绝缘堆及磁绝缘传输线

3.4 负载及诊断系统

CZ-34 驱动不同类型负载典型指标和应用如图 3.9 所示。开展辐射效应与加固科学相关研究时，负载一般采用 Z 箍缩最常用的金属丝阵或喷气负载；极端条件材料科学研究，一般采用磁飞片作为负载，对所研究材料进行冲击加载或等熵加载；开展惯性约束聚变科学研究时，由于涉及燃料靶丸等相关物理过程研究，负载构型相对复杂，一般采用金属丝阵或套筒、动态黑腔(或静态黑腔)以及与中心材料相耦合的结构，但与 Z 箍缩驱动器直接耦合的负载仍然为金属丝阵或金属套筒；实验室天体物理研究，由于涉及众多天体物理现象，负载构型形式多样，如开展物质不透明度测量、光致电离等研究时多采用传统金属丝阵负载，而在研究射流、磁重联、磁塔等其他现象和机制时多针对性地采用各种异型负载，如径向金属箔、锥形丝阵等。综上所述，负载应该针对不同研究目的开展针对性设计。

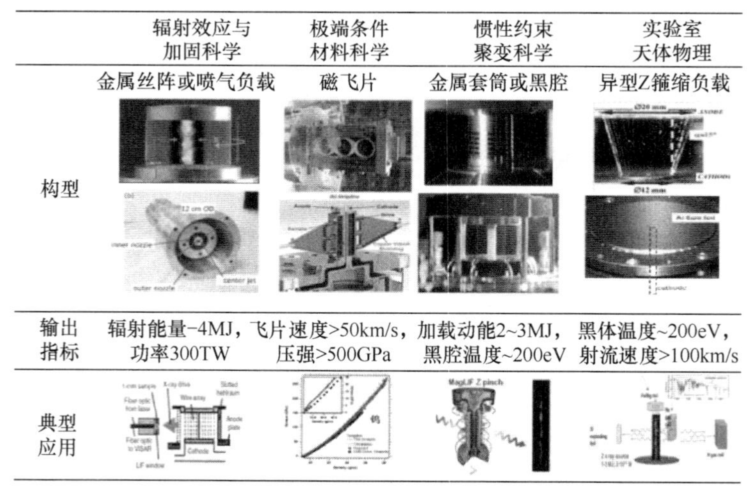

图 3.9 CZ-34 驱动不同类型负载典型指标和应用

负载区诊断系统包括功率与产额、能谱及图像诊断系统，首先建立 14 套负载区参数诊断系统，如图 3.10 所示，后续将根据用户实际需求发展相应诊断系统。真空腔体径向诊断窗口 36 个，轴向诊断窗口 9 个，如图 3.11 所示。

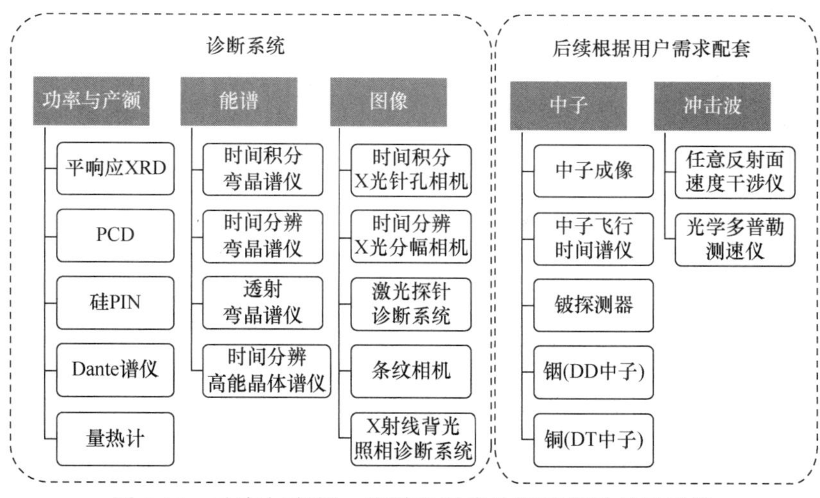

图 3.10 功率与产额、能谱及图像诊断系统及其子系统

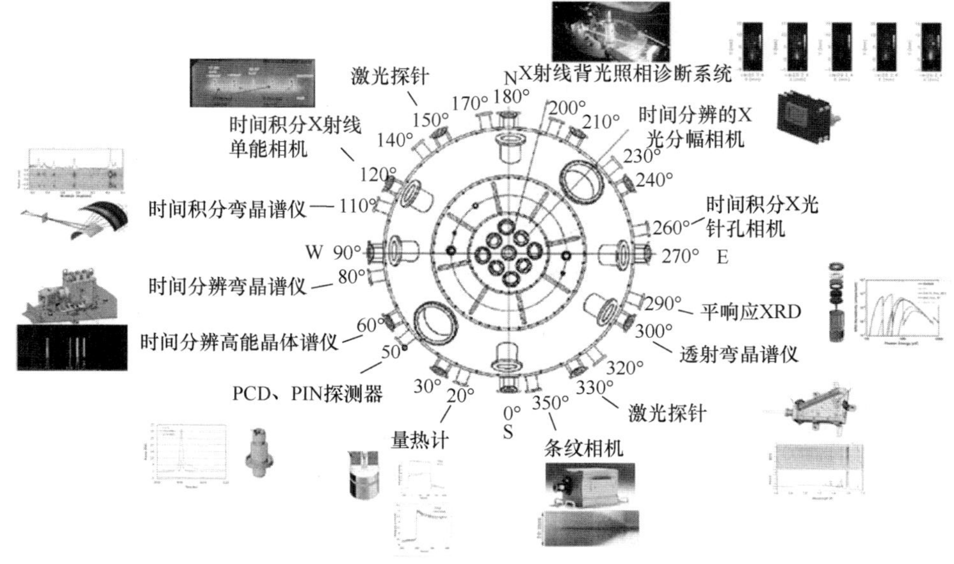

图 3.11 腔体诊断开孔与诊断系统布局

CZ-34 建成后将成为世界上输出电流和功率最大的 Z 箍缩研究平台，也是世界上首台采用新一代直接驱动技术路线的百太瓦级 Z 箍缩超高功率脉冲装置，采用自主提出的百太瓦级超高功率脉冲装置的新架构和新触发方法，与相当规模的国内外公认的基于 FLTD 技术的 SNL Z300 相比，CZ-34 具有明显的技术优势，见表 3.1。

表 3.1 拟建设 Z 箍缩设施 CZ-34 与国外典型 FLTD 概念设计的比较

项目	CZ-34 120TW/34MA/150ns	美国 SNL Z 300TW/48MA/154ns (概念设计)
初级绝缘	拟采用新型环保高强度气体，利于减小支路电感和小型化	FLTD 初级采用变压器油绝缘，开关、支撑绝缘易污染
拓扑结构	并联路之间分别连接同轴水线，再汇聚到整体径向传输线，各路电气隔离，便于调节脉冲电流前沿，满足不同负载需要	并联 FLTD 输出汇聚到整体径向传输线，各路之间电气上没有隔离，不利于调节脉冲前沿
多级串联共用腔体	充电、触发、气路共享	每级模块独立腔体，充电、触发不能共享
触发方式	单路 FLTD 采用级联/光电组合触发技术，只需 1 路外触发脉冲，显著简化触发系统复杂性；每路独立外触发，调控输出电流前沿	每级都需引入 1 组充电及 2 路快前沿触发脉冲(100kV/20ns)，触发路数达 5940 路，触发系统甚至比 FLTD 主体还复杂
可维护性	共用腔体，容易发现故障部位和维修	每级独立腔体，初级多级串联依靠复杂结构压在一起，次级杆穿过所有串联模块，初级部件故障难诊断与维修

4 关键技术建设进展

4.1 单级 FLTD 及关键器件

为了验证 FLTD 新架构与新触发方式，根据 CZ-34 单路 TW 级 FLTD 输出参数要求，研制成功 5GW 快放电支路，如图 4.1(a)所示。发明了基于电阻电容网络触发的多间隙气体开关，如图 4.1(b)所示，提出了电阻电容网络调控多间隙脉冲电压分配以降低开关触发阈值的方法，触发电压从 110kV 降至 70kV，开关抖动小于 1.5ns。发明了光导开关与间隙并联的光触发气体开关，如图 4.1(c)所示，实现了光纤传输的低阈值激光触发，所需光触发能量从数十 mJ 降至数十μJ，开关触发时延 105ns，抖动 <3.0ns(激光能量 17μJ、工作电压±80kV、工作系数 70%)。

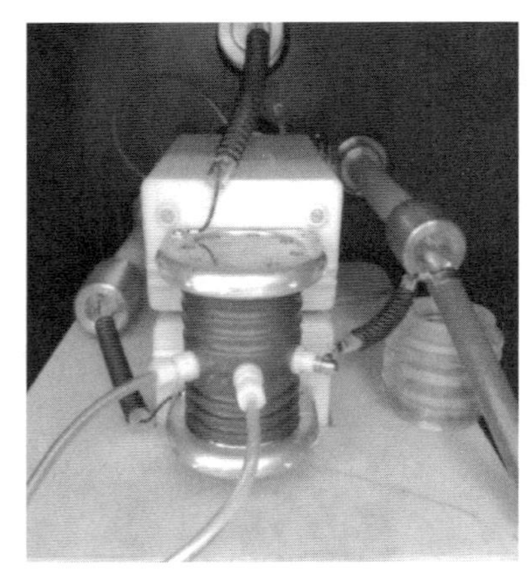

(a) 5.8GW主放电支路

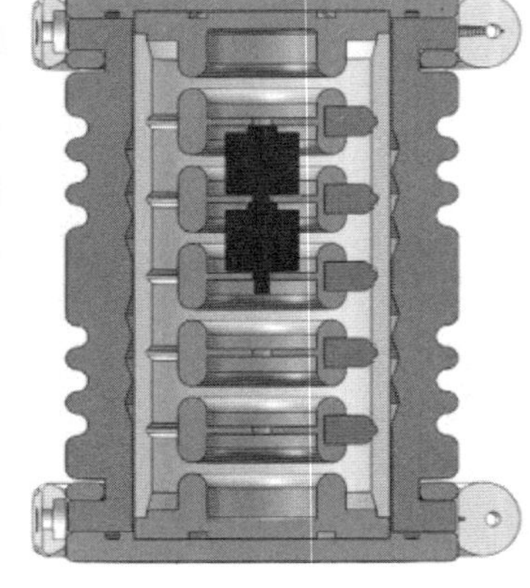

(b) 低阈值触发气体开关

(c) 光纤传输激光触发气体开关

图 4.1 FLTD 基本放电单元器件所用的低电感低抖动气体开关

获得 C4F7N 新型绝缘气体在不同放电条件下的击穿特性，掌握电场不均匀系数(f)对击穿电压的强敏感、强非线性影响规律；研究了局部放电、火花放电下 C4F7N 气体的分解产物及其影响因素，采用量子化学计算和实验研究，表明 C4F7N 及其分解产物与 Al、Cu 具有较好相容性，为其在 FLTD 初级应用和绝缘设计提供依据。

基于 5GW 支路，设计了气体绝缘、插拔式支路、内置触发支路新型结构的 1MA FLTD 模块，如图 4.2 所示，充电±100kV、开关工作系数 0.65，输出电流前沿约 150ns、峰值 1.05MA。不同充电电压下的典型输出电流波形如图 4.3 所示。验证了初级气体绝缘、分立柱回流、插拔式支路、内置触发支路的 MA 级 FLTD 模块技术可行性；触发支路开关替换为光纤传输激光触发气体开关，国际上首次采用数十微焦脉冲激光实现 MA 级 FLTD 模块的同步放电，验证了光电组合触发技术可行性，为实现大型 FLTD 驱动源采用光纤传输激光触发这一变革奠定基础。

图 4.2 单级 FLTD 模块

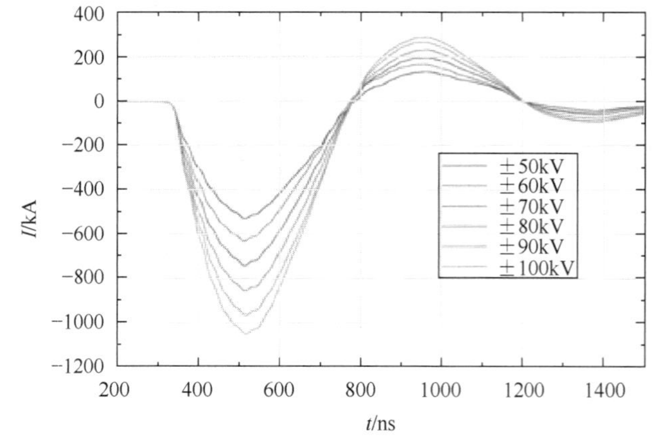

图 4.3 不同充电电压下单级 FLTD 的典型输出电流波形

4.2　四级共用腔体 FLTD 模块

在单级基础上，自主设计并研制成功首台基于 5GW 支路的 4 级串联共用腔体 FLTD，去掉共用腔体后的内部实物图如图 4.4 所示，充电±80kV、开关工作系数 0.65 时，输出电流前沿 120ns，峰值 720kA，典型输出电流波形如图 4.5 所示。初步验证了多级串联共用腔体、分立柱汇流、插拔式支路的 FLTD 新架构，以及内置触发支路与延时线组合触发技术可行性。

图 4.4　4 级串联共用腔体 FLTD 去掉共用腔体后的内部实物图

图 4.5　不同充电电压下 4 级 FLTD 的典型输出电流波形

4.3　电脉冲高效叠加的影响因素及规律

目前正在研制基于共用腔体插拔式支路新结构、级联/光电组合新触发的 12 级串联单路 FLTD 样机，建立了单路 FLTD 场路协同仿真模型。

理论推导了 FLTD 输出电压/电流的普适性解析表达式，自主开发了解析模型的数值求解代码，并得到验证；理论推导出使 FLTD 驱动源能量和功率传输最大化的整体径向传输线(MRTL)阻抗表达式；给出了 MRTL 优化阻抗随 FLTD 驱动源参数和负载阻抗的变化曲线；建立了多级串联共用腔体 FLTD 三维场路协同仿真模型，如图 4.6 所示，获得了正常和异常工况下 FLTD 次级功率流传输特性及影响

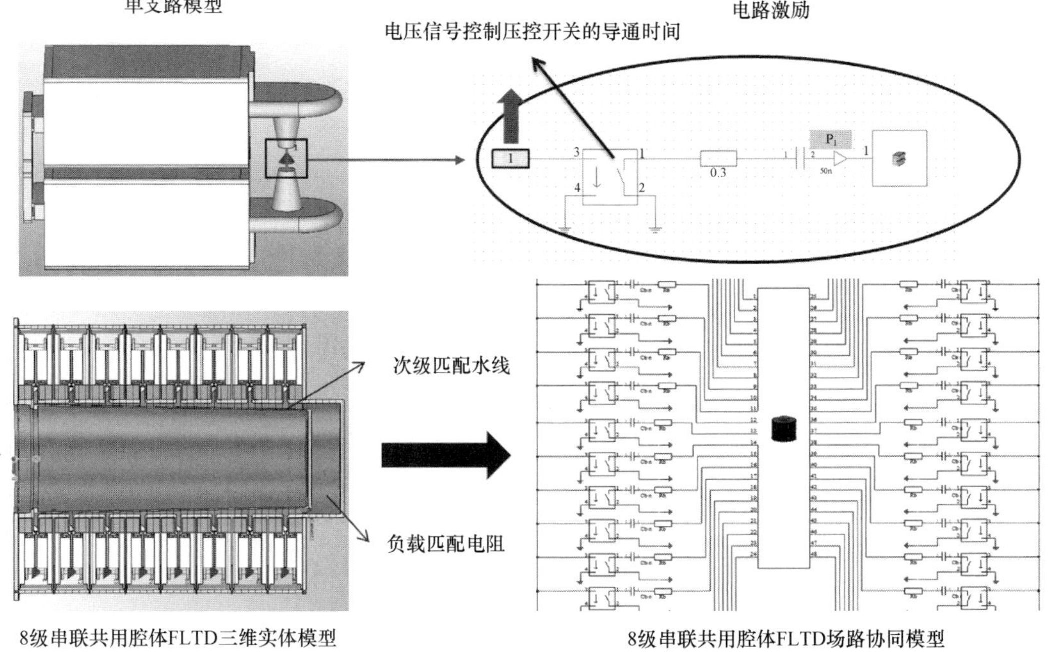

图 4.6　FLTD 场路协同仿真模型

规律。建立了百 TW Z 箍缩装置的电路+电磁场(MRTL)+MHD(负载)耦合模型，具备了丝阵辐射源、动态黑腔以及动态黑腔驱动靶丸等不同构型 Z 箍缩负载动态行为的数值模拟研究能力，获得了 CZ-34 关键部件能量分配及随时间的演化(图 4.7)，获得了不同技术路线的 Z 箍缩装置能量分布及随时间的演化，FLTD 能量传输效率高，但负载滞止时刻绝缘堆/真空区存在大量剩余能量(图 4.8)。

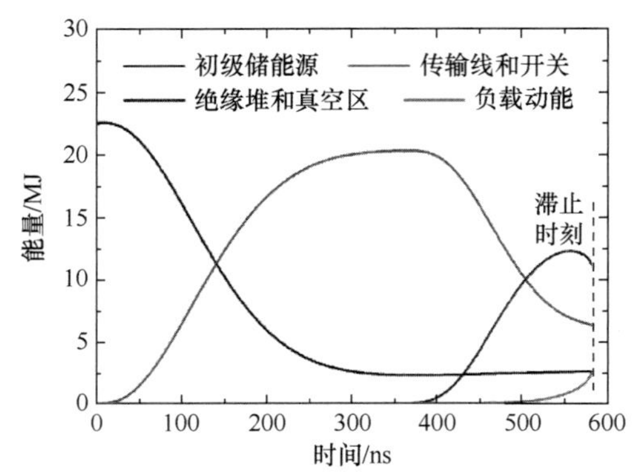

图 4.7　CZ-34 关键部件能量分配及随时间的演化

驱动器	能量占比(滞止时刻)/%			
	初级储能源	传输线和开关	绝缘堆和真空区	负载动能
中国工程物理研究院	32.8	40.5	40.8	5.9
CZ-34	11.4	28.0	49.3	11.2
Z300	16.3	28.4	42.7	12.5
Z800	17.6	32.5	39.7	10.0

图 4.8　典型 Z 箍缩装置滞止时刻能量分布

5　小结

我国目前现有 Z 箍缩装置规模与国际先进水平相比，落后近 30 年，百太瓦级 Z 箍缩装置成为长期以来制约我国战略武器抗 X 射线加固实验研究和理论评估的短板。在国家自然科学基金重大、重点和面上项目，国家重大科技基础设施教育部培育项目，高校双一流建设等经费支持下，经过十余年潜心研究、集智攻关，掌握了百太瓦级 FLTD 型 Z 箍缩脉冲功率装置总体设计方法，突破了大规模气体开关同步触发和 GW 级高功率支路等关键核心技术与部件，研制成功单路太瓦级 FLTD，具有完全自主知识产权，自主化率达 100%，具备了建设 CZ-34 的技术与工程等条件。项目建设周期自开工报告通过之日起预计需要 7 年。CZ-34 将充分发挥后发优势，实现追赶超越，成为指标国际领先、性能世界一流的综合研究平台，为我国战略武器实战化性能提升和前沿科技领域的创新发展发挥重大支撑作用。

快 Z 箍缩百太瓦级脉冲驱动源概念设计的发展*

摘要：快 Z 箍缩在强辐射效应、惯性约束聚变、材料特性、天体物理和其他高能量密度物理方面具有重要应用，要满足上述多种需求，迫切需建电流数十兆安、前沿百纳秒，功率百太瓦级的脉冲功率驱动源。本文综述了 Marx 水线电容储能多级脉冲压缩传统技术路线和直接驱动 FLTD 型技术路线的快 Z 箍缩百太瓦级脉冲驱动源的研究现状、发展趋势，分析了两种技术路线的主要制约因素和前景，梳理了研制百太瓦级、电流数十兆安的快 Z 箍缩驱动源需要解决的主要关键技术和科学问题。

利用脉冲功率技术产生数十兆安大电流通过负载(如喷气、金属丝阵列或磁化套筒等)，电流沿轴向流动，电流自身产生的角向磁场将负载形成的等离子体径向向内箍缩，在轴线滞止，电磁能转化为等离子体动能，进而转化为软 X 射线辐射能，压缩和辐照位于靶室中央的氘氚靶丸，达到聚变点火条件，称为 Z 箍缩惯性约束聚变(inertial confinement fusion，ICF)。进一步提高电流和辐照能量，聚变产额增加，实现能量持续输出，称为 Z 箍缩惯性聚变能[1-9](inertial fusion energy，IFE)。近年来国外基于磁化套筒聚变(magnetized liner inertial fusion，MagLIF)研究表明，40MA 可实现聚变点火，60～70MA 可实现高产额能量输出[10]。中国工程物理研究院(CAEP)提出 Z 箍缩聚变–裂变次临界能源堆(Z-FFR)概念[7-9]，对驱动源要求将较纯聚变方式降低，研究表明：30～40MA 可实现点火，60～70MA 可实现商业价值的能源输出。美国国家核安全局在 2016 年 10 月发表的脉冲功率科学技术战略规划中指出，要满足未来 20 年高能密度物理、辐射效应模拟、材料特性等研究需要，快 Z 箍缩驱动源电流要达数十兆安，功率数百太瓦至 1000TW，辐射 X 射线产额达 10～20MJ[11]。本文综述了 Marx 水线电容储能多级脉冲压缩的传统技术路线和直接驱动 FLTD 型 Z 箍缩 ICF 驱动源新技术路线的发展现状，分析了快 Z 箍缩 ICF 驱动源两种技术路线的主要制约因素和前景，梳理了下一步研制百太瓦级、电流数十兆安的快 Z 箍缩驱动源需要解决的主要关键技术和科学问题。

1 Marx 和水介质电容储能多级压缩传统技术路线的快 Z 箍缩脉冲驱动源

目前，国内外大型快 Z 箍缩脉冲驱动源一般采用微秒级 Marx 发生器，经水介质电容储能多级(2～4 级)脉冲压缩，产生前沿约 100ns 的高功率脉冲，再多路并联，实现电磁能在空间上和时间上的压缩和功率放大，称为传统技术路线，代表装置包括美国圣地亚国家实验室(Sandia National Laboratory，SNL)Saturn 装置(10MA/2MV/40ns)[12-13]、Z(20MA/2.7MV/80ns)装置[14]，Z 升级后的 ZR[15](26MA/3MV/100ns)装置以及国内“聚龙一号”(8～10MA/80ns)装置[16]。图 1 为传统技术路线代表装置 ZR 三维结构示意图，图 2 为其中一路脉冲的电路原理。2007 年 9 月 Z 升级为 ZR[17-19]，储能 22MJ，电流达 26MA，前沿有 100ns 和 300ns 两种模式，ZR 是目前世界上输出电流最大、功率最高的脉冲功率装置，共 36 路并联，每路由 6MV Marx、水介质中储电容、6MV/800kA 激光触发气体开关、脉冲形成线、多针脉冲形成开关、三板水介质传输线、高压绝缘堆和磁绝缘传输线(magnetic insulation transmission line，MITL)等组成，经四级脉冲压缩，产生前沿 100ns/300ns 的高功率电脉冲。

* 该文原载于《现代应用物理》，2017 年第 8 卷第 2 期。

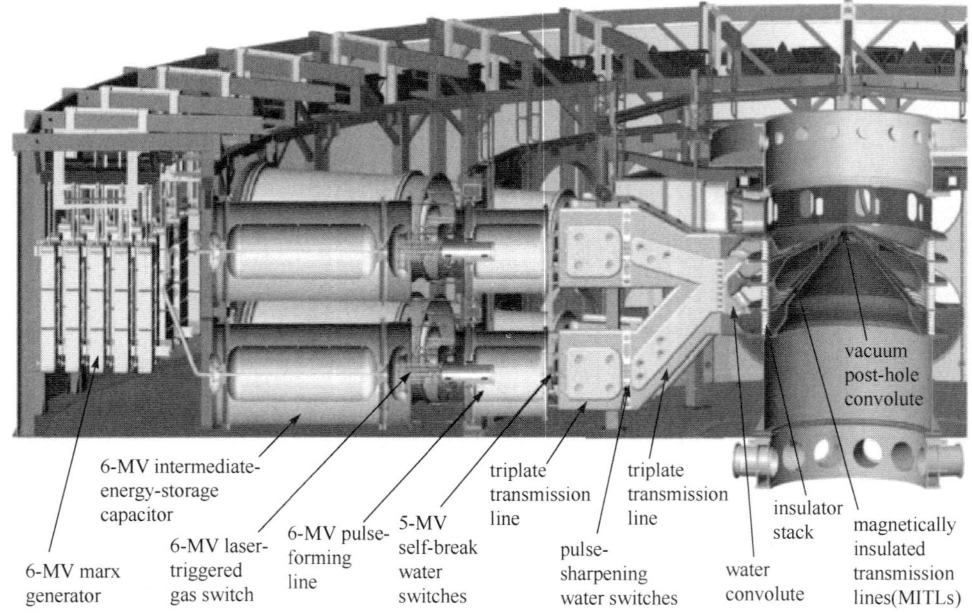

图 1　SNL 的 ZR 装置结构示意图[19]

Fig.1　Cross view of SNL ZR[19]

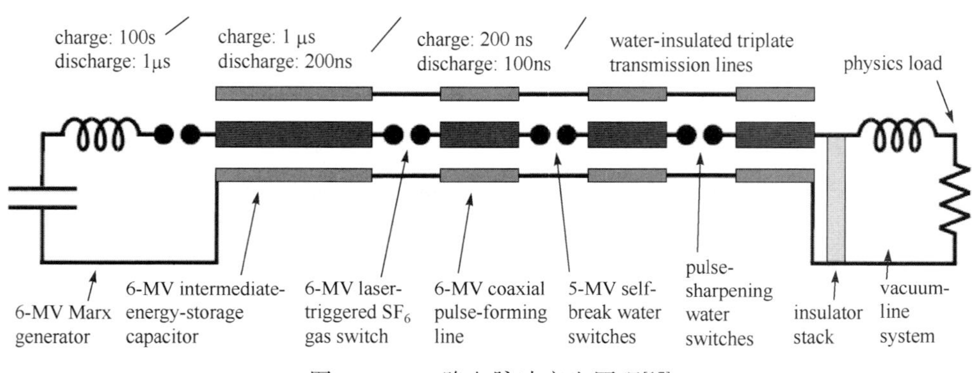

图 2　ZR 一路电脉冲产生原理[17]

Fig.2　Circuit principle on one module of ZR[17]

为进一步提高电流，ZR 正在进行改造[19]，Marx 充电电压从 85kV 增加到 95kV，研制电压达 6.7MV 的中储电容、激光触发气体开关和脉冲形成线、水平状三板水介质传输线和新绝缘堆，将 PFL 功率传输汇聚到绝缘堆；改进 MITL 处理工艺，研制更低电感的内 MITL 与柱孔汇聚结构，通过上述改造，消除绝缘堆滑闪，提高装置输出重复性，减小维修次数，降低实验造价，输出电流从 26MA 提高到 32MA。

电容储能(capacitor energy storage，CES)多级脉冲压缩的传统路线技术成熟度高，因此，国际上提出了多种基于 Marx 和水介质电容储能多级脉冲压缩传统路线的快 Z 箍缩驱动源概念设计。如俄罗斯强流电子学研究所(High Current Electrical Institute，HCEI)格里波夫教授在 2010 年中俄 Z 箍缩聚变能源研讨会上提出了一种采用“金属外壳电容 Marx+水介质 Blumlein 形成线＋电脉冲触发气体开关+水介质传输线+MITL+负载”的概念设计[20]，如图 3 所示，该方案特色：采用垂直放置 Blumlein 水线形成脉冲，降低了脉冲形成线、Marx 和主开关工作电压(约 3MV)；Blumlein 线阻抗较高，便于向后端阻抗较高的水线高效传输，三板传输线传输脉冲、绝缘杆支撑内筒，结构简单，无复杂的圆柱到平板转换结构，便于与高压绝缘堆连接。上下 6 台并联子 Marx(36 级 1μF/100kV 金属外壳电容和 18 只±100kV 气体开关串联)共用垂直放置的三板 Blumlein 脉冲形成线，主开关分布在接地板与中筒之间，容易布置和施加电触发脉冲，每路 Blumlein 脉冲形成线共用 20 只 3MV 电脉冲触发气体开关，降低了对子 Marx 抖动、主开关电压和通流要求，有利于提高装置可靠性。

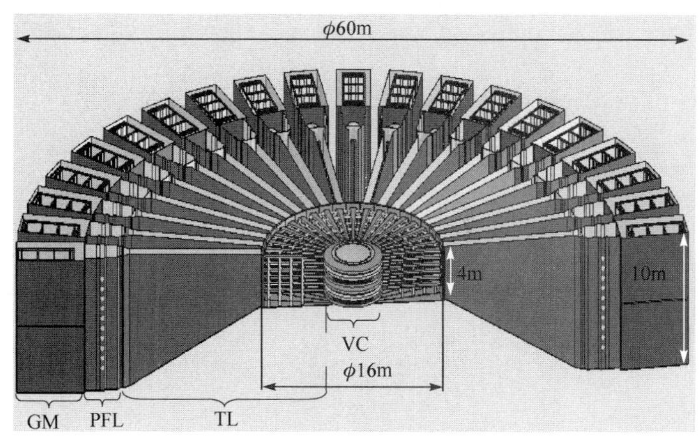

图3 基于 Marx 和B线的 26～36MA/100ns 驱动源[20]

Fig.3 Configuration of pulsed power driver based on Marx and Blumlein water lines of 26～36 MA/100ns[20]
GM—Marx generator; PFL—Pulse Forming Line; TL—Transmission Line; VC—Vacuum Chamber

俄罗斯经过多年技术路线论证，"Baikal" 装置于 2012 年立项，预计 2019 年完成，是目前世界上唯一瞄准Z箍缩驱动 ICF 的大型驱动源[21-23]，单脉冲运行，仍采用电容储能、多级脉冲压缩的传统技术路线，输出电流 50MA，前沿约 150ns，年运行 50 发，装置结构如图4所示。

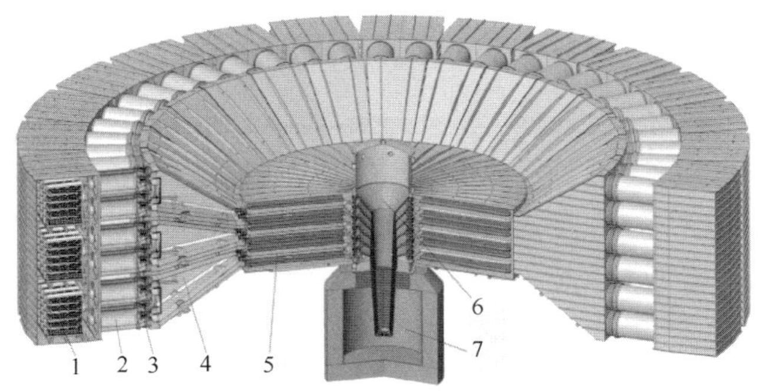

图4 "Baikal" 装置结构示意图[22]
1—Marx 发生器；2—脉冲形成线；3—电触发气体开关；4—矩形三板变阻抗传输线；5—水平三板变阻抗水线；6—磁绝缘传输线；7—反应腔室
Fig.4 Configuration of "Baikal" facility[22]
1—Marx; 2—PFL; 3—ETGS; 4—Rectangle TL; 5—Horizontal TL; 6—MITL; 7—Reactive chamber

"Baikal" 装置为 24 路并联，每路包含 3 层，共 6 个单元，每个单元由 1 台 Marx 发生器(充电 75kV 时输出电压 3MV，储能 0.34MJ)，对 2 条脉冲形成线(PFL 2.4Ω，72ns)充电，每条 PFL 配置一个电脉冲触发多间隙气体开关。装置共有 144 个 Marx 发生器，288 条脉冲形成线和输出开关。脉冲传输汇流分为 3 段：第 1 段为水介质竖直布置的三板变阻抗线；第 2 段为水介质水平三板变阻抗线；两段变阻抗线将脉冲电压提升至 5MV，第 3 段真空磁绝缘传输线为 6 层圆盘锥并联，末端通过 3 层柱孔结构将脉冲汇流至负载。

该方案的特色包括：1) 1 台 Marx 对 2 条 PFL 充电，配置 2 个输出开关，使输出开关电感降低，两级脉冲压缩获得前沿约 150ns 脉冲，减少了脉冲压缩环节和工程复杂程度；2)水介质脉冲传输线分段设计，减小了部件尺寸，降低了工程难度，同时增加了结构变换灵活性，第二段水介质传输线为水平结构，与高压真空绝缘堆连接结构简单且匹配，避免了复杂的板—堆过渡结构；3) 3 层柱孔结构降低了负载区电感、工程规模和难度。"Baikal" 装置投入物理实验，将验证Z箍缩驱动 ICF 的可行性。

鉴于Z箍缩在国防及聚能能源等方面的重要性，西北核技术研究所从 2000 年开始在国家自然科学基金等支持下，利用微秒级直线型变压器与水线电容储能传统技术路线的"强光一号"[24]装置(输出电流 1.7MA，前沿 80ns)，开展了Z箍缩理论、数值模拟、实验、诊断、驱动源等关键技术研究。中国工程物理研究院于 2013 年研制成功基于 Marx 和水介质传输线电容储能技术路线的 24 路并联"聚龙一号”[16]，装置直径 32m，标称储能 7MJ，电流 8～10MA，电流前沿约 100ns。国内采用传统技术路线的快 Z 箍缩驱动源，与国际先进水平相比，在单位储能获得电流、装置空间利用效率、装置输出电流等方面存在差距。

水介质传输线电容储能、多级脉冲压缩的快 Z 箍缩驱动源传统技术路线的主要制约因素为：1)从初级储能 Marx 开始，工作电压一般比较高(3～6MV)，脉冲逐级压缩、传输，所有部件均需承受较高电压和传递较高能量，尤其是中储开关/主开关承受的峰值功率高达太瓦级，寿命低，如 ZR 装置 6MV/800kA 激光触发开关的寿命仅百余次[25-26]，脉冲形成和峰化水介质开关水中放电对装置部件危害大，维修周期短，运行效率低；2)装置电压高，绝缘距离大，导致开关电感大，单路阻抗高，电流一般小于 1MA；3)脉冲压缩转换段多，结构及阻抗突变导致系统能量传输效率较低；4)不具有重复频率运行潜力。

2　直接驱动 FLTD 型快 Z 箍缩脉冲功率源

采用传统技术路线进一步提高装置电流和峰值功率，难度显著提高，而且能量传输效率和运行效率低，不具有重频工作潜力，因此，国内外积极探索快 Z 箍缩驱动源新的技术路线。21 世纪初，俄罗斯 HCEI 首创了一种新型快脉冲直线变压器(fast linear transformer driver，FLTD)技术[27-30]，于 2004 年研制出具有里程碑意义的 1MA FLTD 模块，模块去掉上盖与绝缘子的照片如图 5 所示。40 个支路并联，连接匹配负载时输出电压 100kV，电流 1MA，前沿 100ns，单支路峰值功率为 2.5GW，模块峰值功率达 100GW，直径 3m，高度 22cm，已考核数千次。

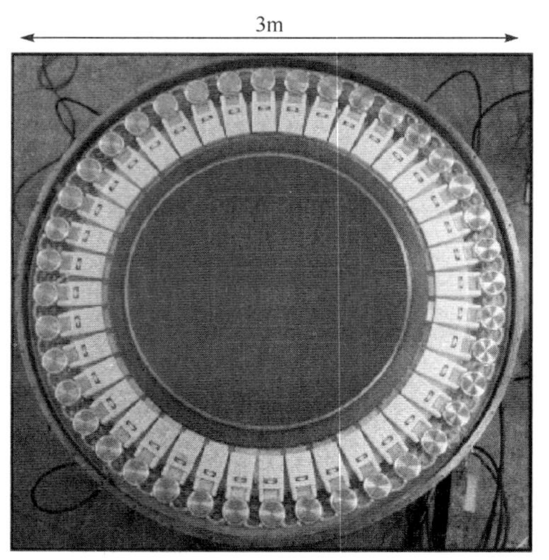

图 5　HCEI 研制的 1MA FLTD 模块[13,30]

Fig.5　1 MA FLTD cavity developed by HCEI[13,30]

FLTD 脉冲源的核心思想是将放电回路“化整为零”为多个电感电容(LC)值很小的放电支路，对称布置在感应腔内，通过电磁感应，多支路并联获得脉冲大电流，支路为 FLTD 的基础，如图 6(a)所示，

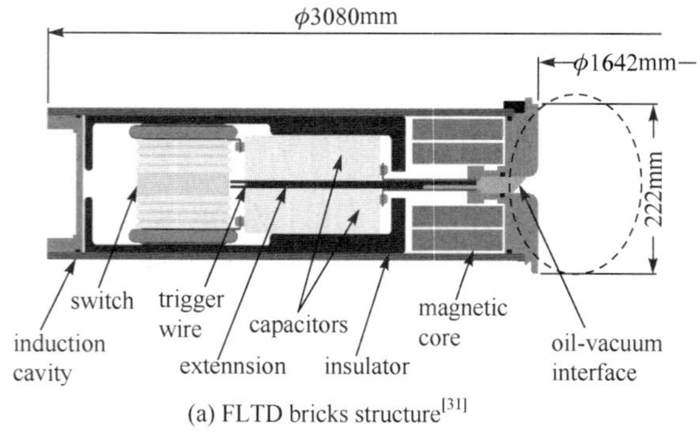

(a) FLTD bricks structure[31]

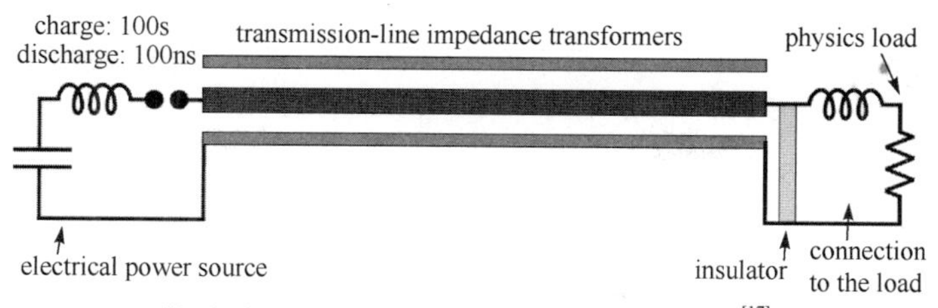

(b) Single-stage compression and impedance matching[17]

图 6　FLTD 模块及单路原理[17]

Fig.6　Single-stage FLTD module and circuit principle of series[17]

多级串联获得高电压，直接输出快前沿、电流兆安级百吉瓦级电脉冲。多路 FLTD 并联产生前沿 100～200ns、电流数十兆安的百太瓦级的超高功率电脉冲。整个 FLTD 驱动源没有传统技术路线的峰值功率达太瓦级、工作寿命短的超高功率气体开关及复杂的水线转换结构，如图 6(b)所示。

FLTD 驱动源的优点包括：1)模块初级功率源到负载的电脉冲传输阻抗近似匹配，最大限度地降低了装置内部的反射，能量传输效率与传统技术路线相比得到大幅提高(如从初级储能到绝缘堆，ZR 传输效率约 27.5%[32-33]；FLTD 型 Z300 装置预计电能传输效率为 54.2%，Z800 为 48.5%)[34]；2)FLTD 所有模块初级绝缘为±100kV，外壳为地电位，次级为同轴结构，仅为获得相同输出电压的 PFL 绝缘要求的一半，且电压作用时间短(百纳秒)，因此 FLTD 的初次级绝缘与传统技术路线相比容易解决；3)FLTD 为模块化结构，串并联方便，次级如采用水线，阻抗容易与初级脉冲功率源匹配，单路电流可达 1MA 以上；4)FLTD 驱动源只含有电容器、±100kV 的吉瓦级气体开关、磁芯等器件，利于工业批量生产，具有重频运行潜力。FLTD 驱动源与传统技术路线最显著的区别：将传统技术路线中寿命短、峰值功率达太瓦级超高功率气体开关(电压数兆伏、电流数百千安)化整为零为数千只吉瓦级气体开关(电压±100kV，电流数十千安)串并联，从而提高系统寿命与可靠性。FLTD 驱动源被国内外脉冲功率界公认为下一代百太瓦级、电流数十兆安的最有发展前景的快 Z 箍缩驱动源的技术路线，是国内外脉冲功率领域的研究重点和热点[35-45]。国内外提出了多种基于 FLTD 技术的百太瓦级 Z 箍缩驱动源的概念设计，按次级绝缘介质类型分为真空 MITL 和水介质绝缘，或者两种介质的结合。

2.1　次级为 MITL 的 FLTD 型快 Z 箍缩驱动源概念设计

早期概念设计，FLTD 每路次级采用 MITL，如 2006 年美国 SNL 的 Mazarakis 等提出的利用 FLTD 技术改造 Saturn 的方案[13]，以及 2007 年提出的电流 60MA、电压 6MV、前沿 100ns Z 箍缩驱动源的概念设计[6]，基本单元参考俄罗斯 HCEI 1MA/100ns FLTD 模块，针对聚变能源驱动源如图 7 所示，突出 FLTD 和可循环使用的传输线(recycle transmission line，RTL)两个概念，同轴 MITL 到三板 MITL 转接如图 8 所示。

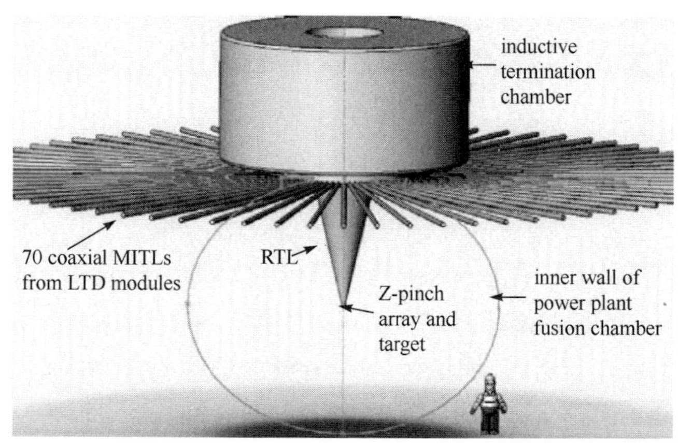

图 7　Z-IFE 驱动源概念结构示意图[6]

Fig.7　Conceptual structure of FLTD with MITL[6]

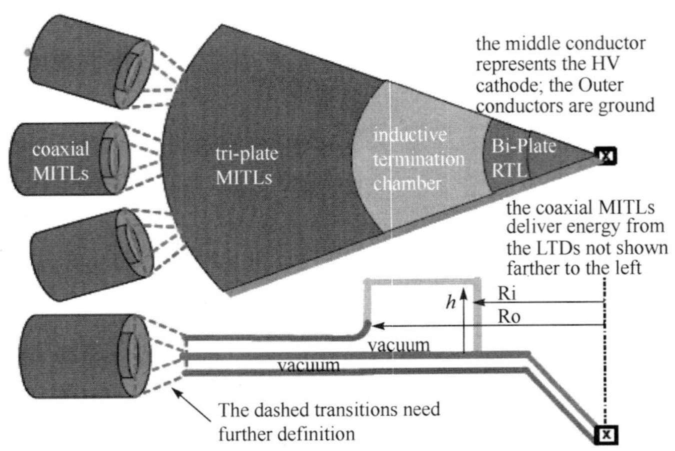

图 8 同轴 MITL 到三板 MITL、RTL 的转接结构[6]

Fig.8 Transition from coaxial to tri-plate MITL[6]

考虑到长 MITL 以及与 RTL 耦合时的电流损失，获得 60MA，采用 70 路并联，每路 70 级串联，共 4900 个 1MA LTD 模块，单层布放装置直径达 104m。对聚变能源优先采用单层，使 RTL 快速更换和 FLTD 功率流到三板 MITL 及 RTL 的结构简单。次级采用真空 MITL，避免使用绝缘堆，降低中心负载区电感和装置输出电压要求，但长距离 MITL 有鞘层电流损失，以及长距离 MITL 在传输超高功率密度脉冲时，电极间产生等离子体可能导致间隙闭合，使传输失效。另外，单层占地大，针对单次 ICF，优先采用三层布置，以减小 MITL 长度及装置尺寸[39]。

俄罗斯库尔恰托夫研究所也于 2007 年提出了基于 FLTD、次级采用 MITL 的 Z 箍缩 IFE 的电流 90MA、前沿 100ns、0.1Hz ZP-3R 聚变能源电站初步概念设想[6]，总储能 250MJ，馈入 MITL 能量 170MJ，等离子体负载等效电阻约 0.1Ω，内爆动能达 35MJ，单次热核聚变能量达 3GJ。ZP-3R 装置共有 30 个完全相同的 LTD 单元，每个 FLTD 单元由 4 路 FLTD 并联、垂直放置在距离负载中心轴的不同半径位置(17，20.5，24，27.5m)处，FLTD 高度 60m，每路 240 级串联，输出到同轴 MITL，经过 90° 转弯到水平平板型电流汇聚器，实现 4 路同轴 MITL 电流汇聚，截面尺寸 2.5m×0.5m，聚变反应室半径 5m，间隔均匀放置 30 个电流汇聚器传输电流进入反应室，反应室内 MITL 从同轴变为平板 MITL。FLTD 输出到平板状 MITL 阻抗为 0.175Ω，平板状 MITL 输出到可更换 RTL，RTL 半径 0.5m，高度 2m，再到 Z 箍缩靶(ZPU)，RTL 和 ZPU 每发更换。

中国工程物理研究院流体物理研究所于 2016 年提出次级为 MITL、电流 50MA，前沿 150ns 的 FLTD 型快 Z 箍缩驱动源概念设计[46]，称为“聚龙二号”，共 120 路并联，分为 4 层，每层 30 路，每路约 50 级 MA 级模块串联，单模块 32 支路并联，模块初级采用 SF_6 气体绝缘，正在进行单路安装[45]。

次级及汇聚全部采用 MITL 的主要难点有：次级阻抗高，难以与初级功率源阻抗匹配；多路同轴 MITL 汇聚为平板 MITL 时的鞘层电流损失严重，可能导致间隙闭合，功率传输失效；超高电流密度下 Z 箍缩负载产物对整个 FLTD 次级的污染，难以清洗处理。

2.2 次级为水线的 FLTD 型快 Z 箍缩驱动源概念设计

针对次级为 MITL 存在的问题，Stygar 于 2007 年提出次级采用水线、60MA 快 Z 箍缩驱动源的概念设计[32]，以 HCEI 1MA FLTD 模块为基础单元，每路 60 级串联，驱动源的结构示意如图 9 所示。

FLTD 分为 3 层，每层 70 路共 210 路并联，共 12600 个 FLTD 模块，504000 个开关，108000 个电容器，储能 182MJ。仿真计算结果：内爆时间为 95ns、负载长度为 10mm 丝阵，有效峰值电流达 68MA；内爆时间为 120ns 时，有效峰值电流为 75MA。与以前概念设计的主要区别：1)每一路 FLTD 驱动同轴且阻抗匹配的水介质传输线，而不是油介质传输线或 MITL；2)多路同轴传输线径向对称，驱动整体指数形式三板径向变阻抗传输线；3)每一个三板径向变阻抗器汇聚连接至水-真空分界面高压绝缘堆，传输到三板 MITL，不需要水中结构转接。210 路 FLTD 在径向变阻抗传输线输入端馈入电功率为 1230TW，

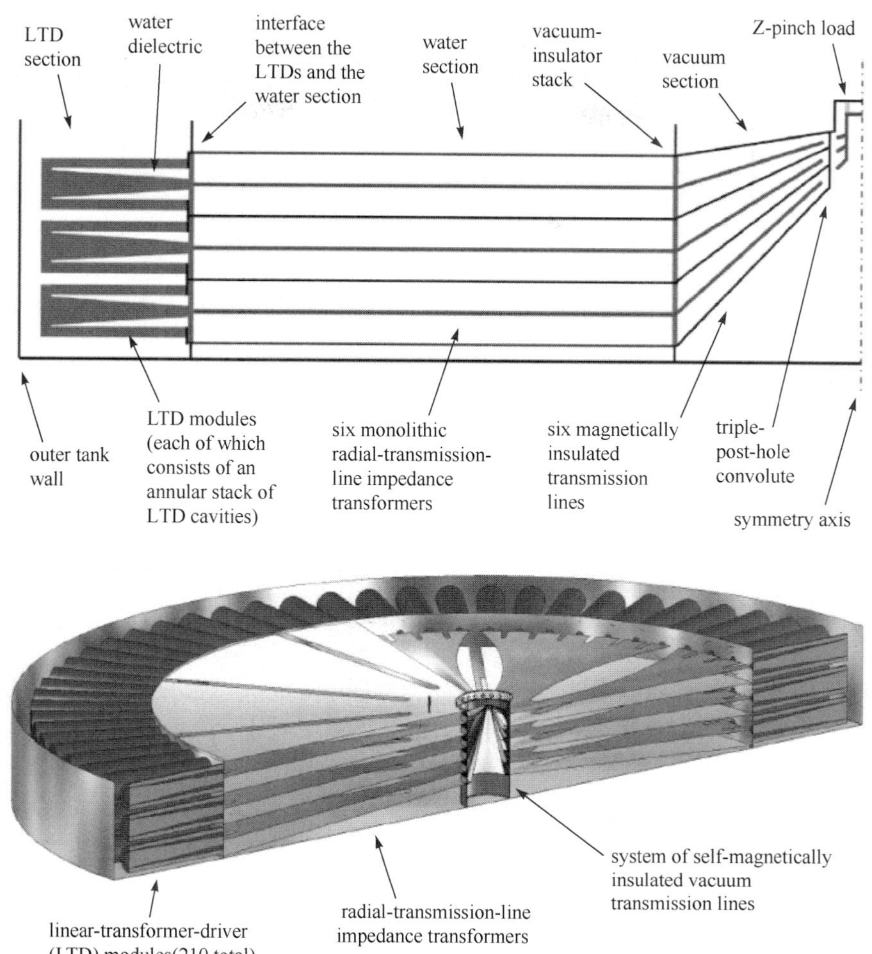

图 9 FLTD 型直接驱动 Z 箍缩驱动源示意图[32]

Fig.9 Conceptual design of FLTD-based petawatt-class Z-pinch driver and three-dimensional model of a 1000-TW FLTD-based Z-pinch accelerator[32]

到达绝缘堆电功率约 1000TW。绝缘堆采用六层堆栈结构，中心真空区电感 24nH，电压 20MV，直径 5.4m。磁绝缘传输线与绝缘堆结构匹配，采用六层并联降低了每层电流密度和中心 MITL 电感。该方案新颖之处：使用变阻抗传输线提高电压，降低了每路 FLTD 输出电压要求；MITL 采用六层结构，降低了单层 MITL 传输功率密度和整个真空区电感。美国 SNL 建造了 5 级 1MA FLTD 模块串联、次级采用水线、频率 0.1Hz 的 LTD 实验研究平台，对此该概念设计进行演示和验证[47]。

近几年，由于气体开关及电容器技术的进步，SNL 研制了由 2 只 80nF/100kV 双端出线电容器和 1 只场畸变高气压低电感气体开关构成的 5.0GW 支路，如图 10 所示[17,48]，支路储能增大 1 倍，电感从 240nH 降低为 160nH。支路电容器结构与电气参数与我们于 2012 年研制的 20 支路并联 800kA/150ns 的 LTD 模块相同[43]。以 5.0GW 低电感 FLTD 支路为基础，2015 年 11 月，SNL 的 Stygar 提出了高能密度物理实验用 2 种 PW(1000TW)级 FLTD 驱动源概念设计 Z300 和 Z800[34]，如图 11 所示。

Z300 直径 35m、储能 48MJ，驱动 MagLIF 靶[49-52]电流 48MA，前沿 154ns，电功率 870TW，目标是实现聚变点火，即聚变产额大于驱动源传输到套筒的能量，Z300 分三层共 90 路 FLTD 并联，每路 33 级串联。每级模块直径 2m，高度 22cm，由 20 个 5.0GW 支路组成，共 2970 模块，59400 个支路；Z800 直径 52m，储能 130MJ，驱动 MagLIF 的电流 65MA，前沿 113ns，功率 2500TW，目标是获得高产额聚变，即聚变产额大于驱动源储能。Z800 也分三层共 90 路 FLTD 并联，每路 60 级串联，每级模块直径 2.5m，由 30 个 5GW 支路组成，共 5400 个模块，162000 个支路。Z300、Z800 的次级都采用阻抗匹配的水线，经三板径向水介质变阻抗传输线将电流汇聚、传输至绝缘堆。

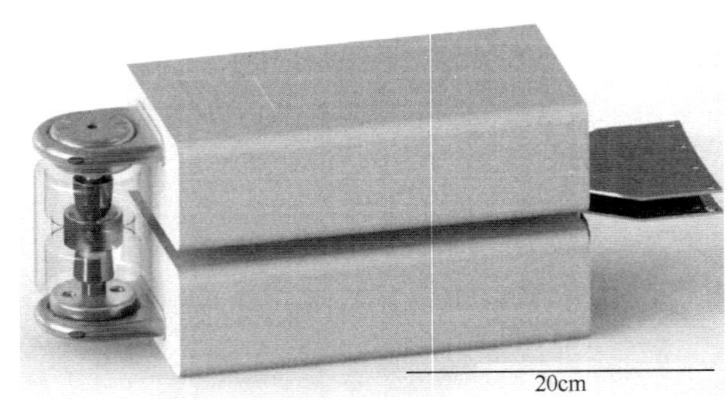

图 10　峰值功率 5GW 电感 160nH 支路[17,48]

Fig.10　The brick of 160nH with peak power of 5GW[17,48]

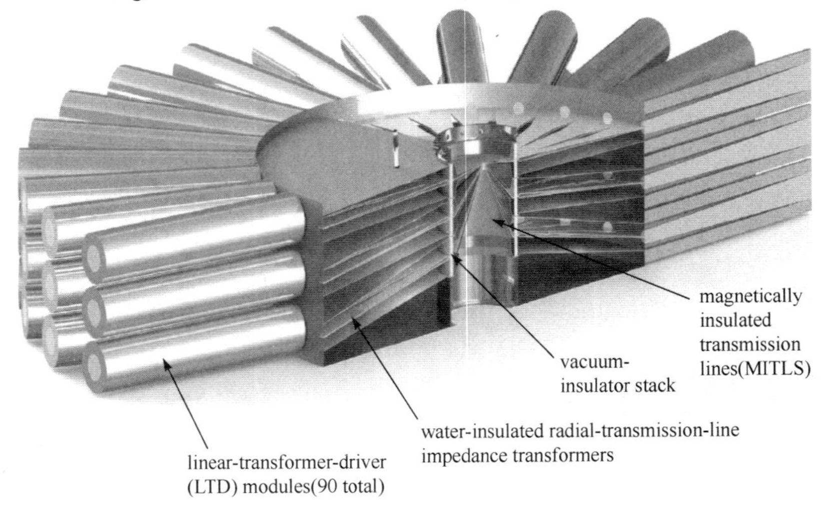

图 11　Z800 三维模型剖视图

Fig.11　Cross-sectional view of a three-dimensional model of the Z-800 accelerator

Z800 方案与 2007 年 210 路 FLTD 并联方案相比，直径从 104m、三层 210 路(每路直径 3m 的 1MA 模块 60 级串联)并联，降低为直径 54m、三层 90 路(每路 60 级直径 2.5m 模块串联)并联，输出电流及脉冲前沿相同，但 Z800 大幅降低了装置直径和模块数量，主要采用了 5GW 的 FLTD 支路，Z800 单级模块由 30 个支路并联，直径为 2.5m，远小于以前概念设计的直径 3m 的 1MA 模块。从前后概念设计的比较可以看出，模块小型化对缩小 Z 箍缩驱动源尺寸、提高装置能量传输效率、降低造价有重要意义，FLTD 模块电气参数和几何尺寸直接影响驱动源尺寸、传输距离和输出性能。输出电压和阻抗基本决定了单路模块次级外筒半径，进而决定了模块能够并联布放的支路数和模块外径。基于目前电容器和开关技术，更多支路并联 FLTD 模块输出电流可达 2MA，主要限制是模块尺寸，一般直径不要超过 3m，否则将非常笨重和难以装配，同时大直径模块需要大尺寸绝缘子、磁芯，使造价显著增加，而且 FLTD 模块尺寸过大，次级传输线内筒空间大，该空间不储能也不传输能量，导致驱动源总体空间利用效率降低。

2016 年 10 月，美国发布了未来 20 年脉冲功率技术战略发展规划，将基于 FLTD 技术发展下一代快 Z 箍缩装置，在 20 年内实现 10～30MJ X 射线输出能量的脉冲功率装置和工程技术，并制定了路线图：2017 年建成 3 级 5GW 支路并联的兆安级模块串联实验平台，2022 年建成 25～33 级模块串联单路验证平台，2024 年确定快 Z 箍缩聚变点火 FLTD 驱动源 Z300 的最终方案[11]。

针对电容器与开关等部件位于模块内，故障甄别、检修和更换困难的问题，以及 Z-FFR 对驱动源电流脉冲前沿可放大至 200～300ns，西北核技术研究所曾正中等提出了电流 70MA、前沿 300ns LTD 型驱动器概念设计[40]，其原理与前沿 100ns LTD 模块相同，但是工程实现上有显著差别。二者所用初级支路(2 个电容器与 1 个开关串联)电感、电容值相差几倍，电容器参数选择和单元模块回路结构有很大差异。将电容器与开关置于模块之外，模块内仅放置磁芯及初级线圈，便于驱动器系统部件检测、维护与更换。单个模块概念结构轴向如图 12 所示。模块支路串联开路电压设计为 190kV，串联电感 0.8μH，串联电容 30nF，串联电阻 60mΩ，并联支路 30 个，直径 3.5m。驱动源概念结构如图 13 所示，径向水线层数 8 层，径向水线输入端阻抗 12.7mΩ，输出端阻抗 67.3 mΩ；径向水线输入端半径 51.9m，输出端半径 46.2m，有效功率传输效率约 0.7。单路串联级数为 20 级。绝缘堆半径 5.7m，绝缘堆电感 18.4nH，电功率 262TW。并联路数 372 路，气体开关总数 223200 只。该方案的优点：模块的电容器与开关位于腔体之外，便于维修，不足之处：支路结构不紧凑，电感大，阻抗高(约 5.2Ω)，连接匹配负载电流小(10kA)，每只开关都要触发，触发系统仍较庞大。驱动 Z 箍缩负载电流前沿达 300ns，负载等离子体内爆过程不稳定性能否得到有效抑制，目前还不清楚。

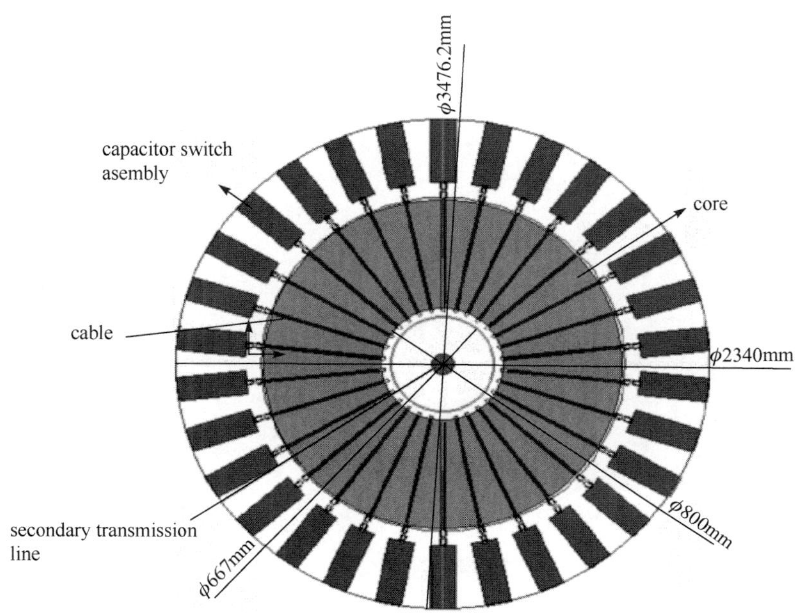

图 12 电容器开关位于感应腔外模块结构[40]

Fig.12 Configuration of cavities outside capacitor and gas switches[40]

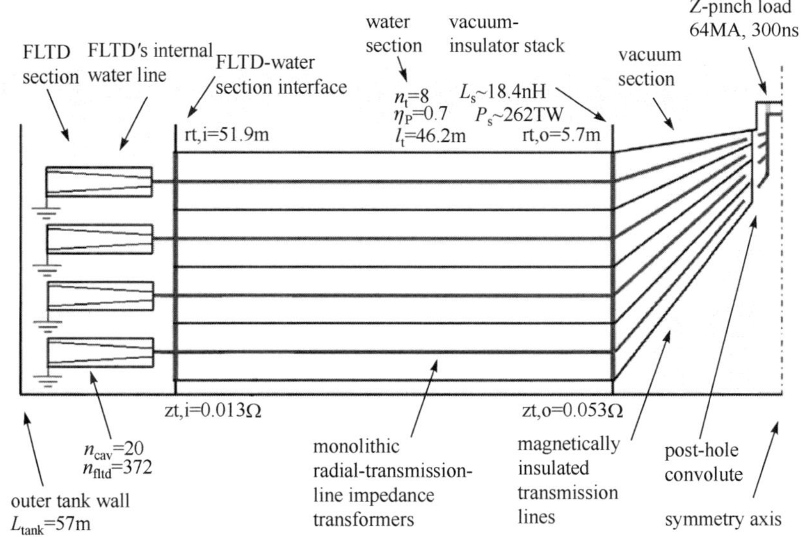

图 13 70MA/300ns 驱动源整体概念结构

Fig.13 Conceptual architecture of 70MA/300ns driver

次级采用水线的优点是：每路 FLTD 次级阻抗可与初级源匹配，能量与功率传输效率高；每路 FLTD 长距离传输及多路汇聚到整体水介质径向传输线时没有鞘层电流损失问题；有 Z/ZR 装置设计运行经验可以借鉴。缺点：水与真空分界面存在大尺寸绝缘堆，加工制作困难，寿命低，是整个装置中最薄弱的环节；大尺寸绝缘堆导致中心驱动电感(绝缘堆到负载的电感之和)增大，要求单路 FLTD 输出电压高，串联模块级数多，成本增加。

2.3　次级水线与 MITL 结合的 FLTD 型 Z 箍缩驱动源的概念设计

由于 FLTD 传输、汇聚多路电脉冲，采用全水线存在大尺寸绝缘堆，采用全 MITL 存在鞘层电流损失及污染问题。西北核技术研究所在自然科学基金重点项目支持下，2011 年提出单路 FLTD 次级采用水线、传输一定距离采用小尺寸绝缘隔板过渡到同轴 MITL，多路同轴 MITL 再过渡到平板径向 MITL 的 FLTD 驱动源概念设计[53-54]，如图 14 所示。以 40 支路(40nF/100kV)1MA FLTD 模块为基本单元，模块直径 3.0m，内直径 1.8m，高 22cm。模块串并联数量、变阻抗水线阻抗由 TLCODE 程序优化，每路 FLTD 垂直放置，利于内筒支撑和排除气泡，装置直径 24m，高度约 12m。每路次级采用水线，转弯 90° 传输至少 2m 长的水线，便于每路 FLTD 之间的电气传输时间隔离，每路安装小尺寸绝缘隔板，再汇聚到中心三板圆锥状 MITL(高度 1.5m)到达负载。

图 14　基于次级水线与 MITL 结合的 20MA 直接驱动源的概念结构[53]

Fig.14　Conceptual constructure for 20MA FLTD driver based on the hybrid of water line and MITL[53]

针对 Z-FFR 箍缩聚变能源对驱动源要求，中国工程物理研究院流体物理研究所于 2014 年提出了以紧凑型 Marx 发生器为基本放电支路的混合模式 FLTD 概念[7-9, 38]，混合模式 FLTD 模块如图 15 所示，含 50 个并联 Marx 放电支路，每个支路电流约为 20kA，四级 Marx (4 个开关，8 个电容器)前两级开关外触发，后两级开关自击穿，50 个 Marx 支路输出抖动在 30ns(极差)和连接匹配负载时输出电流幅值约 1MA，前沿约 122ns，电压约 150kV。驱动源重复频率运行，距离聚变靶较近区域每次破坏，需要换靶，多层结构不利于换靶，因此，设计了同轴 MITL 到圆盘锥 MITL 转换结构，以及一次性可更换传输线(RTL)连接聚变靶。混合式 FLTD 驱动 Z-FFR IFE 结构如图 16 所示，共包含 50 路混合模式模块并联，每路 36 级串联，共有 1800 个混合模式 FLTD 模块，36 万个开关需触发 18 万个。

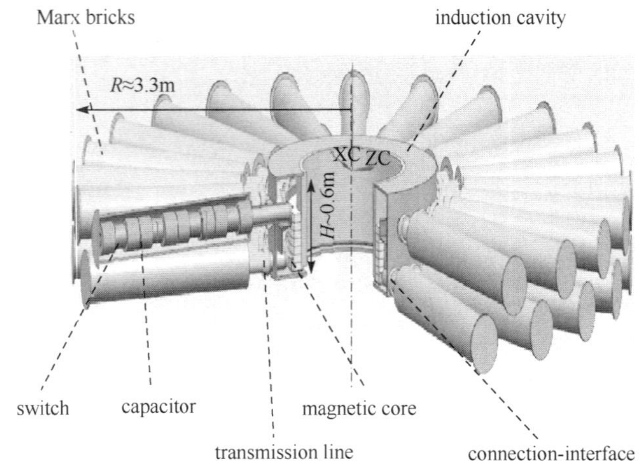

图 15　Marx 型支路混合模式 LTD 模块[9]

Fig.15　Configuration of LTD cavity with Marx bricks[9]

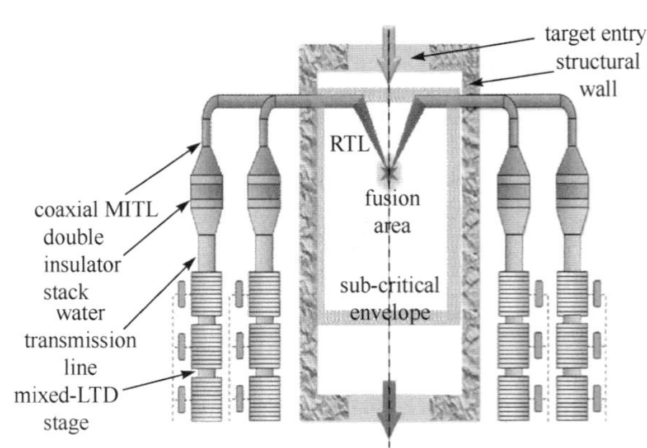

图 16　混合式 LTD 驱动 Z-FFR IFE 结构设想图[9]

Fig.16　Architecture of Z-FFR driver with Marx-LTD hybrid[9]

驱动能源黑腔靶，模拟计算输出电流峰值60MA，前沿约200ns，负载内爆动能约6.9MJ。该混合式FLTD采用100kV高压设计50kV低压运行，放电支路电流约20kA，以提高FLTD寿命。

每路FLTD次级采用水介质传输线，双层小尺寸有机材料绝缘隔板，过渡到同轴MITL，多路汇聚为平板状MITL，近负载区及进入靶室采用真空MITL。该概念设计每路FLTD次级也采用水线和小尺寸绝缘隔板，垂直放置，避免大尺寸绝缘堆。不足之处：混合式LTD模块直径约6.6m，高度0.6m，过于庞大和笨重；每个支路需要2路触发，即使1路脉冲触发4只开关，单级模块需25路触发脉冲；模块50个支路输出端连接在LTD初级绕组，放电时相互耦合，一旦支路放电不同步，后放电支路成为其他支路负载，可能导致电容器损坏。

单路FLTD次级采用水线，传输一段距离采用分离式小尺寸隔板过渡到同轴MITL，再多路同轴MITL汇聚到平板状MITL的FLTD驱动源概念设计，避免了长距离MITL的鞘层电流，每路分离式绝缘支撑隔板避免大尺寸隔板，降低中心真空区电感，分离式绝缘隔板距离负载区远，可减弱负载辐照和负载区产物对绝缘隔板的损伤；其主要问题是仍然避免不了同轴MITL到平板状MITL变换时的鞘层电流损失以及可能导致间隙闭合等。

3 两种技术路线的前景

Z箍缩ICF/IFE驱动源要产生百太瓦级60MA以上脉冲大电流，需要电流兆安级、电压数MV的太瓦级脉冲数十路至上百路并联，装置直径达数十米至百米，一般采用多路多层汇聚高功率电脉冲，将数十兆安电流输送至cm尺度负载。

从实现Z箍缩ICF单次运行对驱动源的要求看，电流50～60MA、前沿150～200ns，采用快Marx与水介质传输线电容储能两级脉冲压缩、多路汇聚的传统路线，技术成熟度高，有ZR等装置的成功经验可借鉴，风险小。因此，尽管俄罗斯首创了FLTD技术，但俄罗斯计划于2019年建成的50MA/150ns Bakail装置仍采用快Marx与水介质传输线电容储能、两级脉冲压缩三层汇聚方案。

从Z箍缩IFE对驱动源重频、高效运行和长寿命要求看，传统技术路线由于脉冲压缩、形成开关峰值功率达太瓦级，寿命低，难以满足高效、重频运行要求，基于FLTD的直接驱动脉冲源被公认为是下一代百太瓦级、电流数十兆安的快Z箍缩驱动源最有前景的技术路线。

FLTD技术已研究近20年，但到目前为止，国内外还没有建立一台基于这种新技术路线的输出电压数兆伏、电流数兆安的脉冲功率装置。主要有以下科学与技术问题尚需突破：1)数万只至十几万只数吉瓦级气体开关按要求时序精确触发闭合，这对开关触发特性及其触发系统提出了极其严峻的挑战。目前每个兆安级模块一般引入4路快前沿(20ns)高电压(100kV)触发脉冲，若按这样的触发方式，产生百太瓦级电脉冲需要数万个高电压触发脉冲，触发系统相当庞大复杂。西北核技术研究所在800kA/100ns FLTD模块中实现了用一路外触发脉冲使模块数十支路开关的同步放电[55-57]，在此基础上提出了共用腔体、只用一路外触发脉冲实现数十模块串联FLTD与次级行波同步的感应电压叠加触发方式[58]，可以显著简化触发系统，所需触发脉冲数从数万个降低到数百个，但对这种触发方式需要从理论上和技术上进行深入研究，并需要经过实践验证。2)Z箍缩负载动态阻抗特性及其对驱动源的影响。驱动源和Z箍缩负载是强耦合过程，目前国际上主要关注电流前沿至箍缩阶段的负载特性。在FLTD技术路线中，由于电容、开关等元器件数量大规模增加，处于模块内检修不便，电流后沿和剩余电磁能量的耗散过程对驱动源的影响不容忽视。FLTD驱动源模块串/并联数目由快Z箍缩的动态阻抗和驱动源中心真空区电感决定，因此，必须关注Z箍缩负载全脉冲过程的动态特性及其对驱动源的影响。3)FLTD单路电脉冲高效叠加、模块小型化及支路低电感等关键技术。从国内外百太瓦级FLTD驱动源概念设计可以看出，数十级兆安电流模块串联的太瓦级单路FLTD是百太瓦级、电流数十兆安超高功率快Z箍缩驱动源的核心，必须首先解决单路FLTD电脉冲产生、高效叠加与传输问题，进行单路实验验证。单级兆安级模块是基础，其电气参数与几何参数直接影响百太瓦级驱动源尺寸和性能；兆安级FLTD模块并联支路数又由支路功率与电流决定。单支路要求电感和电阻要小，前沿快(100ns)，电流大(50kA)，功率高(5GW)。需要进一步发展FLTD低电感开关[59-61]、低阻抗高峰值功率支路及模块小型化技术，提高可靠性。4)多路太瓦级电脉冲的传输与汇聚。关于 FLTD 驱动源次级传输介质，由于装置直径大，传输距离几十米至上百米，次级采用匹配水线、变阻抗水线到大尺寸绝缘堆、再经过多层圆锥状 MITL 汇聚电流的方案最成熟，有 ZR 经验借鉴。最近的实验表明，ZR 每一发实验负载及功率汇聚区的材料烧蚀量达数千克[62-63]，如 FLTD 驱动源次级及汇聚采用全 MITL 方案，不需要大尺寸绝缘堆，但是由于次级 MITL 放射污染隔离、长距离 MITL 电流损失(约为总电流的 1/3)和高功率密度下的电极等离子体导致的间隙闭合等问题难以解决，近几年 Z 箍缩大型驱动源的概念设计，FLTD 次级及传输全部汇聚为 MITL 的方案已较少采用。因此，百太瓦级 FLTD 驱动源次级及功率传输汇聚采用水介质，然后采用与 ZR 大尺寸绝缘堆类似的结构是目前比较现实的选择。该方案的缺点是高压绝缘堆距离靶室较近，辐照下绝缘堆材料寿命有限，而且绝缘堆尺寸大(Z800 绝缘堆直径约 5.3m)，电感大(60MA 绝缘堆处电压达 20MV，堆电感 20nH)，使每路 FLTD 驱动负载的有效电流降低。每路 FLTD 次级采用阻抗匹配水线，传输到距离靶室一定距离后，采用小尺寸隔板(双层，可借鉴文献[64]径向绝缘堆结构)过渡到同轴 MITL，再到单层平板状 MITL 及圆锥状 RTL，每路 FLTD 有机材料绝缘隔板尺寸小、加工制造相对容易，且远离靶室，可在一定程度上避免负载区射线辐照和中子轰击，提高使用寿命，而且由于没有大尺寸高电感绝缘堆，驱动源电流传输线效率高，与次级汇聚至中心的大尺寸绝缘堆方案相比，需要模块数量可减少，但是该方案仍然不能避免多路同轴状 MITL 汇聚到平板状 MITL 的鞘层电流损失问题，还需要优化汇聚结构，进行单路功率传输与多路汇聚的实验验证，才可能得到应用。

参考文献

[1] STYGAR W A, CUNEO M E, VESEY R A. Theoretical Z-pinch scaling relations for thermonuclear-fusion experiments [J]. Physical Review Statistical, Nonlinear, and Soft Matter Physics, 2005, 72(2): 026404.

[2] OLSON R E. Target physics scaling for Z-pinch inertial fusion energy [J]. Fusion Science and Technology, 2005, 47(4):1147-1151.

[3] VESEY R A, HERRMANN M C, LEMKE R W, et al. Target design for high fusion yield with the double Z-pinch-driven hohlraum[J].Physics of Plasmas, 2007, 14(5):056302.

[4] KINGSEP A, A NAN'EV S, BAKSHAEV Y, et al. Pulsed power experiments at the Kurchatov institute aimed at ICF[C]//34th IEEE International Conf on Plasma Science, Albuquerque, 2007:1761.

[5] SHARKOV B Y. Status and Perspective of Nuclear Fusion Energy with Inertial Confinement [M]. Beijing: Atomic Energy Publishing Company, 2008.

[6] OLSON C L, MAZARAKIS M G, FOWLER W E, et al. Recyclable transmission line (RTL) and linear transformer driver (LTD) development for Z-pinch inertial fusion energy (Z-IFE) and high yield[R]. SAND2007-0059, 2007.

[7] 彭先觉，王真. Z 箍缩驱动聚变裂变混合能源堆总体概念研究[J]. 强激光与粒子束，2014，26(9)：090201. (PENG Xian-jue, WANG Zhen. Conceptual research on Z-pinch driven fusion-fission hybrid energy reactor[J]. High Power Laser and Particle Beams, 2014, 26(9): 090201.)

[8] 李正宏，黄洪文，王真，等. Z 箍缩驱动聚变-裂变混合堆总体概念研究进展[J]. 强激光与粒子束，2014，26(10)：100202. (LI Zheng-hong, HUANG Hong-wen, WANG Zhen, et al. Conceptual design of Z-pinch driven fusion-fission hybrid power reactor [J]. High Power Laser and Particle Beams, 2014, 26(10): 100202.)

[9] 邓建军，王勐，谢卫平，等. 面向 Z 箍缩驱动聚变能源需求的超高功率重复频率驱动器技术[J]. 强激光与粒子束，2014，26(10)：100201. (DENG Jian-jun, WANG Meng, XIE Wei-ping, et al. Super-power repetitive Z-pinch driver for fusion-fission reactor[J]. High Power Laser and Particle Beams, 2014, 26(10): 100201.)

[10] SLUTZ S A , STYGAR W A, GOMEZ M R , et al. Scaling magnetized liner inertial fusion on Z and future pulsed-power accelerators[J]. Physics of Plasmas , 2016, 23(2): 022702.

[11] SINARS D , SCOTT K C, EDWARDS M J, et al. Pulsed power science and technology: A strategic outlook for the national nuclear security administration (summary) [R]. LA-UR-16-27957, 2016.

[12] BLOOMQUIST D D, STINNETT R W, MCDANIEL D H, et al. Saturn, a large area X-ray simulation accelerator[C] //6th IEEE International Pulsed Power Conf, Arlington, 1987: 310-317.

[13] MAZARAKIS M G, STRUVE K W. Conceptual design for a linear transformer driver (LTD)-based refurbishment and upgrade of the Saturn accelerator pulsed power system[R]. SAND2006-5811, 2006.

[14] SPIELMAN R B, LONG F, MARTIN T H, et al. PBFA Ⅱ-Z: A 20-MA driver for Z-pinch experiments[C] //10th IEEE International Pulsed Power Conf, Albuquerque, 1995: 396-404.

[15] WEINBRECHT E A, BLOOMQUIST D D, MCDANIEL D, et al. Update on the Z refurbishment project (ZR) at Sandia national laboratories[C]// 16th IEEE International Pulsed Power Conf,Albuquerque, 2007: 975-978.

[16] DENG J J, XIE W P, FENG S P, et al. From concept to reality— A review to the primary test stand and its preliminary application in high energy density physics[J]. Matter and Radiation at Extremes, 2016, 1(1):48-58.

[17] STYGAR W, AUSTIN K, AWE T, et al. Conceptual designs of four next-generation pulsed-power accelerators for high-energy-density-physics experiments [C]//ICMRE 2016: The First International Conference on Matter and Radiation at Extremes. Chengdu, 2016: 8-12.

[18] MATZEN M K, ATHERTON B W, GUENO M Z, et al.The Refurbished Z facility: Capabilities and recent experiments [C]// 2nd Euro-Asian pulsed power conf, Vilnius, Lithuania, 2008.

[19] LASH J. Capability advances at the Sandia Z machine [R]// SAND2015-8338C, 2015.

[20] A H Грибов. МУЛЬТИМЕГ ААМПЕРНЫЙ ГЕНЕРАТОР ДЛЯ ИССЛЕДОВАНИЯ ИЗЛУЧАЮЩИХ Z ПИНЧЕЙ [C]// 2010 Sino-Russian Z-pinch IFE Conf, Xi'an, 2010.

[21] 蔡宏春，陈林，蒋吉昊，等. 热核聚变装置“贝加尔”概念设计[J]. 强激光与粒子束，2016, 28(11): 110201. (CAI Hong-chun, CHEN Lin, JIANG Ji. hao, et al. Conceptional design of thermonuclear facility “Baikal” [J]. High Power Laser and Particle Beams, 2016, 28(11): 110201.)

[22] GRABOVSKI Y E V. Project of thermonuclear generator Baikal[C]//China-Russia workshop on pulse and LTD, Chengdu, 2016.

[23] GRABOVSKIY E V. The Bakail project conceptional design [C]// The First International Conf on Matter and Radiation at Extremes, Chengdu, 2016.

[24] 邱爱慈，蒯斌，曾正中，等. “强光一号”钨丝阵 Z 箍缩等离子体辐射特性研究[J]. 物理学报，2006, 55(11): 5917-5922. (QIU Ai-ci, KUAI Bin, ZENG Zheng-zhong, et al. Investigations of radiation properties of tungsten wire array Z-pinch on Qiangguang Ⅱ accelerator [J]. Acta Physica Sinica, 2006, 11(55): 5917-5922.)

[25] WARNE L K, VAN DEN AVYLE J A, LEHR J, et al. Fundamental science investigations to develop a 6-MV laser triggered gas switch for ZR: First annual report[R]. SAND2007-0217, 2007.

[26] LECHINE K R, SAVAGE M E, ANAYA V, et al. Development of a 5.4 MV laser triggered gas switch for multi-module, multi-megampere pulsed power drivers [J]. Phys Rev ST Accel Beams, 2008, 11(6): 060402.

[27] BASTRIKOV A N, KIM A A, KOVALCHUK B M, et al. Fast primary energy storage based on linear transformer scheme[C]//11th IEEE International Pulsed Power Conf, 1997:489-497.

[28] KIM A A, BASTRICOV A N, VOLKOV S N, et al. 100 GW fast LTD stage [C]//13th International Symposium on High Current Electronics, Tomsk, RUS, 2004: 141-144.

[29] KIM A A, KOVALCHUK B M, BASTRIKOV A N, et al. 100ns current rise time LTD stage[C]//13th IEEE International Pulsed Power Conf, Las Vegas, 2001: 294-299.

[30] MAZARAKIS M G, FOWLER W E, LECHIEN K L, et al. High-current linear transformer driver development at Sandia National Laboratories[J]. IEEE Trans Plasma Sci, 2010, 38(4): 704-713.

[31] KIM A A, MAZARAKIS M G, SINEBRYUKHOV V A, et al. Development and tests of fast 1-MA linear transformer driver stages [J]. Physical Review Special Topics-Accelerators and Beams, 2009, 12(5): 050402.

[32] STYGAR W A, CUNEO M E, HEADLEY D I, et al. Architecture of petawatt-class Z-pinch accelerators [J]. Physical Review Special Topics-Accelerators and Beams, 2007, 10(3): 030401.

[33] STYGAR W A, FLOWER M E, LECHIEN K R, et al. Shaping of output pulse of a linear transformer driver module [J]. Physical Review Special Topics-Accelerators and Beams, 2009, 12(3): 030402.

[34] STYGAR W A, AWE T J, BAILEY J E, et al. Conceptual designs of two petawatt-class pulsed-power accelerators for high-energy-density-physics experiments [J]. Phys Rev ST Accel Beams, 2015, 18(11): 110401.

[35] 陈林，周良骥，谢卫平，等. 100kA 快脉冲直线变压器驱动源模块[J]. 强激光与粒子束，2010, 22 (6): 1407-1410. (CHEN Lin, ZHOU Liang-ji, XIE Wei-ping, et al. Research on 100kA fast linear transformer driver stage[J]. High Power Laser and Particle Beams, 2010, 22(6): 1407-1410.)

[36] 梁天学，姜晓峰，孙凤举，等.300kA 直线型变压器驱动源模块实验研究[J].强激光与粒子束，2012, 24 (3): 655-658. (LIANG Tian-xue, JIANG Xiao-feng, SUN Feng-ju, et al. Experimental investigation of 300kA fast linear transformer driver stage[J].High Power Laser and Particle Beams, 2012, 24 (3): 655-658.)

[37] LECHIEN K, MAZARAKIS M G, FOWLER W E, et al. A 1MV, 1MA, 0.1Hz linear transformer driver utilizing an internal water transmission line[C]//17th IEEE International Pulsed Power Conf, Washington, DC, 2009: 1186-1191.

[38] 王勐，周良骥，邹文康，等.混合模式直线型变压器驱动源模块[J].强激光与粒子束，2012, 24(5):1239- 1243.(WANG Meng, ZHOU Liang-ji, ZOU Wen-kang, et al. Mixed-mode LTD modul[J]. High Power Laser and Particle Beams, 2012, 24(5): 1239-1243.)

[39] MAZARAKIS M G, FOWLE W E, MCDANIEL D H, et al. A lMA LTD cavities building blocks for next generation ICF/IFE[C]//IEEE International Conf on Megagauss Magnetic Field Generation and Related Topics, Santa Fe, 2006.

[40] 曾正中，吴撼宇，王亮平，等. Z 箍缩驱动器总体设计技术研究[R].西北核技术研究所，2011，060501.2-2011BG-ZE-01.（ZENG Zheng-zhong, WU Han-yu, WANG Liang-ping, et al. Investigations of conceptional design of Z-pinch drivers[R]. Northwest Institute of Nuclear Technology, 2011, 060501.2-2011BG-ZE-01.）

[41] 周良骥，邓建军，陈林，等.1MA 直线型变压器驱动源模块设计[J].强激光与粒子束, 2010, 22(3): 465-468. (ZHOU Liang-ji, DENG Jian-jun, CHEN Lin, et al. Design of 1MA linear transformer drivers stage[J]. High Power Laser and Particle Beams, 2010, 22 (3):465-468.)

[42] WOODWORTH J R, FOWLER W E, STOLTZFUS B S, et al. Compact 810 kA linear transformer driver cavity[J]. Phys Rev ST Accel Beams, 2011, 14(4): 040401.

[43] 梁天学. MA 级 FLTD 模块同步放电特性研究[D]. 西安：西北核技术研究所, 2015. (LIANG Tian-xue. Synchronous discharge characteristic investigations of MA level fast linear transformer driver [D]. Xi'an: Northwest Institute of Nuclear Technology, 2015.)

[44] REISMAN D B, STOLTZFUS B S, STYGAR W A, et al. Pulsed power accelerator for material physics experiments[J]. Phys Rev ST Accel Beams, 2015, 18(9): 090401.

[45] 陈林，王勐，邹文康，等. 中物院快脉冲直线型变压器驱动源技术研究进展[J].高电压技术，2015，41(6)：1798-1806. (CHEN Lin, WANG Meng, ZOU Wen-kang, et al. Recent advances in fast linear transformer driver in CAEP[J]. High Voltage Engineering, 2015, 41(6):1798-1806.)

[46] 王勐．"聚龙一号"装置及其驱动的高能密度物理实验研究[C]//第一届全国高电压与放电等离子体应用学术会议，北京，2016. (WANG Meng. Physical experiments for high energy density on "Julong Ⅰ" accelerator and development project [C]// The First Proceeding of High Voltage & Discharge Plasma in China, Beijing, 2016.)

[47] HUTSEL B T, STOLTZFUS B S, BTEDEN E W, et al. Milimeter-gap magnetically insulated transmission line power flow experiments [C]//20th IEEE International Conf pulse power, Austin, 2015.

[48] STYGAR W A, REISMAN D B, STOLTZFUS B S, et al. Conceptual design of a 10^{13}W pulsed-power accelerator for megajoule-class dynamic-material-physics experiments [J]. Phys Rev Accel Beams, 2016, 19(7): 070401.

[49] WESSEL F J, RAHMAN H U, NEY P, et al. Fusion in a staged Z-pinch [J]. IEEE Trans Plasma Sci, 2015, 43(8): 2463-2468.

[50] SLUTZ S A, HERRMANN M C, VESEY R A, et al. Pulsed-power-driven cylindrical liner implosions of laser preheated fuel magnetized with an axial field [J]. Physics of Plasma, 2010, 17(5): 056303.

[51] SLUTZ S A, STYGAR W A, GOMEZ M R, et al. Scaling magnetized liner inertial fusion on Z and future pulsed-power accelerator [J]. Physics of Plasma, 2016, 23(2): 022702.

[52] SINARS D B. Magnetized liner inertial fusion (MagLIF) research at Sandia National Laboratories [C]// 1st Chinese Pulsed Power Society Workshop, Chengdu, 2015.

[53] 邱爱慈．直接驱动 Z 箍缩负载的快脉冲功率源关键技术研究[R].自然科学基金重点项目结题报告(50637010)，2011．(QIU Ai-ci. Investigations of key technology of direct-driven-Z-pinch-load fast pulsed power drivers [R]. National Natural Science Foundation of China (50637010), 2011.)

[54] 呼义翔．直接驱动 Z 箍缩脉冲功率传输和汇聚的电路建模与输出参数优化[D]．西安：西安交通大学，2012．(HU Yi-xiang. Circuit modeling and output-parameters optimizing for transmission and confluence of the direct-driven Z-pinch pulsed power [D]. Xi'an: Xi'an Jiaotong University, 2012.)

[55] 孙凤举，曾江涛，梁天学，等．基于感应腔支路和角向线的 LTD 新型触发技术[J]// 现代应用物理，2016，7(1)：010401．(SUN Feng-ju, ZENG Jiang-tao, LIANG Tian-xue, et al. A novel triggering technique based on an internal brick and azimuthal line in cavities for linear transformer drivers [J]. Modern Applied Physics, 2016, 7(1): 010401)

[56] SUN F J, ZENF J T, LIAN G T X, et al. Trigger method based on internal bricks within cavities methods for linear transformer drivers[C]//20th IEEE International Pulsed Power Conf, Austin, 2015.

[57] ZHOU L, LI Z H, WANG Z, et al. Design of a 5MA 100ns linear-transformer-driver accelerator for wire array Z-pinch experiments [J]. Phys Rev ST Accel Beams, 2016, 19(3): 030401.

[58] 孙凤举，姜晓峰，魏浩，等．一种多级串联共用外腔体新结构 LTD[J]．强激光与粒子束，2017，29(2)：025001．(SUN Feng-ju, JIANG Xiao-feng, WEI Hao, et al. Novel configuration linear transformer driver with multistage in series sharing common cavity shell [J]. High Power Laser and Particle Beams, 2017, 29(2): 025001.)

[59] GRUNER F R, STYGAR W A. High-voltage, low inductance gas switch: United States Patent, US 9294085[P].2016-03-22.

[60] WOODWORTH J R, ALEXANDER J A, GRUNER F R, et al, Low-inductance gas switches for linear transformer drivers[J]. Phys Rev ST Accel Beams, 2009, 12(6): 060401.

[61] WOODWORTH J R, STYGAR W A, BENNETT L F, et al. New low inductance gas switches for linear transformer drivers [J]. Phys Rev ST Accel Beams, 2010, 13(8): 080401.

[62] LASH J. Capability advances at the Sandia Z machine [R]. SAND2015-8338C ,2015.

[63] BALL C, LASH J. Capability advances at the Sandia Z machine [R]. SAND2015-10434PE, 2015.

[64] SAVAGE M E，STOLZFUS B S，AUSTIN K N，et al. Performance of a radial vaccum insulator stack [C]//20th IEEE PPC，Austin，Texas，2015.

“强光一号”Al 丝阵 Z 箍缩产生 K 层辐射实验研究*

摘要：在“强光一号”加速器开展了 Al 丝阵 Z 箍缩产生 K 层辐射的实验研究，固定 Al 丝线径 20μm、丝阵直径 12mm，丝根数为 8 和 12 的负载获得 K 层产额分别为 0.9kJ/cm 和 1.1kJ/cm，明显高于 16 和 24 根丝负载，辐射功率波形和时间分辨的 X 射线图像显示，低丝数负载存在拖尾质量引起的多次内爆现象。在 60%—80%的内爆时间内，丝阵几乎停留在初始位置；主体内爆在随后的 25—30ns 内完成，将部分等离子体留在初始位置，形成质量的拖尾分布；内爆后期驱动电流向外围的拖尾质量迁移，引发二次乃至三次内爆，后续内爆对 K 层辐射也有相当贡献。拖尾质量的出现与单丝等离子体上形成的轴向调制结构及不均匀性的发展有关。

1 引言

利用中低 Z 元素负载的 K 壳层辐射获得 1—10keV 的强脉冲 X 射线源[1-8]，是 Z-pinch(Z 箍缩)等离子体辐射源除驱动惯性约束聚变靶丸点火之外的一个主要应用需求。通过磁压驱动内爆和轴线滞止，等离子体负载被加热到电子温度 T_e～10^2—10^3eV，足以将离子剥离到 K 壳层，即形成类 H 和类 He 离子，并激发出 1s-*n*p 和 1s *n*p-$1s^2$ 的线辐射、复合到 K 壳层的双电子激发伴线和自由-束缚(f-b)跃迁产生的复合辐射连续谱线。常用负载材料有 Ne(～1.0keV)、Al(～1.7keV)、Ar(～3keV)、Ti(～4.8keV)、Fe(～6.7keV)、Ni(～8keV)等。Z-pinch 等离子体辐射源的能量转换效率高，初始电能转换为 1—3keV X 射线的效率可达 2%—5%。

定标研究[1,4]表明，K 层辐射产额 Y_K 主要依赖于负载驱动电流的大小，当驱动电流幅值 I_0 小于某临界值 I_{BP} 时，Y_K 正比于 I_0^4，称之为“低效率”区域；当 I_0 增大到 I_{BP} 以上，定标律过渡到 Y_K 正比于 I_0^2。对于喷 Ar 气负载[5]，在 2.3MA(PITHON 装置)、4MA(Double Eagle 和 Phoenix 装置)、6.5MA(Saturn 装置)、15MA(Z 装置)电流下获得 Y_K 分别为 0.9，5，18 和 100kJ/cm，拟合出的临界电流 I_{BP}～4.5MA，与简单定标模型的预测值相当。在同等电流情况下，负载材料电离到 K 壳层及碰撞激发所需能量随原子序数迅速增加，因而随光子能量的增加，K 层辐射产额显著下降。以 Z 装置为例[6-9]，光子能量为 1，5，8keV 的 K 层辐射产额分别为 450、100 和 18kJ。

“强光一号”加速器(驱动电流～1.5MA，上升时间～80ns)是目前国内开展高功率 Z 箍缩实验研究的主要平台，采用喷 Kr 气[10]和 W 丝阵[11]负载能获得几十个 kJ 的软 X 射线。其驱动电流幅值介于二能级模型[4]给出的 Ne、Al 元素负载临界电流 I_{BP} 值(分别为 0.7MA 和 1.8MA)之间，预计 Ne 等离子体的 K 层辐射产额将显著高于 Al。

近期在该加速器开展了 Al 丝阵 Z-pinch 内爆产生 K 层辐射的实验研究，使用直径达 20μm 的 Al 丝在低丝数、大丝间距情况下仍获得较佳的内爆效果，产生 K 壳层 X 射线的高温高密度区域相对均匀，K 层产额超过 2kJ，最大功率超过 90GW。本文将介绍相关实验结果，并作分析和讨论。

2 简单物理分析

要使 Al 等离子体通过碰撞电离到 K 壳层并激发跃迁，需要有足够高的电子温度。根据对类 H 离子电离平衡的估计，K 壳层辐射最大化时的电子温度与负载材料原子序数的定标关系为[1]

$$T_e(\mathrm{eV}) \approx 0.3Z^{2.9}. \tag{1}$$

对于 Al(*Z*=13)，即要求电子温度达到～510eV，略高于 Al 的 L 层最后一个电子(即类 Li 的 Al^{10+}

* 该文原载于《物理学报》，2009 年第 58 卷第 7 期。

离子外层电子)的电离能(442eV)，而远低于 K 壳层的第一个束缚电子电离能(2086eV)[12]。考虑到外层电子电离及辐射发射的能量损失，在达到这个温度时，平均每个离子要消耗的最小能量为 E_{min}=13 keV/ion[1,13]。

Z-pinch 等离子体在滞止阶段将内爆动能转化为热能，其中离子内爆动能(K_i)是主要能量来源，定义无量纲量 $\eta = K_i/E_{min}$[1]，则获得 K 壳层辐射至少要求 η>1，高产额情形应满足 η>2[1]，即离子内爆动能 K_i>26keV/ion，内爆速度

$$v_f = \sqrt{2K_i / Am_p} > 30\text{cm/μs} , \tag{2}$$

其中 $A = 27$ 为 Al 元素原子量，m_p 为质子质量。

对于典型的负载线质量 m= 50μg/cm，单位长度上的内爆动能 KE 应满足

$$KE = mv_f^2 / 2 > 4.6\text{kJ/cm} . \tag{3}$$

简单的零维薄壳模型给出，内爆动能 KE 主要由驱动电流决定：

$$KE(\text{kJ/cm}) = \gamma I_0^2(\text{MA})\ln(R_0 / R_f) , \tag{4}$$

其中 γ 是与电流波形和内爆轨迹有关的定标因子，数值小于 1；I_0 为驱动电流幅值；R_0 和 R_f 分别为负载初始半径和最终箍缩半径。“强光一号”加速器的驱动电流～1.5MA，假定负载参数可优化到使定标因子 γ =0.9[14]，内爆压缩比 R_0 / R_f =10，则内爆动能 KE =4.7kJ/cm，只不过是达到上述估计的下限值。因此，驱动电流过小决定了 Al 丝阵难以获得高的 K 层辐射产额。

此外，对于小装置还存在负载制作上的困难。Z-pinch 研究取得突破的一个根本性因素是采用大量细直径丝构成逼近于环形壳层的阵列负载，以改善内爆均匀性、获得高的辐射功率，Saturn 的实验证实当 Al 丝阵的丝间距减小到 1.4mm 以下时，总辐射功率显著增加[15,16]。若阵列直径～10mm，则丝数大于 24 根才能满足丝间距小于 1.4mm 的要求。而与小电流装置相匹配的负载质量一般很低，如(3)式中的 m=50μg/cm，丝数大于 24 即要求 Al 丝线径不超过 10μm，在金属丝加工工艺和丝阵组装上目前国内尚有相当难度。

当前“强光一号”上用的丝阵负载采用直径为 20μm 的商品级细 Al 丝，单根丝线质量 8.5μg/cm，由 8 根和 12 根 Al 丝构成直径 D=12mm 的环形阵列，负载线质量就达到 m=68μg/cm，102μg/cm，而丝间距分别为 3.1 和 4.7mm，构形严重偏离薄壳结构，原则上应表现为多根单丝内爆的简单叠加，箍缩品质较差[15,16]。增加到 16 和 24 根丝，负载线质量过大，η>1 的条件就很难满足。

从这些分析来看，因负载质量偏重、丝间距过大，Al 丝阵负载的 K 层产额很可能难以获得基于二能级模型[4]预计的 1—2kJ 优化产额[17]。当然，以上分析隐含的一个前提是所有负载质量都按薄壳模型内爆，并同时热化、辐射。如果实际情形与此不符，比如说负载质量按少量多次内爆，那么结果自然有所不同。下文所给实验结果将证实这一点。

3 实验描述

“强光一号”加速器驱动 Z-pinch 负载时，初级储能～230kJ，经脉冲压缩、成形后输送到真空二极管区域的电脉冲能量为 80—110kJ，负载上获得驱动电流幅值 1.3—1.8MA、10%—90%上升时间～80ns。

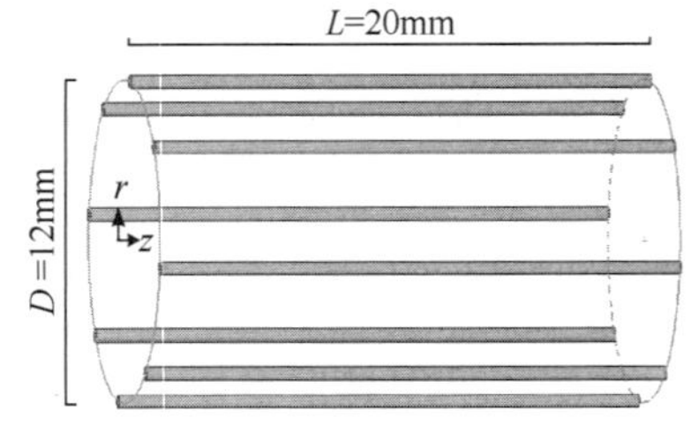

图 1 Al 丝阵负载初始构型示意图

丝阵负载初始构形如图 1 所示。8—24 根直径 20μm 的 Al 丝对称地排列在直径 D=12mm 的圆周上，负载轴向长度为 L=20mm。当电流脉冲通过时，单根金属丝汽化并电离形成等离子体，在早期全局磁场较弱，这部分单丝等离子体再急剧膨胀，直径可以达到 1—2mm。

丝阵在磁压驱动下的内爆产生高温高密度的等离子体，发出强烈的软 X 辐射，实验中以 Al 阴极 XRD 探测器和软 X 射线 8 分幅相机[18]诊断等离子体的内爆和辐射特性，并通过加不同厚度的滤片分别对光子能量～100eV 的 XUV 发射(2.5μm Mylar 膜滤片)和光子能量～

1.7keV 的 K 壳层发射(15μm 聚乙烯+2.5μm Mylar+0.4μm Al 膜复合滤片)进行分能区的诊断。根据 Al 阴极对 X 射线光电量子效率[19]和滤片材料的透过率[20]计算的 XRD 探测器谱响应如图 2 所示。Al 等离子体的 K 层辐射处于 1.6—2.3keV 范围，K 层辐射探测器在该能区响应相对平坦，灵敏度约 3A/MW。XUV 辐射探测器谱响应非平坦，考虑到等离子体的低能辐射以 100—300eV 能段的轫致辐射为主，以该能段的平均值 8A/MW 作为参考灵敏度，便于不同发次辐射功率波形的比较。分幅相机针孔尺寸～100μm，成像放大率 M=0.31，曝光时间～2ns，幅间隔 5—10ns，对 XUV 和 K 壳层能区的空间分辨率分别为 0.7mm 和 0.4mm。此外，基于 TAP 晶体和软 X 射线像增强器发展了 1 维空间分辨的弯晶摄谱仪[21]记录 Al 等离子体的 K 壳层线辐射谱。

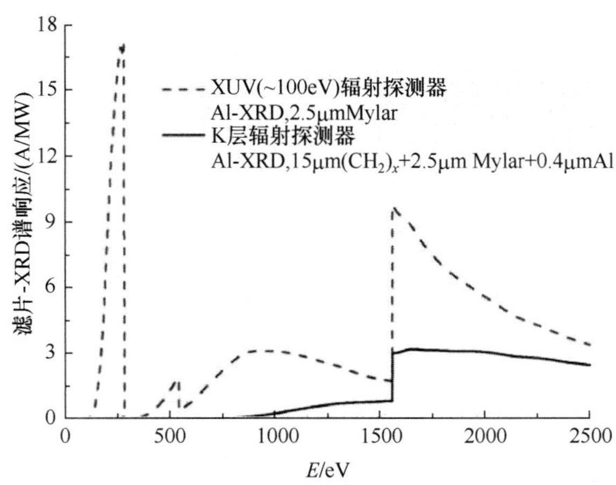

图 2 XUV 和 K 层辐射探测器的灵敏度谱响应

4 主要结果及分析

图 3 给出了 Al 丝阵负载的驱动电流和 X 射线功率的典型关联波形(Shot 08087)，可见：1)在电流主脉冲到来之前存在幅度～150kA、持续时间～200ns 的预脉冲，其强度足以使金属丝发生电爆炸、形成等离子体；2) XUV 能区的软 X 射线发射起始时刻比 K 层辐射功率波形早 20—30ns，前者对应较低的等离子体温度，与丝阵内爆的启动相关，而 K 层辐射只能由高温等离子体产生，对应丝阵内爆的轴线滞止与热化；3)K 层辐射功率 10%—90%上升时间<5ns，意味着等离子体的最终内爆速度达到几十 cm/μs。

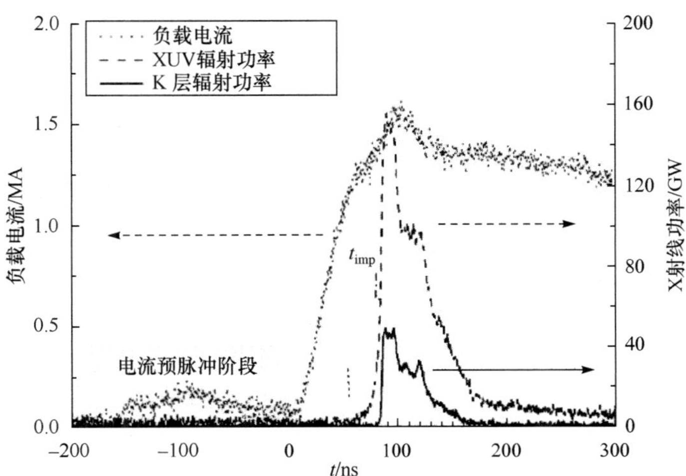

图 3 驱动电流和 X 射线功率的典型关联波形(Shot 08087)

图 4 所示为该发次 K 层发射区域时间积分图像，由灰度值大于峰值灰度 50%的像素点面积除以区域长度给出发射区“平均”直径(D_k)为 1.8mm，说明内爆压缩比不到 7。K 层发射区域分布于几乎全部

轴向长度上，表明相当部分箍缩等离子体都达到了高温状态、对K层辐射都有贡献，图上几个“热斑”的存在反映了箍缩过程中的轴向不均匀性。

图5所示为轴向分辨的弯晶谱仪记录的Shot 08087时间积分的K层辐射谱部分结果，确认了探测器和图像信号是Al等离子体的K层谱线，并在轴向尺度上与图4的时间积分K层辐射图像相符。

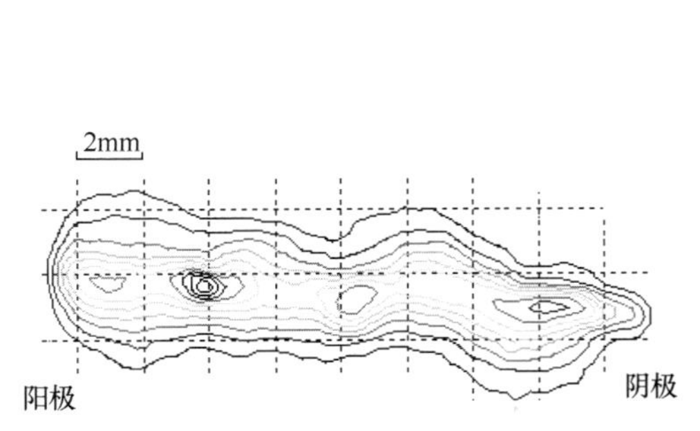

图4 典型的K层发射区域时间积分图像(Shot 08087)

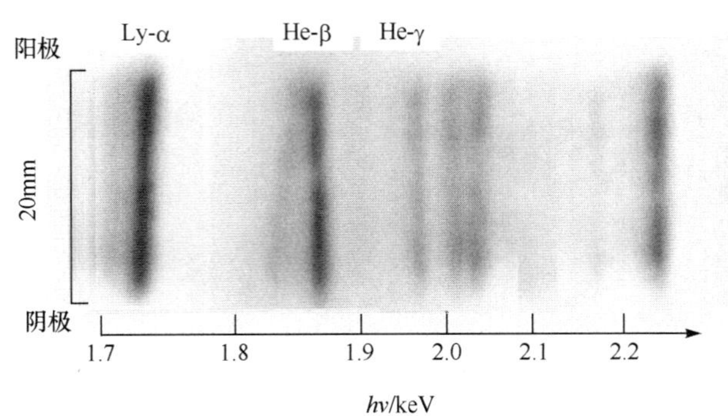

图5 Shot 08087时间积分K层辐射谱(部分)

表1列出了本轮共18发次实验的关键参数。其中内爆时间 t_{imp} 定义为电流主脉冲和X射线功率波形上升沿线性外推到时间坐标轴的间隔(见图3)，表征从电流起始至等离子体内爆到轴心所需时间。从表中数据的对比可知，丝根数和负载线质量的变化对负载的内爆和K层辐射有显著影响。

表1 “强光一号”Al丝阵Z箍缩18发次实验的关键参数，其中部分缺失或不确切数据以“—”标示

丝根数 N	丝间距 /mm	线质量 m/ (μg/cm)	发次 (Shot No.)	电流幅值 I_0 / MA	内爆时间 t_{imp}/ns	XUV脉宽 τ_{FWHM}/ns	K层辐射			
							功率 P_K/GW	脉宽 τ_{FWHM}/ns	产额 Y_K/J	发射区直径 D_K/mm
8	4.7	68	08081	1.32	75	47	63	12	1647	1.9
8	4.7	68	08082	1.45	80	49	65	20	1809	2.6
8	4.7	68	08085	1.7	110	50	23	45	944	1.5
8	4.7	68	08086	—	—	—	66	12	1387	1.5
8	4.7	68	08087	1.48	80	42	49	38	1797	1.8
12	3.1	102	08063	1.71	110	28	33	10	713	1.3
12	3.1	102	08064	1.58	95	51	49	48	2218	2.1
12	3.1	102	08083	1.47	90	58	93	15	2319	2.2
12	3.1	102	08084	1.44	95	38	34	28	1084	1
16	2.3	136	07160	1.4	114	—	33	8	499	1.5
16	2.3	136	07161	1.54	122	—	51	6	557	1.6
16	2.3	136	07162	1.55	117	—	54	3	540	1.2
16	2.3	136	07172	1.48	110	—	41	6	486	1.5
16	2.3	136	07174	1.49	113	—	21	13	453	1.7
16	2.3	136	08066	1.78	125	23	28	11	549	1.5
24	1.6	204	07163	1.48	144	—	9	—	208	—
24	1.6	204	07164	1.53	136	—	8	—	184	1.5
24	1.6	204	07165	1.56	136	—	8	—	178	—

N=24，m=204μg/cm的负载丝间距最小但也最重，t_{imp}～140ns，P_K<10GW，Y_K～180—200J，远小于其他负载的结果。功率波形和K层发射区域图像表明，这部分高能辐射主要来源于先后出现的、由

不稳定性引起的等离子体局部热斑。其余绝大多数质量温度都较低，不仅不参与发射反而有吸收作用。

N=16，m=136μg/cm 的负载 t_{imp}～110—120ns，P_K～20—50GW，Y_K～500J。大部分发次的 K 层辐射功率波形存在一个很窄(τ_{FWHM}～3—8ns)的主峰，如图 6 所示，但后沿很长，可能出现对应热斑辐射的小峰，脉冲底宽达 40—80ns。典型的分能区 X 射线图像如图 7 所示，其中每幅的曝光时刻都有两个数值，分别为关联到电流主脉冲外推零点和 X 射线功率上升沿 50%处的相对值。可见在电流起始 80—90ns 后丝阵才明显偏离初始位置(图 7(a))，内爆过程中等离子体发展极不均衡，一部分快速向轴心聚爆，另一部分则留在初始半径处(图 7(c))形成质量拖尾，待前者基本内爆到轴心、形成高温的 K 层发射体后(图 7(e))，外围的拖尾质量发光变得异常强烈(图 7(d))，反映电流已迁移到大半径处。线状的 K 层发射体明显扭曲(图 7(e))，与内爆早期的初始扰动(图 7(b))及其迅猛发展(图 7(c))有关，而且很快飞散，意味着其质量份额很少、约束时间短。由时间关联可知功率波形上的主峰与此次内爆对应，因辐射强度大，时间积分的 K 层图像主要由它决定，表现为图 7(h)与(e)较相似。

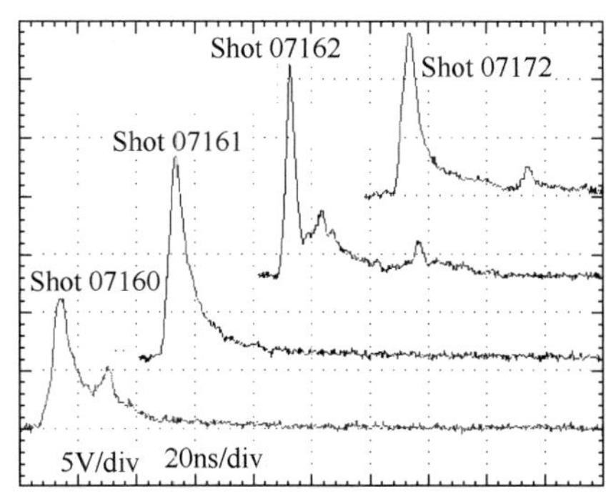

图 6　N=16 丝阵 K 层辐射功率波形

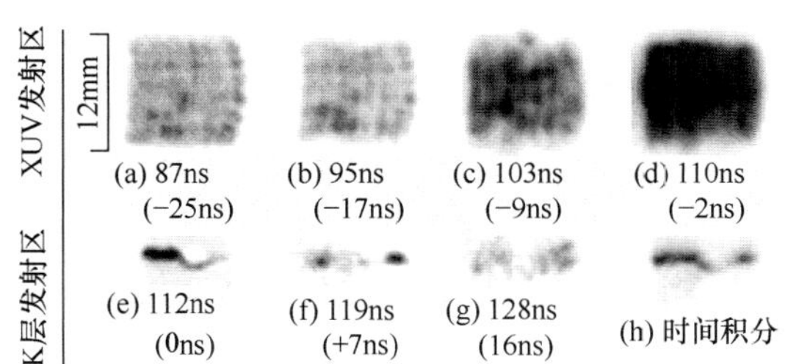

图 7　Shot 07172(N=16) XUV(a—d)和 K 层发射(e—g)图像
(图中标示的曝光时刻分别为关联到电流波形(上)和 X 射线波形的相对值(下))

丝根数进一步降低后，t_{imp}～80—90ns，K 层辐射产额有明显提高。N=8，m=68μg/cm 丝阵有 4 发次 K 层产额为 1.4—1.8kJ，N=12，m=102μg/cm 丝阵有两发产额达到 2.2kJ 以上。这两种负载中有两发产额相对较低(Shot 08084 和 Shot 08085)，X 射线图像表明它们存在丝阵初始弯曲、错位以致对称性下降、内爆品质变差，但产额仍高于 N=16 丝阵。

实验获得的辐射产额可与环形壳层分布等离子体的 1 维 MHD 模拟结果[3]相比拟，而高于利用二能级模型做出的预测[17]。不过模拟和定标分析中都假设全部质量一次性内爆，而实验中大部分发次的辐射功率波形上出现了明显的双峰脉冲，表明出现了不止一次内爆。如图 8 所示的功率波形中，在主内爆峰后～30ns 都出现了二次内爆峰，XUV 辐射的二次峰可接近主峰，而 K 层辐射功率则一般不超

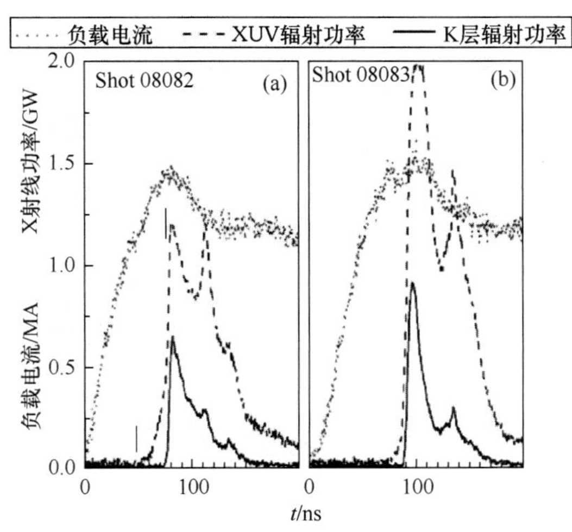

图 8　N=8 和 N=12 丝阵辐射功率波形中出现明显双峰

过主峰的一半，但对总的 K 层产额仍有～20%—30%的贡献。先后两次内爆使 X 射线辐射脉宽大大增加，如表 1 所示，XUV 脉冲半宽度(FWHM)在 50ns 上下，而 K 层辐射脉宽则因二次峰贡献的变化介于 10ns 与 50ns 之间。实验发现，N=12，m=102μg/cm 的 4 发次在 XUV 辐射功率上明显高于 N=8，m=68μg/cm 负载，获得的最大 K 层辐射功率和产额也是前者高于后者。

X 射线分幅图像显示，二次内爆由质量拖尾引起。如图 9(a)，(b)所示，在～9ns 的时间内，丝阵主体直径从～10mm 压缩到～6.5mm，但部分等离子体留在了原来位置构成拖尾质量，并存在轴向不均匀性。主内爆最终形成直径～2mm 的 K 层发射体(图 9(c))，几乎同时，等离子体发光区又扩展到直径～11mm(图 9(e))，说明电流在主内爆后期完成了向停留在外围的拖尾质量的迁移，并引发二次内爆，在～11ns 内从直径～11mm 压缩到～5.2mm(图 9(f)强发光边界)，而且仍然存在质量拖尾(弱发光边界几乎未缩小)，但从发光强度看，拖尾质量份额可能小于主内爆(图 9(b))，不过这部分质量有可能继续引起三次内爆。在图 8(a)中二次峰后面即出现了幅度不小的三次峰。对比可知，主内爆在角向对称性和轴向均匀性上表现出优势，最终形成的 K 层发射体较细和均匀；而二次内爆则因拖尾质量本来就轴向不均匀、丝阵内部分布有辐射坍缩后飞散的(主内爆)等离子体等因素作用，品质大大下降(图 9(e)、(f))，产生的 K 层发射体径向尺度大大扩展、轴向扭曲(图 9((g)—(h))。

拖尾质量的出现与丝阵等离子体形成和发展的不均匀性有关。在内爆启动阶段，各单丝等离子体在轴向演化为“热斑”和“间隙”组成的周期性调制结构，这在图 9(a)中已有所表现，分辨更清晰的结果如图 10 所示，调制波长～1mm。不同丝上热斑和间隙出现的位置存在某种相关性，即具有等离子体不稳定性全局“m=0”模式特征的角向关联性。轴向调制结构意味着等离子体的状态参数、质量和电流分布本身有大的差别，在内爆启动阶段部分冷而重的质量就有可能被留在初始位置，而丝间距过大也使得在内爆过程中还可能有等离子体被甩下。

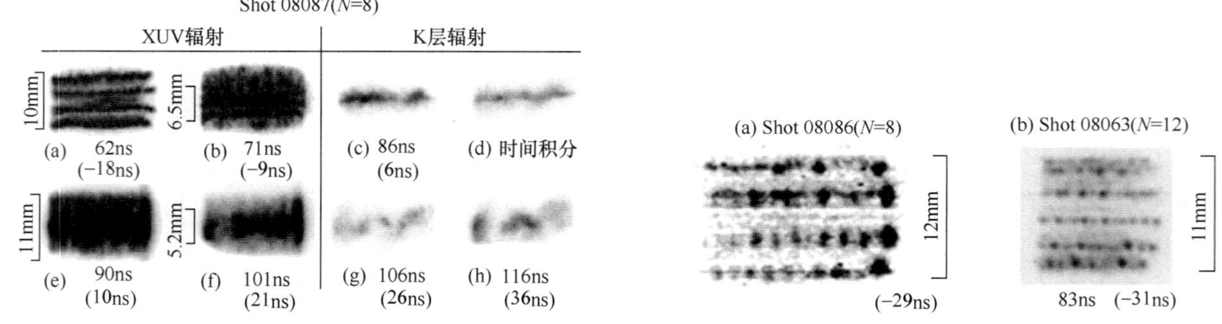

图 9　丝阵主内爆和二次内爆品质比较；曝光时刻定义同图 7　　图 10　XUV 图像中的轴向调制结构；曝光时刻定义同图 7

如前所述，在主内爆后期电流向处在外围的拖尾质量迁移，因而使磁压驱动力减小、能量耦合下降，故拖尾质量的分流起了负面作用。但也应注意到，驱动电流偏小时本身就难以驱动全部质量，实验结果显示负载质量的这种分批次内爆和热化至少能让相当部分等离子体达到高温并产生 K 壳层发射。简单的动力学计算表明，对于 20—30ns 内完成的主内爆，1—1.5MA 的电流有效驱动的负载质量份额不到 50%。小质量快速内爆可以获得高的内爆速度：取 R_0=6mm，R_f～1mm，Δt～20—30ns，按匀加速运动估计 v_f～40—50cm/μs，实际上磁压内爆的加速度是递增的，因而 v_f很可能更高。仅考虑动能的热化，这样的内爆速度已经远远超过了(2)式的要求，足以让相当部分内爆等离子体参与 K 层发射。

5　结论

简单的物理分析表明，要使 Al 丝阵 Z-pinch 负载内爆产生大量 K 壳层发射，对于电流较小的驱动源和低丝数阵列负载似乎是一个很苛刻的要求。但实验证明并非如此。用 8 根和 12 根、直径 20 μm 的 Al 丝构成环形阵列，在“强光一号”驱动下发生 Z-pinch 内爆，获得 K 层产额分别为 0.9kJ/cm 和 1.1kJ/cm，超出基于二能级模型[4]的简单估计[17]。

辐射功率波形和时间分辨的 X 射线图像显示，低丝数负载存在质量拖尾引起的多次内爆现象。在

60%～80%的内爆时间内，丝阵几乎停留在初始位置；主体内爆在随后的 25—30ns 内完成，将部分等离子体留在初始位置，形成质量的拖尾分布；内爆后期因阻抗增大、不稳定性发展，驱动电流向外围拖尾质量迁移，引发二次乃至三次内爆，后续内爆对 K 层辐射也有相当贡献。拖尾质量的出现与单丝等离子体上形成的轴向调制结构及不均匀性的发展有关。

质量拖尾、多次内爆及电流的再分布使内爆过程大大复杂化，这样基于简单零维薄壳模型和 1 维 MHD 模拟对驱动电流和丝阵的初始宏观参数(初始半径、线质量)的定标因过于理想而偏离了实际。从表 1 数据即可见，有 3 发次电流达到 1.7MA 以上，但内爆时间都在 110ns 以上，K 层产额也相对较低，而电流较小的发次反而内爆早、K 层产额高。因此应具体研究丝阵的动力学演化过程。不同丝数的结果对比表明，对给定的驱动电流水平、丝阵直径和 Al 丝线径，N=12 的丝阵在质量分布和电流分配上更有利于将电磁能量耦合至形成 K 层发射体。

除开外在因素引起的初始形变，作为一种脉冲放电等离子体，即使初始的宏观参数相同，不同发次中的丝阵仍可能在内爆启动、等离子体时空分布、电流分配等方面表现出自组织性和复杂性，因而部分消解了对宏观量作定标研究的意义。有必要以高精度实验诊断或数值模拟专门研究等离子体质量和电流的时空分布及动力学演化对辐射参数的影响。

参 考 文 献

[1] Whitney K G, Thomhill J W, Apruyese J P *et al* 1990 *J .App. Phys.* **67** 1725

[2] Whitney K G, Thomhill J W, Giuliani J L *et al* 1994 *Physical Review* E **50** 2166

[3] Thomhill J W, Whitney K G, Dauis J *et al* 1996 *Journal of Applied Physics* **80** 710

[4] Mosher D, Qi N S, Krishnan M *et al* 1998 *IEEE Transactions on Plasma Science* **26** 1052

[5] Sze H, Banister J, Failor B H *et al* 2002 *AIP Conference Proceedings* (651) 101

[6] Struve K W, Corley J P, Johnson D L *et al* 2001 28th *IEEE International Conference on Plasma Science and 13th IEEE International Pulsed Power Conference* (vol.1) 569

[7] Deeney C, Coverdale C A, Douglas M R *et al* 1999 *Physics of Plasmas* **6** 2081

[8] Sze H M, Levine J S, Banister J W *et al* 2002 *IEEE Transactions on Plasma Science* **30** 532

[9] Jones B, Deeney C, Coverdale C A *et al* 2006 *Journal of Quantitative Spectroscopy &Radiative Transfer* **99** 341

[10] Kuai B, Cong P T, Zeng Z Z *et al* 2002 *Plasma Science & Technology* **4** 1329

[11] Qiu A C, Kuai B, Zeng Z Z *et al* 2006 *Acta Physica Sinica* **55** 5917 (in Chinese) [邱爱慈、蒯斌、曾正中等 2006 物理学报 **55** 5917]

[12] Ralchenko Y, Jou F C, Kelleher D E *et al NIST Atomic Spectra Database* (version 3.1.1), [Online] .Available :http: physics. nist.gov/asd3 [2007, March 23] .National Institute of Standards and Technology, Gaithersburg, MD

[13] LePell P D, Coverdale C A, Deaney C *et al* 2003 *IEEE Pulsed Power Conference*, Dallas, Texas

[14] Zeng Z Z, Qiu A C 2004 *Chin.Phys.* **13** 0201

[15] Sanford T W L, Mock R C, Spielman R B *et al* 1998 *Physics of Plasmas* **5** 3737

[16] Sanford T W L, Mock R C, Spielman R B *et al* 1998 *Physics of Plasmas* **5** 3755

[17] Kuai B, Failor B H, Qiu A C, Zeng Z Z *et al* 2007 *High Power and Laser and Particle Beams* **19** 981 (in Chinese) [蒯斌、邱爱慈、曾正中 等 2007 强激光与粒子束 **19** 981]

[18] Qiu M T, Lǜ M, Wang K L *et al* 2003 *High Power and Laser and Particle Beams* **15** 101 (in Chinese) [邱孟通、吕敏、王奎禄 等 2003 强激光与粒子束 **15** 101]

[19] Bentley C D, Slark G, Gales S G 2003 *Rev.Sci.Instrum.* **74** 2220

[20] Henke B L, Gullikson E M, Davis J C 1993 Atomic Data and Nuclear Data Tables **54**(2) 181

[21] Wu G, Qiu A C, Lǜ M *et al* 2007 Proceedings of the 13th national symposium on plasma science and technology, Chengdu, Sichuan, China

双层喷气 Z 箍缩氖等离子体 K 层辐射研究*

摘要： 报道了“强光一号”(1.6MA，70ns)加速器驱动双层喷 Ne 气 Z 箍缩负载产生 K 层辐射(光子能量约 1keV)的实验研究。喷气负载出口半径为 1.5—1.4cm 和 0.75—0.6cm(半径比 2∶1)。充气压力相同情况下外层和内层质量比约 2.8∶1。在内爆时间约 120ns、负载线质量估计值 60—70μg/cm 时，获得 K 层辐射产额约 7kJ、峰值功率 0.28TW，脉冲宽度 20ns。X 射线分幅图像表明内爆阶段的不稳定性影响较小，最终内爆速度超过 25cm/μs，等离子体柱直径至少压缩到 2.5mm。随着负载线质量增大、内爆时间增加，K 层辐射功率和产额很快下降。对于质量较轻(28—63μg/cm)的负载，时间分辨的 K 层线辐射谱给出的电子温度达到 500eV 以上，对较重的负载(72—80μg/cm)则介于 300—400eV。K 层发射区域的离子密度介于 3—9×10^{19}cm^{-3}，参与 K 层发射的负载质量 m_K 介于 17—46μg/cm，其数值与 K 层产额的大小有正相关性。

1. 引言

Z-pinch(Z 箍缩)等离子体是高效率的实验室 X 射线源，采用高 Z 负载如 W 丝阵，可产生光子能量 100eV 级的近似黑体连续谱，用于间接驱动惯性约束聚变的黑腔靶物理研究[1]；采用中低 Z 负载，则可产生电子温度很高的等离子体，使离子剥离到 K 壳层，辐射出 1—10keV 的 X 射线，用于模拟高空核爆炸的 X 射线热-力学效应[2,3]。美国 Sandia 实验室电流达 20MA 的 Z 装置，驱动 W 丝阵内爆可产生总能量 2MJ 的亚 keV 软 X 射线[4]，驱动喷 Ar 气和 Ti 丝阵则分别可产生 300kJ 的 3keV X 射线和 100kJ 的 5keV X 射线[5]。

通过负载的优化设计提高电能向辐射能的转换效率是 Z-pinch 实验研究的重要内容之一。近年来，嵌套式丝阵、双层及多层喷气负载构型得到广泛应用，在参数优化调整后能有效抑制内爆过程中的瑞利-泰勒不稳定性的影响，在驱动源相同情况下能有效提高辐射功率甚至辐射产额。如美国 Sandia 实验室在 Saturn 装置长脉冲状态(6.5MA，200ns)，采用出口外径 12cm 的三层喷 Ar 气负载，在内爆时间 203ns 情况下将 3keV X 射线产额由此前的 40kJ 提高到 75kJ，辐射转换效率甚至超过 100ns 短脉冲内爆情形[6]。

国内现有脉冲功率装置如“强光一号”(1.5MA，70ns)[7-9]、“阳”加速器(0.5—0.8MA，80—110ns)[10,11]驱动能力较低，能获取的辐射产额有限，主要围绕负载优化设计、等离子体内爆和辐射特性、辐射诊断技术等开展实验研究，并为数值模拟研究提供参考对比数据。在产生 K 层辐射方面，“强光一号”可有效驱动喷 Ne 气负载获得光子能量约 1keV 的 X 射线。国外电流幅值与之相当的 Gamble-Ⅱ(1.45MA，60 ns)[12]，Falcon(2MA，200ns)[13]装置驱动出口处中径 2.5cm 的单层喷 Ne 气负载分别获得了 4kJ 和 13.5kJ 的 K 层产额。“强光一号”此前的单层喷 Ne 气负载(出口直径 2cm 和 2.5cm 两种)和初步的双层喷气负载(外层和内层出口直径分别为 3cm 和 1cm)实验获得 K 层产额 5—6kJ，内爆过程存在较严重的“拉链”效应和不稳定性[14]。本文将报道对双层喷 Ne 气负载作一定优化设计后的实验结果。

2. 高温 Ne 等离子体的电离和辐射性质

利用基于碰撞-辐射平衡(CRE)模型的等离子体谱学模拟代码 FLYCHK[15]，计算了高温 Ne 等离子体的电离和辐射特性。该代码尚不能自洽处理离子布居与辐射输运的耦合问题，未计入等离子体自辐射场的光激发、光电离对离子布居及辐射特性的影响。计算中未指定等离子体空间尺度，实际为光学

* 该文原载于《物理学报》，2011 年第 60 卷第 1 期。

薄近似下结果。在离子密度 $n_i=5\times10^{19}\text{cm}^{-3}$、电子温度 T_e=0.1—1keV 条件下，主要结果如图 1—4 所示。(对于半径 r=0.1cm 的均匀等离子体柱，$n_i=5\times10^{19}\text{cm}^{-3}$ 对应线质量 m=51μg/cm，对“强光一号”Z-pinch 实验而言是典型的负载质量参数)。

图 1 所示为高剥离态 Ne 离子即 Ne^{8+}、Ne^{9+}、Ne^{10+}的丰度及平均电离度随 T_e 的变化。在 T_e=200eV，类 H 和类 He 的 Ne^{8+}、Ne^{9+}离子几乎各占一半；到 T_e=400eV 则类 H 离子和裸核各占约一半；此后随 T_e 继续增大，类 H 离子丰度缓慢下降，平均电离度在 9.5—10 之间缓慢增长。

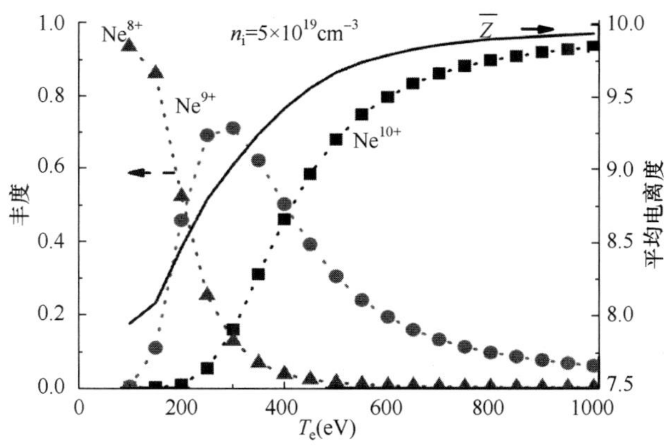

图 1 Ne 等离子体电离度分布

将等离子体加热到如此高的温度需要输入足够的能量，假定离子和电子温度相同，平均每个“原子”的内能 E_i(eV/atom)可计算为

$$E_i=\frac{3}{2}(1+\overline{Z})T_e+\sum_{i=1}^{10}f_i\sum_{j=1}^{i}E_{Zj}\approx20.8T_e\,, \tag{1}$$

其中 E_{Zj} 是离子由电荷数 j−1 到 j 的最低电离能，f_i 是电荷数为 i 离子态的丰度。(1)式结果为对 T_e 在 100—1000eV 的线性拟合。对 T_e=400eV 实际计算结果为 E_i=9keV/atom，$n_i=5\times10^{19}\text{cm}^{-3}$ 等离子体的单位体积内能为 n_iE_i =72kJ/cm^3。在 n_i 变化不超过一个量级时，相同温度下的电离度分布和 E_i 变化较小。按 Z-pinch 内爆的零维薄壳模型，“强光一号”加速器耦合到负载的内爆动能 E_{KE} 为 4—6kJ/cm。线质量为 m 的等离子体加热到温度为 T_e 时，单位长度上的总内能为

$$E_I=mN_AE_i/A=20.8mN_AT_e/A\,, \tag{2}$$

其中 N_A 为阿伏伽德罗常数，A 为负载元素原子量。对 m=51μg/cm 的 Ne 等离子体，当 T_e=400eV 时，由(1)式可知，E_I=2.1kJ/cm。E_{KE} 比 E_I 大 1—2 倍，可以提供足够的能量输入。

等离子体的辐射特性由发射率ξ_ν和吸收系数 k_ν 表征，典型结果如图 2 和图 3 所示。对 $n_i=5\times10^{19}\text{cm}^{-3}$，$T_e$=350eV 的 Ne 等离子体，辐射能量主要集中在 0.9—1.2keV 范围的 K 层线辐射上，光子能量低于 300eV

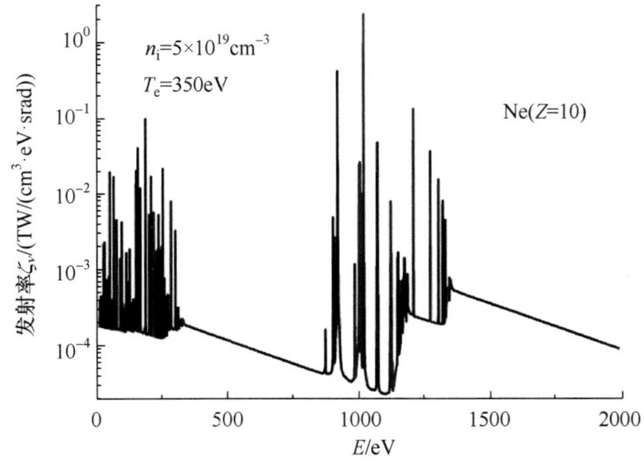

图 2 Ne 等离子体发射率

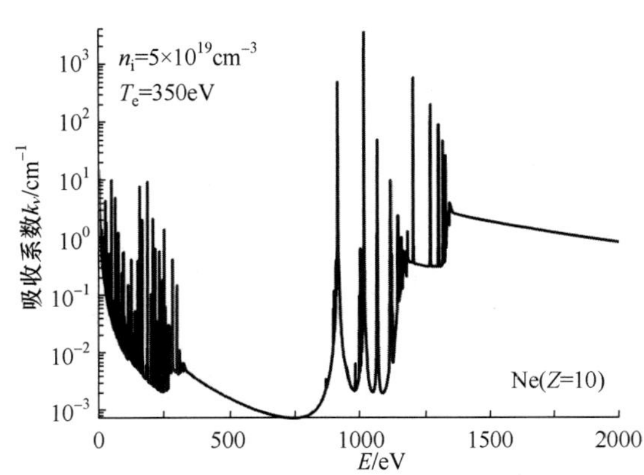

图 3 Ne 等离子体辐射吸收系数

的线辐射主要由类 H 和类 He 离子的激发态之间的跃迁产生，谱线强度较 K 层辐射低。光子能量约 1022eV 的 Ly-α线发射率最大，裸核和类 H 离子的辐射复合连续谱在 K 层辐射能量中所占份额约为 15%。另一方面，主要 K 层共振线的吸收系数也达到 100—1000cm^{-1} 的量级。

对ξ_v作积分，得单位体积等离子体的总辐射功率 p_{total}(1—3000eV)及 K 层辐射功率 $p_K(E>900eV)$。计算所得 p_{total} 和 p_K 随 T_e 的变化如图 4 所示。在 T_e=150eV 以上，p_K 占 p_{total} 的比例达到 80%以上，其中类 He 和类 H 离子的最强共振线即 He-α、Ly-α线强度之和又占 K 层发射能量的一半以上，显示了这种辐射源的准单色性。p_{total} 和 p_K 在 T_e=400eV 时达到最大值，分别为 20 和 18 TW/cm^3，此后的 T_e 继续增加使更多的类 H 离子成为裸核，发射率最大的 K 层线辐射开始减少，因而 p_{total} 和 p_K 都下降，而且 p_K 占 p_{total} 的比例也下降，低能轫致辐射连续谱成分上升。因此，在以高温 Ne 等离子体作为 1 keV X 射线源时，对于光学薄情形，应以 T_e 约 400eV 为宜。

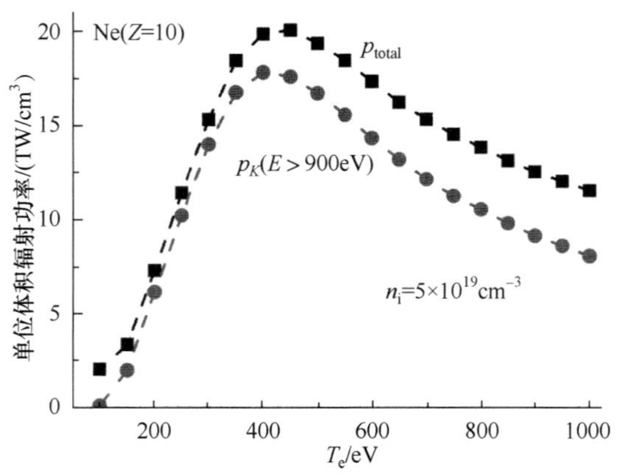

图 4 单位体积辐射功率随电子温度变化

通过 Z-pinch 内爆产生的柱状等离子体半径约 0.1cm，核心区域 K 层线辐射的光学厚度达到 10—100，辐射输运过程使离子尤其是各激发态的布居及相应的发射率和吸收系数都具有非定域性。不能直接由上述单位体积的 K 层辐射功率 p_K 作体积分得到实际的 K 层辐射功率 P_K。上述结果主要对实验的辐射诊断和负载参数优化起到参考作用。文献[16]的 CRE 计算基于逃逸概率自洽地处理辐射输运，给出半径 r=0.1cm，$n_i=5\times10^{19}cm^{-3}$ 的 Ne 等离子体柱在 $T_e\geqslant$250eV 时，单位长度的 K 层辐射功率 P_K 约 0.15TW/cm，要提高 P_K 应增加 n_i(即参与 K 层发射的负载质量)而不是 T_e。这一结果可看作针对光学厚和辐射输运情形的负载优化判据。实际等离子体因内爆动能热化而温度升高，又因辐射而冷却，辐射产生和输运较之稳态模型计算更复杂。但可以定性判断，在输送能量相当情况下，将更多的质量加热到 300 eV 左右，比以较低的质量获得更高的温度可能更为有效。

3. 实验装置和辐射诊断

“强光一号”加速器由直线型脉冲变压器和低阻抗水介质同轴线构成。初级 120 个 3μF 电容器充电 40kV(电储能 288kJ)，由直线变压器感应叠加获得 2.4MV 高压脉冲，再经两级压缩，在 Z-pinch 负载二极管(电感 50—70nH)上产生电压 1.2—1.5MV、电流 1.4—1.8MA、上升时间 60—70ns 的强流脉冲。将加速器等效电路方程与零维内爆模型耦合求解可得：为使内爆动能最大化，负载线质量 m 与初始半径 R_0 应满足 $mR_0^2\sim$40—60μg · cm。为有效产生 K 层辐射，应选择较轻的负载质量和较大的初始半径，以获得高的内爆速度。

基于此前的单层和双层负载实验结果，设计了出口处半径参数 1.5—1.4—0.75—0.6cm 的双层喷气负载(半径比 2：1)，结构如图 5 所示。内外层喉部间隙都为 0.32mm，充气压力相同情况下，质量比近似等于喉部半径之比(2.8：1)。外层出口处角度内倾 θ_t=0.35rad，以减轻气流发散的影响。负载放电时，双层喷嘴本身作为阴极，阳极为高透过率丝网，阴阳极间距约 3.5cm，阳极回流柱直径约 7.2cm。因喷嘴产生的超音速气流持续时间在 100μs 量级，为保证主机放电和喷气过程的同步关联，在阳极网后偏离轴线 1.5cm 处设置气流探针，其与丝网间隙约 1 mm，加压−1kV，在真空条件下压差可以保持，一旦气流喷出、丝网处气压增大到一定值将引起探针击穿。该探针信号经适当延时后触发主机放电。通过调整充气压力及探针的关联延时，

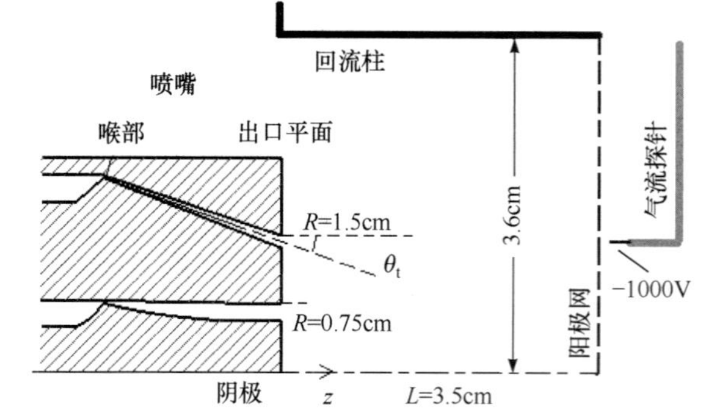

图 5 双层喷气负载结构示意图

可改变放电时的实际线质量。

实验中利用滤片和晶体分光建立了时、空、谱分辨的等离子体辐射诊断。以 Al 阴极 X 射线二极管(XRD)为辐射功率波形探测器：加 2.5μm Mylar 膜为滤光片的 Al-XRD 对 L 层和 K 层辐射都有响应，可反映总的辐射功率波形；加 2.5μm Mylar+3μm Al 复合滤光片的 Al-XRD 只响应 *K* 层辐射，平均灵敏度约 1.3A/MW。软 X 射线 8 分幅相机 0 也采用滤片分光实现分能区图像测量，时间分辨约 2ns，成像放大率为 0.31，其中 4 幅为宽谱响应，主要针对内爆阶段、光子能量 100eV 级的 XUV 辐射，空间分辨约 0.7mm，另外 4 幅针对 K 层辐射，空间分辨 0.4mm。基于 KAP 晶体和软 X 射线 4 分幅相机建立了时空分辨弯晶摄谱仪[18]，用于测量 Ne 等离子体的 K 层辐射谱，设计摄谱范围 0.8—1.4keV，时间分辨 2ns，空间分辨约 1mm，可一次获得 4 幅时间分辨(或 3 幅时间分辨、1 幅时间积分)结果。

4. 实验结果及分析

在“强光一号”用上述双层负载开展了两轮实验。2008 年的 10 余发次实验因负载二极管电感较低(约 50nH)，获得驱动电流幅值 1.55—1.7MA；2009 年的 4 发次实验因采用了较大绝缘距离的真空传输线，负载二极管初始电感增加，电流幅值 1.3—1.45MA。这里着重讨论双层负载的内爆和辐射特性。

4.1 喷气负载内爆动力学

喷气负载内爆动力学特性由加速鞘层质量、内爆速度、内爆轨迹等描述，首先要确定的是负载的初始线质量、密度分布等。由于实验条件限制，尚未对喷气线质量和气流密度分布进行实际测量。气流探针的击穿可以给出一个粗略估计。对于电压 1kV、间隙 0.1cm 的均匀场，由 Ne 气放电的 Paschen 曲线给出的放电气压约 500Pa，考虑到针-网电极电场不均匀因素，实际在 p～100Pa 时就可能引起击穿。向真空喷出的超音速气流温度远低于室温，按定常流估计约为室温的 1/5。由此给出的丝网处线质量参考数值为 30μg/cm。实验中探针信号一般延时 60μs 后触发主机，线质量应超过这一数值。实际情况下，每发次的放电间隙需要重新制作因而略有偏差，加上丝网电极非均匀场击穿的随机性，即使充气压力和关联延时相同，探针放电时刻的线质量仍然有变化，这是影响实验重复性的重要因素。

利用描述喷气负载内爆的雪耙模型，可由实验测得的电流波形和内爆时间估算负载线质量。实验中内爆时间 t_{imp} 由负载电流和 X 射线功率关联波形确定，典型结果(Shot 08022)如图 6 所示，该发次负载电流幅值 1.6MA，10%—90%上升时间约 65ns，以其线性外推到时间轴的交点为电流起始点，内爆时间 t_{imp} 定义为 K 层辐射功率波形上升沿 10%处到电流起始点的时间间隔。对于该发次，t_{imp}=123ns。

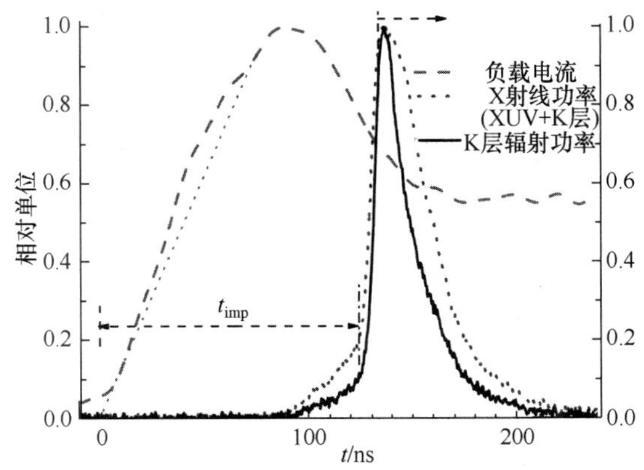

图 6 典型的负载电流和 X 射线功率归一化关联波形(Shot 08022)

雪耙模型的动力学方程为

$$m^*(t)\frac{\mathrm{d}^2r}{\mathrm{d}t^2}-2\pi r\rho(r)\left(\frac{\mathrm{d}r}{\mathrm{d}t}\right)^2=-\frac{\mu_0I^2}{4\pi r}, \tag{3}$$

$$\frac{\mathrm{d}m^*(t)}{\mathrm{d}t}=2\pi r\rho(r)\frac{\mathrm{d}r}{\mathrm{d}t}, \tag{4}$$

其中 $\rho(r)$为径向质量密度分布，$m^*(t)$为雪耙鞘层质量。由分幅图像证实，负载的阴极端即喷嘴出口附近先内爆到心，鉴于出口位置气流主要集中于给定壳层外内半径即由 R_{out} 和 R_{in} 确定的环形以内，假定气流密度 $\rho(r)$是峰值位于 $r=0.5(R_{out}+R_{in})$处的 Gauss 分布，且在两个边缘点即 $r=R_{out}$ 和 $r=R_{in}$ 处的密度分别为峰值的 1/10，则描述 Gauss 分布宽度参数可确定。初始条件为 $r(0)=R_{out}$，$r'(0)=0$，并进一步假定初始雪耙初始质量 $m^*(0)=0.03m$。以径向压缩比为 10 作截止条件，m 的数值直到计算出的内爆时间与实验值相当，则可得实际负载线质量的估计值。

由上述方法计算的结果如图 7 所示。电流幅值 1.6—1.7MA 情况下，t_{imp}=120ns 对应的线质量 m 的估计值约 60μg/cm，随 t_{imp} 增大 m 递增，到 t_{imp}=150 ns 时达到约 120 μg/cm。图中同时给出了由上述计算确定的、平均每个离子获得的磁场能 $E_{j\times B}$ 随 t_{imp} 的变化，由于电流幅值变化不大，随 $t_{imp}(m)$的增大，$E_{j\times B}$ 很快降低至接近或小于 10keV/ion。

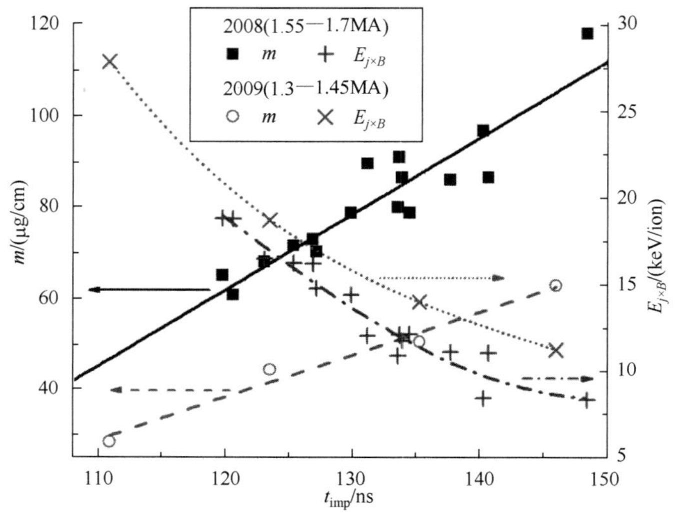

图 7 不同内爆时间下的线质量估计

由估算的负载线质量和冲击气流模型(ballistic-gas-flow model，BFM)可进一步推断初始气流密度分布。该模型在喷气负载研究中常用于拟合实测的密度分布，它考虑了喷嘴出口倾角对气流的定向和气流在真空中的膨胀发散，给出的气流分布为[19]

$$n(r,z)=\frac{N}{\pi\delta^2}\exp\left(-\frac{r^2+R_z^2}{\delta^2}\right)I_0\left(\frac{2rR_z}{\delta^2}\right), \tag{5}$$

其中 N 为单位长度的原子数密度；$I_0(x)$为零阶变型 Bessel 函数；$R_z(z)=R_n-z\theta_t$，$\delta(z)=(z+z_0)\theta_\mu$分别为距离出口平面为 z 处的气流壳层中心半径和分布宽度，在出口处 $R_z(0)=R_n=0.5(R_{out}+R_{in})$，$\delta(z)=z_0\theta_\mu$。其中 z_0、θ_μ为待定参数，其余量由喷嘴参数确定。

在喷嘴出口附近，δ/R_z 较小，BFM 分布接近宽度参数为$\delta/1.4R_z$的 Gauss 分布。假定出口处边缘密度为中心峰值密度的 1/10，可确定 z_0、θ_μ的乘积 $z_0\theta_\mu$，对于负载的外壳层，$z_0\theta_\mu$=0.45cm。从内爆图像来看，喷嘴出口附近的气流分布沿轴向较为均匀，而阳极端则仍有发散。说明气流发散角θ_μ略大于出口内倾角θ_t(0.35rad)。对外壳层取 z_0=0.1cm，θ_μ=0.45rad，假定内外壳层气流发散角θ_μ相同，由(5)式给出 Shot 08022 发次(m～68μg/cm)的密度分布如图 8 所示。可见，由于气流的发散，仅出口附近可明显区分内外壳层，离出口 0.5cm 以后内外壳层融合形成沿径向密度递减的实心气柱。

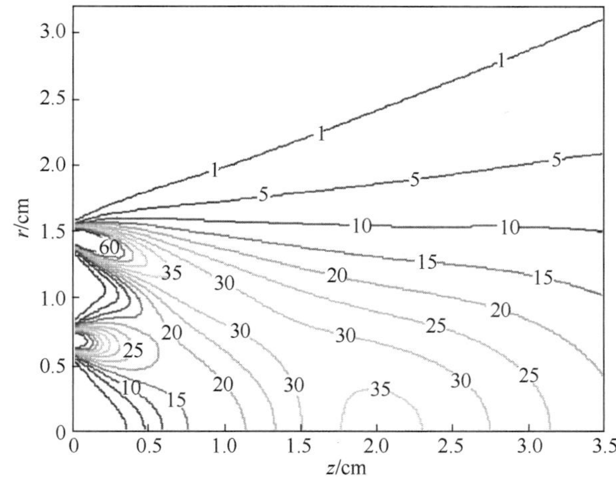

图 8 BFM 模型给出的线质量 68 μg/cm 时气体数密度等值线分布(单位：$10^{16}cm^{-3}$)

由图 8 可得不同轴向位置的质量密度 $\rho(r, z)$。在对不同轴向位置作雪耙计算时还需要确定各处的初始电流鞘半径 $R_0(z)$。从内爆过程的分幅图像判断当阴极端压缩到半径约 0.5cm 时，阳极端半径仍然大于 2cm，由此估计阳极网附近的初始电流鞘半径可能达到 3cm 左右。阴极端初始半径受到喷嘴出口限制，约 1.5cm。假定阴阳极之间的初始电流鞘半径随轴向位置线性变化，即近似沿着图 8 中数密度 $1\times10^{16}cm^{-3}$ 的等值线，分别对不同轴向位置求解(3)、(4)式得到不同时刻内爆等离子体鞘层边界如图 9 所示。图中同时给出了 Shot 08022 发次分幅图像给出的实验结果作为对比。计算结果与实验数据相近，表明对气流分布的推断及初始电流鞘半径的假设有一定合理性，能半定量地解释实验中观察到的“拉链”现象。

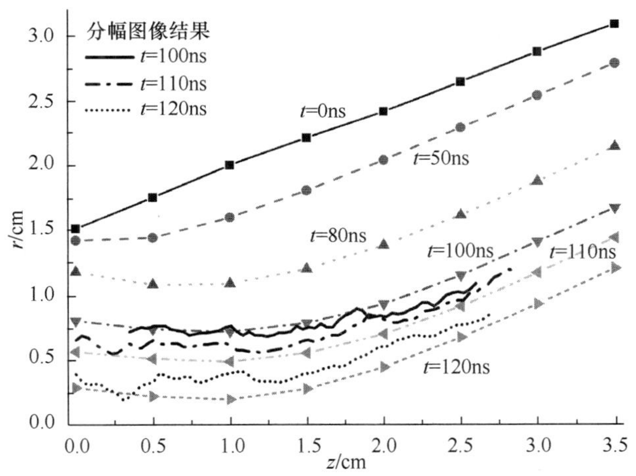

图 9 雪耙内爆模型计算确定的等离子体鞘层边界演化及与实验结果的对比

图 10 所示为负载阴极端径向加速过程的计算结果，所得最终内爆速度约 35cm/μs，高于由分幅图像估计的平均值。离开出口平面 0.5—1.5cm 处的负载在电流起始后 40ns 到 100ns 时近似匀速或缓慢加速，而 RT 不稳定性的扰动增长率与加速度大小正相关，因此可限制不稳定性的增长。而早期从 0—40ns 的快加速过程出现的扰动则在后续质量聚集和碰撞过程中被“抹平”。因此内爆鞘层的稳定性仍然可以得到改善。

以上分析是对内爆过程的零维简化处理，未考虑不同轴向位置之间的相互影响。实际情况下内爆鞘层边界为类似“喇叭”形结构，电流有径向分量，磁场力并不完全沿径向，内爆动力学至少是二维性质的。按文献[20]中的二维 MHD 模拟结果，图 9 所示内凹的电流鞘引入了沿着负载外边界的轴向流，并通过对流作用使 RT 不稳定性增长得以减轻，因而在雪耙内爆的基础上又额外提供了一种可能的致稳机制。

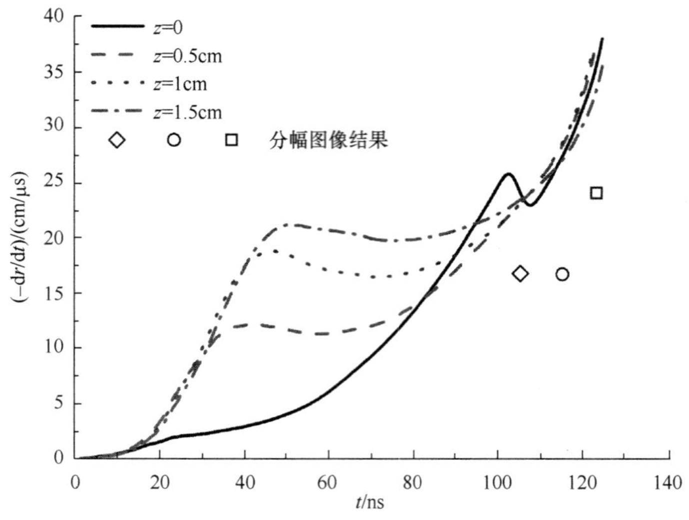

图 10　雪耙内爆模型计算的负载阴极端内爆速度变化

4.2　内爆时间扫描与等离子体图像

辐射脉冲的典型功率波形如图 6 所示，K 层辐射功率上升沿 12ns，半高宽 18ns，但相对幅度 0.1 处宽度超过 50ns，脉冲全宽度则超过 100ns。同时响应 L 层和 K 层辐射的探测器给出的功率波形半高宽为 31ns，其上升沿与 K 层辐射波形相符，但下降沿偏缓，说明在脉冲后期 L 层辐射份额上升、等离子体温度下降。该发次的 K 层辐射产额和功率峰值分别为 6.7kJ 和 0.27TW。

t_{imp}=110—150ns 下测得的 K 层辐射产额 Y_K、峰值功率 P_K 及脉冲宽度 t_{FWHM} 结果如图 11 所示。可见，t_{imp} 约 120ns 的负载 Y_K 和 P_K 较高，最大值分别为 7.4kJ 和 0.28TW，t_{FWHM} 约 20ns(电流较小时约 28ns)。随 t_{imp} 增加，P_K 很快下降，t_{FWHM} 也缓慢减小，Y_K 自然迅速降低。

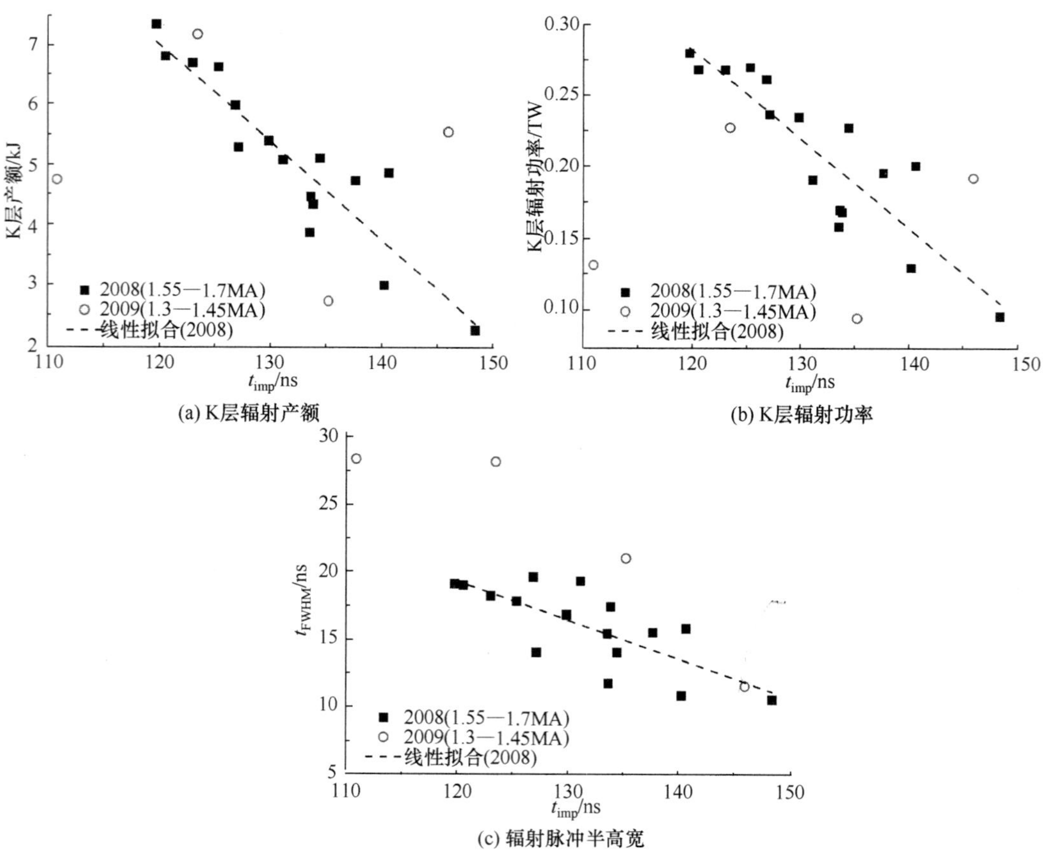

图 11　不同内爆时间下的 K 层辐射特性

从能量耦合角度，由于负载电流的达峰时间约为 90ns，在 t_{imp} 已经超过 120ns 的情况下，t_{imp} 的进一步增加，负载压缩到轴线的时刻越来越偏离电流峰值时刻，尽管电流幅值变化不大，但通过磁场力做功的能量耦合效率下降，总的能量输入减少。此外，质量的增加要求更多的能量消耗于对全部负载的电离和加热。而平均到每个离子获得的能量的减少(见图 7 中 $E_{j\times B}$)也限制了温度的有效上升。综合图 7 和图 11 结果，电流幅值 1.6—1.7MA 情况下，优化的负载线质量在 60—70μg/cm，平均每个离子获得的磁场能估计为 16—19keV/ion。

分幅相机给出的等离子体图像显示，在内爆阶段的大部分时间内等离子体鞘层压缩边界未受到不稳定性的显著影响，“拉链”效应则仍然存在。由于每发次只能获得 4 幅宽谱图像，这里选择了内爆时间较为接近的 3 发次实验结果组成内爆图像序列，如图 12 所示。Shot 08022、08023、08034 的 t_{imp} 分别为 123ns、120ns 和 120ns，K 层产额分别为 6.7kJ、7.4kJ 和 6.8kJ，内爆动力学和辐射输出有很大相似性。各分幅像标示的曝光时刻以 K 层辐射功率上升沿 90%处为零点。

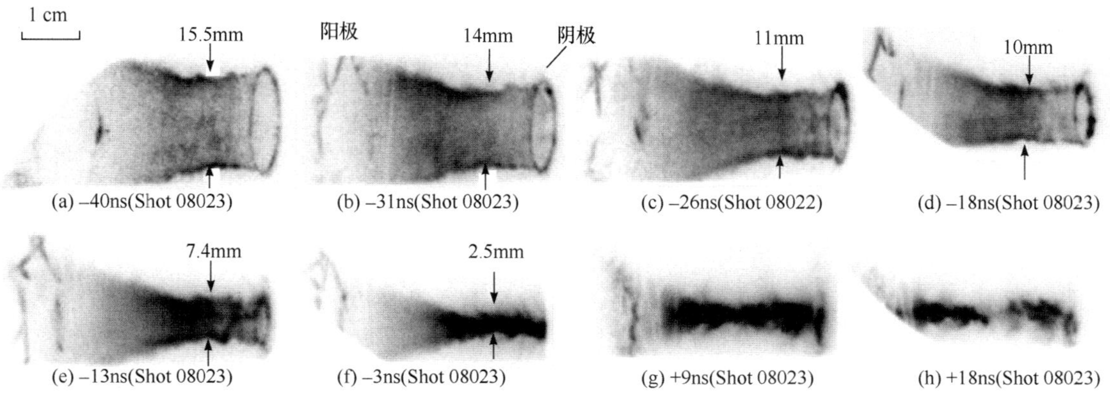

图 12 t_{imp}～120 ns 负载内爆等离子体宽谱图像序列

图 12(a)—(d)正好对应内壳层被压缩的过程，可见内爆等离子体鞘层的边界清晰、平滑，几乎没有受到不稳定性的影响。从喷嘴出口处至其下游约 2cm 处等离子体鞘层半径较为接近，内爆几乎同步，而阳极端则内爆较为滞后。在–18ns 时刻，阴极和阳极端直径分别约为 1cm 和 2.5cm。到–13ns 时刻，喷嘴出口附近的内爆已越过内壳层气流的分布区域，雪耙致稳机理不再起作用，鞘层界面的扰动有所增长，但已来不及充分发展。靠近阴极一端内爆到心后，阳极一侧仍呈“喇叭”形，在约 20ns 的时间内依次到达轴线，图像上表现为“拉链效应”，即箍缩柱逐渐向阳极端伸展。到+18 ns 时刻，阳极网附近到中心时，阴极端已趋于飞散。

由图 12(e)、(f)估计从–13ns 到–3ns 的平均内爆速度约为 25cm/μs，因内爆为加速运动，到达轴线附近时的实际内爆速度高于该数值。最终箍缩直径小于 2.5mm，表明径向压缩比超过 12 倍。

这 3 发次实验中获得的 K 层辐射图像序列如图 13 所示。在图 13(b)—(e)中“拉链”的发展尤为明显，在曝光时刻为负值、即辐射脉冲峰以前的上升沿，K 层发射主要在靠近阴极一侧，而脉冲下降沿则以阳极端发射为主。时间积分图像给出 K 层发射体的平均直径约 2mm，而且轴向较均匀。

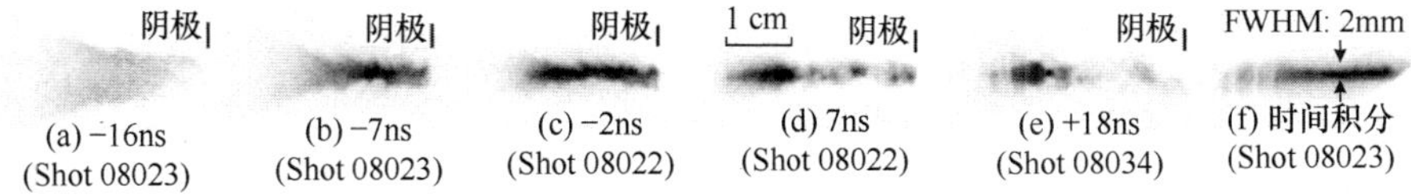

图 13 t_{imp}～120 ns 负载 K 层辐射图像序列

值得注意的是图 13(a)即–16ns 时刻，等离子体鞘层直径约 8mm 即离轴线尚远，但已有微弱的 K 层辐射产生。图 6 中 K 层辐射功率波形的前沿出现的相对幅度小于 0.1、持续约 30ns 的“根部”即对应这一微弱发射。这些 K 层辐射来自正在内爆中的等离子体鞘层边界，表明鞘层温度已经接近 150eV(见图 4)。这与雪耙内爆中质量聚集过程的非弹性碰撞引起内爆动能“损失”或者说提前热化有关，这一热化速率可表示为

$$\frac{dE_{\text{loss}}}{dt}=\frac{1}{2}\frac{dm^*(t)}{dt}\left(\frac{dr}{dt}\right)^2=\pi r\rho(r)\left|\frac{dr}{dt}\right|^3. \tag{6}$$

因温度较低时 Ne 等离子体辐射冷却速率也很低，在内爆雪耙以较快的径向速度(如 10—20cm/μs)聚集质量时，动能损失 E_{loss} 热化的速率很容易超过辐射冷却的速率，将使等离子体内能增大，电离度提高。

4.3　K 层辐射谱及其分析

用时空分辨晶体谱仪测得的 Ne 等离子体 K 层辐射谱典型结果如图 14 所示。其中(a)–(c)为 X 射线峰后 16—26ns 的时间分辨结果，可见辐射谱结构仍以类 H 离子线辐射为主，表明此时电子温度仍然很高。除了 Ly-α线强度较大，由主量子数 n=3–6 的较高激发态离子产生的 Ly-β、Ly-γ等共振线(1.2—1.3keV)也相去不远，而在类似图 2 所示的光学薄模拟中，高激发态共振线的强度则相比 Ly-α线有量级上的差别，反映了光学厚度和辐射输运对发射最强的 Ly-α线的限制。时间分辨结果中同时能辨认出复合辐射连续谱，以及比 Lyman 线系弱得多的类 He 离子谱线。图 14(d)的时间积分结果沿轴向分布较为均匀，类 He 离子线系及复合辐射连续谱相对 Lyman 线系的强度都有所提高。

对以线辐射为主的辐射谱的定量分析主要是由线强比确定等离子体电子温度 T_e,并结合辐射功率、图像诊断确定离子密度 n_i。具体方法是先通过等离子体谱学代码作大量计算，对给定的等离子体柱直径建立线强比、K 层辐射功率等主要诊断数据与(T_e，n_i)对应关系的数据库，然后将实验结果与计算结果对照，按图索骥，间接确定 T_e 和 n_i[16]。这一方法的关键在于理论模拟部分，即基于 CRE 原子物理模型和辐射输运模型建立方程组，自洽地求解离子布居与辐射场。用于等离子体谱学模拟的代码尚在研制当中，这里先基于文献[16]所列的较为有限的数据图表对测得的诊断数据作初步分析。

文献[16]计算了直径为 1、2、3mm 的 Ne 等离子体柱单位长度 K 层辐射功率 P_{keV} 及主要共振线的强度比在 T_e=100—500eV，n_i=10^{19}—10^{21}cm^{-3} 相空间的等值线图，其中直径 2mm 情况下的部分结果如图 15 所示。当 T_e≥250eV 时，K 层辐射功率只对 n_i 敏感而对 T_e 依赖很弱；线强比 Ly-α/(He-α+IC)对等离子体柱直径和 n_i 依赖较弱，主要对 T_e 敏感。

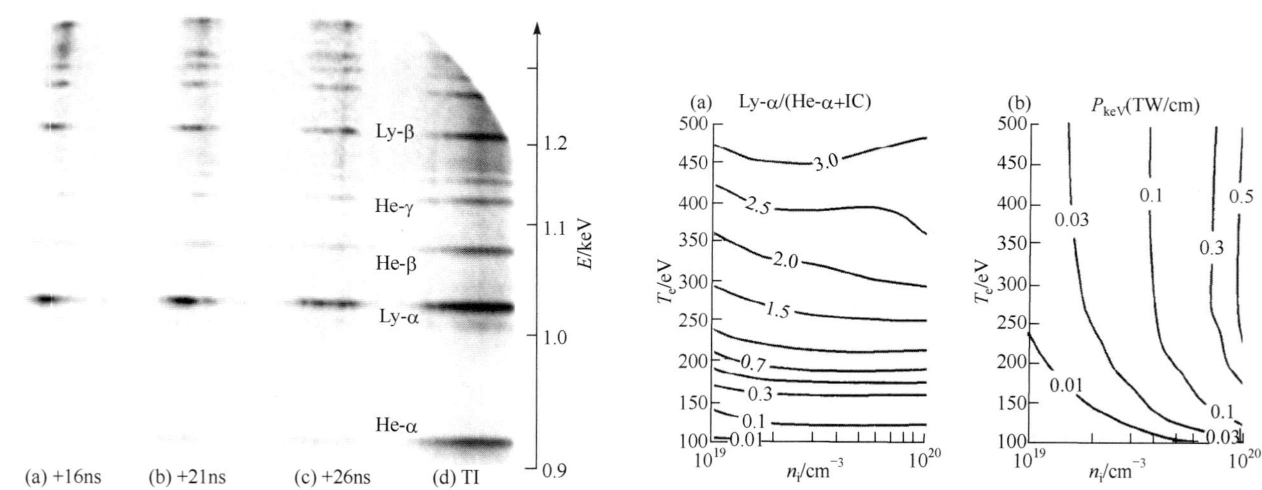

图 14　Ne 等离子体 K 层辐射谱测量结果(Shot 09016)　　图 15　直径 2 mm Ne 等离子体柱谱学诊断数据[16]

实验结果中 Ly-α/(He-α+IC)线强比介于 0.7—9，由摄谱图像记录系统谱响应变化引入的不确定度在±10%。滤片 XRD 测得了 K 层辐射功率，分幅图像确定了 K 层发射区域的有效长度、半径，由此计算的单位长度 K 层辐射功率的不确定度为±15%。在根据上述方法推断等离子体参数时，由于等离子体谱学模拟代码本身难以从实验上得到严格验证和校核，总的不确定度较大。文献[21]中将其估计为：包括实验测量的不确定度在内，所得出的 T_e 和 n_i 的精度分别为±15%和±30%。

鉴于可用的谱学对比数据较少，仅对部分有效发射直径约为 1 或 2 mm 的发次作了初步分析，结果如表 1 所示。在由 K 层辐射功率确定 n_i 时，对 T_e 超过 500eV 的，取 500eV 处数值；介于两条等值线之间的区域作了插值处理；直径 1.9—2.1mm 的，按 2mm 处理；直径 1.2mm 的两发次，由直径 1mm 和 2mm 的图表分别确定 n_i 后作了插值修正。

表 1 K 层辐射谱推断 Ne 等离子体状态参数典型结果(I_0，电流峰值；m，负载线质量估计值；t_{imp}，内爆时间；Y_K，K 层产额；D_{FWHM}，有效发射直径；P_K/L_{FWHM}，K 层辐射峰值功率与有效发射长度的比值；m_K，参与 K 层发射的线质量估计值；互组合线 IC 很弱、未能分辨，没有计入线强比)

炮号	I_0/MA	t_{imp}/ns	m/(μg/cm)	Y_K/kJ	D_{FWHM}/mm	(P_K/L_{FWHM})/(TW/cm)	时间分辨谱					时间积分谱	
							曝光时刻/ns	Ly-α/He-α	T_e/eV	n_i/(10^{19}/cm^{-3})	m_K/(μg/cm)	Ly-α/He-α	T_e/eV
09016	1.31	111	28	4.7	1.9	0.08	+16—+26	4—9.3	>500	3.2	30	0.7	200
09017	1.36	135	50	2.7	1.2	0.055	+2—+7	5.7—6	>500	4.4	17	2.3	350
09018	1.33	146	63	5.5	1.2	0.14	−9	3.9	>500	9	34	1.5	250
08029	1.65	125	72	6.6	2.1	0.096	−7—+3	1.7—2	280—310	4	46	—	—
08032	1.57	133	80	3.9	1.9	0.069	−9—+6	2.1—2.8	340—430	2.8	26	—	—
08034	1.62	120	61	6.8	2	0.12	+8—+18	3.2—4.7	>500	4.4	46	—	—

由表 1 可见，对质量较轻(28—63μg/cm)的负载，时间分辨的 Ly-α/(He-α+IC)线强比大于 3.5，估计的 T_e 超过 500eV，表明这类负载处于“过热”状态，直到 K 层辐射脉冲后沿，等离子体温度仍较高，线辐射以类 H 离子谱线为主(如图 14 所示)。时间积分的辐射谱给出的线强比和 T_e 相对较低。线质量分别为 72 和 80μg/cm 的两发次实验，时间分辨谱给出的 T_e 介于 300—400eV。

K 层发射区域的 n_i 在有效直径约 2mm 时介于 2.8—4.4×10^{19} cm^{-3}，直径减小到 1.2mm 时可达 9×10^{19}cm^{-3}。根据推断出的 n_i 计算了参与 K 层发射的负载质量 m_K，其数值介于 17—46μg/cm，对质量最轻的 09016 发次，m_K 与总的线质量估计值 m 相当，其余发次则与 m 的比值介于 32%—75%。m_K 与 K 层产额 Y_K 有正相关性，即产额高意味着有更多的质量参与发射。

需要指出的是在 Z-pinch 内爆最后的滞止阶段，动能热化和辐射冷却两个能量转化过程的相对量变决定了不管是 T_e 还是参与 K 层发射的 n_i 都是随时间变化的量。而且由于最后鞘层厚度不可忽略，通过碰撞热化的机制也决定了这两个状态量在径向必然是空间变化的。上述由时间分辨线强比和 K 层辐射峰值功率确定的 T_e 和 n_i 只是反映了滞止阶段等离子体状态参数经历过的数值，而且带有一定的平均意义。将这些结果与一些基本的估计进行比较可以对滞止和热化阶段有更多理解。

在滞止阶段等离子体的内能变化形式上可写为[22]

$$\mathrm{d}E_i(n_i,T_e,t)/\mathrm{d}t = Q_{th} - P_{rad}(n_i,T_e,t), \tag{7}$$

其中 Q_{th} 为动能热化的速率，P_{rad} 为辐射冷却速率或总的辐射功率。热化过程的特征时间尺度可估计为 $\tau_{th}\sim R_f/v_{imp}$($R_f$，$v_{imp}$ 分别为最终箍缩半径和内爆速度)，即 $\tau_{th}\sim$3—4ns。如果 $E_{KE}\sim$5kJ/cm 的内爆动能在这段时间内全部热化，则 $Q_{th}\sim$1—2TW/cm。P_{rad} 受到离子密度的限制，对 $n_i\sim5\times10^{19}$cm^{-3}，典型数值在 0.1—0.2TW/cm。这一相对关系意味着等离子体主体将经历一个快速热化升温、较慢辐射冷却的状态变化过程。在图 7 中给出了对 $t_{imp}\sim$120ns 情况下，内爆阶段平均每个离子获得的能量 $E_{j\times B}\sim$16—19keV/ion，如全部转化为等离子体内能，则对应的温度为 $T_e\sim$800—900eV，可以看作升温过程的上限。上述时间分辨的辐射谱分析给出的质量较轻负载的线强比显著超过 T_e=500eV 时的数值，说明实际的 T_e 很可能是接近这一上限数值的。

快速的升温使等离子体热压增加，有可能超过磁场压力。由 Bennett 关系给定的平衡时的温度 T_B 满足

$$(1+\overline{Z})N(\mathrm{cm}^{-1})T_B(\mathrm{eV}) = 3.1\times10^{21}I^2(\mathrm{MA}), \tag{8}$$

对 $m\sim$60μg/cm，离子线数密度 $N\sim1.8\times10^{18}$cm^{-1}；滞止阶段 $I\sim$1—1.1MA。故 $T_B\sim$160—200eV，这一

数值对应 Ne 等离子体产生 K 层辐射的下限温度。热化阶段的温度显然超过这一数值。不过，即使等离子体向外膨胀，因速度尺度在 10cm/μs(或 0.1mm/ns)，在 10ns 左右的时间内膨胀也极为有限，能量仍主要通过辐射冷却释放。较高温度下辐射功率对温度相对不敏感，温度随时间下降过程近似线性；到后期，辐射功率随温度下降而下降，冷却过程变慢，即温度较低的状态保持时间相对较长，辐射脉冲下降沿的根部与这些状态相对应。时间积分辐射谱结果中类 He 离子线系的强度相对增加应与此有关。

离子密度理论上由负载质量和最终箍缩半径决定。对 m～60μg/cm，R_f～1.2mm，离子密度均值为 4×10^{19}cm^{-3}。表 1 中 t_{imp}～120ns 时推断的 n_i 及 m_K 分别与上述密度均值及初始线质量相当，表明在功率峰值时刻负载主体确实都加热到较高温度，因而都产生 K 层辐射。对于质量较重、内爆时间较长的负载，一般而言，内爆速度的降低使碰撞热化过程相对延长，另外能量输入的相对不足使等离子体主体难以都加热到较高温度，温度的梯度分布特征会更突出。原则上位于柱体内部即轴线附近的一部分质量更容易被“挤压”到高温状态，并同时对应较高的离子密度，但因 K 层发射区域的半径偏小，总的 K 层辐射功率仍然有所下降。对于这种外围存在较多偏冷质量的情形，辐射输运相对复杂，需要以更多的谱学诊断数据及能处理温度梯度的物理模型加以分析。

5. 结论

在“强光一号”开展了双层喷 Ne 气 Z 箍缩产生 K 层辐射(光子能量约 1keV)的实验研究。双层负载内外层质量比约 2.8∶1，出口半径分别为 1.5cm 和 0.75cm，名义半径比约 2∶1。在内爆时间约为 120ns，负载线质量估计值 60—70μg/cm 时，获得 K 层辐射产额约 7kJ、峰值功率 0.28TW，脉冲宽度约 20ns。随着内爆时间增加即负载线质量的增大，K 层辐射产额和功率很快下降。

密度呈空间分布的喷气负载本身会通过雪耙致稳机制提高内爆品质[23,24]，而双层嵌套负载也已被证明由于内外层的相互作用能有效抑制 RT 不稳定性的发展[25,26]。本文报道的实验结果中，该负载也获得了较好的内爆效果，在占绝大部分的内爆时间内等离子体鞘层边界未受到不稳定性的显著影响，箍缩柱直径至少压缩到 2.5mm，最终内爆速度超过 25cm/μs。内爆过程存在“拉链效应”，阴极端到轴线时，阳极端半径仍较大，功率峰值附近有效发射长度只有负载总长度的约一半。内爆时内凹的鞘层边界可能提供了额外的致稳机理。根据分幅图像特征可对初始气流密度分布和电流鞘半径进行估计，将其带入零维雪耙模型计算，可简单地模拟再现内爆过程的动力学特征。

利用测得的 K 层辐射谱给出的线辐射强度比及单位长度的 K 层辐射功率估计了等离子体 K 层发射区域的状态参数。对于质量较轻(28—63μg/cm)的负载，时间分辨谱给出的电子温度达到 500eV 以上，时间积分结果则只有 200—350eV。较重的负载时间分辨电子温度介于 300—400eV。K 层发射区域的离子密度介于 3—9×10^{19}cm^{-3}，根据这一密度估计的参与 K 层发射的负载质量 m_K 介于 17—46μg/cm。K 层产额较高即接近 7kJ 的发次，m_K 也取最大值即 46μg/cm。

后续将对喷气负载初始密度及早期电流鞘半径进行实验测量，并完善对 500eV 以上电子温度的时间分辨诊断。对辐射谱的深入分析目前尚不成熟，有待等离子体谱学模拟代码的完成，并与 MHD 模拟代码相耦合，以更多地从细节上理解等离子体状态参数变化对辐射谱的影响。

参 考 文 献

[1] Hua X S, Peng X J 2009 *High Power Laser and Particle Beams* **21** 801 (in Chinese) [华欣生, 彭先觉 2009 强激光与粒子束 **21** 801]

[2] Qiu A C 2000 *Engineering Science* **2** 24 (in Chinese) [邱爱慈 2000 中国工程科学 **2** 24]

[3] Wu G, Qiu A C, Lv M, Kuai B, Wang L P, Cong P T, Qiu M T, Lei T S, Sun T P, Guo N, Han J J, Zhang X J, Huang T, Zhang G W, Qiao K L 2009 *Acta Phys. Sci.* **58** 4779 (in Chinese) [吴刚、邱爱慈、吕敏、蒯斌、王亮平、丛培天、邱孟通、雷天时、孙铁平、郭宁、韩娟娟、张信军、黄涛、张国伟、乔开来 2009 物理学报 **58** 4779]

[4] Spielman R B, Deeney C, Chandler G A, Douglas M R, Fehl D L, Matzen M K, McDaniel D H, Nash T J, Porter J L, Sanford T W L, Seamen J F, Stygar W A, Struve K W, Breeze S P, McGurn J S, Torres J A, Zagar D M, Gilliland T L, Jobe D O, McKenney J L, Mock R C, Vargas M, Wagoner T, Peterson D L 1998 *Phys. Plasmas* **5** 2105

[5] Coverdale C A, Deeney D, Jones B, Thornhill J W, Whitney K G, Velikovich A L, Clark R W, Chong Y K, Apruzese J P, Davis J, Lepell P D 2007 *IEEE Trans. Plasma Sci.* **35** 582

[6] Sze H, Levine J S, Banister, J, Failor, B H, Qi, N, Steen, P, Velikovich, A L, Davis, J, Wilson A 2007 *Phys. Plasmas* **14** 056307

[7] Xu R K, Li Z H, Ning J M, Guo C, Xu Z P, Yang J L, Li L B, Xia G X, Hua X S, Ding N, Liu Q, Gu Y C, Grabovsky E V, Oleynic G M, Nedoseev S L, Alexandro V V, Mitrofanov K N, Zurin M V, Volkov G S, Porofeev I A, Frolov I N, Smirnov V P 2005 *Chin. Phys*. **14** 1613

[8] Qiu A C, Kuai B, Zeng Z Z, Wang W S, Qiu M T, Wang L P, Cong P T, Lv M 2006 *Acta Phys. Sin.* **55** 5917 (in Chinese) [邱爱慈、蒯斌、曾正中、王文生、邱孟通、王亮平、丛培天、吕敏 2006 物理学报 **55** 5917]

[9] Kuai B, Cong P T, Zeng Z Z, Qiu A C, Qiu M T, Chen H, Liang T X, He W L, Wang L P, Zhang Z 2002 *Plas. Sci. Tech*. **4** 1329

[10] Huang X B, Yang L B, Gu Y C, Deng J J, Zhou R G, Zou J, Zhou S T, Zhang S Q, Chen G H, Chang L H, Li F P, Ouyang K, Li J, Yang L, Wang X, Zhang Z H 2006 *Acta Phys. Sin.* **55** 1900 (in Chinese) [黄显宾、杨礼兵、顾元朝、邓建军、周荣国、邹杰、周少彤、张思群、陈光华、畅里华、李丰平、欧阳凯、李军、杨亮、王雄、张朝辉 2006 物理学报 **55** 1900]

[11] Ren X D, Huang X B, Zhou S T, Zhang S Q, Li J, Yang L B, Li P 2009 *Acta Phys. Sin.* **58** 7067 (in Chinese) [任晓东、黄显宾、周少彤、张思群、李晶、杨礼兵、李平 2009 物理学报 **58** 7067]

[12] Stephanakis S J, Apruzese J P, Burkhalter P G, Davis J, Meger R A, McDonald S W, Mehlman G, Ottinger P F, Young F C 1986 *Appl. Phys. Lett.* **48** 829

[13] Deeney C, LePell P D, Roth I, Nash T, Warren L, Prasad R R, Coulter M C, Whitney K G 1992 J. *Appl. Phys*. **72** 1297

[14] Qiu A C, Kuai B, Wang L P, Wu G, Cong P T 2008 *High Power Laser and Particle Beams* **20** 1911 (in Chinese) [邱爱慈、蒯斌、王亮平、吴刚、丛培天 2008 强激光与粒子束 **20** 1911]

[15] Chung H K, Chen M H, Morgan W L, Ralchenko Y, Lee R W 2005 *High Energy Density Physics* **1** 3

[16] Apruzese J P, Whitney K G, Davis J, Kepple P C 1997 J. *Quant. Spectrosc. Radiat. Transfer* **57** 41

[17] Qiu M T, Lv M, Wang K L, Hei D W, Qiu A C, Zeng Z Z, Du J Y, Kuai B, Yuan Y, Tian H, Sun F R, Luo J H 2003 *High Power Laser and Particle Beams* **15** 101 (in Chinese) [邱孟通、吕敏、王奎禄、黑东炜、邱爱慈、曾正中、杜继业、蒯斌、袁媛、田慧、孙凤荣、罗建辉 2003 强激光与粒子束 **15** 101]

[18] Wu G, Qiu A C, Lv M, Hei D W, Sheng L, Wei F L, Kuai B, Wang L P, Cong P T, Lei T S, Han J J, Sun T P 2009 *High Power Laser and Particle Beams* **21** 1115 (in Chinese) [吴刚、邱爱慈、吕敏、黑东炜、盛亮、魏福利、蒯斌、王亮平、丛培天、雷天时、韩娟娟、孙铁平 2009 强激光与粒子束 **21** 1115]

[19] Mosher D, Weber B V, Moosman B, Commisso R J, Coleman P, Waisman E, Sze H, Song Y, Parks D, Steen P, Levine J, Failor B, Fisher A 2001 *Laser and Particle Beams* **19** 579

[20] Douglas M R, Deeney C, Roderick N F 1997 *Phys. Rev. Lett.* **78** 4577

[21] Commisso R J, Apruzese J P, Black D C, Boller J R, Moosman B, Mosher D, Stephanakis S J, Weber B V, Young F C 1998 *IEEE Trans. Plasma Sci*. **26** 1068

[22] Thornhill J W, Velikovich A L, Clark R W, Apruzese J P, Davis J, Whitney K G, Coleman P L, Coverdale C A, Deeney C, Jones B M, LePell P D 2006 *IEEE Trans. Plasma Sci*. **34**(5) 2377

[23] Velikovich A L, Cochran F L, Davis J 1996 *Phys. Rev. Lett.* **77** 853

[24] DeGroot J S, Toor A, Golberg S M, Liberman M A 1997 *Phys. Plasmas* **4** 737

[25] Sze H, Coleman P L, Failor B H, Fisher A, Levine J S, Song Y, Waisman E M, Apruzese J P, Chong Y K, Davis J, Cochran F L, Thornhill J W, Velikovich A L, Weber B V, Deeney C, Coverdale C A, Schneider R 2000 *Phys. Plasmas* **7** 4223

[26] Deeney C, Douglas M R, Spielman R B, Nash T J, Peterson D L, L'Eplattenier P, Chandler G A, Seamen, J F, Struve K W 1998 *Phys. Rev. Lett.* **81** 4883

Researches on preconditioned wire array Z pinches in Xi'an Jiaotong University*

ABSTRACT: The dynamics of wire array Z pinches are greatly affected by the initial state of the wires, which can be preconditioned by a prepulse current. Recent advances in experimental research on preconditioned wire array Z pinches at Xi'an Jiaotong University are presented in this paper. Single-wire explosion experiments were carried out to check the state of the preconditioning and to obtain the current parameters needed for wire gasification. Double-wire explosion experiments were conducted to investigate the temporal evolution of the density distribution of the two gasified wires. Based on the results of these experiments, a double-pulse Z-pinch facility, Qin-Ⅰ, in which a 10 kA prepulse current was coupled with the 0.8 MA main current was designed and constructed. Wire arrays of different wire materials, including silver and tungsten, can be preconditioned by the prepulse current to a gaseous state. Implosion of the two preconditioned aluminum wires exhibited no ablation and little trailing mass.

Ⅰ. INTRODUCTION

Wire array Z pinches have produced the most powerful laboratory X-ray sources to date.[1-3] An X-ray power and yield of 280 TW and 1.8 MJ, respectively, were achieved on the Z machine at Sandia National Laboratories in 1998.[4] The power was increased to ~350 TW on the ZR machine.[5] Owing to the remarkable X-ray power available, wire array Z pinches are of great interest for a number of applications, such as radiation physics,[6] inertial confinement fusion,[7] laboratory astrophysics,[8] and high-energy-density plasmas.[9]

To further increase both X-ray power and yield, and also verify the scaling of the X-ray output to higher currents, there is great interest in the evolution of wire array Z pinches.[10,11] Based on the results of experiments and simulations, the dynamics of a wire array Z pinch can be qualitatively divided into four stages: wire heating, ablation, implosion, and stagnation.[12]

Immediately after the current starts, Joule heating of each wire leads to the formation of a core–corona structure: a cold dense wire core surrounded by a low-density hot corona.[13-15] Then, in the ablation stage, the coronal plasma carrying the current around each wire core is swept inward toward the array axis.[12] This ablation process is axially inhomogeneous along the wire, presenting a quasiperiodic structure, which is considered to be one of the important seeds for the magneto—Rayleigh-Taylor (MRT) instability.[4, 16, 17] When the wire core begins to run out of mass in certain parts of the wire, the implosion stage starts.[15] The implosion front is accelerated toward the axis by the magnetomotive force, sweeping up the mass that is redistributed during the ablation phase,[18] and the implosion physics is dominated by the MRT instability.[15] Finally, the high-speed imploding plasma stagnates on the axis. It is compressed into a very dense state, and powerful X-ray radiation is produced.

To increase the X-ray power and yield, both symmetry and stability of the implosion are desirable to allow the plasma to reach high densities and temperatures. However, the implosion quality is severely degraded by the development of the MRT instability, which is closely related to the core–corona structure formed in the initial wire heating stage. First, the ablation of the core–corona structure is axially

* 该文原载于 *Matter and Radiation at Extremes*，2019 年第 4 卷第 3 期。

inhomogeneous, which results in seeding of large-amplitude perturbations at the start of the implosion.[12] Second, the trailing mass left behind as a result of MRT instability of the implosion can produce alternative current paths during stagnation, [19] owing to the increasing inductive voltage across the pinch. These may cause secondary implosions, resulting in secondary X-ray peaks.

Wire array experiments on medium-size generators facilitate the investigation of the evolution process of Z-pinch plasmas. A number of 1 MA level facilities, such as MAGPIE (1.4 MA, 250 ns, Imperial College London), [20] ZEBRA (1 MA, 100 ns, University of Nevada, Reno),[21] COBRA (1 MA, 100–200 ns, Cornell University), [22] MAIZE (100 kV, 1 MA, 100 ns, University of Michigan), [23] and Qiangguang-I (1.5 MA, 110 ns, Northwest Institute of Nuclear Technology, Xi'an), [24] have achieved remarkable results on the implosion dynamics and radiation properties of wire array Z pinches. In addition, generators with smaller current levels, such as PPG-I (400 kA, 100 ns, Tsinghua University), [25] XP (450 kA, 100–150 ns, Cornell University), [26] GenASIS (200 kA, 150 ns, University of California at San Diego), [27] BIN (250 kA, 100–150ns, P. N. Lebedev Institute), [28] and Qin- I (800 kA, 170 ns, Xi'an Jiaotong University), [29] have also produced meaningful data on the initial behavior of wire array Z-pinch and X-pinch plasmas. Among these, the Qin- I facility is unique because it coupled a prepulse current generator inside the main current generator, making it possible to precondition the wire array.

The effects of the prepulse on wire array Z pinches have been investigated before. In these experiments, the prepulse current used had a slow rise rate (10 A/ns per wire) and a long duration.[30] Consequently, the formation of the core–corona structure occurred at earlier times. This kind of prepulse current significantly impaired the parameters of X-ray emission owing to a decrease in the current flowing through the imploding plasma shell and to the greater spatial nonuniformity of the ablated plasma.

Harvey-Thompson *et al.* from Imperial College London proposed a specially designed load configuration: the two-stage wire array.[19] In this configuration, an exploding wire array was employed as a fast current switch to produce a 1 kA, 10 ns prepulse current and then switch the main current.[31] The prepulse current preheated the wire array to a gaseous state. After a ~100 ns free expansion, the gasified wire array was imploded by the main current, which allowed the implosion of the whole mass of the load array. However, the two-stage wire array configuration for wire preconditioning imposed considerable restrictions on the range of wire array Z-pinch load configurations and on the time interval between the prepulse current and the main current.

In 2012, we proposed using an auxiliary prepulse current generator, coupled with the Z-pinch machine, to precondition the wire array (Fig. 1). Since then, this idea has been tested step by step. Initially, the possibility of vaporization of one or two metallic wires driven by short current pulses was investigated. Based on the results obtained, a novel double-pulse current generator, the Qin- I facility, which couples a~ 10 kA, 20 ns prepulse generator with a ~0.8 MA 160 ns main current generator, was designed and constructed.[29] The tailored prepulse current with a total pulse width of ~60 ns allows appropriate preconditioning of the wire array to prevent the formation of core–corona structures; the gasified wires expand freely during the interval between the two current pulses and a gaseous shell can be formed at the start instant of the main current, as shown in Fig. 1. The experiments of two gasified aluminum wires imploding driven by the main current pulse reveals the absence of an ablation phase and the participation of the entire array mass in the implosion. With this facility, we can investigate the implosion of preconditioned wire arrays in the same geometry as in the standard wire array case, and we can figure out the effect of the initial conditions of the wire array on MRT instabilities and X-ray production.

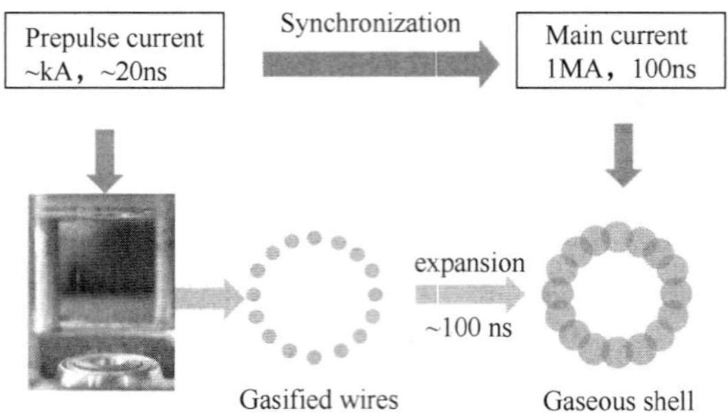

Fig.1. Preconditioning of the wire array using an auxiliary prepulse current.

In this paper, we describe recent advances in experimental research on preconditioned wire array Z pinches in Xi'an Jiaotong University. The vaporization of a single wire of various metallic materials and the possibility of preconditioning of two wires by a 1 kA/wire current pulse are presented in Secs. Ⅱ and Ⅲ. In Sec. Ⅳ, the Qin-Ⅰ facility is introduced. The preconditioning of wire arrays by the prepulse generator and the implosion of the preconditioned wire arrays are introduced in Secs. Ⅴ and Ⅵ. Finally, a summary of our work to date and a plan for future studies are presented in Sec. Ⅶ.

Ⅱ. GASIFICATION OF A SINGLE WIRE

The first step is to figure out the parameters of the current needed for gasification of a single wire. Usually in the explosion process of a wire, a core-corona structure is formed, and shunting of the current from the wire core to the surrounding plasma terminates the Joule heating of the wire.[32, 33] Thus, to fully vaporize a wire, an Ohmic energy deposition greater than the atomization enthalpy in the wire core must be achieved before the voltage collapse.[34]

A compact current generator with a peak current of 1 kA and a rise time of 10 ns was constructed.[33] A diagram of this generator is shown in Fig. 2, in which C_p is the primary capacitor, PT is the pulse transformer, C_s is the secondary capacitor, Ss is a point plane gap, and HVPS is the high-voltage power supply unit. When the pulse current generator is working, C_p (17 nF) is charged to the set voltage by the HVPS. Then the hydrogen thyratron is triggered, and the discharge circuit is connected. C_s (150 pF) is a coaxial low-inductance capacitor, which is charged by the primary discharge current through the PT (transformation ratio 1 ∶ 4). The current is transferred to the load when the gap Ss undergoes self-breakdown. The load voltage and current were measured by a resistive voltage divider and a Rogowski coil, respectively.

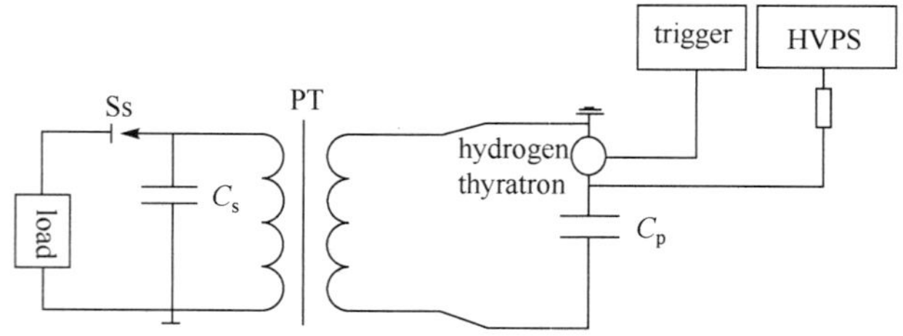

Fig.2. Diagram of the 1 kA compact current generator.

Based on our previous experimental results, this compact current generator can vaporize an aluminum, copper, or silver wire, and the greatest part of a coated tungsten wire.[35-38] The refractory metal tungsten is hard to gasify owing to its high melting point and strong electron emission property, and a dielectric coating can help to increase the energy deposition into the wire before voltage collapse.[39] Schlieren and interferogram images of an exploding tungsten wire 15 μm in diameter, 1 cm in length, and with a 2 μm polyimide (PI) coating are shown in Figs. 3(a) and 3(b). From the fringe pattern in the interferogram (positively shifted), it can be inferred that most of the refractory wire is transformed into a gaseous state.

This can be confirmed from the estimated energy deposition of this shot, which was 7 eV/atom, close to the atomization enthalpy of tungsten (8.6 eV/atom). Further, the areal density distribution could be reconstructed from the interferogram (neglecting the contribution of free electrons), as shown in Fig. 3(c). The linear density of the exploding products was 1.1×10^{17} cm^{-1}, which is consistent with the initial linear density of the wire (1.12×10^{17} cm^{-1}).

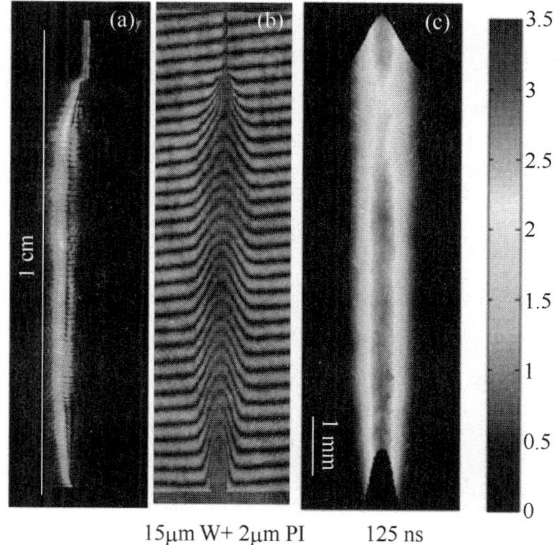

Fig.3. (a) Schlieren image of an exploding tungsten wire 15 μm in diameter, 1 cm in length, with a 2 μm PI coating. (b) Interferogram of the exploding products. (c) Areal density distribution reconstructed from the interferogram.

The exploding PI-coated tungsten wire is highly asymmetric in the radial direction, which could be caused by surface breakdown of the anode side. Previously, corona-free tungsten wire initiations were achieved by applying dielectric coatings to wires on fast-rising positive-polarity discharges or by using flashover switches to reverse the polarity of negative-polarity discharges.[40, 41] To reduce the asymmetry of the exploding tungsten wire under a negative discharge current, a hollow cylindrical cathode geometry was used to reverse the polarity of the radial electric field.[42] In this case, full vaporization of PI-coated tungsten wires with greatly improved symmetry was achieved with an energy deposition of ~8.8 eV/atom. Two-wavelength interferograms of an exploding coated tungsten wire in the hollow cylindrical cathode geometry are shown in Figs. 4(a) and 4(b), and the reconstructed atomic and electronic density distributions are shown in Figs. 4(c) and 4(d). Further, this hollow cathode configuration can also be optimized for use in multi-MA facilities.

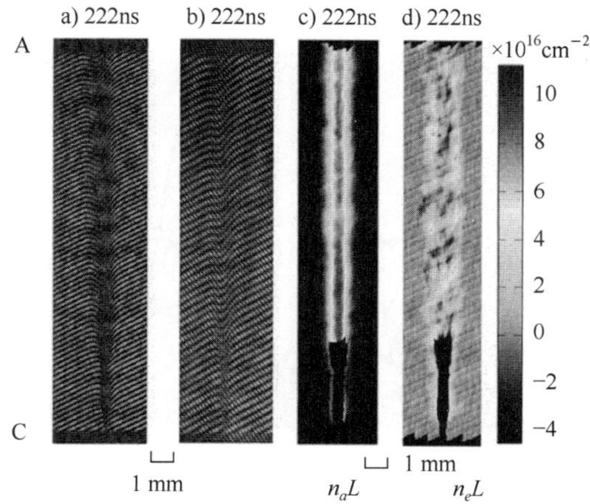

Fig.4. (a) 532 nm and (b) 1064 nm double-wavelength interferograms for a hollow cylindrical load. (c) Atomic areal density. (d) Electronic areal density.[42] Reprinted with permission from Li *et al.*, Phys. Plasmas **25**, 012705 (2018). Copyright 2018 AIP Publishing LLC.

Ⅲ. EXPANSION AND MERGER OF GASIFIED WIRES

After the prepulse current, the gasified wires expand freely in vacuum before the main current is applied. Since the mass density distribution has a vital effect on the implosion dynamics, it is interesting to know how the density distribution of a gasified wire array varies with time. We investigated the expansion and merger of two gasified wires. The experiments were based on the 1 kA/10 ns pulsed current generator shown in Fig. 2, and the load wires (aluminum and tungsten, 15 μm in diameter, 1 cm in length) were positioned at separations of 1–3 mm.[35] The expansion and merger of the exploding products were investigated using a two-wavelength (532 nm and 1064 nm) interferometer.[43, 44]

Experimental images of the exploding double Al wires are shown in Fig. 5. It can be seen that the wires were transformed into two expanding aluminum gas columns by the pulsed current, as shown in Figs. 5(a) and 5(b). The shift directions of the fringes in the 532 nm image suggested that the exploding products were dominated by neutral atoms. The expanding columns collided with each other later in time, creating a high-density region in the middle, as shown in Figs. 5(c) and 5(d).

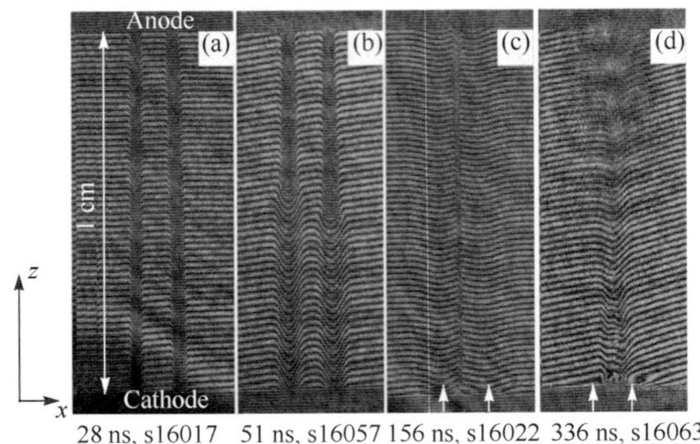

Fig.5. (a)–(d) Interferometric images at different times from different shots. All the loads tested were two 15 μm Al wires, 1 cm in length and with 1 mm spacing. White arrows indicate the initial positions of the wires.[35] Reprinted with permission from Wu *et al*., Phys. Plasmas **23**, 112703 (2016). Copyright 2016 AIP Publishing LLC.

The dynamics of the collision and merger process can be seen in the density profiles reconstructed from laser interferometry, as shown in Fig. 6. At an instant 51 ns before the wires merged, the mass was distributed symmetrically around the initial positions of the wires. The total number of atoms can be

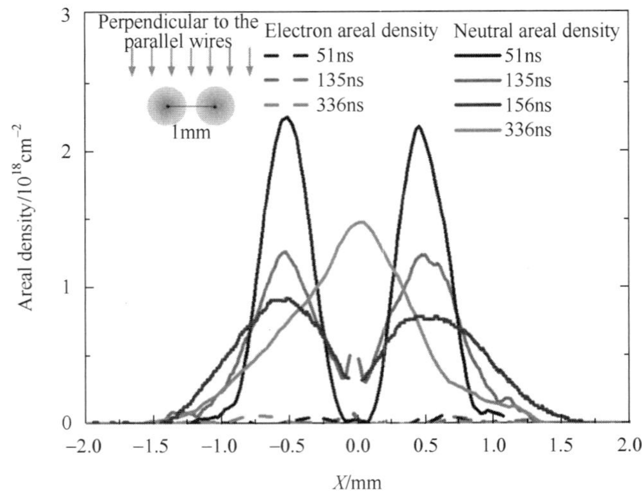

Fig.6. Areal density distributions at different times, from two 15 μm Al wires 1 cm in length and with 1 mm spacing. The inset is a schematic of the experiments.[35] Reprinted with permission from Wu *et al*., Phys. Plasmas **23**, 112703 (2016). Copyright 2016 AIP Publishing LLC.

determined by integrating the areal densities along the radial direction. The two wires at $t=51$ ns had linear densities of 9.9×10^{17} cm^{-1} and 9.2×10^{17} cm^{-1} respectively, corresponding to 93% and 87% of the initial mass (10.6×10^{17} cm^{-1}) of a 15 μm Al wire. After the instant of 135 ns, the density gradient of the middle region between the wires was too great for interferometric measurements (the red line in Fig. 6). This mass accumulation is brought by the collision of the expanding gases from the two wires. The density of the remaining part was 80% of the initial wire mass at 135 ns. Later in time at 336 ns (pink line), the full mass distribution could be measured owing to the falling density. It can be seen that a significant fraction of mass was in the stagnation region at 336 ns. The total linear density determined by integrating its distribution was 1.6×10^{18} cm^{-1}, or 75% of the initial load mass (two wires). Moreover, the reconstructed electron densities at the three instants were negligible, as can be seen from Fig. 6, indicating that the wires were fully vaporized.

When the load is mounted parallel to the probing laser, a sideview interferometric image of the load can be obtained, and the corresponding reconstructed areal densities are shown in Fig. 7 (237 ns). The unfolding of the interferograms yielded the areal density shown in Fig. 7(c). The linear density, equal to 1.6×10^{18} cm^{-1}, accounts for 75% of the total load mass. It can be seen that the total detected mass decreased with time as the vapor expanded in both Figs. 6 and 7. Three causes could be responsible for the missing mass. First, the undetectable region in the middle accounts for a part of the total mass. Second, the low-density gas expanded to a greater distances cannot be detected owing to the insensitivity of the laser. Third, it is possible that some fraction of the gaseous atoms might coalesce to form liquid droplets or clusters during the expansion of the wire.

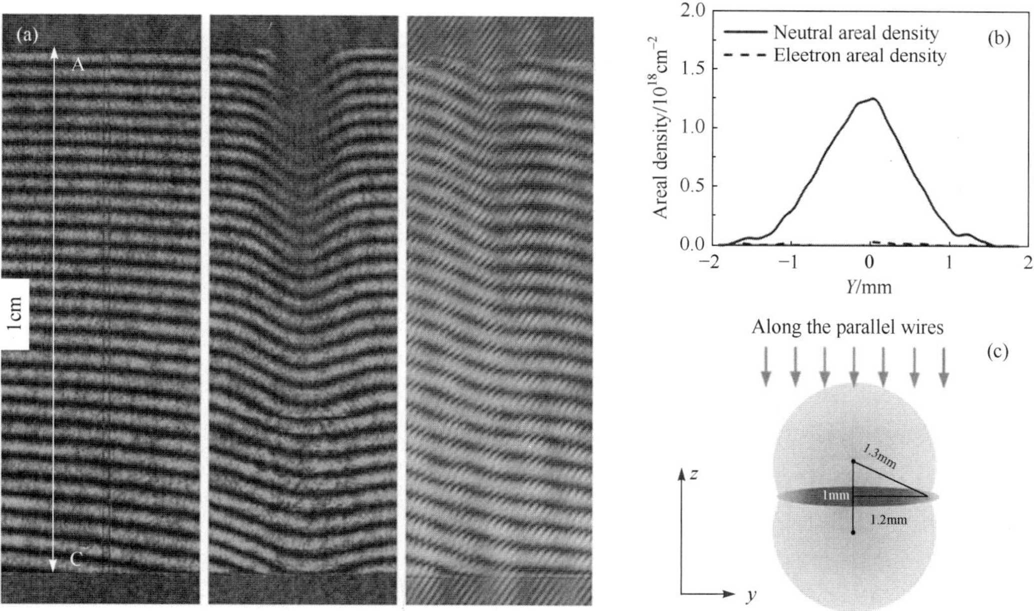

Fig.7. (a) Interferometric images from Shot 16054 (two 15 μm Al wires, 1 cm in length and with 1 mm spacing) at 237 ns, probed in the direction parallel to the wires. (b) Areal density distribution from Shot 16054. (c) Schematic of the stagnation region in the middle of the wires.[35] Reprinted with permission from Wu *et al.*, Phys. Plasmas **23**, 112703 (2016). Copyright 2016 AIP Publishing LLC.

Ⅳ. THE QIN-Ⅰ FACILITY

Following the idea of using an auxiliary current generator to precondition the wire array, we set up a double-pulse generator named the Qin-Ⅰ facility. It is composed of two independent generators: a prepulse generator and a main current generator.

The prepulse current generator was designed based on the double-wire experiments described above, and the restrictions from coupling the two generators were also considered. The prepulse generator was composed of a 5.8 nF capacitor and an SF_6 gas switch. Its output current to a 5 Ω matched load had a peak value of 10 kA, a rise time of 20 ns, and a pulse width of 65 ns. The parameters of the prepulse current were known to be sufficient to gasify a wire array composed of up to ten wires about 10 μm in diameter.

The design of the main current generator was similar to that adopted in the linear transformer driver approach. It was composed of 42 bricks, uniformly distributed in a hexagonal layout inside a cavity and immersed in transformer oil. Each brick was composed of two 90 nF capacitors and one 200 kV air-gas switch. The outputs of the bricks were connected directly to a high-voltage negative plate with no ferromagnetic cores being used. The short current of the main current generator reached 800 kA with a 160 ns rise time under a charging voltage of ±50 kV.

The prepulse current generator was placed directly underneath the load section, surrounded by the 42 bricks as shown in Fig.8(a). The high voltage outputs of the prepulse generator were connected to the high voltage plate of the main current generator. To produce a fast-rising and short-pulse-width prepulse current, we needed to reduce the current inductance of the prepulse generator. Post-hole structures with the ground posts of the prepulse generator passing through the high-voltage plate of the main current generator were used, as shown in Fig. 8(a).

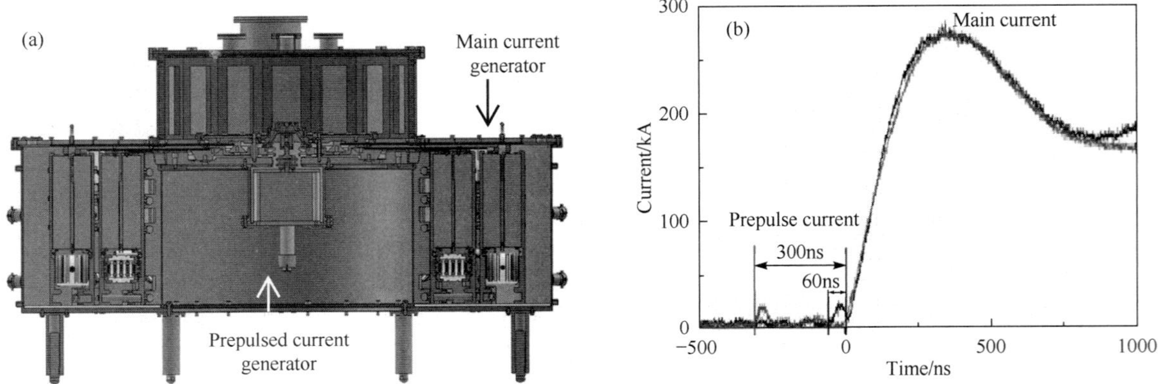

Fig.8. (a) Qin-Ⅰ facility. (b) Short load currents of both the prepulse current and the main current with different time intervals. The charging voltage of the main current generator was ±30 kV.

The prepulse current generator and the main current generator were triggered individually, so the time delay between the two pulses was adjustable. Typical short currents with both the prepulse current and the main current are shown in Fig. 8(b), with a charging voltage of ±30 kV for the main current generator.

In the Qin-Ⅰ facility, a Rogowski coil was used to measure both the main current and the prepulse current, but unfortunately the load voltage was not measured during the experiments. The X-ray radiation from the wire array was measured using Si-pin detectors (AXUV-HS5) with different X-ray filters. The dynamics of the wire array were obtained using laser probing. During most of the experiments, two probing lasers were used: a 532 nm, 30 ps laser and a 532 nm, 10 ns laser.

Ⅴ. PRECONDITIONING OF WIRE ARRAYS BY APREPULSE CURRENT

The wire array was preconditioned by the prepulse current before implosion.[29] The aim of this preconditioning was to preheat the array to a gaseous state instead of to core–corona structures. The capabilities of the prepulse current generator were investigated. Wire arrays of different configurations and different materials were tested.

The current, self-emission, and probing laser waveforms of a cylindrical silver wire array with a diameter of 11 mm and a length of 2 cm are shown in Fig. 9. The array was made of ten 25 μm silver wires.

The prepulse current had a peak value of 14 kA and a rise time of ~20 ns. A laser interferometric image obtained 436 ns after the start of the prepulse current is shown in Fig. 9(b). Interferometric fringes superimposed by quasi-periodic stratifications caused by electrical–thermal instability are clearly observable throughout the wires, indicating that the exploding wires had no dense core and that they were mostly vaporized with an energy deposition greater than the atomization enthalpy.

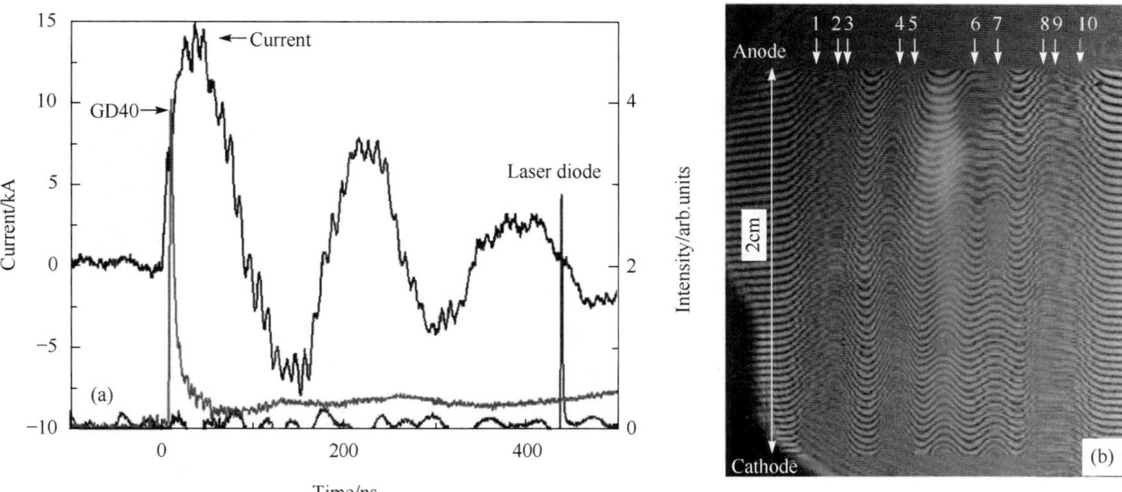

Fig.9. (a) Current (black curve), self-emission (red curve), and probing laser (blue curve) waveforms of a 10×25 μm silver wire array with a diameter of 11 mm and a length of 2 cm. (b) Laser interferometric images obtained 436 ns after the current started.[29] Reprinted with permission from Wu *et al.*, Plasma Phys. Controlled Fusion **60**, 075014 (2018). Copyright 2018 IOP Publishing.

The gasification of a tungsten wire array is shown in Fig. 10. Tungsten wires of diameter 15 μm with PI coatings of thickness 2 μm were used here. The PI coating was able to suppress the rapid expansion of the low-density desorbed gas and metallic vapors and thus delay breakdown and increase the energy deposition. Since tungsten has a greater resistivity, a higher melting temperature, and a stronger electron-emitting property than silver, gasification of the tungsten wires was much more difficult to achieve. Two more methods were also used here: a flashover switch was installed to increase the current rise rate, and a hollow cylindrical cathode was used to reverse the polarity of the radial electric field on the wires from negative to positive,[42] which greatly suppressed electron emission from the wire surface.

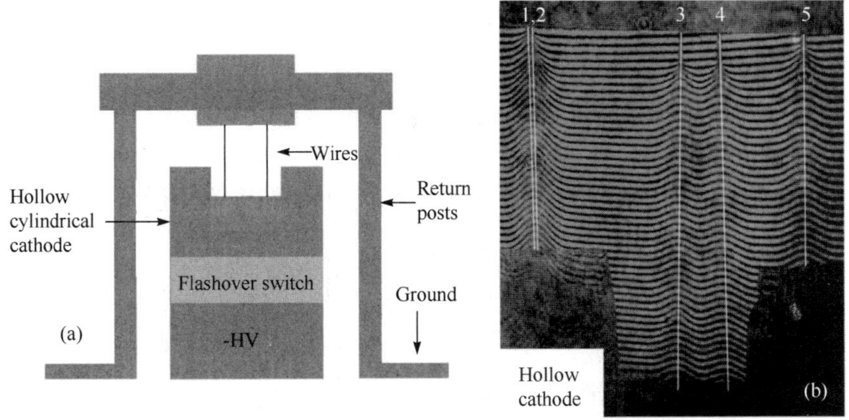

Fig.10 (a) Schematic of the load configuration with a flashover switch and a hollow cylindrical cathode. (b) Laser interferometric images of a cylindrical tungsten wire array 287 ns after the current started. The array consisted of five wires, 15 μm in diameter, with a polyimide coating of 2.5 μm thickness.[29] Reprinted with permission from Wu *et al.*, Plasma Phys. Controlled Fusion **60**, 075014 (2018). Copyright 2014 IOP Publishing.

Most parts of the wires were vaporized, except for a region of length about 1 mm close to the anode. One of the reasons for this nonuniformity in the anode region was probably the poor electrical contact, since the insulating coating was not removed. The fringes in the laser interferometric images were then traced and the density profiles were calculated, with the results shown in Fig. 11. At 287 ns, the peak areal density of a gasified tungsten wire was about 8.5×10^{17} cm^{-2}. The linear density of the atoms was calculated by integrating the areal density along the x direction, and a value of ~9×10^{16} cm^{-1} for a single wire was found, corresponding to ~80% of the initial mass (1.1×10^{17} cm^{-1}).

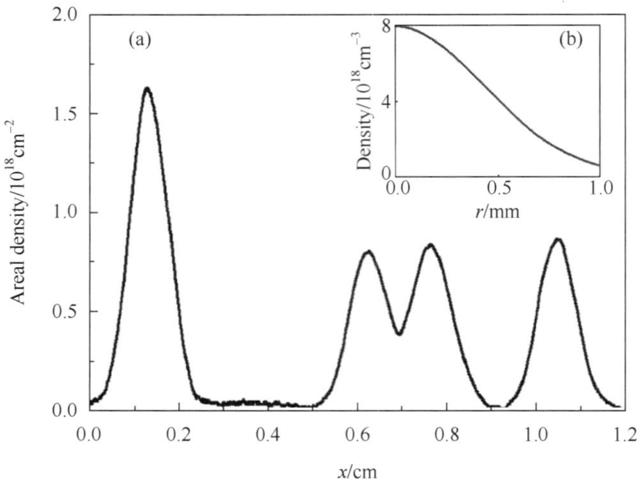

Fig.11. (a) Areal density distribution calculated from the laser interferometric images shown in Fig. 4 for a 5×15 μm cylindrical tungsten wire array with a 2.5 μm thickness PI coating at 287 ns. (b) Density profile for a single wire obtained by Abel inversion.[29] Reprinted with permission from Wu *et al.*, Plasma Phys. Controlled Fusion **60**, 075014 (2018). Copyright 2014 IOP Publishing.

Ⅵ. IMPLOSION OF PRECONDITIONED WIRE ARRAY

Implosions of the preconditioned wire array were investigated on the Qin-Ⅰ facility with the main current applied. Here we report the results for two aluminum wires, and experiments with eight or more wires are in progress. It is worth noting that some of the properties (e.g., the level of precursor current) of the two-wire array will be different from those of a cylindrical wire array owing to their different magnetic topologies.

With driving only by the main current, typical laser shadowgraphs of two aluminum wires (15 μm in diameter and 1 cm in length) are shown in Fig. 12. The characteristics of ablation are clearly seen. Mass

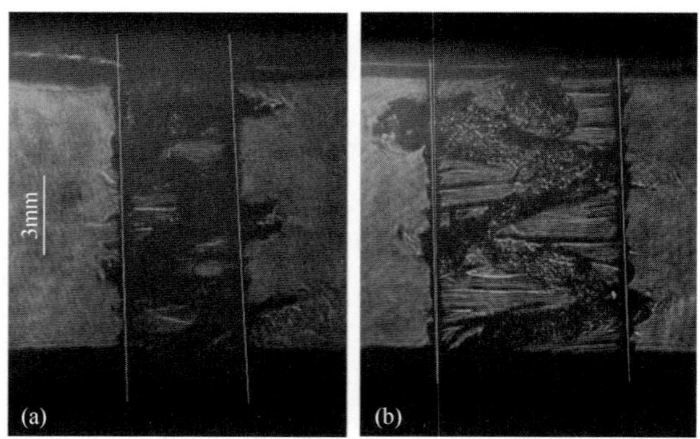

Fig.12. Laser shadowgraphs of two 15 μm aluminum wires driven by the main current alone. (a) Shot 2017042805, with 3mm wire spacing, probed 183 ns after the main current started. (b) Shot 2017051304, with 5 mm wire spacing, probed 160 ns after the main current started.[29] Reprinted with permission from Wu *et al.*, Plasma Phys. Controlled Fusion **60**, 075014 (2018). Copyright 2014 IOP Publishing.

from the core–corona structures has been swept into the region between the two wires. The ablation flow is inhomogeneous along the wire, with an axial modulation wavelength of ~0.4 mm. This inhomogeneous ablation is considered to be one of the main seeds for the MRT instability. In addition, a precursor plasma column with m=1 MHD instability can clearly be observed. The probable reason is that the two wires have an open magnetic topology, and more current will switch into the ablated plasma and produce a precursor plasma column.

With the application of a prepulse current, laser shadowgraphs of two aluminum wires (3 mm spacing, Shot 2017050901) after the main current started are shown in Fig. 13. The prepulse current had a peak value of 25 kA and a rise time of ~20 ns. The time interval between the prepulse current and the main current was 310 ns, and the peak value of the main current was about 250 kA under a charging voltage of ±30 kV. The implosion dynamics of the preheated wires were completely different from the ablation process shown in Fig. 12.

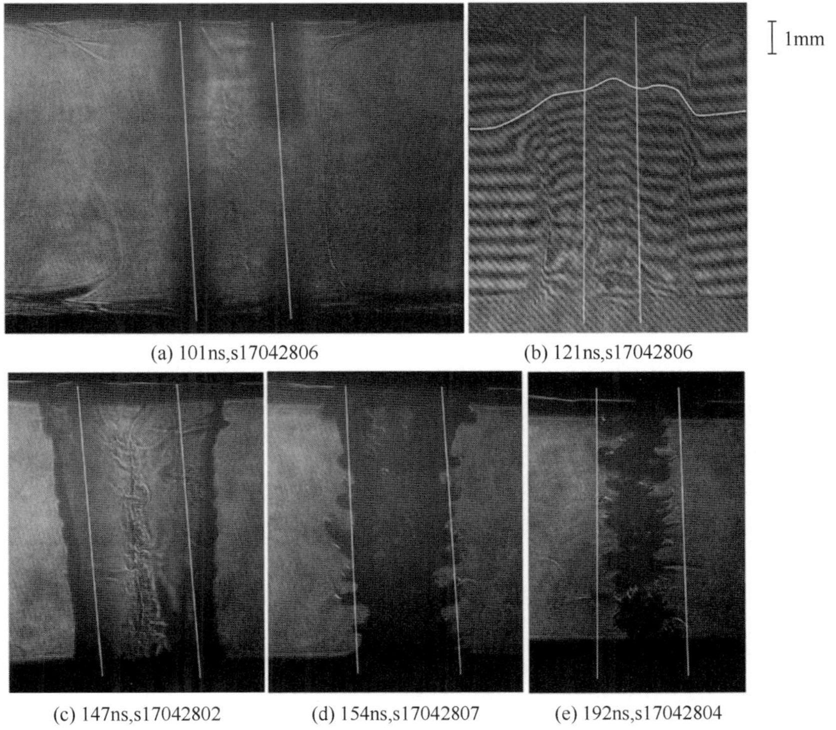

Fig.13. Laser shadowgraphs of two 15 μm aluminum wires with 3 mm spacing when a prepulse current was applied. The white lines indicate the initial positions of the wires. The probing times and shot numbers are given below the images.[29] Reprinted with permission from Wu *et al.*, Plasma Phys. Controlled Fusion **60**, 075014 (2018). Copyright 2014 IOP Publishing.

At 101 ns after the main current started, the shadowgram image shows the exploding products of the two wires, together with a snowplow implosion piston located outside. It seems that the magnetic piston at this time only accreted the previously expanded low-density vapors to the axis, and had not reached the position of the main body of the exploding wires. These low-density vapors were formed owing to the vaporized and desorbing gas from the wires driven by the prepulse current. The piston moved to the position at which the main products of the exploding wires were located 147 ns after the current started [Fig. 13(c)]. Small perturbations could be observed at the edges of the current path. Then the piston moved forward to the axis, and there was a significant growth of MRT instability with bubbles and spikes. At a time around 192 ns, the plasma stagnated on the axis, and no mass could be observed in the region outside the two wires from the laser shadowgraphs. Based on the position of the piston, the imploding velocity was about 26 km/s.

Ⅶ. CONCLUSION AND DISCUSSION

In this paper, we have presented an overview of the experimental research on preconditioned wire array Z pinches at Xi'an Jiaotong University. The idea of using an auxiliary prepulse current generator coupled with the Z-pinch machine to precondition the wire array was proposed in 2012, and since then the idea has been tested step by step. First, one- and two-wire explosion experiments were carried out to check the state of the preconditioning. Gasification of a tungsten wire was achieved, and the temporal evolution of the density distribution from two gasified wires was obtained. Second, a double-pulse generator, the Qin-Ⅰ facility, coupling a 10 kA prepulse current with a 0.8 MA main current, was designed and constructed. Wire arrays of different wire materials, including silver and tungsten, can be preconditioned by the prepulse current to a gaseous state. Finally, experimental results showed that the implosion of the preconditioned two aluminum wires exhibits no ablation and little trailing mass.

An analytical model of an expanding gasified wire gives results closely matching experiment results for an exploding single wire[35] and can be used to predict the density distribution of a preconditioned wire array at the instant when the main pulse starts. However, even though the initial mass distribution of a single wire can be estimated, there are still many difficulties in theoretically describing the imploding dynamics of a preconditioned wire array. First, the undetectable low-density coronal plasma formed during Joule heating makes it hard to determine the location of the current path. Consequently, the state of the neutral gas is unclear after the start of the main current, owing to the presence of unknown current channels. Second, the actual density distribution of the preconditioned wires can be affected by collision of adjacent wires, which produces a complicated initial distribution of the load. Third, it is observed from the probing images that the implosion of the preconditioned wires develops significant MRT instabilities during the implosion, and the perturbation seeds of these instabilities are unknown.

More experiments are needed to investigate the implosion dynamics and radiation characteristics of preconditioned wire arrays. At present, experiments with cylindrical and planar wire arrays using 8–12 aluminum wires are being carried out. The preliminary results indicate that both ablation and the trailing mass are completely suppressed with the help of the prepulse current on the Qin-Ⅰ facility. A greater amount of mass participates in the implosion, and an increase in X-ray yields is measured. However, the implosion still suffers from the MRT instability, and multiple bursts are observed. In further work, we will focus on the development of MRT instability in implosions of preconditioned wire arrays. In addition, there is a need to develop a more satisfactory implosion model for preconditioned wire array Z pinches.

REFERENCES

[1]M. G. Haines, Plasma Phys. Controlled Fusion **53**, 093001 (2011).

[2]J. Deng, W. Xie, S. Feng, W. Meng, H. Li, S. Song, M. Xia, C. Ji, H. An, and Q. Tian, Matter Radiat. Extremes **1**, 48 (2016).

[3]N. Ding, Y. Zhang, D. Xiao, J. Wu, Z. Dai, L. Yin, Z. Gao, S. Sun, C. Xue, and C. Ning, Matter Radiat. Extremes **1**, 135 (2016).

[4]R. W. Lemke, D. B. Sinars, E. M. Waisman, M. E. Cuneo, E. P. Yu, T. A. Haill, H. L. Hanshaw, T. A. Brunner, C. A. Jennings, and W. A. Stygar, Phys. Rev. Lett. **102**, 025005 (2009).

[5]D. H. Mcdaniel, M. G. Mazarakis, D. E. Bliss, and J. M. Elizondo, in *The ZR refurbishment project*, 2002, p. 23.

[6]C. L. Hoyt, P. F. Knapp, S. A. Pikuz, T. A. Shelkovenko, A. D. Cahill, P. A. Gourdain, J. B. Greenly, B. R. Kusse, and D. A. Hammer, Appl. Phys. Lett. **100**, 244106 (2012).

[7]M. E. Cuneo, R. A. Vesey, G. R. Bennett, D. B. Sinars, W. A. Stygar, E. M. Waisman, J. L. Porter, P. K. Rambo, I. C. Smith, and S. V. Lebedev, Plasma Phys. Controlled Fusion **48**, R1 (2005).

[8]K. T. K. Loebner, T. C. Underwood, T. Mouratidis, and M. A. Cappelli, Appl. Phys. Lett. **108**, 094104 (2016).

[9]D. Yanuka, A. Rososhek, S. Efimov, M. Nitishinskiy, and Y. E. Krasik, Appl. Phys. Lett. **109**, 244101 (2016).

[10]T. W. Sanford, G. O. Allshouse, B. M. Marder, T. J. Nash, R. C. Mock, R. B. Spielman, J. F. Seamen, J. S. Mcgurn, D. Jobe, and T. L. Gilliland, Phys. Rev. Lett. **77**, 5063 (1996).

[11]M. E. Cuneo, E. M. Waisman, S. V. Lebedev, J. P. Chittenden, W. A. Stygar, G. A. Chandler, R. A. Vesey, E. P. Yu, T. J. Nash, D. E. Bliss *et al.*, Phys. Rev. E **71**, 46406 (2005).

[12]S. V. Lebedev, F. N. Beg, S. N. Bland, J. P. Chittenden, A. E. Dangor, M. G. Haines, K. H. Kwek, S. A. Pikuz, and T. A. Shelkovenko, Phys. Plasmas **8**, 3734 (2001).

[13]D. A. Hammer and D. B. Sinars, Laser Part. Beams **19**, 377 (2001).

[14]S. I. Tkachenko, A. R. Mingaleev, S. A. Pikuz, V. M. Romanova, T. A. Khattatov, T. A. Shelkovenko, O. G. Ol'Khovskaya, V. A. Gasilov, and Y. G. Kalinin, Plasma Phys. Rep. **38**, 1 (2012).

[15]S. V. Lebedev, R. Aliaga-Rossel, S. N. Bland, J. P. Chittenden, A. E. Dangor, M. G. Haines, and I. H. Mitchell, Phys. Plasmas **6**, 2016 (1999).

[16]J. P. Chittenden and C. A. Jennings, Phys. Rev. Lett **101**, 055005 (2008).

[17]S. V. Lebedev, F. N. Beg, S. N. Bland, J. P. Chittenden, A. E. Dangor, M. G. Haines, S. A. Pikuz, and T. A. Shelkovenko, Phys. Rev. Lett. **85**, 98 (2000).

[18]R. G. M. Rosenbluth and A. Rosenbluth, Los Alamos Report No. LA-1850, 1954.

[19]A. J. Harvey-Thompson, S. V. Lebedev, G. Burdiak, E. M. Waisman, G. N. Hall, F. Suzuki-Vidal, S. N. Bland, J. P. Chittenden, G. P. De, and E. Khoory, Phys. Rev. Lett. **106**, 205002 (2011).

[20]S. V. Lebedev, F. N. Beg, S. N. Bland, J. P. Chittenden, A. E. Dangor, and M. G. Haines, Phys. Plasmas **9**, 2293 (2002).

[21]K. M. Williamson, V. L. Kantsyrev, A. A. Esaulov, A. S. Safronova, P. Cox, I. Shrestha, G. C. Osborne, M. E. Weller, N. D. Ouart, and V. V. Shlyaptseva, Phys. Plasmas **17**, 112705 (2010).

[22]J. B. Greenly, J. D. Douglas, D. A. Hammer, B. R. Kusse, S. C. Glidden, and H. D. Sanders, Rev. Sci. Instrum. **79**, 073501 (2008).

[23]D. A. Yagerelorriaga, P. Zhang, A. M. Steiner, N. M. Jordan, P. C. Campbell, Y. Y. Lau, and R. M. Gilgenbach, Phys. Plasmas **23**, 124502 (2016).

[24]M. Li, L. Sheng, L. P. Wang, Y. Li, C. Zhao, Y. Yuan, X. J. Zhang, M. Zhang, B. D. Peng, and J. H. Zhang, Phys. Plasmas **22**, 122710 (2015).

[25]T. Zhao, X. Zou, X. Wang, Y. Zhao, Y. Du, R. Zhang, and R. Liu, IEEE Trans. Plasma Sci. **38**, 646 (2010).

[26]S. V. Lebedev, F. N. Beg, S. N. Bland, J. P. Chittenden, A. E. Dangor, M. G. Haines, M. Zakaullah, S. A. Pikuz, T. A. Shelkovenko, and D. A. Hammer, Rev. Sci. Instrum. **72**, 671 (2001).

[27]D. Mariscal, J. Valenzuela, G. Collins, J. Chittenden, and F. Beg, IEEE Trans. Plasma Sci. **43**, 2527 (2015).

[28]S. A. Pikuz, T. A. Shelkovenko, V. M. Ramanova, J. Abdallah, Jr., G. Csanak, R. E. H. Clark, A. Y. Faenov, I. Y. Skobelev, and D. A. Hammer, J. Exp. Theor. Phys. **85**, 484 (1997).

[29]J. Wu, Y. Lu, F. Sun, X. Li, X. Jiang, Z. Wang, D. Zhang, A. Qiu, and S. V. Lebedev, Plasma Phys. Controlled Fusion **60**, 075014 (2018).

[30]P. B. Repin, V. D. Selemir, V. T. Selyavskiĭ, R. V. Savchenko, A. P. Orlov, B. G. Repin, and M. S. Ibragimov, Plasma Phys. Rep. **35**, 42 (2009).

[31]G. Burdiak, S. Lebedev, A. Harveythompson, G. Hall, G. Swadling, F. Suzukividal, S. Bland, L. Pickworth, P. De Grouchy, and L. Suttle, "Characterisation of the current switch mechanism in two-stage wire array Z-pinches, " Phys. Plasmas **22**, 112710 (2015).

[32]G. S. Sarkisov, S. E. Rosenthal, K. R. Cochrane, K. W. Struve, C. Deeney, and D. H. McDaniel, Phys. Rev. E **71**, 46404 (2005).

[33]J. Wu, X. W. Li, Y. Li, Z. F. Yang, Z. Q. Shi, S. L. Jia, and A. C. Qiu, Acta Phys. Sin. **63**, 125206 (2014).

[34]G. S. Sarkisov, K. W. Struve, and D. H. Mcdaniel, Phys. Plasmas **12**, 052702 (2005).

[35]J. Wu, X. Li, Y. Lu, S. V. Lebedev, Z. Yang, S. Jia, and A. Qiu, Phys. Plasmas **23**, 112703 (2016).

[36] J. Wu, Y. Lu, X. Li, D. Zhang, and A. Qiu, Phys. Plasmas **24**, 112701 (2017).

[37]Y. Shi, Z. Shi, K. Wang, Z. Wu, and S. Jia, Phys. Plasmas **24**, 012706 (2017).

[38]K. Wang, Z. Q. Shi, Y. J. Shi, J. Bai, Y. Li, Z. Q. Wu, A. C. Qiu, and S. L. Jia, Acta Phys. Sin. **65**, 15203 (2016).

[39]J. Wu, X. Li, M. Li, Y. Li, and A. Qiu, J. Phys. D: Appl. Phys. **50**, 403002 (2017).

[40]G. S. Sarkisov, S. E. Rosenthal, K. W. Struve, and D. H. McDaniel, Phys. Rev. Lett. **94**, 035004 (2005).

[41]H. Shi, X. Zou, and X. Wang, Appl. Phys. Lett. **109**, 134105 (2016).

[42]M. Li, J. Wu, Y. Lu, X. Li, Y. Li, and M. Qiu, Phys. Plasmas **25**, 012705 (2018).

[43]G. Point, Y. Brelet, L. Arantchouk, J. Carbonnel, B. Prade, A. Mysyrowicz, and A. Houard, Rev. Sci. Instrum. **85**, 123101 (2014).

[44]Z. Yang, J. Wu, W. Wei, X. Li, J. Han, S. Jia, and A. Qiu, Phys. Plasmas **23**, 083523 (2016).

Characteristics of implosion and radiation for aluminum planar wire array Z-pinch at 1.5MA*

Planar wire arrays Z-pinches were carried out on Qiangguang generator (1.5MA, 100ns). Loads with varied row widths (6—24mm) and wire numbers (10—34) were employed in the experiments. The implosion dynamics of planar wire arrays has been studied. Meanwhile, the changes of the implosion time, radiation yield and power with array mass, inter-wire gap, and array width were investigated. The images of a soft X-ray camera exhibit that the trailing mass, precursor column, and R-T instability exist during the implosion phase, and when m=0 maybe accompanied with m=1, instability will rapidly develop after stagnation. The implosion trajectories show that loads will implode by the snowplow mode and about 50% of total initial array mass will participate in the final implosion. The maximum total X-ray energy is 22kJ with a power of 630GW, while the maximum K-shell yield is 3.9kJ with a power of 158GW. Experiments with different planar wire arrays show that the value of $m_pD_0^2$ (the product of line mass and squared width) is the critical factor which affects the implosion time and the X-ray products of the wire arrays. The optimum value of $m_pD_0^2$ should be in the range of 200—400μg · cm and the inter-wire gap should be less than 1mm.

Ⅰ. INTRODUCTION

Wire array Z-inches are a powerful X-ray source that can be applied for inertial confinement fusion (ICF), [1-3] laboratory astrophysics[4], and the general investigation of high energy density(HED) physics.[5] In recent years, novel array configurations (planar, radial, conical, and spherical)[6-10] have applied in HED and ICF science studying as well as enhancing the understanding of cylindrical wire array implosions. A planar wire array consists of many fine wires which are parallel to each other in one or more rows. This configuration will lead to some differences from cylindrical arrays, including the ablations of each wire , the magnetic, and J×B force at each wire. These differences will further influence the wire array implosion and stagnation.The experimental results on Saturn show planar wire arrays can provide X-ray powers high enough to be potentially interesting for compact ICF drivers.[11]

First experiments with planar wire arrays have been performed at Gamble-Ⅱ in 1998[12] and then at 1 MA Magpie in 2004.[13] In these studies, planar wire arrays were placed close to the current return metal conductor as a replacement of standard return current rod. Such geometry reproduced a small section of cylindrical wire array in experiments on 20 MA Z-generator. These experiments were focused on the ablation process of the wires acted on the high current like Z(20MA) and a linear wire array was designed in order to have the same parameters with the cylindrical wire array. Initial experiments with planar wire arrays as a powerful X-ray radiation source, placed in the center of a discharge chamber, were performed at 1 MA Zebra generator.[14,15] In the experiments, the single planar wire array(SPWA)[14-17] and the double planar wire array(DPWA)[17-19]as well as other kinds of planar wire arrays[20,21] were adopted as a powerful and compact plasma radiation source. Since then, there have been many reports about planar wire array Z-pinches. These loads could produce soft X-ray yields up to 11.5 kJ/cm and powers of more than 0.4 TW/cm[14]. Later successful experiments using the aluminum SPWA have been performed on the 4.7MA generator GIT-12 at a long period mode and a K-shell yield of 6.5 kJ/cm with a radiation power of 200 GW/cm have been

* 该文原载于 *Physics of Plasmas*，2012 年第 19 卷第 12 期。

achieved.[22] The tungsten SPWA experiments were also carried out on Saturn. As a joint result of the Sandia National Laboratories and the Nevada University researcher's work, new data of SPWAs physics in current region 1—6 MA and new compact hohlraum configuration for ICF were obtained.[23] Preliminary comparison at 1—6MA indicates sub-quadratic scaling of X-ray power in a manner similar to compact cylindrical wire arrays, and in the view of the researchers at Sandia laboratory, the SPWA with large widths, small gaps should be further studied.

In this paper the aluminum SPWA experiments performed on Qiangguang generator (1.5MA, 100ns) is presented. The experiments were focused on ablation, implosion trajectories, implosion time, as well as the changing of radiation yields and power with array masses, inter-wire gaps , and array widths. The organization of the paper is as follows. Section Ⅱ provides a summary of the experimental setup and diagnostics. Section Ⅲ gives the implosion characteristics obtained through analyses of the images and implosion trajectories. The change of radiation yields and power with varied loads will be given in Section Ⅳ and a summary will be given in Section Ⅴ.

Ⅱ. EXPERIMENTAL DIAGNOSTICS

Electromagnetic pulses used to drive loads are produced by Qiangguang generator.[24] Qiangguang is a facility composed of a liner transformer driver (LTD), an intermediate storage, a pulse compression line, a pulse output line and a vacuum chamber. The LTD is composed of 60 discharge units, and each unit contains two oppositely charged capacitors (3μF each) and a triggered gas switch. When discharged, energy is coupled to the intermediate storage by the magnetic core. When the voltage of the intermediate storage achieves 2.3MV, a self-breaking water switch closes and sends the energy to the pulse compression line. The multi-channel water switches connected with the pulse compression line close at 2.1 MV and then send the power pulse to the vacuum chamber. The typical load current is 1.5 MA with a rise time of about 100ns (Fig.1). The initial stored energy of Qiangguang is about 260 kJ, so the efficiency is about 10% when the X-ray radiation output achieves 25kJ.

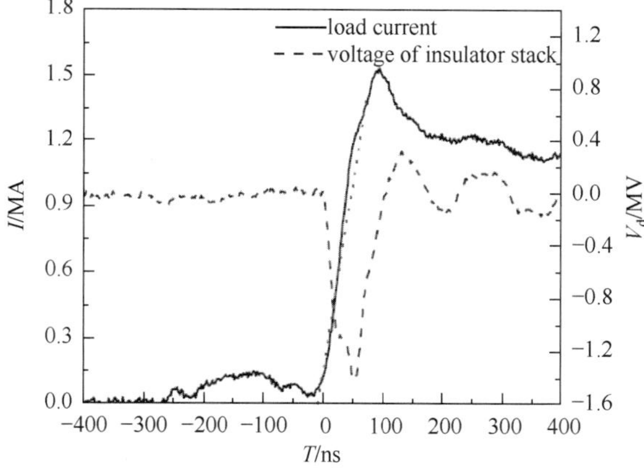

Fig.1. The load current and the voltage acted on insulator stack of Qiangguang generator.

The wire array geometry and diagnostic plan is shown in Fig.2. The implosion of the wire array is observed via a radial time-resolved X-ray/extreme ultraviolet pinhole camera (XVPC) and an optical streak camera (OSC). The cut-off energy of the XVPC is 100eV. The X-ray radiation power is measured with radial soft X-ray power meter (XPM) system which consists of scintillation and a phototube. Filtered X-ray diodes (XRD) and a filtered photo-conducting detector (PCD) are used to measure the K-shell power and yield of the aluminum plasma. A bolometer offers the total X-ray radiation energy using 1 μm thick nickel foil as the absorber. Tow convex crystal spectrometer are used to record aluminum K-shell lines and radiation combination continua. The spectrum is record by Kodak Biomax-MS films and MCP framing cameras, respectively. All diagnostic devices are placed in the azimuthal plane around SPWA.

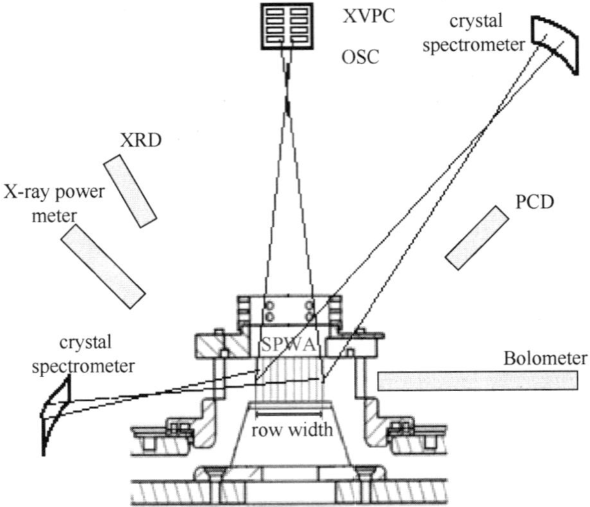

Fig.2. The wire array and diagnostics configuration for experiments on Qiangguang.

The SPWAs in the experiments were made up of 15-μm-diameter aluminum wires. The lengths of the wire arrays used were all 2cm. The row widths and wire numbers of different SPWAs used in the experiments are listed in Table Ⅰ.

Table Ⅰ. Main parameters of SPWAs in experiments.

Row width D/mm	Wire number N_W	Line mass m_P/(μg · cm^{-1})	Inter-wire gap (mm)
6	10	48	0.67
9	10	48	0.89
12	10/20/16	48/96/77	1.33/0.63/0.76
15	10/20/24	48/96/115	1.67/0.79/0.67
18	10/20/26	48/96/125	2.01/0.95/0.72
21	10/20/30	48/96/144	2.33/1.10/0.72
24	10/20/34	48/96/163	2.67/1.26/0.73

Totally three series of experiments were carried out for row widths of SPWAs over 9 mm. For the first series, the number of wires in the SPWA was 10; for the second series, it was 20; and for the third series, varied numbers of wires (16 /24 /26 /30 /34) were adopted for different row widths from 12 to 24mm so that these wire arrays would have almost the same inter-wire gap. For SPWAs with row widths of 6 and 9 mm, only the wire number of 10 was chosen as it was too narrow to arrange more wires. The inter-wire gaps are also given in Table Ⅰ.

Ⅲ. IMPLOSION OF THE SPWA

Fig.3 shows the implosion images obtained from a 15-mm-width, 20-wire array.

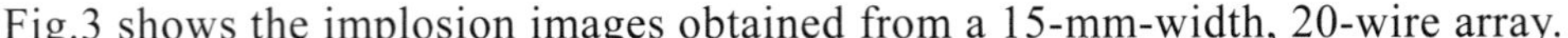

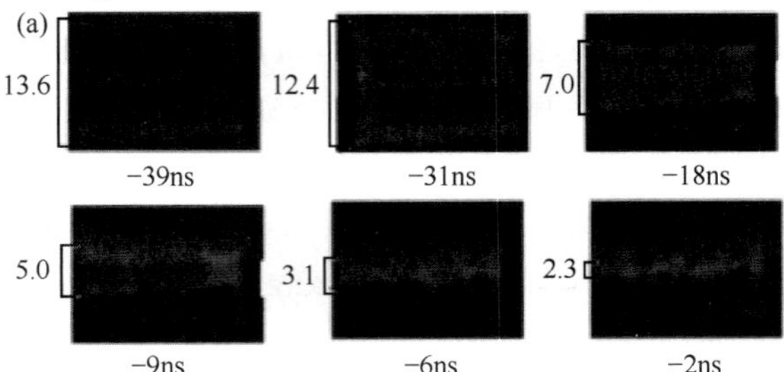

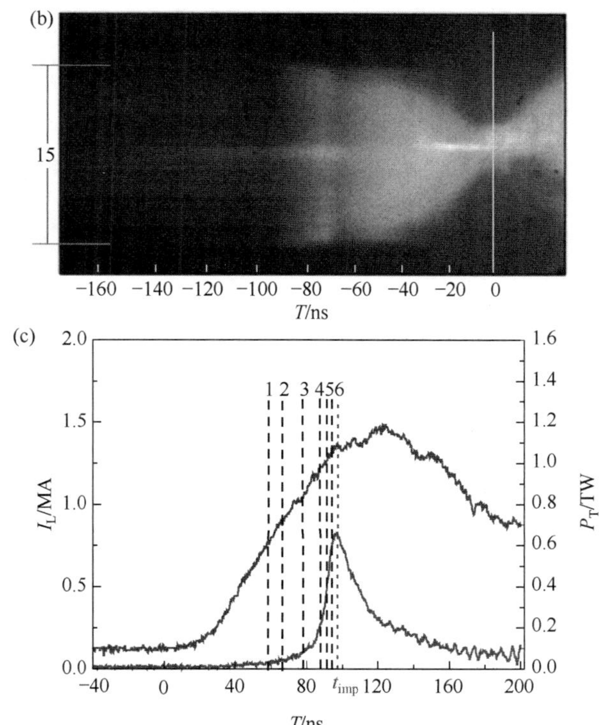

Fig.3. Implosion process viewed by (a) XUV camera and (b) optical streak camera from15mm width, 20-wire array experiment (shot11076). Time positions of the XUV camera frames correlated with the load current and the XPM signal are shown in (c). In (a) and (b), time is in ns before stagnation (97ns for shot11076) and length is in mm.

Figures 3(a) and (b) show that there is a clear precursor plasma column on the SPWA axis starting from –40ns. As observed in cylindrical array experiments, this precursor column is a result of the accumulation of streams of coronal plasma ablated from the wires. However, the precursor observed in planar wire arrays looks very different from the precursor in cylindrical arrays. A precursor in planar arrays might appear in a region where magnetic field and some plasma already exist while in cylindrical arrays a precursor is formed on Z-pinch central axis where originally there is zero magnetic field and very low initial concentration of matter.So we can call the precursor observed in planar wire arrays as precursor-type plasma, which is a little different from the precursor plasma produced in cylindrical arrays.

Obviously the coronal plasma from the outside wires can traverse through the wire core of inside wires and arrive to the axis of the array. Wires in the array form the core-coronal structure under the action of the prepulse current of Qiangguang, but the abrupt ablation of wires only occur after the main current pulse flows through the array. From Fig.3(b) we can see the beginning of the abrupt ablation was about 20ns during the rising phase of the current.

The array started its implosion at –50ns or later. Comparing this time to the stagnation time at 97ns, we know the duration of the ablation phase is about 50%—60% of the whole implosion time. The images from the X-ray/ultraviolet(XUV) camera show the imploding plasma would suffer the R-T instability and form aperiodic structure along the axis direction. The trailing mass could be found during the whole implosion phase. It could be observed more clearly for large inter-wire-gap load such as the 24-mm-width, 10-wire array, as shown in Fig.4.

During the stagnation phase m=0 together with m=1, instability would develop rapidly and the pinch column would be twisted and expand in radial direction, as shown in Fig.5. At later time, the plasma column would be dispersed in the A-K gap, and many discontinuous radiation regions would be formed.

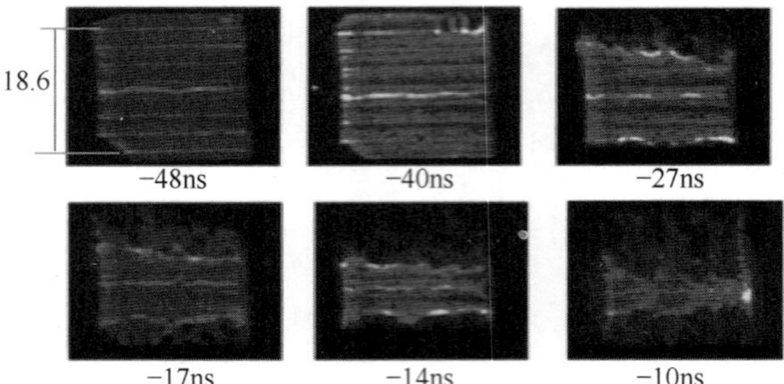

Fig.4. XUV images from 24 mm width, 10-wire array experiment (shot11091). In the pictures, time is in ns before stagnation (105ns for shot11091) and length is in mm. Limited by the scope of the camera, only 8 wires could be distinguished.

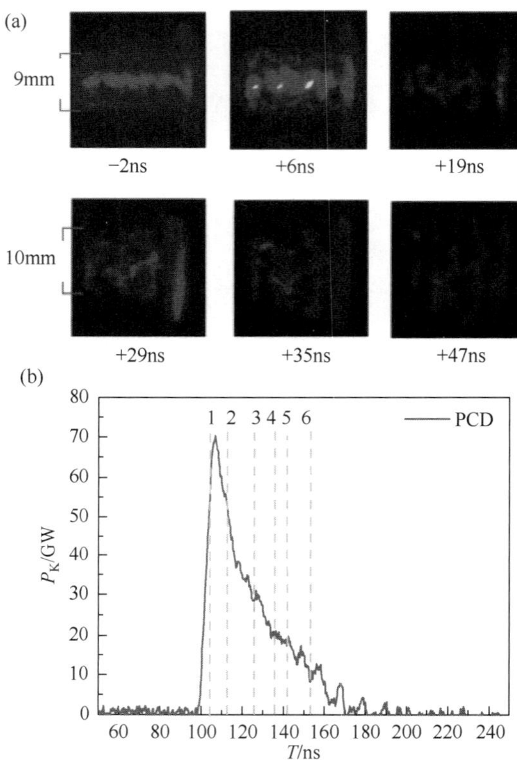

Fig.5. XUV images from 9 mm width, 10-wire array experiment (shot11052). In the picture, time is in ns before stagnation (105ns for shot11091) and length is in mm. Time positions of the fames in (a) correlated with PCD signal are shown in (b).

The trajectory of implosions can be deduced from the XUV images and the optical streak image. The pictures in Fig.3 suggest that the SPWA imploded as the snowplow-like mode. For SPWA the snowplow mode can be described as

$$m_i \frac{d^2 x_i}{dt^2} + \rho \left(\frac{dx_i}{dt} \right)^2 = \frac{\mu_0 I_i}{2\pi} \left(\sum_{j=1}^{N_w}{}' I_j \frac{x_j - x_i}{r_{ij}^2} + \sum_{k=1}^{N_b} I_k \frac{x_k - x_i}{r_{ik}^2} \right), \tag{1}$$

where m is the mass participating in the implosion, l the load length, x the wire position, I the current through the wire, and the subscripts i and j are the ith and the jth wire, respectively, N_w and N_b are the numbers of the wires and current return rods. Subscript k is the kth current return rod, r_{ij} the distance between the ith and the jth wire, r_{ik} the distance between the ith wire and the jth current rod. ρ is the average mass density injected from the outside wires towards the array axis. During the ablation phase, the fraction of the ablated mass from the outmost wire is much larger than that of the inner wires, so by neglecting the contribution of the inner wires to ρ we can get

$$\rho = \frac{\mu_0 I_1}{2\pi V_{abl}^2 N_w D} \sum_{i=2}^{i=N} \frac{I_i}{(i-1)}, \tag{2}$$

where I_1 is the current flowing through the outmost wire, V_{abl} a constant precursor injection velocity (which is 15cm/μs for aluminum)[25], D the width of the array.

The implosion trajectory can be calculated by combining Formula (1) with Formula (2). The calculation result of shot11076 is compared with the experimental data from the emission diagnostics, as shown in Fig.6. Wire dynamics model (WDM)[26] is also adopted to calculate the implosion trace as plotted in Fig.6. The WDM will predict a lagged stagnation time in spite of an earlier acceleration if 100% of the initial array mass is involved in the final implosion.

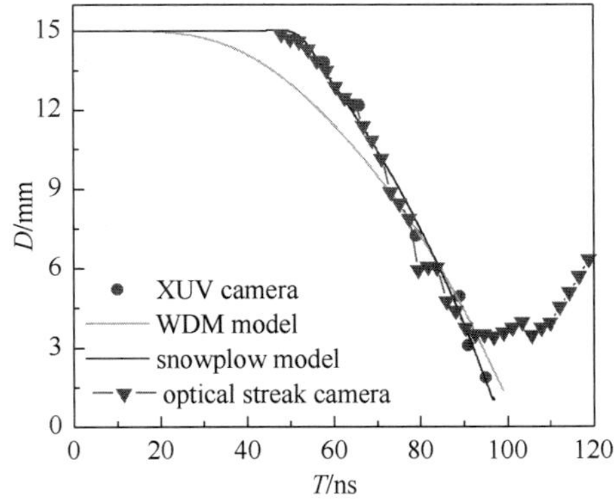

Fig.6. The trajectory from the wire array emission measurements in shot11076 compared with the simulation results using the WDM and snowplow model. The trajectory from WDM involves 100% of the initial array mass while that is ~ 50% for snowplow fitting.

The snowplow model would agree well with the emission trajectory data when an ablation time of ~ 0.6 t_{imp} is adopted. This ablation time and a V_{abl} of 15cm/μs imply that 80% of the outmost wire mass could be ablated and injected as a prefilled plasma before obvious acceleration of the load, and the other wires of the array offer only 50% of their mass to the final implosion if we want to obtain a fitting implosion trace.

The snowplow model is also applied to the 12/18/21/24-width, 20-wire loads. The results show that in spite of different parameters the start time of acceleration is at 0.5—0.6t_{imp} and the implosion mass corresponds to 50%—60% of the total array mass.

Ⅳ. EXPERIMENTAL RESULTS WITH DIFFERENT WIRE ARRAYS

It is well known that for a wire array, the kinetic during the implosion is related to the change of its inductance, which is shown as follows:

$$\frac{\partial}{\partial t}\left(\frac{1}{2} m v_{imp}^2\right) = \frac{1}{2} I_L^2 \frac{dL_a}{dt}, \tag{3}$$

where m is the mass participating in the final implosion, v_{imp} the implosion velocity, I_L the load current, and L_a the array inductance. For SPWAs, L_a can be written as[26]

$$L_a = \frac{\mu_0}{2\pi} l \left(\ln\frac{4a}{D} + \frac{1}{N_b} \ln\frac{a}{N_b R_b} \right), \tag{4}$$

where R_b is the radium of the current rods, a the radium of the circle where current rods are located. Supposing that all the implosion mass were assembled at the two outmost sides of the array width D_0, we could get

$$m\frac{d^2D}{dt^2}=-\frac{\mu_0 I_L^2}{\pi}\frac{1}{D}. \tag{5}$$

Formula (5) is very similar to the zero model[25] for cylindrical wire arrays, so we can obtain the basic principle for designing the SPWA

$$m_p D_0^2 \simeq \text{const.}, \tag{6}$$

where m_p is the initial mass of the SPWA. From Eq.(6), we can know that the implosion time of arrays with different parameters will be the same providing the different loads have the same $m_p D_0^2$.

The curves of implosion time vs. $m_p D_0^2$ in experiments are shown in Fig.7. The results prove that the value of $m_p D_0^2$ is really a vital factor which can affect the implosion time of different arrays. The difference of t_{imp} is within 3ns when the values of $m_p D_0^2$ for different arrays are the same, as shown in Fig.7 (b). Plot of t_{imp} vs $m_p D_0^2$ drawn from experimental results is compared with the curves of calculated results from Eq.(5), and the comparison shows that the imploded portion of array mass will decrease from 65% to 45% when $m_p D_0^2$ increases from 17 to 940 μg · cm. The result agrees well with the estimated imploded fraction with the snowplow mode in Sec. Ⅲ.

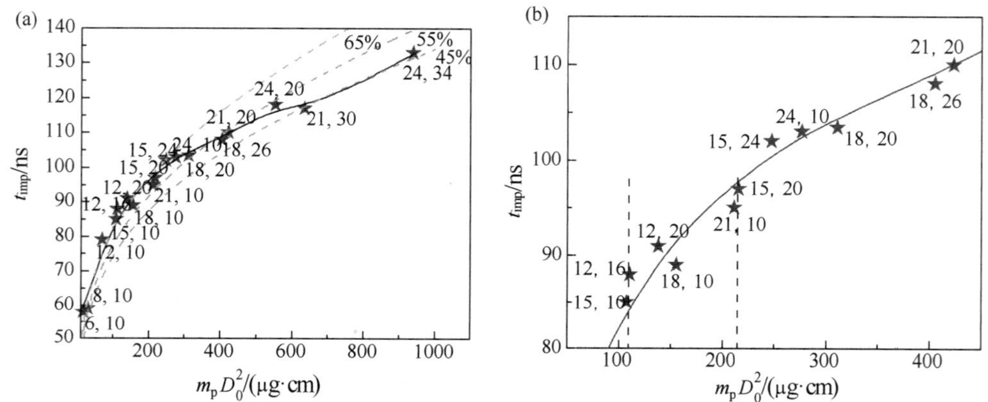

Fig.7. Plot of t_{imp} vs $m_p D_0^2$ for SPWAs on Qiangguang (a) and its local enlarged view (b). The experimental value of t_{imp} is the average result of three shots with the same array parameters. The two numbers beside each red star represent the array width and wire number in sequence. The curves of t_{imp} vs $m_p D_0^2$ drawn with results calculated from Eq.(5) with 65%, 55%, 45% of the total initial mass imploded are also shown in (a).

The total X-ray radiation energy and power as well as the K-shell yield and power were obtained in the experiments. Fig.8 (a)—8(d) illustrates their variation with $m_p D_0^2$ for different arrays. The total X-ray energy has a maximum of 22 kJ with a peak power of 630 GW, while the maximum K-shell yield is 4 kJ with a 158 GW peak power. The four graphs listed in Fig.8 imply that the optimum value range of $m_p D_0^2$ is 200—400μg · cm.

It has been known from Fig.7 that the imploded mass proportion will decrease from 65% to 45% when $m_p D_0^2$ increase from 17 to 940 μg · cm. So we can obtain three curves of the kinetic energy varying with $m_p D_0^2$ from Eq.(5) if the imploded fractions are selected 65%, 55%, 45%, respectively, just as shown in Fig.9. To achieve best kinetic energy coupling from the generator, it can be seen from Fig.9 that the optimum value range for $m_p D_0^2$ is 200—500μg · cm by comprehensively considering all the three curves. Obviously the optimum range of the kinetic energy covers the range from the experiments.

We compared our data with the experimental results of Al SPWAs obtained on Zebra. If the maximum radiation energy of Al SPWA is 14kJ at 1MA,[20] we can conclude that the total yield increases with the peak current as $E_T \sim I^{1.4}$ when load current varies from 1 to 1.5MA, while there is no obvious change for the maximum radiation power.

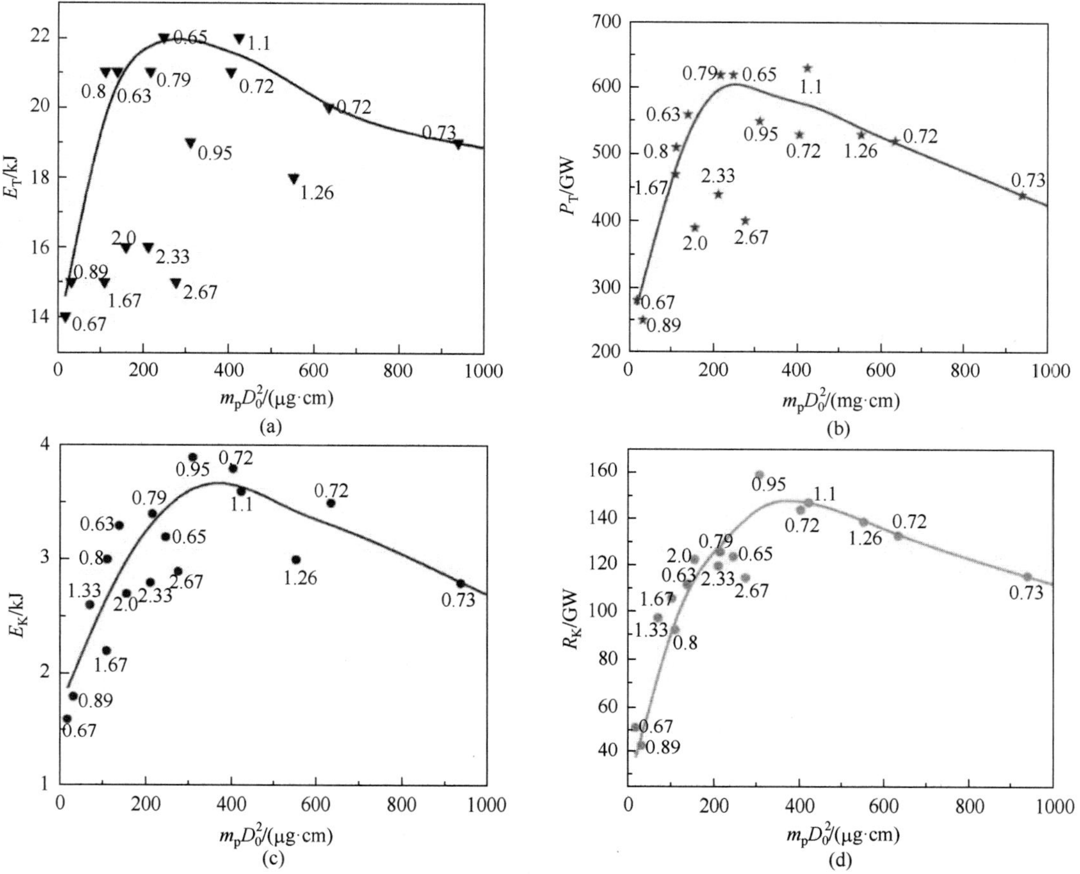

Fig.8. Change of total X-ray radiation energy (a), power (b), K-shell yield (c), and its power (d) with $m_pD_0^2$ obtained from experiments. Inter-wire gaps (in mm) of the loads are given beside the dots in each picture. All the data listed in the figures are the average results of three shots with the identical load parameters.

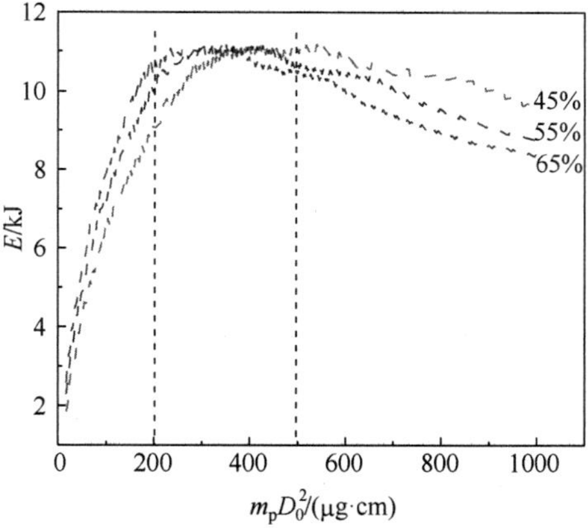

Fig.9. Kinetic energies calculated from Eq.(5) with different fractions of the mass involved in the final implosion. The fractions of 45%, 55%, 65% are selected according to the results of the experiments about the implosion time described in Sec. Ⅳ. Two dark dashed lines mark the optimum range for the kinetic energy.

The influence of the inter-wire gaps on the X-ray output and power was investigated in experiments. The numbers beside each dot in Fig.8 denote the inter-wire gaps of the loads. When wire arrays have the same or almost the same value of $m_pD_0^2$, the loads with inter-wire gaps smaller than 1mm will radiate more energy and power. It is obvious in Fig. 8 that most of the data on or above the solid lines are the results of wire arrays with inter-wire gaps smaller than 1mm. This conclusion agrees with the experimental results recorded in Ref.16 which indicates that higher X-ray power were observed for inter-wire gaps below 1mm than that for inter-wire gap 2mm.

Ⅴ. SUMMARY

In conclusion, Z-pinch experiments of SPWAs performed on Qiangguang confirmed some of the key aspects of SPWA Z-pinch. First, the implosion trajectory of the SPWA shows that wire cores will remain stationary at their initial positions for ~60% of the implosion time. Snowplow mode combined with ablation model can give a reasonable fitting and implies that the imploded mass fraction is about 50%—60%. The framed images illustrate that the primary dynamic characteristics of the SPWA include precursor-type plasma, R-T instability, m=0 and maybe m=1 instability during the stagnation phase.

Second, the experimental data of the SPWAs with different parameters suggest that the value of $m_pD_0^2$ could decide the implosion time as well as the X-ray radiation energy and power for different arrays. This conclusion could be predicted with zero dimension formula based on the energy conversion if we think that the implosion mass would not change after the start of implosion. The optimum value range of $m_pD_0^2$ is 200—400μg · cm that is consistent with the result calculated with the zero dimension formula. When wire arrays have the same $m_pD_0^2$, the loads with their inter-wire gaps smaller than 1mm may output higher radiation energy and power.

Reference

[1]T. A. Mehlhorn, J. E. Bailey, G. Bennett, G. A. Chandler, G. Cooper, M. E. Cuneo, I. Golovkin, D. L. Hanson, R. J. Leeper, J. J. MacFarlane, R. C. Mancini, M. K. Matzen, T. J. Nash, C. L. Olson, J. L. Porter, C. L. Ruiz, D. G. Schroen, S. A. Slutz, W. Varnum and R. A. Vesey. Plasma Physics and Controlled Fusion, **45**, A325-A334 (2003).

[2]T. W. Sanford, R. W. Lemke, R. C. Mock, G. A. Chandler, R. J. Leeper, C. L. Ruiz, D. L. Peterson, R. E. Chrien, G. C. Idzorek, R. G. Walt, and J. P. Chittenden.Physics of Plasmas, **9**, 3573-3594(2002).

[3]R. A. Vesey, M. E. Cuneo, J. L. Poter, G. R. Bennett, R. G. Adams, R.A.Aragon, P.K.Rambo, L.E. Ruggles, W.W.Simpson, and I.C. Simith. Phys. Rev. Lett. **90**, 035005(2003).

[4]S. V. Lebedev, F. Suzuki-Vidal, S. N. Bland, A. Harvey-Thompson, G. Hall, A. Marocchino, G. Swadling, and J. P. Chittenden. Proceeding of the 8th International Workshop on the Physics of Wire Array Z-pinches, La Jolla, CA, 2009

[5]D. D. Ryutov, M.S. Derzon, and M. K. Matzen. Rev. Mod. Phys. **72**, 167(2000).

[6]S. C. Bott, S. V. Lebedev, S. N. Bland, J. P. Chittenden, G. N. Hall, F. A. Suzuki, A. Marocchio, J. A. Plamer, D. J. Ampleford, and C. A. Jennings. IEEE Transactions on Plasma science, **35**, 165-170 (2007).

[7]S. N. Bland, G. N. Hall, S. V.Lebedev, A. Harvey, J. Rapley, F. Suzuki, J. P. chittenden, J. B. Plamer, D. J. Ampleford, S. C. Bott, and J. Pasley. Proceeding of the 7th International Workshop on the Physics of Wire Array Z-pinches, Battle, UK, 2007.

[8]G. N. Hall, S. V. Lebedev, S. N. Bland, S. C. Bott, J. P. chittenden, D. J. Ampleford, C. A. Jennings, A. Ciardi, J. B. A. Palmer, and J. Rapley. The 6th Internatioal Conference on Dense Z-Pinches, Albuquerque, Oxford, UK, 2005.

[9]D. J. Ampleford, S. V. Lebedev, S. N. Bland, S. C. Bott, J. P. Chittenden, C. A. Jennings, V. L. Kantsyrev, A. S. Safronova, V. V. Ivanov, D. F. Fedin, P. J. Laca, M. F. Yilmaz, V. Nalajala, I. Shrestha, K. Williamson, G. Osborne, A. Haboub, and A. Ciardil. Physics of Plasmas, **14**, 14102704(2007).

[10]G. N. Hall, S. V. Lebedev, S. N. Bland, J. P. Chittenden, J. B. A. Palmer, F. A. Suzuki, A. Harvey-Thompsion, G. Swadling, G. Burdiak, L. Pickworth, and N. Niasse. Proceeding of the 8th International Workshop on the Physics of Wire Array Z-pinches, La Jolla, CA, 2009.

[11]B. Jones, M. E. Cuneo, D. J. Ampleford, C. A. Coverdale, E. M. Waisman, R. A. Vesey, M. C. Jones, A. A. Esaulov, V. L. Kantsyrev, A. S. Safronova, V. V. Ivanov, A. S. Chuvatin, and L. I. Rudakov. The 7th International Conference on Dense Z-Pinches, Alexandria, USA, 2008.

[12]D.Mosher, J.R.Boller, D.D.Hinshelwood et al. "plasma evolution in liner arrays of tungsten wires during prepulse". Bull. Am. Phys. Soc. 1998, **43**, 1642.

[13]S. N. Bland, S. V. Lebedev, J. P. Chittenden, D. J. Ampleford, and G. Tang. Physics of Plasmas, **11**, 4911-4921(2004).

[14]V. L. Kantsyrev, L. I. Rodakov, A. S. Safronova, D. Fedin, A. Esaulov, V. Ivanov, A. Velikovich, A. Chuvatin, V. Nalajala, I. Shrestha, S. Pokala, N. Ouart, F. Yilmaz, S. Batie, A. A. Astanovitsky, P. Laca, G. Gradel, B. Le Galloudec, and T. Cowan. The 6th International Conference on Dense Z-Pinches, Albuquerque, Oxford, UK, 65-68 (2005).

[15]V. L. Kantsyrev , D. A.Fedin , A. A.Esaulov, A. S. Chuvatin, C. A. Coverdale, C. Deeney, K. M. Williamson, M. F. Yilmaz, I. Shretha, N. D. Quart, and G. C. Osbornel. IEEE Trans. Plasma Sci. **34**, 194 (2006).

[16]V. L. Kantsyrev, L. I. Rudakov, A. S. Safronova, A. L. Velikovich, V. V. Ivanov, C. A. Coverdale, B. Jones, P. D. Lepell, D. J. Ampleford, C. Deeney, A. S. Chuvatin. K. Williamson, I. Shrestha, N. Ouart, M. F. Yilmaz, V. Nalajala, W. McDaniel, V. Shlyaptseva, T. Adkins, and C. Meyer. High Energy Density Physics, **3**, 136-142(2007).

[17]A. S. Safronova, A. A. Esaulov, V. L. Kantsyrev, N. D. Ouart, V. Shlyaptseva, M. E. Weller, S. F. Keim, K. M. Williamson, I. Shrestha, and G. C. Osborne. High Energy Density Physics, **11**, 252-258(2011).

[18]V. L. Kantsyrev, L. I. Rodakov, A. S. Safronova, A. A. Esaulov, A. S. Chuvatin, C. A. Coverdale, C. Deeney, K. M. Williamson, M. F. Yilmaz, I. Shrestha, N. D. Ouart, and G. C. Osbornel. "Double planar wire array as a compact plasma radiation source". Physics of lasmas, **15**, 0307040(2008).

[19]V. L. Kantsyrev, L. I. Rodakov, A. S. Safronova, D. A. Fedin, V. V. Ivanov, A. L. Velikovich, A. A. Esaulov, A. S. Chuvatin, K. Williamson, N. D. Ouart, V. Nalajala, G. Osborne, I. Shrestha, M. F. Yilmaz, S. Pokala, P. J. Laca, and T. E. Cowan. "Planar wire array as powerful radiation source". IEEE Transactions on plasma science, **34**, 2295-2302(2006).

[20]V. L. Kantsyrev, A. S. Safronova, A. A. Esaulov, K. M. Williamson, I. Shrestha, F. Yilmaz, G. C. Osborne, M. E. Weller, N. D. Ouart, V. V. Shlyaptseva, L. I. Rudakov, A. S. Chuvatin, A. L. Velikovich. High Energy Density Physics, **5**, 115-123(2009).

[21]V. L. Kantsyrev, A. A. Esaulov , A. S. Safronova, A. Velikovich, L. I. Rudakov , G. C.Osborne, I. Shrestha, M.E. Weller, K.M. Williamson, A. Stafford, and V. V. Shlyaptseve. Physical Reivew E, **84**, 046408(2011).

[22]A. V. Shishlov, S. A. Chaikovsky, A. V. Fedunin, F. I. Fursov, V. A. Kokshenev, N. E. Kurmaev, A. Yu. Labetsky, N. A. Labstskaya, V. I. Oreshkin, and A. G. Rousskikh. The 7th International Conference on Dense Z-Pinches, Alexandria, USA, 2008.

[23]B. Jones, D. J. Ampleford, M. E. Cuneo, C. A. Coverdale, E. M. Waisman, M. C. Jones, W. E. Fowler, W. A. Stygar, J. D. Serrano, M. P. Vigil, A. A. Esaulov, V. L. Kantsyrev, A. S. Safronova, K. E. Williamson, A. S. Chuvatin, and L. I. Rudakov. Physical Review Letters, **104**, 125001(2010).

[24]W. Liangping, G. Ning, H. Juan, W. Jian, L. Mo, W. Fuli, Q. Aici. IEEE Transactions on Plasma Science, **40**, 511-518(2012).

[25]S. V. Lebedev, R. R. Aliaga, S. N. Bland, J. P. Chittenden, A. E. Dangor, M. G. Haines, and I. H. Mitchell. Physics of Plasmas, **6**, 2016-2022(1999).

[26]A. A. Esaulov, V. L. Kantsyrev, A. S. Safronova, A. L. Velikovich, M. E. Cuneo, B. Jones, K. W. Struve, T. A. Mehlhorn. Physics of Plasmas, **15**, 052703(2008).

闪光X射线照相技术与装置

高能脉冲X射线闪光照相可以透视高速运动物质的结构、状态及演化过程，是武器物理初级过程和爆炸流体力学实验等高速瞬变过程的重要诊断工具，在爆轰物理学、冲击波物理、内弹道学、装甲与反装甲方面有广泛应用。闪光X射线照相研究始于20世纪50年代，先后发展了Marx直接对冷阴极X射线二极管放电型、Blumlein传输线型、回旋电子束加速器(Betatron)、电子直线感应加速器型和感应电压叠加器型闪光X射线照相装置。国外建成了光子能量为0.5～20MeV的系列闪光X射线照相装置。由于应用的特殊性，国外在装置整机、关键器件和核心材料方面对华禁运。

主持研制成功国内首台紧凑型小焦斑强脉冲X射线装置"剑光一号"。2004年7月的一天晚上，邱爱慈院士得知美国利用感应电压叠加器(inductive voltage adder，IVA)和杆箍缩二极管(rod pinch diode，RPD)研制出一种小焦斑闪光X射线照相加速器，并在现场实际应用中获得巨大成功的消息。她敏锐地觉察到这将是一项非常重要的新技术，也是西北核技术研究所急需开辟的研究领域。邱院士当晚深夜即给项目组杨海亮打电话，安排开展原理性实验，以研判我们能否开展这一新型照相加速器的研究工作。杨海亮依据2篇非常简短的文献，以及之前在高功率粒子束二极管基础研究方面的经验，结合理论分析和计算，迅速完成了原理性RPD设计加工，并在"闪光二号"加速器上开展初步实验，获得了很好的实验结果，基本认识了RPD的工作原理，初步实验验证了RPD产生小焦斑(～1mm)X射线的可行性。IVA型加速器的另一关键核心技术是高电压感应腔，磁芯是IVA感应腔的关键部件，直接影响初次级耦合和输出脉冲品质。针对IVA感应腔磁芯材料国外禁运、国内缺乏研制经验的难题，孙凤举等人根据邱院士主持的国家自然科学基金重点项目"高功率Z箍缩内爆、辐射特性及其脉冲功率技术研究"中关于直线型变压器驱动源感应腔的研究成果，确定了MV级感应腔大尺寸非晶夹膜磁芯的绕制工艺和磁环特性，给出了驱动源总体技术方案和研制计划。邱院士带领团队多次向研究所及上级领导机关汇报，争取尽快立项。刘国治等主管领导给予大力支持，2005年，先期启动装置建设。经过三年刻苦攻关，邱爱慈院士带领团队成功研制国内尺寸最大、耐压最高的非晶夹膜磁芯，高电压、高功率感应腔及阻抗匹配的真空绝缘传输线，低抖动、高可靠Marx发生器及快前沿触发系统，掌握了RPD结构参数对X射线输出的影响规律，提出了有效控制束流自箍缩的方法。2007年底，整机安装调试一次成功，顺利出光，二极管电压峰值2.4MV，正前方1m处剂量36.6mGy，X射线焦斑直径约1mm，这是国内首台、国际第二台基于感应电压叠加器和阳极杆箍缩二极管的小焦斑强脉冲X射线装置，随后被命名为"剑光一号"，对提升我国闪光照相测试能力具有十分重要的意义和作用。

创新发展我国感应电压叠加器技术路线。2010年以来，为满足更高电压闪光照相装置和大面积伽马射线模拟装置建设急需，邱爱慈院士带领团队开展高电压、大电流IVA关键技术攻关，突破了多项关键技术，在多路兆伏级高功率电脉冲产生与纳秒级时间同步控制技术方面，研制成功3MV/2.5μH快前沿Marx发生器、高电压(2.6MV)低电感(165nH)低抖动电触发气体主开关、高幅值(250kV)快前沿(20ns)多路输出触发器，发明了兆伏级气体开关电触发脉冲引入方法和电缆保护装置。在高压低阻抗感应腔技术方面，建立了电流非均匀分布定量评估与调控方法，发明了一种四点均布结构恒阻抗角向传输线，在磁芯材料磁通量摆幅仅为国外2/3的限制下，自主研制出高电压(1.5MV)、低阻抗(12.5Ω)、快时间响应(21ns)感应腔。在多级串联IVA电脉冲叠加与传输特性方面，掌握了脉冲馈入时序与抖动、次级阻抗等对多级串联IVA电脉冲叠加与传输特性的影响规律，给出了一种馈入脉冲时间抖动对IVA输出脉冲前沿影响的定量评估方法，发明了一种指数型真空磁绝缘传输线(MITL)次级阻抗变换结构，具有更高的电压叠加效率，提出了一种调控IVA次级阻抗实现输出电参数大范围调节方法，可满足驱动高/低阻抗负载的需求。建立了使X射线剂量最大的次级阻抗优化方法，给出了闪光照相用10级串联IVA装置次级优化阻抗。应用上述技术成果，2018年，成功研制出4MV脉冲X射线闪光照相装置，输出峰值电压4.3MV，二极管电流85kA，靶前1m处X射线剂量约155mGy，焦斑约1.4mm，X射线脉宽约55ns。装置以较低储能、较少感应腔串联级数，提高了能量传输和利用效率，输出指标达到国际同类装置先进水平。

2019年，在邱爱慈院士的大力推动下，国内最大的感应电压叠加器装置(设计指标 9MV/360kA)启动建设。邱院士指导团队攻克了发生器多路并联混波关键技术，形成了具有我国自主特色的FMarx型总体技术方案，有望成为继中储型和形成线技术方案后，感应电压叠加器技术领域第三种独立的总体方案。该技术填补了我国在感应电压叠加器总体技术研究领域的空白，创新发展了IVA技术路线。

邱爱慈院士团队在闪光X射线照相技术与装置方面发表论文38篇，本篇收录其中8篇代表性学术论文。

紧凑型闪光照相强流脉冲电子束加速器的发展*

摘要：本文介绍了基于感应电压叠加(IVA)原理的紧凑型闪光照相强流脉冲电子束加速器的发展动态，该种加速器从20世纪80年代开始研制，典型装置有美国圣地亚国家实验室(SNL)的RITS装置，设计12个感应腔串联，指标为16MV、70ns、150kA；美国双轴Cygnus装置(2.25MV，60kA，60ns)感应腔前级脉冲源基本与RITS相同，但没有中储和激光触发气体开关；英国AWE计划研制的五轴IVA型闪光照相HRF装置，Marx发生器储能电容(2.6μF GA-ESI)充电电压为±78kV时，给10根PFL充电，通过单间隙激光触发气体开关，形成电压约1.4MV的脉冲，经过一级水介质峰化开关分别驱动10个感应腔，设计指标电压14MV、电流140kA、脉宽约60ns。近年来，快脉冲驱动源技术取得重要进展，其发展趋势是FLTD多级感应腔串联直接驱动闪光照相二极管，FLTD初级储能全部包含在外壳接地的感应腔内，利用低电感电容器和多级多通道开关多支路并联放电，从直流直接获得脉宽小于100ns的高功率脉冲，如美国SNL提出基于FLTD技术双轴闪光照相加速器概念设计，每轴由三段共48级FLTD感应腔串联，电压6.5MV、电流130kA、阻抗50Ω，直接驱动负极性RPD，占地空间与双轴Cygnus装置相同，指标预计：1m处X射线剂量2.50Gy，比Cygnus高约60倍、焦斑直径2.5mm；法国CEA/PEM也提出了FLTD直接驱动负载的闪光照相装置IDREX的概念设计，输出电压8MV，由80级FLTD感应腔串联，每级FLTD包含16个放电支路并联，充电±100kV，连接0.5～0.6Ω匹配负载时输出功率达20GW，脉宽为75ns，直接驱动负极性的阳极箍缩二极管。除脉冲功率驱动源之外，闪光照相加速器的关键技术是可以产生小焦斑脉冲X射线的强聚焦箍缩二极管技术，由于该类二极管技术近几年取得突破，促使紧凑型闪光照相加速器技术的快速发展。本文介绍了几种箍缩聚焦二极管的结构和原理，主要有阳极杆箍缩二极管、预充等离子体阳极杆箍缩二极管、负极性(再入式)杆箍缩二极管、傍轴二极管和浸磁二极管等类型，其中阳极杆箍缩二极管可以获得小于1mm直径的X射线焦斑，在次临界实验中已获得了应用。

介绍了国内在IVA型闪光照相强流脉冲电子束加速器和阳极杆箍缩二极管(RPD)的研究进展，西北核技术研究所研制了三级感应腔串联的IVA型闪光照相加速器，初步开展了阳极箍缩二极管技术研究，在Marx发生器充电电压为±35kV时，二极管输出指标达到电压1.8～2.1MV、电流40～60kA、脉宽(FWHM)50～60ns，1m处的脉冲X剂量约20～30mGy、焦斑直径约1mm。中国工程物理研究院近几年开展了RPD相应的理论与实验研究，在1MV的脉冲功率加速器上，采用RPD获得了前向(0°)1m处剂量12.1～14.5mGy的脉冲X射线，脉冲半高宽18.1～27.5ns，阳极杆采用1mm直径钝钨杆时，X射线焦斑直径0.9～1.1mm；采用1mm直径削尖钨杆时，X射线焦斑直径0.8 mm。介绍了西北核技术研究所在快放电模块化FLTD技术方面的研究进展，研制了前沿100ns、电流100kA的单级FLTD模块，通过研制两端引出电极的电容器和改进开关结构，研制了短路电流约300kA、前沿约100ns单级FLTD模块，引入两路140kV、前沿20ns触发脉冲，实现了14支路并联放电，放电模块直径1.4m，高度约23cm，在充电70kV时，短路电流约300kA，前沿约100ns。

根据国内外近年来IVA型闪光照相加速器的发展现状和趋势提出了初步看法和建议，要建立FLTD多级串联直接驱动RPD的紧凑型闪光照相强流脉冲电子束加速器，核心是快放电FLTD单元技术、低电感低抖动开关及同步触发、高频低损耗高层间绝缘的磁芯等，以及高电压、大电流、能够获得大剂量和小焦斑的X射线强聚焦二极管技术，研究适合工作电压14MV、X射线平均能量2～4MeV、焦斑直径<2mm工作稳定的二极管。

* 该文原发表于中国核学会2009年学术年会。

1 引言

脉冲X射线闪光照相广泛应用于冲击波物理、爆轰物理、内爆动力学、高能炸药与钝感炸药的冲击压缩过程研究，也可以用来研究射流、支柱穿孔、层裂、内外弹道学、弹丸穿甲过程、金属在冲击载荷作用下的结构相变等。此外，X射线闪光照相也广泛应用于等离子体物理、材料科学、生物和医学领域的瞬态过程研究。

目前，用于闪光照相的高能脉冲X射线源主要有电子直线感应加速器(LIA)，典型装置为美国的DARHT和中国工程物理研究院的“神龙一号”加速器。LIA可以获得焦斑直径约1～2mm的高剂量脉冲X射线，但LIA要加速、聚焦和传输强脉冲电子束几十米，装置造价高，LIA感应腔、强脉冲电子束聚焦系统和附属前级脉冲功率系统庞大，运行维护相对较难，不太适合空间受到限制的场合。因此，美国三大武器实验室SNL、LLNL、LANL，海军实验室NRL，英国原子能武器研究中心(AWE)，法国国防部等单位积极研制和发展结构紧凑、造价较低、运行维护相对容易的IVA型闪光照相脉冲强流电子束加速器。国内，西北核技术研究所和中国工程物理研究院也初步开展了IVA型闪光照相加速器和RPD等强箍缩聚焦二极管数值模拟和实验研究。

本文主要介绍国内外紧凑型闪光照相强流脉冲电子束加速器发展动态，对各种产生小焦斑脉冲X射线的强箍缩聚焦二极管的基本原理进行分析比较，介绍了国内外该类二极管研究取得的最新进展。重点介绍了国内在IVA型闪光照相强流脉冲电子束加速器和阳极杆箍缩二极管的研究进展，并提出初步看法和建议。

2 国外研究动态

2.1 IVA型闪光照相强流脉冲电子束加速器的发展现状

IVA型闪光照相加速器从20世纪80年代开始研制，如早期美国Mercury(6MeV，360kA，50ns)和圣地亚国家实验室(SNL)研制的IVA型闪光照相加速器RITS装置，其中RITS装置设计12个感应腔串联，指标为16MV、70ns、150kA，目前已研制成功6个感应腔串联的RITS-6。受当时脉冲功率技术水平限制，RITS感应腔前级脉冲源通过两组Marx分别给中储充电，通过两只激光触发气体开关分别给三根脉冲形成线(PFL)充电，经过水介质自击穿开关，获得脉宽70ns、幅值约1.5MV的电压脉冲，再经过水介质峰化开关、预脉冲油开关，最后溃入IVA感应腔。英国、法国、俄罗斯等国也在X射线闪光照相领域进行了大量研究，英国AWE则建成了从低压到高压、电流峰值不同、适用于不同类型闪光照相二极管的一系列加速器，如MEVEX(60ns，0.8MV，35kA)、Mogul E (70ns，9.5MV，40kA)、PIM (60ns，3MV，150kA)等。美国的双轴Cygnus装置(2.25MV，60kA，60ns)已获得实际应用，Cygnus IVA感应腔前级脉冲源基本与RITS相同，但没有中储和激光触发气体开关，Marx给阻抗为7.8Ω的脉冲形成线(PFL)充电，电压充电至峰值时间约300ns，从PFL到预脉冲油开关与RITS完全相同，然后经过油过渡段分成三路分别驱动三个IVA感应腔，双轴Cygnus装置示意如图1所示。RITS和Cygnus前级脉冲形成线结构如图2所示。

随着脉冲功率技术的发展，IVA感应腔前级脉冲源变得越来越紧凑，并省去过多中间脉冲压缩传输环节，如英国AWE计划研制的五轴IVA型闪光照相HRF装置，布局如图3所示。主要用于高能炸药或核材料爆轰流体力学试验的脉冲X射线闪光照相，以及发展适合电压14MV的聚焦电子束闪光照相二极管。HRF每个轴由电压1.5MV的10～12个感应腔串联，设计指标：电压14MV、电流140kA、脉宽约60ns。HRF装置单轴14MV闪光X射线源结构如图4所示，其Marx发生器储能电容与ZR装置相同(2.6μF GA-ESI)，一台Marx同时给12根PFL充电，通过单间隙激光触发气体开关，再经过一级水介质峰化开关分别驱动12个感应腔。

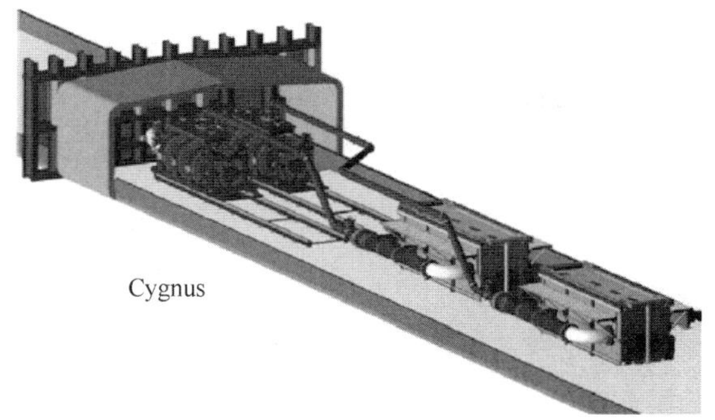

图 1　双轴 Cygnus 加速器

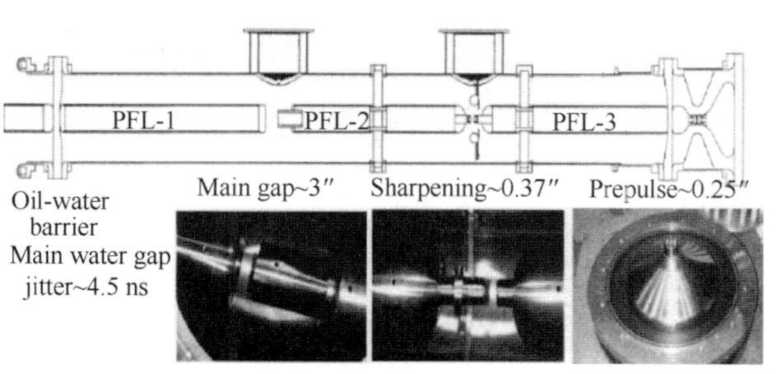

图 2　RITS 和 Cygnus 前级脉冲形成线

图 3　AWE 五轴 HRF 闪光照相加速器布局示意图

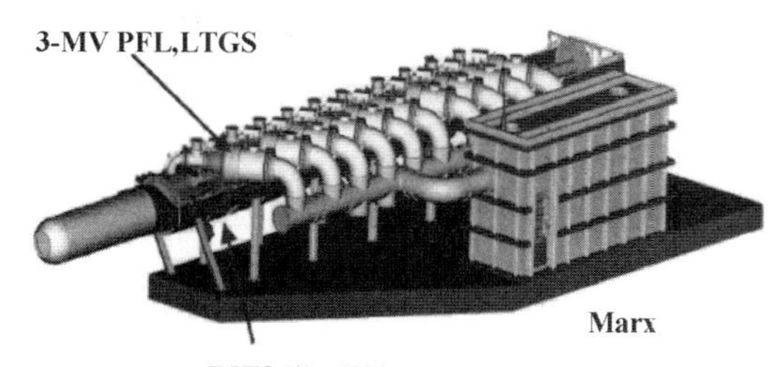

图 4　HRF 装置单轴 14MV 闪光 X 射线源结构示意图

2.2　强箍缩聚焦二极管研究现状及发展趋势

强箍缩聚焦二极管是闪光照相加速器的关键技术，由于该类二极管技术取得突破，近几年紧凑型闪光照相加速器技术快速发展。这类二极管主要有阳极杆箍缩二极管、预充等离子体阳极杆箍缩二极管、负极性(再入式)杆箍缩二极管、傍轴二极管和浸磁二极管等几种类型。其中，阳极杆箍缩二极管已获得了实际应用。

2.2.1　阳极杆箍缩二极管

RPD 利用薄环形阴极围绕细直径阳极杆，并且阳极杆逐渐变细延伸，超出阴极平面一段距离。阴极径向发射的电子在束流自磁场作用下箍缩，向锥体下游聚焦，轰击高原子序数材料的阳极尖端，产生轫致辐射 X 射线，焦斑直径约为 1mm。其优点是焦斑小且稳定。图 5 为两种不同参数的 RPD 示意图及实验时所产生的 X 射线图像。RPD 电流发展过程可分为四个阶段：①空间电荷限制流；②弱箍缩流；③自磁绝缘流；④顺等位线流。

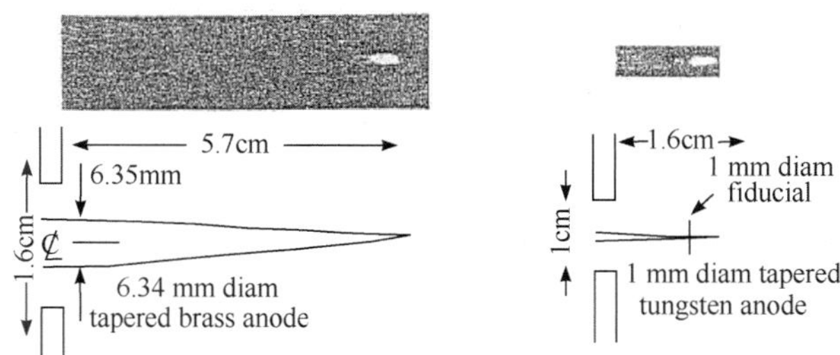

图 5　RPD 结构示意图及 X 射线图像

2.2.2　预充等离子体阳极杆箍缩二极管

预充等离子体阳极杆箍缩二极管与 RPD 结构相似，不同的是在阳极杆下游(伸出阴极平面的部分)安装等离子体枪，其结构如图 6 所示，在阴极发射电子之前，先注入等离子体，在电流向阳极杆尖端运动的同时推动等离子体向尖端运动，直至等离子体被扫除，形成真空间隙，电子从等离子体中引出，形成强流电子束射向阳极杆，如图 7。美国在 GAMBLE Ⅱ加速器上获得能量密度 650MJ · cm^{-3}，等离子体温度超过 100eV，产生的 X 射线在 1m 处通过 3mm 铝滤片后的吸收剂量为 0.2Gy，焦斑直径<0.5mm，并且焦斑轴向尺寸<2mm。

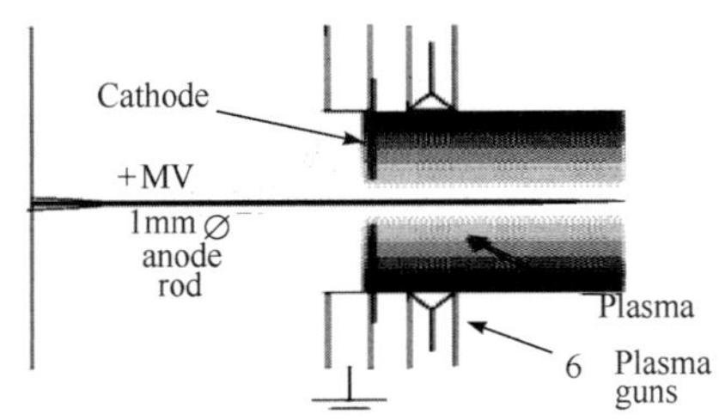

图 6　预充等离子体阳极 RPD 结构示意图

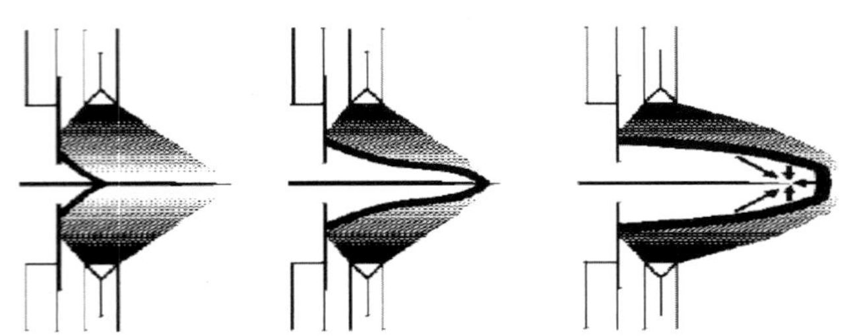

图 7　预充等离子体阳极杆箍缩二极管的工作过程(黑色实线代表电流鞘层，阴影区域代表等离子体)

2.2.3　负极性(再入式)杆箍缩二极管

由于高电压时 RPD0°方向剂量小于 180°方向剂量，采用负极性(再入式)杆箍缩二极管可以明显提高二极管前向(0°)X 射线剂量。图 8 是负极性(再入式)杆箍缩二极管的结构示意图，工作电压为 9.7MV 时，二极管电流为 223kA，前向 1m 处剂量>1.5Gy，焦斑直径<2.0mm。

2.2.4　傍轴二极管

傍轴二极管结构如图 9 所示，球状阴极发出的电子穿透低原子序数阳极箔，进入预充气体的聚焦腔，使束流箍缩，轰击转换靶产生 X 射线。AWE 的 Mogul E 加速器使用傍轴二极管，得到电子束峰值能量为 8MeV，焦斑直径为 4.5mm，1m 处 X 射线剂量为 4Gy。

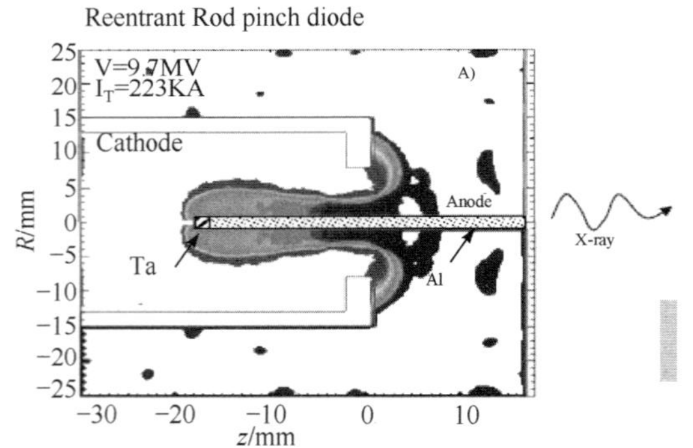

图 8　负极性 RPD 结构示意图

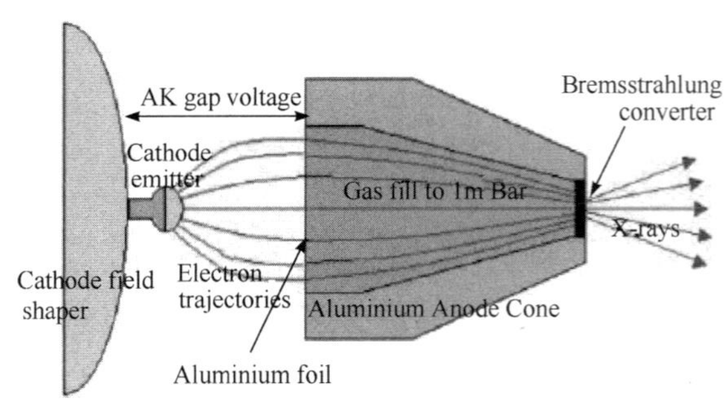

图 9　傍轴二极管结构

2.2.5　浸磁二极管

浸磁二极管的结构如图 10 所示，外加轴向强磁场限制针状阴极发射的电子沿着磁感线方向运动。在 AWE 的 Superswarf 装置上，外加磁场为 25T，电压为 4.3MV，产生 X 射线焦斑直径为 4.5mm，1m 处 X 射线剂量为 0.6Gy。

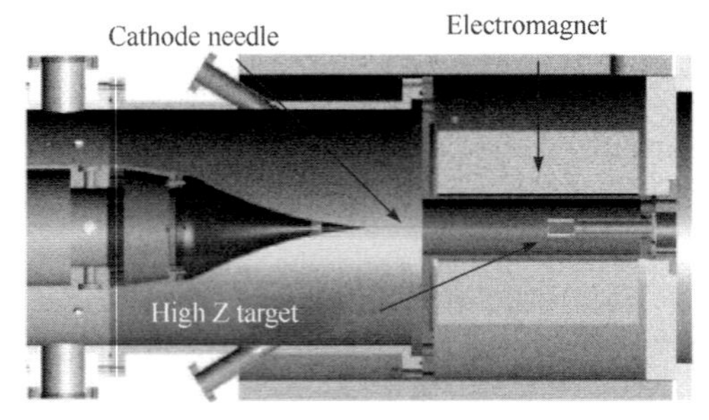

图 10　浸磁二极管结构图

2.2.6　各种结构二极管性能比较

上述几种构型的二极管是国内外研究最热门的强聚焦二极管类型，他们的适用范围各有不同，也都存在优势与不足。由于二极管所产生的 X 射线剂量与焦斑尺寸是相互影响的，一般采用焦斑面积 $S=\pi r^2$ 与 1m 处剂量 D 定义品质因数，即

FOM=D/S。表 1 列出了在不同的加速器上进行的多种类型聚焦二极管典型实验结果，表 2 是各种聚焦二极管优缺点比较。

表 1　聚焦二极管典型实验结果

实验装置名称	二极管类型	电压/MV	电流/kA	阻抗/Ω	电流半宽/ns	1m 剂量/Gy	焦斑直径/mm	X-ray 半宽/ns	FOM/(Gy · mm^{-2})
RITS(SNL)	自箍缩	6.5	—	—	—	3.5	1.7	—	0.5(1.54)
RITS-6	低阻自箍缩	7.5	190	40	68	3.0	—	45	—
RITS-6	高阻自箍缩	11	135	80	70	2.0	—	36	—
ASTERIX (CEG&NRL)	阳极杆箍缩	5.2～6.3	105～135	—	—	0.26～0.40	1.32～1.82	40	(0.19～0.15)
Cygnus	阳极杆箍缩	2.2	—	—	—	0.04	1.1	—	(～0.042)
2MV(NINT)	阳极杆箍缩	1.8	53	—	—	0.029	1	40	(～0.037)
1MV(CAEP)	阳极杆箍缩	1	—	—	—	0.0145	1.1	27.5	(～0.015)
FLASH-Ⅱ (NINT)	阳极杆箍缩	0.5	50	—	—	0.003	1	20	(～0.0038)
RITS	负极性杆箍缩[注 1]	9.7	223	—	—	1.50	2.0	—	～0.48
GAMBLE-Ⅱ (NRL)	预充等离子体阳极杆箍缩	1.8～0.45	260～770	—	—	0.20(3mm Al)	0.5	—	(～1.02)
RITS	傍轴	11	—	—	—	5.0	7.0	—	(～0.13)
RITS	浸磁	—	—	—	—	5.0	5.0	—	～0.25
Superswarf (AWE)	浸磁	4.3	—	—	—	0.6	4.5	—	(～0.038)

注：① 负极性杆箍缩的数据为根据正极性杆箍缩二极管的实验数据理论预测的结果。
② 品质因数 FOM 列中的数据，采用括号者为本文作者根据文献上的数据计算得到，并非原文献提供。

表 2　各种聚焦二极管优缺点比较

二极管类型	优点	缺点	FOM/(Gy · mm^{-2})
自箍缩	①焦斑<1.7mm；②剂量大	①焦斑位置不稳定；②焦斑易偏大；③易短路	～0.5
阳极杆箍缩	①焦斑<1mm；②焦斑位置稳定	①剂量小；②>4MV 前向剂量增加缓慢	(0.02～0.2)
负极性杆箍缩	①焦斑<2mm；②焦斑位置稳定；③前向剂量大>1.5Gy	①负极性支撑杆易衰减剂量；②剂量略小	>0.48
预充等离子体阳极杆箍缩	①径向焦斑<0.5mm,轴向焦斑<2mm；②焦斑位置稳定；③适用于低阻抗；④前向剂量>0.2Gy(3mmAl)	不适用于高阻抗	(～1.02)
傍轴	①电压高>11MV；②剂量大>5Gy	①焦斑偏大>7mm；②焦斑位置不稳定	(0.1～0.2)
浸磁	①电压高>12MV；②剂量大>5Gy；③焦斑<1～5mm	①结构复杂；②焦斑随磁场增加而减小 1/B	(0.1～0.3)

2.3 IVA 型闪光照相加速器驱动源新技术

2.3.1 FMG 和峰化器驱动的 IVA

近年来，模块化快 Marx 发生器(FMG)技术取得重要进展，美国 TITAN PSD 提出一种由快 Marx 和峰化器直接驱动 IVA 感应腔的概念设计，如图 11 所示。Marx、峰化电容和峰化开关结构示意如图 12 所示，该概念设计使用模块化 FMG 加峰化电容直接驱动 IVA 感应腔。其感应腔拟采用与 RITS 相同的感应腔，设计指标为电压 6MV、电流 150kA、前沿 20ns、脉宽 50ns(80%以上的峰值电压)，四级感应腔串联，每个感应腔 MITL 阻抗为 12Ω，二极管阻抗为 37.9Ω，预脉冲小于 50kV，失败率小于 0.5%。等效电路模拟表明 FMG 充电电压为±45kV 时，输出电压为 1.89MV，峰化电容和感应腔峰值电压分别为 2.15MV 和 1.75MV。峰化电容拟采用水介质，电容量为 5nF，阻抗为 1.58Ω。峰化开关拟采用整体绝缘子，电感为 170nH，采用四倍频 YAG 激光触发，抖动 1ns。设计 FMG 和峰化电容直径为 1.22m，FMG 长度为 1.68m，峰化电容器长度为 0.76m，支撑车总高度为 2.6m。IVA 次级杆为悬臂结构，感应腔间距为 1.5m，加速器总长度为 10.36m。

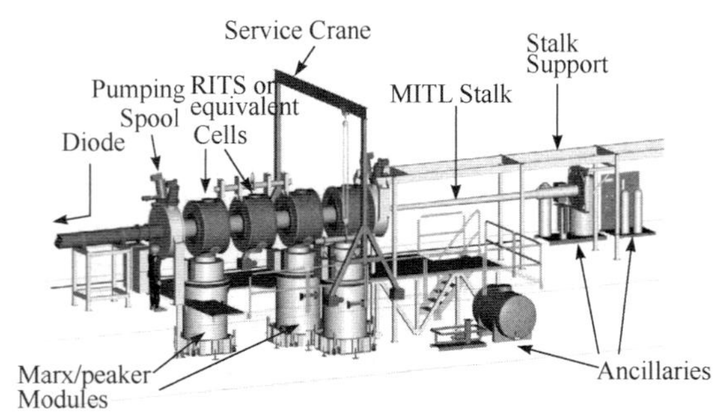

图 11 快 Marx 和峰化器驱动的 IVA

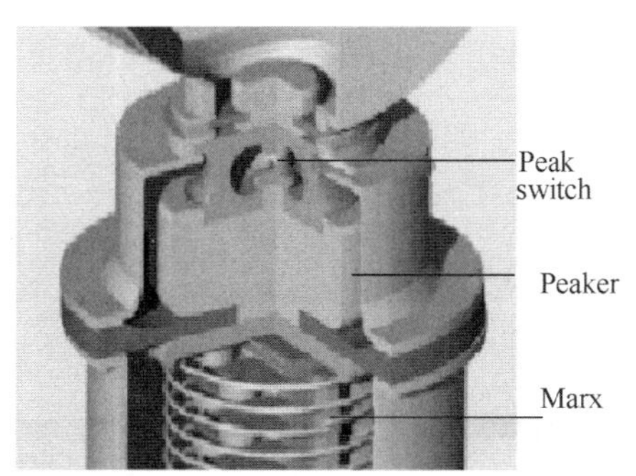

图 12 Marx、峰化电容及峰化开关结构示意

2.3.2 FLTD 型直接驱动二极管的闪光照相加速器

FLTD 实际上是一种更紧凑的 IVA 型快脉冲源，其初级储能全部包含在外壳接地的感应腔内，利用低电感电容器和多级多通道开关多支路并联放电，直接获得脉宽小于 100ns 的高功率脉冲，近年来引起普遍关注。2003 年，第 14 届国际脉冲功率会议上，法国 CEA/PEM 提出了基于 FLTD、输出电压 3MV 和脉宽(FWHM)75ns 的直接驱动负载的脉冲源概念设计。2007 年，第 16 届国际脉冲功率会议上，提出了 FLTD 直接驱动二极管负载的闪光照相装置 IDREX 的概念设计，输出电压 8MV，由约 80 级 FLTD 感应腔串联。每级 FLTD 包含 16 个放电支路并联，充电±100kV，连接 0.5～0.6Ω匹配负载时输出功率达 20GW，脉宽为 75ns。FLTD 磁芯为厚度 50μm 的硅钢带材，初级采用绝缘油，直接驱动负极性箍缩二极管。

美国 SNL 也提出了基于 FLTD 技术双轴闪光照相加速器概念设计，每轴由三段共 48 级 FLTD 感应腔串联，电压 6.5MV、电流 130kA、阻抗 50Ω，直接驱动 SMP(self magnetic pinch)或负极性 RPD，脉冲源宽 12 英尺、高 6 英尺、长 50 英尺，如图 13 所示。占地空间与双轴 Cygnus 装置相同，但指标预计：1m 处 X 射线剂量 2.50Gy，比 Cygnus 高约 60 倍、焦斑直径 2.5mm。目前，完成 7 级 FLTD 串联、输出 1MV、140kA 的脉冲源调试，图 14 为 7 级 FLTD-R 模块串联，图 15 为 FLTD-R 模块照片。

3 国内研究进展

3.1 三级串联 IVA 型闪光照相加速器研制及初步调试结果

根据国际上 IVA 型闪光照相加速器的发展动态，西北核技术研究所开展了 IVA 和 RPD 型脉冲 X 射线源的关键技术研究，解决了电压 1MV、采用非晶磁芯的 IVA 感应腔磁芯、单点电流引入、均匀激磁和绝缘堆等难题，研制成功三级 IVA 感应腔串联、真空绝缘传输线和 RPD 技术的脉冲 X 射线源，如图 16 所示。主要由低电感 Marx 发生器、水介质脉冲形成线、平板传输线、IVA 感应腔、真空绝缘传输线和 RPD 组成。

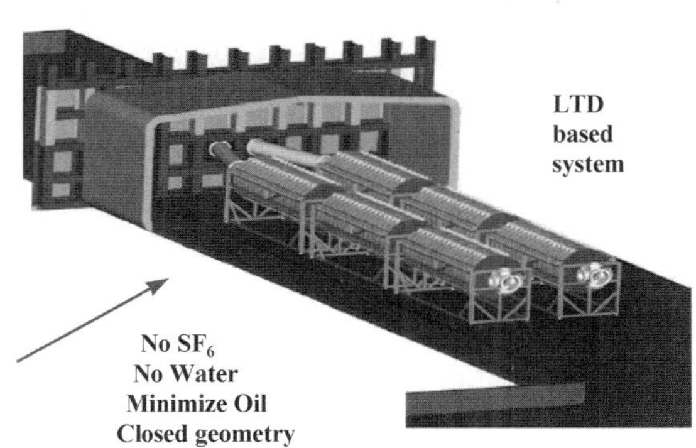

图 13 FLTD 双轴 6.5MV 加速器的概念设计

图 14 7 级 FLTD-R 模块串联

图 15 FLTD-R 模块

图 16 IVA/RPD 脉冲 X 射线源

在新研制的 2MV 感应电压叠加器上，进行了阳极杆箍缩二极管的实验研究。Marx 充电电压分别为±20kV、±25kV、±30kV、±35kV，改变阴阳极结构、环状阴极直径、阳极杆及其支撑杆的直径和长度等诸多参数，相应调节脉冲功率源开关的工作状态和参数，以提高 X 射线剂量、能量和减小焦斑直径。不同 Marx 充电电压下的 RPD 典型实验结果如表 3 所示，RPD 电压、电流与 X 射线波形如图 17 所示。

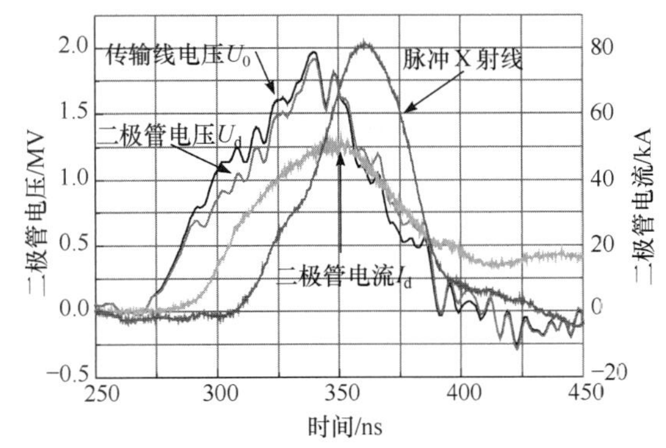

图 17 RPD 电压、电流与 X 射线波形

利用半影成像和针孔照相等技术测量二极管所产生的 X 射线焦斑位置、径向尺寸，利用热释光剂量片测量 X 射线剂量，实验结果见表 3。图 18 是采用直径 1.2mm 针尖时，充电±35kV X 射线焦斑原始图像和处理后的焦斑图像，根据二值图像的面积估计出焦斑 50%幅度处的平均直径为 0.95mm。

表 3 RPD 实验结果

炮号	Marx 电压/kV	阳极直径/mm	针尖	1m 处剂量/mGy	焦斑直径/mm	射线半宽/ns	二极管电流/kA
042	35	1.2	尖	28.8	—	45.8	53.1
036	35	1.2	尖	27.5	0.95	41.6	52.7
035	35	1.2	尖	25.4	1.01	36.8	57.0
026	30	1.2	尖	20.5	—	49.0	45.1
009	25	1.2	尖	11.0	—	—	35.6
008	20	1.2	尖	6.0	—	—	29

(a) 原始图像

(b) 去伽马噪点

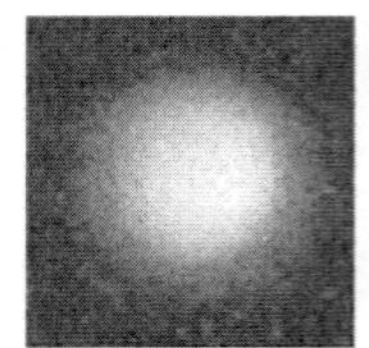
(c) 去高斯噪声

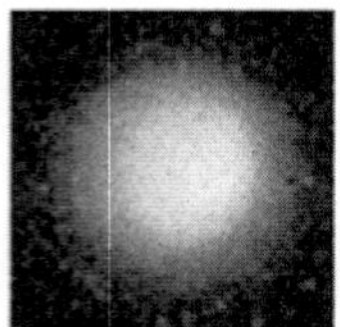
(d) 扣除散射本底

(e) d对应二值图

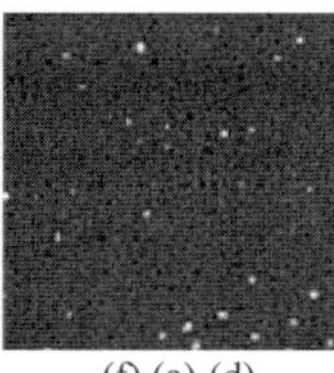
(f) (a)-(d)

图 18　充电±35kV X 射线焦斑原始图像和处理后焦斑图像

在 Marx 发生器充电电压为±35kV 时，二极管输出指标达到电压为 1.8～2.1MV、电流为 40～60kA、脉宽(FWHM)为 50～60ns，1m 处的脉冲 X 剂量约为 20～30mGy、焦斑直径约为 1mm。

3.2　模块化 FLTD 及关键技术

在快放电模块化 FLTD 技术方面，西北核技术研究所在国家自然科学基金项目的支持下，研制了前沿 100ns、电流 100kA 的单级 FLTD 模块，如图 19 所示。解决了工作电压±100kV 多级多通道气体火花开关、100kV 多路输出快前沿触发器和退火夹膜 DG6 硅钢及非晶带材磁芯等多项关键技术。100ns/100kA 单级 FLTD 模块由十路单元并联，在充电±65kV 时，短路放电电流前沿约 100ns，峰值 100kA，其典型输出波形如图 20 所示。目前，西北核技术研究所正在进行放电更快的单级 FLTD 模块的研制。

图 19　研制 100kA/100ns 的 FLTD 一级模块照片

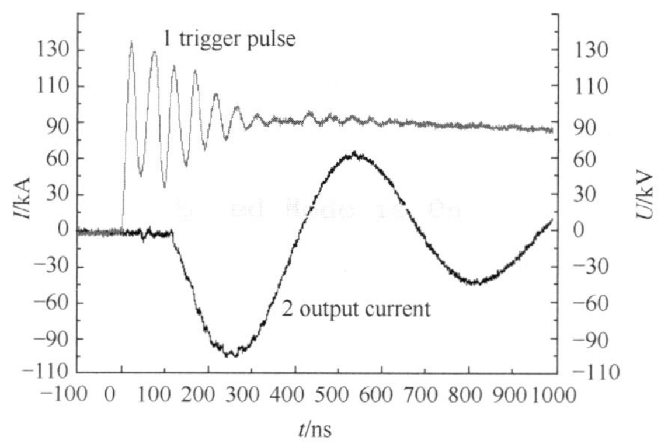

图 20　FLTD 模块典型输出波形

另外，中国工程物理研究院近几年发表了有关阳极杆箍缩二极管(RPD)的综述性报告，并开展了相应的理论与实验研究。在 1MV 的脉冲功率加速器上，采用 RPD 获得了前向(0°)1m 处剂量为 12.1～14.5mGy 的脉冲 X 射线，脉冲半高宽为 18.1～27.5ns，阳极杆采用 1mm 直径钝钨杆时，X 射线焦斑直径为 0.9～1.1mm；采用 1mm 直径削尖钨杆时，X 射线焦斑直径为 0.8mm。

4　讨论和结论

IVA 紧凑型强流脉冲电子束闪光照相加速器近年来发展得很快，如美国的 Cygnus 和 RITS、英国的 HRF 装置等，该类加速器应用前景广阔。西北核技术研究所也研制成功三级 IVA 感应腔串联并采用 RPD 的小焦斑脉冲 X 射线闪光照相加速器。目前，国际上紧凑型 IVA 闪光照相加速器的发展趋势是多级 FLTD 串联直接驱动二极管，并建立电压 10MV 以上的实验平台研究强聚焦二极管技术。美国、法国等都提出了输出电压 6MV 以上的多级 FLTD 串联的闪光照相加速器的概念设计，并在研制放电更快的 FLTD 模块(脉宽小于 75ns、电流约 120kA)。国内在 FLTD 型闪光照相加速器研究方面取得初步结果，研制成功 100ns/100kA 的 FLTD 模块，但与国外相比存在较大差距。要建立 FLTD 多级串联直接驱动 RPD 的紧凑型闪光照相强流脉冲电子束加速器，核心是快放电的 FLTD 单元技术、低电感低抖动开关及同步触发、高频低损耗高层间绝缘的磁芯，以及高电压、大电流、能够获得大剂量和小焦斑的 X 射线强聚焦二极管技术等，研究适合工作电压为 14MV、X 射线平均能量 2～4MeV，焦斑直径<2mm 工作稳定的二极管。

感应电压叠加器驱动阳极杆箍缩二极管型脉冲 X 射线源*

摘要： 介绍了自行研制的用于闪光照相且基于感应电压叠加器和阳极杆箍缩二极管的 X 射线源的组成、结构和主要参数。输出电压 3MV 的 Marx 发生器给阻抗 7.8Ω水介质脉冲形成线充电，产生脉宽约 70ns 电压约 1MV 的高功率脉冲，经过峰化开关和预脉冲开关后分成 3 路馈入三级 IVA 感应腔进行电压叠加，感应电压叠加器采用真空绝缘传输线，阻抗从 40Ω变成 60Ω，驱动阳极杆箍缩二极管，二极管阴极为石墨，阳极为直径 1.2mm 的钨杆，石墨阴极产生的电子束在电流自磁场作用下发生箍缩，轰击阳极，产生小焦斑脉冲 X 射线。该装置在 Marx 充电电压为±35kV 时，二极管电压约 2.0MV，二极管电流约为 50kA，半高宽约 80ns；X 射线半高宽约为 40ns，剂量约为 28mGy，焦斑约为 0.95mm。利用该 X 射线源拍摄到了炸药爆炸产生的层裂碎片不同飞行时间的图像。

高能脉冲 X 射线闪光照相可以透视高速运动物质的结构、状态及演化过程，是高性能爆炸流体力学试验诊断需求的关键技术，可用于诊断材料在高温、高压下的流体力学特性[1-3]。感应电压叠加器(IVA)采用模块化结构，增加串联级数可方便提高输出电压，次级采用真空绝缘或磁绝缘同轴传输线，很容易与强聚焦电子束二极管连接，而其绝缘要求和电感比相同电压单级结构绝缘堆小[4]；阳极杆箍缩二极管(RPD)可在单间隙同时完成电子束的产生、加速、聚焦及打靶，获得焦斑直径小于 1mm 的高能脉冲 X 射线[5]。IVA 驱动 RPD 型闪光照相加速器是国际上近年发展起来的一种新型脉冲 X 射线闪光照相技术，代表性装置为美国 Cygnus 双轴 IVA 型加速器[6-8]和英国原子能武器研究中心(AWE)正在研制的 HRF 加速器[9,10]。为了获得更高的 X 射线照射亮度和亚 mm 直径的 X 射线焦斑，二极管电压要求达到 10～20MV，并需要研制新型高阻抗高效多脉冲二极管，以实现爆炸区域多角度多脉冲照相。美国圣地亚国家实验室(SNL)、美国海军实验室(NRL)，英国 AWE 和法国国防部等积极开展 IVA 型闪光照相脉冲 X 射线装置研究。如美国 SNL 拟研制 12 个感应腔的综合闪光照相试验 RITS 装置、指标为 16MV、70ns、150kA，目前已研制成功 6 个感应腔串联(RITS-6)装置[11]。英国 AWE 与美国 SNL 等研究机构合作，制定了研制 14MV、140kA、60ns 的三轴 IVA 型照相装置 HRF 研究计划[10]。本文给出了西北核技术研究所自行研制的三级感应腔串联输出电压 2MV 的 IVA 及 RPD 型脉冲 X 射线源的组成、结构、主要参数和调试结果。

1 IVA/RPD 脉冲 X 射线源的组成

自行研制的感应电压叠加器驱动的阳极杆箍缩二极管(IVA/RPD)型脉冲 X 射线源照片和组成分别如图 1 和图 2 所示，主要由低电感 Marx、水介质脉冲形成线(PFL)[12]、平板传输线、IVA 感应腔[13]、真空绝缘传输线(VITL)和 RPD 二极管组成。Marx 发生器标称输出电压 3.3MV，采用变压器油绝缘，正负充电，由 33 个火花开关和 66 个高压电容器(50kV/0.44μF) 按 S 型排列串联构成。Marx 首排开关采用并联外触发，开关为四电极紫外预电离-场畸变开关，其余开关采用排间过电压触发。发生器串联等效电容 6.7nF、电感 5.5μH、等效串联电路约为 6Ω，建立时间约 150ns，抖动约 2ns，脉冲形成线(PFL1)充电至峰值电压时间约 300ns；PFL1、PFL2 为阻抗 7.8Ω，形成的电脉冲长度 66ns；WS 为圆管截面对平面电极的水介质开关，间隙长度为 2～13cm 可调；PS 为水介质峰化开关，距离 6～8mm 可调；PFL3 为从阻抗 7.8Ω过渡到 5.6Ω，电气传输时间为 35ns；PFL4 为阻抗从 5.6Ω过渡到 4.5Ω，以便与 IVA 感应腔阻抗匹配；预脉冲油开关位于阻抗 4.5Ω平板传输线入孔处，开关间隙距离约 2mm；VITL 为真空绝缘传输线。

* 该文原载于《强激光与粒子束》，2010 年第 22 卷第 4 期。

图 1　IVA/RPD 脉冲 X 射线源照片

Fig.1　Photo of pulsed X-ray source based on IVA/RPD

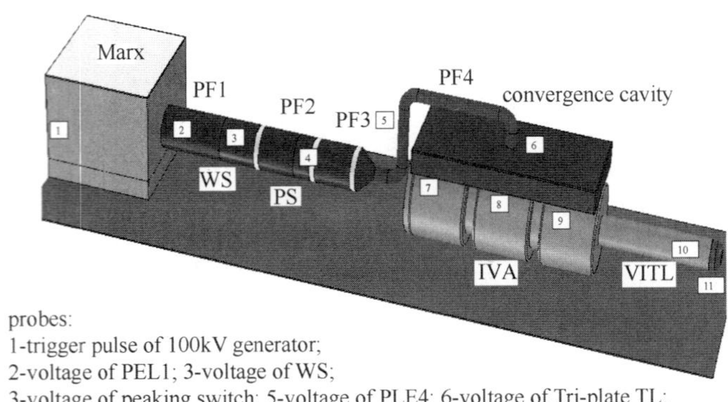

图 2　IVA/RPD 脉冲 X 射线源电气参数测量探头布局示意图

Fig.2　Layout of the measuring probes and main parts of X-ray source

表 1 给出了脉冲源头主要探头的灵敏度，表 2 给出了 RPD 二极管在 Marx 不同充电电压的调试结果。脉冲 X 射线源主要电气参数共 11 个，其对应物理量、探头类型和灵敏度列于表 1，剂量采用防化研究院生产的 GR-200A 热释光剂量片测量；X 射线脉宽采用 ST401 闪烁体+GD40 光电管测量。

表 1　IVA/ RPD 脉冲 X 射线源电气参数测量探头

Table1　Style and sensitivity of probes

No.	probe style	sensitivity
1	resistor divider	11.0×10^3
2	capacitive divider	11.0×10^3
3	capacitive divider	9.5×10^3
4	capacitive divider	7.7×10^3
5	capacitive divider	145.0×10^3
6	capacitive divider	134.0×10^3
7	Rogoski coil	1.4×10^3
8	Rogoski coil	1.4×10^3
9	Rogoski coil	1.4×10^3
10	capacitive divider	350.0×10^3
11	Rogoski coil	1.2×10^3

表 2　不同 Marx 电压下 RPD 实验结果

Table2　Experimental results of RPD

shots	Marx voltage/kV	RPD current /kA	RPD voltage /MV	X-ray FWHM /ns	1m dose /mGy
008	20	29	1.2	55.4	6
009	25	35.6	1.5	55	11
029	30	44.2	1.8	44.2	19
036	35	51.2	2.1	41.6	27
039	35	52.2	2.0	40.2	28

2　IVA/RPD 脉冲 X 射线源主要参数

首先进行了 IVA 脉冲功率源连接 60Ω电阻负载实验[14]，在 Marx 充电±45kV 时，PFL 形成线电压约 2.6MV，研究了圆管状阴极对平板状阳极水介质主开关的击穿特性，以及自击穿峰化水开关和预脉冲油开关合适的间隙距离[12]。在 Marx 充电电压分别为±20kV、±25kV、±30kV、±35kV，通过改变 RPD 阴阳极结构，环状阴极直径，阳极杆及其支撑杆的直径和长度等诸多参数，调节脉冲功率源的开关状态，以 X 射线剂量、能量和焦斑尺寸为主要判据，寻找合适的 RPD 工作条件。不同 Marx 充电电压下 RPD 的电流波形如图 3 所示，可以看出，RPD 二极管电流基本按照 Marx 充电电压的比例线性增加。以 036 发为例，在 Marx 充电电压为±35kV 时的 IVA 加速器水线上的典型波形如图 4 所示，RPD 二极管电压、电流波形如图 5 所示，X 射线波形如图 6 所示。

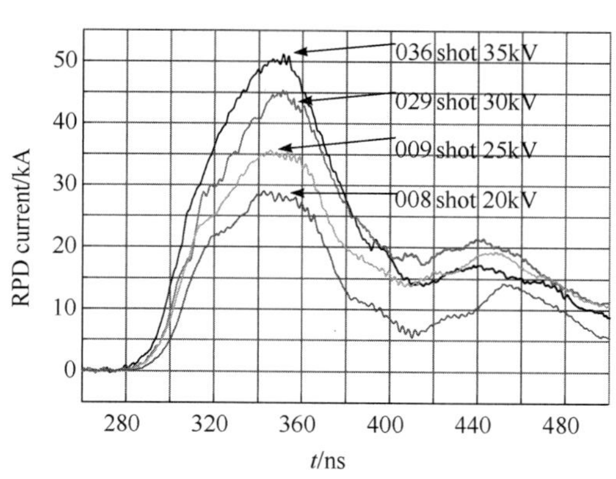

图 3 不同 Marx 电压下的二极管电流

Fig.3 Current of RPD at different charging voltage of Marx

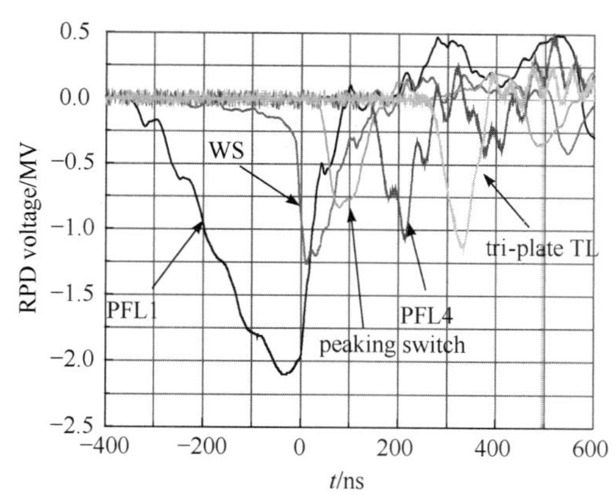

图 4 Marx 充电±35kV 的 IVA 波形

Fig.4 Typical output waveforms at 35 kV charged of Marx

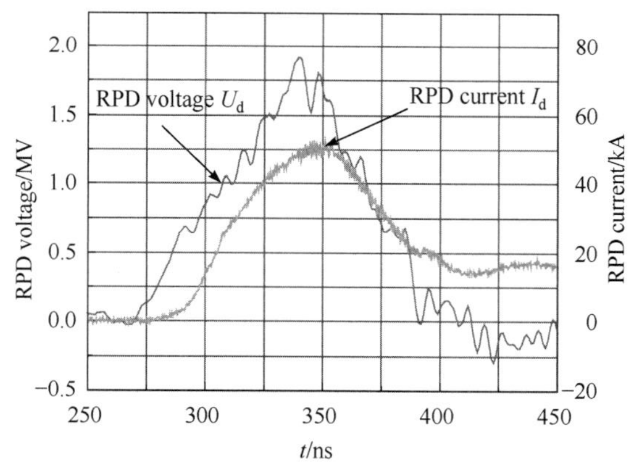

图 5 RPD 二极管电压电流与 X 射线波形

Fig.5 Typical waveforms for RPD at Marx charging voltage of 35 kV

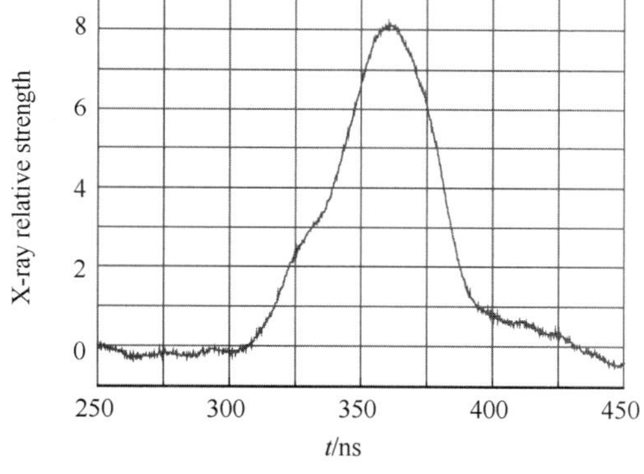

图 6 X 射线波形

Fig.6 Typical waveform of X-ray pulse

从 Marx 充电电压为±35kV 的 036 发典型实验波形得到，二极管电压峰值 2.1MV，二极管电流峰值 51kA，半宽 74ns，X 射线半宽 42ns。热释光剂量片测得该炮 1m 处剂量为 27.5mGy。

在 Marx 充电电压为±35kV、RPD 采用直径 1.2mm 针尖，采用针孔成像法测得的典型焦斑图像如图 7 所示，图 7(a)为 CCD 相机记录原始图像，(b)，(c)，(d)分别为依次去除伽玛噪声，高斯噪声和背景噪声的图像，(e)为图(d)对应的两值图，不对称性<3%，X 射线焦斑直径约 0.95mm，(f)为图像(a)减去(d)的剩余噪声。利用铁、钨台阶测量对 X 射线的响应，钨台阶厚度 18mm，均分为 6 个台阶，台阶高度 5mm；铁台阶厚度 50mm，均分为 11 个台阶，台阶高度 5mm，图像灰度值可以反映射线透射后的强度。准直器后加 1.5mm 钽片与 1mm 铁片，X 射线能谱经钽片、铁片以及爆炸罐窗口材料窄化，测试钨和铁台阶的 X 射线响应图像如图 8,计算出铁台阶对应的等效单能 E_X=0.75MeV，钨台阶对应的等效单能 E_X=0.743MeV。

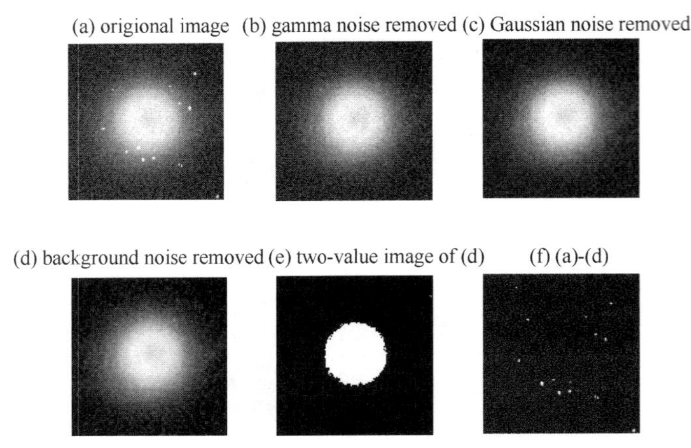

图 7 1.2mm 针尖焦斑图像及处理过程图像

Fig.7 Focus spot of X-ray with 1.2 mm rod and image process

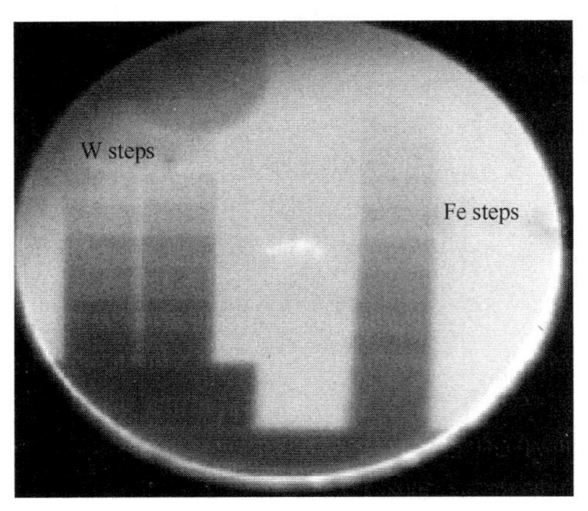

图 8 Fe，W 台阶 X 射线透射图像

Fig.8 Radiography of Fe and W Steps

3 层裂碎片闪光照相

闪光照相实验总体布局如图 9 所示，主要由调节平台、屏蔽体、准直系统和二极管爆室成像记录系统、爆炸罐等组成。

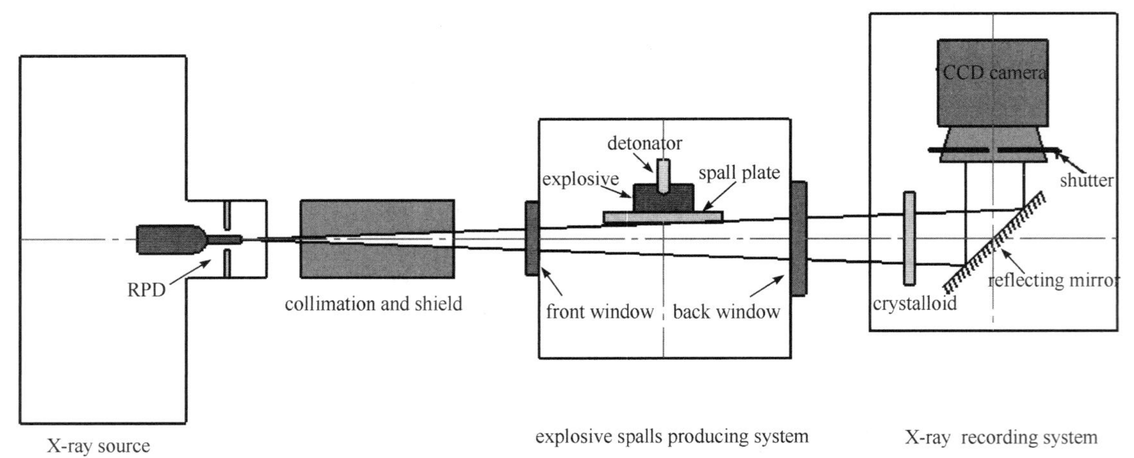

图 9 层裂碎片照相实验总体布局

Fig.9 Experimental setup of spalls radiography

在 RPD 调节对中、X 射线光路准直、调节成像记录系统后，安装雷管、炸药，解除雷管起爆锁。启动控制台电源，依次给 100kV 触发器和雷管起爆器加电，Marx 升压到设定值，按触发按钮，一路信号启动 X 射线成像记录系统，打开相机快门；另一路信号延迟 0.5s 启动雷管起爆器、雷管起爆引爆炸药，从炸药爆炸探针取得信号，经过整形处理，启动延时器(DG535)，依次触发 100kV 触发器、Marx 发生器，脉冲形成线(PFL)水线开关依次击穿，IVA 产生高电压脉冲到 RPD 二极管，产生小焦斑脉冲 X 射线，经过爆炸罐窗口到成像记录系统。从炸药爆炸信号产生到 100kV 触发信号系统固有的延迟时间目前约为 8μs，抖动约 0.5μs。Marx 充电±30kV 时连续运行 16 发，脉冲 X 射线源从触发器 100kV 输出到 X 射线出射的总体延迟时间约 896ns，标准偏差为 12ns；充电±35kV 时连续运行 10 炮，脉冲 X 射线源从触发器 100kV 输出到 X 射线出射的总体延迟时间约 910ns，标准偏差为 27ns。通过设置 DG535 延迟时间可以拍摄层裂碎片不同飞行时间的图像，不同延时时间碎片典型图像如图 10 所示，从图像上可以计算碎片的平均飞行速度约 350m/s，质量约 3.9g。

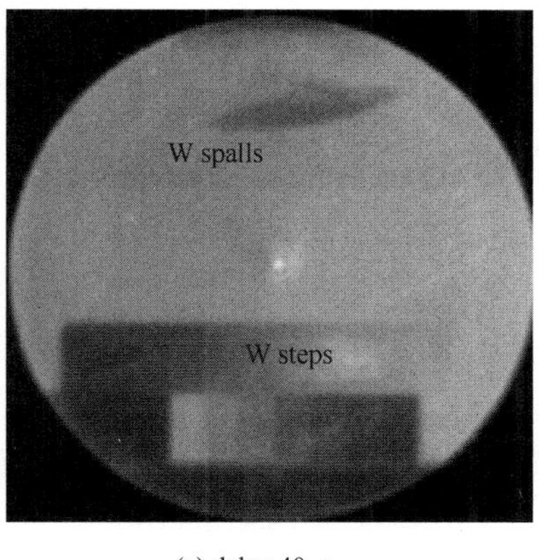

(a) delay 40μs

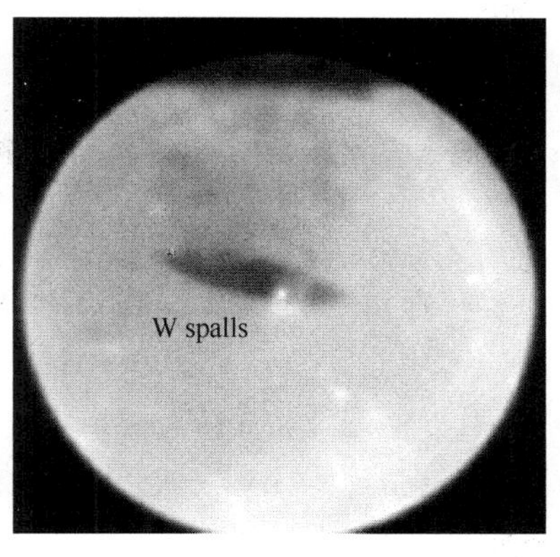

(b) delay 60μs

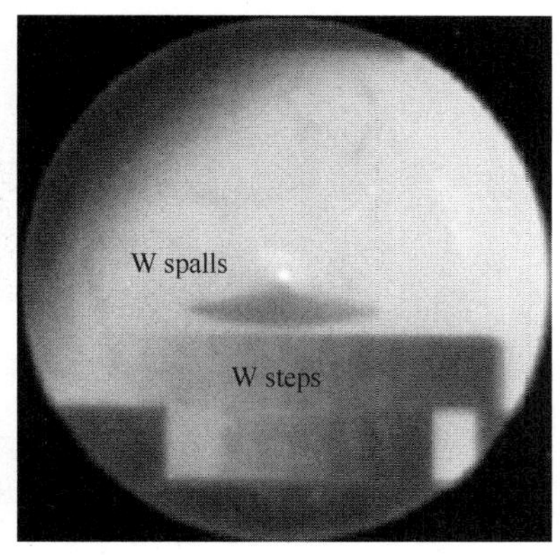

(c) delay 80μs

图 10　不同延迟时间钨层裂片

Fig.10　Radiographic images of W spalls at different delay time from explosion to pulsed X-ray emittance

4　结论

IVA/RPD 脉冲 X 射线源累计运行约 200 发，脉冲 X 射线源、同步控制系统、爆炸模拟源、爆炸罐和 X 射线成像记录系统实现良好同步。IVA/RPD 型脉冲 X 射线源在 Marx 充电电压为±35kV 时，RPD 二极管电压约 2.1MV，二极管电流约为 50kA，半高宽约 80ns；X 射线半高宽(FW HM)约为 40ns，剂量为 28mGy，焦斑约为 0.95mm；装置充电±35kV 时连续运行 10 发，脉冲 X 射线源触发 Marx 发生器到 X 射线出光的总延迟时间约 910ns，标准偏差为 27ns，从雷管起爆到炸药产生层裂碎片的时间约 10μs，调节延时器设置时间可以拍摄碎片不同飞行时间图像，从图像得到碎片质量和平均飞行速度。

参 考 文 献

[1] Oliver B V. Recent advances in radiographic X-ray source development at Sandia[C]//Proc. of the 17th International conference on High-Power Particle Beams. 2008: 1-5.

[2] John M, Gerald C, Ian S, et al. Advances in pulsed power-driven radiography systems[J]. *Proceedings of the IEEE*, 2004, 92(7):1021-1042.

[3] 邱爱慈，孙凤举. Z 箍缩和闪光照相用脉冲功率源技术的发展[J]. 强激光与粒子束，2008, 20(12):1937-1946.(Qiu Aici, Sun Fengju. Development of pulsed power driver for Z pinch and radiography. *High Power Laser and Particle Beams*, 2008, 20(12):1937-1946)

[4] Smith I D. Induction voltage adders and the induction accelerator family[J]. *Physical Review Special Topics- Accelerator and beams*, 2004, 7: 064801.

[5] Cooperstein G, Boller J R, Commisso R J, et al. Theoretical modeling and experimental characterization of a rod-pinch diode[J]. *Physics of Plasmas*. 2001, 8(10):4618-4635.

[6] Smith J, Nelson D, Corrow G, et al. Cygnus performance in subcritical experiments[C]// Proc. of the 16th IEEE International Pulsed Power Conference. 2007:1089-1094.

[7] Smith J, Carlson R, Fulton R, et al. Cygnus dual beam radiography source[C]//Proc. of the 16th IEEE International Pulsed Power Conference. 2007:334-337.

[8] Ormond E C, Cordova S R, Molina I, et al. Cygnus diverter switch analysis[J]. *IEEE Trans on Plasma Science*, 2008, 36(5)5:2554-2559.

[9] Thomas K J. Pused power drivers and diodes for X-ray radiography[C]//Proc. of 2005 Particle Accelerator conference. 2005: 510-514.

[10] Corcoran P, Carboni V, Smith I, et al. Design of an induction voltage adder based on gas-switched pulse forming line[C]// Proce. of the 15th IEEE International Pulsed Power Conference. 2005: 308-313.

[11] Johnson D, Bailey V, Altes R, et al. Status of the 10MV, 120kA RITS-6 inductive voltage adder[C]//Proc. of 2005 Particle Accelerator conference. 2005: 314-317.

[12] 尹佳辉，孙凤举，邱爱慈，等. 感应电压叠加器中水介质开关脉冲自击穿特性研究[J].强激光与粒子束，2009，21(1):147-151.(Yin Jiahui, Sun Fengju, Qiu Aici, et al. Pulsed self-breaking down properties of water switches in the inductive voltage adder. *High Power Laser and Particle Beams*, 2009 , 21(1):147-151)

[13] Sun Fengju, Qiu Aici, Zeng Jiangtao, et al. Relationship of pulsed permeability of magnetic cores with annealing Metglass and inter-bedded insulation films to applied voltage slope[C]//Proc. of the17th International Conference on High-power Particle Beams. 2008: 599-603.

[14] 高屹，杨海亮，孙凤举，等. 用于脉冲功率装置调试的高功率电阻分压器型负载[J].强激光与粒子束, 2009, 21(2):301-306. (Gao Yi, Yang Hailiang, Sun Fengju, et al. Resistance-voltage-dividing load for testing of pulsed power equipment. *High Power Laser and Particle Beams*, 2009, 21(2):301-306)

两种典型结构强流自箍缩二极管技术研究*

摘要：主要介绍了箍缩聚焦二极管和自箍缩离子束二极管的研究进展。重点介绍了近几年发展的阳极杆箍缩聚焦二极管的理论模拟和实验结果，在“闪光二号”加速器和 2MV 脉冲功率驱动源上的进行了阳极杆箍缩二极管实验，二极管输出电压 1.8～2.1MV，电流 40～60 kA，脉宽(FWHM)50～60ns，1m 处的脉冲 X 剂量约 20～30mGy、焦斑直径约 1mm，X 射线最高能量 1.8MeV。在“闪光二号”加速器上开展了高功率离子束的产生和应用研究，给出了自箍缩反射离子束二极管的结构和工作原理，实验获得的离子束峰值电流～160kA，离子的峰值能量～500keV，开展了利用高功率质子束轰击 19F 靶产生 6～7MeV 准单能脉冲γ射线，模拟 X 射线热-力学效应等应用基础研究。

1 前言

强流自箍缩二极管主要用于产生强流粒子束，包括电子束、质子束和重离子束等，通过韧致辐射或核反应又可以产生软 X 射线、硬 X 射线、脉冲 γ 射线、中子等。由于二极管中的束流很强，所产生的磁场导致二极管中束流自身发生强箍缩，使这一类型的二极管所涉及的物理问题相当复杂，主要包括极强的空间电荷效应、自磁场产生的箍缩效应、发射度增长效应、尾场效应、能散效应等，尤为复杂的是强流粒子束从产生到应用，始终伴随着与等离子体的相互作用，这使得其产生、传输、诊断和应用研究都面临着很大难度，需要研究的内容复杂，需要解决的难题相当多。

强流自箍缩二极管结构复杂、种类繁多、应用广泛。特别是近几年，利用阳极杆箍缩二极管产生亚毫米焦点的强聚焦的高能脉冲 X 射线，利用强流脉冲离子束模拟材料的软 X 射线热力学效应与结构响应、产生高能量的单能脉冲γ射线(6.129MeV，16.7MeV)等新的研究方向都取得较大进展，使得阳极杆箍缩二极管和自箍缩反射离子束二极管这两种具有典型结构的强流自箍缩二极管成为研究的热点。

随着研究的不断深入，强流二极管所产生的强流粒子束在材料性能研究、材料改性与表面工程、纳米薄膜等新材料制备领域已成为一种先进的技术手段，在集成电路光刻等领域也已发挥了显著作用。这些新的应用领域更有效地促进了强流粒子束二极管技术的快速发展，并不断培育出新的创新点。

本文重点介绍近几年西北核技术研究所在阳极杆箍缩二极管和自箍缩反射离子束二极管这两种具有典型结构的强流自箍缩二极管方面的研究进展。

2 阳极杆箍缩聚焦二极管

近年来，随着脉冲功率技术中感应电压叠加器(inductive voltage adder，IVA)、真空磁绝缘传输线(magnetic insulation transmission line，MITL)和阳极杆箍缩聚焦二极管(rod pinch diode，RPD，也简称阳极杆箍缩二极管)单元技术的发展和结合，使基于 IVA、MITL 和 RPD 技术的新型闪光照相技术获得突破性进展[1~4]。这类装置结构简单、体积较小、运行操作比较方便、造价低廉，对环境要求低。显示了基于 IVA，MITL 和 RPD 技术的新型加速器的良好应用前景[5]，其中 RPD 二极管是其关键核心技术。

RPD 二极管利用薄环形阴极围绕细直径阳极杆，并且阳极杆逐渐变细延伸，超出阴极平面一段距离。阴极径向发射的电子在束流自磁场作用下箍缩，向锥体下游聚焦，轰击高原子序数材料的阳极尖端，产生韧致辐射 X 射线，焦斑直径约为 1mm。

理论计算了所设计的阳极杆箍缩聚焦二极管的电场分布，图 1 是二极管电压等势面分布图，图 2 是电场矢量图，图 3 是电场强度分布图，为尽可能保证外筒同轴段和过渡段表面不发射电子，要求其表面的电场强度<100kV · cm^{-1}，从计算结果看，这一条件能够满足，因此在实验中阳极半球头和铝阳

* 该文原载于《中国工程科学》，2009 年第 11 卷第 11 期。

极支撑杆表面未发现被电子轰击的痕迹。

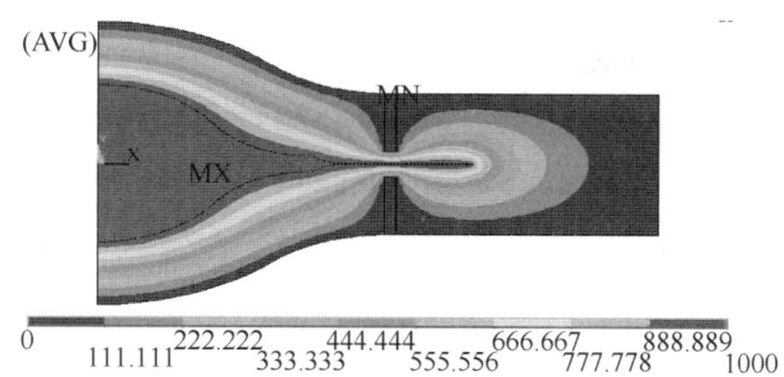

图 1 阳极杆箍缩聚焦二极管电压等势面分布

Fig. 1 Equipotential plane of electric-field in rod-pinch diode

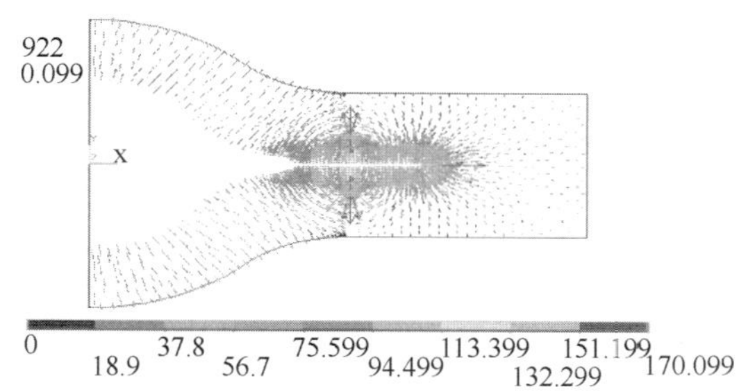

图 2 阳极杆箍缩聚焦二极管电场矢量

Fig. 2 Electric field vector in rod-pinch diode

采用 PIC 方法理论模拟了阳极杆箍缩聚焦二极管的电子束发射和箍缩聚焦行为(见图 4),从模拟结果可以看出，除了部分电子在环状阴极处掠射阳极杆之外，大部分电子都箍缩聚焦至阳极杆尖端。

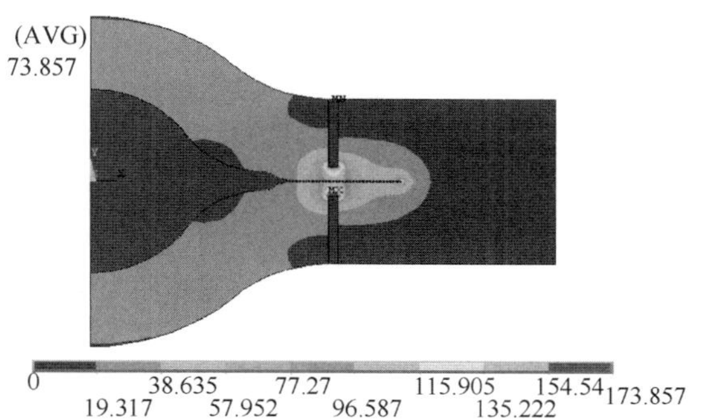

图 3 阳极杆箍缩聚焦二极管电场强度分布

Fig. 3 Distribution of electric-field in rod-pinch diode

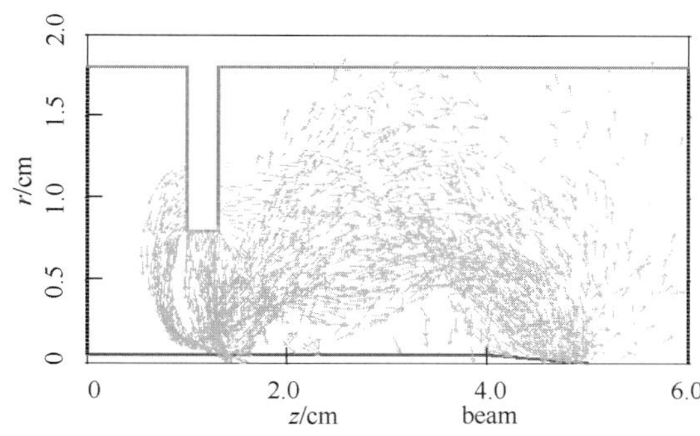

图 4 理论模拟的二极管电子束流箍缩聚焦情形

Fig. 4 Scheme of pinched electron in rod-pinch diode

根据以上理论计算和数值模拟结果，选取合适的阳极杆箍缩二极管构型，在“闪光二号”加速器和 2MV 脉冲功率驱动源上，进行了实验研究[6]，图 5 是实验中所采用的二极管结构示意图。图 6 是实验结束后，未取出环状阴极，爆裂后的钨针阳极尚未从铝阳极支撑杆上取出时的照片，从图中可以看出，实验后钨针阳极末端爆裂严重，阴极处爆裂断开，说明电子束轰击钨针阳极，并且在其上沉积的能量足够大，导致钨针阳极爆裂。图 7 是爆裂后的钨针阳极及铝阳极支撑杆，从图中可以看出，虽然钨针阳极被箍缩电子束轰击，但铝阳极支撑杆却未受到电子束轰击，说明电子束由于自箍缩而顺着钨针阳极运动到尖端，而几乎没有向后运动的电子。

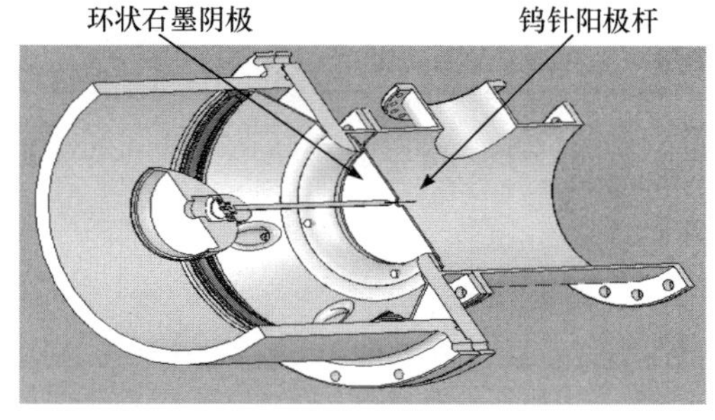

图 5 阳极杆箍缩聚焦二极管结构示意图

Fig.5 Schematic of rod-pinch diode

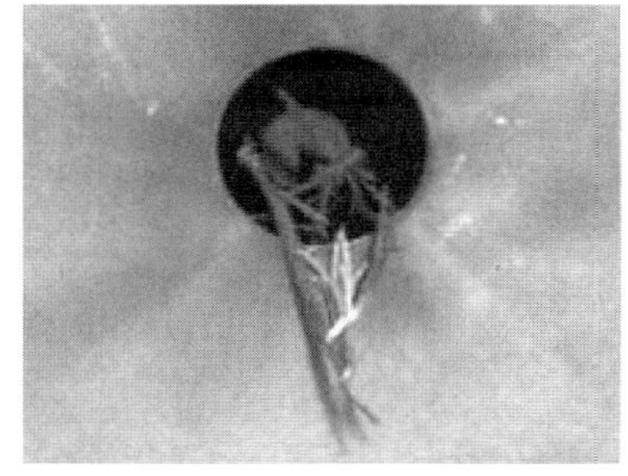

图 6 爆裂后的钨针阳极

Fig.6 Tungsten rod after experiment

图 8 是爆裂后的钨针与原钨针的对比，从图中可以明显看出，电子束轰击钨针阳极最严重的部位是阳极尖端和环状阴极处所对应的钨针阳极，导致这两个部位爆裂，环状阴极前端(除尖端外)对应的钨针阳极烧蚀则很弱，而环状阴极后端对应的钨针阳极几乎无烧蚀，这与模拟计算结果是一致的，表

明除了部分电子在环状阴极处掠射阳极杆之外，大部分电子都箍缩聚焦至阳极杆尖端，说明该二极管发生了强箍缩聚焦，能够产生强聚焦 X 射线。

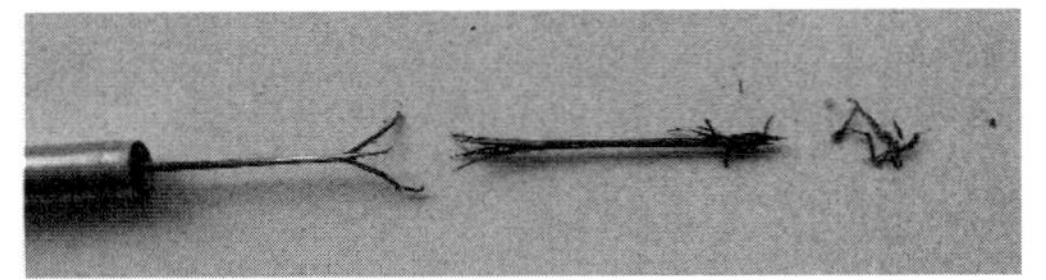

图 7　爆裂后的钨针阳极及铝阳极支撑杆

Fig.7　Tungsten rod and aluminum stand bar

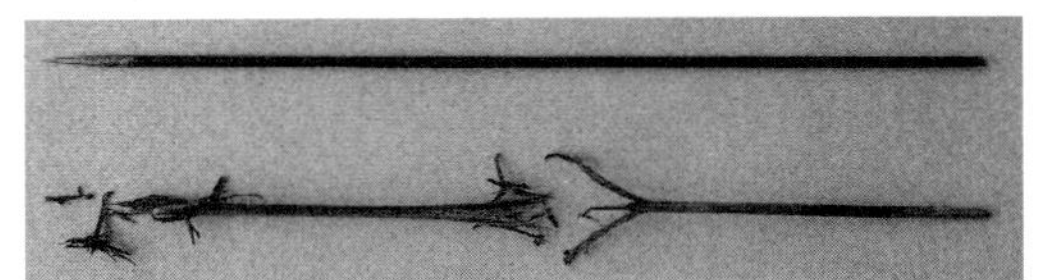

图 8　爆裂后的钨针与原钨针对比

Fig.8　Comparison of Tungsten rod before and after explosion

采用半影成像技术测量 X 射线的焦斑直径，测量结果见图 9，X 射线焦斑直径为(0.88±0.15)mm(线扩散函数的半高宽 $FWHM_{LSF}$)。

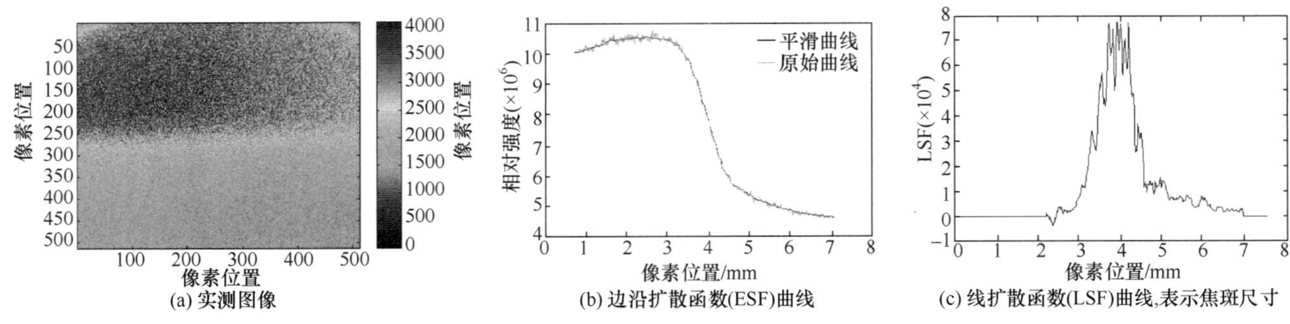

图 9　半影成像技术测量焦斑直径所记录的图像及处理结果

Fig.9　Image and treating results of spot diameter measurement

利用阳极杆箍缩聚焦二极管所产生的轫致辐射 X 射线对铅和铁台阶、米尺等实物进行成像实验。图 10 中，(a)为铅和铁台阶，(b)为台阶所成图像，(c)为钢卷尺所成图像。由此可知，X 射线能够穿透厚度分别为 5mm 和 15mm 的铅和铁，成像效果良好；对于钢卷尺等复杂结构，有较好的分辨率(亚毫米)。

(a) 铅和铁台阶实物照片

(b) 铅和铁台阶闪光照相结果

(c) 钢卷尺闪光照相结果

图 10　阳极杆箍缩聚焦二极管所产生的 X 射线穿透率照相实验初步结果

Fig.10　Preliminary experimental results of RPD X-ray radiography

新研制了 2MV 感应电压叠加器，进行了阳极杆箍缩二极管的实验研究。Marx 充电电压分别为正负 20kV、25kV、30kV、35kV，改变阴阳极结构、环状阴极直径、阳极杆及其支撑杆的直径和长度等诸多参数，相应调节脉冲功率源开关的工作状态和参数，以提高 X 射线剂量、能量和减小焦斑尺寸。不同 Marx 充电电压下的 RPD 典型实验结果见表 1，RPD 二极管电压、电流与 X 射线典型波形见图 11。在 Marx 发生器充电电压为±35kV 时，二极管输出电压 1.8～2.1MV、电流 40～60kA、脉宽(FWHM)50～60ns，1m 处的脉冲 X 剂量约 20～30mGy、焦斑直径约 1mm。

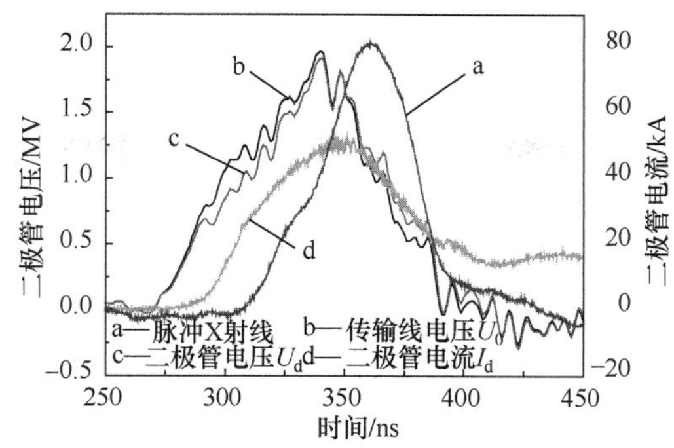

图 11　阳极杆箍缩二极管电压、电流与 X 射线波形

Fig.11　Voltage, current and X-ray pulse of RPD driven by 2 MV pulsed power generator

表 1　阳极杆箍缩二极管实验结果

Table1　Experimental results of RPD

炮号	Marx 发生器充电电压 /kV	阳极直径 /mm	1m 处剂量/mGy	焦斑直径 /mm	X 射线脉冲半高宽 /ns	二极管电流 /kA
042	35	1.2	28.8		45.8	53.1
036	35	1.2	27.5	0.95	41.6	52.7
035	35	1.2	25.4	1.01	36.8	57.0
026	30	1.2	20.5		49.0	45.1
009	25	1.2	11			35.6
008	20	1.2	6			29

3　自箍缩离子束二极管

3.1　“闪光二号”加速器产生高功率离子束

“闪光二号”加速器是国内电子束流强度最大的一台低阻抗强流脉冲电子束加速器，通过调整极性，使其在正极性状态下运行，利用新设计的自箍缩离子束二极管，可以产生高功率离子束[7,8]。图 12 是模拟的二极管阴极爆炸电子发射、束流箍缩、虚阴极形成、电子束流反射以及离子束的加速和引出过程。表 2 列出了二极管参数以及所产生的总束流的参数，二极管的束流强度峰值 480kA，峰值功率可达 206GW。根据实测的间隙电压计算得到了二极管的总束流强度和产生的高功率离子束的束流强度(图 13)，图中也给出了实测的二极管总束流强度和利用偏压法拉第筒阵列测量的离子束流强度，从图中可以看出，理论计算结果与实验测量值基本相符。图 14 是实验前后的阴阳极变化情况，图 15 是不同二极管纵横比情况下的阳极膜汽化情形。

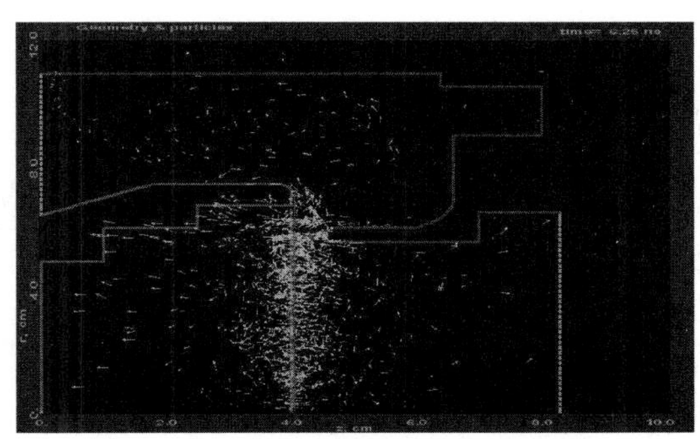

图 12　理论模拟的二极管束流箍缩、虚阴极形成、电子束流反射以及离子束的加速过程

Fig. 12　Simulation of current pinching, virtual cathode forming,electron reflecting and ion accelerating

表 2　“闪光二号”加速器高功率离子束二极管参数(典型炮)

Table 2　The HPIB diode parameters on the FLASH Ⅱ accelerator

阴阳极间隙距离/mm	纵横比 R_c/d	二极管电压/kV	二极管电流/kA	二极管功率/GW	二极管功率半高宽/ns	总能量/kJ	总粒子数/par	粒子平均能量/keV
4.9	12.2	500	480	206	68	15	2.75×10^{17}	320

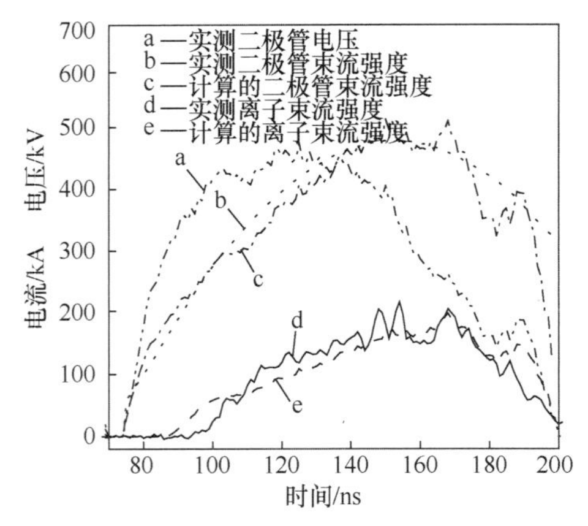

图 13　离子束流强度与二极管束流强度理论计算结果与实验测量值

Fig. 13　Calculated and measured results of ion and diode current

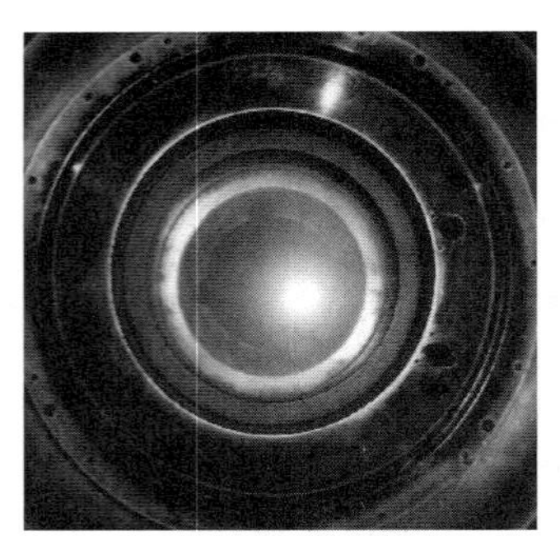

(a) 实验前的阴阳极　(b) 实验后的阴阳极,阳极膜被完全汽化

图 14　实验前后的阴阳极变化情况

Fig.14　Comparison of cathode and anode before and after experiment

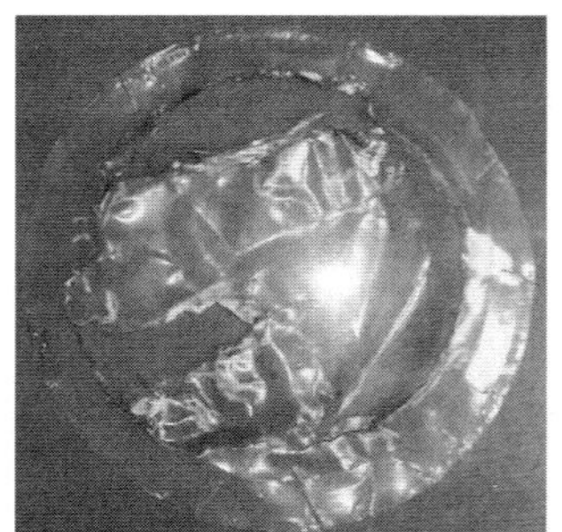

(a) 二极管纵横比太小，束流未箍缩，阳极膜未被完全汽化

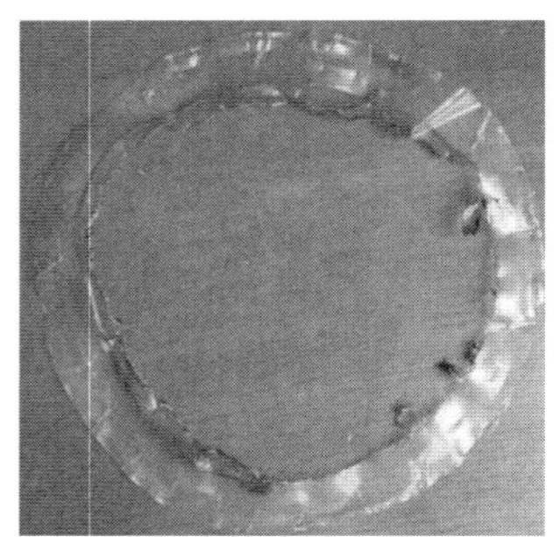

(b) 二极管纵横比合适，束流达到强箍缩，阳极膜被完全汽化

图 15　不同二极管纵横比情况下的阳极膜汽化情形

Fig.15　Comparison of anode foil vaporization state at different aspect radio of diode

表 3 列出了“闪光二号”加速器高功率离子束典型炮的参数、离子束流强度与二极管总束流强度的比值以及离子束总能量与二极管总能量的比值，离子的峰值能量 500keV，离子束峰值电流 160kA，总离子个数约为 6.2×10^{16}，靶上总能量 2.8kJ，实际的束斑面积 100cm^2，则能注量 Φ_E 约为 25J · cm^{-2}。

表 3　“闪光二号”加速器高功率离子束参数(典型炮)

Table 3　The HPIB parameters on the FLASH Ⅱ accelerator

离子束流强度/kA	离子最大能量/keV	离子束流与总束流之比	离子总能量/kJ	离子能注量/(J · cm^{-2})
160	500	0.33	2.8	25

3.2　利用高功率离子束轰击靶产生准单能脉冲γ射线[9]

利用高功率离子束(质子束)轰击含 ^{19}F 核素的靶可以发生核反应[10,11]：

$$p+{}^{19}F \rightarrow {}^{20}Ne^* \rightarrow {}^{16}O^*+\alpha$$
$$\hookrightarrow {}^{16}O+\gamma$$

该反应产生 6.13MeV、6.92MeV 和 7.12MeV 的 3 种能量的瞬发γ射线(可简称为 6～7MeV 准单能γ射线)，核反应阈能为 E_p=0.227MeV，在入射质子能量 E_p<1MeV 的情况下，主要产生能量为 6.13MeV 的γ射线。

图 16 是理论计算的质子束轰击含 ^{19}F 核素的靶产生准单能脉冲γ射线的产额和核反应截面随入射质子能量的变化曲线。

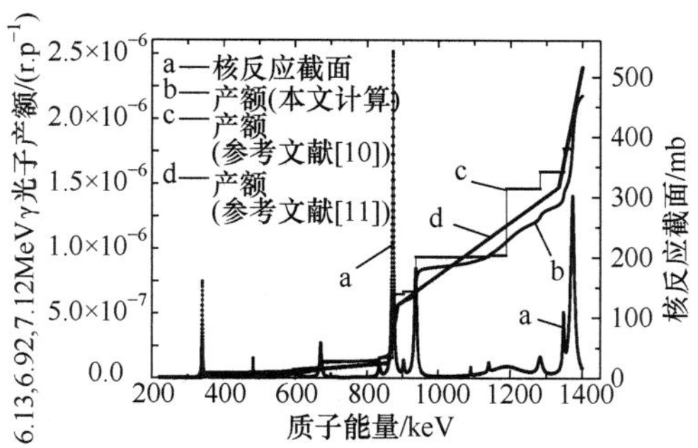

图 16　质子束轰击含 ^{19}F 核素靶的准单能脉冲γ射线产额和核反应截面随入射质子能量的变化曲线

Fig.16　Thick-target quasi-monoenergetic pulsed γ photons yield and cross section for the $^{19}F(p,\alpha\gamma)^{16}O$ reaction on a C_2F_4 target

图 17 是采用 PIN 半导体探测器测量的质子束传输不同距离轰击靶产生的准单能脉冲γ射线信号。图 18 是采用 ST401 塑料闪烁体配光电倍增管(photomultiplier tube, PMT)测得的质子束传输不同距离轰击靶产生的准单能脉冲γ射线。

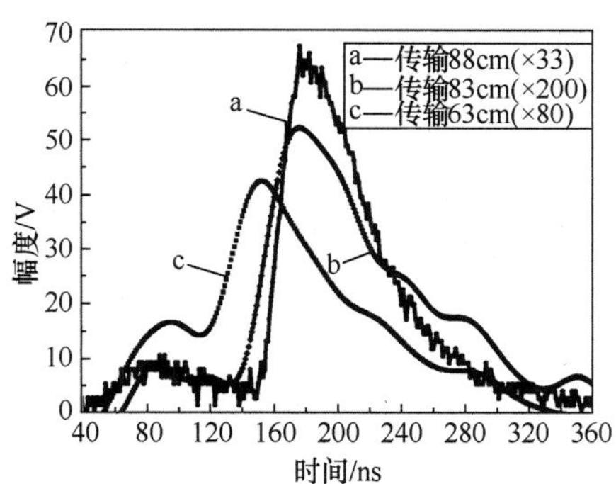

图 17　PIN 探测器测量质子束传输不同距离轰击靶产生的准单能脉冲γ射线

Fig.17　Measured quasi-monoenergetic pulsed γ-rays by the PIN detector, with the proton beams striking target at various transmission distance

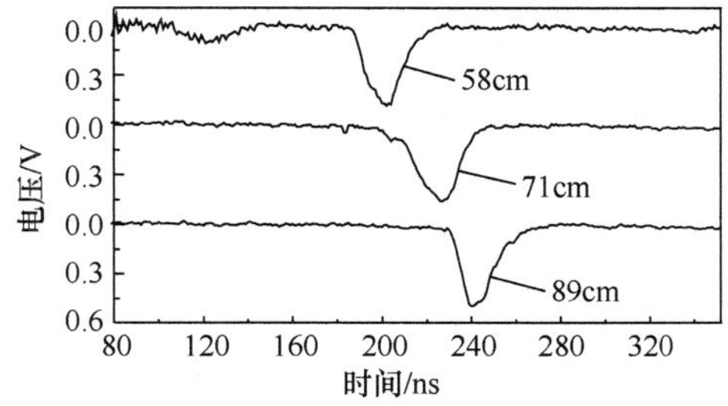

图 18　ST401 塑料闪烁体配 PMT 测量质子传输不同距离轰击靶产生的准单能脉冲γ射线

Fig. 18　Measured quasi-monoenergetic pulsed γ-rays by the ST401 plastic scintillator and PMT detector, with the proton beams striking target at various transmission distance

3.3 模拟材料的软 X 射线热-力学效应

由于离子束(0.5～1MeV)与 1keV 黑体辐射 X 射线的能量沉积范围基本一致，因此利用高功率离子束模拟软 X 射线的热-力学效应是一种有效手段[12]。

利用目前“闪光二号”加速器所产生的高功率离子束辐照镀 Cr 的不锈钢样品，可使所镀的 Cr 薄层被完全剥离掉(图 19)，表明高功率离子束已使薄层材料产生了明显的热-力学效应。

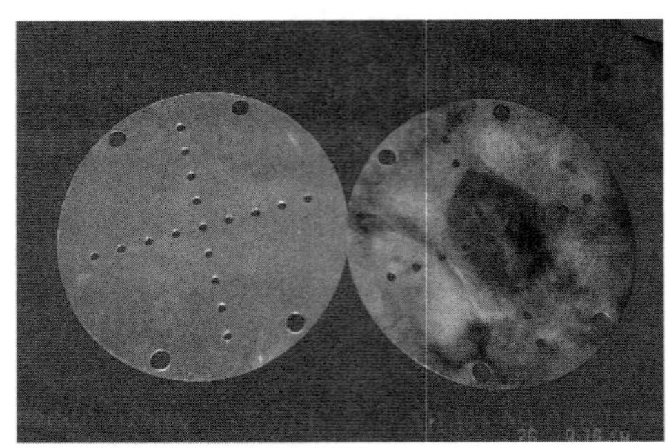

图 19 经高功率离子束辐照前(左侧)后(右侧)的镀 Cr 不锈钢样品对比(辐照后所镀 Cr 层被完全剥离掉)

Fig. 19 The comparison chromium plating samples irradiated (right) by HPIB on FLASH Ⅱ accelerator with the samples not irradiated (left) by HPIB(left not irradiated right chromeplated surfacewas stripped by HPIB)

铜和不锈钢等金属样品被辐照后，样品表面有明显的束斑痕迹和熔融层(图 20)，样品表面层所沉积的能量约为 10～20J · cm^{-2}，在铝样品中的沉积深度约为 5μm，表面层汽化区的厚度范围>3μm，则汽化损失掉的质量约为几十毫克，而利用精密天平测量辐照后样品的质量损失也约为几十毫克，即由于样品表面层的汽化而飞溅掉的样品质量约为几十毫克。

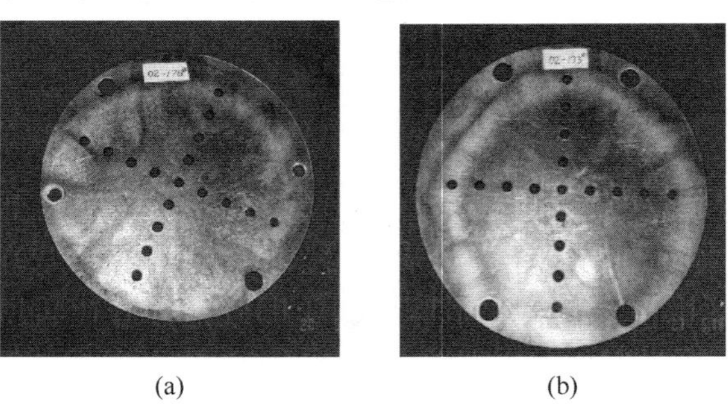

(a) (b)

图 20 经高功率离子束辐照后的铜样品的汽化和熔融痕迹

Fig. 20 The evaporating and melting trace of copper samples irradiated by HPIB on FLASH Ⅱ accelerator

材料表面熔融、汽化和电离所形成稠密等离子体向外膨胀喷射，产生喷射冲量，并同时存在热击波，所产生的喷射冲量和热击波等使样品产生了严重的形变，在高功率离子束束流直径为 75mm 的情况下，Al 样品靶(Φ95 mm，厚 1mm)形成明显的凹坑，深度达 6mm(图 21)。

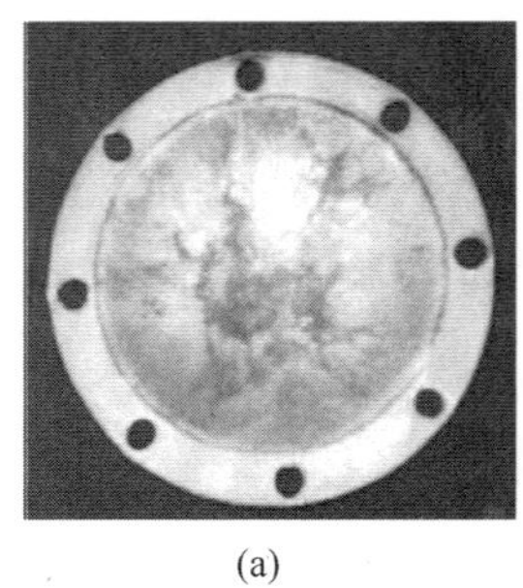

(a)

(b)

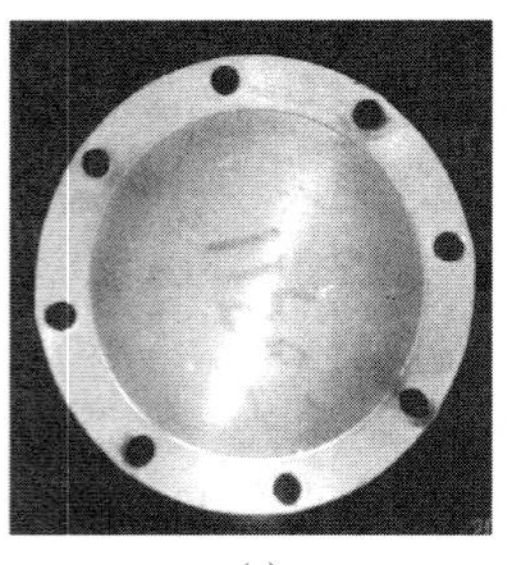

(c)

(d)

图 21 高功率离子束辐照后的薄铝样品(形变达 6mm)

Fig. 21 The 6 mm deformation of thin Aluminum samples irradiated by HPIB on FLASH Ⅱ accelerator

利用“闪光二号”加速器产生的高功率离子束进行了模拟材料 X 射线热-力学效应的初步实验，

实测的5mm厚LY12硬铝背部的应力波峰值达35MPa，估计1mm厚的硬铝背部的应力波峰值>200MPa。

3.4　金属表面改性研究

HPIB 可以改变材料的表面结构或成分，获得非晶、纳米晶和其他常规方法所不能达到的表层成分、组织结构、强韧性、高耐磨等其他特殊物理性能的表面层，因此，HPIB 正在发展成为新的材料表面改性技术[13~15]。

在“闪光二号”加速器上进行的 HPIB 辐照 Al、Cr、Cu 和不锈钢样品的实验中，靶表面有明显的束斑痕迹，表面层的熔融和汽化相当明显，由此所产生的高温和高压足以改变材料表面的性能。

图 22 是北京大学重离子物理研究所在“闪光二号”加速器上进行高功率离子束辐照金属表面材料改性研究时，测得的离子束辐照 Al 样品时，样品中的应力波波形。图 23 是辐照后的 Al 样品微观形貌。

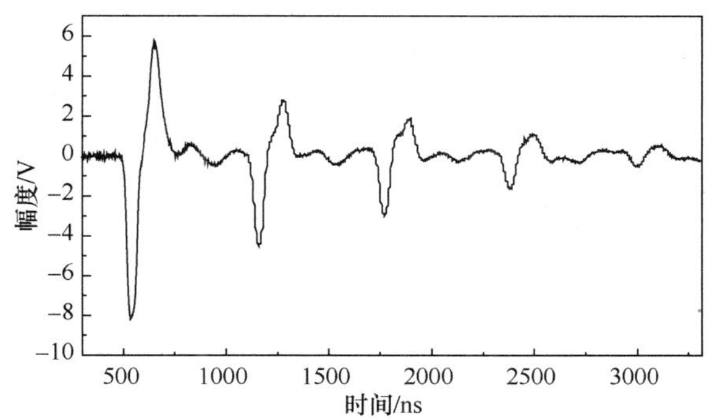

图 22　高功率离子束辐照 Al 样品的应力波波形

Fig.22　Stress wave of Al samples irradiated by HPIB

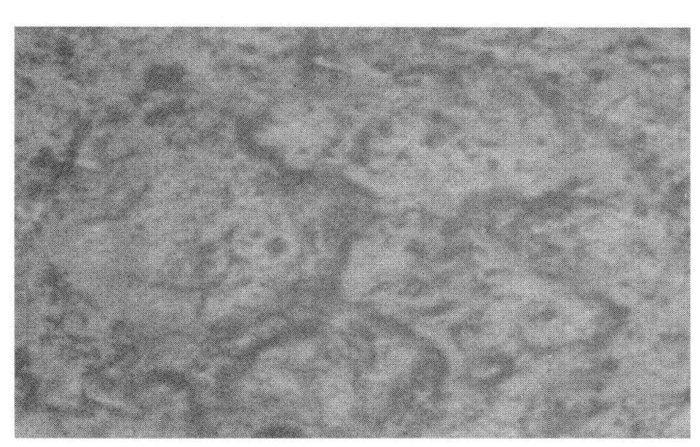

图 23　高功率离子束辐照后的 Al 样品微观特征形貌

Fig.23　Micro-appearance of Al samples irradiated by HPIB

3.5　其他应用前景

3.5.1　模拟中子产生的反冲质子

高功率离子束的能谱与 MeV 量级的中子在轻材料(如聚乙烯)中产生的反冲质子很相似，可以用于模拟中子产生的反冲质子，进行中子能谱测量技术研究，目前已开始进行中子能谱测量方面的应用研究。

3.5.2　利用高功率离子束产生强脉冲中子

利用高功率离子束产生强脉冲中子[16]，可以采用 CD_2 薄膜作为高功率离子束二极管的阳极膜产生高功率氘 (D^+)束流，而氘束流与 T，D 和 Li 等元素发生核反应能够产生不同能量的脉冲中子，在中子辐照、堆材料研究、中子物理研究中迫切需要。

50 kA，50ns 的能量为～500keV 的 D^+束流与 ^6Li 靶发生核反应的脉冲中子产额可以达到 10^{18}n/s，与 D 发生核反应所产生的 2～3MeV 的脉冲中子产额可以达到 1.6×10^{18}n/s，与 T 发生核反应所产生的 14MeV 脉冲中子产额可以达到 1.5×10^{19}n/s，20 cm 处的注量率可以达到 10^{15}n/(cm^2 · s)。

3.5.3　进行状态方程和冲击波物理研究

利用 HPIB 可以进行束靶相互作用形成冲击波的物理过程和状态方程研究，研究高温、高压和高能密度下材料的物理变化过程。目前“闪光二号”加速器产生的 HPIB 在材料的表面极薄层(约 1～5mg · cm^{-2})范围内沉积的能注量达到 10～25J/cm^2，从而导致材料的快速蒸发和飞溅产生很强的压力波(约大于几百兆帕)，压力波传播至靶的剩余部分而产生冲击波。几十微米厚的靶可以被飞溅材料加速至相当高的速度(约大于几千米每秒)，这些飞溅碎片与固体靶发生碰撞产生持续时间约十几纳秒的冲击波，压力可达 100MPa；如果离子束沉积的所有能量全部转换为动能，则可以产生相当大的膨胀速度，能量沉积区域比最初膨胀数倍，而能量沉积区域密度则相应下降，由此在小的样品中形成物质的平衡态和非平衡态；由于离子束的聚束作用使得固体靶的自由表面速度在几个纳秒的时间内迅速上升至数千米每秒。通过提高 HPIB 的功率并进行聚焦后，自由表面速度将升至更高。

4 结语

主要介绍了箍缩聚焦二极管和自箍缩离子束二极管的研究进展。重点介绍了近几年发展的阳极杆箍缩聚焦二极管的理论模拟和实验结果，在“闪光二号”加速器和 2MV 脉冲功率驱动源上进行了阳极杆箍缩二极管实验，二极管输出电压 1.8～2.1MV、电流 40～60kA、脉宽 50～60ns，1m 处的脉冲 X 剂量约 20～30mGy、焦斑直径约 1mm，X 射线最高能量 1.8MeV。

利用“闪光二号”加速器进行了高功率离子束产生技术研究，获得了峰值能量 500keV，峰值电流 160 kA 的高功率离子束。开展了高功率离子束应用研究，其中，有关利用高功率离子束产生准单能脉冲 γ 射线的研究是一个新方向，还初步开展了高功率离子束模拟软 X 射线在材料中的热-力学效应和辐照材料表面改性研究，分析了利用高功率离子束产生强脉冲中子、进行冲击波和状态方程研究，模拟中子产生的反冲质子等的应用前景。

从应用考虑，如何获得小焦点，形状和位置稳定的强流束，如何获得大面积、均匀性好的电子束或离子束，仍然是值得进一步研究的问题。

参考文献

[1] Cooperstein G, Boller J R, Commisso R J, et al. Theoretical modeling and experimental characterization of a rod-pinch diode[J]. Phys Plasmas, 2001, 8(10):4618-4636

[2] Robert J Commisso, Gerald Cooperstein, David D Hinshelwood, et al. Experimental evaluation of a megavolt rod-pinch diode as a radiography source[J]. IEEE Trans Plasma Sci, 2002,30(2):338-351

[3] 马成刚,邓建军,谢敏. Rod-pinch 二极管理论及数值模拟[J]. 强激光与粒子束，2007，19(2):348-352

[4] 陈林，谢卫平，邓建军. X 射线闪光照相杆箍缩二极管技术最新进展[J].强激光与粒子束，2006,18(4):643-647

[5] John O’Maliey, Ian Smith, John Maenchen, et al. Advances in pulsed power-driven radiography systems[J]. Proceedings of the IEEE, 2004,92(7):1021-1042

[6] 杨海亮，邱爱慈，孙剑锋，等. 强流脉冲粒子束技术研究新进展[A]. 2008 年全国荷电粒子源、粒子束学术会议论文集[C]. 哈尔滨：2008：90-105.

[7] 杨海亮，邱爱慈，孙剑锋，等. 高功率离子束的应用研究[J].强激光与粒子束，2003,15(5):497-501

[8] 杨海亮，邱爱慈，张嘉生，等. “闪光二号”加速器 HPIB 的产生及应用初步结果[J].物理学报，2004,53(2):406-412

[9] 杨海亮，邱爱慈，孙剑锋，等. 强流脉冲质子束轰击 ^{19}F 靶产生 6～7MeV 准单能脉冲γ射线初步实验研究[J].核技术，2004,27(3):188-192

[10] Golden J, Mahaffey R A, Pasour J A, et al. Intense proton beam current measurement via prompt γ rays from nuclear reactions[J]. Rev Sci Instrum,1978, 49(10):1384-1387

[11] Young F C, Oliphant W F, Stephanakis S J, et al. Absolute calibration of a prompt gamma-ray detector for intense bursts of protons[J]. IEEE Trans Nucl Sci，1981,PS-9(1):24-29

[12] 杨海亮，邱爱慈，何小平，等. 高功率离子束模拟材料的 X 射线热-力学效应研究[J].核技术，2005,28(1):24-29

[13] 赵渭江，乐小云，颜莎，等. 强脉冲离子束材料表面改性研究进展[A]. 2001 年全国荷电粒子源、粒子束学术会议论文集[C].深圳：2001: 227-233

[14] Zhao Weijiang, Remnev G E, Yan Sha, et al. Intense pulsed ion beam sources for industrial applications[J]. Rev Sci Instrum, 2000,71(2):1045-1048

[15] Zhu Xiaopeng, Lei Mingkai, Ma Tengcai. Characterization of a high-intensity bipolar-mode pulsed ion source for surface modification of materials[J]. Rev Sci Instrum, 2002,73(4):1728-1733

[16] 王淦昌. 高功率粒子束及其应用[J]. 强激光与粒子束，1989，1(1):1-21

4 MV/80 kA IVA 型脉冲 X 射线照相装置研制进展*

摘要：介绍了西北核技术研究院研制的 4 MV 脉冲 X 射线闪光照相装置("剑光二号")系统组成和实验结果。装置基于感应电压叠加器(IVA)驱动阳极杆箍缩二极管(RPD)技术，主要由前级脉冲功率源、感应电压叠加器和 RPD 等组成。前级脉冲功率源由两台 3.2MV 低电感 Marx 发生器和四路同轴水介质线组成。每台 Marx 同时给两路脉冲形成线(特征阻抗 6Ω、电气长度 30ns)充电，充电峰值时间约 370ns。每路水介质线采用两级脉冲压缩，为感应腔馈入约 1MV/160kA/60ns 电脉冲。电触发 SF_6 气体开关、自击穿水开关分别用作主同步开关和脉冲陡化开关。感应电压叠加器采用四级 1.5MV 感应腔串联，每级感应腔采用单点馈入结构。次级采用真空绝缘传输线实现电压叠加和功率传输，特征阻抗由 30Ω线性增大至 120Ω。采用 4MV 电压下综合性能较优的 RPD 来产生强脉冲 X 射线。装置目前达到技术指标：输出电压 4.3MV、脉冲前沿(10%～90%)21ns、半高宽约 70ns、二极管电流 85kA，X 射线半高宽约 55ns，整机延时(从 Marx 触发器输出到 X 射线产生)约 749ns，标准偏差约 7ns。当 RPD 阳极采用直径 2mm 钨针时，正前方 1m 处剂量约 15.5rad(LiF)，正向焦斑约 1.4mm。

高能脉冲 X 射线闪光照相可以透视高速运动物质的结构、状态及演化过程，是爆轰流体力学实验等快速瞬变过程的重要诊断工具，广泛用于研究冲击加载下物质内部结构的瞬态现象[1-2]。目前已建成的高能脉冲 X 射线照相装置主要采用直线感应加速器(LIA)和感应电压叠加器(IVA)两种技术路线[3-5]。IVA 型脉冲 X 射线装置结构紧凑，适合空间受到限制的场合。进入新世纪以来，中、美、英等国均大力发展 IVA 型高能 X 射线照相装置[6-12]。西北核技术研究所于 2007 年成功研制出国内首台 IVA 型闪光照相装置"剑光一号"[13]，输出指标与美国 Cygnus 装置相当。为了满足更高性能爆轰流体动力学实验研究的需要，团队研制了指标更高的 4 MV 闪光照相装置"剑光二号"[14]，本文介绍了该装置组成、实验结果和运行情况。

1 装置组成

装置主要由前级脉冲功率源、感应腔、真空传输线和阳极杆箍缩二极管(RPD)等组成，如图 1 所示，装置主体尺寸约 6m×9m×2.5m。

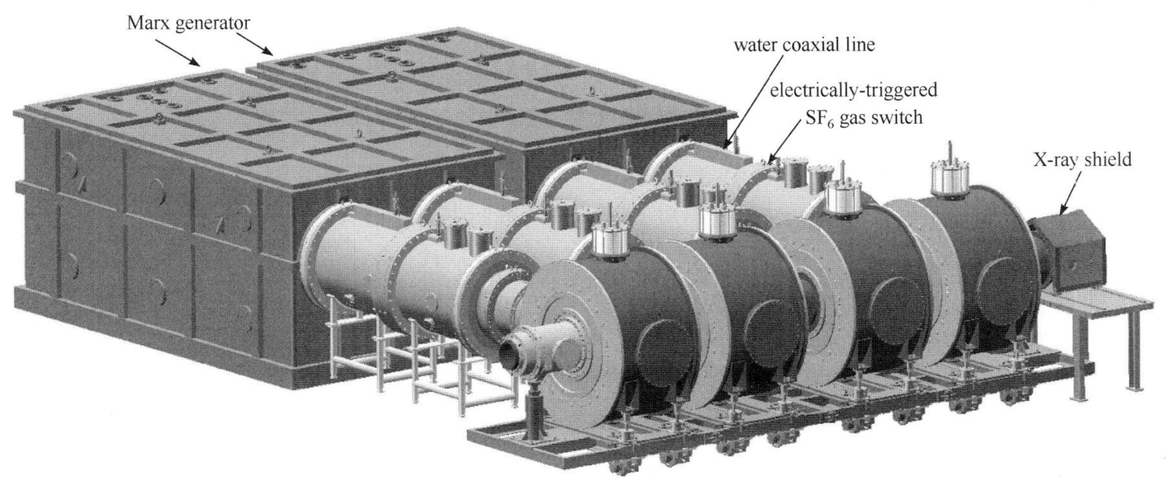

Fig.1 4 MV IVA facility developed for flash X-ray radiography

图 1 4 MV 脉冲 X 射线闪光照相装置"剑光二号"

* 该文原载于《强激光与粒子束》，2020 年第 32 卷第 2 期。

1.1　前级脉冲功率源

前级脉冲功率源主要由两台 Marx 发生器和四路水介质线组成。单台 Marx 发生器标称输出电压 3.2MV，储能 80kJ，等效电容为 15.6nF，每台 Marx 同时给两路形成线充电，充电峰值时间约 370ns。每路水线如图 2 所示，由脉冲形成线(PFL)、脉冲传输线(PTL)、输出线(OL)组成，其特征阻抗均为 6Ω，PFL 和 PTL 电长度约 30ns。为了便于与感应腔连接，OL 采用了活套法兰结构，其电长度可在 18～25ns 范围内变化。每路水线采用两级脉冲压缩，电触发 SF_6 气体开关作为同步放电主开关，自击穿水开关用于陡化脉冲前沿和抑制预脉冲[15]。

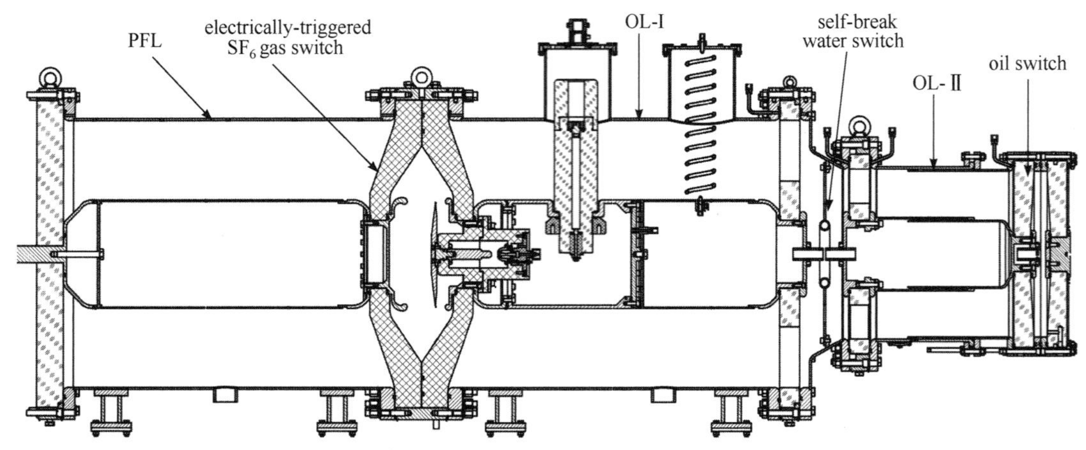

Fig.2　Cutoff view of a deionized-water coaxial line

图 2　水介质传输线示意图

前级脉冲功率源的难点是四路脉冲的精确时间同步。为了提高同步精度，采取了两方面措施：(1)减小两台 Marx 建立时间的分散性，提高四路 PFL 充电电压一致性。这主要通过增加 Marx 触发级数、提高触发电压幅值等方法实现。连续 200 余发次实验表明，两台 Marx 建立时间偏差小于 20 ns 的置信概率约 95%[14]。(2)～2.6MV 电触发 SF_6 气体开关性能提升。通过优化前级 Trigatron 开关结构、调整 V/n 开关各间隙分压比例，选取合适的触发时刻，四路馈入脉冲偏离理想 IVA 时序的总体方差通常小于 6ns[14]。

需要指出的是，前级脉冲源四路水线的串联叠加阻抗为 6Ω×4=24Ω，而 4MV 电压下 RPD 阻抗为 40～60Ω[9]，因此，相对于前级脉冲源而言，负载近似为 2 倍过匹配。这种阻抗配置降低了装置的能量和功率传输效率，但有利于降低前级脉冲源(Marx，PFL，MV 级主开关等)的工作电压，从而提高装置可靠性。

1.2　感应腔

“剑光二号”感应腔正常工作电压约 1.5 MV，较“剑光一号”提高了约 50%，同时感应腔结构更加紧凑，因此难点是高电压下绝缘可靠性，特别是真空绝缘堆和非晶磁芯的绝缘安全。“剑光二号”感应腔如图 3 所示，与“剑光一号”相比，感应腔主要做了以下优化：(1)绝缘堆采用自行研制的交联聚苯乙烯代替有机玻璃，以提高抗电子和负载碎片的轰击性能。根据 1/4.5 缩比绝缘堆耐压考核结果，考虑面积效应后，估算绝缘堆耐受电压约 1.9MV。(2)感应腔内非晶磁芯数目由 8 只减小至 6 只，感应腔轴向长度进一步缩短。6 只磁芯提供伏秒数约 114mV·s，满足使用要求(>90mV·s)。(3)角向传输线采用四点均布结构[16]。该结构显著降低了感应腔特征阻抗(由“剑光一号”感应腔 32.6 Ω降低至 12.5Ω)，同时兼顾了双端口脉冲馈入(为今后提高输出电流预留)，也便于机械加工。(4)优化了阴极体弧形段结构，缩小了真空馈入间隙距离，进一步减小了感应腔电感。上述优化措施(3)和(4)有助于感应腔输出更快脉冲前沿，从而提高二极管工作稳定性。末级感应腔电势分布如图 4 所示，其中阴极体电压设定为−1.5MV、次级内筒电压设定为+4MV，可以看到，最外侧两个磁芯(靠近接地盖板)端部场强较大。

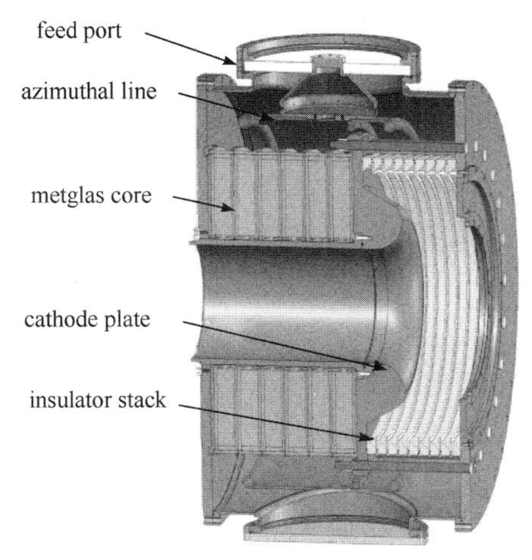

Fig.3　Illustration of cavity used in Jianguang-Ⅱ

图 3　“剑光二号”感应腔

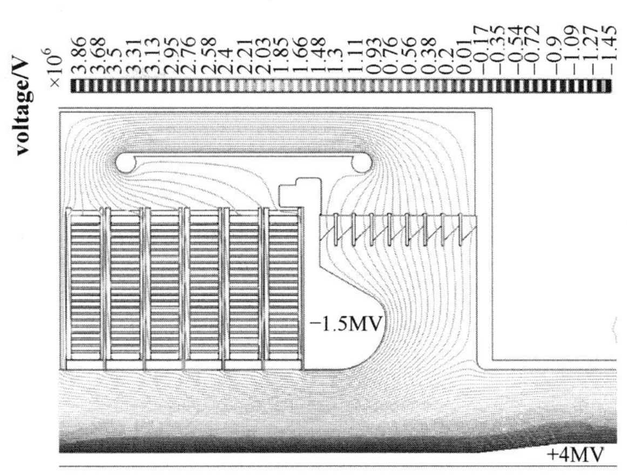

Fig.4　Potential distribution in the last cavity

图 4　末级感应腔电势分布

1.3　真空传输线

“剑光二号”次级采用真空绝缘传输线(Vacuum Insulated Transmission Line, VITL)实现电压叠加和功率传输。为了避免强电场作用下金属阴极表面电子发射，VITL 阴-阳间距(决定了特征阻抗)通常较大。为了确保 VITL 在大于 4MV 电压下可靠工作，1～4 级感应腔对应次级 VITL 阻抗分别约为 30Ω、60Ω、90Ω和 120Ω，如图 5 所示。VITL 外筒(阴极)选用 6061 铝，表面经硬质氧化工艺处理提高电子发射阈值。VITL 中心内筒(阳极杆)选用不锈钢，其总长度约 5m，为了便于运输和加工，分为前后两段。中心内筒采用悬臂梁结构，仅在接地端进行固定支撑。

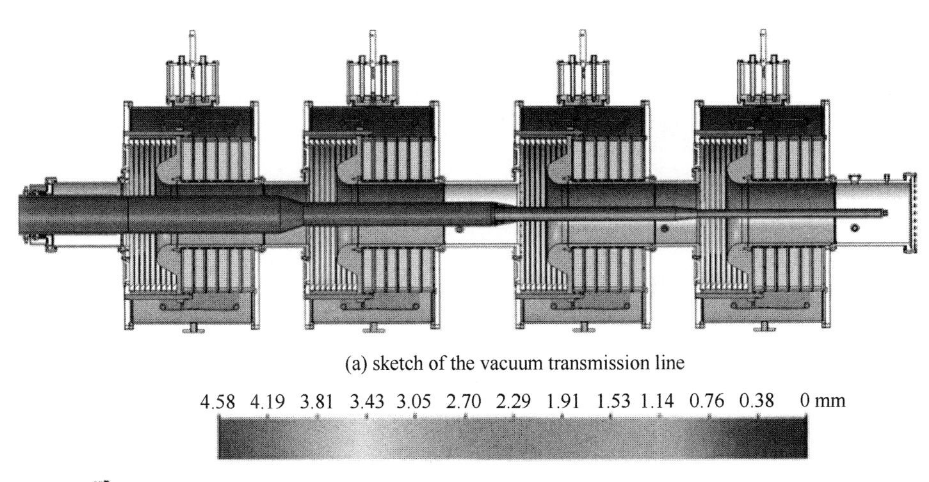

(a) sketch of the vacuum transmission line

(b) vertical deflection from the central line obtained by static stress calculations

Fig.5　Sketch of the vacuum transmission line for the Jianguang-Ⅱ facility

图 5　“剑光二号”真空传输线示意图

VITL 难点在于长距离中心内筒的变形和精确对中调节。采用静应力分析方法，中心内筒在自身重力作用下的形变如图 5(b)所示，末端偏离轴线约 5mm。采用首端设计的二维调节机构，能够实现内筒末端在±20mm 偏差范围内调节，以确保 RPD 钨针位于阴极盘中心。

2 装置实验结果

2.1 前级脉冲源

Marx 充电±60 kV 时，前级脉冲源主要参数如图 6 所示。图 6(a)给出了单路水线脉冲压缩过程的典型波形(shot 2019-026)。PFL 充电电压约 2.15MV，充电时间约 330ns；PTL 电压(即主开关后电压)峰值约 956kV，脉冲前沿约 25ns(此处指前行电压波前沿，不包括反射波引起的尖峰)；OL 电压(即峰化开关后电压)幅值约 1.5MV，脉冲前沿约 32ns(包括前行波和反射波)。需要指出的是，由于 OL 电压测点靠近感应腔馈入端口(电长度约 18 ns)，～1MV/15ns 的前行电压波在感应腔入口发射折反射，电压幅值增高至约 1.5MV。图 6(b)给出了同一发次实验 A、B、C、D 四路水线 OL 电压，四路馈入脉冲的时间极差 t_{spread} 为 14.6ns(理想 IVA 时序四路馈入时刻为−5.6，−2.1，+2.1、+5.6ns)，本发次实验偏离理想 IVA 时序的偏差为 3.4ns，小于相邻感应腔之间的电长度($\tau\approx$4ns)。

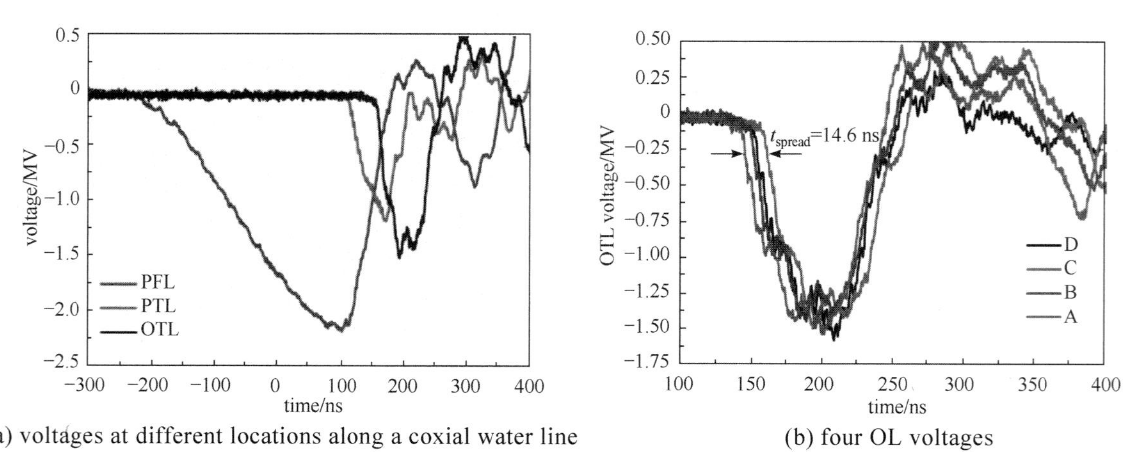

(a) voltages at different locations along a coxial water line　　(b) four OL voltages

Fig.6　Measured outputs of the prime power source

图 6　实测前级脉冲源输出波形

2.2 感应电压叠加器

装置典型输出电压和二极管电流如图 7 所示。装置输出电压采用自积分式电容分压器在末级感应腔出口测量。装置输出电压峰值为 4.3MV，脉冲前沿约 21ns，半高宽约 74ns；二极管电流峰值约 82.5kA。由于中心内筒电感引起电压降落，导致二极管间隙电压与 IVA 输出电压存在差别。基于电感项修正得到二极管阴阳间隙电压如图 8 所示，二极管电压幅值与 IVA 输出电压基本相同，但脉冲前沿延缓至 30ns。

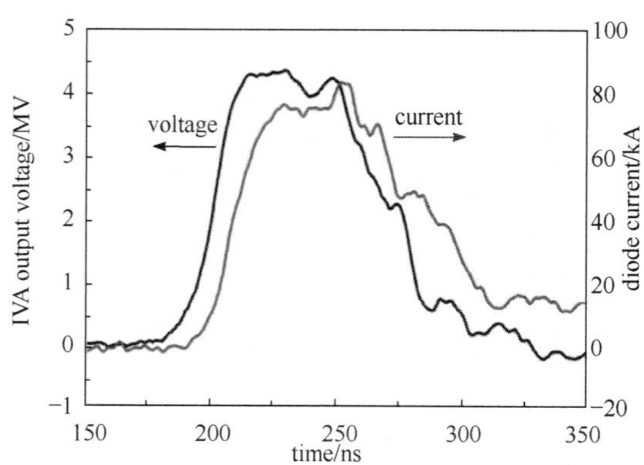

Fig.7　Measured IVA output voltage and diode current

图 7　装置输出电压和二极管电流

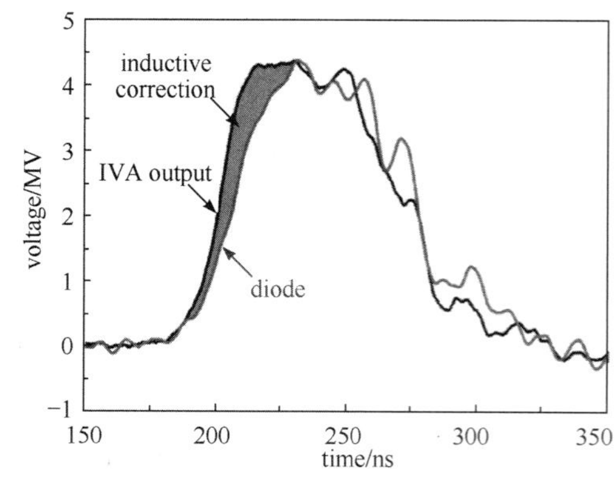

Fig.8　Diode voltage based on the inductive correction

图 8　基于电感修正方法获得二极管电压

2.3 RPD 二极管

Shot 2019-026 发次实验二极管结构参数如下：阳极钨针半径 r_a=1.0mm，钨针末端 5mm 磨成锥状，锥角约 30º，阴极石墨盘中心孔半径 r_c=10mm。根据 RPD 阻抗解析公式，估算其阻抗约 51Ω。基于实测二极管电流和电感修正后得到的二极管电压，计算得到二极管动态阻抗如图 9 所示，RPD 稳态阻抗约 55Ω。图 8 同时给出了 X 射线波形，采用康普顿探测器在偏离轴向 90°位置监测，X 射线半高宽约 52ns，正前方 1m 处 X 射线辐射剂量为 15.4rad(LiF)。

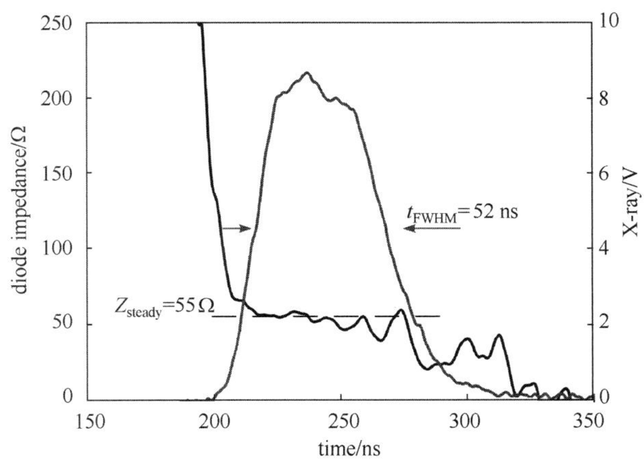

Fig.9　Calculated dynamic impedance of RPD and measured X-ray waveforms

图 9　二极管动态阻抗和 X 射线波形

2.4 X 射线焦斑

采用针孔成像法进行 X 射线焦斑诊断分析[17]。采用 2.0mm 直径钨针时，测量 X 射线焦斑原始图像如图 10(a)所示，经图像处理得到焦斑图像的点传递函数(PSF)曲线如图 10(b)所示。对 PSF 曲线进行高斯拟合，取其半高宽 d_{FWHM} 为 X 射线焦斑尺寸，约 1.4mm。

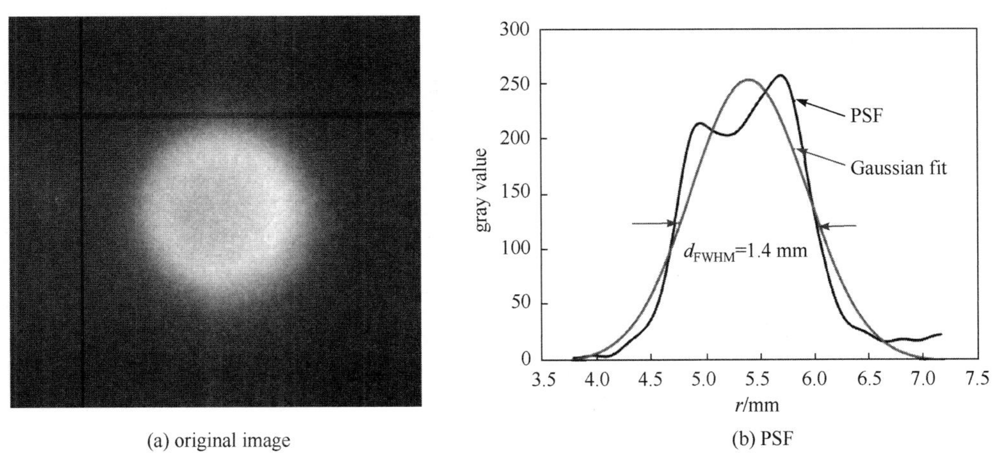

(a) original image　　(b) PSF

Fig.10　Original image of the X-ray spot obtained by pinhole imaging technique

图 10　针孔成像法测量 X 射线焦斑

3　装置运行情况

目前“剑光二号”已累计运行 120 发次，初步开展了典型客体闪光照相实验和核探测器系统标定实验。当 Marx 充电±60kV 时，连续 10 发次实验装置主要输出指标见表 1。装置输出电压 4.3MV、二极管电流 85kA，X 射线半高宽约 55ns，正前方 1m 处剂量约 15.5rad(LiF)，装置整机延时(从 Marx 触发器输出到 X 射线)的延时时间约 749ns，标准偏差为 7ns。表 2 给出了“剑光二号”和“剑光一号”

两台脉冲 X 射线照相装置输出参数的对比。

表 1 装置连续 10 发次实验主要输出指标

Table 1 Key output parameters of the Jianguang-Ⅱ facility over a ten shot sequence

shot	output voltage/MV	risetime/ns	diode current/kA	X-ray FWHM time /ns	dose@ 1m/rad(LiF)	delay time/ns
2019-017	4.3	22	85.3	58	14.8	748
2019-018	4.6	24	84.1	54	15.7	749
2019-019	4.5	20	85.6	56	16.0	748
2019-020	4.5	20	80.5	54	14.5	745
2019-021	4.4	24	86.2	56	16.1	740
2019-022	3.9	20	84.9	58	14.2	741
2019-023	4.5	21	84.2	53	15.6	748
2019-024	4.2	19	87.0	52	15.4	756
2019-025	4.3	17	88.0	52	16.9	756
2019-026	4.2	21	82.5	52	15.4	762
average	4.3±0.2	21±2.1	84.8±2.2	55±2.4	15.5±0.8	749±7

表 2 “剑光一号”和“剑光二号”装置输出指标的比较

Table 2 Comparation of output parameters between the Jianguang-I and Jianguang-Ⅱ facility

	output voltage/MV	diode current/kA	X-ray FWHM time/ns	radiated dose @1m/rad(LiF)	spot diameter /mm
Jianguang-I facility	2.4	51	46	3.7	1
Jianguang-Ⅱ facility	4.3	85	55	15.5	1.4

4 结论

研制了一台 IVA 型脉冲 X 射线闪光照相装置(“剑光二号”)，前级脉冲功率源 Marx 充电±60kV 时，装置输出电压 4.3MV、二极管电流 85kA，X 射线半高宽约 55ns，正前方 1m 处剂量约 15.5rad，正向焦斑约 1.4mm。装置整机触发延时(Marx 触发器输出到 X 射线)约 749ns，标准偏差约 7ns。

参考文献

[1] 马勋，邓建军，姜苹，等. 流体动力学实验用闪光 X 光机研究进展[J]. 强激光与粒子束，2014，26: 010201. (Ma Xun, Deng Jianjun, Jiang Ping, et al. Review of flash X-ray generator applied to hydrokinetical experiments[J]. High Power Laser and Particle Beams, 2014, 26: 010201)

[2] 陈林，谢卫平，邓建军. X 射线闪光照相杆箍缩二极管技术最新进展[J]. 强激光与粒子束，2006，17(4): 643-647. (Chen Lin, Xie Weiping, Deng Jianjun. Development of rod-pinch diode for flash X-ray radiography[J]. High Power Laser and Particle Beams, 2006, 17(4): 643-647)

[3] 石金水，邓建军，章林文，等. 神龙二号加速器及其关键技术[J]. 强激光与粒子束，2016，28: 020201. (Shi Jinshui, Deng Jianjun, Zhang Linwen. Dragon-Ⅱ accelerator and its key technology[J]. High Power Laser and Particle Beams, 2016, 28: 020201.)

[4] Ekdahl C. Modern electron accelerators for radiography[C]//Proc. of 13th IEEE International Pulsed Power Conference, 2001: 1-6.

[5] Smith I D. Induction voltage adders and the induction accelerator family[J]. Physical Review Special Topics: Accelerator and Beams, 2004: 064801.

[6] Xie Weiping. The introduction of flash X-ray sources for radiography in Institute of Fluid Physics[C]//Proc. of 7th Europe-Asia Pulsed Power Conference and High Power Particle Beams Conference. 2018.

[7] Oliver B V. Recent advances in radiographic X-ray source development at Sandia[C]//Proc. of 17th IEEE International High Power Particle Beams Conference. 2008.

[8] Smith I D, Bailey V L, Fockler J J, et al. Design of a radiographic integrated test stand (RITS) based on a voltage adder, to drive a diode immersed in a high magnetic field[J]. IEEE Trans Plasma Science, 2000, 28(5): 1653-1659.

[9] Bayol F, Charre P, Garrigues A, et al. Evauation of the rod-pinch diode as a high-resolution source for flash radiography at 2 to 4 MV[C]//Proc.

of 13th IEEE International Pulsed Power Conference. 2001: 450-453.

[10] Ormond E C, Garcia M R, Smith J R, et al. Cygnus precision dosimetry–calibration and measurements[C]//Proc. of 21th IEEE International Pulsed Power Conference. 2017: 569-573.

[11] Thomas K, Beech P, Brown S, et al. Status of the AWE hydrus IVA fabrication[C]//Proc. of 18th IEEE International Pulsed Power Conference. 2011: 1042-1047.

[12] Thomas K. The MERLIN flash radiographic accelerator[C]//Proc. of IEEE Pulsed Power Symposium, 2014:1-29.

[13] 孙凤举, 邱爱慈, 杨海亮, 等.感应电压叠加器驱动阳极杆箍缩二极管型脉冲 X 射线源[J]. 强激光与粒子束, 2010, 22(4): 936-940. (Sun Fengju, Qiu Aici, Yang Hailiang, et al. Pulsed X-ray source based on inductive voltage adder and rod pinch diode for radiography[J]. High Power Laser and Particle Beams, 2010, 22(4): 936-940)

[14] Wei Hao, Yin Jiahui, Zhang Pengfei, et al. Development of a 4-MV, 80-kA induction voltage adder for flash X-ray radiography[J]. IEEE Trans Plasma Science , 2019, 47(11): 5030-5036.

[15] Yin Jiahui, Sun Fengju, Qiu Aici, et al. 2.8-MV low-inductance low-jitter electrical-triggered gas switch[J]. IEEE Trans Plasma Science, 2016, 44(10): 2045-2052.

[16] Wei Hao, Sun Fengju, Liang Tianxue, et al. Low voltage pulse injection test of a single-stage 1 MV prototype induction voltage adder cell[J]. Review of Scientific Instrument, 2014, 85: 064801.

[17] 宋顾周, 朱宏权, 韩长材, 等. 杆箍缩二极管 X 射线焦斑的成像法测量[J]. 强激光与粒子束, 2011, 23(2): 531-535. (Song Guzhou, Zhu hongquan, Han Changcai, et al. Imaging measurement of X-ray spot of rod-pinch diode radiographic source[J]. High Power Laser and Particle Beams, 2011, 23(2): 531-535)

欠匹配型磁绝缘感应电压叠加器次级阻抗优化方法*

摘要：磁绝缘感应电压叠加器(MIVA)次级阻抗对脉冲功率驱动源和负载之间的功率耦合具有重要影响。基于稳态磁绝缘 Creedon 层流理论和鞘层电子流再俘获(re-trapping)理论，建立了负载欠匹配型 MIVA 电路分析方法。数值分析获得了 MIVA 输出参数(输出电压、阴/阳极电流和电功率)随负载欠匹配程度的变化规律。考虑阴极传导电流作为闪光 X 射线照相二极管的有效电流，建立了以 MIVA 末端 X 射线剂量率最大为目标的次级阻抗优化方法。获得了欠匹配型 MIVA 次级优化阻抗 Z_{op}^*的变化规律：随着 X 射线剂量率对电压依赖程度提高，欠匹配型 MIVA 次级优化阻抗 Z_{op}^*呈指数降低；负载阻抗越大，Z_{op}^*越大。

1 引言

磁绝缘感应电压叠加器(magnetically-insulated induction voltage adder, MIVA)可产生电压数十兆伏、电流数百千安的高功率电脉冲[1-5]。MIVA 作为强流脉冲功率加速器的驱动源，在闪光 X 射线照相，强脉冲辐射环境模拟等领域具有重要应用[3-9]。MIVA 通常由多级兆伏级感应腔串联组成，次级采用磁绝缘传输线(magnetically-insulated transmission line, MITL) [10,11]实现电功率汇聚和传输。MIVA 次级 MITL 阻抗(包括阻抗大小和变换形式)对 MIVA 输出参数和驱动源和负载之间的功率耦合具有重要影响[12,13]。

对于十数级感应腔串联 MIVA 装置，在次级电脉冲到达负载前，脉冲前沿损失部分电子在阳极上，为后续脉冲建立磁绝缘提供所需磁场，次级 MITL 运行在磁绝缘最小电流或自限制流工作点[14-16]。当电脉冲传输至负载时，若负载阻抗大于或等于 MITL 运行阻抗，磁绝缘特性完全由传输线本身确定，与负载无关，该类型 MIVA 为负载匹配型。若负载阻抗小于 MITL 运行阻抗，反射波由负载向 MIVA 传输，MIVA 末端电压降低，阴、阳极电流增大，该类型 MIVA 为负载欠匹配型[16-18]。

MIVA 次级电流由阴极传导电流和鞘层电子流两部分组成。对于一些高功率负载(例如用于产生高能脉冲 X 射线的闪光照相二极管)，只有阴极传导电流才能作为负载有效电流，鞘层电子流对负载 X 射线剂量率无贡献[1,3,19]。对于负载匹配型 MIVA，随着 MIVA 输出电压提高，阴极电流占总电流比例 I_c/I_a降低。当 MIVA 输出电压大于 10MV 时，I_c/I_a小于 40%[1,12]，大部分电流以鞘层电子流形式存在，这极大地降低了 MIVA 装置的电流和功率利用效率。近年来国际上提出 MIVA 末端采用低阻抗照相二极管(相对于 150—350Ω 的傍轴和浸磁等高阻抗二极管，自磁箍缩或负极性杆箍缩二极管的阻抗较低，一般约 30—50Ω)，使 MIVA 工作在负载欠匹配模式，通过鞘层电子流再俘获，来减小鞘层电子流，增大阴极传导电流[20-24]。

文献[25]给出了负载匹配型 MIVA 次级阻抗优化方法。由于欠匹配型 MIVA 输出参数同时受次级阻抗和负载阻抗影响，其电路分析方法和次级阻抗优化方法与负载匹配型 MIVA 不同。本文基于磁绝缘 Creedon 层流理论和鞘层电子流再俘获理论，建立了欠匹配型 MIVA 电路分析方法；以闪光照相二极管 X 射线剂量率最大为优化目标，考虑阴极传导电流作为负载有效电流，建立了欠匹配型 MIVA 次级阻抗优化方法。需要指出的是，本文中次级阻抗优化主要针对 MIVA 输出端(最末级感应腔对应次级 MITL)次级阻抗数值，假定 MIVA 各级感应腔对应次级 MITL 运行阻抗线性增大。

* 该文原载于《物理学报》，2017 年第 66 卷第 20 期。

2 负载欠匹配型 MIVA 电路分析方法

2.1 磁绝缘鞘层电子流再俘获理论

图 1 给出了磁绝缘鞘层电子流再俘获示意图。在磁绝缘前行波到达负载前，前行波经过区域运行在磁绝缘最小电流工作点(U_0, I_0)，前行波传输特征阻抗为 MITL 运行阻抗 Z_{op}。当前行波抵达负载时，由于负载欠匹配，反射波由负载向 MIVA 反向传输，反射波经过区域 MITL 线电压由 U_0 降低至 U_d，阳极电流由最小电流 I_0 增大为 I_d，鞘层电子流中部分空间电子被重新俘获至阴极，阴极传导电流 I_c 增加，鞘层电子流 I_f 减小，鞘层变薄(图 1 中反射波经过区域电子鞘层紧贴阴极表面)，反射波传输特征阻抗接近 MITL 真空阻抗 Z_v[13,21]。反射波传输速度 v_{ref} 取决于负载 Z_d 和次级运行阻抗 Z_{op} 之间阻抗失配程度，两者不匹配程度越高，v_{ref} 越大，v_{ref} 通常为 0.3～0.6 倍光速[13]。

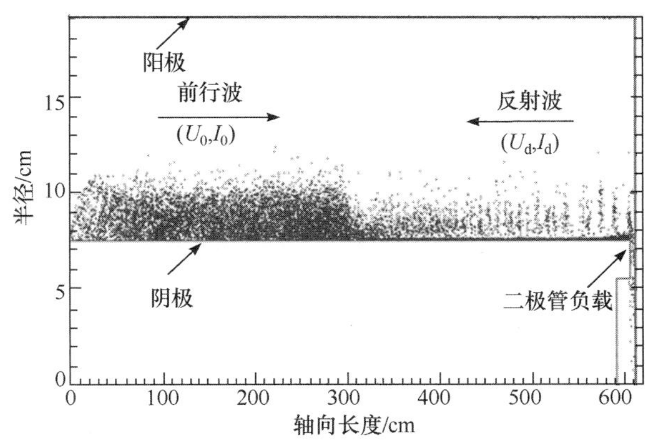

图 1 (网刊彩色)磁绝缘鞘层电子流再俘获示意图[4]

Fig. 1. (color online) Sketch of re-trapping the magnetically-insulated sheath electron flow[4].

2.2 负载欠匹配型 MIVA 电路分析方法

图 2 给出了负载欠匹配型 MIVA 工作曲线。图中实线为前行波工作曲线，负载匹配型 MIVA($Z_d \geqslant Z_{op}$)磁绝缘运行在该曲线上。虚线是由负载 Z_d 确定的工作曲线，与负载大小密切相关(如图 2 中 A，B，C)。当 MIVA 由前行波工作点 $O(U_0, I_0)$调整至负载限定工作点 $A(U_d, I_d)$时，需经过反射波工作曲线(图 2 中虚线)，曲线斜率为 MITL 真空阻抗 Z_v。反射波和负载限定工作曲线的电路方程分别为

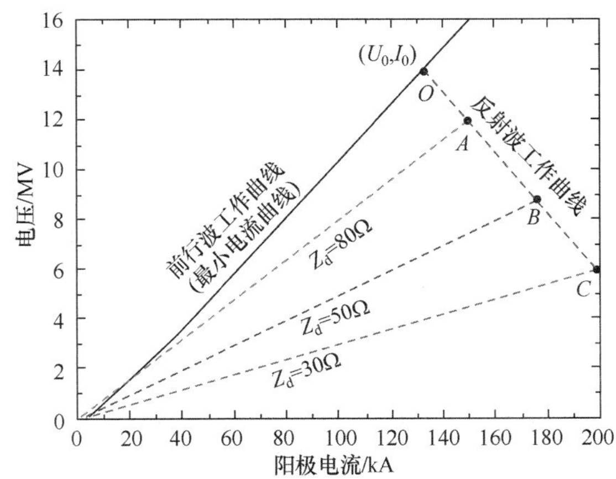

图 2 磁绝缘鞘层电子流再俘获时 MIVA 运行曲线

Fig. 2. Operating cures of MIVA when the sheath electron flow is re-trapped.

$$\begin{cases} Z_v = -\dfrac{U_0 - U_d}{I_0 - I_d}, \\ U_d = I_d Z_d, \end{cases} \tag{1}$$

其中，磁绝缘前行波的线电压 U_0 和阳极电流 I_0 为

$$\begin{cases} U_0 = \dfrac{V_s Z_{op}}{Z_s + Z_{op}}, \\ I_0 = \dfrac{U_0}{Z_{op}}, \end{cases} \tag{2}$$

其中，V_s，Z_s 分别为 MIVA 前级脉冲源的等效馈入电压和等效驱动阻抗，可由负载匹配型 MIVA 电路分析获得[25,26]。

联合(1)和(2)式推导得到鞘层电子流俘获后 MITL 电压 U_d 和阳极电流 I_d 分别为

$$\begin{cases} U_d = U_0 \cdot \dfrac{1 + \dfrac{Z_v}{Z_{op}}}{1 + \dfrac{Z_v}{Z_d}}, \\ I_d = \dfrac{U_d}{Z_d}. \end{cases} \tag{3}$$

(3)式表明欠匹配型 MIVA 输出电压 U_d 取决于次级阻抗 Z_{op} 和负载阻抗 Z_d。

由稳态磁绝缘 Creedon 层流理论[18,27]，MIVA 输出端阴极传导电流 I_c 为

$$I_c = \frac{I_a}{\gamma_m} = \frac{I_d}{\gamma_m}, \tag{4}$$

其中，γ_m 为磁绝缘电子鞘层边界的相对论因子，γ_m 为磁绝缘线电压 U_d、阳极电流 I_d 和 MITL 几何因子 g 的隐性函数[18,27]，

$$\gamma_m \left(\ln(\gamma_m + \sqrt{\gamma_m^2 - 1}) + \frac{\gamma_{00} - \gamma_m}{\sqrt{\gamma_m^2 - 1}} \right) = \frac{I_d}{g I_{av}}, \tag{5}$$

其中，I_{av} 为阿尔芬电流常数，$I_{av} \approx 8500$ A[16,25]。阳极相对论因子 γ_{00} 和几何因子 g 分别为[18,27]，

$$\begin{cases} \gamma_{00} = 1 + \dfrac{eU_d}{mc^2}, \\ g = \ln\left(\dfrac{r_a}{r_c}\right) = \dfrac{60}{Z_v}. \end{cases} \tag{6}$$

由式(3)～(6)推导得到，阴极电流 I_c 可表征为次级阻抗 Z_{op} 和负载阻抗 Z_d 的隐性函数，

$$I_c = G(Z_{op}, Z_d). \tag{7}$$

虽然无法求得(7)式的解析表达式，但可以通过数值方法求解。

2.3 MIVA 输出参数随负载欠匹配程度的变化规律

假定 10 级感应腔串联 MIVA 输出端磁绝缘最小电流工作点为: U_0=14MV, I_0=133kA，Z_{op}=105Ω。MIVA 输出参数(输出电压、阴/阳极电流和电功率)随负载阻抗的变化规律如图 3 所示。随着负载阻抗 Z_d 减小，MIVA 输出电压逐渐降低，阴/阳极电流均逐渐增大，阴极电流占阳极电流比例 I_c/I_a 增大。与磁绝缘最小电流工作点相比，当负载阻抗 Z_d 为 80Ω时，负载电压 U_d 降低至 12MV，阴、阳电流分别为 150 和 113kA；当 Z_d 减小至 40Ω时，U_d=7.5MV，I_a=186kA，I_c=176kA，鞘层电子流仅 10kA。随着负载阻抗 Z_d 减小，MIVA 向负载耦合的总电功率降低，但有效电功率先增大、后减小。当 Z_d=61Ω时，MIVA 向负载耦合的有效电功率最大。

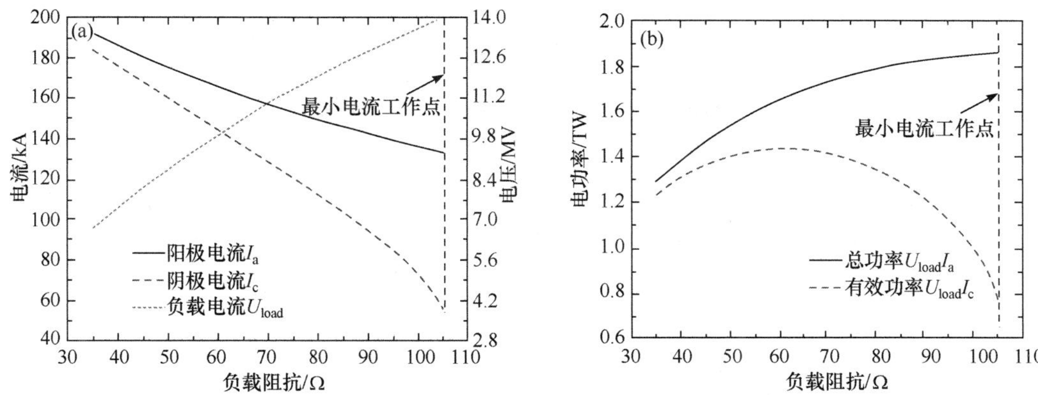

图3 10级MIVA装置输出参数随负载欠匹配程度的变化规律(a) 负载电压和阴、阳极电流随负载阻抗的变化；(b) 总电功率、有效电功率随负载阻抗的变化

Fig. 3. Change law of the output parameters depending on the under-matching degree of loads: (a) Load voltage, anode current, and cathode current varies with the load impedances; (b) total and effective electrical power functions as the load impedances.

3 负载欠匹配型MIVA次级阻抗优化

3.1 以负载辐射X射线剂量率最大化为目标的次级阻抗优化方法

以驱动闪光照相二极管的MIVA装置为例，通过优化MIVA次级MITL运行阻抗Z_{op}，使MIVA末端二极管辐射X射线剂量率最大。已有研究表明，高能脉冲闪光照相二极管X射线剂量率$\dot{D}$与二极管电压U_d、阴极传导电流I_d的定标关系为[3,25]

$$\dot{D}=\beta I_c U_d^{\alpha}, \tag{8}$$

其中，α、β均为常数，其取值与二极管特性(二极管类型、工作状态等)密切有关[3]。现有研究表明，常数α取值范围为$1<\alpha<3$[3]。当$\alpha=\beta=1$时，(8)式为MIVA耦合到二极管负载上的有效电功率。由于β仅影响剂量率绝对值，本文假定$\beta\equiv1$。

将(3)和(7)式的二极管电压、电流公式代入(8)式，得到二极管剂量率为

$$\dot{D}=\Psi(Z_{op},Z_d,\alpha). \tag{9}$$

虽然无法给出(9)式的显性表达式，(9)式表明X射线剂量率取决于MITL运行阻抗Z_{op}、负载阻抗Z_d和定标系数α。以X射线剂量率最大为目标函数的MIVA次级阻抗优化问题可表示为：

$$\max \quad \dot{D}=\Psi(Z_{op},Z_d,\alpha), \tag{10}$$

$$Z_{op}\ \text{s.t.}\left\{Z_d<Z_{op}\leqslant Z_{op\_upper}\right\}. \tag{11}$$

(11)式中优化变量Z_{op}下限值是为了满足负载欠匹配条件，上限值Z_{op_upper}通常出于MIVA工程实际考虑。由(2)式可知，当给定前级脉冲源馈入参数Z_s和V_s时，线电压U_0随Z_{op}增大而线性增加，但受感应腔最高耐受电压的限制，U_0存在最大值，即次级阻抗存在最大值Z_{op_upper}。

3.2 运行阻抗对MIVA输出参数的影响规律

给定MIVA前级馈入脉冲源参数为V_s=22MV，Z_s=60Ω，(MIVA感应腔串联级数n=10，每级并联馈入脉冲路数m=1，每路电脉冲幅值电压1.1MV，驱动阻抗6Ω)。假定每级感应腔最高耐受电压1.5MV。由(2)式计算运行阻抗上限值Z_{op_upper}=129Ω。

由于二极管的实际工作阻抗随时间动态变化，只能近似给出稳态阶段阻抗变化范围。现有研究表明，对于低阻抗闪光照相二极管（自磁箍缩或负极性杆箍缩二极管），其阻抗变化范围为30—50Ω[22]，

本文选取三个典型负载阻抗值(30，40，50Ω)作为优化对象。

图 4—图 6 分别给出了不同负载 Z_d 时，MIVA 输出电压 U_d、阴阳极电流比例 I_c/I_a 和电功率随运行阻抗 Z_{op} 的变化规律。对于给定负载阻抗 Z_d，随着运行阻抗 Z_{op} 降低(但仍满足欠匹配条件 $Z_{op}>Z_d$)，由于 MIVA 次级 MITL 与负载之间的阻抗失配程度减弱，MIVA 输出电压 U_d 逐渐增大。当 $Z_{op}=Z_d$(MIVA 与负载阻抗匹配)时，负载电压 U_d 取最大值，Z_d 为 30，40，50Ω时，U_d 最大值分别为 7.3，8.8 和 10MV。若 Z_{op} 继续降低，当 $Z_{op}<Z_d$ 时，MITL 运行在磁绝缘最小电流工作点，MIVA 输出特性与负载大小无关，负载电压 U_d 随 Z_{op} 减小逐渐降低。

由图 5 可知，对于给定负载 Z_d，随着 Z_{op} 降低（阻抗失配程度减弱），鞘层电子流再俘获作用减弱，阴、阳极电流比例 I_c/I_a 减小；当 $Z_{op}\leq Z_d$ 时，无鞘层电子流再俘获，随着 Z_{op} 降低，MITL 线电压减小，I_a、I_c 和 I_c/I_a 均增大。

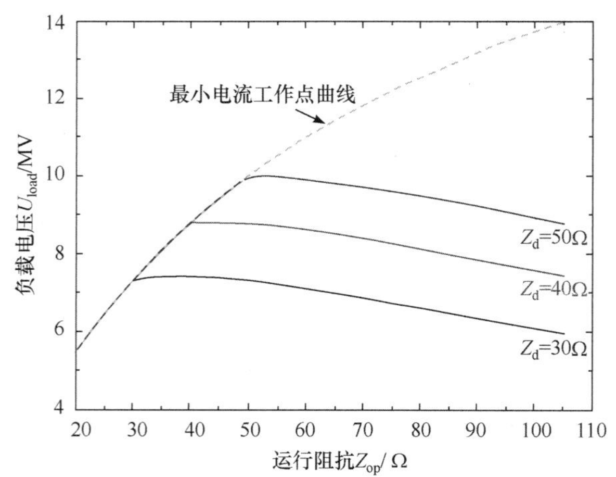

图 4 运行阻抗对 MIVA 负载电压的影响

Fig. 4. The load voltage functions as the operating impedances.

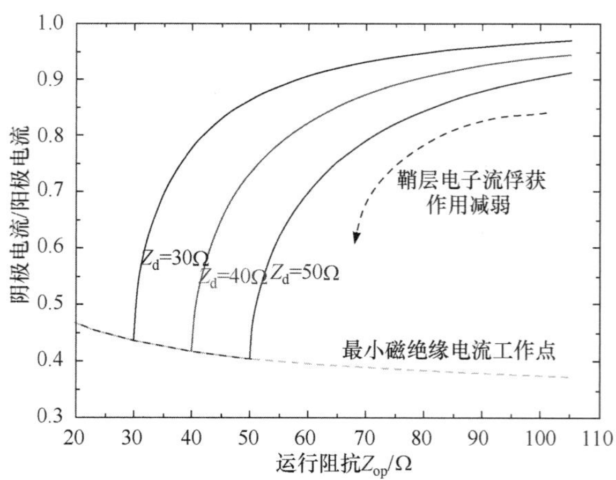

图 5 阴阳极电流比例 I_c/I_a 与运行阻抗的关系

Fig. 5. The ratio of the cathode current and anode current varies with the operating impedances.

由图 6 可知，随着运行阻抗 Z_{op} 降低，MIVA 输出总电功率 P 和有效电功率 P_{eff} 均先增大后减小，但峰值 P 和峰值 P_{eff} 对应的运行阻抗不同。当 $Z_{op}=Z_d$（MIVA 次级 MITL 与负载匹配）时，总电功率 P 最大，但此时有效电功率 P_{eff} 极低，P_{eff} 在 $Z_{op}>Z_d$(负载欠匹配）时获得。

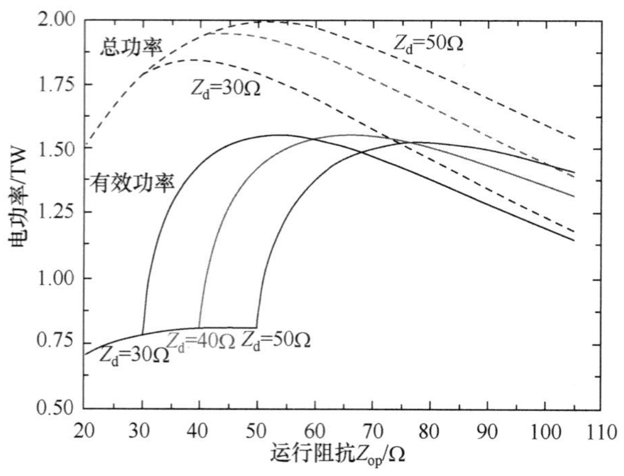

图 6 (网刊彩色)运行阻抗对 MIVA 输出电功率的影响

Fig. 6. (color online) Electrical power of MIVA varies with the operating impedances.

3.3 使二极管辐射 X 射线剂量率最大的次级优化阻抗 Z_{op}^*

图 7 给出了 MIVA 末端 X 射线二极管选取三个典型阻抗值(Z_d 分别为 30, 40, 50Ω)时，最大 X 射线剂量率 $\dot{D}$ 随次级优化阻抗 Z_{op}^* 和定标系数α的变化规律。需要指出的是，图 7 所示为剂量率的相对值（假定(8)式中$\beta=1$）。图 8 给出了使剂量率最大的优化阻抗 Z_{op}^*(最佳阻抗)与定标系数α的关系。对于给定负载阻抗 Z_d，最佳阻抗 Z_{op}^*随α增大(剂量率对电压依赖程度提高)近似指数衰减，这与负载匹配型 MIVA 存在显著区别，后者最佳阻抗 Z_{op}^* 随定标系数α增大而线性增加[26]。两种类型 MIVA 次级优化阻抗变化规律不同的本质原因在于，MIVA 输出电压随次级阻抗 Z_{op} 的变化趋势不同，负载匹配型 MIVA 输出电压随 Z_{op} 增加而增大，但欠匹配型 MIVA 输出电压随 Z_{op} 增加反而逐渐减小（见图 4）。由(8)式可知，MIVA 输出电压对 X 射线剂量率的影响程度很大(特别

是定标系数α较大时)。正是由于次级阻抗对两种类型 MIVA 输出电压影响规律的差异，导致最大剂量率对应的次级阻抗(最佳阻抗)随定标系数α的变化趋势不同。

对于欠匹配 MIVA，经数值拟合得到，使 X 射线剂量率最大的次级阻抗 Z_{op}^*与定标系数α的关系可表示为[26]

$$Z_{op}^* = C_1 e^{-k_1\alpha} + C_2 e^{-k_2\alpha}, \tag{12}$$

式中，C_1、C_2和 k_1、k_2为常数，取值与负载 Z_d、前级脉冲源等效驱动阻抗 Z_s 相关[26]。

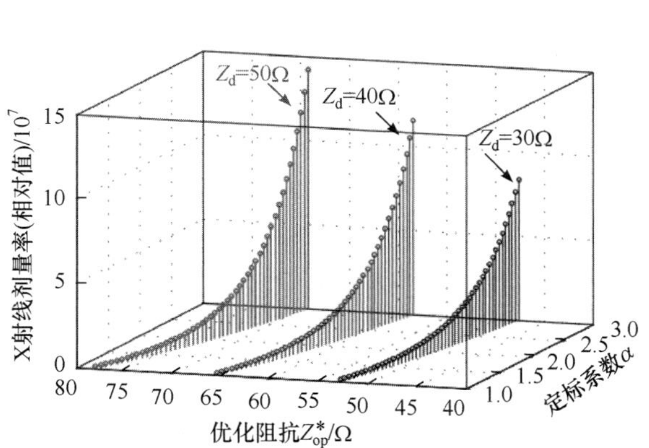

图 7　三种典型负载阻抗下，二极管辐射 X 射线剂量率随定标系数α和优化阻抗 Z_{op}^*的变化规律

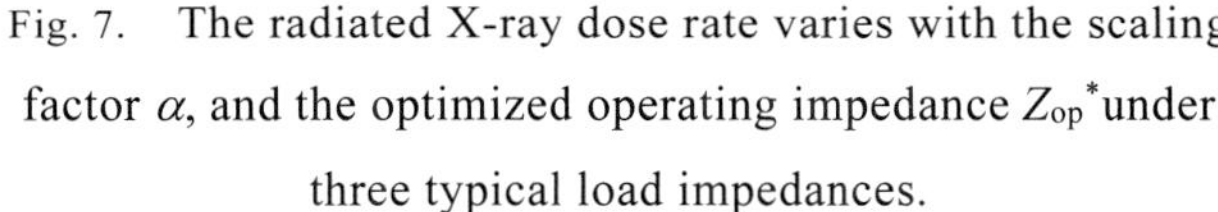

Fig. 7.　The radiated X-ray dose rate varies with the scaling factor α, and the optimized operating impedance Z_{op}^* under three typical load impedances.

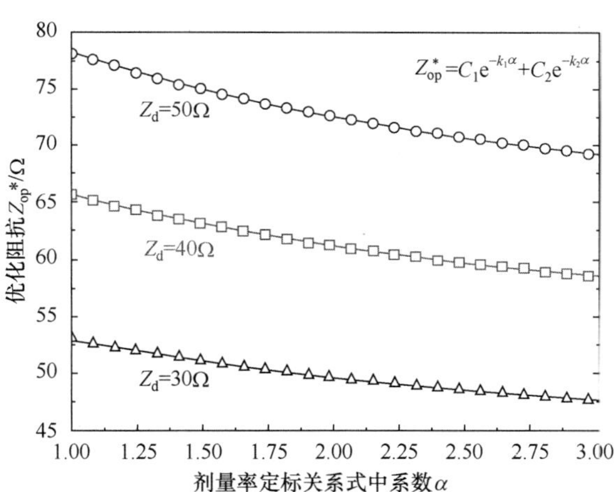

图 8　三种典型负载阻抗时最佳阻抗 Z_{op}^*随定标系数α的变化规律

Fig. 8. Optimized operating impedance Z_{op}^* varies with the scaling factor α under three typical load impedances.

4　结论

基于稳态磁绝缘 Creedon 层流理论和鞘层电子流再俘获(re-trapping)理论，建立了负载欠匹配型 MIVA 电路分析方法和次级 MITL 运行阻抗优化方法。当给定次级运行阻抗时，获得了 MIVA 输出参数(输出电压、阴/阳极电流和电功率)随负载欠匹配程度的变化规律。当给定负载阻抗时，数值分析获得了次级运行阻抗对 MIVA 输出参数的影响规律。获得了使 MIVA 末端辐射 X 射线剂量率最大的次级优化阻抗值 Z_{op}^*的变化规律：随着二极管 X 射线剂量率对电压依赖程度提高(定标系数α增大)，最佳阻抗近似指数下降。本文建立的欠匹配 MIVA 电路分析方法和次级阻抗优化方法已应用于 MIVA 装置电路分析和物理设计。

参 考 文 献

[1] Smith I D 2004 *Phys. Rev. Spec. Top. Accel. Beams* **7** 064801

[2] Smith I D, Bailey V L, Fockler J, Gustwiller J S, Johnson D L, Maenchen J E, Droemer D W 2000 *IEEE Trans.on Plasma Sci.* **28** 1653

[3] Oliver B V 2008 *Proceedings of 17th IEEE High Power Particle Beams Conference* Xi'an, Shaanxi, China, July 7–11, 2008 p1

[4] Thomas K 2014 *IEEE Pulsed Power Symposium* Loughborough, UK, March 18–20, 2014, pp1–29

[5] Thomas K, Beech P, Brown S, Buck J, Burscough J, Clough S, Crotch I, Duff Y J, Goes C, Huckle I, Jones A, King A, Stringer B, Threadgold J, Trenaman S, Wheeldon R, Woodroofe M, Carboni V, DaSilva T, Galver B, Glazebrook W, Hanzel K, Pearce J, Pham J, Pomeroy S, Saunders W, Speits D, Warren T, Whitney B, Wilson J 2011 *Proceedings of 18th IEEE Pulsed Power Conference* Chicago, IL, June 19–23, 2011 p1042

[6] Guo F, Zou W K, Gong B Y, Jiang J H, Chen L, Wang M, Xie W P 2017 *Phys. Rev. Accel. Beams* **20** 020401

[7] Wei H, Sun F J, Qiu A C, Zeng J T, Liang T X, Yin J H, Hu Y X 2014 *IEEE Trans. Plasma Sci.* **42** 3057

[8] Sun F J, Qiu A C, Yang H L, Zeng J T, Gai T Y, Liang T X, Yin J H, Sun J F, Cong P T, Huang J J, Su Z F, Gao Y, Liu Z G, Jiang X F, Li J Y, Zhang Z, Song G Z, Pei M J, Niu S L 2010 *High Power and Laser and Particle Beams* **22** 936 (in Chinese) [孙凤举，邱爱慈，杨海亮，曾江涛，

盖同阳，梁天学，尹佳辉，孙剑锋，丛培天，黄建军，苏兆锋，高屹，刘志刚，姜晓锋，李静雅，张众，宋顾周，裴明敬，牛胜利 2010 强激光与粒子束 **22** 936]

[9] Zhang T K, Han D, Wu Y C, Yan Y H, Zhao Z Q, Gu Y Q 2016 *Acta Phys. Sin.* **65** 045203 (in Chinese) [张天奎，韩丹，吴玉迟，闫永宏，赵宗清，谷渝秋 2016 物理学报 **65** 045203]

[10] Wei H, Sun F J, Hu Y X, Liang T X, Cong P T, Qiu A C 2017 *Acta Phys. Sin.* **66** 038402 (in Chinese) [魏浩，孙凤举，呼义翔，梁天学，丛培天，邱爱慈 2017 物理学报 **66** 038402]

[11] Zhou J, Zhang P F, Yang H L, Sun J, Sun J F, Su Z F, Liu W D 2012 *Acta Phys. Sin.* **61** 245203 (in Chinese) [周军，张鹏飞，杨海亮，孙江，孙剑峰，苏兆锋，刘万东 2012 物理学报 **61** 245203]

[12] Bailey V, Corcoran P, Carboni V, Smith I, Johnson D L, Oliver B, Thomas K, Swierkosz M 2005 *Proceedings of 15th IEEE Pulsed Power Conference* Monterey, CA, USA, June 13–15, 2005 p322

[13] Bailey V L, Johnson D L, Corcoran P, Smith I, Maenchen J E, Molina I, Hahn K, Rovang D, Portillo S, Oliver B V, Rose D, Welsh D, Droemer D, Guy T 2003 *Proceedings of 14th IEEE International Pulsed Power Conference* Dallas, Texas, USA, June 15–18, 2003 p399

[14] Ottinger P, Schumer J, Hinshelwood D, Allen R J 2008 *IEEE Trans. Plasma Sci.* **36** 2708

[15] Ottinger P, Schumer J 2006 *Phys. Plasma* **13** 063109

[16] Pate R C, Patterson J C, Dowdican M C, Ramirez J J, Hasti D E, Tolk K M, Poukey J W, Schneider L X, Rosenthal S E, Sanford T W, Alexander J A, Heath C E 1987 *Proceedings of 6th IEEE Pulsed Power Conference* Arlington, Virginia, 1987 pp478–481

[17] Guo F, Zou W K, Chen L 2014 *High Power and Laser and Particle Beams* **26** 045010 (in Chinese) [郭帆，邹文康，陈林 2014 强激光与粒子束 **26** 045010]

[18] Liu X S 2005 *High Pulsed Power Technologh* (Beijing: National Defense Industry Press) pp128–262 (in Chinese) [刘锡三 2005 高功率脉冲技 (北京：国防工业出版社) 第 128—262 页].

[19] Zou W K, Deng J J, Song S Y 2007 *High Power and Laser and Particle Beams* **19** 992 (in Chinese) [邹文康，邓建军，宋盛义 2007 强激光与粒子束 **19** 992]

[20] Bailey V L, Corcoran P, Johnson D L, Smith I, Oliver B, Maenchen J 2007 *Proceedings of 16th IEEE Pulsed Power Conference* Albuquerque, New Mexico, USA, June 17–22, 2007 p1268

[21] Bailey V L, Corcoran P, Johnson D L, Smith I D, Maenchen J E, Rahn K D, Molina I, Rovang D C, Portillo S, Puetz E A, Oliver B V, Rose D V, Welch D R, Droemer D W, Guy T 2004 *Proceedings of 14th IEEE high Power Beams Conference* Dallas, Texas, USA, 2004 p247

[22] Hahn K, B V Oliver, Cordova S R, Leckbee J, Molina I, Johnston M, Webb T, Bruner N, Welch D R, Portillo S, ZiskaD, Crotch I, Threadgold J 2009 *Proceedings of 17th IEEE Pulsed Power Conference* Washington, DC, USA, June 28–July 2, 2009 p34

[23] Hahn K, Maenchen J, Cordova S, Molina I, Portillo S, Rovang D, Rose D, Oliver B, Welch D, Bailey V, Johnson D L, Schamiloglu E 2003 *Proceedings of 14th IEEE Pulsed Power Conference* Dallas, Texas, USA, June 15–18, 2003 p871

[24] Portillo S, Hahn K, Maenchen J, Molina I, Cordova S, Johnson D L, Rose D, Oliver B, Welch D 2003 *Proceedings of 14th IEEE Pulsed Power Conference* Dallas, Texas, USA, June 15–18, 2003 p879

[25] Hu Y X, Sun F J, Zeng J T, Cong P T 2015 *Modern Appl. Phys.* **6** 191 (in Chinese) [呼义翔，孙凤举，曾江涛，丛培天 2015 现代应用物理 **6** 191]

[26] Wei H 2017 *Ph. D. Dissertation* (Xi'an: Xi'an Jiaotong University) (in Chinese) [魏浩 2017 博士学位论文 (西安：西安交通大学)]

[27] Creedon J M 1975 *J. Appl. Phys.* **46** 2946

Research on pinching characteristics of electron beams emitted from different cathode surfaces of a rod-pinch diode*

ABSTRACT: The particle-in-cell code UNIPIC is used to simulate the working process of a rod-pinch diode and investigate the pinching characteristics of electron beams emitted from different cathode surfaces. The simulation results indicate that the electron beam emitted from the upstream surface pinches better than from other surfaces when all the three surfaces emit electrons. The charge-density deposition on the anode surface peaks at the rod tip while the deposited charge density is approximately uniform over the first 15mm of the rod before rapidly increasing over the last 3mm, indicating a large axial extent of electron deposition. For the case of single-surface emission, the pinching quality of the electron beam emitted from the downstream surface is better than those from other surfaces. The charge-density deposition peaks at the rod tip and decreases rapidly off the tip. Based on the relationship of Larmor radius, beam's self-magnetic field and the spatial current distribution, the above simulation results are analyzed theoretically. The experiments are performed on the inductive voltage adder to examine the simulations. By comparing the axial distribution of the radiation on the anode rod measured with the pinhole camera and the on-axis forward X-ray dose measured with the LiF thermoluminescent detectors, the simulation results are verified. The electron emission suppression method and the impedance change for each case are investigated or discussed in this paper.

Ⅰ. INTRODUCTION

The rod-pinch diode (RPD) is a cylindrical pinched-beam diode with a small-diameter anode rod extending through and beyond a thin annular cathode.[1~3] As the operating voltage and current increase, the charged particle flow in a RPD transitions from space-charge limited (SCL) at low voltages, through weakly pinched (WP) to magnetically limited (ML) once the critical current is achieved at high voltages.[1] In this process, the anode plasma is formed due to the heating effect of electrons[1]hitting the anode rod. Ions are extracted from the anode plasma, which allow the electron beam to propagate to the rod tip of high-atomic-number material under the influence of the beam's self-magnetic field and produce a pulsed small-area high-yield bremsstrahlung X-ray source for radiography.[2, 3]

Particle-in-cell (PIC) simulations of the electron dynamics and spatial distribution in Ref. 4 indicate that large amount of electrons propagate in the upstream direction and make the diode perform anomalously. Many of these electrons are emitted from the downstream surface of the cathode. Here, the terms upstream and downstream are used to denote directions toward and away from the generator, respectively. Therefore it is suggested to improve the electron pinching quality for radiography by suppressing electron emission from the downstream surface. In this paper, the electron pinching process in a RPD is simulated with the PIC code UNIPIC.[5] The time-variable current density at rod tip and the charge-density deposition on the anode surface are monitored, from which the electron pinching quality is evaluated. The simulation result is consistent with Ref. 4 when electrons are emitted from all the three surfaces of the cathode. When a single surface emits electrons, it is shown that the electron pinching quality for the downstream-surface emission case is better than those for the central-surface and upstream-surface emission cases. The simulation results are analyzed

---

* 该文原载于 *Physics of Plasmas*，2010 年第 17 卷第 7 期。

theoretically based on the relationship of Larmor radius, beam's self-magnetic field, and the spatial current distribution. RPD experiments are performed on the inductive voltage adder[6] to verify the above results.

Ⅱ. NUMERICAL SIMULATIONS OF ELECTRON PINCHING PROCESS

The schematic of a RPD is shown in Fig. 1, [1]where r_A is the radius of the anode rod, r_C is the radius of the cathode's cylindrical surface, D is the anode-cathode gap spacing, $D=r_C-r_A$, L is the cathode thickness, and L_{rod} is the distance the anode rod extends beyond the cathode plane. The structural model in simulation is shown in Fig. 2, where L=3.2mm, r_C=8mm, r_A=0.6mm, and L_{rod}=18mm. A blunt-end anode rod is used in simulation to simplify the mesh generation and increase the calculation precision. The emission threshold is set to be 230kV/cm in the program. A trapezoidal voltage pulse is input, of which the rising edge is 50ns, the flat-top width is 40ns, the falling edge is 30ns, and the full width at half maximum is 80ns. In the ML phase, the ion current accounts for 20%-40%(Ref.7) of the total current. If the diode's current is 30-50kA, the ion current is in the range of 6-20kA. The 27.2mm–long region from the rod tip is set to be the ion emission region with the emission ion current density of 0.9×10^8A/m^2 to approximate the influence of anode plasmas. Accordingly, the emitted ion current is about 9.3kA.

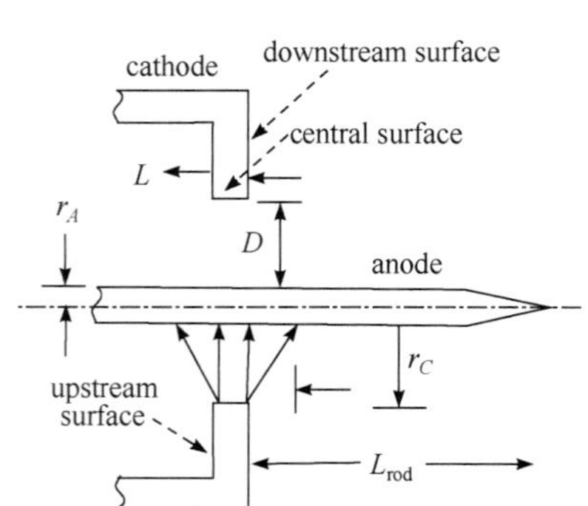

FIG. 1. Schematic of a RPD.

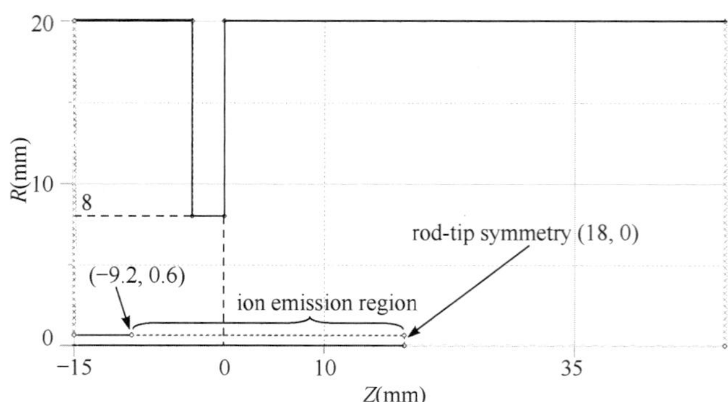

FIG. 2. (Color online) Structural model in simulation.

A. All-surface emission

When electrons are emitted from all the three surfaces of the cathode, the electron particle plot in different phases is shown in Fig. 3 and Fig. 4 shows the time-variable current density at rod tip. The peak values of the operating voltage and current are 1.8MV and 35kA, respectively, so the impedance is calculated to be 51.4Ω. In all the simulations throughout this paper, the diode's current refers to the sum of the ion current reaching the cathode and the electron current reaching the anode. It is shown that in the ML phase [see Fig. 3(c)], large amounts of electrons hit upstream of the rod tip. The axial distribution of the charge-density deposition (time integral of current density) on the anode surface is shown in Fig. 5. The deposited charge density is approximately uniform over the first 15mm of the rod before rapidly increasing over the last 3mm, indicating a large axial extent of electron deposition.

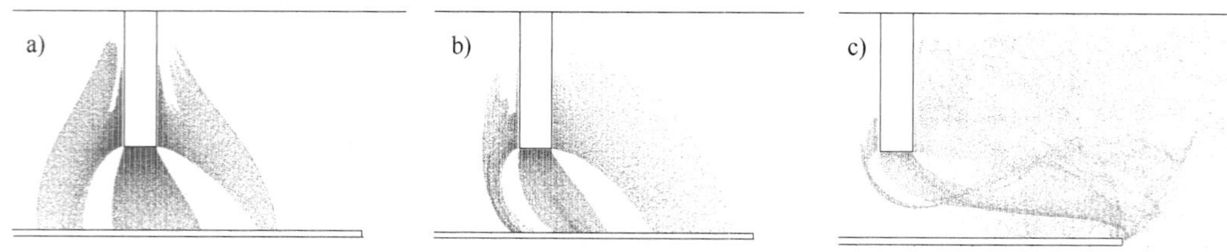

FIG. 3. Electron particle plot in (a) SCL phase, (b) WP phase, and (c) ML phase.

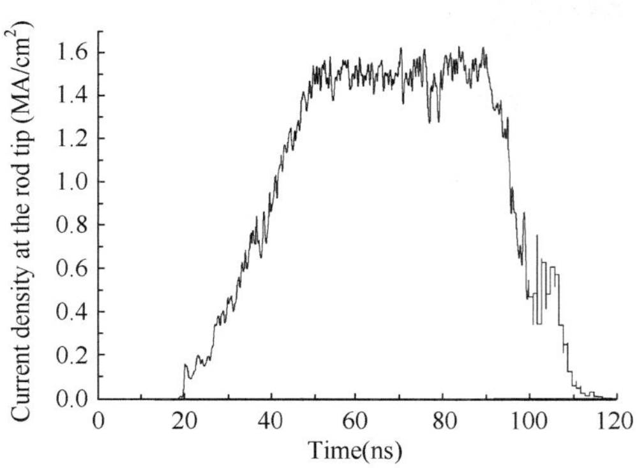

FIG. 4. Current density at the rod tip.

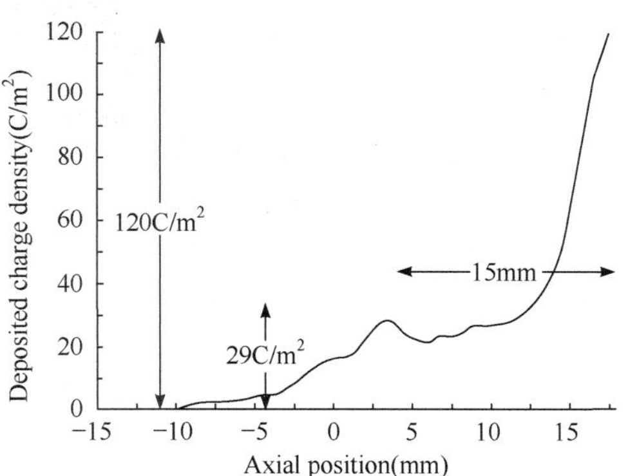

FIG. 5. Axial distribution of charge-density deposition.

Fig. 6 is obtained from Fig. 3 (c) by separating electrons according to different emission surfaces. It indicates that the electrons emitted from the upstream surface pinch better than those from the central and downstream surfaces when all the three surfaces emit electrons simultaneously. Electrons impinging on the upstream part of the rod are mainly from the downstream surface, as shown in Fig. 6 (c), which is consistent with Ref. 4. In the ML phase, the total current is 35.0kA, in which 6.9 kA (20%) is from the upstream surface, 9.0 kA (26%) from the central cylindrical surface, 11.7 kA (33%) from the downstream surface and the ion current is about 7.4 kA (21%).

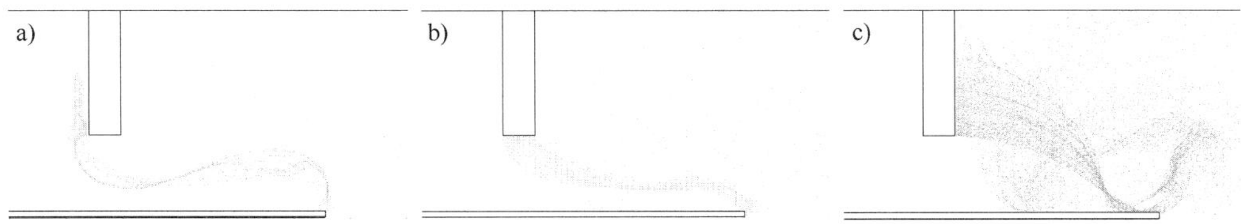

FIG. 6. Electron particle plot in the ML phase of electrons emitted from (a) upstream surface, (b) central surface, and (c) downstream surface. The plots are obtained from a PIC simulation with L=3.2 mm, r_C=8 mm, r_A=0.6 mm, L_{rod}=18 mm, and V=1.8MV.

B. Single-surface emission

For the case of single-surface emission, the electron particle plot for different emission surfaces in the ML phase is shown in Fig. 7. Table I shows the simulation results of the electrical parameters. The diode impedance increases significantly in contrast to the all-surface emission case. The time-variable current density at the rod tip is shown in Fig. 8, and the associated time integral values for the upstream-surface, central-surface and downstream-surface emission cases are 10.6C/m^2, 349.5C/m^2 and 1623.4C/m^2 respectively. The axial distribution of the charge-density deposition on the anode surface is shown in Fig. 9. For the case of upstream emission, the current density and its time integral at the rod tip are much lower than the other two cases, and the charge-density deposition on the anode surface peaks at −1.2mm axially (the axial position of the downstream surface is 0 mm, see Fig. 2), resulting in worse pinching quality. When the central surface emits electrons, the current density and its time integral at the rod tip increase significantly in contrast to the upstream-surface emission case. The peak value of the charge-density deposition on the anode surface appears between the downstream surface and the rod tip. When electrons are emitted from the downstream surface, the current density and its time integral at the rod tip are much larger than the other two cases. The axial charge-density deposition peaks at the rod tip, and decreases rapidly off the tip, beneficial to reducing the axial extent of the radiation at or near the rod tip and increasing the output forward X-ray dose of the diode. The simulation results indicate that for the case of single-surface emission, the electrons emitted from the downstream surface pinch better than those from the other two surfaces and the all-surface emission case. The impedance increases when single surface emits electrons, leading to lower current. To what extent the current will be reduced and whether the output X-ray dose will decrease should be examined with experiments.

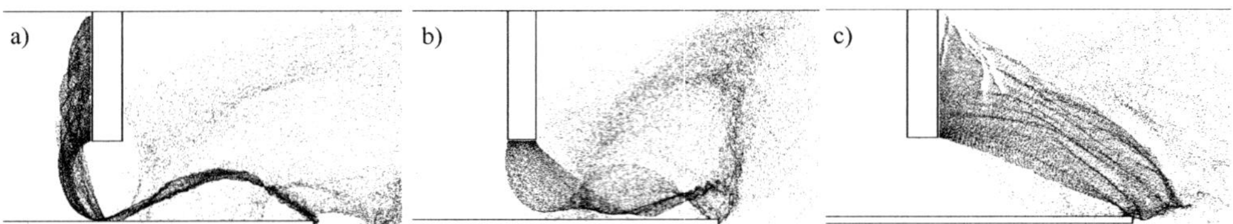

FIG. 7. Electron particle plot in the ML phase for the case of single-surface emission. (a) Upstream-surface emission, (b) central-surface emission, and (c) downstream-surface emission.

TABLE Ⅰ. Simulation results for single-surface emission.

Emission surface	Voltage (MV)	Electron current (kA) /fraction	Ion current (kA) /fraction	Total current (kA)	Impedance (Ω)
Upstream	2.3	26.9/84%	5.1/16%	32.0	71.9
Central	2.4	24.2/77%	7.1/23%	31.3	76.7
Downstream	2.5	25.6/82%	5.7/17%	31.3	79.9

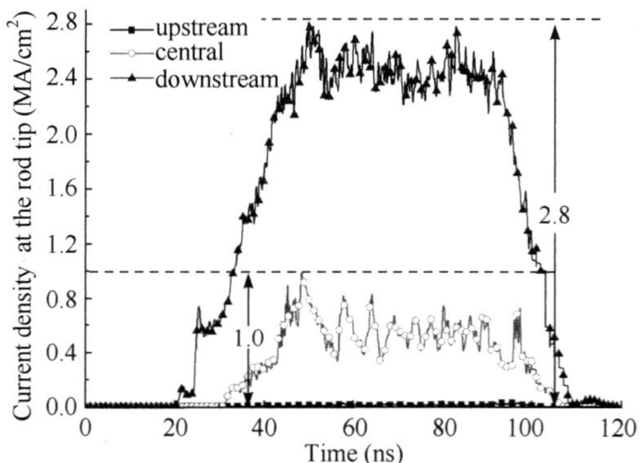

FIG. 8. (Color online) Current density at the rod tip.

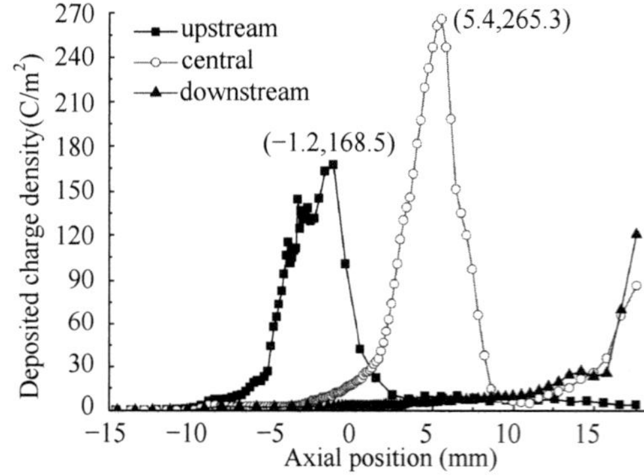

FIG. 9. (Color online)Axial distribution of charge-density deposition.

Ⅲ. THEORETICAL ANALYSIS

When all the three surfaces emit electrons simultaneously, the diode's total current is I, of which the currents emitted from the upstream surface, the central cylindrical surface and the downstream surface are I_1, I_2, and I_3, respectively, and the ion current is I_4, $I=I_1+I_2+I_3+I_4$. The electron dynamics in the anode-cathode gap is influenced by the electric field and the beam's self-magnetic field. The electric field forces the electrons to move in the direction perpendicular to equipotential plane and reach the anode, while the beam's self-magnetic field forces the electrons to deflect and prevents them from reaching the anode. The schematic of the beam's trajectories in the ML phase is shown in Fig. 10, where the arrows point to the direction of currents, opposite to the electron motion directions. For electrons emitted from the upstream and the central surfaces, the whole movement process in the ML phase can be divided into two stages. In the first stage, the influence of the beam's self-magnetic field is predominant, which deflects the electron beam's trajectory and prevents the electrons from impinging on the anode. In the second stage, the electric field is the predominant factor, which forces the electrons to reach the anode finally. The pinching quality of the electron beam mainly depends on the deflection effect in the first stage. When the deflection radius is small enough, the electrons can move around the cathode (counterclockwise movement in Fig. 10), therefore the impact with the anode rod is avoided.

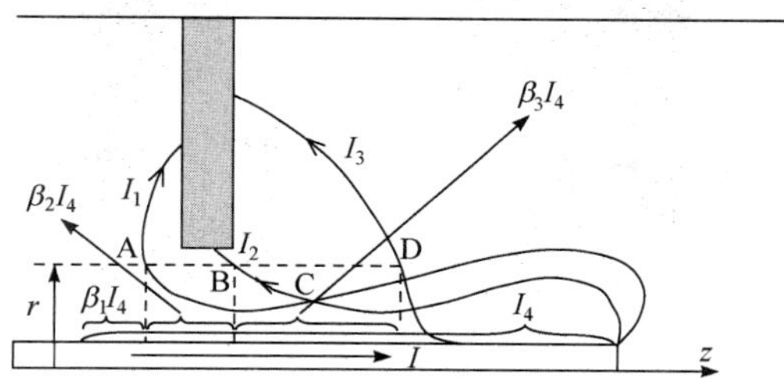

FIG. 10. Schematic of the beam's trajectories in the ML phase.

Equations are in SI units throughout. The electron deflection radius in the magnetic field can be calculated with Larmor formula,

$$r_L = \frac{p_e}{eB_\theta}, \tag{1}$$

where r_L is Larmor radius, e is the magnitude of the electron charge, p_e is the electron momentum, and B_θ is the beam's self-consistent azimuthal magnetic field. The momentum p_e mainly depends on the electric potential difference between its current location and the emission site. According to Ampere's Law,

$$B_\theta = \frac{\mu_0 I_e}{2\pi r}, \tag{2}$$

where μ_0 is vacuum permeability, r represents the electron's radial location, for the RPD axisymmetric system, r is the distance from the axis (z axis, see Fig. 10), I_e is the current enclosed by the r-radius z-axis symmetry loop, which passes the electron's current location.

In Fig. 10, A and B are points on the trajectories of the electrons emitted from the upstream and central surfaces respectively, and C represents the crossing point of the trajectories after A and B. The radial locations of A and B are both r, and the corresponding enclosed currents are I_{eA} and I_{eB} respectively,

$$I - I_1 - \beta_1 I_4 \leqslant I_{eA} \leqslant I - \beta_1 I_4, \tag{3}$$

where β_1 is the ratio of the part not enclosed by the A loop in the total ion current. Actually, the beam's trajectory is an envelope of a certain width, not a line, as shown in Fig. 6. When point A is located at the left (upstream) edge of the electron envelope, $I_{eA}=I-\beta_1 I_4$, and when point A is located at the right (downstream) edge, $I_{eA}=I-I_1-\beta_1 I_4$, otherwise $I-I_1-\beta_1 I_4<I_{eA}<I-\beta_1 I_4$. Similarly,

$$I - I_1 - I_2 - (\beta_1 + \beta_2) I_4 \leqslant I_{eB} \leqslant I - I_1 - (\beta_1 + \beta_2) I_4, \tag{4}$$

where $\beta_1+\beta_2$ is the ratio of the part not enclosed by the B loop in the total ion current. According to Eq. (2), the azimuthal magnetic field at point A and B can be expressed by

$$\frac{\mu_0 (I - I_1 - \beta_1 I_4)}{2\pi r} \leqslant B_{\theta A} = \frac{\mu_0 I_{eA}}{2\pi r} \leqslant \frac{\mu_0 (I - \beta_1 I_4)}{2\pi r}, \tag{5}$$

$$\frac{\mu_0 [I - I_1 - I_2 - (\beta_1 + \beta_2) I_4]}{2\pi r} \leqslant B_{\theta B} = \frac{\mu_0 I_{eB}}{2\pi r} \leqslant \frac{\mu_0 [I - I_1 - (\beta_1 + \beta_2) I_4]}{2\pi r}, \tag{6}$$

For electrons of the same momentum p_e at the points A and B, the deflection radii r_{LA} and r_{LB} are calculated

$$\frac{2\pi r p_e}{\mu_0 e (I - \beta_1 I_4)} \leqslant r_{LA} \leqslant \frac{2\pi r p_e}{\mu_0 e (I - I_1 - \beta_1 I_4)}, \tag{7}$$

$$\frac{2\pi r p_e}{\mu_0 e [I - I_1 - (\beta_1 + \beta_2) I_4]} \leqslant r_{LB} \leqslant \frac{2\pi r p_e}{\mu_0 e [I - I_1 - I_2 - (\beta_1 + \beta_2) I_4]}, \tag{8}$$

and

$$\frac{2\pi r p_e}{\mu_0 e(I - I_1 - \beta_1 I_4)} < \frac{2\pi r p_e}{\mu_0 e[I - I_1 - (\beta_1 + \beta_2) I_4]}. \tag{9}$$

Hence

$$r_{LA\_\max} < r_{LB\_\min} \tag{10}$$

where $r_{LA\_\max}$ represents the maximum value of the deflection radius at the radial location r for electrons emitted from the upstream surface, and $r_{LB\_\min}$ represents the minimum value of the deflection radius at the radial location r for electrons emitted from the central cylindrical surface. It indicates that electrons emitted from the upstream surface pinch better than those from the central surface when all the three surfaces emit electrons.

For electrons emitted from the downstream surface, point D is located at the electron beam's trajectory, and the radial location is r (see Fig. 10). Similarly, the azimuthal magnetic field at point D can be expressed,

$$\frac{\mu_0[I - I_1 - I_2 - I_3 - (\beta_1+\beta_2+\beta_3)I_4]}{2\pi r} \leqslant B_{\theta D} = \frac{\mu_0 I_{eD}}{2\pi r} \leqslant \frac{\mu_0[I - I_1 - I_2 - (\beta_1+\beta_2+\beta_3)I_4]}{2\pi r}, \tag{11}$$

where $\beta_1+\beta_2+\beta_3$ is the ratio of the part not enclosed by the D loop in the total ion current, and I_{eD} is the enclosed current corresponding to point D. Comparing Eqs. (5), (6), and (11), the azimuthal magnetic field at D is much lower than those at point A and B, which is not large enough to prevent the electrons from hitting the anode. So the electrons' movement is predominantly influenced by the electric field, and the electrons move in the direction approximately perpendicular to the equipotential plane (clockwise movement in Fig. 10). The single-surface emission case can also be analyzed with the relationship of Larmor radius, beam's self-magnetic field and the spatial current distribution.

Ⅳ. RPD EXPERIMENTS

Experiments are performed on the inductive voltage adde,[6] operated in positive polarity, to observe the output response for the all-surface and single-surface emission cases. The configuration of the RPD is illustrated in Fig. 11, where L=3.2mm, r_C=8mm, r_A=0.6mm, and L_{rod}=18mm. The impedance of the RPD in the ML phase can be estimated by[8]

$$Z_{\text{RP}} = \frac{60}{\alpha}\sqrt{\frac{\gamma-1}{\gamma+1}}\ln\left(\frac{r_C}{r_A}\right), \tag{12}$$

where α is the empirical scaling factor, γ is the electron relativistic mass factor, $\gamma=1+eV/m_ec^2$, V is the diode voltage, m_e is the electron rest mass, c is the speed of light in vacuum. According to Ref. 1, α varies from ~2.1 for r_C/r_A=1 to ~2.8 for r_C/r_A=20; therefore α is selected to be ~2.6 with linear interpolation for $r_C/r_A\approx 13.3$ in Fig. 11. When operated at V=2.0MV, the diode's impedance is estimated to be $Z_{\text{RP}}\approx 48.6\Omega$. The vacuum transmission line connects to the RPD. The anode and cathode radii of the transmission line are r_i=74mm and r_o=200mm respectively, as shown in Fig. 11. The material of the transmission line's outer conductor (cathode) is aluminum. When the operating voltage is 2.0MV, the electric-field distribution in the vacuum tank is calculated with Ansoft MAXWELL 2D, [9] shown in Fig. 12, which indicates that the electric field on the inner surface of the transmission line's outer conductor is below 1.5MV/cm, less than the aluminum's electron emission threshold, therefore almost no electron-flow current exists. In addition, the cathode's inner surface is anodized to improve the high voltage hold-off capability and suppress electron emission. The vacuum impedance Z_0(Ref.10) of the transmission line is calculated, $Z_0=60\ln(r_o/r_i)\approx 59.7(\Omega)$, larger than the diode's impedance (Z_{RP}) in the ML phase.

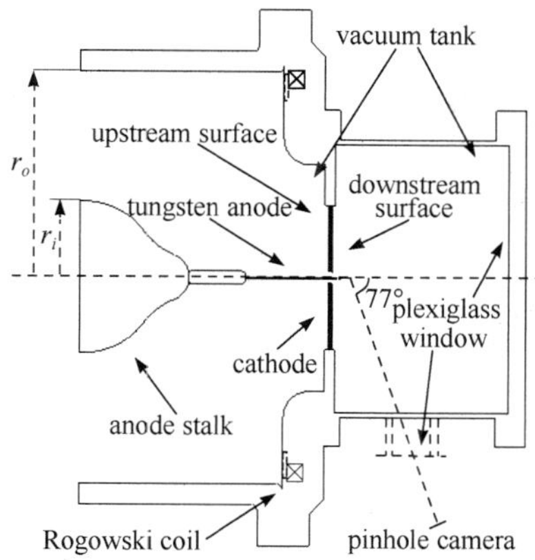

FIG. 11. Configuration of the RPD.

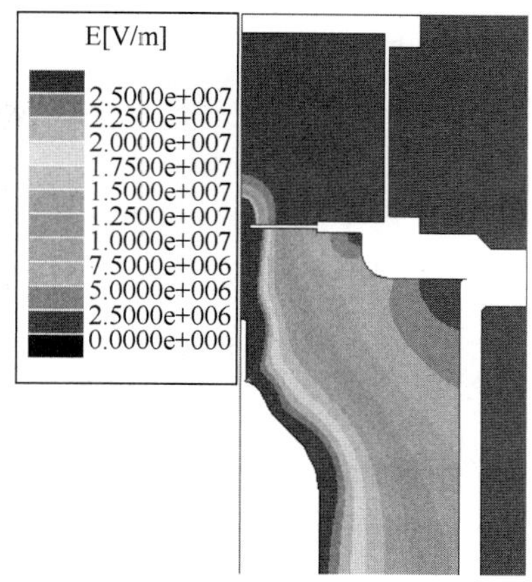

FIG. 12. (Color online) Electric field distribution in the vacuum tank.

A. Theory and method of electron emission suppression

To achieve single-surface emission, the electron emission suppression method should be investigated, which is accomplished by attaching a 1mm–thick Teflon layer on the specific cathode surface. The cathode emitter is graphite, and the Teflon layer reduces the electric-field intensity on the graphite surface it covers. Taking the upstream suppression case as an example, schematic of the mounted RPD is shown in Fig. 13. Plot of the electric field E_s on the upstream graphite surface from $r=r_C$ (8mm) to r=15mm for the Teflon-coated graphite cathode and pure graphite cathode calculated with Ansoft MAXWELL 2D is shown in Fig. 14,[11] obtained from electrostatic analysis at 2.0MV for the configuration in Fig. 11. It shows that the surface electric field decreases significantly with Teflon layer attached upstream. The gas bubbles between the Teflon layer and the graphite disk should be avoided when attaching, because they will increase the electric field on the adjacent graphite surface (see Fig. 14).

In addition, the Teflon layer can absorb or shield electrons emitted from the adjacent cathode surface. Assume the electric field in the Teflon layer is E_T=2.0MV/cm (see Fig. 14) and the initial kinetic energy is zero, so the electrons' maximum energy after traversing the Teflon thickness l is estimated to be $E_0=eE_Tl$, l=1mm, so E_0=0.2MeV. The range of the monoenergetic electrons in low-Z materials can be expressed by the empirical formula[12]

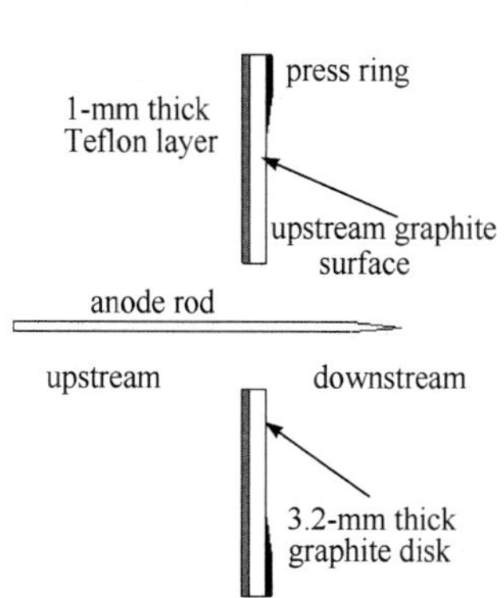

FIG. 13. Schematic of the mounted RPD.

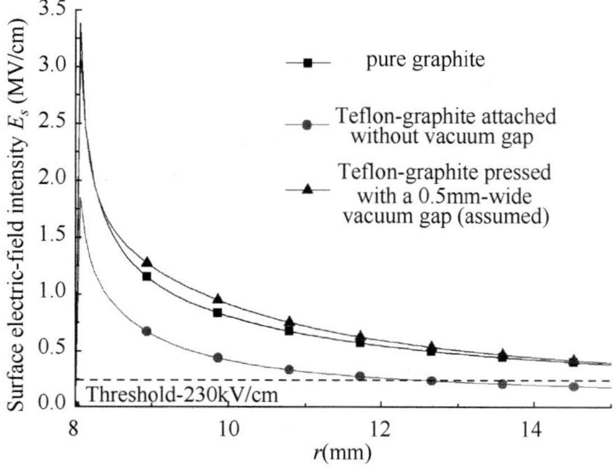

FIG. 14. (Color online) Plot of surface electric field E_s, obtained from electrostatic analysis at 2.0MV.

$$R = 0.412E_0^{(1.265-0.0954\ln E_0)}, 0.01\text{MeV} < E_0 < 2.5\text{MeV}, \tag{13}$$

where R is the range in g/cm^2 and E_0 is the electrons' maximum energy in MeV. The thickness (in centimeter) the electrons can penetrate is calculated with R/ρ, where ρ is the mass density of the material in g/cm^3, for Teflon ρ=2.2g/cm^3. Then the maximum distance that 0.2MeV electrons can transmit through in Teflon is calculated to be ~0.019cm, much less than the thickness of the Teflon layer l. Therefore the electrons will not penetrate the Teflon layer. Moreover, when emission occurs, electrons deposit and negative space charge builds up in the Teflon layer, which suppress electron emission further.

B. Experimental results

The experimental results are shown in Table Ⅱ. The operating voltage and current are measured with the capacitive voltage divider and a Rogowski coil, respectively. The Rogowski coil is fixed on the outer conductor near the anode-cathode gap (see Fig. 11), which measures the diode's total current because the electric field on the inner surface of the transmission line's outer conductor is less than the material's electron-explosive-emission threshold and almost no electron-flow current exists. The on-axis dose in the forward direction is measured with the LiF thermoluminescent detectors (TLDs) at 52cm from the rod tip through a 17.7mm-thick plexiglass window, and scaled to 1m by the inverse square. Fig. 15 and Fig. 16 are, respectively, the operating voltage and current plots for Shot 09036, Shot 09039, Shot 09040, and Shot 09041. For the central-surface emission case, the diode's impedance is much larger than the all-surface emission case (Shot09036), which indicates the electron emission suppression method is effective. For the upstream and downstream emission cases the impedance increase is not significantly in contrast to the all-surface emission case, which is not consistent with the simulation results. It is because the cathode's outer radius in the simulation is only 20mm, much smaller than the experimental case (larger than 70mm). For the upstream and downstream emission cases in experiments, the emission area is large enough to compensate the influence of space-charge effect and maintain the current close to that for the all-surface emission case when voltage pulses of approximately the same amplitude are input.

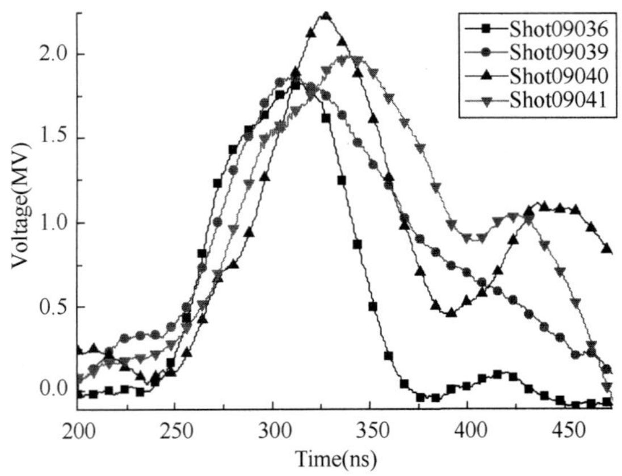

FIG. 15. (Color online) Plot of voltage

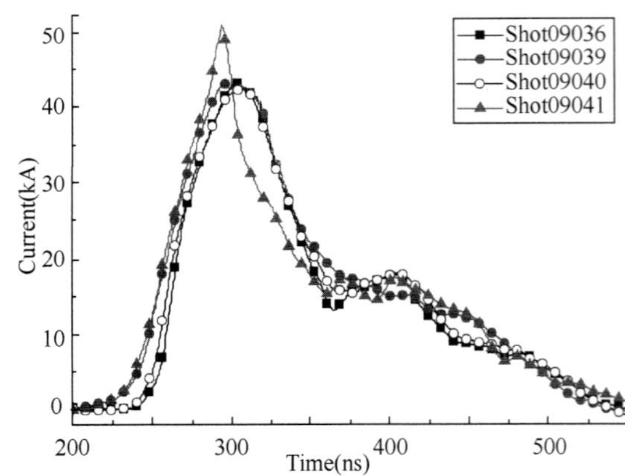

FIG. 16. (Color online) Plot of current

In addition, it is shown in Table Ⅱ that the forward output X-ray dose for the downstream-surface emission case (Shot 09034 and Shot 09039) is much larger than that for the upstream-surface emission case (Shot 09035 and Shot 09041). It indicates that the pinching quality for the downstream-surface emission case is better than the upstream-surface emission case and consistent with the simulation result in Fig. 9. The charge-density deposition peaks upstream to the cathode plane (see Fig. 9), therefore the X-rays produced have been absorbed or attenuated significantly by the rod itself before being monitored by the TLDs in the axially forward direction, resulting in worse pinching quality.

TABLE Ⅱ. **Measuring results of the experiments.**

Shot	Emission surface	V_{peak} (kA)	I_{peak} (kA)	Impedance (Ω)	Dose at 1m [rads(air)]
09034	Downstream	2.13	51.1	41.7	2.2
09035	Upstream	1.96	47.7	41.4	1.3
09036	Three surfaces	1.82	47.9	38.0	2.4
09039	Downstream	1.85	46.1	40.1	1.7
09040	Central	2.23	45.4	49.1	2.6
09041	Upstream	2.02	50.6	39.9	1.3

As a result of the structural constraints of the vacuum tank and the RPD, the pinhole camera used to image the X-ray emission from the anode rod is located at 77° relative to the diode axis, viewing from the lateral plexiglass window (see Fig. 11). For this reason, the X-ray distribution along the rod completely up to the cathode plane cannot be photographed clearly. The axial images of the radiation for the central-surface and downstream-surface emission cases are shown in Fig. 17. It is shown that electrons have pinched to the rod tip for the downstream-surface emission case [Shot 09039, see Fig. 17 (a)], while for the central-surface emission case [Shot 09040, see Fig. 17 (b)], the peak intensity appears at ~5 mm from the rod tip, and the axial extent of the radiation is larger, close to the simulation result in Fig. 9. The axial image of the radiation has also been obtained for the all-surface emission case (Shot 09036), as shown in Fig. 18. The electrons can pinch to the rod tip, while the peak intensity appears upstream of the rod tip. The axial extent of the radiation is larger and the intensity distribution is less concentrated than the downstream-surface emission case. It verifies that the pinching quality for all-surface emission case is not as good as the downstream-surface emission case.

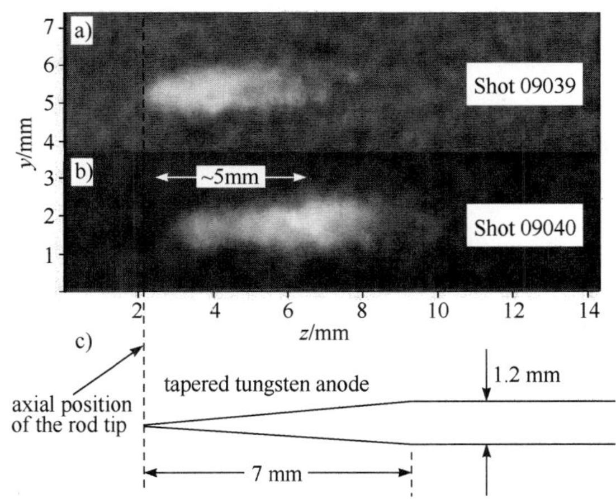

FIG. 17. (Color online) Axial images of the radiation and the corresponding rod structure (a) downstream-surface emission, Shot09039, (b) central-surface emission, Shot 09040, and (c) schematic of the tapered tungsten anode.

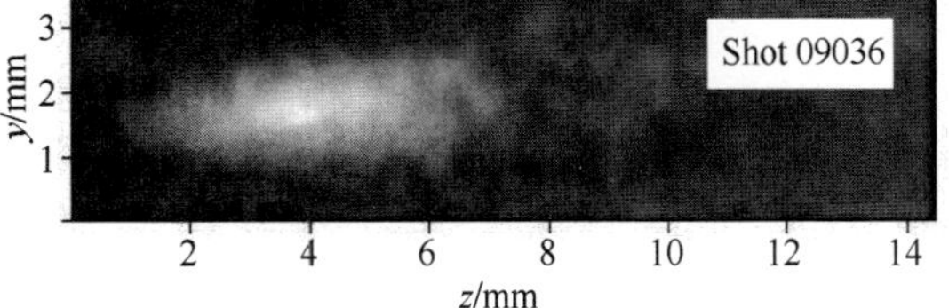

FIG. 18. (Color online) Axial image of the radiation for all-surface emission case, Shot 09036.

Ⅴ. CONCLUSIONS

The operating process of a RPD is simulated with the two-dimensional PIC code UNIPIC. The simulations indicate that electrons emitted from the downstream surface of the cathode pinch worse than those from other surfaces for the all-surface emission case, which increases the axial extent of the radiation. For the case of single-surface emission, electrons emitted from the downstream surface pinch better than other cases. Theoretical analysis based on the relationship of Larmor radius, beam's self-magnetic field and the spatial current distribution is performed. RPD experiments are carried out on an inductive voltage adder to verify the simulation results. The axial images of the radiation obtained with a pinhole camera indicate that the pinching quality for the case of downstream-surface emission is better than the central-surface and all-surface emission cases. The comparison of pinching quality between the upstream-surface and downstream-surface emission cases is performed by comparing the on-axis X-ray doses, the result of which is consistent with the simulations.

References

[1]G. Cooperstein, J. R. Boller, R. J. Commisso, D. H. Hinshelwood, D. Mosher, P. F. Ottinger, J. C. Schumer, S. J. Stephanakis, S. B. Swanekamp, B. V. Weber, and F. C. Young, Phys. Plasmas **8**, 4618 (2001).

[2]R. J. Commisso, G. Cooperstein, D. D. Hinshelwood, D. Mosher, P. F. Ottinger, S. J. Stephanakis, S. B. Swanekamp, B. V. Weber, and F. C. Young, IEEE Trans. Plasma Sci. **30**, 338 (2002).

[3]F. C. Young, R. J. Commisso, R. J. Allen, D. Mosher, S. B. Swanekamp, G. Cooperstein, F. Bayol, P. Charre, A. Garrigues, C. Gonzales, F. Pompier and R. Vezinet, Phys. Plasmas **9**, 4815 (2002).

[4]L. Yin, T. J. T. Kwan, B. G. DeVolder, C. M. Snell, K. J. Bowers, J. R. Smith and R. Carlson, *Proceedings of the 2005 Particle Accelerator Conference*, Knoxville, Tennessee, edited by C. Horak (Institute of Electrical and Electronic Engineers, Piscataway, NJ, 2005), p. 1901.

[5]Jianguo Wang, Dianhui Zhang, Chunliang Liu, Yongdong Li, Yue Wang, Hongguang Wang, Hailiang Qiao, and Xiaoze Li, Phys. Plasmas **16**, 033108 (2009).

[6]Q. Aici and S. Fengjv, Laser Part. Beams **20**, 1937 (2008) (in Chinese).

[7]G. Cooperstein, J. R. Boller, R. J. Commisso, D. Mosher, P. F. Ottinger, J. W. Schumer, S. B. Swanekamp, F. C. Young, E. E. Hunt, D. W. Droemer, and W. J. DeHope, *Proceedings of the Thirteenth IEEE Pulsed Power Conference*, Las Vegas, NV, edited by R. Reinovsky and M. Newton (Institute of Electrical and Electronics Engineers, Piscataway, NJ, 2001), p. 438.

[8]J. W. Schumer, R. J. Allen, R.J. Commisso, and P. F. Ottinger, *Proceedings of the Fourteenth IEEE Pulsed Power Conference*, Dallas, Texas, edited by M. Giesselmann and A. Neuber (Institute of Electrical and Electronics Engineers, Piscataway, NJ, 2003), p. 837.

[9]http://www.ansoft.com/products/em/maxwell/

[10]P. F. Ottinger and J. W. Schumer, Phys. Plasmas **13**, 063101 (2006).

[11]Y. Gao, J. Yin, J. Sun, Z. Zhang, P. Zhang, and Z. Su, Chin. Phys. Lett. **27**, 055201 (2010).

[12]L. Katz and A. S. Penfold, Rev. Mod. Phy. **24**, 28 (1952).

2.8-MV Low-Inductance Low-Jitter Electrical-Triggered Gas Switch*

ABSTRACT: Megavolt-class triggered switches play a key role in large induction voltage adder accelerators. This paper introduces a 2.8-MV, low-inductance, low-jitter, electrical-triggered, gas SF_6 switch. The main section is a *V*/*n* switch and the pre-trigger section is a trigatron switch. Based on electric field simulation, experiment and analysis, the structure and spacing of gaps, location of trigger disk, diaphragm, and switch inductance are all discussed. The primary test indicates that the switch can be operated in the range of 0.85-2.76 MV with the pressure of the SF_6 changing from 0.1 to 0.9 MPa. The self-breakdown voltage is linearly related to the logarithm of the pressure as the gap spacing and voltage rise time are fixed. Three working modes were observed: self-breakdown, self-triggered and ex-triggered. In the triggered modes, the switch jitter is < 3 ns and the switch inductance is usually below 150 nH.

Introduction

The pulsed X-ray source for flash radiography, named Jianguang-I, was developed at Northwest Institute of Nuclear Technology (NINT) in 2007. Based on an induction voltage adders (IVA) and a rod pinch diode, Jianguang-I has a structure similar to Cygnus [1-2], which consisted of a single Marx, a pulse forming line (PFL), a self-breakdown PFL-switch and three induction cells. Because all the cells are driven by a single PFL, the jitters of the Marx and the PFL-switch have little effect on the cells. However, in order to obtain higher voltage and power, such as HERMES-Ⅲ, multi-Marxes and multi-PFLs are necessary [3]. In that case, if the timing differences of the infeed pulses are too big, not only are the power addition and output waveforms affected, but the insulator stack of cells may fail [4]. At NINT, a new large IVA accelerator will be developed; therefore, a 2.8-MV triggered switch was designed and tested.

In general, MV commanded switches are Rimfire switches and consist of a triggered gap in series with several self-breakdown cascade gaps. A typical example is the Sandia ZR 6.7- MV laser-triggered switch [5]. Such switches have large dimension and hundreds of nH inductance, and are usually used for the transfer capacitors. To make the accelerator more compact and less expensive, the new IVA accelerator developed by NINT is based on low- inductance Marxes, gas-switched PFLs and no transfer capacitors. Be reshaped only once, the rise times of high voltage pulses will be compressed from hundreds of nanoseconds to < 30 ns as the Marxes are erected. If so, the PFL switches should have low jitter and low inductance. The requirements of this switch are shown in Table I. Based on the similar consideration, a 2.5-MV gas switch is designed by the Titan Pulse Sciences Division for Atomic Weapons Establishment (AWE), UK. The AWE switch is triggered by laser and only one spark channel is formed in the main gap when discharge, so the inductance of switch is~230nH [6]. In order to reduce the inductance through multichannels, the NINT 2.8-MV switch is triggered by an HV pulse with a fast rise time. Compared with the laser-triggered switch, the electrical-triggered switch may have less inductance, but for the electrical connection to the MV switch, the trigger generator need to be isolated and protected from the transient MV pulse after the MV switch closes. In addition, the jitter of an electrical-triggered switch is usually greater than that of a laser-triggered switch.

TABLE Ⅰ

Requirements of PFL Switch

Operating voltage	1.0-2.6 MV
Operating time	about 400 ns
Current	200 kA (Max.)
Jitter	<5 ns
Inductance	<150 nH
Switch pressure	1 MPa SF_6 (Max.)

Note: the highest self-breakdown voltage of the switch is about 2.8 MV and the 0%-100% rise time 450ns.

* 该文原载于 *IEEE Transactions on Plasma Science*，2016 年第 44 卷第 10 期。

Design of Switch

A. Main section

Fig. 1 shows the structure of the designed 2.8-MV gas triggered switch. The switch consists of a main section and a pretrigger section. The main section has a V/n structure, referring to the fact that the ratio of the voltage across the whole switch to that of trigger disk is n [7], which consists of three electrodes, manufactured from Type 304 stainless steel with the surfaces smoothed. Estimated by Bradley's and modified Bradley's breakdown formula, the total spacing of the main gap was initially determined to be 10 cm.

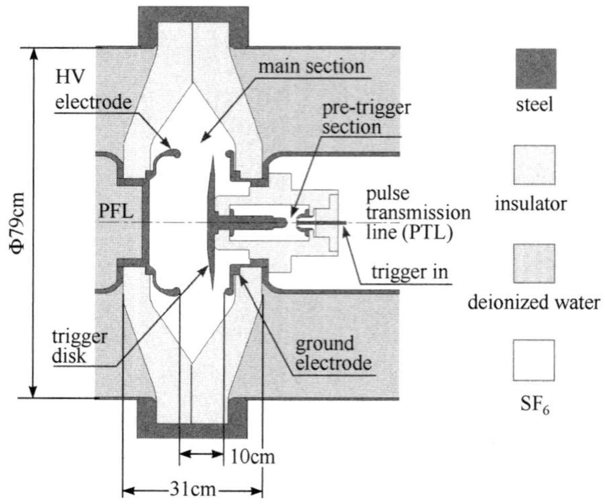

Fig.1. 2.8-MV electrical-triggered gas switch.

Bradley's formula is suitable for the breakdown of SF_6 with a slight nonuniform electric field when the rise time is hundreds of nanosecond. The formula is [8]

$$V_{\rm br} = 194 p^{1/2} d^{5/6} \tag{1}$$

where $V_{\rm br}$ is the breakdown voltage [kV], p the absolute pressure of main gap [0.1 MPa], and d the main gap spacing [cm]. For the field enhancement factor is not involved in the Bradley's formula, based on the experimental data, the modified Bradley's formula is obtained [9]

$$V_{\rm br} = 227 p^{1/2} d^{5/6} / f \tag{2}$$

where f is the electric field enhancement factor, the ratio of the peak electric field to the mean gap field. The simulation of the electrostatic field shows that the f of the switch is ~3.1. According to (1) and (2), as the pressure of SF_6 is 0.9 MPa and the gap spacing is 10 cm, the $V_{\rm br}$ should be 4.0 MV or 1.5 MV, but the actual $V_{\rm br}$ is 2.8 MV. The reason why the experiment data do not fit the formulas well was probably because the electric field enhancement factor of the switch is too big and the electric field of switch is deformed heavily.

There are stray capacitances between the trigger disk and the HV and ground electrodes, C_h and C_l, as shown in Fig. 2(a). As the PFL is pulsed charged, through a capacitive voltage divider, the potential of the disk will increase to hundreds of kilovoltage. The initial chosen spacing of the disk-ground gap is 2.75 cm. When the charging voltage is −2.8 MV and the trigger voltage is 200 kV, with the axisymmetric simulation of the electrostatic field through the finite element program ANSYS, the potential contours in the PFL switch zone are as shown in Fig. 2. This indicates that before triggering, the floating potential of the trigger disk is −603 kV, n is about 4.64, while the distance ratio of the whole gap to the disk-ground gap is 3.64. Meanwhile, the highest electric field, which occurs at the front of the HV electrode, is 87 kV/mm. After triggering, the electric field at the edge of trigger disk is increased 6.79 times, from 34 to 231 kV/mm, but the peak electric field at the HV electrode is only increased 1.16 times, from 87 to 101 kV/mm.

As the trigger pulse is applied, the pretrigger gap breaks down and the disk potential is changed to 200 kV, followed by the breakdown of the HV-disk and the disk-ground gaps. Since the trigger disk plays a significant role in the performance and safety of the switch, its electric field distribution was simulated with different values of spacing of the disk-ground gap. The data is listed in Table Ⅱ, in which the delay time to breakdown of the disk-ground gap is estimated through Martin's formula as [10, 11]

$$\rho\tau = 97800(E/\rho)^{-3.44} \tag{3}$$

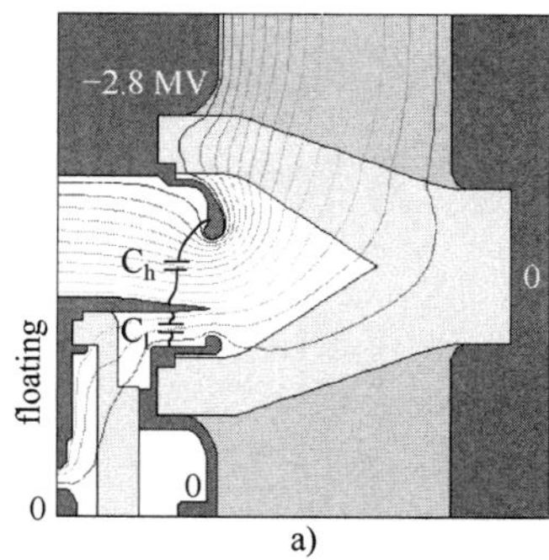

a)

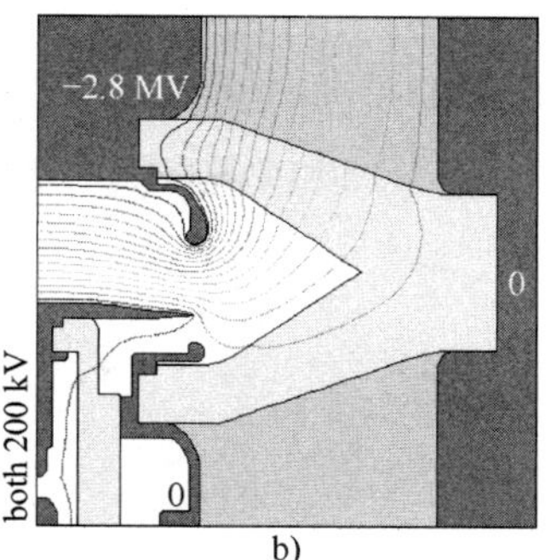

b)

Fig. 2. Axisymmetric simulation of potential contours in PFL switch zone (200kV/contour, the initial potential of electrodes are as shown in the figures, the axis boundaries are open). (a) Before trigger. (b) After trigger.

where ρ is the gas density [gm/cc], τ is the time delay to breakdown [s] and E is the average electric field [kV/cm].

TABLE Ⅱ

Simulated Electric Field Distribution of Switch with Different Disk-Ground Gap Spacing

Disk-ground gap spacing /mm	20.0	27.5	33.5
Disk potential /kV	–490	–603	–693
Ratio of the voltage n	5.71	4.64	4.04
Delay time /ns	1.8	5.4	10.6
E_{HV-} /kV·mm^{-1}	86	87	87
E_{HV+} /kV·mm^{-1}	97	101	106
Ratio of E_{HD+} to E_{HD-}	1.13	1.16	1.22
E_{disk-} /kV·mm^{-1}	43	34	27
E_{disk+} /kV·mm^{-1}	222	231	265
Ratio of E_{disk+} to E_{disk-}	5.16	6.79	9.81
E_{mean-} /kV·mm^{-1}	28.9	30.3	31.7
E_{mean+} /kV·mm^{-1}	37.5	41.4	45.1
Ratio of E_{mean+} to E_{mean-}	1.30	1.36	1.42

Note: 1) Charging voltage is –2.8 MV, trigger voltage is 200 kV, insulating gas is 1 MPa SF_6 and the density is 6.39×10^{-2} gm/cc, total gap spacing is 100mm.

2) E_{HV} is the peak electric field on HV electrode, E_{disk} is the peak electric field on trigger disk, and E_{mean} is the average electric field from HV electrode to trigger disk, "–" means before triggering and "+" means after triggering.

Table Ⅱ shows that when the trigger disk is closer to the HV electrode, before triggering, the potential of the disk will be higher; and after triggering, the electric field will become more enhanced. Thus the switch may have less trigger jitter. But on the other hand, the delay time to breakdown of the disk-ground gap will get bigger and the insulation of switch gets worse.

As the HV-disk gap is closed, but the disk-ground gap remains open, the trigger disk and pre-trigger electrodes have almost the same potential as the PFL. If the potential is –2 MV, the electric field distribution in the cross section of the pretrigger zone is as shown in Fig. 3, which indicates that in a large area, the electric field is over 300 kV/cm. If the potential lasts for a long time, such as tens of nanoseconds or even longer, insulators will flashover or break down. In conclusion, the location of the trigger disk has to be optimized and tested through numerical simulation and trigger experimentation.

B. Pretrigger section

The pretrigger section can also be seen as a trigatron switch, with three types of that and their axisymmetric electric field distribution being shown in Fig. 4. Before triggering, the planar electrode switch has the most uniformly distributed electric field, and thus should have the highest self-breakdown voltage. By contrast, the electric field of the conical switch is the most unevenly-distributed, and should therefore have the lowest breakdown voltage. Three types of trigatron switches, equivalent to the different pretrigger sections, were designed and tested. The self-breakdown voltage curves of switches are shown in Fig. 5 [12], which are as expected as the electrostatic field simulation results.

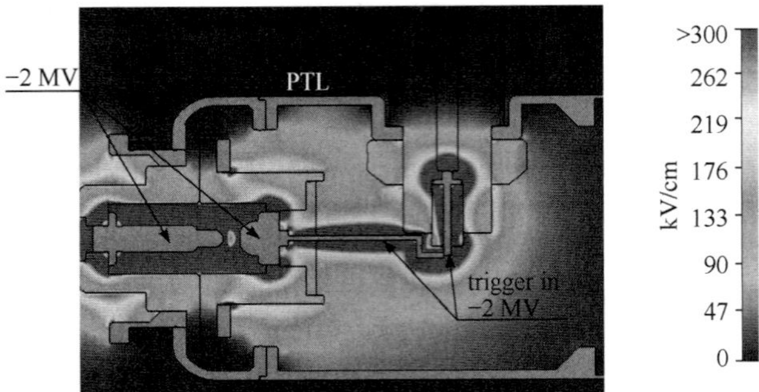

Fig. 3. Electric field distribution in cross section of pre-trigger zone (the potential of pre-trigger electrodes and connections is −2 MV, the potential of inner cylinder of PTL is 0, the boundaries in all directions are open).

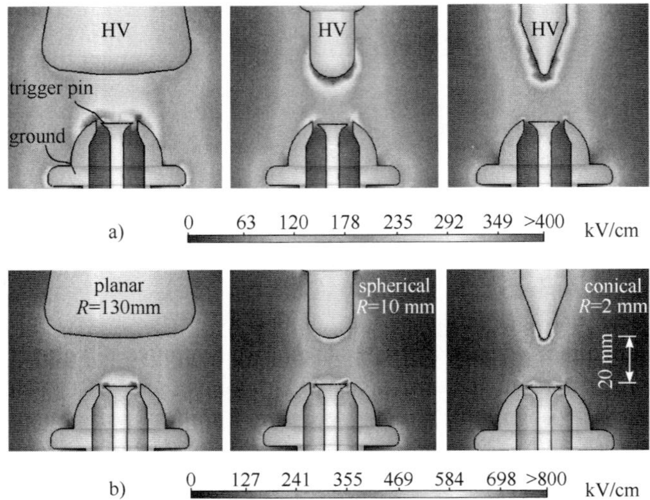

Fig. 4. Axisymmetric electric field distribution of trigatron switch (the potential of the HV electrodes is −600 kV, the potential of trigger pin (a) before triggering is 0, (b) after triggering is 200kV, the boundaries in all directions are open, the gap spacing is 20 mm, and the disk is indented 1 mm into the ground electrode).

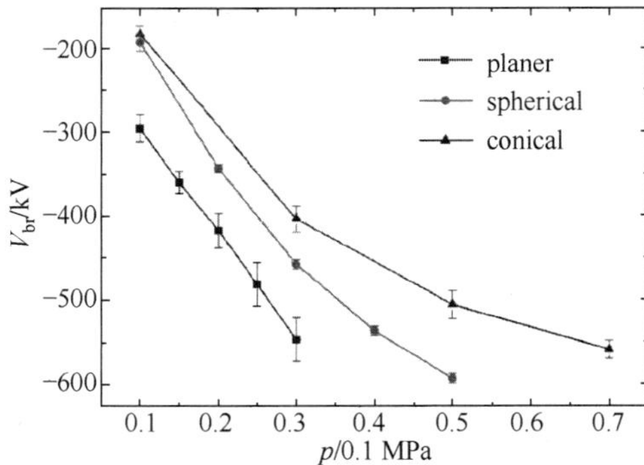

Fig. 5. Self-breakdown voltage curves of trigatron switches (the applied peak voltage is −600 kV with the 0%-100% rise time 400ns).

When the trigger pulse is applied to the trigger pin, the trigatron switch has two breakdown modes. One is the long-delay mode, in which the gap between the pin and earthed electrode breakdown first, the resulting UV radiation leads to the initiation of an electron avalanche followed by breakdown of the main gap; the other is the short-delay mode, in which the trigger pulse initiates breakdown between the pin and HV electrode first, and followed by the breakdown of the gap between the pin and the earthed electrode [13].

Fig. 6 shows the layout of pulsed trigger experiment platform. The 600-kV, 400-ns rise time, HV pulse can be generated by the pulse transformer. By monitoring the discharging current flowing through the different gaps, the breakdown modes can be determined [12]. The experimental results indicates that when the working coefficient (V_{wk}/V_{br}) is 0.7 in the planar switch, the short-delay mode is the main working mode, and when it increases to 0.8, the long delay mode becomes the main working mode, as shown in Fig. 7. The reason is that two gaps of switch have different electric field distributions and different trends of breakdown voltage versus gas pressure. At the certain pressure, or working coefficient, two gaps have the same opportunities to break down. The conical switch does not work stably, for the two modes occur randomly as the working coefficient ranges from 0.7 to 0.9. There is only long delay mode was observed in the spherical switch, and it has the best performance. When the working coefficient is 0.8, the delay time of the spherical switch is ~23 ns, and the jitter is 1.2 ns. According to self-breakdown and trigger experimental data, the spherical electrode as finally adopted in pretrigger section has a gap spacing of 20 mm and the disk is indented 1 mm into the ground electrode.

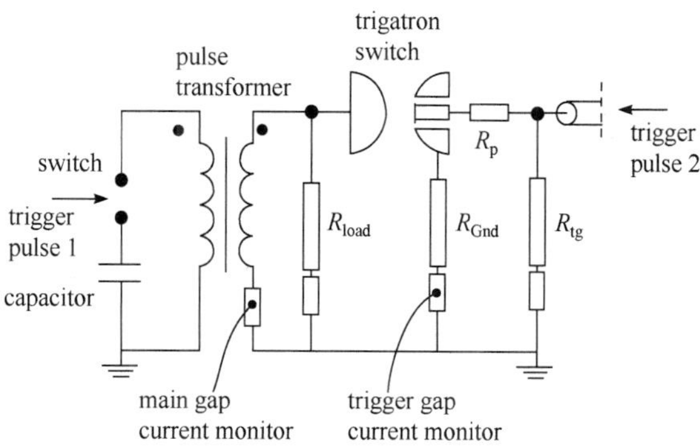

Fig.6. Layout of pulsed trigger experiment platform.

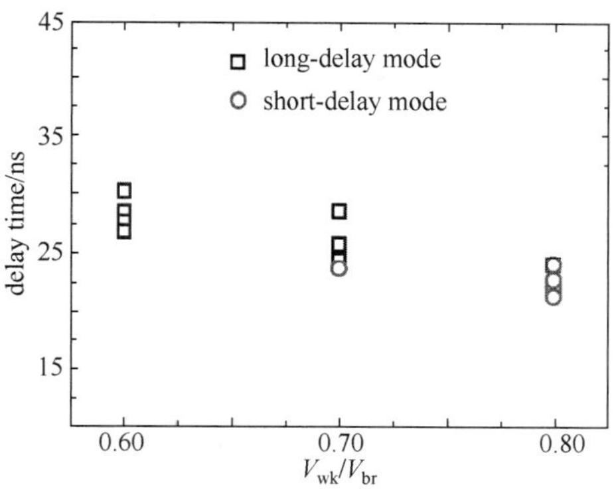

Fig. 7. Trigger delay time of planar trigatron switch in trigger experiment (V_{wk} is the voltage of the applied HV pulse at 350 ns; V_{br} is the self-breakdown voltage with the same pressure and rise time of V_{wk}).

C. Diaphragm and inductance of switch

The two versions of diaphragms shown in Fig. 8, are presently being evaluated. The electrodes inductance of the basin-diaphragm switch is ~51 nH and for the flat-diaphragm it is ~64 nH, as the basin switch is 40 mm shorter than the plane one in the axial direction. Furthermore, the basin switch has a larger distributed capacitance between the switch electrodes and ground, which can compensate for the effect of inductance in the rise time. The basin diaphragm also has the advantage of mechanical safety. As the gas pressure is 1.1 MPa, the force in the axial direction is ~522 kN. Based on considerations of strength, elasticity and cost, Mono Cast nylon with an elastic modulus of 3.19 GPa were adopted. The bending and tensile strength of this material is ~92 MPa and 75 MPa, while the mechanical simulation result shows that the highest stresses on the diaphragm are ~33 MPa as the gas pressure is 1.1 MPa, and the maximum strain is ~1%. The maximum simulated deformation occurs at the diaphragm center and is outward by ~3.6 mm, but the hydrostatic pressure test shows that the actual value is 2.6 mm (PFL side) and 1.8 mm (PTL side).

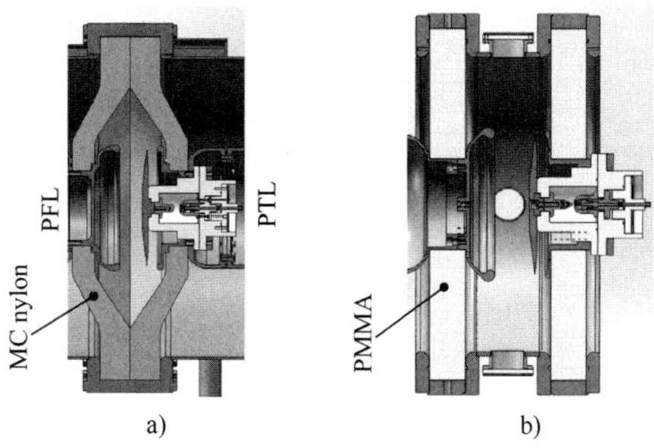

Fig. 8. Diaphragms of PFL switch. (a)Basin version (adopted). (b)Plate version.

When a switch has multichannels, for the mutual inductance between channels, the inductance of the gap is not inversely proportional to the number of channels. Assuming that the channels are uniformly distributed with each carrying the same current, and regarded as a 1.2-mm-diameter conductor, based on static magnetic field simulation, the switch inductance versus channel number can be obtained. Furthermore, the effect of spark gap inductance on the output pulse was simulated through the circuit model of switch testing platform, as shown in Fig. 9. In order to get more accurate influence of the switch inductance, the switch electrode zones are equivalent to *LC* pulse forming networks instead of a short transmission line. The simulated voltage waveforms after the PFL switch are shown in Fig. 10, and the results are listed in Table Ⅲ. Before the peak switch is closed, for the open circuit, the forward main HV pulse will be reflected and superimposed. Therefore, a spike occurs on the flat of main pulse and we take the inflection point on the rise edge as the peak of main pulse. The simulation results indicate that if a single channel discharges, the rise time(if not stated otherwise this is the 10%—90% rise time) is～27 ns, and the peak voltage of the output pulse is reduced. If more than three channels are formed uniformly, there is little effect on the output pulse.

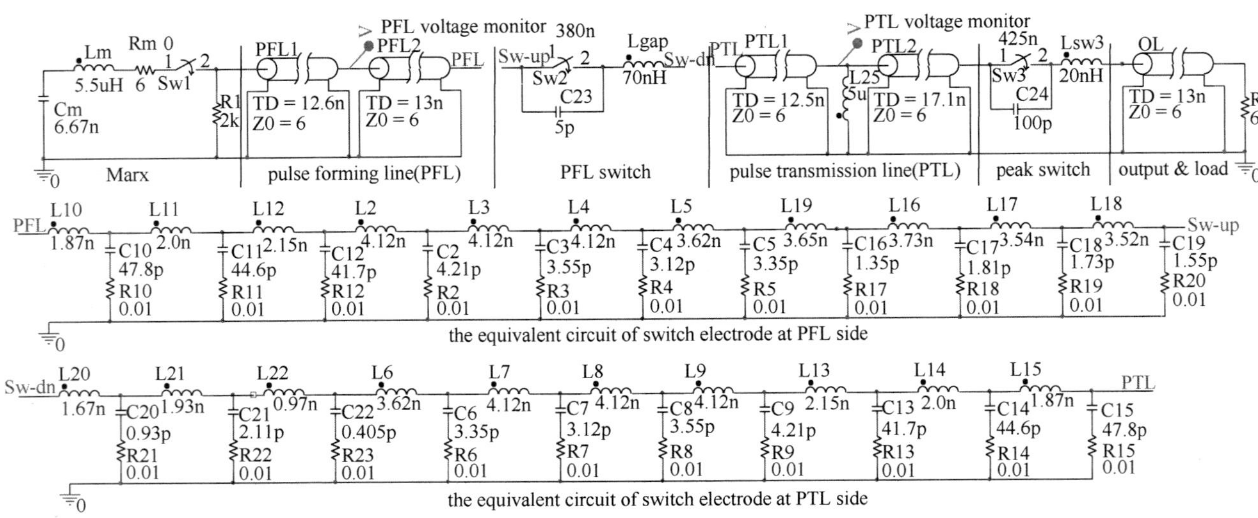

Fig.9. Circuit model of switch testing platform.

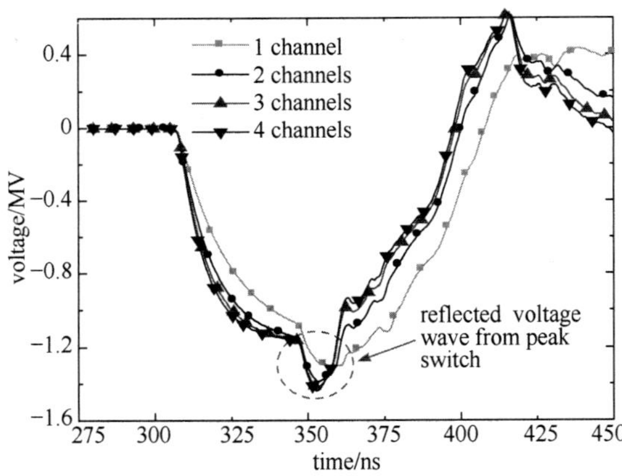

Fig.10. Simulation of voltage waveform after PFL switch versus spark channel number.

TABLE Ⅲ

Simulated Switch Inductance and Parameters of Output Pulse versus Spark Channels Number

Spark channels number	1	2	3	4
Channels inductance /nH	135	69	49	39
Total switch inductance /nH	186	120	100	90
Peaking voltage /MV	1.08	1.14	1.16	1.16
Rise time /ns	27.1	21.8	19.3	17.7

Note: 1) the channels are uniformly distributed with each carrying the same current, and regarded as a 1.2-mm-diameter conductor.

2) take the inflection point on the rise edge as the peak of output pulse.

Experimental Result and Discussion

A. Self-Breakdown voltage

The switch was tested in the "Jianguang-I" accelerator, whose equivalent-circuit models are shown in Fig. 9. The maximum PFL voltage is～3.0 MV and the 0%—100% rise time is 350 ns. The voltage of PFL and PTL are measured by the differential capacitive voltage monitors and *RC* integrators, which are shown in Fig.11. The PFL voltage monitor is located at 13 ns upstream of PFL switch and the PTL voltage monitor is located at 12.5 ns downstream of PFL switch.

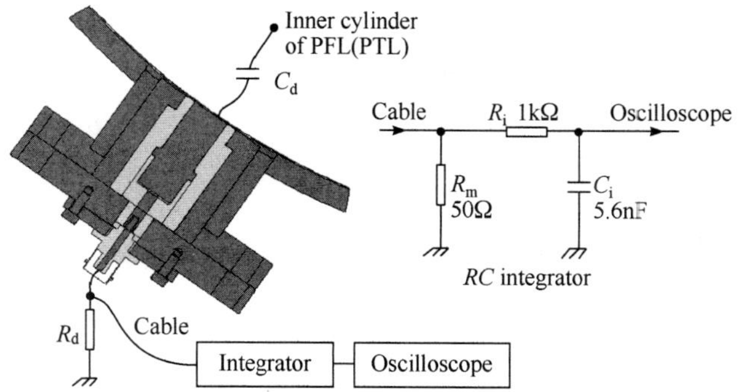

Fig. 11. Differential capacitive voltage monitor and *RC* integrators.

In the self-breakdown experiment, the pressure of the trigatron gap is higher than the main gap pressure, in case the breakdown of the trigatron switch in advance affects the breakdown of the main gap. In order to eliminate the effect of pulse duration and the gap spacing on the breakdown voltage, the 0%—100% time was selected from 290 to 310 ns and the gap spacing was fixed to 10 cm[14]. The self-breakdown voltage versus the SF_6 pressure of main gap is shown in Fig. 12. The breakdown voltage can be expressed as

$$V_{br} = 812 + 2122\log(p) \tag{3}$$

where V_{br} is the breakdown voltage [kV], p is the SF_6 pressure of main gap [0.1 MPa]. The maximum self-breakdown voltage is 2.76 MV at the pressure of 0.9 MPa.

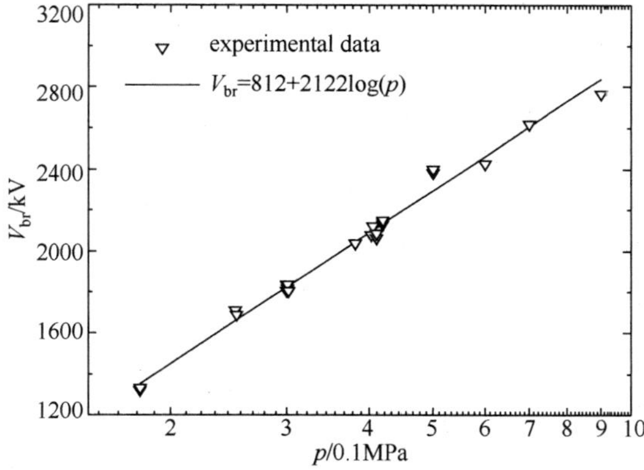

Fig.12. Self-breakdown voltage versus SF_6 pressure of main gap (the gap spacing is 10 cm, 0%-100% rise time of voltage duration is 300 ± 10 ns).

B. Working modes and jitter

Three working modes were observed in the experiment.

1) *Ex-Triggered Mode*: As the trigger pulse is applied, the pre-trigger gap breaks down first, and the potential of the trigger disk is changed from negative hundreds of kitavolts to 200 kV, and followed by the breakdown of the HV-disk and disk-ground gaps. The switch is closed completely.

2) *Self-Triggered Mode*: As the PFL is charging, the potential of the trigger disk is increasing as well. If the pressure of the pretrigger gap is much lower than that of the main gap, although no trigger pulse is applied, the pretrigger gap still breaks down much earlier. The potential of the trigger disk is changed from negative hundreds of kiovolts to ground, just like a trigger pulse is applied. Then the main gap breaks for the electric field distortion.

The switch is closed completely.

3) *Self-Breakdown Mode*: First, the HV-disk or disk-ground gap breaks down. The other part of the main gap then breaks, and the switch is closed completely. Occasionally, the pretrigger gap may break down a little early, but this has little effect on the breakdown of the main gap.

When the charging voltage of Marx is ±35kV, the PFL voltage waveforms in three modes are shown in Fig. 13. All pressures of the main gap are 0.3 MPa. When no trigger pulse is exerted, if the pressure of the pretrigger gap is 0.1 MPa or lower, the early breakdown of the pretrigger gap will lead to the self-triggered mode of switch, otherwise, the switch will work in the self-breakdown mode. Fig. 14 shows the PFL voltage waveforms in the self-triggered mode as the charging voltage of Marx is ±40kV. The peak charging voltage of PFL is~2.64 MV, and the pressure of the main and pretrigger gaps are all 0.5 and 0.2 MPa. Obviously, in the self-triggered mode, the switch works more stably than that in the self-breakdown mode. According to the waveforms, the range of breakdown time of the PFL switch is~8.1 ns and the range of the breakdown voltage about 51 kV.

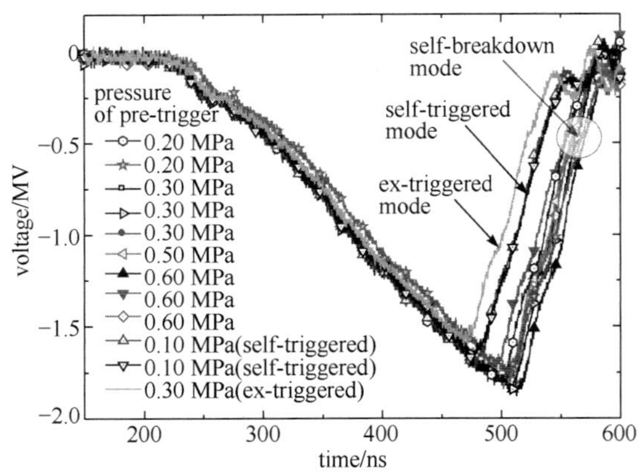

Fig.13. PFL voltage waveforms in three working modes (the pressure of main gap is 0.30 MPa and the pressure of the pretrigger gap is listed in the figure).

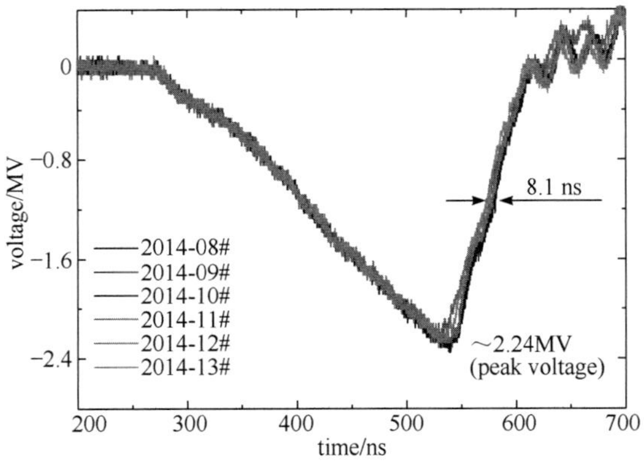

Fig.14. PFL voltage waveforms in self-triggered mode (the pressure of main gap is 0.50 MPa and the pressure of pretrigger gap is 0.20 MPa).

When the switch works in the ex-triggered mode, the PFL voltage and the trigger delay are as shown in Fig. 15 and quantified in Table Ⅳ. The charging voltage of Marx is ±30 kV, the peak charging voltage of PFL is~1.98 MV, and the pressure of the main and pretrigger gaps are all 0.5 MPa and 0.4 MPa. According to the waveforms and data, the average trigger delay time of the PFL switch is 65.7 ns with the jitter is~1.8 ns, and the range of breakdown voltage is~40 kV. More ex-triggered experiments are necessary for the test of the switch and the best trigger time, but current data shows that the trigger jitter is usually less than 3 ns.

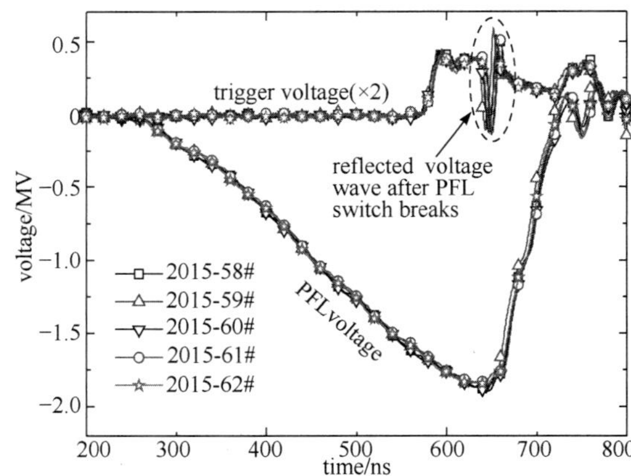

Fig. 15. PFL voltage waveforms in ex-triggered mode (the pressure of main gap is 0.50 MPa and the pressure of pre-trigger gap is 0.40MPa).

TABLE Ⅳ

Trigger Delay and PFL Voltage in Ex-triggered Mode

Shot No.	2015-58#	2015-59#	2015-60#	2015-61#	2015-62#
t_{tg}-t_0 /ns	316.8	312.8	313.6	316.7	315.8
t_{br}-t_0 /ns	382.7	376.7	379.3	381.0	384.4
t_{de} /ns	65.9	63.9	65.7	64.3	68.6
V_{br} /MV	1.89	1.84	1.89	1.85	1.85

Note: t_0 is the time of PFL voltage star to increase, t_{tg} is the trigger time, t_{br} is the time of reflected voltage wave star to fell in the trigger cable, as same as the switch breakdown time, t_{de} is the trigger delay, $t_{de}=t_{br}-t_{tg}$, V_{br} is the switch breakdown voltage.

C. Switch inductance

Fig. 16 shows the voltage waveforms following the PFL switch for the same shots as Fig. 14. The reflected voltage wave from peak switch was assumed, with the inflection point on the rise edge taken as the peak of output pulse. The slowest rise time measured in the self-breakdown experiment was 38 ns, corresponding to a switch inductance 205 nH. If a single channel discharge, the electrodes inductance is 70 nH, while the calculated value is 51 nH. Table V shows the rise time and the switch inductance in self-triggered experiments. The data indicates that usually the switch inductance is less than 150 nH.

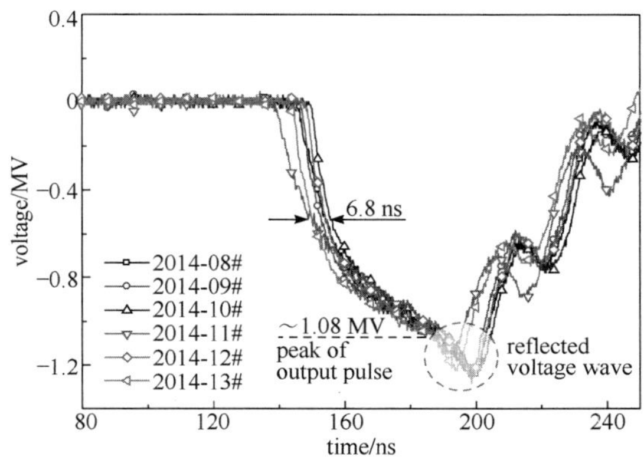

Fig. 16. Voltage waveforms after PFL switch (the same shots in Fig. 14).

TABLE Ⅴ

Switch Inductance and Rise Time in Self-triggered Experiment

Shot No. (2014)	08#	09#	10#	11#	12#	13#
Switch inductance /nH	147	128	132	154	122	135
Peaking voltage /MV	1.05	1.02	1.02	0.93	1.01	1.04
Rise time /ns	27.0	23.5	24.2	28.2	22.4	24.7

Conclusion

This paper provides the initial design of a 2.8 MV, low-inductance, low-jitter, electrical-triggered gas switch. Based on the analysis and experimental investigation presented in this paper, the following conclusions can be drawn.

1) The self-breakdown voltage rises from 0.85 MV to 2.76 MV as the pressure of SF_6 increases from 0.1 MPa to 0.9 MPa. It seems that the voltage is linearly related to the logarithm of pressure when the gap spacing and voltage rise time are fixed.

2) The switch has three working modes: self-breakdown, self-triggered and ex-triggered. In the ex-triggered and self-triggered modes, the jitter of the switch is < 3 ns and meets the requirement.

3) With a single spark channel discharge, the switch inductance is ~205 nH, and the rise time of the output

pulse is～38 ns, which leads to the slow of rise time and the reduction of voltage. In the triggered modes, multichannels are formed and the switch inductance is usually less than 150 nH, and the rise time of the main pulse is～22-28 ns.

In future, emphasis and efforts will be placed on optimizing the structure and location of the trigger disk.

References

[1] F. Sun *et al.*, "Pulsed X-ray source based on inductive voltage adder and rod pinch diode for radiography,". *High Power Laser Particle Beams*, vol. 22, no. 4, pp.935-940, 2010.

[2] D. Weidenheimer *et al.*,"Design of a driver for the Cygnus X-ray Source," in *Proc. IEEE 13th Int. Pulsed Power Plasma Sci. Conf.*, Jun. 2001, pp. 591-595.

[3] J.J. Ramirez *et al.*, "Performance of the Hermes-Ⅲ gamma ray simulator," in *Proc. 7th Int. Pulsed Power Conf.*, Jun.1989,pp. 26-31.

[4] J. Maenchen, G. Cooperstein, J. O'Malley, and I. Smith, "Advances in pulsed power-driven radiography systems," *Proc. IEEE*, vol. 92, no. 7, pp. 1021-1042, Jul. 2004.

[5] R. Focia *et al.*, "Performance enhancements and results of testing a new 6.7 MV laser-triggered gas switch system on the refurbished Z accelerator," in *Proc. IEEE 19th Int. Pulsed Power Conf.*, Jun. 2013, pp. 1-4.

[6] P.Corcoran *et al.*, "Design of an induction voltage adder based on gas-switched pulse forming lines," in *Proc. IEEE 15th Int. Pulsed Power Conf.*,Jun. 2005, pp. 308-313.

[7] S. Mercer, I. Smith, and T. Martin, "A compact, multiple channel 3 MV gas switch, "in *Proc. Int. Conf. Energy Storage*, *Compress. Switching*, 1974, pp. 459-462.

[8] Z. X. Yang, "1MV multi-stage gas switch,"in *The Decade Selected Works of High Pulsed Power in China* (in Chinese). 1995, pp. 207-209.

[9] J. -H Yin *et al.*,"Self breakdown properties and optimum of insulator envelope for MV gas switches," *in Proc. 17th Int. Conf. High Power Particle Beams*, Xi'an, China, Jul. 2008, pp. 1-4.

[10] T. H. Martin, "An empirical formula for gas switch breakdown delay," in *Proc. 7th Int. Pulsed Power Conf.* Jun. 1989, pp. 73-79.

[11] W. Moissan and W. Hauschild. *SF_6 in High Voltage Insulation* (in Chinese). Beijing, China: China Machine Press, 1984.

[12] D. Tengfei *et al.*, "Influence of electrode structure on breakdown characteristics of trigatron switch," *High Power Laser Particle Beams*, vol. 27, no. 6, pp. 065004, 2015.

[13] A. J. McPhee, S. J. MacGregor, and S. M. Tumbull. "An investigation of trigatron breakdown by two different mechanisms," in *Proc. IEEE 10th Int. Pulsed Power Conf.* , Jun. 1995, pp. 775-780.

[14] T. H. Martin, "Pulsed charged gas breakdown," in *Proc. IEEE 5th Int. Pulsed Power Conf.*,Jun. 1985, pp. 74-83.

Circuit Model of Magnetically-Insulated Induction Voltage Adders Based on the Transmission Line Code*

ABSTRACT: Based on the transmission line code (TLCODE), a 1-D circuit model used for the analysis of magnetically-insulated induction voltage adders(MIVAs) was developed. Using cells improved from those of the JianGuang-Ⅰ facility, a 10-stage MIVA was conceptually designed, and its equivalent TLCODE circuit model was described in detail with consideration of the magnetic insulation. To verify the effectiveness of this model, simulation results were compared with those of a Pspice model (with no electron emission) under both synchronously triggering model and ideal time-sequence triggering mode. The comparisons show that calculation results of these two models are accord with each other perfectly (within 0.1%). In addition,features of the calculation results were particularly analyzed and verified by the existent literatures. Considering the magnetic-insulation process, the inner stalk of the 10-stage MIVA was designed, and its output parameters were simulated with various electron emission thresholds (150, 200, and 250kV/cm). Furthermore, qualitative analysis was done to present the model's abilities of the magnetic-insulation treatment.

Ⅰ. INTRODUCTION

Magnetically-insulated induction voltage adders(MIVAs)have been widely used for the production of high-power particles(electrons and ions)and radiation-effect simulation(X-ray and γ-ray)[1]-[4]. Commonly, cells used in a MIVA are identical and modular. Thus, by connecting cells in series, as shown in Fig.1 [5], it is very convenient and flexible to obtain parameters needed for driving various diodes, which is a significant advantage compared with other pulsed-power accelerators.

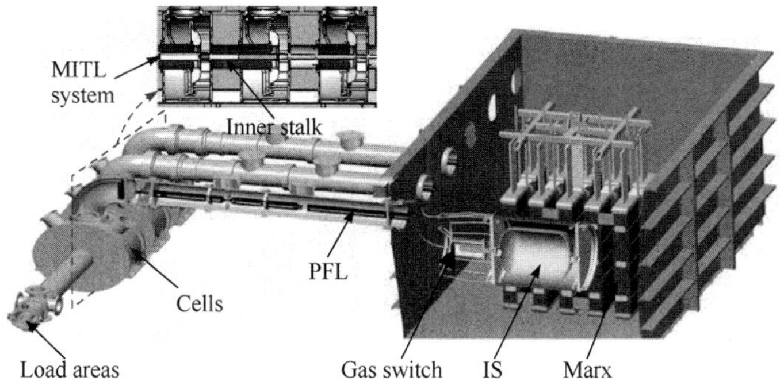

Fig. 1. Schematic structures of the RITS-6.

However, there are still several problems with the technology of cells connecting in series to date. First, to make sure each cell delivers equal voltage and current(power flow)to the magnetically insulated transmission line (MITL) system, it is desired that all cells are triggered in an ideal time-sequence[6]. Otherwise, mistiming would prolong the risetime and reduce the peak voltage[7]. But, it is expensive and complex to construct such a triggering system when the cell number is a bit large. Hermes-Ⅲ is synchronously triggered in five groups of four cells each [8]. Therefore,to investigate the impacts of various triggering-time sequences on the power flow and pulse shape is of great importance for MIVA designs. Second, output pulse shapes have significant effects on the radiographic diode performances [9]. Due to the

*该文原载于 *IEEE Transactions on Plasma Science*, 2014 年第 42 卷第 8 期。

existence of the inherent switching time jitter[10], [11], the pulse shapes would be directly affected by the jitter from injected pulses of each cell. Thus, to quantitatively analyze effects of the time jitter on the output pulse shapes is significant for MIVA. Third, as the conducting stalk of a MIVA often has an electrical transit time comparable with, or even longer than, the pulse duration, impedance matching in the system comes to be important. Commonly, the driver-matched mode is used in MIVAs, but, recently, the load-matched mode is also proposed in the design of RITS [12]. In addition, stalks with stepped and tapered structure both have their respective advantages [13]. Therefore, MITL impedance and its structures should be carefully chosen for a certain MIVA design. Finally, the magnetic insulation, which observably affects the power flow transport efficiency is the most complex problem, especially with different loads and stalk structures (stepped or tapered). Actually, in addition to the problems pointed out above, there are many other subordinate issues encountered due to cells connecting in series, such as prepulse effect, insulator flashover ,and so on.

To study problems discussed above, a simple, fast, and relatively inexpensive analysis tool is urgently needed. In this paper, by taking a conceptual 10-stage MIVA design for example (Section Ⅱ), a 1-D circuit model was developed based on the transmission line code (TLCODE) (Section Ⅲ). In addition, its effectiveness was verified and analyzed in SectionⅣ and Ⅴ.

Ⅱ. 10-STAGE INDUCTION VOLTAGE ADDER

Fig.2 shows a conceptual design of a 10-stage MIVA, which is used to develop bremsstrahlung diode sources for the γ-ray radiation effect. Cells used in this MIVA are just improved from those used in JianGuang-I facility (～1MV and～60kA) [14].

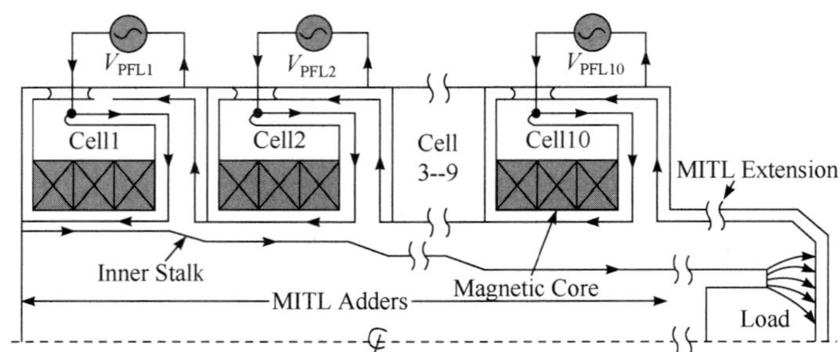

Fig. 2. Schematic cross section of the 10-stage MIVA system.

Each cell is driven by an individual 5Ω pulse forming line (PFL). In addition, the PFL source is a symmetrical trapezoid with a peak open-circuit amplitude that is nominally 2 MV. The output of this source delivered into the cell is a pulse with 17-ns risetime (10%-90%) and a 50-ns width (full-width at half-maximum). For convenience, a constructed voltage pulse (with ideal unipolar shape and more smooth) was used in the following analysis. The pulses can be timed to arrive at any timing sequences to form a single drive pulse, but the final desired timing sequence is under research.

The coaxial MITL system is composed of two distinct regions just as other existent MIVAs [1], [12], [15], [16]. The first is a 13.5-m MITL adders section that extends through the center bore formed by the 10 cells. In addition, the inner stalk is stepped down at each end of the cell to make sure that each impedance of the MITL adders is matched to the driver (named driver-matched). The second region is a 1-m MITL extension section that connects the adder output to the electron beam diode, and its impedance is exactly matched to the output driver. The load is a classical bremsstrahlung ring-diode.

Ⅲ. CIRCUIT MODEL DESCRIPTION

Based on the principle of the transmission line code [17], the 10-stage MIVA is modeled as a series of transmission line segments, as shown in Fig.3. The pulse source $V_{\rm drive}$ is approximated by a Thevenin equivalent source, $V_{\rm drive}=2V_{\rm PFL}$, where $V_{\rm PFL}$ is the forward-going voltage pulse in the PFL. Cells are deemed as identical ideal transmission-line elements with a 6-Ω vacuum impedance ($Z_{\rm cell}$) and a 12-ns electric length, which are calculated based on parameters of water-oil interface, elbow, azimuthal line, vacuum insulator stack, and radial vacuum feed.

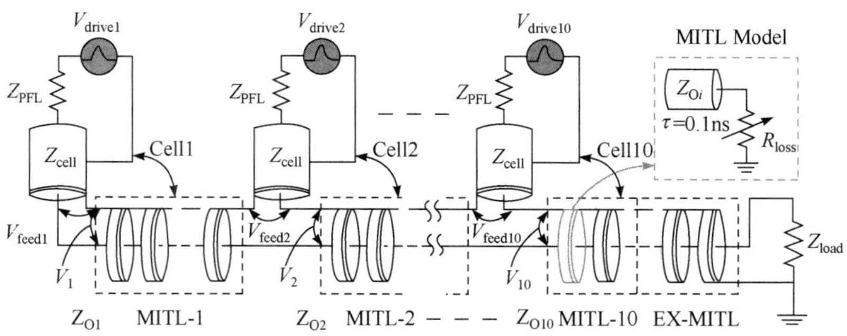

Fig. 3. Equivalent TLCODE circuit model of the 10-stage MIVAs. $V_{\rm drive}$ is the pulse source. $Z_{\rm PFL}$ is the vacuum impedance of the PFL (5 Ω). $Z_{\rm cell}$ is the equivalent impedance of the cell (6 Ω). $V_{\rm feed}$ is the voltage feeding into the MITL adder system. V_i is the voltage of the ith MITL adder. Z_{Oi} is the operation impedance of the ith MITL element.

The MITL sections are divided into a number of 0.1-ns lossy transmission line elements. In our research, calculations show that for a transformer impedance line, reasonable accuracy can be obtained when the element electric length is <5 ns [18]. Therefore, with divisions of 0.1-ns element length, this model can be also used for analysis of MITLs with smoothly tapered inner stalks. Each element of MITL section consists of an ideal transmission line (lossless) and a shunt resistance $R_{\rm loss}$ which is used to represent any electron loss to the anode in the element as shown in Fig.3. In addition, both the operation impedance $Z_{\rm O}$ and $R_{\rm loss}$ of MITL elements are dynamically calculated and coupled at each time-step, according to the magnetic insulation state the element is in. However, account for the complexity, this MITL model does not include the sheath-flow dynamic and the steady-state formulas rescaling. More details of the calculation process of the magnetic insulation have been described in our research [19]. The bremsstrahlung diode is simply deemed as a constant impedance $Z_{\rm load}$, which is normally in the range 25～150 Ω.

The model described above is developed in MATLAB(version R2007a, developer MathWorks Inc). The calculation time-step h is 0.02 ns which is just one fifth of the minimum element length. The injected time of the pulse source for each cell can be individually set to form any desired timing sequences of the 10-stage MIVA. In addition, time jitters with the normal, Gaussian, and Weibull distributions (just the same as switch time jitter) can be easily coupled with. However, this model cannot deal with issues encountered in the inner part of cells, such as parasitic current loss, effect of azimuthal current asymmetry. But then, this limitation does not affect the analysis of issues mention in Section I.

Ⅳ. TLCODE CIRCUIT MODEL VALIDATION

To validate the TLCODE circuit model, it was benchmarked against Pspice(version10.5, developer Cadence Design Systems Inc) model simulations and analytic solutions. The equivalent Pspice circuit model of the 10-stage MIVAs is shown in Fig.4. In this section, electron emission is not considered, but it is discussed in SectionV. Impedances of the MITL adders were matched to the drivers, i.e. the initial value of impedance $Z_{Oi}=Z_i=i\cdot Z_{\rm cell}$. In addition, for the convenience of analysis, the load impedance was matched to the output stage of the adder, i.e. Z_{load}=60 Ω. Other parameters are in accord with those described in Section Ⅲ. To test the TLCODE circuit model across-the-board, simulation results under both ideal-time sequence triggering mode and synchronously triggering mode were analyzed, individually.

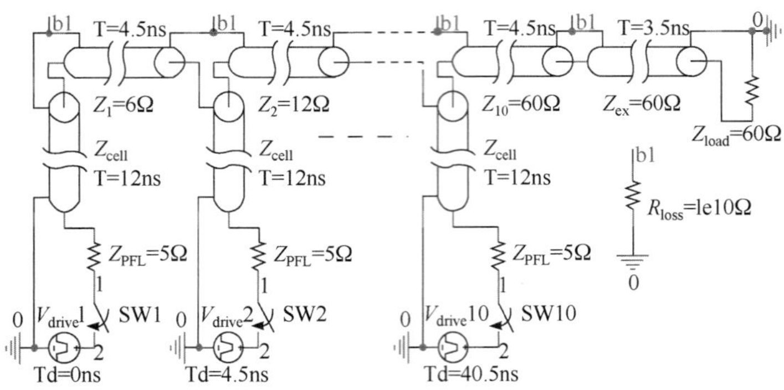

Fig. 4. Equivalent PSPICE circuit model of the 10-stage MIVAs.

A. Ideal Time-Sequence Triggering Mode

In this mode, each cell was ideally pulsed about 4.5 ns after the one upstream in order for pulses of each cell to be simultaneous at the load. In addition, for the convenience of studying the reflection, a smooth-unipolar driving pulse V_{drive} was constructed and used in the following analysis, as shown in Fig.5. With this pulse driving, voltages (V_{feed}) of all cells feeding in to the MITL system are a series of identical pulses without any reflection, as shown in Fig.5. The amplitudes of these pulses are in accord with the following analytic solution,

$$V_{feed} = V_{drive} \cdot Z_{cell}/(Z_{PFL} + Z_{cell}) = 1.09\text{MV} \tag{1}$$

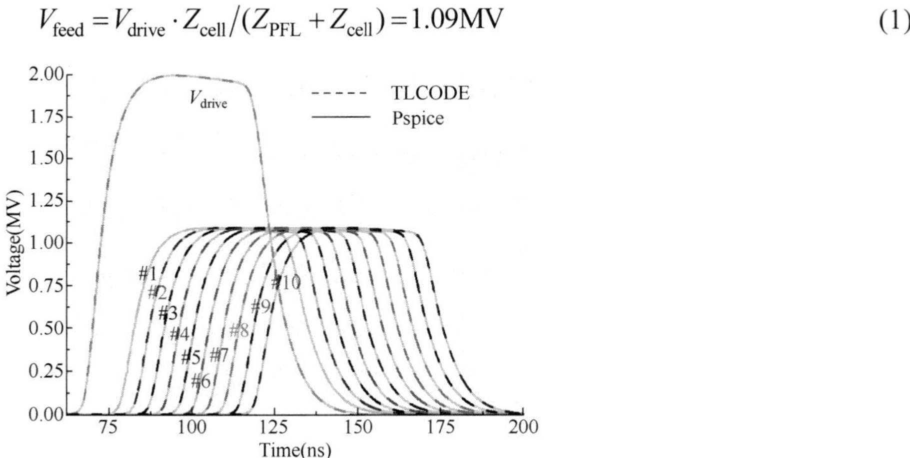

Fig. 5. Waveforms of the driving voltage and cell feeding voltages that obtained from both TLCODE (dashed line) and Pspice (real line) models. Cells are pulsed in an ideal-timing sequence mode.

Actually, except for the first cell, each cell looks into the MITL adder and sees an impedance (formed by the adder upstream and downstream in series) higher than its own. Thus, the cell would send a pulse in both directions in the MITL adder. But then, in this mode, the pulse arriving from upstream at the same time brings this feeding voltage to its matched value, and the reflection of the pulse from upstream exactly cancels the pulse that the cell sends upstream [12]. Therefore, the feeding voltage of each cell keeps an ideal smooth-unipolar shape without any distortion.

As discussed above, in this mode, the full adders are exactly matched. Thus, each MITL adder obtains a voltage (V_i) equal ling to the exact addition of all voltages from upstream adders, as shown in Fig.6, which can be expressed as

$$V_i = V_{\text{drive}} \cdot Z_i / (Z_{\text{PFL}} + Z_{\text{cell}}) \tag{2}$$

Therefore, feeding voltages of all cells would simultaneously arrive at the load. In addition, as the load is matched to the adder output impedance, a total matched voltage 10.9 MV is obtained on the load, as shown in Fig.6.

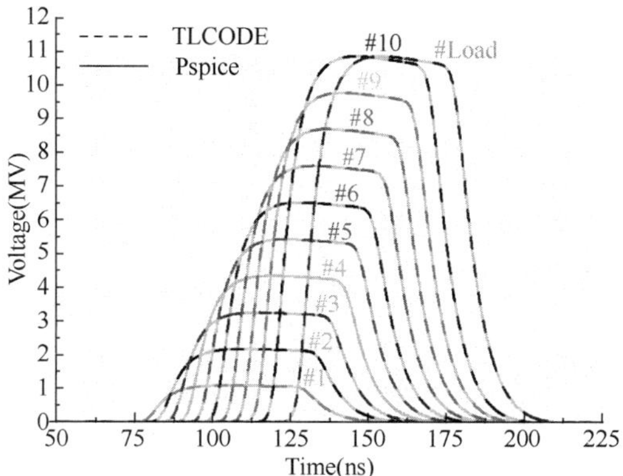

Fig. 6.　Waveforms of MITL adder voltages and load voltage that obtained from both TLCODE (dashed line) and Pspice (real line) models. Cells are pulsed in an ideal-timing sequence mode.

B. Synchronously Triggering Mode

In this mode, all cells are pulsed synchronously by the driving pulse used in Section. IV-A. As discussed above, when cells are pulsed in an ideal-timing sequence mode, the cell feeding voltage is reduced to a matched value by a reverse voltage derived from all feeding voltages upstream. Compared with the results of the ideal-timing sequence mode, each cell (except for the first one) is pulsed too early in the synchronously triggering mode. Therefore, before the reverse voltage from adders upstream arrives at the cell, an over-matched voltage is developed during the intervening time, and a raised peak occurs at the front of the cell feeding-voltage pulse. As the number i goes up, the MITL adder impedance that the ith cell sees and the early pulsed time increases. Thus, the cell feeding voltage has a higher raised peak and longer raised pulse duration, as shown in Fig.7. In addition, if the number of the MIVA stage is large enough, the peak feeding voltage of the last cell could be as much as twice the one under ideal-timing sequence mode [13].

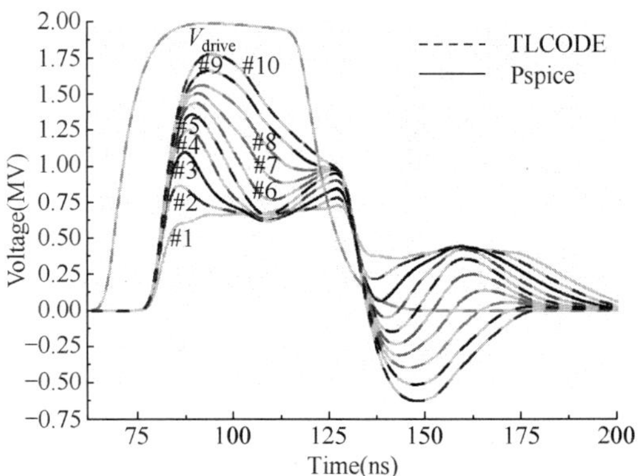

Fig. 7.　Waveforms of the driving voltage and cell feeding voltages that obtained from both TLCODE (dashed line) and Pspice (real line) models. Cells are pulsed synchronously.

On account of the dissimilar feeding voltages and the synchronously pulsing, the adder voltages (V_i) are badly distorted, as shown in Fig.8. With the symmetrical trapezoid driving pulse (as shown in Fig.5) input, a final deltoid voltage is obtained on the load. These results indicate that by adjusting the timing-sequence, various output pulse shapes can be modified for investigating the impact of pulse features on diode performance.

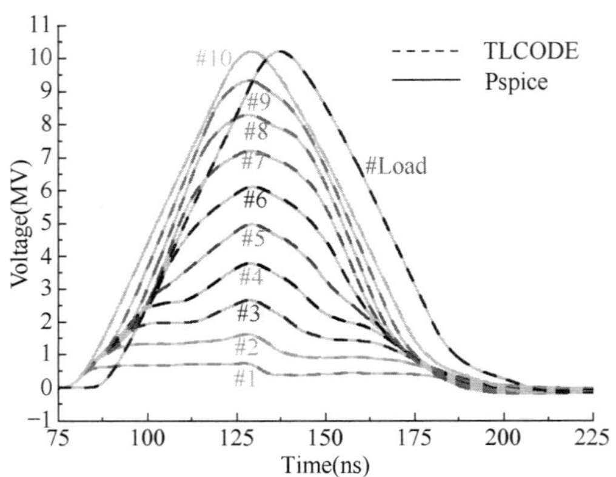

Fig. 8. Waveforms of MITL adder voltages and load voltage that obtained from both TLCODE (dashed line) and Pspice (real line) models. Cells are pulsed synchronously.

According to what is presented and discussed above, we also note that however the MIVAs are pulsed (ideal-timing or synchronous sequence), calculation results of both TLCODE model and Pspice model agree with a difference of < 0.1%. Furthermore, features of the calculation results are well corroborated by the literature and analytic solutions [12], [13]. These comparisons and analysis elucidate the effectiveness of the TLCODE model developed in Section Ⅲ to a certain extent.

Ⅴ. SIMULATION RESULTS OF THE 10-STAGE IVA

In the practice operation of the MIVAs, the operation impedance of each MITL adder is smaller than their vacuum impedance due to the existence of electron flow. Thus, to complete a design of well driver-matched MITL adder system, the operation impedance but not vacuum impedance of all MITL adder are desired to match to the drivers, i.e. $Z_{Oi}=i\cdot Z_{\text{cell}}$. The vacuum impedance ($Z_i$) is a function of the current and applied voltage, and the relations can be described with Creedon's collisionless model [20],

$$V_i=\frac{m_0\cdot c^2}{e_0}\cdot\left\{\gamma_l+\left(\gamma_l^2-1\right)^{3/2}\cdot\ln\left[\gamma_l+\left(\gamma_l^2-1\right)^{1/2}\right]-1\right\} \tag{3}$$

$$Z_i=\frac{60}{I}\cdot\frac{2\pi\cdot m_0\cdot c}{\mu_0\cdot e_0}\cdot\gamma_l^3\cdot\ln\left[\gamma_l+\left(\gamma_l^2-1\right)^{1/2}\right] \tag{4}$$

where MKS units are used,e_0 and m_0 are the charge and rest mass of the electron, c is the velocity of the light, μ_0 is the permeability of free space, and γ_l is the Lorentz factor related to emitted electron energy. Parameter V_i and I are calculated from the following:

$$V_i=V_{\text{drive}}\cdot Z_{Oi}/(Z_{\text{PFL}}+Z_{\text{cell}}) \tag{5}$$

$$I=V_{\text{drive}}\cdot\frac{2\cdot Z_{\text{cell}}}{(Z_{\text{PFL}}+Z_{\text{cell}})\cdot(Z_{\text{cell}}+Z_{O1})} \tag{6}$$

where I is the ideal peak current and V_i is the ideal peak voltage of the ith MITL-adder, detailed values are shown in Table Ⅰ.

TABLE Ⅰ

MITL-ADDER SYSTERM DESIGN FOR THE 10-STAGE MIVA DESCRIBED IN SECTION Ⅱ

MITL-Adder i	Adder Voltage V_i(MV)	Operation Impedance $Z_{Oi}(\Omega)$	Vacuum Impedance $Z_i(\Omega)$
1	1.09	6	10.17
2	2.18	12	17.72
3	3.27	18	24.88
4	4.36	24	31.83

Continuation Table

MITL-Adder i	Adder Voltage V_i(MV)	Operation Impedance $Z_{Oi}(\Omega)$	Vacuum Impedance $Z_i(\Omega)$
5	5.45	30	38.66
6	6.54	36	45.41
7	7.63	42	52.09
8	8.72	48	58.72
9	9.81	54	65.30
10	10.90	60	71.85

Using the model described in Section Ⅲ and pulsing in an ideal-timing sequence, performances of the 10-stage MIVA are simulated on conditions of various electron emission thresholds, and the load voltage waveforms are given in Fig.9. On account of the existence of the electron emission, obvious steps occur at the front of the voltage pulses. Except for the starting position of the steps (see *b*, *c*, and *d* pulses in Fig.9), the load voltage pulses with different emission thresholds are nearly overlapped. The results indicate that the effects of electron emission thresholds to the load voltage pulses are negligible. These features are just as likely as those presented in other literature [6], [21].

However, the peak load voltages (see *b*, *c*, and *d* pulses in Fig.9) under magnetic insulation are about 9% lower than that without considerations of the electron emission (see *a* pulse in Fig.9), which is mainly result from the mismatching of the MITL adder. Actually, the operation impedance of each MITL adder is matched at the peak voltage point of the pulse (named ideal work point), as the operation impedances are calculated using parameters of the peak voltage [(3)–(6)]. Thus, for other points of the driving pulse, the operation impedances of MITL adders are mismatched to the drivers, and reflections occur along the whole driving pulse with exception for the ideal work point (see *g* in Fig.10). Thus, the load voltage produced from the distorted driving pulses is reduced compared to the one that is obtained without consideration of the magnetic insulation. However, the radiation dose produced scales proportional to $I \cdot V^x$, where $1<x<3$ [5]. Therefore, the reduction of the load voltage is very important for the dose production. To solve this issue, it is better to design an MITL-adder system that is matched to the load impedance (named load-matched) rather than to the driver-matched one, which is being testing in RITS [12]. With a 67-Ω load-matched MITL-adder design, a 6% increase of the load is obtained (see *e* in Fig.9).

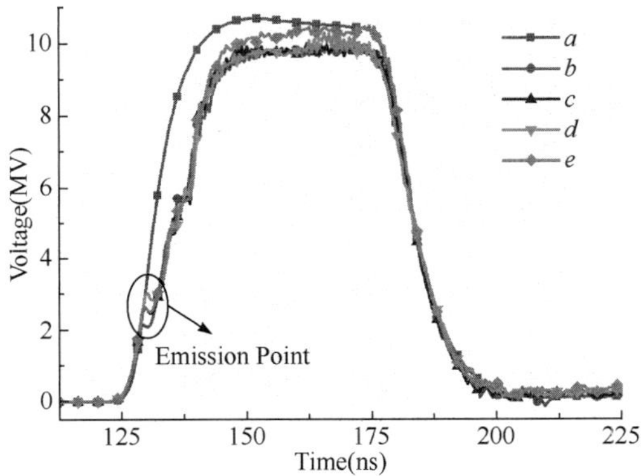

Fig. 9. Waveforms of the load voltage under various electron emission thresholds. *a*, ideal driver-matched MITL adder without considering emission. *b*, lossy MITL adder with 150kV/cm threshold. *c*, lossy MITL adder with 200kV/cm threshold. *d*, lossy MITL adder with 250kV/cm threshold. *e*, lossy load-matched MITL adder with a 67Ω load impedance.

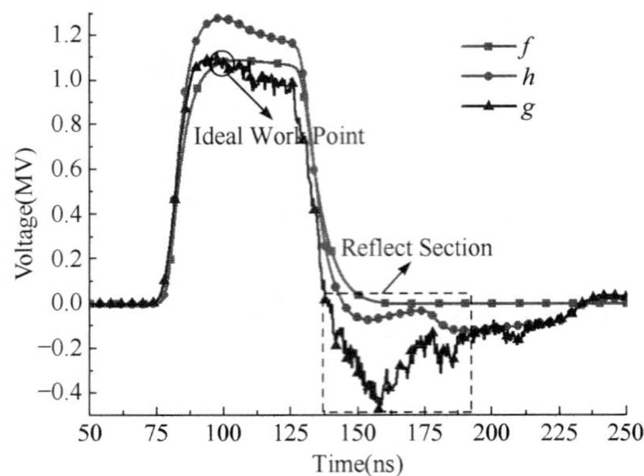

Fig. 10. Feeding-voltage waveforms of the first cell under various conditions. *f*, using the operation impedance in Table I without consideration of electron emissions. *h*, using the vacuum impedance in Table I without consideration of electron emissions *g*, using the vacuum impedance in Table I and considering electron emissions.

According to discussions above, it is illustrated that models developed in Section Ⅲ can be well used for the analysis of the MIVA with magnetic insulation. Calculation features of the 10-stage MIVA are perfectly accord with qualitative analysis and verified by what presented in existent literatures.

Ⅵ. CONCLUSIONS

According to discussions above, several conclusions may be drawn as follows.

(1) The 1-D circuit model developed in Section. Ⅲ can serve as a basic tool for the analysis of the multistage MIVAs.

(2) This model can deal with the magnetic insulation process of the MITL-adder system no matter what the structure (stepped down or tapered down) of the inner conducting stalk is.

(3) With a little modification of the procedure, this model could couple with various effect factors, such as the impedance matching, triggering-time sequences, triggering-time jitters, and impedance transformer profiles of the MITL.

In further work, the impact of the factors mentioned above on the performances of the multistage MIVAs will be carefully investigated by using models developed in this paper, which would provide some basic guidance for the designs of the MIVAs.

References

[1] J. J. Ramirez *et al.*, "The hermes-Ⅲ program," in *Proc. 6th IEEE Int. Pulsed Power Conf.*, Arlington, VA,USA, Jun./July.1987, pp. 294-299.

[2] J. P. Corley *et al.*, "Sabre, a 10-MV linear induction accelerator," in *8th IEEE Int. Pulsed Power Conf., Dig. Tech. Papers,*San Diego, CA,USA, Jun.1991, pp. 920-923.

[3] W. Beezhold, "Jupiter design options study team (JDOST) final report volume Ⅲ," Sandia Nat. Lab., Albuquerque, NM,USA,Rep. SAND1994-3163, May 1995.

[4] J. Maenchen *et al.*, "Inductive voltage adder driven X-ray sources for hydrodynamic radiography," in *12th IEEE Int. Pulsed Power Conf., Dig. Tech. Papers*,Monterey, CA,USA, Jun.1999, pp. 279-282.

[5] B. V. Oliver *et al.*, "Recent advances in radiographic X-ray source development at Sandia," in *Proc. 17th IEEE Int. Conf. High Power Particle Beams*, Xi'an, China, Jul.2008, pp. PI.02.1-PI.02.27.

[6] R. C. Pate *et al.*,"Self-magnetically insulated transmission line (MITL) system design for the 20-stage Hermes-Ⅲ accelerator," in Proc. 6th IEEE Int. Pulsed Power Conf., Arlington, VA,USA, Jun./July.1987, pp. 478-481.

[7] W. A. Stygar *et al.*, "Shaping the output pulse of a linear-transformer driver module," *Phys. Rev. Special Topics-Accel. Beams*, vol. 12, no. 3, pp. 030402-1–030402-11, Mar. 2009.

[8] R. A. Hamil *et al.*, "Laser trigger system for the Hermes-Ⅲ accelerator," in *Proc. 6th IEEE Int. Pulsed Power Conf.*, Arlington, VA,USA, Jun./July. 1987, pp. 526-528.

[9] J. Leckbee *et al.*, "RIT-6 output pulse modifications," in Proc. 16th IEEE Int. Pulsed Power Conf., Albuquerque, NM, USA, Jun. 2007, pp. 1264-1267.

[10] J. Maenchen *et al.*,"Fundamental science investigations to develop a 6-MV laser triggered gas switch for ZR: first annual report," Sandia Nat. Lab., Albuquerque, NM, USA, Rep. SAND2007-0217, March 2007.

[11] K. R. LeChien *et al.*,"6.1-MV, 0.79-MA laser-triggered gas switch for multimodule, multiterawatt pulsed-power accelerators," *Phys. Rev. Special Topics-Accel. Beams*, vol. 13, no. 3, pp. 030401-1–030401-11, Mar. 2010.

[12] I. D. Smith *et al.*,"Design of a radiographic integrated test stand (RITS) based on a voltage adder, to drive a diode immersed in a high magnetic field," *IEEE Trans. Plasma Sci.*, vol. 28, no. 5, pp. 1653-1659, Oct. 2000.

[13] I. D. Smith, "Induction voltage adders and the induction accelerator family," *Phys. Rev. Special Topics-Accel. Beams*, vol. 7, no. 6, pp. 064801-1–064801-58, Jun. 2004.

[14] F. Sun *et al.*, "Pulsed X-ray source based on inductive voltage adder and rod pinch diode for radiography," *High Power Laser and Particle Beams*, vol. 22, no. 4, pp. 936-940, Apr. 2010.

[15] K. Thomas *et al.*,"Status of the AWE hydrus IVA fabrication," in *Proc. 18th IEEE Int. Pulsed Power Conf.*, Chicago, IL,USA, Jun. 2011, pp. 1042-1047.

[16] P. Corcoran *et al.*, "Design of a driver for the cygnus X-ray source,"in *Proc. 13th IEEE Int. Pulsed Power Conf.*, Las Vegas, NV,USA, Jun. 2001, pp. 591-595.

[17] W. N. Weseloh, "TLCODE— A transmission line code for pulsed power design," in *Proc. 7th IEEE Int. Pulsed Power Conf.*, Monterey, CA, USA, Jun. 1989, pp. 989-992.

[18] Y. Hu *et al.*, "Simulation analysis of transmission-line impedance transformers with the gaussian, exponential, and linear impedance profiles for pulsed-power accelerators,"*IEEE Trans. on Plasma Sci.*, vol. 39, no. 11, pp. 3227-3232, Nov. 2011.

[19] Y. Hu *et al.*, "Experimental and simulation studies of a 1-m-long magnetically insulated transmission line with 2-cm anode–cathode gap,"IEEE Trans. on Plasma Sci., vol. 40, no. 6, pp. 1743-1747, Jun. 2012.

[20] J. M.Creedon, "Magnetic cutoff in high-current diodes,"*J. Appl. Phys.*, Vol. 48, No. 3, pp. 1070-1077, Mar. 1977.

[21] P. A. Corcoran, I.Smith, and D. Wake, "Studies of insulation in 20MV and 30MV vacuum voltage adders,"in *Proc. 7th IEEE Int. Pulsed Power Conf.*, Monterey, CA,USA, Jun.1989, pp. 208-213.

第四篇

强电磁脉冲安全与弹性电力系统

电磁脉冲(EMP)是多种瞬变电磁现象的统称，描述的是以瞬变电磁场形式出现、能对电子/电力系统产生破坏性电磁效应的能量传递。核爆炸、高功率微波武器攻击、雷电放电、太阳风暴分别产生各具特征的电磁脉冲。核爆炸电磁脉冲具有峰值场强高(数十千伏每米)、频谱宽、作用范围广、毁伤目标多等特点，特别是高空核爆炸电磁脉冲，可毁伤数百万平方公里范围的信息化装备和电力等基础设施。自20世纪60年代，美苏在高空核试验中发现这一毁伤作用，主要军事强国都高度重视对核电磁脉冲的加固防护。高功率微波武器技术正在快速走向实战，作为“击点—断链—破网”的“撒手锏”武器，其攻防对抗一直是军事高新技术领域的研究热点，基于相同原理的简易装置发起有意电磁干扰(IEMI)也可以起到扰乱破坏关键基础设施节点的作用。太阳风暴喷射的粒子流扰动地磁场产生的地磁暴危害机理与高空核爆电磁脉冲晚期环境相似，能覆盖作用于上千公里范围的输变电系统、油气输送管网等超大电气尺度基础设施，通过电力变压器直流偏磁、管道阴极保护装置失效等引发次生灾害。

21世纪以来，随着军事装备和国家关键基础设施的信息化程度日益提高，以核电磁脉冲为代表的强电磁脉冲环境对国家总体安全的潜在威胁更加突出，主要体现在两个层面：一是可导致信息化作战体系瘫痪；二是可造成基础设施大面积灾难性事故。欧美发达国家广泛深入地开展了装备设施强电磁脉冲效应试验评估与防护技术研究，并从国家立法、行业标准和技术规范层面加强防御策略落实。例如，美国国会近20年来先后四次成立“电磁脉冲攻击威胁评估委员会”，全面分析评估国家军事系统和信息化基础设施在强电磁脉冲环境下的安全风险，美国政府通过发布一系列行政命令和重大技术研发需求、修改立法明确职责等，调动科研机构、企业界和社会组织积极参与防御研究，全面加强国家层面的强电磁脉冲防御应对能力。我国20世纪80年代开始研究军事系统核电磁脉冲防护和高功率微波武器技术，在电力基础设施的建设运营中也注重雷电等防护，为开展信息化武器装备和国家关键基础设施的强电磁脉冲防御奠定了一定基础，但与欧美发达国家相比，仍有较大的差距。

为尽快缩小国内外差距，巩固信息时代的国家战略安全，邱爱慈院士2012年开始连续策划申报多个中国工程院战略研究项目，大力推动跨行业领域的研讨交流，并及时将研究成果呈报中央，2013年起先后上报5份建议文件，为国家重大战略决策和规划制定提供了重要的参考依据。

2013～2015年，邱院士联合军械工程学院刘尚合院士共同主持“我国应对复杂电磁脉冲威胁环境的战略研究”重点咨询项目，围绕信息化武器装备和国家关键基础设施防御应对电磁脉冲威胁开展战略研究。项目吸引了来自中国工程院5个学部和中国科学院的30位院士，以及来自20余家军民口单位的近200名专家参与。该项目克服了牵涉面广、多学科交叉等多方面的困难，先后组织40余次调研/会议/考察活动，取得明显效果，如统一了思想认识、引起广泛重视；摸清了与国外的差距；梳理出需重点解决的问题。项目组就部分研究成果凝聚共识，通过中国工程院向中央和国务院呈报两份建议文件，均得到中央领导的重要批示。为落实中央领导对强电磁脉冲防御的批示精神，中国工程院随即启动了重大咨询研究项目“我国应对强电磁脉冲攻击威胁的战略研究”。为落实国务院对“关于加强油气管网和电网地磁暴灾害防御的建议”的重要批示精神，主管能源基础设施的部委下发文件组织行业企业开展论证工作，部分应用基础研究得到了科技部重点研发计划项目的支持。

2014～2016年，邱院士联合黄其励、唐西生、于全三位院士共同主持中国工程院重大咨询研究项目，吸引了来自中国工程院6个学部和中国科学院的44位院士，以及来自军民口80余家单位的300余名专家参与。项目克服了跨行业领域多、牵涉部门广、各方认识和意见不易统一等困难，坚持“求大同、存小异”，精心策划一系列交流研讨、规划论证和协同攻关，在相关行业领域引起了热烈反响。部分研究共识仍通过中国工程院以两份建议文件形式呈报，得到中央领导的肯定和重要批示。项目研究期间，还组织专家组参加了部分主管部委的重大项目论证工作，加强并深化了部委机关、军兵种、企业界对强电磁脉冲攻击威胁的认识，推动了基础科研立项和各领域之间的协调合作。此外，项目组多方争取研究条件和资金支持，利用现有实验条件组织了一系列摸底试验研究。例如，在关键基础设施试验评估方面，在中国石油天然气集团有限公司(中石油)、中国广核集团有限公司、国家电网有限公司等龙头企业的支持下，相继策划实施了油气管道SCADA(监控与数据采集)系统、核电站最小安全系统、高压输电直流关键设备、继电保护系统和10kV配电网组部件等强电磁脉冲效应和防护技术研究。这些实证研究与战略咨询研究互为支撑，有力推动了我国强电磁脉冲防御研究的态势转变。

由于国家电力系统对军事作战、社会生产生活都起到不可或缺的支撑保障作用，同时在强电磁脉冲攻击下又比其他设施更容易受到电磁耦合作用的威胁，其安全防御一直是战略咨询研究的重点。考虑到电力系统体量庞大、建造运营成本高，不可能整体加固防护到可完全耐受强电磁脉冲攻击等极端事件，最有效的防御应对策略是提高对极端事件的预防、抵御、响应及快速恢复供电的能力，即建设具有恢复力的电力系统。在这一研究认识的基础上，邱院士带领西安交通大学别朝红教授团队提出并发展了“弹性电力系统”概念及相应的研究理论方法，经过广泛深入交流研讨，自2015年逐步得到了电力行业的认可。在国家自然科学基金项目等支持下，团队系统开展了极端事件的电力系统恢复力评估建模、薄弱环节辨识和快速恢复关键技术等研究。在这些研究基础上，2018年4月，由中国工程院能源与矿业学部主办，西安交通大学承办“弹性电网与中国实践”工程前沿技术研讨会在西安召开，关于发展建设弹性电网、保障电力安全的研究认识和规划设想进一步得到行业领域专家的认可。

为了促进弹性电力系统研究与电力行业工程实践的深度融合，邱院士继续从能源转型下的电力安全角度论证，提出新的发展需求。“十三五”以来，国家积极推进能源生产和消费革命，全面构建清洁低碳、安全高效的新能源体系，高比例可再生能源的接入是未来电力系统的发展趋势。高比例新能源存在季节性消纳困难，客观上决定了必须要采取一套综合性的解决方案，如对电源侧灵活性改造、在负荷侧唤醒灵活资源和发展集成多能灵活互补技术等。这些未来需求将成为弹性电力系统发展的又一驱动力。另外，在乌克兰、委内瑞拉等国先后发生电磁网络攻击导致的大停电后，电力安全问题也更为凸显，受到国家层面的高度重视。

基于这些研究认识，2019年，邱院士联合中国电力科学研究院郭剑波院士共同主持中国工程院咨询研究面上项目“能源转型下弹性电力系统发展战略研究”，论证提出了能源转型背景下的弹性电力系统若干发展趋势，如识别我国电力系统应对极端事件面临的最大风险和薄弱环节；将弹性电力系统研究融入已有或正在发展的技术，从关键节点加固、应急响应和快速恢复等三个方面开展研究；优化电源结构与布局；在风险分析、薄弱环节辨识及应急响应决策等环节中与数据挖掘、机器学习、人工智能等新兴技术结合；提升弹性电力系统防御网络攻击的能力；风、光、储、热冷电等多种能源形式优化协调，推进弹性电力系统与电力、能源市场的融合等。这些研究认识将有力促进电力系统安全防御研究与未来建设发展的有机融合。

由于战略咨询研究的成果主要以专题研究报告、会议汇报稿、建议文件等形式出现，很多还涉及保密内容，本篇仅收录1篇公开的专题研究报告、3篇有关弹性电力系统的会议汇报稿和1篇期刊论文作为代表。

高空核电磁脉冲威胁及其防护*

电磁脉冲(EMP)是多种瞬变电磁现象的统称，描述的是以瞬变电磁场形式出现、能对电子/电力系统产生破坏性电磁效应的能量传递。核武器爆炸、高功率微波武器攻击、雷电放电、太阳风暴分别产生各具特征的电磁脉冲。其中，由外大气层核爆产生的高空核电磁脉冲(HEMP)因覆盖范围广(半径以千公里计)、攻击强度高、破坏目标多，是所有电磁脉冲中威胁最为严重的。在没有采取预先防御措施的情况下，一旦遭受 HEMP 攻击，大量的地面电子/电力系统将出现功能扰乱和器部件损伤，导致大范围内军民用装备性能降级、失效，广域分布的关键基础设施瘫痪，最终造成国家军事作战能力下降、经济遭受巨大损失、社会陷入混乱。

HEMP 的巨大毁伤效应最早发现于二十世纪五六十年代美苏高空核试验，此后武器系统、民用设施抗 HEMP 加固防护工作就得到了主要军事国家的重视和持续投入。近 20 年来，随着电子信息技术的快速发展和广泛应用，HEMP 防护在美欧等发达国家重新受到了高度重视。引发这一动向的因素是多方面的：①对 EMP 敏感的电子元器件得到普及应用，军事装备和民用基础设施对信息化、自动化电子设备的依赖度增加；②电网等基础设施广域联网，使大范围内同时受到 HEMP 威胁的对象的数量及相互影响大大增加；③对 HEMP 威胁电网的严重性有了更深入的认识，意识到近几十年发展起来的超高压输电网络更容易被 HEMP 损伤；④关键基础设施的自动化 / 信息化程度大大提高，相互之间依赖性加强，整体遭受全面攻击后的恢复难度显著加大。在这样的形势背景下，美国国会 EMP 委员会在 2004 年评估认为“HEMP 攻击是少数几种可使美国社会陷于灾难的潜在威胁之一”，极力推动美国政府加强防范 HEMP 威胁。

我国周边核态势复杂，国防和经济社会建设全面进入信息化时代，HEMP 攻击威胁及其危害已开始引起广泛重视，学界、企业界、政府职能部门都有越来越多的人关注到这一领域。由于 HEMP 相关研究专业性强，而且此前多限于少数的军事科研单位，外界对该领域的了解相对较少。针对这一现状，本报告尝试以简明扼要、通俗易懂的叙述，介绍 HEMP 基础知识和研究涉及的主要方面，以期达到普及宣传的效果。报告的主体部分简要介绍 HEMP 的产生和作用机理、效应危害，电子/电气装备防范 HEMP 威胁的基本措施，军事系统防护性能试验的内涵，常用的试验研究手段，基础设施的威胁评估等。

1 HEMP 产生及特点

核武器爆炸在极短时间内($<10^{-6}$s)释放极大能量($10^{13}\sim10^{17}$J)。发生在地面或低空的核爆炸将产生强冲击波、光辐射、核辐射(如中子和伽马射线)等杀伤破坏因素，毁伤人员、装备、建筑设施。例如，原子弹在低空爆炸，约有 50%的能量以冲击波形式出现，约 35%的能量为热辐射。HEMP 由爆炸高度在 30km 以上的核爆炸产生，在这种外大气层核爆场景下，大气的阻隔和吸收作用使得冲击波、光辐射、核辐射等难以到达地面造成毁伤，而 HEMP 对大范围电子/电力系统的破坏作用就成为主要的杀伤模式。在信息化时代，HEMP 已成为具有战略杀伤效力的核毁伤手段。

1.1 产生机制

高空核爆炸在起始瞬间释放的伽马射线占核爆总能量的 0.1%～0.3%。因高空大气极其稀薄，这些伽马射线光子几乎不受阻碍地沿直线传播，其中向下传播的部分在离地面 20～40km 高度才逐渐被大气吸收。在与空气介质的作用中，伽马光子经康普顿散射将一部分能量转移给电子，从而在大范围内

---

* 本报告由邱爱慈院士指导重大咨询研究项目秘书组于 2015 年 7 月整理编写。

形成康普顿电流。在地磁场的偏转作用下，康普顿电子围绕磁力线做螺旋运动，并产生电磁辐射(图 1)，即 **HEMP 早期(E1)环境**。

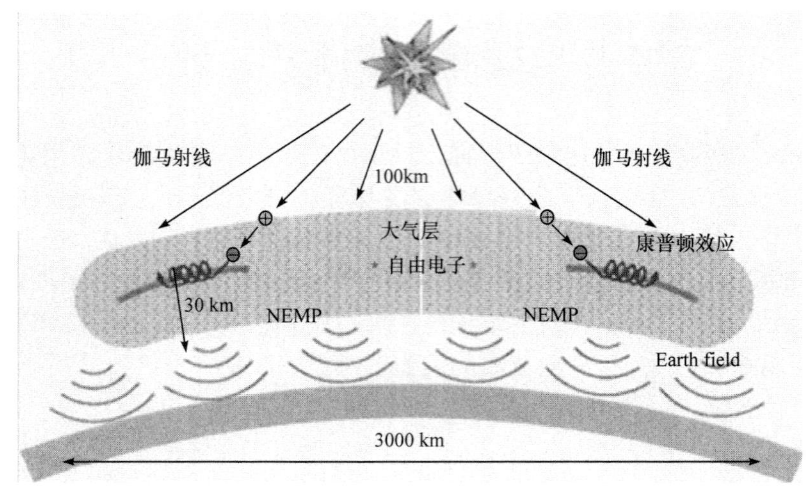

图 1 高空核爆炸释放的伽马射线产生 HEMP 示意图

在此之后，与空气介质散射作用后能量降低的伽马光子，以及核爆炸释放的中子与大气原子非弹性散射作用产生的缓发伽马光子，继续形成康普顿电流，并在地磁偏转作用下持续产生电磁辐射，构成 **HEMP 中期(E2)环境**。

在晚期，核爆炸形成的高温等离子体火球向外膨胀时将排斥“挤压”地磁场。地磁场被压缩和再复原的过程将在地面产生强度较弱的感应电场[图 2(a)]。此外，核爆炸产物的能量沉积导致上层稀薄大气的电离和膨胀上升，其与地磁场的作用使电离大气内出现感应电流和回流，进而在地面感应出地电场和电流[图 2(b)]。以上过程持续时间在 1～100s 量级，产生的电磁场构成 **HEMP 晚期(E3)环境**，又称为磁流体动力学电磁脉冲。

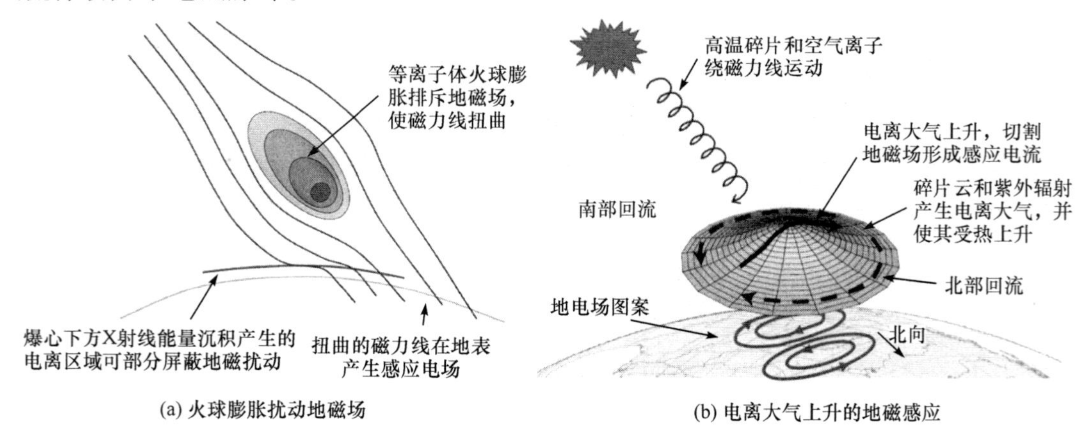

图 2 高空核爆炸形成的等离子体与地磁场作用产生 HEMP 晚期环境

1.2 指标参数及分布

典型 HEMP 时间波形如图 3 所示。早期环境电场强度大(10^4V/m 量级)、上升时间快(10^{-9}s 或 1ns)，持续数百纳秒，能量的频域分布主要在 0.1～100MHz 频段。中期环境电场降到 10～100V/m，变化的时间尺度在 1μs～10ms，能量的频域分布主要在 100kHz 以下。晚期环境的地电场强度由磁场扰动变化率、大地电导率等决定，幅度在 0.01V/m 量级，脉冲持续可达 100s，主要频段在 0.01～1Hz。

HEMP 地面覆盖半径以千公里计，尽管电磁场峰值的空间分布有不均匀性，但随距离衰减很缓慢，在全部作用范围内的平均值可与最大值相比拟。在北半球中纬度区域发生爆高 100km、一百万吨 TNT 当量的核爆炸，早期 HEMP 环境的地面覆盖半径约 1100km，在此半径以内的大部分区域，电场峰值

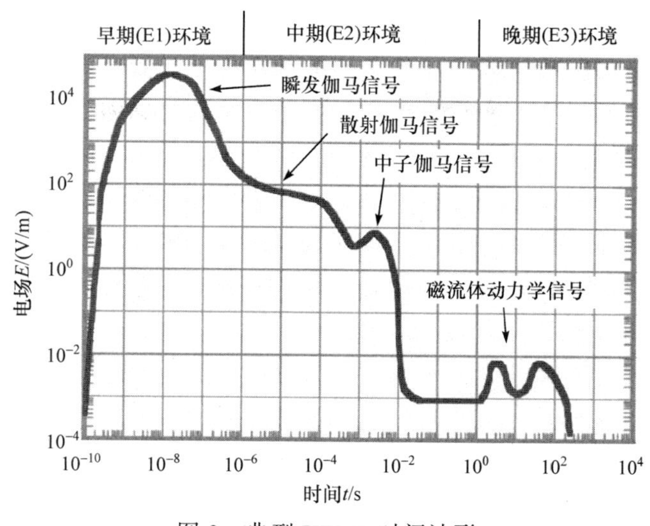

图 3 典型 HEMP 时间波形

都达到全区域最大值的一半以上(图 4)。晚期环境对爆心位置、爆炸当量的依赖关系相对复杂，但有效作用范围也达到百万平方公里量级。

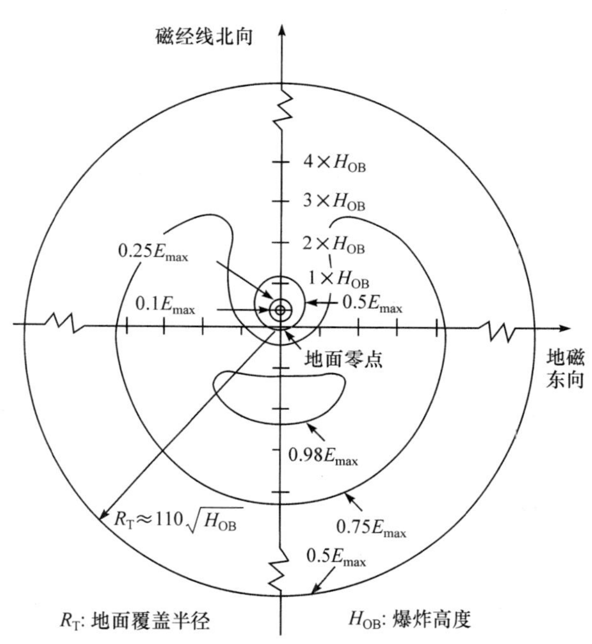

图 4 早期 HEMP 环境电场峰值在地表的分布

1.3 与其他电磁环境的比较

1) 地面和中低空核爆炸电磁脉冲

地面和空中核爆炸也产生电磁脉冲，场强可与 HEMP 相当，但作用范围相比 HEMP 小得多。

地面爆炸在爆区附近产生源区电磁脉冲(SREMP)，这里的源区是指爆心附近由于伽马射线辐照大气产生明显电离的区域，其范围最大约几公里。在源区范围内，地面附近电场强度峰值高达 10～100kV/m，上升时间为 10～100ns，持续时间为 1ms 以上。脉冲电磁场的强度、作用时间、低频场所占的分量，以及对土壤介质的穿透作用都超过 HEMP 早期环境，对地下防护工程、埋地线缆的威胁更大。在源区以外区域，地面场强随其到爆心距离呈反比衰减。

爆高低于 2km 的低空核爆炸，电磁脉冲具有地面核爆炸电磁脉冲的典型特征。中等高度空爆的电磁脉冲源区半径为 5～15km，随爆高的增加而增加，源区为近似对称球形，向外辐射出的电磁脉冲场强较弱，范围也比较小，在离源区一定距离时便趋于消失，对地面设备影响不大。

对于地面和中低空核爆炸，由于强冲击波的毁伤范围较大，并且其破坏效应经常占主导，地上装备和建筑设施如果要防核攻击，首先考虑冲击波的力学效应，电磁脉冲是次要的。对于核试验中的测试系统，以及经过力学加固的地下防护工程，需要重点防护 SREMP。

2) 自然产生的电磁脉冲

雷电电磁脉冲(LEMP)主要频段在 10MHz 以下，主频低于 1MHz，电磁场强度与雷电流幅值正相关，且随距离增加而衰减。雷电流峰值可达 100kA 量级，在离雷击通道数十米的位置，电场强度可达 100kV/m 量级，峰值场强、作用时间都超过 HEMP 早期环境，但脉冲前沿慢 3 个量级，有效作用范围(1～10km 量级)也小得多。

太阳风暴引起的地磁暴在地磁场扰动幅度、时间特征、作用范围及感应产生地电场的特性等方面，都可与 HEMP 晚期环境相比拟。监测数据表明，特大等级以上的地磁暴产生的地电场强度可达 1～10V/km，低于大当量核爆的 HEMP 晚期环境。区别在于，一次地磁暴活动可能持续较长时间，在一两天内反复多次出现强扰动，而 HEMP 晚期环境只持续数百秒。

3) 非核的电磁脉冲武器

当前正在快速发展的高功率微波(HPM)武器技术能以电能或常规炸药驱动，在较远的距离上发起电磁脉冲攻击。HPM 频段在 300MHz～300GHz，按辐射频谱宽度可将 HPM 源分为窄带、宽带、超宽带三类。单台窄带 HPM 源的发射功率可达 1～10GW，经天线定向增益，可在主波束照射的 10km 范围内产生电场 10kV/m 量级的强辐射场。基于该技术已经发展出地基 HPM 武器样机，可在要地防空中用于反精确制导武器和智能弹药。随着功率合成技术的发展，该类武器的攻击距离将逐步延伸到 100km 甚至 1000km。单台超宽带 HPM 源的发射功率可达 100GW，但辐射脉冲的宽度一般仅有 1ns，作用距离也受到天线的限制，典型作用半径在 100m 量级，需要配合远距离投掷工具使用。美国等国家已研制出可由巡航导弹携带的空基 HPM 武器演示样机。此外，目前已发展出重复频率 HPM 源技术，可实现对同一目标区域的多次连续攻击。

HPM 频谱高于 HEMP 早期环境，并与现代通信、导航定位和预警探测等微波段用频装备的工作频段重叠，更有利于杀伤这些频段的信息化装备。

4) 背景和电磁干扰环境

现代生活中，由于广播、电视、移动通信和雷达等各种无线电发射设备的运用，形成了场强 0.01～1V/m 量级的背景电磁环境，频谱可以覆盖 10kHz～10GHz。民用电子信息设备需要在这种背景电磁环境中正常工作，在电磁兼容设计和考核时，一般要求能耐受场强 1V/m 量级的射频连续波辐射环境。军用设备和分系统要求相对苛刻一些，一般应在 10kHz～40GHz 耐受场强 10～50V/m 的射频连续波辐照，对于舰船甲板和机载设备，由于可能遭受己方雷达在近距离的无意照射，耐受场强限值提高到 200V/m。

战场使用的军事设备还可能遭遇电子战环境。电子战主要对象是通信、导航、雷达等用频装备，以信号欺骗、压制、阻塞等形式阻止装备正常获取所需信息。用于电子战的干扰机一般发射功率在 0.1～10kW 量级，可在 1～10km 距离产生场强典型值 1V/m 的电磁信号。

以上背景和干扰环境在场强指标上显然远远低于 EMP 环境。大量的军民用装备通常只按电磁兼容要求进行设计，如果通过了试验考核，意味着其可以耐受低场强的射频连续波照射环境，但耐受持续时间相对短得多、场强高几个量级的 EMP 环境常常是不明确的。而有限的核试验数据和实验室研究都表明，EMP 环境可以毁伤未经防护的电子信息装备样品，只是造成损伤的场强阈值视装备类型和产品型号有差异。人为的 EMP 攻击正是瞄准一般电子信息装备对其不设防的漏洞，寻求作战效益的最大化。

2　作用机理与效应危害

早期 HEMP 环境可直接作用，造成电子信息装备破坏，也能危及电力系统。而中晚期 HEMP 环境主要作用于电力系统等广域分布基础设施，导致节点故障或整网瘫痪。

HEMP 通过天线和线缆(电源线、数据线、电力线等)的传导耦合作用，或装备壳体上的孔缝耦合，将电磁能量传递到电子/电力系统内部，在线路上产生大电流，在器部件端口产生高电压，导致局部放电击穿或烧毁，最终导致系统故障失效或瘫痪。图 5 给出了 HEMP 与目标作用的机理示意图。

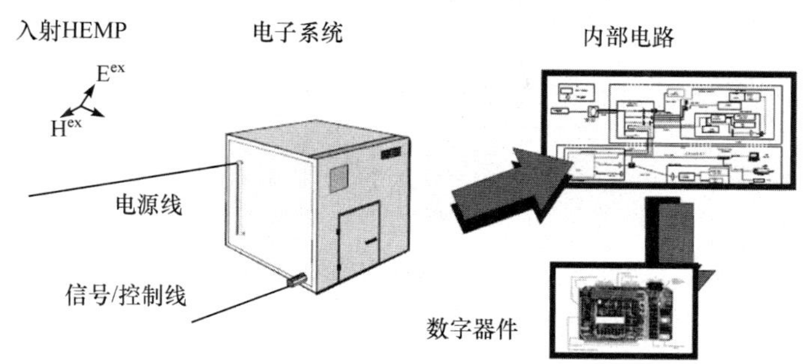

图 5　HEMP 与目标作用机理示意图

2.1　HEMP 作用产生的传导浪涌

早期 HEMP 峰值场强高，主要频段在 1～100MHz，能有效地耦合作用于地面暴露的大多数导体线缆(典型长度 1～100m 量级或 100m 以上)。对于一般的架空电力线，E1 作用产生的耦合开路电压可达 1000kV 量级，耦合短路电流可达 4000A，脉宽 100ns。输变电系统中，电压 110kV 等级以下的线路、变电站对雷电冲击的绝缘要求一般为几百千伏。E1 产生的感应过电压会对该电压等级以下的线路产生危害。一般电子设备通常连接长度几米到几十米不等的控制线或信号线，在早期 HEMP 作用下耦合开路电压可达几十千伏。一些中短波的通信系统连接有长度 10～100m 的线天线，耦合开路电压可达数百千伏。大部分设备一般在电磁兼容设计时要求耐受 1kV 量级瞬变电压，如果屏蔽、接地等措施不到位，线缆端口防护没有足够裕度，很容易被早期 HEMP 引起的浪涌损伤。

中期 HEMP 的场强相对较低，频率特性决定其主要耦合对象为长线缆，如对于长度 10km 量级或以上的架空电力线耦合开路电压几十千伏，耦合短路电流可达 800A，脉宽 1ms 量级。这样的脉冲单独地作用于电力线路，在线路防雷击浪涌、开关瞬态措施完好情况下，不太会造成大的破坏。但在早期 HEMP 的瞬态浪涌作用破坏了线路上保护措施的情况下，中期 HEMP 产生的浪涌也会产生较大的破坏。

晚期 HEMP 主要与长度 100km 量级的接地导体回路耦合，如电力系统中的高压输电线路，能在线路中产生近似直流的地磁感应电流(GIC)，其幅度可达 1000A 量级，这一电流对远距离的高压输电线路本身影响很小，但对线路末端的大型变压器、断路器、互感器等关键器部件危害很大。国外的电力系统事故案例中，美国新泽西州一座核电站的 500kV 变压器在约 90A 的 GIC 作用下出现严重损毁，加拿大魁北克地区一台 750kV 变压器在约 200A 的 GIC 作用下损坏。我国电力行业标准对高压变压器耐受直流电流能力一般要求是 10～20A，实际设备真正能够承受多大的直流电流目前并不清楚，以实际运行经验看，如果超标数百倍，造成设备破坏的风险极高。

2.2　对电子系统的危害

早期环境耦合到电子系统内部的瞬态浪涌，可使内部数字电路发生闭锁或翻转，或使电子器件发生击穿或烧毁，导致电子系统性能降级甚至完全失效。作为一个形象示例，图 6 展示了 E1 通过线缆耦合产生的传导浪涌引起网络设备端口击穿、内部电路器件损坏的放电照片。

有限的公开资料显示，美苏高空核试验期间，HEMP 可在千公里距离作用于民用电子设备。例如，美国在太平洋中部进行的代号为“Starfish”的高空核试验中，HEMP 在离爆心 1400km 的夏威夷地区触发了空袭警报和大量的防盗警铃，并导致当地一家电信公司的微波链路失效。苏联在哈萨克斯坦中部进行的 Test 184 试验，HEMP 仍然导致距爆心投影点 1000km 的雷达、600km 外的无线电设备失效。值得注意的是，20 世纪 60 年代的电子技术还不是很发达，远不如今天这么普及，当时的电子设备普遍采用的真空电子管抗 EMP 冲击能力还是相对较强的。

图 6　E1 产生浪涌破坏电子系统示例：设备端口击穿和内部电路器件损坏

自停止高空核试验以来，西方发达国家利用模拟试验条件开展的实验研究已获取大量效应数据，证实了 HEMP 危害的现实性。

例如，20 世纪 70 年代，美国橡树岭国家实验室对一部分民用通信设备进行了效应实验研究，短波频段的无线电通信设备在 10kV/m 的电场作用下出现晶体管部件损伤。贝尔实验室报道了对电气化列车的车头及牵引动力线的耦合试验，火车头内半导体器件组成的电子学控制系统在 HEMP 感应电流作用下出现扰乱，导致火车车轮停止转向。20 世纪 80 年代末，美国陆军研究机构对十三大类日常消费电子产品进行了效应研究，选取了电视、电话、摄像机、收音机、计算机等 90 余个电子设备产品试验，结果表明入射场强 6.7kV/m 时许多设备就出现了严重扰乱，在更高的 16.6kV/m 场强下出现损伤引起的故障。后续的研究报道表明，构成计算机网络的组件在峰值场强 4kV/m 时就出现电路闭锁或翻转导致的扰乱(人工重启后可以恢复)，场强达到 8kV/m 时开始出现永久性损伤，峰值场强到 15kV/m 时多数组件都出现了永久性损伤。

对于军事系统的效应一直很少见到公开报道。一个间接的例证是，美国海军在 1993 年进行“安吉奥”号“宙斯盾”巡洋舰的高逼真度模拟试验时，在约 25kV/m 场强下，试验中出现了若干“宙斯盾”作战单元的工作失常，包括辅助保障设备的故障、火炮武器系统的虚报警、系统控制台短暂闪烁或黑屏、一个备用控制台上暂时跟踪丢失等。所有这些扰乱现象在自身校正或系统复位后恢复正常。在约 50kV/m 的全威胁级场强下，也出现了辅助保障设备故障、指示灯短暂闪烁等少量效应现象，但舰船每个任务区域都维持了试验前的作战能力。考虑到参试舰船在试验前经过了平台、系统、电路三级加固，在预试验中已经表现出较高的生存能力，如果是没有进行过严格加固的武器系统参试，干扰/损伤效果估计会严重得多。

随着现代信息化装备电子系统的集成度越来越高，对电磁脉冲的敏感性会进一步增加，HEMP 攻击造成电子系统损坏或瘫痪的潜在威胁会更趋严重。

2.3　对电力系统的危害

HEMP 通过在大范围内破坏电网设备，可瘫痪一个地区甚至整个国家的电力系统。其对电网设备的破坏主要有三个方面：①在电压相对较低的配电网线路和设备上，感应过电压引起绝缘损坏和短路；②在高压输电线路上近似直流的地磁感应电流引起大型变压器、断路器、互感器损坏；③控制保护和通信等电网二次设备被扰乱或损坏，出现拒动或误动作，不能继续发挥快速隔离故障、保证系统稳定的重要作用。电气设备的异常破坏往往会伴随火灾等次生灾害，而大型变压器等电网核心部件的大量损坏，影响通常是长期性的。由于这些大型部件生产、运输、安装和投入使用都非常耗时耗力，在大范围内恢复重建电力系统将成为一项旷日持久的浩大工程。

苏联在哈萨克斯坦中部进行的 Test184 试验中，HEMP 导致距地面零点 600km 的架空输电线路发生绝缘部件闪络或击穿短路，部分线缆从支架上脱落、触地，有的变压器被烧毁，进一步导致了变电站故障失效和发电厂的火灾。

值得注意的是，在美苏开展高空核试验的二十世纪五六十年代，超高压输电技术才刚刚起步，输电线路的长度有限，典型输电距离为几百千米。目前的电网不仅电压等级已提高数倍，输电线路长度动辄数千千米，不同地区、不同电压等级之间广域互联，运营管理也主要依赖自动化信息设备，相比20世纪60年代已经有了翻天覆地的变化。在这样的时代背景下，电网本身更容易被HEMP破坏，恢复重建的难度也大得多，供电中断造成的经济损失和社会风险将是难以承受之重。

由于太阳风暴引起的地磁暴在产生特点、作用机理上与晚期HEMP的相似性，国内外常以地磁暴引起的电力系统事故和危害程度作类比研究。典型案例是1989年3月13日和14日的地磁暴，地磁扰动使加拿大魁北克地区的输电线路产生GIC约200A，造成一台750kV变压器损坏，电网在92s内崩溃，造成电力中断9h，600多万居民用电受到影响，电力损失约2000万kW，直接经济损失约5亿美元。美国研究机构评估了强度增大10倍的"百年一遇"特大地磁暴对美国电网的影响，结果表明因GIC过大而处于高风险的大型变压器将达到300多个，可能导致其40%的人口遭遇长期断电。而百万吨当量的高空核爆炸产生的地磁扰动强度会超过这种"百年一遇"特大地磁暴，危害程度至少可以与之相比拟。

3 加固防护与效应减缓

在认识到HEMP的严重威胁之后，以美苏为代表的主要军事国家都大力加强了军事系统的加固防护工作，特别是战略武器系统、核作战指挥通信系统等，以确保在敌方先发HEMP攻击下不致出现反击能力丧失的被动局面，防护的重点是高场强的早期HEMP环境。实践表明，只要掌握耦合作用的特点，分析清楚可能的耦合通道并针对性地采取各种措施，可以实现对军事系统有效的加固防护。

以电力系统为代表的广域分布基础设施，体系规模极其庞大，不可能像军事系统那样全面地加固防护，只能着眼于减轻损失和快速恢复，对一部分关键节点进行加固防护，同时配合采取能减缓效应危害程度的技术措施，做好预先防御。

3.1 加固防护的技术措施

加固防护的实质是抑制电磁能量向系统内部的传递或转移，主要技术途径是对电磁能量的反射、吸收和泄放等，具体措施主要包括屏蔽、浪涌抑制、滤波、接地、合理的电缆布线及电路设计等。单一系统的HEMP防护基本措施的典型应用场景如图7所示，如利用完整连续的金属舱体进行屏蔽；在

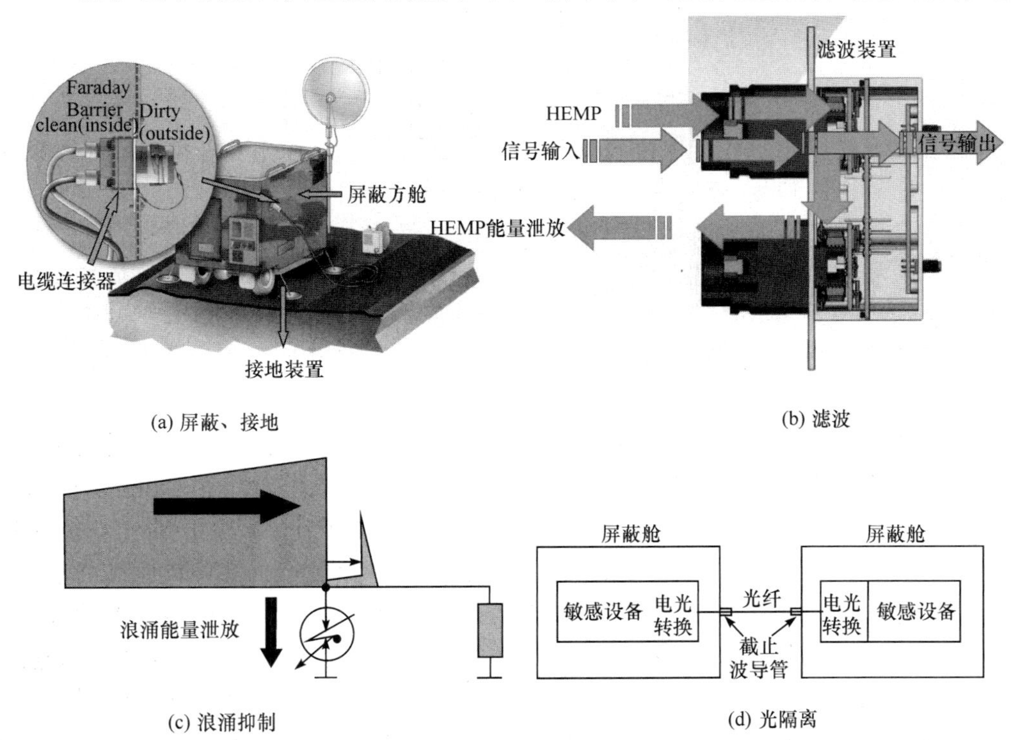

(a) 屏蔽、接地 (b) 滤波

(c) 浪涌抑制 (d) 光隔离

图7 单一系统的HEMP防护基本措施

电缆进出口使用专门连接器以保证屏蔽完整性；在线缆端口设计安装滤波器、浪涌抑制电路；用光纤连接代替电连接以隔离传导耦合等。

这些防护措施在设备的电磁兼容性设计及雷电防护中也是常用的手段。一般而言，经过完整的电磁兼容和防雷设计的装备，抗 HEMP 性能也会有较好的基础，表现为损伤阈值相对较高。但由于 HEMP 耦合作用的特点，特别是 E1 环境产生的传导浪涌具有幅度大、前沿快、频谱宽等特性，往往还需要采取针对性的防护措施。

在实际工程实践中，要以经济合理的措施保证电子信息装备既能防护 HEMP、雷电等瞬态强脉冲，又能抗电磁干扰，表现出良好的电磁兼容性，通常需采用分级防护的思路进行综合设计，如图 8 所示。主要是充分利用外部舱体、建筑物以及装备金属外壳等进行多层屏蔽防护，在线缆穿舱的各级入口处依次设置不同性能等级的浪涌抑制措施，其中初级防护重点是针对 HEMP、雷电引起的浪涌，要求响应速度较快、通流泄放能力强，而针对电磁干扰等“精细”防护措施则靠近设备端口或设置在设备内部。

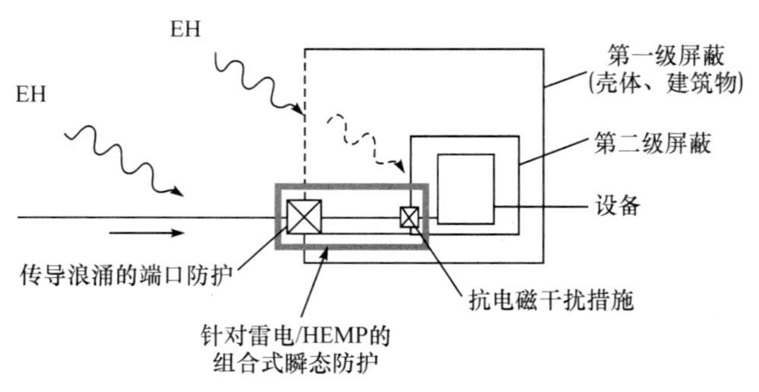

图 8　分级防护和综合设计的原理框图

3.2　系统的加固设计与指标分配

由于 HEMP 作用范围大的特点，其加固防护也是一项复杂的系统工程，不仅要考虑分系统或单机的自防护，还应考虑整机或全系统的相互影响。例如，当地面设施中某一个设备或系统受到攻击，产生大电流时，不仅其本身会受到损坏，而且可通过地回路、公共电源线、信号传输线等影响周围的系统。因此，加固防护也需要把系统和周围的工作环境作为一个大系统来分析，从大系统的角度进行统一设计考虑。

系统的 HEMP 加固设计和保证程序与一般武器系统的研发流程类似，包括概念设计、方案设计、工程设计和加固设计评价四个阶段。独特之处是需要以 HEMP 与系统相互作用的原理为基础，综合分析电磁能量耦合途径、作用效果、薄弱环节及系统工作要求等因素。

其中，在概念设计阶段，就要对系统所面临的作战场景及电磁脉冲环境进行分析，确定辐射场的强度、波形特征等参数，并按系统的组成结构、功能特点、电磁耦合特性提出总体加固要求，进行合理指标分配和初步的物理方案设计。在方案设计阶段，需要遵循均衡加固原则，既考虑全系统与各分系统、部件和关键元器件之间的平衡问题，确保全系统不因局部失效导致整体失效，也要解决加固要求与系统性能和经费投入之间的平衡问题，保证合理的效费比。

在总体加固设计中，提出指标并分配给各分系统、单机及部件，尤其是一项需要多方协调、反复论证的复杂工作。一般要采用层次分解法或电磁拓扑法，根据 HEMP 环境指标和系统的关键器件、电路或单机的失效阈值，定出系统防护所需的总衰减值，然后分摊到几个防护层次上，在每个层次内部，关键元器件或电路的防护水平应尽可能一致。综合采取各种防护措施，使每个层次都达到分配指标，则总系统就得到了防护。以飞机加固设计指标分配为例，如图 9 所示，飞机表皮上的最大感应电流可达 10kA 量级，机身屏蔽效率约为 20dB，电子设备屏蔽舱再衰减 50dB，则舱内电缆表皮上的电流已经降到 10A 左右，然后再采取其他防护措施保证电子元器件的浪涌电流低于安全阈值。

在制定加固防护的指标要求时，现实合理的策略是按武器系统的任务类型、装备数量进行优先级

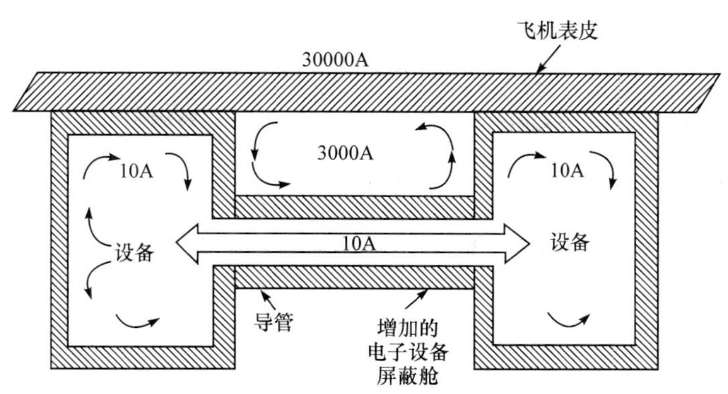

图 9　飞机的加固设计指标分配示意图

排序，分别确定不同的安全裕度要求，以在加固的可靠性要求和经济性之间折中平衡。例如，美军对军用飞机的 HEMP 防护，要求数量不足 20 架的国家级指挥控制飞机要保证 32dB 的安全裕度，数量几十到上百架的武器运载和空中支援类飞机则要求 20dB 的安全裕度，而数量成百上千的战斗机、攻击机、作战直升机等则只要求 6dB 的安全裕度。

3.3　加固验证与监视维护

按照装备质量管理的要求，对采取了加固设计、落实了防护技术措施的装备系统还要进行基于试验的加固验证，以确保加固水平达到要求。这样的试验通常既包括研制方的出厂验收试验，也包括装备使用方的考核验证试验。通过试验，既能检验加固防护的设计方案和技术措施的质量，也能及时发现装备系统可能存在的防护缺陷加以补救。

由于电磁耦合的非定域性和非线性效应，复杂系统装备的电磁脉冲防护效能不能简单叠加，仅有设备级和分系统级防护检测结果，难以反映整体的防护效能。图 10 所示为美国研究机构给出的采用不同方法进行加固验证的不确定度对比，可见仅靠可用信息和观察，对系统防护性能估计评定的不确定度可达 1000 倍以上；基于等效模拟的低电平耦合实验进行评定，不确定度可达 100 倍以上；依靠部件级损伤实验结果，不确定度可达 50 倍以上；依靠单次系统级试验结果，评估结果的不确定度仍可达 10 倍以上；依靠多次系统级试验，评估结果的不确定度可控制在 2～3 倍。

信息获取途径		不确定度
查阅现有资料 information available		>1000倍
观察 inspections		
低电平耦合实验 low level coupling		>100倍
部件级损伤实验 damage testing of componets		>50倍
单次系统级试验 system level test		>10倍
多次系统级试验 multiple system level test		2~3倍

图 10　不同方法加固验证的不确定度对比

因此，对装备系统进行整装级的多次试验，是加固验证合理有效的必然要求。由于系统级试验的复杂性和高成本，在实施之前充分开展设备/分系统试验，获取必要的损伤阈值数据，也是顺利实施系统级试验的基础。

军事系统在服役期内，由于使用损耗和外部环境等作用，对电磁脉冲的防护效能可能会逐渐衰减，需要定期进行监视维护，以期及时掌握防护效能的衰减情况并采取补救措施，保证加固防护水平不会降低。这样的定期监视也依赖于专门的测试系统，由于测试对象均是在役的武器装备，为了避免不必要的损坏，试验系统往往基于低场强的连续波辐照和脉冲电流注入试验技术。美国空军为保证 B-1B、B-2 战略轰炸机的抗 HEMP 加固水平，自 20 世纪 90 年代在多个空军基地都建立了监视维护试验设施。新颁布的美军标要求所有的国家级指挥控制类飞机、武器运载和支援类飞机都落实 HEMP 加固的监视维护，而战斗机、攻击机、作战直升机等要求按 1/20 的比例进行加固监视维护。对于在服役期内进行过重大改装、模块升级的军机，或是服役满 10 年的指挥飞机、核轰炸机，还需要重新开展加固验证试验。

3.4　加固防护的成本

军事系统抗 HEMP 加固防护的成本并不高，如果在研制设计阶段就考虑 HEMP 在内的综合防护，投入占比可以控制在几个百分点。

就基本的单元技术而言，由于加固防护通常采取常规的工程技术措施，如金属舱体屏蔽、良好的接地技术、安装滤波器和浪涌抑制器、合理设计线缆布局等，这些都已经较为成熟，要求的资源投入本身较少。相比系统内部大量的高集成度、精密化、高可靠性的信息设备而言，成本要低得多。

对于集成后的军事系统，美国国会 EMP 委员会在其评估报告中估计，抗 HEMP 加固防护要求的成本只占总成本的几个百分点。例如，对于美国的战略通信系统，抗 HEMP 加固防护占其全寿命周期内的成本不到 5%。当然，如果是对已经大量装备部署的系统进行加固翻新，增量成本可能占到造价的 15%或以上。因此，在军事系统的研制设计阶段就考虑抗 HEMP 加固防护问题，效费比是最高的。

3.5　基础设施的效应减缓

以电力系统为代表的广域基础设施防范 HEMP 威胁，主要是以经济可行的技术措施结合管理制度，减轻 HEMP 攻击下的效应危害和损失后果。总体思路是通过加固防护关键节点，增加冗余设计和应急储备，提高恢复重建的技术能力，使攻击的净影响最小化。

对于电力系统，减轻 E1 环境效应的措施主要是为高压变电站控制、通信设备、发电设备、电力控制中心、配电线绝缘子和配电变压器等提供高频防护，包括增加电磁屏蔽、安装滤波器和浪涌抑制器等。对严重威胁大型变压器、断路器等核心部件的 E3 环境，重要的效应减缓措施是限制线路上的地磁感应电流强度，可以采取的技术措施包括在线路上串联电容，或在中性点接地线上串联小电阻(图 11)。美国研究机构提出，采用中性点接地线串联电阻的办法就有可能使 GIC 减少 60%～70%。

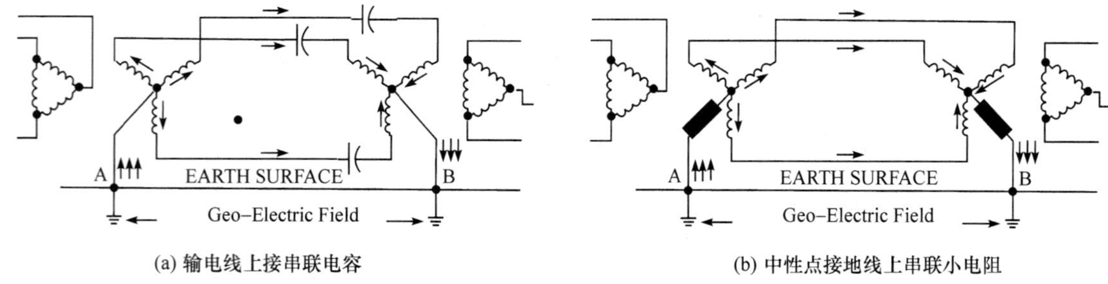

(a) 输电线上接串联电容　　(b) 中性点接地线上串联小电阻

图 11　减轻 E3 对大型变压器效应危害的措施示意图

从电网整体防御的角度，需要发展紧急事态下电网自动解列、大区域电网的黑启动(即没有外部电源的启动)等关键技术，增加重要变电站蓄电池和临时发电机组容量，优化网络布局，并研究灾后快速恢复的控制理论和技术预案。

在快速恢复问题上，输电系统和发电厂恢复的一个主要障碍是制造、运送、安装重启大型变压器。这些部件不仅生产周期长、价格昂贵，而且体量大，难以移动。美国国土安全部为此资助电力部门研发了轻量化、模块化、便于运输和安装启用的新型变压器。这也可以看作是效应减缓措施的一部分。

有必要指出的是，很多效应减缓措施能够做到多方面受益，即不仅减轻 HEMP 攻击下的损失，也通过有效提高基础设施的容灾抗毁能力，有助于防范应对其他自然或人为的灾害威胁。

4　模拟试验与评估

HEMP 由核爆炸产生，依赖真实的核环境开展防护研究既不实际也无必要，而且也并不是所希望的。由于脉冲功率和天线技术的发展，国外从二十世纪六七十年代开始已经可以在局部空间模拟产生早期 HEMP 环境，建成大型的 HEMP 模拟器，可在上百米范围内以较高的逼真度模拟再现早期环境，为开展军事系统的加固防护提供了坚实基础。基于模拟试验，可以合理、可信地评估其加固水平，以保证真实 HEMP 环境不会影响系统的主要性能。

根据 HEMP 与电子、电气系统作用的机理特点，人们还发展出了一些等效试验技术，如直接在局部激励电缆、产生传导浪涌的脉冲电流注入试验技术，以及以低场强激励研究电磁耦合的连续波辐照试验技术等。这些等效试验技术采用的装置技术难度和成本相对较低，使用灵活便利，在 HEMP 研究中发挥着重要作用。特别是对中期和晚期 HEMP 环境的防护研究，由于目标尺度极大，主要借助脉冲电流注入试验技术。通过建模仿真分析耦合特性，并开展关键器部件、主要节点装备设施的试验研究，可以评估广域分布的基础设施在 HEMP 作用下的易损性，并进一步指导效应减缓措施的研究和实施。

4.1　武器系统 HEMP 试验方法

武器系统模拟试验的主要目的是评价和确认系统在 HEMP 环境中的生存能力。按试验技术不同，可以分为威胁级脉冲辐照试验、响应级脉冲辐照试验和连续波辐照试验等类型。

威胁级脉冲辐照试验在大型 HEMP 模拟器下开展，利用其产生的高逼真度早期 HEMP 环境直接辐照作用于被试系统，是鉴定被试系统抗 HEMP 性能“行或不行”必须采用的一种试验方法。试验时的峰值场强一般达到真实 HEMP 覆盖区域的最大值(50kV/m)。威胁级脉冲辐照试验典型布局如图 12 所示，被试系统处于大型 HEMP 模拟器的工作区内，试验中通过光纤传输链路测量被试系统内部的耦合电磁场和感应电流/电压等效应参数，同时要监测系统内部可能出现的功能异常、失效故障等效应现象。由于这种试验可能会一次性破坏被试系统，为了稳妥起见，在此之前可以先开展响应级脉冲辐照试验，即以幅度显著低于威胁水平(50kV/m)、时频域特征与真实 HEMP 基本一致的辐照场作用于被试系统，研究确定系统的耦合响应特性。

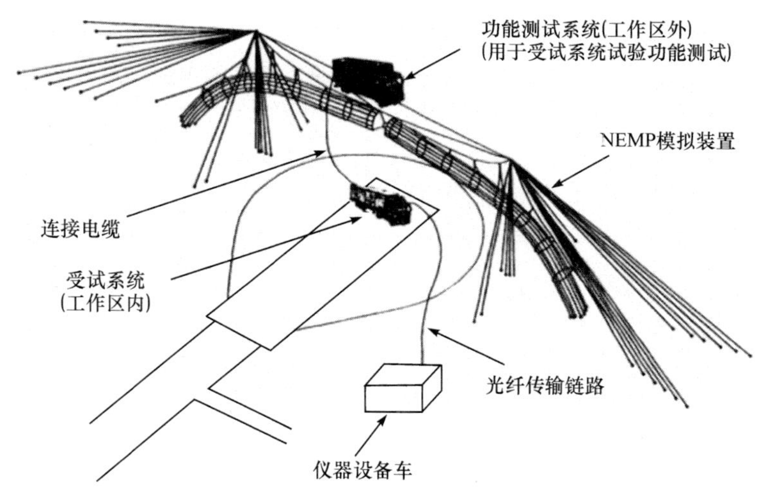

图 12　威胁级脉冲辐照整系统的 HEMP 试验示意图

连续波辐照试验是用一个单一频率的连续波信号激励系统并测量其响应，通过频域扫描测定系统对于电磁脉冲干扰的传递函数，这个传递函数可用于分析威胁级辐照环境下的系统响应。

直接注入试验用脉冲发生器生成一个与电磁脉冲耦合作用等效的电压或电流信号，直接注入被试系统的线缆或设备端口，通常用于获取设备单机或分系统的干扰或损伤阈值，以及测试端口防护措施的有效性。

武器系统模拟试验贯穿于系统设计、生产、贮存和使用的整个周期。在设计生产阶段，其总任务是通过试验暴露系统的敏感性，找出耦合途径并检查加固措施的有效性。武器系统运输、贮存、使用阶段的任务，是检查系统在全部使用期限内，电磁脉冲防护能力的降级程度，为改进设计提供依据。在各阶段开展的试验按侧重目的不同，又分为阈值研究试验、耦合研究试验和产品鉴定试验等类型。

4.2 武器系统试验评估流程

现代大型武器系统的信息自动化程度高，由大量的电子信息设备一体化集成为不同功能的分系统。在科学地评估武器系统抗 HEMP 性能时，对象本身的结构组成和功能的复杂性，与电磁作用多途径耦合、多区域交互影响的复杂性交织在一起。基本的解决思路是试验与分析相结合，按照先静态、后动态，先单项、后系统的顺序，遵循内场测试、外场验证思路，由简到繁、逐步深入。①系统分析阶段，根据耦合分析和系统功能分析，确定关键的设备/分系统；②设备/分系统试验阶段，确定关键器部件的干扰/损伤阈值，并检验电磁屏蔽、滤波和浪涌抑制等防护措施的效果；③系统响应试验阶段，采用连续波辐照试验或低场强脉冲辐照，测试关键设备/分系统的连接线缆和端口的耦合响应，通过理论分析进行外推，估计在威胁级脉冲环境下的响应；④系统威胁级试验与生存能力评估阶段，测试关键设备/分系统的端口响应并与损伤阈值相比较，观察设备是否出现扰乱或损伤，表征系统的易损性或安全裕度。

其中，设备/分系统级的试验主要在内场实验室依托中小型模拟器和脉冲注入设备实施。基于分系统试验的数据，可以分析评定系统加固指标分配的合理性，优化加固防护设计方案，并支撑全系统试验的总体设计。全系统级的试验主要在外场大型模拟器实施，需要的人力物力资源相对较多，试验样本数及试验次数都受到严重制约。充分开展设备/分系统试验有助于预测全系统试验中可能出现的困难、风险及解决方法，并为全系统试验的数据分析、结果评定提供重要的技术依据。

公开文献报道的外军大型舰船、军用飞机抗 HEMP 性能试验评估都基本按照以上流程实施。所有工作中，设备/分系统试验、系统响应试验以及研究分析占了绝大部分。

例如，美军 20 世纪 90 年代初对其“安吉奥”号“宙斯盾”巡洋舰的试验评估，对“宙斯盾”作战系统进行充分分析，确定了关键设备和敏感电路后，以不同波形的脉冲电流注入、连续波辐照、威胁级脉冲辐照等 6 种不同的方法测试了舰船平台上数以千计的线缆接口和设备。军方试验专家认为：“这些测试对 EMP 试验的实施和成功是至关重要的，因为它们帮助决定加固要求、确认加固措施、提供理论分析的置信度，并使试验中设备产生的意外减至最小。”设备/分系统级的测试持续了数月，而全舰船的威胁级辐照试验则在两周内完成，共进行了 1288 发次辐照试验，获取了超过 9000 个测量数据。试验不仅确认了该舰船具备 HEMP 生存能力，而且可信地给出了加固安全裕度。

2007 年，欧洲国家联合完成“台风”战斗机抗 HEMP 试验评估，整个过程也分为设备级认证试验、系统响应试验及外推分析、全系统威胁级辐照试验、数据分析与评估四个部分。其中设备级认证试验在飞机研发阶段早期就开始了，为掌握设备的电磁敏感性提供了基本依据。在研制型号有了多台测试样机后，即开展了系统响应级试验，以连续波辐照试验获取频域传递函数为主，并与脉冲辐照试验结果进行校验。最终的全系统威胁级试验分两次实施，每次持续 2～3 个月，依次验证了飞机在基准型(空载)、模拟空对空作战状态、模拟重型运载和模拟对地攻击等不同作战剖面下的生存能力。

4.3 模拟早期 HEMP 环境的大型模拟器

早期 HEMP 环境存在电场水平和垂直两种极化分量，水平场和垂直场会引起不同的作用效果。空中飞行状态的飞机、导弹装备经受的是 HEMP 自由场(即没有反射)环境，相应的模拟器也要求能产生空间自由传播的早期 HEMP 环境，一般称之为有界波或导波模拟器，其试验空间限定在近似封闭的天线内部。地/海面武器系统和装备设施经受的真实 HEMP 环境受到地/海面反射场的影响，在模拟试验中被试系统也是按真实场景布置于地/海面，因此需要采用开放式的发射天线，相应的模拟器称之为辐射波模拟器。这样就涉及两种场极化方向、两种不同形式的组合共 4 类模拟器。

1) 水平极化辐射波模拟器

采用快脉冲驱动源、双锥加椭圆天线模拟产生 HEMP 地面附近水平场分量，可在试验区域内产生不小于 50kV/m 的水平极化电场环境。图 13 所示为美国海军空战中心航空部的水平极化辐射波 HEMP 模拟器，波音 737 级别的战略对潜通信飞机、“大黄蜂”舰载机等美海军航空装备都在该模拟器开展过试验。该模拟器在 2009 年完成了快脉冲驱动源的升级，可在试验区域产生峰值 60～117.5kV/m 的场强。美国陆军白沙导弹靶场(WSMR)采用创新的天线设计，于 2009 年建成了先进快前沿模拟器 AFEMPS，能以更高的模拟逼真度用于地面系统水平极化场试验。

图 13 美国海军空战中心航空部的水平极化辐射波 HEMP 模拟器

2) 垂直极化辐射波模拟器

采用快脉冲驱动源、地/海面镜像的圆锥天线模拟产生 HEMP 地/海面附近垂直场分量，可在试验区域内产生不小于 50kV/m 的垂直极化电场环境。图 14 所示为美国科特兰空军基地的该类型模拟器 VPD-Ⅱ，试验区域直径达 80m，高 20m。图 15 为美国海军在 20 世纪 90 年代初建成，用于舰船试验的同类型模拟器 EMPRESS-Ⅱ，能在 200m 处产生 20kV/m 场强，曾用于“宙斯盾”巡洋舰的抗 HEMP 试验考核。

图 14 美国 VPD-Ⅱ垂直极化辐射波模拟器

图 15 美国海军 EMPRESS-Ⅱ模拟器

3) 垂直极化有界波模拟器

采用快脉冲驱动源、平行板导波天线模拟产生 HEMP 自由空间垂直场分量，可在试验空间内产生不小于 100kV/m 的垂直极化电场环境。垂直极化有界波模拟器典型结构如图 16 所示，长度可达 100～200m，

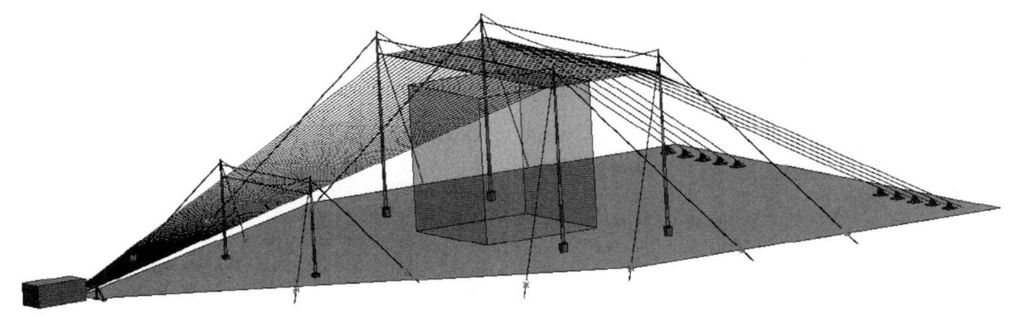

图 16 垂直极化有界波模拟器结构示意图

试验区域高度可达 20～40m。美国早在 20 世纪 70 年代初就在其柯特兰空军基地(KFB)建设了多台这样的模拟器，2010 年按新的 HEMP 环境标准要求，在其白沙导弹靶场(WSMR)新建成一台代号为 USA VEMPS 的模拟器，高 35m，峰值场强 70kV/m。

4) 水平极化有界波模拟器

一般采用快脉冲驱动源、平行板导波天线形式模拟产生 HEMP 自由空间水平场分量，为了减小大地的影响，要求两个极板均要远离大地，在试验空间内产生不小于 100kV/m 的水平极化电场环境。图 17 所示为美国空军科特兰基地部署的水平极化有界波模拟器 Trestle，试验区域直径达 75m。如图 18 所示为美国 B-52 轰炸机在该模拟器试验的照片。

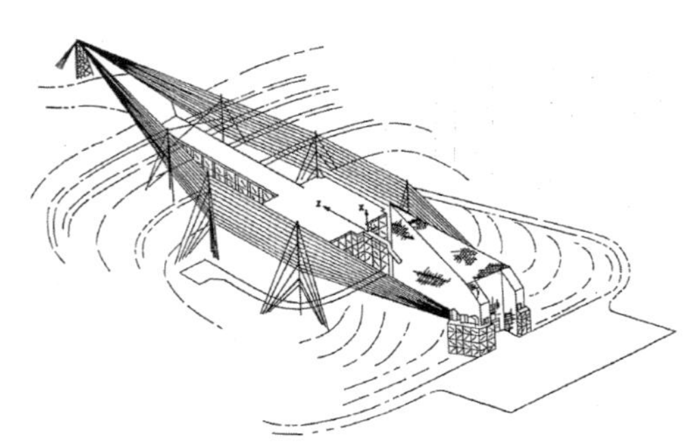

图 17 水平极化有界波模拟器 Trestle

图 18 B-52 轰炸机在 Trestle 上开展试验

5) 机动式水平极化辐射波模拟器

一般用于固定设施或不便移动的武器系统考核试验，结构组成与固定部署的水平极化辐射波模拟器相同，但脉冲源经过轻量化设计，可以车载机动和现场吊装支撑。机动式水平极化辐射波模拟器的代表 HPD-Ⅱ如图 19 所示。

图 19 美国白沙导弹靶场机动式水平极化辐射波模拟器 HPD-Ⅱ

4.4 直接激励线缆的脉冲电流注入试验设备

线缆感应拾取 HEMP 能量形成传导浪涌是重要的耦合途径。脉冲电流注入试验设备针对这一作用特点，直接将高电压、大电流施加到线缆上，检验端口防护器件的传导防护效能，并评估剩余电流是否会给内部设备造成干扰或损伤。该试验技术具有激励效率高、设备轻便灵活和便于操作使用等特点。如图 20 所示为美国 SARA 公司研制的便携式 HEMP 试验用脉冲电流注入设备，其中针对早期环境的脉冲源可输出幅值为 250～5000A、前沿小于 20ns、脉宽约为 500ns 的脉冲电流，针对中期环境的脉冲源可输出幅值为 25～250A、脉宽为几毫秒的脉冲电流。

美国海军空战中心建立的可车载移动的直接注入试验系统如图 21 所示。在飞机等装备的 HEMP 试验中，直接注入试验系统主要用于确定机载关键电子系统的损伤阈值，将实验所得数据与威胁级辐照试验给出的内部残余应力数据相对比，可以得出飞机整机的生存能力裕度。

对于电力系统等连接长线缆的关键基础设施，需要配套专门的注入试验设施以考核变压器、绝缘

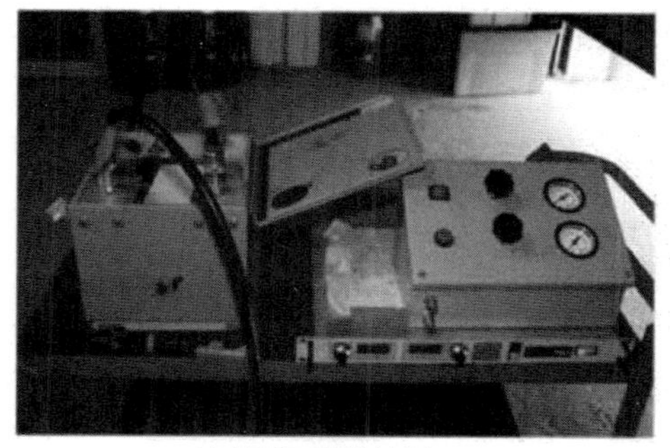

(a) 模拟E1的脉冲源

(b) 模拟E2的脉冲源

图 20　美国 SARA 公司研制的便携式 HEMP 脉冲电流注入设备

(a) 系统实物照片

(b) 在飞机试验中的应用

图 21　美国海军空战中心建立的可车载移动的直接注入试验系统

子等部件的防护性能。例如，俄罗斯的研究机构利用可车载机动的 HEMP 注入试验设备对柴油发电机车、架空输电线路、电力变压器等装备设施进行了外场 HEMP 试验。为了推进对 E3 环境毁伤电力系统的效应研究，美国国防部防务威胁降低局(DTRA)于 2007 年投资建成了对变压器进行 HEMP 晚期环境模拟的大型直流试验平台，如图 22 所示，输出电流幅度超过 600A，脉宽数秒，电压可达 13.6kV。

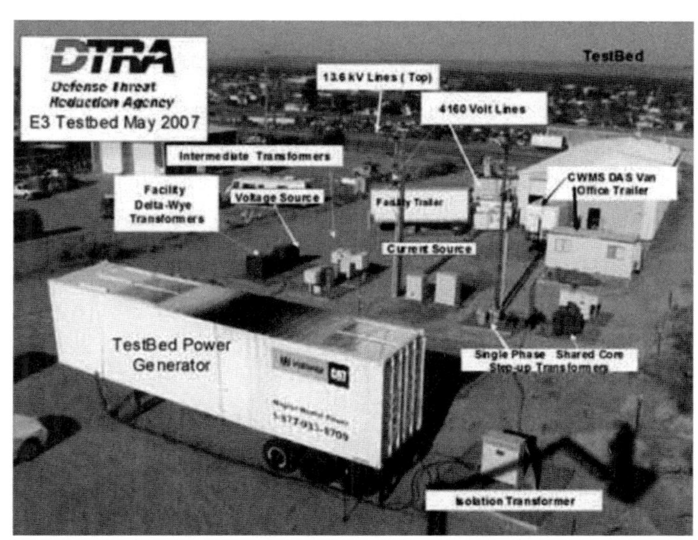

图 22　美国国防部 DTRA 投资建设的 HEMP 晚期环境模拟试验平台

4.5　研究电磁耦合特性的连续波试验设施

二十世纪八九十年代，美国军方发展了低电平连续波辐照(CWI)试验方法，作为大型 HEMP 模拟器下威胁级脉冲辐照试验方法的重要补充。该方法主要利用频率 100kHz～1GHz、功率 10～100W 级的射频信号源驱动大型辐射天线，以 0.01～1V/m 的低场强辐照被试装备设施(如飞机、舰船、地面建筑等)，通过测量耦合到装备设施内部的电磁场、内部线缆的耦合电流，可以测试装备设施电磁屏蔽的完整性，寻找防护的薄弱环节以加固改进。基于频域扫描获得的线缆响应传递函数，可以外推分析在威胁级脉冲辐照时的响应。这一类试验系统更容易建造，成本也更低，并且便于拆卸运输。美军标将CWI试验方法列为固定指挥通信设施抗HEMP考核验证的重要手段，美军的一些大型军用飞机、水面舰艇的抗HEMP考核试验广泛用到该方法。

迄今为止，美国军方HEMP试验基地、试验考核任务承包商已先后建立了多台大型CWI试验系统。图23所示为美国空军研制的用于军用飞机试验的CWI试验系统Ellipticus，它采用了与大型水平极化辐射波模拟器HPD相似的椭圆天线，顶部高20m，可对波音707级别(长约30m)的飞机装备进行试验，得出的响应传递函数与在高30m的HPD模拟器下用威胁级脉冲辐照方法给出的结果符合较好。目前，美国空军正在考虑升级该系统的天线，设计高度不低于30m，以扩大试验区域，使其能用于波音747或767级别的大型飞机试验。

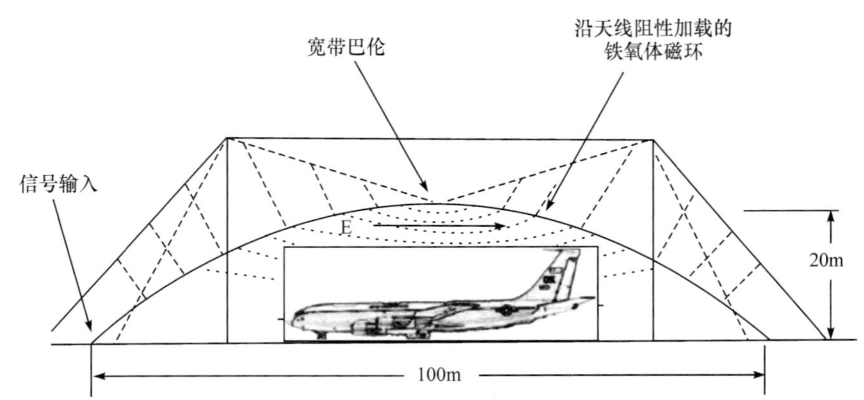

图23　美国空军研究实验室研制的CWI试验系统Ellipticus

美国海军在1992年建成了首台大型CWI试验系统(图24)，以配合在大型舰船用EMP模拟器EMPRESS-Ⅱ的“宙斯盾”巡洋舰考核试验。该系统借助船体结构特点，采用了单线传输线作为辐照器，可对舰船上层建筑、桅杆、穿舱线缆等进行频域扫描测试。对侧面没有大的开口(即实心船体)的舰船，该类辐照系统可用于激励上甲板和整个上层建筑。对比研究表明，由于避免了从侧面远距离辐照时的高频部分的海水损耗问题，用该试验系统测得的传递函数结果实际优于在EMPRESS-Ⅱ模拟器下的结果。对于尺寸更大或船体侧面有大开口的舰船，美国海军进一步发展了垂直极化的CWI测试系统。目前正在针对总长1000英尺(约300m)的大型巡洋舰，发展新的CWI测试方法和试验系统。

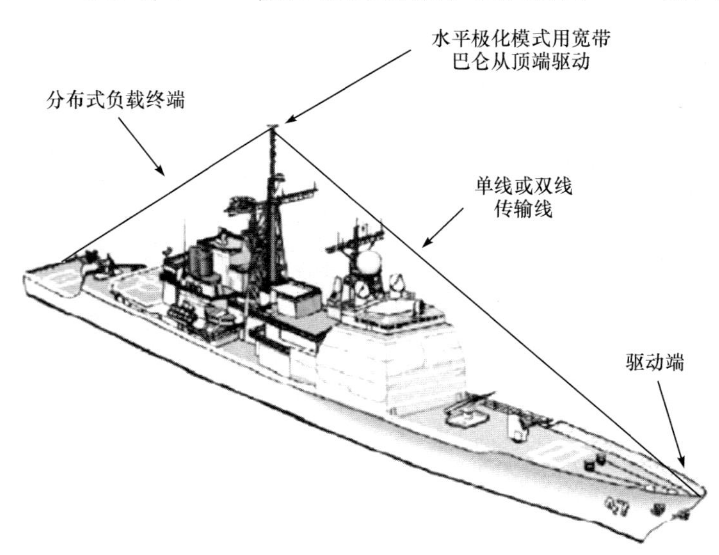

图24　美国海军用于大型舰船试验的单线传输线CWI试验系统

对于地面的固定建筑物，如指挥通信设施，美国军方机构发展了车载机动的CWI试验系统，如

图 25 所示。这类系统采用大型通信装备中常用的天线技术，以高空作业工程车托举天线，对建筑设施进行多方位的辐照。资料显示，目前美国军方的一些卫星地面站、地基远程雷达等固定设施，都是利用此类系统并结合模拟传导环境的脉冲电流注入试验系统，完成抗 HEMP 防护性能评估鉴定。

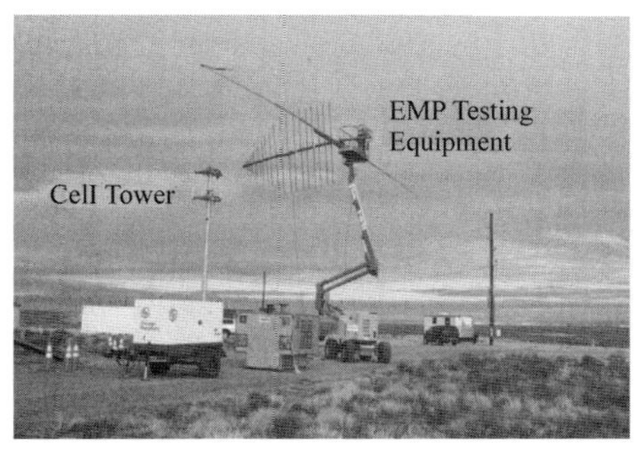

图 25　美国国防部资助研制的用于固定指挥通信设施的车载机动 CWI 试验系统

4.6　广域基础设施的威胁评估

对广域分布的关键基础设施，美国、俄罗斯等国家采用节点试验和整体建模仿真相结合的技术途径评估其防御 HEMP 的能力，能够定量地描述在 HEMP 攻击下，民用通信网、电力系统等损毁程度和预期的恢复重建时间，进而指导对关键节点的加固防护，以及快速恢复所需的应急准备工作。尽管评估结论的可信度、加固防护和应急处置的有效性不如经过试验考核的武器系统，但已经可以指导民用基础设施防御 HEMP 的策略研究要求。

例如，美国 EMP 委员会耗时多年(2001～2008 年)对电力、通信等十大类关键基础设施的 HEMP 易损性进行了科学评估。对自动化核心设备监视控制与数据采集(SCADA)系统、网络通信设备、无线通信基站和数据交换机等进行了效应试验摸底，获取基本数据。对整个通信、电力供应网络进行建模仿真，在给定的 HEMP 攻击场景下，评估通信和电力供应受损中断的范围，给出损失风险的量化描述。以民用通信系统为例，评估报告给出了美国东海岸(首都华盛顿附近)上空发生 HEMP 攻击后，民用有线和无线通信的受损程度，如图 26 所示。在 HEMP 攻击后的短时间内，东部各州的民用通信网呼叫成功率大多低于 10%，受损最严重的区域仅有 4%。在对部分基站进行人工重启和修复后，大部分遭受攻击地区的通信能力有所恢复，如 HEMP 攻击 48h 后，仍有两三个州的大部分地区通信呼叫成功率低于 40%。

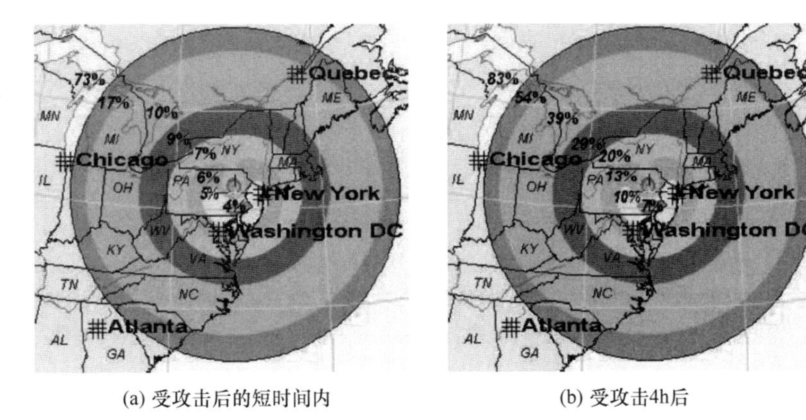

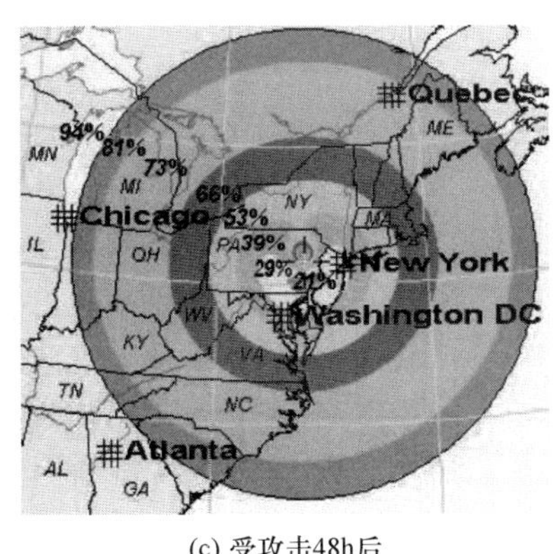

(a) 受攻击后的短时间内　(b) 受攻击4h后　(c) 受攻击48h后

图 26　美国 EMP 委员会评估民用通信网在 HEMP 攻击下不同时间的呼叫成功率

以上评估是假定通信系统独立于其他基础设施的前提下做出的。实际上，由于通信系统的运行依赖于电力供应，在人工重启和修复过程中，也依赖交通基础设施的完好。在 HEMP 攻击下，电力、交通等基础设施都可能损坏，从而使民用通信等基础设施的修复进度受到极大影响。

考虑到电力供应的重要性，美国评估认为电力系统的易损性是所有基础设施中最关键的。美国对电力系统的一个典型评估案例如图 27 所示，在美国中北部俄亥俄州首府哥伦布市上空发生百万吨级核爆炸时，产生的 HEMP 攻击可以覆盖美国中东部 1700 余个高压和超高压变电站，导致图 27 中黑色环线所示区域电力完全崩溃，停电区域面积达到 69 万平方英里，受影响人口 1.3 亿，占总人口约 40%。

开展基础设施 HEMP 易损性评估的最终目的是落实防护行动和应急准备，提升防御应对能力。美国 EMP 委员会针对电力系统的 HEMP 防御提出了十余条建议。美国联邦应急管理局已着手对民事应急通信系统进行加固。为了提高电力系统的快速恢复能力、缩短修复时间，美国也已经研制出模块化、轻量化、便于安装使用的电力变压器，并发展高温超导输电、智能电网等技术，提高电网的可靠性，

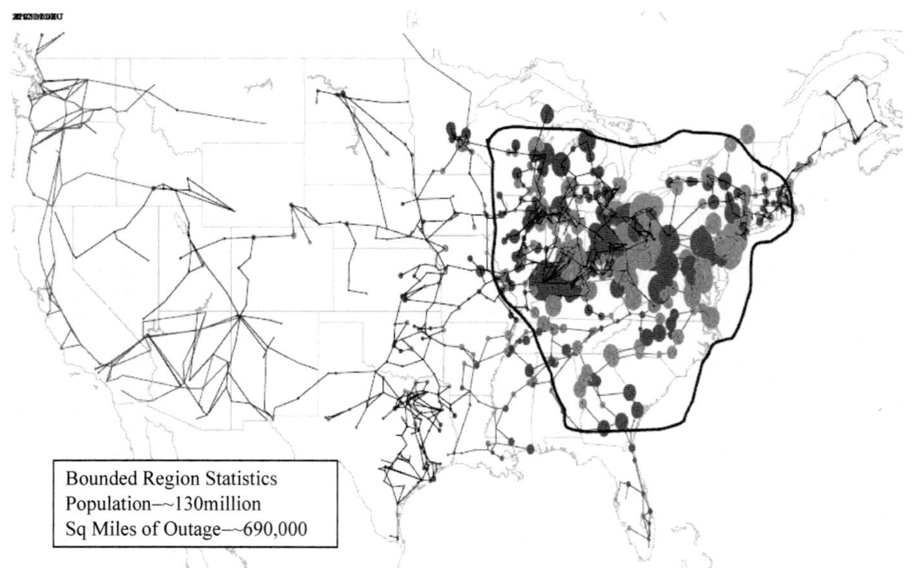

图 27　美国评估电力系统在 HEMP 攻击下的易损性典型案例

降低其对 HEMP 攻击的敏感度。

我国电力系统快速发展，输电线路长度、发输电容量、网络互联和交直流混联均达到世界之最，500kV 以上的输电线路总长度已达 195117 公里，超过美国 345kV 以上的高压输电线路长度(115047 公里)。在当前基础设施快速发展和信息化的形势下，必须防范被 HEMP 一击而溃的巨大风险，深入开展威胁评估，提升防御应对能力的需求十分迫切。

强电磁脉冲环境下我国能源基础设施的安全问题*

1 引言

现代社会的信息化程度越来越高，强电磁脉冲环境破坏电力和电子信息系统导致的潜在安全风险更加突出。电子信息系统越精密、越复杂、集成度越高，对强电磁脉冲环境的敏感度就越高，安全阈值就越低，越容易受到强电磁脉冲环境的干扰或破坏。例如，单个晶圆上的晶体管数量已达到数亿(微处理器)到数十亿(内存)；集成电路的门电路工作电压已经从 2V 以上逐步降低到 0.5V 以下；随着线路特征尺寸从 10μm 以上降低到深亚微米，用方波能量表征的电磁敏感度损伤阈值从 200～500μJ 降低到 2μJ 以下。

随着我国关键基础设施快速发展，信息化程度越来越高，强电磁脉冲环境下的安全问题需要引起高度重视。其中，电力基础设施实现全国大联网、远距离输电和特高压延伸覆盖。图 1 是 2015 年国家电网互联情况，我国预计到 2020 年、2030 年和 2050 年，发电装机分别达到 20 亿 kW、27 亿 kW 和 40 亿 kW，是 2010 年的 2.1 倍、2.8 倍和 4.1 倍。国家电网正在加快建设以“三华”特高压同步电网为核心，以西北、东北电网为送端，交直流协调发展的现代电网体系。到 2015 年、2017 年和 2020 年，分别建成“两纵两横”“三纵三横”和“五纵五横”特高压“三华”同步电网，到 2020 年建成 27 回特高压直流工程。届时，特高压输电能力达到 4.5 亿 kW，单条高压直流线路输送容量超过 250 万 kW。

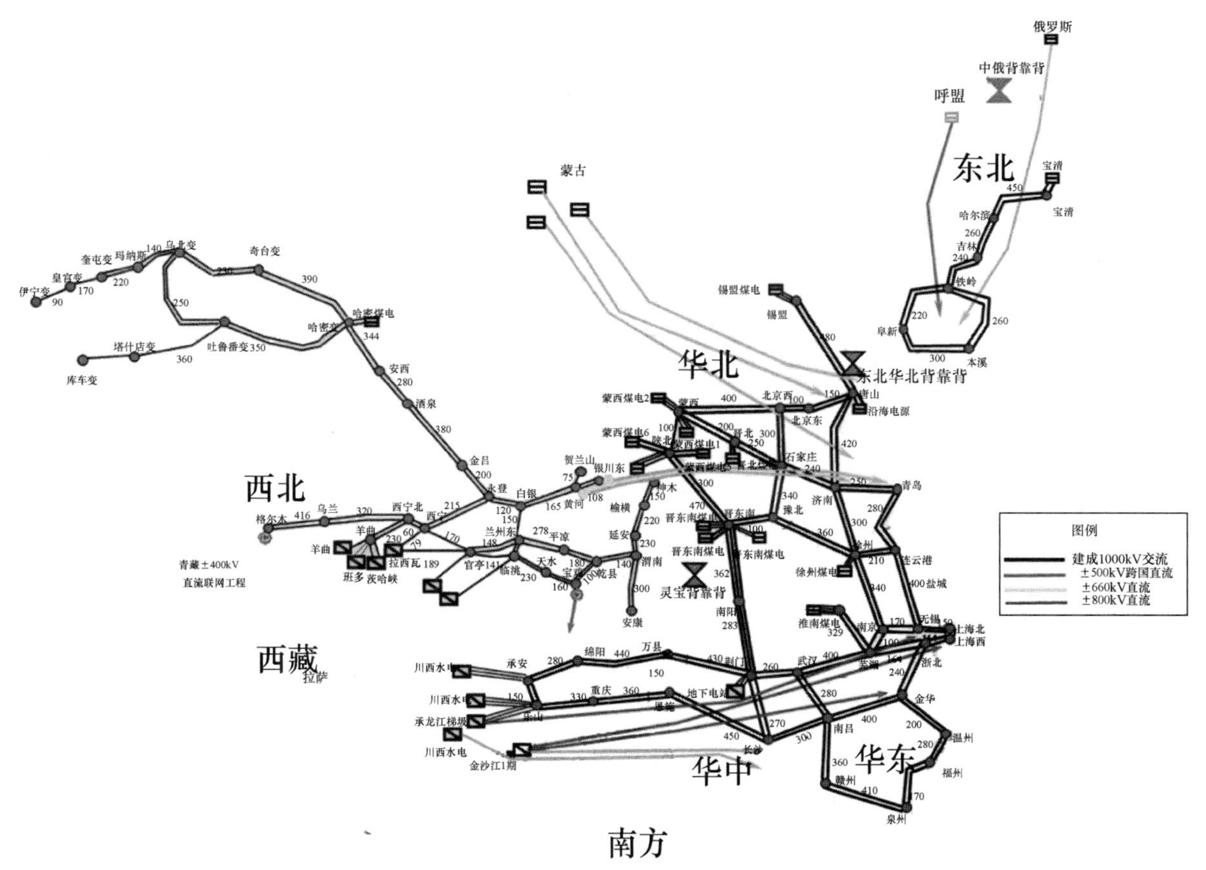

图 1　2015 年国家电网互联情况

* 根据 2015 年 4 月西安交通大学科技创新交流会上的专题报告整理。

我国油气管道经过三十多年的建设和发展，国内对油气资源的需求不断增长，资源对外依存度不断提升，国内油气管道逐步形成网络化结构，国际油气资源进口逐渐形成西北、东北、西南和海上四大油气战略通道，对保障国家能源安全供应意义重大。

我国高铁发展速度和技术水平居世界先进行列。在《中长期铁路网规划》的宏伟蓝图下，2010年8月，我国提出了高速铁路网规划，对高速铁路网的建设规划具体化，并进行了一定的扩充，进一步提出“五纵六横八连线”。

目前，国家基础设施包括电力、能源、通信、金融、社会生产和社会管理等系统。支撑现代社会发展的是一个相互连锁和依存的复杂动态网络(图2)。每个单独的基础设施节点的故障都不是孤立的，这些互连的基础设施构成的整体系统的易损性要比各个子系统的易损性总和大得多。先进技术在基础设施中的应用加强了各个基础设施间的相互依赖性，也增加了级联损伤风险。关键基础设施既是国家经济建设重大成果，也是国计民生的命脉，一旦有失，后果极其严重。其中，能源基础设施是最重要、最复杂、最具有代表性的。一旦能源系统发生全局性灾难，短时无法恢复，能源、通信、金融等系统将面临巨大损失，从而导致整个基础设施体系一击即溃，造成社会秩序混乱和巨大经济损失。

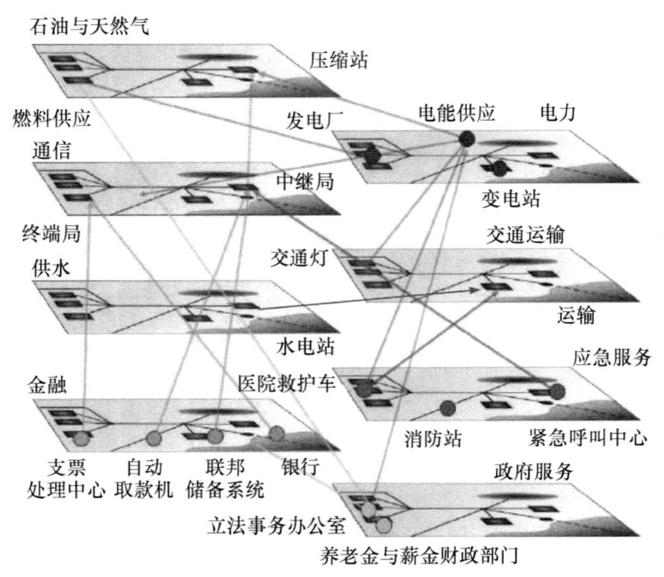

图2 关键基础设施系统之间复杂关系的结构图

2 强电磁脉冲环境及特征

2.1 环境简介

电磁脉冲(EMP)是多种瞬变电磁现象的统称，描述的是以瞬变电磁场形式出现、能对电子/电力系统产生破坏性电磁效应的能量传递。核武器爆炸、高功率微波武器攻击、雷电放电、太阳风暴分别产生各具特征的电磁脉冲。其中，由外大气层核爆产生的高空核爆电磁脉冲(HEMP)覆盖范围广(半径以千公里计)、攻击强度高、破坏目标多，是所有电磁脉冲中威胁最为严重的。在没有采取预先防御措施的情况下，一旦遭受HEMP攻击，大量的地面电子/电力系统将出现功能扰乱和器部件损伤，导致大范围内军民用装备性能降级、失效，广域分布的关键基础设施瘫痪，最终造成国家军事作战能力下降、经济蒙受巨大损失、社会陷入混乱。

HEMP环境由早期、中期和晚期环境共同组成。其中，早期环境(E1)电场强度大(10^4V/m量级)、上升时间快(10^{-9}s或1ns)，持续数百纳秒，能量的频域分布主要在0.1～100MHz频段。中期环境(E2)电场降到10～100V/m，变化的时间尺度在1μs～10ms，能量的频域分布主要在100kHz以下。晚期环境(E3)的地电场强度由磁场扰动变化率、大地电导率等决定，幅度在0.01V/m量级，脉冲持续可达100s，主要频段在0.01～1Hz。

正在快速发展的高功率微波(HPM)武器技术能以电能或常规炸药驱动，在较远的距离上发起电磁脉冲攻击。HPM 频段在 300MHz～300GHz，按辐射频谱宽度可将 HPM 源分为窄带、宽带和超宽带三类。单台 HPM 源的发射功率可达 1～100GW，比常规电子对抗高 3～4 个量级。经天线定向增益，可在主波束照射的 10～100km 产生电场 10kV/m 量级的强辐射场。

太阳在剧烈爆发活动期，会向广袤的空间突然释放出大量的高速粒子流，形成太阳风暴。当太阳风暴冲击地球磁层时，常引起地磁场的剧烈扰动，称为地磁暴。依据地磁扰动程度，一般采用地磁指数(Dst)分为五级：–50nT<Dst≤–30nT 为小磁暴，–100nT<Dst≤–50nT 为中等磁暴，–200nT<Dst≤–100nT 为大磁暴，–300nT<Dst≤–200nT 为特大磁暴，Dst≤–300nT 为超大磁暴。地磁暴是全球性的，具有约 11a 的活动周期。在地磁暴活动高峰期，地磁暴的强度和累计持续时间远高于低谷期。例如，2003 年是太阳活动高峰期，大磁暴及以上级别磁暴累计持续 110h；中、小磁暴累计持续时间分别为 515h 和 1842h；而在 2008 年的低谷期，没有超大、特大和大磁暴，中、小磁暴累计持续时间分别为 12h 和 216h，远低于 2003 年。监测数据表明，特大等级以上的地磁暴产生的地电场强度可达 1～10V/km。

2.2　环境相关性

以上环境中，HEMP 兼具多种电磁环境的特点，还存在协同效应。其中，HEMP E1 与静电电磁脉冲均为纳秒时间尺度，但就覆盖范围来说，HEMP 可达千公里级；静电电磁脉冲衰减非常快，范围非常小。

HEMP E2 环境与自然界常见的雷击通道中感应产生的雷电电磁脉冲(LEMP)在频谱范围上类似，但峰值强度比 LEMP 小很多。雷电电磁脉冲(LEMP)主要频段在 10MHz 以下，主频低于 1MHz，电磁场强度与雷电流幅值正相关，且随距离增加而衰减。雷电流峰值可达 100kA 量级，在离雷击通道数十米的位置，电场强度可达 100kV/m 量级，有效作用范围(1～10km 量级)也小得多。

太阳风暴引起的地磁暴在地磁场扰动幅度、时间特征、作用范围及感应产生地电场的特性等方面，都可与 HEMPE3 环境相比拟。监测数据表明，特大等级以上的地磁暴产生的地电场强度可达 1～10V/km，低于大当量核爆的 HEMP 晚期环境。区别在于，一次地磁暴活动可能持续较长时间，如在一两天内反复多次出现强扰动，而 HEMP 晚期环境只持续数百秒。

3　HEMP 对电力系统和油气管网安全的威胁

3.1　现代电力系统和油气管网的基本构成

电力系统由发电、输电、变电、配电和用电等环节组成的电能生产与消费关系，基本结构如图 3 所示。由于发电厂与负荷中心多数处于不同地区，且电能无法大量存储，其生产、输送、分配和消费

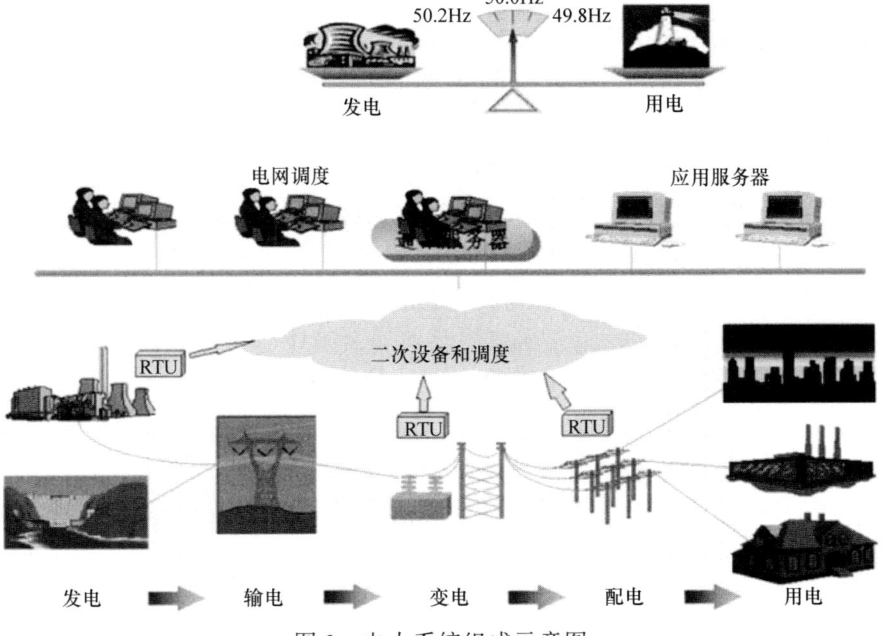

图 3　电力系统组成示意图

都在同一时间完成，电能生产必须时刻与消费保持平衡。电能的集中开发与分散使用，电能的连续供应与负荷的随机变化，制约了电力系统的结构和运行。而电力系统的二次设备肩负着对一次设备(发电机、变压器、断路器等)进行监察、测量、控制、保护、调节的使命，由大量测量仪表、自动控制设备、计算机、信号设备和控制设备等组成。

1) 现代电网主要特征

第一，我国电网目前及未来规划中，电网的电压等级、输送距离和容量、交直流混联特征等都达到世界之最。传输能力和效率大大提高，但也使电网运行的安全余量大大降低，如国网交流(1000kV)2013年比2012年输电线路长度增加202.78%，变电设备容量增加116.67%，总容量增加8.42%，达到483427万kW。直流特高压(±800kV)，2013年比2012年输电线路长度增加29.93%，变电设备容量增加6.74%，南方电网已形成交直流并联大电网。第二，高度自动化、信息化的通信设备广泛应用导致电力系统容易受到灾害与攻击的破坏，其运行控制的自动化水平大大提高，电子设备在电力系统每个环节主要依靠计算机。自动化设备/系统，以南方电网为例，110kV及以上保护装置约4万套，35kV及以上综合自动化系统7072套，EMS共82套，已有自动化配电终端59248个。第三，电网高度互联化，系统的广域特征更明显(图4)。因此，现代电网在HEMP作用下脆弱性非常明显。

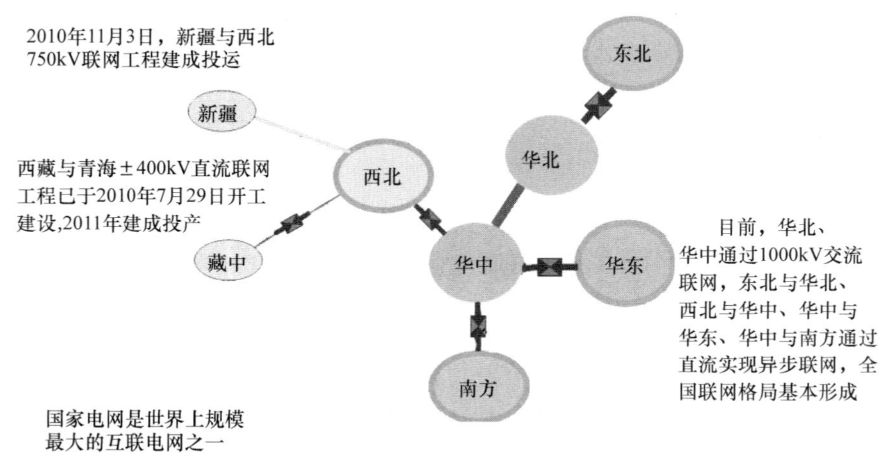

图4　电网互联、广域特征日趋明显

2) 油气管网组成及基本情况

油气管道覆盖的地理空间跨度大，生产时效性很强，要求连续运行，确保安全至关重要，而且强调各生产环节的分工与协作，同时追求整个系统的有效运转，因此要求集中统一管理。为了提高油气运输过程的自动化程度和生产管理水平，在我国已建和新建管道工程项目中，大都采用了SCADA(监视控制与数据采集)系统。利用SCADA系统实时采集现场数据，对油气输运过程进行实时监视，实现生产运输过程的本地或远程自动控制。目前基本实现“有人值守、无人操作、远程控制”的目标。例如，中石油在各站设站控系统、监控阀室设置RTU系统，完成站场和阀室工艺设备的控制和运行，通过广域网的方式将各站控制系统、阀室RTU连接起来。

站控系统由PLC系统、ESD系统、冗余通信服务器、操作员工作站、打印机、交换机、路由器、串口服务器和不间断电源(UPS)等设备组成，主要完成站内工艺数据采集、监视和控制等功能，并向调度中心传送实时数据，接受调度中心下达的任务。站控系统完成站场内工艺过程的数据采集和监控，同时将工艺、设备运行状况和各种参数通过通信系统(光纤、卫星和公网电路)传送至主调控中心和备用调控中心，并接受调控中心下达的命令。在油气管道各地区公司监视中心设SCADA远程监视终端，以便区域管理中心掌握本区域和全线的运行状态。在地区公司设置数据维护服务器和监视工作站，可监视所管辖输气管道的运行状况并进行远程诊断与维护。

另外，我国埋地输油输气管道材料为钢管，由于土壤是具有固、液、气三相毛细管的多孔性胶质体，土壤的空隙被空气和水充满，水中含有一定量的盐使土壤具有离子导电性，成为一种特殊的电解质；土壤物理化学性质的不均匀性和金属材质的电化学不均匀性，构成了埋地管道的电化学腐蚀条件，加之土壤中的细菌腐蚀、杂散电流腐蚀，长距离大口径的金属管道埋入地下必然要遭受严重的腐蚀。目前，国内外埋地钢质管道广泛采用“以涂层防护为主，阴极保护为辅”的联合保护方法，对防护层缺陷处的暴露金属进行集中的阴极保护。阴极保护是基于电化学腐蚀原理的一种防腐蚀手段。

我国中石油现有 5.6 万 km 油气干线，共有 14 套 SCADA 系统，分中心—站场—就地三级控制，两个总的油气调度控制中心(一个备份)，2015 年将增加到 8 万 km。美国油气干线已达 50 万公里。我国油气管网特点包括国内外管道互联，属“大规模”管网；属于高、中、低纬度“跨越”管网；西气东输三线同走廊建设，属“复杂性”管网；属地质环境参数“多变性”管网。

3.2 HEMP 效应机理

HEMP E1 环境主要通过瞬态电磁场与目标耦合，感应出电压电流，超过电子设备/电子系统的敏感度阈值时，产生扰乱、损伤甚至损坏。典型的耦合途径有：孔缝/线缆耦合、天线耦合、介质材料穿透等。电力系统中容易受到 E1 环境损伤的重要设备/分系统有：电网调度控制中心，包括计算机、SCADA/EMS、通信、控制等自动化设备/系统；枢纽变电站的二次保护控制设备，如继电保护器、无功补偿装置；直流输电换流阀等大型电力电子装备；变压器、绝缘子、断路器等电力设备，主要是电压等级 110kV 以下的线路设备等。油气管网中容易受到 E1 环境损伤的主要系统和设施有广域分布的 SCADA 系统和控制调度中心。

HEMP E3 环境伴随强烈的地磁扰动(几千纳特每分钟)，变化的磁场会产生几伏每公里至几千伏每公里的地面电势(ESP)，从而在系统内部产生近似直流(频率在 0.001～0.1Hz)的磁感应电流(GIC)。当电力系统变压器流过 GIC 时会产生直流偏磁，引起励磁电流大幅增加、铁芯饱和程度加深、漏磁通加大、绕组等部件涡流损耗增加、绕组电动力增大等现象，进而导致局部过热、振动和噪声加剧，使得变压器机械性能、抗短路能力下降，从而在遭受外部突发短路故障时引发更大的电网事故。E3 环境在油气管网上产生的 GIC，会导致管道地电位 P/S 超标，影响与管网连接具有接地点的保护装置、仪表和传感器等设备正常工作，甚至将其烧毁。

3.3 HEMP 对电力系统的毁伤效应已得到证实

美国和苏联在 1958～1962 年共进行了 18 次高空核试验。爆炸威力从 1000～2000t 到数百万吨 TNT 当量，爆高近 30～480km，典型的如美国 Starfish 试验和苏联 Test184 试验。美苏高空核试验的真实 EMP 测试数据及对军事系统的毁伤效应数据直到今天仍然是高度保密的。公开的文献资料中，仅美国 Starfish Prime、苏联 K-3(Test 184)两次试验有部分关于民用基础设施和电力电子设备的效应现象被解密或阐述，科学家依据后来发展完善的 EMP 理论进一步对这些 HEMP 效应进行了深入分析。

美国 Starfish 试验的目的是测定高空核爆炸在破坏雷达预警系统、防御敌方来袭导弹方面的用途。试验地点为太平洋中部、赤道以北的 Johnston 岛，运载核弹头的雷神(Thor)导弹实际到达最大高度约为 1100km，核弹头处于下行轨迹下降到 400km 高度时被引爆。爆心与美国夏威夷州首府檀香山(Honolulu)的直线距离为 1445km。试验的核弹头是一枚设计当量约 1.4Mt 的 W-49 氢弹核武器。

此次试验提供了大当量爆炸对通信、雷达影响的大量资料和高空大气层地球物理效应的有关数据。主要的试验现象包括：在 Johnston 岛东北方向距离约 1200km 的夏威夷岛上看到明亮的闪光；引起美国无线电通信中断 20min；地磁场产生扰动；爆后产生了人造辐射带，使多颗卫星相继受损失效等。试验产生的 HEMP 远远超过预期，使大量的测试仪器超出量程，给获取准确测量数据带来极大困难。此次试验在上千公里以外的夏威夷引起的电气损伤也使得 EMP 效应为公众所知晓，试验产生的 EMP 瞬间关闭了檀香山地区约 300 条路灯，触发了空袭警报和大量的防盗警铃，并导致当地一家电信公司的微波链路失效。

苏联 Test 184 试验的爆心位于哈萨克斯坦境内，试验爆高为 290km，地面可视区域的覆盖半径达 1900km，足以产生覆盖整个哈萨克斯坦的 EMP，最强效应出现在哈萨克斯坦中南部区域。关于这次试验的 HEMP 效应现象，已经解密的信息主要来自俄罗斯科学家 Vladimir M. Loborev 在 1994 年欧洲电磁学会议上的一篇文章(题为《NEMP 问题的目前现状及主要研究方向》)。正是在这次会议中，除苏联国防科学家和工程师以外的大多数人才第一次知晓哈萨克斯坦在 1962 年经历的 EMP 问题。在会议报告和论文中主要谈到的是哈萨克斯坦地区民用基础设施遭受的 HEMP 损伤，以效应目标物尺度、作用距离等方式给出 EMP 对民用基础设施的毁伤示意图如图 5 所示。

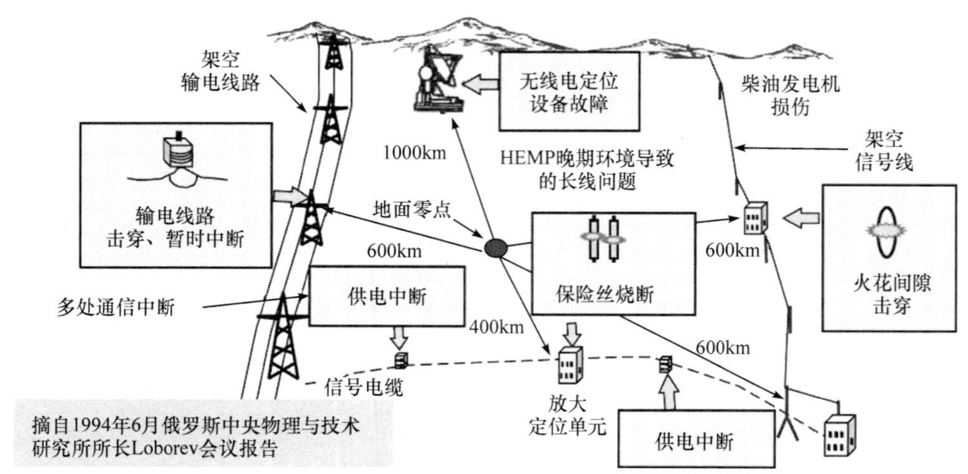

图 5　苏联 Test 184 高空核试验产生的 EMP 对民用基础设施的毁伤示意图

效应现象包括以下七种类型。

(1) 埋地通信线路失效：距地面零点 400km 以外的一条主干通信线路(埋深约 1m)受损中断。

(2) 架空电力线失效：距地面零点 600km 的架空输电线路发生绝缘部件闪络或击穿，导致短路，部分线缆从支架上脱落、触地。

(3) 架空通信线路失效:距地面零点 600km 的架空通信线路所有的过电压保护器和保险丝都被烧断。

(4) 输变电站故障：缘于变压器烧毁和部分火灾。

(5) 火灾:在爆心投影点数百公里的 Karaganda 市区与地下长电力线缆相连的发电厂发生了由 EMP 引起的火灾。

(6) 军用柴油发电机损伤：感应电压致使发电机内绕组的介质击穿，启动后在动力电压作用下进一步发展为热穿孔，最终使整个发电机停止工作。

(7) 电子系统失效：尽管 1962 年的无线电设备普遍采用耐受 EMP 冲击的真空电子管，HEMP 仍然导致距爆心投影点 1000km 的雷达、600km 外的无线电设备失效。

试验期间对地磁扰动的监测数据反映了晚期 HEMP 环境的强度。在距爆心投影点数百千米外的地区测得的地磁扰动在爆后 20s 达到 1300nT/min，在此后 1min 内逐渐衰减。

在二十世纪七八十年代先后开展的地面模拟试验测试和仿真分析进一步加深了人们对这些效应现象的理解。分析表明，E1 环境在电力线上感应电压可达数百千伏，实验结果显示在 110kV 输电线路加电状态下，感应电压脉冲峰值达 350kV 时绝缘子滑闪失效，电压峰值达 400kV 时变压器低压绕组烧毁。E1 环境在变电站室外线缆上感应电压脉冲可达 10～100kV，在网络线路上感应电流脉冲可达几百安培。部分研究机构利用脉冲辐照法和注入法对计算网络模型、SCADA 远程和主终单元、可编程逻辑控制器(PLC)和数字控制系统(DCS)、继电保护等电子设备进行了测试验证，结果表明每一个被测试系统/设备都已失效，甚至烧毁(烧毁阈值为 0.5kV)。

3.4　HEMP 对电力系统和油气管网的安全威胁评估，提出应对措施

美国十分重视 HEMP 对电力系统的威胁评估。研究认为：由于电力系统广域分布及 HEMP 环境特

点，无法开展大系统的模拟试验，需要采用“节点+建模仿真+评估”的研究方法。早在 1983 年，在美国能源部的支持下，橡树岭国家实验室(ORNL)牵头开展了系统性的技术研究，并于 1992 年提出第一次评估报告，以后利弗莫尔国家实验室于 1993 年、1995 年两次开展研究。ORNL 在 1993 年得出评估结论：主要考虑 E1，EMP 只会造成可隔离性的永久性破坏，几小时内就可以恢复供电。

进入 21 世纪，随着美国电力系统的发展(高电压、大容量输电)，特别是大量采用计算机、SCADA、DCS、PLC 等 HEMP 易损性电子设备，更加重视 HEMP 威胁，国会分别于 2001 年和 2006 年两度成立 EMP 委员会，耗时多年(2001～2008 年)对十大类关键基础设施的 EMP 易损性进行威胁评估，关注的核心首先是电力、SCADA 系统和通信基础设施。由于评估技术的发展及借鉴地磁暴 GIC 对电力系统损伤效应研究成果，2010 年评估报告结论为：如果在美国大陆中部上空发生 HEMP 攻击，考虑 E1 和 E3，会产生 5000nT/min 地磁扰动，造成电网超过 300 个大型变压器损坏，大范围电力崩溃将影响美国 40%的人口，完全恢复可能要数年。

美国通过评估，提出应对措施，在防御策略上，不求全面加固防护，采取“节点加固+应急准备”的思路，争取减缓效应，快速恢复。通过评估，EMP 委员会提出了落实防御行动、提升防御能力的建议(包括应对措施和科研及技术开发)，对电力系统应对 HEMP 的措施有十几条，明确需要资金投入的措施主要有：

(1) 科学划分区域子网(电力孤岛)，用 DC 背靠背互联，如将东部系统分成 6 个以上的子区域岛(每个岛的建设费＄1 亿～1.5 亿，运行费＄500 万/年/个)。

(2) 提高电网黑启动能力(新的黑启动发电设备每台成本＄1200 万，共计 150 个)。

(3) 应急电源控制系统加装 EMP 保护装置(＄3 万/个)，多处安装应急发电设备(每处约＄200 万～500 万)。

(4) 主要变压器和继电保护等高价值组件的 EMP 保护(＄2.5 亿～5 亿)。

(5) 高价值变压器加装可切换的接地电阻(＄0.75 亿～1.5 亿)。

(6) 重点发电厂(5000 个，重点控制系统)EMP 保护(＄1 亿～1.5 亿)。

(7) 建设 3 个模拟和训练中心(建设费＄1 亿～2.5 亿/个，运行费用＄2500 万/年)。

预计总共需投入经费＄30 亿～36 亿，加上其他不能完全确定的经费投入，估计不会超过＄50 亿。评估报告还认为这些投入比起大停电引起的损失经济上是可以承受的，技术上是可行的。例如，2003 年 8 月 14 日发生的美加大停电，给美国造成的经济损失约为＄300 亿/天，如果发生 HEMP 攻击，经济损伤将更严重。

技术研发由美国国土安全部、能源部设立科技专项，组织攻关，落实防御行动。既提高电网安全性，也引领了新技术发展：

(1) 美国国土安全部设立“恢复型变压器(RecX)”项目，发展模块化，可车载运输、可快速安装使用的大型变压器(已研制出样机挂网运行)；还启动了基于非导磁构件的变压器研制；在“恢复型变压器(RecX)”项目中，原型模块设计用于代替最常用的 345/138kV 自耦变压器，性能指标及可靠性指标不降情况下，重量减至 57t，可车载运输和快速安装(20h 运输 1300km，5d 内安装到位并励磁通电)。

(2) 美国设立“弹性电网(REG)”项目，研发了可供工程应用的高温超导电缆，将配电变电站互联，避免级联崩溃。

(3) 美国能源部通过“智能电网”项目提高防御能力。

油气管网基础设施评估后提出的主要结论和建议：

(1) 美国联邦政府应该率先认识石油和天然气基础设施面临 EMP 的威胁，并且认为是可以有减轻 EMP 影响的措施。

(2) 论证对需求量大且订购周期长的部件建立国家库存可行性。

(3) 关键部件实施保护，对 SCADA 及过程控制系统建立资源清单；确立关键部件 EMP 加固的优先次序；开展 SCADA 及其他数字控制系统的加固技术研究，制定新的行业标准；加固成本应由政府支持一定比例的费用。

(4) 建立备用控制中心，要保证备用中心与主控制站点之间保持足够的地理分散性，以避免单次 EMP 事件造成的同时性损伤。

(5) 进行应急反应和快速恢复的培训和演习。

美国从国家政策层面推进举措包括：

(1) 法令法规完善。2011 年 1 月 16 日美国国会通过了“电力系统基础设施安全防护(SHIELD)”法案；2013 年 2 月 2 日，美国颁布第 21 号总统令：重要基础设施的安全和恢复，要求国家动员系统在预防、防护、减缓、响应和恢复方面进行整合。

(2) 组织体系健全(国会、国土安全部、能源部、国防部等)。

(3) 国家和企业共同承担，如 HEMP 防御措施所需资金分别由行业与政府筹集，其中政府负责资助与 HEMP 直接有关的活动，而企业负责资助包括提高系统可靠性、效率和有商业利益等其他活动。

3.5 国内能力现状

与美国、俄罗斯等国家相比，我国发展现状总结如下：

(1) 对能源基础设施面临的 HEMP 威胁缺乏基本认识。当前快速发展的电网、油气管网等能源基础设施，设计过程中没有考虑防御 HEMP 攻击的战备要求，对 HEMP 认识严重不足；亟须在规划、设计、建设、运营各个环节强化战略意识，将 HEMP 防御能力纳入总体考虑。

(2) 在技术研究能力方面，可以借鉴已有的基础。例如，HEMP 环境仿真模拟、电磁场耦合计算、雷电防护及电磁兼容设计，电网安全运行方面已有大量的理论研究和实践基础，成功地实施三个安全准则、形成三道防线，但目前只基于单一故障原则，即 N-1 或 N-2。在 HEMP 环境下电网可在大范围产生故障，是 N-m 的故障，可能使第三道防线即电网主动解列失效，需要发展新的理论和技术。

(3) 在试验条件方面，我国已具备一定的试验、研究条件。西北核技术研究所已建成大型 HEMP 模拟装置；西安交通大学电气工程学院成立了电磁脉冲研究中心。

(4) 拟设立智能电网重大工程项目。拟定了 4 项任务，包括大规模可再生能源并网调控、大电网柔性互联、多元用户供需互动用电和智能电网基础支撑技术。我国智能电网有自己的特色，在大电网柔性互联任务中要立足解决±1100kV 特高压直流输电技术、交直流混联电网系统运行控制技术、研发出智能电网输变电配套设备。智能电网具有“自愈”“包容”“鲁棒(抗扰能力)”的优势，使系统具有抵御人为攻击和自然灾害的能力。但是其所用的电子/信息系统对 HEMP 是比较敏感和脆弱的，并且由于我国智能电网的特色，总体上还需要考虑 HEMP 效应、必要的防护及电网快速恢复力研究。

4 地磁暴对油气管网和电力系统安全的威胁

20 世纪 80 年代以来，地磁暴造成油气管网腐蚀、多次大停电等严重事故，引起国际上的高度重视。在油气管网中，地磁暴加速管网腐蚀，干扰、损毁管网阴极保护装置和仪器仪表等，引发油气管网安全事故。在电网中，变压器直流偏磁引起振动、噪声增大，严重时造成变压器烧毁、输电线功率振荡甚至跳闸，导致大停电。

2009 年，美国国家科学院《灾害空间天气事件对社会和经济的影响》评估报告，把太阳风暴引起的地磁暴对电网的影响列为对美国社会危害最大的自然灾害，认为百年一遇的超大磁暴可致社会瘫痪多年。经过多年的研究，国外对太阳风暴引起地磁暴的影响有了清楚的认识，已列为国家重点发展领域，在 GIC 监测、防灾技术和产品研发等方面采取大量措施，包括：

(1) 美欧均制定战略计划，先后发射多颗太阳观测卫星，监测太阳活动，提供预警服务。

(2) 北美、北欧国家对石油管道监测地磁暴影响，芬兰还提供管道的监测现报服务。

(3) 北美、北欧国家在电网应用地磁暴 GIC 监测装置，美国已将变压器 GIC 列为超高压变电站的常规监测项目。

(4) 加拿大魁北克 1990 年起投资 8.34 亿加元，安装电网 GIC 抑制装置，并更改保护定值作为临时防御措施。

我国对油气管网和电网受地磁暴影响虽然已有一些研究，但研究基础和国外相比还比较落后，与我国油气管网和电网快速发展的需求不相适应。一是，我国虽然已在变压器中性点安装了数百套直流电流监测系统，但对地磁暴产生的 GIC 监测仍不够广泛，且油气管网还没有地磁暴监测系统应用；二是，对地磁暴灾害问题普遍认识不足，片面强调我国地理纬度低的优势，以及尚未发生过重大事故的现实经验；三是，在新的发展形势下，对电网、油气管网可能遭受的地磁暴灾害，缺少足够的关注和全面深入的研究分析。

部分研究机构利用中石油北京油气调控中心 SCADA 系统的监测结果，对西气东输管道部分阴极保护站的管地电位 P/S 数据进行了分析，结果表明，所有站的管道都处于强腐蚀状态。例如，2013 年 6 月 29 日对西气东输一线，2014 年 2 月 27 日对西气东输二线和中亚油气管道部分管地电位 P/S 监测结果的分析显示，所有站的管地电位都已超出阴极保护标准规定的范围，管道处于强腐蚀状态；阴极保护装置没有起到应有的保护作用，设计寿命为 30 年的西气东输管道，目前已有多处损坏。利用国家地磁台监测数据进行仿真计算和对比分析，结果表明，管地电位波动和幅度超标由小地磁暴引起。2012～2014 年部分地磁暴事件对西气东输二线管道的影响分析表明，GIC 峰值可达数十安，阴极保护装置在地磁暴期间大部分时间处于失控状态。

中俄天然气管道连接后，跨国互联管道总长度增加到约 6700km，延伸到中高纬度地区，地磁暴影响将大大增强。按照 2004 年 11 月 9 日获得的特大地磁暴数据(地电场 1.0V/km)，计算了西气东输一线、中俄管道的 GIC 和管地电位，在东向地电场作用下，GIC>200A 的站达到约 30 个，如不采取有效的防护措施，遇到这样的情况，地磁暴对管道的腐蚀和管网设备的损伤将难以想象。

在电网方面，对已有观测数据的分析表明，地磁暴已影响到 220kV 和 500kV 电网；同等条件下 500kV 变电站 GIC 更大。图 6 为 2004 年 11 月 9 日岭澳核电站变压器中性点 GIC 与肇庆地磁台地磁场监测结果对比。由图可见峰值为 75.5A，1min 平均最大值峰值为 50.5A；地磁暴引起的 GIC，与 HVDC 工程调试时接地极入地电流引起的测试结果，在波形上有明显区别。

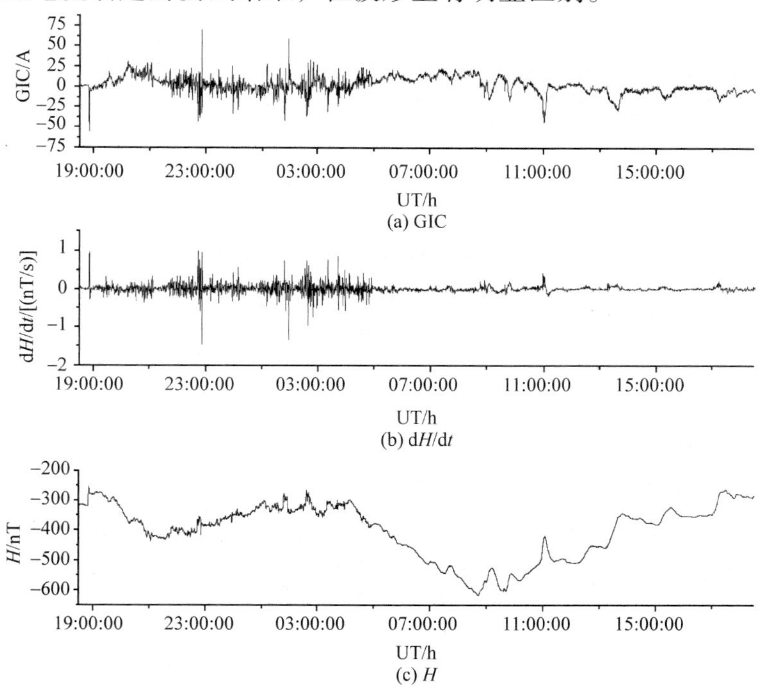

图 6　岭澳核电站变压器中性点 GIC 与肇庆地磁台地磁场监测结果对比

对陕甘青宁 750kV 规划电网(2010 年版)的 GIC 计算分析表明，对 2004 年 11 月 9 日级别的特大地磁暴，渭南、永登等多个变电站 GIC 可达 100A 左右。对皖电东送、淮南—上海、浙北—福州 1000kV 特高压输电线路的 GIC 计算分析表明，对 2004 年 11 月 9 日级别的特大地磁暴，东向地电场可使上海等站 GIC 达 300A 以上。对规划中的“三华”1000kV 特高压电网 GIC 计算分析表明，对 2004 年 11 月 9 日级别的特大地磁暴，东向地电场可使上海、潍坊等站，以及多条主干线路 GIC 达 400A 左右(图 7)。

综上所述，我国的油气管网纵横交错，多国互联，长度属世界之最，跨越高(接近)、中、低纬度，

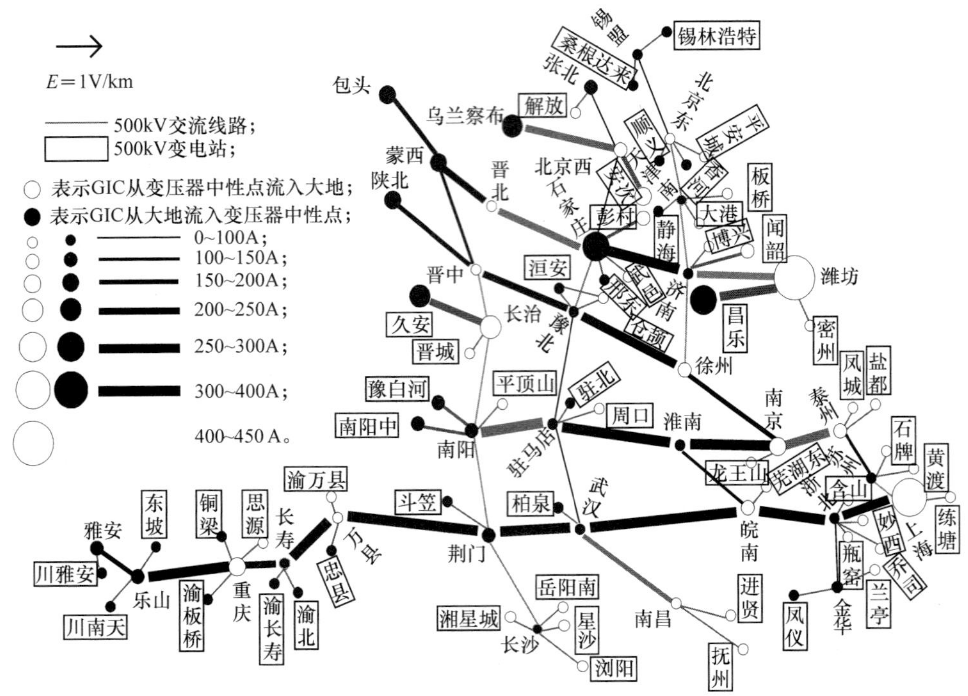

图 7 “三华”1000kV 特高压电网 GIC 计算结果

多线同走廊并行，属于“复杂性”管网，易受地磁暴影响。即使在小地磁暴作用下，油气管网的阴极保护装置都会失效，从而加速管道腐蚀；如发生特大或超大磁暴，其后果可能是灾难性的。我国的电网，目前及未来规划中的电压等级、输送距离、容量和交直流混联特征都达到世界之最，有可能在特大地磁暴等级下产生比国外在超大地磁暴等级下还要大的 GIC，酿成重大事故。

5 对策建议

5.1 地磁暴灾害防御

我国对油气管网和电网受地磁暴危害认识不足，相关的监测手段建设刚刚起步，防御研究落后，建议：

(1) 将油气管网和电网地磁暴灾害防御纳入国家防灾减灾任务体系和“十三五”规划，并给予重点支持。

(2) 加强基础研究和关键技术/产品研发，如灾害机理、规律、评估技术、预报方法、基础数据获取等；地磁暴防护技术、防护材料、系统防护设计及策略，防护产品研发、标准和规范等。

(3) 建设地磁暴 GIC 监测网。对油气管网，先在一条典型油气管道选取一定数量的阴极保护站进行试点，完成验证性实验，然后再逐步推广；对电网，在已有监测的基础上进一步完善，再建立 GIC 监测示范工程。

(4) 适时建设地磁暴防御示范工程；分别建立油气管网和电网地磁暴灾害防御示范工程。

5.2 HEMP 防御

HEMP 防御旨在提升信息化时代的国家战略防御能力，削弱敌方对我方的威胁，以慑止战，保障国家安全。对电力系统等能源基础设施而言，防御 HEMP 能力内涵包括：第一，基于现代作战体系的运转越来越依赖于国家能源基础设施；第二，应使其在 HEMP 攻击下的损失能控制在可承受水平，经济运转和社会秩序不受致命影响，能支撑国家的持续作战能力。

适合能源基础设施的防御应遵循节点防护、应急准备、快速恢复的原则，具体应对策略包括：

(1) 降低整个系统的易损性。主要通过核心节点的加固防护、减缓毁伤效应的工程技术措施来实现。

(2) 提升基于试验评估的风险认知和管理水平。

(3) 健全应急通信和管理体制。

(4) 提升快速恢复能力。发展最低限度保障、启用备份、紧急修复和整网重启等技术。

(5) 应急演练与人员培训。

其中，电力系统 HEMP 防御研究要点包括：

(1) 分析评价我国电网安全现状。分析结构特点，摸清关键设备的考核验收水平，以及电网的容灾抗毁、应急准备情况。

(2) 电力系统的 HEMP 易损性评估。环境模拟，耦合途径(线缆、内部电路)，设备/分系统级的效应模拟试验(优先试验清单、试验方法、试验技术、试验条件)，效应数据，失效概率及评估等。

(3) 分析评估受损后电力系统失效及崩溃过程对电网安全的影响，研究 N-*m* 故障条件下新的评估理论和技术。

(4) 电网快速恢复技术，包括故障识别和隔离、黑启动策略和动态性能。

(5) 关键节点防护技术，主要是变压器、继电保护设备、SCADA 系统等防护技术、防护器件和材料研发。

(6) 进行技术性的示范验证。

弹性电网及其恢复力的基本概念与研究展望*

摘要：恢复力是系统对扰动事件抵御、适应以及快速恢复的能力。随着全球自然灾害逐渐增多以及反恐意识的增强，构建对极端扰动事件具有恢复力的“弹性电网”已成为各国政府着力发展的国家战略，同时智能电网的快速发展也为弹性电网的研究提供了新的机遇。文中详细介绍了弹性电网及其恢复力的基本概念与各国的研究现状，并从弹性电网需要应对的扰动事件、评估理论、恢复力提升策略等方面入手，详细分析弹性电网及其恢复力研究方向和重点，以及在智能电网框架下构建弹性电网的具体措施。最后对弹性电网研究进行了展望，提出了进一步深入研究的方向。

0 引言

恢复力(resilience)的概念最早由加拿大生态学家 Holling 引入生态学领域[1]，之后逐渐扩展到环境科学、社会学以及工业界等领域，恢复力广泛应用于评价个体、集体或系统承受外部扰动以及扰动后恢复的能力[2-6]。随着全球灾害威胁的增加，研究人员开始对灾害恢复力展开研究，尤其是基础设施系统在极端自然灾害以及人为攻击下的恢复力研究得到越来越多的关注。

电力系统运行规划需满足一定的可靠性指标,以保证系统持续稳定供电。现代电力系统一般能快速识别元件故障、隔离故障并进行修复，电网的发展推动着电力系统可靠性的不断提高[7]。智能电网概念的提出，使电网进一步向互动、自愈、高安全性与高可靠性发展，其中基于在线仿真决策的灾变防治系统为电力系统抵御大规模连锁故障提供了有力保障。但近年全球发生的诸多事故凸显了电力系统对难以预测的极端灾害事件的准备不足、甚至极为脆弱的弱点。例如，日本福岛大地震及海啸，美国加州 Metcalf 变电站恐怖袭击，2008 年中国南方冰灾等极端事件[8-13]的发生，给电力系统带来了严重破坏，造成大范围、长时间的停电，严重影响居民生活以及负荷的供电。

电力系统作为关系到国家安全和国民经济命脉的重要基础设施，不仅要满足正常环境下的可靠运行,更需要能在极端灾害发生时维持必要的功能。在此背景下,构建有恢复力的弹性电网(resilient power system)逐渐成为各国政府着力发展的国家战略。“弹性电网”形象地反映出系统对扰动快速灵活响应的能力，其最重要的特征即是恢复力。弹性电网能够更好地应对小概率—高损失极端事件，能及时将事件影响范围最小化，在灾害破坏无法避免的情况下，还能灵活适应环境变化并有能力快速恢复电网供电能力。构建弹性电网，提高其恢复力已成为当今电力系统面临的新的要求与挑战。

另一方面，智能电网的快速发展，使电力系统具有更高的灵活性、安全性、更高的电能质量、自愈能力，尤其是分布式电源、微电网、主动配电网等技术赋予了电网更多灵活有效的故障应对策略，使得弹性电网恢复力的主动提升成为可能。因此，开展弹性电网恢复力的研究也是智能电网发展的必然趋势。

本文将介绍弹性电网及其恢复力的内涵，概述目前各国、地区在弹性电网方面进行的工作，并详述现阶段弹性电网及其恢复力的研究方向和重点。

1 弹性电网及其恢复力的概念

英文 resilience 源自拉丁文 resilio，意思是弹性、回弹、恢复，中文里常被译为“恢复力”[2]。恢复力的概念广泛应用于诸多学科中，但学术界对恢复力的准确定义尚没有定论。在传统的系统工程中，在规划设计阶段，系统一般会考虑系统风险，并留有相应裕度，使系统在面对扰动时仍能保持一定程

* 该文原载于《电力系统自动化》，2015 年第 39 卷第 22 期。

度正常运行[6]。对电力系统而言，基于概率的可靠性评估或风险评估的应用范围正是这一类问题。相比传统的运行风险，恢复力强调的是系统应对规划阶段无法预料的小概率极端事件的能力，这类事件包括日益频发的各类自然灾害和人为袭击。这里将具有恢复力的电网结合中文的习惯译为“弹性电网”，“弹性”形象地阐明了对电力系统提出的新要求：即不仅增强系统抵御能力，更强调在面临无法避免的故障时，系统能有效利用各种资源灵活应对风险，适应变化的环境，维持尽可能高的运行功能，并能迅速、高效恢复系统性能。这些要求都是传统电力系统规划、运行所不曾涉及的。

美国能源部在 2009 年发布的《智能电网报告》中首次明确了恢复力应该是智能电网的一个显著特征[14]。同年，美国国土安全部公布的《国家基础设施保护计划》同样将恢复力纳入其中，在 2010 年发布的《能源领域专项计划》[15]报告中，明确提出建立弹性电网，提高其恢复力。但是，恢复力到底是什么？表 1 给出了学术界、政府部门以及联合国减灾办公室提出的恢复力的概念。更多领域的恢复力概念可以参考文献[16-18]。

表 1 恢复力定义的总结

Table 1 Definitions of resilience

来源	概念	典型特征	针对对象
C.S.Holling[1]	系统承受、吸收扰动量，并保持系统稳定的能力	承受、吸收	生态系统
M.Bruneau[19]	社会机构抵御灾害、控制灾害蔓延，进行快速恢复，最小化社会波动的能力	四个维度：技术、组织、社会、经济；四个属性：鲁棒、冗余、智能、快速	灾害管理
E.Hollnagel[20]	系统识别、适应、吸收外界扰动与破坏的能力	识别、适应、吸收	工业系统
美国总统政策指令 21 号[21]	对恐怖袭击、网络攻击、自然灾害所具有的预先准备、承受、适应、抵御以及快速恢复的能力	预先准备、抵御和恢复	重要基础设施系统
美国国土安全部[22]	对潜在破坏性事件具有的预防、承受、抵御和快速恢复的能力	鲁棒性、智慧性、恢复性	重要基础设施系统
英国内阁办公室[23]	资产、网络、系统对扰动事件预警、吸收、适应以及快速恢复的能力	可靠性、抵御性、冗余性、恢复性	重要基础设施系统
联合国减灾办公室[24]	系统、社区、社会对灾害抵御、吸收、适应、快速高效恢复的能力	抵御、吸收、适应、恢复	基础设施、社会、经济

由表 1 可以看出，恢复力定义虽然各有差异，但内涵基本一致。结合电力系统的特点，对现有电力系统恢复力定义的共性进行了归纳和整理，可以得知恢复力指的是电力系统对于扰动事件的反应能力，是弹性电网具有的主要特征，应该具有以下三个方面。

1) 当系统遭遇扰动事件前有能力针对其做出相应的准备与预防。
2) 当系统遭遇扰动事件过程中系统有能力充分地抵御、吸收、响应以及适应。
3) 当系统遭遇扰动事件后有能力快速恢复到事先设定的期望正常状态。

图 1 给出了电力系统遭遇扰动到恢复的示意图，并标明了恢复力在各阶段的具体表现。

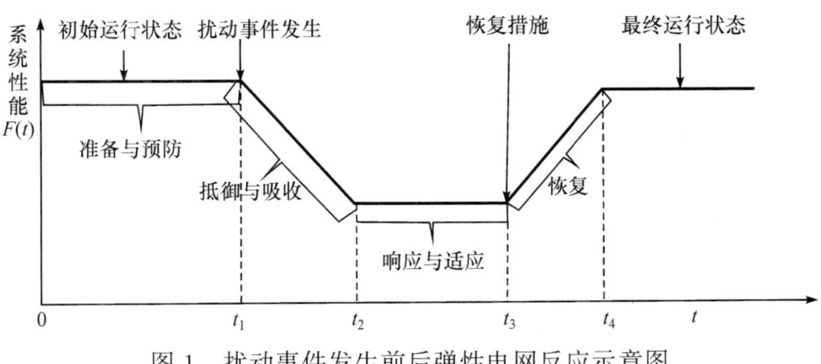

图 1 扰动事件发生前后弹性电网反应示意图

Fig.1 Notional resilient power system response to disruptive event

针对全球范围内几次大停电，中国学者提出了电力系统灾变防御系统，所谓灾变即因电网某一局部故障，且由于控制措施采取不当或不及时、电网结构不合理、继电保护装置误动或拒动导致了系统的连锁性故障以至于大面积停电[25]。中国 1981 年颁发、2001 年修订的《电力系统安全稳定导则》明确了三类稳定性故障[26, 27]，在此基础上，文献[28]定义了中国灾变防御系统分别为应对三类故障的三道稳定防线：经济运行与静态安全保障体系、紧急控制系统以及紧急解列控制系统；文献[29]研究了美国、俄罗斯、英国、日本等国家曾发生的停电事故，提出中国建立停电应急预案的重要性，建议在中国设立独立的国家危机管理协调机构；文献[30,31]提出电力系统灾变防治系统的核心是“数字电力系统”,即通过数据采集、实时仿真以及实时决策实现对实际发输电系统的再现；文献[32]为现代电力系统设计了自适应时空优化的停电防御框架，论证了广域测量与数据挖掘、在线稳定量化分析和控制、多道防线优化协调是该防御框架的核心功能。

弹性电网虽然与灾变防御体系在概念上有所类似，但实际内容上存在许多不同，如表 2 所示。

表 2 弹性电网与灾变防御系统对比

Table 2 Comparison between resilient power system and collapse prevention system

对比项目	弹性电网	灾变防御体系
故障模式	小概率-高损失事件	局部故障引发的连锁反应
典型事件	严重自然灾害或人为攻击、电磁脉冲(EMP)攻击等	无功不足而导致电压崩溃、系统元件的保护或自动装置拒动或误动等
作用范围	更关注配电网	大电网为主
具体手段	智能电网、智能通信测量系统；分布式电源、储能以及微网等	经济运行与静态安全保障体系，应急控制、解列控制以及最佳恢复策略(黑启动预案)等

弹性电网及其恢复力主要针对小概率-高损失的极端事件而言，这类事件发生地点、发生频率、故障模式难以预测，往往造成群发性故障，这类事件的防治是弹性电网所面临的新挑战；而灾变防御系统针对的通常是系统自身原因发生的连锁故障，目前该系统仅采集和处理电力系统内部的电气量，并没有将气象、地质等反映环境条件的信息和相应的预警分析融合进来，无法针对自然灾害等极端外部条件做出有效地预警，这是停电防御系统所具有的局限性[33]。据此，文献[34,35]提出中国停电防御系统需要考虑极端灾害，文献[36]总结日本电力系统在应对地震海啸过程中的经验，提出将中国三道防线理念扩展，将广域信息采集范围扩展到自然与社会环境，针对高风险事件，提高电力系统一次设施建设的标准，并加强紧急协调控制的能力，文献[37]进一步提出了自适应外部自然环境变化的调度防御系统的工程设计方案。

灾变防御系统概念的扩展以及弹性电网恢复力等新概念的提出，是随着人们对电网风险认识加深而自然产生的。前者一直以来是电力系统安全稳定运行的重要保障，后者则是当代对电力系统提出的新要求。在电力系统遭受冲击事件时，防御系统的作用主要体现在故障前以及故障中，但电力系统对小概率极端事件抵御的能力是成本极高而且有限的，弹性电网不仅从防御、更是从灾后快速恢复的角度提出了应对极端事件的新思路，尤其重视相对脆弱的配电系统[38]，对用户以及电网公司而言而弹性电网的出现将带来更多直接的效益。近来“弹性”“恢复力”等概念不仅得到各国各界的认识，并逐渐扩展为诸多重要基础设施的基本要求。中国已有大量相关研究为基础，更应在弹性电网的研究以及应用中把握先机。

2 弹性电网及其恢复力研究现状

目前恢复力的重要性已经成为全球共识。美国、欧盟、日本等国家地区政府机关均已明确提出恢复力是包括电网在内的重要基础设施必须满足的要求。根据《复苏与再投资法案》[39]，美国能源部与电力企业联合投资超过 79 亿美元于智能电网研究项目中，用于提高电网现代化，收集数据，研究弹性电网以及恢复力提升技术的研发。日本、欧洲也已成立相应的政府机构与科研部门，进行灾害恢复力方面的研究。2015 年 3 月在日本举行的第三次联合国世界减灾大会中，提高灾害恢复力作为重要议题多次出现在大会讨论中，大会通过的《2015—2030 年仙台减灾框架》也将灾害恢复力列为全球减灾方面四大优先行动之一[40]。

2.1 美国在弹性电网方面的研究

从前文介绍可见，美国是全球首先提出弹性电网目标的国家。目前，美国能源部、国防部及国土安全部已将构建弹性电网、提升其恢复力的研究提升到国家战略层面。太平洋西北国家实验室、橡树岭国家实验室、华盛顿大学等科研机构也纷纷成立研究团队开展相关研究。

近年飓风、暴雪对美国电力系统造成重创，特别是配电网因投资不足，设备老化，极易受自然灾害破坏，因此弹性配电网的自然灾害恢复力是美国研究的重点[41]。其次美国认为包括水电、油气、交通、信息在内的所有重要基础设施均应具有“弹性”，弹性电网是弹性基础设施系统的基础[42, 43]。目前白宫将建立气候恢复力能源公司产业合作项目(Partnership for Energy Sector Climate Resilience)集结了 17 个美国主要能源企业，就提高电网恢复力，建设弹性电网展开合作。

从目前美国政府及各电网的研究现状来看[38, 41, 44]，现阶段美国弹性电网及其恢复力研究重点包括以下方面：

1) 提高电网特别是配电网的投资，加强对老化元件的替换，检修，提高重要元件的设计标准。

2) 尽快开始弹性电网及其恢复力理论的基础研究以及建立有效的评估指标与方法。

3) 加强智能电网技术、分布式能源、用户侧装置、微网、电动汽车在防灾减灾中的重点作用。

4) 研究智能电网、智能通信测量系统的应用对弹性电网恢复力的影响。

5) 研究重要基础设施之间的相互依赖性，例如电力系统与通信、油气、交通、水利等在故障中的相互影响，建立弹性综合基础设施体系。

2.2 日本在弹性电网方面的研究

受地理位置因素的影响，日本自然灾害多发，防灾减灾一直是其国家政策的重点。但日本传统政策侧重的是灾害预防，在灾后应对方面有所欠缺[45]。

2011 年 3 月发生的东日本大地震海啸不仅使日本多地长时间停电，福岛核电站出现核泄漏危机也使得日本核能安全得到质疑，目前日本国内的 48 台核电机组仍处于停滞状态[46]。关停核电站之后，日本进口原油和天然气的数量显著提升，能源安全更易受到国际局势以及能源价格波动的影响。能源安全也加重了财政压力，日本在 2013 财年增加了 410 亿美元的额外支出用于进口天然气和原油，2013 年日本民用电价格提升了 10%，工业用电的增幅则达到了 15%[47]。

2014 年 4 月日本通过了第四版《战略性能源政策》[45-47]，该政策以全球的视角聚焦日本的能源改革。日本政府认为接下来的 20 年是日本能源“重要改革时期”，改革的主要目标可以用 3E+S 来概括，即实现 3E：能源安全，经济效率和环境保护(Energy security，Economic effect，Environment)以及 S：安全(Safety)。研究重点包括以下方面。

1) 转变防灾、减灾思路，将工作重点从灾害预防转移到增强电网恢复力，增强灾害抵御、灾后响应能力，提高紧急响应速度与效率。

2) 提高日本国内能源网络的恢复力，增加分布式电源以及新能源、沼气发电的比例，降低对化石能源以及核能的依赖。

3) 进一步提高气电、煤电效率。

4) 建立多层次的灵活的供电、用电结构。

5) 建立有弹性的能源结构，实现各能源系统互补。

2.3 欧盟在弹性电网方面的研究

气候变化使得欧洲夏季高温炎热天气增多，高峰时期负荷的激增对欧洲电网造成重大压力。此外欧盟能源大量依赖进口，欧盟周边国际局势的不稳定极大影响了欧盟能源安全[48]。欧盟在 2015 年成立战略性能源联盟合作框架(Strategy Framework on the Energy Union)以应对能源系统的新挑战[49]。对欧盟来说，开发新的能源资源，保证能源来源的多样性是保证能源恢复力的重点。为形成统一的“欧洲能源联盟”，各国需要加强电网、油气网的合作与交流，建立统一的能源安全战略目标，提高应对能源进口波动甚至中断风险的能力。具体目标包括以下。

1) 开展风险分析，加强风险管理，增加应对极端自然与人为扰动事件能力。

2) 保证能源安全，增进各国相互信任，增加能源来源多样性，包括能源结构、供应商以及供应线路的多样性。

3) 建立统一、一体化的欧洲能源市场，进一步实现区域电网互联。

4) 提高能源利用效率，构建低碳经济。

5) 加强科研、创新，利用智能电网技术，提高能源技术研发竞争力。

3 弹性电网及其恢复力的研究方向

电力系统作为国家重要基础设施，亟须对极端自然灾害以及未来可能发生的人为袭击做好准备。为使弹性电网理论尽快成熟，使研究结果能够切实指导未来弹性电网规划与运行，各国必须马上着手展开对弹性电网及其恢复力的研究。

结合弹性电网的研究现状以及实际应用，建议弹性电网研究应从如下研究方向起步。

3.1 明确弹性电网需要应对的扰动事件

电力系统是个复杂系统，面临着各种各样的扰动事件，各国、各地区研究弹性电网时应首先明确系统需要考虑的事件类型。为与传统的可靠性分析相区别，美国能源部强调弹性电网恢复力评估的是高风险-小概率事件[50]，表 3 给出了一些例子。

表 3 扰动事件分类及其来源

Table 3 Disruptive events for resilient power system

分类	具体来源
气候灾害	飓风、洪水、冰灾、干旱、持续高温等
地震灾害	地震、海啸
信息安全	通信、互联网系统袭击
物理安全	EMP 攻击、恐怖袭击
人为因素	外部施工、误操作等
内部原因	元件健康程度、设备老化、电磁力、电弧、发热等

目前，国内外学者在扰动事件对电力系统的影响方面，已展开了一些研究。文献[51]建立了基于风速大小和风暴等级的电力设施影响模型；文献[19,52]在地震的发生、地震中电力设备以及电力网络的故障等方面进行了研究；文献[53-55]从覆冰增长模型、冰灾后果建模等多个方面对冰雪灾害对电力系统影响展开了研究，并取得了部分有价值的研究成果；文献[56,57]对各类人为事件特别是恐怖袭击对电力系统破坏方面进行了深入的探讨和分析。结合现有研究，各地可以通过建立灾害数据库，记录当地常见灾害的历史数据，作为电网恢复力研究的参考。

但电力系统在面对网络安全、人为攻击、EMP 攻击等新挑战时并没有很多经验可供参考。随着智能电网的发展，电力系统越来越依靠信息系统进行监控、通信、控制，网络安全需要研究高科技黑客如何潜入电力系统控制器和计算机软件对电网进行破坏。电力系统也可能成为恐怖攻击的目标，如美国加州 Metcalf 变电站曾遭枪击击毁了 17 台大型变压器，造成巨大经济损失[11]。此外 EMP 攻击能对电力系统元件以及 SCADA 系统造成重创。但目前研究人员对上述威胁的发生可能性、发生机理、对电力系统的破坏程度、有效防护措施都还缺乏了解，对此需要进一步研究。

3.2 构建弹性电网评价指标体系与评估理论

弹性电网及其恢复力研究尚处于起步阶段，进一步完善弹性电网评估理论与评估指标是弹性电网研究的重要理论基础，是进一步指导电力系统防灾减灾规划以及运行的基石。

因为弹性电网的主要特征是恢复力，因此对弹性电网的评估主要集中在恢复力的评估上。恢复力理论已广泛应用于灾害研究、社会学、经济学等诸多学科，但不同领域中现行的评价指标差别很大。一类研究是基于经验总结的定性评估，研究者所关注的影响恢复力的恢复力诸多因素，例如系统发电充裕度、元件冗余度、拓扑结构等。但这类方法评估的是系统的“静态”特性，却无法具体衡量系统面临某一类事故时的反应，无法用于衡量某些恢复力提升手段的具体效能。另一类研究结合系统灾害后实际表现，建立定量衡量恢复力的指标，已有学者进行了有益的探索。在恢复力指标体系方面，围绕鲁棒性与快速恢复性，文献[58,59]将恢复力指标定为扰动后 t 时刻系统性能恢复的部分与系统初始时因故障损失部分的比例；文献[60]提出恢复力指标为系统恢复速度;文献[61]提出最大可接受修复时间、最小可接受功能损失等指标，用以衡量系统恢复力；文献[62]用一年内系统在扰动事件中能维持系统功能的平均比例来评估恢复力。不过以上指标都是单一场景下的确定性指标或基于均值的指标。对恢复力而言，单一场景指标缺乏一般性，基于研究现象的长期平均数字特征的均值指标，则不能区分大概率-低损失事件与小概率-高损失事件，因此现有指标实用价值还比较局限。

美国国防部在 2014 年召开了专门会议，讨论制定重要基础设施恢复力评估指标体系[50]。会议建议能源系统采用如图 2 所示的恢复力评估流程(resilience analysis process)，即通过明确定义系统恢复力目标，定义扰动事件，建模分析扰动造成后果，进而得到恢复力相关指标。

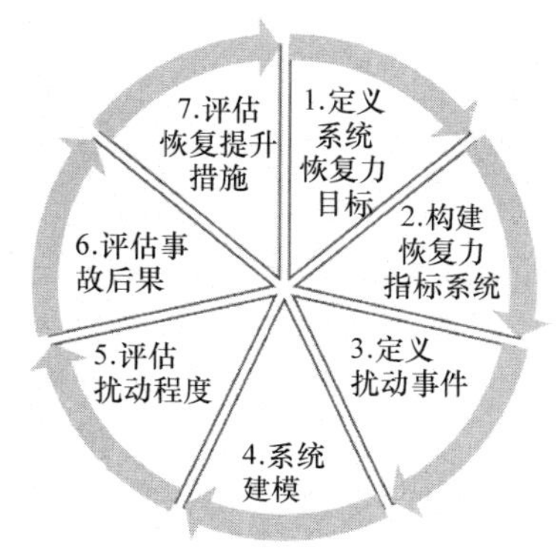

图 2 弹性电网恢复力评估流程

Fig.2 Resilience analysis process

美国国防部给出了包括电力系统在内的恢复力指标构建的基本原则,用于指导各行业自行选择建立恢复力指标,指标需要满足以下条件。

1) 可以用于规划评估，运行决策以及政策制定。

2) 是定量的，且具有可比性。

3) 需要体现事故后果随着时间的变化。

4) 基于特定的灾害类型，针对的是具体的某一类故障(例如对风暴具有恢复力的系统未必能抵御海啸、地震或者网络攻击)。

各系统可根据应用目的的不同依照上述原则规定自己的指标。

3.3 弹性电网恢复力提升策略

弹性电网恢复力与灾害类型、系统运行方式、系统元件冗余程度、系统防灾减灾计划等因素息息相关。文献[41]总结了 2000 年以来美国出版的弹性电网相关的报告与论文，几乎所有研究都将提高现有的配电网设计、建设标准、更新老旧电气设备作为首要建议。配电网位于电力系统末端，相对于主网更为脆弱，对灾害事件更为敏感，加强配电网线路强度，增加杆塔抗灾强度，有选择性地将配电线路埋入地下，选用防冰、防水配电元件是比较常见的选择。除此之外，加强线路巡检、植被修建管理，提高通信及其他技术的应用，风险管理，合理经济地加固基础设施，采用自动馈线开关等[63]都是提高恢复力的有效策略。

值得注意的是，尽管提升措施诸多，但对于电力系统等复杂系统，很难对小概率突发事件做到完全防御并直接杜绝事故的发生，所以在事故发生中抵御以及事故后恢复是更加现实的选择。此外恢复力提升措施如果全面展开必将带来巨大的成本，因此有必要研究恢复力投资的最优化，开展成本效益分析，确保弹性电网建设的成本在用户与电网公司接受的范围。

3.4 弹性电网恢复力提升手段

智能电网技术是实现弹性电网的重要手段[64, 65]。智能电网技术中的事故预警、故障检测、IT通信、故障定位等技术的应用将有效提升灾害发生前后各阶段有效应对灾害的能力。智能电表的停电报告功能可以提高配网发现故障的能力，极端条件下的网架重构可以保证负荷快速供电。

未来智能电网对弹性电网恢复力的一个重要期盼是发现系统在扰动事件作用下的薄弱环节，从而提出更具针对性的改善和提升措施，保证电网的安全经济运行。在各类事件发生前提前确定薄弱环节并安排部署抢修的人力物资，也是提升恢复力的重要手段。

主动配电网技术的快速发展给弹性电网的建设提供了有效的技术手段。微网与分布式电源提高了系统的冗余度，提高了对重要负荷的供电能力。在2011年东日本大地震后，以及美国台风Sandy肆虐期间，当地微网不仅能在灾害发生期间持续供电，还能在灾害过后持续为避难场所提供服务，微网的防灾减灾的作用得以凸显。自此之后，微网也已成为灾害多发地区电网研究的重点[46, 66]。

4 弹性电网及其恢复力在中国的研究重点

中国南方常年受台风、暴雨的影响，2008年发生的百年一遇的冰灾也证明了中国建设弹性电网的必要性。近年来，智能电网在中国取得了较快发展，科技部于2012年3月颁布了《智能电网重大科技产业化工程“十二五”专项规划》，明确提出了中国建设智能电网的战略需求、发展思路、原则和战略目标。恢复力的提升同样是中国智能电网发展的必然要求。因此，展开弹性电网及其恢复力的研究刻不容缓，这不仅对中国智能电网的安全性和可靠性有提升作用，对确保中国能源安全，保证重要基础设施在各种扰动事件下持续可靠用电具有重要战略意义。结合上文分析，中国弹性电网及其恢复力研究与应用工作的重点建议如下。

1) 在现有电力系统防灾、减灾、灾后重建措施基础上，进一步建立弹性电网的思想。结合不同地区的不同发展阶段，提出相应的恢复力目标。

2) 建立、健全灾害数据库，各地应成立专门部门收集当地历史扰动事件，开发自然灾害预警系统。对有目的的恐怖袭击、通信系统袭击、EMP袭击等电力系统面临的新挑战开展理论研究，研究发生可能性、作用机理以及防范措施。

3) 研究极端灾害对电力系统造成的影响，以及相应的经济、社会后果；建立弹性电网恢复力评估理论，提出定量、全面的恢复力指标体系，用于指导电力系统规划及运行。

4) 对灾害发生前、中、后阶段依次提出恢复力提升措施，对恢复力提升措施进行经济成本效益分析。

5) 提高电网建设标准，优化规划植被管理、元件埋地、抢修物资与抢修人员分配等。对智能电网、微网技术进行技术可能性以及经济可行性评估。

6) 建立弹性的重要基础设施体系，研究电力系统、油气系统、通信系统等相互依赖的重要基础设施的防灾、减灾措施。

5 结语

近年来，自然灾害和人为袭击等扰动事件日益威胁着电力系统的安全可靠运行，弹性电网的建立、恢复力的提升已成为电力系统发展的必然要求。智能电网技术的发展，使其成为可能。

1) 目前弹性电网的研究在国内外均刚刚起步，为与国际研究保持同步甚至掌握先机，中国亟须马上开展弹性电网研究，提高中国电网的恢复力水平，确保中国电力安全。

2) 恢复力应对的是小概率-高风险的扰动事件，其研究旨在考虑影响电网的各类事件的故障模式，提出能够全面考虑电网特性的弹性电网恢复力评估方法及指标体系，给出切实可行的弹性电网恢复力提升策略。

3) 在未来弹性电网恢复力的研究中，应以建立全面的评估体系为目标，以智能电网技术、信息通信系统、状态监控系统为手段，在传统的系统防灾、减灾措施的基础上，进一步提高电力系统对各类扰动事件的主动防范意识，在扰动灾害到来前提前规划电网的恢复力措施，在破坏无法避免时，降低灾害影响范围与影响时间，实现快速高效的系统修复。

参考文献

[1] HOLLING C S. Resilience and stability of ecological systems[J]. Annual Review of Ecology and Systematics, 1973, 4(1): 1-23.

[2] 刘婧，史培军，葛怡，等. 灾害恢复力研究进展综述[J]. 地球科学进展, 2006, 21(2): 211-218. LIU Jing, SHI Peijun, GE Yi, et al. The review of disaster resilience research[J]. Advances in Earth Science, 2006, 21(2): 211-218.

[3] CUTTER S L, BARNES L, BERRY M, et al. A place-based model for understanding community resilience to natural disasters[J]. Global Environmental Change, 2008, 18(4): 598-606.

[4] ZHONG S, CLARK M, HOU X, et al. Development of hospital disaster resilience: conceptual framework and potential measurement[J]. Emergency Medicine Journal, 2014, 31(11): 930-938.

[5] LI Y, LENCE B J. Estimating resilience for water resources systems[J]. Water Resources Research, 2007, 43(7)1-11.

[6] ZOBEL C W, KHANSA L. Quantifying cyber infrastructure resilience against multi-Event attacks[J]. Decision Sciences, 2012, 43(4): 687-710.

[7] LIU C C. Distribution systems: reliable but not resilient?[In My View][J]. Power and Energy Magazine, IEEE, 2015, 13(3): 93-96.

[8] MIMURA N, YASUHARA K, KAWAGOE S, et al. Damage from the great east Japan earthquake and tsunami-a quick report[J]. Mitigation and Adaptation Strategies for Global Change, 2011, 16(7): 803-818.

[9] ABBEY C, CORNFORTH D, HATZIARGYRIOU N, et al. Powering through the storm: microgrids operation for more efficient disaster recovery[J]. Power and Energy Magazine, IEEE, 2014, 12(3): 67-76.

[10] CAMPBELL R J. Weather-related power outages and electric system resiliency[R]. Washington D.C.: Congressional Research Service, Library of Congress, 2012.

[11] SMITH R. US risks national blackout from small-scale attack[N]. The Wall Street Journal, 2014-03-17.

[12] 陆佳政，蒋正龙，雷红才，等. 湖南电网 2008 年冰灾事故分析[J]. 电力系统自动化, 2008, 32(11): 16-19. LU Jiazheng, JIANG Zhenglong, LEI Hongcai, et al. Analysis of hunan power grid ice disaster accident in 2008[J]. Automation of Electric Power Systems, 2008, 32(11): 16-19.

[13] MENDONÇA D, WALLACE W A. Impacts of the 2001 world trade center attack on New York city critical infrastructures[J]. Journal of Infrastructure Systems, 2006, 12(4): 260-270.

[14] U.S. Department of Energy. 2009 Smart Grid System Report[R]. Washington D. C. U.S. Department of Energy, 2009.

[15] U.S. Department of Homeland Security. Energy Sector-Specific Plan An Annex to the National Infrastructure Protection Plan[R]. Washington D. C. U.S. Department of Homeland Security, 2010.

[16] BHAMRA R, DANI S, BURNARD K. Resilience: the concept, a literature review and future directions[J]. International Journal of Production Research, 2011, 49(18): 5375-5393.

[17] AYYUB B M. Systems resilience for multihazard environments: definition, metrics, and valuation for decision making[J]. Risk Analysis, 2014, 34(2): 340-355.

[18] ROEGE P E, COLLIER Z A, MANCILLAS J, et al. Metrics for energy resilience[J]. Energy Policy, 2014, 72(2014): 249-256.

[19] BRUNEAU M, CHANG S E, EGUCHI R T, et al. A framework to quantitatively assess and enhance the seismic resilience of communities[J]. Earthquake spectra, 2003, 19(4): 733-752.

[20] HOLLNAGEL E, WOODS D D, LEVESON N. Resilience engineering: Concepts and precepts[M]. Ashgate Publishing, Ltd., 2007.

[21] The White House. Presidential Policy Directive(PDD)-21 Critical Infrastructure Security and Resilience[R]. Washington D. C. The White House, 2013.

[22] Department of Homeland Security. National infrastructure protection plan[R]. Washington D.C Department of Homeland Security, 2009.

[23] UK Cabinet Office. Keeping the Country Running: Natural Hazards and Infrastructure[R]. London UK: UK Cabinet Office, 2011.

[24] UNISDR. Disaster risk and resilience[R]. UN System Task Force on the Post-2015 UN Development Agenda, 2012.

[25] 杨卫东，徐政，韩祯祥. 电力系统灾变防治系统研究的现状与目标[J]. 电力系统自动化, 2010, 1(24): 7-12.YANG Weidong, XU Zheng, HAN Zhenxiang. Review and objective of research on power system collapse prevention[J]. Automation of Electric Power Systems, 2010, 1(24): 7-12.

[26] 袁季修. 试论防止电力系统大面积停电的紧急控制——电力系统安全稳定运行的第三道防线[J]. 电网技术, 1999, 23(4): 1-4.YUAN Jixiu. Emergency control for preventing widespread blackout of power system— the third line of defence[J]. Power System Technology, 1999, 23(4): 1-4.

[27] 舒印彪，汤涌，孙华东. 电力系统安全稳定标准研究[J]. 中国电机工程学报, 2013, 33(25): 1-8. SHU Yinbiao, TANG Yong, SUN Huadong. Research on power system security and stability standards[J]. Proceedings of the CSEE, 2013, 33(25): 1-8.

[28] 黄日星，李锐，胡伟．我国地区电力系统灾变防治体系的研究[J]．南方电网技术，2008，2(2)：77-81.HUANG Rixing, LI Rui, HU Wei. Collapse prevention and economical operation system for the region power system of China [J]. SOUTHERN POWER SYSTEM TECHNOLOGY, 2008, 2(2): 77-81.

[29] 侯慧，尹项根，游大海，等．国外经验对中国电力系统应急减灾机制的启示[J]．电力系统自动化，2008，32(12)：89-93. HOU Hui, YIN Xianggen, YOU Dahai, et al. Apocalypse of overseas experiences on emergency anti-disaster mechanism for China power system[J]. Automation of Electric Power System, 2008, 32(12): 89-93.

[30] 卢强．南方电网的灾变防治体系——南方电网的 Super EMS[J]．电力系统自动化，2005，29(24)：1-2. LU Qiang. An incident response system for China Southern Power Grid (CSG) —the Super EMS of CSG. [J]. Automation of Electric Power Systems, 2005, 29(24): 1-2.

[31] 胡伟，梅生伟，卢强．我国电力系统大型大系统灾变防治和经济运行体系的研究[C]．福建：第十一届全国电工数学学术年会，2007. HU Wei, MEI Shengwei, LU Qiang. Study on the power system large-scale systems collapse prevention and economic operation system[C]. 11th General Meeting of National Academic Symposium on Electrical Engineering Mathematics, 2007.

[32] 薛禹胜．时空协调的大停电防御框架：(一)从孤立防线到综合防御[J]．电力系统自动化，2006，30(1)：8-16. XUE Yusheng. Space-time cooperative framework for defending blackouts: Part I from isolated defense lines to coordinated defending [J]. Automation of Electric Power Systems, 2006, 30(1): 8-16.

[33] 薛禹胜，吴勇军，谢云云，等．停电防御框架向自然灾害预警的拓展[J]．电力系统自动化，2013，37(16)：18-26. XUE Yusheng, WU Yongjun, XIE Yunyun, et al. Extension of blackout defense scheme to natural disasters early-warning[J]. Automation of Electric Power System, 2013, 37(16): 18-26.

[34] 薛禹胜，费圣英，卜凡强．极端外部灾害中的停电防御系统构思：(一)新的挑战与反思[J].电力系统自动化，2008，32(9)：1-6. XUE Yusheng, FEI Shengying, BU Fanqiang. Upgrading the blackout defense scheme against extreme disasters: Part I - new challenges and reflection [J]. Automation of Electric Power Systems, 2008, 32(9): 1-6.

[35] 薛禹胜，费圣英，卜凡强．极端外部灾害中的停电防御系统构思：(二)任务与展望[J].电力系统自动化，2008，32(10)：1-5. XUE Yusheng, FEI Shengying, BU Fanqiang. Upgrading the blackout defense scheme against extreme disasters: Part II - tasks and prospects [J]. Automation of Electric Power Systems, 2008, 32(10): 1-5.

[36] 薛禹胜，肖世杰．综合防御高风险的小概率事件：对日本相继天灾引发大停电及核泄漏事件的思考[J].电力系统自动化，2011，35(8)：1-11. XUE Yusheng, XIAO Shijie. Comprehensively defending high risk events with low probability [J]. Automation of Electric Power Systems, 2011, 35(8): 1-11.

[37] 王昊昊，徐泰山，李碧君，等．自适应自然环境的电网安全稳定协调防御系统的应用设计[J].电力系统自动化，2014，38(9)：143-150. WANG Haohao, XU Taishan, LI Bijun, et al. Design of coordinated prevention systems in self-adapting natural environment for safety and stability of power system [J]. Automation of Electric Power Systems, 2014, 38(9): 143-150.

[38] Electric Power Research Institue(EPRI). Enhancing Distribution Resiliency-Opportunities for Applying Innovative Technologies[R]. Palo Alto, California: Electric Power Research Institue(EPRI), 2013.

[39] US Department of Energy. Smart grid investments improve grid reliability, resilience, and storm responses [R]. Washington D. C. U. S. Department of Energy, 2014.

[40] BLANCHARD K, AITSI-SELMI A, MURRAY V, et al. The Sendai framework on disaster risk reduction: from science and technology to societal resilience[J]. International Journal of Disaster Resilience in the Built Environment, 2015, 6(2).

[41] Edison Electric Institute. Before and After the Storm-Update A compilation of recent studies, programs and policies related to storm hardening and resiliency[R]. Washington D.C.: Edison Electric Institute, 2014.

[42] US Depart of Energy. Quadrennial Energy Review: Energy Transmission, storage, and distribution infrastructure[R]. Washington D. C. US Depart of Energy, 2015.

[43] BERKELEY A R, WALLACE M. A Framework for Establishing Critical Infrastructure Resilience Goals-Final Report and Recommendations [R]. Washington D. C.: National Infrastructure Advisory Council, 2010.

[44] NEMA. Storm Reconstruction: Rebuild Smart Reduce Outages, Save Lives, Protect Property. Rosslyn, VA: The National Electrical Manufacturers Association, 2013.

[45] KOBAYASHI Y. Enhancing Energy Resilience: Challenging Tasks for Japan's Energy Policy[R]. Washington D. C.: Center for Strategic& International Studies, 2014.

[46] MARNAY C, AKI H, HIROSE K, et al. Japan's Pivot to Resilience: How Two Microgrids Fared After the 2011 Earthquake[J]. Power and Energy Magazine, IEEE, 2015, 13(3): 44-57.

[47] HATTORI T. Nuclear Future in Japan [C]. MOSCOW, RUSSIAN Federation: The 6-th International Industry Forum ATOMEXPO, 2014.

[48] Council of the European Union. Transport, Telecommunications and Energy Council [R]. Brussels: Council of the European Union, 2015.

[49] European Commission. A Framework Strategy for a Resilient Energy Union with a Forward-Looking Climate Change Policy [R]. Brussels: European Commission, 2015.

[50] WATSON J, GUTTROMSON R, SILVA-MONROY C, et al. Conceptual Framework for Developing Resilience Metrics for the Electricity, Oil, and Gas Sectors in the United States[R]. 2014.

[51] ZARAKAS W P, SERGICI S, BISHOP H, et al. Utility Investments in Resiliency: Balancing Benefits with Cost in an Uncertain Environment[J]. The Electricity Journal, 2014, 27(5): 31-41.

[52] POLJANŠEK K, BONO F, GUTIÉRREZ E. Seismic risk assessment of interdependent critical infrastructure systems: the case of European gas and electricity networks[J]. Earthquake engineering & structural dynamics, 2012, 41(1): 61-79.

[53] 张恒旭，刘玉田. 极端冰雪灾害对电力系统运行影响的综合评估[J]. 中国电机工程学报，2011，31(10): 52-58. ZHANG Hengxu, LIU Yutian. Comprehensive assessment of extreme ice disaster affecting power system operation[J]. Proceedings of CSEE, 2011, 31(10): 52-58.

[54] 侯慧，李元晟，杨小玲，等. 冰雪灾害下的电力系统安全风险评估综述[J]. 武汉大学学报：工学版，2014，47(3): 414-419.HOU Hui, LI Yuansheng, YANG Xiaoling, et al. An overview of power system risk assessment under ice disaster[J]. Engineering Journal of Wuhan University, 2014, 47(3): 414-419.

[55] 王建学，张耀，吴思，等. 大规模冰灾对输电系统可靠性的影响分析[J]. 中国电机工程学报, 2011, 31(28): 49-56.
WANG Jianxue, ZHANG Yao, WU Si, et al. Influence of large-scale ice disaster on transmission system reliability[J]. Proceedings of the CSEE, 2011, 31(28): 49-56.

[56] ZHU Y, YAN J, TANG Y, et al. Resilience analysis of power grids under the sequential attack[J]. Information Forensics and Security, IEEE Transactions on, 2014, 9(12): 2340-2354.

[57] National Research Council of the National Academies. Terrorism and the electric power delivery system [R]. Washington D. C. : National Research Council of the National Academies, 2007.

[58] HENRY D, RAMIREZ-MARQUEZ J E. Generic metrics and quantitative approaches for system resilience as a function of time[J]. Reliability Engineering & System Safety, 2012, 99(2012): 114-122.

[59] ALBASRAWI M N, JARUS N, JOSHI K A, et al. Analysis of reliability and resilience for smart grids[C]. Computer Software and Applications Conference (COMPSAC), 2014 IEEE 38th Annual, 2014.

[60] HASHIMOTO T, STEDINGER J R, LOUCKS D P. Reliability, resiliency, and vulnerability criteria for water resource system performance evaluation[J]. Water resources research, 1982, 18(1): 14-20.

[61] KAHAN J H, ALLEN A C, GEORGE J K. An operational framework for resilience[J]. Journal of Homeland Security and Emergency Management, 2009, 6(1).

[62] OUYANG M, DUEÑAS-OSORIO L, MIN X. A three-stage resilience analysis framework for urban infrastructure systems[J]. Structural Safety, 2012, 36(2012): 23-31.

[63] U.S. Executive Office Of The President. Economic Benefits of Increasing Electric Grid Resilience to Weather Outages[R]. Washington D. C.: U.S. Executive Office Of The President, 2013.

[64] New York State Smart Grid Consortium. Powering New York State's Future Electricity Delivery System: Grid Modernization[R]. New York: New York State Smart Grid Consortium, 2013.

[65] TON D T, WANG W T. A more resilient grid: the US department of energy joins with stakeholders in an R&D plan[J]. Power and Energy Magazine, IEEE, 2015, 13(3): 26-34.

[66] IEC. Microgrids for disaster preparedness and recovery[R]. Geneva: IEC, 2014.

电力安全与弹性电力系统*

0 引言

安全、优质、经济是电力系统规划与运行最基本的要求，电力系统的安全是指系统在发生故障情况下能保持稳定运行和正常供电。电力安全是国计民生的命脉，一旦有失，后果极其严重。

强电磁脉冲可能对电力系统等关键基础设施造成严重威胁，已受到国际社会高度重视。我国很重视电力系统本身的可靠性和对雷电等常见自然灾害的防御，而缺乏对强电磁脉冲威胁及其防御必要性的基本认识。现代电力系统的四大特征将使其在强电磁脉冲环境下更加脆弱：①高度自动化、信息化；②高电压、大容量、长距离输电；③大规模交直流混联；④电网高度互联，系统的广域特征更加明显。目前,我国开展了 HEMP 攻击对电力系统影响的初步评估。以某电网为例,模拟 HEMP 造成系统 500kV 变电站故障时，系统失负荷的情况。算例系统共有 49 座 500kV 变电站，负荷水平约为 9 万 MW。模拟结果显示，随着受到 HEMP 攻击影响的变电站增多，切除负荷的比例显著增加。受到影响的变电站超过 25 座时，网络多处解列，系统无法保持供需平衡，处于崩溃状态。由此可见，强电磁脉冲攻击引起的电力系统大面积故障，可能导致系统瘫痪，造成灾难性的后果。

为应对强电磁脉冲极端事件，中国工程院于 2013 年、2014 年分别启动重点、重大咨询项目，开展我国相关的战略研究，并于 2013 年 12 月、2015 年初分别上报了三份建议，得到了领导的重要批示，建议内容主要包括三个方面。

(1) 顶层规划：将电磁脉冲防御纳入国家应急体系、国动办的已有管理框架等。

(2) 设立研发计划重点专项：极端事件机理、模拟测试技术及与目标耦合作用规律；易损性评估和防护加固技术等。

(3) 建设防护研发中心：软硬件条件建设、建模仿真、模拟试验、效应评估、防护和示范能力建设等。

1 国际应对强电磁脉冲威胁的最新动态

1.1 强电磁脉冲防御在美国的进展动态

(1) 美国政府决策层高度重视，积极立法定规，督促多部委协调，统筹推进强电磁脉冲的防御。继 2013 年 2 月 12 日，美国颁布第 21 号总统令“重要基础设施的安全和恢复”后，2015 年年底，美国国会通过了三项涉及电磁脉冲防御的法案：11 月 25 日,《2016 财年国防授权法案》总统签署生效，提出重新组建“国会电磁脉冲攻击威胁评估委员会”；12 月 4 日,《修复美国地面运输法案》总统签署生效，强调“关键电力基础设施安全”与“战略性变压器储备”，明确电力系统等基础设施防御强电磁脉冲的重要性和主管部门职责，并提出对大型电力变压器、应急移动变电站等进行战略储备的计划；11 月 16 日,《关键基础设施保护法案》众议院通过，参议院待议。美国国会在两个月里连续通过了数项电磁脉冲防御相关的议案。这无疑是美国国会迈出的“巨大一步”，表明美国电磁脉冲威胁防御工作已经在法律上得到一定程度的肯定，必将对相关工作的开展起到重要的推动作用。

(2) 对电网等关键基础设施，美国以提高快速恢复力为导向，积极研发新技术，制定强电磁脉冲防御行动计划。美国提出了弹性电网(REG)建设计划，用于提高电网的快速恢复能力，其核心的技术是研发具有浪涌电流限制的高温超导电缆，能够使配电级多个变电站互联，为系统潮流提供多条通路，

* 摘录于 2016 年 12 月 9 日在“2016 中国南方电网国际技术论坛”上的主旨报告。

在 2014 年纽约州杨克斯市进行安装与测试。2015 年 11 月 24 日，美国国防部高级研究计划局(DARPA)启动了快速攻击检测、隔离及表征系统(RADICS)，其目标是针对有可能致瘫全美电力系统的安全威胁，发展出能应对电力损失的自动化系统。该系统应能在电网遭攻击情况下 7 天内恢复电力供应。2016 年 4 月，DARPA 已将快速攻击检测、隔离及表征系统项目(RADICS)列为第三次抵消战略中为对抗下一代敌人正在研发的技术。2016 年 7 月，美国能源部公布《联合电磁脉冲弹性战略》，提出 5 项战略目标：改善并共享对于电磁脉冲威胁、效应和影响的认识；鉴别各基础设施优先性；测试和提升用于缓和与防护的方法；提升应对电磁脉冲攻击的响应与恢复能力；在政府和工业界、国内外共享最佳实践经验。

1.2 强电磁脉冲防御在欧洲的进展动态

欧洲国家在关键基础设施防护非核电磁脉冲研究中发挥引领作用。欧盟从 2012 年开始陆续开展了高功率微波威胁下的关键基础设施防护、电磁攻击下的铁路安全、提高电磁攻击下关键基础设施恢复力的策略研究等项目。英国工程与自然科学研究理事会资助了英国弹性电网项目(resilient electricity networks for Great Britain, RESNET)，用于研究英国弹性电网挑战和其他并发挑战。RESNET 将发展和证明一套综合的系统级方法，从整个英国的角度来分析现在及未来电网的弹性。

2 提升电力安全的一种手段——弹性电力系统

2.1 弹性电力系统的基本概念

建设弹性电力系统，提高电网快速恢复力，是积极应对电力安全威胁的一种重要手段。电力安全的相关研究一直受到广泛关注，已经取得了一系列的成果。然而，应对以强电磁脉冲为典型代表的极端事件的相关研究仍处于起步阶段。以强电磁脉冲为典型代表，极端事件通常包括极端自然灾害和极端人为攻击，极端事件给电力安全带来严重威胁。一方面，重大自然灾害频发，造成大面积较长时间停电，给电力系统的安全、可靠运行带来了严重的影响。例如，2016 年我国江苏省盐城市龙卷风灾害和 2015 年广东省湛江市台风灾害，都给电力系统带来了巨大的损失。另一方面，国家关键基础设施对电力的依赖性与日俱增，电力基础设施将成为恐怖袭击、高空核爆电磁脉冲(HEMP)等极端人为攻击的目标。恢复力(resilience)和弹性电力系统(resilient power system)的概念是在电力系统应对极端事件这一背景下提出的。

恢复力是指系统对极端事件的预防、抵御、吸收及快速恢复供电的能力。具有恢复力的电力系统即称为弹性电力系统。图 1 展示了弹性电力系统的恢复力特性。弹性电力系统在外部威胁来临时，经过抵御与吸收、响应与适应后，能快速恢复原来的运行状态。

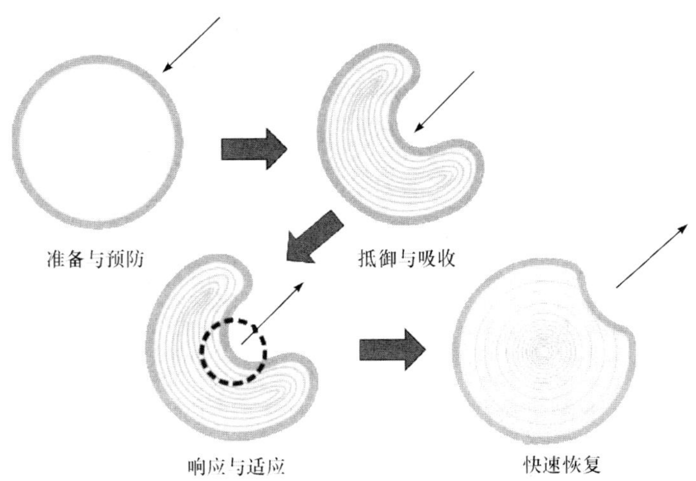

图 1 弹性电力系统的恢复力特性

图 2 展示了传统电力系统与弹性电力系统在极端事件发生前后的系统性能示意图。图中可以看出，通过极端事件前，有针对性的做出相应的准备与预防；极端事件中，充分的抵御与吸收、响应与适应；极端动事件后，快速恢复到事先设定的期望正常状态。弹性电力系统在性能下降程度，持续时间及系统性能恢复各个方面均优于传统电力系统。

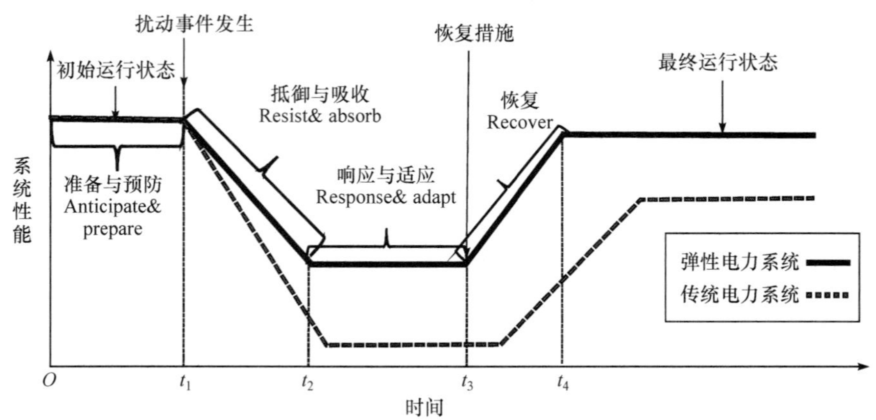

图 2　极端事件发生前后传统电力系统与弹性电力系统性能示意图

弹性电力系统应对极端事件主要有两个方面的措施，即硬件设施上的加强和软件上的恢复策略。前者成本高但效果好，后者成本低但提升效果有限。因此，需要在成本与效果中寻找平衡。弹性电力系统正是寻求这样一种平衡，它在加强重要元件的基础上，通过资源调度以及运行策略的优化，提高系统容灾能力，使得系统在故障后能够快速恢复。

2.2　建设弹性电力系统的原则与技术框架

开展弹性电力系统研究，将弹性电力系统研究融入已有或正在发展的技术，从系统加固、应急响应和快速恢复等三个方面开展弹性电力系统的研究，如图 3 所示。引入“容灾”思想，不追求系统的全面加固，采取“关键节点加固+应急响应”的思路，争取减缓效应，快速恢复。

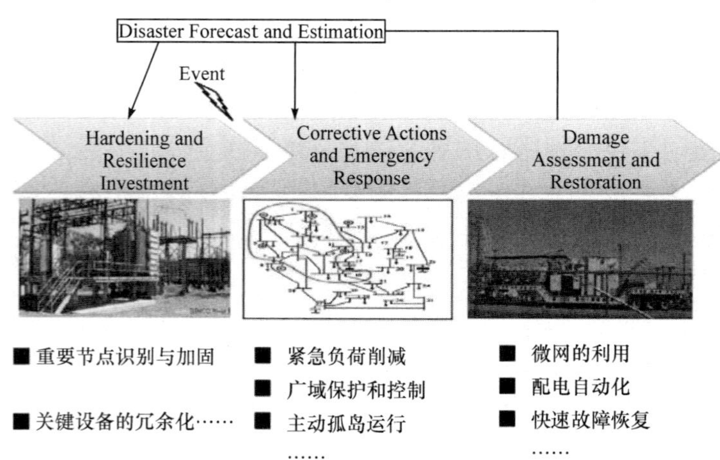

图 3　弹性电力系统研究的三个方面

建设弹性电力系统还应该抓住配电网建设快速发展的契机。弹性电力系统在配网层面的研究和建设，将围绕故障快速诊断、风险评估及预警、可视化告警等展开，如图 4 所示。在此基础上，配电网大面积停电快速恢复处理技术也将是发展的重点，如集中式与分布式相协调的故障智能处理技术、基于典型网架结构的模式化故障处理技术。

从极端灾害作用机理、弹性电力系统理论、弹性电力系统规划与运行等层面进行基础前瞻、关键技术及示范应用的研究，从而有力提升电力系统应对重大灾变的恢复能力，全方位保障我国能源转型下的电力安全。建设弹性电力系统的技术框架如图 5 所示。

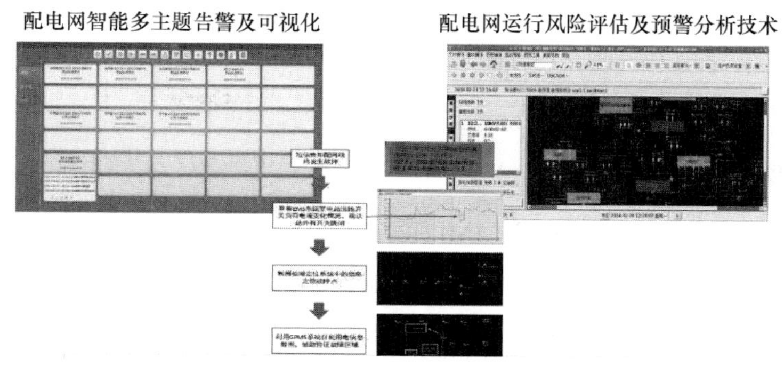

图 4 故障诊断、风险评估与可视化告警技术

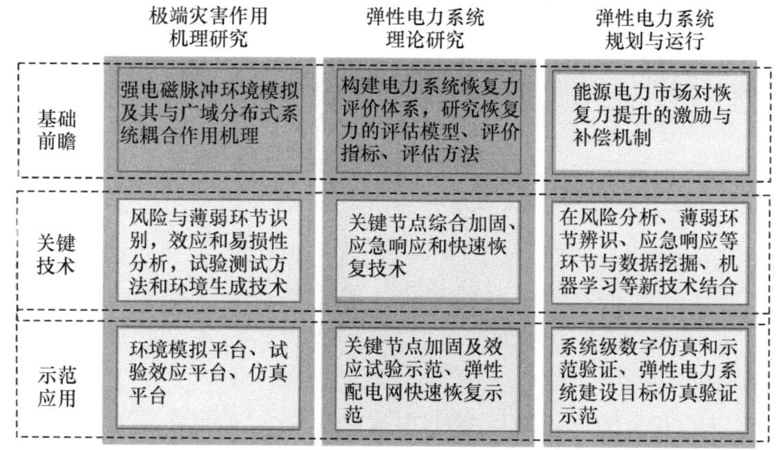

图 5 建设弹性电力系统的技术框架

3 极端事件作用机理研究

3.1 构建强电磁脉冲模拟环境

研究强电磁脉冲防御，需构建强电磁脉冲模拟环境，尤其是针对典型设备/系统的机动式试验环境。为了明确强电磁脉冲下系统的易损关键设备及其损伤概率和风险等级，需要构建强电磁脉冲模拟环境，包括典型设备/系统的机动式试验环境、高电压注入试验环境、大电流长脉冲试验环境、设备级传导注入环境等，发展以效应特征为导向的试验和测试方法，研究损伤效应机理，通过试验梳理易损关键设备及其损伤概率和风险等级。

3.2 风险与薄弱环节识别

提升电力系统弹性的前提是准确识别我国电力系统应对极端事件面临的最大风险和薄弱环节。传统电力系统风险评估是基于电力系统正常运行状态的平均结果，而针对小概率-高损失极端事件，需要提出相应的最大风险识别方法，才能准确预判最坏场景，提出应对策略。现有的识别方法存在两大不足：其一和最大风险评估类似，考虑的因素较为单一，很少考虑到新能源、新型负荷等能源转型特征的影响；其二是衡量指标还是基于“大平均”下的正常运行状态，不能识别出极端事件下的薄弱环节。因此，需要结合我国电力系统发展特点，从电源特性、电网结构和信息自动化等方面分析应对极端事件的最大风险。在风险评估的基础上，考虑极端事件对电力系统的影响机理，对电力系统进行易损性分析与关键环节辨识，结合数据统计分析确定我国电力系统的薄弱环节。通过试验、评估及统计分析等手段梳理能源转型下电力系统各环节面临的最大风险和薄弱环节是发展弹性电力系统的基础。

3.3 搭建环境模拟平台、试验效应平台与仿真平台

研究极端事件作用机理，搭建环境模拟平台、试验效应平台与仿真平台，通过模拟仿真等手段明

确强电磁脉冲等极端事件对电力系统的影响范围与作用方式。

4 弹性电力系统基础理论

4.1 构建电力系统恢复力模型

构建电力系统恢复力模型，研究评估理论与方法。构建极端自然灾害对电力系统的影响模型，在此基础上构建灾前、灾中、灾后三阶段电力系统恢复力评估框架。极端事件下的恢复力评估方法基于多源数据，并结合元件状态模型，根据电力系统的故障后果对恢复力进行评估。电力系统的多源多层次恢复力评估指标体系包含负荷、网架、设备、弹性资源、应急管理和气象监测等层面。

4.2 从系统加固、应急响应和快速恢复等方面开展研究

将弹性电力系统研究融入已有或正在发展的技术，从系统加固、应急响应与控制策略和快速恢复关键技术三个方面开展弹性电力系统的研究。

在系统加固方面，进行电力系统重要节点识别、加固与关键设备冗余化，为实现更高弹性的加固效果，分析识别电力系统关键节点，进行重点加固与强化，其中通信、控制和保护等二次系统需要重点关注。

在应急响应与控制策略方面，采取弃线保杆、变电站主动停运等主动响应措施，以及机组组合优化、紧急负荷削减、广域保护和控制、主动孤岛运行等紧急控制策略，注重不同基础设施间的信息共享、协调指挥，提升电力系统对极端事件的响应与恢复能力。减小极端事件对电力系统的影响，同时为灾后快速恢复做好充分准备。

在快速恢复关键技术方面，基于气象信息、用户侧反馈、系统脆弱性分析、现场监测等多信息源融合的系统状态感知技术可以有效提升极端事件后电力系统的恢复能力。发展电力系统快速恢复关键技术应注重源网荷协同恢复，通过发电、输电和用电协调制定系统防御与恢复策略也是重要的研究方向。

4.3 开展关键节点加固及效应试验示范、弹性配电网快速恢复示范

基于弹性电力系统基础理论开展关键节点加固及效应试验示范、弹性配电网快速恢复示范，对节点加固等规划方案与快速恢复策略进行检验。

5 弹性电力系统规划与运行

5.1 完善市场对恢复力提升的激励补偿机制

电力市场及需求侧响应能提高电力系统弹性。美国 PJM 公司在 2014 年极涡(Polar vortex，一种发生于极地上空的大规模气旋)中曾 3 次启动需求侧响应。尽管电价一度被抬高到 1.8 美元/(kW·h)，但成功保障了供电。极端天气下的需求侧响应比传统机组调节方法更加可靠，且响应速度更快、调节更灵活，因此能更有效地提升电力系统弹性，降低系统运行成本。

现有的电力市场机制并没有对恢复力的提升措施建立相应的激励机制，需要进一步完善对恢复力提升的激励与补偿机制，将电力市场的激励机制引入网架强化及灾后恢复中。加快弹性电力系统与电力、能源市场的融合，未来研究的重点包括：弹性资源的聚集、弹性参与的电力市场机制设计、基于电力市场的应急响应和灾后恢复方法，以构建极端事件下基于各类弹性资源更加完善的市场机制。

5.2 结合数据挖掘、机器学习、人工智能等新技术

数据挖掘、机器学习、人工智能等新技术在应对极端事件、提升弹性方面具有强大潜力。例如，人工智能技术构建的地震模拟、评估和响应系统能减少基础设施因地震造成的损失。利用大数据技术实现灾害实时数据的广泛收集，提高海量数据的融合处理能力，为应急人员提供实时动态策略，从而

构建弹性城市。在风险分析、薄弱环节辨识以及应急响应决策等环节中与数据挖掘、机器学习、人工智能等新兴技术结合，进一步提升评估和决策的效率和准确性。通过对极端事件影响的用户数、停电时间数据等分析可以辨识关键基础设施存在的薄弱环节，如图 6 所示。

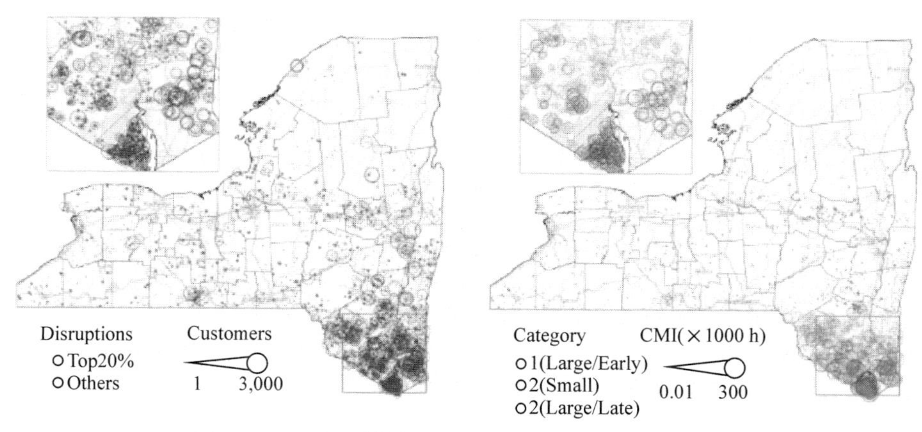

图 6　通过大规模数据分析辨识基础设施薄弱环节

5.3　开展系统级数字仿真和示范验证、弹性电力系统建设目标仿真验证示范

开展系统级数字仿真和示范验证、弹性电力系统建设目标仿真验证示范，推进弹性电力系统整体建设。研究弹性配电网实时监测、在线风险评估和精细化预警的技术原理提升系统风险感知能力。完成对极端事件的建模，明确极端灾害对弹性配电网的影响，建立了极端事件下配电网弹性的评价指标体系，并提出有效的评估算法，用于指导配电系统规划及运行。建立弹性配电网全景信息可视化平台，集成配电网事故演变及快速恢复仿真平台、潜力用户柔性价值评估及柔性控制软件模块，开展弹性配电网全景信息可视化系统平台的建设与示范。

6　我国弹性电力系统发展技术路线

提高能源质量、保障能源安全是我国能源发展的必然趋势，建设弹性电力系统是保障能源安全的重要途径。弹性电力系统的建设应采取有序发展的思路，采取“基础理论—关键技术—项目示范”的“三步走”发展路线。在第一阶段，建立环境模拟条件，确定系统最大风险点与薄弱环节，开展基础理论研究。在第二阶段，对电力系统关键节点进行加固，推进关键技术研究与核心装备研发，建立计算平台。在第三阶段，推动弹性电力系统项目示范落地，实现弹性电力系统建设目标。

7　总结

电力安全是国家安全战略的重要组成部分，是国计民生的命脉，受国际社会广泛关注。我国逐步认识到对强电磁脉冲威胁及防御的必要性，并已经积极开展行动。中国工程院围绕强电磁脉冲开展了一系列的研究，正在进一步积极落实领导批示。

研究弹性电力系统可以从极端事件作用机理、基础理论、系统规划与运行三个层面出发，形成涵盖恢复力建模、评估与恢复策略的弹性电力系统发展关键技术，从而指导弹性电力系统建设，有力提升电力系统应对重大灾变的恢复能力，全方位保障我国电力安全。

能源转型下弹性电力系统发展战略*

1 能源转型下建设弹性电力系统的迫切性

1.1 能源转型的背景

从国际上来看，国际能源形势深刻变化，能源变革正不断深入。国际能源署预测，未来 30 年，煤炭和天然气仍将是最主要能源形式，未来新增新能源装机容量将会占总新增容量的 2/3，全球新能源发电量占比将在 2040 年超过 40%。

我国正在积极推进能源生产和消费革命，增加非化石能源占比。中华人民共和国国家发展和改革委员会与国家能源局在 2016 年印发的《能源生产和消费革命战略(2016—2030)》明确指出，到 2030 年，非化石能源发电量占全部发电量的比重力争达到 50%；到 2050 年，我能源消费总量基本稳定，非化石能源消费占比超过一半。这是我国能源转型的政策基础。依据国家能源转型的指标，项目组折算出 2050 年非化石能源发电量占比，并进一步通过生产模拟，得出了非化石发电量占比和非化石能源消费占比均需要大幅提高的结论。

2020 年 9 月 22 日，习近平总书记在第 75 届联合国大会一般性辩论上提出，中国力争 2030 年前实现碳达峰，2060 年前实现碳中和。同时在党的十九届五中全会通过的《中共中央关于制定国民经济和社会发展第十四个五年规划和二Ｏ三五年远景目标的建议》中也提到，要推进能源革命、推动能源清洁低碳安全高效利用、维护电力等重要基础设施安全。碳达峰、碳中和和 2035 年远景目标为我国能源转型增加了新动能。

1.2 能源转型给电力系统带来的挑战

在能源转型的背景下，新能源渗透率、网架结构及直流规模发生变化，电力系统的不确定性、开放性和复杂性不断增加，在极端自然灾害和人为攻击下的运行风险急剧增大，对电力系统安全裕度、抗打击能力和恢复能力提出了更高的要求。

首先，电力系统将面临高比例可再生能源带来的新挑战。新能源波动性带来了两个层面的问题，稳态层面上容易导致电源与负荷不匹配，2017 年南澳大停电的根本原因就是风电实际出力大大低于预测出力；暂态层面上，可再生能源大规模并网，其波动性会严重影响系统的稳定性。上述两点对系统的灵活性有着较高的要求。

其次，分布式能源的大规模并网会导致系统抗扰动能力降低，因此当系统遭受攻击后会出现大规模新能源脱网的情况，扩大事故范围，导致严重后果。在低电压穿越和高电压穿越方面我国均有一些事故实例。同时，可再生能源大规模并网会导致系统转动惯量持续减少，系统频率调节能力减弱，电网存在频率越限甚至稳定破坏风险。

再次，网架结构的变化增大了系统出现严重故障的风险。区域外送是可再生能源消纳的手段之一，我国存在密集输电走廊，在自然灾害下极容易出现严重故障。同时，枢纽变电站一旦遭受攻击可能会引发大面积停电事故。此外，分布式能源的接入依赖于微网的规模化发展，微网与大电网的配合存在频率、谐波等问题，配电网对微网的协调控制不当会引发严重的安全事故。

最后，大规模高压直流输电接入增大电网结构脆弱性。电网一体化、动态交互复杂化，使得现代电力系统脆弱性增加，对抗扰动和安全稳定运行提出了进一步的要求。

---

* 根据 2020 年 11 月 11 日在中国电机工程学会年会上的主旨报告整理。

2 弹性电力系统对能源转型的支撑作用

2.1 弹性电力系统能有效减小新能源渗透率、网架结构、直流规模等内部因素对系统的影响

高比例新能源接入后的电力系统，系统灵活性需求大幅增加，且传统电源被可再生能源替代，大大降低了常规灵活性资源的容量，可再生能源固有的波动性给电网稳定性带来了潜在的威胁，其低抗扰性和并网后带来的电力系统转动惯量下降为电力系统安全稳定运行带来很大影响，也给电力系统运营和监管带来了严峻挑战。传统电力平衡方式已经无法实现对净负荷的包络，系统在局部时段出现了灵活性不足现象，需要充分挖掘其他灵活性资源潜力，并调控有条件的灵活性需求转化为供给。

密集输电走廊、枢纽变电站等关键线路、关键节点的故障往往导致电力系统大面积停电，对电力系统弹性的影响很大。随着跨区交直流混联电网的建设，受限于土地资源紧张、输电走廊的地形及送受端电网的集中送出和受入，输电走廊中输电线路越来越密集，特高压交流、直流和超高压交流输电通道交叉跨越、共用一个输电走廊的问题愈加突出，局部区域甚至不得不采用多线同杆的架设方式。在自然灾害下容易出现多回线路同时跳闸、多个设备由于耦合作用快速相继跳闸的多重严重故障，给交直流混联大电网的安全运行带来极大的威胁。我国西北部能源集中送出地区、东中部负荷中心普遍存在接入大量特高压/超高压线路的枢纽变电站，是一次系统结构中的重要节点，一旦枢纽变电站遭受攻击导致全停，局部电网结构遭受严重破坏，可能引发大面积停电事故。

目前，我国电网已经形成多回超高压交直流“西电东送”大通道，输电能力和实际送电规模巨大，部分地区电网已成为世界上较复杂的交直流混合大电网之一。特高压交直流、送受端电网耦合日趋紧密，电网一体化特征显著，故障连锁反应影响范围大。

在此背景下，发展弹性电力系统，以系统弹性的定量评估为基础，指导系统硬件加固和灾后恢复，实现系统弹性的提升，实际上也将提升系统的安全裕度、抗打击能力和恢复速度等，进而也可以有效应对能源转型带来的挑战，有力提升电力系统应对重大灾变的恢复能力，保障我国能源转型下的电力安全。

2.2 弹性电力系统能应对极端自然灾害和人为攻击等外部扰动给电力安全稳定带来的严峻挑战

电力系统作为世界上最庞大复杂的人造动力学系统，容易受到各种极端事件的影响，包括极端自然灾害和人为攻击两大类，使得电力系统的安全稳定运行面临着严峻挑战。一方面，随着全球气候变暖等因素的影响，台风、暴雨和冰灾等极端气候事件频繁，地质灾害时有发生，已经在世界范围内造成了一系列大停电事故；另一方面，针对电力系统的网络和电磁方式的人为攻击已成为现代社会的现实威胁。

在能源转型的背景下，间歇性可再生能源高比例接入，跨区域互联电网快速发展，由于系统的不确定性和复杂性增加，电力系统对极端事件更加具有脆弱性。极端事件对电力系统的影响可能引起“牵一发而动全身”的效应，极端事件对电力系统局部造成的严重破坏，其影响可能蔓延很广，导致大范围停电事故。因此，亟须开展弹性电力系统的研究，将现有电力系统提升为具有高抵抗能力、强恢复能力和快响应能力的弹性电力系统。

2.3 多维度电力系统弹性评价指标有助于定量评估电力系统的抗扰动和恢复能力

在当前的恢复力研究中，考虑到极端灾害的性质与发展过程，一般将弹性定义为具有对极端事件进行预防、抵御及快速恢复负荷的能力。极端事件前，系统有能力针对其做出相应的准备与预防；极端事件中，系统有能力充分的抵御、吸收、响应及适应；极端事件后，系统有能力快速恢复到事先设定的期望正常状态。弹性评估中的三个关键指标分别是失负荷量、恢复时间及损失电量，可以用于体现系统受到极端事件影响时的抵抗能力、系统恢复到期望状态的恢复能力、极端事件对电力系统的总体影响情况。

在确定弹性评估的关键指标之后，以关键指标为核心从不同维度进行延伸拓展，可以构建完整的电力系统弹性评价体系。需要以时间为基本轴，拓展成两个维度的指标体系，分别是时间维度和架构维度(图 1)。从这两种维度出发，能够从不同层次探索影响系统恢复力的关键因素，全面体现电力系统恢复力的多重内涵，拓展指标体系的功能效用。

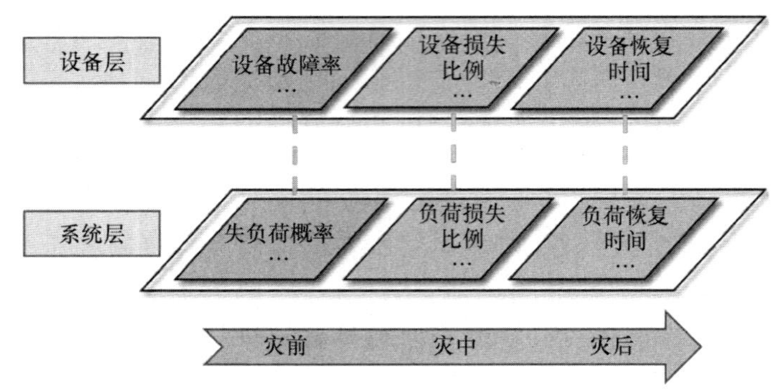

图 1 多维度弹性指标体系架构

在时间维度上考虑从极端事件前(灾前)、极端事件中(灾中)和极端事件后(灾后)三个阶段对电力系统弹性指标进行划分。灾前指标主要反映电力系统对灾害预期的鲁棒性，可用于指导电力系统防灾减灾规划、弹性电网的规划建设、为电力系统薄弱环节辨识与加固提供参考、指导救灾资源的优化配置。灾中指标主要反映量化系统的当前受损程度和负荷损失程度，可用于指导电力系统灾中紧急控制措施，降低故障迅速扩散的风险，降低系统停电风险。灾后指标主要衡量系统遭受极端灾害后快速恢复至稳定状态的能力，可用于衡量弹性资源对提升电网恢复力的重要作用、评估灾后恢复策略的有效性、指导电力系统灾后恢复策略的制定和比较不同恢复策略的优劣。

在架构维度上考虑从设备和系统这两个层面分别选取弹性评价指标。设备层指标主要用于表征反映电力系统不同设备的易损性和恢复效果间的差异性，通过比较不同设备之间的恢复时间，可以采取弃线保杆等运行措施减小系统整体恢复时间，提升系统弹性水平。系统层指标主要用于反映负荷损失与恢复情况，衡量系统性能实时变化，体现了极端事件下电力系统整体运行水平，用于评估系统采取调度及恢复措施前后的电量损失变化，指导系统实施弹性提升策略。

针对前文所提的弹性评价指标体系，根据应用场景的不同可分为两种评估模式——离线评估和在线评估。离线评估应用于评估系统综合弹性，为应对极端事件的系统规划提供依据；在线评估应用于风险评估与预警，为遭遇极端事件时的系统运行提供支撑。

极端事件下电力系统弹性的评估流程主要包括灾害场景生成、灾害模拟分析和弹性指标计算三大部分，如图 2 所示。从评估流程可以看出，离线评估与在线评估在评估步骤上的主要差别在于灾害场景生成环节。对于离线评估，根据历史灾害数据对极端事件的概率特性进行统计，构建灾害模拟发生器，其可能根据一定的概率分布生成灾害发生发展场景；对于在线评估，直接采用气象台发布的实时灾情预报信息作为灾害分析场景。

通过灾害模拟分析可以得到各灾害场景下的系统性能曲线，根据系统性能曲线可以计算极端事件下电力系统的弹性指标。通过性能曲线可以直观反映出三项核心指标：失负荷量、恢复时间和损失电量。需要注意的是，离线评估还需要计算各类指标在所有灾害场景下的统计期望值作为弹性评价指标。

3 弹性电力系统发展战略举措

本文立足于我国电力系统规模大、传输距离长、电压等级高与网架结构复杂的特点，结合能源转型的背景，从基础理论研究、关键技术攻关与优化资源配置 3 个层面提出如下 4 项战略举措，力争将现有电力系统提升为具有高抵抗能力、强恢复能力与快响应能力的弹性电力系统，为我国完成能源转型、保障能源安全与完善能源结构做出贡献。

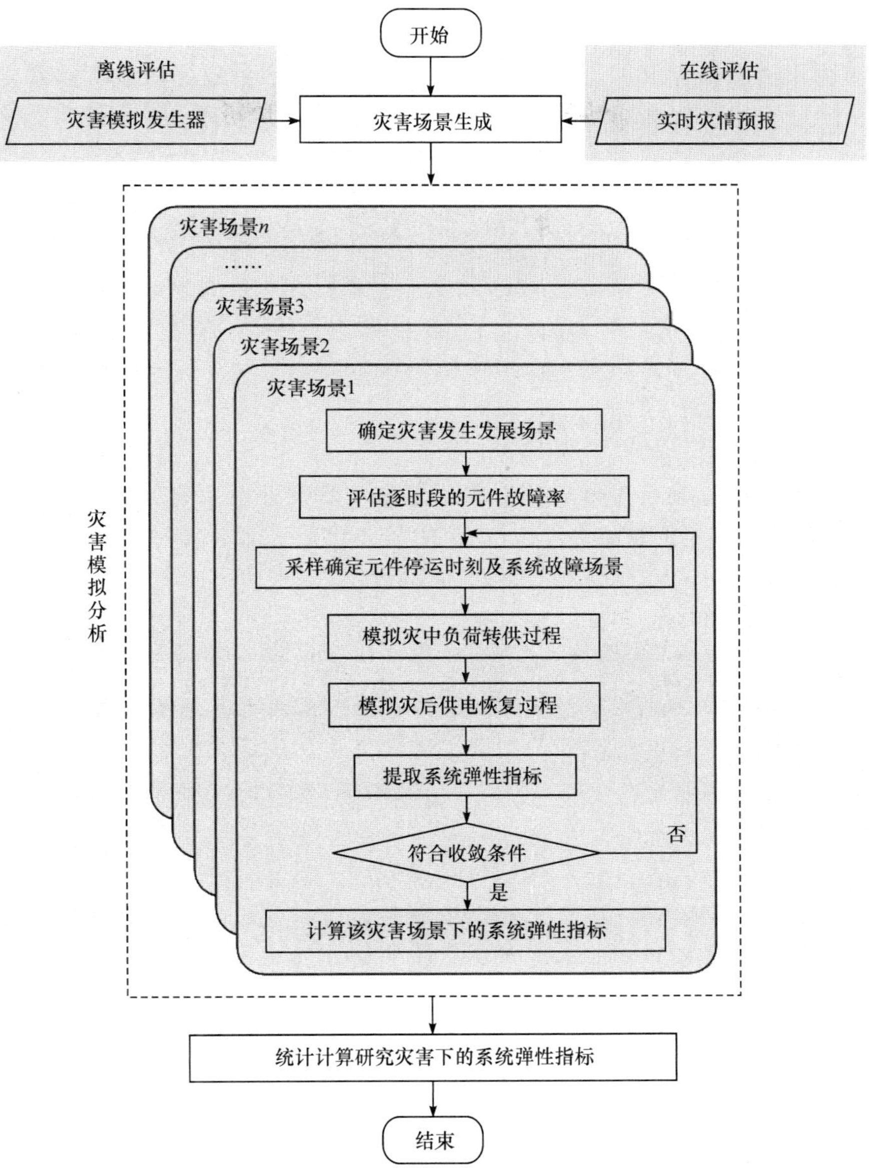

图 2 极端事件下电力系统弹性评估流程

3.1 开展弹性电力系统评价指标与评估理论的研究

进一步完善弹性电力系统相关的评价指标体系与评估理论是推动弹性电力系统发展的重要理论基础，是进一步指导电力系统防灾减灾规划及运行的基石。要将现有的对弹性电力系统的定性评价指标与定量评价指标相结合，同时结合国外先进研究成果，提出一套兼具一般性与实用价值、结合我国电力系统发展现状的综合评价指标体系。

3.2 全面发展建设弹性电力系统关键技术

全面发展建设弹性电力系统的关键技术是提升电力系统弹性的核心动力，是保证我国能源安全的重要举措。需要坚持“平时预”“灾前防”“灾中守”“灾后抢”“事后评”并重的原则，实现建设弹性电力系统关键技术的技术攻关与自主创新，进而实现电力系统的弹性提升，并保证电力系统的能源安全与长期稳定发展。

3.3 坚持通过政策引导推动弹性电力系统项目落地

国家应该通过政策引导相关部门、电力企业、科研单位等主动参与弹性电力系统的研究与建设，使弹性电力系统成为我国未来电力系统的重要发展方向。坚持理论研究和实践应用结合的发展路径，在全国范围内推动示范工程的设立，加快弹性电力系统建设节奏，探索具有中国特色的弹性电力系统发展道路。

3.4　积极推动和优化弹性资源的开发利用

合理优化和利用弹性资源是建立弹性电力系统、提高电力系统恢复力的重要举措。通过政策引导这只“看得见的手”与市场调控这只“看不见的手”，积极对分布式电源、储能装置这类传统的弹性资源进行优化利用，同时大力推进对电动汽车、可响应负荷、天然气资源和热力资源这类新兴弹性资源的开发和利用，进一步推动我国弹性电力系统的研究和建设。

4　能源转型下弹性电力系统发展路线图

弹性电力系统的建设应采取有序发展的思路，采取“基础理论—关键技术—项目示范”的“三步走”发展路线，力争在 2035 年完成弹性电力系统的整体建设。能源转型下弹性电力系统发展路线如图 3 所示。

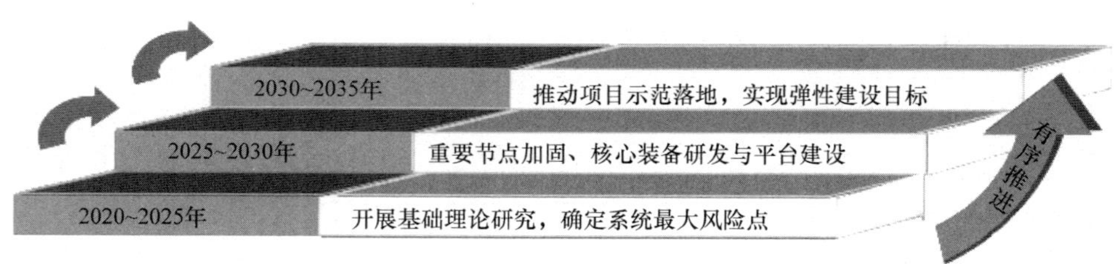

2020~2025年	2025~2030年	2030~2035年
形成应对极端事件的电力系统弹性评估理论与评估方法，构建弹性电力系统的评价指标体系，推进弹性电力系统相关标准的制定，提升决策科学性。	针对梳理的薄弱性环节，构建起坚强网架结构；统筹推进弹性电力系统重要节点加固，核心装备的研发，构建弹性电力系统计算平台。	推进弹性电力系统项目的示范应用，希望可以实现在极端事件攻击下，电力系统全面恢复时间与核心区域电网复电时间达到预期要求,关键重要负荷不停电。

图 3　能源转型下弹性电力系统发展路线

(1) 第一阶段(2020～2025 年)：建立环境模拟条件，确定系统最大风险点与薄弱环节，开展基础理论研究。

明确极端事件对电力系统的影响机理，研究极端事件下电力系统复杂故障模式，建立电力系统元件故障概率模型，形成应对极端事件的电力系统弹性评估理论与评估方法。基于极端事件与元件故障的建模成果建立环境模拟条件，明确对极端事件影响进行分析所必要的试验和统计数据，确定维持电力系统基本功能的关键设备、网络和系统，评估易受到电磁脉冲等极端事件影响的设备、网络和系统类型。

加强各界对电力系统弹性重要性的认识，构建弹性电力系统的评价指标体系，推进弹性电力系统相关标准的制定，完善现有的电力系统应对极端事件的评价方法，建立弹性电网规划和运行的基础分析、系统规划、技术要求、项目评估等标准，推进相关标准体系的形成，提升决策科学性。

(2) 第二阶段(2025～2030 年)：对电力系统关键节点进行加固，推进关键技术研究与核心装备研发，建立计算平台。

针对梳理的薄弱环节，提高弹性电力系统的投资与建设标准，加强二次系统基础建设，构建起坚强网架结构，尽量避免核心区域与重要用户在极端事件与严重故障情况下失负荷现象的发生，满足重要用户设备防灾与快速复电要求，提高供电安全与严重故障下的快速复电能力。

以“平时预”“灾前防”“灾中守”“灾后抢”“事后评”为导向统筹推进弹性电力系统关键技术研

究。研究先进传感测量与通信技术，提高电力系统感知力和恢复力；大力发展极端事件中电力系统的应急抵御关键技术，建立一套应对极端事件的防御体系；研究资源优化配置、应急物资调度与关键受损元件识别等优化和分析理论，构建一套完善的极端事件下弹性电力系统响应、调度与修复的策略体系；研究故障诊断、输配电网协同恢复技术、主动配电网与微网恢复策略为代表的电力系统快速恢复关键技术；充分挖掘机器学习、人工智能、5G 通信、规模化信息负荷的跨区域快速转移等新兴技术在弹性电力系统中的应用潜力。

推进弹性电力系统关键设备的研发，如弹性电力系统可视化平台，灾害模拟推演平台，防灾、减灾的仿真平台，液态金属储能，电力电子变压器，超导电缆等，为弹性电力系统建设提供有力支撑。

(3) 第三阶段(2030～2035 年)：推动弹性电力系统项目示范落地，实现弹性电力系统建设目标。

推进弹性电力系统项目的示范应用，完善配套的管理体系及工作机制，探索能源转型背景下高供电可靠性区域的供电解决方案，及时总结分析弹性电力系统新技术与新设备在实际应用过程中的优势、适用场景和存在的关键问题，积累相关经验，推进弹性电力系统整体规划建设。最终实现在极端事件攻击下，电力系统全面恢复时间与核心区域电网复电时间达到预期要求，关键重要负荷不停电。

5　总结

在能源转型的背景下，电力系统的不确定性、开放性、复杂性不断增加，在极端自然灾害和人为攻击下的运行风险急剧增大，对电力系统安全裕度、抗打击能力和恢复能力提出了更高的要求。发展弹性电力系统可以有效应对能源转型带来的挑战。

发展弹性电力系统具有重要的战略和现实意义。发展弹性电力系统是一项艰巨而复杂的工作，需要多方形成共识，多学科交叉，需要驰而不息，久久为功。我国有体制和装备制造产业等优势条件，也具备良好的基础，经过努力，可以实现弹性电力系统建设的预期目标。

在习近平总书记提出的碳中和目标下，我国能源转型将进一步深化，电力系统发展仍将面临严峻挑战，围绕弹性电力系统如何支撑“碳目标”仍需进一步开展深入的研究。

第五篇 可控冲击波技术与应用

可控冲击波技术是高功率脉冲技术的重要分支之一，其原理是利用脉冲高电压和大电流驱动水间隙或金属丝负载，通过液电效应或者金属丝电爆炸将脉冲功率源储存的电能转化为水中脉冲强冲击波。20 世纪 80 年代末，苏联将以液电效应产生冲击波的电脉冲技术应用于碳酸盐岩储层的解堵并取得成功，实现了高功率脉冲技术在能源开发领域的实际应用。

1. 跟踪国际研究前沿，持续提升可控冲击波装备能力

20 世纪 90 年代起，我国多个油田先后引进电脉冲技术，也有油田联合研究机构对该技术装备进行了跟踪研究，但终因我国油气储层物性差不能直接照搬苏联技术、装备适用性差、对冲击波作用储层原理不明晰等原因，并未能取得实际应用效果。

邱爱慈院士带领的高功率脉冲技术团队于 1997 年根据国内石油行业的需求，积极跟踪国际前沿技术，研制了基于液电效应原理的电脉冲设备，初步开展了高功率脉冲技术向油气资源行业的拓展应用，并在应用中不断提升。先后通过将脉冲功率源储能提高 3 倍、采用金属丝电爆炸原理将能量转换效率从 10%提高到 50%等技术突破，在油水井解堵、煤层气井增产等方面取得了较好的应用效果，并在这些应用中逐步认识到了动力学方法在油气开发中的独特作用。

2. 突破传统思维，独创引领可控冲击波产生新技术

随着国家煤层气、页岩气开发力度持续加强，通过与能源行业专家的深层次沟通与交流，邱爱慈院士敏锐地意识到高功率脉冲技术有望在能源资源开发领域发挥重要作用。2011 年，通过大量实验和充分论证，邱院士组织团队并联合多家单位，向科技部提交了“低渗透性煤层气、页岩气开发新技术及应用”项目建议书，首次提出了以金属丝电爆炸等离子体驱动含能材料产生可控冲击波，达到致裂煤层、页岩储层的技术思路。2012 年该建议获得批准，列入“十二五”国家高技术研究发展计划(863 计划)中的“页岩气勘探开发新技术”项目，邱院士团队承担课题“基于冲击波法的页岩气开发新技术及装备研制”。2013 年初课题正式启动，开启了可控冲击波技术蓬勃发展的序幕。

该课题在前期研究的基础上，提出了放电等离子体直接驱动含能材料产生高强度冲击波的新机理、新方法，建立了利用液电效应、金属丝电爆炸和金属丝电爆炸等离子体驱动含能材料产生冲击波三代技术体系，研发出输出参数灵活可控的五套冲击波产生装备，冲击波幅值较国际上基于前两代技术的装备提高近 10 倍，形成了在世界上独创引领的可控冲击波技术。

在技术不断进步的同时，邱爱慈院士带领团队加大与能源行业单位的交流合作力度，先后联合中煤科工集团重庆研究院有限公司、中国石油天然气股份有限公司、国家能源投资集团有限责任公司和中国矿业大学等单位，申请到国家科技支撑计划、国家重点基础研究发展计划(973 计划)、国家自然科学基金等国家项目支持。系统开展了可控冲击波增透煤层、致裂页岩层的效应和机理等研究，获得了强度达 200MPa 的冲击波，作用于储层可形成复杂裂隙网，在不损伤井筒的情况下，使砂岩渗透率提高了 41%、煤层有效孔隙度提高了 60%等结果。这些研究结果奠定了大力拓展可控冲击波技术应用领域的技术基础。

在基础研究不断深入的同时，可控冲击波技术陆续得到了中国石油天然气股份有限公司、中国石油化工股份有限公司、国家能源投资集团有限责任公司、山西焦煤集团有限责任公司等大型企业的关注，项目团队先后与 15 家企业签订作业合同。将重复可控冲击波储层改造技术和系列装备应用于国内低渗透油水井、煤层气井、煤炭瓦斯钻孔、页岩气井、致密砂岩气井等不同类型的储层改造中，取得了很好的效果：作业低渗透油井增产达 2 倍、低渗透水井增注 1.5 倍、煤层气井产量提高 6 倍、增透煤层后瓦斯流量提高 11 倍、钻孔工程量节约 80%、抽采时间缩短 61%、煤矿瓦斯治理效率提高了 50% 以上，与水力压裂联合作业实施预裂后使破裂压力降低了 2/3。

通过近十年的研究，邱爱慈院士带领的可控冲击波团队获授权国家发明专利十余项、软件著作权 1 项。“可控冲击波预裂增透煤层技术”被国家煤矿安全监察局列入 2016 年《煤矿安全生产先进适用技术推广目录》。在 2019 年召开的重复可控冲击波储层改造技术与装备技术鉴定会上，由多位院士组成的项目鉴定委员会认为“该成果是非常规油气开采领域中的变革性技术，国际首创，具有安全、环保、节能、低成本的优势，整体技术达到国际领先水平”。2020 年 4 月 22 日，习近平总书记视察西安交通大学，对可控冲击波技术成果高度关注，并给予肯定。

3. 心系国家能源安全，积极拓展油气供给渠道

目前我国能源供给安全形势紧迫，习近平总书记做出“加大油气勘探开发力度”的重要批示，要求力保年产量 2 亿吨以上。邱爱慈院士在带领团队加快技术研究的同时，始终心系国家能源安全，并在 2019 年向国务院发展研究中心提出了“多渠道保障油气能源供应安全的思考——可控冲击波技术的作用”的建议，该建议提出了三种提高油气产量的渠道：一是页岩油、页岩气等非常规油气是未来提高油气产量的主渠道；二是已开油井的挖潜改造是提高油气产量最直接、快速的补充渠道；三是开发清洁高效的富油煤提油技术是补充油气资源的新渠道。这一建议引起了能源、资源行业专家的极大关注。其中，王双明、邱爱慈、彭苏萍、张玉卓、舒印彪等五位院士共同提出的“关于发展富油煤生产油气，增加国内油气供给”建议，已由中国工程院上报国务院有关部门。作为关键技术之一，可控冲击波技术在富油煤原位提油中发挥着创造大面积微裂隙系、提高传热传质效率的重要作用。富油煤原位提油技术一旦突破，必将形成有中国特色的富油煤革命，从根本上改变我国石油供给安全形势。

2019 年 4 月在第二届页岩油资源与勘探开发技术国际研讨会上，邱爱慈院士受邀做了“可控冲击波技术在页岩油开发中的应用研究”专题报告，同年项目团队应邀参加了香山科学会议第 S52 次：变革性技术关键科学问题前沿和热点学术讨论会，可控冲击波技术被正式推荐为变革性技术。之后，科技部“页岩油开发可控冲击波压裂技术的基础研究”项目被列入 2020 年度“变革性技术关键科学问题”的重点专项指南，邱爱慈院士团队牵头完成项目论证和答辩，并于 2021 年正式启动。该项目通过深入研究高温高压环境中应用的可控冲击波技术，将有力支撑页岩油开采技术的发展。

4. 瞄准国家战略工程，全方位拓展应用领域

在香山科学会议第 S53 次：矿业领域颠覆性技术学术讨论会上，邱爱慈院士受邀做了“矿山开采过程中的新技术应用设想”报告，可控冲击波技术引起了矿业领域的极大关注，多名专家指出：可控冲击波技术预裂、弱化岩石的技术特征，有望解决煤矿、金属矿和隧道掘进中的冲击地压防治和硬岩致裂等难题，为我国深层矿产资源开发、川藏铁路等战略工程建设提供重要技术支撑。

针对这一应用，邱爱慈院士带领团队积极部署开展相关基础研究，并将该应用作为“先进多功能强脉冲产生与应用创新平台”的主要内容，向国家发改委提交了论证报告，力争在今后的研究中实现更大的突破，为川藏铁路等国家重大战略工程建设做出贡献。

综上所述，在邱爱慈院士的带领下，可控冲击波技术应用从早期的油田增产已逐步扩展到非常规油气开发、煤炭生产安全，目前正在向资源开发和交通领域进军，未来必将为我国国民经济建设主战场和国家能源供给安全提供重要技术支撑。

在可控冲击波技术及其应用领域，邱爱慈院士及其培养的学生共发表文章 62 篇，在国内国际会议上做特邀报告 20 次，本篇收集了代表性学术报告和论文共 6 篇。

重复脉冲强冲击波储层处理技术*

摘要：本文介绍一种基于脉冲功率技术产生的重复脉冲强冲击波，应用于油水气储层处理以实现油气增产的技术。典型油气田现场作业效果表明：实施重复脉冲强冲击波作业后，油井平均单井增产可达30%，且有效期长；注水井可改善注水剖面，降低注水压力，配注成功率达92%；煤层气井的初步试验实现了日产气量的持续增长。在已有试验结果的基础上，结合我国页岩气开发的重大需求，首次提出将重复脉冲强冲击波技术应用于页岩气井压裂前的预处理，降低破裂压力，减小压裂规模，提高经济可行性的设想，得到了我国非常规油气开发领域的广泛关注。

1 引言

脉冲功率技术是源于国防科研的新兴技术，基本原理是以慢的方式储存能量，然后借助各种开关的快速切换实现脉冲压缩、功率放大，用很短的时间、很高的强度以单个脉冲或受控的重复脉冲形式，将能量瞬间释放给负载，并产生各种强电脉冲功率输出。采用脉冲功率技术产生的高电压和大电流驱动水间隙或金属丝负载，通过液电效应或者金属丝电爆炸可将脉冲功率源储存的电能转化为水中脉冲强冲击波。该技术的优势是冲击波峰值压力高、持续时间短、可重复施加、不损伤套管、节能、绿色环保等。

20世纪80年代末，苏联将以液电效应产生冲击波的电脉冲技术应用于碳酸盐岩储层的解堵并取得成功，实现了高功率脉冲技术在能源开发领域的实际应用。20世纪90年代起，我国多个油田先后引进该技术，也有油田联合研究机构对该技术装备进行了跟踪研究，但终因我国油气储层物性差不能直接照搬该技术、装备适用性差、对冲击波作用储层原理不明晰等原因，并未能取得实际应用效果。本项目团队根据国内石油行业的需求，积极跟踪国际前沿技术，研制了基于液电效应原理的电脉冲设备，初步开展了高功率脉冲技术向油气资源行业的拓展应用。本文对这一阶段研究成果和试验效果进行总结和分析，并提出重复脉冲强冲击波技术在未来页岩气开发中的应用设想。

2 重复脉冲强冲击波作用储层的机理

重复脉冲强冲击波对储层的作用，主要包括造缝、解堵和提高渗流等效应。岩石力学研究表明：在冲击载荷作用下，储层材料的断裂强度和疲劳强度明显低于静态载荷作用。由于长期的地质力学作用和成井时射孔、压裂的作用，油气储层中存在着断层、裂缝/隙、层理和微裂缝/隙等，当冲击波峰值压力超过储层的疲劳强度时，就会撕裂储层，创造新的微裂缝/隙或宏观裂缝/隙；各向同性的冲击波能够贯通原本没有孔喉联系的孔隙和扩展孔喉道；这些新生裂缝/隙、贯通的孔隙和扩展了的孔喉通道将有力提高储层渗透率。

重复脉冲强冲击波对储层解堵作用主要体现在：冲击波在不同密度介质上产生的速度、加速度有很大的差异，而储层是由岩石颗粒、充填黏土矿物与饱和油气水等复杂的介质组成，它们的密度、波阻抗等物理性质大不相同。因此，冲击波可在储层介质中的固固、固液和油水气等波阻抗相差较大的界面上产生较强的剪切力；剪切力可以使岩石颗粒表面的黏土胶结物被振动脱落，或者使孔喉充填的桥状黏土微粒松动或迁移，从而解除孔喉道堵塞，扩大孔喉半径和孔隙的贯通性，同时冲击波还可减小储层的附面层厚度，提高渗流速度，增加渗流量。利用冲击波提高储层渗流作用主要表现在解除储层的水锁、气锁效应，减小渗流死区；改变孔隙中液、固、气界面的动态，克服毛细管的束缚滞留效

---

* 该文由2011年10月中国工程院“我国非常规天然气开发利用战略研究”会议(四川宜宾)特邀报告改写。

应；降低液体界面的张力；克服偶电层的束缚；击碎大气泡等。

重复脉冲冲击波是一种纯物理的储层处理技术，不需要向储层注入其他物质，因此不会污染、伤害储层。与传统静压改造储层技术不同，以冲击波压力作用于储层，特别有利于在脆性储层中制造微裂缝/隙。冲击波脉宽在 0.5ms 以内可调，压力峰值高、持续时间短，不会损伤套管和水泥环。可以对储层分段进行可控的重复频率作用，并可以通过电极形状的设计，选择冲击波的作用方向。另外，冲击波装备工作中伴生的电磁辐射对吸附气的解吸也能起到一定的作用。

3　重复脉冲强冲击波产生装置

为了在井下环境中高效地产生可用于储层处理的重复脉冲强冲击波，需研发符合井筒结构尺寸的冲击波产生装置。该装置主要由地面电源控制柜、井下高压直流电源、井下高聚储能电容器、井下能量控制器和井下能量转换器等单元组成，图 1 为重复脉冲强冲击波产生装置的结构组成图和实物照片。

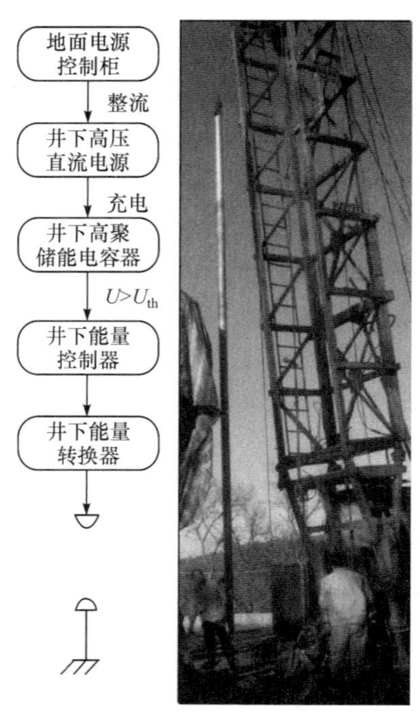

图 1　重复脉冲强冲击波产生装置的结构组成图和实物照片

重复脉冲强冲击波产生装置的工作原理：地面电源控制柜通过测井电缆为井下设备提供电源，并进行控制；井下高压直流电源给高聚储能电容器充电；待井下高聚储能电容器电压达到能量控制器的工作阈值时，能量控制器瞬间将电容器中储存的电能快速传递给能量转换器；能量转换器在井筒的水中以液电效应将电能转换成机械能(冲击波能量)。冲击波通过射孔炮眼和穿透套管两种方式，作用于储层。

典型的重复脉冲强冲击波产生装置工作参数：放电电压为 30kV，放电电流为 50kA，装置总储能为 4.5kJ，冲击波峰值压力>100MPa。装置的外径为 102mm，长度为 6.5m，质量<100kg，可处理的储层深度<5km，纵向有效距离为 30cm，工作频率为 3～6 次/分钟，满足一般储层的处理需求。

将重复脉冲强冲击波产生装置应用于直井中时，其作业工序：①起出井下所有管柱；②下通井规，以保证下井仪器通行无阻；③将井筒注满水，整个作业期间维持液面在井口；④将电脉冲装置送至井下欲处理煤层的射孔段位置；⑤将油层分为多个 30～50cm 的处理段；⑥电脉冲装置在每个作业点以设定的工作频率重复作业 50～80 次；⑦处理完毕起出井下设备；⑧按要求下生产管柱，完井。

4　油田应用实例

目前，重复脉冲强冲击波技术先后在延长、长庆、胜利等油田进行了油、水井的增产和增注作业，取得了良好的作业效果：①作业各种油井，平均单井增产 40%；②作业注水井达到了配注，成功率为 92%；③降低了注水井的注水压力；④改善了注水剖面；⑤有效期长，截至统计日期，最长达 500 多天，仍继续有效。

4.1　长庆八场注水井

表 1 为重复脉冲强冲击波产生装置在长庆八场注水井应用中的增注数据。

表 1　重复脉冲强冲击波产生装置在长庆八场注水井应用中的增注数据(统计截至 2010 年 6 月 1 日)

井号	措施日期	措施前		措施后		有效期/d	日增注水量/m³	累增注水量/m³
		油压/MPa	实注量/m³	油压/MPa	实注量/m³			
铁 90-86	2008-10-09	10.0	2.0	10.5	30	586	29.1	17078
阳 38-66	2009-02-17	11.0	0	11.5	20	457	20.5	9380

续表

井号	措施日期	措施前		措施后		有效期/d	日增注水量/m³	累增注水量/m³
		油压/MPa	实注量/m³	油压/MPa	实注量/m³			
阳 60-54	2009-03-14	16.0	0	6.0	15	445	16.0	7114
学 30-6	2009-03-26	11.0	0	5.0	30	431	29.9	12874
铁 84-90	2009-04-09	8.0	4.0	9.0	30	411	29.0	11935
阳 56-43	2009-05-26	15.0	0	8.0	20	363	20.0	7260
阳 56-64	2009-06-04	12.5	0	11.0	15	362	15.0	5430
铁 96-88	2009-06-02	11.0	0	9.0	6	343	6.0	2054
平均		11.8	0.75	8.8	21	425	20.7	8797

根据表 1 可以看到，在超低渗透油藏注水井中，吸水剖面不均的井达到了 85%，平均水驱动用程度仅为 53.2%。利用重复脉冲强冲击波作业后，改善了注水剖面，实现了均衡注水，提高了水驱效率，作业后的吸水剖面变化如图 2 所示。

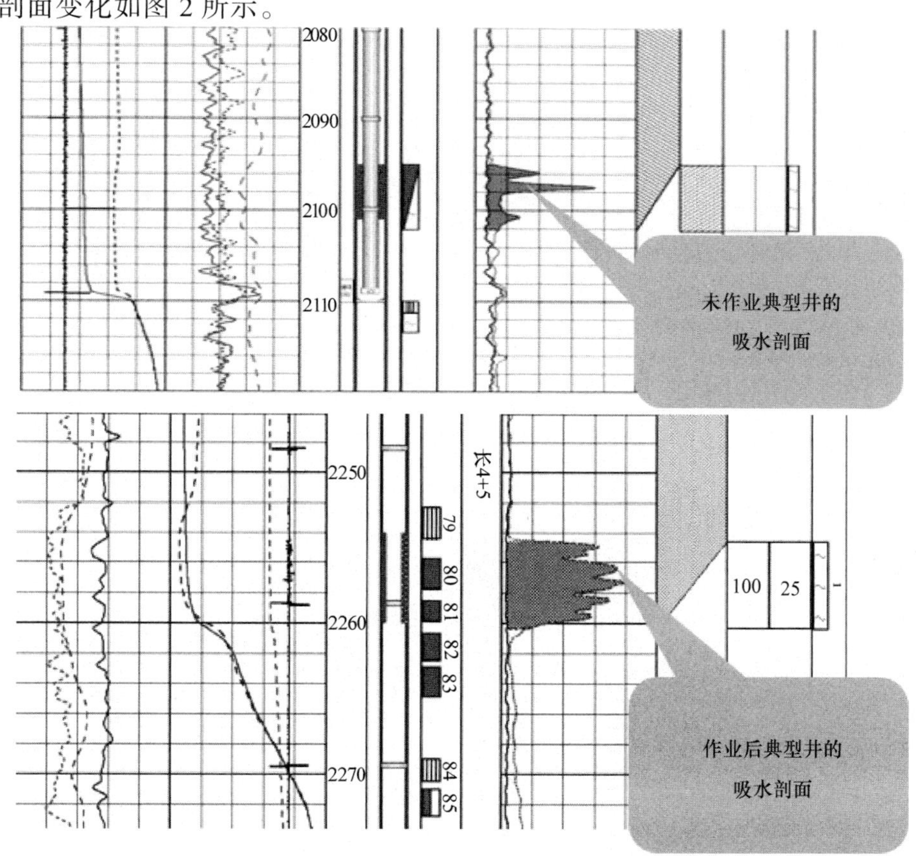

图 2　重复脉冲强冲击波作业后吸水剖面变化

4.2　胜利油田采油井

表 2 为重复脉冲强冲击波产生装置在胜利油田宾南采油厂作业油井应用中的增产数据。

表 2　重复脉冲强冲击波产生装置在胜利油田宾南采油厂作业油井应用中的增产数据(统计截至 2010 年 12 月)

井号	开井日期	措施前/t		措施后/t		目前/t		日增油量/t	有效期/d	累计增油量/t
		日产液量	日产油量	日产液量	日产油量	日产液量	日产油量			
B4-6-623	2009-07-09	2.5	0.3	11.1	1.1	4.5	1.4	0.8	440	401.2
B4-2-16	2009-08-07	3.0	0.2	3.2	0.5	4.4	0.93	0.3	504	233.6

续表

井号	开井日期	措施前/t		措施后/t		目前/t		日增油量/t	有效期/d	累计增油量/t
		日产液量	日产油量	日产液量	日产油量	日产液量	日产油量			
B4-2-18	2009-08-13	8.5	1.1	8.8	3.8	5.1	0.8	2.7	240	212
B17-361	2009-08-22	5.5	1.2	18.8	3.1	7.6	2.1	1.9	463	709
B10-6	2009-09-01	1.0	0.8	4.8	3.8	2.4	1.8	3.0	255	391
L16-13	2009-10-25	2.0	1.1	4.4	1.5	3.0	1.7	0.4	431	303.1
B648-13	2010-04-18	0.6	0.4	2.5	1.6	2.2	1.7	1.2	230	597
B648-20	2010-11-02	10.6	5.2	12	5.8	11.8	5.7	0.6	59	25
B649-12	2010-11-07	4.4	3.7	5.3	3.5	5.5	4.4	0.7	52	40
B363-16	2010-10-25	0.3	0.2	2.2	0.8	2.2	0.8	0.6	62	48
平均		3.84	1.42	7.31	2.55	4.87	2.13	1.08	274	296

根据表 2 可以看到，重复脉冲强冲击波作业采油井后，实现了平均单井日增产 40%，平均有效期达 274 天，单井累计增油量为 296t，作业效果明显。

5 煤层气井应用探索

项目团队开展了重复脉冲强冲击波应用于煤层气井的初步探索。华固 19-5 井受加密井压裂的影响，日产气量由最高的 4000m^3 降低到作业前的 400m^3，采用重复脉冲强冲击波作业后，日产气量逐步上升，作业 75 天后达到了 1000m^3，目前还在持续增长中，图 3 为华固 19-5 煤层气井作业后的排采曲线。

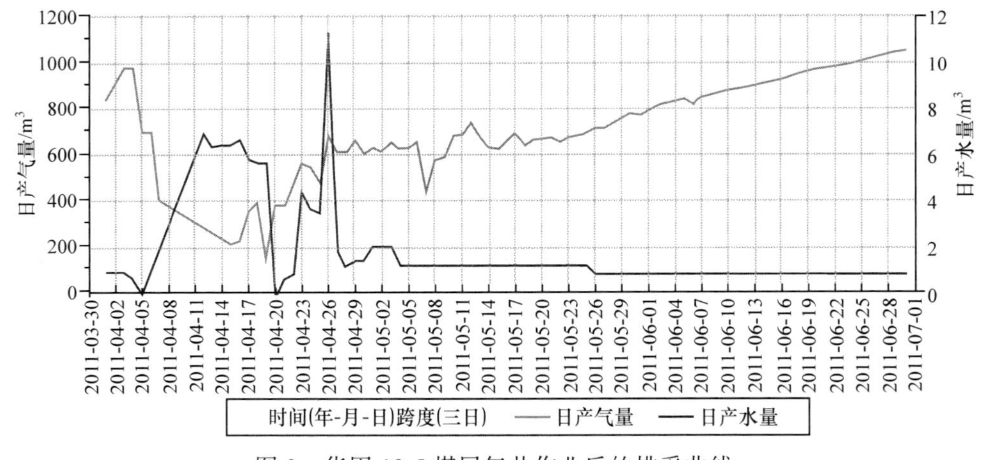

图 3 华固 19-5 煤层气井作业后的排采曲线

6 页岩气开发应用展望

美国成功开发页岩气的主要技术是大规模体积压裂。在大规模压裂后，早期以游离气为主的天然气产量快速下降并达到稳定，稳定期的产量主要是基质孔隙里的游离气和解吸气。美国页岩气井长期稳产或恢复产量的技术是二次压裂。初次大规模压裂和二次压裂对恢复产量都是有益的，但压裂成本高昂，严重影响了页岩气产业的经济性。提高页岩气产业经济性是开发页岩气必须探讨的问题，主要包括在页岩气开发中，必须减小压裂的规模和成本；实现有效的体积压裂，形成三维网状裂缝、裂纹，提高初产量、并长期稳产；采用各种物理场提高页岩的解吸能力；探索替代二次压裂的新技术，以减小生产成本。

可利用重复脉冲强冲击波技术辅助初次大规模压裂，降低压裂规模，也可替代二次压裂，显著提高经济效益。辅助初次压裂是指在射孔后、压裂前作业，利用各向同性或者定向冲击波在近井地带创造大量各向可控的微裂缝/隙，通过降低破压减小压裂规模和各向可控的微裂缝/隙增加压裂的体积效应，从而提高初产量，并延长高产期。以单点、分段，强度、频率、重复脉冲次数可控的冲击波定向撕裂页岩，可大幅度降低破压，减小压裂规模，提高经济可行性。图 4 为重复脉冲强冲击波降低破压原理示意图。

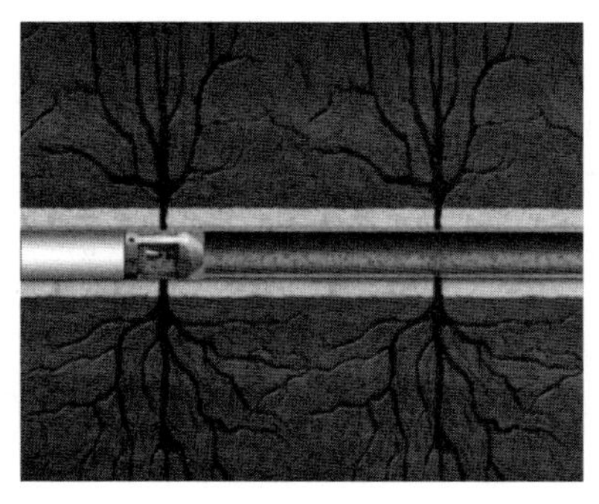

图 4 重复脉冲强冲击波降低破压原理示意图

另外，当页岩气井产量下降需要二次压裂时，可利用重复脉冲强冲击波对整个生产区域进行二次作业，扩展裂隙，保持产量，替代二次压裂措施，降低页岩气开发成本。

综上所述，重复脉冲强冲击波在页岩气开发中具有重大应用前景。为了尽早实现重复脉冲强冲击波在页岩气开发中的应用，需要加强相关基础研究。例如，适宜于在页岩气井中应用的设备和关键技术研究；在实验室开展冲击波对各种页岩致裂的工艺参数研究，指导现场的作业工艺设计。现场作业工艺研究中，在直井中可以采用井下设备的自重，通过电缆下放设备、控制作业区域；在水平井中可采用石油油管推入方式，使冲击波直接作用于页岩层，通过选择不同的作业时间和作业工艺，可以充分发挥冲击波的作用。另外，通过探索电磁场对页岩气的解吸附作用，研发应用于页岩气井中的电磁辐射技术和装备。

7 总结

本文开展了重复脉冲强冲击波技术在油水气等储层处理中的应用研究，取得了良好的作业效益。重复脉冲强冲击波在油水井中的应用表明，采油井平均单井增产可达 30%，且有效期长；注水井改善了吸水剖面，降低了注水压力。在煤层气井中的应用表明，煤层气井日产气量可持续增长。重复脉冲强冲击波在页岩气开发中具有重大应用前景，辅助压裂，降低压裂规模，提高压裂效果，也可替代二次压裂，提高页岩气开发经济效益。

高功率脉冲技术在非常规天然气开发中应用的设想*

摘要：针对我国开发非常规天然气的重大需求及面临的技术挑战，本文提出一种基于重复脉冲强冲击波开发非常规天然气的新技术。文中介绍了高功率脉冲技术和重复脉冲强冲击波产生技术，以及对常规储层的作用机理和在油水井中的应用效果。通过对常规技术的分析，提出了重复脉冲强冲击波在非常规天然气开发中应用的思路和进一步增强冲击波幅值的技术途径。分析了物理场对煤层的作用机理和模拟实验结果以及冲击波技术前期的现场实践，提出了重复脉冲强冲击波在地面抽采煤层气井和井下瓦斯抽孔中应用的设想。调研了国内外页岩气开发现状，针对大规模压裂在我国复杂地表环境中应用的困难和开发中的环保问题，提出了在页岩气水平井压裂前、后应用重复脉冲强冲击波的设想，并针对页岩气井的稳产问题，提出了重复脉冲强冲击波专业井的设想。在以上基础上，形成了几点看法和建议。

引言

2011 年，我国石油、天然气对外依存度已接近 60%和 24%，能源安全问题十分突出。目前，仅依靠常规油气资源的开发利用已不能满足我国经济和社会长期稳定发展的需要。据统计，全球非常规天然气的总资源量是常规天然气资源量的 8.3 倍[1]，我国非常规天然气(包含致密砂岩气、煤层气、页岩气和天然气水合物)资源量为 $280.6\times10^{12}m^3$，约为常规天然气资源量的 5.01 倍。为此，国家发改委已分别出台了“煤层气(煤矿瓦斯)开发利用‘十二五’规划”和“页岩气十二五发展规划”，以指导我国的非常规天然气开发。非常规天然气资源是指尚未充分认识、还没有可以借鉴的成熟技术和经验、技术依赖度高的一类天然气资源。非常规油气资源的开发需要突破常规的技术思路，通过多学科的交叉、融合发展新的技术，以技术进步实现有效开发。非常规天然气的开发利用对我国经济和社会的健康、绿色与可持续发展具有重要意义。

1 需求背景及常规技术分析和冲击波应用思路

1.1 需求背景

目前，煤层气开发有地面和井下两条途径，地面抽采煤层气开发中，引进了石油油井的水力压裂技术，在高煤阶硬煤的煤层气开发中已取得了成功。然而，大量松软煤层的煤层气开发中，水力压裂技术受地应力场和煤层天然裂隙发育状况的控制，难以全方位有效传播，往往只能形成“线状”或不完整“网状”的煤储层改造效果，实际上无法达到真正意义上的区域增渗。

井下煤层气开发中，对煤层的增渗措施主要有保护层卸压开采、密集钻孔、水射流钻割一体化增渗和深孔预裂爆破增渗等技术。煤炭行业已经有学者指导研究生研究将油水井中应用的冲击波技术应用到井下煤层钻孔中的增透作业中[2]，其中，与重复脉冲强冲击波的作用机理相似的深孔预裂爆破可在煤层中形成裂隙、裂缝，并使原生裂隙得以扩展[3]。

随着我国经济发展对能源需求的日益增加，煤炭开发深度将越来越深，许多开发矿井面临的主要难题是渗透性越来越差，吨煤含气量越来越高，仅靠目前的煤层气开发技术不能完全解决大部分矿井的瓦斯治理难题和实现抽采目标。我国煤层气开发坚持走地面抽采和井下抽放两条技术措施并重的路线，需要研究开发增加煤层渗透率的新技术和装备。

美国页岩气开发的成功技术是顺页岩层的水平钻井和大规模分段压裂技术，美国沃斯堡盆地

---

* 该文原载于 2012 年《第二届中国工程院/国家能源局能源论坛论文集》(北京：煤炭工业出版社)。

Barnett 页岩气藏经各种压裂改造后的生产数据如图 1[4]所示。当产量下降后，一般采取二次压裂，美国典型重复压裂页岩气井的生产数据如图 2[5]所示。然而，中美两国页岩气资源状况有很大差别：美国页岩气储层地质构造简单，而我国的地质条件复杂；美国的地表条件较好，适宜规模开发；而我国地表条件较差，页岩气开发有利区的地表是沟壑纵横、崇山峻岭，各种地表环境的资源量分布为丘陵地区占 30%；低山地区占 18.6%；中山地区占 17.6%；平原地区占 15.47%[6]。美国产气量较好的页岩气田的产气深度都是 1000m 左右，而中国无论是龙马溪组还是九老洞组，埋藏深度都在 3000m 左右。从美国页岩气井的生产数据来看，制约页岩气开发的是稳产措施单一和成本较高；制约我国页岩气开发的关键技术之一是在山地进行大规模压裂的成本太高，这使得单纯靠借鉴美国的技术或者靠几口探井是难以对整个中国页岩气的开发起到指导性作用。

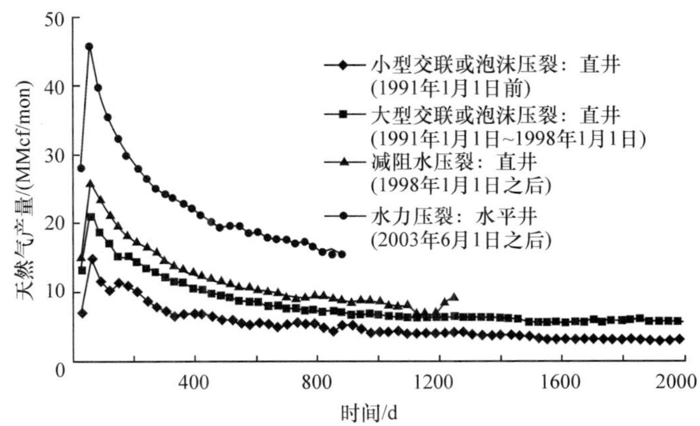

图 1　美国沃斯堡盆地 Barnett 页岩气藏经各种压裂改造后的生产数据

图 2　美国典型重复压裂页岩气井的生产数据

1.2　常规技术分析和冲击波应用思路

非常规天然气资源品质相对较差，要求的开发技术高，依靠现有常规技术难以实现规模化经济开发。非常规天然气的开发技术需要摆脱常规的技术思路，依靠多学科的交叉、融合，发展新的技术。

油气开发中，对储层改造和干扰的传统技术主要有射孔、水力压裂、高能气体压裂、超声波解堵等。在压裂改造中，借助于压裂液将地面装置提供的压力作用于整个储层，水压力的作用在储层中形成沿主地应力方向的裂缝；在页岩气开发中，为了减小压裂规模，发展了分段压裂技术，但仍然制约页岩气的高效开发。高能气体压裂中，单次冲击压力有望挣脱地应力的束缚，形成多个方向的裂缝，但是，压力仍是作用于整个储层，甚至整个井筒，压力幅值过大会损伤套管，压实储层，甚至压穿相邻的层位；压力幅值偏小时，对储层的作用又不大。

传统技术的特点是：水力压裂是以静压力作用于储层，虽然改造力度大，但是改造效果受地应力限制；高能气体压裂的脉冲压力受地应力的束缚小，有望产生多方位的裂缝，但是作业是单次和针对整个储层，甚至整个井筒。

在非常规天然气开发中，为多方位、大面积的改造储层，脉冲压裂渴望发挥出更好的效果。在采用脉冲压力时，如果能够将压力集中在有限区域，不仅能够有区别地改造或干扰储层，还不会出现串层现象，并且节约能源和资源；为了保护套管或者裸眼井的井壁，采用重复多次小幅值脉冲压力优于单次大幅值的脉冲压力。发展高功率、高能量密度、压力幅值和作用时间以及作业空间可控的脉冲压裂技术可作为传统技术措施的重要补充，为非常规天然气开发提供一种新的开发技术和工艺。

2　重复脉冲强冲击波的产生、作用机理及应用

高功率脉冲技术是研究能产生各种强电脉冲功率输出的技术；它以慢的方式(数秒量级)储存能量，然后，借助各种开关的快速切换实现脉冲压缩、功率放大、用很短的时间(微秒至纳秒量级)、很高的

强度(兆瓦至吉瓦量级)以单个脉冲或受控的重复脉冲形式，将高功率电磁能量瞬间释放给负载。各种脉冲功率负载以不同的物理原理将高功率电磁能量转换为所需要的能量形式，如电子束、离子束、脉冲X射线、窄带和超宽带高功率微波、激光、电磁脉冲、等离子辐射和强冲击波等，也是实现惯性约束聚变能源的有效途径[7]。高功率负载所转换的各种形式的能量在有限的区域形成极端的物理环境，实现一般功率条件下所不能实现的功能。高功率脉冲技术主要是应国防领域的重大需求而发展起来的，如核爆辐射模拟、高功率微波、电热炮、电磁炮和激光武器等[8]。重复脉冲强冲击波是以电脉冲装置产生高功率脉冲电压，在其负载上以液电效应方式所产生，欲要产生所需要的高效率冲击波，对电脉冲装置工作方式及其性能参数有较高的要求。

具有较高压力峰值的冲击波作用于储层时，储层既是冲击波作用的对象，也是传递冲击波的介质，不需要其他介质参与作用。当冲击波的峰值压力高于储层的断裂强度时，可撕裂储层；冲击波在储层不同介质中传播的速度和加速度不同，可在各种介质的界面产生较强的剪切力，解除储层的堵塞；储层中的多相渗流受各种介质表面电势的影响，冲击波幅值大于介质表面分子的电势时，可以改变各种介质的表面性质，改善渗流。

2.1　重复脉冲强冲击波的产生

以液电效应产生冲击波可以用两种机理解释，其一是水中放电的等离子体通道在放电电流的加热下迅速膨胀产生冲击波，其二是水中放电的等离子体通道加热周围的水分子，导致其迅速受热升温、汽化而膨胀并产生冲击波。目前，研究液电效应所产生的冲击波时，多份文献中[9-12]大多采用公式(1)、(2)[13]计算冲击波的幅值，作为电脉冲装置设计的依据。分析公式(1)、(2)可得如下定性结论：冲击波峰值压力与放电的能量及放电通道上的能量密度成正比；在储能一定时，与储能电容器的容量平方根和放电电压成正比。实际上，放电电流和持续时间达到一定的阈值后，水中的放电通道才能将电能转换为冲击波能量。采用不同的储能部件、不同的储能模式和放电电极结构，将导致不同的冲击波幅值和能量转换效率。

$$P=\beta\sqrt{\frac{\rho w}{\tau T}} \tag{1}$$

$$P=k\frac{C^{1/2}U}{1.4a^{5/2}} \tag{2}$$

式中，P为冲击波压力；β为复杂积分，在水中取值为0.7；ρ为水的密度；τ为冲击波的前沿；T为冲击波的底宽；w为放电通道单位长度上放电电流的总能量；a为放点电弧通道的半径。

用于产生液电效应的储能部件中，电能的储能密度是限制冲击波应用的主要障碍，为获得更强的冲击波，必然需要更大的能量，这将导致电脉冲装置的体积巨大而无法应用。为了将重复脉冲强冲击波应用于非常规天然气开发中，不仅需要深入研究液电效应的能量转换效率，还需要再复合新的物理机制，以在有限的空间、致裂条件下产生更强的冲击波。

利用金属丝或金属箔在水中产生电爆炸，是提高液电效应能量转换效率的技术途径之一。由于热核聚变、等离子体化学、等离子体物理和碎石爆破等重要技术研究的需要，国际上，美、俄、以色列等国家早在50多年前就开始进行水中金属丝电爆炸的理论与实验研究，但是由于水中金属丝电爆炸过程极其复杂，涉及金属材料与水的物相演变、非理想等离子体形成、强冲击波和强光辐射产生等，并且这些过程与作用电脉冲的参数(时间、功率与波形)密切相关，因此很难得到一个统一的关于水中金属丝电爆炸的自洽物理描述，直到今天仍有许多学者致力于该方向的研究[14-19]。国内关于金属丝电爆炸的研究工作开始于20世纪60年代，中国工程物理研究院和西北核技术研究所率先开展了相关的研究工作[20]。近年来，华中科学技术大学卢新培教授和中国科学技术大学张寒虹高工等共同研究过金属丝水中放电的电特性、压力特性，采用高速相机拍摄了水中气泡的发展过程；在他们的研究中，金属丝的主要作用是辅助形成稳定的等离子体通道[21]。一些相关的实验研究表明，在某些特定的电脉冲参数作用下，水中间隙放电的电磁能转换为冲击波的效率约 15%，采用参数匹配的金属丝作负载，则转换效率可达 70%[22]。电热化学法是另外一种产生强冲击波的技术，基本原理是利用金属丝在高压电脉冲作用下会发生电爆炸形成高温等离子体与冲击波，该等离子体与冲击波作用到某种特定的含能混合物将迅速引起化学反应，瞬间释放出巨大能量并产生更强的冲击波。

2.2 重复脉冲强冲击波对储层的致裂作用

由于长期的地质力学作用和成井时的射孔、压裂作用，煤层存在着断层、裂缝、层理和微裂隙，是非连续介质。在冲击载荷作用下，各种储层断裂强度和疲劳强度明显小于静态。当冲击力峰值压力超过岩石的疲劳强度时，就会撕裂储层，造成新的微裂缝或宏观裂缝。储层经压裂改造后，仍有部分裂缝并不贯通，部分孔喉道狭窄，各向同性的冲击波能够贯通裂缝和扩展孔喉道。新的裂缝和贯通的裂缝可提高储层的渗透率。

自从冲击波应用于石油助采以来，国内外已经开展了大量的冲击波对石油储层的作用机理研究[22]。冲击波直接作用于样品后，可提高渗透率，峰值较大时可直接致裂样品[23]。

2.3 重复脉冲强冲击波对储层的解堵作用

储层是由岩石颗粒、充填黏土矿物和饱和气水等复杂的介质组成，它们的密度、波阻抗等物理性质大不相同。冲击波在不同密度介质上产生的速度、加速度有很大的差异，从而在这些介质中的固固、固液和油水气等波阻抗相差较大的界面产生较强的剪切力，而且波阻抗差异越大，剪切应力就越大。巨大的剪切力可以使附着在储层岩石上的杂物脱落，堵塞在渗流通道中的有机堵塞物剥离，无机堵塞物松动，随渗流排出，从而起到解堵作用。

中国石油大学将 0.3875mm 和 1.1625mm 的石英砂用环氧树脂和无水乙醇以及乙二胺胶结，加力 200kN，60℃下烘干制成圆柱形人工岩心，天然岩心采用了石英砂岩。实测作业后的渗透率以后，再以 3.0MPa 压力将密度为 1.25×10^3kg/m^3 的泥浆经 15h 压入人造岩心，其后，20 号机油通过该岩心时的渗透率降低了 49%，再次经冲击波技术作用后渗透率恢复 66.7%[24]。

2.4 重复脉冲强冲击波促进渗流作用

冲击波在储层介质不同位置上压差的方向和大小交替变化，可以减小死区，使液体由滞留区向排液活动区流动。冲击波可以改变孔隙中液、固、气界面的动态，克服毛细管的束缚滞留效应；降低液体界面的张力。弹性冲击波在饱和多孔介质中传播时会使多孔介质时而被压缩，时而被扩张，造成孔道直径大小变化，引起毛管力的变化，击碎大气泡，破除声场中的气阻，克服偶电层的束缚。

2.5 冲击波有效作用距离研究

冲击波在与储层的相互作用中因致裂储层迅速衰减、演化为高强弹性声波，对储层更大范围有解堵作用的主要机理是冲击波演化的弹性声波。对声波在多孔介质中传播的研究认为，能够发生热和质的传递(对介质具有有效作用)，所需要的声场强度要大于 1kW/cm^2，低频声波会在相当距离上对油层有解堵和提高储层湿润性的作用[22]。电脉冲装置在井筒中产生的冲击波以上下成双锥状，在 2π圆周上均匀的柱面波作用于储层，在储层传播的柱面波的声强和升压如公式(3)和(4)[25]。

$$J(R)=J_0\sqrt{\frac{r}{R}}\mathrm{e}^{-\alpha(R-r)} \tag{3}$$

$$P(R)=P_0\sqrt{\frac{r}{R}}\mathrm{e}^{-\alpha(R-r)} \tag{4}$$

式中，R 为以井筒为轴，储层中某一点到井筒轴线的距离；r 为井筒的半径；α 为声波衰减系数。

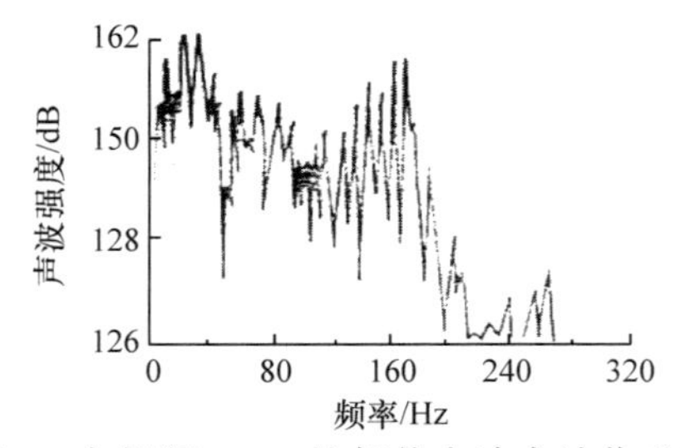

图3 在相距260m的邻井中冲击波作业时储层的声波强度

以井筒附近100MPa压力为初始条件，计算出不同频率和距离上的冲击波声强见表1。根据表1的数据，在200m的距离上，200Hz频率以下的声强有4.76kW/m^2，说明冲击波的作业有效距离可达200m。河南油田以储能5kJ的电脉冲装置在油井中作业，在相距260m的邻井中实测了冲击波作业时储层中的声波强度，如图3所示。由图3的频谱可知，冲击波在与储层相互作用中衰减、演化成频率小于200Hz的低频脉冲波，此脉冲波由于衰减系数小，保持一定的强度传播到200m的远井地带，其有效作用距离确实可达到200m的远井地带[26]。

表1 不同频率声波在不同传播距离上的声强 (单位：kW/m^2)

频率/Hz	10	50	100	200
100m	47041	16786	5065	622
200m	25085	3189	182	4.76
300m	15890	720	20	0.035

冲击波应用于地面抽采煤层气井和井下抽放孔中时，在煤层中的解堵作用可达数十米，但是，在页岩气开发中，要求其致裂范围更广，则要求更强的冲击波。

2.6 高功率脉冲技术的应用

世界上仅有俄罗斯和乌克兰在苏联高功率脉冲技术基础上，开发的电脉冲装置以液电效应产生重复脉冲的强冲击波应用于油水井的解堵作业中，取得了较好的效果。据2007年第一期俄罗斯《工业消息报》的初步统计，俄罗斯的电脉冲装置作业有效率为87.5%，平均增产5.1t/d，平均有效期为7.2月，每井次作业的增产原油量522t，增产油的施工成本为814卢布/t。据*World Oil*杂志报道，独联体国家利用电脉冲技术近20年至少增产4000×10^{4}t原油。国内对重复脉冲强冲击波技术的研究已有25年的历史，从最初多个单位争相开发产品和开展现场实验，到虽然取得了效果，但装置难以适应现场应用，最终大部分单位偃旗息鼓，对技术本身产生怀疑[27-35]。西安贯通能源科技有限公司在西安交通大学项目团队的支持下，经过多年的不懈努力，在装备研发和现场试验上取得了一定的成果。采用重复脉冲强冲击波作业注水井的典型结果见表2。

表2 重复脉冲强冲击波技术在长庆八场注水井增注数据(统计截至2010年6月1日)

井号	措施日期	措施前		措施后		有效期/d	日增注水量/m^3	累增注水量/m^3
		油压/MPa	实注量/m^3	油压/MPa	实注量/m^3			
铁90-86	2008-10-09	10.0	2.0	10.5	30	586	29.1	17078
阳38-66	2009-02-17	11.0	0	11.5	20	457	20.5	9380
阳60-54	2009-03-14	16.0	0	6.0	15	445	16.0	7114
学30-6	2009-03-26	11.0	0	5.0	30	431	29.9	12874
铁84-90	2009-04-09	8.0	4.0	9.0	30	411	29.0	11935
阳56-43	2009-05-26	15.0	0	8.0	20	363	20.0	7260
阳56-64	2009-06-04	12.5	0	11.0	15	362	15.0	5430
铁96-88	2009-06-02	11.0	0	9.0	6	343	6.0	2054
平均		11.8	0.75	8.8	21	425	20.7	8797

由于电脉冲装置具有结构紧凑，能耗小、环保和作业工艺简单等优点，在非常规天然气开发中，有可能应用于对各种储层的改造和干扰。尽管目前冲击波的幅值和脉宽还不够理想，但冲击波技术的进步还有很大的空间。

2.7 有待更深的研究作用机理

已有的作业机理研究结果是采用冲击波直接对样品作用的结果，个别实验是在带有覆压或者围压的条件下进行的。这些结果仅说明了冲击波对储层的有效作用，适应于解释冲击波在裸眼井中直接对储层的作业机理。但在实际井中，套管和水泥环对冲击波有吸收作用，穿透套管和水泥环后作业到储层中的冲击波已经畸变。实验结果中只给出了实验装置的工作电压和储能量，而未提供冲击波参数；由于受实验规模的限制，所有的研究都未涉及冲击波在储层中的致裂范围。

冲击波对各种储层作业机理的研究还有待深入，需要研究冲击波参数与储层渗透率的关系，冲击波对各种储层不同作业机理的有效致裂距离。不同储层中冲击波不同的作业机理和有效距离将是应用冲击波对储层改造和干扰的依据。

3 在煤层气开发中应用的设想

煤层气开发中的主要问题是低渗透、松软煤层的增透和生产中煤层堵塞问题。在地面抽采和井下抽放煤层气方式中，已有冲击波的应用，并已经进行了相关的研究工作。但是，所使用的冲击波是单次化学爆炸或者水射流所产的冲击波。重复脉冲强冲击波在煤层气开发中的应用是采用单次幅值和作用时间以及空间可控，并连续重复多次作业的方式。这种方式既保障煤层气井、抽放孔不被损伤，同时增透和解除煤层堵塞。目前，在相关基础上已经开始冲击波应用的探索，并准备在实践的基础上，开展系统的作用机理研究，提高认识后，再开展新一轮的现场实践。

3.1 物理场对煤层气开发的作用

针对煤层气开发中的增渗难题，国内外的煤炭专家早已设想通过某种物理场对煤层进行增透和促进煤层气的解吸[36]。国内重庆大学等单位开展了声场作用于煤层的实验研究，获得了多项认识。如图 4 所示，在声场作用下，煤层气解吸规律不变，但解吸量增大；在 2MPa 声波压力下，解吸量提高 24%，实验验证了声场对煤层气层的解吸附机理。如图 5 所示，声场作用煤层样品后，样品的吸附等温曲线的规律不变，但吸附能力降低。在声波的激励下，随着时间的增加，煤的渗透率增加，且渗透率提高的幅度与换能器的功率和频率有关，如图 6 所示。相同平均有效应力下，加声场比不加声场的渗透率高，如图 7 所示。

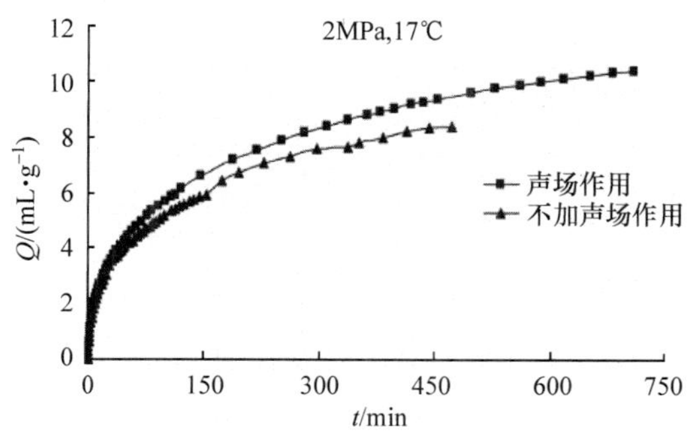

图 4　声场作用下解吸量的变化曲线

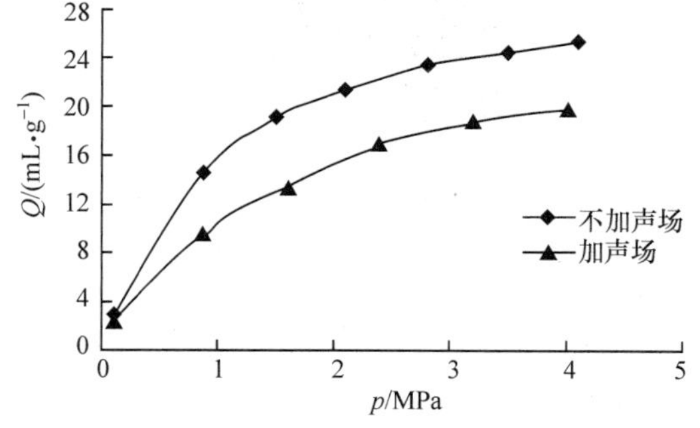

图 5　声场作用下吸附等温曲线的变化

实验室的研究结果表明，声场对煤层的渗透率和解吸附性能都有很好的效果[37-39]。然而，实验室所使用的声源无法直接应用到实际煤层气开发中。目前，重复脉冲强冲击波是一种能够在煤层气开发中，实际加载到煤层中的机械波。只要深入开展实际加载到煤层的冲击波增渗煤层的机理研究，再通过各种抽采、抽放模式中的现场试验，总结不同煤阶煤层的作业工艺，并与抽采、抽放的相关工艺相

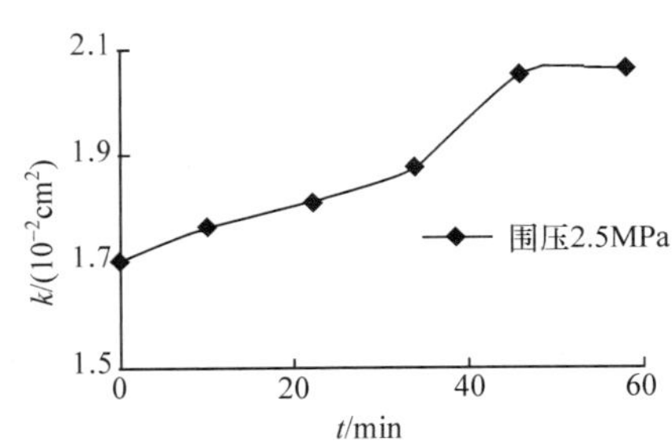

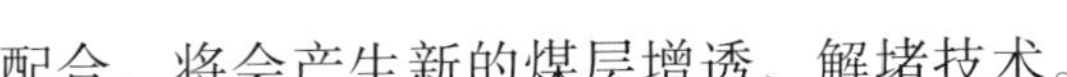
图 6　声场作用下渗透率随时间的变化

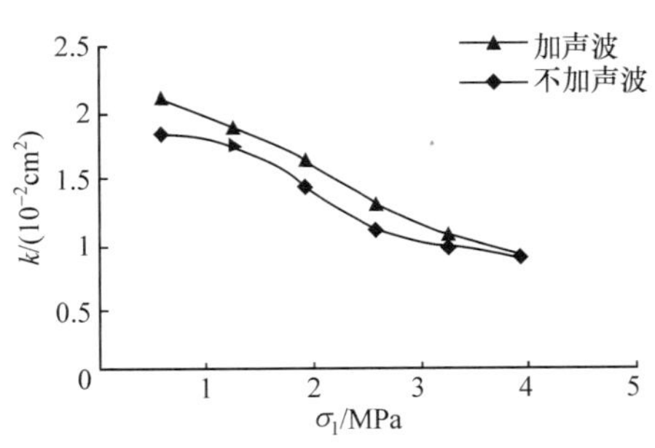

图 7　声场作用下渗透率随压力的变化

配合，将会产生新的煤层增透、解堵技术。

3.2　在地面抽采煤层气开发中应用的探索和设想

在地面抽采煤层气井中的应用时，根据已有的各种模拟实验结果，并借鉴重复脉冲强冲击波在油水井中应用的实验结果，可以认为：当冲击波峰值压力超过煤层的疲劳强度时，就会撕裂煤层，造成新的微裂缝或宏观裂缝；各向同性的冲击波能够贯通没有孔喉联系的孔隙和扩展孔喉道。新生裂缝、贯通的孔隙和扩展了的孔喉道将有力提高储层渗透率；由于冲击波在煤层各种密度不同的介质中的传播速度不同，会在这些介质的界面上产生剪切力，这种剪切力可以解除煤层中的煤粉堵塞和气堵。在这样的理论分析指导下，已在沁水盆地和鄂尔多斯东缘的地面抽采煤层气井中探索了重复脉冲强冲击波技术。

探索实验中，实验了多种工艺：①造缝工艺，即适当增大作业点的间距和每个点的作业次数，使冲击波的作用区域不互相重叠，使冲击波在一段煤层所造缝隙不受下一个点作业时的影响；②解堵工艺，即减少每个作业点的作业次数，但同时减小作业点的间距，而增多作业点数，使冲击波作用区域相互重叠，以多重作用起到解堵的目的；③造缝、解堵综合工艺，即在不同的作业点上采取次数相差较大的作业工艺，以在不同作业点上获得造缝或者解堵的作用。在沁水盆地多个井的作业中，因冲击波对煤层的有效作用，新生裂隙和被解堵、贯通的裂隙中涌出大量煤层气，并间歇性冲出井口[40]。敞口作业中，煤层气涌出现场的照片如图 8 所示。在鄂尔多斯东缘韩城地区的作业中，冲击波解除了堵塞在煤层中的大量异物，作业后从井中排出的异物照片如图 9 所示。在两个盆地的实验中，经冲击波作业后，典型井的排采和产气量都有了提高，作业后的生产数据如图 10 所示。

图 8　在沁水盆地的作业中出现的间歇性喷水现象

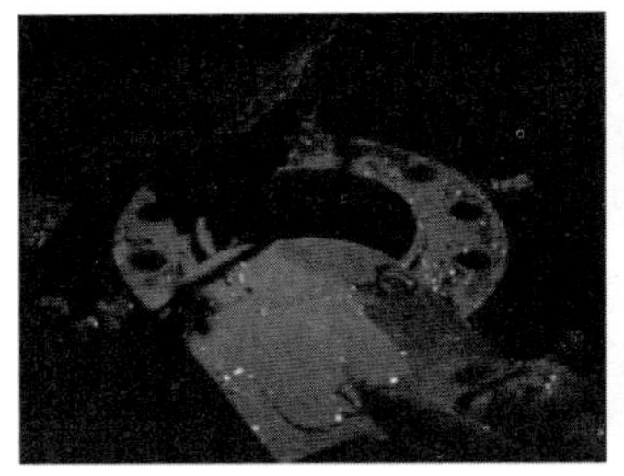

图 9　现场作业后排出的黏稠液体

现场冲击波作业中和作业后的数据都已显示冲击波对煤层的有效作用，但是，将有效作用转换为实际的生产量还有许多工作需要深入研究。

为了强化冲击波对煤层的有效作用，产生冲击波的电脉冲装置的储能还有待提高，作业工艺还有待改进，作业模式还有待创新。冲击波在不同煤阶煤层中作业时，对煤层的分段距离和作业次数已设计了新的工艺，准备开展新一轮的实验。已设想了多井同时作业模式作业，期望通过冲击波在煤层中的叠加效果增强冲击波对煤层的增透效果。地面抽采煤层气井有裸眼井、套管完井、筛管完井等多种模式，冲击波在不同完井方式的井中有不同的作用，目前，仅实验了套管井，正准备开展在裸眼井和筛管井中的现场实验。

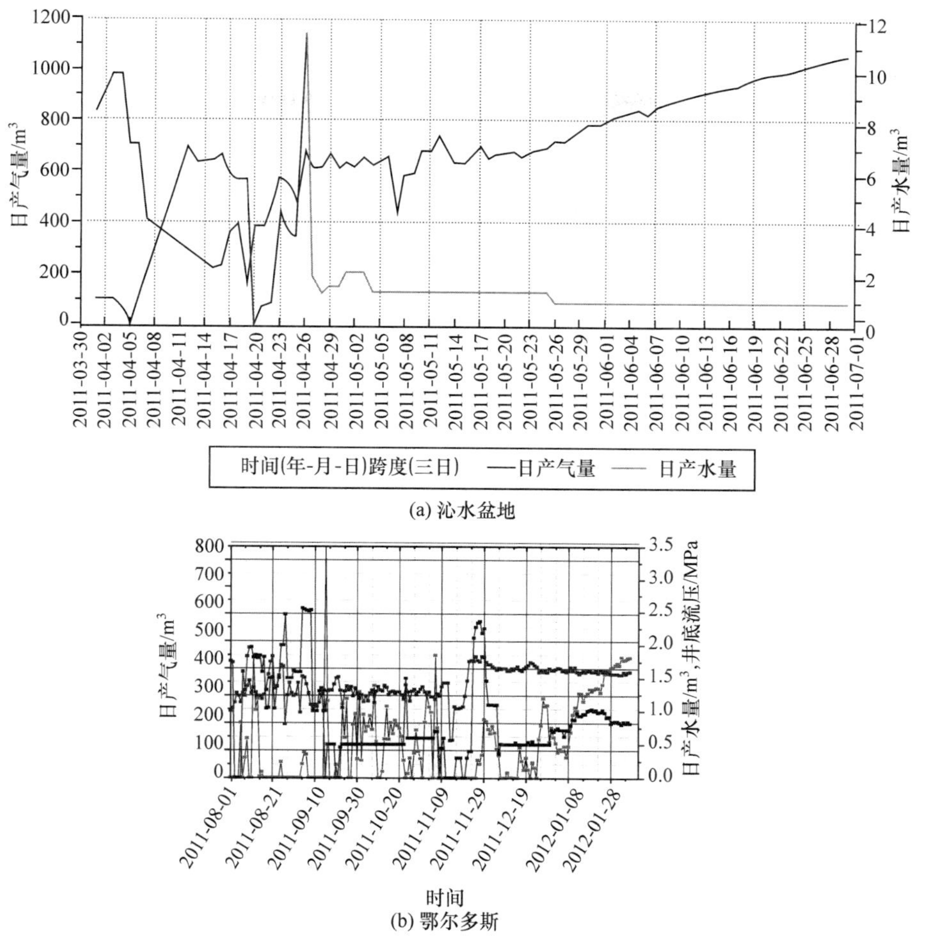

(a) 沁水盆地

(b) 鄂尔多斯

图 10 冲击波作业后的生产数据

在已有的探索性实践基础上，将开展机理研究，并通过实践-认识-再实践-再认识的循环，形成完整、可行、有效的作业工艺，进一步提高冲击波产生效率，研制出适应煤层增透的装置。

3.3 在矿井下煤层气抽放中应用的设想

井下抽放瓦斯是煤炭生产安全的重要保证，也是目前煤层气开发的主要模式，产量约为国内煤层气开发利用量的 70%。井下瓦斯抽放的主要技术措施是密集钻孔，包括顺煤层钻孔、穿层钻孔等，但是，钻孔很难解决煤层的增透问题。以冲击波在各种钻孔中对煤层进行增透，可大幅度提高抽放的效率。在典型的顺煤层钻孔中以重复脉冲强冲击波增透煤层的实施方法如图 11 所示，可以多套装置在多个钻孔中同时作业将产生更好的效果。

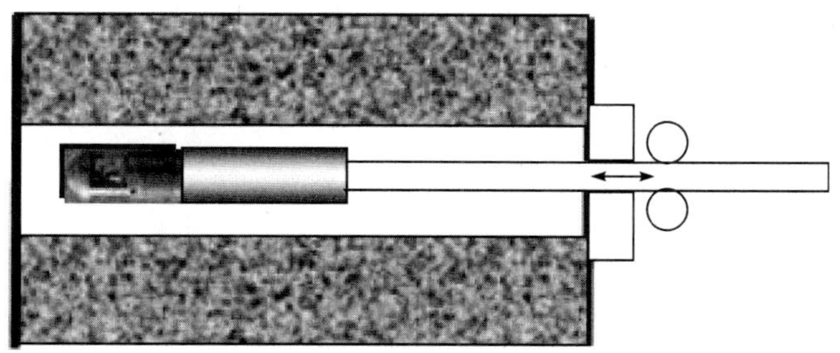

图 11 在顺煤层钻孔中应用的设想

重复脉冲强冲击波在矿井应用前，首先解决电脉冲设备的本安改造问题，使设备能够安全应用。电脉冲装置置入作业孔中，从孔底开始，以 1～2m 为间距将煤层划分为几个作业段，在每个作业段重复作业若干次；每个段作业完成后将电脉冲装置抽出 1～2m，直到孔口。

4 在页岩气开发中应用的设想

页岩气是指以游离和吸附方式主要赋存于富含有机质的页岩层系内部的天然气，岩性包括页岩、泥岩构成的薄夹层，属于“边际”“边缘”性资源。页岩气“低丰度、低渗透、低孔隙、低产”的特点决定了开发模式为地毯式的大量钻井，单井必须大规模地与页岩层中的孔裂隙沟通。

重复频率冲击波是以动力学模式作用储层的方法，冲击波所携带的动能不是集中在一个点上，而是均匀分布在一段围绕井筒的圆周上。以高功率和高能量密度为特点的冲击波能够穿透套管和水泥环作用到储层，如果在裸眼井中直接使用重复脉冲强冲击波，则有更高的利用效率和作用效果。将单次能量、作业时间和作用空间可控的高功率、高能量密度冲击波应用于对页岩层的改造可以作为现有技术的补充，也可能发展成为独特的新技术。

4.1 基础研究工作

基于高功率脉冲技术的重复脉冲强冲击波能够以重复多次的点式作业，将页岩层逐点致裂的设想有物理基础，但是，目前还缺乏实验验证。强冲击波导致地层破裂的机理，如张开致裂、剪切致裂、压碎致裂，需要通过能够模拟实际储层条件的模拟实验验证。

为指导冲击波对页岩的致裂作用，首先采用数值模拟的方法模拟各种冲击波对不同物性的页岩的致裂作用，每次冲击波的作用结果作为下一次模拟的起始条件。结合实验模拟中对冲击波参数和孔裂隙的实测，校正数值模拟的数学模型，最终给出冲击波致裂页岩和在应用中裂缝形态与伸长规律。

已设计了重复脉冲强冲击波致裂页岩的实验室模拟方案，在带有围压的装置中分别研究各种参数的冲击波对页岩样品和带有钻孔的整块页岩的致裂作用。在图 12 所示的小样品实验中，研究冲击波幅值、脉宽和作用次数对页岩样品渗透率、孔裂隙等物性的作用；在图 13 所示的实验装置中，研究冲击波幅值、脉宽和作用次数等参数对在页岩中钻孔结构和整体致裂的作用。根据实验结果分析冲击波强度、脉宽、作用次数和作用模式(冲击波传播以平行或垂直页岩层的方向作用页岩)、致裂页岩的类型(张开致裂、剪切致裂、压碎致裂)，研究不同重复频率和重复次数的冲击波延伸页岩中裂缝机理。最终提出冲击波提高页岩渗透率、致裂页岩和延伸裂缝的机理和阈值参数，为在页岩气开发中实际应用重复脉冲强冲击波提供技术支撑。

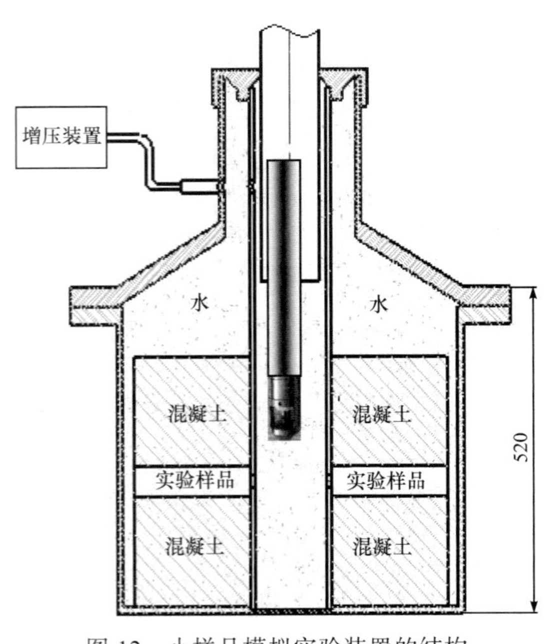

图 12 小样品模拟实验装置的结构

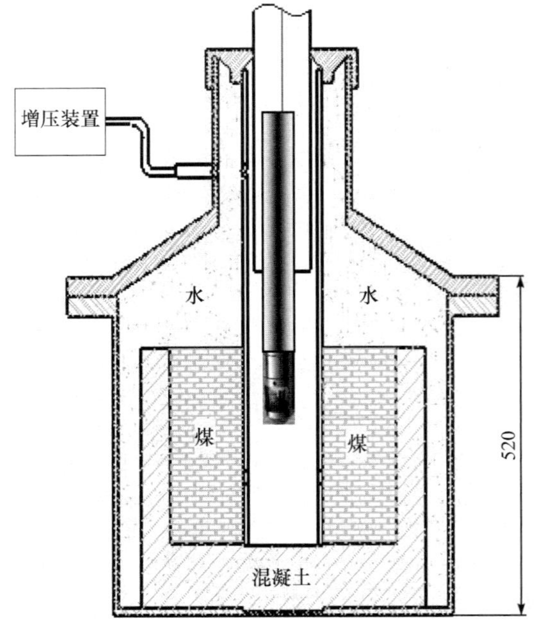

图 13 大样品模拟实验装置结构

在模拟实验研究基础上，再在页岩露头区域进一步开展现场的模拟实验，如图 14 所示。在露头地区，采用垂直钻孔和水平钻孔，并在钻孔周围布置地震监测设备；将电脉冲装置置于钻孔中进行作业，通过地震设备监测冲击波对页岩的致裂结果和致裂范围，为实际应用的工艺设计提供依据。

图 14 冲击波致裂实验设想

4.2 在水平井中应用的设想

当冲击波的强度大于储层的破裂强度时，冲击波可各向同性地撕裂储层，造成微裂缝；在一个作业点上的重复多次作业，可加深撕裂储层长度。强冲击波应用于压裂前，作业所形成的撕裂缝将降低水力压裂时的破压，以减小压裂规模。冲击波会形成各向同性的撕裂缝，可以为体积压裂提供更好的基础。强冲击波应用于压裂后，可延伸压裂缝隙，增大压裂面积，可作为二次压裂的替代技术。

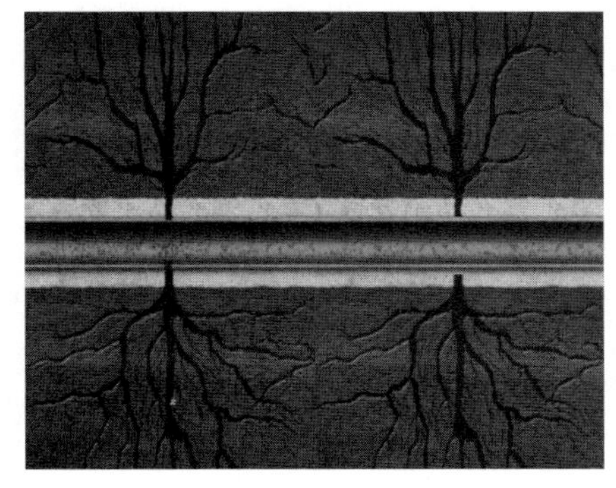

图 15 冲击波在水平井中应用的设想

现场作业中，可采用油管-水力爬行器-水力泵等措施将电脉冲装置送入到井底，将整个水平段分为若干个小段，在每一小段施加重复脉冲强冲击波若干次，每一小段作业完成后，将电脉冲装置抽回若干米，再进行下一段的作业，直至完成对整个水平段的全部作业。重复脉冲强冲击波在水平井中应用的设想如图 15 所示。

4.3 在专业井中应用的设想

无论采用哪一种压裂模式和压裂液，随着时间的推移，页岩气产量都会大幅度下降，最终能够稳定的产量几乎都低于初产量。通过二次压裂虽然能够再次提高产量，但要付出更大的经济代价，直接影响页岩气开发的经济性。如果能够在生产中，不断对储层进行一定程度的干扰，则有希望提高页岩气井稳产段的产量。以专用的电脉冲装置长期在页岩层中持续实施重复脉冲强冲击波，长期不断干扰页岩层，将有可能提高页岩气井的产量。设想在生产井的中心地带建设一个冲击波作业井，冲击波产生装置长期置于储层中，如图 16 所示。以一定的频率长期作用于储层，相当于一个放置于储层的人工地震源配合页岩气井的生产。

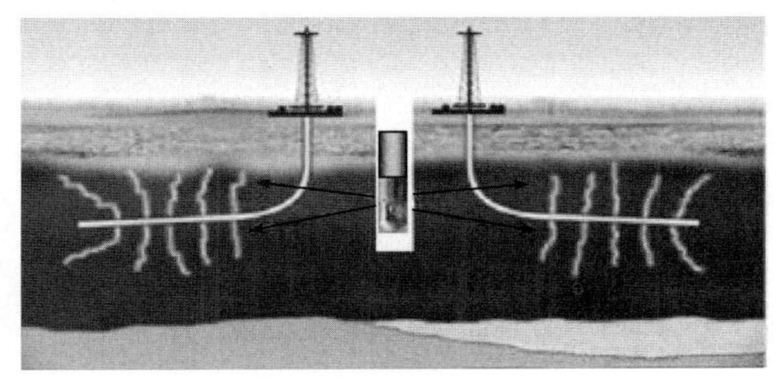

图 16 冲击波专业井作业模式设想

5 看法与建议

(1) 基于高功率脉冲技术的重复脉冲强冲击波以脉冲压力、单点、多次作业模式应用于非常规天然气的开发中，有别于传统的静压力、整体和单次作业对储层的改造方式，是一种大胆的探索。

(2) 以高功率脉冲式重复的强冲击波技术在装置规模、经济、耗能和环保等方面还具有较强的优势，是目前非常规天然气开发中一种很有前景的技术，是对现有技术的补充。

(3) 目前的冲击波产生技术尚需要大幅度提高效率，发展新技术。有必要拓展液电效应的概念，加大复合电爆炸和电热化学法的研究力度，以增大冲击波的强度，并在装置相关技术上加强应用技术研究，为后续发展提供技术支撑。

(4) 当前要尽快开展冲击波对各种储层的作业机理和有效作业范围研究，明确冲击波在非常规天然气开发中的应用对象和应用场合，并加大实用性强的重复脉冲强冲击波产生装置的研发力度。在实验室研究的基础上，结合现场实践，不断提高认识，以加快重复脉冲强冲击波的应用进程。

(5) 要想实现重复脉冲强冲击波用于非常规天然气开发，需要多学科的交叉，组织跨学科的研究队伍，协同创新，探索中国式的非常规天然气开发新路子。

参考文献

[1] 邹才能，等. 非常规油气地质[M]. 北京：地质出版社, 2011.

[2] 李尧斌. 高瓦斯煤层深孔控制预裂爆破增透技术研究[D]. 安徽理工大学, 2006.

[3] 李培培. 煤层钻孔注水高压电脉冲致裂瓦斯抽放技术初探[D]. 太原理工大学, 2010.

[4] Charles Boyer, John Kieschnick, Richardelewis. 页岩气藏的开采[OL]. http://www.Slb-sis.com.on/toc/2006 / Autumn 2006 24. pdf.

[5] Pollastro R M. Total petroleum system assessment of undiscovered resources in the giant Barnett Shale continuous (unconventional)gas accumulation, Fort Worth Basin, Texas[J]. AAPG Bulletin, 2007, 91(4): 551-578.

[6] 张大伟. 中国页岩气资源潜力和勘查开发的机遇与挑战[R]. 中国能源网第八届中国能源投资论坛会议报告.

[7] 邱爱慈，等. 用于 Z 箍缩聚变能源的脉冲驱动源技术[C]//科技创新促进中国能源可持续发展，中国工程院 / 国家能源局首届能源论坛文集. 北京：化学工业出版社, 2011.

[8] 邱爱慈，等. 中国电气工程大典，第 7 篇，脉冲功率技术基础[M]. 北京：中国电力出版社, 2009.

[9] 谢广润. 电水锤效应[M]. 北京：科学出版社, 1962.

[10] 尤特金. 液电效应[M]. 于家珊，译. 北京：科学出版社, 1962.

[11] 秦曾衍，等. 高压强脉冲放电及其应用[M]. 北京：北京工业大学出版社, 2000.

[12] 李春峰. 高能率成形技术[M]. 北京：国防工业出版社, 2001.

[13] 白希尧，等. 脉冲放电技术及在清井上的应用[J]. 油气地面工程, 1996, 15(3): 8-12.

[14] Fortov V E, Iakubov I T. The Physics of Nonideal Plasma(World Scientific Publishing Co. Pte. Ltd, Singapore, 2000).

[15] Bennett F D. High-temperature exploding wires(New York, Pergamon Press, 1968).

[16] Krivitskii E V. Dynamics of electrical explosion in liquid(Naukova Dumka, Kiev, 1983).

[17] Luchinskii A V. Electrical explosion of wires(Nauka, Moscow, 1989).

[18] Lebedev S V, Savvatimski A I. Sov. Phys. Usp. 27, 749(1984).

[19] Ya Krasik, Efimov S, Fedotov A, et a1. Underwater electrical wire explosion, 29th ICPIG, July 12-17, 2009, Cancún, México.

[20] 王莹. 电爆炸导体及其应用[J]. 爆炸与冲击, 1986(2): 184-192.

[21] 卢新培，潘垣，张寒虹. 水中脉冲放电的电特性与声辐射特性研究[J]. 物理学报, 2002, 51(8): 1768-1771.

[22] Базылев А П, Ратахин Н А, Федущак В Ф, Шепелев А Н. Мощный импульсный источник сейсмических колебаний // Изв. высш. учебн. завед. Физика. 1997.

[23] 邵长金，等. 利用物理场提高原油产量的基础研究[J]. 石油学报, 1997, 18(3): 63-69.

[24] 洪建荣，等. 用电脉冲使近井地层产生裂缝的试验研究[J]. 石油大学学报, 1994, 18(4): 135-137.

[25] Г Г 瓦西洛夫，等. 利用物理场在地层中开采石油[M]. 蔡天成，译. 北京：石油工业出版社, 1993.

[26] 宋建平，高约友，等. 低频脉冲强化采油技术[J]. 石油钻采工艺, 1997(19): 73-79.

[27] 孙凤举，等. 一种用于油水井解堵的脉冲大电流源[J]. 高电压技术, 1996, 25(2): 47-49.

[28] 屈丹安. DM-2 型电脉冲解堵设备研制[D]. 中国地质大学, 2002.

[29] http://www.novas-energy.com.

[30] 罗四海，等. 井下放电处理油层技术研究及应用[J]. 石油钻采工艺, 1995, 17(4): 84-87.

[31] 任荣，等. 高能放电处理油层技术研究[J]. 油气地面工程, 1996, 14(3): 8-10.

[32] 杨宝君，等. 井下低频电脉冲技术及其应用[J]. 石油钻采工艺, 1997, 19(增刊): 69-72.

[33] 赵海龙，等. 高压电脉冲-化学剂联合解堵[J]. 油田化学, 1998, 15(2): 113-115.

[34] 李泉美，等. 电脉冲解堵工艺技术在桥口油田的应用[J]. 钻采工艺, 2002, 25(4): 81-83.

[35] 石道涵，等. 电脉冲解堵技术增产机理分析及应用[J]. 石油钻采工艺, 2002, 24(3): 73-74.

[36] 秦勇，等. 中国煤层气产业化面临的形势与挑战(Ⅲ)[J]. 天然气工业, 2003, 26(3): 1-5.

[37] 姜永东，鲜学福，等. 声震法促进煤中甲烷气解吸规律的实验及机理[J]. 煤炭学报, 2008, 33(6): 675-680.

[38] 鲜晓东，石为人. 基于声震法的煤层气特性测试系统[J]. 重庆大学学报, 2008, 31(6): 667-671.

[39] 姜永东，鲜学福，等. 声震法提高煤储层渗透率的实验与机理[J]. 辽宁科学技术大学学报(自然科学版), 2009, 28(增刊): 236-239.

[40] 王宇红. 电脉冲储层处理技术在煤层气中的试验与应用[J]. 科技传播, 2011: 125.

面向化石能源开发的电爆炸冲击波技术研究进展*

摘要： 针对化石能源开发中储层改造技术的局限性，创新性地提出了重复脉冲强冲击波增透储层新技术。分析了水中放电、金属丝电爆炸和电爆炸等离子体驱动含能混合物产生冲击波的3种机理。介绍了冲击波作用储层的机理研究和现场应用结果，从理论、实验和现场实践验证了冲击波技术增透储层的可行性。结果表明，以电爆炸等离子体驱动含能混合物产生更强的和区域可控的冲击波，可针对储层做单点多次、分段式的增透改造，在化石能源开发中的意义重大。

0 引言

目前，全世界的一次能源主要依靠化石能源，我国2020年的能源规划中，非化石能源占一次能源消费的比重仅为15%左右。化石能源储集层的开发需要对储集层岩石进行一定的改造，才能获得工业产量。目前，对储层(煤层)改造增透的唯一技术措施是力学方法，即以静力学或动力学方式在井中给储层施加压力，导致储层破裂以汇聚更多的油气。以水力压裂为代表的静力学方式用高压水流给储层施加巨大的压力，导致储层以井筒为轴沿最小地应力方向张开对称的一条裂缝汇集百米范围内的油气。但是，水力压裂并不能增大储集层岩石的渗透率，仍需要基于储层本身的渗透率渗流，而且借助于水力改造储层的方法需要向地层注入大量的压裂液，会对地层造成污染。多年来，已经有高能气体压裂、深孔预裂爆破等措施以动力学冲击波方式提高储层渗透率，但是这些措施的特点是整体性、单次作用于储层。如果要提高单次和整体作用的效果，需要增大冲击波的力度，这将对井(孔)的结构强度有着非常不利的影响。

为了探索新的储层增透方法，提出了基于高功率脉冲技术和金属丝电爆炸原理的重复脉冲强冲击波技术[1]。该技术是以高功率电脉冲技术[2]与放电等离子体为基础，将电能和化学能转换为冲击波机械能，借助于脉冲功率源的重复运行，在一定的区域内产生可控的重复强冲击波。与其他单次和整体性作业的技术不同，重复冲击波技术的单次幅值和冲量被控制在井筒的破坏阈值以下，通过多次重复作用提高对储层的作业效果。

1 电爆炸产生冲击波技术研究

为产生足以改造储层的强冲击波，冲击波产生技术在不断地改进和创新。基于高功率脉冲技术的冲击波产生技术从早期的水中电击穿发展到金属丝电爆炸，目前再次进步到金属丝电爆炸等离子体驱动含能混合物产生冲击波的新技术。

1.1 水中击穿产生冲击波技术

早期的电爆炸技术研究的是水中电击穿，即液电效应。自1955年苏联工程师尤特金提出液电效应产生冲击波的方法以来，已被成熟应用到水下等离子体声源[3]、冲击波体外碎石[4]、金属成型[5]及油井解堵[6]等领域。水中高压击穿过程复杂，水加热过程和电离过程在时间上是分立的[3]，并且影响水中击穿过程的因素很多。为此，国内外进行了深入而持续的研究，如俄罗斯的Ushakov[7]、法国波城大学[8-9]、国内中科院电工所[10]、华中科技大学[11-13]、国防科技大学[3]、浙江大学[14]、哈尔滨理工大学[15]、西北核技术研究所[16]等单位均开展了水中高压脉冲放电的相关研究。近十年来，西安交通大学与西安贯通能源科技有限公司对水中电击穿冲击波产生技术开展了较为系统的研究，并在石油增产应用方面

* 该文原载于《高电压技术》，2016年第42卷第4期。

取得了较好的作业效果，其装置的典型结构、放电电流电压和冲击波波形如图 1 所示(U_0为充电电压；U_B 为击穿电压；P_m 为冲击波峰值压力)。但该技术存在一些固有的缺点：放电间隙的能量泄漏严重，能量转换效率低，放电不稳定[17]，受温度、介质电导等影响严重等。

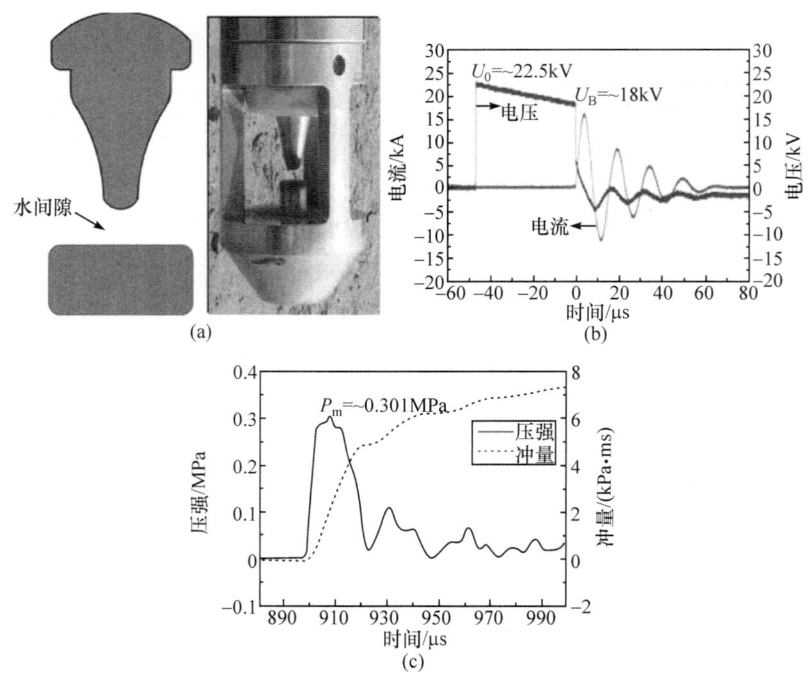

图1 水中电击穿电极结构和典型电流电压及冲击波波形

Fig.1 Electrode structure and typical waveforms of current, voltage and shockwave in underwater high voltage breakdown

1.2 金属丝电爆炸产生冲击波技术

水中金属丝电爆炸是对水中电击穿产生冲击波技术的发展，其机理是：沉积在金属丝上的电能首先引发相变，若储能充足，汽化的放电通道进一步发生击穿，形成电弧放电。相爆和等离子体通道的膨胀，向外推动周围水介质，由于水的压缩系数很小($4.74\times10^{-10}m^2/N$)，与空气相比同等压缩体积下可产生更大的压强变化，产生更强的冲击波。由于电压直接施加在低阻抗金属丝上，绝缘结构承受高电压脉冲时间短，可大大减少异常放电等故障的发生；同时无水中电击穿存在击穿延迟、能量泄漏等固有缺陷，使得能量更有效地沉积到金属丝负载上，金属丝电爆炸冲击波能量转换效率可达 24%[18-19]。

近些年来，美国 Sandia 国家实验室、国防核武器局、海军实验室，俄罗斯大电流所，以色列科技大学以及日本、韩国、法国等多家研究机构均对水中金属丝电爆炸进行了深入研究[20-25]，研究目的多是利用丝爆产生温密物质或者研究高温高压下的物质特性，而在利用水中丝爆产生冲击波的工程应用方面的研究较少。目前西安交通大学已对该技术进行了较为系统的研究[18,26-33]，主要包括金属丝材质、长度及直径等参数对放电特性、能量转换效率以及所产生的冲击波特性等的影响规律。典型金属丝负载结构、放电电流电压和冲击波波形，如图2 所示。该技术的优势在于放电可靠性高、绝缘要求低和能量转换效率高，难点是在不同应用环境中实现稳定可靠的爆炸丝输送。

1.3 丝爆驱动含能材料产生冲击波技术

无论采用水中电击穿还是金属丝电爆炸产生冲击波，所输出冲击波能量都仅依赖于装置的储能，而油气井(孔)中空间有限，装置储能提高受到限制。为进一步提高冲击波强度，提出将含能材料包裹在金属丝周围，利用金属丝电爆炸产生的等离子体、冲击波以及强电磁辐射等效应驱动含能材料释能的技术。含能材料具有在隔绝空气条件下发生化学反应并瞬间输出巨大功率的独特性质[34-35]，其反应由多种因素引发，可归纳为热和冲击波两种机制[36]。热和冲击波在含能材料内部局部升温形成“热点”并引发化学反应，进而导致含能材料整体迅速释能[37-41]，借助于含能材料的化学能可以数十倍地增加冲击波能量。

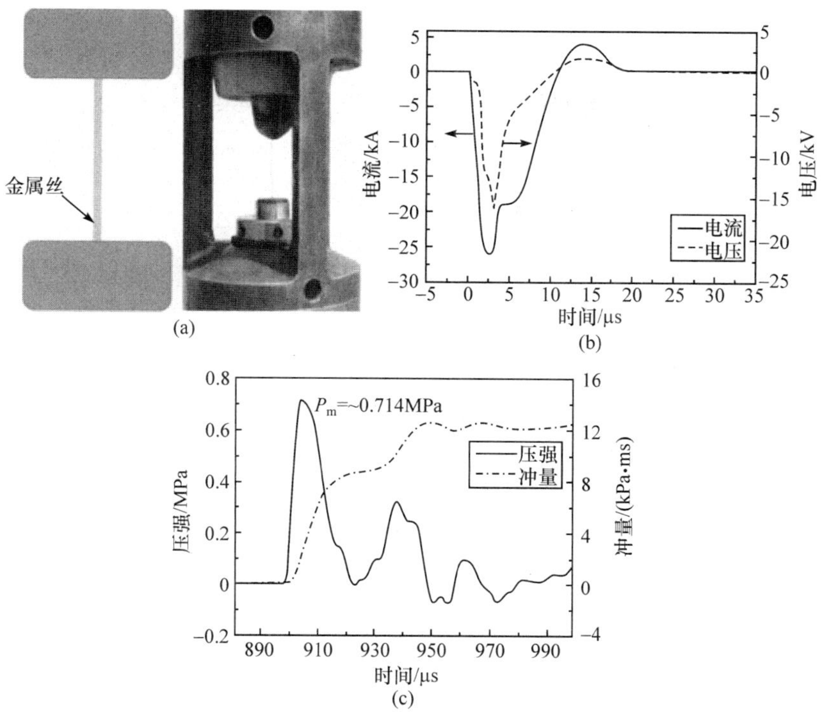

图 2 金属丝放电电极结构和典型电流电压及冲击波波形

Fig.2 Electrode structure and typical waveforms of current, voltage and shockwave in electrical wire explosion

在驱动过程中，通过金属丝与含能材料的参数优化，可安全、可控、重复地产生参数可调的冲击波以适应不同工程需求。相对于传统化学爆炸，新的驱动机理更安全、可控，典型金属丝复合含能混合物负载结构、冲击波压力和冲量波形如图 3 所示。

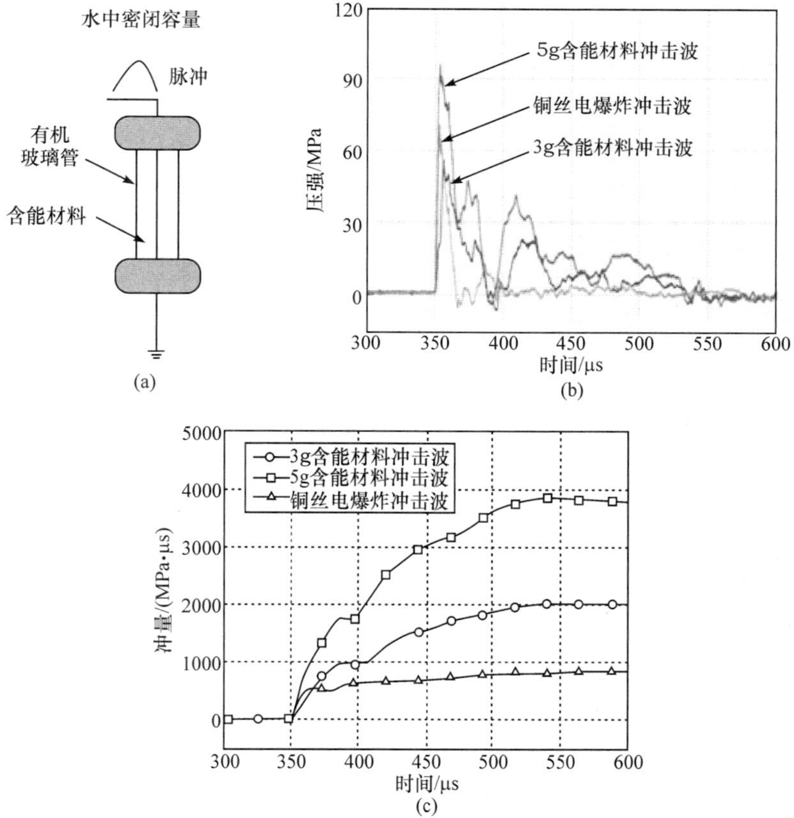

图 3 金属丝驱动含能材料负载结构和冲击波压力、冲量波形对比

Fig.3 Load structure and typical waveforms of shockwave pressure and impulse in energetic material explosion ignited by electrical wire explosion

国内外相关研究多基于电热化学炮的应用需求开展。如美国 Sandia 实验室[42]和雷诺兹产业系统[43]对爆炸桥丝进行了电压、电流特性研究。谢菲尔德大学研究了电热化学炮中丝爆烧蚀毛细管形成的蒸汽氛围以及金属蒸汽/等离子体对发射药的点火过程[44]。密歇根大学研究了等离子体射流和推进剂之间的作用，发现发射药的光学性质对等离子体能量传导起重要作用[45]。Kappen 等研究了电热化学炮的辐射因数，估算了从等离子体到发射药的能量传递[46]，但没考虑发射药的化学反应。以色列理工学院用金属丝电爆炸引燃铝粉悬浊液，探索电热化学法对冲击波能量的提升效果[47]。南京理工大学张小兵等建立了含能材料在等离子体作用下的强瞬态热传导模型，对影响含能材料等离子体点火性能的不同因素进行初步的数值分析[48]。西安交通大学李瑞研究了电热化学炮中等离子体与发射药的相互作用在提高能量输出方面的潜力[49-50]。可见，金属丝电爆炸过程产生的等离子体、冲击波以及强电磁辐射等效应，可以驱动含能材料发生化学反应，增强冲击波。通过水中金属丝电爆炸驱动含能材料产生作用于储层的强冲击波，有望成为一种适用于我国化石能源储层开发的新技术，但驱动机理仍需要进行系统且深入的研究。

2 冲击波作用储层的机理与工程实践

电爆炸冲击波在化石能源开发中可应用于各种地面钻井和煤矿井下的顺层、穿层孔中。冲击波以柱面波作用于周围储层，储层既是冲击波作用的对象，也是传播冲击波的介质。冲击波一边对储层做功破坏其结构并消耗能量而衰减，一边传递剩余能量到更远端。在距井筒(孔壁)不同的距离上，冲击波的幅值、波形及对储层的作用模式不同。

2.1 重复脉冲强冲击波作用储层机理分析与研究

冲击波耦合到储层岩石后，在近井(孔)区域，冲击波的峰值超过储层的抗压强度，直接破裂储层；做功衰减后的冲击波幅值若还高于储层的抗张、抗剪强度，再以撕裂模式导致储层破裂；随着传播距离的增加，冲击波进一步衰减为高强声波(或称为地震波)，在含有饱和油气水储层的不同介质界面上产生剪切力。对长期生产的储层，可剥离渗流通道表面的附着堵塞物，实现解堵功能。对新开发储层，高强声波对储层介质产生强烈扰动，能够改善毛管力和偶电层的吸附滞留效应，减小表面张力，提高储层的渗流能力，促进吸附气体解吸。冲击波多次作用于储层时，还以疲劳模式降低储层的各种力学性能，扩大各种作用的有效区域。

图 4 冲击波致裂的砂岩样品

Fig.4 Picture of sandstone sample after shockwave fracturing

冲击波作用储层的研究文献中报道不多，苏联开展了高强声波作用储层岩石的研究，指出在储层中能够发生热与质传递的阈值为 $1kW/m^2$[51]。重庆大学研究了声波对煤层渗透率和瓦斯吸附性能的影响表明：给煤层加载声场后，解吸规律不变，解吸量增大，在 2MPa 压力下，解吸量提高 24%；在相同平均有效应力下，等温吸附曲线的规律不变，吸附能力降低；加声场后渗透率增高[52]。

利用脉冲强冲击波技术，分别对砂岩层、煤层和页岩层样品开展了致裂增透实验研究。经冲击波作用后，典型长 6 砂岩破裂后的样品见图 4，在样品外缘实测冲击波作用所产生的应变波形见图 5，实验前后样品的物性参数变化见表 1，力学强度的变化见表 2，其中用泊松比、黏聚力和摩擦系数表征样品的抗剪强度。

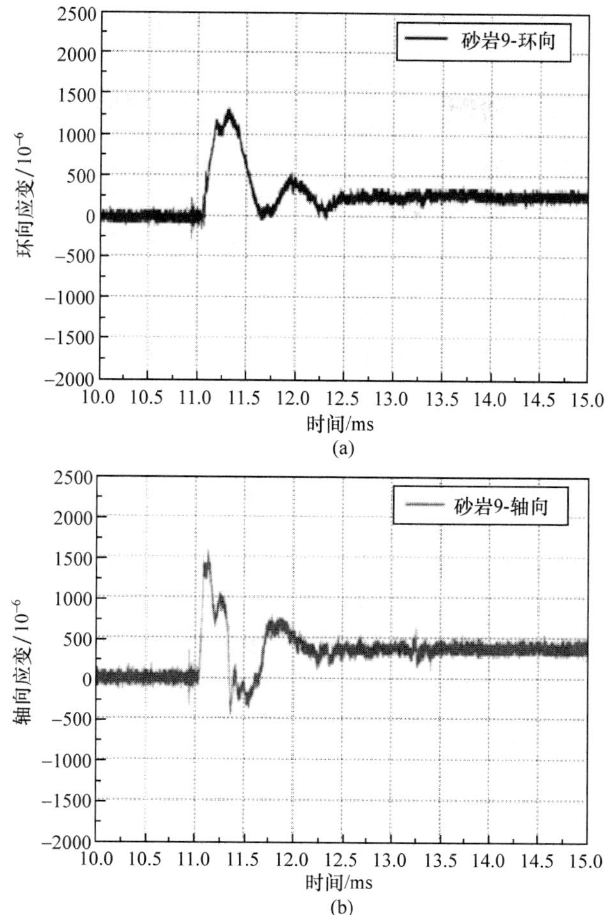

图 5 冲击波在实验样品外缘上所产生的应变波形

Fig.5 Dynamic strain waveforms at outside surface in shock-wave process

表 1 冲击波作用前后砂岩样品的物性参数

Table1 Petrophysical parameters of sandstone before and after shockwave process

类别	编号	渗透率/($10^{-3}\mu m^2$)	平均值/($10^{-3}\mu m^2$)	孔隙度/%	平均值/%
实验前	1	0.708	0.611	15.50	15.37
	2	0.743		15.61	
	3	0.381		15.03	
实验后	1	2.974	2.579	16.49	16.21
	2	1.468		15.82	
	3	3.387		16.42	

表 2 冲击波作用前后砂岩样品的力学参数

Table2 Mechanical parameters of standstone before and after shockwave process

类别		实验前	实验后
抗压强度/MPa	干燥	50.81	/
	饱和	45.39	28.78
抗拉强度/MPa		2.85	1.73
弹性模量/GPa		4.79	3.13
泊松比		0.22	0.25
黏聚力/MPa		4.03	2.88
摩擦系数		0.68	0.65

不同次数的冲击波作用后煤层裂隙的变化见图 6。在三轴围压下(N-S 20MPa、E-W 20MPa、覆压 20MPa、井筒 10MPa)，冲击波致裂海相页岩样品的实验结果见图 7。这些实验结果表明，一定强度的冲击波对储层样品的致裂效果和对样品物性参数的改变都是很明显的。

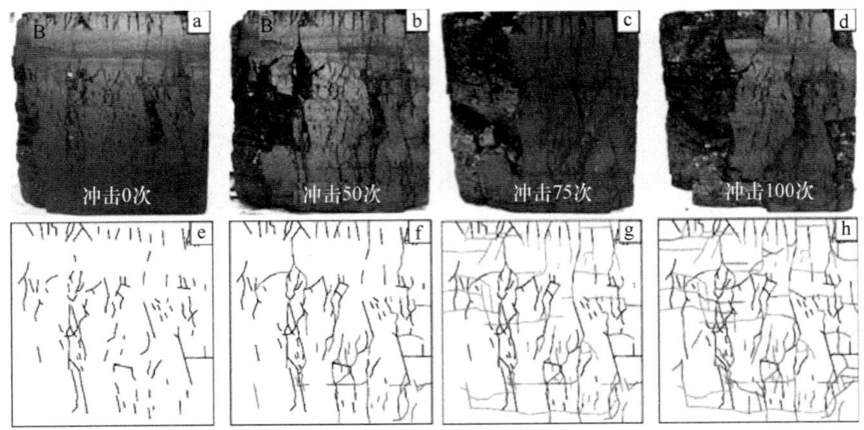

图 6　不同次数的冲击波作用下煤样品种的裂隙变化过程

Fig.6　Fractures propagation of coal sample under increasing shockwaves

冲击波在储层中有效作用范围的研究采用物模实验与数值模拟相结合的方法。首先采用有限元和离散元结合的方法建立储层数学模型，将单次冲击波的作用结果作为下次冲击波作用的起始条件，根据不同次数冲击波作用的物模实验结果不断校正储层的数学模型，然后利用该模型计算实际的储层条件下储层的破裂和有效作用范围。

图 7　在三轴压力下冲击波致裂后的页岩样品

Fig.7　Picture of sandstone sample after shockwave fracturing under triaxial pressurization

2.2　冲击波技术应用于煤层气、油气开发中的实践

苏联是将冲击波技术用于油田增产的先驱。据 2007 年俄罗斯《工业消息报》的统计，俄罗斯采用重复脉冲强冲击波增产措施的有效率为 87.5%，单井平均增产 5.1t/d，平均有效期为 7.2 月，增产原油 522t。由于装置储能较小，且我国储层的物性较差，该技术引进后除了初期试用外，后期再无应用。

目前，自主研发的电爆炸冲击波技术已应用于地面和矿井下煤层气和油气开发中。2009—2013 年之间，基于水中电击穿的冲击波装置在长庆油田共实施 159 井次，有效率达到 84.3%，平均有效期 257d，平均注水压力降低 1.9MPa；2014 年以来，独家拥有的含能混合物产生冲击波装置在注水井应用 15 井次，有效率 93.3%；作业长 9 层新投注的水井实现了配注；对三口无法采用其他增透改造措施的薄夹层油井实施作业，增产幅度高达 100%以上。

为有效利用冲击波技术，设计了冲击波作业和声波测井交替进行的作业方式，现场研究实际致裂储层的效果和有效作用范围。对比作业前和不同作业次数后的声波参数，分析冲击波对储层结构的致裂效果，并根据纵向破裂范围间接反映径向破裂范围。冲击波作业页岩油层时，不同作业次数后的声波数据表明：随着作业次数增加，储层破裂程度增大，所能反射的声波幅值愈来愈小，有效撕裂的范围为20m，见图 8。

冲击波在顺煤层钻孔的玻璃钢筛管中增透煤层后的抽采数据见图 9。该煤层厚 3m、钻孔控制深度 200m、煤岩密度 1.45t/m^3、原始瓦斯含量 10.99m^3/t，预抽范围内原始瓦斯总量 375858m^3。2015-12-17 实施冲击波增透作业后，截至 2016-01-24，抽放量已上升到 4000m^3/d 以上，是作业前的 8 倍。累积抽放量已达到 123363m^3(含增透作业前抽采量 14461m^3)，目前煤层残余瓦斯含量 7.38m^3/t，抽放效率达到了 32.8%。

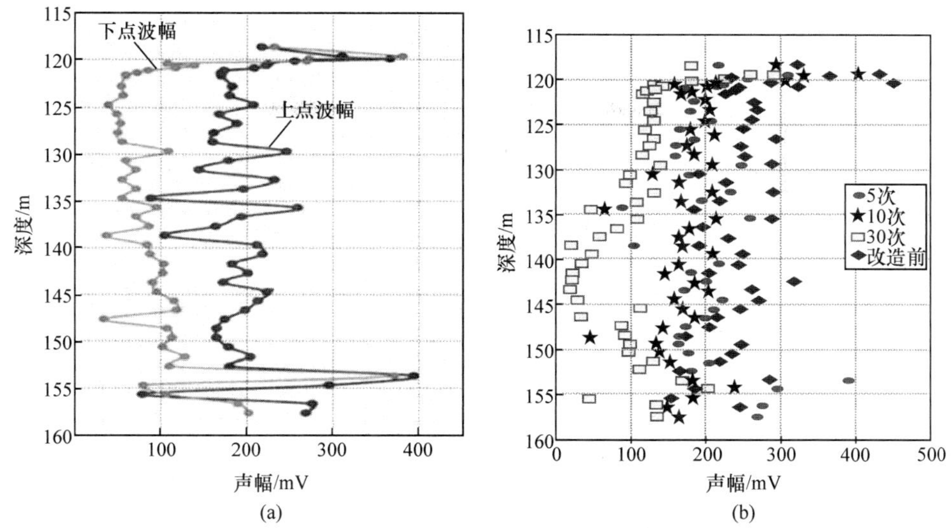

图 8　冲击波不同作用次数下实际储层的声波测量结果

Fig.8　Acoustic sounding results of natural reservoir under increasing shockwaves

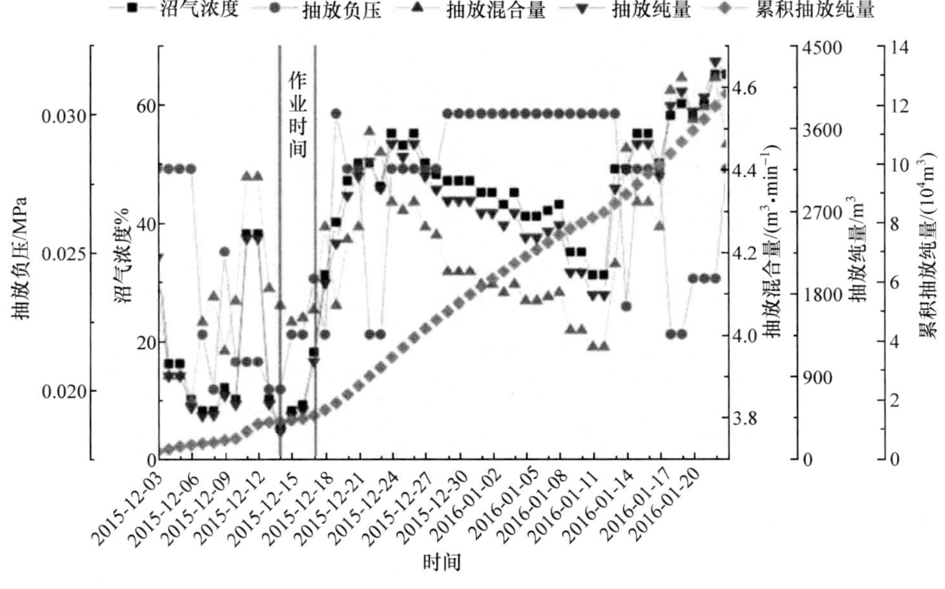

图 9　在顺煤层钻孔中增透煤层后的抽采数据

Fig.9　Gas extraction data of coal seam borehole after increased penetration process

3　结论

综上所述，由于我国化石资源的基本特点是低渗透、超低渗透油层，致密砂岩气、页岩气、低渗透煤层等，传统的力学措施在化石能源储层改造中存在很大局限性。提出的以电爆炸等离子体驱动含能混合物产生强度和区域可控的冲击波，针对储层做单点多次、分段式的增透改造技术有望成为一种适用于我国化石能源储层开发的创新性技术。

经过多年努力，该技术已取得一定研究成果并得到实践验证，为了更好地适应我国储层特点，提高冲击波技术的增透效果，还需从电爆炸等离子体及其驱动含能混合物产生冲击波的机理、现场实施时工艺参数控制等方面开展更深入的研究。

可以预见在未来应用中，冲击波技术不仅可以在某些储层中直接增透获得效益，还可以与传统静压力措施复合形成新的改造技术。如冲击波脉冲致裂串联水力压裂工艺：即先用冲击波撕裂储层起缝，再进行水力压裂；冲击波脉冲致裂复合水力压裂工艺同步作业；在油、水、气井组中，以冲击波产生装置长期在一个专业井中以一定频率工作，长期激励、扰动储层减少堵塞的作用等。另外，根据冲击波技术的特点，该技术还可以应用到以溶解法开发的矿产资源和未来天然气水合物的开发中。

参 考 文 献

[1] 邱爱慈, 张永民, 蒯斌, 等. 高功率脉冲技术在非常规天然气开发中应用的设想[C]//第二届中国工程院/国家能源局能源论坛论文集. 北京: 煤炭工业出版社, 2012: 1112-1115.

[2] 邱爱慈, 曾正中, 张乔根, 等. 中国电气工程大典, 第 7 篇, 脉冲功率技术基础[D]. 北京: 中国电力出版社, 2009.

[3] 王一博. 水中等离子体声源的理论与实验研究[D]. 长沙: 国防科学技术大学, 2012.

[4] 陈景秋, 韦春霞, 邓艇, 等. 体外冲击波碎石技术的力学机理的研究[J]. 力学进展, 2007, 37(4): 590-600.

[5] 张雷. 液电加工原理及其应用[J]. 机械, 1999, 26(4): 48-50.

[6] 王先荣, 袁艳勤, 杜海涛, 等. 冲击波解堵技术在中、低渗透油藏中的应用[J]. 海洋石油, 2005, 25(2): 68-71.

[7] Ushakov V Y, Klimkin V F V C, Korobeynikov S M. Impulse break- down of liquids[M]. Tomsk, Russia: Springer Science and Business Media, 2007.

[8] Maurel O, Reess T, Matallah M, *et al*. Electrohydraulic shock wave generation as a means to increase intrinsic permeability of mortar[J]. Cement and Concrete Research, 2010, 40(12): 1631-1638.

[9] ChenW, MaurelO, ReessT, *et al*.Experimental study on an alternative oil stimulation technique for tight gas reservoirs based on dyna mic shock waves generated by pulsed arc electrohydraulic discharges[J]. Journal of Petroleum Science and Engineering, 2012 (88/89): 67-74.

[10] 秦曾衍. 高压强脉冲放电及其应用[M]. 北京: 北京工业大学出版社, 2000.

[11] 卢新培, 潘垣, 张寒虹. 水中脉冲放电的电特性与声辐射特性研究[J]. 物理学报, 2002, 51(7): 1549-1553.

[12] 卢新培, 潘垣, 张寒虹, 等. 水中脉冲放电等离子体通道特性及气泡破裂过程[J]. 物理学报, 2002, 51(8): 1768-1772.

[13] 卢新培. 液电脉冲等离子体的理论与实验研究[D]. 武汉: 华中科技大学, 2001.

[14] 章志成. 高压脉冲放电破碎岩石及钻井装备研制[D]. 杭州: 浙江大学, 2013.

[15] 张春喜. 水中丝爆引发的推进效应[D]. 哈尔滨: 哈尔滨理工大学, 2005.

[16] 孙凤举, 曾正中, 邱毓昌, 等. 一种用于油水井解堵的脉冲大电流源[J]. 高电压技术, 1999, 25(2): 47-49.

[17] Hatfield L L, Kristiansen M, Lojewski D. High voltage water breakdown studies, DSWA-TR-97-30[R]. Lubbock, Germany: Pulsed Power Lab, Texas Tech University, 1998.

[18] Zhou H, Han R, Liu Q, *et al*. Generation of electrohydraulic shock waves by plasma-ignited energetic materials: Ⅱ. influence of wire configuration and stored energy[J]. IEEE Transactions on PlasmaScience, 2015, 43 (12): 4009-4016.

[19] Efimov S, Gurovich V T, Bazalitski G, *et al*. Addressing the efficiency of the energy transfer to the water flow by underwater electrical wire explosion[J]. Journal of Applied Physics, 2009, 106(7): 73308.

[20] S unka P. Pulse electrical discharges in water and their applications[J]. Physics of Plasmas, 2001, 8(5): 2587.

[21] Krasik Y E, Grinenko A, Sayapin A, *et al*. Underwater electrical wire explosion and its applications[J]. IEEE Transactions on Plasma Science, 2008, 36 (2): 423-434.

[22] Krasik Y E, Fedotov A, Sheftman D, *et al*. Underwater electrical wire explosion[J]. Plasma Sources Science & Technology, 2010, 19(3): 951-956.

[23] Grinenko A, Gurovich V T, Krasik Y E, *et al*. Analysis of shock wave measurements in water by a piezoelectric pressure probe [J]. Review of Scientific Instruments, 2004, 75(1):240.

[24] Pikuz S A, Tkachenko S I, Romanova V M, *et al*. Maximum energy deposition during resistive stage and overvoltage at current driven nanosecond wire explosion[J]. IEEE Transactions on Plasma Science, 2006, 34(5): 2330-2335.

[25] Oshita D, Hosseini S H R, Miyamoto Y, *et al*. Study of underwater shock waves and cavitation bubbles generated by pulsed electric discharges[J]. IEEE Transactions on Dielectrics and Electrical Insulation, 2013, 20 (4): 1273-1278.

[26] 周海滨, 韩若愚, 吴佳玮, 等. 水中铜丝电爆炸放电通道模型及仿真[J]. 高电压技术, 2015, 41(9): 2943-2949.

[27] Han R, Zhou H, Liu Q, *et al*. Generation of electrohydraulic shock waves by plasma-ignited energetic materials: I. fundamental mechanisms and processes[J]. IEEE Transactions on Plasma Science, 2015, 43(12): 3999-4008.

[28] Zhou H, Zhang Y, Li H, *et al*. Generation of electrohydraulic shock waves by plasma-ignited energetic materials: Ⅲ. shock wave characteristics with three discharge loads[J]. IEEE Transactions on Plasma Science, 2015, 43(12): 4017-4023.

[29] 李兴文, 晁攸闯, 吴坚, 等. 水中金属丝电爆炸冲击波一维数值模拟[J]. 西安交通大学学报, 2015, 49(4): 1-5, 52.

[30] 晁攸闯, 韩若愚, 李兴文, 等. 水中电爆炸放电通道特性 0 维数值模拟[J]. 高电压技术, 2014, 40(10): 3112-3118.

[31] Liu Q, Ding W, Zhou H, *et al*. A novel strain measurement system in strong electromagnetic field[J]. IEEE Transactions on Plasma Science, 2015, 43(10): 3562-3567.

[32] Li X, Chao Y, Wu J, *et al*. Study of the shock waves characteristics generated by underwater electrical wire explosion[J]. Journal of Applied Physics, 2015, 118(2): 23301.

[33] 吴佳玮, 丁卫东, 韩若愚, 等. 密封腔体、大电流条件下重复频率长寿命气体开关的烧蚀特性[J]. 高电压技术, 2014, 40(10):

3235-3242.

[34] 彭亚晶, 叶玉清. 含能材料起爆过程 “热点”理论研究进展[J]. 化学通报, 2015, 78(8): 693-701.

[35] Pagoria P F, Lee G S, Mitchell A R, *et al*. A review of energetic materials synthesis[J]. Thermochimica Acta, 2002, 384 (1): 187-204.

[36] 吴腾芳, 丁文, 李裕春, 等. 爆破材料与起爆技术[M]. 北京: 国防工业出版社, 2008.

[37] Bourne N K, Milne A M. The temperature of a shock-collapsed cavity[C]// Proceedings of the Royal Society of London A: Mathematical, Physical and Engineering Sciences.[S.l.]:[s.n.], 2003: 1851-1861.

[38] Mader C L. Initiation of detonation by the interaction of shocks with density discontinuities[J]. Physics of Fluids (1958-1988), 1965, 8(10): 1811-1816.

[39] Cai Y, Zhao F, An Q, *et al*. Shock response of single crystal and nano- crystalline pentaerythritol tetranitrate: Implications to hotspot formation in energetic materials[J]. The Journal of Chemical Physics, 2013, 139(16): 164704.

[40] Yu C, Pandolfi A, Ortiz M, *et al*. Three-dimensional modeling of intersonic shear-crack growth in asymmetrically loaded unidirectional composite plates[J]. International Journal of Solids and Structures, 2002, 39(25): 6135-6157.

[41] Robert A G. 固体的冲击波压缩[M]. 北京: 科学出版社, 2010.

[42] Tucker T J. Explosive initiators[R]. Albuquerque, New Mexico, USA: Proceedings of the 12th Annual Symposium of the New Mexico Section of the ASME, 1972.

[43] Varosh R. Electric detonators: EBW and EFI[J]. Propellants, Explosives, Pyrotechnics, 1996, 21(3): 150-154.

[44] Taylor M J. Plasma propellant interactions in an electrothermal-chemical gun[D]. Cranfield, Bedfordshire, UK: Cranfield University, 2002.

[45] Porwitzky A J, Keidar M, Boyd I D. Modeling of the plasma-propellant interaction[J]. IEEE Transactions on Magnetics, 2007, 43(1): 313-337.

[46] Kappen K, Bauder U H. Calculation of plasma radiation transport for description of propellant ignition and simulation of interior ballistics in ETC guns[J]. IEEE Transactions on Magnetics, 2001, 37(1): 169-172.

[47] Efimov S, Gilburd L, Fedotov G A, *et al*. Aluminum micro-particles combustion ignited by underwater electrical wire explosion[J]. Shock Waves, 2012, 22(3): 207-214.

[48] 张小兵, 袁亚雄, 陈键, 等. 含能材料等离子体点火过程的数值模拟[J]. 南京理工大学学报, 2004, 28(3): 295-298.

[49] Li X, Li R, Jia S, *et al*. Interaction features of different propellants under plasma impingement[J]. Journal of Applied Physics, 2012, 112(6): 3303-3310.

[50] Xingwen L, Li R, Shenli J, *et al*. Study on the characteristics of different plasma ignition schemes[J]. IEEE Transactions on Plasma Science, 2013, 41(1): 214-218.

[51] (苏)瓦希托夫. 利用物理场从地层中开采石油[M]. 北京: 石油工业出版社, 1993.

[52] 姜永东, 鲜学福, 易俊, 等. 声震法促进煤中甲烷气解吸规律的实验及机理[J]. 煤炭学报, 2008, 33(6): 675-680.

可控冲击波技术在页岩油开发中的应用研究*

摘要：我国中低成熟度页岩油技术可采资源量约135亿吨，是未来油气资源开发的主战场之一。针对目前页岩油原位改质技术中存在热质难以进入储层、传热效率低、加热时间长等难题，提出利用可控冲击波技术致裂储层，创造网状裂隙，提高传热传质效率的新方法。本文通过可控冲击波致裂页岩油层形成网状裂缝的机理研究和实验验证，验证在页岩层水平加热井中利用可控冲击波技术形成整体性复杂缝网，从而扩大热质在页岩油层中的波及体积的可行性，为中低成熟度页岩油原位改质提供技术支撑。

1 需求背景

我国油气对外依存度高达70%以上，能源安全形势严峻。经初步评价，我国的中低成熟度页岩油技术可采资源量约135亿吨，是中国未来油气资源开发的主战场之一，图1为我国抚顺大型露天页岩油矿照片。国际上仅开展了海相中低成熟度页岩油的原位改质技术研究，至今未进入商业开发，存在热质难以进入储层、传热效率低、加热时间长等难题，图2为页岩油原位改质技术示意图。我国中低成熟度页岩油资源以陆相页岩为主，普遍存在油藏埋藏较深、生油母质成熟度低、岩石脆性指数低、原油物性差、储层非均质性强等特点，工业开发难度更大。目前尚无有效手段可实现中低成熟度页岩油资源的有效动用。

图1 抚顺大型露天页岩油矿照片

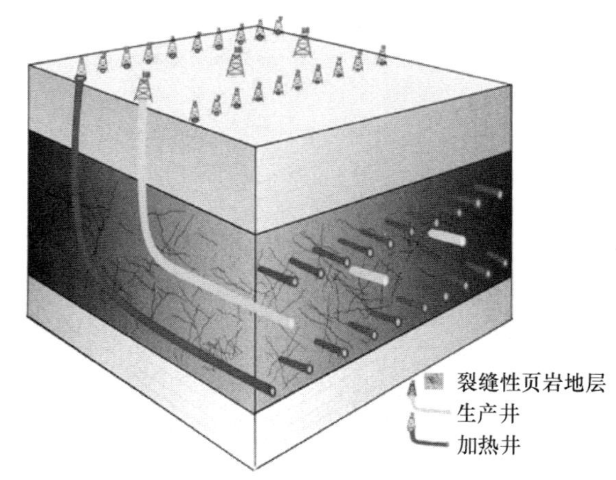

图2 页岩油原位改质技术示意图

找到高效致裂储层，创造网状裂隙，提高传热传质效率的新方法，是我国中低成熟度页岩油资源开发领域必须突破的难题。近年来，高能气体压裂技术、电弧脉冲压裂技术、水力裂缝层内爆燃压裂技术越来越多地被用来研究低渗透油田的增产增注，但尚未有报道这些改造技术应用于页岩油地层的效果。

近年来，西安交通大学可控冲击波项目组提出利用可控冲击波对储层实施整体均衡无水改造的新技术在常规油气增产领域取得了很好的效果。该技术是一种强度、持续时间、作业区域、重复作业次数可控的纯物理储层改造方法，同时，该方法可利用储层渗出水耦合冲击波，不用注入外来液体即可直接作用到储层，具有绿色环保、安全可靠的独特优势。

本文介绍了利用可控冲击波在致裂油页岩层的相关实验和理论研究，拟通过该技术的进一步发展

* 本文由《第二届页岩油资源与勘探开发技术国际研讨会》(北京，2019年4月)特邀报告改写。

有望实现页岩油经济、高效、绿色开采的新变革。

2　可控冲击波技术简介

可控冲击波技术是脉冲功率技术重要的分支应用之一。脉冲功率技术是研究能产生各种强电脉冲功率输出的技术。它以慢的方式储存能量，然后，借助各种开关的快速切换实现脉冲压缩、功率放大，用很短的时间、很高的强度以单个脉冲或受控的重复脉冲形式，将能量瞬间释放给负载，脉冲功率负载以各种物理原理将高功率电磁能量转换为所需要的能量形式，在有限的空间和有限的时间内形成各种极端条件下的物理环境，以达到一般功率条件下达不到的目的。

冲击波可在不同的区域通过致裂、撕裂和弹性声波的作用模式，见图 3，在各种岩层中创造亚毫米级，甚至毫米级裂隙、裂缝，降低岩层力学强度、水力压裂的破压和规模，创造复杂缝网；可控冲击波技术以分布式、分时性、连续性的模式全方位预裂或增透储层，有望成为一种新的储层弱化技术措施。

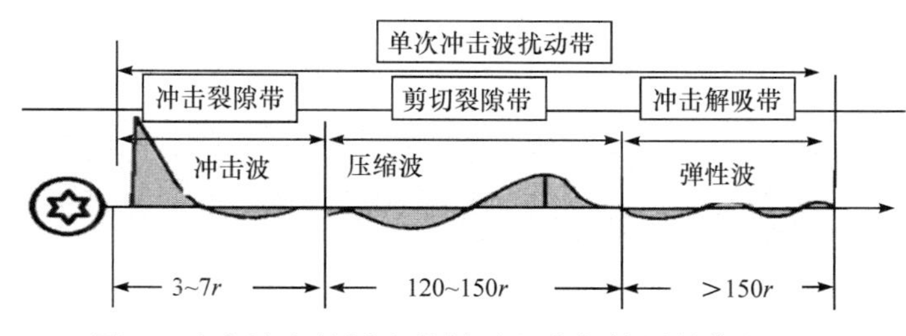

图 3　冲击波在储层中传播过程中与储层的作用机理
r 为爆心半径

在国家 863 计划、973 计划、科技支撑计划、自然科学基金的支持下，科研人员研发了增透或预裂煤层、岩层的“可控冲击波技术”。可控冲击波是指幅值、冲量可控，作用区域可控和重复作用次数可控。幅值、冲量可控：冲击波的幅值和作用时间可通过调整聚能棒的配方和质量控制在岩层抗压强度之上、套管强度之下；作业区域可控：自然形成对岩层有限区域的作用，不用通过封隔器强制分段；可移动设备控制作业点位置，实现对整个储层的作用；重复作用次数可控：冲击波产生设备的工作次数可以控制。

3　冲击波作用岩层的实验研究

3.1　冲击波的作用机理

岩层既是冲击波的作用对象，也是传播冲击波的介质。岩层中的每一个区域，因冲击波作用而改变性质或状态，消耗部分冲击波能量，并传播剩余能量到下一区域。在钻孔周围的不同区域，分别以冲击波、压缩波和弹性声波的模式形成冲击裂隙带和冲击解吸带。多次冲击波对岩层的疲劳：可控冲击波以单点多次作用减小实施中的不安全因素，以多次作用的疲劳效应达到单次大当量爆破难以达到的目的。

3.2　冲击波致裂砂岩的物模实验

在多个国家项目的支持下，开展了冲击波致裂各种岩层的机理研究。图 4 为砂岩露头样品在不同参数冲击波作用后形成的裂缝形态。

实验中，在样品环向和轴向的不同位置分别布置多个应变片，得到了不同方向上的应变曲线如图 5 所示。其中环向应变值反映由测点向外传播的冲击波幅值，其残余应变值反映测点上的塑性变形。试验中实测到环向应变幅值为 860～1400με，残余应变为 200με。由于冲击波沿环向是以冲击波方式作用，而在轴向上，因岩石的纵向非均质性，则是以压缩波方式作用。轴向应变波形与环向应变存在较为明显的差异。

图 4　砂岩露头样品在不同参数冲击波作用后形成的裂缝形态

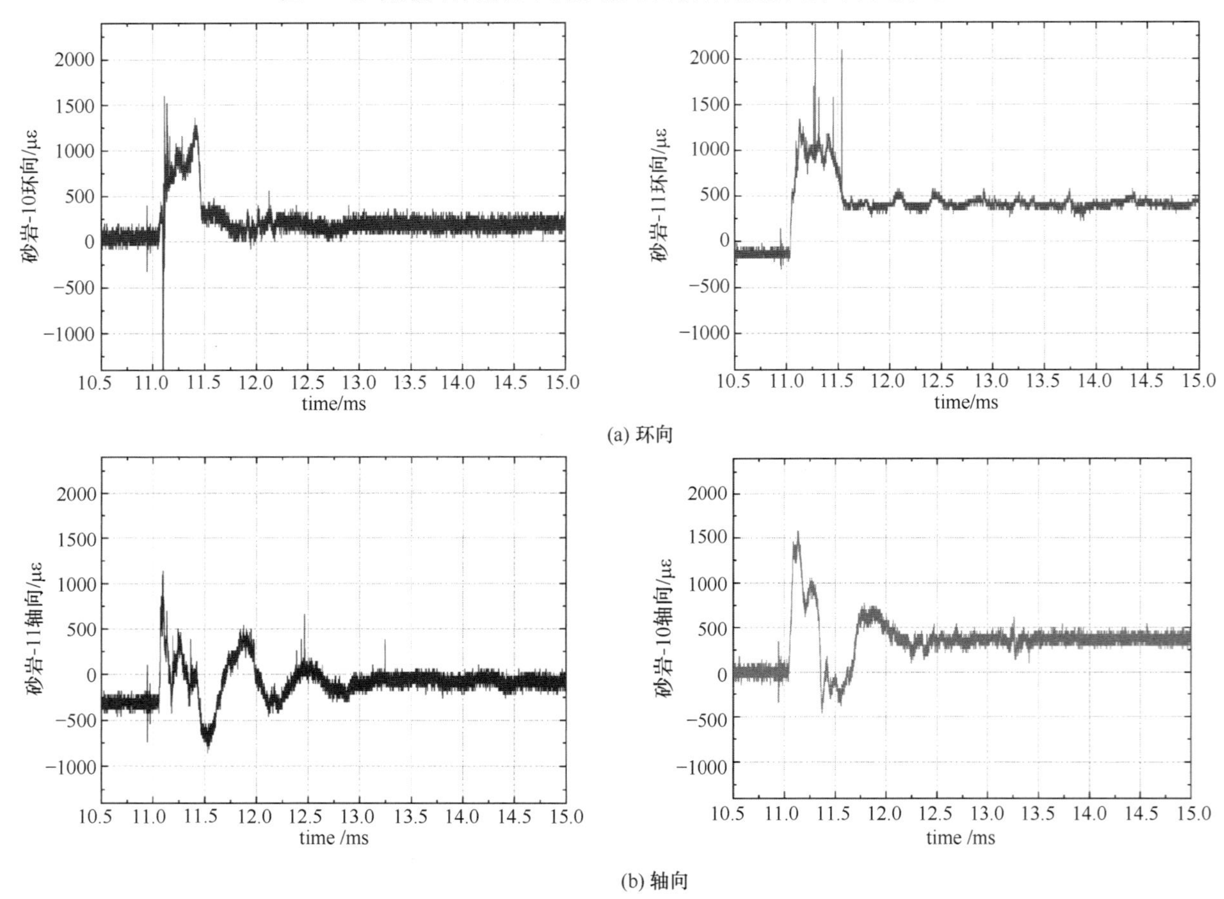

图 5　可控冲击波致裂砂岩应变曲线

冲击波致裂后在未破碎区域取样，对其力学参数进行测试。与实验前比较可知：样品的平均渗透率由 $1.75\times10^{-3}\mu m^2$ 增至 $2.47\times10^{-3}\mu m^2$，提高了 41%；样品的平均孔隙度由 15.37%增至 16.21%，提高了 5.5%，其他力学强度都有所下降。也说明冲击波在弱化岩层强度方面有效果，可应用于压裂前降低破压，形成更为复杂的裂缝。

3.3　冲击波致裂南方海相页岩的物模实验

在页岩方面，采集龙马溪组海相页岩制备了尺寸为 $80\times80\times80cm^3$ 的样品，在中石油三轴压力实验平台上开展了带围压条件下的冲击波致裂实验，3 次冲击波作用后，在样品表面观察到新产生的裂缝，垂直井筒方向切开后观察到贯穿的裂缝。图 6 为实验情况和实验后观察到的样品外观、示踪剂轨迹和切开断面后的裂缝形态。可以看出，冲击波作用后形成了不同于页岩原始层理的新的裂缝体系，表明冲击波作用对在岩层形成更为复杂的缝网有重要意义。

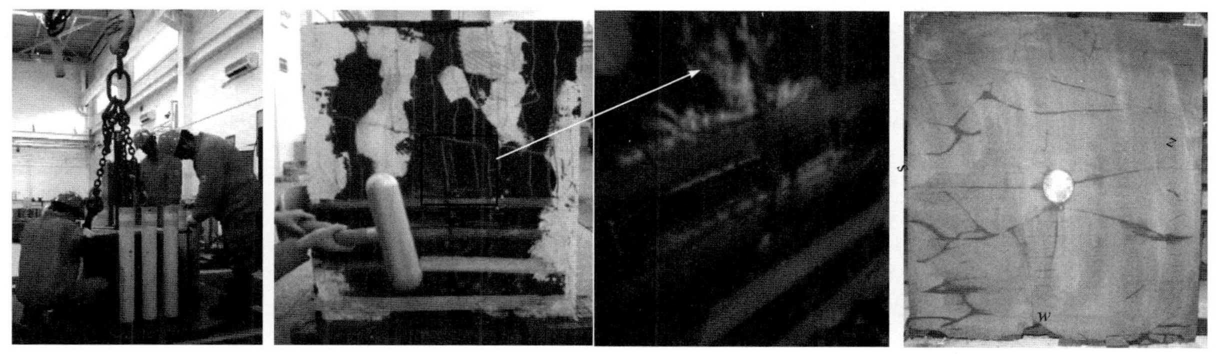

图 6 三轴压力下冲击波致裂南方海相页岩实验情况和实验后观察到的样品外观、示踪剂轨迹和切开断面后的裂缝形态

3.4 冲击波作用煤层效应实验研究

此外，项目团队还开展了冲击波对不同类型煤层的实验。由于煤层与岩层的力学强度和性质有着很大不同，冲击波对煤层的做功效应(预裂或者增透)与煤层原始裂隙特征、力学性质和加载条件有关，并存在最佳作业次数。随着加载次数增加，煤体微裂隙线密度非线性增强，呈现缓增、快增和稳增三个阶段；裂隙经历先长、后宽两个阶段。对贫煤(PM)、无烟煤(WYM)的致裂效果导致了煤岩力学性质下降。实验表明，当加载次数太多时，并不利于煤层气的解吸和析出。图 7 为不同作用冲击波次数下煤层样品照片及样品内部裂隙的演变情况。

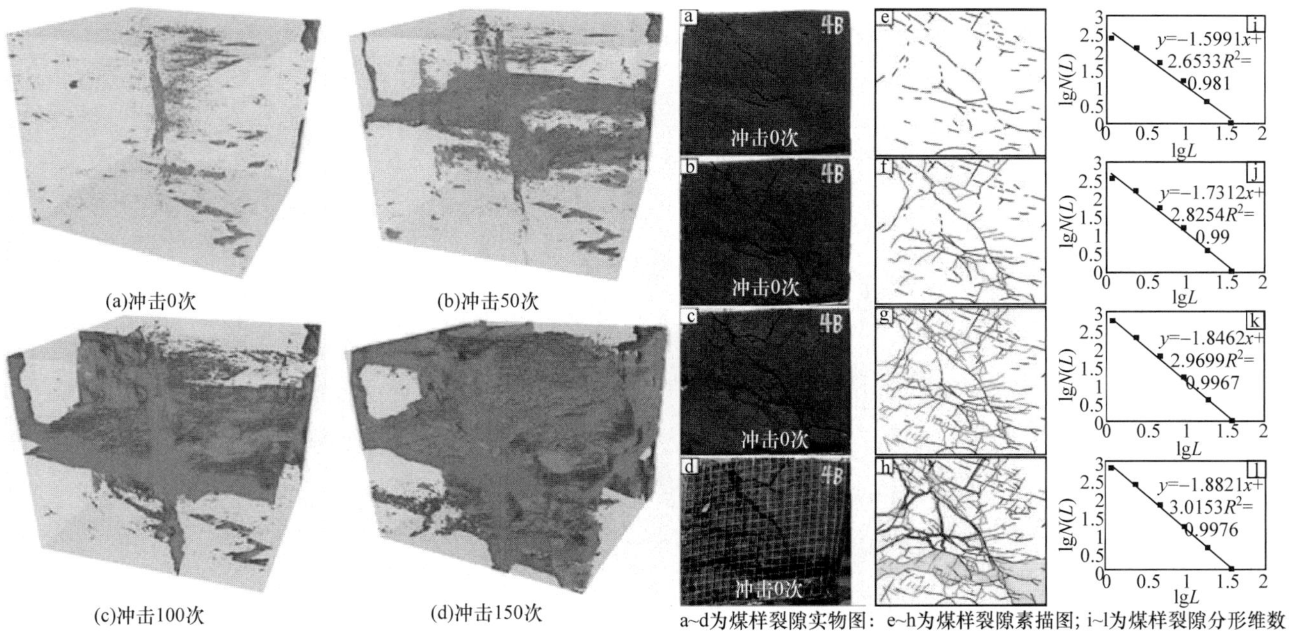

图 7 不同作用冲击波次数下煤层样品照片及样品内部裂隙的演变情况

4 在油页岩开发中的实验研究

通过上述实验，得到了针对不同力学性质的岩层和不同的应用目的，需要采用不同参数的冲击波作用。针对油页岩的致裂效应，主要开展两方面的实验研究。

4.1 在油页岩探井中的初次实验

为了探索可控冲击波作用于油页岩层后的作用范围，可控冲击波项目团队与中国石化合作，设计了以井筒压力与声波测井数据相结合反映致裂效果的研究方法，测试结果表明：随着冲击波加载次数的增加，在作业点上下 20m 内，都观察到了声幅的变化。因此初步得出结论：冲击波纵向有效作用半径(两条虚线所示范围)大于 20m。油页岩探井中冲击波作用后声波测井数据变化趋势如图 8 所示。

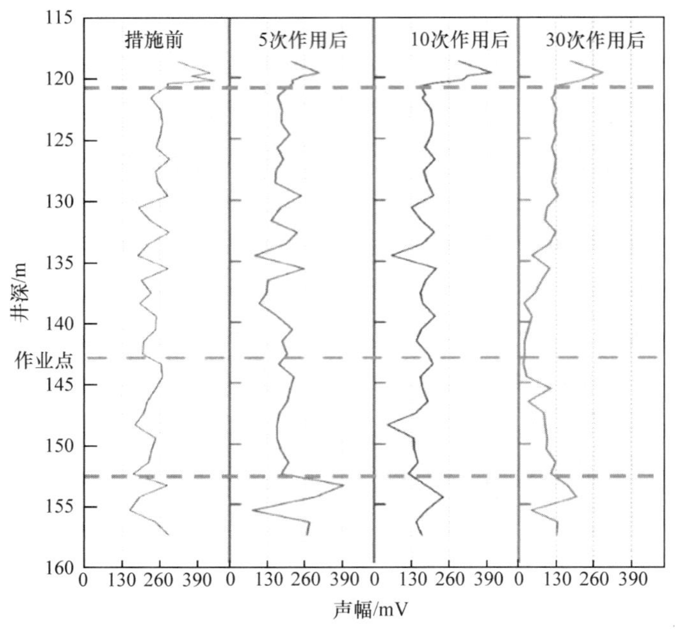

图 8 油页岩探井中冲击波作用后声波测井数据变化趋势

4.2 可控冲击波致裂油页岩实验研究

为了进一步探索适用于油页岩致裂的冲击波参数，从抚顺露天油页岩矿采集了多块油页岩样品，开展了分别施加不同当量和次数的可控冲击波的致裂实验。实验结果表明，小当量冲击波多次作用样品和较大当量较少次数，均可以实现有效致裂，具体应用时可根据需求确定最佳作业参数，如图 9 所示。

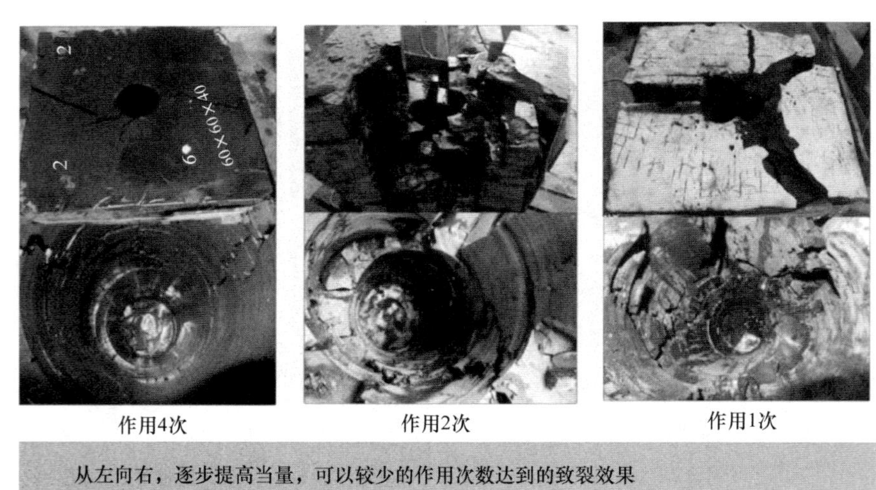

图 9 不同参数冲击波致裂油页岩样品效应结果

4.3 可控冲击波致裂油页岩数值模拟

冲击波致裂油页岩的实际效应还与地应力大小直接相关，为此开展了不同地应力条件下冲击波致裂效应的数值模拟。图 10 为计算得到的不同地应力和不同冲击波加载次数下油页岩破裂情况。其中，

5MPa 地应力下冲击 40 次的破裂面积达 670m^2，10MPa 地应力下冲击 40 次的破裂面积达 556m^2。

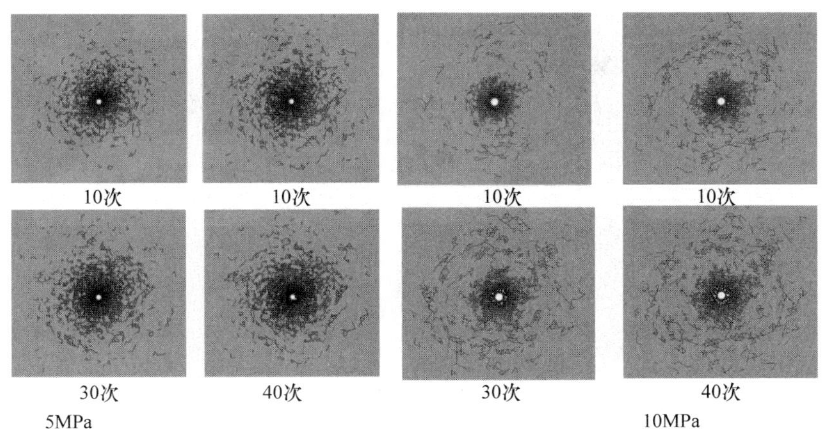

图 10 不同地应力和不同冲击波加载次数下油页岩破裂情况

5 已有成果及设想

5.1 已有成果

经过多年的发展，可控冲击波技术已在常规油气增产、煤层气增产和煤矿瓦斯治理方面取得了一定的应用及成效，其中实施了数百口油水井的增产增注，数十口煤层气井的解堵增产，数十个煤层钻孔的增透作业，在致密砂岩层开展了压前预处理应用的探索，并开发了基于串联浪涌式增压注水的煤层气井完井新工艺。

在薄夹层区块油井中的应用实现了日增油量 2.16t，稳产期达 400 多天。日增油量在 1.5t 左右，含水降低至 40%以下。在长 9 层投注井中的应用实现了配注 20m^3/d，实注 20m^3/d，注水压力为 12MPa，注水压力低于同区块其他措施井的注水压力 25%以上。在煤层气井上的应用实现了平均日增产量 1000m^3，最大日增产量达 3000m^3。在贵州水城中井矿煤层钻孔应用中，实现了单孔最大抽采量 54 万方，在山西焦煤吉宁矿应用中实现了单孔最大日抽采量 1000 方，比常规钻孔增加了 11 倍。在致密砂岩层压前预处理方面,冲击波预处理后再进行水力压裂的破裂压力仅 14MPa，降低到原来的三分之二。研发的可控冲击波串联浪涌式增压注水新工艺，实现了在 6MPa 压力下注入 240 方水，显著提高了该口煤层气井的产量。

5.2 下一步应用设想

可控冲击波的技术特点和优势使得其在储层改造方面可发挥更多的作用，为此提出了未来可控冲击波可能的多种应用方向。

(1) 在水力压裂作业之前，先以可控冲击波在射孔段全方位致裂井筒附近的岩层，为水力压裂形成复杂缝网提供基础；并以增长作业时间减小压裂规模，以精细作业增大缝网密度，这一应用对提高水力压裂的效果和降低水力压裂成本有重要意义。

(2) 采用冲击波脉冲致裂复合水力压裂工艺，即冲击波致裂与水力压裂同步进行。首先，将水力压力控制在岩层破裂压力之下，多次叠加实施可控冲击波形成全方位的微裂隙；其次，增大水力压力，将微裂隙/缝不断扩展，达到对整个储层的均衡致裂，图 11 为设想的可控冲击波脉冲致裂复合水力压裂工艺的实施方法。

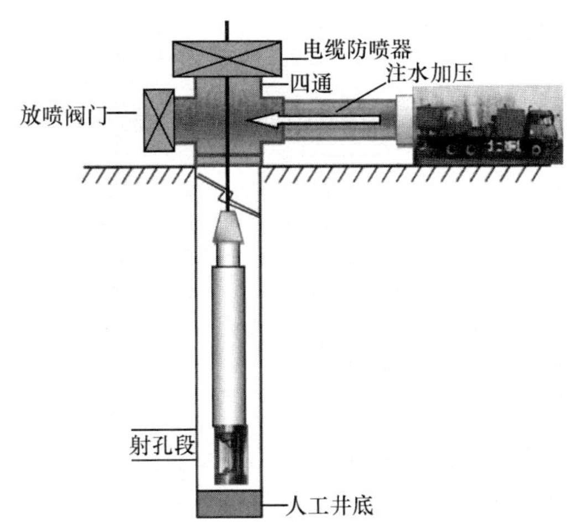

图 11 设想的可控冲击波脉冲致裂复合水力压裂工艺的实施方法

综上所述，通过不同的模式将可控冲击波这种“可重复”“可控”的动力学载荷与水力压裂的静力学载荷组合，可以达到单纯一种措施无法达到的效果，这些技术一旦突破则可以大幅提升我国常规及非常规能源的开发效率。

这些技术一旦突破则可大幅度提升我国常规及非常规能源的开发的效率。

多渠道保障油气能源供应安全的思考*
——可控冲击波技术的作用

摘要：针对我国石油对外依存度高达 70%，且进口来源集中，进口通道单一，国家能源安全形势紧迫的现状，本文提出了三种补充油气资源的渠道，并介绍了可控冲击波技术在实现这三种增产渠道中可以发挥的作用。从长远看，提高非常规油气采收率是补充油气资源的主渠道；从直接、快速看，提高已开油井的采出程度是补充油气资源的重要补充渠道；从寻找替代资源看，开发清洁高效的富油煤提油技术是补充油气资源的新渠道。在加强实现油气开发力度同时，必须兼顾与环境保护协调发展。为此必须研究高效、绿色无污染的增产开发新手段。

1 背景

我国石油对外依存度高达 70%，且进口来源集中，60%以上来自地缘政治复杂地区，进口通道单一，约 80%经过马六甲海峡、约 45%经过霍尔木兹海峡，国家能源安全形势紧迫，迫切需要新的技术手段为国家提高油气供给提供技术支撑。本文在充分分析我国能源资源现状和美国页岩油革命成功经验的基础上，分别从长远和现状出发，给出提高油气供给的三种渠道，指出在实现这三种渠道的过程中可控冲击波技术可能发挥的作用，并对未来具体实施方案做出规划。

2 可控冲击波技术发展

20 世纪 80 年代末，苏联首先将电脉冲技术应用于碳酸盐岩储层解堵；国内在引进俄罗斯设备的同时，多家单位都进行了仿制，但由于不适合我国的低渗透砂岩储层条件，未取得好的效果，主要原因是设备储能小(约 1.5kJ)、冲击波的强度太低；鉴于我国的储层物性，将电脉冲设备储能提高 3 倍，在储层解堵应用中取得了较好效果；“十二五”期间，可控冲击波项目团队首先提出以金属丝电爆炸机理提高能量转换效率和金属丝电爆炸等离子体驱动含能材料产生冲击波的新技术——可控冲击波技术，用于非常规天然气开发；获得了国家 863 计划、973 计划、自然科学基金、科技支撑计划和数家央企的支持，发展了可控冲击波技术和设备，并进行了现场示范。

可控冲击波的“可控”是指：①幅值、冲量可控，即将冲击波的幅值和作用时间控制在岩层抗压强度之上、套管强度之下；②作业区域可控，即自然形成对岩层有限区域的作用，不用通过工具强制分段；可移动设备控制作业点位置，实现对整个储层的作用；③重复次数可控，即冲击波产生设备的工作次数可以控制。这一技术的优势使得它可精准控制作业位置和作业强度，以较低强度、多次、多点均衡作业，避免单次整体加载对储层的伤害，是一种纯物理作业方式，无污染、不损伤储层，且节能。

经历了跟踪发展、同步研究、独创引领三个阶段的技术进步，形成了三代可控冲击波技术，并研发了五种适用于不同应用的可控冲击波产生装备，如图 1 所示。

3 非常规油气高效开采是未来油气供给主渠道

美国经历了 28 年多的技术积累、50 亿的投入，实现了页岩油气的成功开发，助推美国油气工业出现“第二春”，彻底改变了美国能源安全形势，深刻改变了全球能源供给格局，天然气出口正在重塑全球天然气贸易格局。图 2 为美国天然气和石油产量的发展趋势。

* 本文由《2019 年全球高端能源论坛》(北京，2019 年 12 月)特邀报告改写。

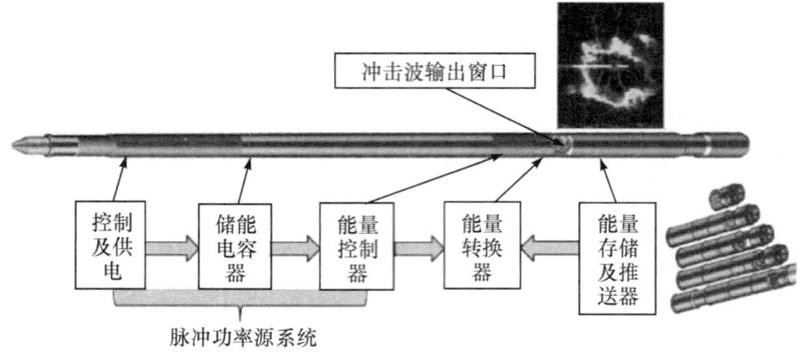

图 1 系列可控冲击波产生装备

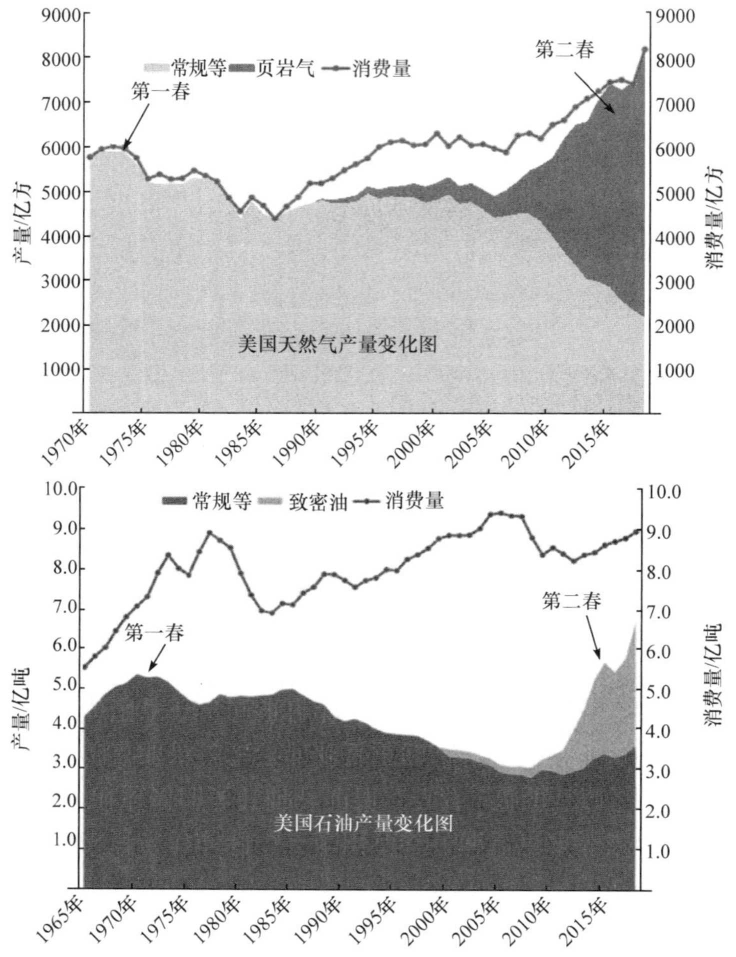

图 2 美国天然气和石油产量的发展趋势

美国页岩气开采取得成功，主要基于水平井联合体积压裂技术的突破，见图 3。但存在单井产量下降很快，缺乏二次改造技术的问题，图 4 为美国天然气单井产量急剧下降的趋势示意图。

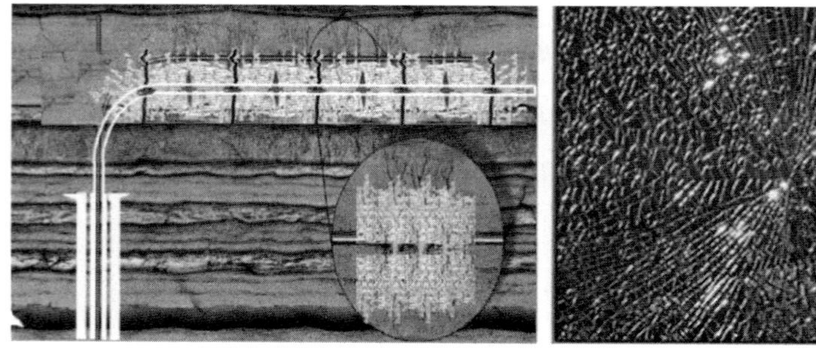

图 3 水平井联合体积压裂技术

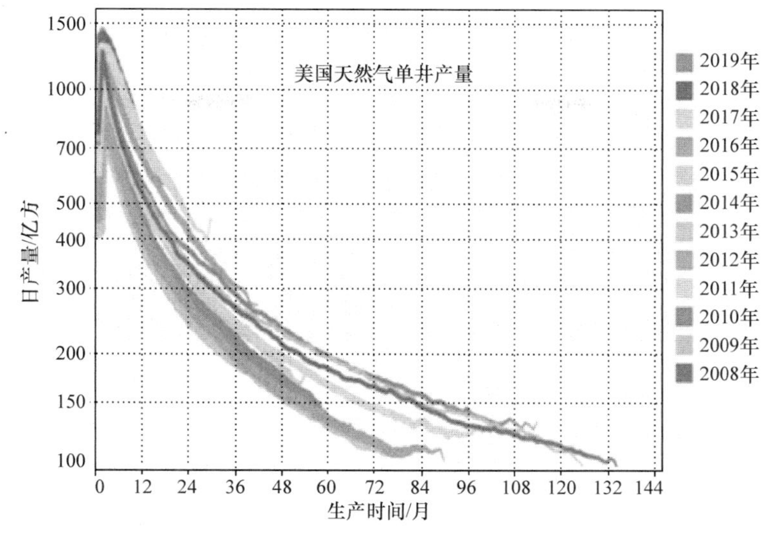

图 4　美国天然气单井产量急剧下降的趋势示意图

3.1　页岩气

我国页岩气储量丰富，全国页岩气可采资源量约 21.8 万亿方，累计探明储量约 1.04 万亿方。“十三五”规划中，2020 年底力争实现产量 300 亿方，但 2018 年全国产量仅为 108.8 亿方。由于我国页岩气储藏存在埋深大、应力强、地表条件差、缺乏水资源、单井开发成本高等问题，且开采难度大，无法照搬美国的页岩油气开发技术，亟须找到适合中国页岩储层特点的开采新技术。

西安交通大学可控冲击波项目组在开展的 25MPa 三轴围压下对页岩样品实施的可控冲击波致裂试验中，通过施加不同次数和强度的冲击波实现了页岩样品的致裂。将该技术应用于延安国家级陆相页岩气示范基地两口井的现场试验中，实施后两口井的页岩气产量分别提高了 130%和 300%，冲击波作业后在井场点起火炬的照片如图 5 所示。

图 5　可控冲击波技术在页岩气井作业后点起火炬的照片

在该试验的基础上，我们提出了三种可控冲击波应用模式。其一是以可控冲击波在压前预裂储层，可以降低水力压裂的破压 10MPa 以上，有助于深层页岩气藏的开发；可控冲击波产生的多向裂隙，有助于复杂缝网的形成，大幅提高页岩气井的产量。其二是采用冲击波致裂与水力压裂同步进行，在破裂压力以下，叠加脉冲压力致裂岩层，并通过控制排量，控制大裂隙的产生，待全方位的微裂隙泄压后，再补充压力和重复致裂不断扩展裂缝。其三是设计冲击波专业井，长期激励储层，促进页岩气解析，并对储层起到疲劳和解堵作用，如图 6 所示。总之，用于页岩气开发的可控冲击波技术一旦突破，将为我国页岩气开发提供一条颠覆性的新技术途径。

3.2　页岩油

成熟度不同的页岩油需要采用不同的开发技术。图 7 为页岩油产量在我国未来原油产量里的占比分析，图 8 为不同层位页岩油的开发技术示意图。我国中高熟页岩油地质资源量为 145～215 亿吨，主要依赖水平井体积改造技术进行开采，其开发经济性有待提高；另外，中低成熟页岩油技术可采资源量为 200～250 亿吨，主要采用原位转化技术进行开发，还没有成熟的技术体系可以参考，必须实现一系列技术革命才有可能实现效益开发。

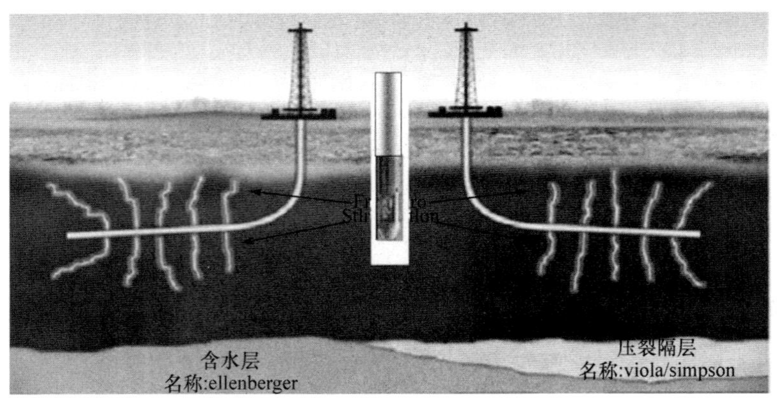

图 6　应用于页岩气开发的可控冲击波专业井示意图

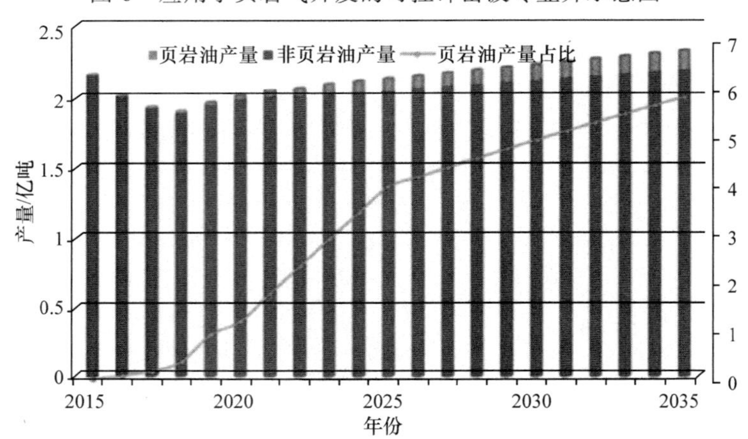

图 7　页岩油产量在我国未来原油产量里的占比分析

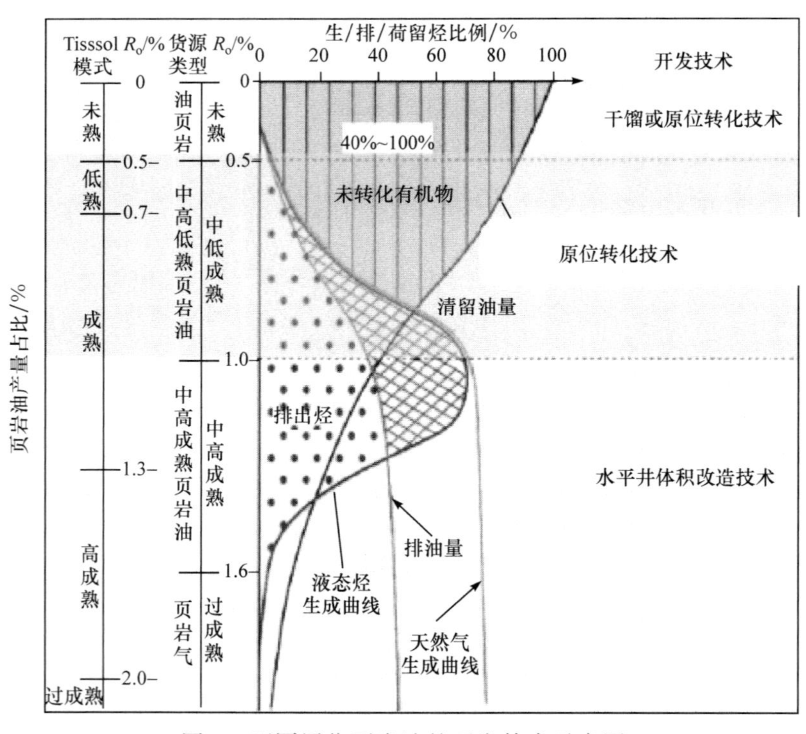

图 8　不同层位页岩油的开发技术示意图

可控冲击波预裂储层时不用强制分段，在中高成熟页岩油开发中，可通过储层预裂实现复杂缝网，直接获得产量。在中低成熟页岩油开发中，采用可控冲击波可实现复杂缝网、扩大单井加热区域半径到 20m，为热质进入储层创造条件，缩短加热时间，提高原位转化技术效率和经济性。二者结合，有望为提高我国页岩油开发程度和采收效率提供技术支撑。

3.3 煤层气

我国煤层气可采资源量约为 12.5 万亿方，约占全球资源储量的 11.2%～13.7%，《能源发展“十三五”规划》指出，到 2020 年，煤层气产量力争达到 240 亿方(地面 100 亿方，矿井 140 亿方)。然而，2018 年全国地面煤层气产量仅为 51.5 亿方，距离规划的指标差距很大。我国大约 1.8 万口基于水力压裂措施完井的煤层气井中有上万口低产、甚至不产气的直井，其主要原因是水力压裂中注入的支撑剂堵塞煤层，如图 9 所示，迫切期待新技术挽救。

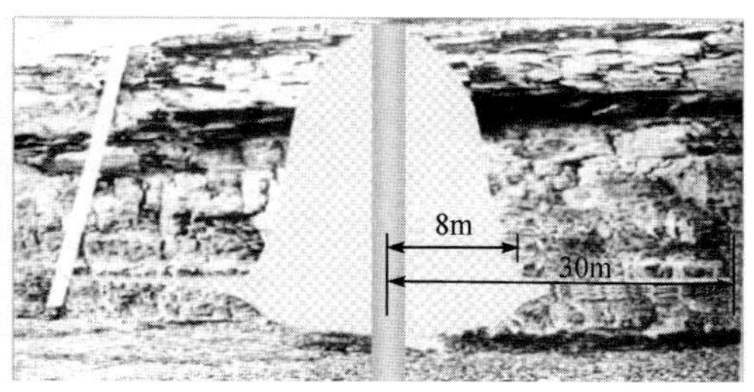

图 9 水力压裂后注入的支撑剂堵塞煤层气井示意图

我国煤矿超过三分之一是高瓦斯突出矿井，目前主要采用密集钻孔抽采。穿层钻孔抽采等瓦斯治理技术效率低，安全问题大，图 10 为一典型密集钻孔施工布置图。另外，煤矿瓦斯是煤层气产量主要组成部分，若能在实现瓦斯治理的同时，实现煤层气的采收，将对提高我国煤层气产量具有重要意义。

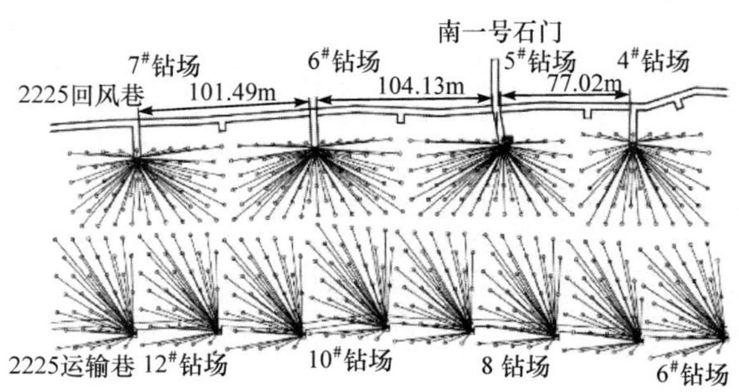

图 10 典型密集钻孔施工布置图

利用可控冲击波技术在被堵塞的煤层气直井中，通过预裂顶底板、夹矸等实现了产量的恢复，如图 11 所示。在煤层瓦斯增透中因可全孔段均衡增透的特点，也取得了很好的增透效果，如图 12 所示。

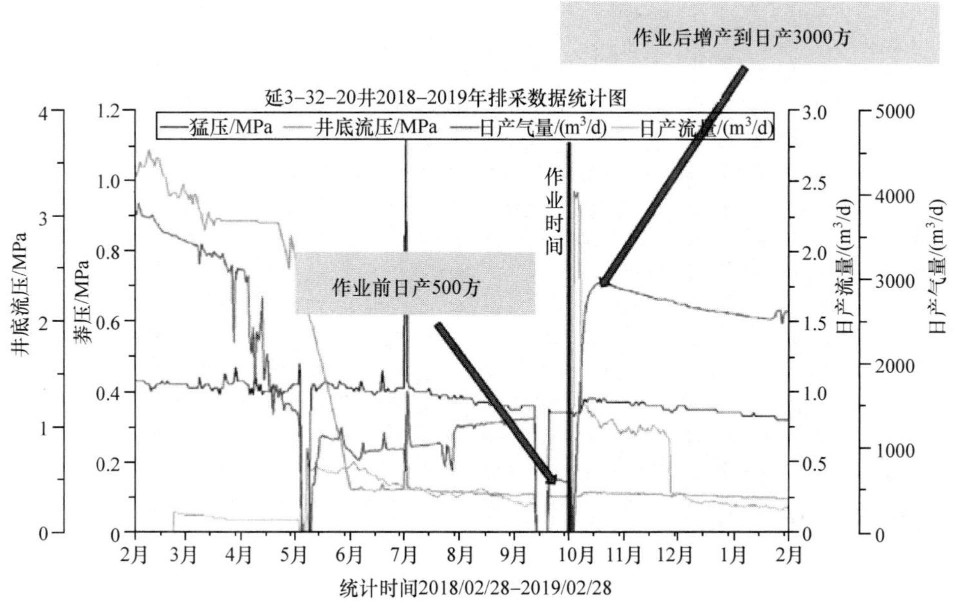

图 11 可控冲击波技术用于煤层气直井的典型增产效果

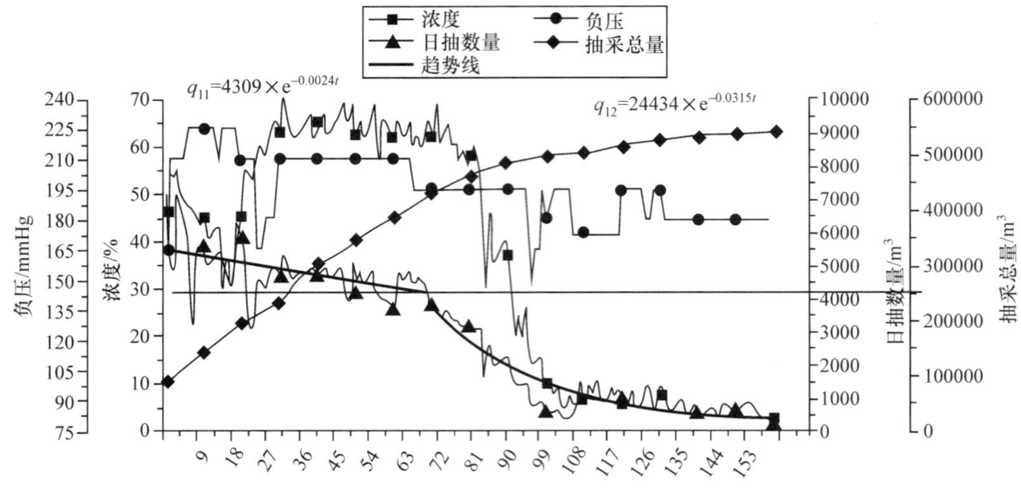

图 12　可控冲击波技术用于煤矿瓦斯治理典型效果

根据实验结果可以预测，若能将可控冲击波用于煤层气水平井开发中，如图 13 所示。以单井水平段长 600m 计，若产量达到 1.2 万方/天，则年产约 420 万方煤层气，以 8000 口水平井计，可达到年产约 300 亿方。图 14 为山西区块现有煤层气井分布示意图。另外，如果能全面推广在煤矿井的可控冲击波钻孔增透技术，预抽 3 方瓦斯/吨煤，可解决煤炭生产的瓦斯安全问题。若能在 2030 年实现对国内高瓦斯煤层的覆盖性增透，则可同时产出 30 亿方煤层气，将为我国天然气产量提升做出巨大贡献。

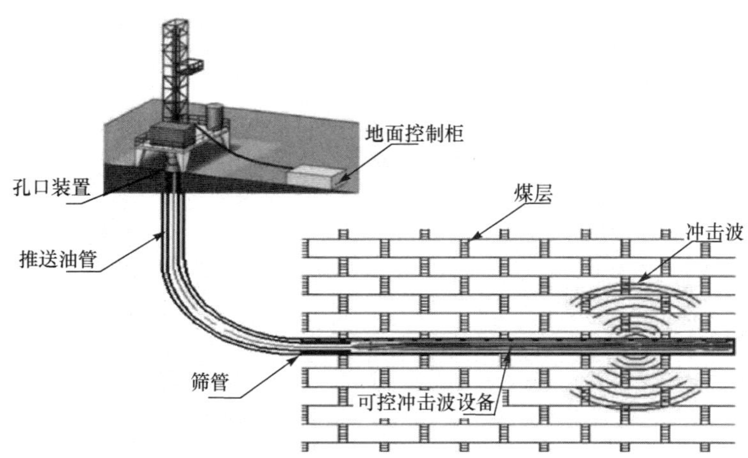

图 13　可控冲击波技术用于水平井的应用设想

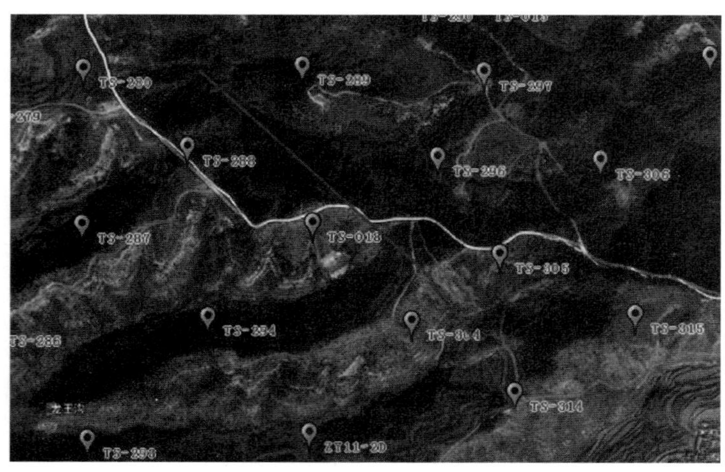

图 14　山西区块现有煤层气井分布示意图

4 提高已开油井采出程度是对油气供给的重要补充

根据国家自然资源部 2019 年数据，我国油气探明储量采出程度较低，具有较大的技术挖潜空间。至 2018 年底，石油全国累计探明石油储量 399 亿吨，产油 69.52 亿吨，采出程度为 17.4%；天然气全国累计探明天然气地质储量 15 万亿方，产气 2.07 万亿方，采出程度仅为 13.8%。目前我国已开油井数量多(30.9 万)，但平均单井日产油量低(全国为 1.7t/d,陆地为 1.3t/d)。由于油层堵塞、资源品质下降等原因，大多面临进入开发后期，低产低效井比例逐年升高的严峻问题。表 1 为截至 2018 年底我国各大油田的已开油井数量及其开采情况。

表 1 截至 2018 年底我国各大油田已开油井数量及其开采情况

公司	油井开井数/口	日产油量/t	年产油量/万 t	平均单井日产量/t	平均单井年产量/t
中国石油	180001	277270	10101.75	1.54	561.21
中国石化	38427	95703.2	3505.59	2.49	912.27
中国海油	2698	120800	4191.5	44.77	15535.58
延长石油	88359	31333	1127.94	0.35	127.65
合计	309485	525106.2	18926.78	1.69	611.56

可控冲击波技术作为一种新型油田增产技术，已为上百口低渗透储层的油水井实施了增产增注作业。其中，注水井 174 口，增注有效率为 85%，平均单井日注水量由 $5m^3$ 提高到 $16m^3$；采油井 12 口，增产有效率为 94%，平均日增油量为 0.39～2.72t，平均单井日增油量为 1.29t。与发现并建设的新油田相比，采用可控冲击波技术对老井挖潜改造，提高老井的产量，成本更低、见效更快，具有重要推广价值。该技术若能实施规模化推广，对大幅度增加我国原油产量、降低我国石油对外依存度有重要意义。

针对不同特性的区块，以单个区块 100 口井的规模做示范工程，改为制订该区块的标准和规范。尽快将可控冲击波技术作为已开油井的常规增产措施，大面积推广，可望在 2025 年实现年增油量 1000 万吨，作为石油供给的重要补充。

5 富油煤高效提油是一种有中国特色的油气供给补充新渠道

富油煤是一种焦油产率在 7%～12%的低煤阶煤炭资源。富油煤通过热解，每吨煤可以得到 10%左右的油和 $500m^3$ 左右的可燃气体，以及可替代无烟煤和焦炭的半焦。我国富油煤资源量丰富(陕西、新疆等地)，仅陕西省资源总量可达 1291 亿吨，其中油的资源量可达 129 亿吨(按 10%的含油率计算)。

然而，我国目前富油煤多采用常规开采技术，采收率低、浪费严重；且仅作为普通燃料使用，利用效率低；采用的常规煤制油技术，资源转化效率低，还伴有严重污染。如果能直接从富油煤中提油，是扩大石油保障途径、增加石油供给渠道的有效措施，对保障国家石油安全具有重大意义。

可控冲击波技术可解决富油煤开采中的多项难题，提高富油煤采收率。在开发地面“煤提油”技术的同时，开发针对大埋深富油煤资源的“原位提油技术”是未来实现富油煤高效利用和资源保护的最佳途径。利用可控冲击波技术通过地面井中预裂煤层，创造裂隙，协同电加热、流体加热、射频加热和核能加热等，在地下直接对富油煤热解，只将油抽出利用，实现对富油煤资源的最大保护。图 15 为可控冲击波技术在富油煤原位提油技术中应用的设想示意图。

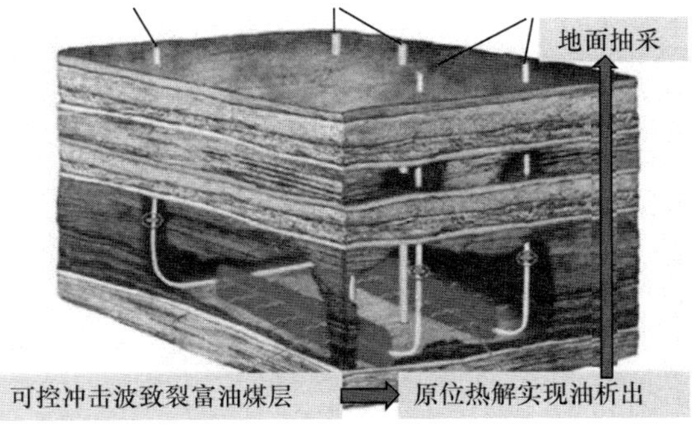

图 15 可控冲击波技术在富油煤原位提油技术中应用的设想示意图

6 结论和建议

综上所述，可控冲击波技术和装备在常规石油开采和煤层气开采中已得到成功应用，若能贯彻严格控制新井数量，提高已开单井产量的方针，将可控冲击波技术列入新技术重大推广项目给予支持，在已开油气井中实现规模化应用，则可望在 2025 年前使常规原油年增产达到 1000 万吨级，煤层气增产 300 亿方，成为油气供给的重要补充。

树立富油煤是一种宝贵原料而不仅仅是燃料的观念，要高度重视对富油煤的管理和高效开发，设立原位煤提油研究和示范的重大科技专项，使其尽早成为补充油供应的新渠道。可控冲击波技术作为煤提取煤焦油与制取合成气一体化(coal to coal-tar and syngas integration, CCSI)技术的重要支撑，若能加大支持力度，进一步攻克工程化技术，实现工业化应用，可望在 2030 年建成并投产运行 5000 万吨/年的煤提油工程，我国石油对外依存度可降低 9%，保障我国 2 亿吨原油供应安全的底线。

可控冲击波技术在非常规油气开发中已展示出诱人的前景，若能加大科研投入和应用示范，从基础理论、关键技术和装备各方面加以突破，可望成为具有中国自主创新的一种“颠覆性”技术，助推我国实现“页岩油气革命”，从根本上改变我国油气供应的安全问题。持续创新非常规油气开发技术，将可控冲击波技术与其他开采技术相结合，加大基础研究，形成中国特有开采新模式和技术体系，彻底改变非常油气难以重复开采的局面。

重复可控冲击波技术用于煤炭开采中的实践与设想*

摘要：针对我国煤炭开采煤矿安全事故频发，采煤深度增加后大部分矿井显现出冲击矿压危险，煤炭采收率低等现状，本文介绍利用可控冲击波技术进行煤层增透解决瓦斯治理难题，利用可控冲击波定点弱化岩层协助解决冲击矿压问题，以及利用可控冲击波预裂硬煤提高煤炭采收率等技术思路，通过先期开展的试验研究和应用，为进一步形成基于可控冲击波技术的煤炭安全开采综合技术体系提供技术支撑。

1 需求背景

煤炭安全生产是保障我国能源产业健康稳定发展的重要一环，2018 年度全国煤矿百万吨死亡率为 0.093 人/百万吨，维持稳步下降趋势，但与发达国家百万吨死亡率为零的水平还有相当大的差距。瓦斯事故仍是威胁煤炭安全生产的主要因素，占煤矿安全事故的比例达 63%。煤层瓦斯抽采是降低煤矿生产瓦斯爆炸事故的有效手段，但目前面临煤层渗透率低、抽采速率低下的难题，因此亟须探索新型储层改造技术，提高煤层渗透率及瓦斯抽采效率，提升煤炭生产安全性。此外，随着采煤深度的增加，大部分矿井面临冲击地压、岩爆等地质灾害风险，其突发、高危、难预测等特点严重影响生产安全和施工进度，因此也亟须开发煤层、岩层预裂新技术以提高煤炭开采安全性。重复可控冲击波技术有望为上述两方面技术提供解决方案，本文从其技术发展历程、关键装备研发及现场应用情况等方面对重复可控冲击波技术进行全面介绍，并论述其在提高瓦斯抽采效率和防范冲击地压等方面的应用前景。

2 可控冲击波产生技术的发展

20 世纪 80 年代末，苏联首先将电脉冲技术应用于碳酸盐岩储层解堵；国内在引进俄罗斯设备的同时，多家单位都进行了仿制，但由于设备储能小(约 1.5kJ)、冲击波强度太低难以在我国的低渗透砂岩储层条件下取得显著储层改造效果。针对我国储层致密、渗透率低的物性特点，西安交通大学可控冲击波项目组在“十二五”期间将电脉冲设备储能提高 3 倍，在国内油气储层解堵增产应用中取得了较好效果。同时，率先提出了以金属丝电爆炸机理提高能量转换效率和金属丝电爆炸等离子体驱动含能材料提高冲击波强度的新思路。在国家 863 计划、973 计划、自然科学基金、科技支撑计划和数家央企的支持下开展了大量基础研究、装备研发和现场示范工作，初步形成了可控冲击波用于非常规天然气储层改造的技术体系。

脉冲功率技术是可控冲击波技术的基础，其核心思想为脉冲功率源系统以低功率、长时间的方式储存初级能源能量，进而通过脉冲成型、压缩、叠加、传输等环节产生高功率脉冲，并在负载上形成高温、高压、高密、高速、强磁场、强辐射等极端环境。图 1 总结了脉冲功率系统的组成及典型应用，其中用于产生水中冲击波的金属丝负载就是一种实现μs-ms 时间尺度电磁能向冲击波机械能转化的负载形式。

可控性是可控冲击波技术体系的核心特征，主要体现在三个方面。首先是冲击波参数(幅值、能量、冲量、脉宽等)可控，如通过负载和驱动源参数匹配将冲击波幅值控制在岩层断裂强度之上、套管损伤强度之下；其次是作业区域可控，自然形成对岩层有限区域的作用，不用通过工具强制分段，并可通过移动设备控制作业点位置，实现对整个储层的作用；最后是重复次数可控，指冲击波产生设备的工作次数可以控制。基于上述技术特征，可控冲击波技术的主要优势包括：可精准控制作业位置和作业强度；较低强度、多次、多点均衡作业，避免单次整体加载对储层的伤害；纯物理作业方式，无污染，

---

* 本文由“废弃矿井资源开发利用”中国工程科技论坛暨“煤炭安全智能精准开采协同创新组织”成立三周年学术研讨会(淮南，2020 年 8 月)特邀报告改写。

不损伤储层。

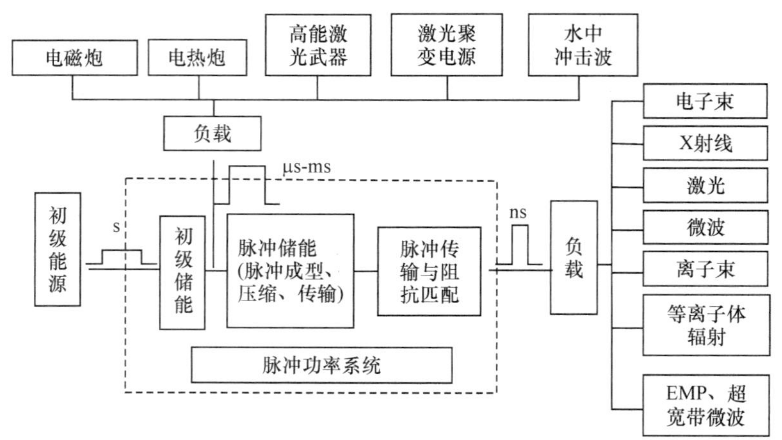

图 1 脉冲功率系统的组成及典型应用

负载是实现重复可控冲击波高效产生的关键，在可控冲击波技术发展过程中，通过一系列理论、技术及工艺研究，先后形成了基于三种原理的冲击波产生负载，实物照片如图 2 所示。其中，高压击穿型换能器通过水间隙绝缘恢复实现重复作业，金属丝放电型换能器通过送丝机构实现重复作业，含能材料型换能器则通过含能棒推送机构实现重复作业。

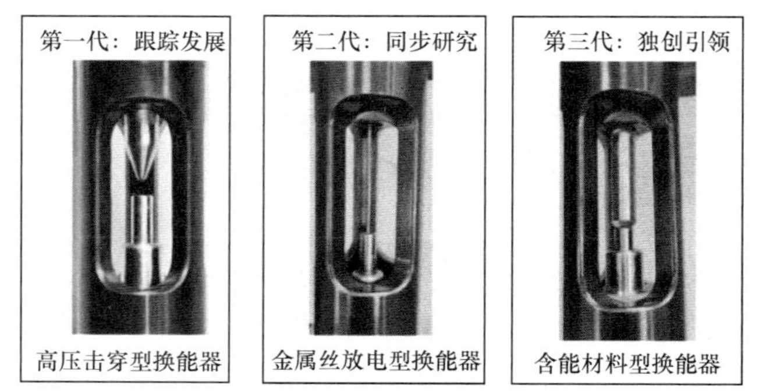

图 2 三种产生水中冲击波的典型负载构型实物照片

掌握金属丝电爆炸等离子体对含能材料的驱动机理是实现冲击波特性调控的基础。通过大量实验和数值模拟研究掌握了脉冲源、金属丝、等离子体和含能材料的能量传递与释放规律及参数匹配规律，初步形成了等离子体辐射驱动含能材料释能产生冲击波的新技术，基于金属丝放电驱动含能材料产生可控冲击波的原理如图 3 所示。

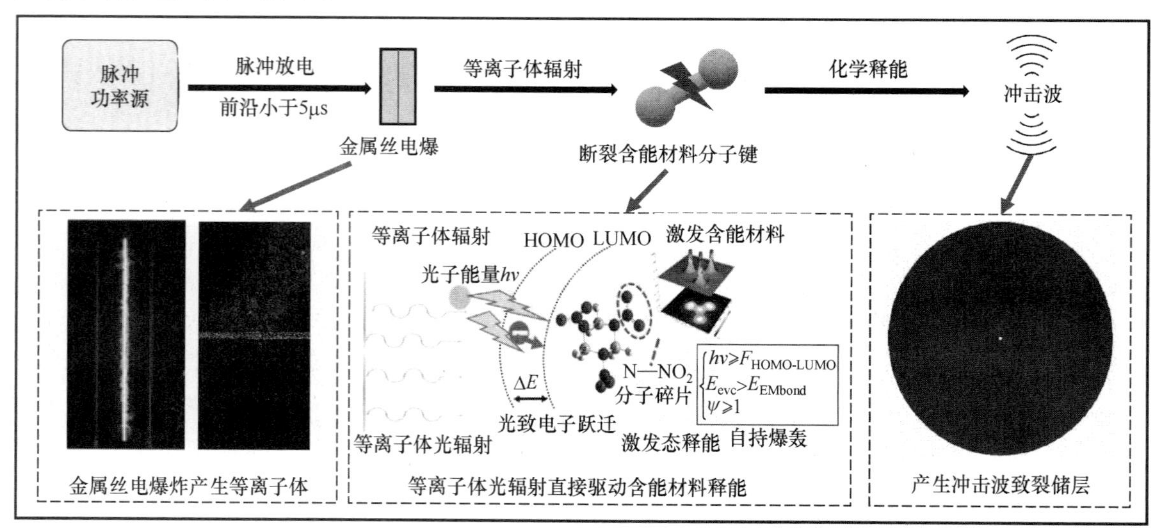

图 3 金属丝放电驱动含能材料产生可控冲击波的原理图

在可控冲击波产生机理研究的基础上，研制了适用于不同型号含能棒的自主重复工作推送系统，推送机构和存储舱解决了设备重复作业的难题；研制了 2GW 紧凑型脉冲功率源，配备不同能量转换器，形成了世界独创的系列化装备，可满足各种储层改造作业的要求。装备的主要技术指标为输出功率>2GW，设备外径为 90mm，单次入孔/下井重复作业次数 40～100 次。组装好的装备组成示意如图 4 所示。

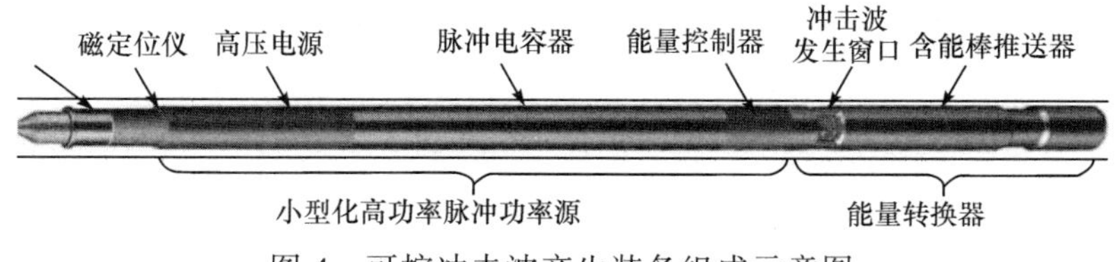

图 4　可控冲击波产生装备组成示意图

在实际应用中，可控冲击波可采用油管推送进入水平井，采用钻机推送进入顺层钻孔和上行钻孔，采用电缆吊装输送至地面直井等。同时，为适应不同储层改造要求，装备还可采用多种灵活作业模式，包括全孔段均匀作业、组合式重复作业及强度可控重复作业等，实现间距可控、作业次数可控以及冲击波强度可控的精细储层改造，如图 5 所示。

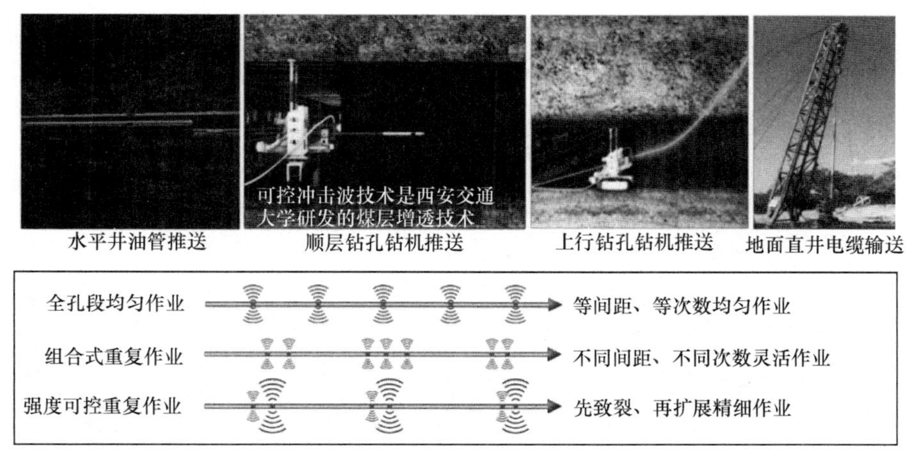

图 5　可控冲击波装备作业模式

3　可控冲击波技术作用机理及效应

如图 6 所示，可控冲击波随透入深度的增大逐渐衰减为压缩波和弹性波，在储层中由近到远依次形成破碎区、裂隙区和解吸区。在冲击波和压缩波对应的冲击裂隙带内，煤层主要通过剪切破坏、拉伸破坏等方式产生与钻孔沟通的多方向裂隙网络系统；在弹性波对应的解吸带内，弹性波通过激发振动的方式剥离煤粉，疏通渗流通道，削弱毛管力，打开孔喉，促进解吸附。

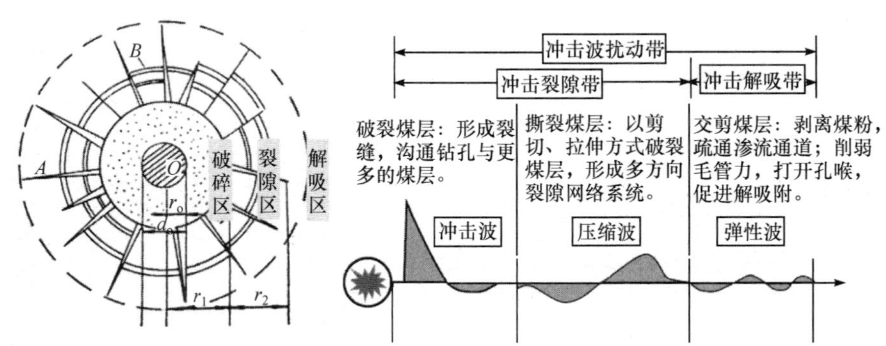

图 6　冲击波作用储层机理

3.1　可控冲击波增透煤岩效应研究

通过冲击波增透煤岩效应实验对煤层致裂改造效果进行考核，图 7 为低场核磁共振测试得到的增透前后煤岩性能的测试结果，可以看出，冲击波作用后煤岩内的有效孔隙度增加了 60%左右，煤样中流体可流动性显著改善。

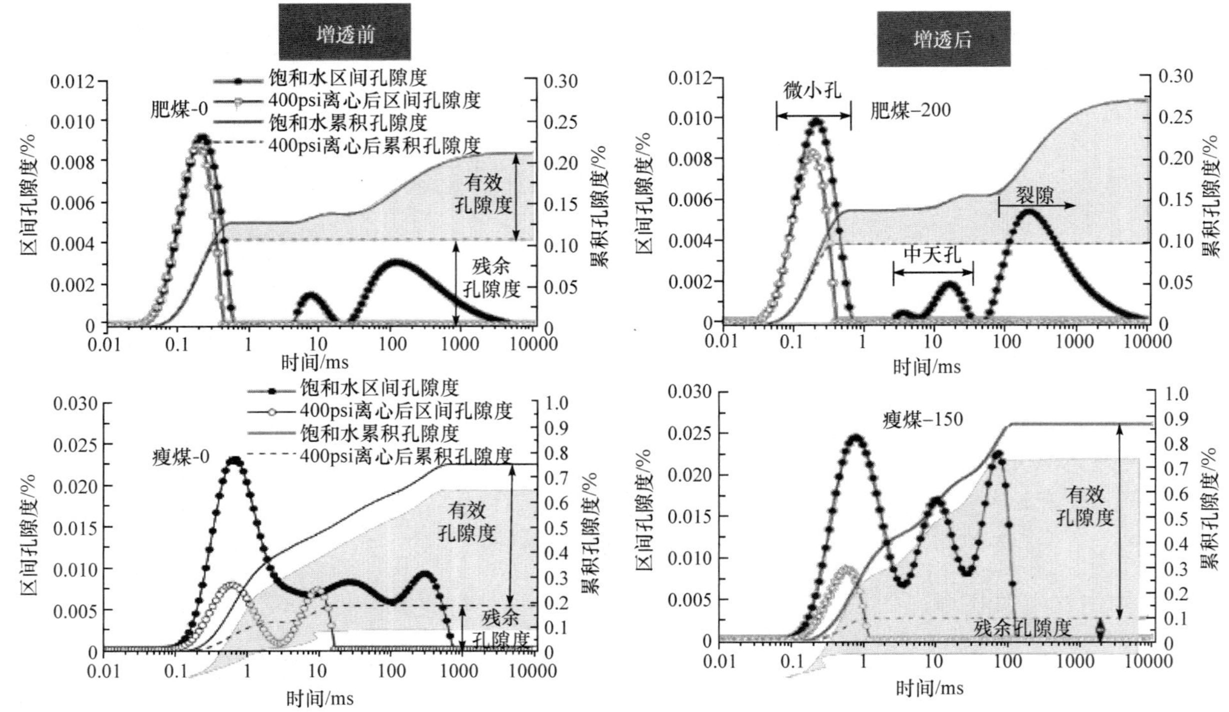

图 7　低场核磁共振测试得到的增透前后煤岩性能

3.2　可控冲击波致裂岩层效应研究

针对难以冒落的坚硬顶板，通过冲击波预裂实现了力学强度的大幅度降低，有效提高了冒放性，验证了冲击波在预裂煤层顶板岩层方面的应用潜力。采用可控冲击波配合适当钻孔布局实现了顶板岩石的定向切缝，验证了冲击波致裂在无煤柱开采方面的应用潜力。冲击波致裂后的样品照片如图 8 所示。

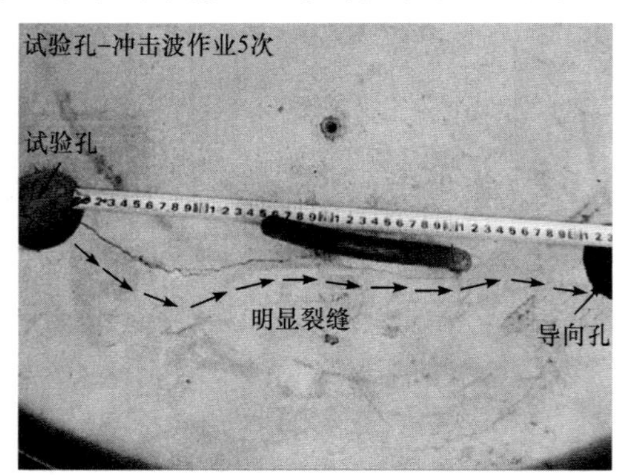

图 8　可控冲击波致裂硬岩试验后的样品照片

4　可控冲击波技术在煤炭生产和煤层气开采方面的应用

目前，可控冲击波技术已在 10 多家单位，2 种能源类型(煤层气直井增产、煤层瓦斯钻孔增透)中成功应用：作业煤层气直井 50 余口，增产煤层气 1800 万方，直接增加经济效益 0.48 亿元；用于保德矿、山西华晋吉宁煤业、贵州水城等煤层钻孔增透工程中，瓦斯流量提高 11 倍、钻孔工程量节约 80%、抽采时间缩短 61%、提高煤矿瓦斯治理效率达 50%以上。2016 年，国家煤矿安监局科技装备司将该技术列入了《煤矿安全生产先进适用技术推广目录》。目前，可控冲击波技术在煤层气直井和煤层瓦斯钻孔增透方面的规模化工程示范正在稳步推进。

4.1　可控冲击波增透技术应用

针对煤层易损伤、渗透率低的高瓦斯煤层，可采用全孔段、均衡重复冲击增透作业模式。通过多个煤层钻孔的增透应用表明：增透孔流量衰减曲线维持 4～6 个月的上升期，呈先上升后下降的趋势，增透孔有效作用距离大于 40m。在贵州中井矿掘进工作面钻孔单孔 6 个月累计抽采量达 54 万方；山西焦煤吉宁矿，单孔最大日抽采量达 1000 方，比常规钻孔增加了 10 倍以上。经过可控冲击波增透的煤层，实现了由较难抽采煤层向容易抽采煤层和可以抽采煤层的转变，对煤炭生产的顺利开展起到了重要作用，如图 9 所示。

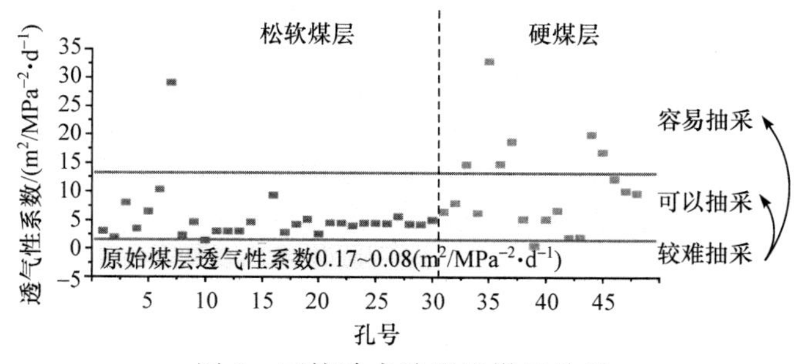

图 9　可控冲击波增透煤层效果

4.2　可控冲击波煤层气增产应用

针对因堵塞停止产气的煤层，可通过精准定位重复作业方式实现煤层解堵。例如，水力压裂后的直井，通过顶底板和煤层夹矸将冲击波送入煤层深部，已在延长油田多口煤层气井取得了显著增产效果：延 6 井日产量由 300 方提高到 1500 方，已持续两年；延 3-32-18 井日产由 500 方提高到 2400 方，已持续一年半；延 3-32-20 井日产 500 方提高到 3000 方。典型井的增产效果如图 10 所示。

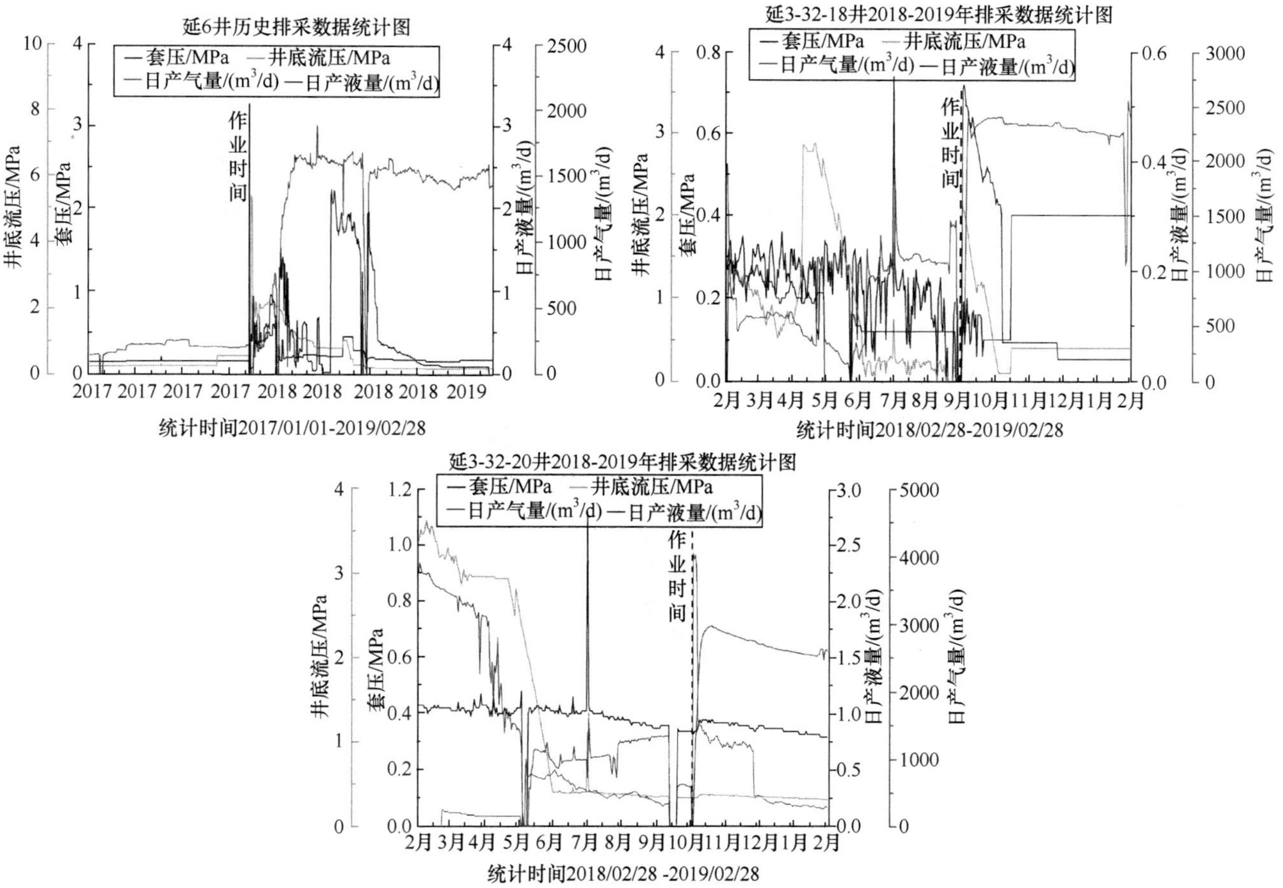

延6井历史排采数据统计图

统计时间2017/01/01-2019/02/28

延3-32-18井2018-2019年排采数据统计图

统计时间2018/02/28-2019/02/28

延3-32-20井2018-2019年排采数据统计图

统计时间2018/02/28 -2019/02/28

图 10　典型可控冲击波煤层气井增产效果

5 可控冲击波在煤炭与煤层气开采方面的应用设想

5.1 在煤矿井下推广可控冲击波增透技术

煤矿井下可控冲击波增透煤层不仅可解决煤炭生产的瓦斯安全问题，还有利于对释放瓦斯进行采收。若 2030 年实现对国内高瓦斯煤层的覆盖性增透，以每吨煤预抽 3 方瓦斯计算，可解放 10 亿吨高瓦斯煤层，同时产出 30 亿方煤层气，产生巨大的经济效益。

5.2 可控冲击波用于煤层气水平井

可控冲击波技术在煤层钻孔增透方面的成功经验可以直接移植到煤层气水平井的开发上，以单井水平段长 600m 计，若产量达到 1.2 万方/天，则年产可达 420 万方煤层气。以 8000 口水平井计，年产可达到 300 亿方。若能同时实现以水平井反向增透煤层，还能进一步提高低产和不产气直井的产量。

对于高瓦斯矿井，沿预设工作面布置水平井，超前抽采瓦斯，保障煤矿生产接续，提高煤矿瓦斯治理效率。可控冲击波增透技术在煤层气水平井中的应用布局如图 11 所示。

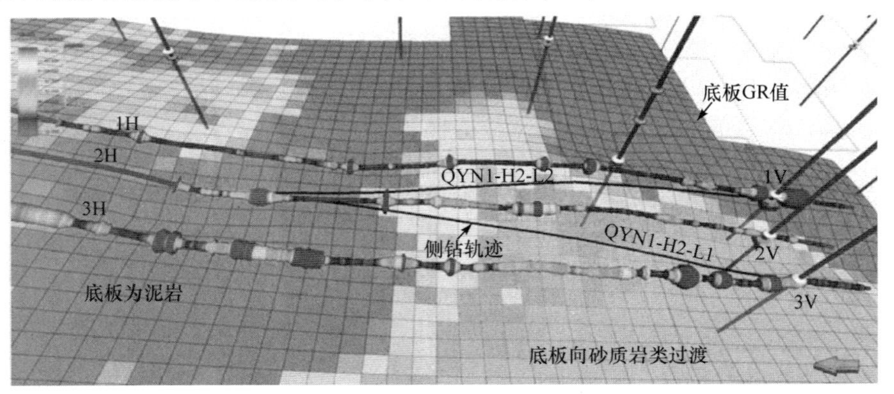

图 11 可控冲击波增透技术在煤层气水平井中的应用布局图

5.3 可控冲击波技术预裂防冲

基于冲击地压防治的“强弱强”理论(在顶板上部、巷道煤柱内部人工制造一个弱层，地层来压时先将人工弱层压实，然后才能作用到顶板和煤柱)，可以通过钻孔在指定区域对顶板、煤层内部的有限区域进行可控的预裂，弱化该区域的力学性质，形成泄压区；采空区中顶板难以自行垮落时，以可控冲击波从两侧对顶板进行可控的预裂，弱化其力学强度，使工作面推进后，顶板能随时垮落，从而实现对顶板和巷道的安全防护，解决煤矿冲击矿压问题。可控冲击波在工作面预裂区域设置如图 12 所示。

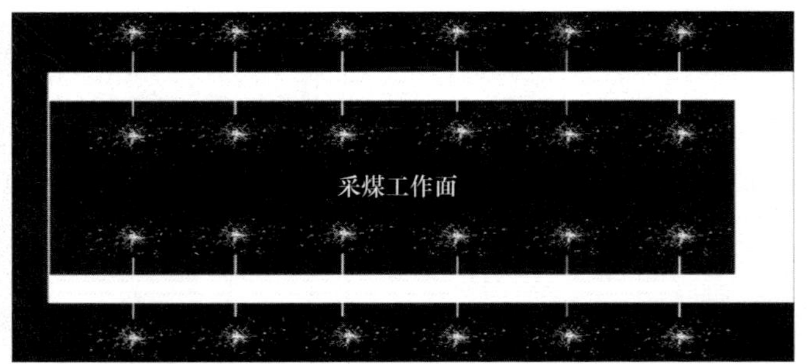

图 12 可控冲击波在工作面预裂区域设置图

5.4 全面弱化煤层强度，提高采煤收率

针对我国鄂尔多斯板块煤炭硬度高、开采困难等问题，在现有综采系统的基础上，利用可控冲击波预裂并弱化煤层后，既减轻了割煤机的负荷，大大提高采煤效率，又能提高出块率，如图 13 所示。

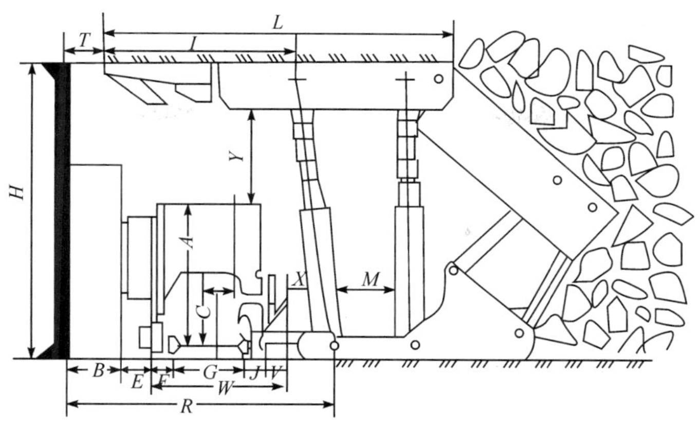

图 13　可控冲击波弱化煤层示意图

5.5　预裂顶煤，提高采收率

为解决顶煤冒放性不好的问题，并提高采收率，可在工作面两侧巷道中，朝工作面的方向斜向煤层顶部打穿透煤层的上行孔。在上行孔中对顶煤进行预裂，提高顶煤回收率，如图 14 所示。对 12m 厚的煤层，一条 2000m 工作面可多回收 80 万吨顶煤，产值达 4 亿元。

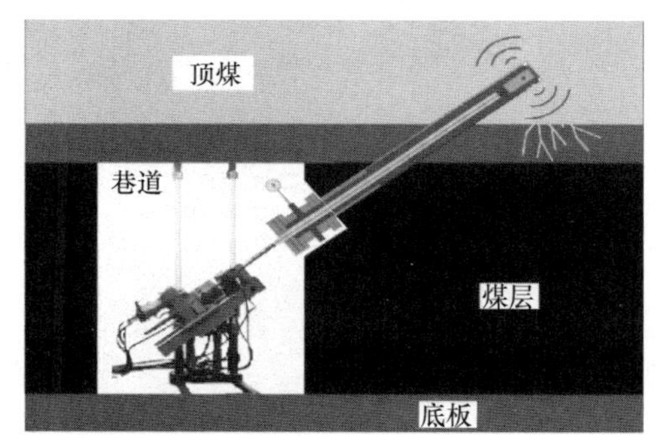

图 14　可控冲击波预裂顶煤示意图

5.6　预裂煤层中砂岩夹矸/侵入岩

开采夹矸/侵入岩的常规措施为夹矸/侵入岩揭露后，采用炮采方式破除。炮眼间距 0.5m，孔深 3m，工程量极大、回采效率极低且存在安全隐患。借助可控冲击波预裂技术，在工作面投产前，对夹矸/侵入岩进行破碎，如图 15 所示。可极大节约时间与成本投入，提高采煤效率，减少弃采。

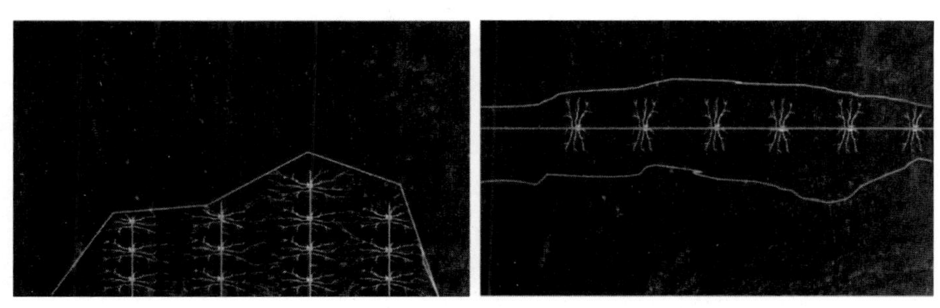

图 15　可控冲击波预裂砂岩夹矸/侵入岩示意图

5.7　定向预裂顶板切缝

在顶板钻孔中采用可控冲击波技术，可对顶板进行定向预裂顶板切缝，如图 16 所示，保证煤矿生产进度。顶板切缝用的冲击波源只需要电源，随时需要随时应用，保证煤矿生产进度。

6　结论

综上所述，可控冲击波技术是一项典型的学科交叉创新性技术，其主要特点是能针对不同煤层、岩层及其改造需求，通过调整可控冲击波作用强度、作用次数、作用位置等参数，实现对储层全方位、精细、均衡改造。该技术非常适合煤层这种结构复杂、改造要求多样的储层改造，可通过精确的参数设计，在不同位置和结构中实施不同强度和次数的冲击波作用，在不破坏煤层及煤层钻孔结构的前提下，达到有效的煤层增透、岩层弱化等效果，再与煤矿常规抽采、开采措施结合，达到综合瓦斯安全治理和提高煤炭采收率的效果。

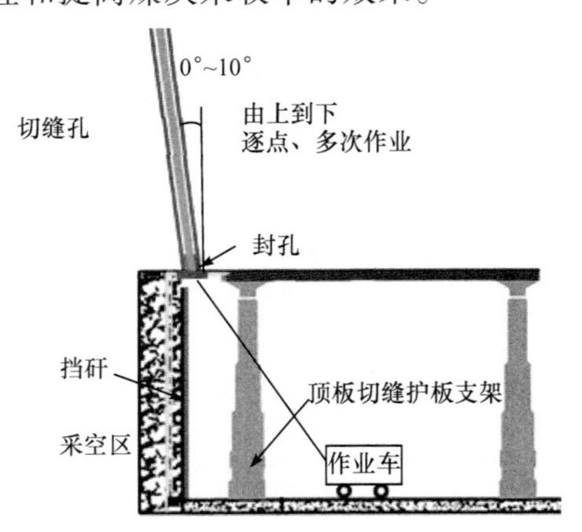

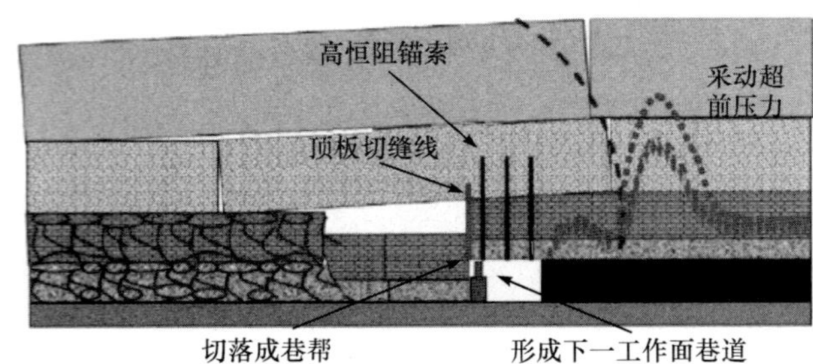

图 16　可控冲击波定向预裂顶板切缝应用示意图

脉冲功率与放电等离子体新技术

在邱爱慈院士的领导下，团队围绕核爆强脉冲辐射模拟装置建设中的国际前沿问题和发展趋势，积极开展新原理、新方法和新技术的研究，取得了一批原创性成果，可为新一代大型辐射模拟装置的建设提供技术储备。同时，面向国家重大需求，拓展金属丝电爆炸、等离子体激光诊断等技术的应用范围，在激光诱导击穿光谱用于复杂服役环境下材料无损检测、金属丝电爆炸实现复合纳米材料制备等方面取得了重要进展，得到了国内外同行的高度认可和广泛关注。

1. 强脉冲辐射模拟装置新技术

团队在掌握 Marx-水介质传输线、感应电压叠加、直接驱动技术等多种脉冲功率源技术路线的基础上，面向下一代直接驱动型脉冲功率源关键技术开展了系统研究。

气体开关作为直接驱动型脉冲功率源中最核心的部件，工作电压高、通流大，低电感、低抖动、低自放电、低触发阈值和高功率、高可靠、长寿命是气体开关永恒的研究课题。20 年来，团队在邱爱慈院士的指导下，系统研究了工作电压为±100kV 的高功率气体开关的电场分布、电极材料与构型、多间隙电极支撑、开关壳体绝缘材料、紫外预电离等因素对开关直流自击穿特性与触发击穿特性的影响，以及开关寿命评估模型与计算机仿真实验方法，研制出峰值功率为 5.8GW 的四间隙气体开关，触发阈值降低至 40kV 的低阈值电触发气体开关等系列开关，达到了国际先进水平。2020 年，团队针对多级放大产生电触发脉冲可靠性低、环节多、结构复杂、引入困难、不能实现高电位电气隔离触发的国际性难题，发明了将光导开关与气体开关间隙并联，进而采用光纤传输十微焦级激光实现百千伏吉瓦级气体开关触发方法与技术，所需光触发能量降低了 3 个数量级，是一种百千伏气体开关的革命性触发新技术，在多路数百千伏快前沿电触发脉冲产生、光纤传输激光脉冲触发的大型快脉冲变压器型驱动源等方面具有重要应用前景。上述研究工作受邀在美国奥兰多举办的 2019 年 IEEE 脉冲功率和等离子体科学国际会议上做了题为“The developments of linear transformer drivers in Xi’an Jiaotong University”的特邀报告。

目前，快直线型变压器(fast linear transformer driver，FLTD)的直接驱动型脉冲功率源依靠大量的磁芯实现了初次级电磁感应耦合，导致装置造价高、重量大、工作流程复杂。针对这一重大问题，在深入分析 FLTD 工作原理和等效电路的基础上，邱爱慈院士领导团队提出了一种多级串联电脉冲按其传输时间时序依序注入水介质中以实现同步叠加的新原理，可省去 LTD 磁芯，但需要按时序电气隔离触发闭合每级开关。光纤传输数十微焦激光触发百千伏气体开关方法提供了一种实现高电位隔离时序触发的技术可行方案。

不同类型的负载等离子体是实现电能到强脉冲等离子体辐射转换的载体，深入理解负载等离子体的物理过程、建立特性调控方法是进一步提高电能-辐射能转换效率的关键。针对丝阵 Z 箍缩负载中芯晕结构不均匀消融对内爆不稳定性的显著不利影响，团队提出了独立可控预脉冲电流调控丝阵初始状态的方法，并建成世界首台耦合快前沿、窄脉宽、独立预脉冲电流源的兆安级 Z 箍缩实验平台“秦-1”装置，结合金属丝表面涂层等方法突破性地实现了丝阵负载汽化及磁流体不稳定性的有效抑制，为实现丝阵 Z 箍缩 X 射线辐射功率的大幅提升提供了支撑。上述研究工作受邀在美国大西洋城举办的第 44 届 IEEE 国际等离子体科学大会做了题为“Preconditioned wire array Z-pinch on a double-pulse current generator”的特邀报告，这也是我国 Z 箍缩物理研究首次在该会议上做特邀报告。

2. 脉冲功率与放电等离子体技术的拓展应用

脉冲功率与放电等离子体技术可产生瞬态的高温、高压、高能量密度、强电磁场、强辐射等极端环境，在国防、能源、材料、环境、医疗和生物等领域发挥着重要作用。

2011 年，在国防重大专项课题支持下，邱爱慈院士领导团队开展了基于激光烧蚀和脉冲放电产生 Z 箍缩负载等离子体的探索研究，并在此基础上发展了激光诱导等离子体、激光诱导击穿光谱技术的研究方向。团队基于 Z 箍缩等离子体中的时空分辨诊断方法，系统研究了纳秒激光诱导等离子体动力学行为。2016 年以来，团队开始面向核电领域远程、无损、在线检测的需要，在国内率先研制了可切换式单\双脉冲的光纤式激光诱导击穿光谱实验室原理样机，指标优于国外同类装置。2020 年，团队受邀在英国皇家物理学会应用物理会刊(*Journal of Physics D: Applied Physics*)上发表综述论文"Progresses of laser-induced breakdown spectroscopy in nuclear industry applications"，系统总结和分析了激光诱导击穿光谱技术在核电领域的国内外研究进展，且已入选 ESI 高被引论文，限于篇幅，本文集只列出该文章部分内容。

2016 年，团队基于丝阵 Z 箍缩中金属丝电爆炸的研究基础，面向电爆炸法批量制备铝纳米颗粒的重大需求，系统研究了铝丝电爆炸精细演化行为及其生成纳米颗粒特征。特别针对铝纳米颗粒化学性质活泼，与空气接触时极易发生氧化燃烧，不易储存的问题，发明了铝丝-碳管/棒电爆炸原位制备碳包覆铝纳米颗粒的新方法，为电爆炸铝纳米颗粒量产装置的研制和铝纳米颗粒安全存储与应用奠定基础。

邱爱慈院士领导团队在脉冲功率与放电等离子体技术方面发表论文 37 篇，本篇列出其中 5 篇具有代表性的学术论文。

A 80kV gas switch triggered by a 17μJ fiber-optic laser*

ABSTRACT: A gas switch triggered by μJ laser pulses was developed. The switch employed a 10mm-gap GaAs photoconductive semiconductor switch (PCSS) mounted in parallel with one of its two gaps. The dark current-voltage characteristic of the PCSS was obtained, and the gas switch characteristics at different bias voltages were experimentally investigated. The results indicate that the switch can be triggered reliably by using a 17μJ laser pulse, and the jitter is less than 3ns at the bias voltage of 80kV and 60% of the self-breakdown voltage.

Fast linear transformer drivers(FLTDs) have important applications in Z-pinch driven inertial confinement fusion, radiation effects, astrophysics, material dynamic characteristics research, etc.[1,2] In order to generate ultra-high power over 100TW, hundreds of thousands of high power gas switches are needed in a FLTD-based accelerator. The synchronous triggering of such a large number of switches is a worldwide challenge that restricts the development of FLTD.[3]

Generally, gas switches are triggered by high-voltage electrical pulses[4] or high-energy lasers. Electrically triggered switches require the pulse amplitude to be higher than 70% of the hold off voltage, with a fast rise time to minimize jitter, resulting in complexity and low reliability of the trigger system. Compared with electrical triggering, the principal advantages of laser triggering are electrical isolation of the trigger from high voltages, controllable switching delay, and sub-nanosecond jitter. Fiber-optic transport is much more desirable to alleviate frequent and tedious beam alignment of the multiplexed laser system, which requires no realignment following routine switch disassembly and maintenance.[5] Optical fiber systems are poor in handling ultraviolet laser pulses, so attempts at beam transport with fibers meet with limited success.

As a promising pulse power device, photoconductive semiconductor switches (PCSS's) have many inherent advantages, including fast response, low jitter, and high repetition frequency.[6] Especially, due to the presence of the high-gain mode of some kinds of PCSS's (such as GaAs and InP), the optical trigger energy needed is four orders smaller than that of direct laser triggering. Therefore, semiconductor lasers fed by multi-mode fibers are capable, which makes the trigger unit significantly smaller, cheaper, and versatile.[7]

In this Note, a gas switch triggered by μJ laser pulses was developed. The cutaway view of the gas switch is shown in Fig.1. The switch is composed of a high voltage electrode (1), ground electrode (2), trigger electrode (3), housing (4), support column (5), voltage-sharing resistor (6), current limiting resistor (7), PCSS (8), and trigger pin (9). The current limiting resistor is connected in series with PCSS between the trigger electrode and the ground electrode to prevent PCSS from flowing through large current. The voltage-sharing resistor, whose resistance value is similar to the dark impedance of PCSS, is mounted between the high-voltage electrode and the trigger electrode to ensure that the voltage difference between the two gaps of the switch during charging and waiting for trigger is not significant. The switching process of the gas switch is as follows: triggering the PCSS will place the trigger electrode to the ground potential, and an overvoltage breakdown occurs between the high voltage electrode and the trigger electrode. The impedance of the current limiting resistor is much greater than that of the conductive gap, thus allowing the

* 该文原载于 *Review of Scientific Instruments*, 2020 年第 91 卷第 5 期。

trigger electrode to be at high potential, and an overvoltage breakdown occurs between the trigger electrode and the ground electrode, which fully closes the gas switch.

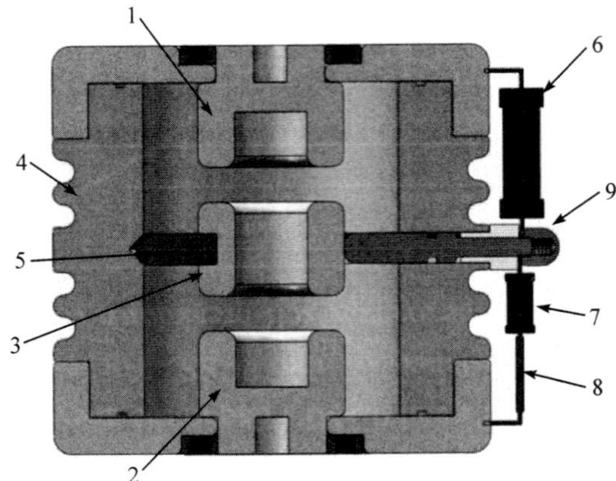

Fig.1 The cutaway view of the switch: (1) high voltage electrode, (2) ground electrode, (3) trigger electrode, (4) housing, (5) support column, (6) voltage-sharing resistor, (7) current limiting resistor, (8) PCSS, and (9) trigger pin.

The PCSS used in the experiment is made of semi-insulating GaAs. The length, width, and depth of PCSS are 26mm, 10mm, and 3mm, respectively. Two electrodes of GaAs PCSS opposed contact, and the gap between them is 10mm. The PCSS is sealed in a transparent insulating adhesive.

At room temperature, the leakage currents of the GaAs PCSS were measured in darkness. The measurements were made when the voltage varied from 5kV to 30kV, and a milliammeter was used to record the currents. The current-voltage characteristic of 10mm gap GaAs PCSS is depicted in Fig.2. The dark resistance of PCSS decreases with the increase in the bias voltage and is about 800MΩ at the bias voltage from 30kV to 40kV.

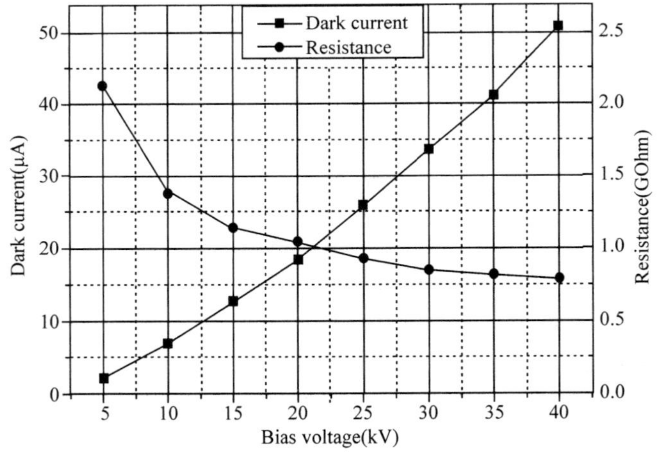

Fig.2 The current-voltage characteristic of 10mm gap GaAs PCSS.

Osram SPL PL90-3 laser diode that is driven by current pulse was used to produce the laser pulse with a 905nm dominant wavelength and 25μJ optical energy. The laser pulse was coupled into the optical fiber with an optical coupler to control the PCSS. The optical energy at the fiber outlet is 17μJ, and the laser-to-fiber coupling efficiency is about 68%. The output characteristics of PCSS were studied at different bias voltages. 2.7ns and 0.9ns jitters were obtained with electric fields of 30kV/cm and 40kV/cm, respectively.

Fig.3 shows the testing circuit. The 40nF capacitor is charged to DC voltages of identical values. The laser diode generates a laser pulse along the 5m long fiber with 200μm core diameter connected to the PCSS, and the current of laser diode is measured as the synchronous signal of the laser pulse. When the gas switch is triggered, the energy stored in the capacitors is released to the liquid resistor, which is about 20Ω, and the voltage of liquid resister is measured by using a resistive voltage divider. The jitter is the standard deviation of the delay time measured in 20 shots, and the rate of switching discharge is 1 time per minute. In order to obtain the change of voltage distribution in each gap of the switch, the voltage of trigger electrode is measured by using the North Star PVM-5 voltage probe. The insulating gas in the switch is dry air, purged immediately after each shot.

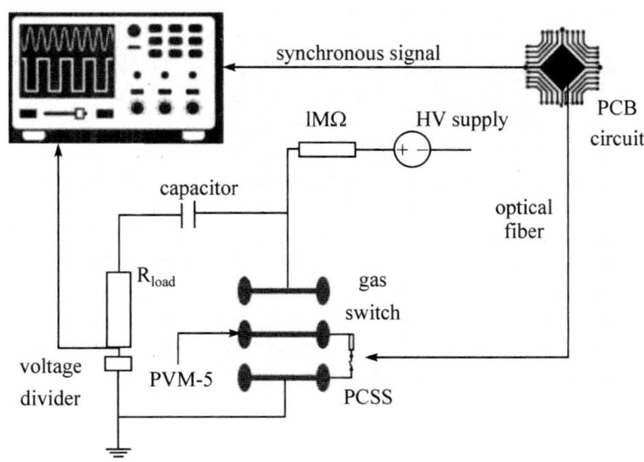

Fig.3 The test circuit of the switch.

The self-breakdown voltage and standard deviation of the switch vs the gas pressure (0.1MPa, 0.15MPa, 0.2MPa, 0.25MPa, and 0.3MPa) are shown in Fig.4. The black curve represents the experiment results of the switch with 800MΩ resistors paralleled with each gap, and the red curve represents that the switch with 800MΩ voltage-sharing resistor paralleled with one gap and PCSS paralleled with the other gap. Compared with that of the resistance equalizing switch, the breakdown voltages of the switch with PCSS are slightly lower at the gas pressure of 0.1MPa and 0.3MPa due to the uneven voltage distribution between two gaps as the changing of the dark resistance of the PCSS. For each switch, the dispersion of the self-breakdown voltage is less than 3% of the average self-breakdown voltage.

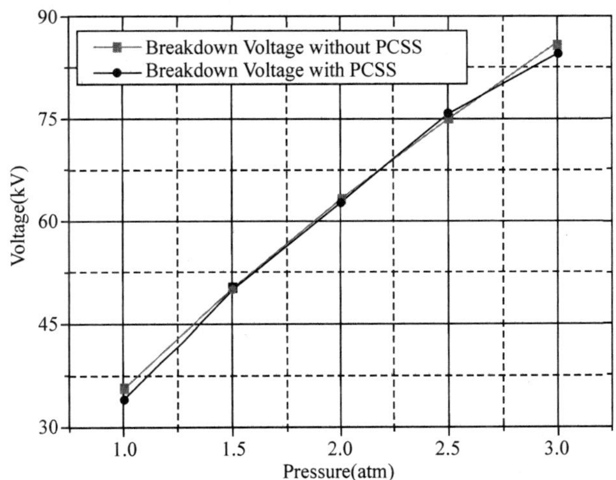

Fig.4 Self-breakdown characteristic of the switch.

The discharge waveform of the switch at 60kV operating voltage is shown in Fig.5. The voltage of the trigger electrode before the breakdown of the switch is 30kV, which means that the voltage distribution is similar between the switch gaps. The pulse width of the laser pulse is 100ns, and the trigger delay of PCSS is about 70ns. The breakdown process of the switch is the same as expected. The voltage of the trigger electrode decreases rapidly when the PCSS is triggered, and the breakdown delay of gap-1 is about 60ns; then, the gap-2 overvoltage breakdowns.

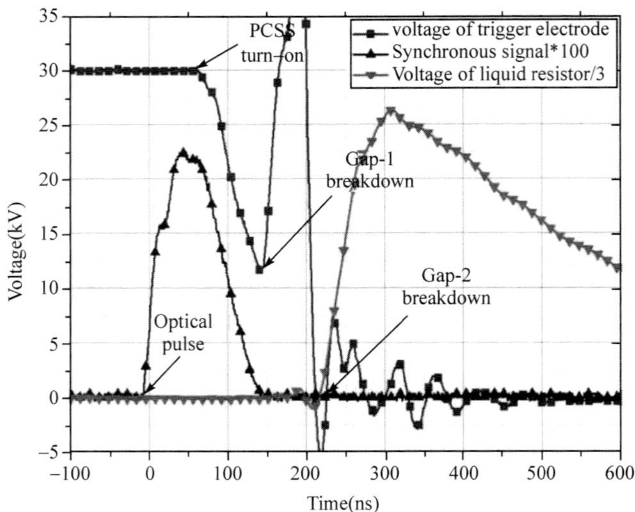

Fig.5 Typical discharge waveform of the switch.

The triggering characteristics of the switch at different bias voltages are shown in Fig.6. The delay time and jitter of the switch decrease significantly with the increase in the bias voltage. When the bias voltage is 60kV and 60% of the self-breakdown voltage, the average trigger delay of the switch is 205ns and the jitter is 4.6ns. When the bias voltage is 80kV and 80% of the self-breakdown voltage, the average trigger delay and jitter reduce to 90ns and 1.5ns, respectively.

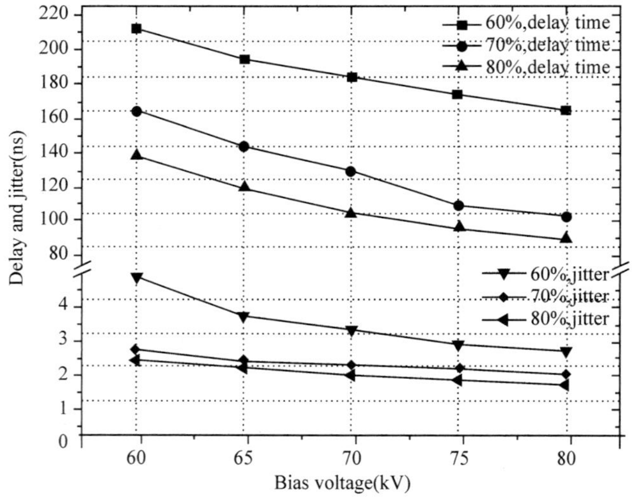

Fig.6 Triggering characteristic with different bias voltages.

There was no surface discharge or breakdown of the PCSS over 300 shots, and only one pre-fire was experienced at 80% operating condition.

In this Note, a method to trigger gas switch using a low energy laser pulse through optical fiber is given. An opposed contact GaAs PCSS with 10mm gap was developed, and the dark current-voltage characteristics were measured. The dark resistance of PCSS decreases with the increase in the bias voltage and is about 800MΩ at the bias voltage of 30kV. An optical fiber attached to the laser diode was used to trigger the PCSS, and a 17μJ laser pulse at the fiber outlet is sufficient for the PCSS to work reliably in nonlinear mode. A laser triggered gas switch was developed. The experiment results indicate that the switch can be triggered reliably at a bias voltage of 80kV and 60% of the self-breakdown voltage with a jitter less than 3ns. In the future, the bipolar charged gas switch triggered by the optical fiber laser will be studied and employed within a FLTD stage.

This study was supported by the National Natural Science Foundation of China (NNSFC) under Grant Nos. 51790521, 51790523, and 51707162.

REFERENCES

1 R. B. Spielman, D. H. Froula, G. Brent, E. M. Campbell, D. B. Reisman, M. E. Savage, M. J. Shoup Ⅲ, W. A. Stygar, and M. L. Wisher, Matter Radiat. Extremes 2, 204-223(2017).

2 J. Wu, Y. Lu, F. Sun, X. Li, X. Jiang, Z. Wang, D. Zhang, A. Qiu, and S. Lebedev, Plasma Phys. Controlled Fusion 60(7), 075014 (2018).

3 Z. Lin, L. Zhenghong, W. Zhen, L. Chuan, L. Mingjia, Q. Jianmin, and C.Yanyun, Phys. Rev. Spec. Top.–Accel. Beams 19(3), 030401(2016).

4 H.Jiang,F.Sun,Z.Wang,X.Jiang,P.Cong,J.Yin,T.Huang,W.Luo,T.Zhang, and R. Zhai, Rev. Sci. Instrum. 89, 096105(2018).

5 R. E. Beverly Ⅲ, IEEE Trans. Plasma Sci. 42(10), 2962 (2014).

6 L. Hu, J. Su, Z. Ding, Q. Hao, and X. Yuan, J. Appl. Phys. 115, 094503 (2014).

7 F. J. Zutavern, S. F. Glover, K. W. Reed, M. J. Cich, A. Mar, M. E. Swalby, T. A. Saiz, M. L. Horry, F. R. Gruner, and F. E. White, IEEE Trans. Plasma Sci. 36(5), 2533 (2008).

A gas-insulated mega-ampere-class linear transformer driver with pluggable bricks*

ABSTRACT: This paper presents the design and test of a gas-insulated linear transformer driver (LTD) cavity aimed at the Z-pinch experimental device CZ-34. The LTD cavity has a diameter of 2290mm and a height of 346mm. It consists of 23main bricks and 1 trigger brick. Each main brick is comprised of two 100nF capacitors connected electrically in series with a field-distortion gas switch. The trigger brick is comprised of two 50nF capacitors connected in series with a compact multi-gap gas switch. All bricks are placed in the cavity filled with compressed SF_6 and are pluggable like drawers. The trigger pulse generated by the trigger brick passes through an azimuthal transmission line to the trigger ring and makes the main bricks discharge synchronously. The LTD cavity can deliver～1MA current pulse with a rise time of 115ns to 0.08Ω liquid resistance load when the charging voltage is ±100kV, which is in good agreement with the circuit simulation results. Experimental results demonstrate the successful application of using gas insulation and pluggable bricks. The technical feasibility of the charging configuration, triggering method and isolation resistors are verified. There is little difference in output performance as return-current rods replaced the outside metal cylinder, which provides a new path for the design of LTD cavities in series.

Ⅰ. INTRODUCTION

The high power pulsed source can produce extreme high-temperature and high-pressure environments and is an important platform for research in Z-pinch, astrophysics, and high-energy-density physics.[1-9] As a promising technology, linear transformer driver (LTD),which could directly produce a high power pulse with a rise time of about 100ns, has a compact structure and the potentiality for repetitive operation，so it is a preferred technology route to build the next-generationlarge pulsed power accelerators compared to the conventional Marx generators. Many conceptual designs of LTD-based accelerators have been proposed around the world, such as Z 800,[7] M50,[10] and CZ34.[11-13]

In the past few decades, considerable works[14-27] have been carried out in the development of the LTD component and cavities. Single-stage LTD cavities are developed towards high reliability and miniaturization. Aiming at fusion energy, more and more cavities need to be connected in series and parallel to obtain higher current and higher power. As the number of cavities increases, the need for more bricks, trigger pulses, charging cables and accessory equipment brings great challenges in engineering, especially sealing, synchronization, diagnosis, and daily maintenance.

At present, the MA-class LTD cavity usually uses transformer oil insulation. The switch housing is made of plastic. In case the switch ruptures, the problems caused by oil entering the switch will be catastrophic and the maintenance is extremely difficult. Second, the removal of air bubbles in the cavity is difficult to deal with in practical work.

As we all know, gas insulation has been widely used in electrical devices. The insulation performance of SF_6 gas or other environmental friendly gases with a certain pressure can be equivalent to that of transformer oil, and it can replace transformer oil in some aspects when applied to insulation. Researchers in Russia High Current Electron Institute (HCEI) have tried to use gas insulation in the LTD cavity and proved

* 该文原载于 *Review of Scientific Instruments*, 2020 年第 91 卷第 12 期。

that the parameters of the LTD did not depend very significantly on the gas mixture or pressure.[28] The use of gas insulation in the primary energy storage cavity of LTD can avoid weak insulation such as bubbles in the liquid, and the gas is relatively clean, which is convenient for maintenance. Recently, some environmental friendly gas mixtures with superior electrical strength to SF_6 have been reported, such as C_4F_7 N and $C_5F_{10}O$ mixed with air or CO_2, which may further improve the performance of LTD.[29,30]

In this paper, a gas-insulated MA-class LTD cavity is developed. It is the prototype for the construction of CZ34 and will serve as a test platform for related technology, such as gas insulation, charging, triggering, diagnosis, and long-term reliability. In Sec. Ⅱ, the gas-insulated LTD cavity including structure, pluggable bricks, trigger system, magnetic cores, and diagnostics is briefly introduced. In Sec. Ⅲ, circuit model and parameter of the LTD cavity are described. The experimental results of the LTD cavity are discussed in Sec. Ⅳ. Finally, a summary and outlook for future work are presented in Sec. Ⅴ.

Ⅱ. DESIGN OF THE LTD TEST PLATFORM

A. Structure of the LTD test platform

The LTD test platform is used to find some problems that may occur in the future LTD module. It consists of a primary discharge cavity, water transmission line, and load.

The physical structure of the cavity is not similar to the previous work of the LTD cavity.[20] Fig.1 shows the schematic of the LTD cavity without presenting the top lid, insulator, and resistors. The LTD cavity has a diameter of 2290mm and a height of 346mm. It consists of 24 pluggable bricks in parallel arranged along the circumference of which 23 bricks are main bricks and one is a trigger brick. Each main brick consists of two 100nF capacitors that are charged to ±100kV and a spark gap switch. The trigger brick is similar to the main brick, except that the value of a single capacitor is 50nF, and the volume of the capacitor is smaller than that of the capacitor in main brick. The separate 24 metal rods located between the adjacent bricks replace the metal cylinder to return current in primary discharged circuits, so the more stages in series can put into the common cavity in order to share the charging cable, triggering pulse, and the gas in-out gas tubes.

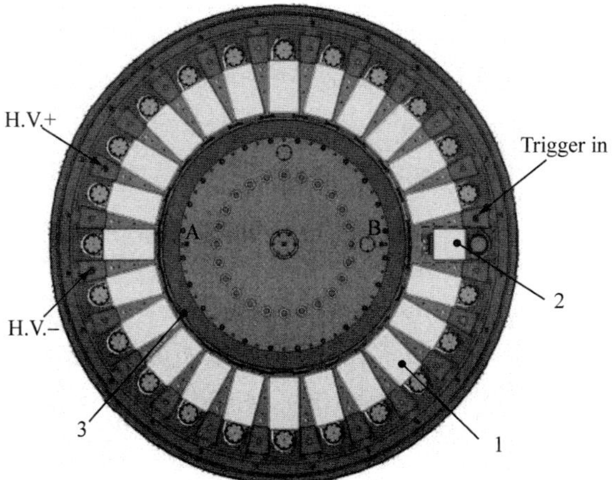

Fig.1 The schematic of the LTD cavity with the top lid, insulator, and resistors removed: (1) main brick: (2) trigger brick, and (3) magnetic core.

The insulating medium of the primary cavity of the module is compressed gas, so it is different from oil-insulated LTD in some aspects. As shown in Fig.2, The primary discharge cavity of the module is composed of upper and lower cover plates (4,5), upper and lower high-voltage electrodes (6,7), insulating plates (8), outer cylinder (9) and flange ring (10). The flange ring with a U-shaped cross section connects the outer cylinder and the upper cover plate. Even when the cover plate is deformed after the cavity is pressurized, the deformation allowance of the flange ring can keep the cavity sealed. To make the cavity structure stable, 24 metal rods (11) that are distributed around the cavity axis outside the bricks tighten the upper and lower cover plates of the module. The metal rods not only act as a mechanical structure but also make the circuit of the bricks grounded. When there is no cylinder and flange ring, the circuit of the gas-insulated LTD cavity is the same as that of traditional LTD. Therefore, the cylinder and flange ring only play the role of sealing here. Its advantage is that in case of internal failure of the cavity, only the cylinder and flange ring need to be removed, which can be easily observed by the naked eye. The upper cover plate is provided with a gas meter for observing the air pressure of the cavity. After the cavity is assembled, we first clean the chamber with dry N_2 to remove moist air and then fill in SF_6. At present, the maximum pressure of the cavity is 0.2MPa, and the pressure during daily operation is 0.15MPa.

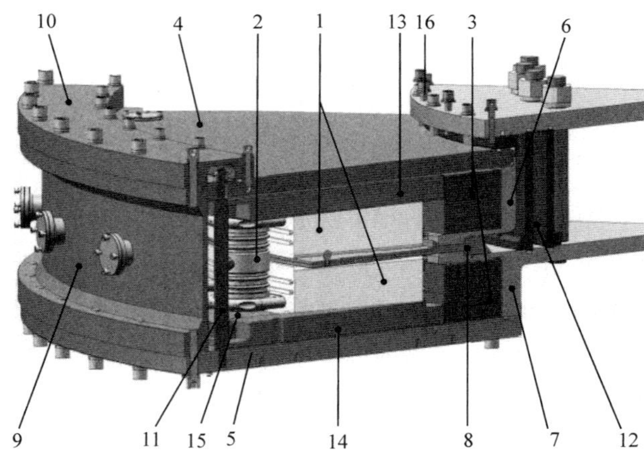

Fig.2 Partial cross sectional view of the LTD cavity: (1) 100nF capacitors, (2) gas switch, (3) magnetic core, (4)upper cover plate, (5) lower cover plate, (6) upper high-voltage electrodes, (7) lower high-voltage electrodes, (8) high-voltage insulator, (9) outer cylinder, (10) flange ring, (11) metal rods, (12) load, (13) upper insulator, (14) lower insulator, (15) insulating plates, (16) brass screws.

In the cavity, the upper capacitors are charged positively and the lower capacitors are charged negatively. The high-voltage electrodes of each brick are connected by charging isolation resistors to form a ring. The charging cable is connected to a point on the ring. When the switch of a brick pre-fires, the isolation resistors can suppress the amplitude of the current flowing through the pre-fires witch. In oil-insulated LTD cavities, we usually use liquid resistors. However, liquid resistors are liable to generate bubbles, which change the resistance value. They even create breakdowns and cause the solution to leak. A new resistor, consisting of a chain of solid resistors in oil-filled tubing, is commonly used in 100GW LTD reported by Douglass.[31] These resistors are highly reliable and maintenance-free and do not contaminate the cavity by permeating water. However, in a gas-insulated environment, neither liquid resistor nor resistor containing oil can be used. We have invented a flexible solid-state resistor. The resistor is made by spirally winding a rubber strip with appropriate conductivity on an elastic soft plastic tube, as shown in Fig.3. The two ends of the rubber strip are connected to the shield electrodes. The spiral shape makes the resistor have a larger inductance and improve the ability to suppress instantaneous current. The required resistance can be obtained by changing the resistivity and cross-sectional area of the rubber strip. The value of the charging isolation resistor in the module is about 60kΩ. The resistor used for triggering isolation also uses this kind of resistor, which is about 300Ω. In addition, to facilitate the disassembly and assembly of the outer cylinder, only two charging cables and one trigger cable are introduced from the lower cover plate, and their positions are shown in Fig.1.

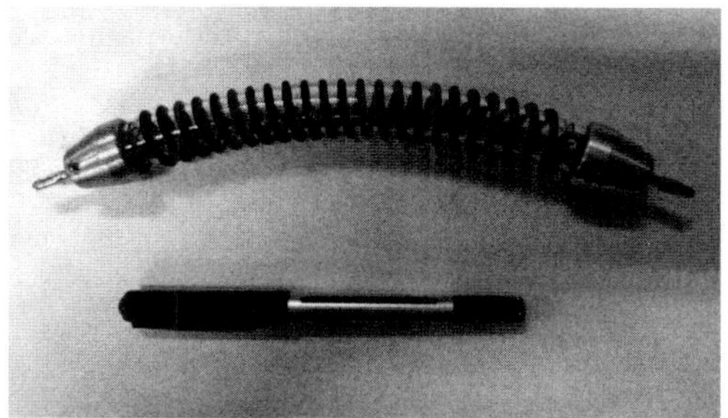

Fig.3 Photograph of a flexible solid-state resistor.

The LTD secondary water-insulated transmission line consists of a radial transmission line and an axial transmission line. The transmission line is filled with deionized water. There is a transparent container on the upper cover plate to observe whether the deionized water is full. A small hole is connected to the starting end of the radial transmission line at the location of the trigger brick, which is used to exclude air bubbles in the water transmission line. The discharge current of each main brick converges to the axial transmission line along the radial transmission line and then to the load. The load consists of two layers of polyethylene rings filled with NH_4Cl solution. The resistance value of the load can be changed by adjusting the concentration of the solution. There is also a container above the loading area to observe if the solution is full. Before the NH_4Cl solution is injected, the container in the loading area is drawn to low pressure, and the solution is sucked into the load chamber from the bottom to avoid bubbles.

B. Pluggable bricks

Fig.4 shows the schematic of the pluggable main brick. The high-voltage terminal of the capacitor in the brick is connected with the gas spark switch, and the grounding terminal of the capacitor is connected with the copper electrode whose ends are in the shape of an arc. The radius of the arc is the same as the outer radius of the high-voltage electrode (6,7) in Fig.2. The main brick is in line contact with the high-voltage electrode, which can prevent the electrode and the high-voltage electrode from being welded by the pulse current. The bottom surface of two copper electrodes should be as close as possible to reduce the inductance of the brick.

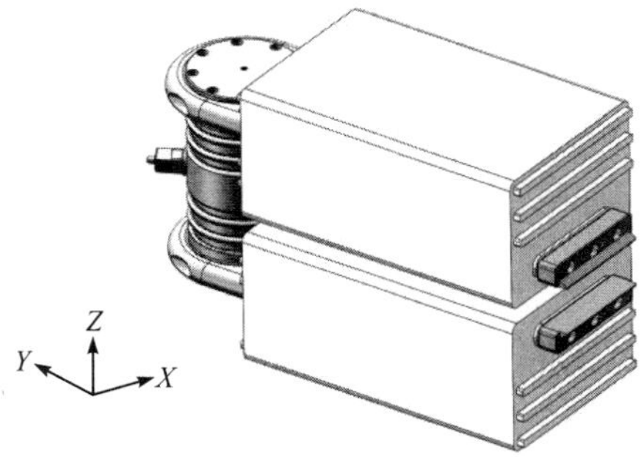

Fig.4 The schematic of the main brick.

The upper and lower insulators (13,14) in Fig.2 have grooves along the radial direction. The outlet of the groove is just staggered with 24 metal rods. Therefore, the bricks can be inserted and pulled out along the grooves like drawers. After the bricks are inserted into the groove, the insulating plates (15) are respectively, held against the upper and lower capacitors and fixed on the upper and lower cover plates with plastic screws to keep good contact between the electrodes. The reinforcing ribs are welded on the side of the capacitor to improve the mechanical strength and the insulation along the surface of the capacitor shell. A rubber strip is padded between the insulating plate and the capacitor to play a buffering role.

The field-distortion gas switches in the main bricks have a diameter of 90mm and a height of 154mm. The switch contains two gas gaps with a single gap distance of 10mm. The switch is filled with dry air. When the brick is charged ±100kV and the air pressure is 0.78MPa, the peak output current and power of the brick can reach 62kA and 5.8GW, respectively. The working coefficient (ratio of working voltage to self-breakdown voltage) of the switch is about 60%. Fig.5 shows the typical waveform of the current and power of brick under 100kV charging. The switch was tested about 10000 times triggered by a pulse of voltage of 160kV and the rise time of 25ns, and the jitter of breakdown delay of the switch is 2.7ns.

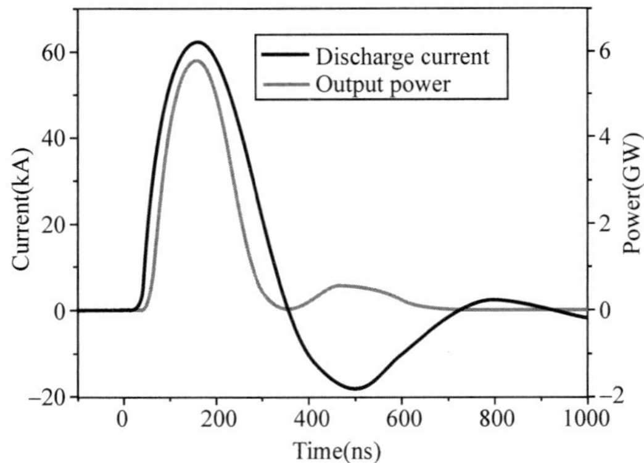

Fig.5　Typical waveform of the current and power of brick.

C. The triggering of the LTD

The triggering method of LTD is similar to the method in Ref. 25, which is to trigger the whole cavity with the pulse generated by the trigger brick. The trigger brick in the cavity consists of two 50nF capacitors and a low-trigger-threshold gas switch.[19] The trigger brick and main bricks are charged together, but pressurized, depressurized and triggered separately. The upper capacitor output is grounded through a 1kΩ resistor, and the lower capacitor output is directly grounded.[32] The transmission line is connected with the output terminal of the upper capacitor. After the switch of the trigger brick is closed, the pulse is fed into the copper ring from the four equidistant nodes through the azimuthal transmission line, as shown in Fig.6. The azimuthal transmission line and trigger ring are embedded in the insulating plate (8) in Fig.2. The ring has a diameter of 1700mm and a width of 8mm. The ring consists of 24 equidistant nodes connected with 23 trigger electrodes of main brick switches through trigger isolation resistors. The node on the trigger brick side is free. As for the 23 main brick switches, 8 switches are triggered at the same time, 8 switches are triggered 2.2ns in advance, and 7 switches lag 2.2ns.

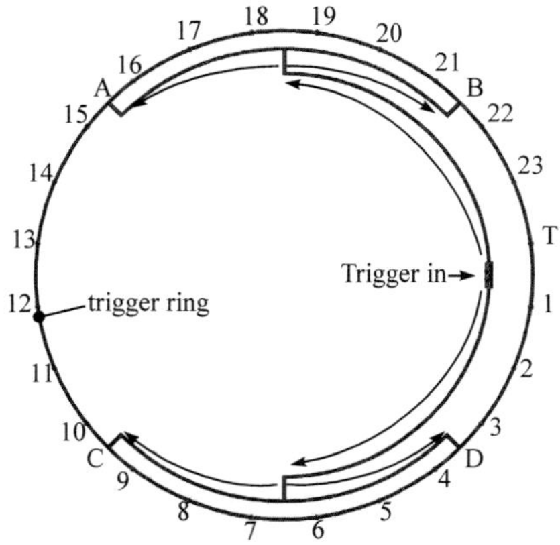

Fig.6　The azimuthal transmission line and the trigger ring.

Fig.7 shows the trigger pulse waveform at the trigger electrode of the switch in the main brick when the trigger brick is charged ± 27kV. The peak voltage of the trigger pulse is about 67kV, which is about 2.5 times the charging voltage of the brick, and the rise time is about 46ns. The four waveforms are trigger pulse waveforms at the 5:00, 8:00, 8:30, and 9:00 positions, respectively, in Fig.1. The trigger waveform of each position is almost the same, except for the starting time of voltage. With the increase in charging voltage, the amplitude of the trigger pulse increases accordingly, and it is more conducive to the synchronous discharge of the switches. When the LTD cavity is charged ±100kV, the trigger brick can provide a max 250kV pulse.

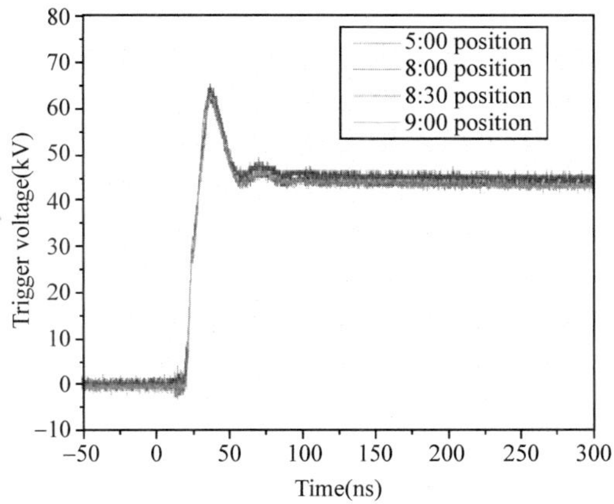

Fig.7 Trigger pulse waveform at the trigger electrode of the switch.

D. Magnetic cores

The performance of the magnetic core has a great influence on the coupling efficiency of LTD. The development trend of the module magnetic core is to adopt a magnetic core with low loss, fast response, high saturation magnetic flux density, and stable performance. The windings of the magnetic core in the LTD cavity use Metglas tapes with a thickness of 25μm. There are insulating coatings between adjacent layers of the Metglas tapes. The wrapped tapes are packaged in a fiberglass shell. The Metglas tape has a saturation flux intensity of 1.56T and a residual induction intensity of 1.4T. The module contained four cores, which had a total volt-second product of ~34mVs. When the LTD cavity is charged ±100kV and connected to a matching load, the required volt-second product of the core is ~22.4mVs. Hence, it can meet the needs of the LTD operation.

To improve the utilization efficiency of the magnetic core, premagnetization is required before each shot of the LTD cavity by injecting unipolar pulse current around the magnetic core through the load. During premagnetizing, the 48 brass screws (16) on the load electrode in Fig.2 are unscrewed to avoid short circuit. Therefore, the current pulse polarity should be the same as the load current polarity generated by the LTD cavity. The current pulse had a peak current of 4kA and a full width at half maximum of 140μs.

E. Diagnostics

The LTD cavity diagnostics include load current, leakage current, and load voltage. The load current is averaged by the measured values of the two coils shown as point A and point B in Fig.1. The leakage current is measured using the Rogowskii coil located in the lower cover plate (5) in Fig.2. All the coils were calibrated online. The load voltage is obtained by a resistance divider located on the center axis of the load.

Ⅲ. CIRCUIT MODEL AND PARAMETER

The circuit model of LTD cavity is shown in Fig.8.[33] The brick circuit can be simplified as an RLC series circuit. C_b, R_b and L_b represent the capacitance, resistance, and inductance in the single brick, respectively, and set to 50nF, 0.2Ω, and 218nH, respectively, based on single brick test results. To simplify the model, the switches are thought to be ideal, and each switch has the same trigger delay. The breakdown time of each switch is set according to the position of the brick in the cavity.

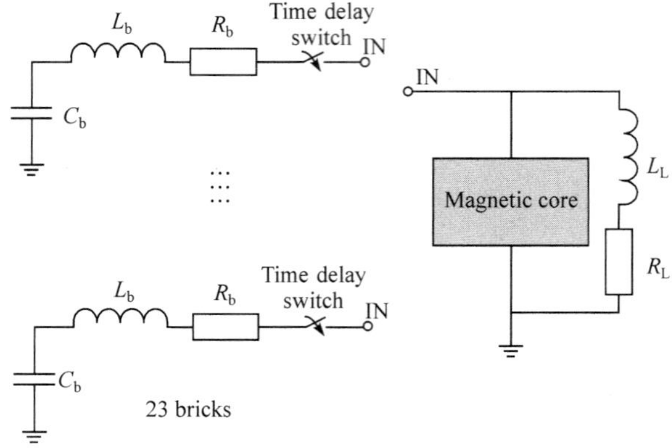

Fig.8 Circuit model of the LTD cavity.

The magnetic core model is shown in Fig.9. Core saturation, the initial state of the core, and eddy current loss are considered in the model. The magnetizing inductance of the core can be described as

$$L_m = \frac{\mu_0 \mu_r S_0}{l} \tag{1}$$

Where S_0 is the effective cross-sectional area of the magnetic core and l is the length of the magnetic loop. The linear relative permeability is set to 1000, and the inductance L_m is 10μH. Assuming a relative permeability of 10 after the core is saturated, the inductance L_s is 99nH. S is switch controlled by the output voltage of the integrator, when it reaches the volt-second product of the LTD cavity, the switch will be closed.

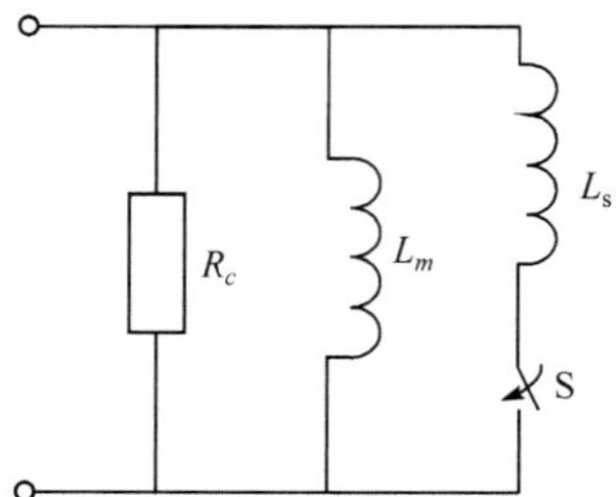

Fig.9 Magnetic core model.

According to Ref. 34, the equivalent constant resistance of the core R_c is

$$R_c = \frac{k \rho S_0}{\delta^2 l} \tag{2}$$

Where ρ represents the resistivity of the material, δ is the thickness of the material, and k is a coefficient related to the structure and the material of the core.[35] We set R_c to 45Ω in the model.

The load region includes radial transmission line and axial transmission line. The equivalent inductance of the load region is about 6.22nH, which can be obtained by a three-dimensional electromagnetic model. The resistance of the load measured by RLC instrument is 0.1Ω. In fact, due to the influence of temperature change, the resistance value is relatively small.

Ⅳ. TEST OF THE LTD CAVITY

A. Output characteristics

Fig.10 shows the load voltage and current waveform when the LTD cavity is charged ±100kV (R_L=0.08Ω). The dotted line is based on the simulation results of the circuit model in Fig. 8, which is in good agreement with the experimental results. The module output peak current is 1054kA, the rise time of current (10%～90%) is 115ns, and the load peak voltage amplitude is 85kV.

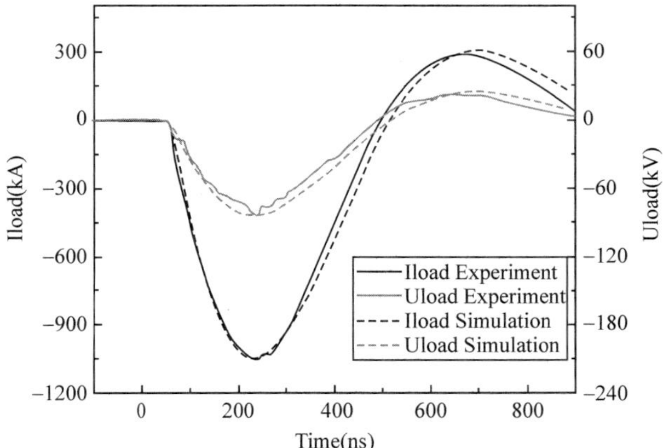

Fig.10 Load voltage and current waveform.

Fig.11 shows the typical waveforms of the output current when the LTD cavity is charged ±50kV–100kV. As the charging voltage increases, the current peak increases linearly with the charging voltage, and the rise time of the waveform is almost unchanged, indicating that the module has a wide working range and stable performance.

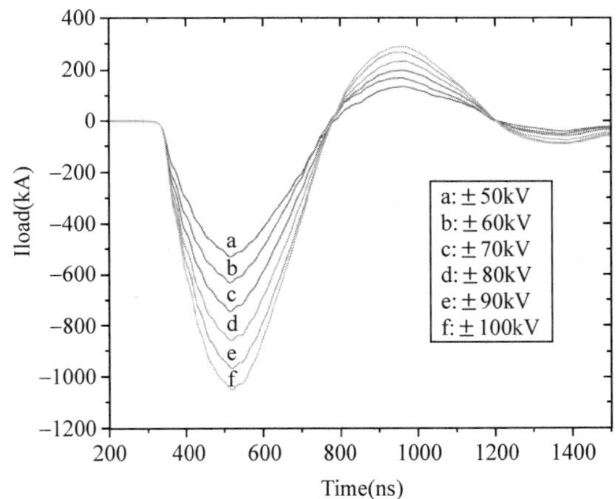

Fig.11 Typical waveform of the output current when the LTD cavity is charged ±50 kV–100kV.

As a test platform, the LTD cavity has run more than 1000 shots; the test voltage covers ±50kV–100kV; and the purpose is to find some weak links in the module. First of all, the pre-fire of the switch seems to be unavoidable in the cavity, so we tend to reduce the working coefficient of the switch. Of course, the lower the working coefficient, the greater the switching jitter, the poorer the discharge synchronization, and the lower the output current amplitude of the LTD cavity. Fig.12 shows the peak output current under different working coefficients when the LTD is charged ±80kV. The experimental results show that the cavity output current is unchanged when the switch working coefficient is greater than 65%. In addition to the problem of switch pre-fire, some unexpected insulation breakdown is also found. For example, the azimuthal transmission line was originally made of metal strips. During the test of the LTD cavity, some places between the azimuthal transmission line and some capacitor break down. Hence, we change metal strips a to high-voltage cable. The isolation resistors had no insulation problems during operation. The resistance value decreased slightly after about 1000 shots (<6%), but within the allowable range. Gas-insulated and pluggable brick structures have proven to be feasible and convenient.

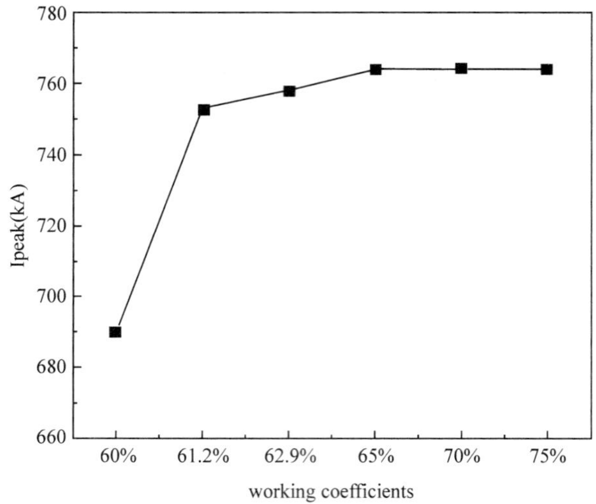

Fig.12 Peak output current of the LTD cavity under different working coefficients.

B. Characteristics of continuous output

To increase the experimental efficiency of LTD cavity, we tested the continuous output characteristics of the cavity after premagnetization.

Fig.13 (a) and Fig.13 (b) show the waveforms of load current and leakage current of three consecutive shots when the LTD cavity is charged ±90kV (R_L=0.07Ω). The peak currents of the three shots are 1000kA, 977kA, and 915kA, respectively. The waveform of the first shot and the second shot is similar, while the amplitude of the third shot decreases, and the pulse width narrows, but the rise time is faster. The volt-second product impressed across the magnetic cores for a one-shot is about 15mVs. The total volt-second product of the magnetic cores after premagnetization is 34mVs, so in the third shot, the magnetic core should be saturated rapidly, the leakage current of the module increases significantly, and the peak leakage current of the third shot reaches 296kA.

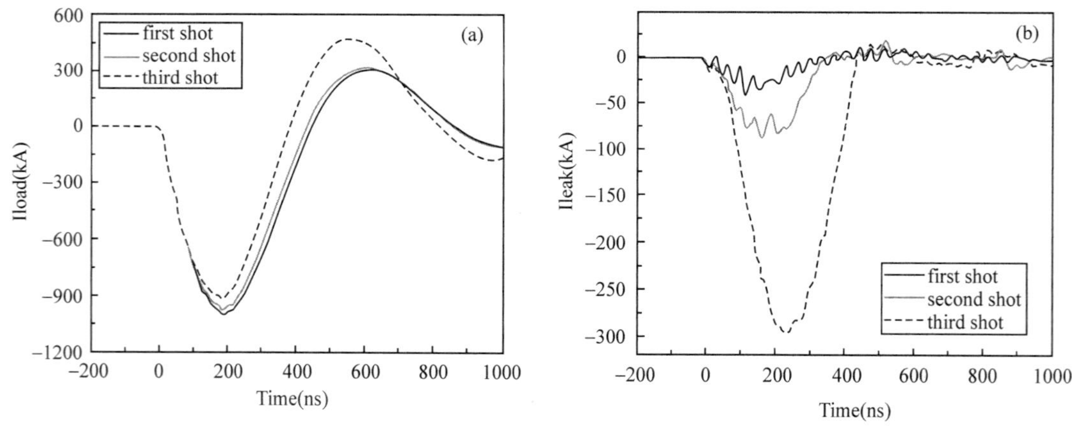

Fig.13 The waveforms of load current(a) and leakage current (b) of three consecutive shots.

Fig.14 shows the performance of the LTD cavity under continuously 235 shots at the charging voltage of ±90kV. The LTD cavity's working status can be divided into three types: normal (200 shots), pre-fire (31 shots), and abnormal (4 shots).

Of the normal 200 shots, 69 shots are after premagnetization, 75 shots are after 1 shot without premagnetization, and 56 shots are after 2 shots without premagnetization. Because the initial states of the magnetic core are different, the average peak output currents of the 3 states are 1005MA ± 0.8% (1−σ), 983MA ± 0.8% (1−σ), and 917MA ± 2.3% (1−σ), respectively.

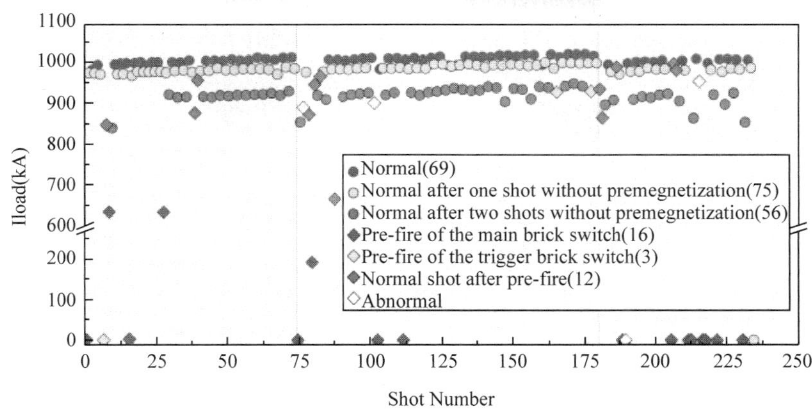

Fig.14　Performance of the LTD cavity.

If there is a switch pre-fire, sometimes the system fails to respond to the pre-fire, so after the charging voltage reaches the set value for 3s, the LTD cavity will be automatically triggered. This kind of situation is counted as a kind of pre-fire, and it has appeared 12 times.

If the main brick switch pre-fires, it can sometimes cause the system to be automatically grounded. These cases happened 13 times.

Sometimes the pre-fired brick will cause the trigger brick switch to break down so that the entire LTD cavity is triggered, and the peak value of the cavity output current is lower. This happened three times.

If the trigger brick switch pre-fires, all the main brick switches will be triggered, similar to the normal working conditions of the LTD cavity. This happened three times.

The main causes of the four abnormal shots are that the screws on the load upper board are not grounded, the air pressure is unstable, the oscilloscopes are not ready.

C. Comparison of the LTD cavities with and without outer cylinder

To study the feasibility of using 24 metal rods instead of LTD cylinder shells, we compared the output characteristics of the cavity under two conditions. As shown in Fig.15 (a), it is a photograph of a fully enclosed cavity, and Fig.15 (b) is a photograph of the cavity when the upper cover flange and metal cylinder are removed. Since the cavity is open, the cavity can only work in atmospheric air, and the working voltage is set to ± 25kV.

Fig.15　Picture of the experimental arrangement: (a)fully enclosed LTD cavity and (b)open LTD cavity.

Fig.16 shows a comparison of the normalized waveforms of the output current. The load normalized waveforms are the same under the two conditions. The electric parameters of the LTD did not depend very significantly on the outer cylinder of the cavity.

It indicates that we can connect multiple stages in series or even in parallel, and then place them in a single gas-insulated common cavity.[11] When the LTD needs to be repaired, only the housing needs to removed, and all the branches are visible and easily replaced. However, once a switch or brick is damaged in oil-insulated LTD, it is very difficult to find it and replace it. Particularly, in a series LTD module, if the damaged switch is located in the midstream, the inner cylinder needs to be taken out,which will be inconvenient to replace.In addition, compared with oil-insulated LTD, the gas-insulated LTD completely avoids the insulation problems caused by bubbles in oil. Therefore, the structure of gas-insulated LTD can significantly improve the installation efficiency and the maintainability of LTD drivers.

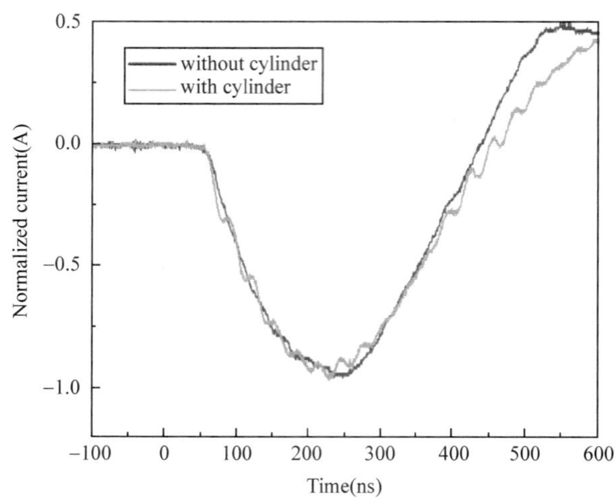

Fig.16 Comparison of the normalized waveforms of the output current.

V. CONCLUSIONS

In the present work, the gas-insulated MA LTD has been developed and tested in China. The LTD cavity consists of 23 main bricks and 1 trigger brick, and all bricks are pluggable. As a test platform, the experiment results verified that the sealing design of the module and the pluggable bricks structure are feasible, which provides a reference for the design of the easy-to-maintain LTD cavity. Charging, triggering, demagnetization, and related diagnostic equipment have been fully tested. Experimental results show that when charging ±100kV, the LTD cavity can deliver 1MA current with the rise time of 115ns to 0.08Ω resistive load, which is in good agreement with the circuit simulation results.

The comparison experiment of the closed cavity and the open cavity shows that it is feasible to replace the outer cylinder with metal rods in the LTD cavity. In the future, a four-stage series LTD placed in one cavity will be build based on the gas-insulated LTD cavity. The performance and reliability of such a device will be tested.

ACKNOWLEDGMENTS

This study was supported, in part, by the National Natural Science Foundation of China (NNSFC) under Grant Nos. 51790521 and 51790523 and the science and technology program of Xi'an,China under Grant No. 2019621515KYPT006JC008.

DATA AVAILABILITY

The data that support the findings of this study are available from the corresponding author upon reasonable request.

REFERENCES

1 S. A. Slutz, W. A. Stygar, M. R. Gomez, K. J. Peterson, A. B. Sefkow, D. B. Sinars, R. A. Vesey, E. M. Campbell, and R. Betti, Phys. Plasmas 23, 022702 (2016).

2 S. A. Slutz, M. C. Herrmann, R. A. Vesey, A. B. Sefkow, D. B. Sinars, D. C. Rovang, K. J. Peterson, and M. E. Cuneo, Phys. Plasmas, 17, 056303

(2010).

3 R.B. Spielman, D.H. Froula, G. Brent, E.M. Campbell, D.B. Reisman, M. E. Savage,M. J. Shoup Ⅲ, W. A. Stygar, M.L. Wisher, Matter Radiat. Extremes, 2,204-223(2017).

4 J. Wu, Y. Lu, F. Sun, X. Li, X. Jiang, Z. Wang, D. Zhang, A. Qiu, and S. Lebedev, Plasma Phys. Controlled Fusion 60, 075014(2018).

5 M.R. Gomez, S. A. Slutz, A.B. Sefkow, D.B. Sinars, K.Hahn, S. B. Hansen, E. C. Harding, P.F. Knapp, P. Schmit, C. A. Jennings, T. J. Awe, M. Geissel, D. C. Rovang, G. A. Chandler, G. W. Cooper, M. E. Cuneo, A. J. Harvey-Thompson, M. C. Herrmann, M. H. Hess, O. Johns, D. Lamppa, M. R. Martin, R. D. McBride, K. J. Peterson, J. L. Porter, G. K. Robertson, G. A. Rochau, C. L. Ruiz, M. E. Savage, I. C. Smith, W. A. Stygar, and R. A. Vesey, Phys. Rev. lett., 113(15):155003-1-155003-5(2014).

6 R.M. Gilgenbach, M. R. Gomez, J. Zier, W. Tang, B. W. Hoff, N. Jordan, E. Cruz, Y.-Y. Lau, M.G. Mazarakis, M.E. Cuneo, M. D. Johnston, and B.V. Oliver, "Designs, tests and plans for MAIZE: A 1 MA LTD-driven z-pinch," in *2008 IEEE 35th International Conference on Plasma science* (IEEE, 2008), p. 1.

7 W. A. Stygar, T. J. Awe, J. E. Bailey, N. L. Bennett, E.W. Breden, E. M. Campbell, R. E. Clark, R. A. Cooper, M. E. Cuneo, J. B. Ennis, D. L. Fehl, T. C. Genoni, M. R. Gomez, G. W. Greiser, F. R. Gruner, M. C. Herrmann, B. T. Hutsel, C. A. Jennings,D. O. Jobe, B. M. Jones, M. C. Jones, P. A. Jones, P. F. Knapp, J. S. Lash, K. R. LeChien, J. J. Leckbee, R. J. Leeper, S. A. Lewis, F. W. Long, D. J. Lucero, E. A. Madrid,M. R. Martin, M. K. Matzen, M. G. Mazarakis, R. D. McBride, G. R. McKee, C. L. Miller,J. K. Moore, C. B. Mostrom, T. D. Mulville, K. J. Peterson,J. L. Porter, D. B. Reisman,G. A. Rochau, G. E. Rochau, D. V. Rose, D. C. Rovang, M. E. Savage, M. E. Sceiford, P. F. Schmit, R. F. Schneider, J. Schwarz, A. B. Sefkow, D. B. Sinars, S. A. Slutz, R. B. Spielman, B. S. Stoltzfus, C. Thoma, R. A. Vesey, P. E. Wakeland, D. R. Welch, M. L. Wisher, and J. R. Woodworth, Phys. Rev. Spec. Top.-Accel. Beams 18, 110401 (2015).

8 J. J. Leckbee, J. E. Maenchen, D. L. Johnson, S. Portillo, D. M. Vandevalde, D. V. Rose, and B. V. Oliver, IEEE Trans. Plasma Sci. 34, 1888 (2006).

9 R. D. McBride, W. A. Stygar, M. E. Cuneo, D. B. Sinars, M. G. Mazarakis, J. J. Leckbee, M. E. Savage, B. T. Hutsel, J. Douglass, M. L. Kiefer, B. V. Oliver, G. R. Laity, M. R. Gomez, D. A. Yager-Elorriaga, S. G. Patel, B. M. Kovalchuk, A. Kim,P.-A. Gourdain, S. N. Bland, S. Portillo, S. C. Bott-Suzuki, F. N. Beg, Y. Maron,R. B. Spielman, D. V. Rose, D. R. Welch, J. C. Zier, J. W. Schumer, J. Greenly,A. M. Covington, A. Steiner, P. C. Campbell, S. M. Miller, J. M. Woolstrum, N. B.Ramey, A. P. Shah, B. J. Sporer, N. Jordan, Y.-Y. Lau, and R. M. Gilgenbach, IEEE Trans. Plasma Sci. 46, 3928-3967 (2018).

10 L. Chen, W. Zou, L. Zhou, M. Wang, Y. Liu, L. Liu, M. Deng, D. Liu, J. Zhu,K. Lian, B. Wei, Q. Tian, F. Guo, A. He, S. Feng, W. Xie, L. Meng, J. Deng, Y. Dai,W. Han, Y. Li, B. Yao, Y. Ding, and J. Kang, Phys. Rev. Spec. Top.-Accel. Beams 22, 030401 (2019).

11 F. Sun, A. Qiu, H. Wei, X. Jiang, Z. Wang, and L. Wang, "Conception design of 30 MA fast linear transformer driver based on sharing shell and stage-link triggering in sequence," in the 3rd International Conference on Matter and Radiation at Extremes (ICMRE), QingDao, China, 2018.

12 C. Mao, F. Sun, C. Xue, N. DIng, D. Xiao, X. Wang, G. Wang, S. Sun, and A. Qiu,IEEE Trans. Plasma Sci. 47(6), 2910-2915 (2019).

13 F. Sun, A. Qiu, X. Jiang, Z. Wang et al., "Conception design and one-stage development of 30 MA fast linear transformer driver with shared shell," in the 11th International Conference on Dense Z-Pinches, Beijing China, 2019.

14 A. A. Kim, M. G. Mazarakis, V. A. Sinebryukhov, B. M. Kovalchuk, V. A. Visir, S. N. Volkov, F. Bayol, A. N. Bastrikov, V. G. Durakov, S. V. Frolov, V. M. Alexeenko, D. H. McDaniel, W. E. Fowler, K. LeChien, C. Olson, W. A. Stygar, K. W. Struve, J. Porter, and R. M. Gilgenbach, Phys. Rev. Spec. Top.-Accel. Beams 12(5), 050402 (2009).

15 X. Liu, F. Sun, T. Liang, X. Jiang, Q. Zhang, and A. Qiu, IEEE Trans. Plasma Sci. 37(7), 1318-1323 (2009).

16 J. R. Woodworth, J. A. Alexander, W. A. Stygar, L. F. Bennett, H. D. Anderson, M. J. Harden, J. R. Blickem, F. R. Gruner, and R. White, Phys. Rev. Spec. Top.-Accel. Beams 12(6), 060401 (2009).

17 J. R. Woodworth, W. A. Stygar, L. F. Bennett, M. G. Mazarakis, H. D. Anderson, M. J. Harden, J. R. Blickem, F. R. Gruner, and R. White, Phys. Rev. Spec. Top.-Accel. Beams 13(8), 080401 (2010).

18 H. Jiang, F. Sun, Z. Wang, X. Jiang, P. Cong, J. Yin, T. Huang, W. Luo, T. Zhang, and R. Zhai, Rev. Sci. Instrum. 89, 096105 (2018).

19 X. Jiang, H. Jiang, Z. Wang, F. Sun, and A. Qiu, Rev. Sci. Instrum. 90(10), 106101 (2019).

20 T. Liang, X. Jiang, F. Sun, and A. Qiu, IEEE Trans. Plasma Sci. 40(11), 3087-3092 (2012).

21 B. M. Kovalchuk, A. V. Kharlov, A. A. Zherlitsyn, E. V. Kumpjak, N. V. Tsoy, V. A. Vizir, and G. V. Smorudov, Laser Part. Beams 27(3), 371-378 (2009).

22 S. C. Bott, D. M. Haas, R. E. Madden, U. Ueda, Y. Eshaq, G. Collins IV, K. Gunasekera, D. Mariscal, J. Peebles, F. N. Beg, M. Mazarakis, K. Struve, and R. Sharpe, Phys. Rev. Spec. Top.-Accel. Beams 14(5), 050401-1–050401-8 (2011).

23 J. R. Woodworth, W. E. Fowler, B. S. Stoltzfus, W. A. Stygar, M. E. Sceiford,M. G. Mazarakis, H. D. Anderson, M. J. Harden, J. R. Blickem, R. White, and A. A. Kim, Phys. Rev. Spec. Top.-Accel. Beams 14(4), 040401-1–040401-7 (2011).

24 R. Maisonny, M. Ribière, M. Toury, J. M. Plewa, M. Caron, G. Auriel, and T. d'Almeida, Phys. Rev. Spec. Top.-Accel. Beams 19(12), 120401-1–120401-9(2016).

25 L. Zhou, Z. Li, Z. Wang, C. Liang, M. Li, J. Qi, and Y. Chu, Phys. Rev. Spec. Top.-Accel. Beams 19(3), 030401 (2016).

26 W. A. Stygar, K. R. LeChien, M. G. Mazarakis, M. E. Savage, B. S. Stoltzfus,K. N. Austin, E. W. Breden, M. E. Cuneo, B. T. Hutsel, S. A. Lewis, G. R. McKee, J. K. Moore, T. D. Mulville, D. J. Muron, D. B. Reisman, M. E. Sceiford, and M. L. Wisher, Phys. Rev. Spec. Top.-Accel. Beams 20(4), 040402 (2017).

27 P.-A. Gourdain, M. B. Adams, M. Evans, H. R. Hasson, R. V. Shapovalov, R. B. Spielman, J. R. Young, and I. West-Abdallah, Phys. Rev. Spec. Top.-Accel. Beams 23(3), 030401 (2020).

28 A. Kim, V. Sinebryukhov, B. Kovalchuk, A. Bastriko, F. Bayol, F. Cubaynes, C. Drouilly, L. Véron, M. Toury, and C. Vermare, "Super fast 75ns LTD stage," in 2007 34th IEEE International Conference on Plasma Science (IEEE, 2007).

29 X. Li, H. Zhao, S. Jia, and A. B. Murphy, J. Appl. Phys. 114, 053302 (2013).

30 X. Li, H. Zhao, and A. B. Murphy, J. Phys. D: Appl. Phys. 51(15), 1-25 (2018).

31 J. D. Douglass, B. T. Hutsel, J. J. Leckbee, T. D. Mulville, B. S. Stoltzfus, M. L. Wisher, M. E. Savage, W. A. Stygar, E. W. Breden, J. D. Calhoun, M. E. Cuneo, D. J. De Smet, R. J. Focia, R. J. Hohlfelder, D. M. Jaramillo, O. M. Johns, M. C. Jones, A. C. Lombrozo, D. J. Lucero, J. K. Moore, J. L. Porter, S. D. Radovich, S. A. Romero, M. E. Sceiford, M. A. Sullivan, C. A. Walker, J. R. Woodworth, N. T. Yazzie, M. D. Abdalla, M. C. Skipper, and C. Wagner, Phys. Rev. Spec. Top.-Accel. Beams 21(12), 120401 (2018).

32 F. Sun, J. Zeng, T. Liang, H. Wei, X. Jiang, and Z. Wang, "Trigger method based on internal bricks within cavities for linear transformer drivers," in the 20th IEEE International Pulsed Power Conference (IEEE, 2015), pp. 555-558.

33 Z. Wei, X. Rao, H. Xu, Y. Wang, and A. Qiu, IEEE Trans. Plasma Sci. 47(8), 408-4090 (2019).

34 A. A. Kim, M. G. Mazarakis, V. I. Manylov, V. A. Vizir, and W. A. Stygar, Phys. Rev. Spec. Top.-Accel. Beams 13(7), 070401 (2010).

35 D. V. Rose, C. L. Miller, D. R. Welch, R. E. Clark, E. A. Madrid, C. B. Mostrom, W. A. Stygar, K. R. LeChien, M. A. Mazarakis, W. L. Langston, J. L. Porter, and J. R. Woodworth, Phys. Rev. Spec. Top.-Accel. Beams 13(9), 090401 (2010).

Infrared nanosecond laser-metal ablation in atmosphere: Initial plasma during laser pulse and further expansion*

ABSTRACT: We have investigated the dynamics of the nanosecond laser ablated plasma within and after the laser pulse irradiation using fast photography. A 1064nm, 15ns laser beam was focused onto a target made from various materials with an energy density in the order of J/mm^2 in atmosphere. The plasma dynamics during the nanosecond laser pulse were observed, which could be divided into three stages: fast expansion, division into the primary plasma and the front plasma, and stagnation. After the laser terminated, a critical moment when the primary plasma expansion transited from the shock model to the drag model was resolved, and this phenomenon could be understood in terms of interactions between the primary and the front plasmas.

The laser ablation is always state-of-the-art for its importance in fundamental researches and industrial applications, such as laser depositions,[1,2] extreme ultraviolet lithography,[3] and nanostructure productions.[4] When a pulsed laser beam is focused onto a target surface in the ambient gas, material is ablated and a plasma plume is formed above the surface.[5,6] The laser ablation is a rather complex process because it involves lots of correlated physical and chemical interactions among the target, the laser, the plume plasma, and the ambient gas.

In general, the laser ablation can be divided into two stages, the initial plasma formation during the laser irradiation, and the subsequent expansion of the plasma in the ambient gas after the end of the laser pulse. Lots of efforts have been made to understand the plume plasma expansion after the end of the laser pulse.[7-10] Fast photography is a direct spatial-resolved method to record the plasma plume radiation,[5]which is a function of both the plasma electron temperature and density. With this method, plasma dynamics, such as the plume splitting at ~10Pa (Ref. 11) and the plume expansion at atmospheric pressure[12] were observed. Electron temperatures and plasma densities of the plume were estimated using optical emission spectroscopy[13] and Thomson scattering.[14] Shock waves[15,16] and phase-explosions[17] were investigated by laser probing techniques.

On the other hand, processes during the laser irradiation are more complicated. The laser evaporates the target, ionizes the vapor, and interacts with the plasma. Laser supported absorption waves (LSAWs), induced by microsecond pulsed CO_2 lasers, have been extensively investigated.[18,19] Zhou *et al.* reported the plasma evolutions and interactions with the laser beam during a 200ns laser pulse ablation.[20,21] As for the nanosecond laser which is more widely used in pulsed laser ablation,[10,12] laser-plasma interactions during the laser pulse have been discussed in numerical simulations,[22,23] while experimental reports are very few. Due to the importance of the nanosecond laser ablation used in applications, investigations on the initial plasma during the laser pulse and its further evolution could be very helpful.

In this paper, we focus on the initial plasma dynamics during the laser irradiation induced by a 1064nm 15ns laser in atmosphere, using fast photography technique. Experiments were carried out with different laser energies at various targets. Photos of the initial plasma were presented, and influences to its further development were discussed.

---

* 该文原载于 *Applied Physics Letters*, 2013 年第 102 卷第 16 期。

Experiments were carried out with an Nd:YAG laser (GKNPL-1064-1K, Beijing GK Laser Technology Co., Ltd.) emitting 1064nm, 15ns (full width at half maximum, FWHM) laser pulses. A beam splitter reflected 12% of the beam to an energy meter (E1000, National Institute of Metrology, P. R. China), and the main transmitted beam was focused perpendicularly onto the target surface by an 11cm focal length lens. A high-speed visible photodetector (DET10A, Thorlab) was used to record the laser beam radiation near the beam splitter. An ICCD camera (DH734, Andor), placed perpendicularly to the laser incident direction, was employed to capture plasma images. The camera, equipped with a UV lens and three extension lenses, has a spectral response from 320nm to 900nm, and a spatial resolution of about 22μm. A Digital Delay Pulse Generator (DG535, Stanford Research Systems) triggered both the Laser and the ICCD with a controlled time delay, and the time intervals between the ICCD gate and the laser pulse could be figured out from the signals of the ICCD gate monitor and the photodetector. The target surfaces were clean and not polished. Shots under the same conditions were repeated to confirm reproducibility.

ICCD images from the laser-ablated aluminum (Al) plasma plume over the laser pulse duration and the laser pulse temporal evolution are shown in Fig.1. Each image is normalized by its peak intensity, and then converted to pseudocolor images for a better view in Fig.1(a). The ICCD gate time was kept to 2ns. The time delay with respect to the laser pulse peak is labeled below the image, and the negative value indicates that the image was recorded before the laser peak intensity. Since the infrared laser was beyond the spectral response of the ICCD camera, images recorded corresponded to the plume plasma radiation.

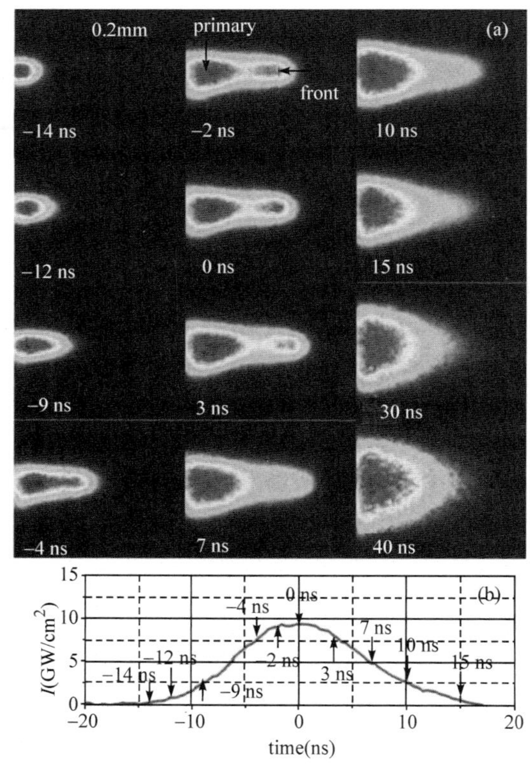

Fig. 1 Spatio-temporal evolution of the initial plasma from Al target induced by laser energy densities of 1.4J/mm^2 (a), and laser pulse temporal evolution (b).

From Fig. 1, plasmas came to be visible just immediately after the laser beam started. This plasma was often called as the primary plasma, caused by the direct interactions of the laser beam and the target. The laser beam has a FWHM of ~15ns, and a bottom width of ~30ns. The diameter of the focused laser spot, which probably equaled to the FWHM of the radiation intensity profile near the target surface at −14ns, was 0.2mm. The input laser energy was 43.5mJ, and yielded a spatially averaged energy intensity of 1.4J/mm^2.

The initial plasma expanded dramatically along the longitudinal direction after the laser began. The plasma length was 0.23mm at −14ns, and expanded to 0.61mm at −4ns, corresponding to an expansion velocity of 40km/s. At 2ns before the laser pulse peak, the fast moving plume front separated from the primary plasma to form a "splitting" phenomenon. After the laser pulse termination, the plasma front region fade rapidly and came to be invisible at ~15ns after the laser peak, which resulted in a small decrease of the plasma length. Then radial expansions of the primary plasma became significant and cone-shaped plasma was formed.

The laser energy could be varied by changing the voltage on the laser oscillator. Spatial-temporal evolutions of the initial plasma from Al target with laser energy densities of 2.3J/mm^2 and 0.43J/mm^2 are shown in Fig.2. The initial plasmas exhibit quite similar profiles as described above, while their structural characteristics were still affected by the input laser energy. Under a greater laser energy density, the primary radiation region was larger, and the splitting phenomenon was less significant.

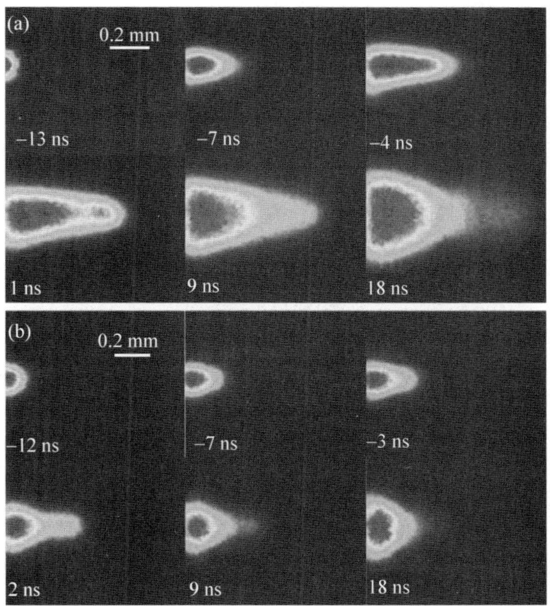

Fig. 2 Spatio-temporal evolution of the initial plasma from Al target induced by laser energy densities of 2.3J/mm^2 (a) and 0.43J/mm^2 (b).

Plasma plume lengths (L) as a function of time (t) for Al, Cu, and stainless steel target within and shortly after the laser pulse are summarized in Fig.3. The plasma front position was taken where the intensity fell to 10% of the maximum value along the axial position. During the early time of the laser pulse (t<~ −4ns), plasmas expanded linearly along the perpendicular direction with a velocity of 40km/s at a laser energy density of 1.4J/mm^2, and 20km/s at 0.43J/mm^2. The velocity was insensitive to the target material, but highly depended on the laser energies. Mechanisms of supersonic plasma expansion, including fast ionization wave (FIW), laser supported radiation wave (LSRW), and laser supported detonation wave (LSDW) were carefully studied in Ref. 24. Here, we used the LSDW to understand the experimental results. Vorob'ev *et al.* proposed a numerical expression to estimate the LSDW velocity v_{LSDW} in the air, $v_{LSDW}=8.48(\alpha I/P)^{1/3}$,[25] where α is the laser absorption fraction, I is the laser irradiation, normalized to 100MW/cm^2, and P is the ambient gas pressure, normalized to 1atm. The v_{LSDW} was estimated to be 39km/s under a laser irradiation of 9.3GW/cm^2 (1.4J/mm^2), and 22km/s under a laser irradiation of 2.8GW/cm^2 (0.43J/mm^2) when α~0.6. These estimations agreed well with the experimental data as shown in Fig.3.

As the electron density of the plume front increased, its plasma shielding effect became pronounced. More energy was absorbed by the plasma front, and resulted in the plume splitting. At later time after the laser peak, the expansion of the plasma front stagnated, although the laser beam still existed. The laser energy was probably transformed to invisible shock waves in the ambient gas. When the laser terminated, the front plasma could not gain any further energy from the laser beams, and cooled down by radiation rapidly.

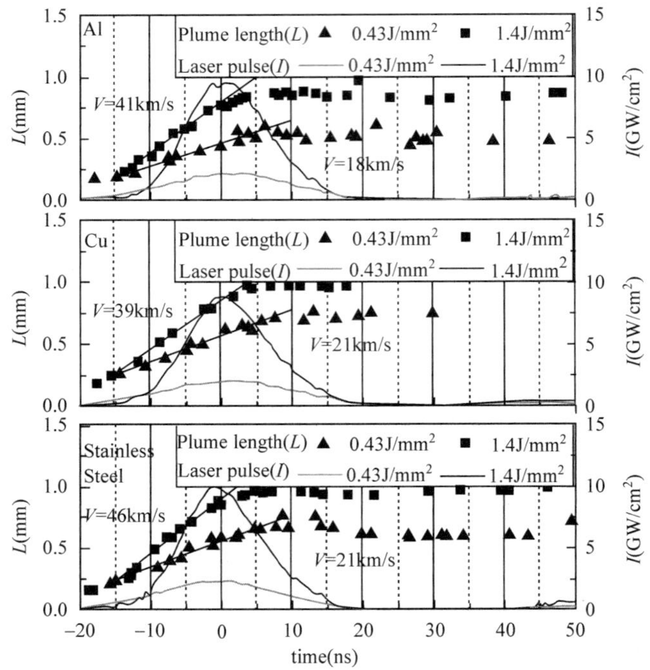

Fig. 3　Plasma plume length as a function of time from different target materials (Al, Cu, and stainless steel) within and shortly after the laser pulse, laser pulses with energy density of 1.4 J/mm² and 0.43 J/mm² are shown.

Expansions of the primary plasma after the laser beam ends at an energy density of 1.4J/mm² are presented in Fig.4. The plume plasma length, ~1mm at 50ns after the laser peak, expanded to 1.6mm at 1μs, and was also quite similar for all the materials tested. The plume plasma expansion before ~130ns agreed with the shock model by Sedov[5,12] $L\propto(E/\rho_0)t^{0.4}$, which describes a spherical shock wave expansion induced by a fast energy deposition E in a background gas of density ρ_0. While after that, the plasma expansion slowed down due to the drag resistances in the ambient gas and could be described by the drag model[5] $L\propto[L_0-a\exp(-\beta t)]$, where L_0 is the stopping distance and β is the slowing coefficient. ICCD images are presented in Fig.5 to understand the plasma deceleration around the 130ns. The cone-shape is maintained till ~100ns and then the sharp edge at the plasma front turned to be round at ~130ns. A separated intense radiation region reoccurred at the plasma front, which happened to be the same position where the front plasma

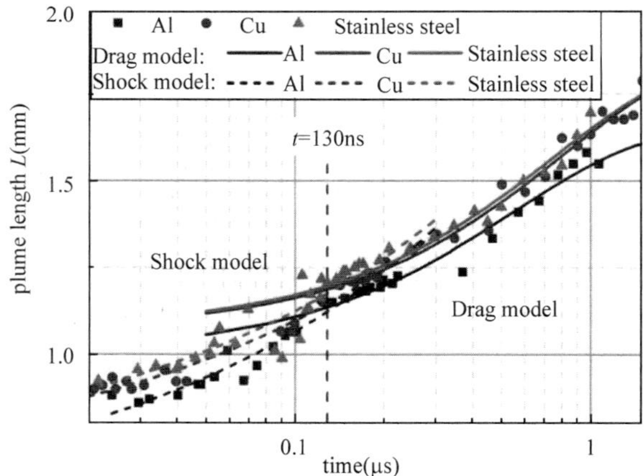

Fig. 4　Primary plasma expansions from different target materials (Al, Cu, and stainless steel) after the laser beam ended at laser energy density of 1.4J/mm².

disappeared(indicated by the white arrows) immediately after the laser pulse as shown in Fig.1. So we proposed that not only the ambient gas but also the front plasma formed within the laser pulse, accounted for the sudden deceleration. Meanwhile, the front plasma was heated due to the primary plasma deceleration and came to be visible again.

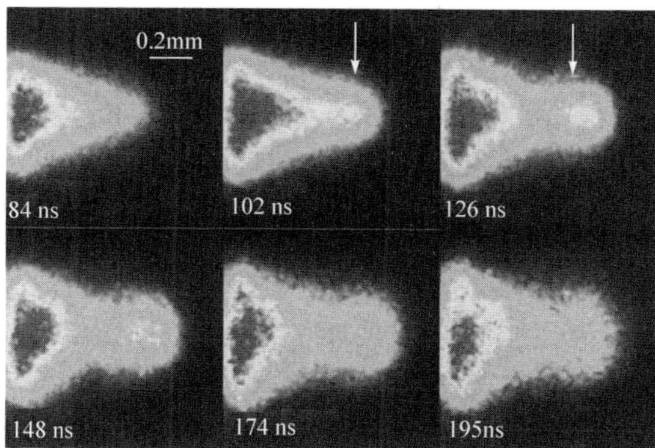

Fig. 5 ICCD images of the initial plasma from Al target at ~130ns after the laser pulse peak induced by energy density of 1.4J/mm^2.

In the works from Refs. 10 and 12 on pulsed laser ablation in atmosphere, neither the shock model nor the drag model could fit measured plume length well at a wide time range (from the time when the laser ended to 1 μs after the laser peak). Our experimental results identified that the plasma plume length could be predicted by the shock model first, and then the drag model. The transition of the models is probably caused by the interaction between the expanding primary plasmas and the front plasmas as described above.

In conclusion, laser-metal ablations were carried out with a 1064nm, 15ns laser in atmosphere. Various laser energy densities (0.43J/mm^2, 1.4J/mm^2, 2.3J/mm^2), and different target materials (Al, Cu, stainless steel) were tested. We mainly concerned about initial plasma evolutions during the laser pulse irradiation time, and influences to the further developments of the plume. Supersonic plasma expansion formed just immediately after the laser beam started, with a plasma front velocity in the order of 10km/s. Then, the fast moving front probably caused by LSDW split from the primary plasma induced by the initial laser target interaction, and became invisible after the laser ended. This invisible plasma affected the further expansion of the primary plasmas, and probably switched plasma expansions from the shock model to the drag model. Since the plasma dynamics during the laser pulse irradiation induced by nanosecond laser ablation were rarely reported before, our work may contribute to a more comprehensive understanding of the laser-matter interaction, verification of numerical codes, and further developments of the laser ablation technologies.

This project was supported by the National Natural Science Foundation of China (Grant Nos. 51237006 and 51221005).

REFERENCES

[1] S. Amoruso, C. Aruta, R. Bruzzese, X. Wang, and U. Scotti di Uccio, Appl. Phys. Lett. 98, 101501(2011).

[2] A. Sambri, D. V. Cristensen, F. Trier, Y. Z. Chen, and S. Amoruso, Appl. Phys. Lett. 100, 231605 (2012).

[3] D. Campos, S. S. Harilal, and A. Hassanein, Appl. Phys. Lett. 96, 151501 (2010).

[4] K. F. Al-Shboul, S. S. Harilal, and A. Hassanein, Appl. Phys. Lett. 99,131506 (2011).

[5] D. B. Geohegan, Appl. Phys. Lett. 60, 2732 (1992).

[6] D. B. Geohegan and A. A. Puretzky, Appl. Phys. Lett. 67, 197 (1995).

[7] S. S. Harilal, C. V. Bindhu, M. S. Tillack, F. Najmabadi, and A. C. Gaeris, J. Appl. Phys. 93, 2380 (2003).

[8] S. Mahmood, R. S. Rawat, M. S. B. Darby, M. Zakaullah, S. V. Springham, T. L. Tan, and P. Lee, Phys. Plasmas 17, 103105 (2010).

[9] O. Barthelemy, J. Margot, and M. Chaker, IEEE Trans. Plasma Sci.33,476 (2005).

[10] M. Cirisan, J. M. Jouvard, L. Lavisse, L. Hallo, and R. Oltra, J. Appl. Phys. 109, 103301(2011).

[11] J. F. Lagrange, J. Wolfman, and O. Motret, J. Appl. Phys. 111, 063301(2012).
[12] S. S. Harilal, G. V. Miloshevsky, P. K. Diwaker, N. L. LaHaye, and A. Hassanein, Phys. Plasmas 19, 083504 (2012).
[13] H. R. Pakhal, R. P. Lucht, and N. M. Laurendeau, Appl. Phys. B 90, 15(2008).
[14] E. Nedanovska, G. Nersisyan, C. L. S. Lewis, and D. Riley, IEEE Trans. Plasma Sci. 39, 2824 (2011).
[15] J. J. Chang and B. E. Warner, Appl. Phys. Lett. 69, 473 (1996).
[16] J. J. Yoh, H. Lee, J. Choi, K.-c. Lee, and K.-h. Kim, J. Appl. Phys. 103, 043511 (2008).
[17] J. H. Yoo, S. H. Jeong, X. L. Mao, R. Greif, and R. E. Russo, Appl. Phys. Lett. 76, 783 (2000).
[18] K. Shimamura, K. Hatai, K. Kawamura, A. Fukui, and A. Fukuda, J. Appl. Phys. 109, 084910 (2011).
[19] A. Chen, Y. Jiang, H. Liu, M. Jin, and D. Ding, Phys. Plasmas 19, 073302 (2012).
[20] Y. Zhou, B. Wu, and A. Forsman, J. Appl. Phys.108, 093504(2010).
[21] Y. Zhou, S. Tao, and B. Wu, Appl. Phys. Lett. 99, 051106 (2011).
[22] J. R. Ho, C. P. Grigoropoulos, and J. A. C. Humphrey, J. Appl. Phys. 79, 7205 (1996).
[23] A. Bogaerts, Z. Chen, R. Gijbels, and A. Vertes, Spectrochim. Acta,Part B 58, 1867 (2003).
[24] A. A. Ilyin, I. G. Nagorny, and O. A. Bukin, Appl. Phys. Lett. 96, 171501 (2010).
[25] V. A. Vorob'ev, M. F. Kanevskii, and S. Yu. Chernov, J. Russ. Laser Res.12, 269 (1991).

Progress of laser-induced breakdown spectroscopy in nuclear industry applications* 【节选】

ABSTRACT: In order to ensure the safety and economy of nuclear industry production, the analysis of nuclear materials and other materials used in nuclear industry environments are usually required before and during their installation and utilization, and after service. The advantages of laser-induced breakdown spectroscopy (LIBS), such as sample preparation not being required and *in situ* remote analysis, make it an efficient method for the analysis of hazardous samples and samples in remotely accessible or hazardous environments. The nuclear industry has become one of the fast-growing fields of LIBS application. In this review, the feasibility of LIBS in the nuclear industry is summarized from the aspects of the physical fundamentals of plasma, instrumentation, spectral analysis, and application progress. The radiation characteristics of LIBS and spectral lines of interest are discussed, along with the main influencing factors and spectral enhancement methods. LIBS instruments and spectral analysis methods used for identification are then presented, and qualitative and quantitative analysis. The various applications of LIBS in the nuclear industry and in fusion facilities are described, including the analysis of nuclear materials, isotopes, and steels and alloys. Finally, the challenges currently being encountered by LIBS applications and its potential development direction are considered.

Introduction

Laser-induced breakdown spectroscopy (LIBS) is an analytical detection technique based on the atomic emission spectroscopy of laser-produced plasma (LPP) to measure the elemental composition of the samples. A high-energy pulsed laser is focused onto a sample material, and then a portion of the sample is vaporized and ionized to form high-temperature plasma. As the plasma cools, light characteristic of the elements involved is emitted and collected to create a spectrum, which is then used to determine compositional information on the sample.

Over the last several decades, LIBS has received increasing attention as a promising analytical tool for qualitative and quantitative chemical analysis. The notable advantages of LIBS over conventional techniques, especially as a process analytical technology or portable tool, are: simultaneous multielement analysis, no sample preparation, *in situ* remote analysis, real-time data collection, and only microdamage to samples. LIBS has been applied in many fields, such as the metallurgy industry, environmental monitoring, food safety, archeology, space exploration, geological applications, biomedical detection, and the nuclear industry. Comprehensive review papers of fundamentals and application status have been published.

The nuclear industry is a comprehensive industrial sector for the development and use of nuclear energy. For reasons of quality control, safety, and security, the analysis of nuclear materials and other materials used in nuclear industry environments is required before and during their installation and utilization, and after service. Since most of the measurements are carried out in radioactive environments, the advantages of LIBS are more significant. LPP is the spectral source of the LIBS technology, which is not

* 该文原载于 *Journal of Physics D: Applied Physics*, 2020 年第 53 卷第 2 期。

affected by the nuclear radiation background. Moreover, the application of LIBS will reduce the exposure of industry staff to hazards, since the LIBS measurements are rapid and require no sample preparation or handling. With the development of fiber-delivery or telescopes, LIBS systems can be used to analyze radioactive samples that are accessible remotely, without exposing the analyst and the precision optoelectronic equipment to harmful radiation. In contrast, some other main stream detection techniques, such as x-ray fluorescence (XRF) and spark discharge optical emission spectrometry that do not have remote analysis capability, are unsuitable for online detection in extreme circumstances.

The chemical and isotropic analysis of high-Z (Z refers to the atomic number) nuclear materials by LIBS is difficult, because these nuclides usually have very complex atomic structures with closely packed emission lines. With steady progress being made in understanding laser ablation fundamentals, and the advancement in optical instrumentation and chemometric methods, LIBS has been demonstrated to measure nuclear materials in different matrices or of different phases. There is also a growing interest in real-time monitoring of elements with a lighter mass for various applications associated with the nuclear industry. LIBS technology is a promising method by which to monitor some mechanical property changes occurring to key devices, based on the relationship between the elemental composition and the mechanical properties.

The aim of this work is to review the feasibility of LIBS as an analytical technique used in the nuclear industry. Following the plasma dynamics and spectra of high-Z special nuclear materials, LIBS instrumentation, data analysis, and applications in the nuclear industry will be described.

Conclusions and perspectives

Recent progress in the use of LIBS in the nuclear industry are presented in this review, including fundamentals, instruments, data analysis, and applications. Many studies have focused on the analysis of nuclear materials and fission products using LIBS, and the feasibility of LIBS-based analysis in different matrices have been demonstrated. Some other studies were concerned with the composition of metals used in the nuclear industry, and with the contamination and retention of nuclear materials and fission products.

However, LIBS measurements of nuclear materials remain challenging. The major limitation of LIBS for practical applications comes from its reduced sensitivity towards high-Z nuclear elements in air and at atmospheric pressure in a complex matrix, when measured with a portable or remote LIBS system of low spectral resolution power. Improvements will have to be made to the stability of systems, self-absorption, line broadening, and high intensity of the background continuum, along with the strong matrix effect. Moreover, utility of chemometrics coupled LIBS in air at atmospheric pressure in the detection and quantification of trace levels of uranium should also be gradually developed and demonstrated.

Second, in spite of the rapid development of LIBS technology and instruments, its field applications in the nuclear industry are still limited, probably due to the harsh working conditions in the nuclear industry and the strict security requirements. The development of standards and specifications in the nuclear industry is another requirement, along with the further improvement of LIBS instruments. One example of the use of the instrument is as a comprehensive inspection platform equipped by robotic arms, consisting of fiber-optic LIBS, electromagnetic acoustic transducers, and temperature and radiation sensors.

Thirdly, LIBS measurements of steels have already played an important role in the nuclear industry, based on the relationship between elemental composition and mechanical properties. There have also been some investigations on the relation of LIBS features with the aging time of steels. This relation is very important for the management of aging and the extension of the working life of nuclear power plants.

However, the physical mechanisms underlying the relationship remain unclear.

Although LIBS technology as it is applied in the nuclear industry is still in its infancy, the reports that have been increasing in number and deepening in research show the great potential of LIBS in this field. This reveals that the LIBS community in nuclear energy is demonstrating great vitality, is promoting the development of LIBS technology in the nuclear industry, and is finally achieving more secure and reliable practical applications.

Influence of Partial Reheating on Aluminum Nanoparticles from Electrical Exploding Wires*

ABSTRACT: Nano-aluminum particles are fabricated by the electrical explosion of wires (EEW) in argon atmosphere. The characteristics of the current, voltage, and the deposited energy of exploding Al wire with and without the shunting gap are studied. In order to understand the influence of the partial reheating process on the production of nanoparticles, the shadowgraphs are used to study the expansion process of the exploding Al with and without the shunting gap, it is observed that the expansion rates of exploding Al without the shunting gap have two peaks, while the expansion rates of exploding Al with the shunting gap have only one peak. The size and shape of the nanoparticles are analyzed using scanning electron microscopy (SEM) analysis. It is found that almost all the nanoparticles are basically spherical in shape, and the average particle size under different experimental conditions are obtained using SEM. The study of the partial reheating process suggests that the partial reheating process can reduce the average size of the nanoparticles.

Ⅰ. INTRODUCTION

The EEW is widely used in various fields of science and technology [1]-[3]. One of the most promising fields of application is the production of nanoparticles [4]. By providing appropriate deposited energy and maintaining a suitable medium, it is possible to prepare nanoparticles with specific characteristics [5], [6]. Many experimental and modelling studies have been done to study the mechanism of the nanoparticles formation and influences of different experimental parameters on the preparation of nanoparticles, it is observed that the circuit, load parameters, and also the media of EEW all influence the characteristics of nanoparticles [7]-[14].

The energy deposition during the EEW plays an important role in the expansion of metallic vapor, the propagation of shockwave and the formation of nanoparticles [15], [16]. The EEW is actually a process of energy deposition, a shunting gap allows the energy deposition into the wire to be prevented at different times and stages of the EEW. The shunting gap is connected parallel to the exploding wire and the self-breakdown of this discharge gap took place at the moment of overvoltage during the EEW. After that, the current will flow through the shunting gap which will lead to the limitation of the energy injected to the exploding Al. A. V. Pavlenko and Han used the shunting gap to limit the energy supplied to the exploding wire, and studied the characteristics of the shock wave generated in different stages of the EEW in water [17], [18].

Recently, many studies have shown that the plasma parameters including density and temperature have significant effects on the characteristics of nanoparticles. Moreover, the plasma formation time is closely related to the expansion of the exploding Al beyond the plasma formation region, which also affects the characteristics of nanoparticles [19]-[21]. The EEW can be divided into several discharge modes according to the characteristics of the circuit current, including current-dwell, current-pause and matched [22]. In the current-pause mode, the current diminishes from kiloamperes to almost zero and keeps zero in the current pause process. The Al wire continues to expand and the density decreases, restrike finally occurs with the decreases of breakdown field strength, then plasma discharge starts. After the restrike, the vapor may be

* 该文原载于 *IEEE Transactions on Nanotechnology*, 2019 年第 18 卷。

reheated completely or partially, and if the time of plasma formation is long enough, part of the vapor at larger radius will not be effectively heated by the secondary discharge plasma. As a result, the vapor may not form plasma, this process is considered as partial reheating [23]. The shunting gap allows the energy deposition into the wire to be prevented at different stages of the EEW, so it can be used to study the effect of reheating on the preparation of nanoparticles. However, there is little explanation about the influence of the partial reheating process on the preparation of nanoparticles, it is very helpful to study the load current and voltage of metal wires, and the expansion process of the exploding Al to understand the influence of the partial reheating process on the characteristics of the nanoparticles.

In this paper, the influence of the partial reheating process on the EEW process is studied based on voltage, current measurements and laser shadowgraph using the shunting gap. The nanoparticles produced at different moments are characterized by SEM; and the particle size distribution and the average particle size are calculated from the SEM images.

Ⅱ. EXPERIMENTAL SETUP

The EEW system is shown in Fig. 1(a) and Fig. 1(b) is the equivalent circuit diagram of the system. The experimental system consists of 50kA, 5μs pulsed current generator, the EEW system, a gas recycling system and a particle collection system. The capacitor (2.6μF) which is charged to the set voltage, is applied to explode Al wire via a three-electrode gas trigger switch triggered by pulse (100kV/25ns). The shunting gap is used to study the effects of the partial reheating process on the production of nanoparticles, and is connected in parallel with the exploding Al wire shown in Fig. 1. l_s is the length of the shunting gap. R_w and L_w are the resistance and inductance of the metal wire respectively. R, L_1 and L_2 are the resistance and inductance of the external circuit, which are calculated based on waveforms of short-circuit discharge.

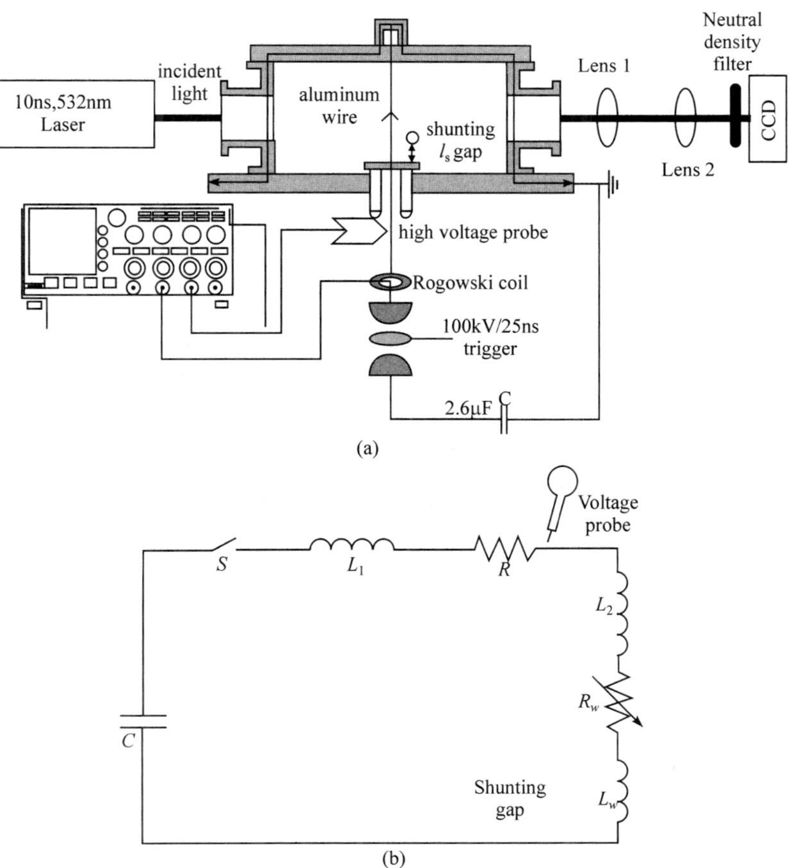

Fig. 1 (a) Schematic of the experiment system. (b) Equivalent circuit of the EEW system.

The discharge current (i) and voltage (u) of the circuit without and with the shunting gap are measured by a self-integrating Rogowski coil and a Tektronix voltage probe respectively; and the current and voltage waveforms are recorded by the oscilloscope Tektronix MDO3034. The deposited energy in the Al wire can be calculated by

$$W=\int_0^T u_R(t)i(t)\mathrm{d}t \tag{1}$$

Where $u_R(t)$ is the resistive voltage. The $u_R(t)$ can be calculated by

$$u_R(t)=u(t)-Ri(t)-\mathrm{d}((L_2+L_w)i(t))/\mathrm{d}t \tag{2}$$

$$L_w\approx 2l_w(\ln(4l_w/d_w)-0.75) \tag{3}$$

It is assumed that the L_w is the same in both cases and remains the same.

In the optical diagnostic system, experiments are carried out with a Nd: YAG laser emitting 532nm, 10ns (full width at half maximum, FWHM) laser pulse, and the optical diagnostic system is a 4-f imaging system shown in Fig. 2. The nanosecond pulse laser is used for backlighting the Al wire in the EEW process with and without the shunting gap, and the shadowgraphs are obtained on one CCD camera. The function of NDF is to filter out a certain wavelength of light. The trigger switch and laser are synchronized by a digital delay/pulse generator (DG535, Stanford Research Systems). The nanoparticles are collected and analyzed by the field emission SEM (Gemini SEM 500); and the particle size distribution and the average particle size are calculated from the SEM images.

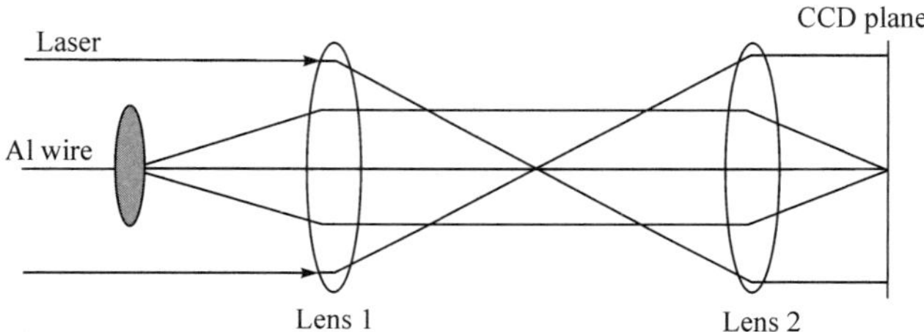

Fig. 2　Schematic of a 4-f imaging system.

Ⅲ. EXPERIMENTAL RESULTS AND DISCUSSION

A. Electrical Characteristics

Fig. 3 shows the current (I) and voltage (U) waveforms measured in the EEW process without and with the shunting gap (subscript "s"), and t_s is the breakdown time of the shunting gap. The shunting gap is connected in parallel with the exploding Al shown in Fig. 1. In the initial stage of the EEW, the voltage between the two electrodes is too low to breakdown the shunting gap; As the capacitor discharges to the exploding Al wire, the voltage between the two electrodes increases, and the self-breakdown of the shunting gap took place at the moment of overvoltage exceeds the breakdown voltage of the shunting gap. After that, the current will flow through the shunting gap, which will lead to the limitation of the energy injected to the exploding Al. Therefore, there are two processes during the EEW with the shunting gap: first the capacitor discharges through the Al wire, and then through the shunting gap, which is equivalent to a short circuit discharge. The current and voltage waveforms are almost the same before the breakdown of shunting gap, so it is assumed that the EEW process is the same before the breakdown of shunting gap. After reaching the maximum voltage, the exploding Al wire will experience current pause and partial reheating process due to the high vaporization rate or insufficient energy; while in the EEW process with the shunting gap, the exploding Al wire is in a high resistance state after reaching the maximum voltage, then the capacitor discharges through the shunting gap, the current pause and the partial reheating process do not appear. The peak voltage of the EEW with the shunting gap is higher than that of the exploding Al wire due to the breakdown of the shunting gap. The deposited energy in the EEW process without and with the shunting gap are calculated by equation (1), and the waveforms are shown in Fig. 4. The total energy is about 324J and 514J, respectively, and the deposited energy are the same before the shunting gap breakdown.

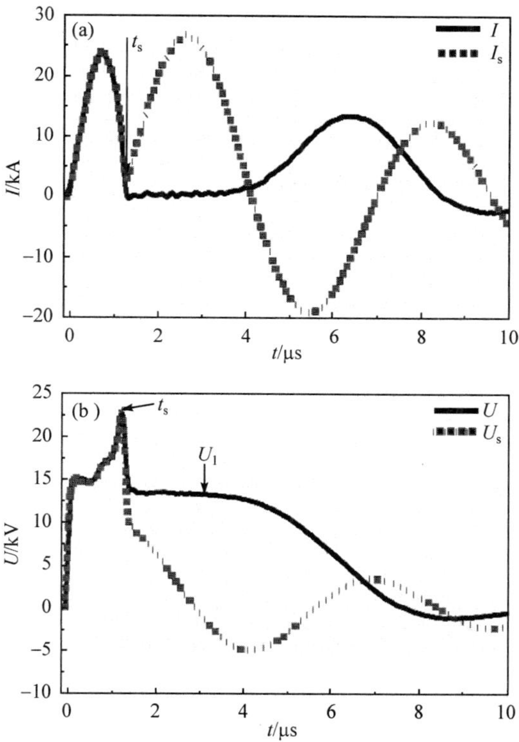

Fig. 3 Typical current waveforms and voltage waveforms in the EEW process without and with shunting gap of 3.5cm (subscript “s”), (a) current waveforms;(b) voltage waveforms, t_s-the breakdown time of shunting gap.

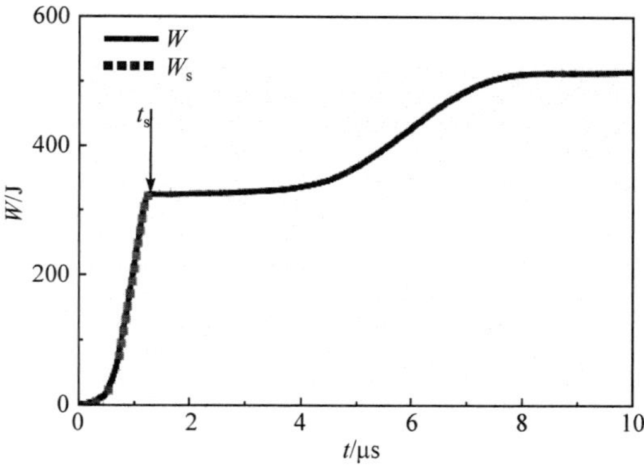

Fig. 4 The deposited energy waveforms in the EEW process-without and with shunting gap of 3.5cm (subscript “s”).

B. Influence of Reheating on Wire Expansion Process

Fig. 5 and Fig. 7 show the position of each shadowgraph on the voltage and current waveforms with 20kV charging voltage, 15cm length and 0.25mm diameter in the EEW with and without the shunting gap respectively and the letters represent different moments of the EEW. Fig. 6 and Fig. 8 are a set of corresponding shadowgraphs of exploding Al wires during the EEW process, and the outmost very thin lines represent the shockwave front. When a large current is passed through the wire, the wire expands rapidly, strongly compressing the surrounding gas, causing the pressure, density and temperature of the gas to suddenly rise, and then the shock wave is formed, and the shock wave moves faster than the local speed of sound in the medium. All the shadowgraphs share the same scare bar [24]. The shadowgraphs only show the middle part of the Al wires for the reason that the optical window is too small. The front shape of exploding Al wire is almost the same in both cases and the wire expands uniformly in the radial direction at the initial stage of the EEW, while the uniformity will recede overtime. During the expansion of the exploding Al wire, the shockwave is generated, which may be generated by the phase change. The expansion rate of the Al wire in some cross section, like the semicircle in Fig.6(d) and Fig.8(d), is a little greater than the average velocity over the wire length, which is related to wire defects. Additionally, the expansion rates of Al wire in some narrow regions, shown in the pictures from Fig.6(e) to Fig.6(i) and Fig.8(e) to Fig.8(g), are slightly lower than the average rate over the wire length, which is because wire surface is originally contaminated [25].

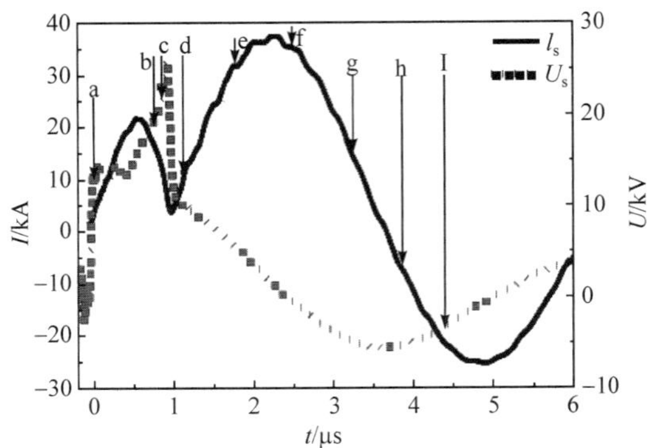

Fig. 5 The position of the shadowgraphs on the voltage and current waveforms in the EEW with the shunting gap of 3.5cm.

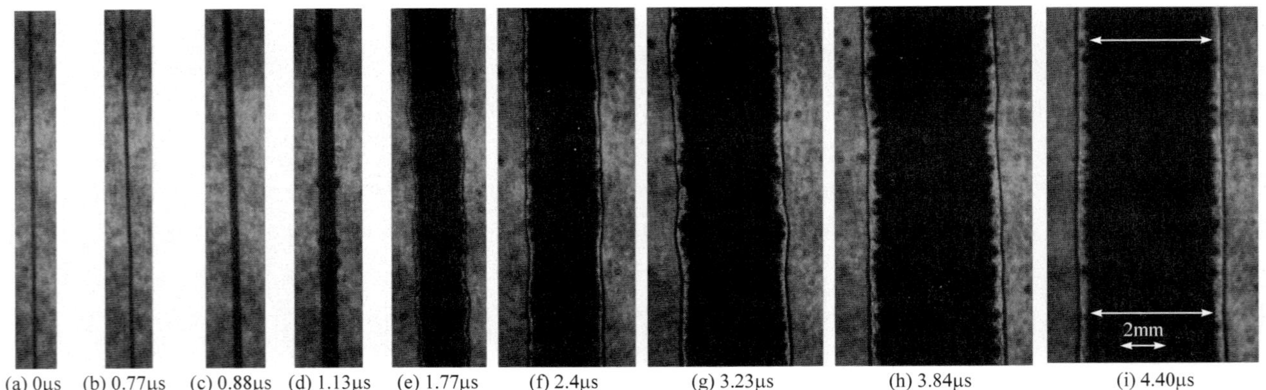

(a) 0μs (b) 0.77μs (c) 0.88μs (d) 1.13μs (e) 1.77μs (f) 2.4μs (g) 3.23μs (h) 3.84μs (i) 4.40μs

Fig. 6 Shadowgraphs of exploding Al in the EEW process with the shunting gap (All the shadowgraphs share the same scare bar).

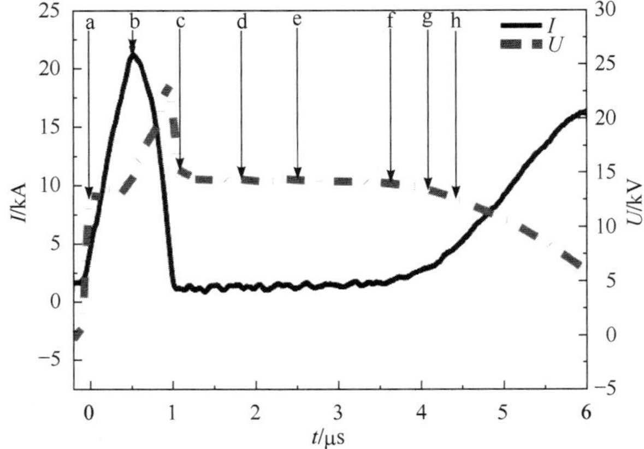

Fig. 7 The position of the shadowgraphs on the voltage and current waveforms in the EEW without the shunting gap.

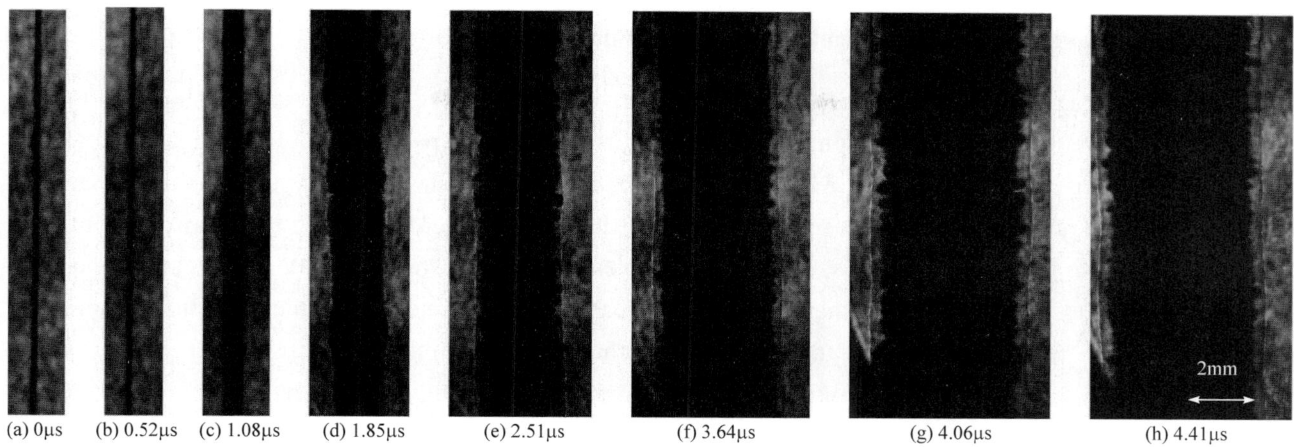

Fig. 8　Shadowgraphs of exploding Al in the EEW process without the shunting gap (All the shadowgraphs share the same scare bar).

Fig. 9 shows the position (R) and expansion rates (V) of the exploding Al in the EEW with and without the shunting gap, and all the boundaries of the exploding Al are the average measured by several points shown in Fig. 6. The expansion rates of the exploding Al without the shunting gap have two peaks, while the expansion rates of the exploding Al with the shunting gap have only one peak. During EEW the Al wire is Joule heated to the boiling point by high pulsed current, and the intense extension begins. Therefore, the first increase of the expansion rate may be caused by the injection of deposited energy. After reaching the maximum voltage, due to the high vaporization rate or the insufficient energy, the current pause process occurs. During the current pause process, the density of vapor is so high that the electrons moving in the field between the electrodes do not acquire sufficient energy because of low current. The expansion of exploding wire decreases, and it is retarded only by inertia and ambient pressure. The wire continues to expand, leading to the decrease of vapor density and increase of mean free path of electrons, the plasma discharge starts inside the vapor column after certain duration and initiates a secondary energy deposition process called "partial reheating". In the EEW process without the shunting gap, the voltage remains a relatively constant value and equal to the voltage of the capacitor during the current pause process. The restrike initiates a secondary energy deposition, which makes the remaining energy in the capacitor transferred to the exploding Al wire, and the secondary energy deposition increases the expansion rate of the exploding Al wire [26]-[28].

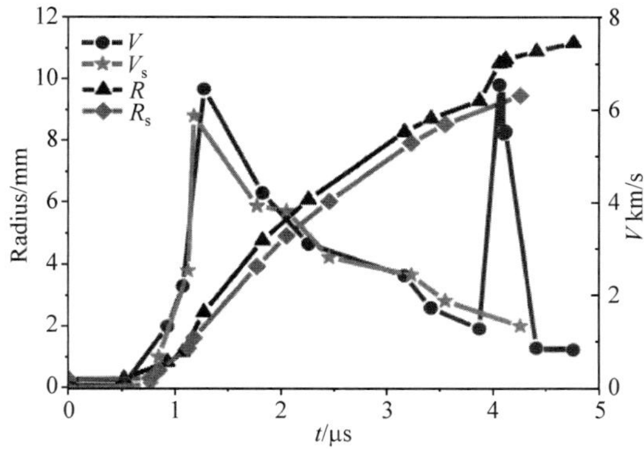

Fig. 9　Position and expansion rates of the exploding Al in the EEW without and with the shunting gap of 3.5cm (subscript "s").

C. Effect of Reheating on the Preparation of Nanoparticles

The SEM images of particles produced by EEW without and with the shunting gap are shown in Fig.10. Under the same magnification condition, it is observed that there are more nanoparticles with larger diameter by the EEW with the shunting gap. After reaching the maximum voltage, the exploding Al wire is in a mixture of liquid phase and vapor phase due to the insufficient energy. The exploding Al wire continues to expand in the current pause process, and after the restrike, the restrike initiates a secondary energy deposition, which makes the remaining energy in the capacitor transferred to the exploding Al wire, the exploding Al wire may be reheated by the secondary discharge plasma in the partial reheating process. While there is no energy injected into the mixture in the EEW with the shunting gap. The nanoparticles are formed by two parts in the nanoparticles produced by the EEW: the first part is the condensed vapor; the second part is the liquid core, which forms the nanoparticles with larger size. Therefore, there are more nanoparticles with larger diameter by the EEW with the shunting gap.

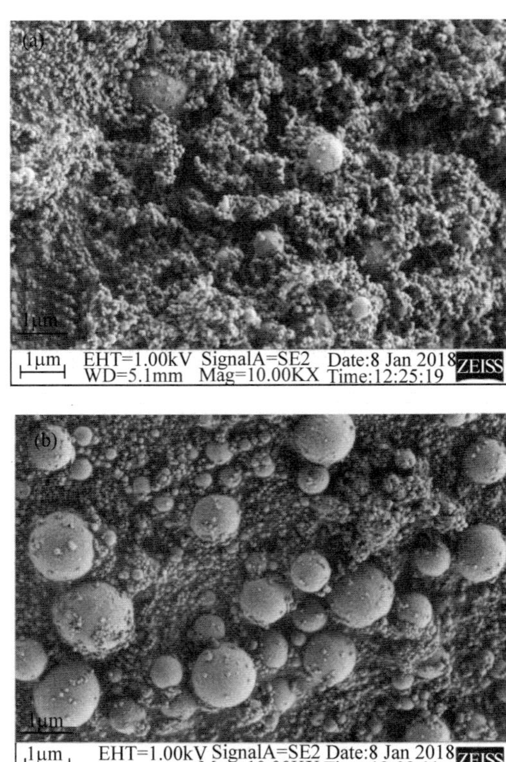

Fig. 10 The nanoparticles produced by the EEW: (a) without the shunting gap; (b) with the shunting gap.

The SEM images of nanoparticles produced by EEW with 20kV charging voltage, 15cm length and 0.25mm diameter, and the distribution of particle size (d) measured from the SEM images are shown in Fig.11. It is observed that almost all the Al nanoparticles are basically spherical in shape, and the average particle size is 80.2nm, 91.5nm without and with 3.5cm long shunting gap (subscript "s"), respectively. The nanoparticle size, observed from the nanoparticles produced by EEW, follows log-normal distribution. The average particle size measured from the SEM images under different experimental conditions is shown in Table 1, d and d_s are the average particle size prepared by the EEW without and with the shunting gap (subscript "s"). The nanoparticles prepared under these experimental conditions are collected, the morphology of the nanoparticles is observed with the SEM. The average particle size of the nanoparticles is obtained based on the SEM images analysis.

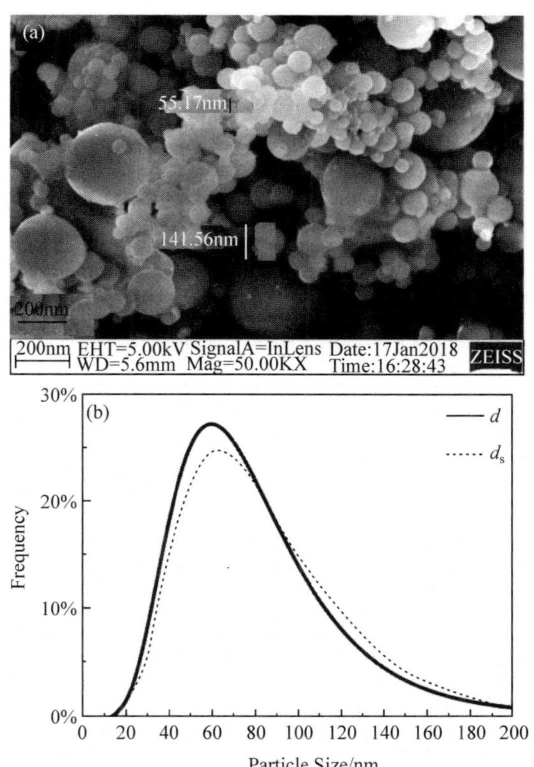

Fig. 11 Typical SEM image and distribution of particle size measured from the SEM images without and with the shunting gap of 3.5cm (subscript “s”) (a) SEM image without the shunting gap (b) distribution of particle size. d-without the shunting gap, d_s-with the shunting gap.

Table 1 The average particle size of nanoparticles measured from the SEM images without and with the shunting gap (subscript “s”)

sample	d_{Al}/cm	l_{Al}/cm	U_0/kV	d/nm	d_s/nm
Al	0.25	14	20	77.0	85.3
Al	0.25	15	20	80.2	91.5
Al	0.25	15	25	73.9	84.7
Al	0.35	15	25	84.3	91.8
Al	0.40	15	25	86.9	92.9
Al	0.40	14	25	82.7	91.3

In the current pause mode, the current is almost zero and the voltage is kept at a relatively constant value shown in Fig.3 which is equal to the voltage stored in the capacitor during the current pause process. The restrike initiates a secondary energy deposition, making the remaining energy in the capacitor transferred to the exploding Al wire in the reheating process, and the secondary energy deposition increases the expansion rate of the exploding Al wire. Therefore, the expansion radius of wire without the shunting gap is larger than that with the shunting gap. During EEW the wire is Joule heated by high pulsed current and experiences melting, evaporation, ionization processes. Then, a rapid nucleation process takes place as the exploding wire cools down due to mechanical work on the surrounding gas and radiative cooling, leading to the formation of a large quantity of nuclei. Subsequently, relatively mild condensation and coagulation occurs, during which the nanoparticles keep growing. The expansion radius of EEW with the shunting gap is smaller than that without the shunting gap, which makes it have higher monomer concentration, leading to higher nucleation temperature and lower super-saturation, hence a lower nucleation rate and a lower density of nuclei. This means that more Al atoms are available per nucleus for condensation, leading to a larger nanoparticle. Therefore, the particle size of nanoparticles with the shunting gap is larger than that without the shunting gap [29].

The differences in the characteristics of nanoparticles produced by the EEW with and without the shunting gap are caused by the deposited energy. Setting a reasonable length of the shunting gap and the shunting gap will breakdown at any time before the maximum wire voltage. The deposited energy is different at different stages in the EEW process, which will affect the characteristics of the nanoparticles. Fig.12 shows the current and voltage waveforms of the exploding Al wire when the shunting gap breakdown during the melting and evaporation process of the EEW. U_{s1} and U_{s2} are the voltage waveforms of the exploding Al wire when the shunting gap length is 3cm and 3.5cm respectively, I_{s1} and I_{s2} are current waveforms underthe same conditions. The voltage and current waveforms are almost the same before the shunting gap breakdown, so we can consider that the shunting gap has no effect on the EEW process before breakdown. Fig.13 shows the particle size distribution of nanoparticles (d) produced by sample 2 in table I corresponding to the different stages in Fig.12. It is observed that the average particle size of nanoparticles decreases with the increase of deposited energy. At the same time, the exploding Al wire cannot be completely liquefied and vaporized due to the insufficient deposited energy, which will lead to more particles with larger size to form, and this will reduce the production of nanoparticles. Therefore, the average particle size and production of nanoparticles can be affected by the deposited energy at different stages.

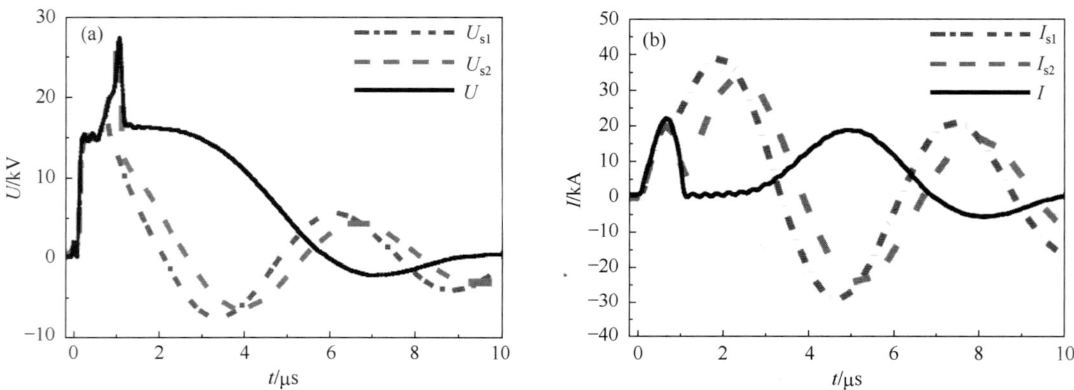

Fig. 12 The voltage and current waveforms of the exploding Al wire with and without the shunting gap, (a) voltage waveforms, (b) current waveforms; U_{s1}, I_{s1}-the gap length is 3cm; U_{s2}, I_{s2}-the gap length is 3.5cm; I, U-without shunting gap.

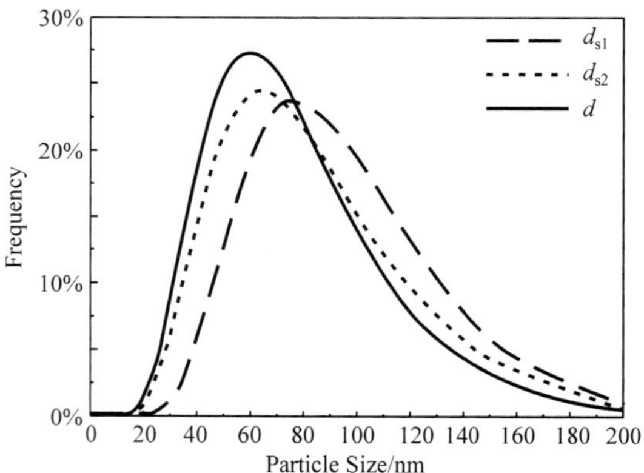

Fig. 13 The distribution of particle size measured from the SEM images with and without the shunting gap. d_{s1}-the gap length is 3cm; d_{s2}-the gap length is 3.5cm; d-without the shunting gap.

Ⅳ. CONCLUSION

Based on the present research on the influence of partial heating on the production of nanoparticles, the major conclusions can be summarized as follows:

(1) The characteristics of the current, voltage waveforms, and the deposited energy of the exploding Al without and with the shunting gap show that the shunting gap has no effect on the EEW process before breakdown, and the energy transferred from the capacitor to the exploding Al in the partial reheating process may affect the characteristics of the nanoparticles.

(2) In the EEW without and with the shunting gap, the first increase of the expansion rates in both cases may be caused by the injection of deposited energy. After the restrike, the restrike initiates a secondary energy deposition, which makes the remaining energy in the capacitor transferred to the exploding Al wire, and the secondary energy deposition increases the expansion rate of the exploding Al wire.

(3) The nanoparticles are prepared under different experimental conditions, and the partial reheating process can reduce the average particle size of nanoparticles based on the SEM analysis. There are more nanoparticles with larger diameter by the EEW with the shunting gap, which are formed by the droplets.

REFERENCES

[1] J. Wu, X. Li, M. Li, Y. Li, and A. Qiu, "Review of effects of dielectric coatings on electrical exploding wires and Z pinches," *Journal of Physics D Applied Physics*, vol. 50, no. 40, pp. 403002, 2017.

[2] T. A. Shelkovenko, D. B. Sinars, S. A. Pikuz, and D. A. Hammer, "Radiographic and spectroscopic studies of X-pinch plasma implosion dynamics and x-ray burst emission characteristics," *Physics of Plasmas*, vol. 8, no. 4, pp. 1305-1318, 2001.

[3] J. Wu, L. Wang, A. Qiu, J. Han, M. Li, T. Lei, P. Cong, M. Qiu, H. Yang, and M. Lv, "Experimental investigations of X-pinch backlighters on QiangGuang-1 generator," *Laser & Particle Beams*, vol. 29, no. 2, pp. 155-160, 2011.

[4] A. K. Yu, "Electric Explosion of Wires as a Method for Preparation of Nanopowders," *Journal of Nanoparticle Research*, vol. 5, no. 5-6, pp.539-550, 2003.

[5] H. Suematsu, K. Murai, Y. Tokoi, T. Suzuki, T. Nakayama, W. Jiang, and K. Niihara, "Nanosized Power Preparation with High Energy Conversion Efficiency by Pulsed Wire Discharge," *Journal of the Chinese Ceramic Society*, vol. 35, no. 8, pp. 939-947, 2007.

[6] C. S. Wong, B. Bora, S. L. Yap, Y. S. Lee, H. Bhuyan, and M. Favre, "Effect of ambient gas species on the formation of Cu nanoparticles in wire explosion process," *Current Applied Physics*, vol. 12, no. 5, pp. 1345-1348, 2012.

[7] T. K. Sindhu, "Generation of nano aluminium powder through wire explosion process and its characterization," *Bulletin of Materials Science*, vol. 58, no. 2, pp. 148-155, 2007.

[8] J. Bai, Z. Shi, and S. Jia, "Numerical investigation on the growth process and size distribution of nanoparticles obtained through electrical explosion of aluminum wire," *Journal of Physics D Applied Physics*, vol. 50, no. 7, 2016.

[9] T. K. Sindhu, R. Sarathi, and S. R. Chakravarthy, "Understanding nanoparticle formation by a wire explosion process through experimental and modelling studies," *Nanotechnology*, vol. 19, no. 2, pp. 025703, 2008.

[10] B. Bora, B. J. Saikia, C. Borgohain, M. Kakati, and A. K. Das, "Numerical investigation of nanoparticle synthesis in supersonic thermal plasma expansion," *Vacuum*, vol. 85, no. 2, pp. 283-289, 2010.

[11] S. I. Tkachenko, V. S. Vorob'Ev, and S. P. Malyshenko, "The nucleation mechanism of wire explosion," *Journal of Physics D Applied Physics*, vol. 37, no. 3, pp. 495, 2004.

[12] C. Cho, Y. W. Choi, C. Kang, and G. W. Lee, "Effects of the medium on synthesis of nanopowders by wire explosion process," *Applied Physics Letters*, vol. 91, no. 14, pp. 155, 2007.

[13] C. Cho, K. Murai, T. Suzuki, H. Suematsu, W. Jiang, and K. Yatsui, "Enhancement of energy deposition in the pulsed wire discharge for the synthesis of nanosized powders," *IEEE Transactions on Plasma Science*, vol. 32, no. 5, pp. 2062-2067, 2004.

[14] Y. S. Lee, B. Bora, S. L. Yap, and C. S. Wong, "Effect of ambient air pressure on synthesis of copper and copper oxide nanoparticles by wire explosion process," *Current Applied Physics*, vol. 12, no. 1, pp. 199-203, 2011.

[15] L. Li , D. Qian, X. Zou, and X. Wang, "Effect of Deposition Energy on Underwater Electrical Wire Explosion," *IEEE Transactions on Plasma Science*, vol. 46, no. 10, pp. 3444-3449, 2018.

[16] L. Liu, J. Zhao, W. Yan, and Q. Zhang, "Influence of Energy Deposition on Characteristics of Nanopowders Synthesized by Electrical Explosion of Aluminum Wire in the Argon Gas," *IEEE Transactions on Nanotechnology*, vol. 13, no. 4, pp. 842-849, 2014.

[17] A. V. Pavlenko, A. N. Grigor'Ev, V. N. Afanas'Ev, I. V. Glazyrin, and V. B. Bychkov, "Pressure waves generated by a nanosecond electric explosion of a tungsten wire in water," *Technical Physics Letters*, vol. 34, no. 2, pp. 129-132, 2008.

[18] R. Han, H. Zhou, J. Wu, Thomas Clayson, H. Ren, J. Wu, Y. Zhang, and A. Qiu, "Experimental verification of the vaporization's contribution to the shock waves generated by underwater electrical wire explosion under micro-second timescale pulsed discharge," *Physics of Plasmas*, vol. 24,

no. 6, pp. 063511, 2008.

[19] B. Bora, C. S. Wong, H. Bhuyan, Y. S. Lee, S. L. Yap, and M. Favre, "Understanding the mechanism of nanoparticle formation in wire explosion process," *Journal of Quantitative Spectroscopy & Radiative Transfer*, vol. 117, no. 3, pp. 1-6, 2013.

[20] Y. S. Lee, B. Bora, S. L. Yap, C. S. Wong, H. Bhuyan, and M. Favre, "Investigation on effect of ambient pressure in wire explosion process for synthesis of copper nanoparticles by optical emission spectroscopy," *Powder Technology*, vol. 222, no. 9, pp. 95-100, 2012.

[21] J. Zhao, Z. Xu, W. Yan, H. Liu, and Q. Zhang, "Characteristics and Diffusion of Electrical Explosion Plasma of Aluminum Wire in Argon Gas," *IEEE Transactions on Plasma Science*, vol. 45, no. 2, pp. 185-192, 2017.

[22] A. K. Yu, "Electric Explosion of Wires as a Method for Preparation of Nanopowders," *Journal of Nanoparticle Research*, vol. 5, no. 5-6, pp. 539-550, 2003.

[23] B. Bora, S. S. Kausik, C. S. Wong, O. H. Chin, S. L. Yap, and L. Soto, "Observation of the partial reheating of the metallic vapor during the wire explosion process for nanoparticle synthesis," *Applied Physics Letters*, vol. 104, no. 22, pp. 223108, 2014.

[24] Ya.B.Zel' dovich, Yu.P.Raizer, "Physical of Shock Waves and HighTemperature Hydrodynamic Phenomena," 1966.

[25] S. I. Tkachenko, R. B. Baksht, T. A. Khattatov, and V. M. Romanova, "Transverse irregularities in the core of wire electrically exploded in air." *Pulsed Power Conference (IEEE)*, pp. 1-6, 2013.

[26] Chace WG and Moore HK, "Exploding wires," New York: Plenum press, 1959.

[27] Mario Oscar Barbaglia and Gonzalo Rodriguez Prieto, "Electrical behavior of exploding copper wire in ambient air," *Physics of Plasmas*, vol. 25, no. 7, pp. 072108, 2018.

[28] Luis Bilbao and Gonzalo Rodríguez Prieto, "Morphology of the Expansion of an Exploding-Wire Plasma," *IEEE Transactions on Plasma Science*, vol. 46, no. 7, pp. 2386-2391, 2018.

[29] Shi Huantong, Wu Jian, Li Xingwen, Murphy A B, Li Xudong, Chen Li and Li Penghui, "Understanding the nanoparticle formation during electrical wire explosion using a modified moment model," *Plasma Sources Science and Technology*, vol. 28, no. 8, pp. 085010, 2019.

第七篇

践行“马兰精神”，传承“西迁精神”

邱爱慈院士是“马兰精神”和“西迁精神”的传承者和践行者；提出了“电气+”学科发展理念，并开创了电磁环境与电磁安全等学科新方向；服务国家战略需求，扎实推进了校-院(所)和校-企合作；甘为人梯、提携后学，建立了一支脉冲功率与等离子体辐射转换领域的创新团队。

“马兰精神”的传承者和践行者。伟大的事业孕育了伟大的精神，伟大的精神又激励和推动着伟大的事业。在中国特色社会主义进入新时代、世界处于百年未有之大变局的背景下，弘扬“艰苦奋斗，干惊天动地事；无私奉献，做隐姓埋名人”的“马兰精神”，具有重要的现实意义和深远的历史意义。邱爱慈院士1964年从西安交通大学毕业后即投身到伟大的核科学事业中，深受“马兰精神”的滋养和哺育，近十年来，更是身体力行，向社会各界弘扬“马兰精神”，产生了良好的社会反响。

2012年，邱爱慈院士参加林俊德院士先进事迹报告团，作为报告人参加了由中共中央宣传部、中国工程院等联合举办的多场报告会，先后在北京、杭州、哈尔滨、乌鲁木齐等地巡回报告。邱院士以“‘发狂’工作的核专家”为题，向人们讲述了“献身国防科技事业杰出科学家”、全军挂像英模林俊德院士的先进事迹。邱院士在报告中以“我和林俊德都是从‘两弹一星’那个火热年代走过来的，同样的理想抱负，同样的事业平台，同样的成长经历，让我对他有着更深的了解”开篇，介绍一大批林院士这样“发狂”工作的科研人秉承国家使命，不断创新、艰苦创新、不计个人生命安危的感人事迹，情真意切、感人至深，使听众深受教育，深刻体会到“马兰精神”的伟大之处。

随后，邱院士又受邀在中国工程院、浙江大学、西安交通大学、中国石油大学、杭州第十四中学等单位，以及中国核学会、辐射物理分会会议上做报告，结合个人工作、成长经历和人生感悟宣讲“马兰精神”；并以“科学·人生”为主题，受邀在西安交通大学研究生论坛、西安交通大学首届“青创论坛”、成都七中和绵阳中学等做报告，以“马兰精神”勉励青年教师和青年学子，在科学的道路上砥砺前行，在人生的征程中不忘初心。

邱爱慈院士宣讲“马兰精神”、科学家精神，多是结合自身的科研经历，结合强辐射环境模拟及应用团队的成长历程，将精神财富的引领作用具体到科研攻关、立德育人的实践中，凝练为“激情工作、快乐生活”这样沟通性强、接受度高的人生格言，在广大科研工作者、青年教师、学生中广泛传播，形成强大的正能量冲击波。

学科发展的引路者。2005年担任西安交通大学电气工程学院院长以来，邱爱慈院士基于对学科发展的深入洞察和战略思考，先后提出“强电做强”“电气+”发展理念，团结和带领学院师生，凝神聚气、锐意创新，使电气工程学科历史性地排名全国第一(与清华大学电气工程学科并列，都是A^+)，也为学科的可持续发展奠定了基础、指明了方向。

邱院士主持规划了电气工程学科211三期、985二期和三期重点建设项目、“一流学科”建设项目等，坚持“四个面向”，提出“保持特色、开拓创新”的发展思路，稳步推进学科建设，大力倡导发展新兴、交叉学科，建立了我国第一个“脉冲功率与放电等离子体”学科，建成了特种电气技术教育部重点实验室并担任主任至今，组建了瞬态电磁环境与应用国际联合研究中心，提出了电磁环境与电磁安全、弹性电力系统等学科新方向。

如今，学院在电工新材料与电气绝缘、先进电气装备两个传统优势学科方向上得到了进一步的加强和提升，在国家重大工程建设和重大电气设备研制中发挥了不可替代的作用，获得了特高压交流工程特殊贡献单位和特高压直流工程重要贡献单位；同时，在新一代电力能源系统、脉冲功率与等离子体技术两个新兴交叉学科方向上取得了突破性进展，建成了特色明显、校-院(所)融合的脉冲功率源和放电等离子体研究平台。

始终心怀国家战略需求的奋斗者。脉冲功率与等离子体辐射转换技术及装备对维护国家战略安全、实现前沿科技的发展意义重大，是大国竞争的重要制高点。邱院士抱着“国家的需要就是自己的志愿”这一信念，近60年来，始终心怀国家战略需求，孜孜以求、为国奋斗。

为了走出国防基础研究和高层次专门人才培养面临的困境，促进校所联合共同发展，在邱爱慈院士担任西北核技术研究所副总工期间，1993年西安交通大学、西北核技术研究所正式签署了合作协议，联合培养研究生，并经过坚持不懈的努力，于1998年获批核技术及应用博士点，为研究所的高层次专门人才培养奠定了重要基础；2000年获批我国脉冲功率领域第一个国家自然科学基金重点项目，随后连续获批2个重点项目和该领域第一个重大项目；2015年校所联合筹建“百太瓦Z箍缩”国家重大科技基础设施，获批教育部高校重大科技基础设施首批培育项目，并得到持续支持；2017年组建“Z箍缩及应用联合研究中心”，并获批陕西省创新团队；2020年西安交通大学、西北核技术研究院联合提交了“百太瓦Z箍缩”国家重大科技基础设施项目建议书，并通过了国家发展和改革委员会(简称国家发改委)等组织的第一轮评审，校院还联合向国家发改委申请了“先进多功能强脉冲产生与应用”创新平台项目并进入了国家评审。

同时，面向前沿科技发展和国家重大需求，邱院士积极策划与电力行业龙头企业的产学研合作，在她的极力推动下，先后成立了国家电网有限公司-西安交通大学先进电力能源科学技术研究院、中国华能集团有限公司-西安交通大学能源安全技术研究院等，以期为解决行业发展面临的“卡脖子”难题提供技术方案，从而推动行业高质量发展。

在推动校所联合过程中，邱爱慈院士将“马兰精神”和“西迁精神”融合、宣传、弘扬，在广大科研工作者、青年师生中引起强烈共鸣。

甘为人梯的师者。邱院士经常说研究所的发展以及她个人的成长离不开朱光亚、王淦昌、程开甲、吕敏等老专家的引领、关爱、帮助和支持。也正是成长在这种良好环境和优秀文化氛围中，邱院士同样甘为人梯、提携后学，培养了新一代的学科和技术带头人、优秀青年学者，并且在“激情工作、快乐生活”人生信念的感召下，锤炼了一支国际一流的创新团队。

邱院士领导的团队先后成长出2位院士、6位学术带头专家，培养博士研究生47名，其中30人继续从事国防科技工作，大多成为相关领域的技术骨干，1人获优秀青年科学基金，6人学位论文获省部级优秀博士学位论文，粒子加速器学会“希望杯”青年优秀论文奖一等奖、二等奖各1人。在邱院士担任西安交通大学电气工程学院院长期间，学院的国家杰出青年基金获得者、优秀青年科学基金获得者、长江学者特聘教授和青年长江学者等高层次人才从1人增加到27人，居全国电气工程学科前列。邱院士也荣获西安交通大学伯乐奖、人才培养工作突出贡献个人等荣誉。同时，邱院士注重研究生学风教育，多次面向研究生和青年教师做“弘扬科学道德，加强学风建设”的专业报告。

邱院士热爱本科教学工作，带领电气工程学院、航天航空学院、核科学与技术系的相关骨干教师，组织开设并亲自讲授了“聚变能源与等离子体”本科生通识类核心课程，并结合课程教学，主持了西安交通大学“课程思政”示范课程专项教改项目，获得西安交通大学首批“课程思政”优秀案例奖励。

60年来，邱爱慈院士一直以国家的需要为个人志愿，用自己的行动践行着她科研报国的信念。邱爱慈院士的奋斗历程，正是对“马兰精神”和“西迁精神”的最好诠释。

我的成长之路*

1941 年 11 月 22 日，我出生在浙江绍兴农村。我还未出世，父亲就被日本侵略者杀害，母亲含辛茹苦抚育我们三姐妹。由于生活贫困，我差一点被过继给别的人家。中华人民共和国成立后，是党和政府培养了我，我靠助学金念完初中，保送进入高中，后来成为家族中第一位大学生。1964 年，我从西安交通大学毕业，分配到西北核技术研究所工作。三十多年来，我实实在在做了国家需要我做的事情。党和国家给了我很高的荣誉，这充分体现了国家尊重知识、尊重人才的政策，体现了对知识分子的关心和爱护，这不仅是我个人的光荣，更是从事国家核科学实验事业全体同志和单位的光荣。正是神圣的事业造就了我，是艰苦创业、无私奉献的事业精神熏陶了我。在这里我要特别感谢程开甲院士、吕敏院士等老一代科学家以及各代、各级领导对我的培养、信任和支持，感谢和我一起工作过的每一位同志对我的帮助和支持，感谢母亲、丈夫、孩子对我的理解和支持。

1. 把自己的追求融入国防事业需要中

我大学毕业后被分配到研究所工作，主要从事核爆炸模拟设备研制建设，从开始参加我所第一台 2MV 脉冲 X 光机建设，以及我国第一台强流脉冲电子束加速器研制(“晨光号”加速器)，到主持研制我国第一台输出功率达太瓦级电子束流最强的低能强流脉冲电子束加速器(“闪光二号”加速器)和主持从俄罗斯引进高剂量率γ射线和 X 射线装置，一直在跟踪世界上这一技术领域的发展，瞄准世界先进水平。从 20 世纪 60 年代到 90 年代，几乎每一个年代上一个新台阶，输出水平和电子束流提高 3 个多量级，输出剂量率提高 6 个量级。这些先进的设备和技术，为研究所在国内强流粒子束和脉冲功率领域争得了重要的一席之地，在顺利完成国家核科学实验任务、开展抗辐射加固技术和高新技术武器效应研究中发挥了重要的作用，为研究所今后的发展奠定了良好的基础，并且在国际上也有一定影响，凡是参观过“闪光二号”加速器的西方国家专家和俄罗斯专家都表示赞赏，表示不能小看我所的研究实力和水平。

不是每个人的一生中都能有好的机遇，而当机遇来到时，也不是每个人都能抓住这个机遇。“机遇”就是国家的需要，“抓住”就是要去争取，不是等待。事业发展的需要和领导的信任给我创造了机遇，我对这个事业的热爱和执着的追求使我有勇气抓住了机遇。我觉得，只有把个人的理想追求与国家事业的需要结合起来，才能发挥个人的聪明才智，事业有成。

“晨光号”加速器前身，是 1970 年在吕敏院士等科学家积极倡议下国家决定筹建的一台大型脉冲 X 射线机 1/4 模型，由中国科学院高能物理研究所(以下简称“高能物理研究所”)负责研制(代号：730 工程)，由我所负责准备基建和测量工作，建成后拟放在我所的后方点。我从 1971 年起参加这项工作，以及设计方案讨论。但由于各种原因，这台设备研制工作进展缓慢，遇到很多问题。当时为了过地下试验测试“技术”关，解决近区测量项目中的干扰难题，迫切需要一台强γ脉冲模拟设备，以便在实验室内开展模拟试验，用较少的爆炸试验取得较多的物理测量数据，吕敏院士提出希望在 1975 年前投入使用。1973 年初，所里派我和姚文凯同志去高能物理研究所参加这个项目。当时这台设备还未进行安装调试，由于国家下达的高能加速器任务上马，高能物理研究所面临大的人员调整，决定只做 1/4 模型并把它留在高能物理研究所开展新加速器原理研究。我了解到这些情况后非常着急，及时向所里请示汇报，主动要求驻守高能物理研究所工作，并多方呼吁奔走。我不知哪里来的勇气和胆量，去找国防科工委领导、中国科学院领导、高能物理研究所领导汇报情况，心里想的是国家核科学实验和武器效应

* 本报告作于 1997 年 10 月。

模拟迫切需要这台设备，研制工作不能停，要争取得到他们的理解和支持，促使高能物理研究所保留一部分技术力量，而没有去想：我只是一个年轻的技术人员，该不该去找这些领导，该不该管这些事。后来，国防科工委出面，几个单位协商，这台1/4模型调试完成后交给我所。我作为所代表和负责人，与高能物理研究所的同志们一起解决调试中出现的问题，其中遇到的最大困难是测不到电压、电流信号，绝缘子发生击穿，调试工作不能进行下去。当时我从理论上仔细分析原因，工作时间想，休息时间想，坐在公共汽车上想，好几次坐过站。经过几天的冥思苦想，我终于想到可能是预脉冲电压的存在使示波器提前触发。同志们讨论认为很有道理。我们很快改进触发，终于测到了预脉冲和主脉冲电压的完整波形，证实分析完全正确。随着测量系统的改进，通过波形分析找到了绝缘子击穿的原因以及解决办法，调试工作顺利进行，1975年10月达到1MV、20kA、25ns的指标。该设备运到红山后，在保证完成测试系统标定任务及效应研究等科研任务中发挥了很大的作用。与此同时，我们不断提出新课题，完善改进设备性能，这台设备20多年来不但没有退役，而且性能、指标比以前提高一倍多，不但扩大了应用范围，在激光、高功率微波等高新技术研究中发挥着作用。而且在1996年后，为研究弹头内部电子线路、设备(流控系统、引控系统)抗γ射线回避技术提供了国内唯一的模拟试验环境。

1978年，吕敏院士提出要建一台高空模拟核爆炸X射线热力学效应的设备，因当时国防科工委已同意中国工程物理研究院(原第二机械工业部第九研究院)筹建6MV脉冲γ射线模拟器，即“闪光一号”，考虑我所的研制力量比较薄弱，开始曾考虑从美国进口类似指标的设备，但美国禁运，经过两年努力，不但设备买不到，关键技术也难以得到。为了填补国内空白，满足测量急需，经过仔细考虑，我决心立足国内自己干。当我把这个想法向吕敏院士(当时任西北核技术研究所副所长)、叶立润研究员(当时任室主任)汇报后，很快得到了他们的赞同。在他们的支持和指导下，我开始进行物理方案工作。这需要有宽广的知识面，不仅要掌握加速器各部分及总体技术，还必须具备加速器应用方面的知识。我调阅大量文献，刻苦钻研，努力拓宽自己的知识面。但正值紧要关头，我却因甲亢住进了医院。我心里非常着急，因为1982年初要召开第一次抗核加固专业组会，赶在这之前完成论证报告，得到专业组的认可和支持是非常重要的。当病情稍有好转，我立即开始进行计算和论证。当时只有几篇公开发表的简短文章，没有详细的技术设计资料，而国内已在筹建的几台水介质脉冲电子束加速器的阻抗为10Ω、电流小于100kA，与我们要建的设备在技术上相差很大，同时这么大的设备必须考虑立足国内工业水平，只能靠自己已有的工作基础，仔细推敲，反复计算。我住院108天，形成了几万字的《建造低能强流脉冲相对论电子束加速器的必要性、可行性和物理方案》初稿，经室、所科技委讨论和审查后，形成了研究所《关于筹建脉冲相对论电子束加速器的报告》，于1982年1月上报上级机关。在3月底召开的抗核加固专业组会上，专家们审查了我所提出的加速器建设方案，表示认可，七机部和机关领导再三呼吁早一点把这台设备做出来。4月初朱光亚主任看到这个报告后，很快批准并做了详细的批示，要求这台加速器应侧重于电子束模拟核爆炸产生的X射线在材料中的热击波效应和软X射线的转换，应力争达到电压0.9MV、电流0.9MA这一档，并明确提出不可能整机引进，要立足国内攻关。5月国防科工委正式下文批准该加速器立项研制。当时面临的难题真不少。西北核技术研究所是以测试为主的研究所，从来没有做过这么大的设备工程性研制项目。整个X光机组只有11个人，要承担为国家核科学实验测试系统标定、抗干扰研究等繁重的“晨光号”加速器开机任务，能参加这项工作的只有8人，有几位虽然是老同志，但以前是做测试的，从没有做过加速器。高能物理研究所做730工程时是一个研究室六七十人，中国工程物理研究院十所做“闪光一号”也是一个研究室五六十人，而且绝大部分是从20世纪60年代初就一直从事脉冲X光机工作的技术骨干。相比之下，我们的技术力量确实单薄，而这个项目技术复杂度和难度又很大。当时，中国工程物理研究十所赖祖武所长说：束流500kA以上难度就很大了，比“闪光一号”研制还难，900kA是个很大的技术突破。中国工程物理研究院十所“闪光一号”研制主要负责人之一刘锡三说：日本当时研制1Ω的设备(已报道)没有成功，只好改为高阻抗。原子能研究所(现在的中国原子能科学研究院)的同志说：理论设计还可以，但工艺水平国内很难达到。总之，不少单位的专家担心、怀疑我所没有能力承担这个研制项目。怎么办？一种方案是请外单位做，以他们为主，我们提指标、提要求；另一种方案是以自己为主，加上必要的外协。我选择了后者，凭着在 730 工程中的经验及几年来对国内外技术的调研和刻苦钻研，当时内心是有些底数的，但困难和风险还是未知数。回过头来看，当时我有勇气承担，主要出自对事业的热爱和追求。研究所的领导给予我充分的信任和支持，吕敏副所长在项目研制组成立的动员大会上讲：这个项目抢到手不容易，任务很艰巨也很光荣，要拼死拼活，要有这种精神，下定决心，做不成不光丢面子，还得对国家负责。正是凭着这股精神，我领导项目组同志完成了加速器技术设计方案。1983 年 6 月，我们邀请全国 65 位专家教授对该方案进行审查，得到了认可，会议一致认为可以作为工程实施的依据，按 1Ω和 2Ω指标分期实施。国防科工委于 1984 年 1 月下达了加速器的研制任务书，开始了正式的工程实施阶段。

1983 年正值我国实行改革开放，有机会开展对外交流。8 月，国防科技大学(当时对外名称为长沙工学院)邀请美籍华人专家讲授脉冲功率技术，全国有关单位都参加了，我所也组织人去听课。会上、会下，我提了不少问题，专家觉得我提的问题很深入，也很有工作经验，详细询问我的情况，要推荐我到他们那里工作。11 月，我参加国防科技大学李传胪教授的代表团去美国考察，参观了这位专家所在的实验室，他再一次邀请我到他们那里工作。向领导提出要求出国深造，还是留在国内？出国深造对今后发展是很有必要的，但“闪光二号”加速器研制任务已上马，我作为项目负责人怎么能离开呢？出国的最终目的是为国家多做贡献，而当前急需我留下来。于是，我选择了后者。在向领导汇报后，我向美籍华人专家推荐了别人。

加速器工程实施后，工作千头万绪，具体技术问题一个接一个。我必须考虑到每一个微小的技术细节，亲自检查落实。当时项目组发展到近 20 人，绝大部分是 1982 年以后来的大学生。在项目组同志共同努力下，1990 年加速器基本达到 2Ω指标并投入运行。面临的矛盾是马上进行第一期指标测试鉴定并一鼓作气调试第二期指标(1Ω)呢？还是先提供物理实验呢？当时所内外要求使用这台设备的呼声很高，为确保国家核科学实验重点项目针孔照相测试系统得到可靠数据，满足所内外开展脉冲电子束辐照下材料和结构的热力学响应研究与抗辐射加固技术研究，使我所开展的准分子激光和高功率微波研究尽快获得实验数据，在国内争得地位，我们又选择了后者。1990 年到 1992 年期间，我们饱满地安排了各种物理实验，同时设备调试达到 1Ω指标。在 1991 年初准分子激光第一次出束时，王淦昌院士特地来信祝贺。这时有的成果已获奖，有的项目受到表彰，但“闪光二号”测试鉴定工作却推迟到了 1993 年 6 月。王淦昌院士担任鉴定委员会主任，专家们对“闪光二号”的性能指标、技术创新、应用研究、完整的技术总结资料(共 177 册)等给予了高度的评价。专家说“真不知你们在研制阶段已经做了这么多实验”，还有专家肯定“你们走出了高科技出成果、出效益的成功之路” 。1993 年 7 月 3 日至 7 月 9 日，《人民日报》第三版、《解放军日报》《光明日报》《中国青年报》第一版都给予了醒目的报道。

1992 年，根据国家需要，我提出了建设脉冲宽度可调的高辐射剂量率装置的设想和建议。苏联解体后，抓住国家对俄引进设备和技术的政策机遇，我积极呼吁引进高剂量率γ射线装置，得到各级领导及吕敏院士等老专家的支持。经过充分调研和论证，我们选择了正确的合作伙伴，确定了适合国情的技术路线和方案，并于 1994 年 9 月与俄方签订了合同，克服重重困难，顺利推进“强光一号”加速器建设工作。

总之，回顾三十多年的工作历程，我总是在争取机遇，为认准的目标奋斗。尽管能力、水平有限，但我能全身心地投入，因此我觉得生活充实，精力充沛，不断有新的工作等待我去做。

2. 要事业，要成功，就要准备付出代价和牺牲

事业和家庭、生活总会发生矛盾，要有成绩、成就，总要付出代价和牺牲。一个女同志要在事业上做出点成绩，需要比男同志做更大的努力、付出更多的代价。

我非常感谢我母亲。她是一个外柔内刚、十分坚强的人。“女人本弱，为母则强”，母亲具有坚定地把我们培养成人的信念，否则就不会有今天的我，母亲的品格给我以深远影响。如果没有她老人家六十岁以后帮我抚养两个孩子，也不会有我今天的成就。1969 年初，我生了老大留给她抚养，1970 年

底我生老二，放在绍兴老家农村抚养。1971 年初赶去北京参加 730 工程的方案论证。不少女同志说我怎么忍心把孩子放在农村，我只能暗暗流泪。后来老二由于营养不良严重贫血，我母亲把他抱回家抚养，但两个孩子，老太太实在照顾不过来。我接女儿到新疆，可她不认我这个妈妈，一路上哭个不停，把嗓子都哭哑了，到了红山怎么也不进屋，说这不是她的家，我抱着她在外面走，她哭我也哭。她刚刚习惯，1973 年初领导让我去参加 730 工程的工作，需要长期在北京出差。本来我也可以强调家庭有困难不去北京，但我还是服从安排，把女儿送回杭州，送她进幼儿园，她哭喊着叫妈妈。第二天我就去了北京，一路上脑子里都回响着她的哭喊声。后来我母亲来信说女儿在幼儿园哭闹不停，发烧生病，埋怨我不多留几天观察，等她稍习惯后再去北京。1974 年我儿子得了重病，头发脱落，母亲急得不得了，到处求医没有效果，后来找了偏方，精心照顾，才慢慢好起来，而我在北京工作根本无法照顾家庭和孩子。1975 年底，“晨光号”加速器研制成功后，运回红山安装，我才把两个孩子接到了身边，全家得以团聚。但不久，1976 年初领导让我到干校锻炼一年，我爱人一个人带两个孩子很不容易。一次女儿从山坡上摔下来，脸上缝了好几针。1978 年初我担任三室副主任以后，工作更加忙碌，为调研加速器经常要去北京等地出差，只好又把女儿送回杭州外婆处。我和爱人都出差时，就把儿子放在红山幼儿园蔡阿姨家。1984 年下半年，我母亲被自行车撞伤，治疗后虽没有留下后遗症，但身体一直不好，到我姐家养病。当时女儿上高中，儿子上初中，分别面临着高考和中考，平时两个孩子由外婆精心照料生活，外婆突然离开他们，姐弟俩只能相依为命，要学会自己做饭，自己当家，料理生活，开始时困难重重，经常饥一顿饱一顿。我心中十分不安，当时也动过调回杭州的念头，但“闪光二号”项目正在紧张地实施，我怎么能离开呢？我只能经常写信鼓励他们克服困难，尽量安排好生活、学习。尽管两个孩子成长还算顺利，他们的独立生活和工作能力都很强，但与其他母亲对孩子比较起来，我常常有一种内疚感，特别是孩子在生活和工作上碰到困难，而这些困难与我们对他(她)的关照不够有关时，就更是这样。我的女儿现在工作很忙，还需要经常照顾外婆，代我尽没有尽到的责任。我爱人说女儿是替我受过。他们都为我付出了代价和牺牲。

3. 个人成长离不开老一辈科学家的培养和集体的力量

一个人的能力是有限的，只有把个人融于国家需要和集体之中才会发出更大的光和热。个人的成功离不开他所处的环境和集体，也离不开他对集体、周围环境的热爱和付出。从我所走出了 4 位院士，这绝非偶然。建所时，从全国各地调来 20 多位专家，他们抛弃优裕的生活条件，离别妻子儿女，献身于国家核科学实验事业，这种精神深深地感染了我们这批刚从学校毕业不久的学生。我国第一颗原子弹爆炸成功的时候，我还在集训队，得知我已加入这支队伍，将为此而奋斗，是那样的激动和兴奋。我分到三室 λ 组，参加了我所第一台 2MV X 光机建设。吕敏院士当时是室副主任兼 λ 组组长，带领一批刚出校门的年轻人攻克 λ 测试难关。他的献身精神，对业务精益求精、孜孜不倦的学习精神，周到细致、严谨的科研作风，严于律己、宽厚对人、平易近人、不耻下问的道德风范，都为我们年轻人树立了榜样。记得我刚参加工作不久，有一次参加 X 光机开机，因思想开了小差，在高压警铃没有解除时就闯进试验大厅去取剂量笔，刚进大厅 X 光机就启动按钮，我吃了放射剂量。吕敏院士严厉批评了我，让我写深刻检查，同时责令组里严格检查各项安全、管理制度，要求按期完成安全连锁装置，确保运行安全。我对这件事情印象非常深刻。1965 年在我进新疆前，母亲要来北京看我，但没有房子住。吕敏院士知道后，主动把他家腾出来让我和母亲住，他们自己住到他母亲家里，上班很不方便。他就是这样关心我们年轻人。我所核爆炸模拟设备发展到今天的规模和水平，与他的倡议、推动、支持都是分不开的。我的一些想法，哪怕是还不成熟的，总是最先得到他的支持和帮助。记得 1978 年我当三室副主任后，吕敏院士(当时是副所长)对三室的庄降祥主任和其他领导专门关照，让我在专业方向上发展，不要非安排进场不可，不要成为“万金油”干部。后来的叶立润主任和黄豹主任都对我特别关照和理解，在我工作和成长中给予很大的支持和帮助。“闪光二号”加速器筹建初期最大的困难是人，不但人手少，而且大部分人专业上是新手。吕敏副所长对我说一定要把课题划小，下决心培养年轻人干。从加速器物理方案转入技术设计时，我几乎每隔两天组织一次研讨，对每部分、每个参数确定提出一个个问题，安排专人思考，提出意见后一起讨论确定，同时提出十几个预研课题。由于受到当时所内设备和人力的限制，有不少项目需要外协。我向杨裕生所长汇报时，他指示说，项目分轻重缓急，涉及工程设计等急需的项目先提出去，有的项目腾出手来我们自己做，要注重培养人。记得当时讨论加磁场控制电子束均匀性和面积这个项目时，他说暂不交给外单位。杨所长亲自出面，向国防科工委申请到 30 万经费。1986 年我们正式承担这一项研究工作，后来作为博士学位论文研究内容。在 1983 年完成技术方案后，年轻人陆续补充进来，我尽量安排他们参加外协的预研工作及独立承担预研课题，而工程方面的许多相对技术含量不太大的工作由李玉虎、王知广、赵贵枢等老同志承担，老同志都表现了甘当人梯的高尚风格。三室是所里最早启用年轻同志任组长的部门之一。

“闪光二号”加速器研制过程中形成了团结奋斗、顽强拼搏、集体攻关的优良作风，在这个集体里工作的同志都会被感染，激励起自己的工作热情。1983 年初，我们几位老同志带技术设计方案去征求兄弟单位意见，同时落实外协单位，商谈协作课题，考察了解辅助设备及关键部件的研制和生产能力，以及准备 6 月份的技术方案审查会等。由于时间紧，跑的单位和地方多，我们往往不吃早饭就从招待所出发赶公共汽车，有时路上买不到吃的东西，只能先到单位办完事，中午再出来找饭吃，有时为找吃饭的地方要花很长时间，有一次刘铁军竟晕倒在马路上。为了赶时间，往往有火车就走，有时不但没有卧铺，连硬座也没有，只能站着。一次去上海，火车晚点，找不到旅馆，我们只好在马路上逛到天明，买来几根黄瓜充饥，大家毫无怨言。年过花甲的董寿莘教授是当时杨所长请来的结构设计顾问，实际上，他始终战斗在第一线，亲自参加设计，审查图纸，参加加工协议谈判，检查加工质量。1985 年夏天(7 ~ 8 月)，我们在上海先锋电机厂修改图纸，天气热，蚊子多，工作条件很差，68 岁的董老先生亲自画图，加班加点，腿脚都肿了，他的工作态度和敬业精神深深地感动了项目组的同志们。“闪光二号”加速器在上海工厂加工长达 2 年，需要有人长驻厂里，及时处理加工中出现的问题，把握加工质量。为了工作，沈志康同志一再拖延结婚时间。1987 年初，开始安装加速器的滤油系统时，发现油箱内长满铁锈。为了保证质量和时间进度，在当时工作环境比较差的条件下，我们自己动手，通宵达旦，尽管天气很冷，几位年轻小伙子仍干得满头大汗。在以后的加速器调试中解决了一个又一个技术难题，每当出现问题时，我们总是一起讨论，集思广益，找到原因后，马上就干，直到解决为止，加班加点直到通宵是家常便饭。正是依靠这样的集体，凭着这股子精神，克服种种困难，“闪光二号”加速器才得以较快地研制成功。与此同时，培养锻炼了一支年轻的科技队伍，参加过“闪光二号”加速器工作的年轻同志中已经有一位担任所一级领导职务，5 位担任室、处领导职务，4 位任组长或重要项目负责人，培养了 4 名博士研究生(含在读)、10 名硕士研究生(含在读)。

1986 年初我担任三室主任期间，西北核技术研究所准备搬迁到西安，加之所建的大型设备，如“闪光二号”加速器、30 万居里大钴源及中子发生器要在西安新点安装调试，事情复杂，头绪繁多，而且当时西安的工作和生活等各方面条件还不完善，工作艰难而繁杂。我注意团结党委和其他室领导，发挥同志们的长处和积极性，把发扬民主与敢于负责结合起来。大家交心通气，团结一致，创造条件，克服各种困难。1987 年 7 月，我室第一批搬迁到西安，因我在西安组织安装加速器辅助系统和主体加工出厂验收，全部的搬迁工作由其他室领导(李真富、李志浩、刘铁军)组织完成，完成得很出色、很漂亮。1988 年也是工作头绪非常多的一年，大钴源完成安装调试投入运行，“闪光二号”加速器完成安装及部件调试，整机联试首次出束获得成功。由于室里领导配合默契，所领导及机关大力支持，工作开展得忙而不乱。一直以来三室领导班子都很团结，相互理解，相互支持。我工作中常有急躁情绪，批评人有时不注意方法方式，有时也错怪别人。朱孝敏书记、李真富副主任弥补了我的不足，出了问题他们来收场，做耐心细致的说服工作。特别是朱书记，她关心同志，不仅做耐心细致的思想政治工作，还敢于严格管理，不管分内分外，只要对三室发展有利的事她都去做，一心扑在工作上，主动让我们技术领导有更多的时间考虑业务，考虑研究室的长远建设。正因为如此，三室领导班子才有较强的凝聚力，创造了较好的出成果、出人才的环境，也使我有今天的成绩。1986 年以来，三室获得国家科学技术进步奖 1 项，部委级科学技术进步奖二等奖及以上 7 项，三等奖及以下奖励多项。

我只是我们这个队伍中的一分子，一个代表，还有许多比我付出更多、做出了成绩的同志没有得到我这样的荣誉。“闪光二号”加速器研制获得国家科学技术进步奖二等奖，但主要完成者只能排 9 名，可为它做出贡献、倾注心血的人何止这几个，为“闪光二号”加速器研制成功做保障服务、关心帮助的又有多少人？还有外协单位的许多同志。我再一次感谢他们。一个人的成功，当然需要个人的努力奋斗，但也离不开集体和环境，应该大力歌颂默默奉献的人们，歌颂那些为成功铺路、搭桥的人。让我们继续发扬艰苦奋斗、无私奉献的敬业精神，在第二次创业时期，抓住机遇，迎接挑战，造就更多更优秀的人才。希望寄托在年轻人身上！

母亲永远活在我们心中*

今天是母亲一百周年诞辰暨逝世十周年的纪念日。我们三个女儿和孙辈以及亲戚朋友汇聚一堂，共同缅怀她平凡而伟大的一生。母亲的音容笑貌出现在我们的面前，对她的无限思念，仿佛又把我们带回到几十年前的岁月……

1941 年初春母亲怀我两个月的时候，父亲和其他三十多人在绍兴府山上惨遭日本侵略者杀害。母亲强忍巨大的悲痛，坚强地在逃难中生下了我。因父亲是邱家单传，祖母为了邱家能延续香火，提出用我去换同在院子中出生的另一家的男孩，在母亲的竭力坚持下，我才留在了母亲身边。母亲坚定地要将我们三姐妹抚养成人，在最困难的时候，外公让我们住到绍兴漓渚小步村外公老家，舅舅善良大度，给了我们一家许多关心和帮助，多次写信安慰母亲，将外公老家的田地交母亲全面打理，我们的生活才有了着落。外公老家还有二外公家和三外公家，张家大台门是个团结、和谐、相互关爱的大家庭，在这样的大环境下，母亲依靠勤劳的双手，抱着豁达乐观的生活态度和“女孩要富养”的先进理念，精心呵护我们三姐妹，给了我们双重的爱，千方百计为我们营造了温馨、祥和、宁静的成长环境。我的童年几乎没有太多苦难的记忆，却有许多美好的回忆：我们一群孩子围坐在天井里，听大人们讲越王勾践、大禹治水、徐文长那些妙趣横生的故事，尤其是居方姐姐的外婆来家时讲的那些美丽传说和谜语。就这样我们无忧无虑、快乐、健康地成长，形成了开朗、大度、热情的性格。都说“性格决定命运”，少年时形成的性格，对我们后来的成长和发展有着重要影响。

母亲坚持让我们读书，受良好的教育。我们三姐妹都按时上了小学。1948 年下半年，母亲设法让大姐去绍兴城里的成章小学六年级插班求学，毕业后考取绍兴稽山中学，但 14 岁的她为了减轻家庭负担，放弃升学机会，考进了财经干校，参加了革命工作。1951 年底，母亲高瞻远瞩，为了给女儿们创造好的前程，及时果断地做出决定，冲破重重阻力，情愿牺牲眼前利益，决心将户口从漓渚迁到绍兴城里。可以说这个决定奠定了我们后来的命运和人生。母亲经常说大地方人眼界高、见识广，可以多学点东西。为让我们有宽广的视野，考虑舅舅家在杭州，堂舅在浙江省立女子中学教书，母亲让二姐和我从绍兴考到杭州上中学。我们也都很争气，先后考上省女中。记得 1953 年我考初中时，比较难考，而我小时候做事总是慢吞吞的，“老虎追到屁股后面才着急”，因此母亲带我去看望一位亲戚，我叫她外婆，她是供奉观音菩萨的，母亲为我求了一支签，是支上上签，母亲对我说了签的内容，我记得大意是“任她高飞”，实际上这是母亲对我的一种信任和期望。念初中时，有一年暑假回家，晚上刮台风，我们家的房子摇摇欲坠，似乎马上就要倒塌，我很害怕，紧紧地依偎在母亲的怀里，对母亲说：我不想死，我要上大学。母亲紧紧地抱住我，叫我别害怕，要好好学习，“妈妈一定会设法让你实现自己的愿望”，这个情景仿佛就在昨天，给我留下极其深刻的印象。二姐初中毕业后考取了中专(那时念中专不用交学费)，而我被保送上了高中。高中毕业报考志愿时，在母亲“见世面，开眼界”的思想引导下，我选择了考外地的名牌大学。母亲、大姐、二姐都支持我的想法。就这样，由于母亲的远见和安排，在大姐和二姐的相助下，我顺利考上西安交通大学并完成了学业，成为我们家中唯一的大学生。大学毕业时，因二姐 1959 年已服从国家分配到贵阳工作，母亲非常希望我能回杭州工作，但她又一次从女儿前途着想，顾全大局，支持我服从国家需要分配到北京工作。在知道我们单位即将搬迁新疆后，我把母亲接到北京住了一个月，这是我长大后和母亲单独在一起度过的最美好时光。尽管由于保密原因，她并不知道我在做什么具体工作，但知道我们从事的工作对国家很重要，她支持我为国防献身，并在此后又为我付出了很多很多……如果没有母亲、大姐、二姐等一家人的付出，就不可能有我的今天。

母亲非常地爱我们，但并不溺爱，从小培养我们独立自强的能力。有两件小事我终生难忘。记得

* 本文由 2009 年在母亲一百周年诞辰暨逝世十周年纪念会上的讲话整理而成。

我从漓渚小学来绍兴城龙山小学上学后不久，班里有位男生侮辱我，骂我是没有爹的野孩子，我非常生气，也很勇敢，一把抓住男生衣领要揍他。老师见到首先批评了我，虽然在我解释后她也批评了那个男生，但我心里很不服气，其实平时我在班里属于“乖孩子”一类的学生。回到家里我对母亲说了这件事，起先我以为她一定会说我，因为在平时，凡是孩子在外面玩时发生争吵或打闹，她总是严格管教自己的孩子，但这次母亲不但没有批评我，反而夸我有勇气，从此我立志要上进、好学，为妈妈争气，为邱家争光。在念小学时还有一件事也是不能忘怀的，当时绍兴家中用水主要靠井水，我和二姐经常去井边打水、抬水。有一次去井边打水，我一不小心把钢笔掉进了井里，心里非常难过，因为这支钢笔是我的心爱之物，没有笔怎么学习呀！那时我们家境极度困难，大姐是供给制，家中没有其他稳定的经济收入来源，靠奶奶在街上摆小摊，母亲起早摸黑地磨豆浆卖，我们上学前再把豆浆送到客户家。记得有一次和母亲上街，经过电影院，我非要去看电影，那时一张电影票只要 5 分钱，母亲坚持不让去。一支钢笔要好几毛钱到一元钱，是个不小的损失，我想这次一定会挨骂了，但母亲没有骂我，只是要我记住这次教训，而且很快给我买了一支新的钢笔，并让我以后负责倒洗家中马桶，把换来的钱积攒起来，补偿这次损失。后来我上了省立女中，住校六年，培养了独立生活的能力。那时学校里活动比较多，如爬到教学大楼房顶上除“四害”赶麻雀等，全是我们女同学自己干，一点也不比男女混合中学的男生们差。正是青少年时代养成的这些素质，使得走上工作岗位的我工作泼辣、肯吃苦、做事认真，很快得到了领导和同志们的认可和信任，为我以后的发展打下了很好的基础。

我和李国政 1966 年进入新疆，1968 年结婚成家。当时我们工作在大漠戈壁深处，几乎与周围老百姓隔绝，生活非常艰苦，抚养孩子的条件和孩子受教育的条件都很差。我先后生了小越、小峰，工作又非常繁忙，在最困难的时候，又得到了母亲的支持和帮助。为了支持我们的工作，为了孩子今后的教育，母亲在六十岁的高龄担当起抚养小越、小峰的责任，默默地把精力倾注在第三代身上。我生小越时住在泗水新村大姐家。那个年代生活条件还很差，物质匮乏，粮油和许多日用品要凭票限量供应，住房也很拥挤，一大一小两间房子(约 36 平方米)，要住三个大人、五个大孩和小孩，我和国政回去就更挤了。现在简直难以想象，那时候人们是如何生活的。靠着母亲精心照顾，还有姐姐、姐夫的善良大度和热心帮助，在那样的条件下，小越、小峰得以健康成长。记得小越小时候生病，挂盐水七天七夜，母亲就在病榻边抱了她七天七夜；小峰脱发，母亲四处寻找偏方，精心护理和治疗，才使他有了今天这样健壮的体魄。后来在大姐的大力帮助下，母亲和小越、小峰在劳动路安了一个新家。由于我们不在身边，母亲身上的担子很重，尽管大姐、姐夫给予了不少支持和帮助，但母亲的精神负担和压力还是很大的，把小越、小峰他们养大不知付出了多少心血！现在，当我六十多岁也做了外婆时，才体会到母亲有多么大的毅力和多么大的压力，代我们把小越、小峰精心抚养到大！

在母亲的一生中，她总是想着别人，唯独没有自己，总是严以律己，宽以待人，诚恳对人。母亲的人生哲学是宁可自己吃亏，也不能愧对别人，她从小教导我们：滴水之恩，要涌泉相报。在绍兴漓渚外公老家，我出生时请来容山姆妈帮忙，容山姆妈对我疼爱有加，母亲对她十分尊重，视同姐妹。我上大学时母亲让我专程到容山去看望她。小峰出生时她来绍兴城里看望我们。后来小峰寄养在容山奶妈家时，母亲和我也常去看容山姆妈。记得有一次她为了送我半斤丝绵，竟在河边码头上等了两个多小时，令我十分感动。我们两家的亲密关系一直保持到容山姆妈去世。我们家刚搬到绍兴城里时，家境极度困难，母亲为了供我们姐妹上学和维持家中生活，外出到上海当保姆，这是她第一次角色转变。母亲本出生在书香门第大户人家，家中也曾雇过人，对雇来的人都是礼貌相待，但是上海那户人家非常势利刻薄，把保姆完全当下等人使唤，很不尊重，母亲受到了极大的屈辱(这是我后来才知道的)。但她回家时，总是把微笑留给我们，却把痛苦埋在了自己心里。女子本弱，为母则强，在母亲身上得到了充分的体现。她柔弱的身躯，何以能够挑起沉重的家庭担子？内心坚强不移的信念，使她有着超乎寻常的勇气和耐力，才能克服那么多的困难。1954 年开始，母亲到浙江省委党校马悦庭同志家当保姆。我那时在女中上学，每个星期天都去看望母亲。马家外婆对我们总是非常客气，对母亲也十分尊重。每次回学校前母亲总会给我烧一碗鸡蛋葱油面，我吃得那么香，至今还回味无穷。母亲从来都是公私分明，而且做事特别认真。有一段时间她痔疮出血很厉害，可晚上还做针线活到深夜，从来不叫苦叫累。正是看重母亲的人品，马同志把当时在党校学习的吴天益介绍给了我大姐，1957 年他们结婚，1959 年 2 月大姐调往杭州工作，从此我们家就在杭州扎下了根。在绍兴城居住时，漓渚的亲戚朋友喜欢把我们家作为落脚点，有时吃住在家一段时间，母亲和奶奶总是热情接待，奶奶常变卖东西来维持生活，只要有人求助，母亲总是尽自己最大努力去帮助。我们搬家多处，从漓渚张家大台门到绍兴城酒务桥状元台门，后来又到杭州铜元路、泗水新村，直到劳动路。无论在哪里住，母亲和邻里们都和睦相处，互相关爱帮助。母亲的高尚人品，得到了每一个认识她的人的敬重和称赞，她那勤劳、善良、宽容、谦逊、富于牺牲和爱心的精神，集中了中华民族女性最优良的品德，对我们子女产生了极大的影响。1999 年我当选为中国工程院院士。别人给我总结三条成功的经验：一是个人勤奋，坚持不懈，执着追求；二是为人大方大度，善于团结同志；三是善于抓住机遇。这些素质的养成都是母亲培养教育的结果，也是母亲高贵品质和精神的继承和发扬。历史上孔子三岁丧父，孟子五岁丧父，都是母亲把他们抚养成人，尽管我们不能与圣人相比，但说明母亲是多么的伟大，母亲个人的素质对子女的影响是多么的重要。

我们的母亲虽然是一个普通的女性，一个很平凡的人，但在平凡中显现出不平凡，闪耀着伟大母爱的光辉，她的高风亮节永远是我们学习的榜样，是留给我们的宝贵精神财富。母亲精心养育的三个女儿个个都不逊色，家家都很幸福美满。我们没有辜负母亲的苦心和期望，她在九泉之下一定会为我们感到欣慰和自豪。母亲虽然离开了我们，但她的似海恩情我们永远不会忘记，她永远活在我们心中。

创新·奉献
——继承和发扬研究所光荣传统、奋发图强再创辉煌*

1. 研究所的历史是一部奉献史，也是一部创新史

“两弹一星”功勋科学家程开甲先生在西北核技术研究所“两弹一星”精神教育会上指出：研究所的历史是一部创新的历史，有创新点、有争论、有矛盾，才有发展，才能实现创新，研究所是在发现矛盾、提出矛盾、分析矛盾、解决矛盾的过程中得以发展，才有今天的辉煌。创新精神是“两弹一星”精神中极其重要的内容，创新是与艰苦奋斗、无私奉献分不开的，创新的背后就是艰苦奋斗。艰苦奋斗不仅仅是喝苦水、战风沙，更重要的是新观点、新思想的提出、争论和实施。

研究所的历史是一部奉献史，也是一部创新史。研究所从最初的以测试武器威力和效应研究为主的研究所，发展成为以核科学技术和定向能技术为主要研究领域的多学科综合性研究所，靠的就是创新、奉献和一支以程开甲为代表的领军人才及他们带领下的敢于拼搏的科技队伍。他们总是高瞻远瞩，早发现、早提出、早解决问题，超前为下一步发展创造条件。事业发展不停歇，创新超越无止步。

2. 创新的基本要素

1) 创新动力

人的创新要有动力，需求一直都是创新最重要的动力。国家富强、民族复兴的发展需求，是我国科技创新最原始、最强大的驱动力。

民国时期，中国的国际环境很险恶，受到列强的欺侮，要求生存就要自强。在一定程度上各种思潮都能公开表达，不同观点公开争论，很多学生的学习动力中就有科学救国的成分，培养了大师级人才。中华人民共和国成立后，不少人放弃国外优越的工作和学习条件，历经艰难回来报效祖国。1950年3月18日纽约《留美学生通讯》第3卷第8期上发表了朱光亚等52位决定回国服务的学者致留美同学的公开信，信中写道：“回去吧！让我们回去把我们的血汗洒在祖国的土地上，灌溉出灿烂的花朵。我们中国要出头的，我们的民族再也不是一个被人侮辱的民族了！我们已经站起来了，回去吧！赶快回去吧！祖国在迫切地等待我们！”后来，国家表彰的23位“两弹一星”功勋科学家，就有21位是冲破重重险阻、毅然决然回归祖国的功臣，钱学森、朱光亚、程开甲等科学家就是其中的杰出代表。

20世纪50年代，中国面临国际上咄咄逼人的核威胁形势。1955年1月15日，中共中央做出重大决策：研制原子弹，建立我国的核武库以消除直接核威胁，确保国家的根本利益。于是在这样重大的国家需求下，凝聚起一批著名科学家和热血科技工作者，在极其艰苦的生活环境和落后的技术条件下，承担起这一历史重任，成就了“两弹一星”事业。

2) 创新范围和创新基本素质

创新包括三类：原始创新、引进消化吸收再创新、集成创新。当前更缺乏的是原始创新。

创新是多方面的，多层次的，有国际领先、国内领先、行业领先，但就其创新范围，基本可归纳为四个方面：开拓研究方向乃至研究领域；使用研究方法，包括模拟方法、实验方法、诊断方法、诊断手段等；运用论证资料，如运用实验数据或其他材料发现现象、认识规律和机理等；新理论、新原理、新概念。

---

* 本文由2012年5月4日的报告整理而成。

当前存在较普遍的缺乏创新性的现象可概括为：简单移植，只是对别人方法的应用和重复；简单地揭示表面现象，没有深入研究事物发生、发展的内部关系；简单延伸，只是进一步论证他人的工作；简单推理，只是采用一定的实验证实已知的结论。

创新需要一系列基本素质做支撑。第一，要热爱。热爱是最好的老师，一个人如果不热爱自己的工作，不爱到入迷的程度，是不可能有成就的。没有科学的热情比没有能力更可怕。第二，要有兴趣、难以满足的好奇心。兴趣是入门的最好老师。好奇心是科研的敲门砖，我们要敢于怀疑，敢于质疑权威、思维方式。第三，创新离不开坚韧不拔和奉献精神。认准目标，勤奋踏实，坚持不懈，这是创新成功的基本要素。第四，创新基于必要的知识结构，要综合掌握学科前沿知识、研究方法知识、跨学科知识等。

3) 创新环境

创新需要有宽松、自由、包容、宁静、公平竞争的社会文化环境。当前社会上存在着一些影响创新环境的问题，主要包括：科技管理过度行政化，科技人员缺乏主体地位；科技活动过度利益化，“跑部进钱”现象普遍存在；缺乏正确适宜的科技评价体系；科技工作者的责任缺失，价值取向存在问题。

我们要努力营造研究所良好的创新环境。一是发扬研究所的优良传统。二是处理好几个关系，包括：行政决策与学术民主的关系；“长”与“家”的关系；研究所“特殊”性与全系统政策差异的关系，学习如何争取“特区”政策；保密与开放交流的关系；任务与学科的关系，重视应用基础研究。

朱光亚主任一直关心我所实验室的建设，重视基础研究。2000 年 6 月 19 日，朱光亚主任对研究所今后任务和发展做了重要指示。他谈了 4 点，对于基础性研究工作，他指出，Z 箍缩技术研究瞄准国际前沿性研究，是一项很重要的工作，对科技队伍中新生力量迅速成长有着重要作用。2003 年 8 月末，朱光亚主任接见了陈佳洱院士和专题研究组的成员，总结讲话回顾了在周总理领导下制定《十二年科技规划》的过程以及“两弹一星”研制中的经验教训，指出基础研究非常重要，是当代高新技术发展的源泉与基石，是培养高素质人才的摇篮，是增强全社会的创新意识、提升原创能力的重要基础。他还指出，我国的基础科学研究应该走“学科前沿发展与国家需求牵引相结合”的道路。

3. 科技人员成长的几点体会

1) 融入事业，把握机遇

要把个人融入国家和民族需要的事业中。吕敏院士曾是我的室主任，他忠贞报国的话语，至今仍历历在耳：“我立志报国，再不允许列强侵略”“随时听从祖国召唤，改行从事国家急需的工作”。朱凤蓉研究员是清华园走出的第一位女将军。2001 年，她在清华大学建校 90 周年庆典上动情地说：“一个知识分子，只有投身伟大事业，把个人前途和祖国命运联系起来，才能在事业上有所作为，实现人生价值”。我一直坚定地认为，只有把个人的理想追求与国家的需要紧密结合起来，坚韧不拔，锲而不舍，勇于创新，才会成功。把个人理想与祖国利益紧紧联系起来，把个人志向与民族复兴紧紧联系起来，一定会让自己的人生充满激情，充满幸福，充满希望！

抓住机遇。“机遇”就是国家的需要，“抓住”就是要去争取，不是等待。机遇偏爱有心的人，要不断“有心地”积累，机遇不会给无准备的人。要有实力、有积累、有判断力，才能敏锐地预测到“机遇”的到来，才能抓得住“机遇”。我们先后争取到了“晨光号”的参与和使用权、“闪光二号”的研制权、“强光一号”的引进权，它们都不是一帆风顺得到的，有时需要付出代价和牺牲。

科学时有“突破”和“创新”，要留心、用心去创造这个“突破”和“创新”。

2) 正确定位，挑战自我

志向要远大，立足要实际，要摆正自己的位置。学会正确认识自己、解剖自己，发挥自己的优势，克服自己的不足，在奉献、创新中体现自身的价值。学会尊重别人，善于听取不同意见，不要怕反对意见，在不同意见中争取最大的收获。不要怕挫折，挫折是人生的宝贵财富。

3) 不断学习，持之以恒

把学习、思考变成自己的习惯和爱好，不断向书本学习，向实际学习，向有经验的同志学习，保持一颗永远年轻、富有创造力的心。

我的人生格言是执着、勤奋、豁达、激情。执着就是做事认真，不轻言放弃；勤奋就是任何工作都要付出很多劳动，一个人再聪明，如果不勤奋，也会一事无成；豁达就是心胸宽广，凡事不计较；激情是一种向上的力量，它激励我们热爱生活，快乐工作！

祝愿大家都能够激情工作，快乐生活！

激情工作，快乐生活
——浅谈人生感悟*

1. 我的人生理念

我 1959 年考入西安交通大学电机系高电压技术专业，1964 年毕业。与那个时代许多名牌大学生一样，抱着“国家的需要就是我的志愿”这一信念，我来到西北核技术研究所工作，开始在北京，后来又到大漠戈壁，一干就是二十几年，1988 年随研究所搬迁到西安。1999 年我当选中国工程院院士。在我和我的同事们共同奋斗下，我所高功率脉冲技术得到了很大的发展。输出功率和电子束流提高 3 个多量级，辐射剂量率提高 6 个量级，以高功率脉冲技术和强束流物理为基础建成的强流脉冲粒子束加速器在国防科研试验中发挥了重要作用。研究规模也从一个小组扩展到三个研究室的范围，并培养了一批优秀的科技人才。

很多年轻人问我：为什么您已经工作五十多年了，仍然那么富有激情，富有活力？今天，我就把我的体会感悟分享给大家，那就是我的人生理念，“激情工作，快乐生活”。

激情是一种向上的力量，它激励我们热爱生活，快乐工作。热爱和快乐是人生的真谛，是人生的正能量，它源自我们对事业的那份热爱，从而产生对工作和生活的那份激情。工作和生活，是人生的两大构成要素。激情工作，快乐生活，能够让我们的人生更有价值。

2. 激情工作

1) 驱动力

坚定的理想信念，强烈的责任感、使命感是一代代科技工作者科研报国、无私奉献的最强大驱动力。一代代马兰人矢志报国、自强不息，秉承着为铸造国防基石而开创伟大事业的坚定信念，肩负着为挺立民族脊梁而进行伟大实践的艰巨使命，筚路蓝缕，集智攻关，自主创新，艰苦奋斗，从第一颗原子弹、氢弹爆炸成功，到建立和保持我国精干有效的自卫核威慑力量，为铸牢强国基石作出了历史性贡献。回顾我个人的成长历程：参加我国第一台高阻抗型脉冲电子束加速器“晨光号”的研制，负责自主研制我国束流最强(1MA)的低阻抗型强流脉冲电子束加速器“闪光二号”，主持建设国际首台多功能强流脉冲电子束加速器“强光一号”，1998 年从研究所副总师岗位退下来，继续做科研工作，瞄准国际前沿，结合国防建设需要，继续开拓高功率粒子束产生技术及其应用，开拓了 Z 箍缩研究方向，提出了高功率脉冲技术发展战略。“祖国的需要就是我的志愿”，一直是我激情工作的最强大驱动力。

激情工作的另一个强大驱动力是对国防科研事业的热爱、兴趣。1999 年当选中国工程院院士，这对我而言是一种荣誉，更是一种责任。我更加热爱自己的工作，同时要求自己有更大的进步。1999 年以来，我带领团队干了 5 件事：①开展 Z 箍缩物理和脉冲功率驱动源关键技术的基础研究，持续承担 3 个国家自然科学基金重点项目，建成了国内首台“强光一号”Z 箍缩研究平台，获得了多项自主创新成果；②研发小焦斑 X 射线照相源的关键技术，建成了国内首台基于 IVA 和 RPD 技术路线的“剑光一号”加速器，为后续的发展打下了技术和人才基础；③发起并承担中国工程院关于“应对强电磁脉冲威胁战略研究”的重点和重大咨询项目，已产生重大影响，得到中央领导高度重视，推动了这项工作的开展；④推动脉冲功率技术向民用拓展，研发重复可控冲击波技术和装备，用于油气、煤炭开

* 本文由 2016 年 7 月 19 日的报告整理而成，2021 年 2 月 8 日邱院士予以补充。

发领域，目前已取得重要进展，具有独创性；⑤推动脉冲功率与放电等离子体学科建设，组织策划重大项目。国家为我提供了一个更新更大的科研平台，我带领团队全心忘我地工作，出于自觉自愿。

2) 基本素质

终身学习。活到老、学到老，只有不断地充电，才能给自己的工作增加活力。我大学学习的是高电压技术专业，新生入学时，马乃祥老师向我们介绍了高电压技术在国防中的应用，给我留下了深刻的印象。参加工作以后，围绕完成国家任务、自主研制国产设备、开拓新领域工作需要，又相继学习了粒子加速器、等离子体等相关专业技术知识，2005 年出任西安交大电气学院院长，重温电气工程的基础和技术知识。总之，就是根据工作的需要，任务的需要，国家的需要，补充、更新、升级自己的知识。学习的途径也有很多种，可以向书本学，向实践学，向专家学，向学生学。

勤于思考。要能够提出问题，带着问题思考，解决问题，把握好机遇。为解决“晨光号”研制调试中的难题，我深入思考，从理论上仔细分析原因，工作时间想，休息时间想，坐在公共汽车上想，好几次都坐过站，经过几天的冥思苦想，终于找到了原因，解决技术难题后，使机器调试顺利进行，达到了设计目标。

执着追求、坚持不懈。认准的事不能轻易放弃，敢于迎着困难上。“晨光号”“闪光二号”“强光一号”等设备的使用权、研制权、引进权都不是等来的，而是积极主动争取来的，在设备建设中也都不是一帆风顺的，是靠我们脚踏实地、坚持不懈的努力才获得成功。现在物质的困难已经很少了，关键是人，只要人静下心来，为科学献身，有不怕困难、不怕问题、艰苦奋斗的科学家精神，一定可以有更大的创造。

正确面对不同意见，甚至反对意见，把它变成一种动力、一种财富。1981 年，面临国家急需、国外禁运的紧迫形势，我提出了国内自主研制加速器的设想，并负责该项目的立项论证。当时我们技术力量确实单薄，项目技术复杂度和难度都很大，不少专家和单位担心、怀疑我所没有能力承担研制项目。面对各种不同意见，我坚持以我所为主，辅以必要的国内外协的方针，坚持按达到高束流、高束能的目标去努力，不降低指标，最终获得了成功。

豁达、宽容。不计较一时的得失，多看别人的长处，学会化解自己的烦恼。乔登江院士在我心目中是一位受尊敬的师长，学习的楷模。他乐观开朗，对事业孜孜不倦地追求，无论是身处逆境还是处于事业的顶峰，都能以平静的心态对待，始终保持很高的工作热情，在位时如此，1988 年离休以后二十多年，依然如此。

工作有计划。经常设定小目标，善于总结，使自己有一种成就感，这种成就感，更多是来自自我的肯定，而不一定在于外界的评论。在成就感的良好心态支持下，我们又会产生一个新的目标。

3) 外部环境

要保持持续的激情工作，外部环境十分重要，要有好的科研、文化氛围。我有幸成长在研究所。“艰苦奋斗、无私奉献”的马兰精神，“艰苦奋斗、无私奉献、集智攻关、勇攀高峰”的研究所精神，“艰苦奋斗，干惊天动地事；无私奉献，做隐姓埋名人”的新马兰精神，是我们宝贵的精神财富。

研究所有一批老专家的榜样。辐射效应模拟的发展，离不开朱光亚、王淦昌、程开甲等老专家的引领、关爱、帮助和支持。我所辐射模拟设备的发展主要经历了 4 个阶段，从 20 世纪 60 年代到 90 年代，几乎每 10 年上一个台阶，之所以有这么大的发展，是与朱光亚主任正确的决策、关心和支持分不开的。著名科学家、“两弹一星功勋奖章”获得者王淦昌院士始终关心并亲临现场指导“闪光二号”加速器研制工作，他在鉴定评审会上对“闪光二号”研制给予了高度评价，说我们“走出了高科技出成果出效益的成功之路”。“晨光号”和“闪光二号”加速器的研制，都得到了程开甲老所长和吕敏老领导的赞同和支持，提出了重要的指导意见。这些老专家、老领导，是我科研道路上的领路人。

研究所取得一大批成果。一代代研究所人，集智攻关，勇攀高峰，凝聚成锻造国防盾牌的中坚力量，其中先后成长了 10 名院士，而林俊德、陈达、邱爱慈、刘国治、欧阳晓平，是在老专家老领导的引领培养下，在研究所土壤中成长起来的。

3. 快乐生活

快乐生活，健康是目的，快乐是真谛。一个人是在集体、周围同事和社会大环境中成长，好的单位、和谐的人际关系和良好的文化氛围对一个人的成长非常重要。我们要处理好家庭与事业的关系，家庭成员之间的关系，人际关系，包括上下级、同事之间、邻里之间的关系，积极营造和谐的社会环境，快乐的生活氛围。

把握好得失。学会换位思考，理解万岁。学会转换工作、家庭中的角色。女人不要把干家务作为负担。一个女同志要在事业上做出点成绩，需要比男同志做出更大的努力、付出更多的代价，但如果能注意克服自身弱点，充分发挥本人的长处和优势，注意经验积累和提高，也同样能在事业上有所作为，为社会做出贡献，同时尽到一个妻子和母亲的责任。这一点非常重要，因为女性对社会的责任是无法代替的，要提高全民族的文化素质，必须首先提高妇女的文化素质。时代在进步，生活条件在不断改善，给妇女自身发展提供了更大更好的空间，但是现在竞争更加激烈，社会对妇女的偏见依然屡见不鲜，甚至有些地方还有所增长，因此女同志一定要自强、自立、自尊、自爱。

我们要学会“三忘”：忘记自己对别人的帮助，不图回报，忘记怨恨，忘记年龄；更要学会“三不忘”：不忘父母养育，不忘帮助过自己的人，不忘历史。这样，我们才让自己满怀爱心、善心、良心，让生活充满阳光！

我有着苦难而又快乐的童年。我出生于 1941 年，那是中华民族遭受欺凌的苦难年代。父亲在我出生前就被日本侵略者枪杀，襁褓中的我差点死于侵略者的刺刀下。母亲的坚强、勤劳、智慧支撑着整个家，让我们三姐妹受到良好的教育。在母亲的呵护下，我快乐、健康地成长。中华人民共和国成立后，在党和政府的助学金以及家庭的支持下，我读完小学、中学直至大学毕业。

我有一个圆满、和谐、幸福的家，有志同道合的丈夫、自强独立又孝敬父母的儿女，以及健康聪明的孙子孙女。我爱人是老一代留苏生，他是一个以事业为重，对工作非常投入的人，对生活却没有太高的要求。我们两人的专业不一样，性格和为人处世都不同，但能做到互补互谅。他个性较强，但能够做到“理解万岁”。我的工作和各项活动安排都很忙，但我还是尽量多参与家中的事，尽量去尽一个妻子、一个母亲的责任，学会转变角色。我爱人退休比较早。他在 20 世纪 90 年代参与了研究所对俄的交流、引进和谈判等许多事项，正是由于在这期间他与俄方许多专家和单位建立了很好的关系，使得他退而不休，帮助国内有需要的单位建立联系、引进专家，做了十分有益的事情。他翻译的公开出版和作为教材内部出版的俄文书籍，已有近 10 部，而且大多是科技专著，版本很新，对于相关专业(尤其对于我们专业)的技术人员是很有参考价值的，我也乐于帮助推荐出版。我们两人都忙于自己的事情，反倒矛盾少了，共同语言多了。

我们的儿子女儿都有自己的工作，自己的家庭和孩子，他们都很独立自强，不用我们操心。随着我们年纪一年年增大，儿女与我们的关系更密切了。儿子虽然在国外，但只要有机会，就回来看望。女儿在国内，更是经常关心我们，替我们考虑安排事情，使我们的生活更方便、更安逸。我和她爸爸近些年都生过病，出现过意外，女儿女婿赶回来看望，帮助安排处理事情。总之，一个家庭各方面处理妥当、和谐美满，这是我能够做到“激情工作、快乐生活”的可靠基础。

4. 结束语

我们要不忘初心、继续前进，激情工作、快乐生活，用我们脚踏实地的努力奋斗，为中华民族伟大复兴做出新的更大贡献。

传承弘扬马兰精神，创新奋斗开创新局面
——强辐射环境模拟及应用团队的成长*

1. 传承弘扬马兰精神

“艰苦奋斗干惊天动地事，无私奉献做隐姓埋名人”的马兰精神是马兰人的魂，融入一代代科研人员的基因血脉，薪火相传，激励我们不断奋进、不断攀登。强辐射环境模拟是研究产生各种强脉冲辐射环境的技术，是国家核科学实验的铺路石。从 1975 年开始，强辐射环境模拟及应用团队先后研制成功“晨光号”“闪光二号”“强光一号”“剑光一号”、大型 HEMP 模拟器、2MV/360kA IVA 装置、“剑光二号”等装置，辐射模拟装置每 10 年上一个台阶，正在建设大型伽马射线模拟装置，以及“百太瓦 Z 箍缩(CZ-34)”国家重大科技基础设施，建立了我国强脉冲辐射环境模拟体系，为我国战略武器生存和突防实战能力提升发挥了重要作用。团队从 1963 年成立最早的一个研究室，不断发展壮大，拓宽研究新领域，发展建立高功率微波技术国防重点实验室、激光与物质相互作用国家重点实验室、强脉冲辐射环境模拟与效应国家重点实验室 3 个重点实验室，“闪光二号”课题组成长了 2 名院士、6 名专业领域学术带头专家。

老一代科学家是我们学习的榜样，他们的决策、支持、厚望是激励我们不断前进的力量。王淦昌先生亲临现场，指导“闪光二号”调试与应用，并为电子束泵浦成功产生当时国内最强的 XeCl 准分子激光发来贺信。

院士是一种荣誉，更是一种责任。1999 年 12 月 21 日，上级领导在给我当选中国工程院院士的贺信中指出：“希望一如既往在武器装备发展规划、重大工程项目决策方面发挥好集体参谋咨询作用；在相关装备技术创新和科研攻关中发挥好带头作用；在培养新型科技人才工作中发挥好师长作用；在精神文明建设中发挥好模范表率作用，用自己崇高的思想品德和道德风范去影响和教育广大科技干部，为我国武器装备现代化建设再立新功”。从那时以来，我按照上级要求，激情工作，不忘初心，更加自觉投身国家科技事业中。

2. 创新奋斗开创新局面

1) 潜心 Z 箍缩基础研究

快 Z 箍缩是指利用兆安培以上的脉冲大电流产生的强磁场对等离子体进行轴向聚缩的过程，可产生高强度软 X 射线，在强脉冲辐射环境模拟、惯性约束聚变、材料科学和天体物理等多个前沿科技领域具有重要应用，是核大国科技竞争的制高点。

在老一辈科学家的殷切希望和各级领导的支持下，我带领团队连续获得国家自然科学基金 3 个重点项目和 1 个重大项目，取得一批自主创新成果，缩短了我国 Z 箍缩研究与国际先进水平的差距。在某些局部甚至实现了并跑和领跑，推动了 Z 箍缩在国内的创新发展，提升了我国 Z 箍缩技术的国际影响力，并为我国国防科技事业培养了一批试验诊断、强辐射环境模拟等方面的人才。

2) 抓住机遇，为建设超高功率 Z 箍缩大科学装置持续奋斗

中国西部科技创新港是教育部和陕西省政府共建的理念超前、模式创新的开放式学镇，西安交通大学在中国西部科技创新港规划了 Z 箍缩设施的建设用地。

---

* 本文由 2018 年 10 月“学习弘扬马兰精神主题报告会”所做报告整理而成。

Z 箍缩设施于 2016 年 6 月入选教育部首批重大科技基础设施培育项目，之后，我作为负责人，召开需求论证会 20 余次，组织专家 100 余人开展研讨；2017 年 12 月，西安交通大学和西北核技术研究所成立“Z 箍缩及应用联合研究中心”，我作为首席科学家，中心任务是筹建百太瓦 Z 箍缩大科学装置，并列入“十四五”西安交通大学“一流大学建设”支持关键技术研究平台建设；2017 年 12 月 6 日～7 日，我作为倡议人，发起召开了香山科学会议第 S38 次学术讨论会——“快 Z 箍缩科学前沿问题及关键技术”，会后与 10 位院士联名提交了“关于加快建设 Z 箍缩重大科技基础设施，促进前沿科技创新”的院士建议，报送中共中央办公厅、国务院办公厅等。根据“共筹共用重大科技基地和基础设施建设”要求，建议在新一轮国家重大科技基础设施建设规划中给予考虑；Z 箍缩重大科技基础设施对多个科技前沿领域的支撑带动作用十分突出，未来几年是取得重大突破的关键机遇期，建议尽快启动立项。

2018 年 1 月“百太瓦 Z 箍缩设施”列入教育部“十四五”首批重大科技基础设施，2018 年 3 月国家自然科学基金重大项目“直接驱动型超高功率电脉冲产生与调制的基础研究”启动，我领衔的团队入选陕西省“三秦学者”创新团队。

CZ-34 大科学装置建设规划分三步走：2018 年建成 4 级串联共用腔体新型结构与触发方式的 MA 级 FLTD 演示与实验验证平台；2022 年建成 32 级单路 FLTD 演示与验证平台；2025 年启动建设 CZ-34 主体，2028 年建成综合性研究平台。

经过十几年潜心研究，在 TW 级高功率脉冲产生方面取得重要进展，研制成功气体绝缘与插拔式支路新架构的 1MA/100kV/120ns 模块，国际上首次实现光纤传输数十 μJ 激光触发 MA 级 FLTD；研制成功国际上首个基于 5GW 支路采用共用腔体新架构与延时线触发的四级串联 FLTD，可维护性好、触发简洁，技术国际领先；初步完成单路 TW 级 32 级串联 2.5MV/1MA/150ns 共用腔体与级联触发新结构 FLTD 的物理设计；建立了 FLTD 驱动源电路、整体径向传输线电磁、负载磁流体的驱动源与负载耦合模型，为建立数十 MA 电流、数 MV 电压的百 TW 快 Z 箍缩驱动源的总体设计、参数优化和工程研制奠定重要基础。

3) 急国家所需，主动谋划辐射模拟装置发展

“闪光二号”经过改进产生 1kJ/cm^2 的电子束，用于抗辐射加固技术研究；20 世纪 90 年代，抓住时机对俄引进多功能效应装置，通过消化吸收再创新，实现国产化，性能提高，运行可靠，成为当时国内强伽马辐射射线效应和 Z 箍缩技术研究的唯一平台，朱光亚题名为“强光一号”；2008 年获得国家科学技术进步奖二等奖，主要完成人为邱爱慈、曾正中、张永民、蒯斌、丛培天、汤俊萍等。

研制“剑光一号”：国内首台感应电压叠加器(IVA)型闪光照相装置。2004 年 7 月，敏锐把握国外发展趋势，开展阳极杆箍缩二极管和高电压 IVA 关键技术研究，在上级主管部门先期垫支经费支持下，2008 年国内首次研制成功 IVA 型闪光照相装置，主要指标达到国际同类装置先进水平，与美国 Cygnus 加速器指标相当，并于 2016 年获得国家技术发明奖二等奖，主要完成人为邱爱慈、孙凤举、杨海亮、曾江涛、孙剑锋和尹佳辉。

4MV/80kA 闪光照相装置：在“十二五”国家专项“闪光照相实验 X 光源关键技术”的支持下，开展了多路并联馈入、多级感应腔串联高压大电流 IVA 型加速器关键技术研究，建立了 2×2 IVA 实验平台(2MV/360kA)，基本掌握了高功率电脉冲产生与同步控制、高电压大电流低阻抗 IVA 感应腔等关键技术。根据国内外发展形势对闪光照相技术发展的需求，研究所筹措经费，瞄准攻克 10～14MV 高电压 IVA 闪光照相装置研制难题，突破了多路兆伏级高功率电脉冲产生与纳秒级时间同步控制、高电压低阻抗快时间响应感应腔、多级感应腔串联电脉冲高效叠加传输、脉冲功率源与 X 射线二极管高效耦合等核心技术，在国外高性能钴基磁芯材料禁运，国内磁性材料磁通跳变仅为其 2/3 的限制条件下，研制出 4MV 脉冲 X 射线闪光照相装置，装置全部为自主设计、国内制造，具有完全自主知识产权，总体达到国际先进水平。项目成果为“十三五”研制大型高能伽马射线辐射模拟源和更高电压的闪光照相脉冲 X 射线源奠定坚实基础。

研制大型辐射波电磁脉冲(EMP)模拟器：指导硕士研究生开展 EMP 模拟器中的同轴峰化电容器、

低抖动紫外预电离中储开关等技术研究，提出了大型辐射波电磁脉冲模拟器研制方案，并指导研制工作。大型辐射波电磁脉冲模拟器的主要研制人员陈维青、何小平、汤俊萍、贾伟等都是从“闪光二号”和“强光一号”组培养起来的。

4) 发挥咨询作用，大力推动我国 EMP 的发展

2013 年 1 月至 2016 年 12 月，先后完成重点咨询项目“我国应对复杂电磁脉冲环境威胁的战略研究”、重大咨询项目“我国应对强电磁脉冲攻击威胁的战略研究”。关注高空电磁脉冲(HEMP)、高功率微波(HPM)、高强度射频辐射场(HIRF)、雷电及其电磁脉冲、静电放电(ESD)、太阳风暴引起的地磁暴等环境。提出关注信息化武器装备、国家关键基础设施等对象。通过调研论证，梳理分析了应重点防护的目标和威胁场景，提出以强电磁脉冲试验基地、防护研究中心为主干的试验条件和能力建设方案，制订了推进防御能力建设的基本思路与总体目标，论证提出中长期发展规划，向党中央、国务院提交建议 4 份，均得到领导的重要批示。

2013 年 12 月呈报建议：将强电磁脉冲防御列为保障国家战略安全重大举措，建议设立专项，加强研究和建设，全面评估危害，落实防护措施，组织论证指标，加强考核验证。所提建议受到国家领导高度重视并做出重要批示，充分肯定加强防御研究的必要性和重要性，要求进一步论证落实。2014 年 12 月呈报“关于加强油气管网和电网地磁暴灾害防御的建议”，上级领导做出了重要批示，国家发改委发文分别在国家电网、南方电网、中石油等企业开展论证工作，部分应用基础研究如“地磁暴对油气管网和电网的致灾机理与规律研究”后续得到了科技部重点研发计划项目的支持。

2015 年在重大咨询项目研究中，提出了“弹性电力系统”概念及相应的研究方法，之后逐步得到了电力行业的认可。在此基础上，2018 年 4 月，中国工程院能源与矿业学部主办，西安交通大学承办“弹性电网与中国实践”工程前沿技术研讨会，开展电网防护策略研究，发展快速恢复技术。开展模拟仿真、摸底试验、弹性电网关键技术等研究。

5) 高功率脉冲技术在石化能源开发领域的拓展应用

近十年来，带领团队一直致力于推动高功率脉冲技术在能源资源开发中的应用。可控冲击波产生技术得到了多个国家重点项目的支持，包括国家 863 计划课题“基于冲击波法的页岩气开发新技术及装备研究”、国家自然科学基金项目“高聚能重复脉冲强冲击波煤层增渗新技术基础”、973 计划课题“页岩气储层压裂改造机理研究”、国家科技支撑计划项目“深部及中小煤矿灾害防治关键技术研究与示范”、国家重大科技专项“储层改造关键技术及装备”、国家重点研发计划“煤矿井下瓦斯防治无人化关键技术与装备”等。

带领团队研究了基于水中高压放电、金属丝电爆炸和金属丝电爆炸等离子体驱动含能混合物产生强冲击波的三代技术，研制了五类可控冲击波产生装备，实现了在同一脉冲功率驱动源的基础上可以配套五种能量转换器，产生不同参数冲击波。在页岩气和地面煤层气开发方面，针对 80%资源量埋深大、现有技术无法开发的问题，通过可控冲击波实施压前预处理降低破压，降低压裂难度与开发成本，且具有环境保护等技术优势，已在延长油田、中石油、中石化等开展了技术验证，展现出了很好的应用前景。

针对煤层增透、瓦斯治理这一世界性难题，形成新的增透理念和增透技术，大幅提高(8～10 倍)钻孔瓦斯流量，目前已在神东集团、山西吉宁矿、陕西黄陵矿、贵州中井矿等煤矿取得了很好的效果。可控冲击波技术在多个国内重大会议上得到广泛关注，实践效果得到了能源领域多名院士和专家认可，有专家提出“可控冲击波技术可能成为一项储层改造领域的革命性技术”。

3. 几点体会

没有中国共产党就没有新中国，就没有不断发展富强的中国。只有中国共产党的领导才能实现强国梦，实现中华民族伟大复兴的中国梦。

只有用党的创新理论武装头脑，才能勇于创新、坚持创新，才能发展，才能成功。

科学素养、科研能力和追求卓越的科学精神需要在科研一线长期实践中积累培养；需要宽容、开放、有利创新的环境氛围和评价体系；个人要树立崇高理想，淡泊名利，具有为伟大事业甘做螺丝钉、甘坐冷板凳、敢为天下先的胸怀志向。

大力培养兼具国家情怀和国际视野的创新人才，把个人追求与党和国家的需要紧密连在一起，才能更好地实现人生价值。

4. 结束语

同志们，千帆竞渡，奋楫者先；中流击水，勇进者胜。青春，是用来奋斗的！梦想，是用来实现的！用我们的青春和热血助推中国梦的实现，是我们的荣幸，更是新时代赋予我们的责任和使命。让我们以钉钉子精神，只争朝夕，捋起袖子加油干，坚决维护核心，坚决听从习近平主席指挥，履行新职能、担当新使命，弘扬马兰精神，不断开拓创新，维护国家安全，向历史、向人民交出合格的答卷！

一位求真务实、坚持创新的功勋科学家*

1964 年 9 月，我从西安交通大学毕业，正值我国第一次核爆炸试验准备之时。10 月 16 日我国第一颗原子弹爆炸试验成功，作为这个队伍中的一员，感到无比自豪和光荣。当时我在吕敏同志领导的团队工作，主要参与模拟设备运行、维护和试验。很长一段时间与程开甲先生的接触很少，但知道是他组建了专门从事武器试验和测试的研究所，是所里的技术总负责人。随着时间的推移，以及多次爆炸试验和测试的成功，与他在工作中的接触越来越多，了解也越来越深，感受到程先生不仅是一位科学家，更是一位从国家全局出发、作风扎实的出色领导者，是一位真正求真务实、不断产生科技新思想的功勋科学家。

研究所的模拟设备从小到大、从弱到强发展到今天，不但很好地满足了试验测试工作和国内兄弟单位不断发展的需求，而且在国内，不论是专业技术、人才队伍还是设备建设和性能指标，都占有重要的一席之地，在国际上也有一定的影响。这一方向的研究正是在程开甲院士、吕敏院士等的积极推动和正确决策下开始进行并取得成功的。

从 20 世纪 70 年代开始，我直接参与我国第一台强流脉冲电子束加速器研制的全过程。这台加速器的研制，最初是在上级机关召开的会议上确定的，主要用于辐照效应研究，由当时的原子能研究所负责研制，建成后安装在西北核技术研究所，由西北核技术研究所负责抓总，协调各单位使用和设备本身的运行维护工作。作为西北核技术研究所的代表，我参加了上级机关召开的会议，讨论确定这台加速器的技术方案。会议决定先做 1/4 模型，对相关技术指标进行了适当调整，在此基础上再研究修改 1∶1 加速器的技术方案。当时，这台加速器 1/4 模型能否做成，我所能否得到它，很不确定，大家意见也不一致。有一种意见认为，接收来的可能是一堆“废铜烂铁”，不主张要这台设备。我及时把这一情况向当时的吕敏副处长汇报，他同程开甲副所长都非常支持，决定一定要争取到这台设备，准备将它作为辐射模拟源，用于探索研究相关辐射干扰问题的实验平台。后来，研究所投入了更多的人员参加这台设备最后阶段的试验、调试，在与原子能研究所留下的同志共同努力下，按计划研制成功了加速器，并安装投入运行。事实证明，这台设备(后来经过改进提高，命名为“晨光号”加速器)在许多涉及辐射干扰问题的研究和测试标定中发挥了至关重要的作用，后来又在抗辐射加固和高新技术领域的开拓性研究中发挥了十分重要的作用。这一切都说明程开甲副所长和吕敏副处长当时的决策是非常正确的，也是非常有远见的。

1978 年，程开甲先生任西北核技术研究所所长。在研究所领导大换班时，他亲自提名我担任某研究室副主任，成为当时所里最年轻的研究室副主任。我身上的担子重了，也有机会承担更重要的事情，担负更大的责任。当时，程所长十分重视基础研究和基础设施建设，在他的呼吁努力下，研究所终于有了单列的预研经费，鼓励各研究室开展预先研究。这个决策对研究所后来的技术发展和研究领域的拓宽都起到了重要的作用。在研究所要求各研究室酝酿模拟设备建设问题时，吕敏副所长提出建造一台能研究粒子束对材料产生热力学效应的设备。我们选择用强流相对论电子束(REB)加速器，向所领导汇报，得到了程所长的明确支持，并要求我们对加速器做进一步调研，包括设备指标和应用领域。经过调研和努力得知这种加速器不可能从国外引进时，我们提出了自己研制的设想，很快得到程所长等所领导的赞同和支持。由程先生担任组长的我国第一次抗辐射加固专业组大会，安排审议了我们提出的 REB 加速器建设方案，与会专家一致认可。在朱光亚主任的大力支持下，这台加速器研制项目正式批准立项。

此后，这台我所有史以来最复杂的大型设备，在自主研制过程中始终得到程开甲先生的支持和关

* 本文写于 2007 年，为纪念程开甲院士九十华诞。

心。记得有一次我去研究所办公大楼办事，在楼梯口正好碰到程先生，他仔细询问项目的进展情况，提醒我要注意理论问题。后来他又多次听取我们的汇报，每次都提出重要的指导意见。最令我感动的是他亲自主持了两次 REB 加速器研制项目技术方案评审会。为了邀请到全国该领域的专家来参加这个项目的技术方案评审会，程先生亲自写报告给张震寰主任，得到张主任批准，向应邀与会的专家发出了请帖。这次会议由程先生亲自主持，国内 65 位专家出席，会议非常成功。正是有了程先生等专家和领导对这个项目的支持和关心，以及全体研制人员七八年不懈的努力，REB 加速器的研制取得了圆满成功(这台加速器的名字——“闪光二号”由时任国防部长的张爱萍将军题写)，它在我国的试验、测试、抗辐射加固和高新技术研究中始终发挥了不可替代的重要作用。程开甲先生一贯倡导和坚持创新精神，经常提出新思路，一直鼓励、推动我所科技试验事业向前发展。

在 REB 加速器还未建成时，程先生就考虑这台设备的应用问题。记得有一年，程先生就高功率微波研究问题来研究所做报告、开座谈会，积极推动开展这一新领域的研究，他希望我们能开拓新的研究方向，拓宽研究领域。正是在他的积极倡导下，我们在国内率先开展了高功率微波研究。为了加快开展该领域的研究，“闪光二号”加速器在基本达到第一期指标后，紧接着产生了国内最强的高功率微波能量和功率，为发展高功率微波技术奠定了重要基础。程开甲先生追求真理、献身国防、不断创新、求真务实的科学态度和科学精神，为研究所全体科研人员树立了光辉的典范，激励我所一代又一代的科技人员，不断发扬“两弹一星”精神，把我所和国家的科技试验事业推向更前、更深、更高的水平和境界。

朱光亚主任心系脉冲功率技术*

脉冲功率技术是核技术的重要组成部分，是我所(西北核技术研究所，以下提到的“我所”如无特别说明均为“西北核技术研究所”)的主要研究方向之一。当代科学技术的发展和核技术的进步，对脉冲功率技术的发展提出了新的要求。

几十年来，我所脉冲功率技术的发展主要经历了4个阶段，从20世纪60年代至90年代，几乎每10年上一个台阶，应用领域从试验测试系统标定和干扰模拟试验，到测试技术研究、辐射加固技术研究、高功率微波产生技术和泵浦准分子激光及效应研究等。之所以有这么大的发展，是与朱光亚主任正确的决策、关心和支持分不开的。我1964年大学毕业后分配到西北核技术研究所，一直从事脉冲功率技术的研究和设备研制，亲身经历了这4个阶段，也亲身感受到朱光亚主任对我所这个领域发展的关心和支持。可以说，朱主任心系脉冲功率技术，对它的每一步发展都倾注了大量心血。

认识朱光亚主任是在1973年初，当时我受所里委派到北京参加脉冲X光机项目。该项目是建造一台4兆电子伏、几十至上百千安的强流脉冲电子束加速器，产生的脉冲电子束轰击高Z材料靶产生高强度的韧致X射线，用来模拟瞬发γ射线。最初由原子能研究所一部朱洪元等专家于1970年提出建议，1971年7月30日决定建造。该项目由原子能研究所一部负责研制，由我所负责基建和剂量测试。但1972年下半年起，原子能研究所一部的主要任务转向高能物理，并于1973年2月成立高能物理研究所，体制也由原来二机部(第二机械工业部)领导改为由中国科学院领导。出于任务改变和人员等原因，高能物理研究所和中国科学院有关领导计划建成1兆电子伏模型(即1/4模型)后不再继续，脉冲X光机研制工作遇到很多困难。我们及时向所领导报告了有关情况。当时所领导认为，我所迫切需要一台模拟强γ脉冲模拟设备，希望抓紧脉冲X光机项目的筹建，并在1975年前投入使用。为了推进这项工作，上级主管机关建议我直接向朱光亚主任汇报。记得我第一次去见朱主任时心里有些紧张，但见面后，发现他很平易近人。他非常认真听取我的汇报，对一些技术问题问得很详细，如国内研制电容器的问题、1兆电子伏模型的进展、获得脉冲强流电子束的技术困难等。他说他去参加高能物理会议汇报会，就是为脉冲X光机任务去的，会上他只对脉冲X光机表了态，明确这个项目高能物理研究所不能下马。以后我还几次“直闯”他的办公室，向他汇报脉冲X光机工作的进展，他每次都非常耐心地听取，这对我们是很大的鼓舞。在朱主任的支持下，经过多方协商，达成协议，1∶1的大型脉冲X光机由中国工程物理研究院负责研制，1兆电子伏模拟由高能物理研究所负责，我所协同完成研制，于是脉冲X光机项目进入正常运转。1974年我所组织了较大力量参加1兆电子伏模型的调试。设备于1975年正式移交我所，1976年安装并投入运行。尽管这台设备指标不高，但经过几次完善和改进，为科研工作立下了汗马功劳。20多年来，这台设备(后命名为“晨光号”)仍在继续发挥作用。

20世纪70年代末，我所提出建造一台用于模拟X射线对材料产生热力学效应的设备。经过反复酝酿，1981年底完成筹建脉冲相对论电子束加速器的可行性论证报告并上报。1982年3月底，我在北京的一次会议上做了汇报。会后我见到朱光亚主任，把手头的一份报告送给他审阅。4月8日，我收到他长达4页的详细批示，对加速器的指标、用途、实施、注意事项等都做了十分明确的指示。批示中明确要求，这台加速器不是小型设备，研制要求应达到高束流、高束能，以区别于国内目前已有或正在调试的几台设备，技术指标要力争达到电子能量为0.9兆电子伏、束流为900千安一档，用途上应侧重“用电子束来模拟X射线在材料中的热击波效应”研究和“软X射线的转换技术”研究等，要

* 本文写于2002年10月，有删改。

立足国内攻关，由机关负责引进必要的部件、材料和仪器。

朱光亚主任对这台加速器研制的大力支持和急切的心情，给了我们极大的鼓励。1982 年 5 月 28 日国家正式批准该项目立项。我们按照朱主任的批示，调整了加速器指标，由原来三档指标，改为两档，即 2 欧姆一档(1.3 兆电子伏，650 千安)，1 欧姆一档(0.9 兆电子伏，0.9 兆安)，将项目名称改为“低能强流脉冲相对论电子束加速器”。

朱主任一直关心着这台加速器的研制工作。1983 年 11 月，国防科技大学李传胪教授组团出国考察脉冲功率技术，在朱主任的指示下，我作为项目负责人加入了考察团。由于我对这类加速器已有比较深入的考虑，因此，这次考察很有针对性，从参观和讨论中了解了许多有用的信息，收获很大，对后来加速器的结构设计和调试都有帮助。1984 年 1 月，他又指示科技部二局罗箭给我转来王乃彦等人 1983 年 9 月份参加第五次高功率粒子束国际会议的汇报材料。从 1984 年起研制转入工程实施，经设计、加工、辅助设备购置或研制、基建、设备安装和调试，整个加速器系统于 1988 年 10 月安装完成，12 月 16 日加速器第一次出束，初步调试获得成功。

1989 年 9 月，我所请朱光亚主任为该加速器命名题词。10 月 5 日，他的秘书张若愚寄来一封信和张爱萍同志手书“闪光二号”四个大字。信中说：“关于为你所加速器命名题词一事，9 月 25 日朱主任向张爱萍同志当面反映了你们的请求。爱萍同志欣然应允。9 月 29 日就收到爱萍同志手书‘闪光二号’，当时没有落款和签章。为此，10 月 4 日又将手书送到爱萍同志处补签，5 日收到，现呈上”。我们看后深受感动。

“闪光二号”加速器建成后，由于所内外单位要求使用这台加速器的呼声很高，因此，饱满地安排了多种物理工作，鉴定会拖至 1993 年 6 月才召开。以王淦昌院士为首的鉴定委员会通过了对“闪光二号”加速器的鉴定。该加速器不仅提供了大量的电子束模拟实验研究，满足了立项的主要要求，而且从 1990 年 2 月以来，不少物理测量诊断系统标定工作在“闪光二号”上进行，对确保物理实验数据的可靠性，起到了重要的作用。

1991 年 2 月，准分子激光首次出光时，王淦昌院士来信，对“闪光二号”加速器运行顺利、进行多种物理实验表示祝贺。最近几年，又将“闪光二号”的电子束能注量提高了约 3 倍，产生出大于 100 千安的脉冲离子束流。迄今为止，低阻抗型的脉冲电子束加速器作为脉冲功率技术实验研究仍是发展方向，为获得高的功率输出，通常需要采用多台并联。因此，在当时国外禁运的条件下，立足国内，自力更生研制成功的“闪光二号”加速器，不仅在科研中发挥了重要作用，而且使年轻科技人员得以锻炼成长，为以后的发展打下很好的基础。实践证明，朱主任的决策富有远见、非常正确。

1989 年，朱光亚主任来我所，提出要考虑今后 30 年的发展问题。根据朱主任的指示精神，为迎接所庆 30 周年，所里组织了研究所发展研讨。结合国际上的发展趋势和研究所的长远发展方向，我经过国内外广泛调研和仔细分析论证，于 1993 年底正式提出了建立高剂量率γ射线和 X 射线装置的论证报告。在此前后有关专家也曾专门给朱主任写了建议和报告。批准立项后，我们抓紧进行工作。朱主任认真听取汇报，并强调设备的技术指标和应用等问题。该设备于 1999 年底投入了正常运行。它可以实现六种辐射输出状态，可分别得到不同脉冲宽度和辐照面积的高剂量率脉冲γ射线、硬 X 射线和软 X 射线，并采用了先进的脉冲功率技术和辐射转换技术。我们在消化吸收的基础上，大胆创新，对它进行了改进，扩充了脉冲γ射线的脉冲宽度和辐照面积范围，提高了设备更换工作状态的效率和可靠性，更好地满足了相关技术研究的需要，并利用该设备开展了高功率 Z 箍缩等研究。2000 年 6 月，朱光亚主任欣然为该设备挥毫题名“强光一号”。

朱光亚主任一直关心我所的实验室建设，重视基础研究。1993 年 10 月，他在建所 30 周年科研发展研讨会上指出：根据研究所的发展方向，建好重点实验室，带动主要学科的基础研究和人才培养，我非常赞成，这也是其他首长一再指示我们的。2000 年 6 月 19 日，朱主任对研究所的今后任务和发展方向做了重要指示。对于实验室建设，他提到所里有良好的工作作风和条件，实验室建设也很好，有一定规模，这样的投资在同行中也很少，但很重要的一点是完善配套形成能力，在发挥作用上下功夫，千万不要贪多求大，要充分利用实验室设备，避免不必要的重复。对研究所今后的任务，他谈了4点。讲到基础性研究工作时，他指出：Z箍缩技术研究瞄准国际前沿性研究，是一项很重要的工作，对科技队伍中新生力量迅速成长有着重要作用。

回顾几十年来事业的发展，面对新时期所肩负的任务，我们一定要根据国家需求和上级的要求，不要辜负朱光亚主任对我所的多次指导和期望，建设好重点实验室，发挥设备的最大效能和效益，为完成所承担的主要任务提供支撑，为人才培养和开展新的研究方向提供基础。

献身国防科技事业的楷模
——我眼中的林俊德院士*

各位老师、同学们：

我和林俊德院士虽然专业方向不同，但对他有比较深的了解。我感受最深的有两点，一是他对事业执着，一辈子“发狂”工作，为我国国防科技事业付出了毕生心血，特别是罹患癌症后，他坦然面对生死，决然放弃手术化疗，依然忘我工作，直到生命最后一刻；二是一辈子讲真话、干实事，坚持自主创新，突破了一系列核心关键技术，取得了一批重大科研成果，为铸就国防盾牌、挺起民族脊梁作出了卓越贡献。

林俊德院士常说，“党和人民培养了我，报答党和人民是天经地义的”。这深刻反映了林俊德忠诚于党、献身使命的坚定信念。学习林俊德的先进事迹，就要学习他爱党报国的精神品质。

林俊德是福建永春人，兄弟姊妹 5 个，由于姊妹比较多和父亲早逝，家境比较贫寒，少年时曾一度被迫辍学。新中国成立后，他依靠党和政府的关心、资助，重返学校读完初中高中，考上了浙江大学，走出贫瘠大山。他发自内心地感激党，毕业后，响应党和国家的召唤，毅然携笔从戎，走进罗布泊，投身我国国防科研试验事业，一干就是五十多年。当时，我们国家工业基础非常落后，美国等西方国家对我们国家实行技术上的封锁，苏联一开始还给予一些援助，1963 年也撤走了专家，怎么办？只能靠自己。靠着不服输、不畏难的精神，林俊德和他的课题组成功突破原子弹爆炸冲击波测量等关键技术，自主研制出钟表式压力自记仪，测得的冲击波数据，成为判断我国第一颗原子弹爆炸成功的重要依据。入伍几十年来，他从未动摇过对党的信赖，全身心投入自己钟爱的事业。他从普通科技干部成长为科技将军，虽然岗位几经变动，职务不断提升，却始终奋战在国防科研试验事业最前沿，即使身患癌症，仍然在病房争分夺秒工作，直到生命最后一刻。他宁可让生命透支，也决不让使命欠账。

林俊德长期扎根戈壁大漠，始终坚守科研试验一线，为铸造我国核盾牌奋斗终生，这源于他对党的感情是真诚的、对事业是执着的。他的事迹充分说明，有了坚定的信念，考验再多也摧不垮，难关再险也挡不住，责任再重也压不倒。只有将个人理想信念与党的事业对接、与国家需要链接，才能全力以赴、全神贯注地完成好党和人民赋予的各项任务。

向林俊德院士学习，就是要牢固树立祖国利益高于一切的爱国情怀。爱国是中华民族的优良传统和高尚品德。《国家命运》这部电视剧，深刻反映了“两弹一星”老一辈科技专家，视祖国利益高于一切、忠诚使命重于一切的坚定信念。今天，我们要大力宣扬和学习老一辈科技工作者爱党爱国的崇高品质，抵制社会上的不良现象，努力学习、勤奋工作，自觉将个人价值的实现融入祖国和人民事业的发展当中，为祖国的繁荣富强贡献力量。

林俊德院士常说，“科研的核心是创新，搞科学就是搞创造”。这充分展示了他敢为人先、勇攀高峰的创新品格。学习林俊德的先进事迹，就是要学习他追求卓越的科学精神。

我国国防科研试验事业是自力更生、白手起家、敢于探索、勇于创造搞起来的，从原子弹到氢弹、从大气层到地下，每一次试验转型都是全新的课题。林俊德总是把挑战当机遇，一辈子聚焦我国核爆炸力学领域，锐意进取、奋勇攻关，做了大量创造性工作。26 岁时，他带领科研组研制能在核爆炸辐射和电磁脉冲等恶劣环境下可靠工作的钟表式压力自记仪，在第一颗原子弹试验中测到了准确完整的数据，作为现场总指挥张爱萍将军向周恩来总理报告第一颗原子弹爆炸成功的重要依据。28 岁时，他探索研制出高空压力自记仪，为我国首次氢弹试验飞机投弹安全论证提供了科学依据。40 岁开始，他

---

* 本文由 2012 年林俊德院士事迹报告会材料整理而成。

积极研究并推动建立爆炸应力波和地震、余震等测量系统，为我国地下试验奠定了坚实基础；凭着坚实的技术基础和强烈的科研自信，他独辟蹊径发明了新型的气体驱动发射机构，成功研制出高效、安全、环保、性能优良的力学实验装置，得到了成功的应用，被推广应用到国内其他科研单位。1997年，从单位总工程师岗位上退下来后，他更加忘我地工作在科研试验第一线，带领团队完成了10多项重大国防科研尖端课题研究，研制成功了某大型实验设备。从事国防科研试验工作以来，他先后获国家科学技术进步奖3项，国家技术发明奖2项，省部级科学技术进步奖27项，撰写出版两部专著、一部教材。

林俊德院士取得这些成就的主要原因，一是从事与国家核科学实验相关的工作，与国家的命运紧密联系，报效国家的这个动力源，大大激发了他工作学习的热情和创造力，能坚持不断创新。二是他对工作非常痴迷，而且能够钻进去，这对搞科研、搞创造是很关键的。在我国第一颗原子弹爆炸前，根据任务的需要，上级决定让他担任研制测量核爆炸冲击波的仪器组长。冲击波测量是速报爆炸当量、确定力学破坏效应的重要手段。研制这种仪器最难的是动力问题。国外的机测仪器一般是用小型稳速电机作动力，但这项技术当时我国还没有掌握。为了解决这个问题，他如痴如迷，吃饭走路都在思考。有一天，他在出差办事的路上，受到电报大楼的钟声启发，产生了用钟表发条作动力的灵感，就是基于这个灵感，最终研制出了测量冲击波的钟表式压力自记仪。三是他有深厚的理论功底和强的实验能力。10月21日报告团在浙江大学座谈时，林俊德院士一位同班同学说，林俊德入学时学习成绩并不是很好，但他非常刻苦，经过五年勤奋学习，打下了扎实的理论基础。他的同学还说，我们是机械系，需要很强的实践能力，林俊德在校期间勤于动手，善于思考，养成了良好的实验能力。分到单位后，由于试验任务需要，林俊德被派到哈军工进修冲击波相关的课程。进修两年期间，他没有看过一场电影，没有回过一次家，深入钻研专业知识，把哈军工关于冲击波有关方面的文献资料都细细学习了一遍，同时苦学英、俄两门外语。林俊德院士还有一个好习惯，善于总结工作中的体会和经验，不断学习新知识，这是他进修后不久就研制出“钟表式压力自记仪”以及后来不断出新成果的重要基础。四是他不畏艰难、不怕失败、敢于坚持。每一项成果都不是一蹴而就的，都是经过上百次甚至上千次、上万次的实验论证才能成功的。1966年冬我国要进行氢弹原理实验，需要他们研究高空压力自记仪。他先是到附近的山上，低温条件达不到；他就到山顶上，低温条件还是达不到；他们就用放气球的办法。经过数月的反复实验，最终赶在氢弹原理实验前研制出了“高空压力自记仪”。20世纪90年代中后期，面对武器试验的迫切需要，他主动请缨开展某大型实验装备研究。在各种方案分歧很大的情况下，他顶着巨大压力、排除各种干扰，带领攻关小组，最终突破核心技术，研制出了适合各种实验要求的系列重要装备，对取得实验成功起到了最关键的作用。他的事迹充分说明，以创新为驱动，以卓越为标准，以专注为保证，始终是科技工作者攻坚克难、成就事业的关键所在。向林俊德院士学习，就是要学习他敢为人先、勇攀高峰的创新品格。

“我是搞试验的，一不怕苦，二不怕死，现在最需要的时间”，这是林院士在住院期间说的一句话，生动体现了他鞠躬尽瘁、死而后已的拼搏精神。学习林俊德的先进事迹，就要学习他生命不息、战斗不止的战斗精神。

林俊德院士从事的是核爆炸力学研究，具有很高的风险，每次执行任务，他都无惧无畏、全力以赴，为获取第一手资料数据，总是第一个冲上去查看情况，不顾实验现场危险。记得有一次试验后，他带领速报小组全副武装冲向爆心方向，汽车在戈壁滩的搓板路上颠簸得非常厉害，轮胎爆了。林俊德知道核爆后有污染，多停留一分钟，大家就多一分危险。他毅然第一个跳下车，全然不顾自己的安危，帮助司机修车，第一时间拿到了数据，为最终确定试验效果提供了可靠依据。2012年5月4日，林俊德被确诊为胆管癌晚期，他诚恳地对医生说：“我是搞科学的，尊重事实，你们告诉我还有多少时间，我好安排工作”。医生实言相告：如果手术和化疗，可能会延长一些生命时间；不手术的话，癌细胞会很快扩散，随时会有生命危险。他却十分平静地说：“如果不能工作，多活几天又有什么意义？我现在最需要的是有足够的时间，好完成手头的工作”。林院士没有接受手术和化疗，也没有和其他病人一样卧床休息，而是把病房当成了办公室。单位领导来看他，他说，我一辈子没有干过半拉子工程，现在必须尽快把手头上这项工作理清楚，交给后人。在生命的最后 3 天，他 3 次打电话指导科研工作，2 次召集课题组成员布置后续任务；就在去世前 6 天，他还强忍病痛，花了两天时间，断断续续审改了一名博士生 8 万多字的毕业论文，评阅意见虽然只有 338 个字，却字字饱含着林院士对学生的强烈责任。在生命的最后 1 天，他用尽气力向为之奋斗一生的事业发起了悲壮冲锋，9 次请求下床工作，直至把他最牵挂的某重大课题技术思路梳理清楚、留给后人。在住院时，他特意让女儿买了一个小本子，上面记载着需要处理的事情：归档科研资料、完善技术方案、审改学生论文、家人留言等 11 项。其中 10 项事情他都一一安排好了，唯独“家人留言”这项是空白，一个字也没有留下。弥留之际，他在半昏半醒中仍反复念叨，办公室里还有什么资料要清理，密码箱怎么打开，整理时要注意保密……对家人只有一句话，就是“后事一切从简，不向组织提任何要求，把我埋在马兰”。林俊德逝世后，“两弹一星”元勋、94 岁高龄的程开甲院士含悲写下挽词：一片赤诚忠心，核试贡献卓越。

林俊德为国防科技事业战斗到生命最后一刻，充分彰显了一名国防科技工作者敢于牺牲、敢于胜利的英雄气概，忘我拼搏、忘我奋斗的奉献情怀，生命不息、冲锋不止的顽强意志。他的事迹充分说明，虽然一个人的能力有限、生命有限，但执着于神圣使命就能释放无限的能量，融入伟大事业就能实现最大价值。只有时刻保持求知热情、工作激情、战斗豪情，才能直面挑战不退缩、连续作战不懈怠、奋力进取不停滞，在执行各项工作任务中所向披靡、无往不胜。

向林俊德院士学习，就是要学习他鞠躬尽瘁、死而后已的拼搏精神。要始终保持昂扬奋进的精神状态，只有保持这种精神和激情，才能把全部智慧和力量投入到科研工作中去。在我们科研过程中，一个个小的成绩只是一个成功的开始，在搞科研的过程中，要把每次成功作为崭新起点，把荣誉褒奖作为进取动力，把科技高峰作为攀登方向，不断进步、不断跨越，才能取得辉煌的成果。

面对名利，林俊德院士和“两弹一星”创业者一样“留名只留集体名、计利只计国家利”。这集中彰显了林俊德淡泊名利、忘我无私的崇高风范。学习林俊德的先进事迹，就要学习他的高尚情操。

当年，我们国家搞试验是高度保密的，试验场选在荒漠戈壁，搞试验的人都是上不告父母、下不告妻儿。在这样特殊的环境下从事这样特殊的事业，意味着一辈子隐姓埋名、只干不说。直到今天，很多像林俊德这样的科学家，许多成果还不能公开，很多论文还不能发表。但那一代创业者，留名只留集体名、计利只计国家利。林俊德始终保持着“两弹一星”年代的质朴本色。他淡泊名利，特别是当选院士后，给自己定下“三不”原则：不是自己研究的领域不轻易发表意见；装点门面的学术活动坚决不参加；不利于学术研究的事情坚决不干。他言传身教，时常告诫学生搞科研要实事求是，正确定位，淡泊名利，宁静致远，他培养的 23 名博士、硕士大多数成为学术技术带头人。他严格自律，公文包用了 20 年舍不得换，手表壳松了仍用透明胶粘着戴，但他却慷慨向灾区捐款，默默资助贫困家庭的孩子。

林俊德一生“干惊天动地事，做隐姓埋名人”，是因为他在精神和道德上有着极高的追求，坚信依靠自立自强实现人生价值，依靠艰苦奋斗赢得人们尊重。他的事迹充分说明，光荣的背后是牺牲，辉煌的背后是奉献，有所不为方可有所作为、有大作为。只有视事业重如山、视名利淡如水，始终保持报国的情怀、超然的心态、优良的作风、质朴的本色，才能不为奢华所惑、不为浮躁所扰，真正守望好个人的精神家园。

林院士为他钟爱的事业“发狂”工作了一辈子，他的科研人生就像激光一样，方向性强，始终盯着一个领域；能量集中，永远聚焦瓶颈问题；单色性好，能够排除各种干扰。林院士用一生的实践，为我们树立了光辉榜样。我们应该像林院士那样，把党和人民的需要作为第一需要，艰苦奋斗、无私奉献，树立甘于付出的好品格、踏实肯干的好作风、廉洁自律的好形象；科学求实，严谨务实，勤俭朴实，为国家富强、民族复兴努力学习和工作。

我科研道路上的领路人
——庆贺吕敏院士八十华诞*

我 1964 年 9 月从西安交通大学电机系毕业，分配到西北核技术研究所，在吕敏院士领导下工作，他当时任第三研究室副主任兼 λ 组组长。尽管我没有当过他的学生，但是我能从一名普通的大学生成长为中国工程院院士，每前进一步都离不开他的悉心指导、帮助和支持，他不是老师却胜似老师，是我真正的恩师。他的献身和科学求实的精神，对业务精益求精、孜孜不倦的学习态度，周到、细致、严谨的工作作风，严于律己、宽厚对人、平易近人、不耻下问等道德风范，在我的成长过程中产生了极大的影响。他做人、做事、做学问的态度是我永远学习的榜样。

我从集训队训练结束，直接分到吕敏领导的三室 X 光机组(十组)，当时我们在北京花园路六号(中国工程物理研究院原来的地址)工作。那时中国工程物理研究院已大部分搬到青海，我们利用他们留下的一台 2MV 脉冲 X 光机进行 λ 测试系统标定实验，经常加班加点。有一次我参加 X 光机开机，因思想开小差，在没有解除高压警铃时就闯进试验大厅去取剂量笔，刚进大厅脉冲 X 光机就启动按钮，我吃了放射剂量。事发后，吕敏副主任非常严厉地批评了我，让我写出深刻检查，同时责令组里严格检查各项安全、管理制度，要求赶快完成安全连锁装置，确保运行安全。这件事给我的教训极其深刻，从此以后，我十分注重科研作风的培养，也经常以这一教训告诫我的同事、学生和下属。1965 年秋，我很想让一辈子没有出过远门的母亲来北京玩一玩，正发愁没有房子住，吕敏副主任主动把他塔院的家腾出来让我和母亲住，他和爱人周佩珍住到建国路他母亲家里，建国路离花园路很远，上下班很不方便。他就是这样既在工作上严格要求，又在生活中十分关心我们这些刚大学毕业的年轻人。

经过近四十年的发展，我所核爆辐射模拟设备从无到有，辐射剂量率输出提高了 6 个量级，功率和束流输出水平提高了 3 个量级多，辐射种类从只输出 X 射线，到能输出高达 1MA 的强流脉冲电子束和百 kA 级离子束、Z 箍缩等离子体辐射等，而应用领域从早期的试验测试系统探头标定和抗干扰模拟试验，到后来扩展到测试系统标定和技术研究、辐射效应及加固技术研究、高功率微波产生和泵浦准分子激光及它们的效应研究等。发展到今天这样的规模和水平，都是与吕敏先生的倡议、推动、支持分不开的，而这一事业的发展，也使我得到了锻炼和成长。1967 年国外期刊公开报道了采用传输线技术研制成功的高功率脉冲相对论电子束(REB)加速器，可以产生脉冲 X 射线。吕敏副主任看到文献后立即向脉冲 X 光机组的全体同志介绍了国外这方面的发展动向，还包括加速器的构成、主要参数和应用等，并认为这是一种较理想的核爆辐射模拟源，要我们跟踪国外这一技术发展。从那时起我从 A、B、C 开始努力学习英文，阅读国外文献资料，跟踪这一技术发展。1970 年前后，当时中国原子能研究所一部朱洪元教授等专家也注意到这种加速器新技术，积极倡议建造一台这种原理的脉冲 X 光机。1970 年 8 月 15 日，国防科工委召开会议(815 会议)讨论有关方案，吕敏先生参加了这次会议。会议决定第一台指标暂定为 4MV、100kA、40ns 的强流脉冲电子束加速器型脉冲 X 光机，主要用于反导研究。根据吕敏同志建议，会议纪要中明确了设备建成后放在我所后方点，由我所负责抓总，协调各单位使用和设备本身的运行维护工作。1970 年秋，钱学森副主任在友谊宾馆召集原子能研究所领导和朱洪元等专家开会，作为一项军工任务，明确要求原子能研究所一部承担该加速器的研制任务，具体由该所加速器研究室负责。会议决定，这个项目上马后，研制任务定为“730 工程”，并决定先研制一台 1/4 模型，指标争取做到 1MV、20kA、25ns。吕敏先生多次派我去参加该项目的总体方案论证、设计方案讨论会，并指定我作为我方的责任人长期在北京参加这项研制工作。1972 年底，由于高能加速

* 本文写于 2010 年。

器上马，原子能研究所一部的任务转向高能物理和高能加速器研制。由于任务改变、体制和人员调整等原因，730 工程研制工作进展十分缓慢，遇到很多困难，各方面意见也不一致。中国工程物理研究院向国防科工委打报告，要求由他们来承担 730 工程，并与高能物理研究所领导达成协议，即在 1MV 模型的调试过程中，中国工程物理研究院派人参加，然后两家根据 1MV 模型共同完成 1∶1 加速器(能量可能大于 4MeV)的设计，以后由中国工程物理研究院负责加工、调试，高能物理研究所不再参加。因此在当时的情况下，我所想根据 815 会议和 730 会议精神来接收 730 工程，实际上是难以落实的。时任科技处副处长的吕敏先生和程开甲副所长坚持认为我所测试工作中迫切需要一台模拟强脉冲γ辐射的设备。经过多方努力，在朱光亚副主任的大力支持下，几方终于达成协议，1∶1 的脉冲电子束加速器(即后来建成的“闪光一号”)由中国工程物理研究院负责研制，1MV 模型机由高能物理研究所负责、我所参加，建成后移交给我所。我们向高能物理研究所正式提出 1MV 模型作为核爆γ辐射模拟源使用，距靶 0.5m 剂量率达到 1×10^{6}Gy/s 的要求。1974 年，高能物理研究所从事 730 工程工作的人员从最初约 60 人减少到 14 人，在这种情况下，我所相继派出更多同志参加这项工作。1975 年设备全面调试时，高能物理研究所只留下 6 位同志，我所参加这项工作的已近 10 人，经过大家共同努力，克服了调试中不少技术难题，加速器达到了预期的指标，于 1976 年初从北京运到新疆红山安装，很快就投入了运行。这台加速器(后来命名为“晨光号”)不仅在地下试验测试技术发展中立下了汗马功劳，而且在抗辐射加固和高新技术领域开拓性的研究中发挥了重要作用。我本人也正是在参加这个项目的全过程中，不仅在技术上，而且在其他方面都得到了全面的锻炼和提高，为我后来敢于承担“闪光二号”加速器研制奠定了坚实的基础。事实证明吕敏等领导当时的决策是十分英明、正确的。

20 世纪 70 年代末，已升任副所长的吕敏研究员根据形势，提出建造一台能模拟高空核爆炸 X 射线对材料产生热力学效应的设备需求。当时我已任三室副主任兼第四大组组长，主管并负责大型模拟设备的研制、运行和维护。在研制这台设备的论证过程中，我的一些想法，哪怕还不是很成熟，总是最先得到他的支持和帮助，如在选择激光还是电子束模拟 X 射线热力学效应时，他支持我提出的采用电子束模拟手段；在产生电子束的技术路线选择时，也有两种意见，他支持我们选定的低阻抗水介质同轴线型的技术路线，并要求我对几种路线进行论证和比较。通过对另一种电感储能直接作用原理的仔细分析和计算，针对这台模拟器的未来用途，我们提出了基于低阻抗水介质同轴线型的加速器物理设计方案，并提交了《关于筹建脉冲相对论电子束(REB)加速器的报告》。1982 年 4 月初，在他的建议和安排下，我在抗核加固专业组成立会议上做了报告，得到了与会专家的充分肯定，同时得到了朱光亚副主任的赞同，做了十分明确具体的指示。在该加速器项目批准立项后，当时有以我所为主研制和由我们提要求请外单位研制两种意见，他积极支持我们提出的自主研制意见，并帮助组织研究队伍。在召开的 REB 加速器研制动员会上，他亲临会场并做了语重心长的讲话。他说，这台加速器酝酿时间很长，可以说是研究所“抢”来的，抢到手不容易，但抢到手要下马也不容易，自主研制加速器，任务很重，也很光荣。他还指出，这台设备对研究所很重要，可以进行探头标定、电子辐照、高温高压等离子体、软 X 射线系统、产生激光等研究工作，在新点建设中这是一台最好的设备，花钱也多，希望我们不仅把设备建好，也要做好测量和数据采集系统等技术工作，通过这样一套完整的加速器系统研制工作，能够锻炼、培养人才。吕敏副所长认为一个科技人才的成长必须有稳定的研究方向，他也是这样去培养年青科技人员的。记得 1978 年我当三室副主任后，他就再三叮嘱我千万不要成为“万金油”干部，要在所从事的专业方向上去发展，他也特别向当时三室主任和其他领导关照，要更好发挥我的专业特长。在“闪光二号”研制初期，最大的困难是人，不但人手少，而且专业上都是新手。吕敏副所长对我说一定要把课题划小，下决心培养年轻人去干。在 1983 年完成加速器技术设计方案后，年轻人陆续补充，我提出十几项预研课题，按照轻重缓急，涉及工程设计等急需且所内条件不具备的课题提出外协，对一些技术含量高较长远的项目，尽量创造条件，腾出手来自己开展研究。我尽量安排新来的大学生去参加外协预研工作，以及独立承担预研课题，而工程方面的许多工作由老同志们承担。这样年轻人得到了快速成长，不仅在加速器调试中发挥了重要作用，而且也为以后开拓新领域培养和输送了人才。

针对很快面临禁核试的形势，1992 年，所里安排了研究所发展规划的研讨，同时要利用对俄合作开放的机会。1993 年 1 月，在初步调研的基础上，我向所里提出了从俄罗斯引进电感储能型高剂量率脉冲γ射线模拟器的申请报告。同年 3 月，所里组团去俄罗斯考察和洽谈 RS-20 加速器引进合同。回来后，我们向有关领导和专家做了汇报，并写了详细的考察报告。4 月，吕敏院士根据专业组讨论的意见，向朱光亚主任提交了《关于筹备高剂量率辐照设备的报告》，提出希望剂量率达到 10^{10}Gy/s、脉冲宽度能在 10～100ns 可调更好的要求。1993 年 6 月，在研究所成立三十周年暨今后发展的研讨会上，吕敏院士等专家对我们提出的核爆辐射模拟设备建设规划给予了充分肯定，认为模拟设备是研究所重要支撑之一，它们的建设对禁试后研究所的发展和保留、培养人才，都是十分必要的。会后，我们又进行了深入的分析和调研。根据当时国内经济实力和设备研制周期较长的实际情况，并考虑国内对 X 射线效应研究的需要，以及 X 射线模拟源技术发展前景，我们大胆提出了在一台设备上实现多功能辐射输出的设想，在满足高剂量率γ射线参数指标的前提下，很有前瞻地增加了硬 X 射线和利用 Z 箍缩产生软 X 射线的指标。当时国际上还没有这样组合式结构的高功率脉冲辐射装置，采用的脉冲功率技术在当时也几乎是最先进的。经过与俄方科技人员反复磋商和讨论，按照俄罗斯已有的技术研究基础，认为经过努力是有可能实现的。在此基础上，我们形成了《建立高剂量γ射线和 X 射线装置的论证报告》。但由于技术新，必然有风险，这也引起了不同的意见和看法，国防科工委还要求我们引进的设备不能与中国工程物理研究院重复。当时中国工程物理研究院正在引进俄罗斯的安格拉 5-1 装置(后来称作“阳”加速器)，由于我们拟引进的装置从指标、用途、技术路线都与他们的不同，因此也得到了他们的认可。1993 年 12 月 27 日，在国防科工委主持下，以吕敏院士为首的专家评审组对我所提出的上述论证报告进行了认真评议，一致认为这台设备尚属国内空白，十分必要，其技术和指标先进，可实现一台设备多功能应用，能满足核爆模拟技术、抗辐射加固技术和试验测试技术研究发展的需要，建议国防科工委批准引进该项目。该项目在实施过程中遇到许多困难和问题，始终得到吕敏院士等专家的关心和支持，我们成功地回避和克服了政治风险和技术风险，如期在我所安装、调试，达到各项指标，成为对俄引进项目成功的范例。我们通过引进、消化、吸收再创新，使该装置(2000 年 6 月朱光亚主任命名为“强光一号”)的性能指标又有大的扩充和提高，在各项科研试验任务中发挥了重要作用，同时也极大地提升了我所脉冲功率技术水平，培养了人才队伍。事实证明，当时的决策是完全正确的。

我所建的以“晨光号”“闪光二号”“强光一号”为代表的核爆模拟设备建成后以最快的速度投入使用，实验内容安排饱满，在科研试验中发挥了重要作用，产生了重大的影响和效益。这些都与以吕敏为代表的老一辈科学家高瞻远瞩、统一谋划、正确定位密切相关，所建设备均有明确的需求牵引和目标。这些老专家在抓设备建设的同时，注重抓测试手段和技术配套，注重抓应用的预先研究及新应用方向的开拓。利用强流脉冲电子束泵浦准分子激光和产生高功率微波等，正是在吕敏院士、程开甲院士等老专家们的倡导、推动下发展起来的。“晨光号”“闪光二号”“强光一号”等设备的使用权、研制权、引进权都不是等来的，而是积极主动争取来的，在设备建设中也都不是一帆风顺的。可以说，如果没有像吕敏院士等老专家和领导的正确决策和大力支持，是不可能得到发展的。至今，年事已高的吕敏院士还继续在为我所的发展操心，我本人也正是在这些科研实践中一步一步得到锻炼和提高，更让我深深体会到正确面对不同意见，脚踏实地、坚持不懈的努力是获得成功的基础。几十年过去了，吕敏先生作为我科研道路上的领路人，点点滴滴的教诲都让我铭刻心中，他矫健的步伐、充满活力的身影以及优美动听的歌声“从草原来到天安门广场……”仿佛就在昨天。今年将迎来吕敏先生的八十华诞，我衷心祈福他：健康长寿！永远快乐！

尊敬的师长，学习的楷模
——纪念乔登江院士八十华诞*

我是 1964 年来到西北核技术研究所，分配在三室工作。当时乔登江先生任五室副主任，他是 1963 年作为专家从江苏师范学院调入我所工作。我只知道有位专家乔登江，但很长时间工作上没有联系，直到 1982 年 5 月国防科工委批准“闪光二号”加速器立项研制。当时他已是研究所副所长，我是三室副主任，负责“闪光二号”加速器研制，由于经常向所领导汇报工作，因此有了比较多的接触和了解。此后，他对我从事的工作给予了多方面的有力支持。

乔登江先生站得高，看得远，与所里其他专家共同谋划研究所的长远发展，他一贯支持我所大型辐射模拟设备的建设。“闪光二号”加速器(当时叫 REB 加速器)研制项目实施时，我们面临着很大的压力和复杂的情况：一方面作为主要用户的七机部(原第七机械工业部)、二炮(原第二炮兵)等单位再三呼吁要早一点把这台设备搞出来，他们把进行 X 射线造成的热击波破坏效应研究的希望都寄托在这台设备上；另一方面国内加速器同行认为研制难度太大。他们认为“闪光一号”加速器是高阻抗型的，技术相对比较成熟，虽然是国内第一次研制，但有 1/4 模型(即后来称之为“晨光号”的加速器)研制成功的基础，而我们提出的这台加速器是低阻抗型的，它的指标是 1Ω，技术难度更大。国内虽然有正在研制的几台小型水介质脉冲电子加速器可做参考，但阻抗都在 10Ω左右，与 1Ω相比高 1 个量级。况且国内的技术基础和制造水平还很薄弱，因此技术上面临着更大的挑战，必须有大的突破才行。也有不少人怀疑我所能否承担如此难度的大型设备研制，因为我所是以试验测试为主的研究所，当时确实还没有独立研制过这样的大型设备。同时，我们在人员数量和技术上水平都很不足，研制组当时只有六七个人，虽然是老同志，但原来大多是搞测试的，对加速器技术并不熟悉。面对这种情况，当时研制组里有两种不同意见，第一种意见是我们搞物理方案、提要求，请外单位帮助研制；第二种意见是以我们自己为主研制，加上外单位必要的协作。经过反复讨论，我们决定采取以自己为主的研制方案，并向所领导报告确定。在向沈钰所长、吕敏副所长、乔登江副所长汇报时，所领导包括乔副所长都非常支持和赞同我们的意见。乔登江副所长还及时组织五室同志参与我们的部分工作，请五室陈雨生同志负责加速器部件的电场计算，推荐五室王知广同志调到 REB 研制组工作。此后经过一年多的努力，REB 加速器研制工作完成技术方案设计，决定于 1983 年 6 月 13 日至 19 日在杭州召开技术方案评审会，请 60 多位国内同行专家和代表评审我们设计的 REB 加速器技术方案。会议由程开甲先生亲自主持，时任研究所科技委主任的乔登江先生代表所里讲话。他有一句话，代表们最爱听，就是“主意大家出，责任我们担”。这次会议开得很成功，在会上，代表们畅所欲言，专家们对我们的方案一致给予了肯定的评价，并提出了宝贵的意见和建议。会后乔主任提议搞个庆贺活动，组织所内与会代表聚餐，会餐安排在杭州“楼外楼”饭店。会餐费是按级别分摊的，乔主任出得最多，我只出了 10 元钱。这次会餐真是让人难以忘怀，室外西湖美景，餐桌上美味佳肴(其中有西湖醋鱼、叫花鸡、莲花火腿、莼菜汤等杭州名菜)。在活跃、融洽的气氛中，乔主任挨个敬酒，没有一点领导的架子，大家都被乔主任的言行所感染，频频举杯，个个兴高采烈。这次会议使我有机会近距离与乔主任接触，他的领导者的风范，学者的风度，在群体生活中的平易近人和乐观豁达，都给我留下了深刻的印象。

1991 年，面对严峻的国际形势，组织各室开展研究所长远发展规划的研讨，三室重点规划辐射效应模拟实验室，进行新建模拟设备的论证。1993 年 1 月，我们向所里提出从俄罗斯引进电感储能型的高剂量率脉冲射线模拟器的申请。1993 年 3 月，所里组团去俄罗斯考察。在同年 6 月召开的研究所成

---

* 本文写于 2007 年。

立30周年纪念暨发展研讨会上，我们明确提出模拟设备的近期建设内容和目标，主要包括高剂量率射线辐照装置、高频电子加速器、重复频率脉冲功率装置，以及与此相应的脉冲功率关键技术研究等项目，长远建设目标主要是建一台强脉冲X射线模拟器。会上乔登江先生支持这个规划，与吕敏、叶立润等其他专家一致认为模拟设备是研究所重要支撑之一，支持建一些大型模拟设备，对禁试后试验技术发展、辐射效应研究、人才培养，使研究所具有较强的应变能力和适应能力，都是十分必要的。这次研讨会得到乔登江等专家的支持，为后来"强光一号"加速器的建设奠定了基础。我所建的"闪光二号""强光一号"等核爆辐射模拟设备定位准确，指标先进，物理实验安排饱满，这在国内并不多见。正是由于有乔登江等这样一批专家，他们从国家全局需要出发，将模拟设备的建设放在研究所发展方向、任务整体中进行统一规划，设备建设不但有明确的需求牵引，而且具有前瞻性，同时紧密结合研究所和国内的近期需求和长远发展需要，因此在设备建成后能很快地投入应用，极大地发挥作用，并收到很好的效益。

几十年来，他在我心目中是一位尊敬的师长，学习的楷模。他知识渊博，视野开阔，做事严谨而豁达，具有高超的领导艺术和凝聚力；他平易近人，关心、扶植、培养年青科技干部，在我成长过程中，他给予许多帮助，每次与他谈话或向他汇报工作，总能得到他的指点，使我很受启发和鼓励，增添信心和力量；他乐观开朗，对事业孜孜不倦的追求，无论身处逆境还是处于事业的顶峰，都能以平静的心态对待，始终保持很高的工作热情，在位时如此，离休以后近廿年，尤其如此；他老当益壮，离而不休，默默耕耘，继续为我国战略武器事业的发展贡献心智和力量。

光阴似箭，今年迎来乔登江院士80华诞，他在几十年的学术生涯中，成果累累，对中国核科学实验技术、抗辐射加固技术发展以及研究所的建设都做出了重要贡献，已载入史册。他对我国国防事业孜孜不倦追求的精神，永远激励我们前进。祝愿乔院士健康长寿，永远幸福、快乐!

爱国奉献，果毅力行
——在西安交通大学第 110 届学生毕业典礼上的发言

亲爱的同学们，尊敬的张书记、王校长，各位领导、老师、校友和家长：

大家好！

首先，请允许我向母校第 110 届毕业生表示最热烈的祝贺和最美好的祝福！向辛勤耕耘的母校老师和教职员工表示深深的敬意！今天我满怀激动和感恩，作为校友代表为即将踏上人生新征程的学弟学妹们分享点滴工作经验和人生感悟，这是我莫大的荣耀。

1959 年我从浙江省立女子中学即现在的杭州十四中毕业，考入西安交通大学电机系高电压专业。那时西安交大刚从上海迁来不久，面临各方面困难，但在学校老师们的艰苦努力下，为我们创造了良好的学习和生活环境，尤其是老师们放弃了优越的生活和工作条件来西安办学的爱国情怀深深地感动着我们，激励着我们。我们努力学习，积极参加社会实践，按照“三好学生”的标准严格要求自己，为走上工作岗位打下了扎实的基础。1964 年我从母校毕业，以“祖国的需要就是我的志愿”来到北京国防科研单位。一年半后，“听党话，一切服从党安排”，义无反顾奔赴新疆大漠戈壁，一干就是二十几年，直到 1987 年我们研究所搬迁到西安。

几十年来，我和我的团队，怀着强烈的使命感和责任感，始终瞄准国防科研试验任务每个发展阶段的需要，主动作为，勇挑重担，创造了多项第一，几乎每十年上一个大的台阶，建成系列化大型强脉冲辐射环境模拟设备，同时造就了一批优秀人才，团队中先后成长出 2 位院士。

2000 年我被母校聘为兼职教授，2005 年至 2020 年初担任电气工程学院院长，为电气工程学科进入 A+学科(学科评估结果为 A+)作出贡献，也要感谢母校提供了一个更宽广的舞台，使我有回报母校、展示才干、为国家做更多贡献的机会。1999 年我当选院士后，仍坚持在科研一线，在开拓的“Z 箍缩”新方向上深入研究，注重人才培养，加强学科建设，促进校所联合，组建“Z 箍缩”联合团队，持续承担了国家自然科学基金委等多个国家重点重大项目，取得突破性成果，同时积极推进“Z 箍缩”重大科技基础设施项目立项工作，已有了可喜的进展。期望能在中国西部科技创新港建成一台指标国际领先，可提供重大前沿科学问题研究的世界一流平台，支撑我国战略前沿领域创新发展，实现突破引领。

我有三点体会，与大家分享：

(1) 永远热爱我们的国家。灿烂的五千年中华文明绵延至今，家国情怀是我们最重要的品格和担当。我们只有把个人理想追求融入国家需求，紧紧地与民族前途和命运连接在一起，抓住一切可以为国家和人民施展才华的机会，将精彩的人生描绘在祖国大地上、人类社会发展的进程中，才能更好地实现人生价值，升华人生境界。

(2) 坚持不懈地奋斗。“世上无难事，只怕有心人”是我们每一个人从小就听到的至理名言，一句简单的话蕴含着多么深刻的人生哲理。我们都是追梦人，“长风破浪会有时，直挂云帆济沧海”，努力奋斗才会改变命运，执着梦想必然收获“会当凌绝顶，一览众山小”的豪情满怀。只有坚持不懈的“厚积”，才会有自然而然的“薄发”；也只有超乎寻常的努力，才会有随之而来的“脱颖而出”。

(3) 持之以恒地学习。中国处于近代以来最好的发展时期，世界处于百年未有之大变局，两者同步交织、相互激荡；第四次工业革命正以前所未有的态势席卷全球，冲击着人们的思维和生活方式。

年青一代承载着中华民族伟大复兴的历史重任。不断学习、勤奋学习是青春远航的动力，要把学习作为一种责任、一种精神追求、一种生活方式。唯有潜心、谦虚地向更优秀的人学习，不断拓展自己的知识领域，不断挑战自己的能力极限，锤炼过硬本领，才能创新引领、不负韶华。

亲爱的同学们，“有信念、有梦想、有奋斗、有奉献的人生，才是有意义的人生”。西安交通大学建校以来始终与党和国家民族同向同行，西安交通大学的毕业生有着独特的精神气质：爱国奉献，责任担当。让我们牢记习近平总书记的嘱托，不忘初心，果毅力行！

最后，祝同学们前程似锦！愿我们的母校滋兰树蕙，为世界之光！祝福伟大的祖国繁荣昌盛！

团结奋进，迎接电气工程学院发展的新机遇与新挑战
——2005 年就任西安交通大学电气工程学院院长的讲话*

各位领导、各位老师：

大家好！

首先感谢学校领导、党组织及电气工程学院全体教职员工对我的信任。我是 1964 年毕业于西安交大高电压专业的，母校给了我知识和力量，为我以后的成长打下了坚实的基础，饮水思源，我应该报答母校的培育之恩，为母校的发展尽自己一点微薄之力，因此 2000 年学校聘请我为西安交通大学的兼职教授时，我欣然同意。但是这次让我出任电气工程学院院长，袁部长找我谈时，开始我没有同意，主要觉得我不是最佳人选，当不好这个院长，可能会使大家失望。

一是我的不利条件与优势。

我有三个不利条件：一是我在单位还没有退休，而且有实质性的科研工作，今后几年的任务还十分繁重。我是我们单位自己培养出来的第一位院士，还需要我为单位的发展继续贡献力量。因此，我还做不到把自己的全部精力放在电气工程学院上，这势必会影响学院的工作。二是我一直从事科研工作，虽然也培养了不少硕士生、博士生，但对学校的教育工作整体上是不熟悉、不了解的。三是大学毕业后，我一直在国防保密单位工作，没有换过单位，我们单位与其他地方相比，人员结构和工作环境要简单得多，虽然我也担任过领导，但没有经历过太复杂的情况，与国外联系很少，国内联系主要限于核口和军口。因此，我希望能聘任更适合的学院院长人选。但学校领导十分真诚地与我们单位领导沟通后，我们单位同意并支持我来担任电气工程学院的院长，这对我本人来说是一种新的挑战，也是一次学习的机会，我答应了暂时担任，什么时候有更合适的人选我就让位。

分析一下我个人的条件，应该也有些优势：一是来学院工作，是大家信任、支持我上的，比较超脱，也没有框框和成见；二是多年来我所从事的工作是高电压技术新的发展方向，是多学科的交叉；三是由于我们单位一直承担重大的国家任务，培养了团结协作、团队精神的优良传统和作风，我本人主持过多项大型科研项目，所取得的成绩也正是得益于这种精神和作风。这些经历也许会在学院的改革中，发挥些作用，注入新的思路和活力。

自我画像。在座的有我的老师，也有与我接触过和共事过的同志，但总地来说大部分同志对我并不了解。因此，我想通过自我画像，让大家对我的工作作风、性格脾气有一个大概的了解，也希望接受大家的监督，帮助我发扬优点，克服不足。当然说的不一定完全确切(往往会过高评价自己)。我本人有三个特点：一是工作热情高，办事泼辣，但工作中容易有急躁情绪；二是对人坦诚，心直口快，不隐瞒自己的观点，但说话不是那么严密，很容易挑出毛病；三是办事认真，认准的事会坚持到底，但有时有点较真，灵活性不够。

现在我既然答应承担电气工程学院院长的重任，我一定会尽我最大的努力，做好学院的工作。首先要当好小学生，虚心向校领导、上一届的院领导请教，向各位老师和同志学习；二是尽快熟悉了解学院的全面情况；三是依靠大家，对上要向校领导多汇报、多沟通，对下也要多通气，广泛听取教职员工们的意见和建议，并要接受党组织和群众的监督；四是要妥善处理原单位和学院工作的矛盾，争取做到两不误，正确定位自己在学院的角色，主要是起到组织、协调、支持和推动的作用。

二是在任期间的主要工作设想。

重点抓两件事：

---

* 本文由 2005 年 1 月 21 日的报告整理而成。

一是学科建设。电气工程是一个传统的学科，也是实用性很强的学科，随着技术发展，电气工程也正在与其他学科相互渗透，产生新的交叉学科，因此它是生命力很强的学科。电气工程的应用涉及国民经济和国防建设的各个领域，今后 5 年、10 年将是电气工程学科的重要发展机遇期，发展空间很大，因为国家要大力发展电力工业和国防科技。最近国家电网公司决定上 8 项新技术项目，科技部征求前瞻性科研项目意见中，关于电力方面的就有 13 项。

8 项新技术项目主要有：①交流特高压输电，额定电压 1000kV 以上，计划在 2008 年动工建设 400～500km 的示范线，电力设备制造目前还跟不上，也许电网公司准备从国外购买，但国家发改委和科技部不一定会同意，还是要走国产化的道路，这方面还有许多工作可做；②±750kV 直流特高压输电，2010 年计划动工一条线路，设备的问题很多，因为国外也没有类似的产品，必须依靠国内研究、研制和开发；③500kV 输电线串联电容补偿问题，需要解决大容量限流器等多项技术难题；④500kV 紧凑型线路；⑤500kV 同塔多回线路(包括同塔 2 回和 4 回)；⑥20kV 电压等级配电方式；⑦全国联网方式，其中需要论证我国直流输电发展对电网的安全性问题；⑧500kV 电网短路电流限制措施等。

另外，高功率脉冲技术作为电气工程一级学科中的一个新兴学科，在国防领域有重要的应用需求，同时在环境科学、材料科学、生命科学中也有良好的应用前景，脉冲功率发展呈上升趋势，正在向超高功率、超大电流或高重复频率、紧凑型方向发展，尚有许多科学技术问题需要研究和探索。因此，电气工程学科不但没有过时，而且今后还会有大的发展，我们应该有信心并要创造条件把强电做强。

要从研究方向、人才队伍、实验平台三个方面来抓好学科建设。

(1) 根据电气工程学科本身的发展趋势和国家发展战略需求，规划学科发展，充分分析、研讨电气工程学院各学科的优势和不足，正确定位，凝练学科研究方向。

(2) 以有所为有所不为，以有为争有位的原则，突出重点，整合资源，发挥电气工程学院的整体优势，在解决国家重大电力工程问题中争得地位，实实在在为国家做贡献。

(3) 在保持传统学科优势的前提下，积极开拓新的研究方向，大力鼓励和支持与学院内部及本校其他学院各学科之间的交叉融合，寻找新的成长点。适度发展新兴学科和交叉学科，为电气工程学院的长远发展打好基础。

(4) 人才队伍建设，重点是组建团队，当然这里也要注意给教授留有自由探索、有利个性发展的空间，不能一刀切。团队建设与学科发展方向紧密相关，没有领军人物和好的团队难以争取到大的项目，而没有大的项目又难以凝聚人才、培养人才，两者是相辅相成的。但关键还是人才，特别是领军人物，要大力培养年轻教师，创造良好的环境和条件，使他们尽快成长，采取“不为我所有，但为我所用”的方针，加大力度积极争取引进人才。要充分尊重老教授，发挥好他们的作用，他们的学术地位、在国内外的影响，以及严谨治学、为人师表的风范都是学院的宝贵财富资源。

(5) 充分利用、发挥、建设好电力设备电气绝缘国家重点实验室和其他重点实验室，使它们真正成为学院科研和人才培养的基地，学科发展的重要依托。教育部批准我校建设“电力设备电气绝缘国家重点实验室”，也给学院发展带来契机，要牢牢抓住。

(6) 要探讨如何处理好几个关系：教学与科研的关系；继承与创新的关系；基础研究与应用研究的关系；教师队伍、管理队伍、工程技术队伍之间的关系；重点与一般的关系；团队带头人和团队成员的关系；年轻教师与老教师的关系等。

二是管理工作重心下移。这项工作不仅仅是简单的管理方式的转变，实际是管理结构的再造，是学校深化改革的重大举措，涉及学科结构、人事、管理等方面的改革，会产生重大的冲击和影响，这是新一任班子要做的头等大事。我们一定要在校党委、校级领导的统一领导和部署下，虚心向已试点的兄弟单位取经、求教，结合电气工程学院的具体实际，认认真真、脚踏实地、周到细致、不畏艰难，积极推进改革，做好各方面的工作。

三是代表新班子表个态。

电气工程学院有着光荣的传统，优良的作风，是(西安)交大最具优势的学院之一，这些年各项工作在校内都处在前列，在国内外有很好的声誉。这些都为我们新一任领导打下了很好的基础。但是成绩和光荣只代表过去，我们应该从零开始，在新的形势下，更要有一种危机感、紧迫感。

新班子要做到：一是要团结，团结的基础是沟通、理解、支持，积极开展批评和自我批评；二是不谋私利，乐于奉献，担任院领导就不光是一个学术带头人或项目负责人，不光是个教授，而是肩负全学院各方面工作，要摆脱从本专业、小集体考虑问题，站在全院的角度上，一心一意谋求电气工程学院的发展；三是服务意识强，办事高效，决策民主，要树立当领导就是要为大家服务的观念，办事不推诿，不拖拉，不打官腔；四是办事力求公平、公正、透明，接受群众和党组织监督，坚持党管干部的原则，坚持院务公开的制度。

在校党政领导的领导与支持下，狠抓学科建设，圆满完成 211 二期和 985 Ⅱ 建设任务，深化改革，使学院各方面的工作都有起色，都有进步，争取达到以下目标：团结全院教职员工，顺利实现管理重心下移，调动绝大多数员工的积极性，营造团结奋进，宽松和谐的人文环境；做好学科发展规划，凝练出几个重要的研究方向，优先发展传统学科，并有新的生长点；发挥学院的整体优势，加强院内外的合作，争取更大的纵向课题和横向课题，在国家电力和高科技发展中争得地位；大力加强人才培养，在年轻教师成长和团队建设方面做出新的成绩。

我们这个新班子是一个比较年轻的班子，领导经验不足，因此更希望得到校领导和全体教职员工的支持帮助，让我们共同努力，团结一致，迎接电气工程学院发展的新机遇与新挑战。

最后，在金猴腾空去、金鸡展翅来的辞旧迎新之际，我向各位领导、老师和同志拜个早年，祝大家新春愉快，阖家欢乐，万事如意！

谢谢大家！

2020 年受聘西安交通大学电气工程学院名誉院长大会上的讲话

尊敬的迈曾书记、柴部长、各位老师：

大家上午好！

我今天感到特别激动，诚惶诚恐。

首先，我要讲三个想不到。第一个想不到的是今天我们召开这么隆重的电气工程学院领导干部任职宣布会，张迈曾书记出席，那么多老师放假了还积极参加，恐怕这在历史上也是少见的。第二个想不到的是学校授予我“名誉院长”的称号，而且迈曾书记亲自给我颁发证书。第三个想不到的是我们学校党委常委别朝红老师担任电气工程学院院长，这么高配恐怕也是学校没有过的。这些都足以说明西安交通大学对电气工程学院的厚爱和期盼，以及对我们的重托。

第二点我想说三个感谢。首先要感谢学校对我 15 年来工作的高度肯定和评价，授予我“名誉院长”的称号，作为西安交通大学的校友，有机会为母校做些工作、做些贡献，这是天经地义的。第二要感谢的是 2005 年学校、学院聘我当电气工程学院的院长，这给我了一个很好展现自己才干的机会，也给我了一个为学校、为国家做贡献的机会，这个机会真的是很难得；在 15 年中我要特别感谢我的同仁们，各届班子非常团结一致地为学院发展做贡献，而且他们对我的支持、关心、爱护、帮助，甚至是对我工作上的不足、不称职给予了理解和宽容，使我铭刻在心；这 15 年在我付出的同时也得到了很多收获，留下了很多美好的回忆，这也是人生当中一大财富；同时这 15 年也迎来了我科学生涯的第二个春天。第三要感谢的是母校对我的培养，我 1959 年从杭州美丽的西子湖畔考入西安交通大学电机系高电压专业，在 5 年学习中，学校给我打下了非常扎实的基础，也养成了我自主学习的能力，特别是受到西迁老师的“西迁精神”熏陶和感染，不论在人生观上，还是在知识上都给我了一个非常好的基础；在 20 世纪 60 年代到西北核技术研究所工作之后，我很快地融入了艰苦奋斗、无私奉献的环境和文化中，之后全身心地投入到伟大的国家核科学实验事业；正是因为这样的事业和学校的培养，我 1999 年当选中国工程院院士，是我们单位招收的大学生中成长起来的第一位院士，所以我特别要感谢母校。

第三点我想讲一下不当院长以后自己的一些想法。作为名誉院长或者电气工程学院的一位教授，我将继续为学院的发展做出自己的一点贡献，尽自己的一份力量，但是我一定要做到“帮忙不添乱”，就是用我自己所有的优势，譬如说在方向把握、大项目策划等方面，坚决支持新班子的工作。这次组成的新班子，是党委常委、书记、校长的英明决断，我举双手赞成、坚决拥护。这几年来我一直在思考也在努力，我们学院怎么发展，怎么策划大项目。有三件需要继续努力的事向大家汇报一下：一是继续推动弹性电力系统和电磁安全技术发展，争取项目和平台条件建设；二是我们团队独创的重复可控冲击波技术和装备已显出良好的应用前景，被专家们认为是一项变革性技术，将有力支撑国家能源供给安全，今年要加大成果转化力度，以期实现大规模推广应用，同时要继续深入研究，攻克适用于深部页岩油气开发环境的关键技术，目前该技术已列入科技部重点研发计划变革性领域项目指南，今年要申报，并力争申请成功；三是我们团队一直在努力的 Z 箍缩大科学基础设施，要争取列入国家的“十四五”规划。这几件事都不是一两年能做完的，需要长期坚持不懈地奋斗，但今年是关键的一年，一定要努力做好布局，为“十四五”以后的发展打下坚实的基础。

第四点谈一点我的体会和对新班子的期望。现在的新班子受命于我们电气工程学院进一步发展的关键时期，任务艰巨、责任重大，但是我相信这个班子一定会在党委的领导下，在别朝红院长、梁得亮书记的带领下克服各种各样的困难，创造出更好的业绩，创造出更大的辉煌，带领我们学院走向一个新的、更好的明天。15 年来我们历届班子确实也很尽心尽责，为学院做出了贡献，应该说有成绩，但是也有不足，有经验，也有教训。我想谈三点，不一定准确，供大家参考。**第一是讲团结、讲纪律，**

这是班子有执行力，做好工作的根本保证。班子团结的基础就是要多沟通，达成真正的共识，还要讲纪律，这样才能够形成合力。要提高执行力，班子一定要有权威性，这个权威性不是权力的权威，而是你们自己的行动树立威信。这个威信从哪里来呢，就是班子的每个人必须是全心全意为我们学院在服务，在做事，没有私心，只有公心，这样大家就能凝聚在我们班子的周围，齐心合力干事。这是我要说的第一点。**第二是要狠抓落实，主动去谋划。**这项工作特别重要，因为今年正好是“十三五”的收官年，“十四五”马上开局，很多单位在梳理“十四五”规划，我们现在有很好的条件，与国家电网已经签订了成立联合研究院的协议，这么好的优势我们要抓住。还有我们提出来的在创新港要搞增量、搞亮点，别人有的，我们要做得更好，别人没有的，我们要有，所以我们提出了四个大平台，这都是很有特色的，既是我们的优势，也考虑到我们今后的发展，这方面真的还要花大力气一步步落实，这一届班子的任务是非常严峻的。我还想说一下新一轮的学科评估，比较了国内的几家高校，我们要继续保持 A+，还有差距，尤其是我们这一轮报奖方面没有优势，这届班子会有很大压力，但无论如何都要去争取，要有信心，要拼搏，要发动大家将这件事情变为全院的行动，大家都来为争取 A+作努力、作贡献，用我们的实力去跟冷冰冰的数字拼，只要努力我相信还是有可能的。这是我说的第二个意见。**第三是要抓住骨干队伍，充分发挥教职员工的积极性。**几个问题需要注意：一要达到信息的对称性。我们领导有很多想法，我们班子有很多想法，但是这些信息往往不能准确传达到每个老师，很多老师甚至不知道领导班子在干什么，这对我们动员大家积极性是很不利的。学校以前也讲过，要把压力分担传递下去。我们现在至少有 20 个研究所、研究中心，还有领军人物，这都是我们的骨干队伍，我们不但要把他们的积极性充分调动起来，而且要通过他们再把我们的责任传递到每个老师身上。二要有一个杠杆制度。现在评价体系实行好多年了，但是实际上大家意见还是很大。我们需要考虑这个杠杆的科学性和适应性，要能够用好这个杠杆，把每个老师的长处充分发挥出来。每个人都有自己的长处，但是也有短板，如果发挥了短板，肯定作用不好，如果发挥了长处，肯定作用很好，所以一定要改革，不改革大家的积极性是调动不起来的。我们学院科研经费达三个多亿，平均每人每年 120 万到 150 万，对于大学来讲每个教授已经达到了很高的水平，但是我们的均衡性很不好，有的人很多，有的人很少，甚至没有科研经费。面对这种不均衡的现象，就需要用杠杆、用各种办法来调动大家的积极性。同时学院还要注重策划，争取更多的科研经费，要注重策划大项目，有大项目才能组建团队。我们老师基础是非常好的，校长刚来的时候就说交大遍地是金子，我说我们学院遍地是珍珠，还是一颗颗闪闪发光的大珍珠。我们要用大项目把这些能干的、好的珍珠融合起来。首先我们二级学科必须要融合起来，这些珍珠能够串成项链，价值就比一颗珍珠要大得多，团队要起到这个作用。有大项目才能有大团队，才能把珍珠串成项链，我们才能发出更大的光芒，为国家做更大的事情。最后，我建议设立一个提案的机制。我们学院每次开会，大家提的意见都很多、很好，都是经过思考的，但是提出的问题怎么解决经常缺乏下文。这个不能完全靠学院的领导，要发动大家，提出问题的解决方案，所以要有个提案的机制。我们现在处在一个关键的时刻，已经得了 A+，如果我们这次得不到 A+，怎么引领电气工程学院的发展？也辜负了学校对我们的重视和厚爱。因此我说人人来出主意，人人来想解决办法，这样我们的办法就多了。当然要做到这些，领导班子将起很关键的作用，一定要让大家诚心地去参与。大家说我很爱交大、爱电气工程学院，但是面对各种发展问题，如果没有解决办法就是空谈。

最后祝愿我们电气工程学院越来越好，有更美好的明天！也祝愿各位领导、各位老师春节快乐、阖家幸福！

弘扬科学道德，加强学风建设*

1. 背景

从 2012 年起，教育部开始加强政风、行风和学风的建设，在高等学校就是要抓学风(包括教风、校风)建设。科学精神和学术道德是学风建设的重要内容之一。教育部要求在直属高校首先开展宣讲活动。今年已是第三个年头。高校学术不端行为时有发生，有必要进行学术道德规范和学风建设。通过宣传教育，强调“自律”。在学位授予工作中加强学术道德和学术规范建设，对树立良好学风，培养正直诚信、恪守科学道德、献身科学研究的拔尖创新人才具有重要作用。

2. 学术不端行为的界定及案例分析

学术不端行为主要有抄袭、剽窃、造假/伪造、篡改 4 种表现形式。下面分别讲讲这四种学术不端行为的界定、相关人物、案例、事件、处理和影响。

(1) 抄袭。

界定：行为人将他人作品全部或部分地原封不动或稍做改动后作为自己的作品发表。

人物：杨伦，当时为北京师范大学即将毕业的博士生；陆杰荣，辽宁大学副校长，杨伦的硕士生导师。

案例、事件：陆杰荣、杨伦在《哲学研究》2009 年第 4 期发表的文章《何谓“理论”？》，涉嫌抄袭云南大学讲师王凌云多年前在网上发表的一篇讲稿《什么是理论(Theory)?》。

处理、影响：取消杨伦的学位申请，“一失足成千古恨”；给导师的警示，署名要负责。

(2) 剽窃。

界定：改头换面的“抄袭”或未经同意把他人的学术思想据为己有。

人物：熊墨淼，美国德州大学休斯敦健康科学中心助理教授。

案例、事件：在提交美国国家卫生研究院(NIH)的项目申请书中窃取了由他评审的别人申请书中的内容。

处理：一年内，禁止熊墨淼申请政府科研基金；三年内，熊墨淼参与的政府科研项目申请和其他报告中，熊墨淼本人和其所在单位必须做出无剽窃、伪造或其他可能误导内容的书面保证。

(3) 造假/伪造。

界定：无中生有，弄虚作假。

人物、案例：贝尔实验室的物理学家舍恩博士造假。

事件：该实验室发表在《科学》《自然》和《应用物理快报》等权威学术期刊上的 5 篇论文有数据造假的痕迹：尽管这些论文描述的是不同的实验，但部分数据几乎一模一样；尤其令人生疑的是两张“噪声”图形完全相同，而出现这种情况的可能性微乎其微。很快，另外发表的 8 篇论文中的 9 个图形数据的真实性同样受到怀疑。

处理、影响：最终，贝尔实验室断定舍恩博士伪造了大量数据。其共同作者撤销了共同发表的文章。该事件对贝尔实验室的声誉造成极大的不良影响，使他的许多同事之前的工作变得毫无意义。《科学》期刊上的一篇文章估计，舍恩的卑劣行为曝光时，在世界范围内有超过 100 个研究小组正在做与之相关的研究工作，许多实验室已经在重复和延续舍恩的研究上花费了大量时间和精力，然而这毫无疑问是一条死路。

---

* 本文由 2014 年 5 月 23 日的报告整理而成。

(4) 篡改。

界定：对试验数据做主观的修改或取舍，往往和伪造同时发生。

案例、事件：井冈山大学涉大规模学术造假。国际学术期刊《晶体学报》发布社论通告，称至少有 70 篇发表在《晶体学报》C 分卷或 E 分卷上的晶体结构报告存在数据篡改行为，这些报告的作者全部来自井冈山大学，他们在 2006 年至 2008 年间仅凭修改一套原始强度数据发表系列文章。

处理、影响：文章已被撤销。

3. 我国研究生学风和学术道德现状及分析*

1) 研究生学风和学术道德的概念界定

研究生学风是指研究生在学习和科研过程中表现出来的行为特征和精神风貌，包括学习和科研的目的、态度、方法、纪律等方面。

研究生学术道德是指研究生在从事学术科学工作中必须遵守学术界所认可的道德、规范、法律等要求，尊重他人的知识产权。

2) 研究生学术失范的情况

清华大学武晓峰副教授等，抽取 24 所高校的 5450 名研究生，进行问卷调查，结果如表 1 所示。

表 1 学术失范问卷调查统计 (单位：%)

失范类型	经常	有时	很少	从不	不清楚
考试作弊	19.1	31.2	27.1	15.1	7.5
引用他人研究成果而未加标注	12.0	31.8	29.6	13.4	13.2
将他人论文拼凑改造成自己的论文	16.3	30.6	27.1	14.7	11.3
伪造或篡改实验、调研、统计数据等	9.2	25.0	29.5	19.9	16.4
一稿多投	9.2	22.7	25.7	20.3	22.1
在未参与研究的论文上署名	7.5	21.6	26.7	20.4	23.8
替他人撰写论文或请他人代写论文	6.8	20.6	26.0	24.3	22.3
自己中文发表的论文翻译成外文再投稿，或外文期刊发表的论文翻译成中文投稿	5.8	18.3	25.2	22.9	27.8

由表 1 看出，学术失范情况比较普遍，其中以考试作弊、拼凑论文、引文不规范等情况最为突出，是最普遍的三种失范类型，分别有 50.3%、46.9%、43.8%的被调查者认为这种情况“经常”或“有时”发生。

3) 分析

(1) 只为学位，不问学问。调查显示，读研的主要目的为“毕业后能找到更满意的工作”比“对科学或学术研究感兴趣”的人数多。社会上甚至出现假文凭、假学位的现象，对在读研究生有较大影响。

(2) 科学投入相对不足。据调查，38.7%的研究生每天学习的时间不足 4 小时。有的学生认为自己的人生目标已“实现”，学习动力不足。加上我国高校普遍存在“严入宽出”的情况，更易引发学术失范行为。

(3) 对学术规范的边界认识模糊。大部分研究生并没有认识到这种行为的危害和后果，从调查结果看，部分研究生持宽允态度，对 “一稿多投、搭车署名” 等失范行为，并没有正确的认识。

---

* 内容部分引自武晓峰、王磊、张颖发表在《学位与研究生教育》2012 年第 3 期的文章《我国研究生学风和学术道德现状的调查与分析》。

(4) 宣传教育不够深入。部分高校未开展经常性的学术道德教育，且学术规范监督和惩处机制的宣传普及尚不够深入、机制不够健全等，无法有效制约学生失范行为。

4. 做一个负责任的科技工作者

1) 诚信是科研人员的底线和基石

一个人要学会做事、做学问，首先要学会做人，否则永远不会成为国家的栋梁之材。负责任的科研人员必须有良好的科研道德，履行科学服务于社会的责任，并珍惜公众对科学的信任。负责的科研行为基本共识为诚实、精确、客观、高效*。

2) 科技工作者应遵守的学术规范

科技工作者应遵守的学术规范基本准则包括：遵纪守法，弘扬科学精神；严谨治学，反对浮躁作风；公开公正，发展公平竞争；互相尊重，发扬学术民主；以身作则，恪守学术规范。

3) 研究生教育

研究生教育是创业的“预演”，是培养拔尖创新人才的主要渠道。国际、国内一流科学家、领军人物，绝大多数有研究生的学习经历。中国科学院自然科学研究所的张柏春教授通过对百位科学家个人发展的标志性年龄的统计、调查、研究，得出表 2 的结论。

表 2 百位科学家个人发展的标志性年龄**

科学家类别	数量	获得最终学位的平均年龄	完成主要创新成就的平均年龄	获诺贝尔奖的平均年龄
数学家	15	23.1	30.0	—
物理学家	42	25.0	35.4	46.5
化学家	13	25.2	40.2	52.8
生物学家	14	27.0	40.3	52.4
工程技术家	16	25.0	35.3	—

关于统计的说明：百位科学家中，53 位生于 19 世纪，其余生于 20 世纪，81 位在 1900 年之后取得主要成就。物理学家、化学家、生物学家的主要成就基本以获得诺贝尔奖成果为准，但也有例外。科学家取得的最终学位以博士学位为主，也有硕士、学士，个别科学家没有大学以上学历。

4) 研究生的创新能力和道德修养

创新包含的范畴：原始创新，引进消化吸收再创新，集成创新。当前更缺乏的是原始创新。

研究生论文的创新范围可归纳为四个方面：开拓研究方向乃至研究领域；使用研究方法，包括模拟方法、实验方法、诊断方法、诊断手段等；运用论证资料，如运用实验数据或其他材料发现现象、认识规律和机理等；新理论、新原理、新概念。

缺乏创新性的现象可概括为：简单移植，只是对别人方法的应用和重复；简单揭示表面现象，没有深入研究事物发生、发展的内部关系；简单延伸，只是进一步论证他人的工作；简单推理，只是采用一定的试验证实已知的结论。

创新的基本素质：

(1) 需求是创新的重要动力。国家的需要、强烈的爱国心和责任心，激发知识分子的创新动力和

---

* 内容引自美国科学三院国家科研委员会编撰的《科研道德：倡导负责行为》。

** 本表引自张柏春发表在《科学与社会》2011 年第 1 卷第 1 期的文章《从人才发展周期特征谈培养、引进和任用优秀科学家》。

热情。钱三强、钱学森、朱光亚等一批科学家放弃国外优越的工作和学习条件，历经艰难回来报效祖国，成就了“两弹一星”伟大事业，就是典型的例子。

(2) 兴趣是创新的又一重要动力，也是研究人员最基本的两个品格之一。一个人如果不热爱自己的工作，不爱到入迷的程度，是不可能有成就的。没有科学的热情比没有能力更可怕。

(3) 敢于怀疑、敢于质疑权威的思维方式。怀疑精神是科学探索的内在要求和必要品质。最好的创新方法，就是经常怀疑，怀疑能把思想引向研究，研究能使思想发现真理。科技创新首先是一种思维创新活动。

(4) 坚韧不拔和奉献精神。做学问是件非常清苦的事，必须有坚定的信念，不畏艰难的精神及全身心地投入，才不会为各种诱惑所动，才能顽强地坚持下去。教育学研究表明，非智力因素对成功所起的作用达 80%。

(5) 必要的知识结构——学科前沿知识、研究方法知识、跨学科知识。知识是创新的基础，知识结构非常重要，这是研究生教育中必须培养的重要内容。任何“前沿”和“新知识” 都是从“传统”和“旧知识”中脱胎出来的；研究方法知识是从事创新活动的基本手段；跨学科知识有利于培养创新思维，产生新的方法，学会用其他学科的新知识、新技术，解决本学科研究中的问题。

5) 把握好研究生学习中的几个重要环节

(1) 基础课程学习。围绕研究方向和课题，根据自己的特点选择基础课程；处理好“博”与“专”的关系；加大方法论性质类课程的比例；发挥自主学习的积极性。

(2) 论文选题。论文课题研究阶段是一个艰难的过程，期间会碰到各种各样的问题，需要师生之间互动，培养良好的科研道德、科研作风和心理素质，注意以下几个方面：把握学科发展前沿和需求背景，提出研究方向和课题，结合自己的特长，将个人的兴趣与需要相结合；论文题目应“小、精、新”，对提炼出来的学术问题，要回答“为什么要这么做？”“怎么做更好？”，这是论文有无创新的重要环节；要“传承拓新”，多读书、读好书(包括经典的和专业的，并贯穿整个研究生学习过程)，培养综合分析能力和发现问题、提出问题的能力，发扬怀疑、批判、创新的精神，增强自信心，并使论文有科学依据和科学价值，这是论文选题的重要基础；把握选题中实际可能的研究环境和条件，即完成论文“度”的保证；选题总地来说把握几个原则，目的性、科学性、创新性、可行性、时效性、持续性和结合性(研究生的兴趣、研究思路与实际需要及导师的思路、观点相结合)。

(3) 论文课题研究。培养正确的思维方式、研究方法；研究生论文不等同于完成一般的科研工作，要避免“只拉车，不问路”的研究思路，不少研究生在做课题时往往钻到具体问题里而忘了论文的主线和目的，缺乏整体思考；发挥自己的优势，扬长避短，善于向别人学习，有些可采用“拿来主义”，学会用其他学科的新知识、新技术解决本学科研究中的问题，使自己具有更加完善的知识结构；要精读与研究内容相关的文献资料，找准论文研究的切入点，深刻理解、善于思考、灵活运用，把思考变成自己的习惯和爱好；要脚踏实地，不要鄙薄做小事、拒绝做小事，要耐得住性子，不要轻易放过发现的问题，如实验数据中的矛盾；注重培养“讲功”“写功”“看功”。

(4) 撰写论文。撰写论文过程是研究生培养的升华阶段，是训练和提高学生研究能力的重要方式和手段，也反映了研究生的人品和作风。一篇优秀的学位论文往往成为学生进入研究领域的“里程碑”式文章。在这个环节特别要注重严谨求实，严防学术失范现象发生。

(5) 论文内容。论文切忌“繁、杂、乱、长、大、空”；论文亮点和主线要突出，要从多角度、多层次和不同侧面加以反映和“烘托”，得出的结论应都有支撑；对论文研究内容中前人的工作应有全面的总结和分析，实事求是地反映论文与前人的不同之处，或是验证，或是模仿，或是发展和创新，客观评价自己的成果；数据翔实、可靠(重点数据来源、方法和手段)，严禁伪造或为证明自己的假想结论篡改数据；分析和推理(或理论计算)依据要充分，结论应自洽。

(6) 论文的结构和文字表达。论文结构应展现强大的逻辑力量，发挥论文的功能和说服力，使读者接受；论文结构一般用“奇数定理”来谋篇布局，即 $2+X$，2 是指前言(绪论)和结论，X 是指中间的章，一般为奇数，其中“节”和“目”一般也为奇数(硕士学位论文一般为2+3或2+5，博士学位论文一般为2+5或2+7)；标题要简洁、明快、有特色，与内容一致，每章一般也可加引言和小结；文字表达确切，语言流畅，单位、图表规范等。

(7) 重视辅文。辅文包括论文的摘要、参考文献、致谢等。学生往往不重视辅文的撰写，而导师在审查时也容易疏忽，尤其是参考文献和致谢，如参考文献针对性不强、有重要疏漏、有自己根本没有看过的文献、标注不规范等问题，而致谢往往是千篇一律，有的没有写明成文过程和真正应该感谢的人。这部分也能反映学生严谨求实的作风和道德人格。20世纪80年代初，普林斯顿大学历史系助教亚伯翰出版了《威玛共和国的崩溃》一书，是根据他在芝加哥大学的博士学位论文整理而成的。该书问世后，作者顷刻间成为美国史学界一颗耀眼的明星。但这时外校几位持不同学术观点的同行发难，指责其书中所引用的史料严重失误，有颠倒日月的，有张冠李戴的，还有查无出处的。结果，这位史学“新秀”被校方解聘，且无任何大学聘用。时隔七年后，水落石出，实属不同学术之争的产物。亚伯翰当年德语不精，粗心大意，虽并非故意作伪，但已造成大错。这个教训应该引以为戒。

5. 几点希望和建议

(1) 传承交大优良传统，弘扬中国优良文化。唐文治校长的办学思想就是要为国家民族培养造就第一等人才。他教导学生说“人心正，而后有真正之学问，而后有真正之是非，而后有真正之人才”。交大历代一大批优秀教师，如钟兆琳、沈尚贤等先生都是典范和楷模。“西迁精神”是交大传统的发扬光大。仁、义、礼、智、信，都是值得弘扬的优良传统文化。

(2) 志向高远，脚踏实地。把个人理想、追求与国家的需要相结合，在为国家、为社会服务中体现个人的人生价值。脚踏实地做事，老老实实做人，明辨是非，抵制过度功利导向的诱惑，克服浮躁情绪。

(3) 勤奋学习，善于思考，激发学习和科研的兴趣。在研究生阶段，一定要集中精力勤奋学习，保持足够的时间从事课题研究，在研究中激发对科研的兴趣和热情。牛顿说过“给我两次生命都不够”，做学问的人，时间永远是不够的。研究生要养成善于思考的习惯，培养不畏艰难、乐于奉献的精神。

祝愿每一位学子都能拥有无悔的青春！

加强创新能力培养，提高军队研究所研究生培养质量*

1. 引言

历史的经验已经证明，我国的国防和军队建设必须依靠自主创新能力的提高，在新的军事斗争形势下更应该加强。

随着行政管理体制改革的深入，国家政府部门职能的转变，各种关系的理顺，军队的管理体制也必然会进一步深化改革，国防部、总装备部、各军事兵种部管理机构的职能和定位也会更加明确，与地方的关系进一步理顺。就武器装备而言，我理解军队主要的任务应该包括武器装备发展规划、武器装备性能指标的提出(包括概念性、可行性研究)、武器装备采购、武器装备性能评估(包括试验方法、测试技术、标准制定等)及武器使用和作战训练。

今后，国防科技工业必然会贯彻军民结合、寓军于民的方针，充分依托和利用社会资源力量，而军队就一定要做好自己应该做的事，地方上不能代替的事。提高与武器研制部门的对话能力，提高对武器性能评估的权威性，对军队人员的科技素质提出了更高的要求。除了要普遍提高军队整体素质和科技水平外，更重要的是培养一批高层次的各类专业人才，包括学术型和专业型，当前军队尤其缺乏一批像钱学森、朱光亚、程开甲等那样的领军人物。

研究生教育无疑是培养高层次人才的重要途径，就现代社会来讲也可以说是必由之路(当然也有例外)。有一种说法，学历不等于能力、学历不等于学问。这种说法有一定的道理，因为一个人的能力需要在科研实践中不断提高。美国武器实验室的一位领导说过，要真正掌握战略武器的设计能力，博士毕业生需要 10 年的工夫。学问和学位，就像内容和形式，不是一回事。通常来说，学问做好了，学位自然得到了，但是求学位容易，而求得真有学问是很难的，需要长期积累，需要有长期追求真理、求知的动机和动力。国际、国内一流科学家、领军人物，绝大多数有研究生的学习经历(我国由于研究生制度中途废除，有些例外)。如果我们培养的研究生多数还不如没有读过研究生的人，我们就要对培养研究生的质量进行反思了。

军队建设需要一批领军人才和高层次专门人才，我认为一方面要争取开放、引进的政策，吸引地方优秀人才到军队工作；另一方面军队研究生教育必须办出特色、办出水平，为军队需要的优秀人才提供人才基础。

提高研究生质量是由多方面因素决定的，是一项艰巨任务和一项系统工程，需要多方共同努力，包括导师、学生、培养环境、政策、管理、社会等。本文主要阐述了导师如何在提高研究生培养质量中发挥作用。

2. 军队研究所与高校培养研究生的差异

1) 军队研究所培养研究生的特点

军队研究所培养研究生具有以下几个特点：①科研任务饱满，经费相对比较充足，有比较稳定的支持；②科研条件较好，仪器设备比较先进；③研究生论文与科研任务结合比较紧密，培养目标明确，针对性强(为了用)；④专业研究方向有特色，如“核技术及应用”一般高校无法代替；⑤研究生毕业后留在所内，做论文比较安心；⑥研究生在行政组内，受导师和行政组共同管理；⑦研究生生源比较单一；⑧研究生的基础课程教学一般需要依托高校。

---

* 本文由 2008 年给某军队研究所做的报告整理而成。

2) 高校培养研究生的特点

高校以培养高质量学生为目的，学生就是学校的产品。高校培养研究生的特点包括：①研究生生源充足，可挑选的余地很大；②学术交流氛围浓厚、活跃、宽松，尤其是一流研究性大学，有良好的校园文化和长期的学术基础沉淀；③以学科发展方向作为研究生选题的主要内容，论文更注重学术水平；④已形成较完整的研究生培养体系(当然仍在完善和改进)；⑤基本上是导师与研究生单线联系，由导师+研究生(博士生、硕士生)组成课题组(现在也在改变，导师组成团队)；⑥近几年研究生就业问题突出，往往影响实际做论文的质量和时间。

3) 校所联合、优势互利

高校和研究院所(尤其是军队研究所)的文化，在培养研究生方面存在差异。这些年来军队研究所针对自身弱势，努力探索校所联合培养研究生的新路子，积极扩大生源，取得了较好的成绩。主要包括：①坚持与国内著名高校合作，由高校代培基础课程，不仅让学生学习知识，也让他们感受校园的文化；②坚持校所联合培养研究生，如某军队研究所与清华大学联合成立能源所，以清华大学名义招生，来研究所做论文；送在职科技人员攻读高校研究生，所里出副指导教师共同培养研究生；③鼓励导师去著名高校做兼职教授，招研究生来所里做论文工作；④积极争取推免生名额，扩大生源，弥补政策上造成的生源质量问题。

研究所培养硕士生的质量总体上比较好，以后要从生源开始重点抓好博士生培养质量。研究生培养不仅要办出特色，更要将研究生培养质量放在全国高度去衡量，争取出全国优秀博士学位论文；培养目的不仅是“用”，更要为他们今后发展夯实基础，尤其在创新能力和视野方面，以满足军队培养一流优秀人才的需要。

3. 研究生创新的基本素质和导师的职责

1) 国内研究生创新能力现状

提高研究生的培养质量，关键是在于提高研究生的创新能力、培养创新素质。我国研究生质量与世界发达国家相比，最大的差距是创新精神与创新能力的教育培养。有关资料报道，我国首届优秀博士学位论文评选中，24 个省市选出的 55 篇博士学位论文中，理论和方法的创新、创新成果和效益，这两项指标的评审得分在 75 分以下的比例分别占到 30.7%和 40.5%，说明创新性是我国博士学位论文的薄弱环节。缺乏创新性的现象可概括如下：①简单移植，只是对别人方法的应用和重复；②简单地揭示表面现象，没有深入研究事物的发生、发展的内部关系；③简单延伸，只是进一步论证他人的工作；④简单推理，只是采用一定的实验证实已知的结论。

2) 创新范围和创新的基本素质

创新包括：原始创新；引进消化吸收再创新；集成创新。当前更缺乏的是原始创新。研究生论文创新是多方面的、多层次的，有国际领先、国内领先、行业领先，但就其创新范围，基本可归纳为四个方面：①开拓研究方向乃至研究领域；②使用研究方法，包括模拟方法、实验方法、诊断方法、诊断手段等；③运用论证资料方面，如运用实验数据或其他材料发现现象、认识规律和机理等；④新理论、新原理及新概念等。

创新的基本素质是：①热爱。“热爱是最好的老师”，一个人如果不热爱自己的工作，不爱到入迷的程度，是不可能有成就的。没有科学的热情比没有能力更可怕。②兴趣、难以满足的好奇心。“兴趣是入门的最好老师”。敢于怀疑，敢于质疑权威、思维方式。③坚韧不拔和奉献精神。④必要的知识结构。学科前沿知识、研究方法知识、跨学科知识等。

3) 导师的职责

在研究生培养中，导师无疑起到重要作用。导师必须明确自己的职责，走出几个误区：

(1) 导师等同于教师。导师不等同于教师，关键是“导”字，导师的职责是以“引导、辅导、指导”来导学生们做科学研究、导学生们处世为人。导师必须要有战略眼光，要高瞻远瞩、掌握学科发展趋势、了解学科前沿、了解国家和国防建设的重大需求，为研究生指出正确方向，要找到最有利于学生发展的题目，找到国家(国防)最关注和前沿性的问题作为题目让学生进行研究。导师必须有很强的创新意识，脑子里应该有许多思考的问题。军队研究所导师更要传承、弘扬、创新先进军事文化。

(2) 导师比研究生强。导师在有些方面必须比研究生强，如站得高、阅历广、知识面宽、实践经验丰富，对问题的理解透彻深刻，能够在研究生感到迷惘时指点迷津。但导师绝不是什么都比研究生强，某些新知识和新技术的掌握可能不如学生，好比教练可以指导运动员完成高难度的工作，但教练未必比运动员做得更好。因此导师切不可以权威自居，要鼓励研究生提出与导师不同的意见，超过自己，要敢于向研究生学习，进行师生互动，以导师的人格魅力感召学生，同时不断提高导师自身的能力素质。特别提倡丹麦“哥本哈根精神”。诺贝尔奖获得者尼尔斯·玻尔是“哥本哈根精神”的提出者，他和他的学生也是国际上师生交流的一个典范。玻尔经常一上班就告诉学生他昨天思考的一些“想法”，说出来后，发现其中十有八九是胡思乱想或实现不了，但他不怕学生笑话。

(3) 导师就是师傅。导师与研究生的关系，绝非师傅带徒弟，导师不能手把手教，不能“越俎代庖”，而应该是在导师启发和指导下，研究生自己独立完成研究，不仅要授之以鱼，更重要的是授之以渔。导师不应将学生作为自己的“私有物”，对学生不应有厚薄之分，更不应该“放任自流”。导师之间的门户之分不应该影响学生，而是要鼓励并要求学生向其他人(如行政组的同志)和别的导师学习，博各家所长。同学尤其是不同导师指导的研究生之间相互学习，防止“近亲繁殖”。导师应有广阔的胸怀，对待研究生要严宽相济，关心研究生的日常工作和生活。

(4) 研究生给导师干活。研究生给导师干活，有研究生认识的误区，也有导师做法上存在的问题(地方上较多)，所以很多研究生将导师称为“老板”，这是不正确的。研究生与本科生不同，关键在“研究”，离开科研实践，就缺少了培养研究生的基本条件，因此科研项目(一般由导师负责)应该成为培养研究生的载体。导师让研究生参与项目研究工作，重要目的是通过科研实践使研究生扩充知识，增长才干，强化科研素质与能力。导师应该紧紧围绕研究生培养方向做出合理的安排。

导师应有高度的责任心，要把提高研究生科研素质作为研究生培养的出发点和落脚点，要把科研道德、科研热情、创新意识、创新能力的培养贯穿研究生整个培养过程。研究生培养一般包括以下几个阶段：入学选拔、基础课程学习、论文选题(开题)、论文课题研究、撰写论文、答辩。导师应在以上指导思想下，在不同阶段有不同重点的个性化的精心指导。结果重要，但远不如过程重要。研究生在攻读学位的过程中，所经历的失败、教训、成功以及意志品质的锻炼，对于他未来成为什么样的人才至关重要。因此，导师必须重视过程的培养。

4. 导师如何指导研究生提高创新能力

1) 入学选拔

在研究生入学综合考试和面试中，导师要注重从志向、科研热情，思维能力，研究能力(主要对博士生)，学历背景、专业基础与工作经历，兴趣、特长几个方面考查学生，发掘其创新能力。

2) 基础课程学习

围绕学生研究方向和课题，根据学生的特点选择基础课程，同时处理好“博”与“专”的关系，加大方法论性质类课程的比例，鼓励学生自主学习的积极性。

3) 论文选题

论文选题是研究生研究工作的起点，是完成高质量学位论文的关键。选题过程同时也是对研究生创新意识、创新精神培养的过程。

(1) 导师要根据研究所当前承担的任务(项目)和长远发展需要，把握学科发展前沿提出研究方向和课题，给学生讲清大的需求背景和学术发展趋势。

(2) “任务”性项目不等同于论文课题，研究生论文研究一定要提炼出学术问题，要回答“为什么要这么做？”“怎么做更好？”等；论文题目应“小、精、新”。应将有无创新作为研究生开题报告能否过关的重要依据。

(3) 要尊重和启发学生的兴趣，充分发扬学术民主(导师与研究生要经常交流)，支持博士生独立选题，支持他们自己选择方向，鼓励他们大胆创新，尤其是要善于发现和捕捉他们迸发出的创新思想，哪怕是很初始的、不成熟的，甚至一时难以实现的，也要给予热情支持和鼓励。

(4) 要引导学生结合自己的特长，将个人兴趣与国家需要相结合，去研究迫切需要解决的实际问题、理论问题、热门问题、前沿问题。

(5) 导师要充分把握研究生选题中实际可能的研究环境和条件，即完成论文“度”的保证，并积极努力为他们创造条件。

(6) 引导学生“传承拓新”，鼓励(也要有要求)他们多读书、读好书(包括经典的和专业的，并贯穿于整个研究生学习过程)，培养他们的综合分析能力和发现问题、提出问题的能力，发扬怀疑、批判、创新的精神，增强自信心。这是论文选题的重要基础。

4) 论文课题研究

论文课题研究是一个艰难的过程，期间会碰到各种各样的问题。师生之间要加强互动，尤其是导师要关心、爱护、鼓励、点拨学生，培养学生良好的科研道德、科研作风和心理素质。

(1) 启发学生正确的思维方式、研究方法。

(2) 研究生论文不等同于完成一般的科研工作，要处理好学习与工作的矛盾，避免“只拉车，不问路”的研究思路。

(3) 引导学生发挥自己的优势，扬长避短，善于向别人学习，有些可采取“拿来主义”，学会用其他学科的新知识、新技术解决本学科研究中的问题，使学生具有更加完善的知识结构。

(4) 鼓励学生精读与研究内容相关的文献资料，找准论文研究的切入点，深刻理解、善于思考、灵活运用，培养学生把思考变成自己的习惯和爱好。

(5) 要求学生脚踏实地，不要鄙薄做小事、拒绝做小事，要耐得住性子，不轻易放过发现的问题，如实验数据中的矛盾，热情、深情地鼓励学生克服困难，哪怕有一点进展都要加以赞扬和鼓励。

(6) 注重培养学生的“讲功”“写功”“看功”。可建立定期的学术交流制度，鼓励学生发表论文(军队研究所尤其需要加强)，鼓励并指导学生(主要是博士生)申请各类课题(包括基金、预研等)。

5) 撰写论文

撰写论文过程是研究生培养的升华阶段，是训练和提高学生研究能力的重要方式和手段，是论文质量的具体体现。一篇优秀的学位论文往往是学生进入研究领域的“里程碑”式文章。因此，导师要有更强的责任心，把好这一关。

审查论文内容要注重：①导师要引导学生理清思路，切忌“繁、杂、乱、长、大、空”；②论文亮点(创新点)和主线是否突出，是否从多角度、多层次和不同侧面加以反映和“烘托”，得出的结论是否都有支撑；③是否对论文研究内容中前人的工作有全面的总结和分析，是否实事求是地反映了论文与前人的不同之处，或是验证、或是模仿、或是发展和创新；④数据是否翔实，是否可靠(重点审查数据来源、方法和手段等)；⑤分析和推理(或理论计算)依据是否充分，结论是否自洽，特别要注意论文是否有抄袭、作弊现象。

审查论文结构和文字表达：①论文结构应展现强大的逻辑力量，发挥论文的功能和说服力，使读者接受；②论文结构一般用“奇数定理”来谋篇布局，即 $2+x$，2 是指前言(绪论)和结论，x 是指中间的章，一般为奇数，其中“节”和“目”一般也为奇数(硕士学位论文一般为 2+3 或 2+5，博士学位论文一般为 2+5 或 2+7)；标题要简洁、明快、有特色，与内容一致，每章一般也可加引言和小结；③文字表达确切，语言流畅，单位、图表规范等。

重视辅文的审查：辅文包括论文的摘要、参考文献、致谢等。学生往往不重视辅文的撰写，而导师在审查时也容易疏忽，尤其是参考文献和致谢，如参考文献往往针对性不强，或有重要遗漏，或标注不规范等，而致谢往往是千篇一律，有的没有写明成文过程和真正应该感谢的人。这部分也能反映学生严谨求实的作风和道德人格。在当今社会上时有剽窃、抄袭等不正之风下，导师们更要引起高度警惕。

5. 几点建议

(1) 积极向上级部门反映，争取政策性的支持，扩大招生生源(尤其是博士生)，增加择优录取的力度，提高生源质量；努力解决研究生的“出口”问题，可先试行军队内部交流；进一步探索、完善“能源所”的培养模式。

(2) 加大加强有特色研究方向的研究生培养力度，包括导师遴选、招生数量等要向特色专业研究方向倾斜，不要平均主义，一刀切。应吸收地方高校和研究院所通用专业培养质量较高的研究生来军队研究所工作，使科技队伍结构更加合理。

(3) 加强导师队伍建设，严格导师遴选制度，加大导师的培养力度，包括国内外的交流、观摩、培训，继续鼓励导师去知名大学兼职，开阔导师视野，提高导师自身的学术水平和科技素质。

(4) 定期组织同一专业的导师进行学科发展方向讨论，结合科研任务的长远发展需要，研讨、交流、确定研究生的课题方向，充分利用研究所的综合科研优势，合理使用设备、经费、人力资源。有条件时应组织有关导师组成集体指导组(但每个研究生的指导主要还是由导师负责)，并形成“大科学”式的研究团队、合理的学术梯队和结构进行集体研究的科技活动，有利于攻克重大技术难关和开展重大创新，有利于科技领军人物培养，有利于研究生创新能力培养。这已成为现代科学一个重要特色的趋势，也比较适合研究所的工作性质和特点。

(5) 加大对博士生研究基金的支持力度，鼓励进行探索性、前沿性的研究。积极鼓励并支持研究生参加国内外的学术交流、讲座，以及由导师组织的或研究生自发组织的学术交流、自由研讨，并逐步形成一种制度。

(6) 营造良好的研究所文化，大力弘扬“两弹一星”精神，形成浓厚、活跃的学术氛围和宽松的环境。

“快 Z 箍缩科学前沿问题及关键技术”香山科学会议上的讲话*

尊敬的各位领导、专家：

大家早上好！

欢迎大家参加“快 Z 箍缩科学前沿问题及关键技术”香山科学会议。

这次会议由西安交通大学联合西北核技术研究所发起，得到了香山科学会议组委会、国家自然科学基金委、军委科技委、科技部、中国核学会辐射物理分会等部门的大力支持，得到了吕敏研究员、彭先觉研究员、李建刚研究员、孙承纬研究员、包卫民研究员、陈伟研究员、黑东炜研究员、范如玉研究员的指导和帮助，得到了中国工程物理研究院、航天科技集团、火箭军装备研究院、中国科学院(包括近代物理研究所、等离子体物理研究所、上海应用物理研究所、理论物理研究所、物理研究所等)、西南核物理研究院、中国兵器装备集团公司、国防科技大学、清华大学、北京大学、上海交通大学等单位专家和在座各位领导、专家的积极响应，这次参会专家 43 名，来自 15 个单位。在此我代表会议筹备组表示衷心的感谢！

Z 箍缩是指负载等离子体在脉冲大电流自生角向磁场洛伦兹力的作用下向轴心快速内爆的物理过程。高功率脉冲电流驱动不同构型的负载可产生高温、高密、高压、高速、超强磁场和超强辐射等极端环境，在国防战略安全以及惯性约束聚变科学、材料科学、天体现象的实验室模拟等科学前沿研究领域有着极其重要的意义和作用，也是未来聚变能源的一种很有竞争力的实现途径，因此受到世界主要强国的高度重视和关注，是抢占科学前沿制高点的重要抓手。美国在 26MAZR 装置取得一大批重大创新成果基础上，最近又提出了建设 300TW、47MA 的 Z-300 和 800TW、65MA 的 Z-800 发展规划；俄罗斯也完成了 50MA“贝加尔”装置的设计方案。

我国 1999 年首次在“强光一号”装置用 Z 箍缩获得 60kJ 软 X 射线输出以来，国家自然科学基金委持续支持，0902 国家重大专项、国防 973、国防专项也大力支持。18 年来我国在驱动源、负载辐射转换、诊断、数值模拟方面，在基础研究、理论认知、关键技术、总体设计几个层面都有很大进步，取得了一系列成果，特别是2013 年中国工程物理研究院邓建军研究员领导的团队研制成功了 8～10MA 的“聚龙一号”装置，在国内是一次新的突破，彭先觉院士自主提出了“整体局部点火”的创新思想以及 Z 箍缩驱动的聚变-裂变混合堆概念设计，在新型驱动源技术方面我们紧跟俄罗斯专家 2004 年提出的 FLTD 新技术，掌握了拥有自主知识产权创新性的关键单元核心技术和设计思想，而在整体水平上与美国处于同一起跑线上，同时也初步凝聚了有高校参加的一支 Z 箍缩研究队伍。以上这些进步和积累为下一步深入研究 Z 箍缩打下了很好的研究基础。但必须清楚认识到我国与美国在装置规模、指标、性能相比还存在很大差距，严重制约了我国战略武器核生存和核反击能力的提升，以及聚变科学等前沿的重大创新发展。《国家创新驱动发展战略纲要》中指出“加强基础研究前瞻布局，建设一批支撑高水平创新的基础设施和平台”，同时指出“统筹共用重大科技基地和基础设施建设”，Z 箍缩装置的特点和优势，以及目前水平，非常符合建成一台多领域、多学科交叉、开放共享、高效利用的综合性重大科学基础设施。

出于以上的分析和考虑，西安交大联合西北核技术研究所，2015 年向教育部提出了 Z 箍缩重大基础设施项目建议，获得批准并列入首批培育项目；今年 11 月教育部又组织专家评审，并将该项目作为“十四五”重大基础设施向国家发改委推荐；陕西省委书记、省长先后批示，大力支持该项目建设，已在中国西部科技创新港规划了用地。2016 年 7 月西安交大委托中国核学会辐射物理分会在兰州组织召开了“Z 箍缩重大科技基础设施”需求分析研讨会，来自装发部、中国工程物理研究院、中

* 本文由 2017 年 12 月 6 日的报告整理而成。

国空间技术研究院、清华大学、北京大学等单位的近 30 名专家参与研讨，一致认为“Z 箍缩重大科技基础设施”在前沿科学和国家战略安全领域的需求非常紧迫、意义重大，急需开展相关预研工作，尽快推动并争取立项，国内也已基本具备开展峰值电流 20～30 MA、前沿 150～300 ns 的装置建设的基础和能力。专家同时建议，进一步加强与国内外同行和用户单位的交流与合作，完善装置技术路线、确定主要技术指标，为装置未来建设和运行服务提供基础和依据。这次研讨会也为香山科学会议的申请打下基础。

为了给国家中长期发展规划，特别是国家“十四五”规划提供参考，我们申报了以快 Z 箍缩科学前沿问题及关键技术为主题的香山科学会议。获批后，根据香山科学会议的要求及同行专家反馈意见，召开了由 4 位执行主席参加的筹备会，认真审议了会议日程、报告人和报告题目、参会专家名单等，并做了适当的调整。同时为了更广泛听取专家们的意见，就 Z 箍缩的四个主要应用领域召开了三次讨论会，共有来自 8 个单位的 36 位专家参加讨论，充分发表意见。在各位专家的指导和支持下，经过认真筹备，大家终于在美丽、宁静的香山相聚，共商 Z 箍缩发展大计。这次会议紧紧围绕会议主题，从 Z 箍缩应用科学前沿、超高功率电脉冲产生传输与汇聚、驱动源与负载耦合及诊断三个层次安排中心议题，共有评述报告、专题技术报告 15 个。会议的目的是面向国家安全、科技前沿发展的重大需求，国内外 Z 箍缩研究现状和发展趋势开展研讨，梳理科学前沿问题和关键技术，提出符合我国进入新时代要求的 Z 箍缩装置发展路线图建议，以及设立快 Z 箍缩科学前沿问题及关键技术重大研究计划的建议。

党的十九大报告提出了中国发展的宏伟蓝图，到 2050 年我国要全面建成社会主义现代化强国，“开启新时代、踏上新征程”。报告还指出要加快建设创新型国家，要瞄准世界科技前沿，强化基础研究，实现前瞻性基础研究，引领性原创成果重大突破。这为 Z 箍缩及应用研究领域的发展提供了极好的机遇，也对我们从事这一领域研究的科技工作者提出了挑战和更大的责任担当。让我们凝聚起同心，以时不我待、只争朝夕的精神，为我国 Z 箍缩及应用创新发展而努力奋斗！

在此衷心感谢大家的大力支持和帮助！祝会议圆满成功！把这次会议作为我们学习贯彻十九大报告精神的一次实际行动。

中国核学会辐射物理分会成立大会上的发言*

尊敬的李冠兴院士、吕敏院士、方守贤院士、陈佳洱院士、王乃彦院士、胡思得院士、彭先觉院士，尊敬的赵军委员、王德林秘书长、各位领导、各位专家：

大家早上好!

下面我分四个部分给大家介绍中国核学会辐射物理分会成立的背景等情况。

一是关于辐射物理学科。

辐射物理是研究射线的产生、探测、传输及其与物质相互作用的学科，是一门新兴交叉学科，主要包括辐射与物质的相互作用、辐射环境生成及测量、辐射效应及模拟和辐射应用等研究方向，是核科学与技术的重要分支。随着战略武器技术、空间技术和新概念武器技术的发展，近年来，辐射物理学科在国内外的发展非常迅猛，在国际国内有众多研究热点和难点。国际上，美国圣地亚国家实验室、劳伦斯 · 利弗莫尔国家实验室、俄罗斯科学院大电流所、英国原子武器研究院(AWE)等著名的研究机构都把辐射物理作为主要研究领域。我国的辐射物理研究来源于强烈的国家需求，主要面向国防与空间应用，重点研究核辐射、空间天然辐射和高功率电磁辐射环境的生成、探测及其与电子系统、设备和电子元器件等相互作用中的物理和技术问题，为武器装备建设和航天器发展提供重要技术支撑。

我国从发展战略武器技术及航天技术之初就十分重视辐射环境生成、辐射探测和辐射效应及其加固技术研究，并开展了多次大型科学实验，特别是微电子技术与空间技术的快速发展，对辐射物理研究和电子系统抗辐射性能提出了更高的要求。《国家中长期科学和技术发展规划纲要(2006—2020 年)》所确定的 16 个科技重大专项之一的“核高基重大专项”，也将发展高可靠的抗辐照器件作为核心器件发展的主要方向之一。

在强烈的需求牵引下，经过三十多年努力，我国基本形成了辐射物理学科体系，建设了一批可以开展材料、器件和系统相关辐射效应的模拟源，发展了具有特色的辐射测量与诊断技术，开展了大量的辐射效应与机理研究，系统和器件的辐射加固技术水平显著增强，为武器装备建设和航天工程发展做出了重大贡献。

二是成立辐射物理分会的背景。

目前，国内从事辐射物理研究的科研院所、高等院校和工业部门已达百余家。西北核技术研究所、中国工程物理研究院、中国航天科技集团、中国原子能科学研究院、中国科学院、清华大学、北京大学、西安交通大学等都具有以辐射物理为主要研究内容的研究团队及相应的实验室。如此多的单位和机构参与这个技术领域，加上国家相关政策支持，极大提高了辐射物理学科的研究热度，推动了学科发展，但也应看到，我国在该领域目前尚无全国性的学术组织。因此，迫切需要成立一个全国性的学术组织，引领学科发展、加强学术交流、促进人才成长、规范研究活动、促进自主创新和重点跨越，以有效保证和推动国防建设和空间技术又好又快的发展。

中国核学会是核相关领域的全国性学术组织。核学会及下属二级学会、专业委员会在我国核技术及其应用相关领域搭建学术交流平台、活跃学术思想、推动自主创新、促进技术成果应用转化等方面发挥了重要作用，因此在中国核学会设立“辐射物理”分会，在专业覆盖和未来发展上非常合适。

西北核技术研究所是中国核学会理事单位、抗辐射加固技术专业组和国防预研抗辐射加固技术项

---

* 本文由 2013 年 9 月 12 日的报告整理而成。

目管理办公室挂靠单位，是国内最早开展辐射物理理论和实验研究的单位之一，负责起草国家抗辐射加固技术研究规划，并承担多项辐射物理基础和应用基础研究项目，为我国武器装备建设和卫星技术发展做出了重要贡献，是我国辐射物理研究领域的核心研究单位之一；长期以来，在辐射模拟环境生成、辐射场测量、辐射效应机理和规律的理论及试验研究、辐射性能评估等方面建立了比较完备的研究与人才体系，拥有强脉冲辐射环境模拟与效应国家重点实验室、激光与物质相互作用国家重点实验室、高功率微波技术国防科技重点实验室，研究基础、设备能力、科研成果、人才队伍和标准化建设等方面，在国内处于优势地位；拥有一支由程开甲、吕敏等 7 位两院院士带领的研究人员队伍，研究人员涵盖辐射物理、电磁脉冲、微电子学、脉冲功率技术、实验物理等学科领域；有公开发行刊物《现代应用物理》和内部刊物《抗核加固》，每年出版 4 期，发行单位近 100 家，创刊以来，有效促进了领域内学术交流和成果转化。

同时，西北核技术研究所是陕西省核学会的理事长单位。多年来，组织开展了多次学术年会、学术论坛等形式多样的省内及与国内外学术团体的交流活动，具有丰富的学会管理经验，具备组织大型学术会议的经验和能力。西北核技术研究所已具备承担“辐射物理”分会日常运行管理的条件。

吕敏院士是中国核学会第四届理事会副理事长，是辐射物理分会的倡导者，倡议得到了方守贤院士、陈佳洱院士、王乃彦院士、彭先觉院士的赞同和积极支持，建议西北核技术研究所向中国核学会申办二级学会——辐射物理分会，并将该分会挂靠在西北核技术研究所。

三是申办辐射物理分会。

2011 年 4 月，西北核技术研究所正式向中国核学会递交书面申请，申办辐射物理分会；2011 年 7 月 15 日，在中国核学会七届六次常务理事会上，西北核技术研究所的申请获得审议，全票通过，并递交中国科协审查及中国民政部登记；2012 年 3 月，科协审查通过；2012 年 12 月 7 日，中国民政部批准登记，并在陕西省民政厅进行了学会办公所在地注册。学会申办程序完成，正式进入组建阶段。

四是组建辐射物理分会。

(1) 定位。辐射物理分会建设的基本考虑：充分发挥学会在学术交流、人才培养等方面的平台作用，为辐射物理领域的科研、教学人员搭建高水平的学术交流平台，促进辐射物理学科的发展。

(2) 组织架构。学会挂靠西北核技术研究所，学会组织架构的基本考虑是研、学、产结合，会员单位主要考虑研究单位、大学及相关的公司企业。学会设顾问、理事会和秘书处。

我相信辐射物理分会将在李冠兴院士为理事长的中国核学会领导下，为全国的辐射物理研究专业从业人员搭建一个平等自由的学术交流平台，促进辐射物理的繁荣和发展，促进辐射知识的普及和技术服务，推动技术研究成果的应用转化。

电气工程在国家能源和国防发展中的地位和作用*

1. 引言

电气工程主要研究电能的产生、传输、转换、控制、存储和利用，它的基础是电气科学的发展，电气科学是以物理学中的电学和磁学为基础逐步发展形成的。从1733年法国杜菲发现电到1865年麦克斯韦尔建立电动力学，从1860年发明电动机、发电机到1920年建立大型发电站，科学家和发明家、工程师的不懈努力，奠定了电气工程的科学基础，其工程应用也取得了实质性的进展。电力网的设计和建设是20世纪的伟大工程创举，为社会工业化、电气化提供了灵活方便的强大动力。

为培养专业人才，19世纪末到20世纪初，世界各国的大学相继建立了电气工程专业。最早设立电气工程专业的大学是英国帝国理工学院(1878年)，我国最早设立电气工程专业的大学是交通大学(南洋大学堂，1908年)。在电动力学和量子力学指导下，一系列的创造发明相继出现，如无线电通信、广播电台、电视、雷达、半导体、晶体管、电子计算机、录像机、集成电路、激光器、计算机辅助成像、个人计算机、互联网络等，这些发明引发了新的技术革命，把人类社会送进了崭新的智能信息时代。

电气工程专业是历史最悠久的工科专业，从电气工程专业中衍生出了庞大的电气信息专业群。电气工程专业是传统专业，也是充满活力、具有强大生命力的专业，为我国培养了一大批优秀的电气工程师，一大批国家领导人也出自这个专业。“20世纪我国重大工程技术成就”共25项，“两弹一星”排在第一位，而第六位就是电气化。21世纪初期，我国将大力发展电力能源，全国电气化的时代正在到来，电气工程将面临一个新的重要发展机遇期。

2. 国家能源发展的需求

1) 面临的问题

据统计，2002年我国一次能源消耗量为14.8亿吨标准煤，为世界第二能源消耗国；一次能源产量为13.87亿吨标准煤；发电装机容量为3.57亿千瓦，居世界第二位。2020年我国能源需求可能在25～33亿吨标准煤，至少是2000年的2倍。2050年我国要达到中等发达国家水平，能源需求总量约50亿吨标准煤。所面临的矛盾与挑战如下：

(1) 能源供需矛盾突出。我国人均能源可采储量远低于世界平均水平，其中，石油仅为全球平均值的11.1%(2.60t)；天然气是全球平均值的4.3%(1074m^3)；煤炭也只有全球平均值的55.4%(90t)。2050年我国要达到中等发达国家水平，人均能耗将达3.0吨标准煤以上，保障能源供应将是我国长期面临的严峻挑战。

(2) 能源利用效率低下，环境污染严重。我国能源利用效率约为31.2%，与先进国家相差约10个百分点，主要工业产品单位能耗比先进国家高出30%。从环境容量限制来看，我国的SO_2排放量为1620万吨，氮氧化物排放量为1880万吨，如不采取措施，到2020年，两者的排放量将分别达到4000万吨和3500万吨，大大超出环境容量。同时，我国CO_2的排放量已高居世界第二位，未来将面临巨大的国际压力。

(3) 石油资源及水资源短缺。在石油资源方面，我国对外依存度达60%，已与目前美国水平相当。我国人均水资源仅为世界人均水平的1/4，108个城市严重缺水，水的污染和废水排放问题也十分严重。

---

* 本文由2005年5月给西安交通大学电气工程学院本科生所做报告整理而成。

2) 发展战略

国家中长期发展规划提出，要把突破资源和环境的瓶颈性约束放在优先位置，形成资源节约型和环境友好型的技术支撑。能源发展将实施以保障供应为主线，多元化发展、提高能效、环境友好的能源战略。远近结合、分段部署，争取用 3 个 15 年，初步实现我国可持续发展的目标。按照“三步走”的能源发展战略，2020 年前，将按照 3 个层次部署，包括：加强节能，提高能效，建立节能型社会；以煤为主，构建多元化能源结构；突破关键技术，力争使核能，再生能源及氢燃料电池技术实现跨越式发展。

(1) 大力发展电力能源。国家电网公司提出“一强三优”的建设目标。一强是电网坚强。提出加快国家电网特高压骨干网架发展，即加快百万伏级交流和±800kV 直流系统组成的输电网络建设。与现有 500kV 输电网络相比，建设特高压网架输电网络不仅具有远距离、大容量、低损耗、经济性好、适应性强的特点，还有利于推进我国电网产业升级和技术创新，节省宝贵的土地资源，提高资源优化配置能力，从根本上解决输电能力不足等问题。

我国的国情需要发展特高压输电技术。我国发电资源分布与用电负荷分布极不均衡，决定了必须以煤电基地、大水电基地为依托，实现煤电就地转换和水电大规模开发，通过建设坚强的国家电网特高压骨干网架，实现跨地区、跨流域、水火互济，将清洁的电能从西部和北部大规模地运到中东部地区，既有利于解决东部能源短缺问题，减轻运输和环保压力，也有利于促进西部资源优势转化为经济优势，实现国民经济协调发展。

特高压输电网络建设在世界上目前还是一项崭新的事业，在全面实施现有电网技术升级工程的同时，还必须全面开展特高压输电关键技术的研究，建设技术实验基地，加大科技投入，开展电网和电力设备等关键技术攻关，同时还需要研究煤炭合理高效经济清洁开发利用技术和大型水电工程技术等。

(2) 加强发展节能和提高能效的技术。采用先进的节能技术、工艺及设备，并对高耗能行业进行节能技术改造，到 2020 年工业部门的节能潜力约为 3.6 亿吨标准煤。推广节油新技术，积极推动汽车柴油化，开发新型高效混合动力汽车，实施车辆油耗限制标准等，交通领域到 2020 年将具有约 7000 万吨的节油潜力。开发推广新型建材和建筑节能综合技术，实施建筑节能标准和采用生态建筑等，到 2020 年节能潜力约 1.7 亿吨标准煤。

(3) 积极发展核电，使其成为能源的重要组成。通过自主研发与引进国外先进核电技术，掌握第三代先进压水堆，作为近中期我国核电发展的主力堆型。力争到 2020 年，我国的核电装机容量达到 4000 万千瓦，占总发电量的 6%。在 2035 年左右使核电占总发电量的比例达到目前世界 16%的平均水平，核电装机容量超过 1.5 亿千瓦。研究和开发以提高核电站的安全性和经济性、核废物最少化和防核扩散为主要目标的第四代核能技术。同时，积极开展核聚变技术研究。

(4) 加快发展可再生能源。我国有风电资源 10 亿千瓦(陆上 2.5 亿千瓦，海上 7.5 亿千瓦)。2020 年可实现装机 2000 万千瓦，发电成本可降至 0.5 元/千瓦时左右。我国有生物质资源 4.5 亿吨标准煤，2020 年将通过研发生物质发电和生物质液化技术，争取使可利用的生物质能达到 0.5 亿吨标准煤。太阳能光伏发电发展潜力巨大，我国可利用广阔的沙漠、戈壁地区发展太阳能规模化发电，若以其中 10%的面积发展太阳能发电，每年可提供约 90 亿吨标准煤的能量。这需要集中力量突破太阳能电池组件技术及规模储能和输电技术。

(5) 氢能与燃料电池技术。氢能是一种理想的清洁能源载体，氢能燃料电池交通系统是我国摆脱石油进口依赖的根本出路。为在 21 世纪中叶实现从石油经济转向氢能经济的远景目标，需要研发高效、低成本的制氢及储运技术和车用、固定式氢能燃料电池核心技术及集成技术，从而到 2020 年力争实现 10 个以上重点城市燃料电池公交车和多个重点领域大规模化商业应用，并实现新一代制氢、储氢技术的商业示范。

3. 国防发展的需求

1) 核爆模拟技术

禁试后武器的发展和库存武器的安全研究主要通过实验室模拟，包括计算机模拟和模拟设备上的实验模拟。美、俄都强调维护国家安全的基石，不承诺不使用战略武器，并进行了核战略调整，提出了“新三位一体”战略威慑力量的新概念，发展“适合战场使用”的小型战略武器。美国投资几百亿美元建设地面模拟设施，其中大部分直接、间接地采用了高功率脉冲技术基础。

中国已建立了精干有效的核威慑力量。针对当前国际形势，为了国家安全，我国需要研制新的核爆模拟设备，发展脉冲功率技术。

2) 高新技术武器的发展

高新技术武器包括高功率微波、高功率激光、电磁炮、电热炮等新概念武器，美、俄等大国都在大力发展这些武器，我国也不例外。下面重点介绍高功率微波武器的发展。

高功率微波和无线电波、红外线、可见光、X 射线、紫外线、γ射线一样，都是电磁波，区别只是波的频率不一样，通常高功率微波的频率范围是 0.1～300GHz。高功率微波与普通微波的不同之处是功率高，通常微波的峰值功率是 1MW，而高功率微波的峰值辐射功率范围为 0.1～100GW。高功率微波可分为窄带高功率微波和超宽带高功率微波。窄带高功率微波是由脉冲功率装置中二极管产生的电子束，通过束波相互作用(即各种波导电磁结构的微波器件)产生微波；超宽带高功率微波是由脉冲功率源产生的纳秒级超短脉冲，直接激励天线，获得超宽电磁辐射输出。

高功率微波作用到目标表面后，经过“前门”(如天线、传感器等)或“后门”(如小孔、缝隙等)耦合进入目标的内部，干扰、致盲或烧坏电子传感器，或使其控制线路失效，基本可能毁坏其结构(如使目标物内的弹药过早爆炸)。作为武器其主要特性如下。

微波是光速传播的，攻击目标时，不需要提前量，瞄准目标，及时到达。同时因微波无质量，不需要克服地心引力而做功，原则上可以发射到空间任何地方。高功率微波可以只对付敌方武器和电子系统，而不杀伤人员。微波产生的效应可分四个等级：干扰(～10^{-8}W/cm^2)、扰乱(～10W/cm^2)、损伤(～100W/cm^2)、烧毁(～1000W/cm^2)，引起暂时失效或永久失效。高功率微波的发射角是 1.6°～0.16°，虽然比激光武器的发射角(10°～5°)大得多，但其定向性还是相当好的，所以一般把高功率微波和强激光都叫作定向能武器。高功率微波基本不受大气影响，尤其是 10GHz 的电磁波基本可以不考虑大气衰减。多目标攻击：高功率微波武器不需要精确跟踪、瞄准，因其波束较宽(可达几百米)，可以同时攻击多个目标。同时，还可实现侦察、测向、瞄准、攻击一体化系统。有多种频率的微波源可供选择，作战实用能力强，可实施干扰、欺骗、攻击、防御等多种作战手段，和平时期、备战时期和战争时期均可使用，给决策层提供灵活使用的多种选择，可战而不宣，可宣而不战。

需要指出的是，高功率微波实战化也存在一些问题：作战效应评估困难，软杀伤直视效果差。此外，波长较长，发射角较大，若要远距离作战，需要超大尺寸的天线。20 世纪 80 年代以后，以高功率微波源为核心的微波武器的研究日趋明朗，并取得了显著进展。但由于高功率微波武器在物理、技术上的复杂性，目前尚处于技术发展阶段，还没有真正研制出战场能使用的高功率微波武器，而脉冲功率源技术是制约高功率微波武器发展的主要瓶颈之一。

4. 电气工程的地位和作用

1) 传统的电气工程仍保持着强大的生命力，在能源发展战略中必将发挥重要作用

从电气工程专业的历史沿革中可以看出，电气工程是在电力工业、电气设备制造业发展需求的推动下设立和发展起来的，同时电气工程学科的发展又推动了电力能源的技术进步，并渗透到其他应用

领域，衍生出一系列专业群。电气工程的应用及研究对象属于强电，虽然也包含弱电部分，但它是为强电服务的，因而电气工程有更强的适应性。

电气工程的应用领域与能源密切相关，不仅直接用于电力能源，而且在整个能源科学中可以发挥重要作用，尤其是我们西安交大的电气工程专业有着悠久的历史，光荣的传统，很高的学术地位和声誉，在高电压与绝缘、电机与电器、电力系统及其自动化等重点学科保持着优势和特色，已培养出大批优秀人才，今后我们培养的人才也必然会在国家能源发展中大有作为。

2) 电气工程新的生长点——脉冲功率技术、高功率电磁学在国防和高科技前沿研究中有重要作用

脉冲功率技术是一种研究能量储存、能量压缩、能量转换和能量传输的高新技术，电磁能量在时间上压缩形成高功率脉冲，在空间上压缩达到高能量密度。脉冲功率技术是高电压与绝缘、等离子体、电磁场、粒子束等学科综合交叉的产物，产生于20世纪30年代，并在20世纪60年代以后得到迅速发展。在脉冲功率技术发展的基础上，近些年，随着高功率微波、电磁脉冲技术的发展以及它们在现代军事方面的重要应用需求，国外专家已倡议设立高功率电磁学，研究电磁脉冲产生、传输、测量、系统效应以及电磁拓扑理论等。

脉冲功率系统一般由初级能源、脉冲储能、脉冲传输和负载四部分组成，获得的电脉冲主要参数一般包括：电压百千伏～几十兆伏，电流几千安～几十兆安，脉冲宽度几纳秒～1μs，功率 1GW～100TW(高功率脉冲)。

脉冲功率技术的最独特之处在于可以产生极高的峰值功率而无需一台非常大的供电设备。与直流电相比，脉冲功率有以下四个优点：①非线性，脉冲功率利用对材料的非线性效应得到了任何其他方法不能得到的结果。大部分效应是因为强的峰值功率超出了所选材料的线性极限。②时间分离，脉冲功率处理过程时间足够短，以致阻碍过程来不及发生。例如，介质的击穿过程需要一定的时间，脉冲比直流下的介质击穿场强要高得多，因此与直流系统相比脉冲功率系统能给负载提供更大的功率。用脉冲功率技术进行材料加工，是一种冷加工。③高效率，通过脉冲供电的电能传输效率高。这与脉冲功率开关的非线性特性相关。在开关工作过程中呈现一种负阻抗效应，即峰值功率越高，开关上的压降越低，因此高功率脉冲调制器比对应的直流供电有更高的效率。④绝热加热，因热传播有时延的性质，而强脉冲是瞬间发生与释放能量，可以看作一个绝热过程，有减少系统内部热损的优越性，因此具有相同峰值功率的脉冲功率系统与对应的直流系统相比，体积要小得多。

通常脉冲功率可分为两类，一类是由核爆模拟需要发展而来，特别是单次脉冲，峰值功率很高，目前正在向百太瓦方向发展；另一类是由脉冲雷达演变而来(功率调制器和系列脉冲)，特点是重复频率脉冲，高的平均功率。近二十年来，脉冲功率技术在高新技术武器和民用工业中的应用也越来越受到重视，有力推动了脉冲功率技术的巨大进步。

美国和俄罗斯的脉冲功率技术发展较快，在国防工业应用的研究中均已取得了重大进展，而我国在总体和关键技术方面落后他们10年以上，面临着挑战，今后20年将是我国脉冲功率技术的重要发展机遇期。从事电气工程专业的人才将在国防和高科技前沿研究中大有作为。

5. 对青年学生的几点希望

(1) 把个人的远大理想和抱负同国家的发展需要结合起来，为科技兴国贡献智慧和力量。国家发展需要是个人实现远大理想和抱负的大舞台，个人发展需要有机遇，能力与机遇完美结合，才会取得最大成功。成功也意味着牺牲，认定目标，坚韧不拔地做下去。

(2) 要打牢基础，善于学习、勤于思考、勇于实践，把学习、思考、实践三者紧密结合，练好基本功。善于学习，要读好书、读活书，结合需要学习，向实践、向实际学习，也要向别人、向自己学习，终身学习。勤于思考，要学会善于分析问题、解决问题，还要善于提出问题，善于抓住问题的本质，善于举一反三。勇于实践，实践是创新的根本源泉，能力来源于实践。

(3) 培养求实作风和创新精神及能力，提高人文文化素质。求实与创新是相互关联的辩证统一。求实是要注重实干，尊重事实；创新是科技进步的灵魂，是要在前人的基础上前进和突破，人生没有创新就不能进步。努力培养创新应具备的基本素质，需要保持旺盛的求知欲望、强烈的好奇心、敏锐的直觉和洞察能力，同时还要勤奋刻苦，锲而不舍，博大胸怀，勇敢自信。

做事首先要学会做人，继承和发扬中华民族优秀传统。个人的发展，离不开集体，离不开周围的同事，离不开社会的支持，需要处理好个人与外界的关系。要有高的“智商”，更要有高的“情商”。“情商”主要是人文文化素质的体现，对一个人事业的成败起着重要的作用。

坚持“电气+”理念，推动学科可持续发展*

尊敬的各位领导、各位专家：

很高兴有机会作为西安交大电气工程学院院长，向大家汇报近十年来我们学院电气工程学科的发展情况，分以下四个部分。

1. “电气+”提出的背景

我们知道中国最早的电气工程专业就是南洋大学堂(交通大学前身)于1908年设立的电机专修科，1956年电机系随交大整体西迁到西安，1957年在电机系基础上成立了无线电工程系，1978年电机系改为电气工程系，并成立了国内第一个生物医学工程专业，1993年成立电气工程学院，2007年获批电气工程一级重点学科，开始按照一级学科开展学科建设。可以看出，百余年来，电气工程学科在发展历程中，不断地产生新学科，不断地发展新方向。

电气科学与工程的发展有强大的动力推动，主要体现在以下三点：社会发展需求的巨大牵引力，由学科内涵所蕴藏的创新潜能发出的膨胀力、萌生力、拓展力，由交叉学科提供的新理论、新方法、新材料对本学科的“催化”和“嫁接”作用所形成的创新推动力。

在需求牵引、交叉拓展、创新驱动下，电气工程与能源、环境、空间、海洋、国防等领域交叉融合，同时也向智能电网、电工材料、特种电机、电磁安全、脉冲功率与等离子体等方向纵深发展。

在能源领域，发展清洁能源、保障能源安全、解决环保问题、应对气候变化，是新一轮能源革命的核心内容，强劲地牵引着电气学科的发展。在电力系统方面，面临着未来电网形态、电网本身安全与经济效能的提升、电网与各种电源之间的协调发展、电网与用户间的良性互动等问题；在电力设备方面，迫切需要发展直流输配用电设备、高压电力电子设备、新型环境友好电工材料、智能电力设备与全寿命运行特性等；在核能方面，反应堆高放射条件下设备状态监测、维修及评价技术，聚变能源(磁约束、激光和Z箍缩驱动的惯性约束)中的电气科学与工程问题等也是值得长期探索研究的内容；在非常规天然油气方面，也急需发展绿色、节能的开采新技术等。

在环境领域，基于电工方法的环境治理与废物处理，电磁环境的产生、影响评估、防护和治理技术等成为研究热点。我们已经看到大气压等离子体、电弧、静电等新原理、新方法在废气、废水、废渣处理中得到了工程应用；近年来，地磁暴、外部电磁攻击、高压输变电装备产生的电磁干扰等极端电磁条件对电力系统、通信系统、输油输气管道等重要基础设施的影响也得到了广泛关注。

在空间领域，空间技术是国家战略需求，深空探测和太空能源利用对电工装备在真空、强辐射、高低温综合影响等条件下的安全运行提出了新的更高要求。在先进推进技术方面，在电推进技术的基础上，人们已经开始探索先进核能推进技术；发展中的空间太阳能发电系统，迫切需要高效率、轻量化、高可靠性的太空发电和能量传输等核心部件；同时，卫星系统的供电技术、电介质材料等也还存在不少难题。

在海洋领域，建设海洋强国是实现“中国梦”的一个重要组成部分。海底原油和天然气开发，迫切需要研究高可靠、大潜深、大容量、长距离、高速油气增压电机系统及变配电系统等核心设备；同时，在开发海洋资源、发展“蓝色经济”的过程中，离不开深海电力网和深海电力设备，包括多岛礁直流微电网群、离岸浮动型独立电网、深海水下电网，以及变压器、断路器、变流器、电机、电缆、高压接头等。

---

* 本文由2016年8月11日在第七届中国国际供电会议暨电气工程学院院(校)长论坛上的报告整理而成。

在国防领域，电工新现象、新原理、新技术、新应用已成为现代国防的重要基础和创新源头。电磁轨道炮作为一种新型动能武器，小型化、延长轨道寿命、平台多样化是其发展方向；高功率微波武器的发展，需要突破小型高效高功率脉冲驱动源技术难题；含能纳米材料已表现出巨大的应用前景，但是高产量制备方法与工艺、丝爆法制备纳米材料的控制机理仍没有完全掌握；此外，船舶、飞机等装置的供电及全电驱动等尖端技术的自主化也迫在眉睫。

从以上可以看出，电气工程学科具有交叉面广、渗透性强的特点，电气学科萌生、分化及交叉产生出不少新兴学科，而且交叉面涉及数学、物理学、化学、生命科学、环境科学、材料科学以及工程类的相关学科。

因此，面向我国电气工程学科发展的现状，结合国外相关学科的动态，我们提出了“电气+”的理念，以期推动学科从“追赶”到“超越”，从“超越”再到“引领”的可持续发展。

2.“电气+”十年实践

西安交大的电气工程学科是国家首批一级重点学科，二级学科设置最为齐全，包括电机与电器、高电压与绝缘技术、电力系统及其自动化等国家二级重点学科，电力电子与电力传动、电工理论与新技术等优势学科博士点，电磁环境科学与技术、新能源电力系统、脉冲功率与放电等离子体技术等自主设置博士点。

经过长期的发展与探索，我们凝练出了四个学科方向，分别是电工材料与电气绝缘、先进电力设备、先进电力系统、脉冲功率与放电等离子体。在电工材料与电气绝缘学科方向，设立了先进电介质材料制备、结构与性能表征，直流输变电设备绝缘，极端条件下绝缘技术 3 个内容；在先进电力设备学科方向，设立了直流电力设备，环境友好电力设备，智能化电力设备 3 个内容；在先进电力系统学科方向，设立了多频率高可控电力系统，全可控电力变换设备，智能电网及独立电力系统，先进储能技术 4 个内容；在脉冲功率与放电等离子体学科方向，设立了高功率脉冲源技术，脉冲放电等离子体，电磁环境与电磁安全 3 个内容。可以看出，经过近十年的发展，我们在保持特色的基础上，不断开拓创新。

西安交大的电气工程学科长期以来引领着我国电气工程高等教育。我们的教授长期担任全国高校电气工程教指委主任、副主任，倡导建立“中国电力教育大学院(校)长联席会”并担任(荣誉)主席；作为全国电气工程领域专业学位教育协作组组长单位，牵头制订了工程硕士教育质量评估指标、专业学位标准，已在全国颁布实施；率先开展宽口径人才培养，成果在全国推广应用；首批通过工程教育专业认证，入选教育部卓越工程师培养计划；《电路》教材被 386 所高校采用，在中国大学慕课平台选课 9 万余次，居电工类第一；出版“十二五”规划教材 8 部，拥有国家级精品课程 8 门、精品资源共享课 4 门，获得国家教学成果奖 8 项。

西安交大的电气工程学科已建立了一流的师资队伍。现有教师 75%有留学经历，39 名有海外博士学位；拥有院士 2 名，百千万人才 2 名，千人学者 4 名、青年千人学者 5 名，国家杰出青年科学基金获得者 4 名，优秀青年科学基金获得者 3 名，长江学者特聘教授 4 名、长江学者讲座教授 4 名、青年长江学者 1 名，科技部和中组部青年人才各 1 名，何梁何利奖获得者 2 名，教育部新世纪优秀人才 23 名；我们还有教育部创新团队 1 个，国家级教学团队 2 个，2012 年获国家自然科学基金委创新研究群体并获得滚动支持。

多年来，西安交大的电气工程学科致力于电力技术创新。特别值得一提的是，我们的科研工作有力支撑了我国特高压领域国际领先，获得特高压交流工程特殊贡献单位和直流工程重要贡献单位，牵头制订了 33 个特高压技术规范，攻克套管、开关、继保、避雷器等关键技术，突破特高压变电站和阀厅电晕降噪、VFTO 试验测试及标定等难题。我们的科研成果获国家科技奖励 9 项、中国专利优秀奖 2 项。

突出基础和交叉研究是我们长期以来形成的特色。例如，面向新能源、新材料、国防等前沿基础和交叉问题，提升原创成果产出能力；在国际上首次提出工程电介质陷阱表征识别和作用机制，单篇论文他引 651 次；在国际上独创电爆炸等离子体驱动含能混合物产生可控冲击波增透储层新技术；解决了电磁弹射绝缘材料、直流大容量快速开断等难题；"Z 箍缩大科学装置"列入教育部首批培育项目；发表 ESI 论文 30 篇。

在人才培养方面，西安交大的电气工程学科构建了国际化人才培养高地。发起创立"丝绸之路大学联盟电气子联盟"，与米兰理工大学等知名大学开展双硕士项目，制订首部"对等交换，共同组班"的国际化培养方案，打造国际化人才培养高地；率先成建制开办硕士留学生班，学生来自欧美等 13 个国家，已向 28 人授予学位，目前在校生 69 人，进修生 85 人，聘请外籍教授 30 名(含美英院士 2 名、IEEE 会士 8 名)讲授 15 门常设课程和 18 门短期课程。

西安交大的电气工程学科作为国内领先学科，自觉服务社会。遵循"顶天立地"原则，以国家战略需求为导向，依托人才培养和科学研究的优势，社会服务从项目合作向战略合作转变，从适应性合作向引导性合作转变，服务电力行业、国防重大需求和国家战略决策；突破了 0902 国家重大专项中泵浦激光的氙灯及其驱动电源效率提升等瓶颈问题；解决了飞机地勤电源、雷电效应测试、复杂多线束质量综合检测等难题；提出学科发展新方向——电磁安全，关于"电力系统等国家关键基础设施的电磁脉冲防御研究"的两个咨询建议得到了中央领导的批示；提出的"弹性电力系统"概念受到国内外广泛关注。

经过"电气+"的十年实践，我们提出了西安交大电气学科的定位与目标：以建设世界一流学科为目标，以引领国际电气工程教育为己任，着眼于能源变革和人类未来发展，立足于国家重大战略需求，汇集国际一流师资队伍，培养卓越的领军人才，推动电气前沿科技进步，服务于经济社会可持续发展。

3."电气+"的发展思路

在人才培养方面：学校成立了本科生院，学院成立了系。在科学研究方面：学校拟成立研究院，学院拟成立若干研究所。在社会服务方面：加强原始创新，推动行业技术进步；同时，为国家战略决策提供咨询。在文化传承方面：进一步弘扬"西迁精神"，以及"求实，创新，包容，奉献"的电气文化。

西安交大电气工程学科在"电气+"发展理念的引领下，提出了我们的发展愿景：以关注社会发展、科学人文并举为宗旨，以引领国际电气工程教育为己任，以理工融合、学科交叉为特色，培养具有社会责任感和领导力、具有国际视野和竞争力的创新型人才，推动基础前沿科学进步，创造服务于社会的科技生产力，实现教育兴国、科技兴邦的中国梦。

下面重点介绍我们在科学研究方面的"电气+"发展思路。

在电工材料方面：电工材料是所有电力设备、电气装备、电子器件的基础材料，因此需要在理论上研究空间电荷产生与输运规律、绝缘放电与电弧烧蚀机理、极端环境(极端高低温、高功率脉冲、太空辐照、紫外线等)下电介质材料损伤破坏机理、脉冲放电等离子体机理、电介质材料的太赫兹波谱特性等，并研究纳米电介质材料、高介电常数材料、新型绝缘材料、高分子导电材料、碳纤维材料、新型磁性材料、新型压敏材料等新型电工材料。

在直流电力技术及装备方面：我国未来电网形态和电网技术的发展趋势与特征主要是以特高压交直流混联为骨干网架的跨区域输电，可解决大规模可再生能源接入与传输的柔性多端高压直流电网，独立电力系统(全电舰船、飞机、海上漂浮平台、全电汽车)等，因此需要发展先进直流电力技术及装备。这就需要首先解决高压直流电气绝缘、短路电流开断、电力变换等装备问题，装备集成、电网技术等系统问题，系统及装备安全运行、设备全寿命周期管理等运行问题。

在弹性电力系统方面：随着全球自然灾害逐渐增多以及反恐意识的增强，构建对极端扰动事件具有恢复力的弹性电力系统已成为各国政府着力发展的国家战略，同时，智能电网的快速发展也为弹性电网的研究提供了新的机遇。近期需要重点研究的内容有：进一步建立弹性电网的思想，结合不同地区的不同发展阶段提出相应的恢复力目标；研究极端灾害对电力系统造成的影响，以及相应的经济社会后果，建立弹性电网恢复力评估理论；提出能够全面考虑电网特性的弹性电网恢复力评估方法及指标体系，给出切实可行的弹性电网恢复力提升策略。

在电磁安全方面：当前我国电力、信息通讯、油气管网、高铁网等关键基础设施快速发展，信息化程度越来越高，高空核爆电磁脉冲、高功率微波、太阳风暴引起的地磁暴等强电磁脉冲环境下的安全问题需要引起高度重视。需要重点研究：灾害机理、规律、评估技术、预报方法、基础数据获取等；防护技术、防护材料、系统防护设计及策略，防护产品研发、标准和规范等。

在Z箍缩等离子体方面：Z箍缩是指柱状等离子体在脉冲大电流的超强磁场作用下向心压缩的过程，可产生高温、高密、高压、高速和强辐射等极端环境，在国家战略安全、聚变科学、极端条件下的材料科学和实验室天体物理等前沿科技领域等具有重要的研究价值。因此，我们提出建设Z箍缩设施，其指标和性能预期达到世界领先水平，从而实现Z箍缩聚变能源研究跨越式发展，为国家战略核安全提供重要支撑。设施主要包括以下几部分：①超大功率脉冲装置，采用直接驱动的技术路线，建设一台峰值电流20～30 MA、电流前沿150～300 ns、具有重复频率运行潜能、可扩展的脉冲功率装置；②精细调控的负载及应用研究，从超高功率电脉冲转化为应用所需的辐射、高温高密度等离子体、超高动高压、超高速等离子体射流等极端环境；③精密诊断系统，实现能量转化物理过程中的精密诊断。

目前设施的筹建得到了教育部、陕西省和学校的大力支持，落实了建设用地，明确了建设方案，并建立了良好的用户单位合作关系。

4. 三点倡议

结合“三个面向”，大学的主要任务是：学术引领，颠覆性、核心关键技术，重大科技成果转化。因此，在新的形势、新的发展阶段，我提出以下三点倡议：①针对国家重大需求，建立不同使命的电气工程大学联盟，提供战略咨询、策划重大项目，形成一个完整的创新链；②各个电气工程学科发挥各自所长、定位明确、协同创新；③充分发挥学会的桥梁和纽带作用，健全高校与学会之间的交流、支持机制，针对学科未来的发展开展充分、实质性的讨论，共同携手做大做强学科，推动学科的可持续发展。

谢谢大家！

附录一　邱爱慈院士获奖列表

序号	表彰奖励	类别	年份
1	低能强流脉冲相对论电子束加速器(闪光二号)	国家科技进步奖二等奖	1995
2	核爆脉冲辐射模拟源系统	国家科技进步奖二等奖	2008
3	强脉冲小焦斑高能 X 射线产生技术及装置	国家技术发明奖二等奖	2016
4	低能强流脉冲相对论电子束加速器(闪光二号)	部委级科技进步奖一等奖	1994
5	百焦耳级准分子激光器研制	部委级科技进步奖一等奖	1995
6	获取 kJ/cm^2 级高能注量电子束的二极管系统和诊断技术研究	部委级科技进步奖一等奖	2001
7	软 X 射线分能区分幅图像诊断系统研制及应用	部委级科技进步奖一等奖	2004
8	紧凑型小焦斑强脉冲高能 X 射线装置	部委级科技进步奖一等奖	2011
9	DPF-200 脉冲 X 射线源	部委级科技进步奖二等奖	1994
10	强流脉冲电子束参数测量技术研究	部委级科技进步奖二等奖	1995
11	产生不同宽度脉冲的强γ射线源技术	部委级科技进步奖二等奖	2002
12	全国科学大会奖	—	1978
13	光华科技基金奖	一等奖	1994
14	优秀科技教学成果奖二等奖	国防科工委	1997
15	第四届“伯乐奖”	西安交通大学	2007
16	何梁何利基金科学与技术进步奖	—	2011
17	科技创新贡献奖	部委级	2011
18	人才培养工作突出贡献个人	西安交通大学	2020
19	科技工作先进个人	西安交通大学	2020
20	“强光一号”钨丝阵等离子体辐射特性研究	中国百篇最具影响国内学术论文	2010

附录二　邱爱慈院士公开发表专著

序号	时间	专著名称	作者	出版单位
1	2009	《中国电气工程大典 · 第 1 卷 · 现代电气工程基础》	主编：梁曦东、邱爱慈、孙才新、雷清泉、陆宠慧。第 7 篇　脉冲功率技术基础主编：邱爱慈、曾正中、张乔根、钱宝良、王新新	中国电力出版社
2	2016	《脉冲功率技术应用》	主编：邱爱慈，副主编：曾正中	陕西科学技术出版社
3	2018	《辐射物理研究中的基础科学问题》	陈伟、杨海亮、邱爱慈、欧阳晓平、夏佳文等	科学出版社

附录三　邱爱慈院士指导研究生获奖列表

序号	获奖项目	人员	年份
1	陕西省优秀博士学位论文	任明	2017
2	陕西省优秀博士学位论文	郭俊	2018
3	陕西省优秀博士学位论文	魏浩	2019
4	陕西省优秀博士学位论文	韩若愚	2020
5	部委级优秀博士学位论文	孙剑锋	2015
6	部委级优秀博士学位论文	李俊娜	2017
7	粒子加速器学会第六届“希望杯”青年优秀论文奖一等奖	杨海亮	2004
8	粒子加速器学会第十四届“希望杯”青年优秀论文奖二等奖	魏浩	2020

附录四 邱爱慈院士指导研究生名录

序号	学生姓名	入学时间	学位论文题目	合作导师
			博士研究生	
1	刘国治	1989.09	强流相对论电子束在磁透镜场中常数及压缩的理论和实验研究	刘乃泉
2	曾正中	1996.09	等离子体断路开关的断路机理与特性研究	邱毓昌
3	王文生	1999.09	高功率Z箍缩等离子体辐射总能量、总功率测量技术研究	何多慧
4	孙凤举	1999.09	模块化高功率亚微秒脉冲直线型变压器驱动源	邱毓昌
5	石　磊	2000.03	200keV强流脉冲离子束产生的理论与实验研究	王永昌
6	杨海亮	2000.09	准单能脉冲γ射线产生技术研究	
7	汤俊萍	2002.09	高压纳秒脉冲下真空沿面闪络特性研究	
8	张永民	2003.09	提高强流电子束能注量的理论和实验研究	关志成
9	蒯　斌	2004.02	高功率Z箍缩产生keV级特征X射线技术研究	
10	吴　刚	2004.09	兆安电流Z箍缩K层辐射源的内爆特性和负载参数优化	吕　敏
11	高　屹	2005.09	阳极杆箍缩二极管数值模拟及辐射特性研究	吕　敏
12	丛培天	2005.09	串级多间隙气体开关性能研究及优化	
13	王亮平	2006.09	平面型丝阵负载Z箍缩动态电参数及辐射特性实验研究	
14	刘轩东	2007.09	气体开关击穿特性及其对FLTD输出影响的研究	
15	吴　坚	2007.09	兆安电流下X箍缩特性及点投影照相技术研究	吕　敏
16	常家森	2008.03	三电极同轴场畸变气体火花开关多通道放电特性研究	
17	刘　鹏	2008.09	开关闭合时序及分散性对多级感应腔串联FLTD性能影响的研究	
18	孙剑锋	2008.09	预充等离子体阳极杆箍缩二极管物理特性研究	
19	呼义翔	2009.03	直接驱动Z箍缩脉冲功率传输和汇聚的电路建模与输出参数优化	
20	梁天学	2009.09	MA级快脉冲直线型变压器模块同步放电特性研究	
21	赵军平	2009.09	亚微秒电流脉冲下铝丝电爆炸及其等离子体特性研究	
22	李俊娜	2010.09	百纳秒紫外预电离放电对MV级开关击穿特性的影响	
23	陈　立	2010.09	大电流高能石墨电极气体开关烧蚀特性与触发方式研究	
24	任　明	2010.09	SF6气体中绝缘缺陷的冲击电压局部放电特性及影响因素	
25	肖　磊	2010.09	火花开关多放电通道形成特性的研究	
26	陈　洁	2011.03	特高压GIS VFTO统计特性及计算模型研究	
27	郭　俊	2011.09	多导体传输线电磁脉冲响应的解析迭代计算方法研究	谢彦召
28	尹佳辉	2012.09	兆伏级电触发气体开关击穿特性及其对驱动源输出脉冲的影响	
29	周海滨	2012.09	水中铜丝微秒电爆炸冲击波产生机制和能量转换特性研究	
30	贾　伟	2013.09	开关过压耦合方式对Marx发生器建立过程影响规律的研究	
31	张金海	2013.09	丝阵Z箍缩早期演化过程的调控研究	王群书
32	吴佳玮	2013.09	大电流钨镍铁合金两电极气体火花开关研究	
33	魏　浩	2014.03	感应电压叠加器注入电流空间分布及对次级磁绝缘的影响	

续表

序号	学生姓名	入学时间	学位论文题目	合作导师
			博士研究生	
34	张鹏飞	2014.09	自磁箍缩二极管的物理特性及其与磁绝缘传输线耦合规律研究	
35	韩若愚	2015.03	微秒电流脉冲下水中金属丝电爆炸过程及特性实验研究	
36	刘巧珏	2015.03	金属丝微秒电爆炸驱动含能材料的基本过程及特性研究	
37	罗维熙	2015.09	直流气体开关自放电概率分布特性研究	
38	姚伟博	2016.09	空气中金属丝电爆炸等离子体光辐射特性研究	
39	李旭东	2016.09	基于金属丝电爆炸法的铝基纳米颗粒制备技术研究	
40	陈宇浩	2017.03	高空电磁脉冲作用下典型配电设备效应和易损性评估	谢彦召
41	何 石	2017.03	Tesla 变压器磁耦合及复合绕组电压振荡过程研究	
42	师泯夏	2017.03	直流偏磁下变压器铁芯矢量磁滞模型及其磁场数值分析	
43	王志国	2017.09	触发支路开关级联触发特性及其对多级串联 FLTD 性能的影响(拟)	
44	何 旭	2018.09	多级串联直接驱动型脉冲源建模和输出特性研究(拟)	
45	龚振洲	2020.09	超高脉冲功率装置中心汇流区电路模拟和优化设计(拟)	
46	范思源	2021.03	数十太瓦级脉冲功率装置的电路模拟及参数优化(拟)	
			硕士研究生	
1	韩小莲	1986.09	REB 水介质场畸变主开关特性研究	
2	罗志宏	1988.08	测量强束流的法拉第筒的研制	韩广元
3	孙凤举	1993.09	微秒级等离子体融蚀开关装置设计和初步实验	
4	樊亚军	1995.04	强流相对论电子束在角向磁场中传输	李传胪
5	汤俊萍	1997.09	绝缘薄膜在真空中沿面闪络特性的实验研究	
6	黄建军	1998.09	内过滤法拉第筒用于强流脉冲电子束入射角的测量研究	
7	郭军	1998.09	爆炸丝断路开关数值仿真与实验研究	
8	王亮平	2000.09	Z 箍缩丝阵负载的设计与实验研究	
9	郭永辉	2001.09	磁化等离子体中电子输运参数的数值解	
10	孙剑锋	2001.09	高功率离子束在漂移管中的传输特性研究	
11	贾 伟	2001.09	增加压强条件下水介质短脉冲击穿特性的研究	
12	李洪玉	2001.09	偏压电荷收集器的数值模拟与实验研究	
13	王团结	2002.09	50kV 触发器前级触发氢闸流管及输出火花隙开关性能的研究	
14	刘 鹏	2002.09	低抖动 100kV 快前沿触发器主开关工作性能研究	
15	陈 仓	2002.09	边缘点火多级多通道气体开关中的沿面放电研究	
16	黄 涛	2003.09	Z 箍缩 K 层辐射的二能级模型计算	
17	张信军	2003.09	用干涉法测量喷气负载线质量密度的研究	
18	董勤晓	2003.09	同轴薄膜电容器的设计及其快脉冲下的绝缘特性研究	
19	薄海旺	2003.09	快脉冲作用下气体开关的击穿特性研究	
20	李小亭	2003.09	紧凑型 Marx 发生器电感计算和触发特性研究	
21	苏兆锋	2004.09	具有时间分辨的高能脉冲 X 射线能谱测量技术研究	
22	尹佳辉	2004.09	MV 级气体开关电脉冲同步触发技术研究	
23	李俊娜	2004.09	MV 级脉冲气体火花开关的紫外预电离特性研究	
24	李登云	2004.09	100kV 触发器输出脉冲的陡化技术研究	

续表

序号	学生姓名	入学时间	学位论文题目	合作导师
			硕士研究生	
25	梁天学	2004.09	应用于短脉冲直线型脉冲变压器的 200kV 气体火花开关设计及特性研究	孙才新
26	刘志刚	2005.09	大电流气体轨道开关的设计与击穿特性研究	
27	黄　勇	2005.09	百千安三电极气体火花开关自击穿特性研究	
28	杨　莉	2005.09	纳秒脉冲下真空中绝缘材料表面带电现象的研究	李成榕
29	姚伟博	2006.09	百 kJ 级储能型 Marx 发生器工作特性研究	
30	高贵山	2006.09	700kV 激光触发多级多通道开关技术研究	
31	郭　宁	2006.09	驱动快 Z 箍缩的脉冲电流测量技术研究	李成榕
32	来定国	2007.09	百纳秒脉冲下强流二极管的工作稳定性	
33	周竞之	2007.09	半导体开关 RSD 触发导通特性研究	
34	刘要峰	2007.09	110kV 变压器中性点过电压保护方式研究	
35	王志国	2008.09	快脉冲电压下 FLTD 磁芯磁化及损耗特性研究	
36	谭筱雅	2008.09	特高压交流输电线路雷电绕击特性的研究	
37	危　瑾	2009.09	气体火花开关工作性能对直线型变压器驱动源输出影响的仿真研究	
38	何　堃	2010.09	气流环境下重复频率纳秒脉冲介质阻挡放电特性研究	
39	王　维	2010.09	空气电晕离子风激励器及其推力特性的研究	
40	党腾飞	2011.09	百千伏 Trigatron 开关脉冲击穿特性研究	
41	魏　浩	2011.09	感应电压叠加器(IVA)感应腔初级电流角向均匀性研究	
42	陈纲亮	2011.09	陡前沿振荡型冲击电压下 SF6 气体间隙放电特性研究	
43	段　玮	2011.09	重复频率脉冲下高压陶瓷电容器的寿命研究	
44	乔培武	2014.09	1200kV 高精度 SF6 电容分压器研制	
45	景　龑	2014.09	水下冲击波压力测量用 PVDF 压电薄膜传感器的研制及应用	
46	王育佳	2015.09	氩气中铝丝电爆炸能量沉积特性及其对纳米粒径影响的研究	
47	何林娜	2016.09	FLTD 用场畸变气体开关电极烧蚀特性建模与实验研究	
48	罗强峰	2017.09	感应电压叠加器感应腔电场优化与输出特性仿真	
49	魏振宇	2017.09	不同工况下 MA 电流 FLTD 单级模块输出特性研究	
50	石　琦	2017.09	内置触发方式下单级 FLTD 触发脉冲传输特性研究	
51	王　宇	2017.09	大电流气体火花开关的电极表面构型研究	
52	楼　成	2018.09	FLTD 支路电感优化与放电特性研究	
53	孙灏若	2019.09	FLTD 气体开关触发间隙导通过程研究(拟)	

附录五　邱爱慈院士公开发表论文

序号	标题	作者	来源	年	卷	期
第一篇　强流脉冲加速器与辐射环境模拟(205 篇)						
1	不同过压耦合机制下 Marx 发生器建立时延的形成过程分析	贾伟；陈志强；郭帆；谢霖燊；程永平；李尧尧；祁宇航；邱爱慈	现代应用物理	2020	11	3
2	Design and analysis of the Tesla transformer with duplex secondary winding	He, S.; Li, J. N.; Qiu, A. C.	*Review of Scientific Instruments*	2019	90	10
3	Capacitive sensor for fast pulsed voltage monitor in transmission line	Wang, J.; Ding, W.; Qiu, A.	*Review of Scientific Instruments*	2019	90	3
4	Analysis of ohmic losses in Tesla transformers utilizing the open magnetic-core	He, Shi; Li, Junna; Guo, Fan; Chen, Zhiqiang; Chen, Weiqing; Qiu, Ai'ci	*AIP Advances*	2018	8	8
5	基于 Marx 发生器的中小型电磁脉冲模拟器驱动源	贾伟；陈志强；郭帆；谢霖燊；杨天；汤俊萍；金廷军；邱爱慈	强激光与粒子束	2018	30	7
6	脉冲 X 射线能谱测量技术发展综述	苏兆锋；邱爱慈；来定国；任书庆；孙铁平	现代应用物理	2018	9	3
7	Erosion and surface morphology of the graphite electrodes in high-current, high-coulomb transfer gas switch	Chen, L.; Yang, L.; Liu, Z.; Huang, D.; Qiu, A.	*IEEE Transactions on Plasma Science*	2018	46	10
8	Effects of the injected plasma on the breakdown process of the trigatron gas switch under low working coefficient	Chen, L.; Yang, L.; Qiu, A.; Huang, D.; Liu, S.	*Physics of Plasmas*	2018	25	1
9	Design and experiment studies of a 2.6-MV diverter system	Hu, Yixiang; Zeng, Jiangtao; Jiang, Xiaofeng; Wang, Zhiguo; Liang, Tianxue; Qiu, Ai'ci	*Review of Scientific Instruments*	2017	88	1
10	Engineering design and primary experiment study of a 2.6-MV field-distortion oil switch	Hu, Yixiang; Wei, Hao; Qiu, Ai'ci; Zeng, Jiangtao; Sun, Fengju; Cong, Peitian; Zhang, Xinjun; Yao, Weibo; Yang, Shi	*IEEE Transactions on Dielectrics and Electrical Insulation*	2017	24	4
11	Experimental study of a 2.3-MV field-distortion oil switch	Hu, Yixiang; Ren, Shuqing; Zhang, Yuying; Qiu, Ai'ci	*IEEE Transactions on Plasma Science*	2017	45	1
12	Development of a Marx-coupled trigger generator with high voltages and low time delay	Hu, Yixiang; Zeng, Jiangtao; Sun, Fengju; Cong, Peitian; Su, Zhaofeng; Yang, Shi; Zhang, Xinjun; Qiu, Ai'ci	*Review of Scientific Instruments*	2016	87	10
13	Experimental study on magnetically insulated transmission line electrode surface evolution process under MA/cm current density	Zhang, Pengfei; Hu, Yang; Yang, Hailiang; Sun, Jiang; Wang, Liangping; Cong, Peitian; Qiu, Ai'ci	*Physics of Plasmas*	2016	23	3
14	Experimental study on the current transmission efficiency for the transition structure of vacuum transmission line MITL on Flash-Ⅱ Accelerator	Zhang, Pengfei; Yang, Hailiang; Sun, Jiang; Hu, Yang; Lai, Dingguo; Li, Yongdong; Wang, Hongguang; Cong, Peitian; Qiu, Ai'ci	*IEEE Transactions on Plasma Science*	2016	44	10
15	直流场畸变开关中混合气体击穿特性	何石；李俊娜；郭帆；陈维青；邱爱慈	强激光与粒子束	2016	28	12
16	Behavior comparison of metal oxide arrester blocks when excited by VFTO and lightning	Chen, J.; Guo, J.; Qiu, A.C.; Li, K.L .; Xie, Y.Z .; Cui, L.Y .; Wang, L .; Chen, Z.Q.	*IEEE Transactions on Electromagnetic Compatibility*	2015	57	6
17	Effects of optical pulse parameters on a pulsed UV-illuminated switch and their adjusting methods	Li, Junna; Chen, Weiqing; Chen, Zhiqiang; Tang, Junping; Jia, Wei; Guo, Fan; Yang, Tian; Qiu, Ai'ci; Zhao, Junping; Zhang, Qiaogen	*IEEE Transactions on Plasma Science*	2015	43	9

续表

序号	标题	作者	来源	年	卷	期
第一篇 强流脉冲加速器与辐射环境模拟(205 篇)						
18	冲击绝热曲线上单质固体最大压缩比及相应热力学量	段耀勇；郭永辉；邱爱慈	高压物理学报	2015	29	2
19	金属冷压方程的数值分析	段耀勇；郭永辉；邱爱慈	核聚变与等离子体物理	2015	35	3
20	电极结构对触发管型开关击穿特性的影响	党腾飞；尹佳辉；孙凤举；王志国；姜晓峰；曾江涛；魏浩；邱爱慈	强激光与粒子束	2015	27	6
21	Partial discharge measurement and analysis at standard oscillating switching and lightning impulses on a GIS with artificial protrusion defects	Ren, M.; Zhang, C.; Dong, M.; Ye, R.; Qiu, A.	*IEEE Transactions on Dielectrics and Electrical Insulation*	2015	22	6
22	Partial discharges triggered by metal-particle on insulator surface under standard oscillating impulses in SF<inf>6</inf> gas	Ren, M.; Zhang, C.; Dong, M.; Xiao, Z.; Qiu, A.	*IEEE Transactions on Dielectrics and Electrical Insulation*	2015	22	5
23	A 800kV compact peaking capacitor for nanosecond generator	Jia, Wei; Chen, Zhiqiang; Tang, Junping; Chen, Weiqing; Guo, Fan; Sun, Fengrong; Li, Junna; Qiu, Ai'ci	*Review of Scientific Instruments*	2014	85	9
24	Influences of electric field on the jitter of ultraviolet-illuminated switch under pulsed voltages	Li, Junna; Chen, Weiqing; Chen, Zhiqiang; Tang, Junping; Jia, Wei; Guo, Fan; Xie, Linshen; Zhang, Guowei; Qiu, Ai'ci	*Physics of Plasmas*	2014	21	3
25	Modeling methods for the main switch of high pulsed-power facilities based on transmission line code	Hu, Yixiang; Zeng, Jiangtao; Sun, Fengju; Wei, Hao; Yin, Jiahui; Cong, Peitian; Qiu, Ai'ci	*Plasma Science and Technology*	2014	16	9
26	Experimental research of ZnO surface flashover trigger device of pseudo-spark switch	Huang, Z.; Yao, X.; Chen, J.; Qiu, A.	*Plasma Science and Technology*	2014	16	5
27	A 3-MV low-jitter UV-illumination switch	Li, Junna; Jia, Wei; Tang, Junping; Chen, Weiqing; Xue, Binjie; Qiu, Ai'ci	*IEEE Transactions on Plasma Science*	2013	41	2
28	Reproducibility of microsecond self-breakdown water switch with negative field enhancement	Cong, Peitian; Zhang, Guowei; Sheng, Liang; Sun, Tieping; Wu, Hanyu; Zeng, Zhengzhong; Qiu, Ai'ci,	*IEEE Transactions on Plasma Science*	2013	41	2
29	Estimation of surface roughness due to electrode erosion in field-distortion gas switch	Liu, X.; Wang, H.; Li, X.; Zhang, Q.; Wei, J.; Qiu, A.	*Plasma Science and Technology*	2013	15	8
30	Experimental and simulation studies of a 1-m-long magnetically insulated transmission line with 2-cm anode-cathode gap	Hu, Yixiang; Qiu, Ai'ci; Huang, Tao; Han, Juanjuan; Wang, Liangping; Zeng, Zhengzhong; Guo, Ning; Zhang, Xinjun; Luo, Weixi; Li, Mo; Li, Yan	*IEEE Transactions on Plasma Science*	2012	40	6
31	百纳秒脉冲下强流二极管的工作稳定性	来定国；邱爱慈；张永民；黄建军；任书庆；杨莉	强激光与粒子束	2012	24	10
32	激波 Hugoniot 曲线上特征物理量的分析	段耀勇；郭永辉；邱爱慈	核聚变与等离子体物理	2012	32	1
33	Chaotic characteristic of corona discharge series in air described by a 2D-nonlinear discrete dynamic model	Ren, Ming; Dong, Ming; Ren, Zhong; Zhou, Haibin; Qiu, Ai'ci	*Przeglad Elektrotechniczny*	2012	88	11A
34	大功率半导体开关 RSD 触发导通特性的实验研究	周竞之；王海洋；何小平；陈维青；郭帆；邱爱慈	电工技术学报	2012	27	10
35	Research on erosion property of field-distortion gas switch electrode in nanosecond pulse	Wang, H.; Zhang, Q.; Wei, J.; Liu, X.; Qiu, A.	*IEEE Transactions on Plasma Science*	2012	40	6
36	± 100kV 三电极场畸变气体火花开关	魏浩；孙凤举；刘鹏；姜晓峰；尹佳辉；曾江涛；邱爱慈；梁天学；刘志刚；王志国	强激光与粒子束	2012	24	4
37	Analysis of characteristic quantities along shock Hugoniot curves	Duan, Y.Y.; Guo, Y.H.; Qiu, A.C.	核聚变与等离子体物理	2012	32	1
38	铝丝电爆炸过程的光学诊断	赵军平；张乔根；周庆；燕文宇；邱爱慈	强激光与粒子束	2012	24	3

续表

序号	标题	作者	来源	年	卷	期
第一篇 强流脉冲加速器与辐射环境模拟(205 篇)						
39	气体开关抖动对输出峰值功率和前沿的影响	常家森；李龙；危瑾；邱爱慈；张乔根	强激光与粒子束	2012	24	3
40	现场用 GIS 冲击耐压试验及局部放电检测装置设计	孙强；董明；任重；任明；李彦明；邱爱慈	高电压技术	2012	38	3
41	Discharge diagnosis of metal-enclosed switchgear by using TEV method	Ren, Ming; Dong, Ming; Ren, Zhong; Peng, Huadong; Li, Hongjie; Qiu, Ai'ci	高电压技术	2011	37	11
42	凝聚态物质状态方程的一个数值模型	段耀勇；郭永辉；邱爱慈	核聚变与等离子体物理	2011	31	2
43	真空磁绝缘传输线损失电子模拟	张鹏飞；李永东；杨海亮；邱爱慈；刘纯亮；王洪广；郭帆；苏兆锋；孙剑锋；孙江；高屹	强激光与粒子束	2011	23	8
44	±100kV 气体轨道开关击穿特性	刘志刚；曾江涛；孙凤举；尹佳辉；邱爱慈；梁天学；姜晓峰；李静雅	强激光与粒子束	2011	23	4
45	电容快放电型触发器的电路分析与设计	尹佳辉；刘鹏；孙凤举；邱爱慈；刘志刚；张众	高电压技术	2011	37	4
46	强流二极管绝缘体滑闪监测及其影响	来定国；张永民；邱爱慈；黄建军；谢霖燊；任书庆；杨莉；姚伟博	强激光与粒子束	2011	23	4
47	百 kJ 级储能型 Marx 发生器建立时间及抖动	姚伟博；邱爱慈；张永民；谢霖燊；任书庆；程亮	强激光与粒子束	2010	22	4
48	高能脉冲 X 射线能谱测量	苏兆锋；杨海亮；邱爱慈；孙剑锋；丛培天；王亮平；雷天时；韩娟娟	物理学报	2010	59	11
49	12kV 高压反向触发双极晶闸管开关组件	何小平；王海洋；周竞之；陈维青；薛斌杰；汤俊萍；邱爱慈	强激光与粒子束	2010	22	4
50	触发电压对±100kV 多级多通道开关性能的影响	梁天学；孙凤举；邱爱慈；曾江涛；刘轩东；姜晓峰；刘志刚；尹佳辉；张众	强激光与粒子束	2010	22	5
51	快脉冲高电压大电流测量探头标定方法	来定国；张永民；谢霖燊；姚伟博；邱爱慈；黄建军；任书庆；杨莉	强激光与粒子束	2010	22	10
52	利用光纤诊断紫外预电离开关的导通特性	李俊娜；汤俊萍；陈维青；薛斌杰；邱爱慈	高压电器	2010	46	2
53	3MV 自耦式紫外预电离开关的设计	李俊娜；薛斌杰；贾伟；陈维青；汤俊萍；邱爱慈	强激光与粒子束	2009	21	8
54	Characteristics of SF6 switch with a small gap under high pressure and nanosecond pulse	Tang, Junping; Qiu, Ai'ci; Bo, Haiwang; Dong, Qinxiao; He, Xiaoping	*Plasma Science and Technology*	2009	11	2
55	The application of flash-over switch in high energy fluence diode	Zhang, Yongmin; Tang, Junping; Huang,Jianjun; Qu, Ai'ci; Guan, Zhicheng ; Wang, Xinxin	*Laser and Particle Beams*	2008	26	2
56	几项新技术在“闪光二号”加速器上的应用	张永民；邱爱慈；黄建军；来定国；孙凤举；陈维青；任书庆；杨莉；程亮；张玉英；谢霖燊；黄勇；姚伟博；蒯斌	强激光与粒子束	2008	20	5
57	加速器中内置式预脉冲抑制电感的研制	张永民；陈维青；来定国；黄建军；任书庆；杨莉；程亮；张玉英；邱爱慈	强激光与粒子束	2008	20	9
58	自耦式紫外预电离开关特性	李俊娜；邱爱慈；蒯斌；汤俊萍；陈维青；何小平；薛斌杰；贾伟；毛从光	强激光与粒子束	2008	20	6
59	100kV 触发器输出脉冲的陡化	李登云；邱爱慈；孙凤举；曾江涛；刘轩东	高电压技术	2008	34	6
60	纳秒脉冲下真空中绝缘子表面带电特性	杨莉；汤俊萍；邱爱慈；黄建军；张永民；任书庆	强激光与粒子束	2008	20	12

续表

序号	标题	作者	来源	年	卷	期
第一篇 强流脉冲加速器与辐射环境模拟(205篇)						
61	一种结构紧凑的场畸变型低电感的气体火花开关	邹丽丽；孙才新；陈维青；邱爱慈；贾伟；李俊娜	高压电器	2008	—	1
62	用于纳秒脉冲高压测量的同轴型电容分压器	刘轩东；李登云；孙凤举；邱爱慈	高压电器	2008	44	1
63	Status of high power ion beams research at Northwest Institute of Nuclear Technology	Yang, H.L.; Qiu, A.C.; Sun, J.F.; Su, Z.F.; Gao, Y.; Li, J.Y.; Huang, J.J.; Ren, S.Q.; He, X.P.; Tang, J.P.; Wang, H.Y.; Liang, T.X.; Yin, J.H.; Zhang, Y.M.; Ouyang, X.P.	17th International Conference on High Power Particle Beams, BEAMS'08	2008	—	—
64	100kV 触发器输出脉冲的陡化	李登云；邱爱慈；孙凤举；曾江涛；刘轩东	高电压技术	2008	34	6
65	多级多通道气体开关的实验研究	黄建军；张永民；来定国；任书庆；程亮；谢霖燊；杨　莉；张玉英；黄　勇；孙凤举；邱爱慈；蒯　斌	强激光与粒子束	2008	20	2
66	300kV/3ns 脉冲电压源的研制	汤俊萍；董勤晓；薄海旺；邱爱慈；何小平；陈维青；王海洋；李俊娜	强激光与粒子束	2007	19	6
67	The vacuum flash over characteristics of dielectrics under ns pulse	Tang, Junping ; Qiu, Ai'ci; Chen, Yu et al.	9th IEEE International Conference on Solid Dielectrics	2007	—	—
68	百纳秒脉冲下水压对水开关击穿特性的影响	贾伟；邱爱慈；孙凤举；郭建民	高电压技术	2006	32	1
69	高功率离子束在漂移管中的中性化传输	孙剑锋；邱爱慈；杨海亮；李静雅；任书庆；黄建军	强激光与粒子束	2006	18	4
70	闪光二号加速器产生准单能脉冲γ射线强度的测量技术	杨海亮；邱爱慈；孙剑锋等	第十届高功率粒子束学术交流会论文集	2006	—	—
71	200kV 多级多通道火花开关	梁天学；孙才新；邱爱慈；孙凤举；张众；曾江涛；丛培天；尹家辉	高电压技术	2006	32	10
72	60kV 同轴快沿脉冲源研制与测试	何小平；汤俊萍；孙蓓云；邱爱慈；李静雅；王海洋	强激光与粒子束	2006	18	3
73	环氧树脂基真空绝缘材料的制备和性能测试	汤俊萍；张磊；邱爱慈；李盛涛；董勤晓；李静雅；王海洋	强激光与粒子束	2006	18	3
74	加压去离子水短脉冲击穿特性的初步研究	贾伟；邱爱慈；孙凤举；郭建明	强激光与粒子束	2006	18	4
75	叠片法测量“闪光二号”加速器的高功率离子束能谱	杨海亮；邱爱慈；李静雅；孙剑锋；何小平；汤俊萍；王海洋；黄建军；任书庆；邹丽丽；杨莉	物理学报	2005	54	9
76	高功率离子束的产生、诊断和应用技术研究进展	杨海亮；邱爱慈；孙剑锋等	第一届强流脉冲粒子束加速器技术研讨会	2005	—	—
77	高功率离子束模拟材料的 X 射线热-力学效应研究	杨海亮；邱爱慈；何小平；孙剑锋；汤俊萍；王海洋；李洪玉；黄建军；任书庆；杨莉	核技术	2005	28	1
78	脉冲电压下的自击穿水介质开关击穿特性和电路参数实验研究	丛培天；蒯斌；邱爱慈；王亮平；吴撼宇；曾正中；贾伟	强激光与粒子束	2005	17	9
79	强脉冲超硬 X 射线产生技术研究	蒯斌；邱爱慈；王亮平；林东生；丛培天；梁天学	强激光与粒子束	2005	17	11

续表

序号	标题	作者	来源	年	卷	期
第一篇 强流脉冲加速器与辐射环境模拟(205 篇)						
80	阴阳极等离子体运动对强箍缩离子束二极管束流特性的影响	杨海亮；邱爱慈；孙剑锋；李静雅；何小平；汤俊萍；李洪玉；王海洋；黄建军；任书庆；杨莉；邹丽丽	强激光与粒子束	2005	17	10
81	同轴场畸变气体开关运行特性	丛培天；曾正中；蒯斌；邱爱慈；梁天学；王亮平	强激光与粒子束	2005	17	5
82	电荷收集法测量低温等离子体密度	陈玉兰；曾正中；蒯斌；邱爱慈；丛培天；梁天学；王亮平；孙凤举；尹佳辉	强激光与粒子束	2005	17	2
83	Preliminary research results for the generation and diagnostics of high power ion beams on FLASH Ⅱ accelerator	Yang, Hailiang ; Qiu, Ai'ci ; Sun, Jianfeng ; He, Xiaoping ; Tang, Junping ; Wang, Haiyang ; Li, Hongyu ; Li, Jingya ; Ren, Shuqing ; Ouyang, Xiaoping ; Zhang, Guoguang	*PLasma Science and Technology*	2004	6	6
84	低阻抗强流箍缩电子束二极管的 3 阶段电子束流模型	蒯斌；邱爱慈；王亮平；丛培天；梁天学	强激光与粒子束	2004	16	12
85	高功率离子束在偏压电荷收集器内部的电荷输运模拟	李洪玉；何小平；孙剑锋；杨海亮；邱爱慈	强激光与粒子束	2004	16	4
86	偏压电荷收集器测量 HPIB 的原理和实验	何小平；李洪玉；王海洋；孙剑锋；杨海亮；邱爱慈；汤俊萍；李静雅	核技术	2004	27	1
87	偏压电荷收集器阵列的研制	何小平；李洪玉；邱爱慈；杨海亮；孙剑锋；任书庆；汤俊萍；张嘉生；石磊；彭建昌	核电子学与探测技术	2004	24	6
88	强流脉冲离子束核物理参数诊断技术初步研究	杨海亮；邱爱慈；孙剑锋；何小平；汤俊萍；王海洋；李洪玉；李静雅；任书庆；黄建军；张嘉生；彭建昌；欧阳晓平；张国光	原子能科学技术	2004	38	3
89	强流脉冲质子束轰击 ^{19}F 靶产生 6—7MeV 准单能脉冲γ射线初步实验研究	杨海亮；邱爱慈；孙剑锋；何小平；张嘉生；汤俊萍；王海洋；许日；彭建昌；任书庆；李鹏；杨莉；黄建军；张国光；欧阳晓平	核技术	2004	27	1
90	“闪光二号”加速器 HPIB 的产生及应用初步结果	杨海亮；邱爱慈；张嘉生；何小平；孙剑锋；彭建昌；汤俊萍；任书庆；欧阳晓平；张国光；黄建军；杨莉；王海洋；李洪玉；李静雅	物理学报	2004	53	2
91	闪光二号加速器的高功率离子束产生技术研究初步结果	杨海亮；邱爱慈；孙剑锋等	第九届高功率粒子束学术交流会	2004	—	—
92	高功率离子束的产生、诊断和应用技术研究	杨海亮；邱爱慈；孙剑锋等	粒子加速器学会第七次全国会员代表大会暨学术交流会	2004	—	—
93	Development and test of epoxy compound for vacuum insulator	Tang, Junping; Qiu, Ai'ci et al.	Proceedings of the 5th International Symposium on Pulsed Power and Plasma Applications	2004	—	—
94	High power ion beam generation and its measurement via nuclear activation techniques	Yang, Hailiang; Qiu, Ai'ci; He, Xiaoping et al.	The 10th International Conference on ion sources	2003	—	—
95	高功率离子束的应用研究	杨海亮；邱爱慈；孙剑锋；何小平；汤俊萍；王海洋；李洪玉；张嘉生；许日；彭建昌；任书庆；李鹏；杨莉；黄建军；张国光；欧阳晓平	强激光与粒子束	2003	15	5

续表

序号	标题	作者	来源	年	卷	期
第一篇 强流脉冲加速器与辐射环境模拟(205 篇)						
96	几种诊断高能注量电子束参数的方法	邱爱慈；张永民；黄建军；郑建伟；彭建昌；汤俊萍；杨海亮；丁升	强激光与粒子束	2003	15	5
97	离子初始能量及其对二极管空间电荷限制流的影响	石磊；邱爱慈	核电子学与探测技术	2003	23	3
98	强光一号预脉冲气体开关特性研究	丛培天；蒯斌；邱爱慈；曾正中；梁天学；王亮平；张众；贾传；郭宁；陈红	强激光与粒子束	2003	15	7
99	强流电子束在角向磁场中产生的硬 X 射线测量	樊亚军；石磊；邱爱慈；蒯斌	核电子学与探测技术	2003	23	2
100	强流脉冲离子束产生的实验研究	石磊；何小平；邱爱慈	核技术	2003	26	10
101	闪光二号加速器箍缩二极管工作特性及高功率离子束的产生	杨海亮；邱爱慈；孙剑锋等	第十一届全国等离子体科学技术会议	2003	—	—
102	新的高能注量电子束二极管系统	邱爱慈；张永民；罗志宏；郑建伟；彭建昌；盖同阳；黄建军；汤俊萍；任书庆；邵浩；陈维清；李鹏；杨莉	强激光与粒子束	2003	15	4
103	真空中聚乙烯膜在纳秒脉冲电压下的沿面闪络特性	汤俊萍；邱爱慈；陈维青；何小平；任书庆；黄建军；李洪玉	强激光与粒子束	2003	15	10
104	Characterization of cable gun plasma with a charge collector array	Chen, Y.; Zeng, Z.; Sun, F.; Kuai, B.; Qiu, A.; Yin, J.; Cong, P.; Liang, T.	*Plasma Science and Technology*	2003	5	3
105	Criterion of magnetic saturation and simulation of nonlinear magnetization for a linear multi-core pulse transformer	Zeng, Zhengzhong; Kuai, Bin; Sun, Fengju; Cong, Peitian; Qiu, Ai'ci	*Plasma Science and Technology*	2002	4	5
106	Preliminary experimental result of intense pulsed low energy proton beam current measurement via ^{12}C nuclear activation techniques and the correction for mass loss	Yang, H. L.; Qiu, A. C.; Zhang, J. S.; et al.	Proceedings of the Third International Symposium on Pulsed Power and Plasma Applications	2002	—	—
107	不同入射角度下强流脉冲电子束能量沉积剖面和束流传输系数模拟计算	杨海亮；邱爱慈；张嘉生；黄建军；孙剑锋	强激光与粒子束	2002	14	5
108	带外加磁场的微秒级等离子体断路开关	孙凤举；邱爱慈；曾江涛；陈玉兰；尹佳辉	高压电器	2002	38	3
109	电子入射角对束流传输系数和能量沉积的影响	杨海亮；邱爱慈；张嘉生；黄建军；孙剑锋	核技术	2002	25	9
110	相对论电子束在角向磁场中产生硬 X 射线的实验研究	樊亚军；石磊；邱爱慈	强激光与粒子束	2002	14	6
111	一台变脉宽 MV 级脉冲发生器	蒯斌；曾正中；邱爱慈；梁天学；丛培天	高电压技术	2002	28	120
112	用于模拟 X 射线热—力学效应的高功率脉冲离子束研究进展	邱爱慈；张嘉生；彭建昌；杨海亮；何小平；石磊；汤俊萍；周南；丁升；牛胜利	核技术	2002	25	9
113	中性粒子对强流脉冲离子二极管工作过程的影响	石磊；邱爱慈；何小平	核电子学与探测技术	2002	22	1
114	一种同轴低电感低抖动多级多通道气体开关(英文)	孙凤举；邱毓昌；曾江涛；邱爱慈；张嘉生；尹佳辉	强激光与粒子束	2002	14	2
115	Experimental study of the multi-gap multi-channel gas spark closing switch	Sun, Fengju; Qiu, Yuchang; Zeng, Jiangtao; Qiu, Ai'ci; Zhang, Jiasheng; Yin, Jiahui	*Plasma Science and Technology*	2001	3	4

续表

序号	标题	作者	来源	年	卷	期
第一篇 强流脉冲加速器与辐射环境模拟(205 篇)						
116	箍缩反射离子二极管产生的强流脉冲离子束特性	石磊；何小平；邱爱慈	原子能科学技术	2001	35	5
117	微秒级强脉冲磁场的产生和测量	石磊；邱爱慈；周国振；沈志康	高压电器	2001	37	2
118	Effect of cathode material on the opening performance of microsecond-conduction-time plasma opening switch	Zeng, Z.Z.; Sun, F.J.; Qiu, Y.C.; Bai, F.; Qiu, A.C.	*IEEE Transactions on Plasma Science*	2001	29	1
119	电子初始能量对双向流二极管空间电荷限制流密度的影响	石磊；张嘉生；邱爱慈；何小平	强激光与粒子束	2001	13	3
120	Influence of cathode materials on opening performance of plasma opening switch	Sun, Fengju; Qiu, Yuchang; Zeng, Zhengzhong; Qin, Ai'ci; Zeng, Jiangtao	*Plasma Science and Technology*	2000	2	3
121	MV 级电爆炸导体开关输出脉冲的数值模拟与实验	郭军；邱爱慈；曾正中；罗志宏；蒯斌；丛培天；丁臻捷	高压电器	2000	36	2
122	XH-1 装置电爆炸断路开关阻抗特性分析	郭军；蒯斌；丛培天；丁臻捷；邱爱慈；曾正中；梁天学；陈红	强激光与粒子束	2000	12	2
123	XH-1 装置电感储能系统的电路模拟	郭军；曾正中；丛培天；邱爱慈	强激光与粒子束	2000	12	4
124	法拉第磁光效应法测量强脉冲磁场	石磊；邱爱慈；王永昌；周国振	应用激光	2000	20	1
125	箍缩反射离子二极管的研制	石磊；王永昌；邱爱慈；何小平；张嘉生；吴祖堂	西安交通大学学报	2000	34	8
126	绝缘环厚度对 200kV 箍缩反射离子二极管电参数的影响	石磊；何小平；张嘉生；邱爱慈；吴祖堂	强激光与粒子束	2000	12	6
127	强脉冲离子束辐照热-力学效应研究	周南；牛胜利；丁升；邱爱慈	强激光与粒子束	2000	12	2
128	一台小型强流脉冲离子束加速器	石磊；何小平；张嘉生；邱爱慈；王永昌；吴祖堂；丛培天	强激光与粒子束	2000	12	3
129	用偏压法拉第筒测量强流脉冲离子束	何小平；石磊；张嘉生；邱爱慈	强激光与粒子束	2000	12	6
130	重复频率脉冲强 X 射线源	孙凤举；曾江涛；许日；邱爱慈	强激光与粒子束	2000	12	1
131	电子束控制反射断路开关	孙凤举；邱爱慈；邱毓昌	高压电器	2000	—	1
132	脉冲 X 射线模拟源技术的发展	邱爱慈	中国工程科学	2000	2	9
133	快上升前沿电磁脉冲的孔缝耦合效应数值研究	刘顺坤；傅君眉；陈雨生；邱爱慈；祝敏	微波学报	2000	16	2
134	微秒级高功率断路开关	孙凤举；邱爱慈；邱毓昌	电工电能新技术	2000	19	3
135	POS 工作参量定标关系的数值模拟	曾正中；邱毓昌；邱爱慈	电工电能新技术	1999	18	4
136	高功率脉冲离子束的产生	石磊；王永昌；邱爱慈；何小平；张嘉生；蒯斌；曾正中	强激光与粒子束	1999	—	6
137	强干扰环境下微秒级脉冲磁场与纳秒级主机同步器的研制	樊亚军；石磊；邱爱慈；王永昌；朱妩娟	强激光与粒子束	1999	—	4
138	快上升前沿电磁脉冲与目标腔体的孔腔共振效应研究	刘顺坤；傅君眉；陈雨生；周辉；邱爱慈	强激光与粒子束	1999	—	4
139	50kV，4A 高压恒流充电电源	曾江涛；孙凤举；邱爱慈等	第七届高功率粒子束学术交流会	1998	—	—

续表

序号	标题	作者	来源	年	卷	期
第一篇 强流脉冲加速器与辐射环境模拟(205 篇)						
140	等离子体断路开关的发展	曾正中；邱毓昌；邱爱慈；孙凤举	电工电能新技术	1998	17	1
141	电爆炸断路开关的理论计算和实验研究	郭军；邱爱慈；曾正中等	第二届全国加速器技术学术交流会	1998	—	—
142	俄罗斯高功率脉冲粒子束加速器及其应用概况	李国政；邱爱慈	第七届高功率粒子束学术交流会	1998	—	—
143	高功率脉冲电子束加速器及其关键技术	邱爱慈；曾正中；张嘉生等	第二届全国加速器技术学术交流会	1998	—	—
144	获取 kJ/cm^2 量级电子束辐射环境的可行性研究及实施方案	罗志宏；邱爱慈；盖同阳等	第七届高功率粒子束学术交流会	1998	—	—
145	基于直线型变压器型的电物理装置	蒯斌；邱爱慈；曾正中等	第二届全国加速器技术学术交流会	1998	—	—
146	几种脉冲功率装置触发系统	许日；曾正中；邱爱慈等	第七届高功率粒子束学术交流会	1998	—	—
147	具有等离子体融断开关的电路的模拟	曾正中；邱毓昌；邱爱慈	电工电能新技术	1998	17	2
148	脉冲大电流法制作多孔金属粉末材料的初步实验研究	石磊；周国振；邱爱慈	中国电机工程学会高电压专委会高电压新技术分专委会第四届学术会议	1998	—	—
149	脉冲加速器中有关快脉冲高电压信号测量标准的探讨	许日；曾正中；邱爱慈等	第二届全国加速器技术学术交流会	1998	—	—
150	美国大型 X 射线模拟器——DECADE 研制近况	蒯斌；曾正中；邱爱慈等	第二届全国加速器技术学术交流会	1998	—	—
151	强箍缩电子束二极管的技术研究	蒯斌；邱爱慈；郭军	第七届高功率粒子束学术交流会	1998	—	—
152	强流脉冲加速器中负载与系统的相互作用	曾正中；邱爱慈；许日等	第二届全国加速器技术学术交流会	1998	—	—
153	强流脉冲相对论电子束参数测量技术	罗志宏；邱爱慈；李真富	第二届全国加速器技术学术交流会	1998	—	—
154	强脉冲超硬 X 射线产生技术的分析	蒯斌；邱爱慈	第七届高功率粒子束学术交流会	1998	—	—
155	小波分析在脉冲功率技术中的应用初探	曾正中；邱毓昌；邱爱慈	电工电能新技术	1998	17	3
156	ns 级高压强流脉冲放电技术中的断路开关	曾正中；邱毓昌；邱爱慈；孙凤举；许日；郭军	高压电器	1997	33	5
157	脉冲强磁场焊接的初步实验研究	石磊；周国振；邱爱慈等	爆炸与冲击	1997	1997 年增刊	—
158	用于产生硬 X 射线实验的角向脉冲磁场装置的研制	石磊；邱爱慈；樊亚军；周国振	强激光与粒子束	1997	9	2
159	High-power excimer laser and application	Liu, Jingru; Qiu, Ai'ci et al.	The International Society for Optical Engineering V2889	1996	—	—

续表

序号	标题	作者	来源	年	卷	期
第一篇 强流脉冲加速器与辐射环境模拟(205 篇)						
160	RS-20 type repetitive generator with planar configuration of plasma opening switch	Agdlakov, U. P.; Barinov, N. U.; Belenki, G. S.; Dolgachev, G. I.; Zakatov, L. P.; Qiu, A. C.; Shen, Z. K. et al.	11th International Conference on High Power Particle Beams, BEAMS'96	1996	—	—
161	磁开关的一种简单数值模拟算法	曾正中; 邱爱慈; 何小平	第六届高功率粒子束学术交流会	1996	—	—
162	等离子体融蚀断路开关(PEOS)的实验研究	孙凤举; 邱爱慈; 许日等	第六届高功率粒子束学术交流会	1996	—	—
163	电子束泵浦百焦耳级准分子激光实验研究	刘晶儒; 袁孝; 甘雨刚; 赵学庆; 易爱平; 王晓红; 王龙华; 魏燕明; 邱爱慈; 孙瑞蕃	光学学报	1996	16	1
164	高功率粒子束加速器技术在西核所的发展	邱爱慈	第六次全国粒子加速器学术交流会	1996	—	—
165	脉冲强磁场在金属焊接中的应用	石磊; 周国振; 邱爱慈等	第六届全国物理学学术交流会	1996	—	—
166	纳秒级脉冲电压、电流、束流源	罗志宏; 邱爱慈等	第六届高功率粒子束学术交流会	1996	—	—
167	内过滤 Rogowski 线圈法拉第筒设计	罗志宏; 邱爱慈	第六届高功率粒子束学术交流会	1996	—	—
168	强脉冲磁场的产生及测量	石磊; 周国振; 邱爱慈等	第六届高功率粒子束学术交流会	1996	—	—
169	硬 X 射线源概念性研究	樊亚军; 邱爱慈; 石磊等	第六届高功率粒子束学术交流会	1996	—	—
170	重复率气体火花开关绝缘恢复特性	许日; 宁辉; 邱爱慈; 莫凡; 邱毓昌	强激光与粒子束	1996	8	4
171	重复频率气体火花开关实验研究	许日; 宁辉; 邱爱慈等	第六届高功率粒子束学术交流会	1996	—	—
172	准分子激光用矩形脉冲磁场线圈的研制	王丰; 石磊; 姚东升; 刘晶儒; 赵学庆; 易爱萍; 邱爱慈	强激光与粒子束	1996	8	4
173	200kV 气体开关特性研究	李玉虎; 何小平; 邱爱慈等	第五届高功率粒子束学术交流会	1995	—	—
174	6.4MV Marx 发生器	李玉虎; 邱爱慈; 许日	第五届高功率粒子束学术交流会	1995	—	—
175	REB 泵浦百焦耳级准分子激光器的实验研究	刘晶儒; 袁孝; 邱爱慈等	半导体学报	1995	16	10
176	等离子体焦点脉冲 X 射线源	韩旻; 罗承沐; 王克超; 杨津基; 熊金虎; 杨波; 刘马禾; 李盛局; 刘晶儒; 邱爱慈	强激光与粒子束	1995	7	3
177	低阻抗二极管的实验研究	张永民; 邱爱慈	全国高功率粒子束十年文集	1995	—	—
178	法拉第筒阵列的研制	罗志宏; 邱爱慈; 韩广元	第五届中国粒子束加速器学术交流会	1995	—	—

续表

序号	标题	作者	来源	年	卷	期
第一篇 强流脉冲加速器与辐射环境模拟(205篇)						
179	高电压脉冲气体开关稳定性研究	韩小莲; 邱爱慈; 盖同阳	强激光与粒子束	1995	7	1
180	脉冲气体火花开关稳定性研究	韩小莲; 邱爱慈; 盖同阳	第五届高功率粒子束学术交流会	1995	—	—
181	能量吸收器的实验与研究	曾正中; 邱爱慈; 沈志康	第五届高功率粒子束学术交流会	1995	—	—
182	闪光二号——一台太瓦级脉冲电子束加速器及其应用	邱爱慈; 吕敏	物理	1995	24	6
183	闪光二号加速器	邱爱慈	第五届高功率粒子束学术交流会	1995	—	—
184	闪光二号加速器 1Ω 指标的设计与调试	邱爱慈; 张永民; 沈志康等	第五届高功率粒子束学术交流会	1995	—	—
185	一种重复频率气体火花开关的设计	许日; 邱爱慈; 沈志康等	第五届高功率粒子束学术交流会	1995	—	—
186	Experimental study on the uniformity of large area intense relativistic electron beams	LIU, G.Z.; QIU, A.C.; ZHANG, J.S.; LIU, N.Q.; XIE, X.	*Acta Physica Sinica*	1994	3	1
187	Insulation recovery of the rep-rated gas spark gap	许日; 宁辉; 邱爱慈	第七届亚洲放电会议	1994	—	—
188	Study on the magnetic compression of IREB in a converging magnetic guide field	刘国治; 刘乃泉; 邱爱慈等	*Acta Physica Sinica*	1994	13	1
189	REB 泵浦百焦耳 XeCl 准分子激光研究	刘晶儒; 孙瑞蕃; 邱爱慈等	强激光与粒子束	1993	5	1
190	XeCl 激光触发气体开关的实验研究	景春元; 邱爱慈; 王晓红; 刘晶儒; 王丽戈	强激光与粒子束	1993	5	3
191	一种陡脉冲高电压电阻分压器的补偿方法	曾正中; 邱爱慈	强激光与粒子束	1993	5	3
192	1.5 特斯拉脉冲磁场装置的研制	刘国治; 邱爱慈; 苏建仓; 沈志康; 王乃志	强激光与粒子束	1992	4	1
193	Development of a 100J level XeCl laser pumped by intense relativistic electron beam	刘晶儒; 孙瑞蕃; 邱爱慈等	9th International on High-Power Particle Beams	1992	—	—
194	Experimental and theoretical study on high power XeCl excimer laser pumped by REB	刘晶儒; 孙瑞蕃; 邱爱慈等	Proceedings of International Conference on LASERS'92	1992	—	—
195	低阻抗脉冲电子束加速器的二极管参数测量	刘俊民; 张永民; 邱爱慈; 郭建明	强激光与粒子束	1992	4	3
196	Development of a 100 Joule level XeCl laser pumped by intense relativistic electron beam	Liu, J.R.; Sun, R.F.; Qiu, A.C.; Yuan, X.; Gan, Y.G.; Wang, X.H.; Zhang, Y.M.; Zhao, X.Q.; Ren, S.Q.; Nie, L.; Yao, D.S.; Wang, L.G.; Zhang, M.; Wei, Y.M.; Wang, L.H.	Beams 92 - Proceedings of the 9th International Conference on High-Power Particle Beams	1992	—	—
197	强流脉冲相对论电子束加速器——闪光二号	邱爱慈; 李玉虎; 王知广; 沈志康; 张永民; 曾正中; 张嘉生; 盖同阳	强激光与粒子束	1991	3	3
198	强流脉冲相对论电子束加速器——闪光二号加速器简介	邱爱慈	第四届全国抗辐射电子学学术交流会	1991	—	—

续表

序号	标题	作者	来源	年	卷	期
第一篇 强流脉冲加速器与辐射环境模拟(205 篇)						
199	用于泵浦准分子激光的二极管	张永民；邱爱慈	全国激光科学技术青年学术交流会	1991	—	—
200	1 兆伏强流脉冲相对论电子束加速器 Marx 发生器的改造	曾正中；邱爱慈	第三届高功率粒子束学术交流会	1988	10	4
201	200kV 气体开关静态稳定性研究	曾正中；谭军；邱爱慈等	第三届高功率粒子束学术交流会	1988	12	2
202	大面积相对论电子束二极管	张永民；邱爱慈等	第三届高功率粒子束学术交流会	1988	12	2
203	微分型电容分压器	邱爱慈；张嘉生	第三届高功率粒子束学术交流会	1988	10	4
204	用于控制强流脉冲电子束均匀性和能通量密度的磁场系统设计	刘国治；邱爱慈	第三届高功率粒子束学术交流会	1988	12	2
205	REB 加速器各等效参数对机器输出特性影响的计算	邱爱慈；王知广	第二届高功率粒子束学术交流会	1986	9	1
第二篇 快 Z 箍缩技术(109 篇)						
206	Investigating the influence of the wire-arrays' electrical parameters on the load current of the Z-pinch drivers	Wang, Liangping; Sun, Fengju; Qiu, Ai'ci; Zhang, Jinhai; Li, Mo	*AIP Advances*	2020	10	6
207	Z 箍缩等离子体 X 射线产生及应用分析	杨海亮；邱爱慈；陈伟；王亮平；李沫；张金海；孙凤举；张鹏飞；吴撼宇；丛培天；吴伟；吴刚	科学通报	2020	65	11
208	内置触发方式下单级 FLTD 触发脉冲参数及影响因素	石琦；邱爱慈；王志国；孙凤举；魏振宇	西安交通大学学报	2020	54	6
209	Full-circuit simulation of next generation China Z-pinch driver CZ30	Mao, Chongyang; Sun, Fengju; Xue, Chuang; Ding, Ning; Xiao, Delong; Wang, Xiaoguang; Wang, Guanqiong; Sun, Shunkai; Qiu, Ai'ci	*IEEE Transactions on Plasma Science*	2019	47	6
210	Al 丝物理状态调控及对芯晕演化特性的影响	张金海；李沫；孙铁平；王亮平；李阳；吴撼宇；丛培天；盛亮；邱爱慈	原子能科学技术	2019	53	12
211	Estimation of the neutron generation from gas puff Z-pinch on Qiang-Guang Ⅰ facility	Wang, L.; Cong, P.; Zhang, X.; Zhang, J.; Li, M.; Qiu, A.	*AIP Advances*	2019	9	11
212	The suppression of core-corona structure for aluminum wire array and its influence on the implosion dynamics under a current of mega-ampere	Zhang, J.; Li, M.; Wang, L.; Sun, T.; Cong, P.; Wu, H.; Qiu, A.	*IEEE Transactions on Plasma Science*	2019	47	10
213	Calculation model of self-breakdown voltage distribution in gas switches	Luo, W. ; Cong, P. ; Huang, T. ; Zhai, R. ; Qiu, A.	*IEEE Transactions on Plasma Science*	2019	47	9
214	兆安级电流下 Al 丝阵的芯晕结构抑制研究	Zhang, J.; Qiu, A.; Wang, L.; Li, M.; Sun, T.; Li, Y.; Cong, P.; Sheng, L.	原子能科学技术	2019	53	8
215	Circuit simulation with nonlinear magnetic core of a new linear transformer driver stage	Wei, Z.; Rao, X.; He, X.; Wang, Y.; Qiu, A.	*IEEE Transactions on Plasma Science*	2019	47	8
216	Researches on preconditioned wire array Z pinches in Xi'an Jiaotong University	Wu, J.; Lu, Y.; Sun, F.; Jiang, X.; Wang, Z.; Zhang, D.; Li, X.; Qiu, A.	*Matter and Radiation at Extremes*	2019	4	3

续表

序号	标题	作者	来源	年	卷	期
第二篇 快 Z 箍缩技术(109 篇)						
217	Experimental and theoretical studies on the effect of electrode area on static performance of gas switches	Luo, Weixi; Cong, Peitian; Huang, Tao; Sun, Tieping; Qiu, Ai'ci	*IEEE Transactions on Plasma Science*	2018	46	7
218	百千安电流下的单丝 Z 箍缩实验研究	张金海; 邱爱慈; 李沫; 李阳; 王亮平; 孙铁平; 丛培天; 盛亮	原子能科学技术	2018	52	11
219	四级串联共用腔体 MA 级 FLTD 的设计与仿真	孙凤举; 姜晓峰; 王志国; 魏浩; 邱爱慈	强激光与粒子束	2018	30	03
220	快 Z 箍缩百太瓦级脉冲驱动源概念设计的发展	孙凤举; 邱爱慈; 魏浩; 姜晓峰; 王志国	现代应用物理	2017	8	2
221	"强光一号" 二级 Al 丝阵实验研究	张金海; 邱爱慈; 王亮平; 李沫; 孙铁平; 吴撼宇; 丛培天	中国核学会 2017 年学术年会	2017	—	—
222	一种多级串联共用外腔体新结构 LTD	孙凤举; 姜晓峰; 魏浩; 王志国; 梁天学; 尹佳辉; 邱爱慈	强激光与粒子束	2017	29	2
223	基于感应腔支路和角向线 LTD 新型触发技术	孙凤举; 曾江涛; 梁天学; 魏浩; 姜晓峰; 王志国; 尹佳辉; 邱爱慈	现代应用物理	2016	7	1
224	快前沿直线脉冲变压器平台单丝电爆炸实验研究	张金海; 邱爱慈; 李沫; 王亮平; 孙铁平; 张信军; 李阳	强激光与粒子束	2016	28	9
225	Comparisons and analyses of the aluminum K-shell spectroscopic models	Wu, J.; Li, X.W.; Li, M.; Yang, Z.F.; Shi, Z.Q.; Jia, S.L.; Qiu, A.C.	物理学报	2015	64	20
226	Conversion of electromagnetic energy in Z-pinch process of single planar wire arrays at 1.5 MA	Wang, Liangping; Li, Mo; Han, Juanjuan; Wu, Jian; Guo, Ning; Qiu Ai'ci	*Physics of Plasmas*	2014	21	6
227	强光一号兆安电流钨丝 X 箍缩实验研究	吴坚; 王亮平; 李沫; 吴刚; 邱孟通; 杨海亮; 李兴文; 邱爱慈	物理学报	2014	63	3
228	开关放电分散性对 FLTD 模块输出的影响模拟	梁天学; 孙凤举; 姜晓峰; 魏浩; 王志国; 张众; 邱爱慈	强激光与粒子束	2014	26	10
229	一种 FLTD 模块气体开关放电分散性模拟方法	梁天学; 孙凤举; 姜晓峰; 魏浩; 王志国; 张众; 邱爱慈	现代应用物理	2014	5	3
230	Experimental study of insulated aluminum planar wire array Z pinches	Sheng, L.; Li, Y.; Yuan, Y.; Peng, B.D.; Li, M.; Zhang, M.; Zhao, J.Z.; Wei, F.L.; Wang, L.P.; Hei, D.W.; Qiu, A.C.	物理学报	2014	63	5
231	Experimental investigations of tungsten X-pinches using the QiangGuang-1 facility	Wu, J.; Wang, L.P.; Li, M.; Wu, G.; Qiu, M.T.; Yang, H.L.; Li, X.W.; Qiu, A.C.	物理学报	2014	63	3
232	Design of the 500kA linear transformer driver stage	Liang, Tianxue; Sun, Fengju; Jiang, Xiaofeng; Zhang, Zhong; Yin, Jiahui; Wang, Zhiguo; Qiu, Ai'ci	IPAC 2013: Proceedings of the 4th International Particle Accelerator Conference	2013	—	—
233	Estimations of Mo X-pinch plasma parameters on QiangGuang-1 facility by L-shell spectral analyses	Wu, Jian; Li, Mo; Li, Xingwen; Wang, Liangping; Wu, Gang; Ning Guo; Qiu, Mengtong; Qiu, Ai'ci	*Physics of Plasmas*	2013	20	8
234	Trigger method based on secondary induced overvoltage for linear transformer drivers	Yin, J.; Liu, P.; Wei, H.; Sun, F.; Qiu, A.	*IEEE Transactions on Plasma Science*	2013	41	7
235	300-kA Fast linear transformer driver stage	Liang, Tianxue; Jiang, Xiaofeng; Sun, Fengju; Qiu, Ai'ci	*IEEE Transactions on Plasma Science*	2012	40	11
236	Characteristics of implosion and radiation for aluminum planar wire array Z-pinch at 1.5MA	Wang, L.P.; Wu, J.; Li, M.; Han, J.J.; Guo, N.; Wu, G.; Qiu, A.C.	*Physics of Plasmas*	2012	19	12

续表

序号	标题	作者	来源	年	卷	期
第二篇 快 Z 箍缩技术(109 篇)						
237	Effect analysis of switch prefire in linear transformer drivers	Liu, Peng; Sun, Fengju; Wei, Hao; Jiang, Xiaofeng; Liu, Xuandong; Wang, Zhiguo; Yin, Jiahui; Liang, Tianxue; Qiu, Ai'ci	*IEEE Transactions on Plasma Science*	2012	40	1
238	Investigation of the load current tail phenomenon on the qiangguang generator	Wang, Liangping; Guo, Ning; Han, Juanjuan; Wu, Jian; Li, Mo; Wei, Fuli; Qiu, Ai'ci	*IEEE Transactions on Plasma Science*	2012	40	2
239	Investigation of the resistance and inductance of planar wire array Z-pinch at the Qiangguang accelerator	Wang, Liangping; Wu, Jian; Guo, Ning; Han, Juanjuan; Li, Mo; Li, Yan; Qiu, Ai'ci	*Plasma Science and Technology*	2012	14	9
240	X-pinch radiography for the radiation suppressed tungsten and aluminum planar wire array	Wu, J.; Wang, L.P.; Han, J.J.; Li, M.; Sheng, L.; Li, Y.; Zhang, M.; Guo, N.; Lei, T.S.; Qiu, A.C.; Lv, M.	*Physics of Plasmas*	2012	19	2
241	20MA/300nsMarx 型直接驱动 Z 箍缩脉冲源	孙凤举; 邱爱慈; 姜晓峰; 呼义翔; 姚伟博	强激光与粒子束	2012	24	4
242	300kA 直线型变压器驱动源模块实验研究	梁天学; 姜晓峰; 孙凤举; 王志国; 刘志刚; 尹佳辉; 魏浩; 张众; 邱爱慈	强激光与粒子束	2012	24	3
243	快放电直线型变压器驱动源磁芯脉冲损耗特性	王志国; 孙凤举; 邱爱慈; 姜晓峰; 梁天学; 尹佳辉; 刘鹏; 魏浩; 张鹏飞; 张众	强激光与粒子束	2012	24	3
244	快脉冲直线型变压器驱动源同步触发系统	尹佳辉; 魏浩; 孙凤举; 刘鹏; 刘志刚; 邱爱慈	强激光与粒子束	2012	24	4
245	Aluminum and tungsten X-pinch experiments on 100kA, 100ns linear transformer driver stage	Wu, Jian; Sun, Tieping; Wu, Gang; Wang, Liangping; Han, Juanjuan; Li, Mo; Cong, Peitian; Qiu, Ai'ci; Lv, Min	*Physics of Plasmas*	2011	18	5
246	Dynamic model for the Z accelerator vacuum section based on transmission line code	Hu, Yixiang; Qiu, Ai'ci; Wang, Liangping; Huang, Tao; Cong, Peitian; Zhang, Xinjun; Li, Yan; Zeng, Zhengzhong; Sun, Tieping; Lei, Tianshi; Wu, Hanyu; Guo, Ning; Han, Juanjuan	*Plasma Science and Technology*	2011	13	5
247	Effect of cavity-triggering sequences on output parameters of ltd-based drivers	Liu, Peng; Sun, Fengju; Yin, Jiahui; Liang, Tianxue; Jiang, Xiaofeng; Liu, Zhigang; Qiu, Ai'ci	*IEEE Transactions on Plasma Science*	2011	39	5
248	Erratum: Aluminum and tungsten X-pinch experiments on 100kA, 100ns linear transformer driver stage	Wu, Jian; Sun, Tieping; Wu, Gang; Wang, Liangping; Han, Juanjuan; Li, Mo; Cong, Peitian; Qiu, Ai'ci; Lv, Min	*Physics of Plasmas*	2011	18	9
249	Experimental investigations of X-pinch backlighters on qiangguang-1 generator	Wu, J.; Wang, L.; Qiu, A.; Han, J.; Li, M.; Lei, T.; Cong, P.; Qiu, M.; Yang, H.; Lv, M.	*Laser and Particle Beams*	2011	29	2
250	Numerical analysis of the output-pulse shaping capability of linear transformer drivers	Liu, Peng; Sun, Fengju; Yin, Jiahui; Qiu, Ai'ci	*Plasma Science and Technology*	2011	13	2
251	Simulation analysis of transmission-line impedance transformers for petawatt-class pulsed power accelerators	Hu, Yixiang; Sun, Fengju; Huang, Tao; Qiu, Ai'ci; Cong, Peitian; Wang, Liangping; Zeng, Jiangtao; Li, Yan; Zhang, Xinjun; Lei, Tianshi	*Plasma Science and Technology*	2011	13	4
252	Simulation analysis of transmission-line impedance transformers with the gaussian, exponential, and linear impedance profiles for pulsed-power accelerators	Hu, Yixiang; Qiu, Ai'ci; Huang, Tao; Sun, Fengju; Cong, Peitian; Zeng, Jiangtao; Zhang, Xinjun; Lei, Tianshi	*IEEE Transactions on Plasma Science*	2011	39	11
253	Plasma evolution and modulated structures along the wire within aluminum Z-pinch/X-pinch loads on QG-I facility	Wu, G.; Wang, L.P.; Han, J.J.; Guo, N.; Cong, P.T.; Qiu, M.T.; Qiu, A.C.; Wu, J.; Lv, M.	2011 IEEE 38th International Conference on Plasma Sciences (ICOPS)	2011	—	—

续表

序号	标题	作者	来源	年	卷	期
第二篇 快 Z 箍缩技术(109 篇)						
254	双层喷气 Z 箍缩氖等离子体 K 层辐射研究	吴刚；邱爱慈；王亮平；吕敏；邱孟通；丛培天	物理学报	2011	60	1
255	丝阵负载 Z 箍缩内爆动力学研究	盛亮；邱孟通；黑东炜；邱爱慈；丛培天；王亮平；魏福利	物理学报	2011	60	5
256	快放电直线变压器型驱动源用场畸变型低电感气体火花开关	刘鹏；魏浩；孙凤举；邱爱慈；尹佳辉；刘轩东	高电压技术	2011	37	10
257	Development of linear transformer driver	Cong, P.T.; Huang, T.; Sun, T.P.; Zeng, Z.Z.; Qiu, A.C.	高压电器	2011	47	12
258	Research of implosion dynamics for wire array Z pinch	Sheng, L.; Qiu, M.T.; Hei, D.W.; Qiu, A.C.; Cong, P.T.; Wang, L.P.; Wei, F.L.	物理学报	2011	60	5
259	Effect of triggering sequences on output parameters of linear transformer driver	Liu, P.; Sun, F.; Yin, J.; Liang, T.; Jiang, X.; Liu, Z.; Qiu, A.	强激光与粒子束	2011	23	5
260	Study on K-shell X-ray production of double-shell neon gas puff Z-pinch	Wu, G.; Qiu, A.C.; Wang, L.P.; Lv M.; Qiu, M.T.; Cong, P.T.	物理学报	2011	60	1
261	Plasma evolution and modulated structures along the wire within aluminum Z-pinch/X-pinch loads on QG- Ⅰ facility	Wu, G.; Wang, L.P.; Han, J.J.; Guo, N.; Cong, P.T.; Qiu, M.T.; Qiu, A.C.; Wu, J.; Lv, M.	2011 IEEE 38th International Conference on Plasma Sciences (ICOPS)	2011	—	—
262	触发时序对直线型脉冲变压器输出参数的影响	刘鹏；孙凤举；尹佳辉；梁天学；姜晓峰；刘志刚；邱爱慈	强激光与粒子束	2011	23	5
263	Study on firing conditions of multigap gas switch for fast linear transformer driver	Liu, Xuandong; Sun, Fengju; Liang, Tianxue; Jiang, Xiaofeng; Zhang, Qiaogen; Qiu, Ai'ci	*IEEE Transactions on Plasma Science*	2010	38	7
264	X-pinch experiments on 1-ma qiangguang-1 facility	Wu, Jian; Qiu, Ai'ci; Wu, Gang; Lv, Min; Wang, Liangping; Lei, Tianshi; Guo, Ning; Han, Juanjuan; Zhang, Xinjun; Yang, Hailiang; Cong, Peitian; Qiu, Mengtong	*IEEE Transactions on Plasma Science*	2010	38	4
265	基于单丝行为的平面型丝阵 Z 箍缩模拟	王亮平；韩娟娟；吴坚；郭宁；吴刚；李岩；邱爱慈	物理学报	2010	59	12
266	碰撞辐射稳态等离子体电荷态分布的一种扩展模型	段耀勇；郭永辉；邱爱慈；吴刚	物理学报	2010	59	8
267	气体开关抖动对单模块快脉冲直线型变压器驱动源输出特性的影响	刘轩东；孙凤举；姜晓峰；梁天学；孙福；邱爱慈	强激光与粒子束	2010	22	5
268	Simulation of planar wire array Z-pinch based on single wire behavior	Wang, L.P.; Han, J.J.; Wu, J.; Guo, N.; Wu, G.; Li, Y.; Qiu, A.C.	物理学报	2010	59	12
269	An extended model for ion charge state distribution of plasmas in collisional radiative steady state	Duan, Y.Y.; Guo, Y.H.; Qiu, A.C.; Wu, G.	物理学报	2010	59	8
270	X 射线二极管在 2 ~ 6keV 能区的灵敏度退化研究	吴刚；吴坚；邱爱慈；王亮平；吕敏；邱孟通；丛培天；郑雷；崔明启；赵屹东	强激光与粒子束	2010	22	6
271	X-pinch experiments on 1-MA "QiangGuang-1" facility	Wu, J.; Qiu, A.; Wu, G.; Lv, M.; Wang, L.; Lei, T.; Guo, N.; Han, J.; Zhang, X.; Yang, H.; Cong, P.; Qiu, M.	*IEEE Transactions on Plasma Science*	2010	38	4
272	A numerical model for ion charge distribution of plasmas in collisional radiative steady state	Duan, Yaoyong; Guo, Yonghui; Qiu, Ai'ci; Kuai, Bin	*Plasma Science and Technology*	2009	11	1
273	“强光一号”Al 丝阵 Z 箍缩产生 K 层辐射实验研究	吴刚；邱爱慈；吕敏；蒯斌；王亮平；丛培天；邱孟通；雷天时；孙铁平；郭宁；韩娟娟；张信军；黄涛；张国伟；乔开来	物理学报	2009	58	7

续表

序号	标题	作者	来源	年	卷	期
第二篇 快 Z 箍缩技术(109 篇)						
274	用于测量 Z 箍缩铝等离子体 K 层辐射的邻苯二甲酸氢铊弯晶摄谱仪	吴刚；邱爱慈；吕敏；黑东炜；盛亮；魏福利；蒯斌；王亮平；丛培天；雷天时；韩娟娟；孙铁平	强激光与粒子束	2009	21	7
275	直接驱动 Z 箍缩的 FLTD 型脉冲功率源的发展	孙凤举；邱爱慈；曾正中；曾江涛；丛培天	中国工程科学	2009	11	11
276	Soft X-ray emissions from neon gas-puff Z-pinch powered by Qiang Guang-I accelerator	Kuai, B.; Wu, G.; Qiu, A.; Wang, L.; Cong, P.; Wang, X.	*Laser and Particle Beams*	2009	27	4
277	Z 箍缩和闪光照相用快脉冲功率源技术的发展	邱爱慈；孙凤举	强激光与粒子束	2008	20	12
278	强光一号 Z 箍缩实验研究	邱爱慈；蒯斌；王亮平；吴刚；丛培天	强激光与粒子束	2008	20	11
279	用于 Z 箍缩的双层喷气负载设计	王亮平；蒯斌；韩娟娟；郑磊；吴刚；黄涛；邱爱慈	原子能科学技术	2008	42	9
280	200kV Multi-gap Multi-channel gas spark switch for fast linear transformer driver	Liang, Tianxue; Sun, Fengju; Qiu, Ai'ci; Zeng, Jiangtao; Liu, Xuandong; Jiang, Xiaofeng; Liu, Zhigang; Yin, Jiahui	ICHVE 2008: 2008 International Conference on High Voltage Engineering and Application	2008	—	—
281	The design of the double shell gas puff for Qiangguang I generator	Wang, L.; Kuai, B.; Han, J.; Zhen, L.; Huang, T.; Wu, G.; Qiu, A.	2008 17th International Conference on High Power Particle Beams, BEAMS'08	2008	—	—
282	Primary investigation of fast linear transformer driver module	Liang, T.; Sun, F.; Qiu, A.; Zeng, J.; Liu, X.; Jiang, X.; Liu, Z.; Yin, J.	2008 17th International Conference on High Power Particle Beams, BEAMS'08	2008	—	—
283	Progress in Z-pinch at NINT	Zeng, Z.; Qiu, M.; Cong, P.; Wang, L.; Kuai, B.; Sheng, L.; Wu, G.; Guo, N.; Li, H.; Qiu, A.	2008 17th International Conference on High Power Particle Beams, BEAMS'08	2008	—	—
284	K-shell radiation characteristics of neon gas puff Z-pinches imploded on Qiangguang-I facility	Wu, G.; Qiu, A.C.; Lv, M.; Wang, L.P.; Kuai, B.; Cong, P.T.; Qiu, M.T.; Lei, T.S.; Sun, T.P.; Guo, N.; Huang, T.; Han, J.J.; Zhang, X.J.; Zhang, G.W.; Qiao, K.L.	2008 17th International Conference on High Power Particle Beams, BEAMS'08	2008	—	—
285	Z 箍缩等离子体 X 射线辐射能谱的一种估算	段耀勇；郭永辉；蒯斌；邱爱慈	核聚变与等离子体物理	2007	27	3
286	百 ns 直线型脉冲变压器模块仿真及初步试验	梁天学；孙凤举；邱爱慈；蒯斌；孙才新；张众；曾江涛	高电压技术	2007	33	7
287	强光一号 Z 箍缩产生 keV 级特征 X 射线初步研究	蒯斌；邱爱慈；曾正中；王亮平；丛培天；黄涛；张信军；吴刚；郭宁；韩娟娟	强激光与粒子束	2007	19	6
288	“强光一号”等离子体断路开关及负载的数值计算	王亮平；蒯斌；邱爱慈；丛培天；郭宁	强激光与粒子束	2006	18	7
289	“强光一号”钨丝阵 Z 箍缩等离子体辐射特性研究(2010 年获全国百篇优秀论文)	邱爱慈；蒯斌；曾正中；王文生；邱孟通；王亮平；丛培天；吕敏	物理学报	2006	55	11
290	Primarily experimental results for a W wire array Z pinch	Kuai, B.; Qiu, A.C.; Wang, L.P.; Zeng, Z.Z.; Wang, W.S.; Cong, P.T.; Gai, T.Y.; Wei, F.L.; Guo, N.; Zhong, Z.	*Plasma Science and Technology*	2006	8	2
291	磁化等离子体输运参数的数值解	郭永辉；段耀勇；邱爱慈	核聚变与等离子体物理	2006	26	2
292	高密度等离子体模型中输运参数的拟合	郭永辉；段耀勇；邱爱慈	核聚变与等离子体物理	2006	26	1

续表

序号	标题	作者	来源	年	卷	期
		第二篇 快Z箍缩技术(109篇)				
293	快Z箍缩短脉冲大电流驱动源技术的发展	孙凤举；邱爱慈；曾正中；曾江涛；蒯斌；杨海亮	强激光与粒子束	2006	18	3
294	丝阵负载Z箍缩可见光图像诊断系统	盛亮；魏福利；吕敏；王奎禄；邱爱慈；黑东炜；邱孟通；袁媛；赵吉祯；王培伟	强激光与粒子束	2006	18	8
295	提高“强光一号”驱动Z箍缩负载电流的研究	蒯斌；邱爱慈；王亮平；丛培天；梁天学；盖同阳	科学技术与工程	2006	6	8
296	Effects of drive current rise-time and initial load density distribution on Z-pinch characteristics	Duan, Y.Y.; Guo, Y.H.; Wang, W.S.; Qiu, A.C.	*Chinese Physics*	2005	14	9
297	拉瓦尔喷嘴的气流线质量及密度分析	王亮平；邱爱慈；蒯斌；丛培天；郭宁	强激光与粒子束	2005	17	2
298	Numerical study of the scaling of the maximum kinetic energy per unit length for imploding Z-pinch liner	Zeng, Zhengzhong; Qiu, Ai'ci	*Chinese Physics*	2004	13	2
299	Z箍缩等离子体不稳定性的数值研究	段耀勇；郭永辉；王文生；邱爱慈	物理学报	2004	53	10
300	“强光一号”加速器Z箍缩丝阵负载的零维模拟	王亮平；邱爱慈；蒯斌；丛培天；梁天学；张众；贾伟；郭宁	强激光与粒子束	2004	15	2
301	钨丝阵等离子体Z箍缩的数值模拟	段耀勇；郭永辉；王文生；邱爱慈	物理学报	2004	53	8
302	利用薄膜量热计测量高功率Z箍缩软X射线总能量	王文生;何多慧;邱爱慈;蒯斌;罗建辉	强激光与粒子束	2003	15	2
303	Kr喷气箍缩等离子体的数值研究	段耀勇；郭永辉；王文生；邱孟通；邱爱慈	强激光与粒子束	2003	15	7
304	Z-pinch X射线时间分辨多幅图像诊断系统	邱孟通；吕敏；王奎禄；黑东炜；邱爱慈；曾正中；杜继业；蒯斌；袁媛；田慧；孙凤荣；罗建辉	强激光与粒子束	2003	15	1
305	高功率Z箍缩软X射线功率测量	王文生；何多慧；邱爱慈；孙凤荣；罗建辉；周海生	核技术	2003	26	10
306	直线型变压器储存能量与磁芯和电路参数的关系	孙凤举；邱爱慈；曾江涛；曾正中；尹佳辉；蒯斌	强激光与粒子束	2003	15	2
307	Energy-resolved soft X-ray framing camera	Qiu, Mengtong; Lv, Min; Wang, Kuilu; Qiu, Ai'ci; Zeng, Zhengzhong; Hei, Dongwei; Du, Jiye; Kuai, Bin; Yuan, Yuan; Tian, Hui; Luo, Jianhui	Proceedings of SPIE - The International Society for Optical Engineering	2003	—	—
308	Scaling factor of the operating parameters of Z-pinch liners	Zeng, Zhengzhong; Qiu, Mengtong; Kuai, Bin; Qiu, Ai'ci	*Plasma Science and Technology*	2002	4	6
309	Soft X-ray images of krypton gas-puff Z-pinches	Qiu, Mengtong; Kuai, Bin; Zeng, Zhengzhong; Lv, Min; Wang, Kuilu; Qiu, Ai'ci; Zhang, Mei; Luo, Jianhui	*Plasma Science and Technology*	2002	4	6
310	An experimental study on Kr gas-puff Z-pinch	Kuai, Bin; Cong, Peitian; Zeng, Zhengzhong; Qiu, Ai'ci; Qiu, Mengtong; Chen, Hong; Liang, Tianxue; He, Wenlai; Wang, Liangping; Zhang, Zhong	*Plasma Science and Technology*	2002	4	3
311	Ne、Ar、Kr、Xe等离子体Planck和Rosseland平均不透明度的近似计算	段耀勇；陈志华；郭永辉；邱爱慈	核聚变与等离子体物理	2002	22	3
312	高功率Z-Pinch脉冲源技术的发展	孙凤举；邱爱慈；邱毓昌；曾江涛；蒯斌	电工电能新技术	2001	20	1
313	一种高温等离子体X射线参数诊断方法	王文生；龚建成；黑东炜；邱爱慈；何多慧	强激光与粒子束	2000	12	6

续表

序号	标题	作者	来源	年	卷	期
第二篇 快 Z 箍缩技术(109 篇)						
314	强脉冲 X 射线源与等离子体	邱爱慈; 曾正中; 蒯斌	核聚变与等离子体应用学术讨论会	1998	—	—
第三篇 闪光 X 射线照相技术与装置(38 篇)						
315	4 MV/80 kA IVA 型脉冲 X 射线照相装置研制进展	魏浩; 尹佳辉; 张鹏飞; 孙凤举; 邱爱慈; 梁天学; 曾江涛; 姜晓峰; 王志国; 孙江; 刘文元; 呼义翔	强激光与粒子束	2020	32	2
316	Design and experimental research on a self-magnetic pinch diode under MV	Zhang, Pengfei; Hu, Yang; Sun, Jiang; Song, Yan; Sun, Jianfeng; Yao, Zhiming; Cong, Peitian; Qiu, Mengtong; Qiu, Ai'ci	*Plasma Science and Technology*	2018	20	1
317	电流非均匀分布对磁绝缘感应电压叠加器电子鞘层的影响	魏浩; 孙凤举; 邱爱慈; 呼义翔	中国科学:物理学 力学 天文学	2018	48	2
318	感应电压叠加器次级非轴对称磁绝缘物理模型和数值分析	魏浩; 孙凤举; 邱爱慈; 呼义翔	高电压技术	2018	44	6
319	Effects of cell-driving jitters on the output voltage of magnetically insulated induction voltage adders	Hu, Yixiang; Zeng, Jiangtao; Sun, Fengju; Cong, Peitian; Wei, Hao; Sun, Tieping; Liang, Tianxue; Su, Zhaofeng; Qiu, Ai'ci	*IEEE Transactions on Plasma Science*	2017	45	6
320	Note: Novel trigger pulse feed method for mega-volt gas switch	Yin, Jiahui; Sun, Fengju; Jiang, Xiaofeng; Wang, Zhiguo; Liang, Tianxue; Jiang, Hongyu; Qiu, Ai'ci	*Review of Scientific Instruments*	2017	88	7
321	磁绝缘感应电压叠加器注入电流空间非均匀分布及影响因素分析	魏浩; 孙凤举; 邱爱慈; 呼义翔	电工技术学报	2017	32	20
322	电流非均匀分布对 MIVA 次级磁绝缘的影响	魏浩; 孙凤举; 呼义翔; 邱爱慈	第十八届全国等离子体科学技术会议摘要集	2017	—	—
323	负载欠匹配型磁绝缘感应电压叠加器次级阻抗优化	魏浩; 孙凤举; 呼义翔; 邱爱慈	中国核学会 2017 年学术年会	2017	—	—
324	欠匹配型磁绝缘感应电压叠加器次级阻抗优化方法	魏浩; 孙凤举; 呼义翔; 邱爱慈	物理学报	2017	66	20
325	一种非轴对称磁绝缘电子鞘层边界的计算方法	魏浩; 孙凤举; 呼义翔; 梁天学; 丛培天; 邱爱慈	物理学报	2017	66	3
326	2.8-MV low-inductance low-jitter electrical-triggered gas switch	Yin, Jiahu; Sun, Fengju; Qiu, Ai'ci; Liang, Tianxue; Jiang, Xiaofeng; Dang, Tengfei; Zeng, Jiangtao; Wang, Zhiguo	*IEEE Transactions on Plasma Science*	2016	44	10
327	Design and simulation study of MITL for a multistage FLTD in a series	Zhang, Pengfei; Qiu, Ai'ci; Li, Yongdong; Wang, Hongguang; Sun, Jiang; Hu, Yang; Sun, Fengju; Cong, Peitian	*IEEE Transactions on Plasma Science*	2016	44	10
328	Influences of cell-driving sequences on performances of magnetically insulated induction voltage adders	Hu, Yixiang; Sun, Fengju; Zeng, Jiangtao; Qiu, Ai'Ci; Cong, Peitian; Yin, Jiahui; Sun, Jiang; Wei, Hao	*IEEE Transactions on Plasma Science*	2016	44	10
329	Mathematical derivation of cell-driving-jitter effects on the risetime of IVA-output voltages	Hu, Yixiang; Zeng, Jiangtao; Sun, Fengju; Qiu, Ai'ci; Cong, Peitian; Yin, Jiahui; Sun, Jiang; Wei, Hao	*IEEE Transactions on Plasma Science*	2016	44	10
330	Simulation analysis of a pulsed compact FLTD system for large-area hard X-ray sources	Zhang, Pengfei; Sun, Jianfeng; Sun, Fengju; Qiu, Ai'ci; Sun, Jiang; Hu, Yang; Cong, Peitian	*IEEE Transactions on Plasma Science*	2016	44	5
331	Experimental study and electromagnetic model of a 1-MV induction voltage cavity	Wei, Hao; Sun, Fengju; Liang, Tianxue; Guo, Jianming; Qiu, Ai'ci; Cong, Peitian; Yin, Jiahui; Hu, Yixiang; Jiang, Xiaofeng; Wang, Zhiguo; Dang, Tengfei	*IEEE Transactions on Plasma Science*	2015	43	10

续表

序号	标题	作者	来源	年	卷	期
第三篇 闪光 X 射线照相技术与装置(38 篇)						
332	Numerical simulation of azimuthal uniformity of injection currents in single-point-feed induction voltage adders	Wei, Hao; Sun, Fengju; Yin, Jiahui; Hu, Yixiang; Liang, Tianxue; Cong, Peitian; Qiu, Ai'ci	*Plasma Science and Technology*	2015	17	3
333	Test of a single stage 1-MV prototype induction voltage cavity	Wei, Hao; Sun, Fengju; Liang, Tianxue; Cong, Peitian; Qiu, Ai'ci; Guo, Jianming; Zeng, Jiangtao; Jiang, Xiaofeng; Wang, Zhiguo; Yin, Jiahui	Digest of Technical Papers-IEEE International Pulsed Power Conference	2015	—	—
334	闪光照相快放电直线型变压器脉冲源新进展	孙凤举；邱爱慈；魏浩；尹佳辉；姜晓峰；王志国；梁天学；丛培天	现代应用物理	2015	6	4
335	Azimuthal transmission lines for inductive voltage adders with four PFLs driving simultaneously or separately	Wei, Hao; Sun, Fengju; Qiu, Ai'ci; Zeng, Jiangtao; Liang, Tianxue; Yin, Jiahui; Hu, Yixiang	*IEEE Transactions on Plasma Science*	2014	42	10
336	Characteristics study of multigaps gas switch with corona discharge for voltage balance	Liang, Tianxue; Jiang, Xiaofeng; Wang, Zhiguo; Sun, Fengju; Cong, Peitian; Qiu, Ai'ci	*IEEE Transactions on Plasma Science*	2014	42	2
337	Circuit model of magnetically-insulated induction voltage adders based on the transmission line code	Hu, Yixiang; Sun, Fengju; Zeng, Jiangtao; Wei, Hao; Yin, Jiahui; Cong, Peitian; Qiu, Ai'ci	*IEEE Transactions on Plasma Science*	2014	42	8
338	Current density distributions on the cathode plates of inductive voltage cells	Wei, Hao; Sun, Fengju; Yin, Jiahui; Qiu, Ai'ci	*IEEE Transactions on Plasma Science*	2014	42	10
339	Exponential impedance-transformer stalks used for magnetically insulated induction voltage adders	Hu, Yixiang; Sun, Fengju; Zeng, Jiangtao; Qiu, Ai'ci; Wei, Hao; Yin, Jiahui; Cong, Peitian	*IEEE Transactions on Plasma Science*	2014	42	11
340	Low voltage pulse injection test of a single-stage 1MV prototype induction voltage adder cell	Wei, Hao; Sun, Fengju; Liang, Tianxue; Yin, Jiahui; Dang, Tengfei; Zeng, Jiangtao; Cong, Peitian; Qiu, Ai'ci	*Review of Scientific Instruments*	2014	85	8
341	Simulation analysis of transformer oil and glycerin as dielectric medium in inductive voltage adders	Wei, Hao; Sun, Fengju; Qiu, Ai'ci; Yin, Jiahui; Zeng, Jiangtao; Hu, Yixiang; Liang, Tianxue	*IEEE Transactions on Dielectrics and Electrical Insulation*	2014	21	4
342	单/双路馈入磁绝缘感应电压叠加器感应腔角向传输线的优化	魏浩；孙凤举；邱爱慈；梁天学；呼义翔；尹佳辉	高电压技术	2014	40	7
343	预充等离子体密度对杆箍缩二极管特性的影响	孙剑锋；孙江；邱爱慈；张鹏飞；杨海亮；李静雅；尹佳辉；胡杨；金亮	强激光与粒子束	2014	26	11
344	Influence factors on the azimuthally uniform feed in single-point feed induction voltage adder	Wei, Hao; Qiu, Ai'ci; Yin, Jiahui; Sun, Fengju; Zeng, Jiangtao; Hu, Yixiang	2013 IEEE International Conference of IEEE Region 10	2013	—	—
345	Optimized design of azimuthal transmission lines for the cell driven by two PFLS in induction voltage adders	Wei, Hao; Sun, Fengju; Qiu, Ai'ci; Zeng, Jiangtao; Yin, Jiahui; Liang, Tianxue; Hu, Yixiang	*IEEE Transactions on Plasma Science*	2013	41	8
346	3MV 感应电压叠加器的磁感应腔研制	丛培天；张国伟；吴撼宇；孙剑锋；李静雅；苏兆峰；杨海亮；孙凤举；邱爱慈	强激光与粒子束	2011	23	2
347	Research on pinching characteristics of electron beams emitted from different cathode surfaces of a rod-pinch diode	Gao, Yi; Qiu, Ai'ci; Zhang, Zhong; Zhang, Pengfei; Wang, Zhiguo; Yang, Hailiang	*Physics of Plasmas*	2010	17	7
348	Rod-pinch 二极管箍缩特性的数值模拟	高屹；邱爱慈；吕敏；杨海亮；张众；张鹏飞	核技术	2010	33	8
349	感应电压叠加器驱动阳极杆箍缩二极管型脉冲 X 射线源	孙凤举；邱爱慈；杨海亮；曾江涛；盖同阳；梁天学；尹佳辉；孙剑锋；丛培天；黄建军；苏兆峰；高屹；刘志钢；姜晓峰；李静雅；张众；宋顾舟；裴明敬；牛胜利	强激光与粒子束	2010	22	4
350	感应电压叠加器中水介质开关脉冲自击穿特性	尹佳辉；孙凤举；邱爱慈；杨海亮；曾江涛；梁天学；黄建军	强激光与粒子束	2009	21	1

续表

序号	标题	作者	来源	年	卷	期
		第三篇 闪光 X 射线照相技术与装置(38 篇)				
351	两种典型结构强流自箍缩二极管技术研究	杨海亮；邱爱慈；孙剑锋；高屹；苏兆锋；李静雅；孙凤举；梁天学；尹佳辉；丛培天；黄建军；任书庆	中国工程科学	2009	11	11
352	MV 级气体开关脉冲自击穿特性及支撑结构的优化	尹佳辉；孙凤举；邱爱慈；郭建明；刘志刚；张众；曾江涛	强激光与粒子束	2008	20	7
		第四篇 强电磁脉冲安全与弹性电力系统(8 篇)				
353	能源转型下弹性电力系统的发展与展望	别朝红；林超凡；李更丰；邱爱慈	中国电机工程学报	2020	40	9
354	电力系统应对极端事件的新挑战与未来研究展望	李更丰；邱爱慈；黄格超；桂恒立；别朝红	智慧电力	2019	47	8
355	直流偏磁对变压器影响研究综述	师泯夏；吴邦；靳宇晖；邱爱慈；李军浩	高压电器	2018	54	7
356	A review of key strategies in realizing power system resilience	Lin, Y.; Bie, Z.; Qiu, A.	*Global Energy Interconnection*	2018	1	1
357	Calculation of lightning induced voltages on overhead lines using an analytical fitting representation of electric fields	Guo, J.; Xie, Y.Z.; Qiu, A.C.	*IEEE Transactions on Electromagnetic Compatibility*	2017	59	3
358	JOR iterative method for the modeling of MTLs excited by EMP	Guo, J.; Xie, Y.Z.; Qiu, A.C.	*IEEE Antennas and Wireless Propagation Letters*	2016	15	0
359	特快速瞬态过电压作用下金属氧化物电阻片响应特性试验	陈洁；郭洁；邱爱慈；崔龙跃；矫立新；王磊；陈志强	中国电机工程学报	2015	35	13
360	弹性电网及其恢复力的基本概念与研究展望	别朝红；林雁翎；邱爱慈	电力系统自动化	2015	39	22
		第五篇 可控冲击波技术与应用(62 篇)				
361	Effects of water states on the process of underwater electrical wire explosion under micro-second timescale pulsed discharge	Han, R.Y.; Wu, J.W.; Zhou, H.B.; Wang, Y.N.; Ding, W.D.; Ouyang, J.T.; Qiu, A.C.	*European Physical Journal Plus*	2020	135	1
362	Experiments on the characteristics of underwater electrical wire explosions for reservoir stimulation	Han, R.Y.; Wu, J.W.; Zhou, H.B.; Zhang, Y.M.; Qiu, A.C.; Yan, J.Q.; Ding, W.D., et al.	*Matter and Radiation at Extremes*	2020	5	—
363	大电流条件下气体火花开关电极烧蚀的研究进展	吴佳玮；丁卫东；韩若愚；邱爱慈	高电压技术	2020	—	—
364	基于地质-工程条件约束的可控冲击波煤层致裂行为数值分析	秦勇；李恒乐；张永民；赵有志；赵锦程；邱爱慈	煤田地质与勘探	2020	—	—
365	重复可控冲击波技术用于煤炭开采中的实践与设想	邱爱慈	“废弃矿井资源开发利用”中国工程科技论坛暨“煤炭安全智能精准开采协同创新组织”成立三周年学术研讨会	2020	—	—
366	Optical emission behaviors of C, Al, Ti, Fe, Cu, Mo, Ag, Ta, and W wire explosions in gaseous media	Han, R.Y.; Wu, J.W.; Qiu, A.C.	*Physics Letters A*	2019	383	16
367	Parameter regulation of underwater shock waves based on exploding-wire-ignited energetic materials	Han, R.Y.; Wu, J.W.; Zhou, H.B.; Zhang, Y.M.; Qiu, A.C.	*Journal of Applied Physics*	2019	125	15
368	A general framework for evaluating electrode erosion under repetitive high current, high energy transient arcs	Han, R.Y.; Wu, J.W.; Ouyang, J.T.; Ding, W.D.; Qiu, A.C.	*Journal of Physics D: Applied Physics*	2019	52	42

续表

序号	标题	作者	来源	年	卷	期
			第五篇 可控冲击波技术与应用(62 篇)			
369	An empirical approach for parameters estimation of underwater electrical wire explosion	Yao, W.B.; Zhou, H.B.; Han, R.Y.; Zhang, Y.M.; Zhao, Z.; Xu, Q.F.; Qiu, A.C.	*Physics of Plasmas*	2019	26	—
370	Discharge channel development of microsecond tungsten wire explosion in air	Liu, Q.J.; Yao, W.B.; Wang, Y.; Zhao, Z.; Zhang, Y.M.; Qiu, A.C.	*Physics of Plasmas*	2019	26	—
371	Study on ignition mechanism and shockwave characteristics of nitramine powders ignited by microsecond exploding wire plasma	Liu, Q.J.; Yao, W.B.; Zhang, Y.M.; Wang, Y.; Tang, J.P.; Zhao, Z.; Qiu, A.C.	*IEEE Transactions on Plasma Science*	2019	41	10
372	金属丝电爆炸现象研究综述	张永民；姚伟博；邱爱慈；汤俊萍；王宇；呼义翔	高电压技术	2019	45	8
373	不同脉冲电流下水中铜丝电爆炸特性的实验研究	韩若愚；吴佳玮；丁卫东；周海滨；邱爱慈；张永民	中国电机工程学报	2019	39	4
374	不同电极面型的两间隙气体开关电场优化设计	王宇；姚伟博；刘巧珏；张永民；邱爱慈	电工技术学报	2019	34	14
375	松软煤层可控冲击波增透瓦斯抽采创新实践——以贵州水城矿区中井煤矿为例	张永民；蒙祖智；秦勇；张志峰；赵有志；邱爱慈	煤炭学报	2019	44	8
376	可控冲击波增透保德煤矿 8~#煤层的先导性试验	张永民；安世岗；陈殿赋；师庆民；张增辉；赵有志；罗伙根；邱爱慈；秦勇	煤矿安全	2019	50	10
377	多渠道保障油气能源供应安全的思考--可控冲击波技术的作用	邱爱慈	2019 年全球高端能源论坛	2019	—	—
378	煤炭安全智能精准开采	邱爱慈，张永民	“煤炭安全智能精准开采”国际学术会议暨“协同创新组织”成立两周年学术研讨会	2019	—	—
379	可控冲击波技术在煤炭开采中的应用与展望	邱爱慈，张永民	2019 年全国煤矿安全高效绿色开采与支护技术高端论坛	2019	—	—
380	矿山开采过程中的新技术应用设想	邱爱慈，张永民	第 S53 次“矿业领域颠覆性技术”香山科学会议	2019	—	—
381	可控冲击波技术在非常规油气开发中的应用	邱爱慈，张永民	第 S52 次香山科学会议“变革性技术关键科学问题前沿和热点”	2019	—	—
382	可控冲击波技术在油水井中的应用	邱爱慈，张永民	2019 年非常规油气勘探开发国际会议	2019	—	—
383	可控冲击波技术在页岩油开发中的应用研究	邱爱慈，张永民	第二届页岩油资源与勘探开发技术国际研讨会	2019	—	—
384	可控冲击波技术在煤炭开采中的应用	邱爱慈，张永民	全国煤矿动力灾害防治学术研讨会	2018	—	—
385	A further study on surface morphology and erosion products of 90WCu alloy electrodes	Wu, J.W.; Han, R.Y.; Qiu, A.C.; Ding, W.D.	*IEEE Transactions on Plasma Science*	2018	46	3
386	NOTE: Erosion of W-Ni-Fe and W-Cu alloy electrodes in repetitive spark gaps	Wu, J.W.; Han, R.Y.; Ding, W.D.; Qiu, A.C.; Tang, J.P.	*Review of Scientific Instruments*	2018	89	2
387	Electrical explosions of Al, Ti, Fe, Ni, Cu, Nb, Mo, Ag, Ta, W, W-Re, Pt, and Au wires in water: A comparison study	Han, R.Y.; Wu, J.W.; Qiu, A.C.; Ding, W.D.; Zhang, Y.M.	*Journal of Applied Physics*	2018	124	4

续表

序号	标题	作者	来源	年	卷	期
		第五篇　可控冲击波技术与应用(62 篇)				
388	Experimental study on shock wave characteristics of ammonium nitrate ignited by wire explosion	Liu, Q.J.; Zhang, Y.M.; Qiu, A.C.; Yao, W.B.; Zhou, H.B.; Tang, J.P.	*IEEE Transactions on Plasma Science*	2018	46	7
389	大电流气体火花开关聚四氟乙烯绝缘子绝缘劣化产物分析	吴佳玮; 韩若愚; 周海滨; 丁卫东; 邱爱慈	电工技术学报	2018	33	2
390	Experimental verification of the vaporization's contribution to the shock waves generated by underwater electrical wire explosion under micro-second timescale pulsed discharge	Han, R.Y.; Zhou, H.B.; Wu, J.W.; Clayson, T.A.; Ren, H.; Wu, J.; Zhang, Y.M.; Qiu, A.C.	*Physics of Plasmas*	2017	24	6
391	Characteristics of exploding metal wires in water with three discharge types	Han, R.Y.; Wu, J.W.; Zhou, H.B.; Ding, W.D.; Qiu, A.C.; Clayson, T.A.; Wang, Y.N.; Ren, H.	*Journal of Applied Physics*	2017	122	3
392	Relationship between energy deposition and shock wave phenomenon in an underwater electrical wire explosion	Han, R.Y.; Zhou, H.B.; Wu, J.W.; Qiu, A.C.; Ding, W.D.; Zhang, Y.M.	*Physics of Plasmas*	2017	24	9
393	A platform for exploding wires in different media	Han, R.Y.; Wu, J.W.; Qiu, A.C.; Zhou, H.B.; Wang, Y.N.; Yan, J.Q.; Ding, W.D.	*Review of Scientific Instruments*	2017	88	10
394	A comparison study of exploding a Cu wire in air, water, and solid powders	Han, R.Y.; Wu, J.W.; Ding, W.D.; Zhou, H.B.; Qiu, A.C.; Wang, Y.N.	*Physics of Plasmas*	2017	24	11
395	Experimental study of electrode erosion and aging process of a specially designed gas switch under repetitive arc discharge	Wu, J.W.; Han, R.Y.; Ding, W.D.; Qiu, A.C.	*IEEE Transactions on Dielectrics and Electrical Insulation*	2017	24	4
396	Experimental study of self-breakdown voltage statistics in Cu-W electrode spark gap switches	Wu, J.W.; Han, R.Y.; Ding, W.D.; Wang, Y.N.; Yan, J.Q.; Qiu, A.C.	*IEEE Transactions on Dielectrics and Electrical Insulation*	2017	24	4
397	Fracturing effect of electrohydraulic shock waves generated by plasma-ignited energetic materials explosion	Liu, Q.J.; Ding, W.D.; Han, R.Y.; Wu, J.W.; Jing, Y.; Zhang, Y.M.; Zhou, H.B.; Qiu, A.C.	*IEEE Transactions on Plasma Science*	2017	45	3
398	长寿命铜钨合金气体开关电极的烧蚀形貌	吴佳玮; 韩若愚; 丁卫东; 周海滨; 邱爱慈	中国电机工程学报	2017	37	8
399	空气中不同金属丝电爆炸的光辐射特性	韩若愚; 吴佳玮; 丁卫东; 姚伟博; 张永民; 邱爱慈	高电压技术	2017	43	9
400	水中裸铜丝与镀膜铜丝电爆炸积分光谱与冲击波特性实验研究	韩若愚; 吴佳玮; 周海滨; 邱爱慈	电工技术学报	2017	32	24
401	铜丝电爆炸等离子体对含能材料的驱动特性	周海滨; 张永民; 刘巧珏; 景夔; 韩若愚; 邱爱慈	高电压技术	2017	43	12
402	电脉冲可控冲击波煤储层增透原理与工程实践	张永民; 邱爱慈; 秦勇	煤炭科学技术	2017	45	9
403	可控冲击波增透松软煤层的工程实践	张永民; 邱爱慈; 秦勇	山西焦煤科技	2017	41	Z1
404	可控冲击波技术增透煤层的机理研究与实践	邱爱慈，张永民	中国工程院能源与矿业学部“煤矿灾害防治工程前沿技术高端论坛”	2017	—	—
405	可控冲击波增透煤层的先导性试验	张永民，邱爱慈	中国工程院能源与矿业学部“煤矿灾害防治工程前沿技术高端论坛”	2017	—	—
406	可控冲击波增透煤层技术	张永民，邱爱慈	煤炭科学研究总院“煤炭安全高效开发科技发展论坛”	2017	—	—

续表

序号	标题	作者	来源	年	卷	期
第五篇 可控冲击波技术与应用(62 篇)						
407	脉冲功率技术在油气开发中的应用	邱爱慈	西部核学会“2016 年联合学术年会”	2016	—	—
408	重复脉冲强冲击波增透储层技术	邱爱慈，张永民	能源学会 “二届四次会员代表大会”	2016	—	—
409	面向化石能源开发的电爆炸冲击波技术研究进展	张永民；邱爱慈；周海滨；刘巧珏；汤俊萍；刘美娟	高电压技术	2016	42	4
410	Signal analysis and waveform reconstruction of shock waves generated by underwater electrical wire explosions with piezoelectric pressure probes	Zhou, H.B.; Zhang, Y.M.; Han, R.Y.; Jing, Y.; Wu, J.W.; Liu, Q.J.; Ding, W.D.; Qiu, A.C.	*Sensors*	2016	16	4
411	Generation of electrohydraulic shock waves by Plasma-Ignited energetic materials: I. Fundamental mechanisms and processes	Han, R.Y.; Zhou, H.B.; Liu, Q.J.; Wu, J.W.; Jing, Y.; Chao, Y.C.; Zhang, Y.M.; Qiu, A.C.	*IEEE Transactions on Plasma Science*	2015	43	12
412	Generation of electrohydraulic shock waves by Plasma-Ignited energetic materials: Ⅱ. Influence of wire configuration and stored energy	Zhou, H.B.; Han, R.Y.; Liu, Q.J.; Jing, Y.; Wu, J.W.; Zhang, Y.M.; Qiu, A.C.; Zhao, Y.Z.	*IEEE Transactions on Plasma Science*	2015	43	12
413	Generation of electrohydraulic shock waves by Plasma-Ignited energetic materials: Ⅲ. Shock wave characteristics with three discharge loads	Zhou, H.B.; Zhang, Y.M.; Li, H.L.; Han, R.Y.; Jing, Y.; Liu, Q.J.; Wu, J.W.; Zhao, Y.Z.; Qiu, A.C.	*IEEE Transactions on Plasma Science*	2015	43	12
414	A novel design of Rogowski coil for measurement of nanosecond-risetime high-level pulsed current	Han, R.Y.; Ding, W.D.; Wu, J.W.; Zhou, H.B.; Jing, Y.; Liu, Q.J.; Chao, Y.C.; Qiu, A.C.	*Review of Scientific Instruments*	2015	86	3
415	Hybrid PCB Rogowski coil for measurement of nanosecond-risetime pulsed current	Han, R.Y.; Wu, J.W.; Ding, W.D.; Jing, Y.; Zhou, H.B.; Liu, Q.J.; Qiu, A.C.	*IEEE Transactions on Plasma Science*	2015	43	10
416	Electrode erosion characteristics of repetitive long-life gas spark switch under airtight conditions	Wu, J.W.; Han, R.Y.; Ding, W.D.; Zhou, H.B.; Liu, Y.F.; Liu, Q.J.; Jing, Y.; Qiu, A.C.	*IEEE Transactions on Plasma Science*	2015	43	10
417	A novel strain measurement system in strong electromagnetic field	Liu, Q.J.; Ding, W.D.; Zhou, H.B.; Han, R.Y.; Wu, J.W.; Jing, Y.; Qiu, A.C.	*IEEE Transactions on Plasma Science*	2015	43	10
418	水中铜丝电爆炸放电通道模型及仿真	周海滨；韩若愚；吴佳玮；邱爱慈；张永民；李兴文	高电压技术	2015	41	9
419	电脉冲应力波作用下煤体微裂隙形成与发展过程	周晓亭；秦勇；李恒乐；张永民；邱爱慈；师庆民	煤炭科学技术	2015	43	2
420	高聚能重复强脉冲波煤储层增渗新技术试验与探索	秦勇；邱爱慈；张永民	煤炭科学技术	2014	42	6
421	高功率脉冲技术在非常规天然气开发中应用的设想	邱爱慈；张永民；蒯斌等	第二届中国工程院/国家能源局能源论坛	2012	—	—
422	重复脉冲强冲击波储层处理技术	邱爱慈，张永民	中国工程院“我国非常规天然气开发利用战略研究”	2011	—	—
第六篇 脉冲功率与放电等离子体新技术(37 篇)						
423	A 80kV gas switch triggered by a 17μJ fiber-optic laser	Wang, Zhiguo; Sun, Fengju; Qiu, Ai'ci; Hu, Long; Yin, Jiahui; Cong, Peitian; Jiang, Xiaofeng; Wei, Hao; Jiang, Hongyu	*Review of Scientific Instruments*	2020	91	5
424	Spatial restriction on properties of nanosecond pulsed laser ablation of aluminum in water	Zhang, Z.; Wu, J.; Li, J.; Yan, W.; Zhang, J.; Qiu, Y.; Li, X.; Qiu, A.	*Journal of Physics D: Applied Physics*	2020	53	47
425	Implosion dynamics and radiation characteristics of preconditioned hybrid X-pinch driven by double pulse current	Chen, Z.; Wu, J.; Zhang, D.; Shi, H.; Lu, Y.; Li, X.; Qiu, A.	*Physics of Plasmas*	2020	27	11

续表

序号	标题	作者	来源	年	卷	期
第六篇 脉冲功率与放电等离子体新技术(37 篇)						
426	Effect of the prepulse current with an adjustable time-delay on the implosion dynamics of two-wire Z-pinch	Lu, Y.; Wu, J.; Zhang, D.; Shi, H.; Chen, Z.; Li, X.; Jia, S.; Qiu, A.	*Plasma Physics and Controlled Fusion*	2020	62	7
427	Plasma formation and ablation dynamics of stainless steel cylindrical liner	Zhang, D.; Wu, J.; Chen, Z.; Lu, Y.; Shi, H.; Wang, G.; Xiao, D.; Ding, N.; Li, X.; Jia, S.; Qiu, A.	*Physics of Plasmas*	2020	27	6
428	Progress of laser-induced breakdown spectroscopy in nuclear industry applications	Wu, J.; Qiu, Y.; Li, X.; Yu, H.; Zhang, Z.; Qiu, A.	*Journal of Physics D: Applied Physics*	2020	53	2
429	Discharge modes of electrical explosion of aluminum wires in argon	Li, X.; Shi, H.; Liu, C.; Wu, J.; Chen, L.; Qiu, S.; Li, X.; Qiu, A.	*IEEE Transactions on Plasma Science*	2019	47	5
430	Plasma characteristics and element analysis of steels from a nuclear power plant based on fiber-optic laser-induced breakdown spectroscopy	Wu, J.; Yu, H.; Qiu, Y.; Zhang, Z.; Liu, T.; Xue, F.; Yu, W.; Li, X.; Qiu, A.	*Journal of Physics D: Applied Physics*	2019	52	1
431	Influence of partial reheating on aluminum nanoparticles from electrical exploding wires	Li, X.; Wu, J.; Li, X.; Chen, L.; Shi, H.; Qiu, A.	*IEEE Transactions on Nanotechnology*	2019	18	—
432	A compact low-trigger-threshold multigap gas switch	Jiang, X.; Jiang, H.; Wang, Z.; Sun, F.; Qiu, A.	*Review of Scientific Instruments*	2019	90	10
433	Dynamical analysis of surface-insulated planar wire array Z-pinches	Li, Yang; Sheng, Liang; Hei, Dongwei; Li, Xingwen; Zhang, Jinhai; Li, Mo; Qiu, Ai'ci	*Physics of Plasmas*	2018	25	5
434	Preconditioned wire array Z-pinches driven by a double pulse current generator	Wu, Jian; Lu, Yihan; Sun, Fengju; Li, Xingwen; Jiang, Xiaofeng; Wang, Zhiguo; Zhang, Daoyuan; Qiu, Ai'ci; Lebedev, Sergey	*Plasma Physics and Controlled Fusion*	2018	60	7
435	Study of density distribution of electrical exploding tungsten wire in air	Lu, Y.; Wu, J.; Shi, H.; Zhang, D.; Li, X.; Jia, S.; Qiu, A.	*Physics of Plasmas*	2018	25	7
436	Review of effects of dielectric coatings on electrical exploding wires and Z pinches	Wu, Jian; Li, Xingwen; Li, Mo; Li, Yang; Qiu, Ai'ci	*Journal of Physics D: Applied Physics*	2017	50	40
437	预脉冲电流调控丝阵Z箍缩内爆行为的研究	吴坚；卢一晗；张道源；李兴文；孙凤举；姜晓峰；王志国；邱爱慈	第十八届全国等离子体科学技术会议	2017	—	—
438	Investigations on stratification structure parameters formed from electrical exploding wires in vacuum	Wu, J.; Lu, Y.; Li, X.; Zhang, D.; Qiu, A.	*Physics of Plasmas*	2017	24	11
439	Spatial confinement in laser-induced breakdown spectroscopy	Li, X.; Yang, Z.; Wu, J.; Wei, W.; Qiu, Y.; Jia, S.; Qiu, A.	*Journal of Physics D: Applied Physics*	2017	50	1
440	真空中铝单丝电爆炸的实验研究	Wang, Kun;Shi, Zongqian;Shi, Yuanjie;Bai, Jun;Li, Yang;Wu, Ziqian;Qiu, Ai'ci;Jia, Shenli	物理学报	2016	65	1
441	Atomization and merging of two Al and W wires driven by a 1kA, 10ns current pulse	Wu, J.; Li, X.; Lu, Y.; Lebedev, S.V.; Yang, Z.; Jia, S.; Qiu, A.	*Physics of Plasmas*	2016	23	11
442	The effect of target materials on colliding laser-produced plasmas	Li, X.; Yang, Z.; Wu, J.; Han, J.; Wei, W.; Jia, S.; Qiu, A.	*Journal of Applied Physics*	2016	119	13
443	Study on equation of state based on Thomas-Fermi-Kirzhnits model	Wang, K.; Shi, Z.Q.; Shi, Y.J.; Wu, J.; Jia, S.L.; Qiu, A.C.	物理学报	2015	64	15
444	Effects of load voltage on voltage breakdown modes of electrical exploding aluminum wires in air	Wu, J.; Li, X.; Yang, Z.; Wang, K.; Chao, Y.; Shi, Z.; Jia, S.; Qiu, A.	*Physics of Plasmas*	2015	22	6
445	Comprehensive researches on dynamics of nanosecond laser produced plasmas	Li, X.; Wu, J.; Wei, W.; Jia, S.; Qiu, A.	ICOPS/BEAMS 2014 - 41st IEEE International Conference on Plasma Science and the 20th International Conference on High-Power Particle Beams	2015	—	—

续表

序号	标题	作者	来源	年	卷	期
第六篇 脉冲功率与放电等离子体新技术(37 篇)						
446	快前沿电流产生气化铝单丝 Z 箍缩负载的研究	吴坚；李兴文；李阳；杨泽锋；史宗谦；贾申利；邱爱慈	物理学报	2014	63	12
447	表面绝缘铝平面丝阵 Z 箍缩实验研究	盛亮；李阳；袁媛；彭博栋；李沐；张美;赵吉祯；魏福利；王亮平；黑东炜；邱爱慈	物理学报	2014	63	5
448	Transforming dielectric coated tungsten and platinum wires to gaseous state using negative nanosecond-pulsed-current in vacuum	Wu, J.; Li, X.; Wang, K.; Li, Z.; Yang, Z.; Shi, Z.; Jia, S.; Qiu, A.	*Physics of Plasmas*	2014	21	11
449	Gasified singlewire aluminum Z-pinch load formed by fast rising current	Wu, J.; Li, X.W.; Li, Y.; Yang, Z.F.; Shi, Z.Q.; Jia, S.L.; Qiu, A.C.	物理学报	2014	63	12
450	铝单丝 Z 箍缩形成无核冕结构的物理分析	吴坚；李兴文；史宗谦；贾申利；邱爱慈	强激光与粒子束	2014	26	2
451	Interferometric and schlieren characterization of the plasmas and shock wave dynamics during laser-triggered discharge in atmospheric air	Wei, W.; Li, X.; Wu, J.; Yang, Z.; Jia, S.; Qiu, A.	*Physics of Plasmas*	2014	21	8
452	Comparison of nanosecond laser produced brass plasmas under low and moderate pressure air	Li, X.; Wei, W.; Wu, J.; Jia, S.; Qiu, A.	*Journal of Physics D: Applied Physics*	2013	46	47
453	Understanding plume splitting of laser ablated plasma: A view from ion distribution dynamics	Wu, J.; Li, X.; Wei, W.; Jia, S.; Qiu, A.	*Physics of Plasmas*	2013	20	11
454	Study of nanosecond laser-produced plasmas in atmosphere by spatially resolved optical emission spectroscopy	Wei, W.; Wu, J.; Li, X.; Jia, S.; Qiu, A.	*Journal of Applied Physics*	2013	114	11
455	Characteristics of laser produced plasmas obtained by Fast ICCD photography, schlieren photography and optical emission spectroscopy	Wei, W.; Wu, J.; Li, X.; Jia, S.; Qiu, A.	高电压技术	2013	39	9
456	The Influence of spot size on the expansion dynamics of nanosecond-laser-produced copper plasmas in atmosphere	Li, X.; Wei, W.; Wu, J.; Jia, S.; Qiu, A.	*Journal of Applied Physics*	2013	113	24
457	Infrared nanosecond laser-metal ablation in atmosphere: Initial plasma during laser pulse and further expansion	Wu, J.; Wei, W.; Li, X.; Jia, S.; Qiu, A.	*Applied Physics Letters*	2013	102	16
458	A multi-gap multi-channel gas switch for the linear transformer driver	Liu, Xuandong; Liang, Tianxue; Sun, Fengju; Jiang, Xiaofeng; Li, Jia; Sun, Fu; Qiu, Ai'ci	*Plasma Science and Technology*	2009	11	6
459	Experimental study on multigap multichannel gas spark closing switch for LTD	Liu, Xuandong; Sun, Fengju; Liang, Tianxue; Jiang, Xiaofeng; Zhang, Qiaogen; Qiu, Ai'ci	*IEEE Transactions on Plasma Science*	2009	37	7